Die Grundlehren der mathematischen Wissenschaften

in Einzeldarstellungen
mit besonderer Berücksichtigung
der Anwendungsgebiete

Band 107

Herausgegeben von

J. L. Doob · E. Heinz · F. Hirzebruch · E. Hopf
H. Hopf · W. Maak · S. Mac Lane
W. Magnus · F. K. Schmidt · K. Stein

Geschäftsführende Herausgeber

B. Eckmann und B. L. van der Waerden

Topologische Lineare Räume

I

Dr. Gottfried Köthe

o. Professor für angewandte Mathematik an der
Universität Frankfurt

Zweite verbesserte Auflage

Springer-Verlag Berlin Heidelberg GmbH 1966

Geschäftsführende Herausgeber:

Prof. Dr. B. Eckmann
Eidgenössische Technische Hochschule Zürich

Prof. Dr. B. L. van der Waerden
Mathematisches Institut der Universität Zürich

ISBN 978-3-662-22968-2 ISBN 978-3-662-24912-3 (eBook)
DOI 10.1007/978-3-662-24912-3

Ursprünglich erschienen bei Springer-Verlag Berlin Heidelberg New York 1966
Softcover reprint of the hardcover 2nd edition 1966
Library of Congress Catalog Card Number 61-4316

Titel-Nr. 5090

Vorwort zur ersten Auflage

Es ist die Absicht des Verfassers, eine systematische Darstellung der wichtigsten Grundbegriffe, Methoden und Ergebnisse der Theorie der topologischen linearen Räume zu geben. Diese Theorie hat nach einer raschen Entwicklung in den letzten 15 Jahren heute eine Form erreicht, die eine solche Darstellung als möglich und wünschenswert erscheinen läßt.

Der vorliegende erste Band beginnt mit den Grundbegriffen der allgemeinen Topologie. Sie sind von entscheidender Bedeutung für die spätere Theorie, eine knappe, aber mit vollständigen Beweisen versehene Darstellung erschien deshalb notwendig. Dies hat auch den Vorteil, daß das Buch damit an Vorkenntnissen nur solche aus der klassischen Analysis und der Mengenlehre voraussetzt. Verhältnismäßig ausführlich wird im zweiten Kapitel auf die lineare Algebra in unendlich vielen Dimensionen eingegangen. Dabei wird man in natürlicher Weise auf den Begriff des Dualsystems und die linearen Topologien auf linearen Räumen über beliebigen Körpern geführt. Dem Verfasser schien es von Interesse zu sein, die Theorie dieser lineartopologischen Räume ein Stück weit zu verfolgen, da sie sich in enger Analogie zur Theorie der lokalkonvexen Räume durchführen läßt. Es sei jedoch betont, daß dieser Teil des zweiten Kapitels zum Verständnis der späteren Kapitel nicht vorausgesetzt wird.

Das dritte Kapitel beschäftigt sich mit den reellen und komplexen topologischen linearen Räumen. Die klassischen Ergebnisse der Banachschen Theorie finden hier ihren Platz, ebenso die Grundtatsachen über konvexe Mengen in unendlichdimensionalen Räumen. Die folgenden Kapitel bringen eine ausführliche Untersuchung der lokalkonvexen Räume. Es wird vor allem die allgemeine Theorie behandelt, es werden aber auch einige wichtige Klassen dieser Räume, wie z.B. (F)-Räume, tonnelierte und bornologische Räume näher untersucht. Eine größere Anzahl von Beispielen und Gegenbeispielen sollen sowohl die Tragweite der Theorie wie auch ihre Grenzen erkennen lassen.

Der zweite Band soll die Theorie der linearen Abbildungen und die für die Analysis wichtigen speziellen Räume und Raumklassen bringen. Auf die Theorie des Hilbert-Raumes wird nicht eingegangen, da es genügend viele ausgezeichnete Lehrbücher darüber gibt.

Der schnellen Orientierung über den Inhalt des Buches dienen das ausführliche Inhaltsverzeichnis am Anfang des Buches und die kurzen Zusammenfassungen zu Beginn jedes Kapitels. Das Literaturverzeichnis am Ende des Buches erhebt keinen Anspruch auf Vollständigkeit, dürfte jedoch ausführlich genug sein, um ein selbständiges Weiterarbeiten zu ermöglichen.

Der erste Anstoß zur Beschäftigung mit dem Gegenstand dieses Buches ging von meinem Lehrer O. TOEPLITZ aus. Die von uns gemeinsam entwickelte Theorie der vollkommenen Räume habe ich in § 30 dieses Buches darzustellen versucht. Dem wiederholten persönlichen Kontakt mit den französischen Kollegen J. DIEUDONNÉ, A. GROTHENDIECK und L. SCHWARTZ nach dem Kriege verdanke ich die genaue Kenntnis der von ihnen entwickelten Theorie, die den Hauptgegenstand dieses Buches bildet. Die vorliegende Darstellung stützt sich vielfach auf die beiden Bände von BOURBAKI (BOURBAKI [6] des Literaturverzeichnisses) und die Vorlesung von GROTHENDIECK [11].

Zu besonderem Dank bin ich Herrn W. NEUMER und Herrn H. G. TILLMANN verpflichtet, die die erste Hälfte bzw. das ganze Manuskript sorgfältig und kritisch durchgesehen haben. Wichtige Anregungen und Bemerkungen stammen von den Herren M. LANDSBERG, H. SCHAEFER und J. WLOKA.

Schließlich danke ich dem Verlag für die rasche und vorzügliche Drucklegung.

Heidelberg, im August 1960. G. KÖTHE

Vorwort zur zweiten Auflage

Die zweite Auflage enthält eine Reihe von Korrekturen, auf deren Notwendigkeit mich freundliche Leser aufmerksam machten, und Hinweise auf neuere Literatur, in der einige der in der ersten Auflage noch offenen Probleme inzwischen ihre Lösung fanden. Davon abgesehen blieb der Text unverändert.

Frankfurt, im Oktober 1965 G. KÖTHE

Inhaltsverzeichnis

Erstes Kapitel: Grundbegriffe der allgemeinen Topologie

Zweites Kapitel: Lineare Räume über beliebigen Körpern

Seite

Drittes Kapitel: Topologische lineare Räume

Viertes Kapitel: Lokalkonvexe Räume. Grundlagen

Fünftes Kapitel: Topologisch-geometrische Eigenschaften der lokalkonvexen Räume

Erstes Kapitel

Grundbegriffe der allgemeinen Topologie

In diesem einleitenden Kapitel stellen wir kurz diejenigen Begriffe und Sätze der allgemeinen Topologie zusammen, die wir später brauchen werden. Da das Verständnis der Schlußweisen der Topologie für das Studium der linearen Räume unerläßlich ist, haben wir auch die Beweise der Sätze ausgeführt.

Zur eingehenden Orientierung muß allerdings auf die Literatur über allgemeine Topologie verwiesen werden; wir nennen BOURBAKI [5], KELLEY [2], LEFSCHETZ [1] und SCHUBERT [1]. Die vorliegende Darstellung schließt sich stark an BOURBAKI an.

§ 1. Der topologische Raum

1. Der Begriff des topologischen Raumes. Auf einer Menge R ist eine Topologie $\mathfrak{T}$ erklärt, wenn eine Klasse $\mathfrak{O}$ von Teilmengen von R gegeben ist, die die Bedingungen erfüllt

(O 1) *R und die leere Menge sind in $\mathfrak{O}$,*

(O 2) *$\mathfrak{O}$ enthält mit endlich vielen Mengen ihren Durchschnitt und mit beliebig vielen Mengen ihre Vereinigung.*

Die Mengen von $\mathfrak{O}$ heißen die offenen Mengen von R. Eine Menge R mit einer auf ihr erklärten Topologie $\mathfrak{T}$ heißt ein topologischer Raum, die Elemente von R heißen die Punkte des Raumes.

Eine Teilklasse $\mathfrak{B}$ von $\mathfrak{O}$ heißt eine Basis der offenen Mengen von R, wenn jede offene Menge Vereinigung von Mengen aus $\mathfrak{B}$ ist. Eine Teilklasse von $\mathfrak{O}$ heißt eine Subbasis, wenn die endlichen Durchschnitte ihrer Mengen eine Basis bilden.

Die Topologie $\mathfrak{T}$ ist durch eine Basis bzw. Subbasis der offenen Mengen bereits bestimmt.

Das Komplement $R \sim O$ einer offenen Menge O heißt eine abgeschlossene Menge von R. Die Klasse $\mathfrak{A}$ aller abgeschlossenen Teilmengen von R hat offenbar die Eigenschaften

(A 1) *R und die leere Menge sind in $\mathfrak{A}$,*

(A 2) *$\mathfrak{A}$ enthält mit endlich vielen Mengen ihre Vereinigung und mit beliebig vielen Mengen ihren Durchschnitt.*

Eine Topologie auf einer Menge R kann daher auch durch eine Klasse $\mathfrak{A}$ mit den Eigenschaften (A 1) und (A 2) erklärt werden. Die offenen Mengen sind dann die Komplemente der abgeschlossenen Mengen.

Basis und Subbasis von $\mathfrak{A}$ sind wie oben unter Vertauschung der Begriffe „Vereinigung" und „Durchschnitt" zu erklären. Sprechen wir im folgenden von einer Basis von R, so verstehen wir darunter jedoch stets eine Basis der offenen Mengen von R.

2. Umgebungen. Eine dritte Art der Einführung einer Topologie ist die durch die Menge aller Umgebungen.

Jede Teilmenge des topologischen Raumes R, die eine den Punkt x enthaltende offene Teilmenge enthält, heißt eine Umgebung von x. $\mathfrak{U}(x)$ sei die Klasse aller Umgebungen von x. Für die Klassen $\mathfrak{U}(x)$ bestätigt man leicht die Eigenschaften

(U 1) $\mathfrak{U}(x)$ *ist nichtleer und* x *liegt in jeder Menge von* $\mathfrak{U}(x)$,

(U 2) $\mathfrak{U}(x)$ *enthält mit einer Menge auch jede größere Teilmenge von* R,

(U 3) *Endlich viele Mengen aus* $\mathfrak{U}(x)$ *haben einen in* $\mathfrak{U}(x)$ *liegenden Durchschnitt,*

(U 4) *Zu jedem* $U \in \mathfrak{U}(x)$ *gibt es ein* $V \in \mathfrak{U}(x)$ *mit* $U \in \mathfrak{U}(y)$ *für jedes* $y \in V$.

Wir bemerken zu (U 4), daß jede in U enthaltene offene Umgebung V von x die verlangte Eigenschaft hat.

Es sei nun umgekehrt in einer Menge R jedem x eine nichtleere Klasse $\mathfrak{U}(x)$ von Teilmengen von R zugeordnet und (U 1) bis (U 4) seien erfüllt. Wenn für jedes x $\mathfrak{U}(x)$ die Klasse aller Umgebungen von x in einer Topologie $\mathfrak{T}$ auf R sein soll, so müssen die nichtleeren offenen Mengen mit den Teilmengen O von R identisch sein, für die aus $x \in O$ stets $O \in \mathfrak{U}(x)$ folgt.

Die Klasse $\mathfrak{O}$ aller dieser O und der leeren Menge erfüllt aber (O 1) und (O 2). Denn die leere Menge ist in $\mathfrak{O}$, wegen (U 2) auch R; wegen (U 3) ist der Durchschnitt endlich vieler und wegen (U 2) die Vereinigung beliebig vieler Mengen O wieder eine Menge aus $\mathfrak{O}$. $\mathfrak{O}$ erzeugt also eine Topologie $\mathfrak{T}$.

Wir haben noch zu zeigen, daß die $\mathfrak{T}$-Umgebungen von x mit den $U \in \mathfrak{U}(x)$ übereinstimmen. Jede $\mathfrak{T}$-Umgebung von x umfaßt eine Menge O, die in $\mathfrak{U}(x)$ liegt, wegen (U 2) ist also jede $\mathfrak{T}$-Umgebung von x in $\mathfrak{U}(x)$. Sei umgekehrt $U \in \mathfrak{U}(x)$ gegeben. Wir bilden die Teilmenge U_1 aller $y \in U$ mit $U \in \mathfrak{U}(y)$. Da x in U_1 liegt, genügt es zu zeigen, daß U_1 zu $\mathfrak{O}$ gehört. Nach (U 4) gibt es zu y ein $V \in \mathfrak{U}(y)$ mit $U \in \mathfrak{U}(z)$ für alle $z \in V$. Nach der Definition von U_1 liegt z in U_1, also ist $V \subset U_1$ und damit nach (U 2) $U_1 \in \mathfrak{U}(y)$. Also gilt

(1) *Ist auf einer Menge* R *jedem* $x \in R$ *eine Klasse von Teilmengen* $\mathfrak{U}(x)$ *zugeordnet, so daß* (U 1) *bis* (U 4) *erfüllt sind, so gibt es eine und nur eine Topologie auf* R, *in der für alle* $x \in R$ $\mathfrak{U}(x)$ *die Klasse aller Umgebungen von* x *ist.*

Zwei Topologien $\mathfrak{T}$ und $\mathfrak{T}'$ auf einer Menge R ergeben also denselben topologischen Raum, wenn sie dieselben offenen Mengen oder dieselben abgeschlossenen Mengen oder in jedem Punkt dieselben Umgebungen ergeben.

Zwei topologische Räume R_1 und R_2 heißen homöomorph, wenn es eine eineindeutige Abbildung der Punkte von R_1 auf die Punkte von R_2 gibt, bei der jede offene Menge von R_1 in eine offene Menge von R_2 übergeht und umgekehrt. Eine solche Abbildung heißt eine Homöomorphie. An Stelle der offenen kann man auch die abgeschlossenen Mengen oder die Klassen $\mathfrak{U}(x)$ zur Definition der Homöomorphie verwenden.

3. Umgebungsbasen. Ist $\mathfrak{U}(x)$ die Klasse aller Umgebungen eines Punktes x des topologischen Raumes R, so heißt eine Teilklasse $\mathfrak{V}(x)$ von $\mathfrak{U}(x)$ eine Umgebungsbasis für x (auch Fundamentalsystem von Umgebungen von x), wenn jede Umgebung aus $\mathfrak{U}(x)$ eine aus $\mathfrak{V}(x)$ umfaßt; anders ausgedrückt: $\mathfrak{U}(x)$ entsteht aus $\mathfrak{V}(x)$ durch Hinzunahme aller Teilmengen von R, die irgendeine Menge aus $\mathfrak{V}(x)$ enthalten. Ist für jedes x eine Umgebungsbasis $\mathfrak{V}(x)$ gegeben, so spricht man von einer Umgebungsbasis $\mathfrak{V}$ in R.

Für eine Umgebungsbasis $\mathfrak{V}$ aus nur offenen Mengen ergeben sich aus (U1) bis (U4) und der in 2. gegebenen Charakterisierung der offenen Mengen leicht die drei Axiome von Hausdorff

(H1) *Jeder Punkt x besitzt wenigstens eine Umgebung aus $\mathfrak{V}(x)$ und liegt in jeder seiner Umgebungen,*

(H2) *Der Durchschnitt zweier Umgebungen aus $\mathfrak{V}(x)$ enthält eine Umgebung aus $\mathfrak{V}(x)$,*

(H3) *Liegt y in $V \in \mathfrak{V}(x)$, so gibt es ein $W \in \mathfrak{V}(y)$ mit $W \subset V$.*

Auch hier gilt die Umkehrung, daß durch eine (H1) bis (H3) erfüllende Definition einer Umgebungsbasis $\mathfrak{V}$ in einer Menge R eindeutig eine Topologie erklärt ist. Man braucht nur zu den dadurch eingeführten Umgebungen noch alle größeren Teilmengen von R als Umgebungen hinzuzunehmen um eine (U1) bis (U4) erfüllende Umgebungsklasse zu erhalten.

Dies ist also eine vierte Möglichkeit, eine Topologie in einer Menge R einzuführen.

Geht man von einer Umgebungsbasis aus, so ist eine Menge genau dann offen, wenn sie mit jedem Punkt eine ganze Umgebung der Basis enthält. Die von der Nullmenge verschiedenen offenen Mengen eines topologischen Raumes bilden stets eine Umgebungsbasis.

Zwei Umgebungsbasen $\mathfrak{V}$ und $\mathfrak{V}'$ auf demselben R heißen äquivalent, wenn sie in R dieselbe Topologie erklären. Dies ist offenbar dann und nur dann der Fall, wenn die durch sie bestimmten Klassen aller Umgebungen von R gleich sind. Daraus ergibt sich sofort das später oft benützte Hausdorffsche Kriterium

(1) *Zwei Umgebungsbasen* $\mathfrak{B}$ *und* $\mathfrak{B}'$ *auf derselben Menge* R *sind dann und nur dann äquivalent, wenn jede Umgebung von* x *der einen Basis stets eine Umgebung von* x *der anderen Basis umfaßt,* x *beliebig in* R.

4. Separierte Räume. Ein topologischer Raum R heißt separiert oder ein Hausdorffscher Raum, wenn er noch das vierte der von HAUSDORFF angegebenen Axiome erfüllt

(H4) *Zwei verschiedene Punkte von* R *besitzen stets zwei Umgebungen aus* $\mathfrak{B}$ *ohne gemeinsame Punkte.*

Es kann auch so formuliert werden,

(T_2) *Zwei verschiedene Punkte von* R *liegen stets in zwei disjunkten offenen Mengen.*

(T_2) wird oft als das zweite oder Hausdorffsche Trennungsaxiom bezeichnet und die separierten Räume als T_2-Räume (vgl. LEFSCHETZ [13]).

Ist R eine beliebige Menge und ordnet man jedem $x \in R$ *alle* x enthaltenden Teilmengen von R als Umgebungen zu, so wird R durch die so erklärte diskrete Topologie ein separierter Raum.

5. Einige einfache topologische Begriffe. Ein Punkt x einer Teilmenge M eines topologischen Raumes heißt innerer Punkt, wenn mit x eine ganze Umgebung von x in M liegt. Die Gesamtheit der inneren Punkte von M bildet eine offene Menge, das Innere von M. Ein Punkt x heißt äußerer Punkt von M, wenn er innerer Punkt des Komplements $R \sim M$ ist. Eine Menge $U \supset N$, N eine offene Menge $\supset M$, heißt eine Umgebung von M.

Ein Punkt x heißt Berührungspunkt der Menge M, wenn jede Umgebung von x wenigstens einen Punkt von M enthält. Die Menge aller Berührungspunkte einer Menge M wird als die abgeschlossene Hülle $\overline{M}$ von M bezeichnet. Da das Komplement von $\overline{M}$ eine offene Menge ist, ist $\overline{M}$ eine abgeschlossene Menge, und zwar der Durchschnitt aller M umfassenden abgeschlossenen Teilmengen von R. Eine Menge ist also dann und nur dann abgeschlossen, wenn sie mit ihrer abgeschlossenen Hülle zusammenfällt. Speziell gilt $\overline{\overline{M}} = \overline{M}$ für jede Menge M.

Ein Punkt x heißt Häufungspunkt der Menge M, wenn jede Umgebung von x wenigstens einen von x verschiedenen Punkt von M enthält. Ein Berührungspunkt von M ist dann und nur dann kein Häufungspunkt von M, wenn er ein isolierter Punkt von M ist, d.h. ein Punkt, der eine Umgebung besitzt, in der kein weiterer Punkt von M liegt. Es gilt offenbar auch: M ist dann und nur dann abgeschlossen, wenn M alle seine Häufungspunkte enthält.

Der Rand einer Menge M ist der Durchschnitt der abgeschlossenen Hüllen von M und $R \sim M$. Ein Randpunkt von M ist also ein Berührungspunkt von M und $R \sim M$. Jede abgeschlossene Menge enthält ihren Rand, jede offene Menge ist disjunkt zu ihrem Rand.

Die Menge N heißt dicht in M, wenn $M \subset \overline{N}$, überall dicht, wenn $\overline{N} = R$, nirgends dicht, wenn $\overline{N}$ keinen inneren Punkt besitzt. Der Rand jeder offenen bzw. abgeschlossenen Menge ist nirgends dicht.

Als Anwendung dieser Begriffe beweisen wir

(1) *In einem separierten Raum enthält der Durchschnitt der abgeschlossenen Umgebungen eines Punktes nur diesen Punkt.*

Ist x_0 gegeben, y ein von x_0 verschiedener Punkt, so gibt es nach (H4) eine Umgebung $U(x_0)$ und eine Umgebung $V(y)$ mit $U \cap V$ leer. Dann ist aber y innerer Punkt von $R \sim U$, also äußerer Punkt von U, also auch nicht in der abgeschlossenen Hülle von U gelegen.

Aus (1) folgt sofort

(2) *Die einzige separierte Topologie auf einer endlichen Menge ist die diskrete Topologie.*

6. Induzierte Topologie, Vergleich von Topologien. Zusammenhang. Ist S eine Teilmenge des topologischen Raumes R, so induziert die Topologie $\mathfrak{T}$ von R in S eine Topologie, wenn man als offene Mengen in S die Mengen $S \cap O$, O offen in R, erklärt. Man erhält die induzierte Topologie auch, wenn man entsprechend die Durchschnitte der abgeschlossenen Mengen mit S nimmt, oder die Durchschnitte mit S der Umgebungen der in S liegenden Punkte. Man beachte, daß eine in S offene oder abgeschlossene Menge es nicht mehr in R zu sein braucht.

Ist R separiert, so auch S in der induzierten Topologie, die wir im allgemeinen wieder mit $\mathfrak{T}$ bezeichnen wollen.

Sind auf einer Menge R zwei Topologien $\mathfrak{T}_1$ und $\mathfrak{T}_2$ erklärt, so heißt $\mathfrak{T}_1$ feiner (auch stärker) als $\mathfrak{T}_2$, wenn jede $\mathfrak{T}_2$-Umgebung auch eine $\mathfrak{T}_1$-Umgebung ist; $\mathfrak{T}_2$ heißt gröber (schwächer) als $\mathfrak{T}_1$. Daß $\mathfrak{T}_1$ feiner ist als $\mathfrak{T}_2$ kann auch so ausgedrückt werden, daß die Klasse $\mathfrak{O}_1$ der für $\mathfrak{T}_1$ offenen Mengen die Klasse $\mathfrak{O}_2$ der für $\mathfrak{T}_2$ offenen Mengen umfaßt. Dasselbe gilt für die Klassen der abgeschlossenen Mengen; wir schreiben deshalb auch $\mathfrak{T}_1 \supset \mathfrak{T}_2$. Ist $\mathfrak{T}_1$ feiner als $\mathfrak{T}_2$, so ist jeder $\mathfrak{T}_1$-Berührungspunkt einer Menge M auch $\mathfrak{T}_2$-Berührungspunkt, aber nicht umgekehrt; durch Abschließen von M bezüglich $\mathfrak{T}_1$ erhält man also im allgemeinen eine kleinere Menge als durch Abschließen bezüglich $\mathfrak{T}_2$.

Sind auf einer Menge R endlich oder unendlich viele Topologien $\mathfrak{T}_\alpha$ erklärt, so gibt es unter den Topologien auf R, die gröber sind als alle $\mathfrak{T}_\alpha$, eine feinste, $\mathfrak{T}$: Die $\mathfrak{T}$-Umgebungen eines Punktes x sind die Punktmengen, die für jedes α eine $\mathfrak{T}_\alpha$-Umgebung von x sind. Sind die $\mathfrak{O}_\alpha$

die Klassen der bezüglich $\mathfrak{T}_\alpha$ offenen Mengen, so gilt für die Klasse $\mathfrak{O}$ der bezüglich $\mathfrak{T}$ offenen Mengen $\mathfrak{O} = \bigcap_\alpha \mathfrak{O}_\alpha$ wegen $\mathfrak{O} \subseteq \mathfrak{O}_\alpha$ für jedes α. Man nennt $\mathfrak{T}$ den Durchschnitt der $\mathfrak{T}_\alpha$.

Sind die $\mathfrak{T}_\alpha$ separiert, so braucht $\mathfrak{T}$ nicht separiert zu sein. Besteht $\bigcap_\alpha \mathfrak{O}_\alpha$ nur noch aus der leeren Menge und R, so ist $\mathfrak{T}$ die leere Topologie, in der jeder Punkt als einzige Umgebung R besitzt.

Analog gibt es zu gegebenen $\mathfrak{T}_\alpha$ unter den Topologien, die feiner sind als jedes $\mathfrak{T}_\alpha$, eine gröbste, $\mathfrak{T}$. Sie heißt die Vereinigung der $\mathfrak{T}_\alpha$. Eine $\mathfrak{T}$-Umgebungsbasis für $x \in R$ besteht aus den $\mathfrak{T}_\alpha$-Umgebungen von x für alle α und deren endlichen Durchschnitten. Als Extremfall erscheint hier die diskrete Topologie (4.). Die Vereinigung separierter $\mathfrak{T}_\alpha$ ist wieder separiert.

Ein topologischer Raum R heißt zusammenhängend, wenn er nicht die Vereinigung zweier nichtleerer disjunkter offener Mengen ist. Gleichbedeutend damit ist, daß R nicht die Vereinigung zweier nichtleerer disjunkter abgeschlossener Mengen ist, oder daß R keine zugleich offene und abgeschlossene nichtleere echte Teilmenge enthält.

Eine Teilmenge S von R heißt zusammenhängend, wenn S als topologischer Raum mit der induzierten Topologie zusammenhängend ist.

R ist zusammenhängend, wenn je zwei Punkte von R in einer zusammenhängenden Teilmenge liegen. Denn zerfiele R in zwei offene nichtleere Teilmengen R_1 und R_2, so würde auch jede zwei Punkte aus R_1 und R_2 enthaltende Teilmenge S in die in S offenen, nichtleeren Teilmengen $R_1 \cap S$ und $R_2 \cap S$ zerfallen.

Mit P bezeichnen wir den Körper der reellen Zahlen, mit P^n den reellen n-dimensionalen Raum in der natürlichen (euklidischen) Topologie. Da die zwei Punkte des P^n verbindende Strecke zusammenhängend ist, ist auch der n-dimensionale Raum P^n selbst zusammenhängend.

Ein topologischer Raum heißt total unzusammenhängend, wenn er keine mehrpunktige zusammenhängende Teilmenge besitzt. Jeder diskrete Raum ist total unzusammenhängend, aber nicht umgekehrt; so bilden z.B. die rationalen Zahlen in der durch die natürliche Topologie von P induzierten Topologie einen total unzusammenhängenden Raum.

7. Stetige Abbildungen. Es sei A eine Abbildung des topologischen Raumes R_1 in den topologischen Raum R_2, also eine Zuordnung, die jedem $x \in R_1$ ein $Ax \in R_2$ zuordnet. Wir sprechen auch von einer Funktion in R_1 mit Werten in R_2, werden diesen Ausdruck jedoch im allgemeinen nur gebrauchen, wenn R_2 ein Zahlenraum ist.

Jede solche Punktabbildung A erzeugt eine wieder mit A bezeichnete Abbildung der Klasse der Teilmengen von R_1 in die Klasse der Teilmengen von R_2. Ist nämlich M eine Teilmenge von R_1, so bilden alle

Ax, $x \in M$, eine Teilmenge $A(M)$ von R_2, die als die Bildmenge oder das Bild von M bezeichnet wird. Insbesondere heißt $A(R_1)$ der Bildraum von A.

Ist A eineindeutig und $y = Ax$, so entsteht durch die Zuordnung $A^{(-1)} y = x$ eine eineindeutige Abbildung $A^{(-1)}$ von $A(R_1)$ auf R_1. Wir nennen $A^{(-1)}$ die Umkehrung von A. Sie erzeugt ebenfalls eine Abbildung $A^{(-1)}$ der Klasse der Teilmengen von $A(R_1)$ auf die Klasse der Teilmengen von R_1.

Ist A nicht eineindeutig, so existiert keine Umkehrung der Punktabbildung. Wir können jedoch jeder Teilmenge N von $A(R_1)$ ihr Urbild $A^{(-1)}(N)$, die Menge aller $x \in R_1$ mit $Ax \in N$, zuordnen. Damit ist für jede Abbildung A die Umkehrung $A^{(-1)}$ als eine Abbildung der Klasse der Teilmengen von $A(R_1)$ in die Klasse der Teilmengen von R_1 definiert.

Ist M eine beliebige Teilmenge von R_2, so wollen wir unter $A^{(-1)}(M)$ stets $A^{(-1)}(M \cap A(R_1))$ verstehen.

Bildet eine Abbildung A von R_1 in R_2 jede offene bzw. jede abgeschlossene Teilmenge von R_1 in eine in $A(R_1)$ (nicht notwendig in R_2!) offene bzw. abgeschlossene Menge ab, so heißt A offen bzw. abgeschlossen. Entsprechend heißt die Umkehrung $A^{(-1)}$ offen (abgeschlossen), wenn jede offene (abgeschlossene) Teilmenge von $A(R_1)$ ein ebensolches Urbild besitzt.

Eine Abbildung A von R_1 in R_2 heißt stetig in x_0, wenn zu jeder Umgebung V von Ax_0 in R_2 eine Umgebung U von x_0 in R_1 existiert, deren Bild ganz in V liegt. Man kann sich offenbar auf Umgebungen einer vorgegebenen Umgebungsbasis beschränken. Ist A stetig in allen $x \in R_1$, so heißt A stetig (in R_1).

(1) *Die folgenden Eigenschaften von A sind äquivalent: a) A ist stetig, b) $A^{(-1)}$ ist offen, c) $A^{(-1)}$ ist abgeschlossen.*

Beweis. Ist $A^{(-1)}$ offen, so ist für eine vorgegebene offene Umgebung V von Ax_0 die Menge $A^{(-1)}(V)$ offen, also eine Umgebung von x_0, deren Bild bei der Abbildung A in V liegt.

Ist umgekehrt A stetig und die Teilmenge M von $A(R_1)$ in $A(R_1)$ offen, so gehört mit Ax_0 eine ganze Umgebung zu M, das Bild dieser Umgebung bei der Abbildung $A^{(-1)}$ enthält aber eine Umgebung von x_0, also ist $A^{(-1)}(M)$ offen in R_1.

Da $A^{(-1)}$ die Menge $A(R_1) \sim M$ in $R_1 \sim A^{(-1)}(M)$ abbildet, ist $A^{(-1)}$ dann und nur dann offen, wenn es abgeschlossen ist.

Ist die stetige Abbildung A eineindeutig, so braucht $A^{(-1)}$ nicht stetig zu sein.

(2) *Die eineindeutige Abbildung A von R_1 auf R_2 ist dann und nur dann eine Homöomorphie, wenn A und $A^{(-1)}$ stetig oder A und $A^{(-1)}$ offen (abgeschlossen) sind.*

Denn bei einer Homöomorphie entsprechen sich die Umgebungen und die offenen bzw. abgeschlossenen Mengen von R_1 und R_2 eineindeutig. Andererseits folgt aus der Stetigkeit von A und $A^{(-1)}$ nach (1), daß $A^{(-1)}$ und A offen sind, d.h. die offenen Mengen von R_1 und R_2 entsprechen sich eineindeutig, A ist eine Homöomorphie.

(3) *Eine Abbildung A ist dann und nur dann stetig, wenn sie jeden Berührungspunkt einer Menge in einen Berührungspunkt der Bildmenge überführt.*

Beweis. Daß jeder Berührungspunkt in einen Berührungspunkt der Bildmenge übergeht, folgt unmittelbar aus der Definition der Stetigkeit. Wir bemerken, daß das Bild eines Häufungspunktes nicht wieder ein Häufungspunkt zu sein braucht.

Der andere Teil von (3) gilt jedoch auch für Häufungspunkte: Ist A nicht stetig, so gibt es wenigstens eine Umgebung V eines Punktes Ax_0, so daß in jeder Umgebung U von x_0 Punkte x_U liegen, deren Bildpunkte nicht zu V gehören. Die Menge der x_U hat x_0 als Häufungspunkt, die Menge der Bildpunkte Ax_U hat Ax_0 nicht zum Häufungspunkt.

Die Hintereinanderausführung endlich vieler stetiger Abbildungen ergibt stets wieder stetige Abbildungen.

8. Topologische Produkte. Sind die Mengen $R_1, \ldots, R_n$ gegeben, so bezeichnet man die Menge R aller n-tupel $x = (x_1, \ldots, x_n)$, $x_i \in R_i$, mit $R_1 \times \cdots \times R_n = \prod_{i=1}^{n} R_i$. Sind die R_i topologische Räume, so wird R zum topologischen Produkt der R_i, wenn man als Umgebungsbasis von x die Klasse aller Mengen $U = \prod_{i=1}^{n} U_i(x_i)$ erklärt, $U_i(x_i)$ eine beliebige Umgebung von x_i in R_i. Wir verwenden wieder die Bezeichnung $\prod_{i=1}^{n} R_i$ für diesen topologischen Raum.

Diese Definition läßt sich auf beliebig viele Faktoren ausdehnen: Ist R_α, $\alpha \in \mathsf{A}$, gegeben, so bezeichne $R = \prod_{\alpha \in \mathsf{A}} R_\alpha$ die Menge aller Funktionen $x(\alpha) = x_\alpha \in R_\alpha$. R heißt das Mengenprodukt oder Cartesische Produkt der R_α. Sind die R_α topologische Räume, so wird R zum topologischen Produkt der R_α, wenn man als Umgebungen einer Umgebungsbasis des Punktes x alle Teilmengen $U = \prod_{\alpha \in \mathsf{A}} W_\alpha$ einführt mit $W_\alpha = R_\alpha$ für alle α bis auf endlich viele und $W_\beta = U_\beta(x_\beta)$ für diese restlichen, wobei $U_\beta(x_\beta)$ eine beliebige Umgebung von x_β in R_β ist.

Sind alle $R_\alpha = S$, so schreibt man S^{A} für das topologische Produkt, speziell S^n, wenn n gleiche Faktoren vorliegen, S^ω, wenn es abzählbar viele sind. Ist P die Menge der reellen Zahlen in der natürlichen Topologie, so ist also P^n der n-dimensionale Raum. P^ω ist der Raum aller Folgen mit der eben erklärten Topologie.

Als Parallelotop $\mathfrak{P}^{\mathsf{A}}$ bezeichnet man das topologische Produkt S^{A}, wenn S das abgeschlossene Intervall $[0, 1]$ ist.

Sind die R_α separiert, so ist auch $\prod_\alpha R_\alpha$ separiert.

Die Abbildung P_α, die jedem $x \in R$ seine Komponente $x_\alpha \in R_\alpha$ zuordnet, nennt man die Projektion von R auf R_α. Sie ist eine stetige Abbildung von R auf R_α und *die Topologie von R ist die gröbste Topologie, für die alle Projektionen P_α stetig sind.* Denn ist P_α stetig, so muß das Urbild von $U_\alpha(x_\alpha)$ nach 7.(1) offen, also eine Umgebung von x in R sein, durch endliche Durchschnittsbildung erhält man aus diesen Urbildern aber bereits alle Umgebungen der angegebenen Umgebungsbasis in R.

Die Projektion P_α ist offen, denn eine offene Menge umfaßt eine Umgebung $\prod W_\alpha$ jedes Punktes, die Projektion umfaßt also die offene Umgebung W_α des Bildpunktes, die α-ten Komponenten der Punkte einer offenen Menge bilden also wieder eine offene Menge. P_α braucht nicht abgeschlossen zu sein, wie etwa das Beispiel der in P^2 abgeschlossenen Menge aller $(n, 1/n)$, $n = 1, 2, \ldots$, zeigt.

(1) *Sind die M_α Teilmengen von R_α, so ist die abgeschlossene Hülle der Menge $\prod_{\alpha \in \mathsf{A}} M_\alpha$ gleich $\prod_{\alpha \in \mathsf{A}} \overline{M}_\alpha$, $\overline{M}_\alpha$ die abgeschlossene Hülle von M_α in R_α.*

Beweis. Man sieht sofort, daß in jeder zur angegebenen Basis gehörenden Umgebung eines $x \in \prod \overline{M}_\alpha$ mindestens ein Element von $\prod M_\alpha$ liegt, umgekehrt kommen nur Elemente aus $\prod \overline{M}_\alpha$ als Berührungspunkte in Frage.

Sind die M_α alle abgeschlossen, so also auch $\prod M_\alpha$. Sind die M_α offen, so braucht $\prod M_\alpha$ nicht offen zu sein, sobald A unendlich viele Elemente enthält.

Ist A eine im Punkt $(x_1^{(0)}, x_2^{(0)})$ stetige Abbildung des topologischen Produkts $R_1 \times R_2$ in den topologischen Raum S, so ist die Abbildung $x_1 \to A(x_1, x_2^{(0)})$ von R_1 in S im Punkt $x_1^{(0)}$ stetig (partielle Stetigkeit).

§ 2. Gerichtete Systeme und Filter

1. Halbgeordnete und gerichtete Mengen. Eine Menge H heißt halbgeordnet oder teilweise geordnet, wenn für gewisse Paare ihrer Elemente eine Beziehung $x \leqq y$ (x kleiner oder gleich y) erklärt ist, die reflexiv ($x \leqq x$), transitiv (aus $x \leqq y$ und $y \leqq z$ folgt $x \leqq z$) und antisymmetrisch (aus $x \leqq y$ und $y \leqq x$ folgt $x = y$) ist.

Für $x \leqq y$ schreibt man auch $y \geqq x$, $x < y$ bedeutet $x \leqq y$ und $x \neq y$.

Eine halbgeordnete Menge heißt geordnet oder einfach geordnet, wenn für zwei ihrer Elemente x, y stets $x \leqq y$ oder $y \leqq x$ gilt.

Eine halbgeordnete Menge H heißt gerichtet, wenn zu zwei Elementen x, y stets ein $z \in H$ existiert mit $x \leqq z$, $y \leqq z$. H heißt konvers gerichtet, wenn zu zwei x, y stets ein z mit $z \leqq x$, $z \leqq y$ in H existiert.

Jede geordnete Menge ist gerichtet und konvers gerichtet.

Ist x ein Punkt eines topologischen Raumes, so bilden die Umgebungen einer Umgebungsbasis von x eine bezüglich der mengentheoretischen Beziehung $>$ gerichtete Menge.

Es sei M eine Teilmenge der halbgeordneten Menge H. Sie ist bezüglich $\leqq$ wieder halbgeordnet. M heißt nach oben (nach unten) beschränkt, wenn es ein $y \in H$ gibt mit $x \leqq y$ ($y \leqq x$) für alle $x \in M$. y heißt eine obere (untere) Schranke von M. In einer gerichteten Menge ist jede endliche Teilmenge nach oben beschränkt.

Besitzt die Menge der oberen (unteren) Schranken von M ein kleinstes (größtes) Element y_0, so heißt y_0 die obere (untere) Grenze von M.

Ein $z \in M$ heißt ein maximales (minimales) Element von M, wenn es in M kein x mit $z < x$ ($x < z$) gibt. Ein kleinstes Element von M ist stets ein minimales, aber nicht umgekehrt.

2. Der Satz von Zorn. Eine geordnete Menge heißt wohlgeordnet, wenn jede ihrer nichtleeren Teilmengen ein kleinstes Element besitzt.

Wir setzen die Ergebnisse der klassischen Mengentheorie hier als bekannt voraus (vgl. z.B. Hausdorff [2] und Kamke [1]). Wir nehmen insbesondere die Gültigkeit des Auswahlaxioms an. Dann läßt sich unter Verwendung der Ordnungszahlen als Indexmenge jede Menge wohlordnen. Wir werden auch von der transfiniten Induktion und der Theorie der Kardinalzahlen gelegentlich Gebrauch machen.

Als Beispiel zur transfiniten Induktion bringen wir den Satz von Zorn

(1) *Ist jede geordnete Teilmenge einer halbgeordneten Menge H nach oben beschränkt, so besitzt H wenigstens ein maximales Element.*

Beweis. Es sei eine Wohlordnung x_α, $\alpha = 0, 1, \ldots$, der Elemente von H gegeben. Wir bestimmen durch transfinite Induktion eine geordnete Teilmenge G von H: x_0 gehöre zu G; ist für alle $\beta < \gamma$ entschieden, welche x_β zu G gehören, so gehöre x_γ genau dann zu G, wenn $x_\beta < x_\gamma$ für alle $x_\beta \in G$. G hat nach Voraussetzung eine obere Schranke z. Da z ein x_α ist, muß z in G liegen, also das größte Element von G und maximal in H sein.

Der Satz von Zorn ist so allgemein, daß die meisten Wohlordnungsschlüsse Spezialfälle dieses Satzes sind, also nicht mehr wiederholt zu werden brauchen.

Als Spezialfall für die durch $<$ halbgeordneten Teilmengen einer Menge M ergibt sich

(2) *Ist H eine Klasse von Teilmengen einer Menge, M, so daß mit einer bezüglich $<$ geordneten Gesamtheit von Teilmengen stets auch ihre Vereinigungsmenge in H liegt, so liegt in H wenigstens eine maximale Teilmenge.*

Es sei bemerkt, daß der Satz von ZORN auch ohne Benützung des Wohlordnungssatzes direkt aus dem Auswahlaxiom hergeleitet werden kann (vgl. z.B. KAMKE [1]). Auswahlaxiom, Wohlordnungssatz und Satz von ZORN sind in Wirklichkeit äquivalente Annahmen (vgl. dazu BIRKHOFF [3] oder HERMES [1]).

3. Gerichtete Systeme in topologischen Räumen. Ist x_n eine Folge von Punkten eines topologischen Raumes R, so heißt x_n konvergent gegen $x_0 \in R$, wenn es zu jeder Umgebung U von x_0 ein $n_0(U)$ gibt, so daß $x_n \in U$ für alle $n \geqq n_0(U)$. x_0 heißt Limes der Folge x_n, in Zeichen $x_n \to x_0$. Ist R separiert, so kann eine Folge nur einen Limes haben. In diesem Fall schreiben wir auch $x_0 = \lim_n x_n$.

In einem beliebigen topologischen Raum R braucht ein Häufungspunkt einer Menge M nicht Limes einer Folge von Punkten aus M zu sein. Das Parallelotop $\mathfrak{P}^{\mathsf{A}}$ mit nichtabzählbarem A bildet ein Beispiel dafür (vgl. § 3, 4.). Mit den gerichteten Mengen läßt sich der Limesbegriff jedoch so verallgemeinern, daß jeder Häufungspunkt Limes wird.

Es sei A eine gerichtete Menge, M eine beliebige Menge. Ist jedem $\alpha \in \mathsf{A}$ ein $x_\alpha \in M$ zugeordnet, so bilden die x_α ein gerichtetes System in M. Für $\mathsf{A} = \{1, 2, \ldots\}$ erhalten wir die Folgen als Spezialfall.

Das gerichtete System x_α, $\alpha \in \mathsf{A}$, heißt konvergent gegen $x_0 \in R$, wenn es zu jeder Umgebung U von x_0 ein $\beta(U) \in \mathsf{A}$ gibt, so daß $x_\gamma \in U$ für alle $\gamma \geqq \beta(U)$. x_0 heißt der Limes von x_α, in Zeichen $x_\alpha \to x_0$.

Wieder ist in separierten Räumen der Limes eines gerichteten Systems eindeutig bestimmt und diese Eigenschaft ist für die separierten Räume charakteristisch (Beweis!). In diesem Fall schreiben wir auch $x_0 = \lim_\alpha x_\alpha$.

Auch der Begriff der Teilfolge verallgemeinert sich: Eine Teilmenge B einer gerichteten Menge A heißt konfinal, wenn es zu jedem $\alpha \in \mathsf{A}$ ein $\beta \in \mathsf{B}$ mit $\beta \geqq \alpha$ gibt. Ist eine Teilmenge einer gerichteten Menge nicht konfinal, so ist ihr Komplement konfinal. Ist x_α, $\alpha \in \mathsf{A}$, ein gerichtetes System, so bilden die x_β ein konfinales Teilsystem, wenn die β eine konfinale Teilmenge von A bilden.

Hat x_α den Limes x_0, so hat auch jedes konfinale Teilsystem den Limes x_0. Ein Punkt y_0 heißt Berührungspunkt des gerichteten Systems x_α, wenn jede Umgebung von y_0 ein konfinales Teilsystem enthält. Jeder Berührungspunkt des gerichteten Systems x_α ist Berührungspunkt der aus den verschiedenen x_α bestehenden Teilmenge von R, aber nicht umgekehrt. Jeder Limes von x_α ist Berührungspunkt. Daraus folgt die eine Hälfte von

(1) *Eine Teilmenge M eines topologischen Raumes R ist dann und nur dann abgeschlossen, wenn sie die Limites aller aus ihren Elementen gebildeten gerichteten Systeme enthält.*

Ist andererseits a ein Berührungspunkt von M, so wähle man in jeder Umgebung U einer Umgebungsbasis von a ein $x_U \in M$. Die U

bilden nach 1. eine bezüglich $>$ gerichtete Menge. Das gerichtete System x_U hat offenbar den Limes a.

(2) *Eine Abbildung A ist dann und nur dann in x_0 stetig, wenn aus $x_\alpha \to x_0$ stets $A x_\alpha \to A x_0$ folgt.*

Die Notwendigkeit folgt unmittelbar aus der Definition der Stetigkeit von A und der Definition der Konvergenz eines gerichteten Systems.

Sei andererseits A in x_0 nicht stetig und $\mathfrak{U} = \{U\}$ eine Umgebungsbasis von x_0. Dann gibt es eine Umgebung V von $A x_0$ und zu jedem $U \in \mathfrak{U}$ ein x_U, dessen Bild $A x_U$ nicht in V liegt. Dann bilden die x_U aber ein gerichtetes System mit $x_U \to x_0$, dessen Bildsystem $A x_U$ nicht gegen $A x_0$ konvergiert.

Wir bemerken, daß man zum Nachweis der Stetigkeit in x_0 mit den gerichteten Systemen x_U auskommt, wobei U eine feste Umgebungsbasis von x_0 durchläuft. Entsprechendes gilt für (1).

Gilt $A x_n \to A x_0$ für alle Folgen $x_n \to x_0$, so nennen wir A folgenstetig in x_0. Die Folgenstetigkeit von A impliziert im allgemeinen nicht die Stetigkeit von A.

4. Filter. Aufs engste verwandt mit dem Begriff des gerichteten Systems ist der Begriff des Filters.

Eine nichtleere Klasse $\mathfrak{F} = \{F_\alpha\}$ von Teilmengen einer Menge M heißt ein Filter auf M, wenn gilt

(F 1) *Jede ein F_α umfassende Teilmenge von M gehört zu $\mathfrak{F}$,*

(F 2) *Der Durchschnitt endlich vieler F_α gehört zu $\mathfrak{F}$,*

(F 3) *Die leere Menge gehört nicht zu $\mathfrak{F}$.*

Die Klasse aller Teilmengen der natürlichen Zahlen, deren Komplement endlich ist, bildet einen Filter.

Allgemeiner erhält man aus einem gerichteten System x_α, $\alpha \in \mathsf{A}$, $x_\alpha \in M$, einen Filter auf M, wenn man zu jedem α die Menge F_α aller untereinander verschiedenen x_β mit $\beta \geqq \alpha$ bildet und diese Mengen und die sie umfassenden Teilmengen von M zu einer Klasse $\mathfrak{F}$ zusammenfaßt.

Wir nennen diesen Filter den dem System x_α zugeordneten Filter. Umgekehrt bilden die Mengen F_α eines Filters $\mathfrak{F}$ eine bezüglich $>$ gerichtete Menge; ferner erhalten wir ein gerichtetes System x_α, wenn wir aus jedem F_α ein x_α auswählen und die α nach der eben genannten Halbordnung der F_α anordnen. Dies sind die einem Filter zugeordneten gerichteten Systeme.

Ein besonders wichtiges Beispiel ist der Filter, der aus allen Umgebungen eines Punktes x_0 eines topologischen Raumes besteht, der Umgebungsfilter von x_0.

Eine nichtleere Teilklasse $\mathfrak{B}$ eines Filters $\mathfrak{F}$ auf M heißt eine Basis des Filters $\mathfrak{F}$, wenn sie den Bedingungen

(B1) *Der Durchschnitt zweier Mengen aus $\mathfrak{B}$ umfaßt eine Menge aus $\mathfrak{B}$,*

(B2) *Die leere Menge gehört nicht zu $\mathfrak{B}$,*

genügt und $\mathfrak{F}$ aus allen Teilmengen von M besteht, die eine Menge aus $\mathfrak{B}$ umfassen.

Durch Hinzunahme aller größeren Mengen entsteht umgekehrt aus einem Mengensystem $\mathfrak{B}$ von Teilmengen einer Menge M, das (B1) und (B2) erfüllt, ein Filter. Ein solches System heißt deshalb eine Filterbasis.

Eine Umgebungsbasis eines Punktes ist in diesem Sinn nichts anderes als eine Basis des Filters aller Umgebungen des Punktes.

Das Hausdorffsche Kriterium aus § 1, 3. verallgemeinert sich zu

(1) *Zwei Filterbasen $\mathfrak{B}$ und $\mathfrak{B}'$ erzeugen dann und nur dann denselben Filter, wenn jede Menge der einen Basis eine der anderen Basis umfaßt.*

Solche Basen heißen äquivalent.

Ein System $\mathfrak{S}$ von Teilmengen einer Menge M, in dem je endlich viele Mengen stets einen nichtleeren Durchschnitt haben, wird durch Hinzunahme aller dieser endlichen Durchschnitte zu einer Filterbasis. Ein solches System heißt eine Subbasis oder ein Erzeugendensystem des dadurch bestimmten Filters.

Sind $\mathfrak{F}$ und $\mathfrak{F}'$ zwei Filter auf derselben Menge M und ist $\mathfrak{F} \subset \mathfrak{F}'$, also $\mathfrak{F}$ Teilklasse von $\mathfrak{F}'$, so heißt $\mathfrak{F}$ gröber als $\mathfrak{F}'$, $\mathfrak{F}'$ feiner als $\mathfrak{F}$. Ist $\mathfrak{T}'$ eine feinere Topologie auf M als $\mathfrak{T}$, so ist der Umgebungsfilter eines Punktes x_0 bezüglich $\mathfrak{T}'$ feiner als der bezüglich $\mathfrak{T}$.

Ist $M \subset N$ und $\mathfrak{F} = \{F_\alpha\}$ ein Filter auf M, so bilden die F_α die Basis eines Filters auf N, der im allgemeinen wieder mit $\mathfrak{F}$ bezeichnet wird. Ist umgekehrt $\mathfrak{F} = \{F_\alpha\}$ ein Filter auf N, so bilden die $F_\alpha \cap M$, falls sie sämtlich nicht leer sind, einen Filter auf M, die Einschränkung von $\mathfrak{F}$ auf M.

5. Filter in topologischen Räumen. Nach dem Vorbild von 3. definieren wir: Ein Filter $\mathfrak{F} = \{F_\alpha\}$ auf einem topologischen Raum R konvergiert gegen x_0, wenn es zu jeder Umgebung U von x_0 ein $F_\beta \subset U$ gibt. x_0 heißt der Limes des Filters, in Zeichen $F_\alpha \to x_0$. Ist R separiert, so gibt es höchstens einen Limes, wir schreiben dann auch $\lim \mathfrak{F} = x_0$ oder $\lim\limits_{\alpha} F_\alpha = x_0$. Mit $\mathfrak{F}$ konvergiert auch jeder feinere Filter $\mathfrak{F}'$ gegen x_0.

Ist der Filter durch eine Basis $\{B_\alpha\}$ gegeben, so lautet die Bedingung für die Konvergenz genau so: Jedes $U(x_0)$ muß ein B_α enthalten.

Ein Punkt x_0, der Berührungspunkt aller F_α ist, heißt Berührungspunkt des Filters. Es genügt dazu, daß x_0 Berührungspunkt aller Mengen einer Basis des Filters ist. Hat $\mathfrak{F}$ den Limes x_0 in einem separierten Raum, so ist x_0 der einzige Berührungspunkt von $\mathfrak{F}$. Die

Umkehrung ist nicht richtig, wie der Filter auf P mit der Basis $F_n = \{0\} \cup [n, \infty)$, $n = 1, 2, \ldots$, zeigt.

(1) *Ist x_0 Berührungspunkt von $\mathfrak{F} = \{F_\alpha\}$ und $\{U_\beta\}$ der Umgebungsfilter von x_0, so bilden alle $F_\alpha \cap U_\beta$ die Basis eines gegen x_0 konvergenten Filters, der feiner ist als $\mathfrak{F}$.*

Zwischen diesen Begriffen und den entsprechenden bei den gerichteten Systemen gelten folgende leicht beweisbare Zusammenhänge

(2) *Der Filter $\{F_\alpha\}$ hat dann und nur dann den Limes x_0, wenn $x_\alpha \to x_0$ gilt für jedes zugeordnete gerichtete System. Das gerichtete System x_α hat dann und nur dann den Limes x_0, wenn der ihm zugeordnete Filter den Limes x_0 hat.*

(3) *Ist x_α ein $\{F_\alpha\}$ zugeordnetes gerichtetes System, so ist der x_α zugeordnete Filter feiner als $\{F_\alpha\}$ und hat genau dieselben Berührungspunkte wie x_α. Die Berührungspunkte der $\{F_\alpha\}$ zugeordneten gerichteten Systeme sind also Berührungspunkte von $\{F_\alpha\}$.*

Wir bemerken, daß umgekehrt ein Berührungspunkt von $\{F_\alpha\}$ nicht immer Berührungspunkt jedes zugeordneten gerichteten Systems x_α zu sein braucht.

Die Sätze (2) und (3) gelten auch für Filterbasen $\{B_\beta\}$ und zugeordnete gerichtete Systeme $x_\beta \in B_\beta$.

Ist M eine Teilmenge von R und x_0 Berührungspunkt von M, so ergibt die Betrachtung des Filters $\{M \cap U_\beta\}$, $\{U_\beta\}$ der Umgebungsfilter von x_0 in R, sofort das Analogon zu 3.(1):

(4) *Eine Teilmenge M eines topologischen Raumes R ist dann und nur dann abgeschlossen, wenn sie die Limites aller in R konvergenten Filter auf M enthält.*

Ist A eine Abbildung der Menge M_1 in die Menge M_2, so bilden die Bildmengen $A(F_\alpha)$ eines Filters $\mathfrak{F} = \{F_\alpha\}$ auf M_1 wegen $A(F_\alpha)$ nichtleer und $A(F_\alpha \cap F_\beta) \subset A(F_\alpha) \cap A(F_\beta)$ die Basis eines Filters auf $A(M_1)$ und damit auf M_2, den wir als den Bildfilter $A(\mathfrak{F})$ bezeichnen. Auch die Bilder einer Basis bilden eine Basis des Bildfilters. Ist $\mathfrak{G} = \{G_\beta\}$ ein Filter auf $A(M_1)$, so erzeugen die $A^{(-1)}(G_\beta)$ einen Filter auf M_1, den wir als den Urbildfilter $A^{(-1)}(\mathfrak{G})$ bezeichnen.

Aus 3.(2) und (2) oder auch direkt ergibt sich

(5) *Eine Abbildung A eines topologischen Raumes R_1 in einen topologischen Raum R_2 ist dann und nur dann stetig in x_0, wenn aus $F_\alpha \to x_0$ stets $A(F_\alpha) \to A\,x_0$ folgt.*

6. Gerichtete Systeme und Filter in topologischen Produkten. Es sei $R = \prod_{\beta \in \mathsf{B}} R_\beta$ ein topologisches Produkt. Dann gilt

(1) *Ein gerichtetes System $x^{(\alpha)} \in R$ hat dann und nur dann den Limes $x^{(0)}$, wenn für jedes β gilt $x_\beta^{(\alpha)} \to x_\beta^{(0)}$.*

Die Notwendigkeit folgt aus der Stetigkeit der Projektionen P_β von R auf R_β (§1, 8.) und 3.(2); daß die Bedingung hinreichend ist, ergibt sich daraus, daß eine Umgebung $\prod_\beta W_\beta$ von $x^{(0)}$ nur endlich viele $W_\beta \neq R_\beta$ enthält, also ein gemeinsamer Index γ existiert, für den $x_\beta^{(\delta)} \in W_\beta(x_\beta^{(0)})$ für alle β und alle $\delta \geqq \gamma$ gilt, d.h. $x^{(\delta)} \in \prod_\beta W_\beta$.

Ist A eine Abbildung des topologischen Raumes S in das Produkt R, so ist $P_\beta A x = A_\beta x$ eine Abbildung von S in R_β. Aus (1) ergibt sich

(2) *Die Abbildung A eines topologischen Raumes S in $R = \prod R_\beta$ ist dann und nur dann stetig in x_0, wenn alle A_β in x_0 stetig sind.*

Es sei $\mathfrak{F} = \{F^\alpha\}$ ein Filter auf $R = \prod R_\beta$. Die Projektionen der Elemente von F^α auf R_β bilden eine Menge F_β^α. Der Filter $P_\beta(\mathfrak{F}) = \mathfrak{F}_\beta$ mit der Basis $\{F_\beta^\alpha\}$ heißt die Projektion des Filters $\mathfrak{F}$ auf R_β. Es gilt

(3) *Der Filter $\mathfrak{F}$ konvergiert dann und nur dann gegen $x^{(0)}$ auf R, wenn jede Projektion $\mathfrak{F}_\beta$ gegen $x_\beta^{(0)}$ konvergiert.*

Dies ist nach 5.(2) nur eine andere Formulierung von (1).

Ist auf jedem R_β ein Filter $\mathfrak{F}_\beta$ gegeben, so bezeichnet man als den Produktfilter $\prod \mathfrak{F}_\beta$ den Filter $\mathfrak{F}$ auf $\prod R_\beta$, der von allen Mengen $\prod A_\beta$ erzeugt wird mit $A_\beta = R_\beta$ für alle β bis auf endlich viele und A_β eine beliebige Menge aus $\mathfrak{F}_\beta$ für endlich viele β.

Das Produkt $\prod \mathfrak{B}_\beta$ von Filterbasen der $\mathfrak{F}_\beta$ ist ebenfalls eine Basis von $\prod \mathfrak{F}_\beta$. In diesem Sinn ist der Umgebungsfilter eines Punktes x aus $\prod R_\beta$ das Produkt der Umgebungsfilter seiner Komponenten.

7. Ultrafilter. Die Filter auf M bilden bezüglich $<$ eine halbgeordnete Menge. Ist eine Menge von Filtern $\mathfrak{F}_\alpha$ auf M gegeben, so ist $\bigcap_\alpha \mathfrak{F}_\alpha$ wieder ein Filter, da (F_1), (F_2) und (F_3) erfüllt sind und M jedenfalls dazugehört. $\bigcap_\alpha \mathfrak{F}_\alpha$ ist die untere Grenze der Filter $\mathfrak{F}_\alpha$. Die Vereinigungsmenge $\bigcup_\alpha \mathfrak{F}_\alpha$ erzeugt dann und nur dann wieder einen Filter (die obere Grenze der $\mathfrak{F}_\alpha$), wenn der Durchschnitt endlich vieler Mengen aus den verschiedenen $\mathfrak{F}_\alpha$ niemals leer ist.

Ist $\{\mathfrak{F}_\alpha\}$ eine geordnete Menge von Filtern auf M, so existiert die obere Grenze $\bigcup_\alpha \mathfrak{F}_\alpha$. Aus dem Satz von Zorn [2.(1)] ergibt sich daher

(1) *Zu jedem Filter $\mathfrak{F}$ auf M gibt es einen feineren maximalen Filter, einen sogenannten Ultrafilter.*

(2) *Ein Filter $\mathfrak{F}$ ist dann und nur dann ein Ultrafilter auf M, wenn für zwei Teilmengen A und B von M stets gilt: Ist $A \cup B \in \mathfrak{F}$, so enthält $\mathfrak{F}$ wenigstens eine der beiden Mengen A und B.*

Beweis. Enthält $\mathfrak{F}$ A und B nicht, so bilden alle Teilmengen N von M mit $N \cup A \in \mathfrak{F}$ wegen $(N_1 \cap N_2) \cup A = (N_1 \cup A) \cap (N_2 \cup A) \neq A$, also

$N_1 \cap N_2$ nicht leer, einen Filter, der feiner ist als $\mathfrak{F}$, da noch die Menge B zu den Mengen aus $\mathfrak{F}$ dazukommt. Ist die Bedingung andererseits erfüllt, so enthält $\mathfrak{F}$ von je zwei Mengen A und $M \sim A$ wenigstens eine. Gäbe es einen feineren Filter, so müßte er ein A und sein Komplement $M \sim A$ enthalten, es wäre dann aber auch die leere Menge $A \cap (M \sim A)$ darin.

(3) *Das Bild eines Ultrafilters $\mathfrak{F}$ ist wieder ein Ultrafilter.*

Es sei $\mathfrak{F} = \{F^\beta\}$ ein Ultrafilter auf M, A bilde M in N ab. Wären die $A(F^\beta)$ nicht die Basis eines Ultrafilters auf N, so gäbe es nach 4.(1) einen feineren Filter $\mathfrak{G} = \{G^\gamma\}$ auf N, der wenigstens ein $G^{\gamma_0} \subset A(M)$ enthielte, das kein $A(F^\beta)$ umfaßt. Der durch $A^{(-1)}(G^{\gamma_0})$ und $\mathfrak{F}$ auf M erzeugte Filter wäre dann feiner als $\mathfrak{F}$, da auch $A^{(-1)}(G^{\gamma_0})$ kein F^β enthalten könnte.

Ist $\mathfrak{F}$ ein Ultrafilter auf $M \subset N$, so erzeugt $\mathfrak{F}$ nach (3) einen Ultrafilter auf N. Ebenso ist nach (2) die Einschränkung auf M eines Ultrafilters auf N wieder ein Ultrafilter; sie existiert genau dann, wenn M zum Ultrafilter gehört.

(4) *In einem topologischen Raum ist ein Ultrafilter $\mathfrak{F}$ konvergent oder $\mathfrak{F}$ hat keinen Berührungspunkt.*

Hat $\mathfrak{F}$ einen Berührungspunkt x_0, so gibt es nach 5.(1) einen feineren gegen x_0 konvergierenden Filter. Da $\mathfrak{F}$ maximal ist, fällt dieser Filter aber mit $\mathfrak{F}$ zusammen.

(5) *Eine Abbildung A eines topologischen Raumes R_1 in einen topologischen Raum R_2 ist dann und nur dann stetig in x_0, wenn für jeden Ultrafilter $\mathfrak{F} = \{F^\beta\}$ aus $\lim F^\beta = x_0$ stets $\lim A(F^\beta) = A(x_0)$ folgt.*

Beweis. Nach 5.(5) genügt es zu zeigen, daß es zu einem Filter $\mathfrak{G} = \{G^\beta\}$ mit $\lim G^\beta = x_0$, dessen Bildfilter nicht gegen $A x_0$ konvergiert, stets einen Ultrafilter derselben Eigenschaft gibt.

Konvergiert $A(G^\beta)$ nicht gegen $A x_0$, so gibt es eine Umgebung V von $A x_0$, so daß alle Mengen $H^\beta = (R_2 \sim V) \cap A(G^\beta)$ nicht leer sind. Dann bilden aber die $M^\beta = A^{(-1)}(H^\beta) \cap G^\beta$ die Basis eines feineren Filters $\mathfrak{M}$ als $\mathfrak{G}$. Ein noch feinerer Ultrafilter $\mathfrak{F}$ ist dann konvergent gegen x_0, sein Bild $A(\mathfrak{F})$ ist ein Ultrafilter, der nicht gegen $A x_0$ konvergiert, da die Filtermengen $A(M^\beta) = H^\beta$ fremd zu V sind.

8. Reguläre Räume. Ein separierter Raum R heißt regulär, wenn er die Bedingung

(R) *Die abgeschlossenen Umgebungen jedes Punktes bilden eine Basis des Umgebungsfilters*

erfüllt.

Ist $\mathfrak{B}(x)$ eine Umgebungsbasis von x, U eine beliebige abgeschlossene Umgebung von x, so gibt es ein $V \in \mathfrak{B}(x)$ mit $V \subset U$, also ist auch $\overline{V} \subset U$: *Die abgeschlossenen Hüllen der Umgebungen einer Umgebungsbasis eines regulären Raumes R bilden eine Umgebungsbasis von R.*

Die Bedingung (R) ist äquivalent der Bedingung

(R′) *Ist M abgeschlossen in R und liegt der Punkt x nicht in M, so haben M und x stets Umgebungen mit leerem Durchschnitt.*

Der einfache Beweis sei dem Leser überlassen.

In regulären Räumen folgt aus $\mathfrak{F}_\alpha \to x_0$ stets auch $\overline{\mathfrak{F}}_\alpha \to x_0$.

(1) *Jeder Teilraum S eines regulären Raumes R ist regulär.*

Denn S ist separiert und die Durchschnitte der abgeschlossenen Umgebungen in R eines Punktes x von S mit S sind in S abgeschlossen und bilden eine Umgebungsbasis.

(2) *Das topologische Produkt regulärer Räume ist regulär.*

Stetige Abbildungen in reguläre Räume lassen sich unter gewissen Voraussetzungen erweitern.

Es sei M dicht im topologischen Raum R_1. Auf M sei eine stetige Abbildung A in den regulären Raum R_2 erklärt. Die stetige Fortsetzung von A auf einen nicht zu M gehörenden Punkt x_0 von R_1 ist nur dann möglich, wenn für den Filter der $U'_\alpha = U_\alpha \cap M$, $\{U_\alpha\}$ der Umgebungsfilter von x_0 in R_1, $A(U'_\alpha)$ gegen einen Punkt von R_2 konvergiert, den wir dann als das Bild $A\,x_0$ definieren.

Diese Voraussetzung ist schärfer als die Stetigkeit von A auf M. Sie läßt sich mit Hilfe der gerichteten Systeme auch so aussprechen: Ist $x_0 \in R_1$, so soll für alle $x_\alpha \to x_0$, $x_\alpha \in M$, das Bildsystem $A\,x_\alpha$ stets gegen ein und dasselbe Element von R_2 konvergieren.

Wir haben noch zu zeigen, daß die jetzt auf ganz R_1 erklärte Abbildung A dort überall stetig ist. Es sei V eine Umgebung von $A\,x_0$. Wir können sie wegen der vorausgesetzten Regularität von R_2 als abgeschlossen voraussetzen. Es gibt nun eine offene Umgebung U von x_0 mit $A(U \cap M) \subset V$. Ist y ein beliebiger Punkt aus U, so gibt es in $U \cap M$ ein gerichtetes System $y_\alpha \to y$, also ist $A\,y$ Limes der in $A(U \cap M) \subset V$ gelegenen $A\,y_\alpha$, $A\,y$ liegt daher in $\overline{V} = V$, es ist $A(U) \subset V$. Damit ist bewiesen

(3) *Eine auf einer dichten Teilmenge M des topologischen Raumes R_1 erklärte stetige Abbildung A in den regulären Raum R_2 mit der Eigenschaft, daß für jeden Punkt $x \in R_1$ mit dem Umgebungsfilter $\{U_\alpha\}$ stets $A(U_\alpha \cap M)$ konvergiert, läßt sich stetig auf ganz R_1 fortsetzen.*

Die Fortsetzung ist offenbar eindeutig bestimmt.

§ 3. Kompakte Räume und Mengen

1. Definition der kompakten Räume und Mengen. Ein separierter Raum R heißt kompakt, wenn jeder Filter auf R wenigstens einen Berührungspunkt in R hat. Da jeder Filter nach § 2, 7.(1) in einem Ultrafilter enthalten ist, kann man auch sagen

(1) *R ist kompakt, wenn jeder Ultrafilter in R konvergiert.*

(2) *Ein separierter Raum R ist dann und nur dann kompakt, wenn jede Klasse $\{A_\alpha\}$ von abgeschlossenen Teilmengen A_α mit leerem $\bigcap_\alpha A_\alpha$ stets endlich viele Teilmengen enthält, die ebenfalls einen leeren Durchschnitt haben.*

Beweis. Ist R kompakt und $\bigcap_\alpha A_\alpha$ leer und wäre der Durchschnitt endlich vieler A_α stets nichtleer, so wären die A_α die Subbasis eines Filters auf R, der keinen Berührungspunkt haben könnte, da dieser wegen der Abgeschlossenheit der A_α allen A_α angehören müßte.

Ist R nicht kompakt, so gibt es einen Filter $\{F_\alpha\}$ ohne Berührungspunkt, dann bilden die $\overline{F}_\alpha$ zwar ein System von abgeschlossenen Teilmengen mit leerem $\bigcap_\alpha \overline{F}_\alpha$, aber für endlich viele $\overline{F}_\alpha$ ist der Durchschnitt stets nichtleer.

Übergang zu den Komplementen ergibt sofort

(3) *Ein Raum R ist dann und nur dann kompakt, wenn jede Überdeckung von R durch offene Teilmengen eine solche durch endlich viele enthält.*

Eine Teilmenge M eines separierten Raumes R heißt **kompakt**, wenn sie ein kompakter Raum in der durch R induzierten Topologie ist. M ist also kompakt, wenn jeder Filter auf M wenigstens einen Berührungspunkt in M hat. Da die abgeschlossenen bzw. offenen Mengen von M Durchschnitte abgeschlossener bzw. offener Mengen von R mit M sind, gilt auch

(4) *Eine Teilmenge M eines separierten Raumes R ist dann und nur dann kompakt, wenn*

a) jede Klasse $\{A_\alpha\}$ abgeschlossener Teilmengen von R mit leerem $\bigcap_\alpha (A_\alpha \cap M)$ endlich viele A_{α_i} mit leerem $\bigcap_i (A_{\alpha_i} \cap M)$ enthält, oder

b) jede Überdeckung von M durch offene Teilmengen von R eine solche durch endlich viele enthält.

Aus § 2, 5.(3) folgt sofort

(5) *M ist dann und nur dann kompakt, wenn jedes gerichtete System auf M wenigstens einen Berührungspunkt in M hat.*

2. Die Eigenschaften der kompakten Mengen. Es gilt

(1) *Jede kompakte Menge ist abgeschlossen.*

Ist nämlich x_0 Berührungspunkt der kompakten Menge $M \subset R$ und ist $\{U_\alpha\}$ der Umgebungsfilter von x_0, so ist $\{U_\alpha \cap M\}$ ein Filter auf M, der wegen der Separiertheit von R nur den Berührungspunkt x_0 haben kann, der nach Voraussetzung in M liegt.

Eine Menge $M \subset R$ heißt **relativ kompakt**, wenn ihre abgeschlossene Hülle $\overline{M}$ kompakt ist. Jeder Filter auf M hat dann einen Berührungspunkt in $\overline{M} \subset R$.

(2) *Jede Teilmenge einer kompakten Menge M ist relativ kompakt, jede abgeschlossene Teilmenge von M ist kompakt.*

(3) *Jeder kompakte Raum R ist regulär.*

Wäre dies nicht der Fall, so gäbe es in R einen Punkt x_0 mit einer offenen Umgebung U, so daß $A_\alpha \cap (R \sim U)$ nicht leer wäre für jede abgeschlossene Umgebung A_α von x_0. Nach § 1, 5.(1) ist $\bigcap_\alpha A_\alpha = \{x_0\}$, also haben die abgeschlossenen Mengen $A_\alpha \cap (R \sim U)$ wegen $x_0 \notin R \sim U$ einen leeren Durchschnitt. Da aber je endlich viele von ihnen einen nichtleeren Durchschnitt haben, erhalten wir einen Widerspruch zu 1.(2).

(4) *Die Vereinigung endlich vieler kompakter Mengen ist kompakt.*

Dies folgt sofort aus der Überdeckungseigenschaft 1.(3); denn wird $M = \bigcup_{i=1}^{n} M_i$ durch offene Mengen überdeckt, so jedes M_i durch endlich viele, also M selbst auch durch endlich viele.

(5) *Das stetige Bild $A(R)$ eines kompakten Raumes R in einem separierten Raum ist wieder kompakt, die Abbildung A ist also abgeschlossen.*

Es sei A eine stetige Abbildung eines separierten Raumes R_1 in einen separierten Raum R_2. Das Bild $A(M)$ einer kompakten bzw. relativkompakten Menge $M \subset R_1$ ist wieder kompakt bzw. relativ kompakt.

Ist nämlich $\mathfrak{G} = \{G^\beta\}$ ein Filter auf $A(M)$, so erzeugen die $A^{(-1)}(G^\beta)$ einen Filter $A^{(-1)}(\mathfrak{G})$ auf M. Ist x_0 ein nach Voraussetzung vorhandener Berührungspunkt von $A^{(-1)}(\mathfrak{G})$, so ist $A x_0$ Berührungspunkt von $\mathfrak{G}$, $A(M)$ also kompakt. (1) und (2) ergeben die weiteren Behauptungen.

Als Spezialfall erhalten wir nach § 1, 7.(2)

(6) *Eine eineindeutige stetige Abbildung eines kompakten Raumes auf einen separierten Raum ist eine Homöomorphie.*

Auf einem bezüglich der Topologie $\mathfrak{T}$ kompakten Raum R fällt jede schwächere separierte Topologie mit $\mathfrak{T}$ zusammen.

Die zweite Behauptung folgt aus der ersten, wenn man die identische Abbildung von R auf sich betrachtet.

3. Der Satz von TYCHONOFF. Er lautet

(1) *Das topologische Produkt $R = \prod_\alpha R_\alpha$ beliebig vieler kompakter Räume ist kompakt.*

Beweis. Es ist nach 1.(1) zu zeigen, daß jeder Ultrafilter $\mathfrak{F} = \{F^\beta\}$ auf R konvergiert. Wir bilden in jedem R_α die Projektionen $\mathfrak{F}_\alpha$ (vgl. § 2, 6.). Sie sind wieder Ultrafilter. Jedes $\mathfrak{F}_\alpha$ konvergiert also nach

Voraussetzung gegen ein $x_\alpha \in R_\alpha$. Nach § 2, 6.(3) konvergiert dann aber $\mathfrak{F}$ gegen das Element x von R, dessen Komponenten die x_α sind.

Nach 1.8. ist speziell jedes Parallelotop $\mathfrak{P}^{\mathsf{A}}$ kompakt.

4. Andere Kompaktheitsbegriffe. Der Begriff „kompakt" läßt sich in verschiedener Weise abschwächen. Ist $\aleph_\alpha$ irgendeine Kardinalzahl, so heiße eine Menge M des separierten Raumes R $\aleph_\alpha$-kompakt, wenn jeder Filter mit einer Basis aus höchstens $\aleph_\alpha$ Mengen in M einen Berührungspunkt besitzt. Dies ist dann und nur dann der Fall, wenn jedes gerichtete System x_β aus höchstens $\aleph_\alpha$ Elementen stets einen Berührungspunkt in M hat. Zum Beweise zieht man § 2, 5.(3) in der Verallgemeinerung für Filterbasen heran.

Auch die Kriterien 1.(2) und 1.(3) übertragen sich, wenn die Anzahl der abgeschlossenen Mengen bzw. der offenen Mengen einer Überdeckung höchstens $\aleph_\alpha$ ist.

Für $\aleph_0$-kompakt sagen wir auch abzählbar kompakt. Ist M abzählbar kompakt, so hat jede Teilfolge von M wenigstens einen Berührungspunkt. Ist dies andererseits der Fall, so ist M abzählbar kompakt: Ist nämlich $\mathfrak{F}$ ein Filter mit der abzählbaren Basis F_i, $i = 1, 2, \ldots$, auf M, so hat eine Folge $x_n \in \bigcap_{i=1}^{n} F_i$ einen Berührungspunkt in M, der auch Berührungspunkt aller F_i ist.

Eine Menge M heißt folgenkompakt, wenn sich aus jeder Teilfolge von M eine gegen ein Element aus M konvergente Teilfolge auswählen läßt. Eine folgenkompakte Menge ist stets abzählbar kompakt. Das Umgekehrte ist nicht richtig, es gibt sogar kompakte Mengen, die nicht folgenkompakt sind, ebenso gibt es folgenkompakte Mengen, die nicht kompakt sind.

So ist im Parallelotop $\mathfrak{P}^{\mathsf{A}}$, A nicht abzählbar, die Menge M aller $x = \{\xi_\alpha\}$ mit je nur abzählbar vielen von Null verschiedenen Koordinaten ξ_α folgenkompakt, wegen $\overline{M} = \mathfrak{P}^{\mathsf{A}}$ aber nicht kompakt

Ist A das Intervall $[0, 1]$ der reellen Zahlengeraden, so können wir $\mathfrak{P}^{\mathsf{A}}$ als die Menge der in $[0, 1]$ erklärten Funktionen mit Werten in $[0, 1]$ auffassen. Ist $f_n(x)$ die Funktion, die in jedem Teilintervall $[k \cdot 10^{-n}, (k+1)\, 10^{-n}]$ von $[0, 1]$ linear von 0 bis 1 geht, so besitzt die Folge $f_n(x)$ keine konvergente Teilfolge, $\mathfrak{P}^{\mathsf{A}}$ ist also kompakt, aber nicht folgenkompakt.

In P^n fallen alle diese Kompaktheitsbegriffe zusammen. Die zugehörigen Relativbegriffe ergeben sich, wenn man nur verlangt, daß die Berührungspunkte bzw. Limites in R liegen.

Es wird später die Frage interessieren, unter welchen Voraussetzungen aus einem dieser schwächeren Begriffe die Kompaktheit bzw. die relative Kompaktheit gefolgert werden kann.

Von den Eigenschaften dieser Begriffe erwähnen wir eine, die sich unmittelbar aus der Definition ergibt,

(1) *Ist $N_1 \supset N_2 \supset \cdots$ eine abnehmende Folge abgeschlossener nichtleerer Teilmengen einer abzählbar kompakten oder folgenkompakten Menge M, so ist $\bigcap_i N_i$ nicht leer.*

5. Abzählbarkeitsaxiome. Im folgenden sei R wieder separiert.

1. Abzählbarkeitsaxiom. *Jeder Umgebungsfilter eines Punktes von R hat eine abzählbare Basis.*

Man kann die Basis dann als abnehmende Folge $U_1 \supset U_2 \supset \cdots$ wählen.

Jeder Teilraum erfüllt wieder das 1. Abzählbarkeitsaxiom.

(1) *Gilt in R das erste Abzählbarkeitsaxiom, so ist jeder Berührungspunkt einer Teilmenge M von R Limes einer konvergenten Teilfolge aus M.*

Zum Beweise bilde man mit den U_i des Berührungspunktes x_0 die Mengen $M \cap U_i$, wähle aus jeder einen Punkt x_i aus. Man erhält offenbar eine gegen x_0 konvergente Folge.

In diesen Räumen ist also jede abzählbar kompakte Menge folgenkompakt. Aus § 1, 7.(3) folgt ferner, daß jede folgenstetige Abbildung stetig ist.

2. Abzählbarkeitsaxiom. *R hat eine abzählbare Basis.*

Zur Definition der Basis vgl. § 1, 1. Jeder Raum, der das zweite Axiom erfüllt, erfüllt auch das erste. Jeder Teilraum hat auch wieder eine abzählbare Basis.

(2) *Jede offene Überdeckung eines separierten Raumes mit abzählbarer Basis enthält eine abzählbare Überdeckung.*

Beweis. R sei durch die offenen Mengen Q_α überdeckt, O_i sei eine Basis der offenen Mengen, $i = 1, 2, \ldots$. Die O_{i_n}, $n = 1, 2, \ldots$, seien diejenigen O_i, aus denen sich alle Q_α durch geeignete Vereinigung bilden lassen. Zu jedem O_{i_n} gibt es also wenigstens ein Q_{α_n} mit $O_{i_n} \subset Q_{\alpha_n}$. Es ist aber $R \subset \bigcup_\alpha Q_\alpha = \bigcup_n O_{i_n} \subset \bigcup_n Q_{\alpha_n}$.

Um eine Menge als kompakt zu erkennen, braucht man also nur die abzählbaren Überdeckungen mit offenen Mengen zu untersuchen, d.h.

(3) *In einem separierten Raum mit abzählbarer Basis ist jede abzählbar kompakte Menge kompakt.*

In einem solchen Raum fallen also kompakte, folgenkompakte und abzählbar kompakte Mengen zusammen.

In diesen Räumen sind also Filter und gerichtete Mengen entbehrlich, alles kann mit Punktfolgen untersucht werden.

Wir bemerken, daß (3) für separierte Räume, die das erste Abzählbarkeitsaxiom erfüllen, nicht immer richtig ist (vgl. Bourbaki [5], Bd. 4, S. 32, Beispiel 21).

(4) *Hat der separierte Raum R eine abzählbare Basis $\{U_i\}$, so besitzt jede Basis $\{V_\alpha\}$ ein abzählbares Teilsystem, das wieder Basis ist.*

Denn jedes U_i ist nach (2) Vereinigung abzählbarer vieler $V_{\alpha_{ik}}$, $k=1, 2, \ldots$, die zusammen also ebenfalls eine abzählbare Basis bilden.

6. Lokalkompakte Räume. Ein separierter Raum heißt lokalkompakt, wenn jeder Punkt eine Umgebung hat, deren abgeschlossene Hülle kompakt ist. Jeder kompakte Raum ist lokalkompakt.

P^n ist lokalkompakt aber nicht kompakt, jeder diskrete topologische Raum ist lokalkompakt.

Jeder abgeschlossene Teilraum eines lokalkompakten Raumes ist nach 2.(2) wieder lokalkompakt.

(1) *Jeder lokalkompakte Raum ist regulär, die kompakten Umgebungen bilden eine Umgebungsbasis.*

Jeder Punkt x hat eine kompakte Umgebung U. Ist V irgendeine Umgebung, so ist $V \cap U$ eine Umgebung von x auf dem kompakten Teilraum U, der nach 2.(3) regulär ist. Also umfaßt $V \cap U$ eine in der Topologie von U abgeschlossene Umgebung W von x, die als Durchschnitt einer Umgebung in R mit U selbst eine Umgebung in R ist. W ist nach 2.(2) kompakt, daher abgeschlossen in R. Also bilden die kompakten Umgebungen von x eine Basis aller Umgebungen.

Aus (1) folgt sofort, daß auch *jeder offene Teilraum eines lokalkompakten Raumes wieder lokalkompakt ist.*

Das topologische Produkt endlich vieler lokalkompakter und beliebig vieler kompakter Räume ist nach dem Satz von Tychonoff wieder lokalkompakt. Ist x_0 ein Punkt eines kompakten Raumes R, so ist $R \sim x_0$ in der durch R induzierten Topologie offenbar lokalkompakt. Umgekehrt gilt

(2) Satz von Alexandroff. *Jeder lokalkompakte, nicht kompakte Raum R kann durch Hinzufügung eines Punktes zu einem kompakten Raum erweitert werden.*

Beweis. R' sei die aus den Punkten von R und einem weiteren Punkt z bestehende Menge. Als abgeschlossene Mengen in R' erklären wir alle kompakten Mengen K aus R und die Mengen $A \cup z$, A abgeschlossen in R. Die Axiome (A1) und (A2) sind offenbar erfüllt, R' ist ein topologischer Raum. Die in R als Teilraum induzierte Topologie ist die ursprüngliche, da ja die Durchschnitte der eben erklärten abgeschlossenen Mengen aus R' mit R gerade die abgeschlossenen Mengen in R sind.

R' ist separiert: Es braucht nur noch gezeigt zu werden, daß es zu $x \in R$ und z getrennte Umgebungen gibt. Ist U eine kompakte Umgebung von x in R, so ist U eine in R' abgeschlossene Menge, also ist $R' \sim U$ eine offene Umgebung von z, die mit U keinen Punkt gemeinsam hat.

R' ist kompakt: Sind abgeschlossene Mengen B_α mit leerem Durchschnitt gegeben, so können nicht alle die Form $A \cup z$ haben, da sonst z

in ihrem Durchschnitt läge. Sei $B_{\alpha_0} = K_0 \subset R$, so ist auch $\bigcap_\alpha (K_0 \cap B_\alpha)$ leer, die $K_0 \cap B_\alpha$ sind aber abgeschlossene Mengen auf der kompakten Menge K_0, also haben endlich viele bereits leeren Durchschnitt.

(3) *Die kompakte Erweiterung von* (2) *ist bis auf Homöomorphie eindeutig bestimmt.*

Es genügt zu zeigen, daß die abgeschlossenen Mengen einer kompakten Erweiterung $\check{R} = R \cup z'$ mit den Mengen K und $A \cup z'$, K kompakt in R, A abgeschlossen in R, übereinstimmen. $\check{R}$ ist als kompakter Raum separiert, also ist z' eine abgeschlossene Menge, also sind die Mengen K und $A \cup z'$ in R abgeschlossen. Ist umgekehrt $B \supset z'$ abgeschlossen, so ist $B = \overline{(B \sim z')} \cup z'$. Also hat $B \sim z'$ als Berührungspunkte nur Elemente aus $B \sim z'$ und eventuell z', ist daher in R abgeschlossen.

Da jeder Teilraum eines regulären Raumes regulär ist, ist (1) auch eine Folge von (2).

Der R hinzugefügte Punkt z wird als der Punkt im Unendlichen bezeichnet.

Ein lokalkompakter, nicht kompakter Raum heißt im Unendlichen abzählbar, wenn er die Vereinigungsmenge abzählbar vieler kompakter Mengen ist. Es gilt

(4) *Ein lokalkompakter, nicht kompakter Raum R ist dann und nur dann im Unendlichen abzählbar, wenn der Punkt z im Unendlichen in der kompakten Erweiterung R' eine abzählbare Umgebungsbasis besitzt.*

Beweis. Die Bedingung ist hinreichend, denn ist V_n eine abzählbare offene Umgebungsbasis von z, so überdecken die abzählbar vielen kompakten $R' \sim V_n$ den Raum R.

Sei umgekehrt $K_1 \subset K_2 \subset \cdots$ eine Überdeckung von R durch abzählbar viele kompakte Mengen (durch Bildung endlicher Vereinigungen kann man stets eine aufsteigende Folge erhalten). Jeder Punkt aus K_1 besitzt eine relativ kompakte offene Umgebung. Die Vereinigung U_1 endlich vieler dieser Umgebungen überdeckt K_1. Genau so finden wir eine offene relativ kompakte Menge U_2, die $\overline{U}_1 \cup K_2$ überdeckt usf. Wir erhalten damit eine Folge U_n mit $\overline{U}_{n-1} \subset U_n$, die R überdeckt. Wir zeigen nun, daß die $V_n = R' \sim \overline{U}_n$ eine Umgebungsbasis von z bilden. Nach Definition der abgeschlossenen Mengen in R' bilden die $R' \sim K$, K kompakt in R, eine Umgebungsbasis von z in R'. Es genügt daher zu zeigen, daß zu jeder kompakten Teilmenge K ein U_n mit $K \subset U_n$ existiert. K wird als kompakte Menge aber bereits durch endlich viele U_k, also durch ein U_n mit genügend großem n überdeckt.

7. Normale Räume. Die Voraussetzungen der Separiertheit und Regularität eines topologischen Raumes sind für viele Zwecke nicht scharf genug.

Ein separierter Raum heißt **normal**, wenn er der Bedingung genügt

(N) *Sind* A_1 *und* A_2 *zwei disjunkte abgeschlossene Teilmengen von* R, *so gibt es stets zwei offene disjunkte Teilmengen* $U_1 \supset A_1$ *und* $U_2 \supset A_2$.

Äquivalent mit (N) ist

(N′) *Ist* A *eine abgeschlossene Teilmenge von* R, $U \supset A$ *offen, so gibt es eine offene Umgebung* V *von* A *mit* $\overline{V} \subset U$.

Beweis. Es gelte (N′). Sind A, B abgeschlossen und disjunkt, so ist $R \sim B$ eine offene Umgebung von A, also gibt es nach (N′) ein $U_1 \supset A$ mit $\overline{U}_1 \cap B$ leer. U_1 und $R \sim \overline{U}_1$ sind disjunkte offene Umgebungen von A und B.

Es gelte umgekehrt (N). Wendet man (N) auf die abgeschlossenen Mengen A und $R \sim U$, U eine offene Umgebung von A an, so erhält man offene Mengen $U_1 \supset A$ und $U_2 \supset R \sim U$ mit $U_1 \cap U_2$ leer. Dann ist aber $\overline{U}_1 \cap (R \sim U)$ leer, $\overline{U}_1 \subset U$, es gilt also (N′).

Besteht A nur aus einem Punkt, so ergibt (N′)

(1) *Jeder normale Raum ist regulär.*

Die Teilräume eines normalen Raumes sind nicht immer normal, es gibt lokalkompakte Räume, die nicht normal sind. Andererseits gilt

(2) *Jeder kompakte Raum ist normal.*

Die abgeschlossenen Teilmengen eines kompakten Raumes R sind wieder kompakt. Es seien also A, B zwei kompakte, disjunkte Teilmengen von R. Da R nach 2.(3) regulär ist, gibt es zu jedem $x \in A$ eine offene Umgebung $U(x)$ mit $\overline{U}(x) \cap B$ leer. Durchläuft x ganz A, so bilden die $U(x)$ eine offene Überdeckung von A, nach 1.(4) ist also $A \subset \bigcup_{i=1}^{n} U(x_i)$. Es ist $A' = \bigcup_{i=1}^{n} \overline{U}(x_i)$ eine zu B disjunkte abgeschlossene Menge. Wenden wir dieselbe Überlegung auf B und A' an, so erhalten wir eine offene Menge $\bigcup_{j=1}^{m} V(y_i) \supset B$, die zu A', also erst recht zu $\bigcup_{i=1}^{n} U(x_i)$ disjunkt ist.

§ 4. Metrische Räume

1. Definition. Eine Menge R heißt ein **metrischer Raum**, wenn jedem Paar x, y von Elementen aus R eine reelle Zahl $|x, y|$, die **Entfernung** oder der **Abstand** von x und y, zugeordnet ist mit den Eigenschaften

(E1) $|x, y| \geqq 0$,

(E2) $|x, y| = 0$ *dann und nur dann, wenn* $x = y$,

(E3) $|x, y| = |y, x|$,

(E4) $|x, z| \leqq |x, y| + |y, z|$ *(Dreiecksungleichung).*

Man sagt auch, durch die Funktion $|x, y|$ wird in R eine Metrik erklärt.

Jeder Teilraum eines metrischen Raumes ist mit derselben Entfernungsdefinition wieder ein metrischer Raum.

Eine eineindeutige Abbildung $x \to x'$ eines metrischen Raumes R auf einen metrischen Raum R' heißt isometrisch, wenn für alle Paare $|x, y| = |x', y'|$ gilt.

Das einfachste Beispiel ist P^n mit der Entfernungsdefinition $|x, y| = \sqrt{\sum_{i=1}^{n} |\eta_i - \xi_i|^2}$. Er heißt der n-dimensionale Euklidische Raum.

Die Menge aller reellen Folgen $x = (\xi_1, \xi_2, \ldots)$ mit $\sum_{i=1}^{\infty} |\xi_i|^2 < \infty$ bildet mit der Entfernungsdefinition $|x, y| = \sqrt{\sum_{i=1}^{\infty} |\eta_i - \xi_i|^2}$ ebenfalls einen metrischen Raum, der als Hilbertscher Raum bezeichnet wird.

2. Der metrische Raum als topologischer Raum. Ist x_0 ein Punkt des metrischen Raumes R, so heißt die Menge aller $y \in R$ mit $|x_0, y| < r$ bzw. $|x_0, y| \leqq r$ die offene bzw. abgeschlossene Kugel vom Radius r mit dem Mittelpunkt x_0. Die Menge der y mit $|x_0, y| = r$ heißt die Sphäre vom Radius r um x_0.

Sind A, B zwei Teilmengen von R, so nennt man die untere Grenze $\inf\limits_{x \in A, y \in B} |x, y|$ die Entfernung oder den Abstand $|A, B|$ der beiden Mengen. Die Zahl $\sup\limits_{x, y \in A} |x, y|$ heißt der Durchmesser der Menge A. Eine Menge A heißt beschränkt (bezüglich der Metrik), wenn ihr Durchmesser endlich ist.

(1) *Jeder metrische Raum wird zu einem separierten topologischen Raum, wenn man die offenen Kugeln mit dem Mittelpunkt x als Umgebungsbasis des Punktes x einführt.*

Jeder metrische Raum ist ein normaler Raum mit abzählbarer Umgebungsbasis in jedem Punkt.

Beweis. Die Axiome (H1) und (H2) von § 1, 3. sind offenbar erfüllt. (H3) ergibt sich so: Liegt y in der offenen Kugel $K_r(x)$ vom Radius r um x, so ist $d = |x, y| < r$, also gibt es ein $\varepsilon > 0$ mit $d + \varepsilon < r$, dann liegt aber $K_\varepsilon(y)$ in $K_r(x)$, da für ein $z \in K_\varepsilon(y)$ stets $|x, z| \leqq |x, y| + |y, z| < d + \varepsilon < r$ ist. Ist ferner $x \neq y$, so ist $d = |x, y| \neq 0$. Die offenen Kugeln $K_{d/2}(x)$ und $K_{d/2}(y)$ haben keinen Punkt z gemeinsam, da sonst $|x, y| \leqq |x, z| + |z, y| < d$ wäre. Also ist (H4) erfüllt. Auch das Axiom (N) für einen normalen Raum ist erfüllt: Sind A und B disjunkte abgeschlossene Mengen, so sind die Mengen U aller x mit $|x, A| < \frac{1}{2}|x, B|$ bzw. V aller y mit $|y, B| < \frac{1}{2}|y, A|$ disjunkte offene Umgebungen von A und B. Schließlich bilden die Kugeln um x mit den Radien $1/n$, $n = 1, 2, \ldots$, eine abzählbare Basis der Umgebungen von x.

Zwei isometrische metrische Räume sind homöomorph, das Umgekehrte braucht nicht richtig zu sein.

3. Stetigkeit in metrischen Räumen. Da ein metrischer Raum das erste Abzählbarkeitsaxiom erfüllt, gelten die Überlegungen von § 3, 5. Eine Abbildung A eines metrischen Raumes R_1 in einen metrischen Raum R_2 ist also in x_0 stetig wenn aus $x^{(n)} \to x_0$, d.h. $|x^{(n)}, x_0| \to 0$, stets $A x^{(n)} \to A x_0$ folgt. Dies kann offenbar auch mit ε und δ ausgedrückt werden: A ist stetig, wenn es zu jedem $\varepsilon > 0$ ein $\delta > 0$ gibt, so daß aus $|x, x_0| < \delta$ stets $|Ax, Ax_0| < \varepsilon$ folgt.

Berührungspunkte und Häufungspunkte einer Menge sind stets Limites konvergenter Folgen von Elementen der Menge, also ist auch ein Limes von Limites einer Menge wieder Limes einer Folge von Elementen der Menge.

Die Metrik erlaubt es, was in den bisher betrachteten topologischen Räumen nicht möglich war, Umgebungen verschiedener Punkte ihrer Größe nach zu vergleichen. Dies ermöglicht eine Reihe weiterer Begriffsbildungen.

So kann die gleichmäßige Stetigkeit einer Abbildung A in der üblichen Weise erklärt werden: A ist gleichmäßig stetig, wenn zu jedem $\varepsilon > 0$ ein $\delta > 0$, existiert, so daß $|Ax, Ay| < \varepsilon$ ist für alle x, y mit $|x, y| < \delta$.

Es kann weiter der Begriff der Cauchyfolge erklärt werden: $x^{(n)}$, $n = 1, 2, \ldots$, ist eine Cauchyfolge, wenn zu jedem $\varepsilon > 0$ ein $n_0(\varepsilon)$ gehört, so daß für $m, n \geqq n_0$ stets $|x^{(m)}, x^{(n)}| < \varepsilon$ ist.

Ein metrischer Raum R heißt vollständig, wenn jede Cauchyfolge einen Limes in R hat.

4. Vervollständigung eines metrischen Raumes. Nach dem Vorbild der Einführung der reellen Zahlen von Cantor und Méray beweisen wir den Satz

(1) *Jeder metrische Raum R läßt sich in einen, bis auf Isometrie eindeutig bestimmten, kleinsten vollständigen Raum $\tilde{R}$ einbetten, die vollständige Hülle von R.*

Zu zwei Cauchyfolgen $x = (x^{(n)})$, $y = (y^{(n)})$ in R existiert stets $\lim |x^{(n)}, y^{(n)}| = |x, y|$, denn wegen

$$|x^{(m)}, y^{(m)}| \leqq |x^{(m)}, x^{(n)}| + |x^{(n)}, y^{(n)}| + |y^{(n)}, y^{(m)}|$$

haben wir

$$\big||x^{(m)}, y^{(m)}| - |x^{(n)}, y^{(n)}|\big| \leqq |x^{(m)}, x^{(n)}| + |y^{(n)}, y^{(m)}|.$$

Ist $|x, \hat{x}| = 0$, $|y, \hat{y}| = 0$, so ist $|x, y| = |\hat{x}, \hat{y}|$: Denn aus

$$|\hat{x}^{(n)}, \hat{y}^{(n)}| \leqq |\hat{x}^{(n)}, x^{(n)}| + |x^{(n)}, y^{(n)}| + |y^{(n)}, \hat{y}^{(n)}|$$

folgt sofort $\lim |\hat{x}^{(n)}, \hat{y}^{(n)}| \leqq \lim |x^{(n)}, y^{(n)}|$, Vertauschung von x, y mit $\hat{x}, \hat{y}$ liefert die Behauptung.

Die Relation $|x, y| = 0$ erzeugt also in der Menge aller Cauchyfolgen eine Klasseneinteilung. Wir bezeichnen die Klasse, in der x liegt, mit $\tilde{x}$. Nach dem eben Bewiesenen wird durch $|\tilde{x}, \tilde{y}| = \lim_{n\to\infty} |x^{(n)}, y^{(n)}|$ jedem Paar von Klassen eindeutig eine reelle Zahl zugeordnet. Dadurch wird die Menge $\tilde{R}$ aller Klassen zu einem metrischen Raum: (E1), (E2) und (E3) sind trivialerweise erfüllt, aus $|x^{(n)}, z^{(n)}| \leqq |x^{(n)}, y^{(n)}| + |y^{(n)}, z^{(n)}|$ folgt (E4) durch Grenzübergang.

Ordnen wir dem Element $a \in R$ die durch die Cauchyfolge $(x^{(n)})$ mit $x^{(n)} = a$ bestimmte Klasse $\tilde{a}$ zu, so erhält man eine Isometrie, wir können also R mit diesem Teilraum von $\tilde{R}$ identifizieren. R ist in $\tilde{R}$ dicht, denn ist x die Cauchyfolge $(x^{(n)})$, so ist $\tilde{x} = \lim \tilde{x}^{(n)}$: Es ist ja $|\tilde{x}, \tilde{x}^{(n)}| = \lim_{m\to\infty} |x^{(m)}, x^{(n)}| \leqq \varepsilon$ für $n \geqq n_0(\varepsilon)$.

$\tilde{R}$ ist vollständig: Es sei $(\tilde{x}_n)$ eine Cauchyfolge in $\tilde{R}$. Zu $\tilde{x}_n$ gibt es ein $a^{(n)} \in R$ mit $|\tilde{x}_n, \tilde{a}^{(n)}| < 1/n$. Wegen

$$|a^{(m)}, a^{(n)}| \leqq |\tilde{a}^{(m)}, \tilde{x}_m| + |\tilde{x}_m, \tilde{x}_n| + |\tilde{x}_n, \tilde{a}^{(n)}|$$

bilden die $a^{(n)}$ eine Cauchyfolge $\tilde{a}$ in R und es folgt $\tilde{a} = \lim \tilde{x}_n$ aus $|\tilde{a}, \tilde{x}_n| \leqq |\tilde{a}, \tilde{a}^{(n)}| + |\tilde{a}^{(n)}, \tilde{x}_n|$.

Da R in $\tilde{R}$ dicht ist und die Entfernungen $|\tilde{x}, \tilde{y}|$ durch $\lim |x^{(n)}, y^{(n)}|$ eindeutig bestimmt sind, sind sie in jeder Erweiterung von R dieselben und $\tilde{R}$ ist die bis auf Isometrie eindeutig bestimmte vollständige Hülle von R.

5. Separable und kompakte metrische Räume. Ein topologischer Raum heißt separabel, wenn eine abzählbare Menge von Punkten in ihm dicht ist.

(1) *Ein metrischer Raum R ist dann und nur dann separabel, wenn er eine abzählbare Basis besitzt.*

Die eine Hälfte gilt für beliebige topologische Räume: Ist O_i, $i = 1, 2, \ldots$, eine abzählbare Basis und $x_i \in O_i$, so sind die x_i in R offenbar dicht. Ist umgekehrt x_i eine Folge, die im metrischen Raum R dicht ist, so zeigen wir, daß die offenen Kugeln $K_\varrho(x_i)$ mit rationalen ϱ eine Basis bilden: Es genügt zu zeigen, daß jedes $x \in R$ eine Umgebungsbasis aus geeigneten $K_\varrho(x_i)$ besitzt. Ist aber $K_\varrho(x)$ gegeben und $|x, x_i| < \varrho/2$, so ist $K_{\varrho/2}(x_i)$ eine in $K_\varrho(x)$ enthaltene Umgebung von x.

Ein kompakter metrischer Raum wird auch als ein Kompaktum bezeichnet. Jedes Kompaktum ist vollständig, wie sich sofort aus § 3, 1.(5) ergibt.

(2) *Jedes Kompaktum, ebenso jede relativ kompakte Teilmenge M eines metrischen Raumes ist separabel und hat einen endlichen Durchmesser.*

Zu jedem n gibt es endlich viele offene Kugeln $K_{1/n}(x_i^{(n)})$, $i=1,\ldots, N(n)$, $x_i^{(n)}\in M$, die ganz M überdecken. Daraus folgt der zweite Teil der Behauptung. Ferner bilden die insgesamt abzählbar vielen $x_i^{(n)}$ offenbar eine in ganz M dichte Menge.

(3) *Jeder folgenkompakte metrische Raum ist ein Kompaktum.*

Nach § 3, 5.(3) genügt es zu zeigen, daß R eine abzählbare Basis besitzt, also separabel ist. Zu jedem n gibt es endlich viele $x_i^{(n)}$, so daß jedes x von einem geeigneten $x_i^{(n)}$ eine Entfernung $<1/n$ hat. Andernfalls gäbe es zu einem $n_0>0$ eine Folge $x^{(n)}$ mit $|x^{(n)}, x^{(m)}|\geqq 1/n_0$ für alle n, m und diese Folge hätte keine konvergente Teilfolge. Wieder ist die abzählbare Menge aller $x_i^{(n)}$ dicht in R.

Zieht man wieder § 3, 5.(3) heran, so sieht man

(4) *In einem metrischen Raum fallen abzählbar kompakte, folgenkompakte und kompakte Mengen zusammen.*

Ein metrischer Raum R heißt präkompakt, wenn seine vollständige Hülle $\tilde{R}$ kompakt ist. Dies ist dann und nur dann der Fall, wenn jede unendliche Teilmenge von R eine Cauchyfolge enthält; man beweist leicht, daß mit R auch $\tilde{R}$ diese Eigenschaft hat, also folgenkompakt ist.

Eine Teilmenge M eines metrischen Raumes heißt totalbeschränkt, wenn es zu jedem $\varepsilon>0$ eine endliche Überdeckung von M durch Mengen vom Durchmesser $\leqq\varepsilon$ gibt.

(5) *Eine Teilmenge eines metrischen Raumes ist dann und nur dann präkompakt, wenn sie totalbeschränkt ist.*

Beweis. Jede präkompakte Menge ist totalbeschränkt, denn $\tilde{M}$, also auch M, wird durch endlich viele Mengen N_i vom Durchmesser $\leqq\varepsilon$ überdeckt.

Ist umgekehrt M totalbeschränkt und unendlich, so wird es von endlich vielen Mengen vom Durchmesser $\leqq 1$ überdeckt, also gibt es in einer von ihnen unendlich viele $x_i^{(1)}\in M$ mit $|x_i^{(1)}, x_k^{(1)}|\leqq 1$ für alle i, k, darunter wiederum unendlich viele $x_i^{(2)}$ mit $|x_i^{(2)}, x_k^{(2)}|\leqq\frac{1}{2}$, usf., die Diagonalfolge $x_1^{(1)}, x_2^{(2)}, \ldots$ bildet offenbar eine Cauchyfolge.

(6) *Ist in einem vollständigen metrischen Raum $N_1\supset N_2\supset\cdots$ eine abnehmende Folge abgeschlossener Teilmengen, deren Durchmesser gegen Null gehen, so besteht $\bigcap_{i=1}^{\infty} N_i$ aus einem Punkt.*

Denn jede Folge $x_i\in N_i$ ist eine Cauchyfolge, alle diese Folgen konvergieren gegen einen Punkt.

6. Der Satz von Baire. Wir geben ihn in mehreren Fassungen.

(1) *Ist der vollständige metrische Raum R die Vereinigung $\bigcup_{i=1}^{\infty} M_i$ abzählbar vieler Teilmengen, so umfaßt wenigstens ein $\overline{M}_i$ eine ganze Kugel.*

Wäre dies nicht der Fall, so wäre jedes M_i nirgends dicht in R (vgl. § 1, 5.) und es gäbe eine abgeschlossene Kugel K_1 von einem Durchmesser $\leqq 1$ mit $K_1 \cap M_1$ leer, in K_1 wieder eine abgeschlossene Kugel K_2 von einem Durchmesser $\leqq \frac{1}{2}$ mit $K_2 \cap M_2$ leer usf. Die abnehmende Folge $K_1 > K_2 > \cdots$ hätte nach 5.(6) einen Punkt gemeinsam, der keinem M_i, also auch nicht R angehören könnte.

Dieser Satz von BAIRE gilt auch für lokalkompakte Räume,

(2) *Ist der lokalkompakte Raum* $R = \bigcup_{i=1}^{\infty} M_i$, *so umfaßt wenigstens ein* $\overline{M}_i$ *eine offene Punktmenge.*

Der Beweis verläuft analog: Wären alle M_i nirgends dicht in R, so gäbe es eine offene Menge O_1 mit $O_1 \cap M_1$ leer. Nach § 3, 6.(1) ist R regulär, also enthielte O_1 eine abgeschlossene Teilmenge K_1 mit inneren Punkten und $K_1 \cap M_1$ leer. Wir können K_1 als kompakt annehmen. In K_1 gibt es dann eine kompakte Teilmenge K_2 mit $K_2 \cap M_2$ leer, usf. Nach § 3, 4.(1) hat dann die Folge $K_1 > K_2 > \cdots$ einen nichtleeren Durchschnitt, der wiederum nicht in $R = \bigcup_{i=1}^{\infty} M_i$ liegen würde.

(1) und (2) lassen sich verschärfen zu

(3) *Ist eine offene Teilmenge O eines vollständigen metrischen oder eines lokalkompakten Raumes R die Vereinigung abzählbar vieler Teilmengen* M_i, *so enthält wenigstens ein* $\overline{M}_i \cap O$ *eine in R offene Punktmenge.*

Ist R lokalkompakt, so ist nach § 3, 6. auch O lokalkompakt in der induzierten Topologie. Aus (2) folgt daher die Behauptung unmittelbar.

Sei R ein vollständiger metrischer Raum. Wegen der Regularität von R enthält die offene Menge O eine abgeschlossene Kugel K. Dann gilt $K = \bigcup_{i=1}^{\infty} N_i$ mit $N_i = M_i \cap K$. Wendet man (1) an, so findet man ein $\overline{N}_i$, das eine abgeschlossene, erst recht also eine offene Kugel K_0 enthält. Also gilt $K_0 < \overline{M}_i \cap K < \overline{M}_i \cap O$.

Sind die M_i alle nirgends dicht in R, so ist also keine offene Punktmenge in $\bigcup_{i=1}^{\infty} M_i$ enthalten, also

(4) *In einem vollständigen metrischen bzw. lokalkompakten Raum R ist das Komplement einer abzählbaren Vereinigung nirgends dichter Mengen in R dicht.*

Eine abzählbare Vereinigung nirgends dichter Teilmengen von R wird auch als eine Menge 1. Kategorie (BAIRE) oder als mager (BOURBAKI) in R bezeichnet. Ist eine Menge nicht von 1. Kategorie in R, so heißt sie von 2. Kategorie. Dann nimmt der Satz von BAIRE die Form an:

(5) *Jede offene Teilmenge eines vollständigen metrischen oder eines lokalkompakten Raumes ist von 2. Kategorie in sich.*

7. Topologisches Produkt metrischer Räume. Sind $R_1, \ldots, R_n$ endlich viele metrische Räume, so setze man für die Elemente $x = (x_1, \ldots, x_n)$, $y = (y_1, \ldots, y_n)$ von $R_1 \times \cdots \times R_n$

$$|x, y| = \sum_{i=1}^{n} |x_i, y_i|;$$

ist $R_1, R_2, \ldots$ eine Folge metrischer Räume, so setze man entsprechend für $x, y \in \prod_{i=1}^{\infty} R_i$

$$|x, y| = \sum_{i=1}^{\infty} \frac{1}{2^i} \frac{|x_i, y_i|}{1 + |x_i, y_i|}.$$

Man bestätigt in beiden Fällen leicht, daß auf diese Weise ein metrischer Raum entsteht. An Stelle der $1/2^i$ könnte man irgend welche $c_i > 0$ mit $\sum_{i=1}^{\infty} c_i < \infty$ nehmen. Natürlich entstehen so verschiedene Metriken, aber es gilt

(1) *Jede solche Metrik erzeugt die Produkttopologie auf* $\prod_{i=1}^{\infty} R_i$.

Beweis. Eine elementare Überlegung zeigt, daß die metrische Konvergenz $x^{(n)} \to x^{(0)}$ in $\prod R_i$ gleichbedeutend ist mit der metrischen Konvergenz $x_i^{(n)} \to x_i^{(0)}$ der Komponenten in jedem R_i. Nach § 2, 6.(1) hat aber auch die Konvergenz im Sinn des topologischen Produktes diese Eigenschaft, die beiden Konvergenzbegriffe sind daher identisch. Da in den R_i das 1. Abzählbarkeitsaxiom gilt, gilt es auch im topologischen Produkt, also ist nach § 3, 5.(1) jeder Berührungspunkt Limes einer konvergenten Folge, die abgeschlossenen Mengen in R im Sinn der Metrik und der Produkttopologie stimmen überein, also auch die Topologien.

(2) *Genau dann, wenn die metrischen Räume R_i vollständig sind, ist auch* $\prod_{i=1}^{\infty} R_i$ *vollständig.*

Das Parallelotop $\mathfrak{P}^{\omega}$ (vgl. § 1, 8.) wird auch als das Hilbertsche Parallelotop bezeichnet, denn es ist homöomorph dem Produkt $R = \prod_{i=1}^{\infty} R_i$, R_i das Intervall $[0, 1/i]$, für das gilt

(3) *R ist ein abgeschlossener Teilraum des Hilbertschen Raumes und seine Topologie wird durch die Metrik des Hilbertschen Raumes induziert.*

Beweis. Der erste Teil der Behauptung ist trivial. Ist für $x, y^{(n)} \in R$ $|x, y^{(n)}| = \sqrt{\sum_{i=1}^{\infty} |\xi_i - \eta_i^{(n)}|^2} \to 0$, so ist auch $|\xi_i - \eta_i^{(n)}| \to 0$ für jedes i. Gilt dies umgekehrt, so wird für ein beliebiges $\varepsilon > 0$ $\sum_{i=m}^{\infty} |\xi_i - \eta_i^{(n)}|^2 < \varepsilon^2/2$ für ein genügend großes m und jedes n und $\sum_{i=1}^{m-1} |\xi_i - \eta_i^{(n)}|^2 < \varepsilon^2/2$ für genügend großes n, also $|x, y^{(n)}| < \varepsilon$. Wie im Beweise von (1) ergibt sich aus der Übereinstimmung der beiden Konvergenzbegriffe die Behauptung.

§ 5. Uniforme Räume

1. Definition. Die uns später interessierenden topologischen Räume werden keineswegs alle metrisch sein, aber auch für sie werden ähnliche Überlegungen angestellt werden können wie für die metrischen Räume im vorigen Paragraphen. Diese Räume, die wie die metrischen Räume eine die Topologie erzeugende zusätzliche Struktur haben, wurden zuerst von A. WEIL [1] betrachtet.

Es sei R eine Menge, $R \times R$ die Menge der geordneten Paare (x, y) aus R. Ist N eine Teilmenge von $R \times R$ mit den Elementen (x, y), so bezeichnen wir die Menge aller umgestellten Paare (y, x) mit N^{-1}. Das Produkt MN zweier solcher Mengen bestehe aus allen (x, z), zu denen es ein y mit (x, y) in M und (y, z) in N gibt. NN wird auch als N^2 geschrieben. Mit dieser Bezeichnung erklären wir:

R ist ein uniformer Raum, wenn auf $R \times R$ ein Filter $\mathfrak{N}$ gegeben ist mit den Eigenschaften

(N 1) *Jedes $N \in \mathfrak{N}$ enthält die Diagonale, d.h. die Menge aller (x, x), $x \in R$.*

(N 2) *Ist $N \in \mathfrak{N}$, so auch N^{-1},*

(N 3) *Zu jedem $N \in \mathfrak{N}$ gibt es ein $M \in \mathfrak{N}$ mit $M^2 < N$.*

Die Mengen des Filters heißen die Nachbarschaften des uniformen Raumes; ist $(x, y) \in N$, so heißen x und y benachbart von der Ordnung N. $\mathfrak{N}$ erklärt auf R eine uniforme Struktur.

Eine Basis des Filters $\mathfrak{N}$ heißt eine Basis des uniformen Raumes oder der uniformen Struktur. Eine Filterbasis $\mathfrak{B}$ aus Teilmengen von $R \times R$ bildet die Basis einer uniformen Struktur, wenn sie (N 1) und (N 3) für $\mathfrak{B}$ statt $\mathfrak{N}$ und

(N 2′) *Ist $N \in \mathfrak{B}$, so gibt es ein $N' \in \mathfrak{B}$ mit $N' < N^{-1}$,*

erfüllt.

Es gibt stets eine Basis aus symmetrischen Nachbarschaften, d.h. solchen mit $N = N^{-1}$, denn in jeder Nachbarschaft M ist die symmetrische Nachbarschaft $M \cap M^{-1}$ enthalten.

Jeder metrische Raum ist ein uniformer Raum, wenn man als Basis die abzählbar vielen Mengen $N_{1/n}$ aller (x, y) mit $|x, y| < 1/n$ nimmt.

Jeder Teilraum S eines uniformen Raumes R wird zu einem uniformen Raum, wenn man als Basis die Durchschnitte der Mengen einer

Basis für R mit $S \times S$ nimmt. Dies ist die auf S durch R induzierte uniforme Struktur.

Zwei uniforme Räume R und R' heißen **isomorph** oder **äquivalent**, wenn es eine eineindeutige Abbildung von R auf R', also von $R \times R$ auf $R' \times R'$ gibt, bei der die die uniforme Struktur definierenden Filter ineinander übergehen.

Zwei metrische Räume können äquivalent sein, ohne daß sie zugleich isometrisch sind. Man braucht z.B. nur in einem metrischen Raum sämtliche Entfernungen mit einem festen positiven Faktor zu multiplizieren und erhält so eine neue mit der ursprünglichen äquivalente Metrik.

Sind zwei uniforme Strukturen durch die Filter $\mathfrak{N}_1$ bzw. $\mathfrak{N}_2$ auf einer Menge R gegeben, so heißt die durch $\mathfrak{N}_1$ gegebene Struktur **feiner** bzw. **gröber** als die durch $\mathfrak{N}_2$ gegebene, wenn $\mathfrak{N}_1 > \mathfrak{N}_2$ bzw. $\mathfrak{N}_2 > \mathfrak{N}_1$ ist.

2. Die Topologie eines uniformen Raumes. Ist x ein Punkt des uniformen Raumes R und ist N eine Nachbarschaft, so wird die Menge $U_N(x)$ aller $y \in R$ mit $(x, y) \in N$ als eine Umgebung von x erklärt. Die so für alle $N \in \mathfrak{N}$ und alle $x \in R$ erklärten Umgebungen erfüllen die Axiome (U1) bis (U4) aus §1, 2.: (U1) folgt aus (N1), (U2) und (U3) folgen aus der Filtereigenschaft von $\mathfrak{N}$. Um (U4) zu beweisen, wählen wir nach (N3) ein $M^2 \subset N$. Ist dann $y \in U_M(x_0)$, so ist jeder Punkt z aus $U_M(y)$ in $U_N(x_0)$, denn aus $(x_0, y) \in M$, $(y, z) \in M$ folgt $(x_0, z) \in M^2 \subset N$. Also ist $U_N(x_0)$ auch eine Umgebung von y. Die so erklärte Topologie heißt die **Topologie des uniformen Raumes** R.

Im Fall eines metrischen Raumes erhält man so die in §4, 2. eingeführte Topologie wieder.

Auf $R \times R$ ist damit ebenfalls eine Topologie erklärt, die des topologischen Produkts.

(1) *Jede uniforme Struktur besitzt eine Basis aus symmetrischen, in der Topologie von $R \times R$ abgeschlossenen Nachbarschaften.*

Ist nämlich N eine Nachbarschaft, M eine symmetrische Nachbarschaft mit $M^3 \subset N$, so ist $\overline{M} \subset N$: Ist (x_0, y_0) Berührungspunkt von M, so gibt es ein $(x, y) \in M$ mit $(x, x_0) \in M$, $(y, y_0) \in M$, also $(x_0, y_0) \in M^3 \subset N$.

(2) *Die Topologie eines uniformen Raumes ist dann und nur dann separiert, wenn das weitere Axiom*

(N4) *Der Durchschnitt aller $N \in \mathfrak{N}$ ist die Diagonale,*

erfüllt ist.

Ist der Durchschnitt die Diagonale, so ist nach (1) die Diagonale auch Durchschnitt aller abgeschlossenen Nachbarschaften und daher selbst abgeschlossen. Ist daher $x \neq y$, so gibt es eine Umgebung $U \times V$ von (x, y), die keinen Punkt mit der Diagonale gemeinsam hat, die

Umgebung U von x und die Umgebung V von y haben also keinen Punkt gemeinsam.

Ist andererseits R separiert, $x \neq y$, so gibt es ein $U_N(x)$, das y nicht enthält. Das bedeutet, daß (x, y) nicht in N liegt, der Durchschnitt aller Nachbarschaften ist daher die Diagonale.

Ist die Diagonale selbst eine Nachbarschaft, so heißt die uniforme Struktur diskret und wir erhalten die diskrete Topologie auf R.

Fassen wir die Folge $1/n$, $n = 1, 2, \ldots$, als Teilmenge S des metrischen Raumes P auf, so ist die induzierte uniforme Struktur auf S nicht die diskrete, jedoch ist S als topologischer Raum diskret.

Ist $\overline{M}$ eine abgeschlossene Nachbarschaft des separierten uniformen Raumes R, so ist die Menge aller $(x_0, y) \in \overline{M}$ als Durchschnitt der abgeschlossenen Mengen $\{x_0\} \times R$ und $\overline{M}$ in $R \times R$ abgeschlossen, also ist $U_{\overline{M}}(x_0)$ in R abgeschlossen; (1) ergibt

(3) *Jeder separierte uniforme Raum ist regulär.*

(4) *Für jede Teilmenge A von $R \times R$ gilt $\overline{A} = \bigcap_N NAN$, wobei N alle symmetrischen Nachbarschaften von R durchläuft.*

Sind N_1 und N_2 zwei symmetrische Nachbarschaften und ist $N = N_1 \cap N_2$, so umfaßt die Umgebung $U_{N_1}(x) \times U_{N_2}(y)$ von (x, y) die Umgebung $U_N(x) \times U_N(y)$; für alle N bilden diese Umgebungen also eine Umgebungsbasis von (x, y). Ist (x_0, y_0) nun ein Berührungspunkt von A, so gibt es zu jedem N ein $(x, y) \in A$ mit $(x, y) \in U_N(x_0) \times U_N(y_0)$, wegen der Symmetrie von N ist dann auch $(x_0, y_0) \in U_N(x) \times U_N(y)$, also ist $(x_0, y_0) \in NAN$, daher $\overline{A} \subset \bigcap_N NAN$. Ist umgekehrt $(x_0, y_0) \in \bigcap_N NAN$, so gibt es zu jedem N ein $(x, y) \in A$ mit $(x_0, y_0) \in U_N(x) \times U_N(y)$, also auch mit $(x, y) \in U_N(x_0) \times U_N(y_0)$, d.h. $(x_0, y_0) \in \overline{A}$.

Entsprechend zu (1) gilt

(5) *Jede uniforme Struktur besitzt eine Basis aus symmetrischen, in der Topologie von $R \times R$ offenen Nachbarschaften.*

Es genügt zu zeigen, daß das Innere einer Nachbarschaft N eine Nachbarschaft umfaßt. Ist M eine symmetrische Nachbarschaft mit $M^3 \subset N$, so liegen mit $(x_0, y_0) \in M$ auch alle (x, y) der Umgebung $U_M(x_0) \times U_M(y_0)$ von (x_0, y_0) in N, (x_0, y_0) ist also innerer Punkt von N.

3. Gleichmäßige Stetigkeit. Wie aus den eben geführten Beweisen zu erkennen ist, entspricht einer Menge vom Durchmesser $< \varepsilon$ in den metrischen Räumen eine Menge, deren Punktepaare sämtlich einer genügend kleinen symmetrischen Nachbarschaft N angehören; eine solche Menge heiße klein von der Ordnung N. Dem Durchmesser $< \varepsilon/2$ entspricht dann eine symmetrische Nachbarschaft M mit $M^2 \subset N$.

Eine Abbildung $A x = x'$ eines uniformen Raumes R in den uniformen Raum R' wird daher **gleichmäßig stetig** heißen, wenn zu jeder Nachbarschaft N' in R' eine Nachbarschaft N in R gehört, so daß für zwei Punkte x, y mit $(x, y) \in N$ stets $(x', y') \in N'$ gilt. Es ist klar, daß jede gleichmäßig stetige Abbildung stetig ist.

Jeder Isomorphismus zweier uniformer Räume ist in beiden Richtungen gleichmäßig stetig.

Sind auf einer Menge R reelle Funktionen $f_\beta(x)$, $\beta \in \mathsf{B}$, erklärt, so kann man sie benützen, um in R eine uniforme Struktur einzuführen: Zu je endlich vielen f_{β_i}, $i = 1, \ldots, n$, und $\varepsilon > 0$ bilde man die Menge N aller Paare $(x, y) \in R \times R$ mit $|f_{\beta_i}(x) - f_{\beta_i}(y)| < \varepsilon$ für $i = 1, \ldots, n$. Diese N bilden die Basis eines Nachbarschaftsfilters auf $R \times R$. Die f_β sind offenbar gleichmäßig stetig bezüglich dieser uniformen Struktur auf R und sie ist die gröbste aller uniformen Strukturen auf R mit dieser Eigenschaft.

Die Struktur ist genau dann separiert, wenn je zwei Punkte x, y aus R durch wenigstens ein f_β getrennt werden, d.h. $f_\beta(x) \neq f_\beta(y)$ ist.

Diese Überlegung läßt sich sofort verallgemeinern auf den Fall, daß auf R eine Menge von Abbildungen A_β in die uniformen Räume S_β gegeben ist. Als Nachbarschaften hat man dann zu nehmen die Mengen aller (x, y) mit $\big(A_{\beta_i}(x), A_{\beta_i}(y)\big) \in N_{\beta_i, \gamma_i}$, $i = 1, \ldots, n$, N_{β_i, γ_i} eine beliebige Nachbarschaft in S_{β_i}.

4. Cauchyfilter. Den Cauchyfolgen in den metrischen Räumen entsprechen die Cauchyfilter und Cauchysysteme in den uniformen Räumen: Ein Filter $\{F_\alpha\}$ auf R heißt ein **Cauchyfilter**, wenn er zu jeder Nachbarschaft N wenigstens ein F_α enthält, das klein von der Ordnung N ist, d.h. $(x, y) \in N$ für alle $x, y \in F_\alpha$. Ein Berührungspunkt eines Cauchyfilters ist Limes des Cauchyfilters, in einem separierten uniformen Raum hat ein Cauchyfilter also höchstens einen Berührungspunkt.

Jeder konvergente Filter ist ein Cauchyfilter. Ist jeder Cauchyfilter auf R konvergent, so heißt R **vollständig**.

Entsprechend heißt ein gerichtetes System x_α, $\alpha \in \mathsf{A}$, ein **Cauchysystem**, wenn zu jeder Nachbarschaft N ein $\beta \in \mathsf{A}$ existiert mit $(x_\gamma, x_\delta) \in N$ für alle $\gamma, \delta \geqq \beta$.

Aus dem Zusammenhang zwischen Filtern und gerichteten Systemen (§ 2, 4. und § 2, 5.) ergibt sich sofort

(1) *R ist dann und nur dann vollständig, wenn jedes Cauchysystem einen Limes in R hat.*

Für metrische Räume gilt

(2) *Ein vollständiger metrischer Raum R ist auch vollständig als uniformer Raum.*

Denn ist $\{F_\alpha\}$ ein Cauchyfilter auf R, so gibt es eine abnehmende Folge F_{α_n} mit $|x, y| \leqq \frac{1}{n}$ für alle $x, y \in F_{\alpha_n}$. Eine Folge $x_n \in F_{\alpha_n}$ ist daher eine Cauchyfolge in R. Ihr Limes x_0 ist wegen $F_\alpha \cap F_{\alpha_n}$ nicht leer Berührungspunkt aller F_α.

Im allgemeinen kann ein uniformer Raum aber sehr wohl die Limites sämtlicher Cauchyfolgen enthalten ohne vollständig zu sein. Es fehlen ihm dann noch die Limites gewisser Cauchyfilter (vgl. das Beispiel $\mathfrak{P}^{\mathsf{A}}$ in § 3, 4.).

(3) *Jeder diskrete uniforme Raum ist vollständig.*

Bei einer gleichmäßig stetigen Abbildung geht jeder Cauchyfilter wieder in einen Cauchyfilter über, ebenso jedes Cauchysystem in ein Cauchysystem.

Der Satz § 2, 8.(3) über die Fortsetzung stetiger Abbildungen ergibt

(4) *Eine in einem dichten Teilraum S des uniformen Raumes R erklärte gleichmäßig stetige Abbildung A von S in einen vollständigen separierten uniformen Raum R' läßt sich in eindeutig bestimmter Weise gleichmäßig stetig auf R fortsetzen.*

Die in § 2, 8.(3) angegebene Bedingung ist erfüllt. Denn für jeden Punkt $x \in R$ bilden die $U_\alpha \cap S$ einen Cauchyfilter $\mathfrak{F}$ auf S, sein Bild $A(\mathfrak{F})$ ist wieder ein Cauchyfilter in R' und erklärt das Bild $A\,x$. Außerdem ist R' nach 2.(3) regulär. Damit ist A auf ganz R stetig erklärt. A ist auf R gleichmäßig stetig: Sei die abgeschlossene Nachbarschaft N' auf R' gegeben und sei N eine Nachbarschaft in R, so daß aus $(x, y) \in N \cap (S \times S)$ stets $(A\,x, A\,y) \in N'$ folgt. Es sei M eine symmetrische Nachbarschaft mit $M^3 < N$. Sind x_0, y_0 Punkte aus R mit $(x_0, y_0) \in M$, so ist (x_0, y_0) in $R \times R$ Berührungspunkt von Punkten aus $S \times S$, speziell der Menge aller $(x, y) \in S \times S$ mit $(x_0, x) \in M$, $(y, y_0) \in M$, für die $(x, y) \in M^3 < N$. Dann gilt $(A\,x, A\,y) \in N'$ für die Bilder $A\,x, A\,y$ aller dieser x, y. Da $(A\,x_0, A\,y_0)$ Berührungspunkt der $(A\,x, A\,y)$ und N' abgeschlossen ist, liegt $(A\,x_0, A\,y_0)$ in N'. Für alle $(x_0, y_0) \in M$ liegt also $(A\,x_0, A\,y_0)$ in N'.

5. Die vollständige Hülle eines separierten uniformen Raumes. $\mathfrak{B} = \{N_\alpha\}$, $\alpha \in \mathsf{A}$, sei eine Basis der uniformen Struktur auf R aus symmetrischen Nachbarschaften N_α [vgl. 2.(1)]. Setzen wir $\alpha \leqq \beta$ für $N_\alpha > N_\beta$, so wird A eine gerichtete Menge. In Verschärfung von 4.(1) gilt

(1) *Der uniforme Raum R ist dann und nur dann vollständig, wenn jedes Cauchysystem mit der Indizesmenge A einen Limes in R besitzt.*

Es genügt zu zeigen, daß dann jeder Cauchyfilter $\mathfrak{F} = \{F_\alpha\}$ einen Limes in R besitzt. Zu jedem $\alpha \in \mathsf{A}$ wählen wir ein $F_\alpha \in \mathfrak{F}$, das klein von der Ordnung N_α ist und ein $x_\alpha \in F_\alpha$. Ist $\beta \geqq \alpha$, $\gamma \geqq \alpha$ und z ein Element von $F_\beta \cap F_\gamma$, so liegt (x_β, z) in $N_\beta < N_\alpha$, (x_γ, z) in $N_\gamma < N_\alpha$, also (x_β, x_γ) in N_α^2. Das gerichtete System (x_α) ist also ein Cauchysystem und hat nach Voraussetzung einen Limes x_0 in R.

Es sei nun $N_\delta \in \mathfrak{B}$ vorgegeben und $N_\varrho \in \mathfrak{B}$ mit $N_\varrho^3 < N_\delta$. Es gibt dann ein x_σ mit $\sigma \geqq \varrho$ und $(x_0, x_\sigma) \in N_\varrho$. Ist $z \in F_\sigma \cap F_\varrho$, so ist $(x_\sigma, z) \in N_\varrho$. Ist y in F_ϱ, so gilt $(z, y) \in N_\varrho$. Für alle $y \in F_\varrho$ gilt daher $(x_0, y) \in N_\varrho^3 \in N_\delta$. Das bedeutet aber, daß $\mathfrak{F}$ den Limes x_0 hat.

In Analogie zu § 4, 4. beweisen wir nun

(2) *Jeder separierte uniforme Raum R läßt sich in einen bis auf Isomorphie eindeutig bestimmten, kleinsten vollständigen separierten uniformen Raum $\tilde{R}$ einbetten.*

$\tilde{R}$ heißt die vollständige Hülle von R.

Beweis. a) *Definition von $\tilde{R}$.* Wir betrachten die Cauchysysteme (x_α), $\alpha \in \mathsf{A}$, auf R, wobei A das Indexsystem der oben festgelegten Basis sei. Zwei solche Systeme (x_α) und (y_α) heißen äquivalent, wenn es zu jeder symmetrischen Nachbarschaft N der uniformen Struktur auf R einen Index $\beta(N)$ gibt, so daß $(x_\gamma, y_\gamma) \in N$ für alle $\gamma \geqq \beta$ gilt. Ist (x_α) zu (y_α) und (y_α) zu (z_α) äquivalent, so auch (x_α) zu (z_α): Denn ist M eine symmetrische Nachbarschaft mit $M^2 < N$, so folgt aus $(x_\gamma, y_\gamma) \in M$ und $(y_\gamma, z_\gamma) < M$ für genügend großes γ, daß auch $(x_\gamma, z_\gamma) \in M^2 < N$ gilt. Wir fassen äquivalente Cauchysysteme zu Klassen zusammen, die wir als die Punkte von $\tilde{R}$ erklären. Die Klasse, in der das Cauchysystem (x_α) liegt, werde mit $\tilde{x}$ bezeichnet.

b) *Die uniforme Struktur auf $\tilde{R}$.* Ist M eine symmetrische Nachbarschaft von R, so bezeichne $\tilde{M}$ die Menge aller Paare $(\tilde{x}, \tilde{y})$, für die es zu jeder symmetrischen Nachbarschaft N einen Index $\beta(N)$ gibt mit $(x_\gamma, y_\gamma) \in NMN$ für $\gamma \geqq \beta(N)$. Diese Definition ist von den Repräsentanten der Klassen unabhängig: Es sei (z_α) äquivalent (y_α). Für ein N_1 mit $N_1^2 < N$ gilt für $\gamma \geqq \beta(N_1)$ stets $(x_\gamma, y_\gamma) \in N_1 M N_1$. Wird ferner γ so groß gewählt, daß auch $(y_\gamma, z_\gamma) \in N_1$ ist, so gilt $(x_\gamma, z_\gamma) \in N_1 M N_1^2 \in NMN$. Also gehört auch $(\tilde{x}, \tilde{z})$ zu $\tilde{M}$.

Die $\tilde{M}$ bilden die Basis einer uniformen Struktur auf $\tilde{R}$: Es ist offenbar (N 1) erfüllt, ferner (N 2), da sogar $\tilde{M}^{-1} = \tilde{M}$ gilt wegen der Symmetrie von M. Aus $M < N_1 \cap N_2$ folgt $\tilde{M} < \tilde{N}_1 \cap \tilde{N}_2$, also bilden die $\tilde{M}$ eine Filterbasis auf $\tilde{R} \times \tilde{R}$. Ist schließlich $M^3 < N$, so bestätigt man leicht $\tilde{M}^2 < \tilde{N}$, also gilt auch (N 3).

c) *$\tilde{R}$ ist separiert.* Liegt $(\tilde{x}, \tilde{y})$ in allen $\tilde{M}$, so gilt $(x_\gamma, y_\gamma) \in M^3$ für $\gamma \geqq \beta(M)$ für alle $\tilde{M}$; $\tilde{x}$ und $\tilde{y}$ sind also äquivalent. Der Durchschnitt aller $\tilde{M}$ ist also die Diagonale.

d) *R ist Teilraum von $\tilde{R}$.* Wir bezeichnen die Klasse, in der das Cauchysystem $x_\alpha = a$, $a \in R$, liegt, mit $\tilde{a}$. Dann und nur dann liegt $(\tilde{a}, \tilde{b})$ in $\tilde{M}$, wenn $(a, b) \in \bigcap_N NMN$ gilt. Nach 2.(4) bedeutet dies $(a, b) \in \overline{M}$. Identifizieren wir a und $\tilde{a}$, so ist nach dem eben bewiesenen $\tilde{M} \cap R \times R = \overline{M}$, d.h. die in R durch $\tilde{R}$ induzierte uniforme Struktur fällt nach 2.(1) mit der ursprünglichen zusammen.

e) *R ist in $\tilde{R}$ dicht.* Ist $\tilde{x}$ irgendein Element von $\tilde{R}$ und (x_α) ein $\tilde{x}$ definierendes Cauchysystem, so gibt es zu jedem M ein $\beta(M)$ mit $(x_{\gamma'}, x_\gamma) \in M$ für alle $\gamma, \gamma' \geqq \beta$. Dies bedeutet aber $(\tilde{x}, x_\gamma) \in \tilde{M}$, wenn x_γ als Element von $\tilde{R}$ aufgefaßt wird.

f) *$\tilde{R}$ ist vollständig.* Ist $\mathfrak{B} = \{N_\alpha\}$ unsere zu Beginn gewählte Basis, so ist nach b) $\tilde{\mathfrak{B}} = \{\tilde{N}_\alpha\}$ eine Basis der uniformen Struktur auf $\tilde{R}$. Nach (1) genügt es also zu zeigen, daß jedes Cauchysystem $(\tilde{x}_\alpha)$, $\alpha \in \mathsf{A}$, in $\tilde{R}$ einen Limes in $\tilde{R}$ besitzt. Wir bestimmen nach e) zu jedem $\tilde{x}_\alpha$ ein $z_\alpha \in R$ mit $(\tilde{x}_\alpha, z_\alpha) \in \tilde{N}_\alpha$. Dann ist (z_α) ein Cauchysystem in R: Sei $\varrho \in \mathsf{A}$ so bestimmt, daß $\tilde{N}_\varrho^3 \in \tilde{N}_\alpha$ gilt. Für $\gamma, \gamma' \geqq \sup(\beta(\varrho), \varrho)$ ist dann $(\tilde{x}_\gamma, \tilde{x}_{\gamma'}) \in \tilde{N}_\varrho$. Da außerdem $(\tilde{x}_\gamma, z_\gamma) \in \tilde{N}_\varrho$ und $(\tilde{x}_{\gamma'}, z_{\gamma'}) \in \tilde{N}_\varrho$ gilt, folgt $(z_\gamma, z_{\gamma'}) \in \tilde{N}_\varrho^3 \in \tilde{N}_\alpha$, d.h. (z_α) ist ein Cauchysystem $\tilde{z}$. Aus $(\tilde{z}, z_\gamma) \in \tilde{N}_\varrho$ für genügend großes γ, $(z_\gamma, \tilde{x}_\gamma) \in \tilde{N}_\varrho$ und $(\tilde{x}_\gamma, \tilde{x}_{\gamma'}) \in \tilde{N}_\varrho$ folgt dann aber $(\tilde{z}, \tilde{x}_{\gamma'}) \in \tilde{N}_\alpha$ für alle genügend großen γ', d.h. das Cauchysystem $(\tilde{x}_\alpha)$ hat den Limes $\tilde{z}$.

$\tilde{R}$ ist also eine vollständige Hülle von R.

Daß schließlich $\tilde{R}$ bis auf Isomorphie eindeutig bestimmt ist, ist eine unmittelbare Folge von

(3) *Sind R_1 und R_2 isomorphe uniforme Räume, die in den vollständigen separierten uniformen Räumen S_1 bzw. S_2 dicht sind, so setzt sich jede Isomorphie in eindeutig bestimmter Weise in eine Isomorphie von S_1 und S_2 fort.*

Es seien $A(R_1) = R_2$, $B(R_2) = R_1$ die durch die Isomorphie gegebenen Abbildungen. Da eine Isomorphie in beiden Richtungen gleichmäßig stetig ist, ergibt sich nach § 4.(4) durch Fortsetzung die Existenz zweier gleichmäßig stetiger Abbildungen $\tilde{A}$ und $\tilde{B}$, die S_1 in S_2 bzw. S_2 in S_1 abbilden. Bei der Isomorphie von R_1 und R_2 entsprechen die Klassen äquivalenter Cauchysysteme in R_1 eineindeutig den Klassen äquivalenter Cauchysysteme in R_2, also sind $\tilde{A}$ und $\tilde{B}$ gleichmäßig stetige, zueinander inverse Abbildungen von S_1 auf S_2 bzw. S_2 auf S_1. Dabei werden die Filter der Nachbarschaften von S_1 und S_2 ebenfalls ineinander über geführt, wir haben in $\tilde{A}$ und $\tilde{B}$ also eine Isomorphie von S_1 und S_2.

(4) *Ist M eine Nachbarschaft von $R \times R$, so ist die Nachbarschaft $\tilde{M}$ in $\tilde{R} \times \tilde{R}$ die abgeschlossene Hülle von M in $\tilde{R} \times \tilde{R}$.*

Die in $\tilde{R} \times \tilde{R}$ gebildeten abgeschlossenen Hüllen der Nachbarschaften einer Basis von $R \times R$ bilden eine Basis von $\tilde{R} \times \tilde{R}$.

Ist $(\tilde{x}^{(0)}, \tilde{y}^{(0)})$ Berührungspunkt von $\tilde{M}$, so gibt es zu jeder symmetrischen Nachbarschaft N ein $(\tilde{x}, \tilde{y}) \in \tilde{M}$ mit $(\tilde{x}^{(0)}, \tilde{x}) \in \tilde{N}$, $(\tilde{y}, \tilde{y}^{(0)}) \in \tilde{N}$, also ist für genügend großes γ $(x_\gamma^{(0)}, x_\gamma) \in N^3$, $(x_\gamma, y_\gamma) \in N M N$, $(y_\gamma, y_\gamma^{(0)}) \in N^3$, d.h. $(x_\gamma^{(0)}, y_\gamma^{(0)}) \in N^4 M N^4$. Das bedeutet aber $(\tilde{x}^{(0)}, \tilde{y}^{(0)}) \in \tilde{M}$, $\tilde{M}$ ist abgeschlossen.

Ist andererseits $(\tilde{x}, \tilde{y}) \in \tilde{M}$, so gibt es zu jeder symmetrischen Nachbarschaft N Elemente x_γ, y_γ aus R mit $(\tilde{x}, x_\gamma) \in \tilde{N}$,. $(\tilde{y}, y_\gamma) \in \tilde{N}$ und $(x_\gamma, y_\gamma) \in N M N$. Also gibt es $z, t \in R$ mit $(z, t) \in M$, $(z, x_\gamma) \in N$, $(t, y_\gamma) \in N$, d.h. $(\tilde{z}, \tilde{t}) \in U_{\tilde{N}^2}(\tilde{x}) \times U_{\tilde{N}^2}(\tilde{y})$, M ist also dicht in $\tilde{M}$.

Zum Beweis der zweiten Behauptung bemerken wir, daß nach der Definition der uniformen Struktur auf $\tilde{R}$ die $\tilde{M}$ mit symmetrischen M eine Basis von $\tilde{R} \times \tilde{R}$ bilden. Jedes M umfaßt eine Nachbarschaft N der gegebenen Basis von $R \times R$, also gilt auch $\tilde{M} \supset \tilde{N}$, die $\tilde{N}$ bilden daher eine Basis von $\tilde{R} \times \tilde{R}$.

6. Kompakte uniforme Räume. Es gilt

(1) *In einem kompakten uniformen Raum ist jeder Ultrafilter ein Cauchyfilter.*

Denn ist M eine Nachbarschaft von R, so wird R durch endlich viele offene Mengen M_i, $i = 1, \ldots, n$, die klein von der Ordnung M sind, überdeckt. Nach § 2, 7.(2) gehört eines der M_i zum Ultrafilter, der also beliebig kleine Mengen enthält.

Jeder kompakte uniforme Raum ist vollständig, da jeder Cauchyfilter einen Berührungspunkt, also einen Limes besitzt.

Wie in § 4, 5. nennen wir einen separierten uniformen Raum R präkompakt, wenn seine vollständige Hülle kompakt ist.

Ein separierter uniformer Raum R heißt totalbeschränkt, wenn zu jeder Nachbarschaft N von R eine Überdeckung von R durch endlich viele Mengen existiert, die sämtlich klein von der Ordnung N sind.

Analog zu § 4, 5. gilt

(2) *a) Ein separierter uniformer Raum R ist dann und nur dann präkompakt, wenn er totalbeschränkt ist.*

b) Ein separierter uniformer Raum ist dann und nur dann präkompakt, wenn jeder Ultrafilter ein Cauchyfilter ist.

Beweis. a) Ist R präkompakt, so wird die vollständige Hülle $\tilde{R}$, also auch R, durch endlich viele Mengen M_i, die in $\tilde{R}$ klein von vorgegebener Ordnung $\tilde{N}$ sind, überdeckt, also R selbst durch die $M_i \cap R$, die klein von der Ordnung N sind, wenn $\tilde{N}$ nach 5.(4) aus der abgeschlossenen Nachbarschaft N von $R \times R$ durch Abschließung in $\tilde{R} \times \tilde{R}$ entstanden ist.

Ist umgekehrt R totalbeschränkt und überdecken endlich viele M_i der Ordnung N ganz R, so überdecken die in $\tilde{R}$ gebildeten abgeschlossenen Hüllen $\tilde{M}_i$ ganz $\tilde{R}$ und sind von der Ordnung $\tilde{N}$. Die $\tilde{N}$ bilden nach 5.(4) eine Basis der uniformen Struktur von $\tilde{R}$. Ist nun $\mathfrak{F}$ ein Ultrafilter auf $\tilde{R}$, so ist wie in (1) nach § 2, 7.(2) wenigstens ein $\tilde{M}_i$ in $\mathfrak{F}$, also enthält $\mathfrak{F}$ beliebig kleine Mengen, ist daher ein Cauchyfilter, der wegen der Vollständigkeit von $\tilde{R}$ auf $\tilde{R}$ konvergiert, $\tilde{R}$ ist also kompakt.

b) Ein präkompakter Raum ist nach a) totalbeschränkt, daraus folgt wie in (1), daß jeder Ultrafilter ein Cauchyfilter ist.

Ist R nicht präkompakt, so ist $\tilde{R}$ nicht kompakt, es gibt also auf $\tilde{R}$ einen Filter $\mathfrak{F} = \{F^\alpha\}$ ohne Berührungspunkt. Wir bilden zu jedem F^α und jeder symmetrischen Nachbarschaft $\tilde{N}$ die Menge $F^\alpha_{\tilde{N}}$ aller $z \in \tilde{R}$ mit $(x, z) \in \tilde{N}$ für irgendein $x \in F^\alpha$. Die $F^\alpha_{\tilde{N}}$ bilden die Basis eines Filters auf $\tilde{R}$ und, da $F^\alpha_{\tilde{N}} \cap R$ stets nicht leer ist, bilden die $F^\alpha_{\tilde{N}} \cap R$ die Basis eines Filters $\mathfrak{F}'$ auf R. $\mathfrak{F}'$ besitzt keinen Berührungspunkt in $\tilde{R}$, da ein solcher auch Berührungspunkt von $\mathfrak{F}$ sein müßte. Ein Ultrafilter auf R, der feiner als $\mathfrak{F}'$ ist, ist also kein Cauchyfilter.

(3) *Ein separierter uniformer Raum R ist dann und nur dann präkompakt, wenn jede abzählbare Teilmenge von R in der vollständigen Hülle $\tilde{R}$ einen Berührungspunkt besitzt.*

Die Notwendigkeit ist klar. Ist umgekehrt R nicht präkompakt, so gibt es nach (2) a) eine Nachbarschaft N, zu der es keine Überdeckung von R durch endlich viele Mengen von kleinerer Ordnung als N gibt. Es sei N_1 eine symmetrische Nachbarschaft mit $N_1^4 \subset N$. Wir wählen ein $x_1 \in R$ und bilden die Umgebung $U_{N_1}(x_1)$. Sie ist von der Ordnung N_1^2. Es seien bereits die Punkte $x_1, \ldots, x_k$ so gewählt, daß die $U_{N_1}(x_i)$ paarweise fremd sind. Gäbe es kein x_{k+1}, dessen $U_{N_1}(x_{k+1})$ zu den schon gebildeten $U_{N_1}(x_i)$ fremd ist, so wären alle Punkte aus R in den $U_{N_1^2}(x_i)$, $i = 1, \ldots, k$, enthalten, also würden k Mengen von kleinerer Ordnung als $N_1^4 \subset N$ ganz R überdecken. Für die so bestimmte Folge x_k, $k = 1, 2, \ldots$, gilt $(x_k, x_m) \notin N_1$ für alle k, m, also hat die Folge keinen Berührungspunkt in $\tilde{R}$.

(4) *Ein vollständiger separierter uniformer Raum ist kompakt, wenn er abzählbar kompakt ist.*

Denn nach (3) ist ein abzählbar kompakter separierter uniformer Raum präkompakt, aus der Vollständigkeit folgt dann die Kompaktheit.

(5) *In einem uniformen kompakten Raum R besteht der Filter $\mathfrak{N}$ der Nachbarschaften aus allen Umgebungen der Diagonale in $R \times R$.*

Jede Nachbarschaft N ist eine Umgebung der Diagonale in $R \times R$. Gäbe es andererseits eine offene Umgebung N_0 der Diagonale, die nicht zu $\mathfrak{N}$ gehört, so wäre für jedes $N \in \mathfrak{N}$ wegen $N \not\subset N_0$ stets $(R \times R \sim N_0) \cap N$ nicht leer; die Mengen $(R \times R \sim N_0) \cap N$ würden also einen Filter $\mathfrak{N}' > \mathfrak{N}$ erzeugen, der wegen der Kompaktheit von $R \times R$ einen zu $R \times R \sim N_0$, also nicht zur Diagonale gehörenden Berührungspunkt hätte. $\mathfrak{N}$ und damit $\mathfrak{N}'$ haben aber wegen der Separiertheit und Regularität von R nur Punkte der Diagonale als Berührungspunkte.

(6) *Jede stetige Abbildung A eines uniformen kompakten Raumes R in einen uniformen Raum R' ist gleichmäßig stetig.*

Ist A stetig, so ist nach § 2, 6.(2) auch die Abbildung $(x, y) \to (Ax, Ay)$ von $R \times R$ in $R' \times R'$ stetig. Ist also N' eine offene Nachbarschaft in R' [vgl. 2.(5)], so umfassen die Urbilder (x, y) aller $(Ax, Ay) \in N'$ eine Umgebung der Diagonale in $R \times R$ und damit nach dem vorigen Satz eine Nachbarschaft von R.

7. Das Produkt uniformer Räume. Sind die R_α, $\alpha \in \mathsf{A}$, uniforme Räume mit den Nachbarschaftsfiltern $\mathfrak{N}_\alpha$, so wird $R = \prod_\alpha R_\alpha$ zum uniformen Produkt der R_α, wenn man auf $R \times R = \prod_\alpha (R_\alpha \times R_\alpha)$ als Nachbarschaften N alle $\prod M_\alpha$ einführt, mit $M_\alpha = R_\alpha \times R_\alpha$ für alle α bis auf endlich viele und $M_\alpha = N_\alpha$ für die übrigen, N_α eine beliebige Nachbarschaft aus $\mathfrak{N}_\alpha$.

Es ist sofort zu sehen, daß die durch diese uniforme Struktur in R erzeugte Topologie die des topologischen Produkts ist (§ 1, 8.). Zu den bereits in § 2, 6. abgeleiteten Tatsachen treten noch die folgenden leicht zu beweisenden:

(1) *Ein Filter $\mathfrak{F}$ in R ist dann und nur dann ein Cauchyfilter, wenn alle seine Projektionen $\mathfrak{F}_\alpha$ Cauchyfilter sind.*

(2) *Das uniforme, also topologische Produkt $R = \prod R_\alpha$ uniformer Räume R_α ist dann und nur dann vollständig, wenn alle R_α vollständig sind.*

Die vollständige Hülle von R ist das uniforme, also topologische Produkt der vollständigen Hüllen der R_α.

Dies folgt aus (1) und § 2, 6.(3).

Eine Abbildung A eines uniformen Raumes in das uniforme Produkt $\prod R_\alpha$ ist dann und nur dann gleichmäßig stetig, wenn alle Projektionen $A_\alpha = P_\alpha A$ es sind.

§ 6. Reelle Funktionen auf topologischen Räumen

1. Oberer und unterer Limes. Nehmen wir $+\infty$ und $-\infty$ zur Menge P der reellen Zahlen hinzu, so entsteht eine Menge, die wir mit $\overline{\mathsf{P}}$ bezeichnen. Die Anordnung und das Rechnen in $\overline{\mathsf{P}}$ seien in der üblichen Weise erklärt. $\overline{\mathsf{P}}$ wird zu einem topologischen Raum, wenn wir die Intervalle $[-\infty, a]$, $[b, +\infty]$ als Subbasis für die Menge $\mathfrak{A}$ der abgeschlossenen Mengen nehmen. In P wird dadurch die ursprüngliche Topologie induziert. Durch die Abbildung $x \to \operatorname{tg} x$ wird $[-\pi/2, \pi/2]$ homöomorph auf $\overline{\mathsf{P}}$ abgebildet, $\overline{\mathsf{P}}$ ist also kompakt.

Für jede Teilmenge A von $\overline{\mathsf{P}}$ wird die obere Grenze $\sup\limits_{a \in A} a$ und die untere Grenze $\inf\limits_{a \in A} a$ erklärt. Sie kann natürlich auch $+\infty$ oder $-\infty$ sein.

Ist M irgendeine Menge und ist jedem $x \in M$ ein Element $f(x)$ aus $\overline{\mathsf{P}}$ zugeordnet, so sprechen wir von einer reellen Funktion. Liegen die Werte nur in P, so heißt $f(x)$ eine endliche reelle Funktion. Obere und untere Grenze der Funktionswerte auf M werden dann mit $\sup\limits_{x \in M} f(x)$ bzw. $\inf\limits_{x \in M} f(x)$ bezeichnet.

Da wir als Funktionswerte auch $+\infty$ und $-\infty$ zulassen, braucht die Summe $f(x) + g(x)$ nicht für alle x erklärt zu sein ($+\infty$ und $-\infty$ lassen sich nicht addieren). Ist aber $f(x) + g(x)$ für wenigstens ein $x \in M$ erklärt, so gilt bei sinnvoller rechter Seite

$$(1\,\mathrm{a}) \quad \sup_{x \in M} \big(f(x) + g(x)\big) \leqq \sup_{x \in M} f(x) + \sup_{x \in M} g(x),$$

$$(1\,\mathrm{b}) \quad \inf_{x \in M} \big(f(x) + g(x)\big) \geqq \inf_{x \in M} f(x) + \inf_{x \in M} g(x).$$

Die Aufstellung und Ableitung entsprechender Formeln für die Multiplikation und Division sei dem Leser überlassen.

(2) *Ist* $f(x) \leqq g(x)$ *für alle* $x \in M$, *so ist* $\sup\limits_{x \in M} f(x) \leqq \sup\limits_{x \in M} g(x)$ *und* $\inf\limits_{x \in M} f(x) \leqq \inf\limits_{x \in M} g(x)$.

Ein gerichtetes System ξ_α aus $\overline{\mathsf{P}}$ heißt monoton wachsend (fallend), wenn aus $\alpha < \beta$ stets $\xi_\alpha \leqq \xi_\beta$ ($\xi_\alpha \geqq \xi_\beta$) folgt.

(3) *Jedes monoton wachsende (fallende) gerichtete System* ξ_α *aus* $\overline{\mathsf{P}}$ *besitzt einen Limes und es ist* $\lim \xi_\alpha = \sup \xi_\alpha$ ($= \inf \xi_\alpha$).

Denn ist $\sup \xi_\alpha = \gamma$, so gibt es zu jedem $\delta < \gamma$ ein β mit $\delta < \xi_{\beta'} \leqq \gamma$ für alle $\beta' \geqq \beta$, d.h. γ ist der Limes von ξ_α.

Ist ξ_α ein beliebiges gerichtetes System aus $\overline{\mathsf{P}}$, so ist das daraus abgeleitete gerichtete System $\eta_\alpha = \sup\limits_{\beta \geqq \alpha} \xi_\beta$ monoton fallend. Den nach (3) existierenden $\lim \eta_\alpha = \inf_\alpha \sup_{\beta \geqq \alpha} \xi_\beta$ bezeichnen wir als den oberen Limes oder Limes superior von ξ_α, in Zeichen $\overline{\lim}\, \xi_\alpha$. Entsprechend ist der untere Limes oder Limes inferior als $\underline{\lim}\, \xi_\alpha = \sup_\alpha \inf_{\beta \geqq \alpha} \xi_\beta$ erklärt.

Es gilt stets $\underline{\lim}\, \xi_\alpha \leqq \overline{\lim}\, \xi_\alpha$.

Ist $\mathfrak{F} = \{F_\alpha\}$ ein Filter auf $\overline{\mathsf{P}}$, wobei die Indizes α durch die Vorschrift $\alpha \leqq \beta$, wenn $F_\alpha \supset F_\beta$, gerichtet sind, so erklärt man analog

$$\overline{\lim}\, \mathfrak{F} = \overline{\lim}\, F_\alpha = \lim_\alpha \sup_{\xi \in F_\alpha} \xi = \inf_\alpha \sup_{\xi \in F_\alpha} \xi\,,$$

$$\underline{\lim}\, \mathfrak{F} = \underline{\lim}\, F_\alpha = \lim_\alpha \inf_{\xi \in F_\alpha} \xi = \sup_\alpha \inf_{\xi \in F_\alpha} \xi\,.$$

Wir bemerken, daß man zur Bildung von $\overline{\lim}\, \mathfrak{F}$ nur die F_γ einer Basis von $\mathfrak{F}$ zu verwenden braucht, da das gerichtete System der $\eta_\gamma = \sup_{\xi \in F_\gamma} \xi$ konfinal zum System aller η_α ist, also denselben Limes hat.

(4) *Der obere Limes eines gerichteten Systems oder Filters auf* $\overline{\mathsf{P}}$ *ist der größte Berührungspunkt des gerichteten Systems oder Filters.*

Wir beweisen dies nur für gerichtete Systeme. Es sei $\eta = \overline{\lim}\, \xi_\alpha$. Da $\eta = \inf \eta_\alpha$ ist, η_α monoton fallend, gibt es zu jedem $\varepsilon > 0$ ein α_0 mit $|\eta - \eta_\alpha| < \varepsilon/2$ für $\alpha \geqq \alpha_0$. Zu jedem η_α gibt es ein ξ_{β_α} mit $\beta_\alpha \geqq \alpha$ und $|\eta_\alpha - \xi_{\beta_\alpha}| < \varepsilon/2$. Das zu ξ_α konfinale System der ξ_{β_α}, $\alpha \geqq \alpha_0$, liegt also in der ε-Umgebung von η, η ist daher Berührungspunkt von ξ_α.

Ist andererseits ξ ein Berührungspunkt, so ist $\xi \leqq \eta_\alpha$ für jedes α, also $\xi \leqq \inf \eta_\alpha = \eta$ nach (2).

Es sei nun $f(x)$ eine reelle Funktion auf dem topologischen Raum R. Ist x_α ein gegen a konvergentes gerichtetes System von Punkten, so bilden die Funktionswerte $f(x_\alpha)$ ein gerichtetes System, dessen oberen bzw. unteren Limes wir mit $\overline{\lim}_{x_\alpha \to a} f(x)$ bzw. $\underline{\lim}_{x_\alpha \to a} f(x)$ bezeichnen.

Ist andererseits $\mathfrak{U} = \{U_\alpha\}$ der Filter der Umgebungen von a, so ist der Bildfilter $f(\mathfrak{U})$ ein Filter auf $\overline{\mathsf{P}}$ mit der Basis $f(\mathfrak{U}_\alpha)$ und wir können den oberen bzw. unteren Limes von $f(\mathfrak{U})$ bilden. Sie werden bezeichnet mit

$$\bar{f}(a) = \overline{\lim_{x \to a}}\, f(x) = \inf_{U \in \mathfrak{U}} \sup_{x \in U} f(x) = \lim_{U \in \mathfrak{U}} \sup_{x \in U} f(x)\,,$$

$$\underline{f}(a) = \underline{\lim}_{x \to a}\, f(x) = \sup_{U \in \mathfrak{U}} \inf_{x \in U} f(x) = \lim_{U \in \mathfrak{U}} \inf_{x \in U} f(x)\,.$$

$\bar{f}(x)$ bzw. $\underline{f}(x)$ heißen der obere bzw. untere Limes von $f(x)$.

Die beiden eben eingeführten Begriffe sind die Verallgemeinerung der beiden aus der Analysis wohlbekannten Begriffe $\overline{\lim}_{x_n \to a} f(x)$ und $\overline{\lim}_{x \to a} f(x)$. Da der einem gerichteten System $x_\alpha \to a$ zugeordnete Filter feiner ist als der Filter der Umgebungen von a, gilt stets $\overline{\lim}_{x_\alpha \to a} f(x) \leqq \bar{f}(a)$.

Bei geeigneter Wahl von x_α gilt jedoch das Gleichheitszeichen: Es sei I_n eine Folge von Umgebungen von $\bar{f}(a)$ mit dem Durchschnitt $\bar{f}(a)$. Zu jeder Umgebung U von a bilden wir die Menge U_n aller $x \in U$ mit $f(x) \in I_n$. Alle diese U_n erzeugen einen Filter $\mathfrak{F}$, dessen Bild $f(\mathfrak{F})$ den Limes $\bar{f}(a)$ hat. Für ein zugeordnetes gerichtetes System $x_\alpha \to a$ gilt dann nach § 2, 5.(2) $\lim\limits_{x_\alpha \to a} f(x_\alpha) = \bar{f}(a)$.

(5) *Es gilt stets* $\underline{f}(a) \leqq f(a) \leqq \bar{f}(a)$.

(6) *Ist* $f(x) \leqq g(x)$ *in einer Umgebung von* a, *so gilt* $\underline{f}(a) \leqq \underline{g}(a)$ *und* $\bar{f}(a) \leqq \bar{g}(a)$.

In jedem Punkt a, in dem $f(x) + g(x)$ erklärt ist, ergibt sich durch Grenzübergang aus (1a) bzw. (1b)

(7) $\overline{(f+g)}\,(a) \leqq \bar{f}(a) + \bar{g}(a)$, $\underline{(f+g)}\,(a) \geqq \underline{f}(a) + \underline{g}(a)$,

falls die rechten Seiten sinnvoll sind.

2. Halbstetige Funktionen. Eine reelle Funktion $f(x)$ auf einem topologischen Raum R heißt nach unten halbstetig in a, wenn $f(a) = \underline{f}(a)$ ist. Aus 1.(5) ergibt sich, daß es genügt, $f(a) \leqq \underline{f}(a)$ zu fordern. Eine in jedem Punkt nach unten halbstetige Funktion heißt nach unten halbstetig in R. Entsprechend ist „nach oben halbstetig" erklärt.

Eine in a nach unten und nach oben halbstetige Funktion ist in a stetig.

Da $\underline{f}(a)$ nach der vorigen Nummer die untere Grenze der $\varliminf\limits_{x_\alpha \to a} f(x)$ ist, gilt

(1) $f(x)$ *ist in* a *dann und nur dann nach unten halbstetig, wenn* $f(a) \leqq \varliminf\limits_{x_\alpha \to a} f(x)$ *für alle* $x_\alpha \to a$ *gilt.*

Ein weiteres Kriterium ist

(2) $f(x)$ *ist in* a *dann und nur dann nach unten halbstetig, wenn zu jedem* $\gamma < f(a)$ *eine Umgebung* $U(a)$ *existiert mit* $\gamma < f(x)$ *für alle* $x \in U(a)$.

Ist die Bedingung erfüllt, so haben wir $\gamma \leqq \inf\limits_{x \in U} f(x)$ für ein geeignetes U, also $f(a) \leqq \sup\limits_{U} \inf\limits_{x \in U} f(x) = \underline{f}(a)$. Die Umkehrung ist ebenfalls unmittelbar ersichtlich.

(3) $f(x)$ *ist in* R *dann und nur dann nach unten halbstetig, wenn für jedes* $\gamma \in \overline{\mathrm{P}}$ *die Menge* $[f > \gamma]$ *der* x *mit* $f(x) > \gamma$ *bzw. die Menge* $[f \leqq \gamma]$ *der* x *mit* $f(x) \leqq \gamma$ *offen bzw. abgeschlossen in* R *ist.*

Denn (2) besagt, daß mit a eine ganze Umgebung die Ungleichung $f(x) > \gamma$ erfüllt. Die zweite Behauptung ergibt sich durch Komplementbildung.

(4) *Die Summe endlich vieler nach unten halbstetiger Funktionen ist dort, wo sie erklärt ist, wieder nach unten halbstetig.*

Ist nämlich $f(a)+g(a)$ erklärt, so ist nach 1.(7)

$$(\underline{f+g})(a) \geqq \underline{f}(a) + \underline{g}(a) = f(a) + g(a).$$

(5) *Der untere Limes $\underline{f}(x)$ einer beliebigen reellen Funktion auf R ist stets nach unten halbstetig, d.h. $\underline{\underline{f}}(x) = \underline{f}(x)$.*

Zu jedem $\delta < \underline{f}(a)$ gibt es nach Definition von $\underline{f}(a)$ eine offene Umgebung $U_0(a)$ mit $\delta < f(x)$ für alle $x \in U_0$. Mit y liegt eine ganze Umgebung $V_0(y)$ in $U_0(a)$, also ist $\underline{f}(y) = \underline{\lim}_{V} \inf_{x \in V(y)} f(x) \geqq \delta$ in ganz U_0, also auch $\underline{\underline{f}}(a) = \underline{\lim}_{U} \inf_{y \in U} \underline{f}(y) \geqq \delta$. Da dies für jedes $\delta < \underline{f}(a)$ gilt, ergibt sich $\underline{\underline{f}}(a) \geqq \underline{f}(a)$.

Es ist leicht, in jedem topologischen Raum R halbstetige Funktionen anzugeben. Die charakteristische Funktion $\varphi(x)$ einer Teilmenge M von R ist durch $\varphi(x) = 1$ für $x \in M$, $\varphi(x) = 0$ für $x \in R \sim M$ erklärt. M ist nach (3) in R dann und nur dann offen bzw. abgeschlossen, wenn $\varphi(x)$ nach unten bzw. nach oben halbstetig ist. Denn als Mengen $[\varphi > \gamma]$ bzw. $[\varphi < \gamma]$ ergeben sich die leere Menge, M bzw. $R \sim M$ und R.

In einem separierten Raum R gibt es zu zwei verschiedenen Punkten x, y also stets eine endliche nach unten halbstetige Funktion f mit $f(x) \neq f(y)$.

(6) *Eine auf einem kompakten Raum R nach unten halbstetige Funktion $f(x)$ hat auf R ein Minimum. Nimmt sie nur endliche Werte an, so ist sie nach unten beschränkt.*

Denn die Mengen $[f \leqq \gamma]$ sind nach (3) abgeschlossen, die nichtleeren unter ihnen bilden eine Filterbasis auf R. Ist a ein Berührungspunkt dieses Filters, so liegt a in allen nichtleeren $[f \leqq \gamma]$, also $f(a) \leqq f(x)$ für alle $x \in R$.

Eine unmittelbare Folge ist

(7) *Jede auf einem kompakten Raum R stetige Funktion hat in R ein Maximum und ein Minimum. Ist sie endlich, so ist sie nach oben und unten beschränkt.*

(6) und (7) gelten auch für folgenkompakte Räume, der Beweis von (6) ist einfach: Es gibt eine in R konvergente Folge $x_n \to a$ mit $f(x_n) \to m$, m die untere Grenze aller Funktionswerte. Wegen (1) ist $f(a) = m$.

3. Obere Grenze einer Funktionenmenge. Ist $\{f_\beta\}$, $\beta \in \mathsf{B}$, eine Menge von reellen Funktionen auf der Menge M, so bezeichnet man die Funktion, die in jedem x den Wert $\sup_\beta f_\beta(x)$ annimmt, als die obere Grenze $\sup f_\beta$ der f_β. Entsprechend ist die untere Grenze $\inf f_\beta$ erklärt.

(1) *Die obere Grenze von Funktionen f_β, die alle im Punkt a eines topologischen Raumes nach unten halbstetig sind, ist selbst in a nach unten*

halbstetig. Speziell ist die obere Grenze einer Menge stetiger Funktionen auf R eine nach unten halbstetige Funktion auf R.

Wir benützen das Kriterium 2.(2). Ist $\gamma < \sup f_\beta(a)$, so ist für ein β $\gamma < f_\beta(a)$, also ist in einer ganzen Umgebung $U(a)$ $\gamma < f_\beta(x) \leqq \sup_\beta f_\beta(x)$.

Ebenso einfach folgt aus 2.(2)

(2) *Die untere Grenze endlich vieler in a nach unten halbstetiger Funktionen ist in a nach unten halbstetig.*

Aus dem Satz von BAIRE ergibt sich

(3) *Ist f eine nach unten halbstetige endliche reelle Funktion auf einem lokalkompakten oder vollständigen metrischen Raum R, so ist die Menge der Punkte, in deren Umgebung f nach oben beschränkt ist, offen und dicht in R.*

Denn ist M_n gleich der abgeschlossenen Menge $[f \leqq n]$, so ist jede offene Teilmenge O die Vereinigung der $M_n \cap O$ und nach § 4, 6.(3) enthält wenigstens ein $\overline{M_n \cap O} \cap O = M_n \cap O$ einen inneren Punkt. Ist O also irgendeine Umgebung eines Punktes $x \in R$, so gibt es darin einen Punkt y mit einer ganzen Umgebung, auf der f nach oben beschränkt ist.

Aus (1) und (3) folgt sofort

(4) *Ist die obere Grenze der nach unten halbstetigen Funktionen f_β auf einem lokalkompakten oder vollständigen metrischen Raum R endlich, so ist die Menge der Punkte, in deren Umgebung die f_β gleichmäßig nach oben beschränkt sind, in R dicht.*

4. Stetige Funktionen auf normalen Räumen. Die Frage nach der Existenz nicht konstanter stetiger reeller Funktionen auf topologischen Räumen ist schwieriger zu beantworten, grundlegend hierfür ist das folgende Lemma von URYSOHN

(1) *Ein separierter Raum R ist dann und nur dann normal, wenn zu zwei disjunkten abgeschlossenen Teilmengen A, B stets eine auf ganz R erklärte stetige Funktion $f(x)$ mit Werten in $[0, 1]$ existiert, die auf A überall den Wert 0, auf B überall den Wert 1 hat.*

Denn ist die Bedingung erfüllt, so enthalten die disjunkten und wegen der Stetigkeit von f offenen Mengen $[f < \frac{1}{2}]$ bzw. $[f > \frac{1}{2}]$ die Mengen A bzw. B, also ist (N) erfüllt (vgl. § 3, 7.).

Sei umgekehrt R normal. Wir konstruieren für alle dyadischen Brüche $\varrho = \frac{k}{2^n}$, $k = 0, 1, \ldots, 2^n$, mit $0 \leqq \varrho \leqq 1$, offene Teilmengen $B(\varrho)$ von R.

Wir setzen $B(0)$ gleich der leeren Menge und $B(1) = R \sim B$. Für $n = 1$ sei $B(\frac{1}{2})$ nach § 3, 7.(N') eine offene Menge mit $B(\frac{1}{2}) \supset A$ und $\overline{B}(\frac{1}{2}) \subset B(1)$. Sind die offenen Mengen $B\left(\frac{k}{2^n}\right) \supset A$ für alle $k = 1, \ldots, 2^n$

schon so konstruiert, daß $\overline{B}\left(\frac{k}{2^n}\right) \subset B\left(\frac{k+1}{2^n}\right)$ für jedes $k < 2^n$ gilt, so gibt es nach § 3, 7.(N') stets eine offene Menge $B\left(\frac{2k+1}{2^{n+1}}\right) \supset A$ mit $\overline{B}\left(\frac{k}{2^n}\right) \subset B\left(\frac{2k+1}{2^{n+1}}\right)$ und $\overline{B}\left(\frac{2k+1}{2^{n+1}}\right) \subset B\left(\frac{k+1}{2^n}\right)$.

Für alle dyadischen ϱ, ϱ' gilt dann $\overline{B}(\varrho) \subset B(\varrho')$, sobald $\varrho < \varrho'$ ist.

Wir setzen nun $f(x) = \sup\limits_{x \notin B(\varrho)} \varrho$. Da ein $x \in B$ in keinem $B(\varrho)$ mit $\varrho \leqq 1$ liegt, ist $f(x) = 1$ auf B. Aus $B(\varrho) \supset A$ für jedes $\varrho > 0$ folgt andererseits $f(x) = 0$ für jedes $x \in A$. Die Werte von $f(x)$ liegen offenbar in $[0, 1]$. Die Stetigkeit von $f(x)$ ergibt sich folgendermaßen: Es sei $f(x_0) = \gamma$. Ist $\gamma = 0$, so sei das Intervall $[\varrho, \varrho']$ gleich $[0, \varrho']$ mit $\varrho' > 0$, ist $0 < \gamma < 1$, so sei $[\varrho, \varrho']$ irgendein γ im Innern enthaltendes Intervall mit dyadischen Endpunkten ϱ, ϱ'. Dann liegt $\overline{B}(\varrho)$ ganz in $B(\varrho')$ und $B(\varrho') \sim \overline{B}(\varrho)$ ist offen und enthält x_0 als inneren Punkt. Für jedes $x \in B(\varrho') \sim \overline{B}(\varrho)$ gilt aber $\varrho \leqq f(x) \leqq \varrho'$, d.h. $f(x)$ ist stetig in x_0. Ist schließlich $\gamma = 1$, so liegt für jedes $\varrho < 1$ x_0 in $R \sim \overline{B}(\varrho)$, für jedes $x \in R \sim \overline{B}(\varrho)$ ist aber $f(x) \geqq \varrho$, $f(x)$ ist also auch für diese x_0 stetig.

Ersetzt man die eben konstruierte Funktion $f(x)$ durch $a + (b - a) f(x)$, $a, b \in \mathrm{P}$, so gilt

(2) *Sind A und B fremde abgeschlossene Teilmengen eines normalen Raumes R, so existiert eine in R stetige Funktion, die auf ganz A gleich a, auf ganz B gleich b ist und deren Werte in $[a, b]$ liegen.*

Bemerkung. In metrischen Räumen kann eine Funktion $f(x)$ mit den in (1) verlangten Eigenschaften sofort angegeben werden. Man hat nur $f(x) = \frac{|x, A|}{|x, A| + |x, B|}$ zu setzen.

Ein topologischer Raum R heißt uniformisierbar bzw. metrisierbar, wenn in ihm eine uniforme Struktur bzw. eine Metrik erklärt werden kann, deren zugehörige Topologie die vorgegebene ist.

Eine erste wichtige Folgerung aus (1) ist

(3) *Jeder normale Raum ist uniformisierbar.*

Wir betrachten die Menge $C(R)$ aller auf R endlichen stetigen Funktionen. Nach § 5, 3. gibt es eine gröbste uniforme Struktur $\mathfrak{N}$ auf R, bezüglich deren alle $f \in C(R)$ gleichmäßig stetig sind. Sie wird erzeugt durch die Nachbarschaften $N_{f,\varepsilon}$ der $(x, y) \in R \times R$, für die $|f(x) - f(y)| < \varepsilon$ ist. Wir haben zu zeigen, daß die durch diese Struktur erzeugte Topologie $\mathfrak{T}_{\mathfrak{N}}$ mit der ursprünglichen, $\mathfrak{T}$, zusammenfällt. Da jedes f stetig ist, ist jedes $U_N(x_0)$, also die Menge aller y mit $|f(x_0) - f(y)| < \varepsilon$, eine bezüglich $\mathfrak{T}$ offene Umgebung. Ist umgekehrt U eine bezüglich $\mathfrak{T}$ offene Umgebung von x_0, so gibt es nach (1) eine stetige Funktion f mit $f(x_0) = 0$ und $f(y) = 1$ für alle $y \in R \sim U$. Die Menge $[f < 1]$ ist dann eine $\mathfrak{T}_{\mathfrak{N}}$-Umgebung von x_0, die in U enthalten ist, also sind $\mathfrak{T}$ und $\mathfrak{T}_{\mathfrak{N}}$ dentisch.

Da jeder kompakte Raum nach § 3, 7.(2) normal ist, gibt (1) Aufschluß über die Existenz stetiger Funktionen auf kompakten Räumen. Aus (3) und § 5, 6.(5) folgt

(4) *Jeder kompakte Raum ist auf eine und nur eine Weise uniformisierbar.*

Für lokalkompakte Räume gilt

(5) *Ist R lokalkompakt, A eine kompakte, $U \supset A$ eine offene Teilmenge von R, so existiert eine stetige Funktion $f(x)$ auf R, die auf ganz A den Wert 1, auf ganz $R \sim U$ den Wert 0 besitzt.*

R' sei die kompakte Erweiterung von R nach § 3, 6.(2). Anwendung von (1) auf A und $R' \sim U$ ergibt die Behauptung.

5. Fortsetzbarkeit stetiger Funktionen auf normalen Räumen. Einen befriedigenden Aufschluß über die Existenz stetiger reeller Funktionen auf normalen Räumen gibt der Erweiterungssatz von URYSOHN

(1) *Jede auf einer abgeschlossenen Teilmenge M eines normalen Raumes R erklärte beschränkte stetige Funktion läßt sich auf ganz R mit derselben Schranke fortsetzen.*

Beweis. Es sei $f(x)$ auf der abgeschlossenen Teilmenge M von R stetig und es gelte $|f(x)| \leqq c$. Die Teilmengen $M_1 = \left[f \leqq -\frac{c}{3}\right]$ und $M_2 = \left[f \geqq \frac{c}{3}\right]$ von M sind abgeschlossen und fremd, also gibt es nach 4.(2) eine auf ganz R erklärte stetige Funktion $g_1(x)$ mit $g_1(x) = -\frac{c}{3}$ auf M_1 und $g_1(x) = \frac{c}{3}$ auf M_2 und $|g_1(x)| \leqq \frac{c}{3}$ auf R. Für die auf M erklärte stetige Funktion $h_1(x) = f(x) - g_1(x)$ gilt dann $|h_1(x)| \leqq \frac{2}{3}c$ auf M. Wendet man dasselbe Verfahren auf $h_1(x)$ mit der Schranke $\frac{2}{3}c$ an, so erhält man eine auf ganz R erklärte stetige Funktion $g_2(x)$ mit $|g_2(x)| \leqq \frac{1}{3} \cdot \frac{2}{3}c$ und eine auf M erklärte stetige Funktion $h_2(x) = h_1(x) - g_2(x)$ mit $|h_2(x)| \leqq \left(\frac{2}{3}\right)^2 c$.

Allgemein ergeben sich so für jedes n eine auf R stetige Funktion $g_n(x)$ mit $|g_n(x)| \leqq \frac{1}{3}\left(\frac{2}{3}\right)^{n-1} \cdot c$ und eine auf M stetige Funktion $h_n(x) = h_{n-1}(x) - g_n(x)$ mit $|h_n(x)| \leqq \left(\frac{2}{3}\right)^n c$.

Die unendliche Reihe $\sum\limits_{n=1}^{\infty} g_n(x)$ konvergiert gleichmäßig auf ganz R, definiert dort also eine stetige Funktion $F(x)$ mit $|F(x)| \leqq \frac{1}{3} \sum\limits_{n=0}^{\infty} \left(\frac{2}{3}\right)^n \cdot c = c$.

Auf M gilt $F(x) = f(x) - h_1(x) + \sum\limits_{n=1}^{\infty} \left(h_n(x) - h_{n+1}(x)\right) = \lim\limits_{n \to \infty} \left(f(x) - h_{n+1}(x)\right)$. Da $|h_{n+1}(x)| \leqq \left(\frac{2}{3}\right)^{n+1} \cdot c$ ist, gilt $F(x) = f(x)$ auf M.

Der Erweiterungssatz gilt nur für normale Räume: Sind A und B fremde abgeschlossene Teilmengen auf R, so läßt sich die auf $A \cup B$ durch $f(x) = 0$ auf A, $f(x) = 1$ auf B erklärte stetige Funktion nach dem Erweiterungssatz auf ganz R fortsetzen, nach 4.(1) ist R also normal.

6. Vollständig reguläre Räume. Betrachtet man den Beweis von 4.(3) näher, so sieht man, daß er bereits unter der folgenden Voraussetzung über den separierten Raum R richtig ist:

(V) *Ist $x_0 \in R$ und U eine Umgebung von x_0, so gibt es eine auf R stetige Funktion $f(x)$ mit Werten in $[0, 1]$ mit $f(x_0) = 0$ und $f(x) = 1$ in $R \sim U$.*

Ein separierter Raum, der (V) erfüllt, heißt vollständig regulär oder Tychonoffscher Raum. Es gilt also

(1) *Jeder vollständig reguläre Raum ist uniformisierbar.*

Sind x_0 und $U(x_0)$ gegeben, so ist für die nach (V) existierende Funktion $f(x)$ die Menge $[f \leqq \frac{1}{2}]$ eine in U enthaltene abgeschlossene Umgebung W von x, *jeder vollständig reguläre Raum ist also regulär.* Jeder Teilraum eines vollständig regulären Raumes hat wieder diese Eigenschaft, also sind die Teilräume eines normalen, speziell eines kompakten Raumes vollständig regulär. Nach § 3, 6.(2) ist daher *jeder lokalkompakte Raum vollständig regulär* [dies folgt auch aus 4.(5)]. Da er nicht stets normal ist, ist die Voraussetzung der vollständigen Regularität schwächer als die der Normalität. Andererseits gilt folgender Satz (Tychonoff)

(2) *Jeder vollständig reguläre Raum R ist homöomorph einem Teilraum eines geeigneten Parallelotops.*

Beweis. Es sei $\{f_\alpha\}, \alpha \in \mathsf{A}$, die Menge aller stetigen Funktionen auf R mit Werten in $[0, 1]$. Nach (V) bildet die Menge aller $[f_\alpha < 1]$ eine Basis der offenen Mengen in R. Sei A die Abbildung von R in $\mathfrak{P}^{\mathsf{A}}$, die jedem $x \in R$ das Element $y \in \mathfrak{P}^{\mathsf{A}}$ mit $y_\alpha = f_\alpha(x)$ zuordnet. Da R separiert ist, gibt es zu zwei verschiedenen x, x' stets ein f_α mit $f_\alpha(x) \neq f_\alpha(x')$, also ist A eineindeutig. A ist nach § 2, 6.(2) stetig, ferner offen, da das Bild jeder Menge $[f_\alpha < 1]$ in $A(R)$ als Komplement der abgeschlossenen Menge der y mit $y_\alpha = 1$ offen ist.

Als Spezialfall von (2) ergibt sich der Urysohnsche Einbettungssatz

(3) *Jeder vollständig reguläre Raum mit abzählbarer Basis, also z. B. jeder separable metrische Raum, ist homöomorph einem Teilraum des Hilbertschen Parallelotops, und damit normal.*

Denn dann kommt man nach § 3, 5.(4) mit abzählbar vielen Funktionen f_i aus, deren $[f_i < 1]$ eine Basis der offenen Mengen bilden, erhält daher eine Homöomorphie mit einem Teilraum von $\mathfrak{P}^\omega$, das nach § 4, 7.(3) homöomorph dem Fundamentalquader des Hilbertschen Raumes ist. Aus § 4, 2.(1) folgt die Normalität.

7. Metrisierbare uniforme Räume. Unser Ziel ist der Beweis der Umkehrung von 6.(1). In dieser Nummer erhalten wir ein Teilresultat

(1) *Ein uniformer Raum R ist dann und nur dann metrisierbar (d. h. seine uniforme Struktur kann durch eine Metrik erzeugt werden), wenn er separiert ist und der Nachbarschaftsfilter $\mathfrak{N}$ von R eine abzählbare Basis besitzt.*

Die Bedingungen sind notwendig, da jeder metrische Raum separiert ist und die Nachbarschaften $N_{1/n}$ der (x, y) mit $|x, y| < \frac{1}{n}$ eine Basis des Nachbarschaftsfilters bilden.

Den zweiten Teil beweisen wir in etwas allgemeinerer Form: Eine Funktion $f(x, y)$, die die Forderungen (E1), (E3), (E4) von § 4, 1. erfüllt und (E2) in der abgeschwächten Form, daß $f(x, x) = 0$ für jedes x ist, nennen wir eine Spanne und verwenden wieder das Zeichen $|x, y|$ dafür. Dann behaupten wir

(2) *In einem uniformen Raum R, dessen Nachbarschaftsfilter $\mathfrak{N}$ eine abzählbare Basis besitzt, kann die uniforme Struktur durch eine Spanne erklärt werden.*

Ist R separiert, so ist die Spanne stets eine Entfernung, (2) enthält also die zweite Hälfte von (1).

Beweis von (2). Ist N_i', $i = 1, 2, \ldots$, die abzählbare Basis von $\mathfrak{N}$, so bilden wir der Reihe nach symmetrische Nachbarschaften $N_1, N_2, \ldots$ mit $N_1 \subset N_1'$ und $N_{k+1}^3 \subset N_k' \cap \bigcap_{i=1}^{k} N_i$ für $k \geqq 1$. Die N_i bilden wieder eine Basis von $\mathfrak{N}$.

Wir setzen $f(x, y) = \inf_k (\frac{1}{2})^k$, wobei k alle diejenigen Indizes durchläuft, für die $(x, y) \in N_k$ gilt; ist $(x, y) \notin N_1$, so setzen wir $f(x, y) = 1$. Weil die N_k symmetrisch sind, gilt $f(x, y) = f(y, x)$, ferner ist $f(x, y) \geqq 0$ und $f(x, x) = 0$.

Ist $(x, y) \in N_k$, $(y, y') \in N_k$, $(y', z) \in N_k$, so ist $(x, z) \in N_k^3 \subset N_{k-1}$, d. h. aus $f(x, y) \leqq (\frac{1}{2})^k$, $f(y, y') \leqq (\frac{1}{2})^k$, $f(y', z) \leqq (\frac{1}{2})^k$ folgt $f(x, z) \leqq (\frac{1}{2})^{k-1}$. Man erhält daraus

(3) *Aus $f(x, y) \leqq \varepsilon$, $f(y, y') \leqq \varepsilon$, $f(y', z) \leqq \varepsilon$ folgt $f(x, z) \leqq 2\varepsilon$ für jedes $\varepsilon > 0$.*

Wir erklären nun eine Funktion $|x, y|$ durch

$$|x, y| = \inf \sum_{k=2}^{n} f(x_{k-1}, x_k),$$

wobei die untere Grenze über alle mit x beginnenden und mit y endenden Folgen $x_1 = x$, $x_2, \ldots, x_n = y$ von endlich vielen Punkten aus R zu bilden ist. $|x, y|$ ist eine Spanne, denn $|x, y| \geqq 0$, $|x, x| = 0$, $|x, y| = |y, x|$, ergeben sich sofort aus denselben Beziehungen für $f(x, y)$ und die Dreiecksungleichung ergibt sich aus der Definition von $|x, y|$, weil zwei x und z bzw. z und y verbindende Folgen sich zu einer x und y verbindenden Folge zusammensetzen.

Nun bilden die Mengen der (x, y) mit $f(x, y) \leqq \frac{1}{2^k}$, $k = 1, 2, \ldots$ eine Basis von $\mathfrak{N}$, also bilden die Mengen der (x, y) mit $|x, y| \leqq \frac{1}{2^k}$ ebenfalls eine Basis von $\mathfrak{N}$, wenn die Beziehung

$$\tfrac{1}{2} f(x, y) \leqq |x, y| \leqq f(x, y) \tag{4}$$

richtig ist.

Die zweite Ungleichung von (4) ist trivial. Die erste ergibt sich folgendermaßen: Es sei eine Folge $x = x_1, x_2, \ldots, x_n = y$ gegeben und es werde $f(x_1, x_2) + \cdots + f(x_{n-1}, y) = M$ gesetzt. Wir beweisen dann durch Induktion über n die Ungleichung $f(x, y) \leqq 2M$. Für $n \leqq 4$ ist sie schon in (3) enthalten.

Die Ungleichung sei nun richtig für alle $m < n$, $n > 4$.

Wir zerteilen die Folge $x_1, x_2, \ldots, x_{n-1}, x_n$ durch Herausnehmen eines Gliedes x_h, x_{h+1} so, daß für die beiden übrigbleibenden Folgen die Ungleichungen

$$\sum_{2}^{h} f(x_{k-1}, x_k) \leqq \tfrac{1}{2} M, \qquad \sum_{h+2}^{n} f(x_{k-1}, x_k) \leqq \tfrac{1}{2} M$$

gelten. Nach Induktionsvoraussetzung ist dann $f(x, x_h) \leqq M$, $f(x_{h+1}, y) \leqq M$, ferner ist $f(x_h, x_{h+1}) \leqq M$; nach (3) ergibt sich daraus $f(x, y) \leqq 2M$, d.h. $\frac{1}{2} f(x, y) \leqq M$. Da dies jetzt für alle Folgen gilt, ist es auch für die untere Grenze der M richtig, d.h. $\frac{1}{2} f(x, y) \leqq |x, y|$.

Die Konstruktion von (2) gibt im Fall eines diskreten uniformen Raumes die Metrik $|x, y| = 1$ für $x \neq y$.

8. Vollständige Regularität der uniformen Räume. Mit Hilfe von 7.(2) beweisen wir jetzt

(1) *Jeder separierte uniforme Raum R ist vollständig regulär.*

Ist N eine Nachbarschaft von R, so gibt es eine Folge N_i von symmetrischen Nachbarschaften mit $N_1 \subset N$, $N_{i+1}^2 \subset N_i$, die auf R eine im allgemeinen nicht mehr separierte uniforme Struktur erzeugen. Nach 7.(2) gibt es eine Spanne $|x, y|_N$ auf R, deren Nachbarschaften denselben Nachbarschaftsfilter erzeugen wie die N_i. Dann wird aber der Nachbarschaftsfilter $\mathfrak{N}$ von R durch die $|x, y|_N < \varepsilon$ erzeugt, N beliebig aus $\mathfrak{N}$.

$|x_0, y|_N$ ist eine stetige Funktion von y in R, denn aus $|x_0, y|_N \leqq |x_0, z|_N + |y, z|_N$ und $|x_0, z|_N \leqq |x_0, y|_N + |y, z|_N$ folgt sofort $||x_0, y|_N - |x_0, z|_N| \leqq |y, z|_N$; ist also $|y, z|_N < \varepsilon$, so ist $||x_0, y|_N - |x_0, z|_N| < \varepsilon$.

Ist U eine beliebige Umgebung von $x_0 \in R$, so gibt es ein N und ein $\varepsilon > 0$, so daß $|x_0, z|_N \geqq \varepsilon$ ist für alle $z \in R \sim U$. Da $|x_0, y|_N$ stetig ist, ist auch $f(x) = \operatorname{Min}\left(1, \frac{1}{\varepsilon} |x_0, y|_N\right)$ in R stetig. Es ist aber $f(x_0) = 0$ und $f(z) = 1$ für $z \in R \sim U$, d.h. (V) ist erfüllt.

Zweites Kapitel

Lineare Räume über beliebigen Körpern

Die ersten drei Paragraphen behandeln die elementaren rein algebraischen Eigenschaften der linearen Räume E über einem beliebigen kommutativen Körper. In § 7 wird der Verband $V(E)$ der linearen Teilräume von E studiert, § 8 beschäftigt sich mit den linearen Abbildungen eines linearen Raumes in einen anderen und ihren Darstellungen durch unendliche Matrizen. Das Problem der Äquivalenz dieser Abbildungen wird vollständig gelöst. Der algebraisch duale Raum E^* aller Linearfunktionen auf E ist Gegenstand von § 9. Der Verband $\overline{V}(E^*)$ der orthogonal-abgeschlossenen Teilräume von E^* erweist sich als dual isomorph zu $V(E)$. Der Schluß von § 9 beschäftigt sich mit den wichtigsten elementaren Eigenschaften der Tensorprodukte linearer Räume.

Der Versuch, eine vollkommene Symmetrie zwischen den Eigenschaften von E und denen von E^* herzustellen, führt in § 10 zum Studium der linearen Topologien auf linearen Räumen. Im Anschluß an Dieudonné [4], [6], [10], Lefschetz [1] und Mackey [4] wird in den §§ 10 bis 13 die Theorie dieser lineartopologischen Räume entwickelt. In § 10 erklären wir den Begriff des Dualsystems und führen die lineare schwache Topologie $\mathfrak{T}_{ls}$ und die durch die linear kompakten Mengen des dualen Raumes erklärte Topologie $\mathfrak{T}_{lk}$ ein, zwischen denen die Ausgangstopologie liegt. Als erste Anwendung dieser Theorie ergibt sich in § 11 die volle Auflösungstheorie der zeilen- und spaltenfiniten Gleichungssysteme. Für den abzählbaren Fall, der schon von Toeplitz [1] behandelt wurde, wird ein einfacher, konstruktiver Weg entwickelt. § 12 enthält die Resultate von Lefschetz über die lokal linear kompakten Räume und die im abzählbaren Fall von Toeplitz und dem Verfasser (vgl. Köthe und Toeplitz [1]) entwickelte Gleichungstheorie in der Form, die ihr Dieudonné [4] gab. Die allgemeine Theorie der linear topologischen Räume wird in § 13 durch Einführung des Begriffs der linearen Beschränktheit und der linearen starken Topologie fortgesetzt und mit den Sätzen über die stark reflexiven Räume und die Räume abzählbarer Stufe beendet.

§ 7. Lineare Räume

1. Definition des linearen Raumes. Es sei K ein beliebiger (kommutativer) Körper mit den Elementen $\alpha, \beta, \ldots, \xi, \eta$, dem Nullelement 0 und dem Einselement 1. Unter einem linearen Raum über K (Vektorraum über K, K-Modul) versteht man eine Menge E von Elementen (auch Stellen, Punkte oder Vektoren genannt) $a, b, \ldots, x, y, \ldots$, mit folgenden Eigenschaften

(L 1) *Zu zwei Elementen $x, y \in E$ ist eine Summe $x + y$ in E erklärt; E bildet bezüglich dieser Addition eine abelsche Gruppe, d.h. es gilt für alle $x, y, z \in E$:*

(a) $x + y = y + x$, (b) $x + (y + z) = (x + y) + z$,

(c) *Es gibt ein* $o \in E$ *mit* $x + o = x$ *für alle* $x \in E$,

(d) *Es gibt zu jedem* $x \in E$ *ein* $x' \in E$ *mit* $x + x' = o$;

(L 2) *Für jedes* $\xi \in K$ *und jedes* $x \in E$ *ist das* ξ-*fache* $x\xi = \xi x$ *von* x *erklärt und wieder ein Element aus* E *und es gilt für alle* $x, y \in E$, $\xi, \eta \in K$

(e) $x(\xi + \eta) = x\xi + x\eta$, (f) $(x + y)\xi = x\xi + y\xi$,

(g) $x(\xi\eta) = (x\xi)\eta$, (h) $x \cdot 1 = x$.

Wir ziehen einige einfache Folgerungen.

(1) *Für beliebige* a *und* b *aus* E *hat die Gleichung* $a + y = b$ *eine eindeutig bestimmte Lösung.*

Nach (d) gibt es ein a' mit $a + a' = o$; unter Benützung von (b), (a) und (c) ergibt sich

$$a + (a' + b) = (a + a') + b = o + b = b + o = b,$$

also ist $a' + b$ eine Lösung.

Sind andererseits y_1 und y_2 zwei Elemente mit $a + y_1 = a + y_2$, so erhält man durch Addition von a' auf beiden Seiten einmal

$$a' + (a + y_1) = (a' + a) + y_1 = (a + a') + y_1 = o + y_1 = y_1 + o = y_1,$$

das andere Mal ebenso $a' + (a + y_2) = y_2$, also $y_1 = y_2$. Daraus ergibt sich bei der Betrachtung von (c), daß das Nullelement o der Addition in E eindeutig bestimmt ist, ferner aus (d), daß x' eindeutig bestimmt ist. Man bezeichnet x' als $-x$, die Lösung $b + (-a)$ von $a + y = b$ mit $b - a$ (Differenz von b und a).

(2) *Für alle* $a \in E$, $\alpha \in K$ *gilt* $a \cdot 0 = o$, $o \cdot \alpha = o$, $a(-\alpha) = -(a\alpha)$.

Nach (e) ist $a \cdot 1 = a(1 + 0) = a \cdot 1 + a \cdot 0$. Die Gleichung $a \cdot 1 + y = a \cdot 1$ hat aber die eindeutig bestimmte Lösung o, also ist $a \cdot 0 = o$. Ebenso folgt aus (f) $o \cdot \alpha = (o + o)\alpha = o \cdot \alpha + o \cdot \alpha$, so daß $o \cdot \alpha = o$ ist. Schließlich ist $a \cdot \alpha + a \cdot (-\alpha) = a(\alpha - \alpha) = a \cdot 0 = o$, also $a(-\alpha) = -(a\alpha)$.

(3) *Ist* $x \neq o$, $\alpha \neq 0$, *so ist* $x\alpha \neq o$.

Denn wäre $x\alpha = o$, so wäre nach (2), (g) und (h) auch $(x\alpha)\alpha^{-1} = x(\alpha \cdot \alpha^{-1}) = x \cdot 1 = x$ gleich o.

Damit sind die wichtigsten Rechenregeln abgeleitet; die Regeln, in denen Summen von n Elementen auftreten, und das assoziative Gesetz (b) bzw. (g) für mehr als drei Elemente ergeben sich daraus in bekannter Weise durch vollständige Induktion.

Ist K der Körper P der reellen bzw. Γ der komplexen Zahlen, so heißt E ein reeller bzw. komplexer linearer Raum.

2. Linearer Teilraum, Quotientenraum. Eine Teilmenge H von Elementen eines linearen Raumes E bildet bereits dann einen linearen Raum, wenn sie mit zwei Elementen x und y stets jedes Element $x\alpha + y\beta$, α, β beliebig aus K, enthält. H heißt dann ein linearer Teilraum von E. Für den nur aus dem Nullelement $\mathfrak{o}$ bestehenden Teilraum werden wir der Einfachheit halber meistens $\mathfrak{o}$ schreiben.

Unter einer linearen Mannigfaltigkeit in E verstehen wir eine Teilmenge von E, die aus allen Elementen $x_0 + y$, y aus einem linearen Teilraum H, besteht. Wir bezeichnen sie mit $x_0 + H$. Wir sprechen auch von der durch x_0 gehenden zu H parallelen Mannigfaltigkeit $x_0 + H$. Für jedes $x_1 \in x_0 + H$ gilt $x_1 + H = x_0 + H$.

Sind $x_1, \ldots, x_n$ endlich viele Elemente aus E, so heißt jedes Element $x_1\alpha_1 + \cdots + x_n\alpha_n$, $\alpha_i \in$ K, eine Linearkombination von $x_1, \ldots, x_n$. Ist M eine endliche oder unendliche Teilmenge von E, so bilden sämtliche Linearkombinationen aus je endlich vielen Elementen von M einen linearen Teilraum von E, die lineare Hülle von M. Sie kann auch erklärt werden als der Durchschnitt aller M umfassenden linearen Teilräume von E. Die lineare Hülle der Menge $\{x_1, \ldots, x_n\}$ werden wir auch mit $[x_1, \ldots, x_n]$ bezeichnen.

Ist H ein linearer Teilraum von E, x_0 ein beliebiges Element aus E, so nennt man die lineare Mannigfaltigkeit $x_0 + H$ auch die Restklasse von x_0 nach H und bezeichnet sie mit $\hat{x}_0$. Erklärt man die Summe zweier Restklassen $\hat{x}_0 + \hat{y}_0$ als die Restklasse $\widehat{x_0 + y_0}$ und das α-fache $\hat{x}_0\alpha$ durch $\widehat{x_0\alpha}$, so wird die Menge der Restklassen zu einem linearen Raum über K, dem Quotientenraum E/H von E nach H. Die eben eingeführten Rechenoperationen in E/H sind mit Hilfe spezieller Elemente aus den Restklassen erklärt. Nimmt man aber an Stelle von x_0 ein anderes Element $x_0 + z_0$ aus der Restklasse $\hat{x}_0 = x_0 + H$, so ist $z_0 + H = H$, also enthalten auch die Restklassen $(x_0 + y_0 + z_0) + H$ und $(x_0 + y_0) + H$ dieselben Elemente. Die Bildung der Summe ist also von der Wahl der Repräsentanten unabhängig. Dasselbe bestätigt man sofort für die Multiplikation mit Elementen aus K. Da ferner beide Rechenoperationen in E/H durch die entsprechenden Rechenoperationen an den Repräsentanten erklärt sind, übertragen sich die Regeln (L1) und (L2) unmittelbar auf das Rechnen mit den Restklassen, E/H ist also ein linearer Raum über K. Das Nullelement in E/H ist offenbar $\hat{\mathfrak{o}} = H$.

3. Basis und Komplementärraum. Endlich viele Elemente $x_1, \ldots, x_n$ aus E heißen linear abhängig, wenn eine Linearkombination $x_1\alpha_1 + \cdots + x_n\alpha_n$, in der nicht sämtliche $\alpha_i = 0$ sind, gleich $\mathfrak{o}$ ist. Dann ist wenigstens eines der x_i als Linearkombination der übrigen darstellbar. Die Elemente $x_1, \ldots, x_n$ heißen linear unabhängig, wenn sie nicht linear abhängig sind; aus einer Beziehung $x_1\alpha_1 + \cdots + x_n\alpha_n = \mathfrak{o}$ folgt dann also, daß sämtliche $\alpha_i = 0$ sind.

Unendlich viele x_α, $\alpha \in \mathsf{A}$, heißen linear unabhängig, wenn je endlich viele von ihnen linear unabhängig im eben erklärten Sinn sind.

Eine Menge $\{x_\alpha\}$, $\alpha \in \mathsf{A}$, von Elementen aus E heißt eine algebraische Basis von E, wenn die x_α linear unabhängig sind und wenn jedes Element aus E sich als Linearkombination endlich vieler x_α darstellen läßt. Aus der linearen Unabhängigkeit der x_α ergibt sich dann sofort, daß diese Darstellung nur auf eine Weise möglich ist, d.h. es läßt sich jedes $x \in E$ schreiben als $\sum_{\alpha \in \mathsf{A}} x_\alpha \xi_\alpha$, wobei nur endlich viele $\xi_\alpha \neq 0$ sind, und die ξ_α sind durch x eindeutig bestimmt. Wir lassen vorläufig den Zusatz „algebraisch" weg, so lange keine Verwechslung mit anderen Basisbegriffen möglich ist.

(1) *Jeder lineare Raum besitzt eine Basis.*

Beweis. Die Teilmengen von E, die aus linear unabhängigen Elementen bestehen, erfüllen offenbar die Voraussetzungen des Satzes von Zorn [§ 2, 2.(2)], also gibt es eine maximale Teilmenge $\{x_\alpha\}$ linear unabhängiger Elemente in E. Ist also $x \neq o$ ein beliebiges Element aus E, so kann die aus x und den x_α bestehende Menge nicht aus lauter unabhängigen Elementen bestehen. Es gibt also eine Linearkombination aus x und endlich vielen x_α, die verschwindet, ohne daß sämtliche Koeffizienten verschwinden. Wegen der Unabhängigkeit der x_α muß x in der Linearkombination einen von Null verschiedenen Koeffizienten besitzen, läßt sich also als Linearkombination der x_α schreiben.

Da allgemeiner auch die eine gegebene Menge $\{y_\beta\}$ unabhängiger Elemente von E umfassenden Teilmengen unabhängiger Elemente die Voraussetzungen des Satzes von Zorn erfüllen, gilt auch

(2) *Jedes System linear unabhängiger Elemente aus E kann zu einer Basis von E erweitert werden.*

Zwei lineare Teilräume G und H von E heißen zueinander algebraisch komplementär, wenn sich jedes $x \in E$ auf eine und nur eine Weise als Summe $x = y + z$, $y \in G$, $z \in H$, darstellen läßt.

Bilden die y_β eine Basis von G, die z_γ eine Basis von H, so bildet die aus den y_β und den z_γ bestehende Menge offenbar eine Basis von E.

(3) *Jeder lineare Teilraum G eines linearen Raumes E besitzt einen Komplementärraum.*

Beweis. Es sei $\{y_\beta\}$ eine Basis von G und $\{\hat{x}_\gamma\}$ eine Basis von E/G. Greift man aus jeder Restklasse $\hat{x}_\gamma$ ein Element z_γ heraus, so bilden die y_β und z_γ zusammen eine Basis von E: Ist $x \in E$, so wird $\hat{x} = \sum \hat{x}_\gamma \xi_\gamma$, also $x = \sum z_\gamma \xi_\gamma + y$, $y \in G$. Aus $y = \sum y_\beta \eta_\beta$ folgt dann die Darstellung $x = \sum z_\gamma \xi_\gamma + \sum y_\beta \eta_\beta$. Andererseits sind die y_β und z_γ linear unabhängig, denn aus $\sum y_\beta \eta_\beta + \sum z_\gamma \xi_\gamma = o$ folgt durch Übergang zu den Restklassen

$\sum \hat{x}_\gamma \xi_\gamma = \hat{o}$, also $\xi_\gamma = 0$ für alle γ und daraus $\eta_\beta = 0$ für alle β. Die lineare Hülle H der z_γ ist offenbar ein Komplementärraum zu G.

(3) kann auch durch Anwendung von (2) auf eine Basis $\{y_\beta\}$ von G bewiesen werden.

Wir bemerken, daß es verschiedene Komplementärräume zu G geben wird, da die z_γ in den $\hat{x}_\gamma$ beliebig gewählt werden können. Ferner sei darauf hingewiesen, daß für (1) und (2) nur Existenzbeweise, die auf dem Auswahlaxiom beruhen, gegeben wurden. Auf konstruktive Verfahren im Fall abzählbarer Basis kommen wir in § 11 zurück.

4. Die Dimension eines linearen Raumes. Eine Basis $\{x_\alpha\}$, $\alpha \in \mathsf{A}$, von E besitzt eine bestimmte Mächtigkeit, die durch die Kardinalzahl von A gegeben wird, die „Anzahl" der Basiselemente. Wir zeigen, daß diese Anzahl für verschiedene Basen von E dieselbe ist.

(1) *$n+1$ Linearkombinationen $y_i = \sum_{k=1}^{n} x_k \alpha_{ki}$, $i = 1, \ldots, n+1$, von n Elementen $x_k \in E$ sind stets linear abhängig.*

Für $n = 1$ ist dies klar. Wird es für $n-1$ als richtig vorausgesetzt, ist ferner $\alpha_{11} \neq 0$, was ohne Beschränkung der Allgemeinheit angenommen werden kann, so sind die Elemente $y_i' = y_i - y_1 \frac{\alpha_{1i}}{\alpha_{11}}$, $i = 2, \ldots, n+1$, als Linearkombinationen von $x_2, \ldots, x_n$ nach Induktionsvoraussetzung linear abhängig, etwa

$$\sum_{i=2}^{n+1} y_i' \beta_i = o\,. \tag{2}$$

Dann sind es aber auch die y_i, denn (2) bedeutet die Beziehung

$$\sum_{i=2}^{n+1} y_i \beta_i - y_1 \sum_{i=2}^{n+1} \frac{\alpha_{1i}}{\alpha_{11}} \beta_i = o$$

mit nicht lauter verschwindenden Koeffizienten β_i.

Besitzt nun E eine Basis aus endlich vielen Elementen, so sei $x_1, \ldots, x_d$ eine solche mit kleinster Basiszahl d. Ist $\{y_\beta\}$ eine zweite Basis der Kardinalzahl f, so muß nach (1) $f \leqq d$ sein, da die y_β ja einerseits Linearkombinationen der x_i, andererseits linear unabhängig sind.

Besitzt E nur unendliche Basen, so schließt man so: Es seien $\{x_\varrho\}$ bzw. $\{y_\sigma\}$ zwei Basen von den Kardinalzahlen d bzw. f. Dann gelten Gleichungen

(3a) $\quad x_\varrho = \sum_\sigma y_\sigma \alpha_{\sigma\varrho} \qquad$ (3b) $\quad y_\sigma = \sum_\varrho x_\varrho \beta_{\varrho\sigma}$,

in denen für jedes ϱ bzw. σ nur endlich viele $\alpha_{\sigma\varrho}$ bzw. $\beta_{\varrho\sigma}$ von 0 verschieden sind.

In den Gleichungen (3a) hat jedes y_σ wenigstens einmal einen Koeffizienten $\alpha_{\sigma\varrho} \neq 0$. Wären nämlich für ein σ_0 alle $\alpha_{\sigma_0\varrho} = 0$, so wäre

$$y_{\sigma_0} = \sum_\varrho x_\varrho \beta_{\varrho\sigma_0} = \sum_\varrho \Big(\sum_\sigma y_\sigma \alpha_{\sigma\varrho}\Big) \beta_{\varrho\sigma_0} = \sum_\sigma y_\sigma \sum_\varrho \alpha_{\sigma\varrho} \beta_{\varrho\sigma_0}$$

eine Darstellung von y_{σ_0} als lineare Verbindung von endlich vielen $y_{\sigma'}$, $\sigma' \neq \sigma_0$, was der linearen Unabhängigkeit der y_σ widerspricht.

Durch (3a) wird jedem x_ϱ die Menge M_ϱ der endlich vielen y_σ mit $\alpha_{\sigma\varrho} \neq 0$ zugeordnet. Die Menge M aller y_σ ist die Vereinigungsmenge dieser d Mengen M_ϱ, also ist die Anzahl f der y_σ kleiner oder gleich $\aleph_0 d$, $\aleph_0$ die Kardinalzahl der Menge der natürlichen Zahlen. d ist nach Voraussetzung eine unendliche Kardinalzahl; nach einem bekannten Satz der Mengenlehre ist aber $\aleph_0 d = d$. Aus $f \leqq d$ und entsprechend $d \leqq f$ folgt aber $d = f$.

Wir haben damit bewiesen

(4) *Zwei verschiedene Basen eines linearen Raumes E enthalten stets die gleiche Anzahl Basiselemente.*

Man bezeichnet diese Kardinalzahl als die algebraische Dimension $d(E)$ von E.

5. Isomorphie, Normalform. Zwei lineare Räume E_1 und E_2 über demselben Körper K heißen algebraisch isomorph, wenn eine eineindeutige Zuordnung $x \leftrightarrow x'$ der Elemente von E_1 auf alle Elemente von E_2 existiert, bei der $(x\alpha + y\beta)' = x'\alpha + y'\beta$ für alle $x, y \in E_1$ und alle $\alpha, \beta \in \mathsf{K}$ gilt. Wir werden dafür auch das Zeichen $E_1 \cong E_2$ gebrauchen.

Das Resultat der vorigen Nummer läßt sich jetzt auch so ausdrücken,

(1) *Zwei lineare Räume E_1 und E_2 über demselben Körper* K *sind dann und nur dann isomorph, wenn sie dieselbe Dimension haben.*

Denn bei einer Isomorphie geht eine Basis von E_1 in eine Basis von E_2 über, die Dimensionen müssen übereinstimmen. Sind sie andererseits gleich, so gibt es eine eineindeutige Zuordnung $x_\alpha \leftrightarrow x'_\alpha$ einer Basis von E_1 auf eine Basis von E_2, die die Isomorphie $x = \sum x_\alpha \xi_\alpha \leftrightarrow \sum x'_\alpha \xi_\alpha = x'$ erzeugt.

Zu jeder Kardinalzahl d gibt es also bis auf Isomorphie höchstens einen linearen Raum über K mit der Dimension d. Andererseits erhält man einen linearen Raum der Dimension d über K in folgender Weise:

Es durchlaufe α eine Menge A der Mächtigkeit d. Ist jedem $\alpha \in \mathsf{A}$ ein $\xi_\alpha \in \mathsf{K}$ zugeordnet, so daß nur endlich viele $\xi_\alpha \neq 0$ sind, so bezeichnen wir die so erklärte Funktion als einen finiten Vektor $\mathfrak{x} = \{\xi_\alpha\}$ mit den d Koordinaten ξ_α. Erklären wir, wie üblich, $\mathfrak{x} + \mathfrak{y}$ als den Vektor mit den Koordinaten $\xi_\alpha + \eta_\alpha$, ferner $\mathfrak{x}\varrho$, $\varrho \in \mathsf{K}$, als den Vektor mit den Koordinaten $\xi_\alpha \varrho$, so ist die Menge E dieser Vektoren ein linearer Raum über K. Der Nullvektor $\mathfrak{o}$ mit lauter verschwindenden Koordinaten ist das Nullelement von E. Mit $\mathfrak{e}_\alpha$ bezeichnen wir den α-ten Einheitsvektor, dessen α-te Koordinate gleich 1 ist und dessen übrige Koordinaten verschwinden. Es ist offenbar $\mathfrak{x} = \sum_\alpha \mathfrak{e}_\alpha \xi_\alpha$ und die $\mathfrak{e}_\alpha$ sind linear unabhängig, bilden also eine Basis von E.

Wir bezeichnen den so erhaltenen Raum E als einen d-dimensionalen finiten Koordinatenraum $\varphi_d(\mathsf{K})$ über K. Ist $d = \aleph_0$, so schreiben wir einfach $\varphi(\mathsf{K})$.

In dieser Bezeichnung tritt die Menge A der Indizes nicht explizit auf, sie kann jederzeit durch eine gleichmächtige ersetzt werden. Will man eine eindeutig bestimmte Normalform erhalten, so ist es naheliegend, die Menge Ω_d der Ordnungszahlen von kleinerer Mächtigkeit als d zu nehmen, dies entspricht der Übung, im endlichen und abzählbaren Fall als Indizes natürliche Zahlen zu nehmen, und hat den Vorteil, daß man in Problemen, in denen eine Ordnung der Koordinaten praktisch ist, auf die von Ω_d zurückgreifen kann. Aber es sei betont, daß diese Ordnung nicht mit dem Begriff der Basis notwendig verknüpft ist, sondern zusätzlich eingeführt wird.

Nach (1) erhält man eine Isomorphie eines beliebigen d-dimensionalen linearen Raumes E mit φ_d, wenn man den Elementen x_α einer Basis von E die Einheitsvektoren $\mathfrak{e}_\alpha$ aus φ_d zuordnet.

6. Summe und Durchschnitt von Teilräumen. Bildet man den mengentheoretischen Durchschnitt $\bigcap_\alpha F_\alpha$ einer Menge von linearen Teilräumen F_α von E, so erhält man stets wieder einen linearen Teilraum. Der Durchschnitt einer Menge linearer Mannigfaltigkeiten ist leer oder wieder eine lineare Mannigfaltigkeit. Bildet man entsprechend die Vereinigungsmenge $\bigcup_\alpha F_\alpha$, so wird sie im allgemeinen kein linearer Teilraum sein, erst ihre lineare Hülle ist es. Diese lineare Hülle wird als die Summe $\sum_\alpha F_\alpha$ der F_α bezeichnet. Für beliebige Teilmengen M_α von E bezeichnet $\sum_\alpha M_\alpha$ die Menge aller endlichen Summen $\sum_{i=1}^{n} x_{\alpha_i} (x_{\alpha_i} \in M_{\alpha_i})$. Für lineare Teilräume M_α ist dies wieder die lineare Hülle der M_α. Im Fall endlich vieler Summanden verwendet man auch das Pluszeichen, z.B. $M_1 + M_2$.

Die Summe $F = \sum F_\alpha$ heißt direkt, wenn jedes $x \in F$ sich auf nur eine Weise als $\sum x_\alpha$, $x_\alpha \in F_\alpha$, schreiben läßt (natürlich sind stets nur endlich viele der $x_\alpha \neq o$). Für direkte Summen verwenden wir das Zeichen $\bigoplus_\alpha F_\alpha$ bzw. $F_1 \oplus F_2$. Ein Beispiel einer direkten Summe erhält man aus zwei zueinander komplementären Teilräumen G und H von E, es ist $E = G \oplus H$.

(1) *Die Summe $\sum F_\alpha$ ist dann und nur dann direkt, wenn für jedes α gilt $F_\alpha \cap \sum_{\beta \neq \alpha} F_\beta = o$.*

Ist die Bedingung erfüllt, so folgt aus $\sum_\alpha x_\alpha = 0$, also $x_\alpha = \sum_{\beta \neq \alpha}(-x_\beta)$, daß $x_\alpha \in F_\alpha \cap \sum_{\beta \neq \alpha} F_\beta$ liegt, also ist $x_\alpha = 0$ für alle α, die Summendarstellung jedes $x \in \sum F_\alpha$ ist also eindeutig.

Ist dies andererseits der Fall und ist $z \in F_\alpha \cap \sum_{\beta \neq \alpha} F_\beta$, so muß die Darstellung $0 = z - z$, $z \in F_\alpha$, $-z \in \sum_{\beta \neq \alpha} F_\beta$, mit der Darstellung $0 = 0 + 0$ übereinstimmen, also $z = 0$ sein.

(2) *Sind F, G zwei lineare Teilräume von E und sind F_1 bzw. G_1 komplementär zu $F \cap G$ in F bzw. G, also*

(3) $$F = F_1 \oplus F \cap G, \quad G = G_1 \oplus F \cap G,$$

so gilt

(4) $$F + G = F_1 \oplus G_1 \oplus F \cap G.$$

Damit ist die Summe $F + G$ auf eine direkte Summe zurückgeführt.

Beweis. Offenbar ist $F + G = F_1 + G_1 + F \cap G$. Diese Summe ist aber direkt, denn aus $x + y + z = 0$, $x \in F_1$, $y \in G_1$, $z \in F \cap G$, folgt $x = -y - z \in G$, also $x \in F_1 \cap G = F_1 \cap (F \cap G) = 0$, damit $x = 0$. Dann muß aber nach (3) auch $y = z = 0$ sein.

Aus (2) folgt

(5) *Sind F und G zwei lineare Teilräume von E, so gibt es einen Komplementärraum H zu F, so daß $G = (G \cap F) \oplus (G \cap H)$ wird.*

Denn ist G_1 durch (3) erklärt und ist L komplementär zu $F + G$ in E, so erfüllt $H = G_1 \oplus L$ die Behauptung.

Aus (2) ergeben sich die beiden aus der Gruppentheorie bekannten Isomorphiesätze

(6) *Sind F und G zwei lineare Teilräume von E, so ist $(F + G)/G \cong F/(F \cap G)$.*

(7) *Gilt $F \subset G$ für zwei lineare Teilräume von E, so ist $E/G \cong (E/F)/(G/F)$.*

Beweis. Nach (3) ist $F/(F \cap G) \cong F_1$, ebenso nach (4) $(F+G)/G \cong F_1$, damit ist (6) bewiesen.

Ist ferner $F \subset G \subset E$, so wird $E = F \oplus F_1 \oplus H$, F_1 komplementär zu F in G und H komplementär zu G in E. Es ist $E/G \cong H$, ferner $E/F \cong F_1 \oplus H$; bei dieser Isomorphie wird G/F abgebildet auf F_1, also gilt auch $(E/F)/(G/F) \cong H$.

7. Dimension und Defekt von Teilräumen. Es sei G ein linearer Teilraum von E und H komplementär zu G in E. Ordnet man jedem $z \in H$ seine Restklasse $\hat{z}$ im Quotientenraum E/G zu, so erhält man eine Isomorphie von H und E/G, also

(1) *Alle Komplementärräume H eines linearen Teilraumes G von E haben gleiche Dimension, nämlich die Dimension von E/G.*

Man nennt die Dimension von E/G den **Defekt** oder die **Codimension** $c(G)$ von G in E. Es ist

$$(2) \qquad d(G) + c(G) = d(E),$$

da sich eine Basis von G und die eines Komplementärraums zu einer Basis von E zusammensetzen.

Allgemeiner gilt im Sinn der Addition von Kardinalzahlen

(3) *Ist* $E = \bigoplus_\alpha F_\alpha$, *so ist* $d(E) = \sum_\alpha d(F_\alpha)$.

(4) *Sind F und G zwei lineare Teilräume von E, so gilt*

(5) $d(F+G) + d(F \cap G) = d(F) + d(G)$,

(6) $c(F+G) + c(F \cap G) = c(F) + c(G)$.

Die Beziehung (5) kann durch Übergang zu den Dimensionen aus den Gleichungen (3) und (4) der vorigen Nummer abgelesen werden.

Ist ferner H ein Komplementärraum zu $F+G$ in E, so wird nach 6.(4)

$$E = H \oplus F_1 \oplus G_1 \oplus F \cap G.$$

Durch Vergleich der Dimensionen der in dieser Zerlegung auftretenden Komplementärräume zu $F \cap G, F, G, F+G$ erhält man (6).

Hat ein linearer Teilraum H den Defekt 1 in E, so nennt man H und die zu H parallelen Mannigfaltigkeiten $x_0 + H$ **Hyperebenen** in E.

(7) *Jede lineare Mannigfaltigkeit ist der Durchschnitt der sie enthaltenden Hyperebenen.*

Es genügt, dies für einen linearen Teilraum F zu zeigen. Es sei z nicht in F. Die lineare Hülle $[z]$ von z besteht aus allen Vielfachen $z\xi$, $\xi \in \mathsf{K}$. Die Summe $G = F + [z]$ ist direkt; ist also H komplementär zu G, so wird $E = F \oplus [z] \oplus H$. Offenbar hat $F \oplus H$ den Defekt 1 in E, ist also eine Hyperebene, die F aber nicht z enthält. Da z ein beliebiges nicht in F liegendes Element ist, ist der Durchschnitt aller F umfassenden Hyperebenen gleich F.

8. Produkt und direkte Summe linearer Räume. Ein einfaches Verfahren, aus gegebenen linearen Räumen E_α, $\alpha \in \mathsf{A}$, neue zu konstruieren, ist das folgende.

Wir bilden (vgl. § 1, 8.) das Mengenprodukt $E = \prod_\alpha E_\alpha$. E wird zu einem linearen Raum, wenn wir $x+y$ als die Funktion $x_\alpha + y_\alpha$ auf A erklären, ebenso $x\xi$, $\xi \in \mathsf{K}$, durch $(x\xi)_\alpha = x_\alpha \xi$ einführen. E heißt das **Produkt** der E_α. Sind die E_α alle gleich F, so schreiben wir wieder

F^{A} für das Produkt oder auch F^d, wenn d die Kardinalzahl von A ist und wenn es auf den Übergang zu einem isomorphen Raum nicht ankommt.

Ist F speziell gleich K, so wird K^d der lineare Raum aller Vektoren $\mathfrak{x} = \{\xi_\alpha\}$ mit d beliebigen Koordinaten aus K, den wir auch als den linearen Koordinatenraum $\omega_d(\mathsf{K})$ bezeichnen werden; im Fall $d = \aleph_0$ schreiben wir wieder einfach $\omega(\mathsf{K})$. Wie bei $\varphi_d(\mathsf{K})$ werden wir im Bedarfsfall als Indizes der Koordinaten die Ordnungszahlen aus Ω_d nehmen. Wir bemerken schon jetzt, daß $\omega_d(\mathsf{K})$ keineswegs die Dimension d zu haben braucht (vgl. § 9, 5.).

Beschränken wir uns auf diejenigen $x \in E = \prod_\alpha E_\alpha$, die nur endlich viele Koordinaten $x_\alpha \neq 0$ besitzen, so bildet ihre Gesamtheit F ebenfalls einen linearen Raum, der offenbar gleich der direkten Summe $\bigoplus_\alpha \tilde{E}_\alpha$ ist, $\tilde{E}_\alpha$ der zu E_α isomorphe lineare Raum der $x \in E$ mit $x_\beta = 0$ für alle $\beta \neq \alpha$. Man schreibt für F einfach $\bigoplus_\alpha E_\alpha$, indem man $\tilde{E}_\alpha$ mit E_α identifiziert, und nennt $\bigoplus_\alpha E_\alpha$ wieder die direkte Summe der E_α.

Sind alle E_α, $\alpha \in \mathsf{A}$, gleich K, so ist $\bigoplus_\alpha E_\alpha$ nichts anderes als der bereits in 5. eingeführte Raum $\varphi_d(\mathsf{K})$, wenn d die Kardinalzahl von A ist.

$\bigoplus_\alpha E_\alpha$ ist ein Teilraum von $\prod_\alpha E_\alpha$; sie fallen dann und nur dann zusammen, wenn die Menge A der Indizes α endlich ist. Man kann dann sowohl $E_1 \times \cdots \times E_n$ wie $E_1 \oplus \cdots \oplus E_n$ als Bezeichnung nehmen.

Eine weitere Produktbildung, das Tensorprodukt linearer Räume, wird in § 9, 6. behandelt.

9. Verbände. Wir haben in 6. die beiden Operationen $+$ und $\frown$ für die linearen Teilräume von E eingeführt. Wir können ihre Eigenschaften am klarsten mit Hilfe des Verbandsbegriffs übersehen. Wir knüpfen dazu an die Überlegungen von § 2 an.

Eine halbgeordnete Menge V heißt ein Verband, wenn jede aus zwei Elementen $a, b \in V$ bestehende Menge in V eine obere Grenze c und eine untere Grenze d besitzt.

Man bezeichnet c als die Vereinigung $a \vee b$ von a und b, d als den Durchschnitt $a \wedge b$ von a und b.

Der Verband V heißt vollständig, wenn er die schärfere Forderung erfüllt, daß jede beliebige Menge $\{a_\alpha\}$ von Elementen aus V eine obere und eine untere Grenze besitzt. Diese Elemente werden wieder als die Vereinigung $\bigvee_\alpha a_\alpha$ bzw. der Durchschnitt $\bigwedge_\alpha a_\alpha$ der Elemente a_α bezeichnet.

Aus der Erklärung der Operationen $\vee$ und $\wedge$ folgt leicht, daß sie kommutativ und assoziativ (sogar für unendlich viele Glieder) sind, ferner sind sie bezüglich der Halbordnung monoton, d.h. es gilt

(1) *Aus* $a \leqq b$ *folgt* $a \vee c \leqq b \vee c$ *und* $a \wedge c \leqq b \wedge c$.

Als Beispiel seien die Topologien auf einer Menge erwähnt, die nach §1, 6. bezüglich der Beziehung „feiner" einen vollständigen Verband bilden.

Zwei Verbände V_1 und V_2 heißen isomorph, wenn es eine eineindeutige Zuordnung $a_1 \leftrightarrow a_2$ der Elemente von V_1 auf die Elemente von V_2 gibt, bei der aus $a_1 \leqq b_1$ stets $a_2 \leqq b_2$ und umgekehrt folgt. Dann entsprechen sich auch Vereinigung und Durchschnitt zugeordneter Elemente.

Zwei Verbände heißen dual isomorph, wenn es eine eineindeutige Zuordnung $a_1 \leftrightarrow a_2$ gibt, bei der aus $a_1 \leqq b_1$ stets $b_2 \leqq a_2$ und umgekehrt folgt. Der Vereinigung einer Menge von Elementen entspricht dann der Durchschnitt der zugeordneten Menge und umgekehrt.

Aus jedem Verband entsteht der zu ihm duale durch Vertauschen von $\leqq$ und $\geqq$.

Gibt es in einem Verband V Elemente 0 und 1 mit $0 \leqq a$ bzw. $a \leqq 1$ für alle $a \in V$, so heißen sie das Null- bzw. Einselement von V. Jeder vollständige Verband besitzt Null- und Einselement.

Ein Verband heißt modular, wenn er die Bedingung

(2) *Aus* $a \leqq c$ *folgt stets* $a \vee (b \wedge c) = (a \vee b) \wedge c$

erfüllt, distributiv, wenn er die schärfere Bedingung

(3) $$a \vee (b \wedge c) = (a \vee b) \wedge (a \vee c), \quad a \wedge (b \vee c) = (a \wedge b) \vee (a \wedge c)$$

für alle a, b, c erfüllt.

Ein Verband V mit Null- und Einselement heißt komplementär, wenn gilt

(4) *Zu jedem* a *gibt es wenigstens ein* a' *mit* $a \vee a' = 1$, $a \wedge a' = 0$.

Ein komplementärer und distributiver Verband heißt eine Boolesche Algebra.

Vertauscht man in (2), (3) und (4) die Zeichen $\vee$ und $\wedge$ und ersetzt man $\leqq$ in (2) durch $\geqq$, so bleiben die Aussagen unverändert, diese Eigenschaften bleiben also bei Isomorphien und dualen Isomorphien erhalten.

10. Der Verband der linearen Teilräume. Wir zeigen

(1) *Die linearen Teilräume eines linearen Raumes* E *bilden bezüglich der Beziehung* $A \subset B$ *einen vollständigen, komplementären, modularen Verband* $V(E)$. *Die verbandstheoretischen Operationen* $\bigvee_\alpha$ *und* $\bigwedge_\alpha$ *sind identisch mit* $\sum_\alpha$ *und* $\bigcap_\alpha$.

Beweis. Daß $V(E)$ ein vollständiger Verband ist, ist unmittelbar klar. Daß er komplementär ist, bedeutet, daß jedes A einen Komplementärraum hat. Es bleibt zu beweisen, daß $V(E)$ modular ist.

Es sei $A \subset C$. Ist x ein Element aus $(A+B)\cap C$, so hat es als Element von $A+B$ die Form $x=y+z$, $y\in A$, $z\in B$. Aus $x\in C$, $y\in A\subset C$ folgt $z\in C$, also $z\in B\cap C$. Also ist $x\in A+(B\cap C)$. Damit ist $(A+B)\cap C\subset A+(B\cap C)$ bewiesen.

Andererseits gilt in jedem Verband, wie leicht zu sehen,

(2) Aus $a\leqq c$ folgt $a\vee(b\wedge c)\leqq(a\vee b)\wedge c$.

Daraus folgt die Behauptung.

$V(E)$ ist nicht distributiv, denn es gilt zwar wie in jedem Verband die eine Hälfte des distributiven Gesetzes, nämlich

$$(3)\qquad \bigcap_{\alpha,\beta}(F_\alpha+G_\beta)\supset\Big(\bigcap_\alpha F_\alpha\Big)+\Big(\bigcap_\beta G_\beta\Big),\qquad \sum_{\alpha,\beta}(F_\alpha\cap G_\beta)\subset\Big(\sum_\alpha F_\alpha\Big)\cap\Big(\sum_\beta G_\beta\Big),$$

jedoch gilt schon für die linearen Teilräume eines endlichdimensionalen E nicht immer das Gleichheitszeichen in (3) (Beispiel!).

Wir bemerken noch, daß nach 6.(1) auch die direkte Summe mit Hilfe der Operationen $+$ und $\cap$, also im Verband, erklärt werden kann.

§ 8. Lineare Abbildungen und Matrizen

1. Definition, Rechenregeln. E und F seien zwei lineare Räume über K. Eine Zuordnung A, die jedem $x\in E$ ein $Ax\in F$ zuordnet, heißt eine lineare Abbildung, lineare Transformation oder Homomorphismus von E in F, wenn für alle $\alpha,\beta\in$ K und alle $x, y\in E$ gilt

$$(1)\qquad A(x\alpha+y\beta)=(Ax)\alpha+(Ay)\beta.$$

Die Abbildung, die jedem $x\in E$ das Nullelement aus F zuordnet, werde mit 0 bezeichnet.

Die Summe $A+B$ und das Vielfache $A\alpha$ von Abbildungen von E in F wird durch

$$(2)\qquad (A+B)x=Ax+Bx,\qquad (A\alpha)x=(Ax)\alpha$$

erklärt. Offenbar gilt

(3) *Die Menge $\mathfrak{S}(E,F)$ der linearen Abbildungen von E in F bildet einen linearen Raum über* K.

B bilde E in F und A bilde F in G ab, dann wird durch $(AB)x=A(Bx)$ eine lineare Abbildung von E in G, das Produkt AB erklärt. Diese Produktbildung ist assoziativ, ferner gelten die beiden distributiven Gesetze $A(B+C)=AB+AC$, $(A+B)C=AC+BC$, und nach (1) gilt $(AB)\alpha=A(B\alpha)=(A\alpha)B$.

Eine lineare Abbildung von E in sich wird auch ein Endomorphismus genannt. Für die Menge aller Endomorphismen von E schreiben wir $\mathfrak{S}(E)$. Den identischen Endomorphismus bezeichnen wir mit I.

Ein linearer Raum R über K wird als Algebra über K bezeichnet, wenn für zwei Elemente a, b aus R auch ein Produkt ab erklärt ist, das den Regeln

(4) $$(ab)c = a(bc),$$

(5) $$a(b+c) = ab + ac, \qquad (a+b)c = ac + bc,$$

(6) $$(ab)\alpha = a(b\alpha) = (a\alpha)b$$

genügt. Mit dieser Bezeichnung gilt

(7) *Die Menge $\mathfrak{S}(E)$ der Endomorphismen eines linearen Raumes E über* K *bildet eine Algebra über* K *mit I als dem Einselement der Multiplikation.*

2. Die vier charakteristischen Räume einer linearen Abbildung. A sei eine lineare Abbildung von E in F. Die Menge $A(H)$ der Bildelemente eines linearen Teilraumes H von E bildet einen linearen Teilraum von F. Speziell heißt $A(E)$ der Bildraum von A.

Alle $y \in E$ mit $Ay = o$ bilden einen linearen Teilraum von E, den Nullraum oder Kern $N[A]$ der Abbildung.

Ist $N[A] = o$, so ist A eineindeutig und wird als Monomorphismus von E in F bezeichnet. In Übereinstimmung mit § 7, 5. heißt A ein Isomorphismus von E auf F, wenn $N[A] = o$ und $A(E) = F$ gilt. Ein Isomorphismus von E auf sich wird auch als ein Automorphismus von E bezeichnet. Die Automorphismen von E bilden eine Gruppe, die lineare Gruppe $\Lambda(E)$ von E.

Ist H ein linearer Teilraum von E, so wird der Monomorphismus $J \in \mathfrak{S}(H, E)$, der jedem $y \in H$ dasselbe Element y, aufgefaßt als Element von E, zuordnet, als die Einbettung (Injektion) von H in E bezeichnet.

Ist $A(E) = F$, so heißt A eine homomorphe Abbildung von E auf F. Ist H ein linearer Teilraum von E, so ist die Abbildung K, die jedem $x \in E$ die Restklasse $\hat{x}$ in E/H zuordnet, eine homomorphe Abbildung von E auf E/H, die wir als die kanonische Abbildung von E auf E/H bezeichnen. Mit diesen Bezeichnungen gilt

(1) *Jede lineare Abbildung A von E in F ist das Produkt $J\check{A}K$ der kanonischen Abbildung K von E auf $E/N[A]$, eines Isomorphismus $\check{A}$ von $E/N[A]$ auf $A(E)$ und der Einbettung J von $A(E)$ in F. Die Abbildung $\hat{A} = J\check{A}$ ist ein Monomorphismus von $E/N[A]$ in F.*

Wir bezeichnen $E/N[A]$ als Urbildraum von A. Nach § 7, 7.(1) hat $N[A]$ Komplementärräume $U[A]$, die zwar nicht eindeutig bestimmt sind, aber alle zu $E/N[A]$ isomorph sind. A bildet also auch jeden solchen Raum $U[A]$ isomorph auf $A(E)$ ab. $U[A]$ soll ebenfalls als ein Urbildraum von A bezeichnet werden.

Der vierte der für A charakteristischen Räume ist $F/A(E)$. Auch $F/A(E)$ hat in den Komplementärräumen von $A(E)$ in F isomorphe Vertreter, die wir, wie auch $F/A(E)$ selbst, als Komplementärbildräume $C[A]$ von A bezeichnen.

3. Projektionen. Ist $E = E_1 \oplus E_2$ eine Zerlegung von E in komplementäre Teilräume, so ist jedes x aus E eindeutig in der Form $x = x_1 + x_2$, $x_1 \in E_1$, $x_2 \in E_2$, darstellbar. Ordnen wir jedem x seine Komponente x_1 in E_1 zu, so ist diese Zuordnung linear, sie bildet E_1 identisch auf sich ab und annulliert E_2. Man bezeichnet diesen Endomorphismus als die Projektion P_{E_1} von E auf E_1 mit dem Nullraum E_2 oder in Richtung E_2.

Es ist $P_{E_1}^2 = P_{E_1}$, der Endomorphismus ist also ein idempotentes Element des Ringes $\mathfrak{S}(E)$.

Ist umgekehrt P ein idempotenter Endomorphismus von E, also $P^2 = P$, so folgt aus $P(Px) = P^2x = Px$, daß der Teilraum $E_1 = P(E)$ durch P identisch auf sich abgebildet wird. Die Menge aller $x - Px$ bildet einen linearen Teilraum E_2 von E, der von P annulliert wird. Die Zerlegung $x = Px + (x - Px) = x_1 + x_2$ ist eindeutig, denn aus $x_1 + x_2 = 0$, $x_1 \in E_1$, $x_2 \in E_2$, folgt durch Multiplikation mit P sofort $x_1 = 0$. E_2 ist also komplementär zu E_1. Wie sofort zu sehen, ist $I - P$ die Projektion von E auf E_2 mit dem Kern E_1 und es gilt $P(I-P) = (I-P)P = 0$. Damit ist bewiesen

(1) *Zu jeder komplementären Zerlegung* $E = E_1 \oplus E_2$ *gehören zwei Projektionen* P_{E_1}, P_{E_2} *mit* $E_1 = P_{E_1}(E)$, $E_2 = P_{E_2}(E)$, $P_{E_1} P_{E_2} = P_{E_2} P_{E_1} = 0$, $P_{E_1} + P_{E_2} = I$.

Umgekehrt bestimmt jede idempotente Abbildung $P \in \mathfrak{S}(E)$ *eine komplementäre Zerlegung* $E = P(E) \oplus (I-P)(E)$.

Als erste Anwendung beweisen wir

(2) *Ist* $E = \bigoplus_\alpha E_\alpha$, *so ist* $\mathfrak{S}(E, F)$ *als linearer Raum über* K *isomorph* $\prod_\alpha \mathfrak{S}(E_\alpha, F)$.

Es sei P_α die Projektion von E auf E_α mit dem Nullraum $\bigoplus_{\alpha' \neq \alpha} E_{\alpha'}$. Dann gilt für jedes $x \in E$ die Darstellung $x = \sum_\alpha x_\alpha = \sum P_\alpha x$. Ist $A \in \mathfrak{S}(E, F)$, so wird also

(3) $$Ax = \sum_\alpha A(P_\alpha x) = \sum_\alpha (AP_\alpha)(P_\alpha x).$$

AP_α werde als Abbildung von E_α in F mit A_α bezeichnet. Dann entspricht nach (3) jedem A ein Vektor $\{A_\alpha\} \in \prod_\alpha \mathfrak{S}(E_\alpha, F)$. Ist umgekehrt ein beliebiger solcher Vektor $\{A_\alpha\}$ gegeben, so wird durch

(4) $$Ax = \sum_\alpha A_\alpha (P_\alpha x)$$

eine lineare Abbildung aus $\mathfrak{S}(E, F)$ erklärt.

4. Reziproke Abbildungen. Ist $A \in \mathfrak{S}(E, F)$ und $B \in \mathfrak{S}(F, E)$ und gilt $BA = I_E$, I_E die identische Abbildung von E, so heißt B eine linke Reziproke oder linke Inverse von A. Entsprechend heißt $C \in \mathfrak{S}(F, E)$ rechte Reziproke zu A, wenn $AC = I_F$ ist, I_F die identische Abbildung von F.

Ist $B \in \mathfrak{S}(F, E)$ eine linke und $C \in \mathfrak{S}(F, E)$ eine rechte Reziproke von $A \in \mathfrak{S}(E, F)$, so folgt $B = BI_F = B(AC) = (BA)C = I_E C = C$. In diesem Fall spricht man von der (beiderseitigen) Reziproken von A und bezeichnet sie mit A^{-1}. Eine Abbildung A, die eine Reziproke A^{-1} besitzt, nennen wir intakt.

Es gilt

(1) *Eine Abbildung $A \in \mathfrak{S}(E, F)$ ist dann und nur dann intakt, wenn sie ein Isomorphismus von E auf F ist.*

Denn ist A ein Isomorphismus, so ist die Umkehrung $A^{(-1)}$ von A eine Abbildung von F auf E mit $A^{(-1)}A = I_E$ und $AA^{(-1)} = I_F$. Ist andererseits A intakt, so ist A umkehrbar eindeutig, denn aus $Ax = \mathfrak{o}$ folgt $A^{-1}(Ax) = (A^{-1}A)x = x = \mathfrak{o}$. Ferner ist $A(E) = F$, denn ist $y \in F$ gegeben, so ist $y = (AA^{-1})y = A(A^{-1}y)$, also Bild von $A^{-1}y \in E$.

Ist A kein Isomorphismus von E auf F, so ist entweder $A(E)$ echter Teilraum von F oder A nicht eineindeutig oder beides, also ist die Umkehrung $A^{(-1)}$ entweder nur in einem echten Teilraum von F erklärt oder sie ist keine Punktabbildung von F in E, in keinem Fall also eine Abbildung aus $\mathfrak{S}(F, E)$.

Wir untersuchen, inwiefern es auch im allgemeinen Fall möglich ist, A durch eine geeignete Abbildung aus $\mathfrak{S}(F, E)$ rückgängig zu machen. Es sei also $A \in \mathfrak{S}(E, F)$ gegeben. Nach 2. wählen wir einen zum Kern $N[A]$ komplementären Urbildraum $U[A]$ und einen zu $A(E)$ komplementären Raum $C[A]$. A bildet $U[A]$ isomorph auf $A(E)$ ab. Diese Zuordnung kann also eindeutig umgekehrt werden. Setzen wir überdies noch fest, daß die Elemente von $C[A]$ in das Nullelement von E abgebildet werden sollen, so ist damit auf ganz F eine lineare Abbildung B erklärt mit dem Kern $C[A]$, dem Urbildraum $A(E)$ und dem Bildraum $U[A]$. Setzen wir A und B zusammen, so ergibt BA die Projektion von E auf $U[A]$ mit dem Nullraum $N[A]$, dagegen AB die Projektion von F auf $A(E)$ mit dem Nullraum $C[A]$. Umgekehrt entspricht jeder Projektion $P_{N[A]}$ nach 3.(1) ein bestimmtes $U[A]$, jeder Projektion $P_{A(E)}$ ein bestimmtes $C[A]$, wir erhalten also das Ergebnis

(2) *Ist $A \in \mathfrak{S}(E, F)$, $P_{N[A]}$ eine Projektion von E auf den Nullraum von A, $P_{A(E)}$ eine Projektion von F auf den Bildraum von A, so gibt es eine Abbildung $B \in \mathfrak{S}(F, E)$ mit*

(3) $$BA = I_E - P_{N[A]}, \quad AB = P_{A(E)}.$$

Wir können damit auch die Frage beantworten, wann A eine linke oder eine rechte Reziproke hat. Es gilt

(4) *$A \neq O$ sei eine lineare Abbildung von E in F. Dann liegt einer der vier Fälle vor*

1. $N[A] = o$, $A(E) = F$. A ist intakt.

2. $N[A] \neq o$, $A(E) \neq F$. A hat weder eine linke, noch eine rechte Reziproke.

3. $N[A] \neq o$, $A(E) = F$. A hat keine linke, aber mindestens zwei rechte Reziproke.

4. $N[A] = o$, $A(E) \neq F$. A hat mindestens zwei linke, aber keine rechte Reziproke.

Beweis. A kann nur dann eine linke Reziproke haben, wenn $N[A] = o$ ist, ebenso nur dann eine rechte Reziproke, wenn $A(E) = F$ ist. Die angegebenen Bedingungen sind also notwendig. Sind sie aber erfüllt, so folgt aus (3) die Existenz der behaupteten linken bzw. rechten Reziproken. Daß es in den Fällen 3. und 4. mehr als eine Reziproke gibt, folgt daraus, daß es mehr als eine Projektion $P_{N[A]}$ bzw. $P_{A(E)}$ gibt.

Beispiele. Ist E n-dimensional, so können die Fälle 3. und 4. bei Endomorphismen von E bekanntlich nicht auftreten. Faßt man jedoch die identische Abbildung von $\varphi_n(\mathsf{K})$ auf sich als Abbildung von $\varphi_n(\mathsf{K})$ in $\varphi_m(\mathsf{K})$, $m > n$, auf, so erhält man ein Beispiel für den vierten Fall.

Hat K nur endlich viele Elemente, so gibt es in diesem Beispiel nur endlich viele linke Reziproke. Besitzt K unendlich viele Elemente, so gibt es im Fall 3. und 4. stets unendlich viele Reziproke.

Ist $x_0, x_1, \ldots$ eine Basis von $\varphi(\mathsf{K})$, so ist die Abbildung $x_i \to x_{i+1}$, $i = 0, 1, \ldots$, ein Beispiel für den 4. Fall, die Abbildung $x_0 \to o$, $x_{i+1} \to x_i$, $i = 0, 1, \ldots$, eines für den 3. Fall.

5. Darstellung durch Matrizen. Es ist leicht, einen Überblick über alle linearen Abbildungen von E in F zu bekommen. Wir wählen zu diesem Zweck in E und F je eine Basis $\{x_\nu\}$, $\nu \in \mathsf{N}$, bzw. $\{y_\mu\}$, $\mu \in \mathsf{M}$. Geben wir für jedes x_ν ein willkürlich gewähltes Element $z_\nu \in F$ als Bildelement vor, so ist durch die Zuordnung $x = \sum_\nu x_\nu \xi_\nu \to y = \sum_\nu z_\nu \xi_\nu$ eine lineare Abbildung A erklärt und jede lineare Abbildung ist umgekehrt durch die Bilder $A x_\nu = z_\nu$ in dieser Weise bestimmt. Jedes z läßt sich durch die Basis y_μ von F ausdrücken,

$$(1) \qquad z_\nu = \sum_\mu y_\mu \alpha_{\mu\nu}, \qquad \alpha_{\mu\nu} \in \mathsf{K},\ \nu \in \mathsf{N}.$$

Fassen wir die Elemente $A x_\nu$, $\nu \in \mathsf{N}$, zu einem Vektor $\{A x_\nu\}$ zusammen, so ist also A gegeben durch die Gleichung

$$(2) \qquad \{A x_\nu\} = \Big\{\sum_\mu y_\mu \alpha_{\mu\nu}\Big\}.$$

Die Abbildung ist also völlig durch die Koeffizienten $\alpha_{\mu\nu}$ bestimmt. Wir bezeichnen das System der $\alpha_{\mu\nu}$ in üblicher Weise als eine **Matrix** $\mathfrak{A} = ((\alpha_{\mu\nu}))$, $\mu \in \mathsf{M}$, $\nu \in \mathsf{N}$, mit Elementen aus K, die über $\mathsf{M} \times \mathsf{N}$ erklärt ist. Die $\alpha_{\mu_0 \nu}$, $\nu \in \mathsf{N}$, bilden die μ_0-te **Zeile**, die $\alpha_{\mu\nu_0}$, $\mu \in \mathsf{M}$, die ν_0-te **Spalte**; die Elemente von M bzw. N heißen die Zeilen- bzw. Spaltenindizes. Zeilen und Spalten haben die gemeinsame Bezeichnung **Reihen**.

Aus (1) folgt, daß in unserer Matrix $\mathfrak{A}$ jede Spalte nur endlich viele von Null verschiedene Elemente enthält, man nennt $\mathfrak{A}$ deshalb **spaltenfinit**. Ist d bzw. e die Dimension von E bzw. F, so besitzt $\mathfrak{A}$ e Zeilen und d Spalten.

Ist $\mathfrak{A} = ((\alpha_{\mu\nu}))$, $\mu \in \mathsf{M}$, $\nu \in \mathsf{N}$, eine Matrix, $\mathfrak{x} = \{\xi_\mu\}$, $\mu \in \mathsf{M}$, ein Vektor über der Menge der Zeilenindizes von $\mathfrak{A}$, so wird das Produkt $\mathfrak{y} = \mathfrak{x}\mathfrak{A}$ als der Vektor mit den Komponenten $\eta_\nu = \sum_\mu \xi_\mu \alpha_{\mu\nu}$ erklärt, falls jede dieser Summen nur endlich viele von Null verschiedene Summanden $\xi_\mu \alpha_{\mu\nu}$ besitzt. Entsprechend ist $\mathfrak{A}\mathfrak{z}$ als der Vektor mit den Komponenten $\sum_\nu \alpha_{\mu\nu} \zeta_\nu$ erklärt, wenn $\mathfrak{z} = \{\zeta_\nu\}$ ein über N erklärter Vektor ist.

Mit dieser Bezeichnung wird (2) zu

$$(3) \qquad \{A x_\nu\} = \{y_\mu\}\, \mathfrak{A}.$$

Ist $x = \sum x_\nu \xi_\nu \in E$ gegeben, so ergibt sich aus (2)

$$(4) \qquad A x = \sum_\nu (A x_\nu)\, \xi_\nu = \sum_\nu \Big(\sum_\mu y_\mu \alpha_{\mu\nu}\Big)\, \xi_\nu = \sum_\mu y_\mu \sum_\nu \alpha_{\mu\nu} \xi_\nu,$$

oder in Matrizen- und Vektorschreibweise

$$(5) \qquad A x = \{A x_\nu\}\, \mathfrak{x} = (\{y_\mu\}\, \mathfrak{A})\, \mathfrak{x} = \{y_\mu\}\, (\mathfrak{A}\mathfrak{x}).$$

Wird x bezüglich der Basis x_ν in E also durch den Vektor $\mathfrak{x}$ dargestellt, so Ax bezüglich der Basis y_μ von F durch $\mathfrak{A}\mathfrak{x}$. Damit ist bewiesen

(6) *Wird in E und F je eine Basis $\{x_\nu\}$, $\nu \in \mathsf{N}$, bzw. $\{y_\mu\}$, $\mu \in \mathsf{M}$, gewählt, so ist durch* (3) *jeder linearen Abbildung $y = Ax$ von E in F eine spaltenfinite Matrix $\mathfrak{A} = ((\alpha_{\mu\nu}))$, $\mu \in \mathsf{M}$, $\nu \in \mathsf{N}$, zugeordnet; ist $\mathfrak{x}$ der x bezüglich der Basis $\{x_\nu\}$ zugeordnete Vektor, ebenso $\mathfrak{y}$ der y bezüglich $\{y_\mu\}$ zugeordnete Vektor, so ist $\mathfrak{y} = \mathfrak{A}\mathfrak{x}$ die Darstellung von A.*

Umgekehrt läßt sich jede spaltenfinite Matrix mit e Zeilen und d Spalten als Darstellung einer linearen Abbildung eines d-dimensionalen in einen e-dimensionalen linearen Raum auffassen.

B sei eine lineare Abbildung von F in G und mit einer Basis $\{z_\lambda\}$, $\lambda \in \Lambda$, von G gelte

$$(7) \qquad B y_\mu = \sum_\lambda z_\lambda \beta_{\lambda\mu}.$$

Dann gilt für die zusammengesetzte Abbildung

$$(8) \quad (BA)\, x_\nu = B(A x_\nu) = \sum_\mu (B y_\mu)\, \alpha_{\mu\nu} = \sum_\mu \Big(\sum_\lambda z_\lambda \beta_{\lambda\mu}\Big)\, \alpha_{\mu\nu} = \sum_\lambda z_\lambda \sum_\mu \beta_{\lambda\mu} \alpha_{\mu\nu}.$$

Die Matrix von BA ist also die als das Matrizenprodukt $\mathfrak{B}\mathfrak{A}$ bezeichnete Matrix $\left(\left(\sum_{\mu}\beta_{\lambda\mu}\alpha_{\mu\nu}\right)\right)$, $\lambda\in\Lambda$, $\nu\in\mathsf{N}$, die als Elemente die skalaren Produkte der Zeilen von $\mathfrak{B}$ mit den Spalten von $\mathfrak{A}$ hat.

Das assoziative Gesetz für die Abbildungen überträgt sich sofort auf die darstellenden spaltenfiniten Matrizen, es gilt also stets $\mathfrak{C}(\mathfrak{B}\mathfrak{A}) = (\mathfrak{C}\mathfrak{B})\mathfrak{A}$. Der Summe $A+B$ zweier Abbildungen aus $\mathfrak{S}(E,F)$ entspricht die Summe $\mathfrak{A}+\mathfrak{B} = ((\alpha_{\mu\nu}+\beta_{\mu\nu}))$ der bezüglich derselben Basen zugeordneten Matrizen und der Abbildung $A\varrho$, $\varrho\in\mathsf{K}$, die Matrix $\mathfrak{A}\varrho = ((\alpha_{\mu\nu}\varrho))$. Die Abbildung 0 wird durch die Nullmatrix $\mathfrak{O}$ dargestellt, deren sämtliche Elemente Null sind, die identische Abbildung I von E durch die Einheitsmatrix $\mathfrak{E} = ((\varepsilon_{\mu\nu}))$ mit $\varepsilon_{\mu\mu}=1$, $\varepsilon_{\mu\nu}=0$ für $\mu\neq\nu$.

6. Matrizenringe. Eine Matrix $\mathfrak{A} = ((\alpha_{\mu\nu}))$, $\mu\in\mathsf{M}$, $\nu\in\mathsf{N}$, heißt quadratisch, wenn $\mathsf{M}=\mathsf{N}$ ist, sonst rechteckig. Eine Matrix mit gleichviel Zeilen und Spalten braucht nicht quadratisch zu sein, sie kann aber stets durch Abänderung der Indizes in eine quadratische umgewandelt werden. Die in 5. für spaltenfinite Matrizen eingeführten Operationen $\mathfrak{A}\varrho$, $\mathfrak{A}+\mathfrak{B}$, $\mathfrak{B}\mathfrak{A}$ lassen sich auch für beliebige Matrizen erklären, doch ist beim Produkt $\mathfrak{B}\mathfrak{A}$ zu beachten, daß es nur erklärt werden kann, wenn die Spaltenindizesmenge von $\mathfrak{B}$ mit der Zeilenindizesmenge von $\mathfrak{A}$ übereinstimmt und wenn sämtliche Summen $\sum_{\mu}\beta_{\lambda\mu}\alpha_{\mu\nu}$ nur endlich viele von Null verschiedene Summanden haben.

Eine Menge $\mathfrak{M}$ von quadratischen Matrizen über der Indizesmenge N mit Elementen aus K heißt ein linearer Matrizenring über K, wenn $\mathfrak{M}$ bezüglich der Matrizenoperationen $\mathfrak{A}\varrho$, $\mathfrak{A}+\mathfrak{B}$ und $\mathfrak{B}\mathfrak{A}$ eine Algebra über K bildet.

Zwei Algebren R und R' über K heißen isomorph, wenn zwischen den Elementen von R und R' eine eineindeutige Zuordnung $a\leftrightarrow a'$ existiert, so daß

$$(1)\qquad (a+b)' = a'+b', \qquad (ab)' = a'b', \qquad (a\varrho)' = a'\varrho$$

für alle $a, b\in R$ und $\varrho\in\mathsf{K}$ gilt. Sie heißen invers isomorph, wenn die eineindeutige Zuordnung an Stelle der zweiten Gleichung in (1) die Gleichung $(ab)' = b'a'$ erfüllt.

Wir betrachten die Endomorphismen A eines d-dimensionalen linearen Raumes E. Ist $\{x_\nu\}$ eine Basis von E, so können wir als Indizesmenge die Menge Ω_d der Ordnungszahlen kleinerer Mächtigkeit als d nehmen. In $F=E$ nehmen wir dieselbe Basis, damit die A nach 5.(3) zugeordnete Matrix quadratisch wird. Die Ergebnisse von 5. besagen dann

(2) *Die Endomorphismenalgebra $\mathfrak{S}(E)$ eines d-dimensionalen Raumes E über K ist isomorph dem linearen Matrizenring $\mathfrak{M}_d^s(\mathsf{K})$ aller d-reihigen quadratischen spaltenfiniten Matrizen über Ω_d mit Elementen aus K.*

Ein linearer Matrizenring $\mathfrak{M}$ über K, dessen quadratische Matrizen $\mathfrak{A}$ über der Indizesmenge N erklärt sind, heißt maximal, wenn es keinen $\mathfrak{M}$ als echte Teilmenge enthaltenden linearen Matrizenring $\mathfrak{M}_1$ über K gibt, dessen Matrizen ebenfalls über N erklärt sind.

(3) $\mathfrak{M}_d^s(\mathsf{K})$ *ist maximal.*

Man kann offenbar $d \geqq \aleph_0$ voraussetzen. Versucht man $\mathfrak{M}_d^s(\mathsf{K})$ durch Hinzunahme einer nicht spaltenfiniten Matrix $\mathfrak{C}$ zu erweitern, so ist dies unmöglich: Enthält etwa die ν-te Spalte von $\mathfrak{C}$ unendlich viele nicht verschwindende Elemente, so liegt die d-reihige Matrix $\mathfrak{A}$, die die ν-te Spalte von $\mathfrak{C}$ als ν-te Zeile besitzt und sonst nur aus Nullzeilen besteht, in $\mathfrak{M}_d^s(\mathsf{K})$. Das skalare Produkt der ν-ten Zeile von $\mathfrak{A}$ mit der ν-ten Spalte von $\mathfrak{C}$ kann aber nicht gebildet werden, da über unendlich viele nichtverschwindende Summanden summiert werden müßte.

7. Basiswechsel. Ist $\{x'_{\nu'}\}$, $\nu' \in \mathsf{N}'$, eine zweite Basis von E, so hängt sie mit der Basis $\{x_\nu\}$, $\nu \in \mathsf{N}$, durch Gleichungen

$$(1\text{a}) \qquad \{x_\nu\} = \{x'_{\nu'}\}\,\mathfrak{C}, \qquad \mathfrak{C} = ((\gamma_{\nu'\nu})),\ \nu' \in \mathsf{N}',\ \nu \in \mathsf{N},$$

$$(1\text{b}) \qquad \{x'_{\nu'}\} = \{x_\nu\}\,\mathfrak{D}, \qquad \mathfrak{D} = ((\delta_{\nu\nu'})),\ \nu \in \mathsf{N},\ \nu' \in \mathsf{N}',$$

zusammen. Die $\mathfrak{C}$, $\mathfrak{D}$ sind spaltenfinit, durch Einsetzen von (1a) in (1b) und umgekehrt erhält man $\mathfrak{C}\mathfrak{D} = \mathfrak{E}_{\mathsf{N}'}$, $\mathfrak{D}\mathfrak{C} = \mathfrak{E}_{\mathsf{N}}$, die Einheitsmatrizen über den Mengen N' bzw. N.

Eine spaltenfinite Matrix $\mathfrak{X} = ((\xi_{\nu\nu'}))$, $\nu \in \mathsf{N}$, $\nu' \in \mathsf{N}'$, heißt wieder eine linke Reziproke zur spaltenfiniten Matrix $\mathfrak{A} = ((\alpha_{\nu'\nu}))$, wenn $\mathfrak{X}\mathfrak{A} = \mathfrak{E}_{\mathsf{N}}$ ist, ebenso wird eine rechte Reziproke $\mathfrak{Y} = ((\eta_{\nu\nu'}))$ durch $\mathfrak{A}\mathfrak{Y} = \mathfrak{E}_{\mathsf{N}'}$ erklärt. Wie in 4. folgt aus der Existenz einer rechten und einer linken Reziproken zu $\mathfrak{A}$, daß beide übereinstimmen und eindeutig bestimmt sind. $\mathfrak{A}$ heißt dann wieder intakt und die beiderseitige Reziproke wird mit $\mathfrak{A}^{-1}$ bezeichnet.

In unserem Fall ist also $\mathfrak{D} = \mathfrak{C}^{-1}$. Ist umgekehrt eine spaltenfinite intakte Matrix $\mathfrak{C}$ mit der beiderseitigen Reziproken $\mathfrak{D}$ gegeben, so wird durch (1a) und (1b) ein Basiswechsel in E gegeben, wie leicht zu sehen.

Wir bemerken, daß $\mathfrak{C}$ nur dann quadratisch ist, wenn $\mathsf{N} = \mathsf{N}'$ ist.

Für das Element $x \in E$ erhalten wir aus (1a)

$$(2) \qquad x = \{x_\nu\}\,\mathfrak{x} = \{x'_{\nu'}\}\,\mathfrak{C}\mathfrak{x},$$

also

(3) *Übergang von der Basis* $\{x_\nu\}$ *zur Basis* $\{x'_{\nu'}\} = \{x_\nu\}\,\mathfrak{C}^{-1}$ *bedeutet Übergang vom darstellenden Vektor* $\mathfrak{x}$ *zu* $\mathfrak{C}\mathfrak{x}$.

Gehen wir auch in F von der Basis $\{y_\mu\}$, $\mu \in \mathsf{M}$, zu einer neuen Basis $\{y'_{\mu'}\} = \{y_\mu\}\,\mathfrak{B}^{-1}$, $\mu' \in \mathsf{M}'$, über, so erhalten wir aus (1b), und 5.(3) für die

A zugeordnete Matrix

(4) $$\{A x'_{\nu'}\} = \{A x_\nu\} \mathfrak{C}^{-1} = \{y_\mu\} \mathfrak{A} \mathfrak{C}^{-1} = \{y'_{\mu'}\} \mathfrak{B} \mathfrak{A} \mathfrak{C}^{-1},$$

also gilt

(5) *Geht man in E bzw. F von den Basen $\{x_\nu\}$ bzw. $\{y_\mu\}$ zu den Basen $\{x'_{\nu'}\} = \{x_\nu\} \mathfrak{C}^{-1}$ bzw. $\{y'_{\mu'}\} = \{y_\mu\} \mathfrak{B}^{-1}$ über, so wird A statt durch $\mathfrak{A}$ durch $\mathfrak{B}\mathfrak{A}\mathfrak{C}^{-1}$ dargestellt.*

Nimmt man im Fall $F = E$ für die ursprünglichen Elemente und die Bildelemente dieselbe Basistransformation, so ergibt sich aus (5)

(6) *Übergang von der Basis $\{x_\nu\}$ zur Basis $\{x'_{\nu'}\} = \{x_\nu\} \mathfrak{C}^{-1}$ bedeutet, daß ein Endomorphismus $A \in \mathfrak{S}(E)$ statt durch $\mathfrak{A}$ durch die Matrix $\mathfrak{C}\mathfrak{A}\mathfrak{C}^{-1}$ dargestellt wird.*

8. Normaldarstellung einer linearen Abbildung. Wir knüpfen an die Überlegungen von 2. an. Es sei $A \in \mathfrak{S}(E, F)$. Wir bezeichnen die Dimension des Bildraumes $A(E)$ als den Rang $r(A)$ von A, die Dimension des Kernes $N[A]$ als den Urdefekt $s(A)$, schließlich die Dimension von $F/A(E)$, also die eines Komplementärbildraumes $C[A]$, als den Bilddefekt $s'(A)$.

Der Rang $r(A)$ ist offenbar auch gleich der Dimension des Urbildraumes $E/N[A]$. Um A durch eine besonders einfache Matrix darzustellen, gehen wir folgendermaßen vor. Wir wählen einen Urbildraum $U[A]$ aus und eine Basis $z_{\nu'}$, $\nu' \in \mathsf{N}'$, dieses Urbildraumes. Wir ergänzen sie durch eine Basis $z_{\nu''}$, $\nu'' \in \mathsf{N}''$, von $N[A]$ zu einer Basis von E. Die $w_{\nu'} = A z_{\nu'}$, $\nu' \in \mathsf{N}'$, bilden dann eine Basis von $A(E)$, die wir durch eine Basis $w_{\mu''}$, $\mu'' \in \mathsf{M}''$, eines $C[A]$ zu einer Basis von F ergänzen. A ist dann gegeben durch

(1) $$A z_{\nu'} = w_{\nu'} \; (\nu' \in \mathsf{N}'), \qquad A z_{\nu''} = 0 \; (\nu'' \in \mathsf{N}'').$$

In den angegebenen Basen von E und F wird also A durch eine Matrix $\tilde{\mathfrak{D}}$ dargestellt, deren Elemente $\tilde{\delta}_{\nu'\nu'}$, $\nu' \in \mathsf{N}'$, gleich eins sind, alle anderen sind Null. Damit ist bewiesen

(2) *Bei geeigneter Basiswahl in E und F wird die lineare Abbildung A von E in F durch eine Matrix $\tilde{\mathfrak{D}}$ dargestellt, die durch Streichen ihrer $s'(A)$ Nullzeilen und $s(A)$ Nullspalten in eine $r(A)$-reihige quadratische Einheitsmatrix übergeht.*

$\tilde{\mathfrak{D}}$ heißt eine Normaldarstellung von A im weiteren Sinn.

Will man in E und F als Indizesmengen der Basen vorgegebene Mengen N bzw. M verwenden, so kann man N' und N'' als komplementäre Teilmengen von N wählen, für die $A z_{\nu'}$ kann man aber nur den ν' eineindeutig entsprechende Indizes $\mu'(\nu') \in \mathsf{M}' \subset \mathsf{M}$ verwenden. Die dann erhaltene Normaldarstellung $\mathfrak{D}$ im engeren Sinn hat $\delta_{\mu'(\nu'),\nu'} = 1$, ergibt nach Streichen der Nullzeilen und Nullspalten also eine $r(A)$-reihige Matrix, die in jeder Zeile und Spalte genau eine Eins hat.

Um zu einer Normaldarstellung eines Endomorphismus $A \in \mathfrak{S}(E)$ zu kommen, hat man also in E nicht eine, sondern zwei verschiedene Basen für die x und die Ax zu nehmen.

9. Äquivalenz von Abbildungen und Matrizen. Zwei lineare Abbildungen A_1 und A_2 aus $\mathfrak{S}(E, F)$ heißen äquivalent, wenn es eine intakte Abbildung B in $\mathfrak{S}(E)$ und eine intakte Abbildung C in $\mathfrak{S}(F)$ gibt, so daß $A_2 = CA_1B$ ist. Die so eingeführte Äquivalenz ist reflexiv, symmetrisch und transitiv, die Abbildungen aus $\mathfrak{S}(E, F)$ zerfallen also in Klassen zueinander äquivalenter Abbildungen.

Wählt man in E und F je eine Basis x_ν und y_μ, so gilt für die zugeordneten spaltenfiniten Matrizen ebenfalls $\mathfrak{A}_2 = \mathfrak{C}\mathfrak{A}_1\mathfrak{B}$ mit $\mathfrak{B}$ und $\mathfrak{C}$ quadratisch und intakt. Wir nennen dann $\mathfrak{A}_1$ und $\mathfrak{A}_2$ äquivalent im engeren Sinn und *aus der Äquivalenz der Abbildungen folgt die der Matrizen im engeren Sinn und umgekehrt.*

Für diese Äquivalenz der Matrizen ist notwendig, daß $\mathfrak{A}_1$ und $\mathfrak{A}_2$ über denselben Zeilen- bzw. Spaltenindizesmengen erklärt sind. Man kann aber allgemeiner für zwei spaltenfinite Matrizen $\mathfrak{A}_1$ und $\mathfrak{A}_2$ mit gleichvielen Zeilen und gleichvielen Spalten eine Äquivalenz im weiteren Sinn durch $\mathfrak{A}_2 = \mathfrak{C}\mathfrak{A}_1\mathfrak{B}$ erklären, wenn man nur verlangt, daß $\mathfrak{B}$ und $\mathfrak{C}$ intakt sind. Für gleichindizierte $\mathfrak{A}_1$ und $\mathfrak{A}_2$ ist dies derselbe Äquivalenzbegriff, denn $\mathfrak{B}$ und $\mathfrak{C}$ müssen dann quadratisch sein.

Satz (5) aus 7. kann jetzt so formuliert werden

(1) *Die bei Basiswechsel in E und F erhaltene darstellende Matrix von $A \in \mathfrak{S}(E, F)$ ist zur ursprünglichen im weiteren Sinn äquivalent. Die Darstellungen sind im engeren Sinn äquivalent, wenn die neuen Basen über denselben Indizesmengen erklärt sind wie die alten.*

Aus 8. ergibt sich daher

(2) *Jede spaltenfinite Matrix ist äquivalent im weiteren Sinn einer Matrix $\tilde{\mathfrak{D}}$, im engeren Sinn einer Matrix $\mathfrak{D}$.*

10. Äquivalenztheorie. Es ist nun leicht, eine volle Übersicht über die verschiedenen Äquivalenzklassen sowohl der Abbildungen wie der Matrizen zu gewinnen.

Aus 9.(2) und dem Zusammenhang zwischen der engeren Äquivalenz der Matrizen und der Äquivalenz der Abbildungen ergibt sich

(1) *Es sei A eine lineare Abbildung von E in F, $\{x_\nu\}$, $\nu \in \mathsf{N}$, eine Basis von E, $\{y_\mu\}$, $\mu \in \mathsf{M}$, eine Basis von F. A habe den Rang r und die Defekte s, s'. Ist $\{x_{\nu'}\}$, $\nu' \in \mathsf{N}'$, eine beliebige Teilmenge aus r Basiselementen, deren Komplementärmenge $\{x_{\nu''}\}$, $\nu'' \in \mathsf{N}'' \subset \mathsf{N}$, s Basiselemente enthält, ebenso $\{y_{\mu'(\nu')}\}$, $\mu'(\nu') \in \mathsf{M}' \subset \mathsf{M}$, eine durch $\mu'(\nu')$ auf N' eineindeutig abgebildete*

Teilmenge von $\{y_\mu\}$, *mit einer Komplementärmenge* $\{y_{\mu''}\}$, $\mu'' \in \mathsf{M}'' \subset \mathsf{M}$, *aus* s' *Elementen, so ist* A *äquivalent der durch*

$$(2) \qquad Dx_{\nu'} = y_{\mu'(\nu')}, \qquad Dx_{\nu''} = 0 \quad (\nu' \in \mathsf{N}', \nu'' \in \mathsf{N}'')$$

gegebenen Abbildung.

$\{x_{\nu'}\}$ ist die Basis eines Urbildraumes von D, $\{y_{\mu'(\nu')}\}$ eine des Bildraumes, $\{x_{\nu''}\}$ eine Basis des Nullraumes, $\{y_{\mu''}\}$ die eines Komplementärbildraumes.

(3) *Zwei lineare Abbildungen von* E *in* F *sind dann und nur dann äquivalent, wenn sie gleichen Rang und gleiche Defekte haben.*

Daß die Bedingungen hinreichend sind, folgt aus (1). Es sei andererseits $A_2 = CA_1B$. Ist $A_1x = 0$, so ist $CA_1B(B^{-1}x) = 0$ und umgekehrt, Kern und Urbildraum von A_1 gehen also durch den Isomorphismus B^{-1} in den Kern bzw. Urbildraum von A_2 über. Dabei bleiben ihre Dimensionen dieselben. Schließlich ist der Bildraum A_2 gleich $C\left(A_1(E)\right)$, hat also gleiche Dimension und gleichen Defekt wie $A_1(E)$.

Die drei Äquivalenzinvarianten sind nicht willkürlich wählbar, sie genügen offenbar den Beziehungen

$$(4) \qquad r + s = d, \qquad r + s' = e,$$

d, e die Dimensionen von E bzw. F.

Sind d und e endlich, so ist klar, daß durch die Angabe des Ranges allein die Äquivalenzklasse bestimmt ist.

Zu jedem (4) erfüllenden Kardinalzahlentripel r, s, s' gibt es umgekehrt eine Abbildung mit diesen Invarianten.

Erklärt man den Rang und die Defekte einer spaltenfiniten Matrix $\mathfrak{A}$ als Rang bzw. Defekte der nach 5.(3) zugeordneten linearen Abbildung, so ist sowohl für die engere, wie die weitere Äquivalenz zweier Matrizen die Übereinstimmung in r, s, s' notwendig und hinreichend.

§ 9. Der algebraisch duale Raum. Tensorprodukte

1. Der duale Raum. Wir haben in § 7, 8. zwei Methoden kennengelernt, aus gegebenen linearen Räumen neue herzuleiten. Die wichtigste Bildung dieser Art ist jedoch die des dualen Raumes, dessen Betrachtung wir uns jetzt zuwenden.

Es sei E ein linearer Raum über dem Körper K. Wird jedem $x \in E$ ein Element $u(x) = ux$ aus K zugeordnet und ist diese Zuordnung linear, d.h. gilt $u(x_1\alpha_1 + x_2\alpha_2) = u(x_1)\,\alpha_1 + u(x_2)\,\alpha_2$ für alle $x_1, x_2 \in E$ und alle $\alpha_1, \alpha_2 \in \mathsf{K}$, so nennt man ux eine L i n e a r f u n k t i o n oder L i n e a r f o r m auf E.

Setzt man $(u_1 + u_2)\,x = u_1x + u_2x$ und $(\alpha u)\,x = \alpha(ux)$ für $\alpha \in \mathsf{K}$, so bildet die Menge aller Linearfunktionen auf E offenbar einen linearen Raum über K, den zu E algebraisch dualen oder algebraisch konjugierten Raum E^*.

Der Zusatz „algebraisch" wird erst später wichtig werden, wir lassen ihn vorläufig weg.

Sind E_1 und E_2 isomorph, $x_1 \leftrightarrow x_2$, so wird durch $u_2 x_2 = u_1 x_1$ offenbar eine Isomorphie $u_1 \leftrightarrow u_2$ von E_1^* und E_2^* erzeugt,

(1) *Isomorphe lineare Räume haben isomorphe duale Räume.*

Es ist leicht, einen Überblick über alle Linearfunktionen auf E zu erhalten. E habe die Dimension d und es sei $\{x_\nu\}$, $\nu \in N$, eine Basis von E. Dann ist $u x$ bekannt, wenn alle Werte $u x_\nu = v_\nu$ bekannt sind, denn es gilt

(2) $$u x = u\Big(\sum_\nu x_\nu \xi_\nu\Big) = \sum_\nu (u x_\nu)\, \xi_\nu = \sum_\nu v_\nu \xi_\nu .$$

Andererseits ist durch beliebige Wahl der $u x_\nu = v_\nu$ für alle $\nu \in N$ eine Linearform (2) eindeutig bestimmt.

Ordnet man jedem $u \in E^*$ den Vektor $\mathfrak{u} = \{v_\nu\}$ zu, so wird E^* isomorph auf den in § 7, 8. eingeführten Raum $\omega_d(K)$, also auf das d-fache Produkt von K mit sich selbst, abgebildet.

Ersetzen wir nach § 7, 5. $x = \sum_\nu x_\nu \xi_\nu$ durch den ihm in der Isomorphie mit $\varphi_d(K)$ zugeordneten Vektor $\mathfrak{x} = \{\xi_\nu\}$, so wird nach (2) $u x$ gleich dem skalaren Produkt $\mathfrak{u}\mathfrak{x} = \sum v_\nu \xi_\nu$ der beiden Vektoren $\mathfrak{u}$ und $\mathfrak{x}$, das sinnvoll ist, da nur endlich viele $\xi_\nu \neq 0$ sind. Wir fassen zusammen

(3) *Ist E ein linearer Raum der Dimension d über* K, *so werden durch Wahl einer Basis x_ν in E Isomorphien $x \leftrightarrow \mathfrak{x}$ und $u \leftrightarrow \mathfrak{u}$ von E auf $\varphi_d(K)$ und von E^* auf $\omega_d(K)$ erzeugt, wobei $u x = \mathfrak{u}\mathfrak{x}$ gilt.*

Es ist also speziell $\big(\varphi_d(K)\big)^* \cong \omega_d(K)$.

Man bestätigt leicht

(4) *Ist $E = \bigoplus_\alpha E_\alpha$, so ist $E^* \cong \prod_\alpha E_\alpha^*$.*

Der duale Raum eines endlichdimensionalen Raumes E ist zu E isomorph. Die Einheitsvektoren $\mathfrak{e}_\nu \in \omega_d(K)$ sind bei der Isomorphie (3) die Bilder der Linearfunktionen $u_\nu \in E^*$, die durch

(5) $$u_\nu x_\nu = 1\,, \quad u_\nu x_{\nu'} = 0 \quad \text{für} \quad \nu' \neq \nu;\ \nu, \nu' \in N,$$

erklärt sind. Sie bilden das zur Basis $\{x_\nu\}$ von E konjugierte System $\{u_\nu\}$ in E^*.

2. Orthogonalität. Wir sahen soeben, daß eine Linearfunktion u auf E durch ihre Werte auf einer Basis von E gegeben ist. Erinnern wir uns daran (§ 7, 3.(2)), daß die Basis eines linearen Teilraumes stets durch Hinzufügen weiterer Elemente zu einer Basis von ganz E erweitert werden kann, so ergibt sich unmittelbar der Erweiterungssatz

(1) *Ist auf einem linearen Teilraum F des linearen Raumes E eine Linearfunktion $l(y)$, $y \in F$, erklärt, so läßt sie sich auf ganz E fortsetzen, es gibt also ein $u_0 \in E^*$ mit $u_0 y = l(y)$ für alle $y \in F$.*

In etwas anderer Fassung

(1′) *Ist x_0 ein nicht im linearen Teilraum F von E liegendes Element von E, so gibt es ein $u_0 \in E^*$ mit $u_0 y = 0$ für alle $y \in F$ und $u_0 x_0 = 1$.*

Ist $u x = 0$ für ein $x \in E$ und ein $u \in E^*$, so nennen wir u und x orthogonal. Ist M eine Teilmenge von E, so bilden alle $u \in E^*$, die zu allen $x \in M$ orthogonal sind, einen linearen Teilraum von E^*, den wir als den Orthogonalraum $M^\perp$ von M in E^* bezeichnen. Geht man von einer Teilmenge M von E^* aus, so erhält man in derselben Weise den Orthogonalraum $M^\perp$ von M in E. Unmittelbar aus der Definition folgen

(2) *Ist $M_1 \subset M_2$, so ist $M_2^\perp \subset M_1^\perp$, also auch $M_1^{\perp\perp} \subset M_2^{\perp\perp}$.*

(3) *Es ist stets $M \subset M^{\perp\perp}$.*

Ist $M = M^{\perp\perp}$, so heißt M orthogonalabgeschlossen. Nur lineare Teilräume von E oder E^* können orthogonalabgeschlossen sein. $M^{\perp\perp}$ heißt die orthogonalabgeschlossene Hülle von M.

(4) *$M^\perp$ ist stets orthogonalabgeschlossen.*

Denn nach (3) ist $M^\perp \subset M^{\perp\perp\perp}$; wendet man (2) andererseits auf (3) an, so ergibt sich $M^{\perp\perp\perp} \subset M^\perp$, also ist $M^\perp = M^{\perp\perp\perp}$.

(5) *Jeder lineare Teilraum F von E ist orthogonalabgeschlossen.*

Denn ist x_0 nicht in F, so gibt es nach (1′) ein $u_0 \in F^\perp$ mit $u_0 x_0 = 1$, also liegt x_0 nicht in $F^{\perp\perp}$; daher ist $F = F^{\perp\perp}$.

Andererseits gilt

(6) *Ist E unendlichdimensional, so gibt es in E^* stets lineare Teilräume, insbesondere Hyperebenen, die nicht orthogonalabgeschlossen sind.*

Wir können $E = \varphi_d(\mathsf{K})$ mit $d \geqq \aleph_0$ annehmen. Der duale Raum $\omega_d(\mathsf{K})$ hat nach § 7, 8. den echten linearen Teilraum $F = \varphi_d(\mathsf{K})$. Es ist aber $F^\perp = \mathfrak{o}$, da für ein $\mathfrak{x} = \{\xi_\nu\} \in F^\perp$ für alle ν $\mathfrak{e}_\nu \mathfrak{x} = \xi_\nu = 0$ sein muß. Da $F^{\perp\perp} = \omega_d(\mathsf{K})$ ist, ist F echter Teilraum von $F^{\perp\perp}$.

Jeder zwischen F und $\omega_d(\mathsf{K})$ gelegene echte Teilraum ist ebenfalls nicht orthogonalabgeschlossen, nach § 7, 7.(7) gibt es also speziell eine solche Hyperebene.

Es gilt immerhin

(7) *Jeder endlichdimensionale lineare Teilraum F von E^* ist orthogonalabgeschlossen.*

Wir können dies auch so ausdrücken

(7a) *Sind $u_1, \ldots, u_n$ n linear unabhängige Linearformen auf E und ist $F^\perp$ der Orthogonalraum zu $F = [u_1, \ldots, u_n]$, so ist jede auf $F^\perp$ ver-*

schwindende Linearform auf E eine Linearkombination der $u_1, \ldots, u_n$. $F^\perp$ *hat den Defekt n in E.*

Beweis. Es gibt ein $x_1 \in E$ mit $u_1 x_1 = 1$. Es sei für $k-1$ bewiesen, daß es Elemente $x_1, \ldots, x_{k-1}$ in E gibt mit $u_i x_i = 1$, $u_i x_j = 0$ für $i, j = 1, \ldots, k-1$, $i \neq j$. Es gilt dann für jedes $x \in E$

$$(8) \quad x = \sum_{i=1}^{k-1} x_i (u_i x) + x' \quad \text{mit} \quad u_i x' = 0 \quad \text{für} \quad i = 1, \ldots, k-1.$$

Wäre $u_k x' = 0$ für alle x', so wäre nach (8) $\left[u_k - \sum_{i=1}^{k-1} (u_k x_i)\, u_i\right] x = 0$ für alle $x \in E$, was unmöglich ist, da dann die Linearfunktion in der eckigen Klammer identisch verschwinden müßte. Also gibt es ein x_k mit $u_k x_k = 1$, $u_i x_k = 0$ für $i = 1, \ldots, k-1$. Setzt man $\tilde{x}_i = x_i - (u_k x_i)\, x_k$, $i = 1, \ldots, k-1$, so bleibt $u_i \tilde{x}_i = 1$, $u_i \tilde{x}_j = 0$ für $j \neq i$ und $i, j = 1, \ldots, k-1$ richtig; überdies wird $u_k \tilde{x}_i = 0$. Schreiben wir wieder $x_1, \ldots, x_k$ für $\tilde{x}_1, \ldots, \tilde{x}_{k-1}, x_k$, so haben wir damit die Behauptung für k bewiesen.

Damit ist für $k = n$ gezeigt, daß $E = F^\perp \oplus G$ ist, G der n-dimensionale Teilraum von E mit der Basis $x_1, \ldots, x_n$. Ist nun u eine auf $F^\perp$ verschwindende Linearfunktion und ist $u x_i = v_i$, so verschwindet $u - \sum_{i=1}^{n} v_i \cdot u_i$ auf allen $x \in E$, also ist $u = \sum_{i=1}^{n} v_i u_i$.

3. Der Verband der orthogonalabgeschlossenen Teilräume von E^*. Die orthogonalabgeschlossenen Teilräume H von E^* bilden in bezug auf die Beziehung $<$ einen Verband $\overline{V}(E^*)$, denn die untere Grenze einer Menge $\{H_\alpha\}$ existiert in $\overline{V}(E^*)$, sie ist der Durchschnitt $\bigcap_\alpha H_\alpha$, der wieder orthogonalabgeschlossen ist (aus $\bigcap_\alpha H_\alpha < H_\alpha$ folgt nach 2.(2) $(\bigcap_\alpha H_\alpha)^{\perp\perp} < H_\alpha^{\perp\perp} = H_\alpha$, also ist $(\bigcap_\alpha H_\alpha)^{\perp\perp} < \bigcap_\alpha H_\alpha$, 2.(3) ergibt die Behauptung). Ebenso existiert $\bigvee_\alpha H_\alpha$ als Durchschnitt aller die H_α umfassenden orthogonalabgeschlossenen Teilräume; $\bigvee_\alpha H_\alpha$ ist die orthogonalabgeschlossene Hülle der linearen Hülle der H_α.

Ordnet man jedem linearen Teilraum F von E seinen Orthogonalraum $F^\perp$ zu, so ist dies nach 2.(5) eine eineindeutige Zuordnung von $V(E)$ auf $\overline{V}(E^*)$ und sie kehrt nach 2.(2) die Halbordnung um, also gilt nach § 7, 9. und 10.

(1) *Die Zuordnung, die jedem linearen Teilraum F von E seinen Orthogonalraum* $F^\perp < E^*$ *zuordnet, ist eine duale Isomorphie der vollständigen Verbände* $V(E)$ *und* $\overline{V}(E^*)$. $\overline{V}(E^*)$ *ist also ebenfalls ein komplementärer modularer Verband.*

Der verbandstheoretische Durchschnitt ist in $V(E)$ derselbe wie in $(\overline{V}E^*)$, nämlich der mengentheoretische. Die Vereinigung ist in $V(E)$ die lineare Hülle, in $\overline{V}(E^*)$ die orthogonalabgeschlossene Hülle. Ist E

unendlichdimensional mit der Basis x_ν und ist u_ν das dazu konjugierte System in E^*, so ist die lineare Hülle der eindimensionalen, nach 2.(7) orthogonalabgeschlossenen $[u_\nu]$ von der orthogonalabgeschlossenen Hülle E^* der $[u_\nu]$ nach 2.(6) verschieden. Aus der Modularität von $\overline{V}(E^*)$ folgt jedoch

(2) *Sind B_1 und B_2 orthogonalabgeschlossene Teilräume von E^*, so ist B_1+B_2 stets orthogonalabgeschlossen, also $B_1 \vee B_2 = B_1 + B_2$.*

Sei zuerst B_1 endlichdimensional und $u_0 \in B_1 \vee B_2$ aber nicht in B_1+B_2. Dann liegt der endlichdimensionale Raum $C = B_1 \oplus [u_0]$ in $\overline{V}(E^*)$. Da $B_1 < C$ und $\overline{V}(E^*)$ modular ist, gilt

$$(3) \qquad (B_1 \vee B_2) \cap C = B_1 \vee (B_2 \cap C).$$

Ist $v \in B_2 \cap C$, so hat es als Element von C die Form $v = w + u_0\alpha$ mit $w \in B_1$, $\alpha \in \mathsf{K}$. Also ist $u_0\alpha = v - w \in B_2 + B_1$, was nur mit $\alpha = 0$ verträglich ist. Daher ist $v = w \in B_1$, $B_2 \cap C < B_1$ und $B_1 \vee (B_2 \cap C) = B_1$, also wäre nach (3) $C = (B_1 \vee B_2) \cap C = B_1$, was der Annahme über C widerspricht.

Für beliebiges B_1 folgt daraus, daß C in $\overline{V}(E^*)$ liegt; Wiederholen der Schlußweise ergibt (2).

Speziell folgt aus (2)

(4) *Zwei verbandstheoretisch komplementäre orthogonalabgeschlossene Teilräume von E^* sind algebraisch komplementär und umgekehrt.*

Denn nach (2) bedeutet $B_1 \vee B_2 = E$ nichts anderes als $B_1 + B_2 = E$, mit $B_1 \cap B_2 = \mathfrak{o}$ zusammen ergibt dies die Behauptung.

Aus (1), (4) und aus der Tatsache, daß jeder lineare Teilraum von E einen Komplementärraum besitzt, ergibt sich

(5) *Ist $E = F_1 \oplus F_2$, so ist $E^* = F_1^\perp \oplus F_2^\perp$. Ist $E^* = G_1 \oplus G_2$, G_1 und G_2 orthogonalabgeschlossen, so ist $E = G_1^\perp \oplus G_2^\perp$. Jeder orthogonalabgeschlossene Teilraum von E^* besitzt einen ebensolchen Komplementärraum.*

(6) *Ist F ein linearer Teilraum von E, so ist $F^\perp \cong (E/F)^*$.*

Denn ist $u \in F^\perp$, so ist $u(x+z) = ux$ für jedes $z \in F$. Erklären wir daher $u'\hat{x}$ für $\hat{x} \in E/F$ als den für alle $x \in \hat{x}$ gleichen Wert von ux in K, so ist damit jedem $u \in F^\perp$ ein $u' \in (E/F)^*$ zugeordnet, verschiedenen u entsprechen verschiedene u'. Diese Zuordnung ist offenbar linear. Ist umgekehrt $u' \in (E/F)^*$ gegeben, so wird durch $ux = u'\hat{x}$ eine in $F^\perp$ liegende Linearfunktion auf E erklärt. Da u' umgekehrt aus diesem u nach dem ersten Teil der Überlegung wieder entsteht, ist die Zuordnung eine Isomorphie.

Speziell gilt

(7) *Hat F den endlichen Defekt n in E, so hat $F^\perp$ die Dimension n.*

Die (6) entsprechende Behauptung für orthogonalabgeschlossene Teilräume von E^* ist nicht allgemein richtig, wir werden mit anderen Hilfsmitteln in §10 die Untersuchung der Beziehungen zwischen $V(E)$ und $\overline{V}(E^*)$ weiterführen.

4. Die adjungierte Abbildung. A bilde E linear in F ab. Ist v eine Linearfunktion auf F, so ist $v(Ax)$ als Funktion von $x \in E$ betrachtet, eine Linearfunktion u auf E, denn es gilt

$$v[A(x_1\alpha_1 + x_2\alpha_2)] = v[(Ax_1)\alpha_1 + (Ax_2)\alpha_2] = v(Ax_1)\alpha_1 + v(Ax_2)\alpha_2.$$

Wir bezeichnen die so erklärte Abbildung $v \to u$ von F^* in E^* als die zu A adjungierte Abbildung A'. Sie ist also definiert durch

(1) $$(A'v)x = v(Ax) \text{ für alle } x \in E,\ v \in F^*.$$

A' ist wegen

$$[A'(\beta_1 v_1 + \beta_2 v_2)]x = (\beta_1 v_1 + \beta_2 v_2)(Ax) = \beta_1[v_1(Ax)] + \beta_2[v_2(Ax)]$$
$$= \beta_1[(A'v_1)x] + \beta_2[(A'v_2)x]$$

linear, es gilt also

(2) *Ist $A \in \mathfrak{S}(E,F)$, so ist $A' \in \mathfrak{S}(F^*,E^*)$.*

Es seien $\{x_\nu\}$, $\nu \in \mathsf{N}$, und $\{y_\mu\}$, $\mu \in \mathsf{M}$, Basen von E bzw. F. Bezüglich der zu diesen Basen konjugierten Systeme werden v, $u = A'v$ und A durch Vektoren $\mathfrak{v} = \{\varphi_\mu\}$, $\mathfrak{u} = \{v_\nu\}$ bzw. durch die Matrix $\mathfrak{A} = ((\alpha_{\mu\nu}))$ dargestellt und es gilt nach 1. und § 8, 5.

(3) $$v_\nu = (A'v)x_\nu = v(Ax_\nu) = \mathfrak{v}(\mathfrak{A}\mathfrak{e}_\nu) = \sum_\mu \varphi_\mu \alpha_{\mu\nu}.$$

Damit wird $\mathfrak{u} = \mathfrak{A}'\mathfrak{v}$, $\mathfrak{A}'$ die transponierte Matrix zu $\mathfrak{A}$; es gilt also

(4) *Wird A bezüglich bestimmter Basen von E und F durch die Matrix $\mathfrak{A}$ dargestellt, so wird die adjungierte Abbildung A' bezüglich derselben Basen durch die transponierte Matrix $\mathfrak{A}'$ dargestellt.*

Da $\mathfrak{A}$ spaltenfinit ist, ist $\mathfrak{A}'$ zeilenfinit.

(5) *Für beliebige $A, B \in \mathfrak{S}(E,F)$, $\alpha \in \mathsf{K}$, gilt*

$$(\alpha A)' = \alpha A', \quad (A+B)' = A' + B'.$$

Für beliebige $A \in \mathfrak{S}(E,F)$, $B \in \mathfrak{S}(F,G)$ gilt $(BA)' = A'B'$.

Wir beweisen nur die letzte Beziehung: Aus (1) ergibt sich für $x \in E$, $v \in G^*$

$$((BA)'v)x = v((BA)x) = v(B(Ax)) = (B'v)(Ax) = (A'(B'v))x$$
$$= ((A'B')v)x.$$

Die durch (1) definierte Zuordnung $A \to A'$ ist nach (4) eineindeutig, also ergibt sich aus (5) nach § 8, 6.

(6) *Die Algebra $\mathfrak{S}'(E)$ der zu den Abbildungen $A \in \mathfrak{S}(E)$ adjungierten Abbildungen A' bildet eine zu $\mathfrak{S}(E)$ invers isomorphe Teilalgebra von $\mathfrak{S}(E^*)$.*

(7) *Ist E unendlichdimensional, so ist $\mathfrak{S}'(E)$ stets eine echte Teilalgebra von $\mathfrak{S}(E^*)$.*

Beweis. Nach (3) ist eine Abbildung $\mathfrak{u} = \mathfrak{A}'\mathfrak{v}$ von $\omega_d(\mathsf{K})$ in sich identisch Null, wenn die einzelnen Spalten von $\mathfrak{A}'$, also die Bilder $\mathfrak{A}'\mathfrak{e}_\mu$ der $\mathfrak{e}_\mu$ sämtlich gleich dem Nullvektor $\mathfrak{o}$ sind. Ist $d \geqq \aleph_0$, so gibt es aber lineare Abbildungen von $\omega_d(\mathsf{K})$ in sich, bei denen sämtliche $\mathfrak{e}_\mu$ in $\mathfrak{o}$ abgebildet werden, der von ihnen linear unabhängige Vektor $\mathfrak{e}$, dessen Koordinaten sämtlich gleich Eins sind, aber in einen Vektor $\neq \mathfrak{o}$ übergeht.

5. Die Dimension von E^*. Jedes $x \in E$ erzeugt wegen

(1) $$(\alpha_1 u_1 + \alpha_2 u_2)\, x = \alpha_1 (u_1 x) + \alpha_2 (u_2 x)$$

eine Linearfunktion $x(u)$ auf E^*, durch die Zuordnung $x \to x(u)$ wird E also isomorph einem Teilraum von E^{**}, den wir mit E identifizieren können. Ist E endlichdimensional, so wird $E = E^{**}$, es gilt jedoch

(2) *Ist E unendlichdimensional, so ist E ein echter Teilraum von E^{**}, in der Folge $E < E^{**} < E^{****} < \cdots$ ist also jedes Glied echter Teilraum des folgenden.*

Beweis. Nimmt man E in der Gestalt $\varphi_d(\mathsf{K})$ an, so hat E^* die Form $\omega_d(\mathsf{K})$, die Vektoren von $\varphi_d(\mathsf{K})$ sind finit, erzeugen also nur Linearfunktionen, die auf endlich vielen der $\mathfrak{e}_\nu \in \omega_d(\mathsf{K})$ nicht verschwinden, aber es gibt Linearfunktionen auf $\omega_d(\mathsf{K})$, die auf unendlich vielen $\mathfrak{e}_\nu$ von Null verschieden sind (man benütze eine geeignete Basis von $\omega_d(\mathsf{K})$ und verfahre wie in 1.(2)).

Die genaue Dimension von E^* bestimmt der Satz von ERDÖS und KAPLANSKY

(3) *Die Dimension d^* von $\omega_d(\mathsf{K})$ ist für unendliche d gleich der Anzahl k^d der Elemente von $\omega_d(\mathsf{K})$, k die Anzahl der Elemente von K.*

Beweis (W. NEUMER). Es sei $\{\mathfrak{u}^\mu\}$ eine Basis von $\omega_d(\mathsf{K})$, jedes $\mathfrak{u} \in \omega_d(\mathsf{K})$ ist also eine lineare Verbindung der $\mathfrak{u}^\mu$. Es gibt nun in $\omega_d(\mathsf{K})$ $(k-1)\,d^*$ Elemente der Form $\mathfrak{u}^\mu \alpha$, $\alpha \in \mathsf{K}$, $\alpha \neq 0$, ferner $[(k-1)\,d^*]^2$ Elemente der Form $\mathfrak{u}^{\mu_1}\alpha_1 + \mathfrak{u}^{\mu_2}\alpha_2$, α_1 und α_2 von Null verschieden, usf. $\omega_d(\mathsf{K})$ enthält somit $\sum\limits_{i=0}^{\infty} [(k-1)\,d^*]^i$ Elemente. Wegen $p^2 = p$ für jede unendliche Kardinalzahl p können wir dafür auch $d^* \sum\limits_{i=0}^{\infty} (k-1)^i$ schreiben. Für endliches $k \geqq 2$ ist $\sum\limits_{i=0}^{\infty} (k-1)^i$ gleich $\aleph_0$, für unendliches k gleich k, in beiden Fällen erhalten wir daher $d^* \sum\limits_{i=0}^{\infty} (k-1)^i = d^* k$. Zur Bestimmung von d^* ergibt sich somit die Gleichung

(4) $$k^d = d^* k.$$

Ist $k \leqq d^*$, so erhalten wir aus (4) wegen $d^* k \leqq d^{*2} = d^*$, also $d^* k = d^*$, die Behauptung $d^* = k^d$.

Wir zeigen jetzt, daß für alle $d \geqq \aleph_0$ die Beziehung $k \leqq d^*$ gilt. Es genügt offenbar, dies für $d = \aleph_0$ zu beweisen. Wir nehmen also an, die Anzahl d^* der Basiselemente $\mathfrak{u}^\mu = (v_1^\mu, v_2^\mu, \ldots)$ von $\omega(\mathsf{K})$ sei kleiner als k. Die Menge M aller Koordinaten v_i^μ aller $\mathfrak{u}^\mu$ hat höchstens die Mächtigkeit $\aleph_0 d^* = d^*$. Mit K_0 werde der von allen v_i^μ erzeugte Teilkörper von K bezeichnet. Da K_0 aus den rationalen Ausdrücken in den v_i^μ mit Koeffizienten aus dem Primkörper von K besteht, besitzt K_0 wiederum nicht mehr als $\aleph_0 d^* = d^*$ Elemente. Wegen $d^* < k$ gibt es also ein $\xi_1 \in \mathsf{K} \sim \mathsf{K}_0$. Wir setzen $\mathsf{K}_1 = \mathsf{K}_0(\xi_1)$, $\mathsf{K}_0(\xi_1)$ der durch Adjunktion von ξ_1 zu K_0 entstehende Körper. K_1 hat wiederum höchstens $\aleph_0 d^* = d^*$ Elemente. Es werde $\xi_2 \in \mathsf{K} \sim \mathsf{K}_1$ gewählt usf. Durch dieses Verfahren erhält man eine Folge

$$\mathsf{K}_0 \subset \cdots \subset \mathsf{K}_n \subset \cdots \quad \text{mit} \quad \mathsf{K}_n = \mathsf{K}_{n-1}(\xi_n), \qquad \xi_n \in \mathsf{K} \sim \mathsf{K}_{n-1}.$$

Es sei nun $\mathfrak{x} = (\xi_i)$ der aus den ξ_i gebildete Vektor aus $\omega(\mathsf{K})$, $\mathfrak{x} = \sum_{i=1}^{m} \mathfrak{u}^{\mu_i} \eta_i$ seine Basisdarstellung. In der Matrix $((v_j^{\mu_i}))$, $i = 1, \ldots, m$, $j = 1, 2, \ldots$, gibt es wegen der linearen Unabhängigkeit der $\mathfrak{u}^{\mu_i}$ eine quadratische m-reihige Teilmatrix $((v_{j_l}^{\mu_i}))$ mit nichtverschwindender Determinante. Das Gleichungssystem

$$\xi_{j_l} = \sum_{i=1}^{m} v_{j_l}^{\mu_i} \eta_i, \qquad l = 1, \ldots, m,$$

läßt sich also nach den η_i auflösen, die η_i liegen daher in einem K_{n_0} mit genügend großem n_0. Aus $\xi_r = \sum_{i=1}^{m} v_r^{\mu_i} \eta_i$ für $r > n_0$ folgt daher, daß alle ξ_r in K_{n_0} liegen, was unmöglich ist.

Speziell gilt also wegen $(2^{\aleph_0})^d = 2^d$ für $d \geqq \aleph_0$

(5) *Ist E ein reeller oder komplexer linearer Raum der Dimension $d \geqq \aleph_0$, so hat E^* die Dimension 2^d.*

Eine eingehende Untersuchung der Beziehungen zwischen $\varphi_d(\mathsf{K}_1)$ und $\varphi_d(\mathsf{K}_2)$, wenn K_1 Teilkörper von K_2 ist, findet sich in Bourbaki [4], Bd. 2, § 5.

6. Das Tensorprodukt linearer Räume. Es seien E und F zwei lineare Räume über K. Wir bilden die Menge $\Lambda(E \times F)$ aller formalen endlichen Linearkombinationen $\sum_{(x,y) \in E \times F} (x, y)\, \alpha_{x,y}$ der Elemente von $E \times F$ mit Koeffizienten aus K. $\Lambda(E \times F)$ ist ein linearer Raum über K, wenn man

$$\left[\sum (x, y)\, \alpha_{x,y}\right] \beta = \sum (x, y)\, \alpha_{x,y} \beta$$

und

$$\sum (x, y)\, \alpha_{x,y} + \sum (x, y)\, \beta_{x,y} = \sum (x, y)\, (\alpha_{x,y} + \beta_{x,y})$$

setzt. Das Nullelement ergibt sich, wenn sämtliche $\alpha_{x,y} = 0$ gesetzt werden. Für $(x, y)\,1$ schreiben wir kurz (x, y).

Wir bilden in $\Lambda(E\times F)$ die lineare Hülle Λ_0 aller Elemente der Form

$$(1)\qquad \left(\sum_{i=1}^{n} x_i\alpha_i,\ \sum_{k=1}^{m} y_k\beta_k\right)-\sum_{i=1}^{n}\sum_{k=1}^{m}(x_i,y_k)\,\alpha_i\beta_k.$$

Der Quotientenraum Λ/Λ_0 wird das Tensorprodukt oder direkte Produkt $E\otimes F$ von E und F genannt. Die Restklasse, in der $(x, y)\,\alpha$ liegt, wird mit $(x\otimes y)\,\alpha$ bezeichnet. Statt $(x\otimes y)\,1$ schreiben wir wieder $x\otimes y$.

Aus (1) ergibt sich für $E\otimes F$ die Rechenregel

$$(2)\qquad \sum_{i=1}^{n} x_i\alpha_i\otimes\sum_{k=1}^{m} y_k\beta_k=\sum_{i=1}^{n}\sum_{k=1}^{m}(x_i\otimes y_k)\,\alpha_i\beta_k.$$

Danach ist $\mathfrak{o}\otimes y=(\mathfrak{o}\,0)\otimes y=(\mathfrak{o}\otimes y)\,0=\mathfrak{o}$, ebenso ist $x\otimes\mathfrak{o}=\mathfrak{o}$ in $E\otimes F$.

Es gilt

(3) *Das Tensorprodukt ist kommutativ; es ist $E\otimes F$ isomorph $F\otimes E$ bei der Zuordnung $x\otimes y\leftrightarrow y\otimes x$.*

Denn durch die Abbildung $(x, y)\leftrightarrow(y, x)$ von $E\times F$ auf $F\times E$ wird $\Lambda(E\times F)$ isomorph so auf $\Lambda(F\times E)$ abgebildet, daß auch die Teilräume Λ_0 sich entsprechen, also sind auch die Quotientenräume isomorph.

Aus $(x\otimes y)\,\alpha=x\otimes(y\alpha)$ ergibt sich sofort, daß alle Elemente von $E\otimes F$ in die Gestalt $\sum_{i=1}^{n}(x_i\otimes y_i)$ gebracht werden können.

(4) *Sind $y_1,\dots,y_n$ linear unabhängige Elemente aus F, so folgt aus $\sum_{i=1}^{n}(x_i\otimes y_i)=\mathfrak{o}$ stets $x_i=\mathfrak{o}$ für $i=1,\dots,n$.*

Beweis. Ist $u_0\in E^*$, so wird durch $A\left(\sum(x, y)\,\alpha_{x,y}\right)=\sum y\,(u_0 x)\,\alpha_{x,y}$ eine lineare Abbildung von $\Lambda(E\times F)$ in F erklärt. Da die Elemente (1) dabei in $\mathfrak{o}$ abgebildet werden, induziert A eine lineare Abbildung A von $E\otimes F$ in F. Dabei geht $\sum_i x_i\otimes y_i$ in $\sum_i y_i(u_0x_i)$ über. Sind die y_i linear unabhängig, so ist $\sum x_i\otimes y_i=\mathfrak{o}$ nur dann, wenn $u_0x_i=0$ ist für alle $u_0\in E^*$, d.h. $x_i=\mathfrak{o}$, $i=1,\dots,n$.

(5) *Hat E die Basis $\{x_\nu\}$, $\nu\in\mathsf{N}$, F die Basis $\{y_\mu\}$, $\mu\in\mathsf{M}$, so hat $E\otimes F$ die Basis $\{x_\nu\otimes y_\mu\}$, $(\nu,\mu)\in\mathsf{N}\times\mathsf{M}$.*

Hat E die Dimension d, F die Dimension e, so hat $E\otimes F$ die Dimension de.

Ist nämlich $\sum_{\nu,\mu}(x_\nu\otimes y_\mu)\,\alpha_{\nu\mu}=\mathfrak{o}$, so ist $\sum_\mu\left(\sum_\nu x_\nu\alpha_{\nu\mu}\right)\otimes y_\mu=\mathfrak{o}$, nach (4) also $\sum_\nu x_\nu\alpha_{\nu\mu}=\mathfrak{o}$, daher $\alpha_{\nu\mu}=0$ für jedes $(\nu,\mu)\in\mathsf{N}\times\mathsf{M}$. Wegen (2) läßt sich jedes Element aus $E\otimes F$ andererseits als endliche Linearkombination der $x_\nu\otimes y_\mu$ schreiben.

(6) *Hat F die Dimension d, so ist $E\otimes F$ isomorph der direkten Summe von d zu E isomorphen linearen Räumen.*

Denn für festes μ bilden nach (5) die $x_\nu\otimes y_\mu$ die Basis eines zu E bei der Zuordnung $(\sum x_\nu\,\alpha_\nu)\otimes y_\mu\to\sum x_\nu\,\alpha_\nu$ isomorphen E_μ und es ist $E\otimes F=\bigoplus\limits_\mu E_\mu$.

Aus (5) ergibt sich leicht

(7) *Sind A und B lineare Teilräume von E bzw. F, so ist $A\otimes B$ isomorph dem von den $a\otimes b\in E\otimes F$, $a\in A$, $b\in B$, erzeugten linearen Teilraum.*

(8) *Jedes Element $z\neq 0$ aus $E\otimes F$ besitzt eine Darstellung $z=\sum\limits_1^r x^{(i)}\otimes y^{(i)}$, in der sowohl die $x^{(i)}$ wie die $y^{(i)}$ linear unabhängig sind.*

Beweis. Nach (5) ist $z=\sum\limits_{k=1}^{s}\sum\limits_{j=1}^{t}(x_{\nu_k}\otimes y_{\mu_j})\alpha_{kj}$. Führen wir in $E_s=[x_{\nu_1},\ldots,x_{\nu_s}]$ und $F_t=[y_{\mu_1},\ldots,y_{\mu_t}]$ neue Basen durch $x_{\nu_k}=\sum\limits_l x'_l\beta_{lk}$ bzw. $y_{\mu_j}=\sum\limits_m y'_m\gamma_{mj}$ ein, so wird

$$z=\sum_l\sum_m(x'_l\otimes y'_m)\sum_k\sum_j\beta_{lk}\alpha_{kj}\gamma_{mj},$$

also ist die Koeffizientenmatrix $\mathfrak{A}=(\alpha_{kj})$ ersetzt durch $\tilde{\mathfrak{A}}=\mathfrak{B}\mathfrak{A}\mathfrak{C}'$ mit $\mathfrak{B}=(\beta_{lk})$, $\mathfrak{C}=(\gamma_{mj})$. Da $\mathfrak{B}$, $\mathfrak{C}$ als beliebige intakte Matrizen gewählt werden können, ist für geeignete solche $\mathfrak{B}$, $\mathfrak{C}$ die Matrix $\tilde{\mathfrak{A}}$ in der äquivalenten Normalform (vgl. § 8, 9.(2)). Ist r der Rang von $\tilde{\mathfrak{A}}$, so wird dann $z=\sum\limits_1^r x'_l\otimes y'_l$ die behauptete Darstellung.

Nennt man die in (8) auftretende Zahl r den Rang von z, so gilt

(9) *Der Rang eines Elementes $z\in E\otimes F$ ist gleich dem Rang der Matrix $((\alpha_{\nu\mu}))$ bei irgendeiner Darstellung $z=\sum\limits_\nu\sum\limits_\mu(x_\nu\otimes y_\mu)\,\alpha_{\nu\mu}$ durch Basen $\{x_\nu\}$, $\{y_\mu\}$ von E bzw. F.*

Denn führt man neue Basen durch $x_\nu=\sum\limits_{\nu'}\tilde{x}_{\nu'}\,\beta_{\nu'\nu}$, $y_\mu=\sum\limits_{\mu'}\tilde{y}_{\mu'}\,\gamma_{\mu'\mu}$ ein, so treten in $z=\sum(\tilde{x}_{\nu'}\otimes\tilde{y}_{\mu'})\tilde{\alpha}_{\nu'\mu'}$ nur endlich viele $\tilde{\alpha}_{\nu'\mu'}\neq 0$ auf, wir können also diese Darstellung von z aus der ersten durch Basiswechsel innerhalb endlichdimensionaler Teilräume von E und F erhalten. Dabei bleibt nach dem Beweise von (8) der Rang der Koeffizientenmatrix ungeändert, er ist also speziell gleich dem Rang von z.

7. Lineare Abbildungen von Tensorprodukten. Als eine bilineare Abbildung oder Bilinearfunktion $B(x,y)$ von $E\times F$ in den linearen Raum H bezeichnen wir eine in beiden Variablen lineare Funktion auf $E\times F$ mit Werten in H. Es gilt also für alle $x_i\in E$, $y_k\in F$,

(1) $$B\Big(\sum_i x_i\alpha_i,\ \sum_k y_k\beta_k\Big)=\sum_i\sum_k B(x_i,y_k)\,\alpha_i\beta_k.$$

Ist H gleich dem Koeffizientenkörper K, so spricht man von einer Bilinearform. Alle Bilinearfunktionen auf $E \times F$ mit Werten in H bilden einen linearen Raum $\mathfrak{B}(E \times F, H)$. Den Raum aller Bilinearformen auf $E \times F$ bezeichnen wir mit $\mathfrak{B}(E \times F)$.

(2) *Jede bilineare Abbildung B von $E \times F$ in H erzeugt eine lineare Abbildung $\hat{B}$ von $E \otimes F$ in H und umgekehrt. Diese Zuordnung ist eine Isomorphie von $\mathfrak{B}(E \times F, H)$ und $\mathfrak{S}(E \otimes F, H)$.*

Setzt man $B\Big[\sum\limits_{(x,y)} (x, y)\,\alpha_{x,y}\Big] = \sum\limits_{(x,y)} B(x, y)\,\alpha_{x,y}$, so wird B linear auf ganz $\Lambda(E \times F)$ ausgedehnt. Wegen (1) verschwindet B auf Λ_0, erzeugt also eine lineare Abbildung $\hat{B}$ von $E \otimes F$ in H.

Ist umgekehrt $\hat{B}$ eine lineare Abbildung von $E \otimes F$ in H, so erklären wir durch $B(x, y) = \hat{B}(x \otimes y)$ auf $E \times F$ eine Abbildung B in H, die wegen 6.(2) bilinear ist.

Da B und $\hat{B}$ durch die Werte auf den (x, y) bzw. $x \otimes y$ bestimmt sind. ist die Zuordnung eine Isomorphie von $\mathfrak{B}(E \times F, H)$ mit $\mathfrak{S}(E \otimes F, H)$,

(3) *Sind E, F, H, lineare Räume, so ist $\mathfrak{S}(E \otimes F, H) \cong \mathfrak{S}\big(E, \mathfrak{S}(F, H)\big)$.*

Nach (2) genügt es, $\mathfrak{B}(E \times F, H) \cong \mathfrak{S}\big(E, \mathfrak{S}(F, H)\big)$ zu zeigen. Ist $z = B(x, y)$ eine bilineare Abbildung von $E \times F$ in H, so sei für festes x B_x die lineare Abbildung, die jedem $y \in F$ das Element

(4) $$B_x y = B(x, y) = z \in H$$

zuordnet. Damit ist B die lineare Abbildung $x \to B_x$ von E in $\mathfrak{S}(F, H)$ zugeordnet.

Ist umgekehrt eine lineare Abbildung $x \to B_x$ von E in $\mathfrak{S}(F, H)$ gegeben, so wird wieder durch (4) eine bilineare Abbildung von $E \times F$ in H erklärt. Offenbar ist diese Zuordnung linear und eineindeutig.

Ist $H = \mathsf{K}$, so ergibt sich speziell

(5) *Der lineare Raum $(E \otimes F)^*$ ist isomorph $\mathfrak{S}(E, F^*)$ und $\mathfrak{B}(E \times F)$.*

Wie verhält sich $E^* \otimes F^*$ zu $(E \otimes F)^*$? Es gilt

(6) *$E^* \otimes F^*$ kann stets als Teilraum von $(E \otimes F)^*$ aufgefaßt werden. Beide Räume fallen dann und nur dann zusammen, wenn E oder F endlichdimensional ist.*

Beweis. Setzen wir für $u \in E^*$, $v \in F^*$, $x \in E$, $y \in F$

$$(u, v)\,(x, y) = (u\,x)\,(v\,y),$$

so erhalten wir eine Bilinearform auf $E \times F$ bzw. $E^* \times F^*$, die nach (2) eine Linearfunktion

(7) $$(u \otimes v)\,(x \otimes y) = (u\,x)\,(v\,y)$$

auf $E \otimes F$ bzw. $E^* \otimes F^*$ erzeugt. Jedes Element aus $E^* \otimes F^*$ ist damit als Linearfunktion auf $E \otimes F$ gedeutet. Verschiedene Elemente aus $E^* \otimes F^*$ erzeugen verschiedene Linearfunktionen: Es genügt zu zeigen, daß ein $\sum u_i \otimes v_i$ mit linear unabhängigen v_i und von Null verschiedenen u_i auf $E \otimes F$ nicht identisch verschwindet.

Der durch $\sum_{i=1}^{n} u_i \otimes v_i$ auf $E \otimes F$ erzeugten Linearfunktion entspricht nach (4) und (5) die lineare Abbildung

$$x \to \sum_{i=1}^{n} (u_i x) v_i \tag{8}$$

von E in F^*. Sie verschwindet wegen der linearen Unabhängigkeit der v_i nicht identisch.

Die Abbildungen (8) von $\mathfrak{S}(E, F^*)$ haben stets nur einen endlichdimensionalen Bildraum in F^*. Haben E und F beide unendliche Dimension, so gibt es aber in $\mathfrak{S}(E, F^*)$ Abbildungen mit unendlichdimensionalem Bildraum, also ist in diesem Fall $E^* \otimes F^*$ echter Teilraum von $(E \otimes F)^*$.

Schließlich beweisen wir noch $E^* \otimes F^* = (E \otimes F)^*$, wenn E endlichdimensional ist: Sind $\{x_i\}$, $\{y_\mu\}$ Basen von E bzw. F, so ist ein $w \in (E \otimes F)^*$ durch seine Werte $w(x_i \otimes y_\mu) = \psi_{i\mu}$ bestimmt. Es gibt für jedes i ein $v^{(i)} \in F^*$ mit $v^{(i)} y_\mu = \psi_{i\mu}$ für alle μ. Ist $\{u_i\}$ das konjugierte System zu $\{x_i\}$, so ist $\left(\sum_{j=1}^{n} u_j \otimes v^{(j)}\right)(x_i \otimes y_\mu) = \psi_{i\mu}$ für alle i, μ, also $w = \sum_{j=1}^{n} u_j \otimes v^{(j)} \in E^* \otimes F^*$.

Analog beweisen wir unter der Voraussetzung $E, F, G, H \neq 0$

(9) $\mathfrak{S}(E, F) \otimes \mathfrak{S}(G, H)$ *kann stets als Teilraum von* $\mathfrak{S}(E \otimes G, F \otimes H)$ *aufgefaßt werden. Gleichheit gilt dann und nur dann, wenn mindestens* E *und* F, *oder* G *und* H, *oder* E *und* G *endlichdimensional sind.*

((6) geht übrigens aus (9) hervor, wenn man F und H durch K ersetzt und $\mathsf{K} \otimes \mathsf{K} \cong \mathsf{K}$ nach 6.(6) beachtet.)

Beweis. Wie oben wird durch $(A, B)(x, z) = (Ax) \otimes (Bz)$ für $A \in \mathfrak{S}(E, F)$, $B \in \mathfrak{S}(G, H)$; $x \in E$, $z \in G$ nach (2) eine lineare Abbildung

$$(A \otimes B)(x \otimes z) = (Ax) \otimes (Bz) \tag{10}$$

von $E \otimes G$ in $F \otimes H$ erklärt. Der Abbildung $\sum_{i=1}^{n} A_i \otimes B_i$ entspricht nach (4) die Abbildung

$$x \to \sum_{i=1}^{n} (A_i x) \otimes B_i \tag{11}$$

von E in $\mathfrak{S}(G, F \otimes H)$. Sind die B_i linear unabhängig, so ist (11) von Null verschieden, wir erhalten also, daß $\mathfrak{S}(E, F) \otimes \mathfrak{S}(G, H)$ als Teilraum von $\mathfrak{S}(E \otimes G, F \otimes H)$ aufgefaßt werden kann.

Durchläuft x ganz E, so erhalten wir auf der rechten Seite von (11) nur solche Abbildungen von G in $F \otimes H$, die dieselben B_i enthalten, einer Abbildung $\sum A_i \otimes B_i$ entsprechen also nur solche Abbildungen von E in $\mathfrak{S}(G, F \otimes H)$, die E in lineare Teilräume von Abbildungen überführen, die sich aus Abbildungen der Gestalt $y \otimes B_i$, $y \in F$, $i = 1, \ldots, n$, linear zusammensetzen. Ist G oder H unendlichdimensional, so gibt es unendlichviele linear unabhängige $B^\sigma \in \mathfrak{S}(G, H)$. Ist E auch unendlichdimensional, so gibt es also eine lineare Abbildung von E in $\mathfrak{S}(G, F \otimes H)$, deren Bildraum unendlichviele $y_0 \otimes B^\sigma$ enthält, y_0 ein festes Element aus F. Diese Abbildung kann nicht durch ein $\sum A_i \otimes B_i$ erzeugt werden.

Ist daher E unendlichdimensional und G oder H ebenfalls, so ist $\mathfrak{S}(E, F) \otimes \mathfrak{S}(G, H)$ echter Teilraum von $\mathfrak{S}(E \otimes G, F \otimes H)$. Da E und G gleichberechtigt sind, folgt ebenso, daß Gleichheit bei unendlichdimensionalem G nur für endlichdimensionale E und F möglich ist. Die Bedingungen in (9) sind also notwendig.

Bleibt zu zeigen, daß in den angegebenen Fällen die Beziehung

$$\mathfrak{S}(E, F) \otimes \mathfrak{S}(G, H) = \mathfrak{S}(E \otimes G, F \otimes H) \tag{12}$$

gilt.

a) E und G seien endlichdimensional mit Basen $\{x_n\}$, $\{z_k\}$. Sind $\{y_\mu\}$, $\{t_\lambda\}$ Basen von F und H, so ist eine Abbildung C von $E \otimes G$ in $F \otimes H$ bestimmt durch $C(x_n \otimes z_k) = \sum\limits_\mu \sum\limits_\lambda \gamma_{nk\mu\lambda}(y_\mu \otimes t_\lambda)$; nur endlichviele γ sind von Null verschieden. Ist $A_{j\mu}$ diejenige lineare Abbildung aus $\mathfrak{S}(E, F)$, die x_j in y_μ und die $x_{j'}$ mit $j' \neq j$ in $\mathfrak{o}$ abbildet, ebenso $B_{l\lambda} \in \mathfrak{S}(G, H)$ mit $B_{l\lambda} z_l = t_\lambda$, $B_{l\lambda} z_{l'} = \mathfrak{o}$ für $l' \neq l$, so ist

$$\Big(\sum_j \sum_l \sum_\mu \sum_\lambda \gamma_{jl\mu\lambda} A_{j\mu} \otimes B_{l\lambda}\Big)(x_n \otimes z_k) = \sum_\mu \sum_\lambda \gamma_{nk\mu\lambda}(y_\mu \otimes t_\lambda),$$

also gilt (12).

b) Es seien E und F endlichdimensional mit den Basen $\{x_n\}$, $\{y_m\}$ und es seien $\{z_\varkappa\}$, $\{t_\mu\}$ Basen von G bzw. H. Eine Abbildung $C \in \mathfrak{S}(E \otimes G, F \otimes H)$ ist durch $C(x_n \otimes z_\varkappa) = \sum\limits_m \sum\limits_\lambda \gamma_{n\varkappa m\lambda}(y_m \otimes t_\lambda)$ bestimmt. Es sei $A_{nm} \in \mathfrak{S}(E, F)$ durch $A_{nm} x_n = y_m$, $A_{nm} x_{n'} = \mathfrak{o}$ für $n' \neq n$ bestimmt und $B_{nm} \in \mathfrak{S}(G, H)$ durch $B_{nm} z_\varkappa = \sum\limits_\lambda \gamma_{n\varkappa m\lambda} t_\lambda$ für alle $\varkappa$. Dann ist

$$\Big(\sum_{n'm} A_{n'm} \otimes B_{n'm}\Big)(x_n \otimes z_\varkappa) = \sum_m \sum_\lambda \gamma_{n\varkappa m\lambda}(y_m \otimes t_\lambda),$$

wieder gilt (12).

c) Der Fall, daß G und H endlichdimensional sind, ergibt sich aus b) durch Vertauschung von E und F mit G und H.

Haben A und B aus (10) bezüglich der Basen $\{x_\nu\}$, $\{y_\mu\}$, $\{z_\varkappa\}$, $\{t_\lambda\}$ die Form

$$Ax = \sum_\mu y_\mu \sum_\nu \alpha_{\mu\nu} \xi_\nu, \qquad Bz = \sum_\lambda t_\lambda \sum_\varkappa \beta_{\lambda\varkappa} \zeta_\varkappa,$$

so entsprechen ihnen die Matrizen $\mathfrak{A} = ((\alpha_{\mu\nu}))$ bzw. $\mathfrak{B} = ((\beta_{\lambda\varkappa}))$. Die Abbildung $A \otimes B$ wird dann bezüglich der Basen $x_\nu \otimes z_\varkappa$ und $y_\mu \otimes t_\lambda$ durch die Matrix $((\alpha_{\mu\nu}\, \beta_{\lambda\varkappa}))$ dargestellt, die als das Kroneckersche Produkt $\mathfrak{A} \otimes \mathfrak{B}$ bezeichnet wird und anschaulich so entsteht, daß man in der Matrix $\mathfrak{A}$ das Element $\alpha_{\mu\nu}$ durch die Matrix $\alpha_{\mu\nu}\mathfrak{B}$ ersetzt.

§ 10. Lineartopologische Räume

1. Vorbemerkung. Zwischen einem linearen Raum E über einem Körper K und seinem dualen Raum E^* besteht nach unseren bisherigen Überlegungen eine deutliche Symmetrie. Ist E endlichdimensional, so ist die Symmetrie vollständig, E und E^* sind isomorph und jeder kann als dualer Raum des anderen aufgefaßt werden. Ist E unendlichdimensional, so enthält E jedoch nicht alle Linearformen auf E^*. Ebenso erfaßt die Zuordnung, die jedem linearen Teilraum von E seinen Orthogonalraum zuordnet, in E^* nur die orthogonalabgeschlossenen Teilräume. Schließlich ist $\mathfrak{S}(E)$ invers isomorph der Algebra $\mathfrak{S}'(E)$ der adjungierten Abbildungen und $\mathfrak{S}'(E)$ ist bei unendlicher Dimension eine echte Teilalgebra von $\mathfrak{S}(E^*)$.

Es ist naheliegend zu fragen, ob nicht diese im Fall endlicher Dimension vollständige Dualität zwischen E und E^* auch im allgemeinen Fall erreicht werden kann durch Einführung eines Stetigkeitsbegriffes, also einer geeigneten Topologie, in E und E^*.

Dies müßte so geschehen, daß dann die stetigen Linearfunktionen auf E^* gerade die durch die Elemente aus E erzeugten sind. Wir können daraus eine Bedingung für die in Frage kommenden Topologien auf E^* ableiten.

Eine Linearfunktion $l(u)$ auf E^* bildet E^* in den Körper K ab. Um von einer stetigen Linearfunktion reden zu können, muß auf K eine Topologie erklärt sein. Auf einem Körper mit endlich vielen Elementen ist nach § 1, 5.(2) jede separierte Topologie die diskrete. Um eine für beliebige Körper gültige Theorie zu erhalten, werden wir daher in diesem Kapitel stets voraussetzen, *daß* K *diskret ist.*

Soll nun $l(u)$ in $\mathfrak{o}$ stetig sein, so muß es eine Umgebung $U(\mathfrak{o})$ geben, so daß $l(u) = 0$ ist für alle $u \in U(\mathfrak{o})$. Da $l(u)$ linear ist, erfüllt mit U stets auch die lineare Hülle von U diese Bedingung. Die Stetigkeit von $l(u)$ in einem beliebigen Punkt $u_0 \in E^*$ ist dann erfüllt, wenn wir $U(u_0)$ gleich der linearen Mannigfaltigkeit $u_0 + U(\mathfrak{o})$ setzen.

Es wird für unsere Untersuchung also zweckmäßig sein, wenn wir uns auf Topologien beschränken, deren Nullumgebungen eine aus linearen Teilräumen bestehende Umgebungsbasis besitzen und deren Umgebungen $U(u_0)$ durch Parallelverschiebung $u_0 + U(\mathfrak{o})$ aus den Nullumgebungen entstehen. Eine solche Topologie nennen wir mit Lefschetz [1] linear.

2. Lineartopologische Räume. Es sei L ein linearer Raum über K. In K sei eine Topologie $\mathfrak{T}_0$ erklärt. Eine auf L erklärte Topologie $\mathfrak{T}$ heißt mit den linearen Operationen in L verträglich, wenn λx und $x+y$ in beiden Variablen gleichzeitig stetig sind. Für $x+y$ bedeutet das, daß die in $L\times L$ erklärte Funktion $(x, y)\rightarrow x+y$ mit Werten in L stetig ist, wenn in $L\times L$ die Topologie des topologischen Produkts genommen wird. Entsprechend muß $(\lambda, x)\rightarrow\lambda x$ eine stetige Funktion auf dem topologischen Produkt $\mathsf{K}\times L$ mit Werten in L sein. Ist K diskret, so genügt es, die partielle Stetigkeit von λx auf L nachzuweisen.

Ist $\mathfrak{T}$ separiert und mit den linearen Operationen verträglich, so nennt man L einen topologischen linearen Raum bezüglich K. Wir schreiben dafür auch kurz $L[\mathfrak{T}]$. Einen topologischen linearen Raum über einem diskreten Körper und mit einer im Sinne von 1. linearen Topologie nennen wir kurz einen lineartopologischen Raum. Es gilt nun

(1) *Ist* $\{U_\alpha\}$, $\alpha\in\mathsf{A}$, *eine Filterbasis von linearen Teilräumen des linearen Raumes L mit* $\bigcap_\alpha U_\alpha = \mathfrak{o}$ *und führen wir auf L die lineare Topologie* $\mathfrak{T}$ *ein, die durch* $\{U_\alpha\}$ *als Umgebungsbasis von* $\mathfrak{o}$ *erklärt ist, so ist L bezüglich* $\mathfrak{T}$ *ein lineartopologischer Raum.*

Wir beweisen überdies

(2) *Die Topologie* $\mathfrak{T}$ *gehört zu einer separierten uniformen Struktur auf L, L ist also insbesondere regulär.*

Als Basis der uniformen Struktur auf L nehmen wir die Mengen N_α aller $(x, y)\in L\times L$ mit $x-y\in U_\alpha$. Die N_α bilden eine Filterbasis auf $L\times L$, da die U_α eine Filterbasis auf L bilden. Wegen $\bigcap_\alpha U_\alpha = \mathfrak{o}$ ist $\bigcap_\alpha N_\alpha$ die Diagonale, d.h. die Menge aller $(x, x)\in L\times L$. Damit sind (N1) und (N4) aus § 5, 1. und 2. bewiesen. (N2') ist trivial, schließlich gilt (N3), da $N_\alpha^2 = N_\alpha$ für jedes α gilt.

Die so erklärte uniforme Struktur ist also separiert. Die zugehörige Topologie ist $\mathfrak{T}$, die Regularität folgt aus § 5, 2.(3).

Schließlich ergibt sich die Verträglichkeit von $\mathfrak{T}$ mit den linearen Operationen: λx ist in x stetig, da für $x\in U_\alpha$ auch $\lambda x\in U_\alpha$ liegt. Ist $(x, y)\in(x_0+U_\alpha, y_0+U_\alpha)$, so ist $x+y\in x_0+y_0+U_\alpha$, also ist auch $x+y$ in beiden Variablen stetig.

Wir werden die Umgebung x_0+U_α auch mit $U_\alpha(x_0)$ bezeichnen.

(3) *Jede lineare Umgebung U von* $\mathfrak{o}$ *ist offen und abgeschlossen; allgemeiner ist jede Menge* $M+U$, $M\subset L$, *offen und abgeschlossen.*

Jeder lineartopologische Raum ist total unzusammenhängend.

$M+U$ ist offen, da mit x auch $x+U$ in $M+U$ liegt. Aber auch $L\sim(M+U)$ ist offen, da kein Punkt von $y+U$ in $M+U$ liegt, wenn y nicht in $M+U$ liegt.

Enthält die Teilmenge S von L zwei Punkte x, y und ist $U(x)$ eine lineare Umgebung von x, die y nicht enthält, so ist $S \cap U(x)$ eine in S offene und abgeschlossene echte Teilmenge von S. Keine mehrpunktige Teilmenge von L ist daher zusammenhängend, § 1, 6. ergibt die Behauptung.

Unmittelbar klar ist

(4) *Versieht man einen linearen Raum L mit der diskreten Topologie, so ist L ein lineartopologischer Raum.*

(5) *Jeder endlichdimensionale lineartopologische Raum ist diskret.*

Denn aus $\bigcap_\alpha U_\alpha = o$ folgt dann, daß bereits endlichviele lineare U den Durchschnitt o haben, o ist also Umgebung von o.

(6) *L_1 sei ein linearer Teilraum von $L[\mathfrak{T}]$. Dann gilt*

(a) *Die abgeschlossene Hülle $\overline{L}_1$ ist wieder ein linearer Teilraum.*

(b) *L_1 ist in bezug auf die durch $\mathfrak{T}$ induzierte Topologie wieder lineartopologisch.*

Beweis. (a) Sind x_0, y_0 zwei Berührungspunkte von L_1, so gibt es zu jeder linearen Nullumgebung U Elemente $x, y \in L_1$ mit $x \in x_0 + U$, $y \in y_0 + U$, also ist $x\alpha + y\beta \in x_0\alpha + y_0\beta + U$ für beliebige $\alpha, \beta \in K$, d.h. $x_0\alpha + y_0\beta \in \overline{L}_1$.

(b) Durchläuft U_α eine lineare Nullumgebungsbasis von $\mathfrak{T}$, so sind die $L_1 \cap U_\alpha$ lineare Teilräume von L_1 mit dem Durchschnitt o und bilden eine Nullumgebungsbasis der induzierten Topologie.

(7) *Das topologische Produkt $\prod_\beta L_\beta$ lineartopologischer Räume ist wieder ein lineartopologischer Raum.*

Aus § 7, 8. und § 1, 8. folgt dies ohne Schwierigkeiten.

Erklärt man auf der direkten Summe $\bigoplus_\beta L_\beta$ der lineartopologischen Räume L_β mit den Topologien $\mathfrak{T}_\beta$ eine Topologie $\mathfrak{T}$, indem man als Nullumgebungen die direkten Summen $\bigoplus_\beta U_\beta$, U_β lineare Nullumgebung in L_β, nimmt, so erhält man wieder einen lineartopologischen Raum, den wir als die topologische direkte Summe $\bigoplus_\beta L_\beta[\mathfrak{T}_\beta]$ der L_β bezeichnen, also

(8) *Die topologische direkte Summe $L[\mathfrak{T}] = \bigoplus_\beta L_\beta[\mathfrak{T}_\beta]$ lineartopologischer Räume ist wieder ein lineartopologischer Raum.*

Wir bemerken, daß die in L_β durch $\mathfrak{T}$ induzierte Topologie die ursprüngliche Topologie $\mathfrak{T}_\beta$ ist.

Zwei lineartopologische Räume $L_1[\mathfrak{T}_1]$ und $L_2[\mathfrak{T}_2]$ heißen topologisch isomorph, in Zeichen $L_1[\mathfrak{T}_1] \cong L_2[\mathfrak{T}_2]$, wenn es eine eineindeutige lineare Zuordnung von L_1 auf L_2 gibt, die in beiden Richtungen stetig ist.

Für endlich viele L_i sind $\prod_{i=1}^{n} L_i[\mathfrak{T}_i]$ und $\bigoplus_{i=1}^{n} L_i[\mathfrak{T}_i]$ topologisch isomorph (§ 7, 8.).

(9) *Ist eine lineare Abbildung A von $L_1[\mathfrak{T}_1]$ in $L_2[\mathfrak{T}_2]$ in $\circ$ stetig, so ist sie überall und sogar gleichmäßig stetig.*

Es genügt, die gleichmäßige Stetigkeit zu beweisen. Nach (2) besteht eine Nachbarschaft N von L_2 aus allen (y_1, y_2) mit $y_1 - y_2 \in V$, V eine Nullumgebung in L_2. Nach Voraussetzung gibt es eine Nullumgebung $U < L_1$ mit $A(U) < V$, daher ist das Bild der Nachbarschaft aller (x_1, x_2) mit $x_1 - x_2 \in U$ wegen $A x_1 - A x_2 = A(x_1 - x_2)$ in N enthalten.

3. Dualsysteme, schwache Topologie. Von DIEUDONNÉ und MACKEY stammt ein Begriff, der sich für die Untersuchung topologischer linearer Räume als besonders fruchtbar erwiesen hat.

Zwei lineare Räume L_1 und L_2 über K bilden ein Dualsystem oder Linearsystem $\langle L_2, L_1 \rangle$, wenn jedem Paar $(u, x) \in L_2 \times L_1$ ein Element aus K zugeordnet ist, das mit ux oder $\langle u, x \rangle$ bezeichnet wird, so daß folgendes gilt:

(D1) ux ist eine Bilinearform, d.h.

$$u(x_1\alpha_1 + x_2\alpha_2) = (u x_1)\alpha_1 + (u x_2)\alpha_2, \quad (\beta_1 u_1 + \beta_2 u_2)x = \beta_1(u_1 x) + \beta_2(u_2 x),$$

(D2′) Ist für ein $x \in L_1$ $ux = 0$ für alle $u \in L_2$, so ist $x = \circ$,

(D2″) Ist für ein $u \in L_2$ $ux = 0$ für alle $x \in L_1$, so ist $u = \circ$.

Nach (D1) erzeugt jedes $u \in L_2$ eine Linearfunktion aus L_1^*, verschiedene u erzeugen nach (D2″) verschiedene Linearfunktionen, es läßt sich also L_2 als Teilraum von L_1^* und L_1 als Teilraum von L_2^* auffassen; die Bedingungen (D2) besagen überdies, daß L_1 bzw. L_2 „genügend viele" Linearfunktionen aus L_2^* bzw. L_1^* enthalten.

Wir nennen zwei Dualsysteme $\langle L_2, L_1 \rangle$ und $\langle \tilde{L}_2, \tilde{L}_1 \rangle$ isomorph, in Zeichen $\langle L_2, L_1 \rangle \cong \langle \tilde{L}_2, \tilde{L}_1 \rangle$, wenn es lineare eineindeutige Zuordnungen $x \leftrightarrow \tilde{x}$, $u \leftrightarrow \tilde{u}$ von L_1 bzw. L_2 auf $\tilde{L}_1$ bzw. $\tilde{L}_2$ gibt, bei denen stets $ux = \tilde{u}\tilde{x}$ gilt.

Mit dieser Bezeichnung kann das Ergebnis von § 9, 1. so formuliert werden,

(1) *Ein linearer Raum E und sein algebraisch dualer Raum E^* bilden ein Dualsystem $\langle E^*, E \rangle$. Hat E die Dimension d über* K, *so gilt $\langle E^*, E \rangle \cong \langle \omega_d(\mathsf{K}), \varphi_d(\mathsf{K}) \rangle$.*

Wie in § 9, 2. nennen wir die Menge $M^\perp$ aller $u \in L_2$ mit $ux = 0$ für alle $x \in M < L_1$ den Orthogonalraum von M in L_2. $M < L_1$ heißt orthogonalabgeschlossen bezüglich L_2, wenn der zu $M^\perp$ in L_1 gebildete Orthogonalraum $M^{\perp\perp}$ gleich M ist.

Die Sätze § 9, 2. (2), (3), (4) gelten auch jetzt und ergeben wie in § 9, 3.

(2) *Ist* $\langle L_2, L_1\rangle$ *ein Dualsystem, so gilt: Wird jedem orthogonalabgeschlossenen Teilraum von* L_1 *bzw.* L_2 *sein Orthogonalraum zugeordnet, so ist diese Zuordnung eine duale Isomorphie der vollständigen Verbände* $\bar{V}(L_1)$ *und* $\bar{V}(L_2)$.

Haben wir ein Dualsystem $\langle L_2, L_1\rangle$ gegeben, so ist der folgende Ansatz für eine lineare Topologie in L_1 (entsprechend natürlich in L_2) naheliegend: Wir wählen als Umgebungsbasis von $\mathfrak{o}$ alle Mengen $U_{u_1,\ldots,u_n}$, $u_i \in L_2$, die aus sämtlichen $x \in L_1$ bestehen mit

$$(3) \qquad u_i x = 0, \qquad i = 1, \ldots, n.$$

Eine durch diese Umgebungsbasis bestimmte Umgebung heißt eine schwache Umgebung von $\mathfrak{o}$. Die schwachen Umgebungen von $\mathfrak{o}$ in L_1 sind also nichts anderes als die Orthogonalräume $F^{\perp}$ der endlichdimensionalen linearen Teilräume F von L_2 und die sie umfassenden Teilmengen von L_1. Die so durch L_2 auf L_1 erklärte Topologie heißt die lineare schwache Topologie auf L_1 bezüglich L_2 und wird mit $\mathfrak{T}_{ls}(L_2)$ bezeichnet. Ebenso definiert L_1 auf L_2 die schwache Topologie $\mathfrak{T}_{ls}(L_1)$.

(4) *Ist* $\langle L_2, L_1\rangle$ *ein Dualsystem, so ist* $L_1[\mathfrak{T}_{ls}(L_2)]$ *ein lineartopologischer Raum.*

Denn wegen (D2′) ist die Durchschnittsbedingung von 2.(1) erfüllt.

4. Der duale Raum. Auf jedem lineartopologischen Raum $L[\mathfrak{T}]$ kann man die stetigen Linearfunktionen betrachten. Mit u_1 und u_2 sind αu_1, $\alpha \in K$, und $u_1 + u_2$ stetige Linearfunktionen auf $L[\mathfrak{T}]$, sie bilden also einen linearen Raum, den wir als den zu $L[\mathfrak{T}]$ bezüglich $\mathfrak{T}$ konjugierten oder dualen Raum $L[\mathfrak{T}]'$ (einfacher L') bezeichnen. Der algebraisch duale Raum L^* ist nichts anderes als der zu L bezüglich der diskreten Topologie duale Raum. Daher ist stets $L' \subset L^*$.

Wie in § 9, 2. gilt der Erweiterungssatz

(1) *Ist auf einem linearen Teilraum F des lineartopologischen Raumes L eine stetige Linearfunktion* $l(y)$, $y \in F$, *erklärt, so läßt sie sich stetig auf ganz L fortsetzen. Es gibt also ein* $u \in L'$ *mit* $uy = l(y)$ *für* $y \in F$.

(1′) *Ist* x_0 *ein nicht im linearen abgeschlossenen Teilraum F von L liegendes Element von L, so gibt es ein* $u_0 \in L'$ *mit* $u_0 x_0 = 1$ *und* $u_0 y = 0$ *für alle* $y \in F$.

Wir beweisen zuerst (1′). Nach Voraussetzung gibt es eine lineare Nullumgebung U, so daß $(x_0 + U) \cap F$ leer ist. Also ist $F + U$ ein x_0 nicht enthaltender linearer Teilraum. Nach § 9, 2.(1′) gibt es ein $u_0 \in L^*$ mit $u_0 x_0 = 1$ und $u_0 z = 0$ für alle $z \in F + U$. Da u_0 auf ganz U verschwindet, ist u_0 stetig, also in L'.

Es genügt, (1) für eine auf F nicht identisch verschwindende Linearfunktion $l(y)$ zu beweisen. Ist $l(y_0) = 1$, so läßt sich F schreiben als

$F = [y_0] \oplus F_1$, $l(y_0) = 1$, $l(z) = 0$ für alle $z \in F_1$ (man setze $y = \alpha y_0 + (y - \alpha y_0)$ für ein beliebiges $y \in F$ mit $l(y) = \alpha$). Da l auf F stetig ist, gibt es eine Nullumgebung U in L, so daß die in F induzierte Umgebung $(y_0 + U) \cap F$ mit F_1 kein gemeinsames Element hat. Daraus folgt aber, daß y_0 nicht in dem nach 2.(3) abgeschlossenen $F_1 + U$ liegt und man schließt aus (1') auf ein $u_0 \in L'$, das auf $F_1 + U$ verschwindet und den Wert $u_0 y_0 = 1$ hat, also auf F mit $l(y)$ zusammenfällt.

(2) *Jeder lineartopologische Raum L bildet mit seinem dualen Raum L' ein Dualsystem $\langle L', L \rangle$.*

Aus $L' \subset L^*$ folgt sofort, daß die Bedingungen (D1) und (D2'') erfüllt sind. (D2') folgt aus (1), denn ist $x \neq 0$, so gibt es nach 2.(4), (5), (6b) auf dem eindimensionalen Teilraum $[x] \subset L$ eine nichtverschwindende stetige Linearfunktion, die sich nach (1) zu einem $u \in L'$ mit $ux \neq 0$ fortsetzen läßt.

(3) *Ist $\langle L_2, L_1 \rangle$ ein Dualsystem, so ist $L_1' = L_2$, $L_2' = L_1$ im Sinn der linearen schwachen Topologie.*

Beweis. Es genügt, $L_1' = L_2$ zu beweisen.

a) Jedes $u \in L_2$ erzeugt eine schwach stetige Linearfunktion auf L_1, denn für jedes $x \in U_u$ ist $ux = 0$, u ist also in o stetig.

b) Ist umgekehrt u eine schwach stetige Linearfunktion auf L_1, so gibt es eine schwache Nullumgebung $F^\perp = [u_1, \ldots, u_n]^\perp$, die $u_i \in L_2$ linear unabhängig, auf der u verschwindet. Nach § 9, 2.(7a) ist dann u Linearkombination der u_i, also in L_2.

Nach (2) bildet $\langle L', L \rangle$ ein Dualsystem, in L läßt sich also nach 3. die schwache Topologie $\mathfrak{T}_{ls}(L')$ einführen. Über ihr Verhältnis zur Ausgangstopologie $\mathfrak{T}$ ergibt sich

(4) *In einem lineartopologischen Raum $L[\mathfrak{T}]$ ist $\mathfrak{T}$ stets feiner als die lineare schwache Topologie $\mathfrak{T}_{ls}(L')$.*

Zu $u_0 \in L'$ gibt es eine $\mathfrak{T}$-Nullumgebung U mit $u_0 x = 0$ für alle $x \in U$. Jede Hyperebene $u_0 x = 0$ ist also eine $\mathfrak{T}$-Nullumgebung. Jede $\mathfrak{T}_{ls}$-Nullumgebung ist als Durchschnitt endlich vieler solcher Hyperebenen daher eine $\mathfrak{T}$-Nullumgebung.

(4) kann auch so formuliert werden

(5) *$\mathfrak{T}_{ls}(L')$ ist die gröbste lineare Topologie auf L, die L' als dualen Raum ergibt.*

(6) *Ist F ein linearer $\mathfrak{T}$-abgeschlossener Teilraum von $L[\mathfrak{T}]$, so ist F orthogonalabgeschlossen bezüglich L', umgekehrt ist ein bezüglich L' orthogonalabgeschlossener linearer Teilraum F von L sogar $\mathfrak{T}_{ls}(L')$-abgeschlossen; die $\mathfrak{T}$-abgeschlossenen und die $\mathfrak{T}_{ls}(L')$-abgeschlossenen linearen Teilräume von $L[\mathfrak{T}]$ fallen also zusammen.*

Die abgeschlossene Hülle $\overline{F}$ eines beliebigen linearen Teilraumes $F \subset L$ ist gleich $F^{\perp\perp}$.

Beweis. (1') besagt, daß ein $\mathfrak{T}$-abgeschlossener Teilraum orthogonalabgeschlossen ist. Sei umgekehrt $F^{\perp\perp}=F$ und x_0 schwacher Berührungspunkt von F. Ist u_0 irgend ein Element aus $F^{\perp}$, so liegt in der schwachen Umgebung $U_{u_0}(x_0)$ wenigstens ein $y \in F$, es ist also $u_0 x_0 = u_0(x_0 - y) = 0$. Da dies für jedes $u_0 \in F^{\perp}$ gilt, liegt x_0 in $F^{\perp\perp}=F$. Die letzte Behauptung folgt dann aus 2.(6a).

(7) *Ist F ein linearer abgeschlossener Teilraum des lineartopologischen Raumes L, so ist jeder lineare Teilraum G, in dem F endlichen Defekt hat, ebenfalls abgeschlossen.*

Nach (6) genügt es zu zeigen, daß $G = F \oplus [x_0]$ orthogonalabgeschlossen ist. Nach (1') gibt es ein $u_0 \in F^{\perp}$ mit $u_0 x_0 = 1$. Ist u beliebig in $F^{\perp}$, so ist also $v = u - (u x_0) u_0$ in $G^{\perp}$. Für ein $z \in G^{\perp\perp}$ muß jetzt $vz = uz - (u x_0)(u_0 z) = 0$ sein, es ist daher $u\big(z - x_0(u_0 z)\big) = 0$ für alle $u \in F^{\perp}$, d.h. $z - (u_0 z)\, x_0$ liegt in F, $z \in G$, $G^{\perp\perp} = G$.

(8) *Die lineare schwache Topologie eines lineartopologischen Raumes $L[\mathfrak{T}]$ hat als Nullumgebungsbasis die Menge der $\mathfrak{T}$-abgeschlossenen linearen Teilräume endlichen Defekts.*

Ist F ein n-dimensionaler linearer Teilraum von L', so ist $F^{\perp}$ nach § 9, 2.(7a) vom Defekt n in L. Umgekehrt ist ein $\mathfrak{T}$-abgeschlossener linearer Teilraum H vom Defekt n nach § 7, 7.(7) Durchschnitt von n Hyperebenen H_i, die nach (7) $\mathfrak{T}$-abgeschlossen sind. H_i ist nach 4.(1') Orthogonalraum eines eindimensionalen Teilraums $[u_i] \subset L'$, also ist $H = [u_1, \ldots, u_n]^{\perp}$.

Ein anderer Beweis von (8) wird in 9.(5) gegeben werden.

5. Das Dualsystem $\langle E^*, E\rangle$. Wir untersuchen, ob wir mit den bisherigen Resultaten unser in 1. formuliertes Problem beantworten können.

Wir führen in E und E^* die linearen schwachen Topologien $\mathfrak{T}_{ls}(E^*)$ bzw. $\mathfrak{T}_{ls}(E)$ ein. Nach 4.(3) ist dann $E^* = E'$ und $E = (E^*)'$, also sind tatsächlich die in E liegenden Linearfunktionen auf E^* als die schwach stetigen charakterisiert, während umgekehrt alle Linearfunktionen auf E schwach stetig sind.

Nach 4.(6) sind die orthogonalabgeschlossenen Teilräume von E^* gerade die schwach abgeschlossenen, andererseits sind nach 4.(6) und § 9, 2.(5) alle linearen Teilräume von E schwach abgeschlossen.

Ferner gilt

(1) *Ist $A \in \mathfrak{S}(E, F)$, so ist die adjungierte Abbildung A' eine schwach stetige Abbildung von F^* in E^*, umgekehrt ist jede schwach stetige lineare Abbildung von F^* in E^* die Adjungierte eines $A \in \mathfrak{S}(E, F)$.*

a) Es genügt die Stetigkeit in o zu betrachten. Sei $A \in \mathfrak{S}(E, F)$. Geben wir $U_{x_1,\ldots,x_n}(o)$ in E^* vor, so ist wegen $(A'v)\,x_i = v(A\,x_i)$ das Bild $A'v$ eines v aus der Umgebung $U_{A\,x_1,\ldots,A\,x_n}(o)$ in F^* in $U_{x_1,\ldots,x_n}(o)$ enthalten, A' ist also schwach stetig.

b) Sei umgekehrt B eine lineare schwach stetige Abbildung von F^* in E^*. Dann ist $(Bv)\,x_0$ für jedes $x_0 \in E$ eine schwach stetige Linearfunktion auf F^*. Wegen $(F^*)' = F$ gibt es ein eindeutig bestimmtes $y_0 \in F$ mit $(Bv)\,x_0 = v\,y_0$. Wir setzen $y_0 = A\,x_0$. Die so erklärte Abbildung ist offenbar linear, also $A \in \mathfrak{S}(E, F)$. Aus $(Bv)\,x = v(Ax)$ folgt schließlich $B = A'$.

(2) *Jedes $A \in \mathfrak{S}(E, F)$ ist eine schwach stetige Abbildung.*

Denn ist die Umgebung $U_{v_1,\ldots,v_n}(o)$, $v_i \in F^*$, in F vorgegeben, so liegt Ax in dieser Umgebung, wenn $x \in U_{A'v_1,\ldots,A'v_n}(o)$.

(1) und (2) besagen für den Fall $E = F$ nach § 9, 4.(6)

(3) *Die Algebren $\mathfrak{L}(E)$ und $\mathfrak{L}(E^*)$ der schwach stetigen Endomorphismen von E bzw. E^* sind invers isomorph.*

Die schwache Topologie erfüllt also alle unsere in 1. gestellten Forderungen. Daß sie trotzdem noch nicht in jeder Beziehung befriedigend ist, zeigt der nächste Abschnitt.

6. Schwache Konvergenz und schwache Vollständigkeit. Ist E unendlichdimensional, so ist jede schwache Umgebung von o ein linearer Teilraum von endlichem Defekt in E. Die Topologie $\mathfrak{T}_{ls}(E^*)$ in E ist also von der diskreten Topologie verschieden. Dennoch ergeben beide Topologien denselben Konvergenzbegriff für Folgen wie wir jetzt zeigen.

Eine Folge $x_n \subset E$ heißt f a s t k o n s t a n t, wenn von einem gewissen n_0 an alle Glieder der Folge übereinstimmen. Eine Cauchyfolge bezüglich der diskreten Topologie ist offenbar eine fastkonstante Folge und umgekehrt. Andererseits gilt aber auch

(1) *Jede schwache Cauchyfolge in E ist fastkonstant.*

Auf jedem endlichdimensionalen Teilraum von E induziert $\mathfrak{T}_{ls}$ die diskrete Topologie. Es genügt also zu zeigen, daß eine schwache Cauchyfolge in E stets in einem endlichdimensionalen Teilraum von E liegt. Wäre dies nicht der Fall, so gäbe es eine Teilfolge x_{n_j} aus linear unabhängigen Gliedern und es ließe sich dann eine Linearfunktion u_0 auf E erklären mit $u_0\,x_{n_j} \neq u_0\,x_{n_{j-1}}$, da K wenigstens zwei Elemente enthält. Dann gäbe es aber kein n_0, von dem ab $x_{n_j} - x_{n_{j'}}$ in $U_{u_0}(o)$ liegt.

Eine unmittelbare Folgerung ist

(2) *E ist schwach folgenvollständig.*

Zur Bestimmung der schwachen Konvergenz in E^* leiten wir ab

(3) *Hat E die Dimension d über* K, *so ist* E^* *bezüglich* $\mathfrak{T}_{ls}(E)$ *topologisch isomorph dem topologischen Produkt* K^d, K *diskret.*

Denn hat E die Basis $\{x_\nu\}$, $\nu \in \mathsf{N}$, und ist $\{u_\nu\}$ das dazu konjugierte System, so ist E^* nach § 9, 1. als linearer Raum isomorph $\prod_\nu [u_\nu]$, $[u_\nu]$ der zu K isomorphe eindimensionale Teilraum von E^* mit dem Basiselement u_ν. Durch $\mathfrak{T}_{ls}$ wird in $[u_\nu]$ die diskrete Topologie induziert. Die $U_{x_{\nu_1},\ldots,x_{\nu_n}}(o)$ bilden in E^* eine Nullumgebungsbasis. Aus § 1, 8. folgt die Behauptung.

Daraus ergibt sich sofort

(4) *Ist* $\{x_\nu\}$, $\nu \in \mathsf{N}$, *eine Basis von E, so ist eine Folge* $u_n \in E^*$ *dann und nur dann eine schwache Cauchyfolge, wenn jede Folge* $u_n x_\nu$, $n = 1, 2, \ldots$, *fastkonstant ist.*

Speziell gilt in $\omega_d(\mathsf{K})$: *Eine Folge* $\mathfrak{u}^{(n)} = \{v_\nu^{(n)}\}$ *ist dann und nur dann eine schwache Cauchyfolge, wenn jede Folge* $v_\nu^{(n)}$, $n = 1, 2, \ldots$, *in* K *fastkonstant ist.*

Wieder folgt, daß E^* schwach folgenvollständig ist. Es gilt jedoch noch mehr:

(5) E^* *ist schwach vollständig.*

Denn nach (3) ist E^* topologisch isomorph $\prod_\nu [u_\nu]$. Jedes $[u_\nu]$ ist ein diskreter topologischer Raum, also nach § 5, 4.(3) vollständig. Nach § 5, 7.(2) ist dann aber auch $\prod_\nu [u_\nu]$, also E^* vollständig.

Dagegen gilt

(6) *Ist E unendlichdimensional, so ist E nicht schwach vollständig. Fassen wir E als Teilraum von* E^{**} *auf, so ist die schwach abgeschlossene Hülle von E gleich* E^{**}.

E^{**} ist dabei als lineartopologischer Raum bezüglich $\mathfrak{T}_{ls}(E^*)$ anzusehen. Nach § 9, 5.(2) ist E echter Teilraum von E^{**}.

Ist nun $z \in E^{**}$ gegeben und $U_{u_1,\ldots,u_n}(z)$ eine beliebige Umgebung von z, so gibt es nach dem Erweiterungssatz eine schwach stetige Linearfunktion $l(u)$ auf E^* mit $l(u_i) = u_i z$ für $i = 1, \ldots, n$. Aus $(E^*)' = E$ folgt, daß $l(u) = u x$ für ein geeignetes $x \in E$ ist; wegen $u_i(x - z) = 0$ für $i = 1, \ldots, n$ liegt also in jeder schwachen Umgebung von z ein Element x aus E, z gehört zur abgeschlossenen Hülle von E in E^{**}.

Die lineare schwache Topologie ist also nicht in jeder Weise befriedigend, E und E^* sind nicht beide schwach vollständig. Es liegt nahe zu versuchen, $\mathfrak{T}_{ls}$ durch eine feinere lineare Topologie zu ersetzen, die auf E mit der diskreten Topologie zusammenfällt, aber in den Resultaten für E^* nichts ändert. Die Lösung dieser Frage wird sich im Laufe der weiteren Untersuchung der lineartopologischen Räume ergeben, der wir uns jetzt wieder zuwenden.

7. Quotientenraum und topologischer Komplementärraum. Es sei $L[\mathfrak{T}]$ ein lineartopologischer Raum, $\mathfrak{T}$ sei durch die linearen Nullumgebungen U erklärt. L_1 sei ein linearer Teilraum von L. Nach 2.(6) ist er wieder lineartopologisch.

Auf dem Quotientenraum L/L_1 läßt sich in natürlicher Weise eine Topologie einführen, indem man als offene Mengen in L/L_1 die Bilder $\hat{O}$ der offenen Mengen O in L bei der kanonischen Abbildung K von L auf L/L_1 erklärt (vgl. § 8, 2.). Ist O offen in L, so auch $O+L_1$, also ist $K^{(-1)}\hat{O}$ ebenfalls offen. Daraus folgt leicht, daß (O1) und (O2) aus § 1, 1. erfüllt sind; so ist z. B. $\bigcap\limits_{i=1}^{n} \hat{O}_i$ wieder offen, da $\bigcap \hat{O}_i = \bigcap K(K^{(-1)}\hat{O}_i) = K(\bigcap K^{(-1)}\hat{O}_i)$ ist.

Die so auf L/L_1 erklärte Topologie heißt die durch $\mathfrak{T}$ induzierte Topologie und wird wieder mit $\mathfrak{T}$ bezeichnet.

Diese Topologie kann nur dann separiert sein, wenn L_1 in L abgeschlossen ist, denn ist x_0 ein nicht in L_1 gelegener Häufungspunkt von L_1, so gehört $\hat{x}_0 \neq \hat{o}$ sämtlichen Umgebungen von $\hat{o}$ in L/L_1 an. Es gilt andererseits

(1) *Ist L_1 ein linearer abgeschlossener Teilraum von $L[\mathfrak{T}]$, so ist L/L_1 bezüglich der induzierten Topologie $\mathfrak{T}$ ein lineartopologischer Raum.*

Beweis. Die induzierte Topologie ist linear, da die Bilder $\hat{U}_\alpha$ der U_α lineare Teilräume von L/L_1 sind und eine Umgebungsbasis von $\hat{o}$ bilden.

L/L_1 ist ferner separiert, wenn es zu jedem $\hat{x}_0 \neq \hat{o}$ eine $\hat{x}_0$ nicht enthaltende Umgebung von $\hat{o}$ gibt. Denn ist $\hat{U}_\alpha$ eine in dieser Umgebung enthaltene lineare Umgebung, so sind $\hat{x}_0 + \hat{U}_\alpha$ und die Nullumgebung $\hat{U}_\alpha$ disjunkt. Die Menge aller $\hat{x} \neq \hat{x}_0$ ist aber als K-Bild des Komplements der abgeschlossenen Menge $x_0 + L_1$ offen und enthält $\hat{o}$.

(2) *Ist L_1 ein zugleich offener und abgeschlossener Teilraum von L, so ist L/L_1 diskret.*

Denn $\hat{L}_1 = \hat{o}$ ist dann eine Umgebung von $\hat{o}$.

Eine lineare stetige Abbildung A eines lineartopologischen Raumes L_1 in einen ebensolchen Raum L_2 heißt ein topologischer Homomorphismus, wenn sie offen ist, wenn also jede offene Menge in L_1 in eine offene Menge in $A(L_1)$ abgebildet wird. Ist A außerdem eineindeutig, so heißt A ein topologischer Monomorphismus von L_1 in L_2. A ist dann eine Homöomorphie von L_1 und $A(L_1)$ (vgl. § 1, 7.). Ist überdies $A(L_1) = L_2$, so heißt A ein topologischer Isomorphismus von L_1 und L_2.

Unmittelbar aus der Definition der induzierten Topologie ergibt sich

(3) *Die kanonische Abbildung K von L auf L/L_1, L_1 abgeschlossen, ist ein topologischer Homomorphismus.*

(4) *Eine lineare stetige Abbildung A von L_1 in L_2 besitzt stets einen abgeschlossenen Nullraum $N[A]$ und ist das Produkt des kanonischen Homomorphismus K von L_1 auf $L_1/N[A]$, einer eineindeutigen linearen stetigen Abbildung $\check{A}$ von $L_1/N[A]$ auf $A(L_1)$ und der Einbettung J von $A(L_1)$ in L_2.*

Beweis. Der Nullraum $N[A]$ ist als Urbild der abgeschlossenen Menge $\{o\} \subset L_2$ abgeschlossen. Nach (3) ist K also ein topologischer Homomorphismus. Das Urbild $A^{(-1)}(O)$ einer offenen Menge $O \subset A(L_1)$ ist offen, also auch $KA^{(-1)}(O) = \check{A}^{(-1)}(O)$; $\check{A}$ ist daher stetig und offenbar eineindeutig.

Es gilt ferner das Analogon zu § 8, 2.(1)

(5) *Jeder topologische Homomorphismus A von L_1 in L_2 ist das Produkt des kanonischen Homomorphismus K von L_1 auf $L_1/N[A]$ und eines topologischen Monomorphismus $\hat{A}$ von $L_1/N[A]$ in L_2. Der topologische Monomorphismus $\hat{A}$ von $L_1/N[A]$ in L_2 ist das Produkt eines topologischen Isomorphismus $\check{A}$ von $L_1/N[A]$ auf $A(L_1)$ und der Einbettung J von $A(L_1)$ in L_2, die ein topologischer Monomorphismus ist.*

Umgekehrt ist die lineare stetige Abbildung A ein topologischer Homomorphismus, wenn $\check{A}$ ein topologischer Isomorphismus ist.

Der einfache Beweis aus (4) kann übergangen werden.

$F \subset G$ seien zwei lineare abgeschlossene Teilräume von $L[\mathfrak{T}]$, K_1 der kanonische Homomorphismus von L auf L/F. Das Bild $K_1(G)$ ist G/F. Wendet man jetzt auf L/F den kanonischen Homomorphismus K_2 von L/F auf $(L/F)/(G/F)$ an, so ist $K_2 K_1$ ein topologischer Homomorphismus von L auf $(L/F)/(G/F)$ mit $N[K_2 K_1] = G$, also gilt nach (5) die $\mathfrak{T}$-Isomorphie $(L/F)/(G/F) \cong L/G$ (vgl. § 7, 6.(7)). Der andere der beiden Isomorphiesätze, $F/F \cap G \cong (F+G)/G$ ist auch für lineare abgeschlossene Teilräume F, G von $L[\mathfrak{T}]$ nicht mehr allgemein richtig im topologischen Sinn (vgl. § 13, 6.).

Zwei komplementäre abgeschlossene lineare Teilräume L_1 und L_2 von L heißen $\mathfrak{T}$-komplementär, wenn $L[\mathfrak{T}]$ die topologische direkte Summe (das topologische Produkt) von $L_1[\mathfrak{T}]$ und $L_2[\mathfrak{T}]$ ist im Sinn von Nr. 2.

(6) *Ein abgeschlossener linearer Teilraum L_1 von $L[\mathfrak{T}]$ besitzt dann und nur dann einen $\mathfrak{T}$-Komplementärraum L_2, wenn es eine stetige Projektion P_1 von L auf L_1 gibt. P_1 ist dann ein topologischer Homomorphismus, $L_2 = N[P_1]$ und L/L_2 ist topologisch isomorph L_1.*

Beweis. a) Ist $L[\mathfrak{T}] = L_1[\mathfrak{T}] \times L_2[\mathfrak{T}]$, so ist die Projektion P_1 von L auf L_1 stetig nach § 1, Nr. 8.

b) Ist andererseits P_1 stetig und ist $N[P_1] = L_2$, so ist L_2 abgeschlossen und nach § 8, 3. algebraisch komplementär zu L_1, die Projektion $I - P_1 = P_2$ von L auf L_2 ist ebenfalls stetig. Jedem $x = x_1 + x_2$, $x_1 \in L_1$, $x_2 \in L_2$, entspricht linear und eineindeutig das Element $\tilde{x} = (x_1, x_2) \in L_1[\mathfrak{T}] \times L_2[\mathfrak{T}] = \tilde{L}$. Die Abbildung $\tilde{x} \to x$ von $\tilde{L}$ auf L ist stetig, da für eine in L vorgegebene Nullumgebung U nur $\tilde{x} \in (U \cap L_1) \oplus (U \cap L_2)$ genommen zu werden braucht. Umgekehrt ist die Abbildung $Q_1 x = (x_1, 0)$ als Produkt der stetigen Projektion $P_1 x = x_1$ und der stetigen Abbildung $x_1 \to (x_1, 0)$ stetig, also die Abbildung $(Q_1 + Q_2)\, x = \tilde{x}$ ebenfalls.

c) Die Projektion von $L_1 \times L_2$ auf L_1 ist ein Homomorphismus, da sie nach § 1, 8. offen ist. (5) ergibt die letzte Behauptung.

(7) *Jeder algebraische Komplementärraum einer linearen Nullumgebung U eines lineartopologischen Raumes $L[\mathfrak{T}]$ ist ein diskreter $\mathfrak{T}$-Komplementärraum von U.*

Ist H ein algebraischer Komplementärraum zu U, so ist $H \cap U = 0$ eine offene Menge in H, H ist also diskret. Die Projektion von L auf H ist stetig, da jede Teilmenge M von H das nach 2.(3) offene Urbild $M + U$ besitzt. (6) ergibt die Behauptung.

(8) *Jeder endlichdimensionale lineare Teilraum G eines lineartopologischen Raumes $L[\mathfrak{T}]$ besitzt einen $\mathfrak{T}$-Komplementärraum.*

G ist nach 2.(5) diskret. Ist $x_1, \ldots, x_n$ eine Basis von G, so gibt es also nach 4.(1) Elemente $u_1, \ldots, u_n \in L'$ mit $u_i x_i = 1$, $u_i x_k = 0$ für $i \neq k$. Es sei F der von den u_i aufgespannte n-dimensionale lineare Teilraum von L'. Dann ist $F^\perp$ eine $\mathfrak{T}$-Nullumgebung und es ist $L = F^\perp \oplus G$ nach § 9, 2.(7a). Nach (7) sind $F^\perp$ und G sogar $\mathfrak{T}$-komplementär.

(9) *Jeder lineartopologische Raum $L[\mathfrak{T}]$ ist topologisch isomorph einem linearen Teilraum H eines topologischen Produktes diskreter Räume.*

Es sei $\{U_\alpha\}$ eine Nullumgebungssubbasis von $\mathfrak{T}$ aus linearen Teilräumen. U_α ist nach 2.(3) offen und abgeschlossen, nach (2) ist also $L/U_\alpha = L_\alpha$ diskret. Wir bezeichnen die Restklasse von x nach U_α mit $\hat{x}_\alpha$. Sei $\widehat{L}$ das topologische Produkt $\prod_\alpha L_\alpha$. Ordnen wir jedem $x \in L$ das Element $\hat{x} = (\hat{x}_\alpha) \in \widehat{L}$ zu, so wird L eineindeutig und linear auf einen linearen Teilraum H von $\widehat{L}$ abgebildet. Diese Abbildung ist eine topologische Isomorphie, denn bezeichnet $\widehat{U}_\beta$ die Menge aller $y = (y_\alpha)$ aus $\widehat{L}$ mit $y_\beta = 0$, so wird die Nullumgebung U_α von L auf die Nullumgebung $\widehat{U}_\alpha \cap H$ von H abgebildet und die $\widehat{U}_\alpha$ bilden ebenfalls eine Subbasis der Nullumgebungen der Topologie von $\prod_\alpha L_\alpha$.

8. Duale Räume von Teilräumen und Quotientenräumen. Ist H ein linearer Teilraum von $L[\mathfrak{T}]$, so erzeugt jedes $u \in L'$ auf H eine in der induzierten Topologie stetige Linearfunktion $u^{(0)}$, umgekehrt läßt sich nach dem Erweiterungssatz jede auf H stetige Linearfunktion $u^{(0)}$ zu einer auf ganz L erklärten stetigen Linearfunktion erweitern. Die lineare Abbildung $u \to u^{(0)}$ heißt der natürliche Homomorphismus von L' auf H'. Der Kern dieser Abbildung ist $H^\perp$, daraus folgt

(1) *Der natürliche Homomorphismus von L' auf H' erzeugt eine algebraische Isomorphie $L'/H^\perp \cong H'$.*

Es ist also $u^{(0)} y = \hat{u} y$ für alle $y \in H$ für einander zugeordnete $u^{(0)} \in H'$ und $\hat{u} \in L'/H^\perp$, d.h.

(2) *Auf H fallen die induzierte Topologie $\mathfrak{T}_{ls}(L')$ und die Topologie $\mathfrak{T}_{ls}(H')$ zusammen.*

Die naheliegende Frage, ob der natürliche Homomorphismus topologisch ist, beantwortet für die lineare schwache Topologie

(3) *Der natürliche Homomorphismus von L' auf H' ist für abgeschlossene $H \subset L$ ein topologischer Homomorphismus bezüglich $\mathfrak{T}_{ls}(L)$ bzw. $\mathfrak{T}_{ls}(H)$, also ist die Isomorphie $L'/H^\perp \cong H'$ ebenfalls topologisch in diesem Sinn.*

Es genügt nach 7.(5) zu zeigen, daß die nach (1) bestehende Isomorphie $L'/H^\perp \cong H'$ topologisch ist, wenn in H' die Topologie $\mathfrak{T}_{ls}(H)$ und in $L'/H^\perp$ die durch den kanonischen Homomorphismus K übertragene Topologie $\mathfrak{T}_{ls}(L)$ genommen wird. Durch K geht die $\mathfrak{T}_{ls}(L)$-Umgebung $F^\perp$ von L', F endlichdimensional in L, über in $\widehat{F^\perp}$. Die durch den Isomorphismus (1) von H' auf $L'/H^\perp$ übertragene Topologie $\mathfrak{T}_{ls}(H)$ hat die Nullumgebungen $\widehat{G^\perp}$, G ein endlichdimensionaler linearer Teilraum von H. Bei K hat nun $F^\perp$ dasselbe Bild wie $V = F^\perp + H^\perp$. Da $F^\perp$ eine Nullumgebung ist, ist V nach 2.(3) abgeschlossen, also orthogonalabgeschlossen. V hat also wegen $V^\perp = F^{\perp\perp} \cap H^{\perp\perp} = F \cap H$ die Form $G^\perp$. Damit ist gezeigt, daß das Bild jeder $\mathfrak{T}_{ls}(L)$-Umgebung $F^\perp$ eine $\mathfrak{T}_{ls}(H)$-Umgebung $\widehat{G^\perp}$ ist; auf $L'/H^\perp$ stimmen also die Topologien $\mathfrak{T}_{ls}(L)$ und die durch (1) übertragene Topologie $\mathfrak{T}_{ls}(H)$ überein.

Wendet man (3) auf $H^\perp \subset L'$ an Stelle von H an und beachtet man $H^{\perp\perp} = H$, so erhält man

(3a) *Ist H ein linearer abgeschlossener Teilraum von L, so ist $L/H \cong (H^\perp)'$ im Sinn der Topologien $\mathfrak{T}_{ls}(L')$ bzw. $\mathfrak{T}_{ls}(H^\perp)$.*

Für den zu L/H bezüglich der induzierten Topologie dualen Raum $(L/H)'$ gilt

(4) *Ist H ein linearer abgeschlossener Teilraum von $L[\mathfrak{T}]$, so ist $(L/H)'$ algebraisch isomorph $H^\perp$.*

Beweis. Ist $u \in H^{\perp}$, so wird durch $u'\hat{x} = u\,x$ eindeutig eine Linearfunktion u' auf L/H erklärt. Es ist $u\,x = 0$ für eine lineare Nullumgebung U, also ist $u'\hat{x} = 0$ auf $\hat{U} = KU$, K der kanonische Homomorphismus von L auf L/H. Daher ist u' stetig auf L/H.

Ist $u'\hat{x}$ umgekehrt stetig auf L/H, so wird durch $u\,x = u'\hat{x}$ eine Linearfunktion auf L erklärt. Verschwindet u' auf $\hat{U}$, so u auf $U = K^{(-1)}\hat{U} > H$, u ist also stetig und liegt in $H^{\perp}$.

(5) *Die Isomorphie $(L/H)' \cong H^{\perp}$ ist topologisch im Sinn der Topologien $\mathfrak{T}_{ls}(L/H)$ auf $(L/H)'$ und $\mathfrak{T}_{ls}(L)$ auf $H^{\perp}$.*

Denn aus $u'\hat{x} = u\,x$ für $u \in H^{\perp}$, $u' \in (L/H)'$, $x \in L$, $\hat{x} \in L/H$, folgt, daß der $\mathfrak{T}_{ls}(L)$-Umgebung $U_{x_1,\ldots,x_n}$ in $H^{\perp}$ die $\mathfrak{T}_{ls}(L/H)$-Umgebung $U_{\hat{x}_1,\ldots,\hat{x}_n}$ in $(L/H)'$ zugeordnet ist und umgekehrt.

(6) *Ist $L[\mathfrak{T}]$ die topologische direkte Summe $L_1 \oplus L_2$ zweier abgeschlossener Teilräume, so sind $L_1^{\perp}$ und $L_2^{\perp}$ in L' $\mathfrak{T}_{ls}(L)$-komplementär zueinander und es ist $L_1^{\perp} \cong L_2'$, $L_2^{\perp} \cong L_1'$ im Sinn der linearen schwachen Topologie.*

Jedes $x \in L$ besitzt eine Zerlegung $x = x_1 + x_2$, $x_1 \in L_1$, $x_2 \in L_2$. Ist $u \in L'$, so wird durch $u_1 x = u\,x_1$ auf L eine Linearfunktion erklärt. Sie ist $\mathfrak{T}$-stetig, denn ist $u\,x = 0$ für alle $x \in U_1 \oplus U_2$, U_1, U_2 lineare Nullumgebungen in L_1 bzw. L_2, so ist auch $u_1 x = u\,x_1 = 0$ für alle diese x. Jedes u_1 liegt in $L_2^{\perp}$, umgekehrt gilt für ein $v \in L_2^{\perp}$ offenbar $v = v_1$. Für die lineare Abbildung $Pu = u_1$ gilt also $P^2 = P$, sie ist eine Projektion von L' auf $L_2^{\perp}$ und es ist $(I - P)L' = L_1^{\perp}$. P ist $\mathfrak{T}_{ls}(L)$-stetig, denn sind $x^{(1)}, \ldots, x^{(n)}$ aus L gegeben, $x^{(i)} = x_1^{(i)} + x_2^{(i)}$, $x_1^{(i)} \in L_1$, $x_2^{(i)} \in L_2$, so folgt aus $u\,x_1^{(i)} = 0$ offenbar $u_1 x^{(i)} = 0$ für $i = 1, \ldots, n$. Nach 7.(6) ist die Zerlegung $L' = L_1^{\perp} \oplus L_2^{\perp}$ also $\mathfrak{T}_{ls}(L)$-topologisch. Aus der im Sinn der induzierten Topologie $\mathfrak{T}$ wieder nach 7.(6) geltenden Isomorphie $L/L_1 \cong L_2$ folgt die algebraische Isomorphie $L_2' \cong (L/L_1)'$, die auch im Sinn von $\mathfrak{T}_{ls}(L_2)$ bzw. $\mathfrak{T}_{ls}(L/L_1)$ gilt, also nach (5) die Isomorphie $L_2' \cong L_1^{\perp}$ im Sinn der Topologien $\mathfrak{T}_{ls}(L_2)$ bzw. $\mathfrak{T}_{ls}(L)$.

Das folgende Beispiel zeigt die Schwierigkeiten, die mit dem Begriff des Komplementärraumes verbunden sind.

L_1 sei der Raum $\varphi \oplus \varphi$, der aus allen Paaren $(\mathfrak{x}, \mathfrak{y})$ finiter Vektoren über K besteht. L_2 sei der Raum aller Vektoren $(\mathfrak{u}, \mathfrak{v}) = (\mathfrak{x}, \mathfrak{y}) + \alpha(\mathfrak{e}, \mathfrak{e})$, $(\mathfrak{x}, \mathfrak{y}) \in L_1$, $\mathfrak{e} = \{1, 1, \ldots\}$, $\alpha \in$ K. $\langle L_2, L_1 \rangle$ ist ein Dualsystem bezüglich der Bilinearform $\langle(\mathfrak{u}, \mathfrak{v}), (\mathfrak{x}, \mathfrak{y})\rangle = \mathfrak{u}\mathfrak{x} + \mathfrak{v}\mathfrak{y}$, wobei rechts das skalare Produkt der Vektoren zu nehmen ist. $H_1 < L_1$ sei der Teilraum aller $(\mathfrak{x}, \mathfrak{o})$, H_2 entsprechend der aller $(\mathfrak{o}, \mathfrak{y})$. Es ist

$$L_1 = H_1 \oplus H_2 \tag{7}$$

eine algebraisch komplementäre Zerlegung von L_1 in zwei $\mathfrak{T}_{ls}(L_2)$-abgeschlossene Teilräume. Die Orthogonalräume zu H_1 bzw. H_2 in L_2 sind H_2 bzw. H_1, es ist also $H_1^{\perp} \oplus H_2^{\perp} = L_1$ ein echter Teilraum von L_2. Nach (6) ist die algebraisch komplementäre Zerlegung (7) also nicht $\mathfrak{T}_{ls}(L_2)$-komplementär, ferner ist in L_2 die zu (7) in $\bar{V}(L_2)$ duale verbandstheoretische komplementäre Zerlegung $L_2 = H_1^\perp \vee H_2^\perp$ keine algebraisch komplementäre Zerlegung.

9. Linear kompakte Räume. Ein lineartopologischer Raum L heißt nach LEFSCHETZ linear kompakt, wenn jeder Filter $\mathfrak{F}$ mit einer Basis $\{F_\alpha\}$ von linearen Teilmannigfaltigkeiten F_α von L einen Berührungspunkt in L besitzt.

Jeder kompakte lineartopologische Raum ist offenbar linear kompakt, der Begriff „linear kompakt" ist also eine Abschwächung des Begriffes „kompakt". Es lassen sich jedoch die wichtigsten Eigenschaften der kompakten Mengen auf die linear kompakten Teilräume übertragen.

(1) *Ein linearer abgeschlossener Teilraum F eines linear kompakten Raumes ist wieder linear kompakt.*

Der Beweis von § 3, 2.(5) überträgt sich und ergibt

(2) *Ist A eine lineare stetige Abbildung eines linear kompakten Raumes L_1 in einen lineartopologischen Raum L_2, so ist $A(L_1)$ linear kompakt.*

Aus (1), (2) und 7.(3) folgt

(3) *Ist L_1 ein linearer abgeschlossener Teilraum des linear kompakten Raumes L, so ist L/L_1 linear kompakt.*

Ferner gilt

(4) *Ein linear kompakter diskreter Raum L ist endlichdimensional.*

Beweis. Es sei L unendlichdimensional, $\{x_\nu\}$, $\nu \in \mathsf{N}$, eine Basis von L. Ist L_ν der von den $x_{\nu'}$, $\nu' \neq \nu$, aufgespannte lineare Teilraum, so ist L_ν abgeschlossen, da L diskret ist; die $x_\nu + L_\nu$, $\nu \in \mathsf{N}$, und ihre endlichen Durchschnitte bilden eine Filterbasis linearer Mannigfaltigkeiten in L. Ein Berührungspunkt dieses Filters müßte aber gleich $\sum_\nu x_\nu$ sein, was nicht möglich ist, da es unendlich viele x_ν gibt.

(5) *Ein zugleich offener und abgeschlossener linearer Teilraum U eines linear kompakten Raumes L hat stets endlichen Defekt. Umgekehrt ist jeder abgeschlossene lineare Teilraum endlichen Defekts eines lineartopologischen Raumes auch offen.*

Ist U offen und abgeschlossen, so ist $U = \hat{o}$ in L/U offen, also L/U diskret und nach (3) linear kompakt, nach (4) also endlichdimensional. Ist umgekehrt U abgeschlossen und L/U endlichdimensional, so ist L/U diskret nach 2.(5), also U als Urbild von $\hat{o}$ bei der kanonischen Abbildung offen.

(6) *Ein linear kompakter Raum L ist vollständig. Ein linear kompakter Teilraum eines lineartopologischen Raumes ist daher stets abgeschlossen.*

Beweis. Ist $\mathfrak{F} = \{F^\beta\}$ ein Cauchyfilter auf L, so gibt es zu jedem U_α ein $F^{\beta(\alpha)}$ mit $x - y \in U_\alpha$ für alle $x, y \in F^{\beta(\alpha)}$, also ist $F^{\beta(\alpha)} + U_\alpha$ eine lineare Mannigfaltigkeit $x_\alpha + U_\alpha$. Alle diese linearen Mannigfaltigkeiten sind nach 2.(3) abgeschlossen und bilden die Basis eines Filters auf L. Er besitzt nach Voraussetzung einen Berührungspunkt x_0 in L, es ist also $x_0 \in F^{\beta(\alpha)} + U_\alpha$ für jedes α, daher $x_0 + U_\alpha = F^{\beta(\alpha)} + U_\alpha \supset F^{\beta(\alpha)}$. x_0 ist daher Berührungspunkt von $\mathfrak{F}$.

Es gilt das Analogon zum Satz von TYCHONOFF

(7) *Das topologische Produkt $L = \prod_\alpha L_\alpha$ beliebig vieler linear kompakter Räume ist linear kompakt.*

Nach 2.(7) ist L ein lineartopologischer Raum. Der Beweis von (7) ist eine Übertragung des Beweises des Satzes von TYCHONOFF in § 3, 3.:

Wie für beliebige Filter gilt für die Filter mit Basen aus linearen Mannigfaltigkeiten

(8) *Jeder Filter mit einer Basis aus linearen Mannigfaltigkeiten läßt sich zu einem maximalen solchen Filter verfeinern.*

Man zeigt dies wie § 2, 7.(1).

An die Stelle von 2, 7.(3) tritt der genau so zu beweisende Satz

(9) *Aus einem maximalen Filter mit einer Basis aus linearen Teilmannigfaltigkeiten eines linearen Raumes entsteht bei linearer Abbildung wieder ein maximaler Filter mit einer Basis aus linearen Mannigfaltigkeiten.*

Aus (8) und (9) folgt nun (7) in derselben Weise wie der Satz von TYCHONOFF.

(10) *Jede lineare stetige Abbildung A eines linear kompakten Raumes $L_1[\mathfrak{T}]$ in einen lineartopologischen Raum L_2 ist ein topologischer Homomorphismus mit abgeschlossenem Bildraum.*

Nach (1), (2) und (6) ist das Bild jedes abgeschlossenen linearen Teilraumes abgeschlossen. Insbesondere ist $A(L_1)$ abgeschlossen und nach (3) $L_1/N[A]$ linear kompakt. Bei der eineindeutigen und nach 7.(4) stetigen Abbildung $\check{A}$ von $L_1/N[A]$ auf $A(L_1)$ geht nach (3) also speziell jeder lineare abgeschlossene Teilraum endlichen Defekts in einen ebensolchen über, nach (5) ist das $\check{A}$-Bild jeder linearen Umgebung also wieder eine lineare Umgebung, $\check{A}$ ist offen, also ein topologischer Isomorphismus. Nach 7.(5) ist daher A ein topologischer Homomorphismus.

10. E^* als linear kompakter Raum. Wenn man im algebraisch dualen Raum E^* eines linearen Raumes E die Topologie $\mathfrak{T}_{ls}(E)$ einführt, so wird E^* nach 6.(3) topologisch isomorph K^d, K diskret. Da K als eindimensionaler linearer Raum linear kompakt ist, ergibt 9.(7), daß E^* linear kompakt ist,

(1) *E^* ist bezüglich $\mathfrak{T}_{ls}(E)$ linear kompakt.*

Wir wollen eine Umkehrung dieses Satzes ableiten, die eine Charakterisierung der linear kompakten Räume ergibt.

(2) *Ist $L[\mathfrak{T}]$ linear kompakt, so ist $\mathfrak{T}$ die Topologie $\mathfrak{T}_{ls}(L')$.*

Nach 4.(4) genügt es zu zeigen, daß jede $\mathfrak{T}$-Umgebung eine $\mathfrak{T}_{ls}$-Umgebung ist. Die linearen $\mathfrak{T}$-Nullumgebungen haben nach 9.(5) endlichen Defekt, sind ferner $\mathfrak{T}$-abgeschlossene Teilräume, also nach 4.(8) $\mathfrak{T}_{ls}(L')$-Umgebungen.

Aus (2) und 8.(2) folgt

(2a) *Jeder linear kompakte Teilraum eines lineartopologischen Raumes L ist linear $\mathfrak{T}_{ls}(L')$-kompakt.*

(3) *Ist $L[\mathfrak{T}]$ linear kompakt, so ist L topologisch isomorph $(L')^*$, die linear kompakten Räume können also charakterisiert werden als die mit der Topologie $\mathfrak{T}_{ls}(E)$ versehenen algebraisch dualen Räume E^* linearer Räume E.*

Nach 4. kann L als Teilraum von $(L')^*$ aufgefaßt werden. Der Orthogonalraum zu L in L' ist $[\mathfrak{o}]$, also ist nach 4.(6) die lineare $\mathfrak{T}_{ls}(L)$-abgeschlossene Hülle von L in $(L')^*$ gleich $(L')^*$. Da L nach 9.(6) aber vollständig ist, ist $L=(L')^*$. Der andere Teil der Behauptung folgt aus (1).

11. Die Topologie $\mathfrak{T}_{lk}$. Auf jedem $L[\mathfrak{T}]$ läßt sich neben der linearen schwachen Topologie noch eine weitere Topologie einführen, die wir nun untersuchen wollen.

(1) *Die Summe $F=\sum_{i=1}^{n} F_i$ endlich vieler linear kompakter Teilräume von L ist wieder linear kompakt.*

Denn nach 9.(7) ist das topologische Produkt $\prod_{i=1}^{n} F_i$ linear kompakt; bilden wir es durch $(x_1, \ldots, x_n) \to x_1 + \cdots + x_n$ auf $F < L$ ab, so ist dies eine lineare stetige Abbildung, nach 9.(2) ist also F linear kompakt.

(2) *Ist U eine lineare Nullumgebung von $L[\mathfrak{T}]$, so ist $U^\perp$ in L' linear schwach kompakt.*

Nach 7.(7) ist $L=U\oplus L_1$, L_1 diskret, also $L_1'=L_1^*$. Nach 8.(6) ist $L'=U^\perp \oplus L_1^\perp$ und $U^\perp$ ist schwach isomorph L_1', nach 10.(1) und 8.(2) ist $U^\perp$ also linear schwach kompakt.

Wir erklären nun in $L[\mathfrak{T}]$ die Topologie $\mathfrak{T}_{lk}(L')$, indem wir als Umgebungsbasis von $\mathfrak{o}$ in L die Orthogonalräume $C^\perp$ der linear $\mathfrak{T}_{ls}(L)$-kompakten Teilräume C von L' nehmen. Nach (1) bilden die $C^\perp$ eine Filterbasis; die Durchschnittsbedingung von 2.(1) ist erfüllt, da $\mathfrak{T}_{lk}(L')$ nach (2) feiner als $\mathfrak{T}_{ls}(L')$ ist. Es ist also L bezüglich $\mathfrak{T}_{lk}(L')$ ein lineartopologischer Raum.

(3) *Es sei* $L[\mathfrak{T}]$ *linear kompakt. Dann ist* $\mathfrak{T}_{lk}(L')$ *auf* L *gleich* $\mathfrak{T}_{ls}(L')$ *und auf* L' *ist* $\mathfrak{T}_{lk}(L)$ *die diskrete Topologie.* L *und* L' *sind* $\mathfrak{T}_{lk}$*-vollständig und bezüglich* $\mathfrak{T}_{lk}$ *dual zueinander.*

Beweis. $\mathfrak{T}_{lk}(L)$ ist auf L' die diskrete Topologie, denn L ist nach 10.(2) selbst linear schwach kompakt, also $L^{\perp}=[o]$ eine $\mathfrak{T}_{lk}(L)$-Umgebung auf L'. Nach 10.(3) ist $(L'[\mathfrak{T}_{lk}(L)])'=L$. Andererseits ergibt die Beweismethode von 9.(4) mühelos, daß die linear schwach kompakten Teilräume eines diskreten Raumes endlichdimensional sind; also ist $\mathfrak{T}_{lk}(L')$ auf L gleich $\mathfrak{T}_{ls}(L')$. Die Vollständigkeit folgt aus 9.(6) und 10.(2), die Dualität folgt aus 10.(3).

Ist E ein linearer Raum, E^* sein algebraisch dualer Raum, so ist also die Topologie $\mathfrak{T}_{lk}$ auf E und E^* diejenige Topologie, die die am Schluß von 6. aufgeworfene Frage beantwortet und volle Symmetrie zwischen E und E^* ergibt.

Eine Charakterisierung der Topologie $\mathfrak{T}_{lk}$ gibt

(4) *Die Topologie* $\mathfrak{T}_{lk}(L')$ *ist die feinste lineare Topologie auf* $L[\mathfrak{T}]$, *die als dualen Raum* L' *ergibt.*

Beweis. a) Sei $\mathfrak{T}^*$ eine lineare Topologie auf L mit $L[\mathfrak{T}^*]'=L[\mathfrak{T}]'=L'$.

Wir haben zu zeigen, daß jede lineare $\mathfrak{T}^*$-Umgebung U eine $\mathfrak{T}_{lk}$-Umgebung ist. Nun ist U nach 2.(3) $\mathfrak{T}^*$-abgeschlossen, also nach 4.(6) orthogonalabgeschlossen, U ist daher Orthogonalraum des nach (2) linear schwach kompakten $U^{\perp}$, also $\mathfrak{T}_{lk}$-Umgebung.

b) Zum Beweis der Umkehrung haben wir zu zeigen, daß jede $\mathfrak{T}_{lk}$-stetige Linearfunktion u_0 auf L $\mathfrak{T}_{ls}$-stetig ist. Nach Voraussetzung gibt es einen linear schwach kompakten Teilraum C von L', so daß u_0 auf $C^{\perp}\subset L$ verschwindet. Bilden wir zu $C^{\perp}$ im algebraisch dualen Raum L^* den Orthogonalraum $C^{\perp\perp}$, so liegt also u_0 in $C^{\perp\perp}$. Nach 4.(6) ist $C^{\perp\perp}$ die $\mathfrak{T}_{ls}(L)$-abgeschlossene Hülle von C in L^*. Andererseits ist C nach 9.(6) $\mathfrak{T}_{ls}(L)$-vollständig, also $C^{\perp\perp}=C$ und damit $u_0\in L'$.

Die Topologie $\mathfrak{T}_{lk}$ ist das Analogon der in § 21, 4. betrachteten Mackeyschen Topologie und (4) entspricht dem Satz von MACKEY-ARENS (vgl. § 21, 4.).

12. $\mathfrak{T}_{lk}$-stetige Abbildungen. Wir bezeichnen den linearen Raum der linearen stetigen Abbildungen von $L_1[\mathfrak{T}_1]$ in $L_2[\mathfrak{T}_2]$ mit $\mathfrak{L}(L_1[\mathfrak{T}_1], L_2[\mathfrak{T}_2])$.

(1) *Jede lineare stetige Abbildung* A *von* $L_1[\mathfrak{T}_1]$ *in* $L_2[\mathfrak{T}_2]$ *ist auch* $\mathfrak{T}_{ls}$*-stetig und* $\mathfrak{T}_{lk}$*-stetig, es gilt*

(2) $$\begin{aligned}\mathfrak{L}(L_1[\mathfrak{T}_1], L_2[\mathfrak{T}_2]) &\subset \mathfrak{L}\big(L_1[\mathfrak{T}_{ls}(L_1')], L_2[\mathfrak{T}_{ls}(L_2')]\big)\\ &= \mathfrak{L}\big(L_1[\mathfrak{T}_{lk}(L_1')], L_2[\mathfrak{T}_{lk}(L_2')]\big).\end{aligned}$$

Die adjungierten Abbildungen A' *bilden einen linearen Teilraum von*

$$\mathfrak{L}\big(L_2'[\mathfrak{T}_{ls}(L_2)],\ L_1'[\mathfrak{T}_{ls}(L_1)]\big) = \mathfrak{L}\big(L_2'[\mathfrak{T}_{lk}(L_2)],\ L_1'[\mathfrak{T}_{lk}(L_1)]\big).$$

Beweis. Wie in § 9, 4. folgt, daß durch

(3) $$(A'v)\,x = v(Ax) \text{ für alle } x\in L_1,\ v\in L_2'$$

eine lineare Abbildung von L_2' in L_1' erklärt ist, die adjungierte Abbildung A' zu A, zu der wiederum A adjungiert ist. Wie in 5.(1), (2) ergibt sich die schwache Stetigkeit von A und A'. Ferner ist A $\mathfrak{T}_{lk}$-stetig, denn ist ein linear schwach kompakter Teilraum C von L_2' gegeben, so ist $A'(C)$ nach 9.(2) linear schwach kompakt und das Bild Ax jedes $x\in A'(C)^\perp$ liegt nach (3) in $C^\perp$. Durch Vertauschung der Räume mit den dualen folgt die $\mathfrak{T}_{lk}$-Stetigkeit jedes schwach stetigen A'. Das Gleichheitszeichen an Stelle von $\subset$ in (2) ergibt sich, wenn man $\mathfrak{T}_{ls}$ bzw. $\mathfrak{T}_{lk}$ als Ausgangstopologien nimmt.

Aus (1) und 7.(6) folgt

(4) *Zwei lineare abgeschlossene $\mathfrak{T}$-komplementäre Teilräume von $L[\mathfrak{T}]$ sind $\mathfrak{T}_{ls}(L')$- und $\mathfrak{T}_{lk}(L')$-komplementär.*

Ist F ein linear kompakter Teilraum von $L[\mathfrak{T}]$, so ist nach 10.(2a) F linear schwach kompakt und $F^\perp$ eine $\mathfrak{T}_{lk}(L)$-Umgebung in L'. Sie besitzt nach 7.(7) einen $\mathfrak{T}_{lk}(L)$-Komplementärraum H. Nach 11.(4) ist der $\mathfrak{T}_{lk}(L)$-duale Raum zu L' wieder L, nach 8.(6) ist also $H^\perp$ ein abgeschlossener Komplementärraum zu F in L. Die Projektion P von L auf F ist $\mathfrak{T}$-stetig: Eine $\mathfrak{T}$-Umgebung auf F ist nach 10.(2) gleich $U = U_{u_1,\ldots,u_n}\cap F$, wobei die $u_i\in H$ gewählt werden können. Ein Element $x\in U_{u_1,\ldots,u_n}$ mit der Zerlegung $x = x_1 + x_2$, $x_1\in F$, $x_2\in H^\perp$, erfüllt die Beziehungen $u_i x = u_i x_1 = 0$, also $Px\in U$. Aus 7.(6) folgt somit

(5) *Jeder linear kompakte Teilraum F eines lineartopologischen Raumes $L[\mathfrak{T}]$ besitzt einen $\mathfrak{T}$-Komplementärraum.*

Über die $\mathfrak{T}_{lk}$-Topologie auf L/H gibt der 8.(3) entsprechende Satz Auskunft

(6) *Der natürliche Homomorphismus von L' auf H' ist für abgeschlossene $H\subset L$ ein topologischer Homomorphismus bezüglich $\mathfrak{T}_{lk}(L)$ bzw. $\mathfrak{T}_{lk}(H)$, ebenso die Isomorphie $L'/H^\perp \cong H'$. Entsprechend gilt $L/H \cong (H^\perp)'$ im Sinn von $\mathfrak{T}_{lk}(L')$ bzw. $\mathfrak{T}_{lk}(H^\perp)$.*

Wir schließen analog wie im Beweis von 8.(3): Eine $\mathfrak{T}_{lk}(L)$-Nullumgebung von L' hat die Gestalt $C^\perp$, C ein linear $\mathfrak{T}_{ls}(L')$-kompakter Teilraum von L. Eine $\mathfrak{T}_{lk}(H)$-Nullumgebung von $L'/H^\perp$ hat die Form $\widehat{D^\perp}$, D ein linear $\mathfrak{T}_{ls}(H')$-kompakter Teilraum von H. Nach 8.(2) ist D ein linear $\mathfrak{T}_{ls}(L')$-kompakter Teilraum von H, also jedes $\widehat{D^\perp}$ ein $\widehat{C^\perp}$. Wiederum hat $C^\perp$ dasselbe Bild wie $V = C^\perp + H^\perp$ und es ist V nach 2.(3) $\mathfrak{T}_{lk}$-abgeschlossen, da $C^\perp$ eine $\mathfrak{T}_{lk}(L)$-Nullumgebung ist. Nach 4.(6) ist daher

V orthogonalabgeschlossen bezüglich L. Aus $V^{\perp} = C \cap H$ folgt, daß V die Form $D^{\perp}$ hat, D linear schwach kompakt in H.

(7) *Auf einem linearen abgeschlossenen Teilraum H von $L[\mathfrak{T}]$ ist die Topologie $\mathfrak{T}_{lk}(H')$ feiner als $\mathfrak{T}_{lk}(L')$.*

Ist C ein linear schwach kompakter Teilraum von L', so ist nach 8.(3), 9.(2) und 10.(2a) sein Bild C^0 beim natürlichen Homomorphismus von L' auf H' ebenfalls linear schwach kompakt. Zu den Elementen von $C^0 \subset H'$ sind aber nach Definition des natürlichen Homomorphismus dieselben Elemente aus H orthogonal wie zu den Elementen aus $C \subset L'$, jede $\mathfrak{T}_{lk}(L')$-Umgebung $C^{\perp}$ ist also eine $\mathfrak{T}_{lk}(H')$-Umgebung $(C^0)^{\perp}$.

Ob auf jedem abgeschlossenen Teilraum H von $L[\mathfrak{T}]$ die Topologien $\mathfrak{T}_{lk}(L')$ und $\mathfrak{T}_{lk}(H')$ übereinstimmen, ebenso die Übertragung von 8.(5) hängt davon ab, ob ein linearer abgeschlossener Teilraum F von L mit linear schwach kompaktem L/F stets in L einen linear schwach kompakten Komplementärraum hat.

Ein Gegenbeispiel bringen wir in § 31, Nr. 4.

13. Stetige Basis und stetige Dimension. Mit dem Begriff des Cauchyfilters lassen sich in einem lineartopologischen Raum $L[\mathfrak{T}]$ überabzählbare Summen einführen. Es sei $\{x_\nu\}$, $\nu \in \mathsf{N}$, ein System von Elementen aus L. Zu je endlich vielen verschiedenen ν_i, $i = 1, \ldots, n$, bilden wir die Partialsumme $\sum_{i=1}^{n} x_{\nu_i}$. Mit $M_{\nu_1,\ldots,\nu_n}$ werde die Menge aller Partialsummen $\sum_{i=1}^{n} x_{\nu_i} + \sum_{k=1}^{m} x_{\nu'_k}$ bezeichnet, wobei die ν'_k irgend welche paarweise und von den ν_i verschiedene Indizes durchlaufen. Die $M_{\nu_1,\ldots,\nu_n}$ bilden offenbar eine Filterbasis auf L. Ist dieser Filter ein Cauchyfilter mit dem Limes x, so nennt man x die t o p o l o g i s c h e S u m m e der x_ν und schreibt $x = \sum_\nu x_\nu$. Ist N endlich, so erhalten wir die gewöhnliche Summe.

(1) *Ist A eine lineare stetige Abbildung von L_1 in L_2 und ist $x = \sum_\nu x_\nu$, so ist $Ax = \sum_\nu A x_\nu$.*

Denn dies gilt für die endlichen Summen, also ist $A(M_{\nu_1,\ldots,\nu_n})$ die Menge $\tilde{M}_{\nu_1,\ldots,\nu_n}$ der $\sum_{i=1}^{n} A x_{\nu_i} + \sum_{k=1}^{m} A x_{\nu'_k}$. Das lineare stetige Bild einer Cauchyfilterbasis ist wegen der gleichmäßigen Stetigkeit von A (2.(9)) aber wieder eine Cauchyfilterbasis, also ist Ax der Limes des Filters der $\tilde{M}_{\nu_1,\ldots,\nu_n}$.

Daraus folgt sofort

(2) *Ist $x = \sum x_\nu$, so ist $x\alpha = \sum (x_\nu \alpha)$ für jedes $\alpha \in \mathsf{K}$.*

Ist ferner $x = \sum x_\nu$ und $y = \sum y_\nu$ in L, so ist das System $\{(x_\nu, y_\nu)\}$, $\nu \in \mathsf{N}$, in $L \times L$ summierbar zu (x, y), die lineare Abbildung $(z_1, z_2) \to z_1 + z_2$ von $L \times L$ in L ist ferner stetig. Daraus folgt nach (1)

(3) *Ist $x = \sum x_\nu$, $y = \sum y_\nu$ in L, so ist $x + y = \sum (x_\nu + y_\nu)$.*

Wir nennen eine Menge $\{x_\nu\}$, $\nu \in \mathsf{N}$, eine stetige Basis von L, wenn jedes $x \in L$ sich auf eine und nur eine Weise als topologische Summe $x = \sum x_\nu \xi_\nu$, $\xi_\nu \in \mathsf{K}$, darstellen läßt und wenn für jedes ν die Komponente ξ_ν eine stetige Linearfunktion von x ist. Die kleinste Kardinalzahl einer stetigen Basis von L heißt die *stetige Dimension* von L. Sie ist nach (1) invariant gegenüber topologischen Isomorphien.

Hat der lineare Raum E die Basis $\{x_\mu\}$, $\mu \in \mathsf{M}$, und ist $\{u_\mu\}$ das konjugierte System zu den x_μ in E^*, so bildet $\{u_\mu\}$ im Sinn der schwachen Topologie offenbar eine stetige Basis von E^*. Dies ist die eine Hälfte von

(4) *Jede schwach stetige Basis von E^* ist das konjugierte System einer Basis von E und umgekehrt.*

Bilden die $\{u_\mu\}$ eine stetige Basis von E^*, so sei x_μ die schwach stetige Linearfunktion auf E^*, für die $u\, x_\mu = v_\mu$ gilt, wenn $u = \sum\limits_\mu u_\mu v_\mu$ ist. Es ist $u_{\mu'} x_\mu = 0$ für $\mu' \neq \mu$, $u_\mu x_\mu = 1$. Die x_μ sind linear unabhängig, denn zu einer Linearkombination $\sum\limits_{i=1}^{k} x_{\mu_i} \alpha_i$ (nicht alle α_i verschwinden) läßt sich sofort ein $\sum\limits_{i=1}^{k} u_{\mu_i} \beta_i \neq o$ angeben, auf dem die Linearkombination nicht verschwindet. Die lineare Hülle der x_μ hat als Orthogonalraum in E^* das Element o, nach § 9, 2.(1) ist sie also gleich E, die x_μ bilden daher eine Basis von E, deren konjugiertes System $\{u_\mu\}$ ist.

Ist d die Dimension von E, so besteht also jede schwach stetige Basis von E^* aus d Elementen, d.h. die stetige Dimension von E^* bezüglich $\mathfrak{T}_{ls}(E)$ ist gleich der Dimension von E.

Damit ist nach 8.(6) auch für jeden abgeschlossenen Teilraum von E^* die stetige Dimension erklärt. Versehen wir den linearen Raum E mit der diskreten Topologie, so ist jede Basis von E eine stetige Basis und umgekehrt kann die Dimension eines Teilraumes von E auch als die stetige Dimension bezüglich der diskreten Topologie aufgefaßt werden.

Es ist unbekannt, ob jeder lineartopologische Raum eine stetige Basis besitzt.

§ 11. Gleichungstheorie in E und E^*

1. Die Dualität von E und E^*. Aus den Ergebnissen des vorigen Paragraphen stellen wir kurz das Wichtigste zusammen.

Ein linearer Raum E und sein algebraisch dualer Raum E^* bilden ein Dualsystem. Führt man in beiden Räumen die $\mathfrak{T}_{lk}$-Topologie ein, so fällt diese in E mit der diskreten, in E^* mit der schwachen Topologie zusammen. Jeder der beiden Räume ist die Gesamtheit der in diesem Sinn stetigen Linearfunktionen des anderen. Ordnet man jedem linearen abgeschlossenen Teilraum H des einen der beiden Räume den Orthogonalraum $H^\perp$ zu, so entsteht eine duale Isomorphie der Verbände $\overline{V}(E)$ und $\overline{V}(E^*)$ der abgeschlossenen linearen Teilräume aufeinander. Bei dieser Zuordnung gelten die topologischen Isomorphien:

Ist $E = H_1 \oplus H_2$, *so gilt*

(1) $$(E/H_1)^* \cong H_1^\perp \cong H_2^*,$$

(2) $$E/H_1 \cong (H_1^\perp)' \cong H_2.$$

Ist $E^* = G_1 \oplus G_2$, *so gilt*

(3) $$(E^*/G_1)' \cong G_1^\perp \cong G_2',$$

(4) $$E^*/G_1 \cong (G_1^\perp)^* \cong G_2.$$

Beweis. Die ersten beiden Isomorphien in (1) und (3) bzw. (2) und (4) folgen aus § 10, 8.(5) bzw. 8.(3a), die übrigen folgen aus § 10, 8.(6). Dabei wurde berücksichtigt, daß für ein F mit diskreter Topologie $F' = F^*$ gilt.

Bemerkung. Die direkte Summe $E^* = G_1 \oplus G_2$ der abgeschlossenen linearen Teilräume G_1 und G_2 braucht nicht als topologisch vorausgesetzt zu werden: Nach § 9, 3.(5) folgt aus $E^* = G_1 \oplus G_2$ $E = G_1^\perp \oplus G_2^\perp$. Im diskreten E bedeutet die algebraische Komplementarität die topologische und nach § 10, 8.(6) und § 10, 12.(4) ist dann die direkte Summe $G_1^{\perp\perp} \oplus G_2^{\perp\perp} = G_1 \oplus G_2$ $\mathfrak{T}_{ls}$- und $\mathfrak{T}_{lk}$-topologisch.

Aus diesen Beziehungen ergibt sich nach § 10, 13. sofort

(5) *Hat* $H < E$ *die Dimension* d *und den Defekt* c, *so hat* $H^\perp$ *in* E^* *die stetige Dimension* c *und den stetigen Defekt* d *und umgekehrt.*

Auch zwischen den linearen Abbildungen $A \in \mathfrak{S}(E, F)$ und ihren adjungierten Abbildungen $A' \in \mathfrak{S}(F^*, E^*)$ herrscht volle Symmetrie. Sie bilden jeweils die Gesamtheit $\mathfrak{L}(E, F)$ bzw. $\mathfrak{L}(F^*, E^*)$ der linearen (sowohl $\mathfrak{T}_{ls}$- wie $\mathfrak{T}_{lk}$-) stetigen Abbildungen von E in F bzw. F^* in E^*.

Aus § 10, 9.(10) folgt

(6) *Jede schwach stetige lineare Abbildung* $A' \in \mathfrak{L}(F^*, E^*)$ *ist ein topologischer Homomorphismus mit abgeschlossenem Bildraum.*

Dasselbe gilt nach § 9, 2.(5) für $A \in \mathfrak{L}(E, F)$. Da $A'(F^*)$ und $N[A']$ nach § 9, 3.(5) abgeschlossene Komplementärräume haben, sind die sämtlichen charakteristischen Teilräume von A und A' also orthogonal-abgeschlossen.

(7) *Zwischen den charakteristischen Teilräumen von A und A' bestehen die folgenden Beziehungen*

$$(8)\qquad N[A'] = A(E)^{\perp} \cong (F/A(E))^* \cong C[A]^*$$

$$(9)\qquad A'(F^*) = N[A]^{\perp} \cong (E/N[A])^* \cong U[A]^*$$

$$(10)\qquad N[A] = A'(F^*)^{\perp} \cong (E^*/A'(F^*))' \cong C[A']'$$

$$(11)\qquad A(E) = N[A']^{\perp} \cong (F^*/N[A'])' \cong U[A']',$$

wobei die Isomorphismen topologisch sind.

Beweis. Aus $v(Ax) = (A'v)x$, $x \in E$, $v \in F^*$, ergibt sich für festes v, daß $A'v = o$ genau dann gilt, wenn $v \in A(E)^{\perp}$ gilt, also ist $N[A'] = A(E)^{\perp}$. Für festes x ergibt sich ebenso $N[A] = A'(F^*)^{\perp}$. Geht man in beiden Gleichungen zum Orthogonalraum über und beachtet man dabei (6), so ergeben sich sofort die ersten Gleichungen von (9) und (11). Aus (1) und (3) ergeben sich in (8) bis (11) die anschließenden Isomorphien.

Bezeichnet man die stetigen Dimensionen von $A'(F^*)$, $N[A']$, $E^*/A'(F^*)$ wieder als den Rang $r(A')$ bzw. Urdefekt $s(A')$ bzw. Bilddefekt $s'(A')$, so folgt aus (9), (10) und (8) sofort

(12) *Zwischen den Rängen und Defekten von A und A' bestehen die Beziehungen*

$$(13)\qquad r(A) = r(A'), \quad s(A) = s'(A'), \quad s'(A) = s(A').$$

2. Die Auflösungstheorie der spalten- und zeilenfiniten Gleichungssysteme. Ist A eine lineare Abbildung des linearen Raumes E der Dimension d über K in den linearen Raum F der Dimension e über K, so nennen wir die Beziehung

$$(1)\qquad Ax = y^{(0)}$$

mit vorgegebenem $y^{(0)} \in F$ eine lineare Gleichung für $x \in E$. Die Gleichung

$$(2)\qquad A'v = u^{(0)}$$

für $v \in F^*$ bei vorgegebenem $u^{(0)} \in E^*$ heißt die zu (1) transponierte Gleichung, umgekehrt heißt (1) zu (2) transponiert.

(1) bzw. (2) heißen homogen, wenn $y^{(0)}$ bzw. $u^{(0)}$ gleich o sind, andernfalls inhomogen.

Unsere bisherigen Überlegungen gestatten uns, das Lösungsverhalten von (1) und (2) nach dem Muster der determinantenfreien Auflösungstheorie endlichvieler linearer Gleichungen mit endlichvielen Unbekannten zu beschreiben.

Bezeichnen wir als Rang bzw. Defekt von (1) und (2) die Ränge bzw. Defekte der Abbildungen A bzw. A', so ergibt sich bei Berücksichtigung von 1.(8) bis (12) das Auflösungstheorem

(3) *Die Gleichungen* (1) *und* (2) *haben den gleichen Rang* r, *der Bilddefekt der einen Gleichung ist gleich dem Urdefekt der transponierten Gleichung.*

Die Lösungen der homogenen Gleichung (1) *bilden einen linearen Teilraum von* E *der Dimension* $s(A) = s'(A')$, *die Lösungen der homogenen transponierten Gleichung* (2) *bilden einen abgeschlossenen linearen Teilraum von* F^* *der stetigen Dimension* $s'(A) = s(A')$.

Die inhomogene Gleichung (1) *ist genau für diejenigen* $y^{(0)} \in F$ *lösbar, die zu allen Lösungen der transponierten homogenen Gleichung* (2) *orthogonal sind. Diese* $y^{(0)}$ *bilden in* F *einen linearen Teilraum der Dimension* $r(A)$ *und des Defekts* $s'(A)$. *Die inhomogene Gleichung* (2) *ist genau für diejenigen* $u^{(0)} \in E^*$ *lösbar, die zu allen Lösungen der homogenen Gleichung* (1) *orthogonal sind. Diese* $u^{(0)}$ *bilden in* E^* *einen linearen abgeschlossenen Teilraum der stetigen Dimension* $r(A)$ *und des Defekts* $s'(A')$.

Aus einer Lösung der inhomogenen Gleichung erhält man alle Lösungen durch Addition aller Lösungen der homogenen Gleichung.

Speziell gilt: *Sind die homogene und die transponierte homogene Gleichung unlösbar, d.h. haben sie nur die triviale Lösung* o, *so sind die inhomogenen Gleichungen für jede rechte Seite* $y^{(0)} \in F$ *bzw.* $u^{(0)} \in E^*$ *eindeutig lösbar.*

Führen wir in E und F je eine Basis $\{x_\nu\}$, $\nu \in \mathsf{N}$, bzw. $\{y_\mu\}$, $\mu \in \mathsf{M}$, ein, so geht (1) nach § 8, 5. über in ein System von e linearen Gleichungen mit d Unbekannten

$$(4) \qquad \sum_\nu \alpha_{\mu\nu} \xi_\nu = \eta_\mu^{(0)}, \quad \mu \in \mathsf{M}, \qquad \text{bzw.} \qquad \mathfrak{A}\mathfrak{x} = \mathfrak{y}^{(0)},$$

wobei $\mathfrak{A} = ((\alpha_{\mu\nu}))$ eine spaltenfinite Matrix ist und $\mathfrak{x} = \{\xi_\nu\} \in \varphi_d(\mathsf{K})$ bzw. $\mathfrak{y}^{(0)} = \{\eta_\mu^{(0)}\} \in \varphi_e(\mathsf{K})$ der x bzw. $y^{(0)}$ darstellende Vektor ist.

Bezüglich der zu $\{x_\nu\}$ bzw. $\{y_\mu\}$ konjugierten Basen von E^* bzw. F^* erhalten wir dann nach § 9, 4. für (2) das zeilenfinite Gleichungssystem

$$(5) \qquad \sum_\mu \alpha_{\mu\nu} \varphi_\mu = v_\nu^{(0)}, \quad \nu \in \mathsf{N}, \qquad \text{bzw.} \qquad \mathfrak{A}'\mathfrak{v} = \mathfrak{u}^{(0)}$$

mit

$$\mathfrak{v} = \{\varphi_\mu\} \in \omega_e(\mathsf{K}), \quad \mathfrak{u}^{(0)} = \{v_\nu^{(0)}\} \in \omega_d(\mathsf{K}).$$

(4) und (5) heißen wieder zueinander transponierte Gleichungssysteme. Umgekehrt kann man jedes spaltenfinite bzw. zeilenfinite Gleichungssystem deuten als Darstellung einer linearen Gleichung (1) bzw. (2) mit Hilfe geeigneter Basen, so daß also das Auflösungstheorem auch als Satz über die Auflösung spalten- bzw. zeilenfiniter Gleichungssysteme aufgefaßt werden kann.

3. Auflösungsformeln. Das Auflösungstheorem gibt vollen Aufschluß über das Lösungsverhalten der spalten- und zeilenfiniten Gleichungssysteme über einem beliebigen Körper K, jedoch es gestattet nicht, bei vorgegebenem Gleichungssystem die Lösungen als Funktionen der Matrix des Gleichungssystems und der rechten Seite darzustellen. Dazu verhilft uns die in § 8 entwickelte Äquivalenztheorie.

Ist $\mathfrak{A}$ eine spaltenfinite Matrix, so gibt es nach § 8, 8. und 9. quadratische intakte spaltenfinite Matrizen $\mathfrak{B}$ und $\mathfrak{C}$, so daß $\mathfrak{C}\mathfrak{A}\mathfrak{B}=\mathfrak{D}$ wird, $\mathfrak{D}$ eine Matrix, deren Elemente $\delta_{\mu'(\nu'),\nu'}=1$ sind während alle anderen verschwinden. Dabei durchläuft ν' eine Indizesmenge N′ aus $r(\mathfrak{A})$ Elementen, deren Komplementärmenge N″ in der Menge N der Spaltenindizes von $\mathfrak{A}$ $s(\mathfrak{A})$ Indizes enthält, μ' ist eine eineindeutige Abbildung von N′ auf eine Indizesmenge M′, deren Komplementärmenge M″ in der Menge M der Zeilenindizes von $\mathfrak{A}$ $s'(\mathfrak{A})$ Indizes enthält.

Führen wir nun in 2.(4) durch $\mathfrak{x}=\mathfrak{B}\mathfrak{z}$ neue Variable ein und multiplizieren wir die so entstehende Gleichung von links mit $\mathfrak{C}$, so erhalten wir

$$(1)\qquad \mathfrak{C}\mathfrak{A}\mathfrak{B}\mathfrak{z}=\mathfrak{D}\mathfrak{z}=\mathfrak{C}\mathfrak{y}^{(0)}=\mathfrak{t}^{(0)}.$$

Das Gleichungssystem (1) heißt *äquivalent* zu 2.(4), die Lösungen entsprechen sich eineindeutig durch die Transformation $\mathfrak{x}=\mathfrak{B}\mathfrak{z}$, $\mathfrak{z}=\mathfrak{B}^{-1}\mathfrak{x}$. (1) hat ausgeschrieben die einfache Gestalt

$$(2)\qquad \zeta_{\nu'}=\tau^{(0)}_{\mu'(\nu')},\qquad 0=\tau^{(0)}_{\mu''},\ \nu'\in \mathsf{N}',\ \mu'(\nu')\in \mathsf{M}',\ \mu''\in \mathsf{M}''.$$

Das homogene System hat als Lösungen alle $\mathfrak{z}$, die auf den $\nu''\in$ N″ beliebige Werte haben, das sind alle $\sum\limits_{\nu''}\mathfrak{e}_{\nu''}\zeta_{\nu''}$, die also $N[\mathfrak{D}]$ bilden. Das inhomogene System ist nur dann lösbar, wenn alle $\tau^{(0)}_{\mu''}=0$ sind, $\mu''\in$M″. Ist diese Bedingung erfüllt, so wird durch $\zeta^{(0)}_{\nu'}=\tau^{(0)}_{\mu'(\nu')}$, $\zeta^{(0)}_{\nu''}=0$, $\nu'\in$N′, $\nu''\in$N″, eine Lösung gegeben. Alle Lösungen ergeben sich daraus durch Addition der Lösungen des homogenen Systems.

Dieses Ergebnis läßt sich durch Formeln erfassen. Die transponierte Matrix $\mathfrak{D}'$ stellt eine Umkehrung von $\mathfrak{D}$ im Sinne von § 8, 4. dar, es ist $\mathfrak{D}\mathfrak{D}'$ die Matrix, die in der Hauptdiagonale an den Stellen $(\mu'(\nu'),\mu'(\nu'))$ eine Eins sonst überall Null stehen hat; $\mathfrak{D}\mathfrak{D}'$ ist also die Projektion auf den Bildraum von $\mathfrak{D}$; $\mathfrak{D}'\mathfrak{D}$ ist die Projektion auf den Urbildraum von $\mathfrak{D}$, der aus allen $\mathfrak{z}$ mit $\zeta_{\nu''}=0$, $\nu''\in$N″, besteht. $\mathfrak{E}_{\mathsf{N}}-\mathfrak{D}'\mathfrak{D}$ ist die Projektion auf $N[\mathfrak{D}]$, wenn $\mathfrak{E}_{\mathsf{N}}$ die quadratische Einheitsmatrix über N bedeutet.

Alle Lösungen des homogenen Systems (2) haben also die Form $(\mathfrak{E}_{\mathsf{N}}-\mathfrak{D}'\mathfrak{D})\mathfrak{y}$, $\mathfrak{y}\in\varphi_d(\mathsf{K})$, eine Basis wird von den Spalten von $\mathfrak{E}_{\mathsf{N}}-\mathfrak{D}'\mathfrak{D}$ gebildet. Das inhomogene System ist nur für solche $\mathfrak{t}^{(0)}$ lösbar, für die $(\mathfrak{E}_{\mathsf{M}}-\mathfrak{D}\mathfrak{D}')\,\mathfrak{t}^{(0)}=\mathfrak{o}$ ist. Eine Lösung hat dann die Form $\mathfrak{z}^{(0)}=\mathfrak{D}'\,\mathfrak{t}^{(0)}$.

Gehen wir zum äquivalenten System 2.(4) zurück, so erhalten wir daraus

(3) *Ist* $\mathfrak{D} = \mathfrak{C}\mathfrak{A}\mathfrak{B}$ *die Normalform von* $\mathfrak{A}$, *so bilden die von* $\mathfrak{o}$ *verschiedenen Spalten der Matrix* $\mathfrak{B}(\mathfrak{E}_N - \mathfrak{D}'\mathfrak{D})$ *eine Basis aller Lösungen des homogenen Systems* $\mathfrak{A}\mathfrak{x} = \mathfrak{o}$. *Das inhomogene System* $\mathfrak{A}\mathfrak{x} = \mathfrak{y}^{(0)}$ *ist nur für die* $\mathfrak{y}^{(0)}$ *lösbar, die der Bedingung* $(\mathfrak{E}_M - \mathfrak{D}\mathfrak{D}')\mathfrak{C}\mathfrak{y}^{(0)} = \mathfrak{o}$ *genügen. Ist diese Bedingung erfüllt, so ist* $\mathfrak{x}^{(0)} = \mathfrak{B}\mathfrak{D}'\mathfrak{C}\mathfrak{y}^{(0)}$ *eine Lösung.*

Durch Übergang zu den transponierten Matrizen ergibt sich analog

(4) *Ist* $\mathfrak{D} = \mathfrak{C}\mathfrak{A}\mathfrak{B}$, *so ist* $\mathfrak{D}' = \mathfrak{B}'\mathfrak{A}'\mathfrak{C}'$ *die Normalform für die zeilenfinite Matrix* $\mathfrak{A}'$. *Die von* $\mathfrak{o}$ *verschiedenen Spalten der Matrix* $\mathfrak{C}'(\mathfrak{E}_M - \mathfrak{D}\mathfrak{D}')$ *bilden eine stetige Basis aller Lösungen des homogenen Systems* $\mathfrak{A}'\mathfrak{v} = \mathfrak{o}$. *Das inhomogene System* $\mathfrak{A}'\mathfrak{v} = \mathfrak{u}^{(0)}$ *ist nur für die* $\mathfrak{u}^{(0)}$ *lösbar, die der Bedingung* $(\mathfrak{E}_N - \mathfrak{D}'\mathfrak{D})\mathfrak{B}'\mathfrak{u}^{(0)} = \mathfrak{o}$ *genügen.*

Ist diese Bedingung erfüllt, so ist $\mathfrak{v}^{(0)} = \mathfrak{C}'\mathfrak{D}\mathfrak{B}'\mathfrak{u}^{(0)}$ *eine Lösung.*

Diese Auflösungsformeln sind Verallgemeinerungen der Cramerschen Regel, allerdings liefern sie kein Verfahren zur direkten Berechnung, da die Bestimmung von $\mathfrak{B}$ und $\mathfrak{C}$ nicht durch einen Kalkül möglich ist, ihre Existenz wurde nur mit Hilfe des Zornschen Satzes erschlossen.

4. Der abzählbare Fall. Besitzt E abzählbare Dimension, so vereinfachen sich die Überlegungen wesentlich und es läßt sich ein konstruktives Verfahren in abzählbar vielen Schritten zur Herstellung der Normalform angeben.

Es sei E gleich $\varphi(\mathsf{K})$. Ein Vektor $\mathfrak{x} = \sum_{i=1}^{\infty} \mathfrak{e}_i \xi_i$ heiße von der L ä n g e n, wenn ξ_n die letzte von Null verschiedene Koordinate ist. Ist H_1 ein linearer Teilraum von $\varphi(\mathsf{K})$, so bildet der Raum H_2 aller $\mathfrak{y} \in \varphi(\mathsf{K})$ mit $\eta_k = 0$ für alle als Längen von Vektoren $\mathfrak{x} \in H_1$ auftretenden Indizes k einen Komplementärraum zu H_1.

Diese leicht zu beweisende Aussage (man benütze in H_1 eine Basis, die zu jeder in H_1 vorkommenden Länge genau einen Vektor dieser Länge enthält) ergibt eine Konstruktion des Komplementärraumes, die nicht den Zornschen Satz verwendet.

(1) *In* $\omega(\mathsf{K})$ *ist jeder schwache Häufungspunkt Limes einer konvergenten Folge.*

Ist nämlich $\mathfrak{u}^{(0)}$ Häufungspunkt der Menge M, so gibt es ein $\mathfrak{u}^{(n)} \in M$, das auf den ersten n Koordinaten mit $\mathfrak{u}^{(0)}$ übereinstimmt. Offenbar konvergiert $\mathfrak{u}^{(n)}$ schwach gegen $\mathfrak{u}^{(0)}$ [vgl. § 10, 6.(4)].

In $\omega(\mathsf{K})$ ist also die Verwendung von Filtern entbehrlich.

Ist in $\mathfrak{u} = \{v_i\} \in \omega(\mathsf{K})$ v_n die erste nicht verschwindende Koordinate, so heiße $\mathfrak{u}$ von der K ü r z e n. Ist H_1 ein linearer schwach abgeschlossener Teilraum von $\omega(\mathsf{K})$ und ist $\{\mathfrak{u}_j\}$ eine Menge von Vektoren aus H_1, die zu jeder in H_1 auftretenden Kürze j genau einen Vektor $\mathfrak{u}_j$ dieser Kürze enthält, so ist $\{\mathfrak{u}_j\}$ eine stetige Basis von H_1 und man erhält in der Menge H_2 aller stetigen Summen $\sum_k \mathfrak{e}_k \xi_k$, $\xi_k \in \mathsf{K}$, wobei k die Komplementärmenge zur Menge der j durchläuft, einen abgeschlossenen Komplementärraum zu H_1.

Wir skizzieren jetzt ein Verfahren zur Herstellung der Normalform einer spaltenfiniten Matrix $\mathfrak{A} = ((\alpha_{ik}))$, $(i, k = 1, 2, \ldots)$.

Eine quadratische Matrix mit geordneter Indizesmenge, deren Glieder unterhalb der Hauptdiagonale verschwinden, heiße eine D r e i e c k s m a t r i x. Das Produkt zweier Dreiecksmatrizen ist wieder eine Dreiecksmatrix. Haben die Spalten $\mathfrak{c}_1, \mathfrak{c}_2, \ldots$ der Matrix $\mathfrak{C}$ als Vektoren aus φ die Längen $1, 2, \ldots$, so ist $\mathfrak{C}$ eine intakte Dreiecksmatrix, deren Reziproke wieder eine Dreiecksmatrix ist, die in einfacher Weise berechnet werden kann.

Die erste Spalte von $\mathfrak{A}$, die von $\mathfrak{o}$ verschieden ist, habe die Nummer s_1 und die Länge l_1, es ist also $\alpha_{l_1 s_1} \neq 0$. Die nächste nichtverschwindende Spalte sei die s_2-te. Wir ziehen ein solches Vielfaches der s_1-ten Spalte von der s_2-ten Spalte ab, daß in der entstehenden Matrix $\mathfrak{A}^{(1)}$ das l_1-te Element der s_2-ten Spalte verschwindet. Falls die s_2-te Spalte von $\mathfrak{A}^{(1)}$ nicht verschwindet, hat sie eine von l_1 verschiedene Länge l_2. Im zweiten Schritt ziehen wir von der nächsten nichtverschwindenden Spalte von $\mathfrak{A}^{(1)}$, der s_3-ten, solche Vielfache der s_1-ten und s_2-ten Spalte ab, daß die l_1-ten und l_2-ten Elemente der s_3-ten Spalte der entstehenden Matrix $\mathfrak{A}^{(2)}$ verschwinden usf.

Die elementare Umformung, die von $\mathfrak{A}^{(n-1)}$ zu $\mathfrak{A}^{(n)}$ führt, wird erreicht durch Multiplikation von rechts mit einer Matrix $\mathfrak{B}^{(n)}$, die in der Hauptdiagonale nur Eins stehen hat, sonst überall Nullen mit Ausnahme der s_{n+1}-ten Spalte, in der über der Eins der Hauptdiagonale gewisse Elemente aus K stehen. Das Endergebnis dieser unendlich vielen Umformungen ist eine Matrix $\tilde{\mathfrak{A}}$, in der alle von $\mathfrak{o}$ verschiedenen Spalten $\tilde{\mathfrak{a}}_j$ verschiedene Längen l_j haben.

Ergänzen wir die $\tilde{\mathfrak{a}}_j \neq \mathfrak{o}$ durch gewisse $\mathfrak{e}_k$ zu einem System von Vektoren, in dem jede Länge genau einmal auftritt, so ist die daraus gebildete Matrix nach Permutation der Spalten eine intakte Dreiecksmatrix, also auch selbst intakt. Die zu ihr inverse Matrix heiße $\mathfrak{C}$. Sie führt jedes $\tilde{\mathfrak{a}}_j$ in ein $\mathfrak{e}_{l_j}$ über, die Matrix $\mathfrak{C}\tilde{\mathfrak{A}}$ hat also in jeder Spalte und Zeile höchstens eine Eins. Durch eine eventuelle Permutation der Zeilen oder Spalten (wieder Multiplikation mit intakten spaltenfiniten Matrizen) kann sie in eine Normalform übergeführt werden, die nach Streichen der Nullzeilen und Nullspalten eine Einheitsmatrix ist.

Zum vollen Beweis unserer Behauptung fehlt noch der Beweis, daß $\tilde{\mathfrak{A}} = \mathfrak{A}\mathfrak{B}$ ist, $\mathfrak{B}$ eine intakte Dreiecksmatrix. Es liegt nahe, $\mathfrak{B}$ als Grenzwert der Folge $\mathfrak{B}^{(1)}, \mathfrak{B}^{(1)}\mathfrak{B}^{(2)}, \ldots$ einzuführen.

Wir nennen eine Folge $\mathfrak{R}^{(n)}$ von Matrizen aus $\mathfrak{L}(\varphi)$ *konvergent* gegen die Matrix $\mathfrak{R} \in \mathfrak{L}(\varphi)$, wenn zu jeder natürlichen Zahl k ein $n_0(k)$ existiert, so daß für $n > n_0$ die ersten k Spalten von $\mathfrak{R} - \mathfrak{R}^{(n)}$ verschwinden. Zu jeder entsprechenden Cauchyfolge $\mathfrak{R}^{(n)}$ existiert offenbar eine spaltenfinite Matrix $\mathfrak{R}$ als Limes.

Im Sinne dieses Grenzbegriffes ist $\tilde{\mathfrak{A}} = \lim \mathfrak{A}^{(n)}$, ferner konvergiert die Folge der Produkte $\mathfrak{B}^{(1)} \ldots \mathfrak{B}^{(n)}$ gegen eine intakte Dreiecksmatrix $\mathfrak{B}$. Aus der für spaltenfinite Matrizen leicht zu bestätigenden Regel, daß aus $\lim \mathfrak{R}^{(n)} = \mathfrak{R}$ und $\lim \mathfrak{M}^{(n)} = \mathfrak{M}$ stets $\lim \mathfrak{R}^{(n)}\mathfrak{M}^{(n)} = \mathfrak{R}\mathfrak{M}$ folgt, ergibt sich die noch fehlende Beziehung

$$\tilde{\mathfrak{A}} = \lim \mathfrak{A}^{(n)} = \lim \mathfrak{A}\,\mathfrak{B}^{(1)} \ldots \mathfrak{B}^{(n)} = \mathfrak{A}\,\mathfrak{B}.$$

Man kann auch die Multiplikation von $\tilde{\mathfrak{A}}$ mit $\mathfrak{C}$ als das Resultat von unendlich vielen Elementarumformungen an den Zeilen von $\tilde{\mathfrak{A}}$ erhalten und diese Umformungen abwechselnd mit den Spaltenumformungen vornehmen. Man hat nur darauf zu achten, daß die unendlichen Produkte der Elementarumformungen im obigen Sinn konvergieren.

5. Ein Beispiel. Es ist zu zeigen, daß die Matrix

$$\mathfrak{A} = \begin{array}{c} 1\ 2\ 2\ 2\ 2\ 2\ 2\ 2 \ldots \\ \left(\begin{array}{cccccccc} 1 & 1 & 1 & 1 & 2 & 2 & 2 & 2 \ldots \\ 0 & 0 & 0 & 1 & 2 & 2 & 2 & 2 \ldots \\ 0 & 0 & 0 & 1 & 1 & 1 & 1 & 2 \ldots \\ 0 & 0 & 0 & 0 & 0 & 0 & 1 & 2 \ldots \\ 0 & 0 & 0 & 0 & 0 & 0 & 1 & 1 \ldots \end{array}\right) \\ \cdot\ \cdot\ \cdot\ \cdot\ \cdot\ \cdot\ \cdot\ \cdot \ldots \end{array}$$

äquivalent der Matrix ist, die aus der Einheitsmatrix $\mathfrak{E}$ durch Einschieben von Nullspalten zwischen der zweiten und dritten, der vierten und fünften Spalte usw. entsteht. Die transformierenden Matrizen $\mathfrak{B}$ und $\mathfrak{C}$ lassen sich leicht aufstellen und damit Lösungsformeln für das Gleichungssystem mit der Matrix $\mathfrak{A}$.

§ 12. Lokal linear kompakte Räume

1. Die Struktur der lokal linear kompakten Räume. Wir betrachten ein weiteres Beispiel zu der in §10 entwickelten Theorie der lineartopologischen Räume.

Ein lineartopologischer Raum $L[\mathfrak{T}]$ über K heißt lokal linear kompakt, wenn er eine linear kompakte Nullumgebung V besitzt. Nach §10, 7.(7) gibt es einen diskreten $\mathfrak{T}$-Komplementärraum W zu V. Die Topologie $\mathfrak{T}$ ist auf W die diskrete Topologie, also auch gleich der von $\mathfrak{T}_{lk}(L')$ induzierten, da $\mathfrak{T}_{lk}(L')$ feiner ist als $\mathfrak{T}$. $\mathfrak{T}$ ist auf V nach §10, 10.(2) und 11.(3) die Topologie $\mathfrak{T}_{lk}(V')$, die auf V mit der durch $\mathfrak{T}_{lk}(L')$ induzierten übereinstimmt, denn diese ist feiner als die induzierte Topologie $\mathfrak{T}$, andererseits ist $\mathfrak{T}_{lk}(V')$ auf V nach §10, 12.(7) feiner als $\mathfrak{T}_{lk}(L')$. Nach § 10, 12.(4) sind V und W auch $\mathfrak{T}_{lk}(L')$-komplementär, also ist sowohl $\mathfrak{T}_{lk}(L')$ wie auch $\mathfrak{T}$ die direkte Summe der Topologien $\mathfrak{T}_{lk}(L')$ auf V, W und damit $\mathfrak{T}=\mathfrak{T}_{lk}(L')$ auf L. Wir erhalten damit nach § 10, 10.(3), § 10, 6.(5) und § 5, 7.

(1) *Jeder lokal linear kompakte Raum $L[\mathfrak{T}]$ ist topologisch isomorph einer direkten topologischen Summe $\varphi_{d_1}(\mathsf{K}) \oplus \omega_{d_2}(\mathsf{K})$, und die Topologie von L ist die Topologie $\mathfrak{T}_{lk}$ und gleich der Produkttopologie aus der diskreten Topologie auf $\varphi_{d_1}(\mathsf{K})$ und der schwachen Topologie auf $\omega_{d_2}(\mathsf{K})$. Jeder lokal linear kompakte Raum ist vollständig.*

Umgekehrt gilt offenbar

(2) *Die topologische direkte Summe $L = L_1 \oplus L_2$ eines linear kompakten L_1 und eines diskreten L_2 ist lokal linear kompakt und L_1 ist eine abgeschlossene und offene Nullumgebung in L.*

Eine Basis von L_2 und eine stetige Basis von L_1 setzen sich zu einer stetigen Basis von $L_1 \oplus L_2$ zusammen.

Die Dimensionen d_1 und d_2 sind im allgemeinen nicht eindeutig bestimmt, man kann offenbar endlichdimensionale Teilräume von φ_{d_1} zu ω_{d_2} hinzunehmen und umgekehrt. Wenn d_1 oder d_2 endlich ist, kann man also stets zu einer Zerlegung übergehen, bei der ein Summand verschwindet. Es gilt jedoch

(3) *Es sei L lokal linear kompakt, aber nicht diskret und nicht linear kompakt. Ist $L = L_1 \oplus L_2$ eine Zerlegung in einen diskreten Raum $L_1 \cong \varphi_{d_1}$ und einen linear kompakten Raum $L_2 \cong \omega_{d_2}$, so sind die unendlichen Dimensionen d_1 und d_2 eindeutig bestimmt.*

Denn ist $L = \tilde{L}_1 \oplus \tilde{L}_2$ eine andere solche Zerlegung, $\tilde{L}_1 \cong \varphi_{d_1'}$, $\tilde{L}_2 \cong \omega_{d_2'}$, so ist $(\tilde{L}_2 + L_2)/L_2$ nach §10, 9.(2) linear kompakt in $L/L_2 \cong L_1$, nach

§ 10, 9.(4) also endlichdimensional. Daher ist $d_2' \leqq d_2$, also $d_2' = d_2$. Bei der kanonischen Abbildung von $L = \tilde{L}_1 \oplus \tilde{L}_2$ auf $L/L_2 \cong L_1$ umfaßt das Bild von $\tilde{L}_1$ einen Komplementärraum von $(\tilde{L}_2 + L_2)/L_2$, also ist $d_1' \geqq d_1$ und damit $d_1' = d_1$.

Zu $\varphi_{d_1} \oplus \omega_{d_2}$ ist $\omega_{d_1} \oplus \varphi_{d_2}$ dual, man erhält damit den Satz von Lefschetz

(4) *Der duale Raum L' eines lokal linear kompakten Raumes L ist bezüglich der Topologie $\mathfrak{T}_{lk}$ wieder lokal linear kompakt und es ist $(L')' = L$.*

Ist $d_1 = d_2$, so ist L $\mathfrak{T}_{lk}$-isomorph L'.

(5) *Jeder lineare abgeschlossene Teilraum F eines lokal linear kompakten Raumes $L[\mathfrak{T}]$ ist lokal linear kompakt und besitzt einen $\mathfrak{T}$-Komplementärraum G.*

Beweis. Es sei $L = L_1 \oplus L_2$, L_1 diskret, L_2 linear kompakt. Dann ist $F_2 = F \cap L_2$ eine linear kompakte Nullumgebung von F in der induzierten Topologie, F ist also lokal linear kompakt. Nach § 10, 7.(7) ist also $F = F_1 \oplus F_2$, F_1 diskret. F_2 besitzt nach § 10, 12.(5) in L_2 einen topologischen Komplementärraum G_2 und nach § 7, 6.(2) ist $F + L_2 = F_1 \oplus F_2 \oplus G_2$. Dabei ist nach § 10, 7.(7) die Summe $F_1 \oplus L_2$ direkt und topologisch. Wieder nach § 10, 7.(7) hat $F + L_2$ einen diskreten topologischen Komplementärraum G_1, $L = G_1 \oplus (F_1 \oplus (F_2 \oplus G_2))$. Also ist L das topologische Produkt dieser vier Teilräume, bei dem es auf die Art und Reihenfolge der Zusammenfassung nicht ankommt. Es ist daher $L = (F_1 \oplus F_2) \oplus (G_1 \oplus G_2) = F \oplus G$ die gesuchte topologisch komplementäre Zerlegung.

2. Die Endomorphismen von ψ. Sind beide Dimensionen d_1 und d_2 abzählbar, so erhalten wir den halbfiniten Raum $\psi = \varphi \oplus \omega$. Sein dualer Raum $\psi' = \omega \oplus \varphi$ ist zu ψ topologisch isomorph.

Auch für ψ läßt sich eine vollständige Äquivalenztheorie der Endomorphismen durchführen, man beherrscht damit die Theorie der zugehörigen ,,halbfiniten" Gleichungssysteme in derselben Weise wie die der spalten- und zeilenfiniten Gleichungssysteme.

Wir zeigen zuerst, daß durch geeignete Wahl zweier stetiger Basen jede stetige Abbildung $A \in \mathfrak{L}(\psi)$ in eine Normalform gebracht werden kann.

Der Kern $N[A]$ hat nach 1.(5) einen $\mathfrak{T}$-komplementären Urbildraum $U[A]$, der wieder lokal linear kompakt ist. Nach § 10, 7.(6) ist $\psi/N[A]$ topologisch isomorph $U[A]$, nach § 10, 7.(4) wird also $U[A]$ durch A eineindeutig und stetig auf $G = A(\psi)$ abgebildet. Es sei $\overline{G}$ die abgeschlossene Hülle von G. $\overline{G}$ hat wieder nach 1.(5) einen $\mathfrak{T}$-Komplementärraum G_1. Wir zerlegen $U[A]$ in $\tilde{F}_1 \oplus F_2$, $\tilde{F}_1$ diskret, F_2 offen und linear kompakt; F_2 kann gleich o oder isomorph ω angenommen werden.

Der Bildraum $A(F_2) = G_2$ ist nach § 10, 9.(2) wieder linear kompakt und A erzeugt nach § 10, 9.(10) einen topologischen Isomorphismus von

F_2 und G_2. G_2 hat in $\overline{G}$ nach 1.(5) einen topologischen Komplementärraum $\widetilde{G}_2$. Die Urbilder der in $\widetilde{G}_2$ liegenden Elemente aus $A(\psi)$ bilden einen linearen Teilraum $\widetilde{F}_2$ von $U[A]$, der nach §10, 7.(7) zu F_2 in $U[A]$ topologisch komplementär und diskret ist, $U[A] = \widetilde{F}_2 \oplus F_2$. Da $G = A(\widetilde{F}_2) \oplus A(F_2)$ in $\overline{G} = \widetilde{G}_2 \oplus G_2$ dicht ist und $A(\widetilde{F}_2) < \widetilde{G}_2$, $A(F_2) = G_2$ gilt, ist nach §1, 8.(1) $A(\widetilde{F}_2)$ dicht in $\widetilde{G}_2$. Wir untersuchen jetzt die eineindeutige stetige Abbildung des diskreten $\widetilde{F}_2$ in $\widetilde{G}_2$. In dem lokal linear kompakten $\widetilde{G}_2$ sei G_4 offen und linear kompakt. Wieder können wir G_4 als $\mathfrak{o}$ oder zu ω isomorph annehmen. Nach § 7, 6.(5) und §10, 7.(7) gibt es zu G_4 einen diskreten topologischen Komplementärraum G_3 in $\widetilde{G}_2$, so daß $A(\widetilde{F}_2) = (A(\widetilde{F}_2) \cap G_3) \oplus (A(\widetilde{F}_2) \cap G_4) = H_3 \oplus H_4$ wird. Die Urbilder von H_3 und H_4 seien F_3 und F_4, es ist dann also $\widetilde{F}_2 = F_3 \oplus F_4$, $H_3 = A(F_3)$, $H_4 = A(F_4)$. Da $A(\widetilde{F}_2)$ in $\widetilde{G}_2$ dicht ist, muß wieder $\overline{A(F_3)} = G_3$, $\overline{A(F_4)} = G_4$ sein. G_3 ist diskret, also erzeugt A einen Isomorphismus von F_3 auf G_3.

Es bleibt schließlich noch im Fall $G_4 \neq \mathfrak{o}$ die lineare Abbildung A des diskreten Raumes F_4 in den linear kompakten Raum G_4 zu untersuchen, also eine lineare eineindeutige stetige Abbildung A von φ in ω mit in ω dichtem Bildraum.

Wir knüpfen an die in §11, 4. entwickelten Begriffe an. Es sei $x_1, x_2, \ldots$ eine Basis von φ. Da $A(\varphi)$ in ω dicht ist, gibt es zu jedem $k = 1, 2, \ldots$, ein $z \in \varphi$, dessen Bild $y = Az$ die Kürze k hat. Es sei speziell z_1 so gewählt, daß $y_1 = Az_1$ die Kürze 1 hat. Ist x_1 von z_1 linear unabhängig (andernfalls nehme man x_2), so gibt es ein $z_{k_1} = x_1 + z_1\lambda_{11}$ in φ, dessen Bild y_{k_1} eine Kürze $k_1 > 1$ besitzt. Ist $k_1 > 2$, so gibt es Elemente $z_2, \ldots, z_{k_1-1}$ in φ, deren Bilder $y_2, \ldots, y_{k_1-1}$ die Kürzen $2, \ldots, k_1 - 1$ haben. Die Elemente $z_1, \ldots, z_{k_1}$ sind linear unabhängig, da ihre Bildvektoren es offenbar sind. Sei x_{i_2} das erste von $z_1, \ldots, z_{k_1}$ linear unabhängige unter den $x_1, x_2, \ldots$. Dann gibt es ein $z_{k_2} = x_{i_2} + z_1\lambda_{21} + \cdots + z_{k_1}\lambda_{2k_1}$, dessen Bild y_{k_2} eine Kürze $k_2 > k_1$ hat. Ist $k_2 > k_1 + 1$, so lassen sich wieder Elemente $z_{k_1+1}, \ldots, z_{k_2-1}$ aus φ einschieben, so daß alle $z_1, \ldots, z_{k_2}$ linear unabhängig sind und ihre Bildvektoren die Kürzen $1, \ldots, k_2$ haben. x_{i_3} sei das erste der $x_{i_2+1}, \ldots$, das von $z_1, \ldots, z_{k_2}$ linear unabhängig ist. Durch Fortsetzung dieses Verfahrens erhalten wir eine Basis $\{z_i\}$ von φ, deren Bilder $y_i = Az_i$ genau alle verschiedenen Kürzen haben, die $\{y_i\}$ bilden also eine stetige Basis von ω.

Fassen wir alles zusammen, so haben wir zu $A \in \mathfrak{L}(\psi)$ zwei direkte topologische Zerlegungen von ψ konstruiert

(1) $$\psi = N[A] \oplus F_2 \oplus F_3 \oplus F_4$$

(2) $$\psi = G_1 \quad \oplus G_2 \oplus G_3 \oplus G_4$$

mit folgenden Eigenschaften: Der Nullraum $N[A]$ kann endliche Dimension n haben oder zu φ, ω oder ψ topologisch isomorph sein. Für den Komplementärraum G_1 der Abschließung des Bildraumes $A(\psi)$ gilt dasselbe. F_2 und G_2 sind entweder beide $\circ$ oder beide isomorph ω und A stellt einen topologischen Isomorphismus von F_2 auf G_2 dar, der bei geeigneter Wahl der stetigen Basen $x_2^{(i)}, y_2^{(i)}$ in F_2 und G_2 die Form $Ax_2^{(i)} = y_2^{(i)}$ hat, $i = 1, 2, \ldots$. F_3 und G_3 sind beide diskret und von der gleichen Dimension, die endlich oder abzählbar unendlich sein kann. A stellt einen Isomorphismus dar, der durch Wahl geeigneter Basen $x_3^{(i)}, y_3^{(i)}$ in F_3 und G_3 die Form $Ax_3^{(i)} = y_3^{(i)}$ hat. F_4 und G_4 verschwinden entweder beide oder sind isomorph φ bzw. ω und durch geeignete Wahl einer Basis $x_4^{(i)}$ bzw. stetigen Basis $y_4^{(i)}$ in F_4 bzw. G_4 erhält man für A die Abbildung $Ax_4^{(i)} = y_4^{(i)}$ von F_4 auf einen in G_4 dichten Bildraum. Ist $U[A]$ unendlichdimensional und F_3 endlichdimensional, so kann man stets F_3 und G_3 als $\circ$ annehmen.

Ist A eine Abbildung unendlichen Ranges, so ist nach unseren Überlegungen die Abbildung von $U[A]$ auf $A(\psi)$ von einem der folgenden sieben Typen (mit $\tilde{\varphi}$ bezeichnen wir φ, aufgefaßt als dichter Teilraum von ω und versehen mit der durch die schwache Topologie von ω induzierten Topologie; zum Unterschied von φ in der diskreten Topologie)

$$(3) \qquad \begin{array}{llllllll} U[A]: & \varphi, & \varphi, & \varphi \oplus \varphi, & \omega, & \omega \oplus \varphi, & \omega \oplus \varphi, & \omega \oplus \varphi \oplus \varphi, \\ A(\psi): & \varphi, & \tilde{\varphi}, & \varphi \oplus \tilde{\varphi}, & \omega, & \omega \oplus \varphi, & \omega \oplus \tilde{\varphi}, & \omega \oplus \varphi \oplus \tilde{\varphi}. \end{array}$$

3. Äquivalenztheorie in ψ. Eine stetige Basis von ψ erhält man, wenn man bei irgendeiner Zerlegung von ψ in eine direkte Summe $\psi_1 \oplus \psi_2$, ψ_1 diskret, ψ_2 offen und linear kompakt, eine algebraische Basis x_{-i}, $i = 1, 2, \ldots$, von ψ_1 und eine stetige Basis x_i, $i = 1, 2, \ldots$, von ψ_2 wählt.

Hat man eine zweite stetige Basis x'_{-i}, x'_i gewählt, so ergibt die Abbildung $Bx_k = x'_k$ $(k = \pm 1, \pm 2, \ldots)$ einen topologischen Automorphismus von ψ.

Nennt man zwei A_1 und $A_2 \in \mathfrak{L}(\psi)$ wieder äquivalent, wenn es topologische Automorphismen B und C gibt mit $A_2 = BA_1C$, so ergibt sich aus der obigen Bemerkung und den Resultaten der vorigen Nummer mühelos

(1) *Zwei Abbildungen endlichen Ranges (d.h. $N[A]$ hat endlichen Defekt in ψ) sind äquivalent, wenn sie gleichen Rang haben.*

(2) *Zwei Abbildungen unendlichen Ranges sind äquivalent, wenn a) ihre Nullräume und die Komplementärräume der abgeschlossenen Hüllen der Bildräume jeweils von derselben endlichen Dimension oder vom selben Typus φ bzw. ω bzw. ψ sind, b) die Dimensionen 0 oder ∞ der Räume F_2, F_3, F_4 jeweils übereinstimmen.*

Daß damit die volle Äquivalenzklasseneinteilung gegeben ist, folgt aus

(3) *Zwei Abbildungen sind nur dann äquivalent, wenn die in* (1) *und* (2) *angegebenen Bedingungen erfüllt sind.*

Für (1) ist dies unmittelbar klar. Im Fall (2), der offenbar zu (1) nicht äquivalent ist, schließt man so: BA_1C hat den Nullraum $C^{-1}(N[A_1])$, er hat also denselben Typus wie $N[A_1]$, ebenso geht ein Komplementärraum $G_1^{(1)}$ von $\overline{A_1(\psi)}$ durch B in einen Komplementärraum $BG_1^{(1)}$ von $\overline{BA_1C(\psi)}$ über, beide haben ebenfalls den gleichen Typus. Ist F_2 unendlichdimensional bzw. o, so bedeutet dies, daß der Urbildraum einen unendlichdimensionalen linear kompakten Teilraum enthält, bzw. diskret ist, das bleibt bei Äquivalenz erhalten. Daß F_3 unendlichdimensional bzw. o ist, bedeutet, daß bei der Abbildung ein unendlichdimensionaler diskreter Teilraum auf einen ebensolchen abgebildet wird bzw. daß dies nicht der Fall ist. Daß F_4 unendlichdimensional bzw. o ist, bedeutet, daß $A(\psi)$ nicht abgeschlossen bzw. abgeschlossen ist.

Mit ähnlichen Überlegungen ist leicht einzusehen, daß die Bildräume $A(\psi)$ der sieben Typen 2.(3) sämtlich paarweise nicht topologisch isomorph sind, wir können deshalb das Ergebnis der Äquivalenztheorie auch so formulieren

(4) *Zwei lineare stetige Abbildungen von ψ in sich sind dann und nur dann äquivalent, wenn ihre Nullräume, ihre Bildräume und die Komplementärräume der abgeschlossenen Hüllen der Bildräume jeweils topologisch isomorph sind.*

Legt man eine stetige Basis $\ldots, x_{-2}, x_{-1}, x_1, x_2, \ldots$ von ψ zugrunde, so wird eine lineare Abbildung $A \in \mathfrak{L}(\psi)$ durch eine Matrix $\mathfrak{A} = ((\alpha_{ik}))$ dargestellt, die sich nach allen Richtungen ins Unendliche erstreckt und die folgende Gestalt hat

$$\mathfrak{A} = \left(\begin{array}{ccc|ccc} \cdot & \cdot & \cdot & \cdot & \cdot & \cdot \\ \cdot & \alpha_{-2-2} & \alpha_{-2-1} & \alpha_{-21} & \alpha_{-22} & \cdot \\ \cdot & \alpha_{-1-2} & \alpha_{-1-1} & \alpha_{-11} & \alpha_{-12} & \cdot \\ \hline \cdot & \alpha_{1-2} & \alpha_{1-1} & \alpha_{11} & \alpha_{12} & \cdot \\ \cdot & \alpha_{2-2} & \alpha_{2-1} & \alpha_{21} & \alpha_{22} & \cdot \\ \cdot & \cdot & \cdot & \cdot & \cdot & \cdot \end{array}\right) = \left(\begin{array}{c|c} \mathfrak{A}_1 & \mathfrak{A}_2 \\ \hline \mathfrak{A}_3 & \mathfrak{A}_4 \end{array}\right),$$

wobei $\mathfrak{A}_1$ spaltenfinit, $\mathfrak{A}_2$ endlich (also insbesondere spalten- und zeilenfinit), $\mathfrak{A}_3$ beliebig, $\mathfrak{A}_4$ zeilenfinit ist. Eine solche Matrix heißt halbfinit. Die Endlichkeit von $\mathfrak{A}_2$ ist leicht aus der Bedingung, daß $\mathfrak{A}\,\psi$ in sich überführt, abzuleiten.

Neben den topologischen Automorphismen von ψ, die sämtlich der identischen Abbildung äquivalent sind, gibt es genau noch eine Äquivalenzklasse von Abbildungen A, für die sowohl $Ax=o$ wie auch $A'u=o$, $x\in\psi$, $u\in\psi'$, unlösbar sind. Es ist der Fall $N[A]=o$, $G_1=o$, F_2, F_3, F_4 alle unendlichdimensional, der letzte Fall von 2.(3). Bei geeigneter Numerierung der Basiselemente erhalten wir hierfür die Normalform

$$\left(\begin{array}{cccccccc|cccc}
\cdot & \cdot & \cdot & \cdot & \cdot & \cdot & \cdot & \cdot & \cdot & \cdot & \cdot & \cdot \\
\cdot & 1 & 0 & 0 & 0 & 0 & 0 & 0 & 0 & 0 & 0 & \cdot \\
\cdot & 0 & 0 & 1 & 0 & 0 & 0 & 0 & 0 & 0 & 0 & \cdot \\
\cdot & 0 & 0 & 0 & 0 & 1 & 0 & 0 & 0 & 0 & 0 & \cdot \\
\cdot & 0 & 0 & 0 & 0 & 0 & 0 & 1 & 0 & 0 & 0 & \cdot \\
\hline
\cdot & 0 & 0 & 0 & 0 & 0 & 0 & 0 & 1 & 0 & 0 & \cdot \\
\cdot & 0 & 0 & 0 & 0 & 0 & 1 & 0 & 0 & 0 & 0 & \cdot \\
\cdot & 0 & 0 & 0 & 0 & 0 & 0 & 0 & 0 & 1 & 0 & \cdot \\
\cdot & 0 & 0 & 0 & 1 & 0 & 0 & 0 & 0 & 0 & 0 & \cdot \\
\cdot & 0 & 0 & 0 & 0 & 0 & 0 & 0 & 0 & 0 & 1 & \cdot \\
\cdot & 0 & 1 & 0 & 0 & 0 & 0 & 0 & 0 & 0 & 0 & \cdot \\
\cdot & \cdot & \cdot & \cdot & \cdot & \cdot & \cdot & \cdot & \cdot & \cdot & \cdot & \cdot
\end{array}\right)$$

Wir überlassen es dem Leser, die Äquivalenztheorie in eine Theorie der unendlichen Gleichungen mit halbfiniten Matrizen und halbfiniten Lösungsvektoren zu übersetzen (vgl. Köthe und Toeplitz [1]).

J. Dieudonné [4] hat gezeigt, daß eine entsprechend einfache Theorie im nichtabzählbaren Fall nicht existiert.

§ 13. Die lineare starke Topologie

1. Linear beschränkte Teilräume. Wir setzen die allgemeine Theorie der lineartopologischen Räume fort und führen das Analogon zu dem in der späteren Theorie besonders wichtigen Begriff der beschränkten Menge ein.

L sei ein linearer Raum über K mit der linearen Topologie $\mathfrak{T}$, die durch die linearen Nullumgebungen U_α, $\alpha\in\mathsf{A}$, bestimmt sei. Ein linearer Teilraum F von L heißt linear $\mathfrak{T}$-beschränkt, wenn $(F+U_\alpha)/U_\alpha$ für jedes U_α endlichdimensional ist.

Ist $\mathfrak{T}$ die diskrete Topologie, so sind genau die endlichdimensionalen linearen Teilräume linear $\mathfrak{T}$-beschränkt; ist $\mathfrak{T}$ die lineare schwache Topologie $\mathfrak{T}_{ls}(L')$, so ist jeder lineare Teilraum linear schwach beschränkt, denn jedes U_α hat endlichen Defekt in L.

(1) *Die abgeschlossene Hülle eines linear $\mathfrak{T}$-beschränkten Teilraumes F ist wieder linear $\mathfrak{T}$-beschränkt.*

Nach §10, 2.(3) ist $F+U_\alpha$ abgeschlossen, aus $F+U_\alpha=(F+U_\alpha)^{\perp\perp}\supset F^{\perp\perp}+U_\alpha\supset F+U_\alpha$ folgt daher $F^{\perp\perp}+U_\alpha=F+U_\alpha$. Somit ist mit $(F+U_\alpha)/U_\alpha$ auch $(F^{\perp\perp}+U_\alpha)/U_\alpha$ endlichdimensional.

(2) *Die Summe endlich vieler linear $\mathfrak{T}$-beschränkter Teilräume von L ist wieder linear $\mathfrak{T}$-beschränkt. Jeder lineare Teilraum eines linear $\mathfrak{T}$-beschränkten Teilraumes ist wieder linear $\mathfrak{T}$-beschränkt.*

Der Beweis ist trivial.

(3) *Das lineare stetige Bild in $L_2[\mathfrak{T}_2]$ jedes linear $\mathfrak{T}_1$-beschränkten Teilraumes F von $L_1[\mathfrak{T}_1]$ ist linear $\mathfrak{T}_2$-beschränkt.*

Es sei $A \in \mathfrak{L}(L_1, L_2)$. Ist V eine abgeschlossene lineare Nullumgebung in L_2, so gibt es eine Nullumgebung U in L_1 mit $A(U) \subset V$. Da $(F+U)/U$ endlichdimensional ist, ist auch $A(F+U)/A(U) = \big(A(F)+A(U)\big)/A(U)$ endlichdimensional, daher auch $\big(A(F)+V\big)/V$.

(4) *Ein linearer Teilraum F von $L[\mathfrak{T}]$ ist dann und nur dann linear $\mathfrak{T}$-beschränkt, wenn $\mathfrak{T}$ auf F mit der linearen schwachen Topologie übereinstimmt.*

a) Ist $\mathfrak{T} = \mathfrak{T}_{ls}$ auf F, so gibt es zu jeder $\mathfrak{T}$-Umgebung U_α eine $\mathfrak{T}_{ls}$-Umgebung V mit $F \cap U_\alpha = F \cap V$. Dann ist nach § 7, 6.(6) $(F+U_\alpha)/U_\alpha \cong F/(F \cap U_\alpha) = F/(F \cap V) \cong (F+V)/V$. Da L/V endlichdimensional ist, ist auch $(F+U_\alpha)/U_\alpha$ endlichdimensional.

b) Ist umgekehrt $(F+U_\alpha)/U_\alpha$ endlichdimensional, so ist $F+U_\alpha = U_\alpha \oplus [x_1, \ldots, x_n]$, die x_i linear unabhängig. Wegen der Abgeschlossenheit jedes $U_\alpha \oplus [x_1, \ldots, x_{i-1}, x_{i+1}, \ldots, x_n]$ gibt es dann nach §10, 4.(1′) stetige Linearfunktionen $u_1, \ldots, u_n$ in L', die auf U_α verschwinden und auf den x_i die Werte $u_i x_i = 1$, $u_i x_k = 0$ für $i \neq k$ annehmen. Für die schwache Umgebung $V = U_{u_1, \ldots, u_n}(o)$ gilt dann $F+V = V \oplus [x_1, \ldots, x_n]$, also $(F+V)/V \cong (F+U_\alpha)/U_\alpha$, daher $F/(F \cap V) \cong F/(F \cap U_\alpha)$; da $F/F \cap V$ endlichdimensional ist und $F \cap U_\alpha \subset F \cap V$ gilt, ist schließlich $F \cap U_\alpha = F \cap V$.

Gehen wir von einem Dualsystem $\langle L_2, L_1 \rangle$ aus, so ist in L_1 und in L_2 damit die lineare $\mathfrak{T}_{lk}$-Beschränktheit erklärt. Dies ist der wichtigste der Beschränktheitsbegriffe.

(5) *Jeder linear schwach kompakte Teilraum F von $L[\mathfrak{T}]$ ist linear $\mathfrak{T}_{lk}$-beschränkt.*

Ist U eine lineare $\mathfrak{T}_{lk}$-Nullumgebung in L, so ist L/U nach §10, 7.(2) diskret. Da $(F+U)/U$ als stetiges Bild von F linear schwach kompakt ist, muß es endlichdimensional sein.

Die Umkehrung von (5) ist nicht richtig. Wir betrachten das Dualsystem $\langle \varphi, \varphi \rangle$. Nach § 10, 10.(3) und § 9, 5.(3) hat ein linear schwach kompakter Raum niemals abzählbare Dimension. Also sind nur die endlichdimensionalen linearen Teilräume von φ linear schwach kompakt. Daher gilt $\mathfrak{T}_{lk} = \mathfrak{T}_{ls}$ und φ selbst ist linear $\mathfrak{T}_{lk}$-beschränkt.

2. Die lineare starke Topologie. Sei wieder $\langle L_2, L_1 \rangle$ ein Dualsystem. Durchläuft B alle linear $\mathfrak{T}_{lk}$-beschränkten Teilräume von L_2, so erfüllen die $B^\perp$ nach 1.(2) die Forderungen von §10, 2.(1), erklären also als Nullumgebungen eine lineare Topologie auf L_1, die wir als die lineare starke Topologie $\mathfrak{T}_{lb}(L_2)$ auf L_1 bezeichnen.

Aus 1.(5) folgt sofort

(1) *Die starke Topologie* $\mathfrak{T}_{lb}(L_2)$ *ist feiner als die Topologie* $\mathfrak{T}_{lk}(L_2)$.

Ferner folgt aus § 10, 11.(4) und 1.(1)

(2) *Der duale Raum zu* $L_1[\mathfrak{T}_{lb}(L_2)]$ *ist dann und nur dann gleich* L_2, *wenn* $\mathfrak{T}_{lb}(L_2)=\mathfrak{T}_{lk}(L_2)$ *ist, wenn also jeder linear* $\mathfrak{T}_{lk}$*-beschränkte schwach abgeschlossene Teilraum von* L_2 *linear schwach kompakt ist.*

L sei ein lineartopologischer Raum mit der Topologie $\mathfrak{T}$. Der duale Raum L', versehen mit der starken Topologie $\mathfrak{T}_{lb}(L)$ heißt der zu L stark duale Raum. L heißt stark halbreflexiv, wenn der zum stark dualen Raum L' duale Raum $(L'[\mathfrak{T}_{lb}])'$ gleich L ist; L heißt stark reflexiv, wenn überdies die starke Topologie $\mathfrak{T}_{lb}(L')$ auf L mit der Ausgangstopologie $\mathfrak{T}$ übereinstimmt.

(3) *L ist dann und nur dann stark halbreflexiv, wenn jeder linear* $\mathfrak{T}_{lk}$*-beschränkte abgeschlossene Teilraum von L linear schwach kompakt ist.*

(4) *L ist dann und nur dann stark reflexiv, wenn in L und in L' jeder linear* $\mathfrak{T}_{lk}$*-beschränkte abgeschlossene Teilraum linear schwach kompakt ist und die Ausgangstopologie* $\mathfrak{T}$ *gleich* $\mathfrak{T}_{lk}(L')$ *ist.*

Beweis. (3) ist eine Folge von (2). Ist L stark reflexiv, so ist $\mathfrak{T}=\mathfrak{T}_{lb}(L')$, also erst recht $\mathfrak{T}_{lk}(L')=\mathfrak{T}_{lb}(L')$, also ist auch in L' jeder abgeschlossene linear $\mathfrak{T}_{lk}$-beschränkte Teilraum linear schwach kompakt. Die Umkehrung ist ebenfalls klar.

Als Beispiel geben wir eine Verschärfung des Satzes von Lefschetz (vgl. § 12, 1.(4)),

(5) *Jeder lokal linear kompakte Raum L ist stark reflexiv.*

Nach § 12, 1.(1) und § 12, 1.(4) genügt es zu zeigen, daß jeder linear $\mathfrak{T}_{lk}$-beschränkte Teilraum B von L in einem schwach kompakten linearen Teilraum enthalten ist. Es ist $L=L_1\oplus L_2$, L_1 diskret, L_2 offen und linear schwach kompakt. Nach 1.(3) ist auch $(B+L_2)/L_2$ im diskreten L/L_2 linear $\mathfrak{T}_{lk}$-beschränkt. Also ist $(B+L_2)/L_2$ endlichdimensional und daher $B+L_2$ linear schwach kompakt.

3. Die vollständige Hülle. In § 5, 5. wurde gezeigt, wie zu jedem separierten uniformen Raum eine eindeutig bestimmte vollständige Hülle konstruiert werden kann. Wir werden später (§ 15, 3.) sehen, daß die so konstruierte vollständige Hülle eines topologischen linearen Raumes wieder ein topologischer linearer Raum ist. Es gibt aber in unserem Fall einen einfachen, dem Verfahren von Grothendieck (vgl. § 21, 9.) entsprechenden, Weg, diese Hülle unabhängig von den Überlegungen in § 5 zu konstruieren.

Es sei L ein linearer Raum mit der Topologie $\mathfrak{T}$, die durch die schwach abgeschlossenen linearen Nullumgebungen U erzeugt wird. Mit $\tilde{L}$ bezeichnen wir die Menge aller Linearfunktionen y auf L', die auf jedem $U^{\perp}$ eine schwach stetige Linearfunktion erzeugen. $\tilde{L}$ ist offenbar ein linearer Raum, der L als Teilraum enthält.

Wir erklären in $\tilde{L}$ eine lineare Topologie $\tilde{\mathfrak{T}}$ durch die zu den $U^{\perp}$ in $\tilde{L}$ orthogonalen linearen Teilräume $U^{\perp\perp} \supset U$. Daß $\tilde{\mathfrak{T}}$ eine lineare Topologie ist, ergibt sich leicht: Der Durchschnitt endlich vieler $U_i^{\perp\perp}$ umfaßt die Umgebung $(\bigcap_i U_i)^{\perp\perp}$, die $U^{\perp\perp}$ bilden also eine Filterbasis und $\bigcap U^{\perp\perp} = o$ folgt daraus, daß ein $y \in \tilde{L}$, das auf allen $U^{\perp}$ verschwindet, identisch Null ist.

Da $U^{\perp\perp} \cap L = U$ ist, ist $\mathfrak{T}$ die durch $\tilde{\mathfrak{T}}$ auf L induzierte Topologie. Daß $\tilde{L}$ die vollständige Hülle von L ist, ergibt sich aus

(1) *$\tilde{L}$ ist bezüglich $\tilde{\mathfrak{T}}$ vollständig und L ist in $\tilde{L}$ dicht.*

Ist $\{F^{\alpha}\}$ ein Cauchyfilter auf $\tilde{L}$, so gibt es zu jedem $U^{\perp}$ ein F^{α}, so daß alle $y \in F^{\alpha}$ auf $U^{\perp}$ dieselbe Einschränkung $y_{U^{\perp}}^{(0)}$ haben, die eine auf $U^{\perp}$ schwach stetige Linearfunktion darstellt. Die so auf allen $U^{\perp}$ eindeutig erklärten $y_{U^{\perp}}^{(0)}$ ergeben eine auf ganz L' erklärte Linearfunktion $y^{(0)} \in \tilde{L}$. Denn sind $U_1^{\perp}$ und $U_2^{\perp}$ verschieden und ist $y_1 = y_{U_1^{\perp}}^{(0)}$ bzw. $y_2 = y_{U_2^{\perp}}^{(0)}$ für alle $y_1 \in F^{\alpha_1}$ bzw. $y_2 \in F^{\alpha_2}$, so gilt für alle $y \in F^{\gamma} \subset F^{\alpha_1} \cap F^{\alpha_2}$ auf $U_1^{\perp} \cap U_2^{\perp}$ offenbar $y_{U_1^{\perp}}^{(0)} = y = y_{U_2^{\perp}}^{(0)}$, die Linearfunktionen $y_{U_1^{\perp}}^{(0)}$ und $y_{U_2^{\perp}}^{(0)}$ stimmen auf dem Durchschnitt ihrer Definitionsbereiche also überein, $y^{(0)}$ ist der Limes von $\{F^{\alpha}\}$. Da $y_{U^{\perp}}^{(0)}$ als schwach stetige Linearfunktion auf $U^{\perp}$ auch durch ein $x_{U^{\perp}} \in L$ erzeugt wird, ist $y^{(0)}$ $\tilde{\mathfrak{T}}$-Berührungspunkt der $x_{U^{\perp}}$, also L in $\tilde{L}$ dicht.

Als erste Folgerung leiten wir eine weitere Charakterisierung der linear $\mathfrak{T}$-beschränkten Mengen ab.

Wir nennen einen linearen Teilraum F von L **linear $\mathfrak{T}$-präkompakt**, wenn die abgeschlossene Hülle von F in $\tilde{L}$ linear $\tilde{\mathfrak{T}}$-kompakt ist.

(2) *Ein linearer Teilraum F ist dann und nur dann linear $\mathfrak{T}$-präkompakt, wenn er linear $\mathfrak{T}$-beschränkt ist.*

Es genügt, dies für L selbst zu beweisen, denn ein linearer Teilraum F von $L[\mathfrak{T}]$ ist dann und nur dann linear $\mathfrak{T}$-beschränkt bzw. linear $\mathfrak{T}$-präkompakt, wenn er dies bezüglich der auf F durch $\mathfrak{T}$ induzierten Topologie ist. Ist L linear $\mathfrak{T}$-beschränkt, so ist L/U endlichdimensional, also nach § 10, 8.(4) $U^{\perp}$ endlich dimensional; die Linearfunktionen aus $\tilde{L}$ bestehen daher aus allen Linearfunktionen auf L', $\tilde{L} = (L')^*$, $\tilde{L}$ ist also nach § 10, 10.(1) linear schwach kompakt und $\tilde{\mathfrak{T}} = \mathfrak{T}_{ls}(L')$.

Ist umgekehrt L linear $\mathfrak{T}$-präkompakt, so ist $\tilde{L}$ linear $\tilde{\mathfrak{T}}$-kompakt, nach § 10, 10.(2) ist $\tilde{\mathfrak{T}}$ die schwache Topologie, nach der Bemerkung vor 1.(1) ist L also linear $\mathfrak{T}$-beschränkt.

Ist L $\mathfrak{T}_{lk}$-vollständig, so ist also jeder abgeschlossene linear $\mathfrak{T}_{lk}$-beschränkte Teilraum von L linear $\mathfrak{T}_{lk}$-kompakt, also linear schwach kompakt, daher gilt nach 2.(3)

(3) *Ist L $\mathfrak{T}_{lk}$-vollständig, so ist L stark halbreflexiv.*

Ebenso ergibt sich

(4) *Sind L und L' $\mathfrak{T}_{lk}$-vollständig, so ist $L[\mathfrak{T}_{lk}(L')]$ stark reflexiv.*

Beide Sätze sind nicht mehr richtig, wenn man nur $\mathfrak{T}_{lb}$-Vollständigkeit voraussetzt, wie das Beispiel des Dualsystems $\langle\varphi, \varphi\rangle$ zeigt (vgl. die Bemerkung am Schluß von 1.). Die starke Topologie ist in beiden Räumen die diskrete Topologie, bezüglich deren beide vollständig sind, die stark dualen Räume sind aber isomorph ω.

Auf eine der sich unmittelbar anschließenden Fragen sei hingewiesen: Ist ein lineartopologischer Raum stark vollständig, wenn jeder abgeschlossene linear $\mathfrak{T}_{lk}$-beschränkte Teilraum linear schwach kompakt ist?

4. Topologische Summen und Produkte. Wir bringen Beispiele zur vorhin entwickelten Theorie.

Es seien L_α, $\alpha \in \mathsf{A}$, lineartopologische Räume mit den Topologien $\mathfrak{T}_\alpha$. Dann gilt

(1) *Ist $L = \bigoplus_\alpha L_\alpha$ die direkte topologische Summe der L_α, so ist L' $\mathfrak{T}_{lk}$-isomorph $\prod_\alpha L'_\alpha[\mathfrak{T}_{lk}(L_\alpha)]$.*

Ist $L = \prod_\alpha L_\alpha$ das topologische Produkt der L_α, so ist L' $\mathfrak{T}_{lk}$-isomorph $\bigoplus_\alpha L'_\alpha[\mathfrak{T}_{lk}(L_\alpha)]$.

Beweis. Mit $\mathfrak{T}$ werde die nach § 10, 2. sich aus den $\mathfrak{T}_\alpha$ ergebende Topologie von $L = \bigoplus_\alpha L_\alpha$ bezeichnet. Wir können L_α als linearen Teilraum von L auffassen. Jedes $u \in L'$ erzeugt auf L_α dann eine $\mathfrak{T}_\alpha$-stetige Linearfunktion $u_\alpha \in L'_\alpha$, die wir durch Nullsetzen auf den L_β mit $\beta \neq \alpha$ als Element von L' auffassen können. Es ist nun ohne weiteres ersichtlich, daß die Zuordnung $u \rightarrow \{u_\alpha\} \in \prod_\alpha L'_\alpha$ eine algebraische Isomorphie der linearen Räume L' und $\prod_\alpha L'_\alpha$ ist.

Analog beweist man für die zweite Hälfte der Behauptung die algebraische Isomorphie $L' \cong \bigoplus_\alpha L'_\alpha$ (da eine Nullumgebung von $\prod_\alpha L_\alpha$ die Form $\prod_\alpha U_\alpha$ hat mit $U_\alpha = L_\alpha$ bis auf endlich viele α, sind für ein $u \in L'$ nur endlich viele $u_\alpha \neq 0$). Daß die Isomorphien $\mathfrak{T}_{lk}$-topologisch sind, zeigt man so: Die Projektion C_α einer linear $\mathfrak{T}_{ls}(L')$-kompakten Menge C aus $\bigoplus_\alpha L_\alpha$ oder $\prod_\alpha L_\alpha$ auf L_α ist nach § 10, 8.(2) linear $\mathfrak{T}_{ls}(L'_\alpha)$-kompakt. Im Fall $L = \prod_\alpha L_\alpha$ ist also einerseits C im topologischen Produkt der linear $\mathfrak{T}_{ls}(L'_\alpha)$-kompakten C_α enthalten, andererseits ist $\prod_\alpha C_\alpha$ nach § 10,

9.(7) wieder linear $\mathfrak{T}_{ls}(L')$-kompakt. Daher ist die $\mathfrak{T}_{lk}(L)$-Topologie auf L' gleich der Topologie der Summe der $L'_\alpha[\mathfrak{T}_{lk}(L_\alpha)]$.

Im Fall $L = \bigoplus_\alpha L_\alpha$ folgt die Homöomorphie analog daraus, daß nur endlichviele Projektionen $C_{\alpha_i} \neq 0$ sind, C also in $\bigoplus_i C_{\alpha_i}$ enthalten ist. Es genügt, den folgenden Fall zu betrachten: Es sei $L = \bigoplus_{k=1}^{\infty} L_k$ und es gebe in C eine Folge $x^{(i)} = \sum_{k=s}^{\infty} x_k^{(i)}$, $x_k^{(i)} \in L_k$, mit $x_k^{(i)} \neq 0$ und $x_k^{(i)} = 0$ für $k > i$. Die lineare Hülle H aller $x^{(i)}$ ist unendlichdimensional. Wir zeigen, daß H als Teilraum von L diskret ist: Es gibt eine Nullumgebung U_1 in L_1, so daß $L_1 = U_1 \oplus [x_1]$ ist. Die von $x^{(2)}$ in $(L_1 \oplus L_2)/L_1 = L_2$ erzeugte Restklasse ist $\neq 0$, also gibt es eine Nullumgebung U_2 in L_2 mit $(L_1 \oplus U_2) \cap [x^{(2)}] = 0$. Es ist also $L_1 \oplus L_2 = U_1 \oplus U_2 \oplus [x^{(1)}, x^{(2)}]$ usf. Die Nullumgebung $\bigoplus_{k=1}^{\infty} U_k$ von L schneidet daher H nur in 0.

H ist als abgeschlossener Teilraum von C linear kompakt, nach § 10, 9.(4) also endlichdimensional, was ein Widerspruch ist.

Wir wissen (§ 5, 7.), daß $\prod_\alpha L_\alpha$ $\mathfrak{T}$-vollständig ist, wenn die L_α es bezüglich der Topologien $\mathfrak{T}_\alpha$ sind. Analog gilt

(2) *Die topologische direkte Summe $L = \bigoplus_\alpha L_\alpha$ vollständiger L_α ist vollständig.*

Beweis. Ist $\mathfrak{F} = \{F^{(\beta)}\}$ ein Cauchyfilter auf L, so ist die Projektion $P_\alpha \mathfrak{F} = \{P_\alpha(F^{(\beta)})\}$ auf L_α wieder ein Cauchyfilter. Da L_α vollständig ist, hat $P_\alpha \mathfrak{F}$ einen Limes $x_\alpha \in L_\alpha$. Wir behaupten, daß mit Ausnahme höchstens endlich vieler α_i stets $x_\alpha = 0$ ist. Andernfalls gäbe es eine Folge $x_{\alpha_i} \neq 0$, $i = 1, 2, \ldots$. Es sei U_{α_i} eine lineare abgeschlossene Nullumgebung von L_{α_i}, so daß 0 nicht in $x_{\alpha_i} + U_{\alpha_i}$ liegt. Es sei $U = \bigoplus_\alpha U_\alpha$ eine Nullumgebung von L, deren U_{α_i} die eben bestimmten Umgebungen sind, die übrigen seien beliebig. Ferner sei $F^{(\beta)}$ klein von der Ordnung U. Ist nun $z \in F^{(\beta)}$, so liegt $P_{\alpha_i} z = z_{\alpha_i}$ in $x_{\alpha_i} + U_{\alpha_i}$, müßte also für alle i von 0 verschieden sein, was unmöglich ist. Da $F^{(\beta)}$ aber nicht leer sein kann, haben wir einen Widerspruch.

Sind nun $x_{\alpha_1}, \ldots, x_{\alpha_n}$ die endlich vielen von 0 verschiedenen Limites der $P_{\alpha_i} \mathfrak{F}$, so ist offenbar $x_{\alpha_1} + \cdots + x_{\alpha_n}$ der Limes von $\mathfrak{F}$.

(3) *Sind die L_α sämtlich stark reflexiv, so sind auch $\bigoplus_\alpha L_\alpha$ und $\prod_\alpha L_\alpha$ stark reflexiv.*

Beweis. L_α ist stark reflexiv, also ist die Topologie von L_α die $\mathfrak{T}_{lk}$-Topologie. Wendet man (1) auf $L' = \bigoplus_\alpha L'_\alpha[\mathfrak{T}_{lk}(L_\alpha)]$ an Stelle von $L = \bigoplus_\alpha L_\alpha$ an, so ergibt sich für $(L')' = L$, daß $\prod_\alpha L_\alpha$ die Topologie $\mathfrak{T}_{lk}(L')$ besitzt. Ebenso zeigt man, daß die Summentopologie von $\bigoplus_\alpha L_\alpha$ gleich $\mathfrak{T}_{lk}$ ist. Unsere Behauptung ergibt sich daher aus 2.(4), wenn wir zeigen, daß jeder linear $\mathfrak{T}_{lk}$-beschränkte abgeschlossene Teilraum von $\prod_\alpha L_\alpha$ bzw. $\bigoplus_\alpha L_\alpha$ linear schwach kompakt ist, wenn dies für die L_α gilt.

Sei C linear $\mathfrak{T}_{lk}$-beschränkt und abgeschlossen in $\prod L_\alpha$. Dann ist $(C+U)/U$ endlichdimensional für jede $\mathfrak{T}_{lk}$-Nullumgebung $U=\prod U_\alpha$ in $\prod L_\alpha$. Ist C_α die Projektion auf L_α, so ist auch $(C_\alpha+U_\alpha)/U_\alpha$ endlichdimensional und mit C_α ist nach 1.(1) auch die $\mathfrak{T}_{lk}$-abgeschlossene Hülle $\overline{C_\alpha}$ linear beschränkt. Nach Voraussetzung ist $\overline{C_\alpha}$ linear schwach kompakt, nach § 10, 9.(7) auch $\prod_\alpha \overline{C_\alpha}$ und damit schließlich $C \subset \prod \overline{C_\alpha}$. Ist C linear $\mathfrak{T}_{lk}$-beschränkt und abgeschlossen in $\bigoplus_\alpha L_\alpha$, so können nur endlich viele $C_\alpha \neq \mathfrak{o}$ sein, da man sonst wie im Beweis von (1) ein $U=\bigoplus_\alpha U_\alpha$ konstruieren könnte mit unendlichdimensionalem $(C+U)/U$. Daß C linear schwach kompakt ist, folgt dann wie vorhin.

5. Die Räume abzählbarer Stufe. Wir konstruieren aus den Räumen φ, ω und ψ weitere, nicht mehr lokal linear kompakte aber stark reflexive Räume mit abzählbarer stetiger Basis.

φ und ω sind nach 2.(5) stark reflexiv. Wir bezeichnen sie mit S_1 und S_1'. Es sei S_2 die topologische direkte Summe abzählbar vieler zu S_1' isomorpher Räume.

Man erhält offenbar alle Vektoren aus S_2, wenn man in jedem Vektor $\{\xi_1, \ldots, \xi_n, 0, 0, \ldots\}$ aus φ die $\xi_i \neq 0$ durch beliebige Vektoren $\mathfrak{u}_i \neq \mathfrak{o}$ aus ω und die Nullen durch den Nullvektor $\mathfrak{o}$ aus ω ersetzt. Wir bezeichnen deshalb S_2 auch als $\varphi\omega$.

Es ist S_2' nach 4. das topologische Produkt abzählbar vieler zu $S_1''=\varphi$ isomorpher Räume. Wir schreiben für S_2' auch $\omega\varphi$, da man die Vektoren aus S_2' nach dem obigen Prinzip durch Einsetzen von Vektoren aus φ für die Koordinaten der Vektoren aus ω erhalten kann.

Dieser Prozeß läßt sich fortsetzen: Es durchlaufe α die Ordnungszahlen der ersten und zweiten Zahlklasse. Wir können annehmen, daß S_β für $\beta<\alpha$ schon erklärt ist. Ist α keine Limeszahl, so setzen wir S_α gleich der topologischen direkten Summe abzählbar vieler zu $S_{\alpha-1}'$ isomorpher Räume, also $S_\alpha=\varphi S_{\alpha-1}'$. Ist α eine Limeszahl, so setzen wir $S_\alpha=\bigoplus_{\beta<\alpha} S_\beta'$.

Durch transfinite Induktion ergibt sich leicht

(1) *S_α ist $\mathfrak{T}_{lk}$-vollständig und stark reflexiv, S_α' ist gleich $\omega S_{\alpha-1}$, wenn α keine Limeszahl ist, und gleich $\prod_{\beta<\alpha} S_\beta'$, wenn α eine Limeszahl ist.*

Wir nennen einen lineartopologischen Raum über K von abzählbarer Stufe, wenn er aus $\varphi(\mathrm{K})$ und $\omega(\mathrm{K})$ durch eine wohlgeordnete Folge (bis zur zweiten Zahlklasse) von topologischen Summen- und Produktbildungen entsteht.

Es läßt sich zeigen (vgl. KÖTHE [1]), daß jeder Raum abzählbarer Stufe durch eine Permutation der abzählbar vielen Koordinaten seiner Vektoren in einen der Räume S_α, S'_α oder $S_\alpha \oplus S'_\alpha$, α aus der ersten oder zweiten Zahlklasse, übergeführt werden kann und daß diese Normalformen sämtlich verschieden sind im Sinn der topologischen Isomorphie.

Damit kann die Stufe α eines solchen Raumes eingeführt werden, die ein invariantes Kennzeichen ist. Lokal linear kompakt sind nur die Räume φ, ω, ψ der ersten Stufe. In allen diesen Räumen bilden die Einheitsvektoren eine stetige Basis.

Es gibt in $\varphi\omega$ keine Äquivalenztheorie ähnlich einfacher Art wie in φ, ω und ψ. Eine genaue Untersuchung darüber steht jedoch noch aus.

6. Ein Gegenbeispiel. Daß die Verhältnisse in den allgemeinen linear-topologischen Räumen wesentlich verwickelter sind als im Fall φ und ω wird besonders deutlich an dem Beispiel des stark reflexiven $\mathfrak{T}_{lk}$-vollständigen Raumes $\varphi\omega \oplus \omega\varphi$ zweiter Stufe (vgl. KÖTHE [5]).

Die Vektoren aus $\varphi\omega$ und $\omega\varphi$ haben nach 5. die Form

$$\mathfrak{x} = \{\xi_{11}, \xi_{12}, \ldots;\ \xi_{21}, \xi_{22}, \ldots;\ \ldots\}.$$

Mit $\mathfrak{e}_{ik}$ werde der Vektor mit $\xi_{ik} = 1$, $\xi_{jl} = 0$ sonst, bezeichnet. Ein Vektor, der in $\varphi\omega$ und $\omega\varphi$ liegt, hat nur endlich viele $\xi_{ik} \neq 0$, umgekehrt liegt jeder solche Vektor in $\varphi\omega$ und $\omega\varphi$, wir schreiben dafür $\varphi\omega \cap \omega\varphi = \varphi$, wobei wir uns die Koordinaten der Vektoren aus φ mit den Paaren (i, k) von natürlichen Zahlen bezeichnet denken.

Es sei nun H_1 der lineare Teilraum von $\varphi\omega \oplus \omega\varphi$, der aus allen $(\mathfrak{x}, \mathfrak{x})$ besteht, $\mathfrak{x} \in \varphi\omega \cap \omega\varphi = \varphi$. Es ist leicht zu sehen, daß $H_1^\perp$ in $\omega\varphi \oplus \varphi\omega$ aus allen $(\mathfrak{x}, -\mathfrak{x})$, $\mathfrak{x} \in \varphi$, besteht. Wir bezeichnen diesen Raum mit H_2. Es ist $H_2^\perp = H_1$, also sowohl H_1 wie H_2 sind in $\varphi\omega \oplus \omega\varphi$ und $\omega\varphi \oplus \varphi\omega$ orthogonalabgeschlossen.

(1) *H_1 und H_2 sind orthogonalabgeschlossen in $\varphi\omega \oplus \omega\varphi$, $H_1 \cap H_2 = 0$, aber $H_1 \oplus H_2$ ist nicht orthogonalabgeschlossen.*

$H_1 \oplus H_2$ besteht nämlich aus allen finiten Vektoren von $\varphi\omega \oplus \omega\varphi$, die abgeschlossene Hülle von $H_1 \oplus H_2$ ist also gleich $\varphi\omega \oplus \omega\varphi$. Dies steht im Gegensatz zum Verhalten der abgeschlossenen Teilräume von ω (vgl. § 9, 3.(2)).

(2) *Der Quotientenraum $(\varphi\omega \oplus \omega\varphi)/H_1$ des $\mathfrak{T}_{lk}$-vollständigen Raumes $L = \varphi\omega \oplus \omega\varphi$ ist nicht vollständig in der induzierten Topologie $\mathfrak{T}_{lk}(L')$.*

Nach § 10, 12.(6) genügt es wegen $H_1^\perp = H_2 \subset \omega\varphi \oplus \varphi\omega$ auf $(\varphi\omega \oplus \omega\varphi)/H_1$ die Topologie $\mathfrak{T}_{lk}(H_2)$ zu nehmen. Eine linear schwach kompakte Teilmenge von H_2 ist aber endlichdimensional. Haben wir eine Folge $\mathfrak{x}^{(n)} = (\mathfrak{y}^{(n)}, \mathfrak{z}^{(n)})$ von Vektoren aus $\varphi\omega \oplus \omega\varphi$, so bilden ihre Restklassen $\hat{\mathfrak{x}}^{(n)}$

nach H_1 also eine $\mathfrak{T}_{lk}(H_2)$-Cauchyfolge, wenn die Folge $\mathfrak{x}^{(n)}$ in jeder Koordinate fastkonstant ist. Nehmen wir für $\mathfrak{x}^{(n)}$ etwa die Folge $\mathfrak{x}^{(n)} = \left(\sum_{i,k=1}^{n} \mathfrak{e}_{ik}, -\sum_{i,k=1}^{n} \mathfrak{e}_{ik}\right)$, so ist also $\hat{\mathfrak{x}}^{(n)}$ eine Cauchyfolge. Sie hat aber keinen Limes in $(\varphi\omega \oplus \omega\varphi)/H_1$, denn für kein $\mathfrak{x} = (\mathfrak{y}, \mathfrak{z}) \in \varphi\omega \oplus \omega\varphi$ ist $\hat{\mathfrak{x}} - \hat{\mathfrak{x}}^{(n)}$ gegen $\hat{\mathfrak{o}}$ konvergent: Für ein geeignetes (j, l) ist $\eta_{jl} = \zeta_{jl} = 0$, also gilt für $n \geqq j, l$ stets $(\mathfrak{e}_{jl}, -\mathfrak{e}_{jl})(\mathfrak{x} - \mathfrak{x}^{(n)}) = -2$.

(3) *H_1 besitzt keinen abgeschlossenen Komplementärraum in $\varphi\omega \oplus \omega\varphi$.*

Denn ein Komplementärraum wäre nach § 10, 7.(6) $\mathfrak{T}_{lk}$-isomorph zu $(\varphi\omega \oplus \omega\varphi)/H_1$, wäre also nicht abgeschlossen.

In $\varphi\omega$ und $\omega\varphi$ gilt jedoch noch der Komplementärraumsatz (vgl. HAGEMANN [1]).

Die algebraische Isomorphie $H_2 = H_2/(H_2 \cap H_1) \cong (H_2 + H_1)/H_1$ gilt nicht im Sinn der Topologie $\mathfrak{T}_{lk}(L')$. Denn H_2 ist abgeschlossen, also vollständig, wogegen $(H_2 + H_1)/H_1$ nach (2) nicht vollständig ist. Dies ist das in § 10, 7. angekündigte Gegenbeispiel.

7. Weitere Untersuchungen. Die Theorie der lineartopologischen Räume ist kürzlich systematisch ausgebaut worden in Arbeiten von FISCHER und GROSS [1], [2], [3] als Grundlage für eine Theorie der quadratischen Formen in unendlichdimensionalen Vektorräumen.

Ein großer Teil der hier entwickelten Theorie der lineartopologischen Räume gilt auch für den Fall eines Schiefkörpers K als Koeffizientenkörper, man hat sich dann bei der Definition des linearen Raumes über K in § 7, 1. in (L2) auf die Erklärung von $x\xi$ zu beschränken und erhält so einen rechtslinearen Raum oder Rechtsmodul L über K. Wir haben der leichteren Lesbarkeit halber darauf verzichtet, die Theorie in voller Allgemeinheit zu entwickeln, vgl. jedoch DIEUDONNÉ [6].

Komplizierter liegen die Verhältnisse, wenn K als beliebiger topologischer Körper vorausgesetzt sind. Wir verweisen auf die Untersuchungen von FLEISCHER [1], KÖTHE [7], NACHBIN [1], VILENKIN [1]. Eingehend ist der Fall eines nichtarchimedisch bewerteten Körpers betrachtet worden, der manche Analogie zum Fall des reellen Zahlkörpers aufweist, vgl. z.B. BOURBAKI [6], Bd. 1, FLEISCHER [2], INGLETON [1], MONNA [1], [2].

Auch abelsche Gruppen, Moduln und Ringe mit linearer Topologie sind untersucht worden; es sei hingewiesen auf BALLIER [1], LEPTIN [1], ZELINSKY [1].

Ist L ein lineartopologischer Raum, $A \in \mathfrak{L}(L)$ und C ein topologischer Automorphismus von L, so heißt CAC^{-1} zu A ähnlich (vgl. § 8, 7.). Die Bestimmung von Normalformen von A gegenüber diesen „Ähnlichkeitstransformationen" leistet im Fall endlicher Dimension von L über dem Körper Γ der komplexen Zahlen bekanntlich die Elementarteilertheorie. Für eine große Klasse von Endomorphismen von $\omega(\Gamma)$ hat H. ULM [1] das Ähnlichkeitsproblem mit Hilfe von Sätzen über unendliche abelsche Gruppen gelöst.

Auch das Problem der Äquivalenztheorie der quadratischen Formen läßt sich in lineartopologischen Räumen formulieren: Es sei $\langle L_2, L_1\rangle$ ein Dualsystem. Führt A L_1 linear und schwach stetig in L_2 über, ist also $A \in \mathfrak{L}(L_1, L_2)$, so führt A' $L_2' = L_1$ in $L_1' = L_2$ über, d.h. auch A' ist in $\mathfrak{L}(L_1, L_2)$. Wir nennen A symmetrisch, wenn $A = A'$ ist. Für ein symmetrisches A wird durch $(y, x) \to y(Ax)$ eine symmetrische Bilinearform auf $L_1 \times L_1$ erklärt. Die Zuordnung $(x, x) \to x(Ax)$ ist eine quadratische Form auf L_1. Die Funktion $y(Ax)$ ist auf $L_1 \times L_1$ stetig im Sinn der Topologien $\mathfrak{T}_{ls}$ und $\mathfrak{T}_{lk}$ auf L_1 und jede stetige symmetrische Bilinearform auf $L_1 \times L_1$ wird durch ein symmetrisches $A \in \mathfrak{L}(L_1, L_2)$ erzeugt.

Durch den topologischen Automorphismus $x = Cz$ von L_1 erhält man aus der quadratischen Form $x(Ax)$ die äquivalente Form $z\big((C'AC)z\big)$ und man kann das Problem der Klasseneinteilung der quadratischen Formen im Sinn dieser Äquivalenz stellen.

Auch diese Frage hat bisher keine allgemeine Behandlung erfahren. Sie ist jedoch für $\varphi(\mathrm{P})$, $\omega(\mathrm{P})$ und $\psi(\mathrm{P})$ vollständig gelöst worden durch K. RITZDORFF [1].

Drittes Kapitel

Topologische lineare Räume

§ 14 enthält die elementare Theorie der normierten Räume und der Banachräume. Eine Anzahl klassischer Beispiele wird diskutiert, die in den späteren Teilen des Buches immer wieder herangezogen werden.

Der Begriff des topologischen linearen Vektorraumes über dem reellen oder komplexen Zahlkörper wird in voller Allgemeinheit in § 15 entwickelt. In der Untersuchung dieser Räume beschränken wir uns im wesentlichen auf Fragen, die auch für die spätere Theorie der lokalkonvexen Räume von Bedeutung sind. Ein wichtiges Ergebnis ist, daß jeder lokalkompakte topologische lineare Raum endlichdimensional und sogar einem P^n in der üblichen Topologie topologisch isomorph ist. Als Beispiel dafür, daß der duale Raum aus nur einem einzigen Element bestehen kann, wird der Raum L^p für $0<p<1$ untersucht. Ausführlich werden die metrisierbaren Räume behandelt. Die klassischen Sätze dieser von Banach und seinen Mitarbeitern entwickelten Theorie, sowie ein Satz von Bourbaki über bilineare Abbildungen metrisierbarer Räume bilden den Abschluß von § 15.

In den beiden nächsten Paragraphen werden die konvexen Mengen und der Satz von Hahn-Banach eingehend behandelt. Die auf Minkowski zurückgehenden Methoden lassen sich mit der notwendigen Vorsicht auch auf konvexe Mengen in linearen Räumen unendlicher Dimension übertragen. Für den Satz von Hahn-Banach geben wir drei Beweise. Die beiden ersten sind geometrischer Natur und ergeben ihn als Folgerung aus dem Trennungssatz für konvexe Mengen, der dritte ist der klassische analytische Beweis. Anwendungen auf normierte Räume und der Satz von F. Riesz über die Darstellung der stetigen Linearfunktionen auf dem Raum der stetigen Funktionen durch Stieltjesintegrale beenden das Kapitel.

§ 14. Normierte Räume

1. Definition des normierten Raumes. In diesem und den folgenden Kapiteln werden wir nur reelle oder komplexe lineare Räume betrachten. Der Koeffizientenkörper K bedeutet von nun an stets entweder den Körper P der reellen Zahlen oder den Körper Γ der komplexen Zahlen. Wird nicht ausdrücklich bemerkt, daß es sich um einen reellen oder einen komplexen linearen Raum handelt, so gelten die Behauptungen stets für beide Fälle.

Ein linearer Raum E heißt *normiert*, wenn jedem $x \in E$ eine reelle Zahl $\|x\|$, die *Norm* von x, zugeordnet ist mit den folgenden Eigenschaften:

(N1) $\|x\| \geqq 0$ für alle $x \in E$,

(N2) aus $\|x\| = 0$ folgt $x = \mathfrak{o}$,

(N 3) $\|\lambda x\| = |\lambda| \|x\|$ für jedes $\lambda \in \mathsf{K}$,

(N 4) $\|x+y\| \leqq \|x\| + \|y\|$.

Erfüllt $\|x\|$ nur (N 1), (N 3) und (N 4), so heißt $\|x\|$ eine Halbnorm auf E.

Wir werden an Stelle von $\|x\|$ auch die Bezeichnungen $p(x)$ oder $q(x)$ für eine Norm bzw. Halbnorm verwenden.

Das einfachste Beispiel eines normierten Raumes ist K selbst mit dem Absolutbetrag als Norm. Wie für diesen ergibt sich allgemein

$$(1) \qquad \big|\|x\| - \|y\|\big| \leqq \|x - y\| \leqq \|x\| + \|y\|.$$

Führt man durch

$$(2) \qquad |x, y| = \|x - y\|$$

eine Entfernung in E ein, so findet man mühelos, daß die Axiome (E 1) bis (E 4) aus § 4, 1. erfüllt sind, *ein normierter Raum ist also ein metrischer Raum* und damit gelten die in § 4 entwickelten Eigenschaften der metrischen Räume auch für die normierten Räume.

Die durch (2) definierte Entfernung ist translationsinvariant, d.h. es gilt $|x+z, y+z| = |x, y|$ für jedes $z \in E$. Die aus allen $y \in E$ mit $\|y - x\| < r$ bestehende offene Kugel $K_r(x)$ vom Radius r mit dem Mittelpunkt x ergibt sich aus der Kugel $K_r(o)$ durch eine Translation, $K_r(x) = x + K_r(o)$.

(3) *Die durch die Norm erklärte Topologie ist mit den linearen Operationen in E verträglich, d.h. λx und $x + y$ sind in beiden Variablen gleichzeitig stetig.*

Ist $\|x - x_0\| < \frac{\varepsilon}{2}$, $\|y - y_0\| < \frac{\varepsilon}{2}$, so ist nach (N 4) $\|(x+y) - (x_0 + y_0)\| < \varepsilon$, also ist $x + y$ in beiden Variablen stetig.

$$\text{Aus} \quad \begin{aligned} \|\lambda x - \lambda_0 x_0\| &= \|(\lambda - \lambda_0)(x - x_0) + (\lambda - \lambda_0) x_0 + \lambda_0 (x - x_0)\| \\ &\leqq |\lambda - \lambda_0| \|x - x_0\| + |\lambda - \lambda_0| \|x_0\| + |\lambda_0| \|x - x_0\| \end{aligned}$$

ergibt sich, daß auch $\|\lambda x - \lambda_0 x_0\| < \varepsilon$ gemacht werden kann, wenn man nur $|\lambda - \lambda_0|$ und $\|x - x_0\|$ genügend klein wählt.

Aus (3) folgt speziell, daß $\sum_1^m \alpha_k^{(n)} x_k^{(n)}$ gegen $\sum_1^m \alpha_k x_k$ konvergiert, wenn $\alpha_k^{(n)} \to \alpha_k$, $x_k^{(n)} \to x_k$.

Die Norm $\|x\|$ ist nach (1) eine auf E gleichmäßig stetige Funktion.

Ein linearer Teilraum H eines normierten Raumes E ist bezüglich der auf H eingeschränkten Norm von E selbst wieder ein normierter Raum.

Ist auf E nur eine Halbnorm $\|x\|$ gegeben, so erhält man folgendermaßen einen normierten Raum: Ist $\|x\| = 0$ und $\|y\| = 0$, so folgt aus

(N3) bzw. (N4), daß auch $\|\lambda x\| = 0$ und $\|x+y\| = 0$ gilt. Die Elemente verschwindender Halbnorm aus E bilden also einen linearen Teilraum N von E. Setzen wir auf dem Quotientenraum E/N $\|\hat{x}\| = \|x\|$, wenn x in der Restklasse $\hat{x}$ liegt, so ist $\|\hat{x}\|$ eindeutig erklärt, denn aus (N4) folgt wieder $\|x\| = \|x+z\|$ für $z \in N$. Für $\|\hat{x}\|$ ergeben sich aber sofort alle Normeigenschaften. Damit ist bewiesen

(4) *Ist $\|x\|$ eine Halbnorm auf E, N der Nullraum der Halbnorm, so ist E/N durch $\|\hat{x}\| = \|x\|$ normiert.*

2. Normisomorphie, äquivalente Normen. Zwei normierte Räume E und F heißen normisomorph, wenn es eine eineindeutige lineare Abbildung von E auf F gibt, bei der einander zugeordnete Elemente gleiche Normen haben. E und F sind dann als metrische Räume auch isometrisch.

Man nennt zwei Normen auf demselben linearen Raum E äquivalent, wenn sie auf E dieselbe Topologie erzeugen.

(1) *Zwei Normen $p_1(x)$ und $p_2(x)$ auf E sind dann und nur dann äquivalent, wenn es zwei positive Zahlen m, M gibt, so daß*

$$m \leqq \frac{p_1(x)}{p_2(x)} \leqq M \tag{2}$$

für alle $x \neq \mathfrak{o}$ aus E gilt.

Beweis. Es bezeichne $K_r^{(1)}(\mathfrak{o})$ bzw. $K_r^{(2)}(\mathfrak{o})$ die offene Kugel vom Radius r um $\mathfrak{o}$ bezüglich der Norm p_1 bzw. p_2.

Gilt (2), so folgt aus der linken Ungleichung, daß $K_r^{(1)}(\mathfrak{o})$ in $K_{r/m}^{(2)}(\mathfrak{o})$ enthalten ist, und aus der rechten Ungleichung ergibt sich, daß $K_r^{(2)}(\mathfrak{o})$ in $K_{rM}^{(1)}(\mathfrak{o})$ liegt, die beiden Systeme von Kugeln bilden also äquivalente Nullumgebungsbasen. Wegen der Translationsinvarianz der Metrik genügt es aber, die Umgebungen von $\mathfrak{o}$ zu betrachten, (2) ist also hinreichend.

Sind umgekehrt p_1 und p_2 äquivalent, so muß die abgeschlossene Kugel $\overline{K_1^{(1)}}(\mathfrak{o})$ eine abgeschlossene Kugel $\overline{K_\delta^{(2)}}(\mathfrak{o})$ umfassen. Aus $p_2(x) = \delta$ folgt also $p_1(x) \leqq 1$. Für alle x mit $p_2(x) = \delta$ gilt damit $\delta p_1(x) \leqq p_2(x)$. Wegen (N3) gilt diese Ungleichung aber für alle x, damit ist die rechte Hälfte von (2) mit $M = 1/\delta$ bewiesen. Die linke Hälfte folgt entsprechend.

Zwei normierte Räume E und F heißen topologisch isomorph, wenn es eine algebraische Isomorphie von E auf F gibt, die gleichzeitig eine Homöomorphie ist. Überträgt man die Norm von E durch eine topologische Isomorphie auf F, indem man zugeordneten Elementen die gleiche Norm gibt, so entsteht auf F eine zur ursprünglichen äquivalente Norm. (1) läßt sich also auch so formulieren

(3) *Zwei normierte Räume E und F sind dann und nur dann topologisch isomorph, wenn es eine algebraische Isomorphie $x_1 \leftrightarrow x_2$ von E auf F*

gibt, und zwei positive Zahlen m, M, so daß

$$m \leqq \frac{\|x_1\|}{\|x_2\|} \leqq M \tag{4}$$

für alle $x_1 \neq 0$ aus E und die ihnen entsprechenden $x_2 \in F$ gilt.

3. Banachräume. Ein vollständiger normierter Raum heißt ein Banachraum oder (B)-Raum.

(1) *Jeder normierte Raum E läßt sich in einen bis auf Normisomorphie eindeutig bestimmten kleinsten* (B)*-Raum $\tilde{E}$, die vollständige Hülle von E einbetten.*

Die abgeschlossene Einheitskugel von $\tilde{E}$ ist die in $\tilde{E}$ abgeschlossene Hülle der offenen oder abgeschlossenen Einheitskugel von E.

Der Beweis kann unter Benutzung des entsprechenden Satzes für metrische Räume (§ 4, 4.(1)) geführt werden. E ist also in einem vollständigen metrischen Raum $\tilde{E}$ enthalten. Sind $\tilde{x}, \tilde{y}$ zwei Elemente aus $\tilde{E}$ und sind $(x^{(n)})$ bzw. $(y^{(n)})$ zwei gegen $\tilde{x}$ bzw. $\tilde{y}$ konvergente Folgen aus E, so ist $|\tilde{x}, \tilde{y}| = \lim |x^{(n)}, y^{(n)}|$. Setzen wir $\|\tilde{x}\| = |0, \tilde{x}|$, so erhalten wir eine Fortsetzung der Norm von E auf $\tilde{E}$, für die offenbar (N 1) und (N 2) richtig sind. Setzt man $\lambda\tilde{x}$ gleich der Klasse äquivalenter Cauchyfolgen, in der $(\lambda x^{(n)})$ liegt, ebenso $\tilde{x} + \tilde{y}$ gleich der Klasse, in der $(x^{(n)} + y^{(n)})$ liegt, so sieht man leicht ein, daß auf diese Weise eindeutig Elemente von $\tilde{E}$ festgelegt sind (ist z.B. auch $z^{(n)} \to \tilde{x}$, so sind $(\lambda z^{(n)})$ und $(\lambda x^{(n)})$ äquivalente Cauchyfolgen wegen $\|\lambda z^{(n)} - \lambda x^{(n)}\| = |\lambda|\, \|z^{(n)} - x^{(n)}\|$). Die Axiome (L 1) und (L 2) des linearen Raumes, ebenso die Axiome (N 3) und (N 4) der Norm für $\tilde{E}$ ergeben sich jetzt sofort durch Grenzübergang aus den entsprechenden Axiomen in E. Damit ist $\tilde{E}$ ein kleinster (B)-Raum über E.

Zwei kleinste (B)-Räume über E sind stets isometrisch, bei dieser Isometrie entsprechen sich aber aus Stetigkeitsgründen auch Summe und Vielfaches, die Isometrie ist also sogar eine Normisomorphie.

Gehört schließlich $x_0 \neq 0$ der abgeschlossenen Einheitskugel von $\tilde{E}$ an und ist $x_n \in E$, $x_n \to x_0$, so ist auch $y_n = \frac{n-1}{n} \frac{\|x_0\|}{\|x_n\|} x_n \to x_0$ wegen $\|x_n\| \to \|x_0\| \leqq 1$ und y_n gehört der offenen Einheitskugel von E an.

Trivial ist

(2) *Ein abgeschlossener linearer Teilraum eines* (B)*-Raumes ist wieder ein* (B)*-Raum.*

Von Interesse ist oft die Frage, ob ein (B)-Raum separabel ist. Es gilt

(3) *Ist ein normierter Raum E separabel, so auch jede Teilmenge, speziell jeder lineare Teilraum, und die vollständige Hülle $\tilde{E}$.*

Beweis. Nach § 4, 5.(1) ist die Separabilität damit gleichbedeutend, daß E eine abzählbare Basis der offenen Mengen besitzt. Dies ist dann auch für jede Teilmenge richtig. Sind ferner die abzählbar vielen Elemente x_i dicht in E, so auch in $\tilde{E}$.

4. Quotientenräume und topologische Produkte. Ist E ein normierter Raum und ist H ein linearer abgeschlossener Teilraum, so wird auf dem Quotientenraum E/H die induzierte Topologie wie in §10, 7. durch die Bilder $K(O)$ der offenen Teilmengen O von E erklärt, K die kanonische Abbildung von E auf E/H.

(1) *Führt man auf dem Quotientenraum E/H eines abgeschlossenen linearen Teilraumes H des normierten Raumes E durch*

(2) $\|\hat{x}\| = \inf\limits_{x \in \hat{x}} \|x\|$ (x durchläuft alle Elemente der Restklasse $\hat{x}$)

eine Norm ein, so wird E/H ein normierter Raum, dessen Topologie die induzierte Quotientenraumtopologie ist.

Beweis. Ist $\hat{x} \neq \hat{o}$, $x_0 \in \hat{x}$, so ist $\inf\limits_{z \in H} \|x_0 + z\| > 0$, da sonst x_0 Berührungspunkt des abgeschlossenen Raumes H sein würde, also in H läge. Damit sind (N1) und (N2) erfüllt. (N3) ergibt sich sofort aus (N3) für E, (N4) folgt aus

$$\inf_{x+y \in \hat{x}+\hat{y}} \|x+y\| \leqq \inf_{x \in \hat{x},\, y \in \hat{y}} \|x+y\| \leqq \inf_{x \in \hat{x},\, y \in \hat{y}} (\|x\| + \|y\|) = \inf_{x \in \hat{x}} \|x\| + \inf_{y \in \hat{y}} \|y\|.$$

Damit ist durch (2) auf E/H eine Norm erklärt.

Ist $\|x\| < \varrho$, so ist $\|\hat{x}\| < \varrho$; ist umgekehrt $\|\hat{x}\| < \varrho$, so gibt es ein $x \in \hat{x}$ mit $\|x\| < \varrho$, die Kugel $\|\hat{x}\| < \varrho$ ist also das Bild der Kugel $\|x\| < \varrho$ bei der kanonischen Abbildung, die durch die Norm (2) erzeugte Topologie ist also die Quotientenraumtopologie.

(3) *Ist E ein* (B)*-Raum, so ist auch E/H ein* (B)*-Raum.*

Beweis. Wir haben die Vollständigkeit von E/H zu beweisen.

Vorbemerkung: Sind $\hat{x}$, $\hat{y}$ zwei Elemente aus E/H und ist $x \in \hat{x}$ vorgegeben, so gibt es nach (2) stets ein $y \in \hat{y}$ mit $\|x - y\| \leqq 2\,\|\hat{x} - \hat{y}\|$.

Es sei zuerst $\hat{x}_n$ eine Cauchyfolge in E/H mit $\sum\limits_{n=1}^{\infty} \|\hat{x}_n - \hat{x}_{n+1}\| < \infty$. Man wähle x_1 beliebig in der Restklasse $\hat{x}_1$, dann gibt es nach der Vorbemerkung ein $x_2 \in \hat{x}_2$ mit $\|x_1 - x_2\| \leqq 2\|\hat{x}_1 - \hat{x}_2\|$, allgemein ein $x_{n+1} \in \hat{x}_{n+1}$ mit $\|x_n - x_{n+1}\| \leqq 2\|\hat{x}_n - \hat{x}_{n+1}\|$. Aus $\sum\limits_{n=1}^{\infty} \|x_n - x_{n+1}\| < \infty$ folgt aber, daß x_n eine Cauchyfolge in E ist. Ist x_0 ihr Limes, so gilt wegen $\|\hat{x}_n - \hat{x}_0\| \leqq \|x_n - x_0\|$ aber auch $\hat{x}_n \to \hat{x}_0$ in E/H.

Ist $\hat{x}_n$ eine beliebige Cauchyfolge in E/H, so besitzt sie eine Teilfolge $\hat{x}_{n_k}$ mit $\sum\limits_{k=1}^{\infty} \|\hat{x}_{n_k} - \hat{x}_{n_{k+1}}\| < \infty$. Diese Teilfolge hat einen Limes $\hat{x}_0$, der auch der Limes der ganzen Folge ist.

(4) *Ist E separabel, so auch E/H.*

Wir haben in § 4, 7. gesehen, daß man das topologische Produkt abzählbar vieler metrischer Räume so mit einer Metrik versehen kann, daß die dadurch erzeugte Topologie die des topologischen Produkts ist. Das topologische Produkt beliebig vieler normierter Räume ist nach § 7, 8. wieder ein linearer Raum, auf dem eine Topologie erklärt ist. In § 15, 4. werden wir sehen, daß diese Topologie bereits im Fall abzählbar vieler Faktoren nicht durch eine Norm erzeugt werden kann. Es gilt nur

(5) *$E_1, \ldots, E_n$ seien endlich viele normierte Räume, $E = \prod_{i=1}^{n} E_i$ sei ihr topologisches Produkt mit den Elementen $x = (x_1, \ldots, x_n)$. Erklärt man auf E die Normen*

$$(6a) \quad \|x\|_1 = \sup_i \|x_i\| \qquad (6b) \quad \|x\|_2 = \sqrt{\sum_i \|x_i\|^2} \qquad (6c) \quad \|x\|_3 = \sum_i \|x_i\|,$$

so ist E bezüglich jeder dieser Normen ein normierter Raum, dessen Topologie mit der Produkttopologie übereinstimmt.

Der einfache Beweis sei dem Leser überlassen. Es gibt noch weitere Normen, die dasselbe leisten. E ist genau dann ein (B)-Raum, wenn alle E_i (B)-Räume sind (vgl. § 4, 7.(2)), E ist separabel genau dann, wenn alle E_i es sind.

5. Der duale Raum. Wir betrachten die stetigen Linearfunktionen mit Werten in K auf einem normierten Raum E über K. Ist $u x$ eine solche, so muß es also eine Kugel $\|x\| \leqq \delta$ geben mit $|u x| \leqq 1$ für alle x der Kugel. Für ein beliebiges z liegt $x = \frac{\delta}{\|z\|} z$ in der Kugel, daraus ergibt sich $|u z| \leqq \frac{1}{\delta} \|z\|$. Das ist die eine Hälfte von

(1) *Eine auf dem normierten Raum E erklärte Linearfunktion $u x$ ist dann und nur dann stetig, wenn es ein $M > 0$ gibt mit*

$$(2) \qquad |u x| \leqq M \|x\|$$

für alle $x \in E$.

Da es genügt, die Stetigkeit in o nachzuweisen, ist (2) offenbar auch hinreichend.

Die Gesamtheit der stetigen Linearfunktionen auf einem normierten Raum E bildet einen linearen Raum. Wir bezeichnen ihn wieder als den dualen oder konjugierten Raum E' von E.

Es ist naheliegend, auf E' durch

$$(3) \qquad \|u\| = \sup_{\|x\| \leqq 1} |u x|$$

ebenfalls eine Norm einzuführen. Der Nachweis, daß dies eine Norm ist, ist trivial. Unmittelbar aus (3) folgt die Ungleichung

(4) $$|u x| \leqq \|u\| \|x\|.$$

(5) *Führt man auf dem dualen Raum E' eines normierten Raumes E durch* (3) *eine Norm ein, so wird E' zu einem* (B)*-Raum.*

Beweis. Ist $u^{(n)}$ eine Cauchyfolge, so ist $\|u^{(n)} - u^{(m)}\| \leqq \varepsilon$ für $n, m \geqq n_0(\varepsilon)$. Daher ist nach (4) $|(u^{(n)} - u^{(m)}) x| \leqq \varepsilon \|x\|$, also die Folge $u^{(n)} x$ für jedes x konvergent. Wir setzen $v x = \lim u^{(n)} x$.

Es ist v eine Linearfunktion auf E. Aus $|(v - u^{(m)}) x| \leqq \varepsilon \|x\|$ für $m \geqq n_0$ folgt, daß $v - u^{(m)}$ stetig ist. Da auch $u^{(m)}$ stetig ist, ist v als Summe ebenfalls stetig, d.h. Element von E'. Aus $\sup_{\|x\| \leqq 1} |(v - u^{(m)}) x| \leqq \varepsilon$ folgt schließlich die Konvergenz von $u^{(n)}$ gegen v.

Wir sind noch nicht in der Lage zu beweisen, daß es auf einem (B)-Raum immer stetige Linearfunktionen $u \neq 0$ gibt. Dies wird uns erst der Satz von Hahn-Banach (§ 17, 6.) ermöglichen. Wir werden jedoch in diesem Paragraphen noch den dualen Raum in einigen klassischen Beispielen bestimmen.

Die Bildung des dualen Raumes kann auch auf E' angewandt werden, man erhält damit den bidualen Raum E'' zu E. Ist $E = E''$, d.h. ist der (B)-Raum E'' mit dem (B)-Raum E identisch, so heißt E reflexiv. Wir werden in diesem Paragraphen Beispiele reflexiver und nichtreflexiver (B)-Räume kennenlernen.

Ist E separabel, so braucht E' nicht separabel zu sein in der Normtopologie (vgl. 7.).

6. Stetige lineare Abbildungen. Es seien E und F zwei normierte Räume und A eine stetige lineare Abbildung von E in F. Wie für Linearfunktionen schließt man auf

(1) *Eine lineare Abbildung A des normierten Raumes E in den normierten Raum F ist dann und nur dann stetig, wenn es ein $M > 0$ gibt mit*

(2) $$\|A x\| \leqq M \|x\|$$

für alle $x \in E$.

Es sei daran erinnert, daß man in metrischen Räumen die Stetigkeit einer Abbildung auch als Folgenstetigkeit definieren kann, d.h. dadurch, daß aus $x^{(n)} \to x^{(0)}$ stets $A x^{(n)} \to A x^{(0)}$ folgt.

Wieder wird der lineare Raum $\mathfrak{L}(E, F)$ der stetigen linearen Abbildungen von E in F zu einem normierten Raum, wenn wir

(3) $$\|A\| = \sup_{\|x\| \leqq 1} \|A x\|$$

setzen. Wir vermerken

(4) $$\|A x\| \leqq \|A\| \|x\|.$$

(5) $\mathfrak{L}(E,F)$ *ist ein* (B)-*Raum, wenn* F *ein* (B)-*Raum ist.*

Der Beweis von (5) aus der vorigen Nummer überträgt sich sofort. Die durch (3) auf $\mathfrak{L}(E,F)$ erzeugte Topologie heißt auch die uniforme.

(6) *Ist* A *eine stetige Abbildung von* E *in* F, B *eine von* F *in* G, *so gilt für die stetige Abbildung* BA *von* E *in* G

(7) $$\|BA\| \leqq \|B\| \|A\|.$$

Denn es ist nach (4) $\|BAx\| \leqq \|B\| \|Ax\| \leqq \|B\| \|A\| \|x\|$, also $\sup\limits_{\|x\|\leqq 1} \|BAx\| \leqq \|B\| \|A\|$.

Ist ein normierter Raum E eine Algebra über K in dem in § 8, 1. definierten Sinn und gilt für das Produkt xy zweier Elemente von E stets die Ungleichung

(8) $$\|xy\| \leqq \|x\| \|y\|,$$

so heißt E eine normierte Algebra. Ist E überdies ein (B)-Raum, so spricht man von einer Banachalgebra.

Aus (7) folgt

(9) *Die Menge* $\mathfrak{L}(E)$ *der stetigen Endomorphismen eines normierten Raumes* E *bildet eine normierte Algebra mit Einselement. Ist* E *ein Banachraum, so ist* $\mathfrak{L}(E)$ *eine Banachalgebra.*

Aus (8) folgt $\|xy - x_n y_n\| \leqq \|x\| \cdot \|y - y_n\| + \|y_n\| \cdot \|x - x_n\|$, also ist das Produkt xy in beiden Variablen gleichzeitig stetig, die Forderung (8) bedeutet also, daß auch das Produkt mit der Topologie des normierten Raumes verträglich ist.

Diese Überlegung gilt auch für Folgen von Abbildungen $A_n \in \mathfrak{L}(E,F)$, $B_n \in \mathfrak{L}(F,G)$: Aus $A_n \to A$, $B_n \to B$ folgt, daß $B_n A_n \to BA$ in $\mathfrak{L}(E,G)$.

Die Theorie der Banachalgebren wird in diesem Buch nicht behandelt werden, wir verweisen den Leser auf Hille und Phillips [1], Loomis [1] und Neumark [1].

7. Die Räume c_0, c, l^1, l^∞. Fassen wir eine beschränkte Folge ξ_k, $k = 1, 2, \ldots$, reeller bzw. komplexer Zahlen als einen Vektor $\mathfrak{x} = (\xi_k)$ auf und erklären wir $\mathfrak{x} + \mathfrak{y}$ als den Vektor mit den Koordinaten $\xi_k + \eta_k$, wenn $\mathfrak{y} = (\eta_k)$ ist, ferner $\lambda\mathfrak{x}$ als $(\lambda\xi_k)$, so erhalten wir einen reellen bzw. komplexen linearen Raum l^∞. Wir führen auf l^∞ durch

(1) $$\|\mathfrak{x}\|_\infty = \|\mathfrak{x}\| = \sup_k |\xi_k|$$

eine Norm ein. Die Normeigenschaften sind erfüllt. Überdies gilt

(2) l^∞ *ist ein* (B)-*Raum.*

Denn ist $\mathfrak{x}^{(n)} = (\xi_k^{(n)})$ eine Cauchyfolge in l^∞, so ist $\sup\limits_k |\xi_k^{(n)} - \xi_k^{(m)}| \leqq \varepsilon$ für alle $n, m \geqq n_0$. Also konvergiert für festes k jede Folge $\xi_k^{(n)}$ gegen ein $\xi_k^{(0)}$, $\mathfrak{x}^{(n)}$ ist also koordinatenweise konvergent gegen $\mathfrak{x}^{(0)} = (\xi_k^{(0)})$. Ferner ist für $n \geqq n_0$ $\sup_k |\xi_k^{(n)} - \xi_k^{(0)}| \leqq \varepsilon$, also $\mathfrak{x}^{(n)} \to \mathfrak{x}^{(0)}$ und damit $\mathfrak{x}^{(0)}$ eine beschränkte Folge mit $\|\mathfrak{x}^{(n)} - \mathfrak{x}^{(0)}\| \leqq \varepsilon$, d.h. $\mathfrak{x}^{(n)}$ hat in l^∞ den Limes $\mathfrak{x}^{(0)}$.

Mit c bzw. c_0 bezeichnen wir den linearen Teilraum aller konvergenten bzw. aller gegen 0 konvergenten Folgen von l^∞ und versehen beide Räume mit der Norm (1). Es gilt dann

(3) *c und c_0 sind* (B)-*Räume, also abgeschlossene lineare Teilräume von l^∞.*

Beweis. Sei $\mathfrak{x}^{(n)} = (\xi_k^{(n)})$ eine Cauchyfolge in c. Wir haben zu zeigen, daß ihr nach (2) existierender Limes $\mathfrak{x}^{(0)} = (\xi_k^{(0)}) = (\lim_n \xi_k^{(n)})$ ebenfalls eine konvergente Folge ist.

Es existiert $\lim_{k\to\infty} \xi_k^{(n)} = \xi^{(n)}$ für jedes n nach Voraussetzung. Zu $\varepsilon > 0$ gibt es ein n_0, so daß $\sup_k |\xi_k^{(n)} - \xi_k^{(m)}| < \frac{\varepsilon}{3}$ für $n, m \geqq n_0$, also gilt für genügend großes k und $n, m \geqq n_0$

$$|\xi^{(n)} - \xi^{(m)}| \leqq |\xi^{(n)} - \xi_k^{(n)}| + |\xi_k^{(n)} - \xi_k^{(m)}| + |\xi_k^{(m)} - \xi^{(m)}| < 3\,\frac{\varepsilon}{3} = \varepsilon,$$

also existiert $\lim_{n\to\infty} \xi^{(n)} = \xi^{(0)}$.

Wir beweisen jetzt, daß $\lim_{k\to\infty} \xi_k^{(0)} = \xi^{(0)}$ ist. Ist $\varepsilon > 0$ gegeben, so sei n_0 so groß, daß $|\xi^{(n)} - \xi^{(0)}| \leqq \frac{\varepsilon}{3}$ und $\sup_k |\xi_k^{(n)} - \xi_k^{(0)}| \leqq \frac{\varepsilon}{3}$ für $n \geqq n_0$ gilt. Wählen wir dann k_0 so groß, daß für ein bestimmtes $n_1 \geqq n_0$ auch $|\xi_k^{(n_1)} - \xi^{(n_1)}| \leqq \frac{\varepsilon}{3}$ ist für alle $k \geqq k_0$, so wird

$$|\xi_k^{(0)} - \xi^{(0)}| \leqq |\xi_k^{(0)} - \xi_k^{(n_1)}| + |\xi_k^{(n_1)} - \xi^{(n_1)}| + |\xi^{(n_1)} - \xi^{(0)}| \leqq \varepsilon$$

für $k \geqq k_0$, q.e.d.

Der Beweis für c_0 ist darin enthalten.

Mit l^1 bezeichnet man den linearen Raum aller $\mathfrak{x} = (\xi_k)$ mit $\sum_{k=1}^{\infty} |\xi_k| < \infty$. Man normiert ihn durch

(4) $$\|\mathfrak{x}\|_1 = \|\mathfrak{x}\| = \sum_{k=1}^{\infty} |\xi_k|.$$

Es gilt

(5) *l^1 ist ein* (B)-*Raum.*

Der einfache Beweis kann dem Leser überlassen bleiben. Er ist außerdem im Beweis von 8.(7) mitenthalten.

Betrachten wir nur die Struktur der linearen Räume, so gilt offenbar

(6) $$l^1 \subset c_0 \subset c \subset l^\infty.$$

Die Frage nach der Separabilität ist leicht zu beantworten,

(7) *l^1, c_0, c sind separabel, l^∞ ist nicht separabel.*

Beweis. Die Vektoren mit endlichvielen von Null verschiedenen rationalen Koordinaten sind sowohl in l^1 wie in c_0 dicht. In c sind die Vektoren dicht, von denen endlichviele Koordinaten beliebig rational und der Rest gleich einer festen rationalen Zahl sind.

In l^∞ haben zwei Vektoren, deren Koordinaten gleich $+1$ oder -1 sind, stets den Abstand zwei. Da dies insgesamt kontinuierlich viele verschiedene sind, ist die Menge dieser Vektoren nicht separabel, also nach 3.(3) auch l^∞ nicht.

Wir versuchen, die dualen Räume näher zu bestimmen.

(8) *Der duale Raum zu l^1 ist l^∞.*

Beweis. Unsere Behauptung heißt genauer, daß $(l^1)'$ normisomorph zu l^∞ ist, jede stetige Linearfunktion $u(\mathfrak{x})$ kann also in noch zu definierender Weise durch einen Vektor $\mathfrak{u}$ aus l^∞ dargestellt werden. Dieses Problem der konkreten Darstellung der abstrakten Linearfunktionen wird uns noch öfters begegnen.

Wir formulieren den Gedankengang etwas allgemeiner, weil dieselbe Überlegung sich auch in anderen Fällen anwenden läßt.

Als Grundmenge (Fundamentalmenge) eines normierten Raumes E wird eine Menge M von Elementen aus E bezeichnet, deren lineare Hülle in E dicht ist. Man sagt auch, M ist total in E. Eine stetige Linearfunktion ist offenbar eindeutig durch ihre Werte auf einer Grundmenge bestimmt.

Nun bilden die Einheitsvektoren $\mathfrak{e}_p$, $p=1, 2, \ldots$, eine Grundmenge in l^1, ist also $u \in (l^1)'$, so ist u durch den Vektor $\mathfrak{u}=(v_p)$ mit $v_p=u(\mathfrak{e}_p)$ bestimmt und es folgt für ein $\mathfrak{x}=(\xi_p)\in l^1$ wegen der Konvergenz der Abschnitte $\mathfrak{x}_n=(\xi_1, \ldots, \xi_n, 0, 0, \ldots)$ gegen $\mathfrak{x}$

$$(9) \qquad u(\mathfrak{x}) = \lim_n u(\mathfrak{x}_n) = \lim_n \sum_1^n v_p \xi_p = \sum_1^\infty v_p \xi_p = \mathfrak{u}\mathfrak{x}.$$

Setzen wir $\mathfrak{x}^{(p)}=\varepsilon_p^{-1}\mathfrak{e}_p$, wenn $v_p=\varepsilon_p |v_p| \neq 0$, bzw. $\mathfrak{x}^{(p)}=\mathfrak{e}_p$, wenn $v_p=0$, so ist $\|\mathfrak{x}^{(p)}\|=1$, also $\mathfrak{u}\mathfrak{x}^{(p)}=|v_p|\leqq\|u\|$, d.h. $\mathfrak{u}$ liegt in l^∞ und hat dort eine Norm $\leqq\|u\|$. Andererseits ist

$$(10) \qquad |u(\mathfrak{x})| \leqq \left(\sup_p |v_p|\right) \sum_{p=1}^\infty |\xi_p|,$$

also ist $\|u\|\leqq\|\mathfrak{u}\|$. Daraus folgt $\|u\|=\|\mathfrak{u}\|$, also die behauptete Normisomorphie.

Daß jedes $\mathfrak{u}\in l^\infty$ umgekehrt eine stetige Linearfunktion auf l^1 erzeugt, folgt sofort aus (10). Wir bemerken, daß der duale Raum des separablen Raumes l^1 nicht separabel ist.

(11) *Der duale Raum zu c_0 ist l^1.*

Auch in c_0 konvergieren die Abschnitte $\mathfrak{x}_n$ gegen $\mathfrak{x}$ und wir erhalten wieder für eine stetige Linearfunktion u mit $v_p = u(\mathfrak{e}_p)$

$$u(\mathfrak{x}) = \lim_n \sum_1^n v_p \xi_p = \mathfrak{u}\mathfrak{x}.$$

Sei wieder $v_p = \varepsilon_p |v_p|$ für $v_p \neq 0$ und $\varepsilon_p = 1$ für $v_p = 0$ und sei $\mathfrak{x}' = \sum_1^n \varepsilon_p^{-1} \mathfrak{e}_p$. Dann ist $\|\mathfrak{x}'\| = 1$ in c_0, also $\mathfrak{u}\mathfrak{x}' = \sum_1^n |v_p| \leqq \|u\|$, also liegt $\mathfrak{u}$ in l^1 und es ist $\|\mathfrak{u}\| \leqq \|u\|$. Umgekehrt ist $|u(\mathfrak{x})| \leqq \sum_1^\infty |v_p| \, \|\mathfrak{x}\|$, also $\|u\| \leqq \|\mathfrak{u}\|$.

(8) und (11) ergeben, daß der biduale Raum zu c_0 gleich l^∞, also größer als c_0 ist, c_0 ist ein Beispiel eines nichtreflexiven (B)-Raumes.

Wir wenden uns dem dualen Raum von c zu. Auch hier erhalten wir, daß c' gleich l^1 ist, jedoch ist die Darstellung eine andere.

Der Raum c umfaßt c_0, c_0 hat in c den Defekt 1, es wird

$$c = c_0 \oplus [\mathfrak{e}], \tag{12}$$

wo $[\mathfrak{e}]$ der eindimensionale Raum der Vielfachen des Vektors $\mathfrak{e}$ ist, dessen Koordinaten sämtlich gleich 1 sind. Jede konvergente Folge $\mathfrak{x} = (\xi_n)$ läßt sich darstellen in der Form

$$\mathfrak{x} = \xi_0 \mathfrak{e} + \mathfrak{x}_0 \quad \text{mit} \quad \xi_0 = \lim_{n\to\infty} \xi_n \quad \text{und} \quad \mathfrak{x}_0 \in c_0. \tag{13}$$

Eine Grundmenge in c wird also von $\mathfrak{e}$ und den $\mathfrak{e}_p$, $p = 1, 2, \ldots$, gebildet.

Ist $u(\mathfrak{x})$ eine stetige Linearfunktion auf c und setzen wir $v_0' = u(\mathfrak{e})$, $v_p = u(\mathfrak{e}_p)$ für $p \geqq 1$, so ergibt sich aus (13) und (11)

$$u(\mathfrak{x}) = u(\xi_0 \mathfrak{e}) + u(\mathfrak{x}_0) = \xi_0 v_0' + \sum_1^\infty v_p (\xi_p - \xi_0) \quad \text{mit} \quad (v_1, v_2, \ldots) \in l^1.$$

Setzen wir $\mathfrak{u} = (v_0, v_1, \ldots)$ mit $v_0 = v_0' - \sum_1^\infty v_p$ und $\mathfrak{x}' = (\xi_0, \xi_1, \ldots)$, so wird

$$u(\mathfrak{x}) = \left(v_0' - \sum_1^\infty v_p\right) \xi_0 + \sum_1^\infty v_p \xi_p = \mathfrak{u}\mathfrak{x}'. \tag{14}$$

Ist umgekehrt $\mathfrak{u} \in l^1$, so wird durch (14) stets eine stetige Linearfunktion erzeugt mit $\|u\| \leqq \|\mathfrak{u}\|$, denn es ist ja

$$|\mathfrak{u}\mathfrak{x}'| \leqq \left(\sum_0^\infty |v_p|\right) \sup_{p \geqq 0} |\xi_p| = \|\mathfrak{u}\| \sup_{p \geqq 0} |\xi_p| = \|\mathfrak{u}\|_1 \|\mathfrak{x}\|_\infty.$$

Die Ungleichung $\|\mathfrak{u}\| \leqq \|u\|$ und damit die Normisomorphie ergibt sich folgendermaßen. Sei wieder $v_p = \varepsilon_p |v_p|$ für $v_p \neq 0$, $\varepsilon_p = 1$ für $v_p = 0$ und $\mathfrak{x}^{(n)}$ die konvergente Folge, deren ersten n Koordinaten gleich $\varepsilon_1^{-1}, \ldots, \varepsilon_n^{-1}$ und deren folgenden Koordinaten sämtlich gleich ε_0^{-1} sind, so ist $\|\mathfrak{x}^{(n)}\|_\infty = 1$

und es ist $|u(\mathfrak{x}^{(n)})| = |\mathfrak{u}\mathfrak{x}^{(n)'}| \geqq |v_0| + \sum_1^n |v_p| - \sum_{n+1}^\infty |v_p|$. Aus $|u(\mathfrak{x}^{(n)})| \leqq \|u\|$ folgt also $|v_0| + \sum_1^n |v_p| - \sum_{n+1}^\infty |v_p| \leqq \|u\|$. Für $n \to \infty$ ergibt dies $\|\mathfrak{u}\| \leqq \|u\|$.

Wir erhalten damit

(15) *Der duale Raum zu c ist normisomorph l^1, wenn wir der stetigen Linearfunktion u den Vektor $\mathfrak{u} = (v_0, v_1, \ldots)$ zuordnen mit $v_p = u(\mathfrak{e}_p)$ für $p = 1, 2, \ldots$, $v_0 = u(\mathfrak{e}) - \sum_1^\infty v_p$, und die Anwendung von $\mathfrak{u}$ auf $\mathfrak{x}$ durch* (13) *und* (14) *erklären.*

Auch c ist daher nichtreflexiv. Für den dualen Raum zu l^∞ gibt es keine so einfache Darstellung, wir werden später sehen, daß l^1 und l^∞ ebenfalls nichtreflexiv sind. Wir bemerken, daß l^1 jedenfalls ein Teilraum von $(l^\infty)'$ ist, wenn man jedes $\mathfrak{u} \in l^1$ als die Linearfunktion $\mathfrak{u}\mathfrak{x}$ auf l^∞ auffaßt. Eine genaue Untersuchung von $(l^\infty)'$ erfolgt in § 31, Nr. 1.

8. Die Räume l^p, $1 < p < \infty$. Der Vollständigkeit halber beweisen wir die grundlegenden Ungleichungen, die die Theorie dieser Räume beherrschen.

(1) *Es gilt für* $0 < \alpha < 1$ *und* $a \geqq 0$, $b \geqq 0$ *stets*

(2) $$a^\alpha b^{1-\alpha} \leqq \alpha a + (1-\alpha)\, b.$$

Beweis. Für $a = b$ gilt das Gleichheitszeichen. Wir können offenbar $b > a > 0$ voraussetzen. Nach dem Mittelwertsatz ist

$$b^{1-\alpha} - a^{1-\alpha} = (1-\alpha)(b-a)\,\xi^{-\alpha} \quad \text{mit} \quad a < \xi < b.$$

Da $\xi^{-\alpha} < a^{-\alpha}$ ist, gilt

$$b^{1-\alpha} - a^{1-\alpha} < (1-\alpha)(b-a)\,a^{-\alpha}.$$

Multiplizieren wir dies mit a^α, so erhalten wir (2).

Wir bemerken, daß der Beweis ergibt, daß das Gleichheitszeichen in (2) nur für $a = b$ richtig ist.

Damit beweisen wir die Höldersche Ungleichung

(3) $$\sum_1^\infty |v_k \xi_k| \leqq \left(\sum_1^\infty |v_k|^q\right)^{1/q} \left(\sum_1^\infty |\xi_k|^p\right)^{1/p}, \qquad \frac{1}{p} + \frac{1}{q} = 1, \quad 1 < p < \infty.$$

Dabei sind v_k, ξ_k irgendwelche reelle oder komplexe Zahlen, für die die Summen auf der rechten Seite konvergieren.

Es genügt offenbar (3) für $\sum_1^n$ statt für $\sum_1^\infty$ zu beweisen.

Setzen wir in (2) $\alpha = \frac{1}{p}$, $1 - \alpha = \frac{1}{q}$, $a = c_k^p$, $b = d_k^q$, so erhalten wir

(4) $$c_k d_k \leqq \frac{1}{p} c_k^p + \frac{1}{q} d_k^q.$$

Für $k=1,\ldots,n$ sei $c_k=\dfrac{|\xi_k|}{\left(\sum\limits_1^n|\xi_p|^p\right)^{1/p}}$, $d_k=\dfrac{|v_k|}{\left(\sum\limits_1^n|v_k|^q\right)^{1/q}}$. Summieren wir über die damit erhaltenen Ungleichungen, so erhalten wir

$$\frac{\sum\limits_1^n|v_k\,\xi_k|}{\left(\sum\limits_1^n|v_k|^q\right)^{1/q}\left(\sum\limits_1^n|\xi_k|^p\right)^{1/p}}\leqq\frac{1}{p}\,\frac{\sum|\xi_k|^p}{\sum|\xi_k|^p}+\frac{1}{q}\,\frac{\sum|v_k|^q}{\sum|v_k|^q}=1$$

und damit (3) für n statt ∞.

Wir bemerken, daß das Gleichheitszeichen in (3) genau dann gilt, wenn es in sämtlichen der Ungleichungen (4) gilt, wenn also von den beiden Vektoren $(|v_k|^q)$ bzw. $(|\xi_k|^p)$ einer ein Vielfaches des anderen ist.

Aus der Hölderschen Ungleichung ergibt sich die Minkowskische Ungleichung

$$(5)\qquad \left(\sum_1^\infty|\xi_k+\eta_k|^p\right)^{1/p}\leqq\left(\sum_1^\infty|\xi_k|^p\right)^{1/p}+\left(\sum_1^\infty|\eta_k|^p\right)^{1/p},\qquad 1<p<\infty.$$

Beweis. Es ist

$$\sum_1^n|\xi_k+\eta_k|^p\leqq\sum_1^n|\xi_k|\,|\xi_k+\eta_k|^{p-1}+\sum_1^n|\eta_k|\,|\xi_k+\eta_k|^{p-1}.$$

Wenden wir (3) auf jeden der beiden Summanden der rechten Seite an, so erhalten wir wegen $(p-1)\,q=p$

$$\begin{aligned}\sum|\xi_k+\eta_k|^p&\leqq\left(\sum|\xi_k|^p\right)^{1/p}\left(\sum|\xi_k+\eta_k|^p\right)^{1/q}+\left(\sum|\eta_k|^p\right)^{1/p}\left(\sum|\xi_k+\eta_k|^p\right)^{1/q}\\&=\left[\left(\sum|\xi_k|^p\right)^{1/p}+\left(\sum|\eta_k|^p\right)^{1/p}\right]\left(\sum|\xi_k+\eta_k|^p\right)^{1/q}.\end{aligned}$$

Bringen wir den letzten Faktor auf die linke Seite, so erhalten wir wegen $1-\frac{1}{q}=\frac{1}{p}$ links $\left(\sum|\xi_k+\eta_k|^p\right)^{1/p}$ und damit (5) für n statt ∞.

Wieder gilt in (5) genau dann das Gleichheitszeichen, wenn einer der Vektoren (ξ_k) und (η_k) ein nichtnegatives Vielfaches des anderen ist.

Mit l^p, $1<p<\infty$, bezeichnen wir die Gesamtheit der reellen bzw. komplexen Vektoren $\mathfrak{x}=(\xi_1,\xi_2,\ldots)$, für die $\sum\limits_{k=1}^\infty|\xi_k|^p$ konvergiert. Auf l^p wird als Norm der Ausdruck

$$(6)\qquad \|\mathfrak{x}\|=\|\mathfrak{x}\|_p=\left(\sum_1^\infty|\xi_k|^p\right)^{1/p}$$

eingeführt. Die Normeigenschaften sind trivial bis auf $\|\mathfrak{x}+\mathfrak{y}\|\leqq\|\mathfrak{x}\|+\|\mathfrak{y}\|$, dies ist aber die Minkowskische Ungleichung.

(7) *l^p, $1<p<\infty$, ist ein* (B)-*Raum.*

Beweis. Es ist $\sum\limits_1^\infty|\xi_k^{(n)}-\xi_k^{(m)}|^p\leqq\varepsilon^p$ für eine Cauchyfolge, falls $n,m\geqq n_0$, daraus folgt wieder die koordinatenweise Konvergenz von $\mathfrak{x}^{(n)}$ gegen ein

$\mathfrak{x}^{(0)} = (\xi_k^{(0)})$ und damit $\sum\limits_1^r |\xi_k^{(n)} - \xi_k^{(0)}|^p \leqq \varepsilon^p$ für jedes r, also $\sum\limits_1^\infty |\xi_k^{(n)} - \xi_k^{(0)}|^p \leqq \varepsilon^p$, d.h. $\mathfrak{x}^{(n)} - \mathfrak{x}^{(0)}$ liegt in l^p, damit auch $\mathfrak{x}^{(0)}$ und $\mathfrak{x}^{(0)}$ ist der Limes der $\mathfrak{x}^{(n)}$.

(8) *Jedes l^p, $1 < p < \infty$, ist separabel und der duale Raum zu l^p ist l^q, $\frac{1}{p} + \frac{1}{q} = 1$.*

Beweis. Wieder bilden die Einheitsvektoren $\mathfrak{e}_k$, $k = 1, 2, \ldots$, eine Grundmenge und ihre rationalen Linearkombinationen sind dicht in l^p, l^p ist also separabel.

Aus der Konvergenz der Abschnitte $\mathfrak{x}_n$ von $\mathfrak{x}$ gegen $\mathfrak{x}$ folgt wieder die Darstellung einer stetigen Linearfunktion u durch

$$u(\mathfrak{x}) = \lim_{n\to\infty} \sum_1^n v_k \xi_k = \sum_1^\infty v_k \xi_k = \mathfrak{u}\,\mathfrak{x} \quad \text{mit} \quad v_k = u(\mathfrak{e}_k).$$

Ist $v_k = \varepsilon_k |v_k|$ für $v_k \neq 0$, $\varepsilon_k = 1$ für $v_k = 0$, so sei $\mathfrak{x}^{(n)} = \sum\limits_1^n \varepsilon_k^{-1} |v_k|^{q-1} \mathfrak{e}_k$.

Die Norm von $\mathfrak{x}^{(n)}$ in l^p ist gleich

$$\|\mathfrak{x}^{(n)}\|_p = \Big(\sum_1^n |v_k|^{(q-1)p}\Big)^{1/p} = \Big(\sum_1^n |v_k|^q\Big)^{1/p}.$$

Damit wird $|u(\mathfrak{x}^{(n)})| = \sum\limits_1^n |v_k|^q \leqq \|u\| \Big(\sum\limits_1^n |v_k|^q\Big)^{1/p}$, also

$$\Big(\sum_1^n |v_k|^q\Big)^{1-\frac{1}{p}} = \Big(\sum_1^n |v_k|^q\Big)^{1/q} \leqq \|u\|,$$

d.h. $\mathfrak{u}$ liegt in l^q und es ist $\|\mathfrak{u}\|_q \leqq \|u\|$.

Ist umgekehrt $\mathfrak{u} \in l^q$, so gilt wegen der Hölderschen Ungleichung

$$|\mathfrak{u}\,\mathfrak{x}| \leqq \sum_1^\infty |v_k \xi_k| \leqq \|\mathfrak{u}\|_q \|\mathfrak{x}\|_p,$$

d.h. $\mathfrak{u}$ erzeugt eine stetige Linearfunktion u auf l^p und es ist $\|u\| \leqq \|\mathfrak{u}\|_q$.

l^2 ist der Hilbertsche Raum, der also zu sich selbst dual ist. Nach (8) sind alle l^p, $1 < p < \infty$, reflexiv zum Unterschied von l^1 und l^∞.

(9) *Ist $1 \leqq p_1 < p_2 \leqq \infty$, so ist l^{p_1} ein echter Teilraum von l^{p_2}. Die durch l^{p_2} auf l^{p_1} erzeugte Topologie ist gröber als die Normtopologie von l^{p_1}, es gilt für ein $\mathfrak{x} \in l^{p_1}$ stets $\|\mathfrak{x}\|_{p_2} \leqq \|\mathfrak{x}\|_{p_1}$.*

Beweis. Ist $\mathfrak{x}$ ein Element auf der Einheitssphäre von l^{p_1}, so ist $\sum\limits_1^\infty |\xi_k|^{p_1} = 1$, also $\sum\limits_1^\infty |\xi_k|^{p_2} \leqq 1$ für $p_1 < p_2 < \infty$ und $\sup\limits_k |\xi_k| \leqq 1$ für $p_2 = \infty$. Daraus folgt $\|\mathfrak{x}\|_{p_2} \leqq \|\mathfrak{x}\|_{p_1}$ für diese $\mathfrak{x} \in l^{p_1}$. Diese Ungleichung ist aber auch für alle $\lambda\mathfrak{x}$ und damit für alle $\mathfrak{x} \in l^{p_1}$ richtig.

Ist $p = \frac{p_2}{1+\varepsilon}$, so ist für $p_1 < p < p_2$ offenbar die Folge $\xi_k = k^{-\frac{1}{p}}$, $k = 1, 2, \ldots$, ein Element von l^{p_2} aber nicht von l^{p_1}.

Man kann die Räume l^p $(1 \leqq p \leqq \infty)$ auch für beliebige Indizesmengen definieren. Durchläuft α eine Menge A der Mächtigkeit d, so bezeichne für $p < \infty$, $\mathfrak{x} = (\xi_\alpha)$ einen Vektor mit d Koordinaten, von denen aber nur höchstens abzählbar viele von Null verschieden sind. Dann hat (6) auch für die über alle α erstreckte Summe einen Sinn und l^p_d ist dann der normierte Raum aller $\mathfrak{x}$, für die $\|\mathfrak{x}\|_p$ endlich ist und wieder die Norm darstellt. Es ist wieder l^p_d ein (B)-Raum mit l^q_d als dualem Raum für $1 < p < \infty$. Unsere Beweise gelten auch für diesen Fall. Der duale Raum zu l^1_d ist gleich l^∞_d, der aus allen Vektoren mit $\|\mathfrak{x}\|_\infty = \sup_\alpha |\xi_\alpha| < \infty$ besteht. Für nichtabzählbares d sind die l^p_d nicht mehr separabel. Ist d endlich, also $d = n$, so erhalten wir endlichdimensionale normierte Räume. Der zu l^∞_n duale Raum ist l^1_n und umgekehrt, wie unmittelbar zu sehen; l^∞_n ist also reflexiv.

9. (B)-Räume aus stetigen und holomorphen Funktionen. Es sei K ein kompakter Raum. Wir haben in § 6, 4. bewiesen, daß es „genügend viele" auf ganz K definierte stetige Funktionen $f(x)$ gibt (sowohl reellwertige als auch komplexwertige) und nach § 6, 2.(7) ist $\sup_{x \in K} |f(x)|$ stets endlich. Es gilt

(1) *Der lineare Raum $C(K)$ der auf dem kompakten Raum K erklärten stetigen reellwertigen bzw. komplexwertigen Funktionen bildet einen* (B)-*Raum, wenn wir auf $C(K)$ die Norm*

(2) $$\|f\| = \sup_{x \in K} |f(x)|$$

einführen.

Beweis. Die linearen Operationen sind in der üblichen Weise zu erklären, $(f_1 + f_2)(x) = f_1(x) + f_2(x)$, $(\lambda f)(x) = \lambda(f(x))$. Ist f_n eine Cauchyfolge in $C(K)$, so gibt es zu jedem $\varepsilon > 0$ ein n_0 mit $|f_n(x) - f_m(x)| \leqq \frac{\varepsilon}{3}$ für $n, m \geqq n_0$ und alle $x \in K$. Daraus folgt die Existenz einer Grenzfunktion $f_0(x)$ und es gilt $|f_n(x) - f_0(x)| \leqq \frac{\varepsilon}{3}$ für $n \geqq n_0$ und alle $x \in K$, d.h. die f_n konvergieren gleichmäßig auf K gegen $f_0(x)$. Schließlich ist $f_0(x)$ stetig, denn es gibt eine Umgebung $U(x_0)$, in der $|f_n(x_0) - f_n(x)| \leqq \frac{\varepsilon}{3}$ ist, wir haben also

$$|f_0(x) - f_0(x_0)| \leqq |f_0(x) - f_n(x)| + |f_n(x) - f_n(x_0)| + |f_n(x_0) - f_0(x_0)| \leqq \varepsilon$$

für alle $x \in U(x_0)$.

Der duale Raum zu $C(K)$ heißt der Raum $\mathfrak{M}(K)$ der Maße auf K. Wir studieren ihn eingehend im zweiten Band. Das klassische Resultat von F. Riesz im Falle $K = I = [0, 1]$ bringen wir als Beispiel in § 17, 7.

$C(I)$ ist separabel. Im Fall reellwertiger Funktionen folgt dies sofort aus dem Weierstraßschen Approximationssatz, da man offenbar auch durch die Polynome mit rationalen Koeffizienten jede stetige Funktion gleichmäßig approximieren kann. Der Fall komplexwertiger Funktionen ist dann trivial.

Neben diesen Räumen werden wir auch Räume von holomorphen Funktionen zu betrachten haben.

Es sei $\mathfrak{G}$ zuerst ein beschränktes Gebiet beliebigen Zusammenhangs in der Gaußschen Zahlenebene. Die abgeschlossene Hülle $\overline{\mathfrak{G}}$ von $\mathfrak{G}$ bestehe aus $\mathfrak{G}$ und einem System C endlich oder abzählbar vieler Randkurven C_i. Wir betrachten die in $\overline{\mathfrak{G}}$ definierten, in $\mathfrak{G}$ holomorphen und in $\overline{\mathfrak{G}}$ noch stetigen Funktionen $f(z)$. Sie bilden offenbar einen linearen Raum $HB(\mathfrak{G})$ und es gilt

(3) *Führen wir auf $HB(\mathfrak{G})$ durch*

$$\|f\| = \sup_{z \in \overline{\mathfrak{G}}} |f(z)| \tag{4}$$

eine Norm ein, so wird $HB(\mathfrak{G})$ ein (B)-*Raum.*

Denn ist f_n eine Cauchyfolge bezüglich der Norm (4), so ist f_n gleichmäßig konvergent gegen eine auf $\overline{\mathfrak{G}}$ stetige Funktion f_0, die nach einem Satz von Weierstrass in $\mathfrak{G}$ auch holomorph ist.

Wir werden auch den Fall betrachten, daß $\mathfrak{G}$ aus endlich vielen Gebieten $\mathfrak{G}_i$ der Riemannschen Zahlenkugel Ω besteht, deren abgeschlossene Hüllen $\overline{\mathfrak{G}}_i$ getrennt liegen. $\mathfrak{G}$ soll von Ω selbst verschieden sein. Eine in $\mathfrak{G}$ definierte Funktion $f(z)$ heißt lokalholomorph in $\mathfrak{G}$, wenn sie in jedem $z \in \mathfrak{G}$ differenzierbar ist und im Punkt ∞ verschwindet, falls $\infty \in \mathfrak{G}$. $HB(\mathfrak{G})$ sei jetzt der Raum der in $\overline{\mathfrak{G}}$ definierten, in $\mathfrak{G}$ lokalholomorphen und in $\overline{\mathfrak{G}}$ noch stetigen Funktionen mit der Norm (4). Auch für diesen Raum gilt (3) und man sieht mühelos, daß er das topologische Produkt der $HB(\mathfrak{G}_i)$ ist, normiert mit der Norm (6a) aus 4.

10. Die Räume $L^p (p \geqq 1)$. Setzt man für eine auf $I = [a, b]$, $(-\infty < a < b < +\infty)$ stetige Funktion $f(x)$ den Ausdruck

$$\|f\|_p = \left[\int_a^b |f(t)|^p \, dt\right]^{1/p}, \quad 1 \leqq p < \infty, \tag{1}$$

als Norm an, so sind zwar, wie wir gleich sehen werden, die Normeigenschaften erfüllt, doch stellt man leicht fest, daß in dem so normierten Raum der stetigen Funktionen eine Cauchyfolge keinen Limes zu haben braucht. Nach 3. existiert die vollständige Hülle des eben erklärten normierten Raumes, sie wird mit $L^p(I)$ oder kurz L^p bezeichnet. Man begnügt sich jedoch nicht mit dieser abstrakten Definition, sondern gibt eine konkrete Darstellung von L^p mit Hilfe der Lebesgueschen Maß- und Integraltheorie.

Wir setzen diese Theorie hier als bekannt voraus, werden jedoch im zweiten Band die allgemeine Maßtheorie entwickeln, die diese klassische Theorie als Spezialfall enthält. Auch die hier behandelten elementaren L^p-Räume werden dann als Spezialfälle der allgemeinen L^p-Räume erscheinen.

Eine auf $I = [a, b]$ bis auf eine Menge vom Maß Null erklärte reelle oder komplexwertige meßbare Funktion $f(t)$ heißt auf I in der *p*-ten Potenz ($p \geqq 1$) summierbar (oder integrabel), wenn $\int_a^b |f(t)|^p \, dt$ endlich ist. Dann existiert $\int_a^b f(t)^p \, dt$ und es gilt stets

$$\left| \int_a^b f(t)^p \, dt \right| \leqq \int_a^b |f(t)|^p \, dt. \tag{2}$$

Für festes $p \geqq 1$ sei $L^{(p)}$ die Menge aller auf I meßbaren und in der p-ten Potenz summierbaren Funktionen. Für jedes $f \in L^{(p)}$ besitzt also (1) einen endlichen Wert. Es ist $\|f\|_p = 0$ dann und nur dann, wenn f höchstens auf einer Menge vom Maß Null nicht verschwindet.

(3) *$L^{(p)}$ ist ein linearer Raum.*

Mit f liegt offenbar λf in $L^{(p)}$ und es ist $\|\lambda f\|_p = |\lambda| \, \|f\|_p$. Für a, b beliebig komplex gilt für $p \geqq 1$

$$|a + b|^p \leqq (2 \max(|a|, |b|))^p \leqq 2^p (|a|^p + |b|^p). \tag{4}$$

Daraus folgt $\int |f+g|^p \, dt \leqq 2^p (\int |f|^p \, dt + \int |g|^p \, dt)$, d.h. mit f und g liegt auch $f+g$ in $L^{(p)}$.

Wir beweisen wieder die Höldersche Ungleichung

(5) *Ist $f(t) \in L^{(p)}$, $g(t) \in L^{(q)}$, $\frac{1}{p} + \frac{1}{q} = 1$, $p > 1$, so gehört $f(t)\, g(t)$ zu $L^{(1)}$ und es gilt*

$$\int_a^b |f(t)\, g(t)| \, dt \leqq \left(\int_a^b |f(t)|^p \, dt \right)^{1/p} \cdot \left(\int_a^b |g(t)|^q \, dt \right)^{1/q} = \|f\|_p \, \|g\|_q. \tag{6}$$

Beweis. Ist $\|f\|_p = 0$ oder $\|g\|_q = 0$, so ist auch die linke Seite Null, die Ungleichung also richtig. Wir können daher in 8.(4) $c = \frac{|f|}{\|f\|_p}$ und $d = \frac{|g|}{\|g\|_q}$ setzen und erhalten so

$$\frac{|fg|}{\|f\|_p \|g\|_q} \leqq \frac{1}{p} \frac{|f|^p}{\|f\|_p^p} + \frac{1}{q} \frac{|g|^q}{\|g\|_q^q}. \tag{7}$$

Nun ist fg meßbar und der absolute Betrag von fg ist nach (7) durch eine summierbare Funktion majorisiert, also ist fg summierbar, d.h. in $L^{(1)}$. Integration von (7) ergibt (6).

(8) *Minkowskische Ungleichung. Für zwei Elemente $f, g \in L^{(p)}$, $p \geqq 1$, gilt*

$$\|f + g\|_p \leqq \|f\|_p + \|g\|_p. \tag{9}$$

Für $p=1$ ist die Behauptung trivial. Für $p>1$ folgt sie wieder aus der Hölderschen Ungleichung (die anwendbar ist, da $f+g$ nach (3) in $L^{(p)}$ liegt, also $|f+g|^{p-1}$ wegen $(p-1)\,q=p$ in $L^{(q)}$):

$$\int |f+g|^p\,dt \leqq \int |f|\,|f+g|^{p-1}\,dt + \int |g|\,|f+g|^{p-1}\,dt$$
$$\leqq (\|f\|_p + \|g\|_p)\,(\int |f+g|^p\,dt)^{1/q}.$$

Wir bemerken wieder, daß in (6) für $p>1$ das Gleichheitszeichen genau dann gilt, wenn von den Funktionen $|f|^p$ und $|g|^p$ eine fast überall ein Vielfaches der anderen ist, während in (9) das Gleichheitszeichen genau dann gilt, wenn eine der beiden Funktionen f oder g fast überall ein nichtnegatives Vielfaches der anderen ist.

Damit ist nachgewiesen, daß auf $L^{(p)}$ der Ausdruck (1) alle Normeigenschaften besitzt mit Ausnahme von (N2). Durch (1) wird also nur eine Halbnorm auf $L^{(p)}$ erklärt. Der Nullraum N der Halbnorm ist der Raum aller fast überall verschwindenden Funktionen.

Nach 1.(4) *ist dann* $L^{(p)}/N$ *ein durch* (1) *normierter Raum.*

Es ist üblich, zwischen $f \in L^{(p)}$ und der durch f in $L^{(p)}/N$ erzeugten Restklasse nicht zu unterscheiden. Man überzeugt sich sofort, daß alle Resultate dieser Nummer für die Funktionen aus $L^{(p)}$ auch für die Restklassen aus $L^{(p)}/N$ gelten, die ja aus Funktionen bestehen, die fast überall identisch sind.

(10) $L^{(p)}/N$ *ist ein* (B)-*Raum.*

Beweis. Es sei f_n eine Cauchyfolge in $L^{(p)}/N$. Man sagt, die Funktionen f_n sind eine Cauchyfolge im p-ten Mittel. Dann gibt es zu jedem ν ein $n_\nu > n_{\nu-1}$, von dem ab $\|f_m - f_n\|_p^p < \frac{1}{3^\nu}$ ist. Speziell ist

$$\|f_{n_{\nu+1}} - f_{n_\nu}\|_p^p < \frac{1}{3^\nu}. \tag{11}$$

Ist nun M_ν die Menge, auf der $|f_{n_{\nu+1}}(t) - f_{n_\nu}(t)| > 2^{-\nu/p}$ ist, so ist das Maß $m(M_\nu) < (\frac{2}{3})^\nu$, denn aus (11) folgt

$$2^{-\nu} m(M_\nu) \leqq \int\limits_{M_\nu} |f_{n_{\nu+1}} - f_{n_\nu}|^p\,dt < \frac{1}{3^\nu}.$$

Liegt t nicht in $\bigcup\limits_{N+1}^{\infty} M_\nu$, so ist also $|f_{n_{\nu+1}}(t) - f_{n_\nu}(t)| \leqq 2^{-\nu/p}$ für $\nu \geqq N+1$, daher ist $\sum\limits_{\nu=1}^{\infty} |f_{n_{\nu+1}}(t) - f_{n_\nu}(t)| < \infty$ für diese t und $\sum\limits_{\nu=1}^{\infty} \bigl(f_{n_{\nu+1}}(t) - f_{n_\nu}(t)\bigr)$ konvergent für alle t, die nicht in $M = \bigcap\limits_{N=1}^{\infty} \bigcup\limits_{N+1}^{\infty} M_\nu$ liegen. Die Menge M hat das Maß Null und $\lim\limits_{\nu\to\infty} f_{n_\nu}(t) = f(t)$ in ganz $I \sim M$. Auf M setzen wir $f(t)=0$.

Wir zeigen jetzt, daß $f(t) \in L^{(p)}$ und f_n im p-ten Mittel gegen f konvergiert. Nun ist $\int\limits_a^b |f_{n_\nu}(t) - f_n(t)|^p\,dt \leqq \varepsilon$ für genügend große n_ν und n.

Die Funktionen $|f_{n_\nu}(t) - f_n(t)|^p$ sind $\geqq 0$ und konvergieren für $n_\nu \to \infty$ fast überall gegen $|f(t) - f_n(t)|^p$. Nach dem Satz von FATOU ist dann aber $|f(t) - f_n(t)|^p$ summierbar und es gilt

$$\int_a^b |f(t) - f_n(t)|^p \, dt \leqq \underline{\lim}_\nu \int_a^b |f_{n_\nu}(t) - f_n(t)|^p \, dt \leqq \varepsilon .$$

Also liegt $f - f_n$ und damit f in $L^{(p)}$ und es ist $\|f - f_n\|_p \to 0$. Wir beweisen jetzt

(12) *$L^{(p)}/N$ ist mit L^p identisch.*

Der Raum der auf $I = [a, b]$ stetigen Funktionen kann als Teilraum von $L^{(p)}/N$ aufgefaßt werden, da zwei verschiedene stetige Funktionen sich niemals um eine Funktion aus N unterscheiden, also die Einbettung in $L^{(p)}/N$ eineindeutig ist.

Können wir zeigen, daß die stetigen Funktionen in $L^{(p)}/N$ dicht sind, so folgt aus (10) und der Eindeutigkeit der vollständigen Hülle, daß $L^{(p)}/N$ und L^p identisch sind.

Da jede reellwertige Funktion aus $L^{(p)}$ sich als Differenz zweier nichtnegativer Funktionen aus $L^{(p)}$ schreiben läßt, jede komplexwertige als $f_1 - f_2 + i(f_3 - f_4)$, $f_i \geqq 0$, so genügt es zu zeigen, daß ein $f \geqq 0$ durch eine stetige Funktion im p-ten Mittel approximiert werden kann.

Man kann, wie in der Theorie der reellen Funktionen gezeigt wird, zu vorgegebenen $\varepsilon > 0$ und $\delta > 0$ zu jeder auf I meßbaren Funktion $f(t) \geqq 0$ eine stetige Funktion $\varphi(t) \geqq 0$ finden, so daß $|f(t) - \varphi(t)| < \delta$ ist für alle t, die nicht einer Menge vom Maß $< \varepsilon$ angehören. Ist $f(t) \leqq K$, so kann auch $\varphi(t) \leqq K$ gewählt werden.

Ist nun $0 \leqq f(t) \leqq K$, so folgt $\int_a^b |f(t) - \varphi(t)|^p \, dt \leqq \delta^p (b-a) + K^p \varepsilon$, also die Approximierbarkeit.

Ist $f(t)$ nicht beschränkt, so führt man die Funktionen $f_n(t)$ ein, die durch $f_n(t) = f(t)$ für $f(t) \leqq n$ und $f_n(t) = 0$ für $f(t) > n$ definiert sind. Ist M_n die Menge, auf der f_n verschwindet, so wird $\|f - f_n\| = \left(\int_{M_n} |f(t)|^p \, dt\right)^{1/p} < \frac{\varepsilon}{2}$ für genügend großes n. Da man die stetige Funktion φ so wählen kann, daß $\|f_n - \varphi\| < \frac{\varepsilon}{2}$ ist, folgt auch für unbeschränktes $f \in L^{(p)}/N$ die Approximierbarkeit.

(13) *L^p, $p \geqq 1$, ist separabel.*

Denn $C(I)$ ist auch separabel bezüglich der Norm (1), wie sofort aus dem Weierstraßschen Approximationssatz folgt, also auch die vollständige Hülle L^p.

Ohne Beweis sei vermerkt, daß l^2 und L^2 normisomorph sind. Dies ist im wesentlichen der Satz von RIESZ-FISCHER.

Es gilt in Analogie zu den Resultaten über die l^p

(14) *Der duale Raum zu L^p ist L^q, $\frac{1}{p}+\frac{1}{q}=1$, $1<p, q<\infty$.*

Wir werden den Beweis unter Benützung der allgemeinen Theorie später (§ 26, 7.) führen.

11. Der Raum L^∞. Eine in $I=[a,b]$ bis auf eine Menge vom Maß Null erklärte meßbare Funktion $f(t)$ heißt wesentlich beschränkt, wenn es ein $M\geqq 0$ gibt mit $|f(t)|\leqq M$ für alle t außerhalb einer Menge vom Maß Null. Als das wesentliche Supremum einer solchen Funktion $f(t)$, in Zeichen $w\cdot\sup|f(t)|$ bezeichnen wir die untere Grenze M_0 aller wesentlichen Schranken M. Sie ist selbst eine wesentliche Schranke, denn ist $|f(t)|\leqq M_i$, $i=1,2,\ldots$, $M_1>M_2>\cdots\to M_0$, und sind N_i die Mengen, auf denen $f(t)>M_i$ ist, so ist $N_0=\bigcup_{i=1}^{\infty} N_i$ wieder vom Maß Null.

Mit $L^\infty(I)$ bezeichnen wir den linearen Raum aller wesentlich beschränkten meßbaren Funktionen auf I, wobei wir wieder nach dem Raum N aller fast überall verschwindenden Funktionen zu Klassen zusammenfassen.

Als Norm auf L^∞ führen wir ein

(1) $$\|f\|_\infty = w\cdot\sup_{t\in I}|f(t)|.$$

Damit gilt

(2) *L^∞ ist bezüglich der Norm* (1) *ein* (B)-*Raum.*

Die Normeigenschaften sind trivial. f_n sei eine Cauchyfolge. Die Ungleichung $\|f_n-f_m\|_\infty\leqq\frac{1}{k}$ bedeutet, daß $|f_n(t)-f_m(t)|\leqq\frac{1}{k}$ für alle t außerhalb einer Menge $N_{n,m}^{(k)}$ vom Maß Null gilt. Die Folge $f_n(t)$ ist also für alle t außerhalb der Menge $N_0=\bigcup_{m,n,k=1}^{\infty} N_{n,m}^{(k)}$ vom Maß Null gleichmäßig konvergent. Die auf $I\sim N_0$ erklärte Grenzfunktion $f_0(t)$ ist meßbar und beschränkt, liegt also in L^∞ und ist offenbar der Limes der f_n.

Der (B)-Raum $C(I)$ mit der Norm aus 9.(2) ist ein abgeschlossener linearer echter Teilraum von L^∞, $C(I)$ ist also nicht dicht in L^∞.

(3) *L^∞ ist nicht separabel.*

Teilt man $I=[0,1]$ durch die Zahlen $1/n$, $n=1,2,\ldots$, in eine Folge von Intervallen $I_n=\left[\frac{1}{n+1},\frac{1}{n}\right)$ und erklärt man Funktionen $f(t)$, indem man $f(t)$ auf I_n die Werte $+1$ oder -1 gibt, so erhält man nichtabzählbar viele Funktionen aus L^∞, die voneinander paarweise den Abstand 2 haben.

Die gegenseitige Lage der L^p ist gerade umgekehrt wie die der l^p,

(4) *Ist $1 < p_1 < p_2 < \infty$, so ist L^{p_2} ein echter Teilraum von L^{p_1}. Die durch L^{p_1} auf L^{p_2} induzierte Topologie ist gröber als die Normtopologie von L^{p_2}, es gilt für ein $f \in L^{p_2}$ stets*

(5) $$\|f\|_{p_1} \leqq \|f\|_{p_2} (b-a)^{1/p_1 - 1/p_2}, \qquad 1 \leqq p_1 < p_2 \leqq \infty.$$

Für ein $f \in L^\infty$ gilt $\|f\|_\infty = \lim\limits_{p \to \infty} \|f\|_p$.

Beweis. Sei $f \in L^{p_2}$, $p_2 < \infty$. Für die t, für die $|f(t)| \geqq 1$ ist, gilt $|f(t)|^{p_1} \leqq |f(t)|^{p_2}$, also ist $|f(t)|^{p_1}$ majorisiert durch die summierbare Funktion $g(x) = \max\{1, |f(t)|^{p_2}\}$, daher ist $|f(t)|^{p_1}$ selbst summierbar, $f \in L^{p_1}$. Für $p_2 = \infty$ ist $L^\infty \subset L^{p_1}$ trivial.

Für $p_2 = \infty$ ist auch (5) trivial. Sei $p_2 < \infty$. Wir wenden die Höldersche Ungleichung auf $|f|^{p_1} \in L^{p_2/p_1}$, $g \equiv 1$ und den Exponenten $p = p_2/p_1$ an und erhalten
$$\int\limits_a^b |f|^{p_1} dt \leqq \Big(\int\limits_a^b |f|^{p_2} dt\Big)^{p_1/p_2} (b-a)^{\frac{p_2 - p_1}{p_2}},$$
woraus (5) folgt.

Sei schließlich $\|f\|_\infty = M > 0$. Dann gibt es zu jedem $\varepsilon > 0$ eine Menge N von positivem Maß $\mu > 0$, auf der $|f(t)| \geqq M - \varepsilon$ gilt. Also ist $\|f\|_p \geqq [\mu (M-\varepsilon)^p]^{1/p} = \mu^{1/p}(M-\varepsilon)$, woraus $\varliminf\limits_p \|f\|_p \geqq M$ folgt; (5) ergibt dann $\|f\|_\infty = \lim\limits_{p \to \infty} \|f\|_p$.

Legen wir das Intervall $I = (-\infty, \infty)$ zugrunde, so ist bereits die Definition von $L^p(-\infty, \infty)$ anders zu fassen. Wir gehen in diesem Fall aus von dem Raum $C_\infty(-\infty, \infty)$ aller stetigen Funktionen auf I, die außerhalb eines endlichen Intervalls verschwinden. Für sie ist

(6) $$\|f\|_p = \Big(\int\limits_{-\infty}^{+\infty} |f(t)^p| \, dt\Big)^{1/p}$$

endlich und wir erklären $L^p(-\infty, \infty)$, $1 \leqq p < \infty$, als die vollständige Hülle des durch (6) normierten Raumes C_∞. Dagegen ist die Definition von $L^{(p)}$ und L^∞ wieder dieselbe wie für ein endliches Intervall $[a, b]$ und es bleiben die bisherigen Resultate und Beweise dieselben bis auf die folgenden:

Es gilt wieder die Aussage von 10.(12), also $L^{(p)}/N$ ist gleich L^p, doch ist der Beweis abzuändern. Wir zeigen, daß C_∞ dicht in $L^{(p)}/N$ ist. Es ist offenbar wegen der Konvergenz von (6) jedes $f \in L^{(p)}$ im p-ten Mittel approximierbar durch ein $f \in L^{(p)}$, das außerhalb eines geeigneten endlichen Intervalls verschwindet; dieses f ist aber nach dem Beweis von 10.(12) durch eine außerhalb desselben Intervalls verschwindende stetige Funktion approximierbar, also ist C_∞ dicht in $L^{(p)}/N$, d.h. $L/N = L^p$.

Auch die Separabilität von L^p folgt wieder aus der Separabilität von C_∞.

In L^∞ ist ein echter linearer abgeschlossener Teilraum der Raum aller auf $(-\infty, \infty)$ erklärten und beschränkten stetigen Funktionen. Der Satz (4) dieser Nummer ist für $L^p(-\infty, \infty)$ falsch, schon L^∞ ist in keinem der L^p enthalten.

(7) *Der duale Raum zu* L^1 *ist* L^∞.

Auch diesen Satz werden wir erst später beweisen (vgl. § 26, 7.).

§ 15. Topologische lineare Räume

1. Definition des topologischen linearen Raumes. Wir untersuchen in diesem Paragraphen lineare Räume über dem Körper K der reellen bzw. komplexen Zahlen, auf dem die übliche Topologie mit Hilfe des Absolutbetrages eingeführt ist.

Die Überlegungen schließen eng an die Betrachtungen in §10, 2. an, wo allerdings ein beliebiger Körper in der diskreten Topologie vorlag.

Ein linearer Raum E über K heißt ein topologischer linearer Raum $E[\mathfrak{T}]$ oder topologischer Vektorraum, wenn auf E eine separierte, mit den linearen Operationen verträgliche Topologie $\mathfrak{T}$ erklärt ist. Die Verträglichkeit bedeutet wieder, daß die Abbildungen $(x, y) \to x+y$ von $E \times E$ in E und $(\alpha, x) \to \alpha x$ von $\mathsf{K} \times E$ in E stetig sind. Der Begriff geht auf A. KOLMOGOROFF [1] und J. VON NEUMANN [1] zurück.

Die topologische Isomorphie zweier topologischer linearer Räume $E_1[\mathfrak{T}_1]$ und $E_2[\mathfrak{T}_2]$, in Zeichen $E_1[\mathfrak{T}_1] \cong E_2[\mathfrak{T}_2]$, ist wie in §10, 2. als Isomorphie der linearen Räume erklärt, die zugleich eine Homöomorphie ist.

Nach §14, 1.(3) ist ein normierter Raum ein Beispiel für einen topologischen linearen Raum. Durch die Angabe der Norm und nicht nur der durch sie erzeugten Topologie entsteht jedoch eine reichhaltigere Struktur; wie wir in §14, 2. sahen, können zwei normierte Räume als topologische lineare Räume sehr wohl topologisch isomorph sein ohne gleichzeitig normisomorph zu sein.

Aus der Definition des topologischen linearen Raumes folgt unmittelbar, daß $\sum_1^m \alpha_k^{(n)} x_k^{(n)}$ gegen $\sum_1^m \alpha_k x_k$ konvergiert im Sinn von $\mathfrak{T}$, wenn jede der Folgen $x_k^{(n)}$, $n=1, 2, \ldots$, gegen x_k konvergiert im Sinn von $\mathfrak{T}$ und jede Folge $\alpha_k^{(n)} \to \alpha_k$ in K.

(1) *Die Abbildung* $x \to x+x_0$ *ist eine Homöomorphie von* $E[\mathfrak{T}]$ *auf sich. Die Abbildung* $x \to \alpha x$, $\alpha \neq 0$, *ist ein topologischer Automorphismus von* $E[\mathfrak{T}]$.

Denn diese Abbildungen sind stetig bzw. linear und stetig und haben als Bildraum ganz $E[\mathfrak{T}]$ und die inversen Abbildungen $x \to x - x_0$ bzw. $x \to \frac{1}{\alpha} x$ existieren und haben dieselben Eigenschaften.

Ist $\mathfrak{U}=\{U\}$ eine Nullumgebungsbasis, so bilden daher die Mengen x_0+U eine Basis des Umgebungsfilters von x_0. Mit U ist ferner auch αU für $\alpha \neq 0$ eine Nullumgebung.

(2) *Ist $E[\mathfrak{T}]$ ein topologischer linearer Raum über* K *und ist $\mathfrak{U}=\{U\}$ eine Nullumgebungsbasis, so gilt*

(LT1) *Zu jedem $U\in\mathfrak{U}$ gibt es ein $V\in\mathfrak{U}$ mit $V+V\subset U$.*

(LT2) *Zu jedem $U\in\mathfrak{U}$ gibt es ein $V\in\mathfrak{U}$, so daß $\alpha V\subset U$ für alle α mit $|\alpha|\leqq 1$ gilt.*

(LT3) *Zu jedem $U\in\mathfrak{U}$ und jedem $x\in E$ gibt es eine natürliche Zahl $n(x, U)$ mit $x\in nU$.*

Bezeichnet man eine Teilmenge M von E als ausgeglichen, wenn ein geeignetes Vielfaches ϱx, $\varrho>0$, jedes Elementes von E in M liegt, so bedeutet (LT3) also die Aussage, daß jede Nullumgebung ausgeglichen ist.

Beweis von (2). (LT1) ist nichts anderes als die Stetigkeit von $(x, y)\to x+y$ in (o, o). Aus der Stetigkeit von αx in $(0, o)$ folgt, daß es ein $\varepsilon>0$ und eine Nullumgebung W gibt mit $\xi x\in U$ für alle $x\in W$ und alle $|\xi|\leqq\varepsilon$, also ist (LT2) mit $V=\varepsilon W$ erfüllt.

Wäre U nicht ausgeglichen, so gäbe es ein $x_0\in E$, das in keinem nU liegt, also wäre $\frac{1}{n}x_0\notin U$, was der Konvergenz von $\frac{1}{n}x_0$ nach o widerspricht.

Eine Menge $M\subset E$ heißt kreisförmig, wenn sie mit x_0 alle αx_0 mit $|\alpha|\leqq 1$ enthält. Die kreisförmige Hülle einer Menge M besteht aus allen αx, $x\in M$, $|\alpha|\leqq 1$.

(3) *Ein topologischer linearer Raum E besitzt stets eine Nullumgebungsbasis aus kreisförmigen Umgebungen.*

Denn nach (LT2) bilden die $\bigcup_{|\alpha|\leqq 1}\alpha U$, $U\in\mathfrak{U}$, eine Nullumgebungsbasis.

2. Eine zweite Definition. Wir beweisen die Umkehrung von Satz (2) der vorigen Nummer,

(1) *Auf einem reellen oder komplexen linearen Raum E sei eine Filterbasis $\mathfrak{U}=\{U\}$ mit $\bigcap U=o$ gegeben, die die Bedingungen* (LT1) *bis* (LT3) *erfüllt. Erklärt man auf E eine Topologie $\mathfrak{T}$ durch die Umgebungen $U(x)=x+\alpha U$, $U\in\mathfrak{U}$, $0\neq\alpha\in$ K, so ist $E[\mathfrak{T}]$ ein topologischer linearer Raum mit $\mathfrak{U}$ als Nullumgebungsbasis.*

Nach 1.(2) kann jeder topologische lineare Raum auf diese Weise definiert werden, denn nach der Bemerkung nach 1.(1) wird die Topologie auf E bereits durch eine Nullumgebungsbasis bestimmt.

Noch etwas einfacher ist die folgende Definition

(2) *Auf einem reellen oder komplexen linearen Raum E sei eine Filterbasis $\mathfrak{U}=\{U\}$ aus ausgeglichenen kreisförmigen U mit $\bigcap U=o$ gegeben*

und zu jedem U existiere ein $V \in \mathfrak{U}$ mit $V + V \subset U$. Erklärt man auf E eine Topologie $\mathfrak{T}$ durch die Umgebungen $U(x) = x + \alpha U$, $U \in \mathfrak{U}$, $0 \neq \alpha \in K$, so ist $E[\mathfrak{T}]$ ein topologischer linearer Raum mit $\mathfrak{U}$ als Nullumgebungsbasis.

Nach 1.(2) und 1.(3) entsteht wiederum jeder topologische lineare Raum auf diese Weise. Es genügt, Satz (2) zu beweisen, denn aus einer Filterbasis $\mathfrak{U}$, die den Voraussetzungen von (1) genügt, erhält man wie im Beweis von 1.(3) eine äquivalente Filterbasis, die den Voraussetzungen von (2) genügt.

Beweis von (2). Führt man die offenen Mengen von E ein als diejenigen Mengen, die mit jedem Punkt x eine Umgebung $U(x) = x + \alpha U$ enthalten, so prüft man leicht nach, daß die so definierte Klasse $\mathfrak{O}$ die Axiome (O1) und (O2) aus §1, 1. erfüllt. Es wird also tatsächlich eine Topologie $\mathfrak{T}$ auf E erklärt. $\mathfrak{T}$ ist separiert: Sei $x \neq y$. Wegen $\bigcap U = \mathfrak{o}$ gibt es ein U mit $x - y \notin U$. Ist $V + V \subset U$, V kreisförmig, so sind $x + V$ und $y + V$ disjunkt. Wäre nämlich $x + z_1 = y + z_2$ mit $z_1, z_2 \in V$, so wäre $x - y = z_2 - z_1 \in V + V \subset U$ entgegen der Voraussetzung.

Die Stetigkeit von $(x, y) \to x + y$ im Punkt (x_0, y_0) folgt aus $(x_0 + V) + (y_0 + V) \subset x_0 + y_0 + U$.

Die Stetigkeit von $(\alpha, x) \to \alpha x$ in $\alpha_0 x_0$ ergibt sich folgendermaßen: Es sei die Umgebung $\alpha_0 x_0 + U$ gegeben mit kreisförmigem U. Es sei $|\alpha_0| \leqq n$. Wir können dann ein kreisförmiges V so bestimmen, daß $V + \cdots + V$ ($n+2$ Summanden) in U liegt (es ist dies von $(n+2)V$ zu unterscheiden, das ja nur die Elemente $(n+2)x$, $x \in V$, enthält), also erst recht $nV + V + V \subset U$ gilt. Es sei ferner die natürliche Zahl m so gewählt, daß $x_0 \in mV$ gilt.

Ist nun $|\alpha - \alpha_0| \leqq \frac{1}{m}$, $x \in x_0 + V$, so folgt aus

$$\alpha x = \alpha_0 x_0 + (\alpha - \alpha_0) x_0 + (\alpha - \alpha_0)(x - x_0) + \alpha_0 (x - x_0)$$

wegen $\frac{1}{m}(mV) = V$, $(\alpha - \alpha_0)(x - x_0) \in \frac{1}{m} V \subset V$ und $\alpha_0 (x - x_0) \in nV$ die Beziehung $\alpha x \in \alpha_0 x_0 + V + V + nV \subset \alpha_0 x_0 + U$, also die Stetigkeit von αx.

(3) *Jeder topologische lineare Raum $E[\mathfrak{T}]$ ist uniformisierbar, also regulär (und nach § 6, 8.(1) sogar vollständig regulär).*

Die uniforme Struktur ist durch die Forderung, daß sie eine Basis von translationsinvarianten Nachbarschaften besitzt, eindeutig bestimmt.

Beweis. Wir nennen eine Nachbarschaft $N \subset E \times E$ translationsinvariant, wenn mit (x, y) stets $(x + z, y + z)$ in N liegt, z beliebig in E.

Die uniforme Struktur auf $E[\mathfrak{T}]$ wird erklärt durch die Nachbarschaften N_U aller $(x, y) \in E \times E$ mit $y - x \in U$, $U \in \mathfrak{U}$. Wir beweisen, daß die N_U die Basis einer separierten uniformen Struktur auf E bilden.

Die N_U bilden eine Filterbasis auf $E \times E$, die offenbar (N1) aus § 5, 1. erfüllt und wegen $\bigcap U = o$ auch (N4) aus § 5, Nr. 2. Für ein kreisförmiges U ist $U = -U$, also ist N_U symmetrisch, $N_U = N_U^{-1}$, d.h. (N2') ist erfüllt, schließlich folgt aus der Existenz eines kreisförmigen V mit $V + V \subset U$, daß $N_V^2 \subset N_U$, also ist auch (N3) erfüllt. Die Topologie $\mathfrak{T}$ ist offenbar die zu dieser uniformen Struktur gehörige Topologie.

Sei schließlich irgendeine translationsinvariante uniforme Struktur auf E gegeben mit $\mathfrak{T}$ als zugehöriger Topologie. Ist U eine Nullumgebung, die aus einer translationsinvarianten Nachbarschaft N stammt, also U die Menge aller y mit $(o, y) \in N$, so ist $x + U$ die Menge aller z mit $(x, z) \in N$, d.h. N ist gleich dem oben definierten N_U, die uniforme Struktur ist also eindeutig bestimmt.

Satz (3) erlaubt uns, die Resultate aus § 5 über uniforme Räume auf topologische lineare Räume anzuwenden.

(4) *Ist eine lineare Abbildung A von $E[\mathfrak{T}_1]$ in $E[\mathfrak{T}_2]$ im Punkt o stetig, so ist sie überall und sogar gleichmäßig stetig.*

Für den Beweis vgl. §10, 2.(9).

(5) *Die Abbildung $(x, y) \to x + y$ von $E[\mathfrak{T}] \times E[\mathfrak{T}]$ in $E[\mathfrak{T}]$ ist gleichmäßig stetig.*

Beweis. Es sei $V + V \subset U$ und N_V die Nachbarschaft aller (x, x') mit $x' - x \in V$. Dann ist das Bild der Nachbarschaft $N_V \times N_V$ in N_U gelegen, da die Differenzen $(x' + y') - (x + y)$ der $(x, x', y, y') \in N_V \times N_V$ in U liegen.

Trivial ist

(6) *Jeder lineare Teilraum H eines topologischen linearen Raumes ist in der induzierten Topologie wieder ein topologischer linearer Raum.*

(7) *Die abgeschlossene Hülle $\overline{H}$ eines linearen Teilraumes H ist wieder ein linearer Teilraum.*

Denn sind x_0 bzw. y_0 Berührungspunkte von H und ist U gegeben, ist ferner $V + V \subset U$, so ist für $x, y \in H$ und $x \in x_0 + V$, $y \in y_0 + V$ stets $x + y \in x_0 + y_0 + U$, also $x_0 + y_0$ Berührungspunkt der $x + y \in H$. Ferner ist λx_0 Berührungspunkt der λx, wenn x_0 Berührungspunkt der $x \in H$ ist.

3. Die vollständige Hülle. So wie sich jeder normierte Raum zu einem (B)-Raum vervollständigen läßt (§14, 3.(1)), so gilt auch für beliebige topologische lineare Räume

(1) *Jeder topologische lineare Raum $E[\mathfrak{T}]$ über K läßt sich in einen bis auf topologische Isomorphie eindeutig bestimmten kleinsten vollständigen topologischen linearen Raum $\tilde{E}[\tilde{\mathfrak{T}}]$ einbetten, die vollständige Hülle von $E[\mathfrak{T}]$.*

Die in $\tilde{E}[\tilde{\mathfrak{T}}]$ gebildeten abgeschlossenen Hüllen der Nullumgebungen einer Nullumgebungsbasis von $E[\mathfrak{T}]$ bilden eine Nullumgebungsbasis in

$\tilde{E}[\tilde{\mathfrak{T}}]$. *Kreisförmige Umgebungen ergeben beim Abschließen wieder kreisförmige Umgebungen.*

Beweis. $E[\mathfrak{T}]$ ist ein uniformer Raum nach 2.(3). Nach § 5, 5.(2) gibt es eine bis auf Isomorphie der uniformen Räume eindeutig bestimmte kleinste vollständige Hülle $\tilde{E}[\tilde{\mathfrak{T}}]$, deren Elemente Klassen äquivalenter Cauchysysteme aus E sind. $\tilde{E}[\tilde{\mathfrak{T}}]$ ist wieder separiert.

Nach 2.(5) ist die Addition $x+y$ eine gleichmäßig stetige Abbildung von $E[\mathfrak{T}]\times E[\mathfrak{T}]$ in $E[\mathfrak{T}]$, also auch in $\tilde{E}[\tilde{\mathfrak{T}}]$; nach § 5, 4.(4) und § 5, 7. läßt sie sich in eindeutig bestimmter Weise gleichmäßig stetig auf $\tilde{E}[\tilde{\mathfrak{T}}]\times\tilde{E}[\tilde{\mathfrak{T}}]$ fortsetzen. Nach 2.(4) ist für festes α auch αx gleichmäßig stetig auf $E[\mathfrak{T}]$, also läßt sich auch die skalare Multiplikation eindeutig und gleichmäßig stetig in x auf ganz $\tilde{E}[\tilde{\mathfrak{T}}]$ fortsetzen. Die Axiome (L1) und (L2) des linearen Raumes ergeben sich jetzt für $\tilde{E}$ durch Grenzübergang aus den Regeln für E.

Ist $\{N_U\}$ die aus einer Nullumgebungsbasis $\{U\}$ abgeleitete Nachbarschaftsbasis von $E[\mathfrak{T}]$, so ergeben nach § 5, 5.(4) die in $\tilde{E}\times\tilde{E}$ gebildeten abgeschlossenen Hüllen $\overline{N_U}$ eine Nachbarschaftsbasis von $\tilde{E}[\tilde{\mathfrak{T}}]$. Wir zeigen, daß $\overline{N_U}=N_{\overline{U}}$ ist, $\overline{U}$ die in $\tilde{E}[\tilde{\mathfrak{T}}]$ gebildete abgeschlossene Hülle von U. Ein $(\tilde{x},\tilde{y})\in\overline{N_U}$ ist Berührungspunkt von Paaren $(x, y)\in N_U$. Aus $y-x\in U$ folgt aber $\tilde{y}-\tilde{x}\in\overline{U}$, also gilt $\overline{N_U}\subset N_{\overline{U}}$. Ist umgekehrt $(\tilde{x},\tilde{y})\in N_{\overline{U}}$, also $\tilde{z}=\tilde{y}-\tilde{x}\in\overline{U}$, so ist $\tilde{z}$ Berührungspunkt von Elementen $z\in U$, $\tilde{x}$ Berührungspunkt von Elementen $x\in E$, also $(\tilde{x}, \tilde{y})=(\tilde{x}, \tilde{x}+\tilde{z})$ Berührungspunkt von Elementen $(x, x+z)\in N_U$ und damit $N_{\overline{U}}\subset\overline{N}_U$. Die in $\tilde{E}[\tilde{\mathfrak{T}}]$ gebildeten abgeschlossenen Hüllen $\overline{U}$ der U bilden also eine Nullumgebungsbasis von $\tilde{E}[\tilde{\mathfrak{T}}]$.

Sind die U kreisförmig, so auch die $\overline{U}$, denn aus $\alpha U\subset U(|\alpha|\leqq 1)$ folgt wegen der Stetigkeit von αx in x sofort $\alpha\overline{U}\subset\overline{U}$. Aus $V+V\subset U$ und der Stetigkeit von $(x, y)\to x+y$ folgt $\overline{V}+\overline{V}\subset\overline{U}$. Schließlich ist jedes $\overline{U}$ ebenfalls ausgeglichen: Zu $x_0\in\tilde{E}$ gibt es ein $x\in E$ mit $x_0-x\in\overline{V}$; ist $x\in nV$, so ist $x_0=(x_0-x)+x\in\overline{V}+n\overline{V}\subset n\overline{U}$. Nach 2.(2) ist damit $\tilde{E}[\tilde{\mathfrak{T}}]$ ein topologischer linearer Raum.

Zwei kleinste vollständige Hüllen über $E[\mathfrak{T}]$ sind als uniforme Räume isomorph, wegen der Stetigkeit der linearen Operationen entsprechen sich dabei aber auch Summe und skalares Vielfaches, die Isomorphie der uniformen Räume ist damit eine topologische Isomorphie der topologischen linearen Räume. Damit ist (1) bewiesen.

Bemerkung. Die Konstruktion der vollständigen Hülle eines lineartopologischen Raumes (vgl. § 13, 3.) kann genau so durchgeführt werden, nur daß U in diesem Fall ein linearer Teilraum ist, daraus schließt man, daß auch $\overline{U}$ linearer Teilraum ist, und erhält mit § 10, 2.(1) das (1) entsprechende Ergebnis.

4. Quotientenräume und topologische Produkte. Wie für normierte Räume und für lineartopologische Räume erklärt man auf einem Quotientenraum E/H eines topologischen linearen Raumes $E[\mathfrak{T}]$ die induzierte Topologie $\mathfrak{T}$ durch die Bilder $K(O)$ (K die kanonische Abbildung von E auf E/H) der offenen Teilmengen O von E und es gilt

(1) *Ist H ein abgeschlossener linearer Teilraum des topologischen linearen Raumes $E[\mathfrak{T}]$, so ist E/H bezüglich der induzierten Topologie $\mathfrak{T}$ ein topologischer linearer Raum.*

Ähnlich wie in § 10, 7. ergibt sich, daß die $K(O)$ eine separierte Topologie auf E/H erzeugen. Ist $U \subset E$ ausgeglichen und kreisförmig, so ist auch $K(U)$ ausgeglichen und kreisförmig und aus $V + V \subset U$ folgt $K(V) + K(V) \subset K(U)$. Aus einer Nullumgebungsbasis von E, die die Voraussetzungen von 2.(2) erfüllt, erhält man also durch die kanonische Abbildung eine ebensolche der induzierten Topologie von E/H. Aus 2.(2) folgt jetzt die Behauptung.

Wir bemerken, daß E/H nicht vollständig zu sein braucht, wenn E vollständig ist. Für Gegenbeispiele vgl. § 23, 5. und § 31, 6.

Die Begriffe topologischer Homomorphismus, topologischer Monomorphismus und topologischer Isomorphismus werden wie in § 10, 7. erklärt und es gelten mit denselben Beweisen wie dort die drei folgenden Sätze

(2) *Die kanonische Abbildung K von $E[\mathfrak{T}]$ auf E/H, H abgeschlossen, ist ein topologischer Homomorphismus.*

(3) *Eine lineare stetige Abbildung A von $E[\mathfrak{T}_1]$ in $F[\mathfrak{T}_2]$ besitzt stets einen abgeschlossenen Nullraum $N[A]$ und A ist das Produkt des kanonischen Homomorphismus K von E auf $E/N[A]$, einer eineindeutigen stetigen linearen Abbildung $\check{A}$ von $E/N[A]$ auf $A(E)$ und der Einbettung J von $A(E)$ in F.*

(4) *Jeder topologische Homomorphismus von $E[\mathfrak{T}_1]$ in $F[\mathfrak{T}_2]$ ist das Produkt des kanonischen Homomorphismus K von E auf $E/N[A]$ und eines topologischen Monomorphismus $\hat{A}$ von $E/N[A]$ in F. Der topologische Monomorphismus $\hat{A}$ ist das Produkt eines topologischen Isomorphismus $\check{A}$ von $E/N[A]$ auf $A(E)$ und der Einbettung J von $A(E)$ in F, die ein topologischer Monomorphismus ist.*

Ebenso wie in § 10, 7. ergibt sich für zwei abgeschlossene lineare Teilräume $F \subset G$ von $E[\mathfrak{T}]$ die topologische Isomorphie $(E/F)/(G/F) \cong F/G$. Umgekehrt gilt

(5) *Eine lineare Abbildung A von $E[\mathfrak{T}_1]$ in $F[\mathfrak{T}_2]$ mit abgeschlossenem Nullraum ist stetig bzw ein topologischer Homomorphismus, wenn $\check{A}$ stetig bzw. ein topologischer Isomorphismus ist.*

In § 14, 4. konnten wir nur zeigen, daß das topologische Produkt endlich vieler normierter Räume wieder normierbar ist. Jetzt gilt allgemeiner

(6) *Das topologische Produkt* $E[\mathfrak{T}] = \prod_{\alpha} E_\alpha[\mathfrak{T}_\alpha]$ *beliebig vieler topologischer linearer Räume* $E_\alpha[\mathfrak{T}_\alpha]$ *ist wieder ein topologischer linearer Raum.*

Zum Beweise ziehe man § 1, 8. und § 7, 8. heran. Man verifiziert mühelos, daß die Bedingungen von 2.(2) durch das Nullumgebungssystem $U = \prod_{\alpha} W^\alpha$ erfüllt werden, wobei endlich viele W^α kreisförmige Nullumgebungen U^α in den E_α sind, alle übrigen $W^\alpha = E_\alpha$.

(7) *Das topologische Produkt mindestens abzählbar vieler normierter Räume ist nicht normierbar.*

Denn eine Umgebung $\|x\| < 1$ müßte ja eine Nullumgebung $\prod_{\alpha} W^\alpha$ umfassen. Sei nun x ein Element, dessen sämtliche Komponenten $x_\alpha = 0$ sind bis auf ein x_β, das in einem $W^\beta = E_\beta$ liegt. Dann liegen aber alle Vielfachen von x auch in $\prod_{\alpha} W^\alpha$, aus $\|\lambda x\| = |\lambda|\,\|x\| < 1$ für alle $\lambda \in \mathsf{K}$ folgt aber der Widerspruch $\|x\| = 0$.

Wir haben schon in § 5, 7. bewiesen, daß die vollständige Hülle eines topologischen Produktes gleich dem topologischen Produkt der vollständigen Hüllen ist, $E[\mathfrak{T}] = \prod_{\alpha} E_\alpha[\mathfrak{T}_\alpha]$ *ist also vollständig, wenn die* $E_\alpha[\mathfrak{T}_\alpha]$ *es sind.*

Das topologische Produkt von d Körpern K bezeichnen wir wie in § 7, 8. mit $\omega_d(\mathsf{K})$. Für $d = \aleph_0$ schreiben wir einfach $\omega(\mathsf{K})$. Da wir auf dem reellen bzw. komplexen Zahlkörper jetzt nicht die diskrete sondern die natürliche Topologie zugrundelegen, erhalten wir auf den ω_d damit auch eine von der linearen Topologie verschiedene Topologie.

Nur für endliches d ist ω_d normierbar nach (7).

5. Endlichdimensionale topologische lineare Räume. Der n-dimensionale reelle oder komplexe Raum K^n ist in seiner natürlichen Topologie ein topologischer linearer Raum. Daß diese Topologie die einzige auf K^n ist, die mit den linearen Operationen verträglich ist, bewies TYCHONOFF [1]. Es gilt also

(1) *Jeder* n*-dimensionale topologische lineare Raum* $E[\mathfrak{T}]$ *über* K *ist topologisch isomorph zu* K^n *in seiner natürlichen Topologie.*

Beweis. a) Wir können den linearen Raum E mit dem Vektorraum K^n identifizieren. Sei U eine kreisförmige $\mathfrak{T}$-Nullumgebung, V eine kreisförmige $\mathfrak{T}$-Nullumgebung, so daß die n-fache Summe $V + \cdots + V$ in U liegt. Es gibt, da V ausgeglichen ist, ein $k > 0$, so daß alle $k\mathfrak{e}_i$, $i = 1, \ldots, n$, in V liegen, $\mathfrak{e}_i$ die Einheitsvektoren. Dann liegen aber alle $k \sum_{i=1}^{n} \alpha_i \mathfrak{e}_i$ mit $\sum |\alpha_i|^2 \leqq 1$ in U, d.h. U umfaßt die mit den $\mathfrak{e}_i$ als Einheitsvektoren gebildete euklidische Kugel vom Radius k. Die Topologie $\mathfrak{T}$ ist also gröber als die natürliche Topologie auf K^n.

b) Um zu zeigen, daß $\mathfrak{T}$ feiner als die natürliche Topologie auf K^n ist, genügt es zu zeigen, daß es eine $\mathfrak{T}$-Nullumgebung gibt, die in K^n beschränkt ist, denn sie liegt dann in einer euklidischen Kugel.

Es sei $U_0 \neq E$ eine kreisförmige Nullumgebung. In U_0 können höchstens $(n-1)$-dimensionale lineare Teilräume enthalten sein. Ist V eine kreisförmige Nullumgebung mit $V+V \subset U_0$, so kann V nur einen $(n-1)$-dimensionalen linearen Teilraum H_{n-1} enthalten, da andernfalls $U_0 = E$ sein müßte. Wir nehmen jetzt eine kreisförmige Nullumgebung W, die ein $\mathfrak{x} \neq \mathfrak{o}$ aus H_{n-1} nicht enthält. Dann kann $U_1 = V \cap W$ höchstens noch $(n-2)$-dimensionale lineare Teilräume enthalten. Fortsetzen des Verfahrens ergibt die Existenz einer kreisförmigen Nullumgebung U, die auf jeder Geraden durch $\mathfrak{o}$ beschränkt ist. Wegen der Regularität von $E[\mathfrak{T}]$ können wir U als abgeschlossen voraussetzen. Wäre U nicht in K^n beschränkt, so gäbe es eine Folge $\mathfrak{x}^{(p)}$ mit den euklidischen Längen $\|\mathfrak{x}^{(p)}\| = 1$ und $\mathfrak{x}^{(p)} \in \frac{1}{p} U$. Eine Teilfolge ist dann in K^n und nach a) auch im Sinn von $\mathfrak{T}$ konvergent gegen ein $\mathfrak{x}^{(0)} \neq \mathfrak{o}$. $\mathfrak{x}^{(0)}$ liegt wegen der Abgeschlossenheit von U in allen $\frac{1}{p} U$, also in $\bigcap_p \frac{1}{p} U$. Dieser Durchschnitt ist aber $\mathfrak{o}$, da U auf jeder Geraden durch $\mathfrak{o}$ beschränkt ist. Das ist ein Widerspruch zu $\mathfrak{x}^{(0)} \neq \mathfrak{o}$.

Eine unmittelbare Folgerung aus der Vollständigkeit von K^n ist

(2) *Jeder endlichdimensionale lineare Teilraum eines topologischen linearen Raumes ist abgeschlossen.*

Wie in § 10, 4.(7) gilt

(3) *Ist F ein abgeschlossener, G ein endlichdimensionaler linearer Teilraum des topologischen linearen Raumes $E[\mathfrak{T}]$, so ist $F+G$ stets abgeschlossen.*

Wir können zum Beweis nicht wie in § 10 die Theorie der Dualität heranziehen. Es sei K die kanonische Abbildung von E auf E/F. Das Bild $K(G)$ ist in E/F endlichdimensional, also abgeschlossen nach (2). Wegen der Stetigkeit von K ist dann aber auch das Urbild $K^{(-1)}(K(G)) = F+G$ abgeschlossen.

Wir erinnern daran, daß jeder lineartopologische Raum total unzusammenhängend ist. Dagegen gilt

(4) *Jeder topologische lineare Raum $E[\mathfrak{T}]$ über K ist zusammenhängend.*

Nach (1) ist jede Gerade durch $\mathfrak{o}$ in $E[\mathfrak{T}]$ topologisch isomorph K.

Die zwei Punkte x_0 und y_0 verbindende Gerade entsteht durch Parallelverschiebung aus der Geraden durch $\mathfrak{o}$ und $y_0 - x_0$, ist nach 1.(1) also ebenfalls topologisch isomorph K, also zusammenhängend. Nach § 1, 6. folgt daraus der Zusammenhang von $E[\mathfrak{T}]$.

6. Beschränkte und kompakte Teilmengen. Eine Teilmenge B eines topologischen linearen Raumes $E[\mathfrak{T}]$ heißt beschränkt (auch $\mathfrak{T}$-beschränkt, wenn man die Topologie mitangeben will), wenn es zu jeder Nullumgebung U ein $\varrho > 0$ gibt mit $B \subset \varrho U$.

In einem normierten Raum bedeutet dies offenbar $\sup_{x \in B} \|x\| < \infty$ in Übereinstimmung mit der Definition in § 4, Nr. 2.

Ist x_0 ein von o verschiedenes Element von $E[\mathfrak{T}]$ und U eine kreisförmige Nullumgebung, die x_0 nicht enthält, so liegen höchstens die Vielfachen αx_0 mit $|\alpha| < 1$ in U. Ist B eine beschränkte Menge und gilt $B \subset \varrho U$, so liegen also höchstens die Elemente αx_0 mit $|\alpha| < \varrho$ in B, jede beschränkte Menge schneidet also eine Gerade durch o in einer Teilmenge eines endlichen Intervalls.

Jede Teilmenge einer beschränkten Menge ist beschränkt. Jede endliche Menge ist beschränkt. Die kreisförmige Hülle einer beschränkten Menge ist beschränkt.

(1) *Die Vereinigung und die Summe endlich vieler beschränkter Mengen ist beschränkt.*

Wir beweisen dies für zwei beschränkte Mengen B_1 und B_2. U sei kreisförmig; ist aber $B_1 \subset \varrho_1 U$, $B_2 \subset \varrho_2 U$, und ist $\varrho = \max(\varrho_1, \varrho_2)$, so ist $B_1 \cup B_2 \subset \varrho U$.

Sei ferner $V + V \subset U$ und wie vorhin $B_1 \subset \varrho V$, $B_2 \subset \varrho V$. Dann gilt $B_1 + B_2 \subset \varrho V + \varrho V \subset \varrho U$.

(2) *Die abgeschlossene Hülle $\overline{B}$ einer beschränkten Menge B ist wieder beschränkt.*

Denn aus $B \subset \varrho U$ folgt $\overline{B} \subset \varrho \overline{U}$, wegen der Regularität von $E[\mathfrak{T}]$ bilden aber auch die $\overline{U}$ eine Nullumgebungsbasis, daher ist $\overline{B}$ beschränkt.

(3) *Eine Teilmenge $B \subset E[\mathfrak{T}]$ ist dann und nur dann beschränkt, wenn für jede Folge $x_n \in B$ und jede Folge $\alpha_n \to 0$ aus K stets $\alpha_n x_n \to o$ in $E[\mathfrak{T}]$ gilt.*

a) Es sei B beschränkt, U eine kreisförmige Nullumgebung. Es gibt ein $\varrho > 0$, so daß $x_n \in \varrho U$ für alle n gilt. Dann ist $\alpha_n x_n \in \alpha_n \varrho U = |\alpha_n| \varrho U$. Ist n_0 so groß, daß $|\alpha_n| \varrho \leqq 1$ ist für $n \geqq n_0$, so liegen die $\alpha_n x_n$ in U. Da dies für jedes U gilt, konvergiert $\alpha_n x_n$ gegen o.

b) Ist B nicht beschränkt, so gibt es eine Folge $x_n \in B$ und eine kreisförmige Nullumgebung U mit $x_n \notin n U$. Die außerhalb U liegende Folge $\frac{1}{n} x_n$ konvergiert nicht gegen o.

(4) *Jede Cauchyfolge x_n eines topologischen linearen Raumes ist beschränkt.*

Denn ist ein kreisförmiges U gegeben, $V + V \subset U$, V ebenfalls kreisförmig, so liegen für $n \geqq n_0$ alle $x_n - x_{n_0}$ in V, also $x_n \in x_{n_0} + V$. Zu $x_1, \ldots, x_{n_0}$ gibt es ein ϱV, $\varrho \geqq 1$, das alle diese Elemente enthält. Dann liegen aber alle x_k, $k=1, 2, \ldots$, in $\varrho V + V \subset \varrho U$. Daraus folgt die Behauptung.

(5) *Das lineare stetige Bild einer beschränkten Menge ist beschränkt.*

A bilde $E[\mathfrak{T}_1]$ linear und stetig in $F[\mathfrak{T}_2]$ ab. Zur Nullumgebung U in F gibt es eine Nullumgebung V in E mit $A(V) \subset U$. Aus $B \subset \varrho V$ folgt dann $A(B) \subset \varrho A(V) \subset \varrho U$.

Wir beweisen nun einige Tatsachen über präkompakte und kompakte Teilmengen eines topologischen linearen Raumes $E[\mathfrak{T}]$.

(6) *Jede präkompakte, also auch jede kompakte Teilmenge K von $E[\mathfrak{T}]$ ist beschränkt.*

K ist nach § 5, 6.(2) totalbeschränkt, es gibt also zu jeder Nullumgebung V endlich viele Mengen $x_i + V$, $x_i \in K$, die K überdecken. Ist $\varrho > 1$ so gewählt, daß alle x_i in ϱV liegen, so haben wir $K \subset \bigcup_{i=1}^{n} (x_i + V) \subset \varrho V + V \subset \varrho U$, wenn V und U kreisförmig sind und wieder $V + V \subset U$ gilt.

Für kompakte Mengen ist das folgende Resultat in § 3, 2.(5) enthalten,

(7) *Das lineare stetige Bild einer präkompakten Menge K ist präkompakt.*

Es sei K präkompakt in $E[\mathfrak{T}_1]$ und A eine lineare stetige Abbildung von $E[\mathfrak{T}_1]$ in $F[\mathfrak{T}_2]$. Ist die Nullumgebung U in F gegeben, so gibt es eine Nullumgebung V in E mit $A(V) \subset U$. Ist $K \subset \bigcup_{i=1}^{n} (x_i + V)$, so ist $A(K) \subset \bigcup_{i=1}^{n} (A x_i + A(V))$. Daraus folgt, daß $A(K)$ durch n Mengen überdeckt wird, die klein von der Ordnung N_U sind, $A(K)$ ist also präkompakt.

(8) *Sind $K_1, \ldots, K_n$ präkompakte bzw. kompakte Mengen in $E[\mathfrak{T}]$, $\alpha_1, \ldots, \alpha_n$ beliebige Konstanten aus K, so ist auch die Menge $\alpha_1 K_1 + \cdots + \alpha_n K_n$ präkompakt bzw. kompakt.*

Wir beweisen dies zuerst für kompakte K_i. Da $\alpha_i K_i$ als stetiges Bild von K_i wieder kompakt ist, genügt es, den Satz für $\alpha_i = 1$ zu beweisen.

Nach dem Satz von Tychonoff ist das topologische Produkt $K_1 \times \cdots \times K_n$ kompakt. Die Abbildung $(x_1, \ldots, x_n) \to \sum_{i=1}^{n} x_i$ von $K_1 \times \cdots \times K_n$ in $E[\mathfrak{T}]$ ist stetig, also das Bild $K_1 + \cdots + K_n$ kompakt.

Sind die K_i präkompakt, so gehe man zur vollständigen Hülle $\tilde{E}[\tilde{\mathfrak{T}}]$ über. Die in $\tilde{E}[\tilde{\mathfrak{T}}]$ gebildeten abgeschlossenen Hüllen $\overline{K}_i$ sind kompakt, also nach vorhin auch $\alpha_1 \overline{K}_1 + \cdots + \alpha_n \overline{K}_n = \overline{(\alpha_1 K_1 + \cdots + \alpha_n K_n)}$, d.h. $\alpha_1 K_1 + \cdots + \alpha_n K_n$ ist präkompakt.

Die Vereinigungsmenge endlich vieler kompakter bzw. präkompakter Mengen ist kompakt bzw. präkompakt.

(9) *Ist K kompakt und zur abgeschlossenen Teilmenge M von $E[\mathfrak{T}]$ disjunkt, so gibt es eine Nullumgebung U, so daß auch noch $(K+U)\cap(M+U)$ leer ist.*

Beweis. Zu jedem $y\in K$ gibt es eine kreisförmige offene Nullumgebung V_y, so daß $(y+V_y+V_y+V_y)\cap M$ leer ist. Dann ist auch $(y+V_y+V_y)\cap(M+V_y)$ leer. K wird bereits durch endlich viele $y_i+V_{y_i}$ überdeckt. Es sei $U=\bigcap_i V_{y_i}$. Dann gilt für jedes $y\in K$

$$y+U\subset y_i+V_{y_i}+U\subset y_i+V_{y_i}+V_{y_i},$$

also ist $(y+U)\cap(M+U)$ leer für alle $y\in K$.

(10) *Ist K kompakt und M abgeschlossen in $E[\mathfrak{T}]$, so ist $K+M$ abgeschlossen.*

Ist $x\notin K+M$, so ist $(x-M)\cap K$ leer. Es ist aber $x-M$ ebenfalls abgeschlossen, also gibt es nach (9) ein U mit $\big((x-M)+U\big)\cap K$ leer. Also ist $(x+U)\cap(K+M)$ leer, also das Komplement von $K+M$ offen.

(11) *Ist K abgeschlossen und präkompakt und zur vollständigen Teilmenge M von $E[\mathfrak{T}]$ disjunkt, so gibt es eine Nullumgebung U, so daß auch noch $(K+U)\cap(M+U)$ leer ist.*

Die in der vollständigen Hülle $\tilde{E}[\tilde{\mathfrak{T}}]$ gebildete abgeschlossene Hülle $\tilde{K}$ von K ist kompakt und ebenfalls zu M disjunkt, (9) ergibt die Behauptung für $\tilde{K}$ und M in $\tilde{E}$ und damit für K und M in E.

Analog ergibt sich aus (10)

(12) *Ist K präkompakt und abgeschlossen und M vollständig in $E[\mathfrak{T}]$, so ist $K+M$ abgeschlossen.*

Als Beispiel zum Beschränktheitsbegriff betrachten wir die topologischen Produkte. Es gilt

(13) *Die beschränkten Mengen eines topologischen Produkts $E[\mathfrak{T}]=\prod_\alpha E_\alpha[\mathfrak{T}_\alpha]$ sind die Teilmengen der Mengen $\prod_\alpha B_\alpha$, B_α beschränkt in $E_\alpha[\mathfrak{T}_\alpha]$.*

Ist B beschränkt in E, so ist nach (5) die Projektion B_α von B $\mathfrak{T}_\alpha$-beschränkt in $E_\alpha[\mathfrak{T}_\alpha]$, also $B\subset\prod_\alpha B_\alpha$. Umgekehrt ist eine Menge $\prod_\alpha B_\alpha$ beschränkt in $E[\mathfrak{T}]$, wie sofort aus der Definition der Produkttopologie folgt.

Da im Körper K jede beschränkte Menge relativ kompakt ist, folgt aus dem Satz Tychonoff, daß in $\omega_d(\mathsf{K})$ jede beschränkte Menge relativ kompakt ist. Eine Menge B von Vektoren $\mathfrak{x}=(\xi_\alpha)$ aus ω_d ist also beschränkt, wenn sie „koordinatenweise" beschränkt ist, d.h. wenn es zu jedem α ein $M_\alpha>0$ gibt mit $|\xi_\alpha|\leqq M_\alpha$ für alle $\mathfrak{x}\in B$.

7. Lokalkompakte topologische lineare Räume. Wir bewiesen in 5., daß jeder endlichdimensionale topologische lineare Raum topologisch isomorph K^n, also lokalkompakt ist. Es gilt die folgende Umkehrung

(1) *Jeder lokalpräkompakte topologische lineare Raum ist endlichdimensional.*

Die Voraussetzung bedeutet, daß $E[\mathfrak{T}]$ eine offene präkompakte kreisförmige Nullumgebung U besitzt. Mit $H_0 = \mathfrak{o}$ beginnend, konstruieren wir eine echt aufsteigende Folge $H_0 \subset H_1 \subset \cdots$ von endlichdimensionalen linearen Teilräumen von E. Es sei H_k bereits konstruiert und echter Teilraum von E. Nach 5.(2) ist H_k abgeschlossen. U ist nach 6.(6) beschränkt und wird bei der kanonischen Abbildung K von E auf E/H_k nach 6.(5) in eine beschränkte Menge von E/H_k abgebildet. Als beschränkte Menge ist $K(U)$ eine echte Teilmenge von E/H_k, also ist auch ihr Urbild $K^{(-1)}(K(U)) = H_k + U$ eine echte Teilmenge von E. Wir beweisen, daß die abgeschlossene Hülle $\overline{U}$ von U nicht in $H_k + U$ enthalten ist. Wäre $\overline{U} \subset H_k + U$, so wäre $H_k + \overline{U} = H_k + U$. Nach 5.(1) und 6.(12) ist aber $H_k + \overline{U}$ abgeschlossen. Da andererseits $H_k + U$ offen ist, besäße E eine echte Teilmenge, die zugleich offen und abgeschlossen wäre, was 5.(4) widerspricht. Es gibt also ein $y_k \in \overline{U}$, das nicht in $H_k + U$ liegt. Wir setzen nun $H_{k+1} = H_k \oplus [y_k]$. Würde die so konstruierte Folge der H_k nicht nach endlich vielen Schritten E ergeben, so erhielten wir eine Folge $y_k \in \overline{U}$ mit $y_k - y_i \notin U$ für $i \neq k$. Es gibt ein kreisförmiges V mit $V + V \subset U$. Da $\overline{U}$ total beschränkt ist, wird es durch endlich viele Mengen $x_j + V$ überdeckt. Dann liegen aber wenigstens zwei der y_i, etwa y_{i_1} und y_{i_2} in demselben $x_j + V$, also wäre $y_{i_1} - y_{i_2} \in V + V \subset U$, was unmöglich ist.

8. Topologische Komplementärräume. Wir schließen an die Überlegungen in § 10, 7. an. Zwei algebraisch komplementäre abgeschlossene lineare Teilräume H_1 und H_2 des topologischen linearen Raumes $E[\mathfrak{T}]$ heißen topologisch komplementär, wenn die Abbildung $(x_1, x_2) \to x_1 + x_2$ des topologischen Produktes $H_1[\mathfrak{T}] \times H_2[\mathfrak{T}]$ auf $E[\mathfrak{T}]$ eine Homöomorphie ist.

Wir wiederholen den auch im vorliegenden Fall gültigen Satz (6) aus § 10, 7.,

(1) *Ein abgeschlossener linearer Teilraum H_1 von $E[\mathfrak{T}]$ besitzt dann und nur dann einen topologischen Komplementärraum H_2, wenn es eine stetige Projektion P_1 von E auf H_1 gibt. P_1 ist dann ein topologischer Homomorphismus, $H_2 = N[P_1]$ und E/H_2 ist topologisch isomorph H_1.*

Der Beweis vollzieht sich fast wörtlich wie in § 10, 7. und kann dem Leser überlassen bleiben.

(2) *Ein abgeschlossener linearer Teilraum H endlichen Defektes eines topologischen linearen Raumes $E[\mathfrak{T}]$ besitzt stets einen topologischen*

Komplementärraum. Jeder algebraische Komplementärraum zu H ist auch topologischer Komplementärraum.

Beweis. Es sei M ein algebraischer Komplementärraum zu H, $E = H \oplus M$. M ist nach 5.(2) abgeschlossen und topologisch isomorph K^n. Die Projektion P von E auf M mit dem Nullraum H ist das Produkt des kanonischen Homomorphismus K von E auf E/H, einer linearen eineindeutigen Abbildung $\check{P}$ von E/H auf M und der Einbettung J von M in E.

Da aber auch E/H topologisch isomorph K^n ist, ist $\check{P}$ ein topologischer Isomorphismus, also ist nach 4.(5) $P = J\check{P}K$ stetig, (1) ergibt die Behauptung.

Die naheliegende Vermutung (vgl. § 10, 7.(8)), daß jeder endlichdimensionale lineare Teilraum eines $E[\mathfrak{T}]$ einen topologischen Komplementärraum besitzt, ist falsch, wie wir in der nächsten Nummer noch zeigen werden.

9. Der duale Raum, Hyperebenen, die Räume L^p für $0 < p < 1$. Mit E' bezeichnen wir wieder den linearen Raum aller auf E erklärten stetigen Linearfunktionen, E' heißt wieder der duale Raum zu E.

Wir zeigen in dieser Nummer an einem Beispiel, daß es topologische lineare Räume gibt, auf denen es außer der trivialen Linearfunktion $u(x) \equiv 0$ keine weiteren stetigen Linearfunktionen gibt, der duale Raum also nur aus dem Nullelement besteht.

Diese pathologische Möglichkeit verhindert die Aufstellung einer wirklich inhaltreichen und brauchbaren Theorie für beliebige topologische lineare Räume. Eine solche erhält man erst, wenn man sich, wie wir es im nächsten Kapitel tun werden, auf die lokalkonvexen Räume beschränkt.

Es gelten die folgenden wichtigen Beziehungen zwischen stetigen Linearfunktionen und abgeschlossenen Hyperebenen.

(1) *Ist $u(x)$ eine nicht identisch verschwindende Linearfunktion auf $E[\mathfrak{T}]$, so ist ihr Nullraum eine Hyperebene in E, umgekehrt gibt es zu jeder Hyperebene durch o in E eine Linearfunktion, deren Nullraum die Hyperebene ist.*

$u(x)$ ist dann und nur dann stetig, wenn die zugehörige Hyperebene abgeschlossen ist.

Eine (abgeschlossene) Hyperebene in $E[\mathfrak{T}]$ wird durch eine Gleichung

(2) $$u(x) = \gamma, \quad \gamma \in K,$$

gegeben, $u(x)$ eine (stetige) Linearfunktion.

Eine nicht abgeschlossene Hyperebene ist dicht in $E[\mathfrak{T}]$.

Beweis. a) Ist $u \neq o$ eine Linearfunktion auf E, so ist $H = u^{-1}(o)$ ein linearer Raum, der abgeschlossen ist, wenn u stetig ist.

H hat den Defekt 1 in E, denn es gibt ein $x_0 \in E$ mit $u(x_0)=1$, und wir haben für beliebiges $x \in E$ die eindeutige Zerlegung

$$(3) \qquad x = u(x)\,x_0 + \big(x - u(x)\,x_0\big),$$

deren rechter Summand in H liegt; die Vielfachen von x_0 bilden also einen eindimensionalen Komplementärraum zu H.

b) Sei H eine Hyperebene durch $\mathfrak{o}$. Sei $E=[x_0]\oplus H$. Wir setzen $u(\alpha x_0+y)=\alpha$ für $y\in H$. Dann ist u eine Linearfunktion auf E mit dem Nullraum H. Ist H abgeschlossen, so ist u stetig, denn die Abbildung u von E/H auf K ist die topologische Isomorphie $\alpha\hat{x}_0\to\alpha$ (vgl. 4.(5)).

c) Eine beliebige Hyperebene hat die Form x_0+H, H Hyperebene durch $\mathfrak{o}$; sie ist dann und nur dann abgeschlossen, wenn H es ist. Ist u die für H charakteristische Linearfunktion, so gilt $u(x_0+y)=u(x_0)=\gamma$ für alle $y\in H$ und nur für diese Elemente aus E.

d) Ist H nicht abgeschlossen, so ist H ein echter Teilraum von $\overline{H}$. Da H den Defekt 1 in E hat, muß $\overline{H}=E$ sein.

Das folgende Beispiel stammt von M. Day [1], der einfache Beweis von (9) von W. Robertson [1].

Es sei L^p wieder der Raum aller auf $I=[a,b]$ erklärten meßbaren Funktionen $f(t)$ mit $\int_a^b |f(t)|^p\,dt<\infty$ (äquivalente Funktionen sind wieder zu identifizieren); auch $I=(-\infty,\infty)$ ist im folgenden zugelassen. Diesmal sei jedoch $0<p<1$.

Dann wird auf L^p eine Topologie durch das System der Nullumgebungen $U(\varepsilon)$ aller $f\in L^p$ mit

$$(4) \qquad \|f\|_p = \Big(\int_a^b |f(t)|^p\,dt\Big)^{1/p} \leqq \varepsilon$$

festgelegt. Offenbar ist $\|\alpha f\|_p = |\alpha|\,\|f\|_p$.

Die $U(\varepsilon)$ sind ausgeglichen und kreisförmig und bilden eine Filterbasis auf L^p mit $\bigcap_\varepsilon U(\varepsilon)=\mathfrak{o}$. L^p ist ein topologischer linearer Raum, wenn wir noch zu jedem U ein V nachweisen mit $V+V\subset U$.

Wir zeigen dazu, daß wir an Stelle der Minkowskischen Ungleichung folgende Ungleichung bekommen,

$$(5) \qquad \|f+g\|_p \leqq 2^{\frac{1-p}{p}}\,(\|f\|_p+\|g\|_p).$$

Beweis. Für $q>1$ hat die Funktion $\dfrac{1+x^q}{(1+x)^q}$ in $x\geqq 0$ genau ein Minimum, nämlich für $x=1$, also ist $1+x^q\geqq 2^{1-q}(1+x)^q$. Daraus folgt für $c,d>0$ und $x=d/c$

$$(6) \qquad c^q+d^q\geqq 2^{1-q}(c+d)^q \qquad (q>1).$$

Aus $(c+d)^p\leqq c^p+d^p$ für $0<p<1$ und (6) für $q=1/p$ folgt aber

$$\|f+g\|_p \leqq \Big(\int|f(t)|^p\,dt+\int|g(t)|^p\,dt\Big)^{\frac{1}{p}} \leqq 2^{\frac{1}{p}-1}\,(\|f\|_p+\|g\|_p).$$

Ist also U eine der Umgebungen (4), so folgt aus (5) die Beziehung

(7) $$2^{-1/p}\,U + 2^{-1/p}\,U \subset U,$$

und damit gilt

(8) *L^p, $0 < p < 1$, ist ein topologischer linearer Raum.*

Es sei nun $u(f)$ eine stetige Linearfunktion auf L^p, die nicht identisch verschwindet. Es gibt ein $g_0 \in L^p$ mit $u(g_0) = 1$. Wir setzen für $a < s < b$ $g_s^{(1)}(t)$ gleich der Funktion, die in $a \leqq t \leqq s$ gleich $g_0(t)$ ist und für $t > s$ identisch verschwindet; und es sei $g_s^{(2)}(t) = g_0(t) - g_s^{(1)}(t)$. Nun wächst $\|g_s^{(1)}\|_p^p = \int_a^s |g_0(t)|^p\,dt$ stetig von 0 bis $\|g_0\|_p^p$, es gibt also ein s_0 mit $\|g_{s_0}^{(1)}\|_p^p = \|g_{s_0}^{(2)}\|_p^p = \frac{1}{2}\|g_0\|_p^p$. Wegen $|u(g_0)| = 1$ muß $|u(g_{s_0}^{(i)})| \geqq \frac{1}{2}$ für $i = 1$ oder 2 gelten. Sei $g_1(t) = 2 g_{s_0}^{(i)}(t)$ für dieses i. Dann ist $|u(g_1)| \geqq 1$, aber $\|g_1\|_p = 2^{1-\frac{1}{p}}\|g_0\|_p$. Fortsetzung dieses Verfahrens ergibt eine Folge g_n mit $|u(g_n)| \geqq 1$ aber $\|g_n\|_p = 2^{n\left(1-\frac{1}{p}\right)}\|g_0\|_p \to 0$, im Widerspruch zur Stetigkeit von u. Damit ist bewiesen

(9) *Jede stetige Linearfunktion auf L^p, $0 < p < 1$, verschwindet identisch.*

Damit können wir das in der vorigen Nummer aufgeworfene Problem beantworten.

(10) *In L^p, $0 < p < 1$, ist jede Hyperebene dicht und kein endlichdimensionaler linearer Teilraum H besitzt einen topologischen Komplementärraum in L^p.*

H_1 sei ein eindimensionaler linearer Teilraum von H. Nach 5.(1) besitzt H_1 in der induzierten Topologie von L^p einen topologischen Komplementärraum H_2 in H, $H = H_1 \oplus H_2$. Wäre nun G ein topologischer Komplementärraum zu H in L^p, so wäre $H_2 \oplus G$ ein solcher zu H_1; $H_2 \oplus G$ wäre also eine abgeschlossene Hyperebene von L^p, die es nach (1) und (9) aber nicht gibt.

Wir beweisen noch einen allgemeinen Satz über duale Räume,

(11) *Ein topologischer linearer Raum $E[\mathfrak{T}]$ und seine vollständige Hülle $\tilde{E}[\tilde{\mathfrak{T}}]$ haben denselben dualen Raum, also $E' = (\tilde{E})'$.*

Da E in $\tilde{E}$ dicht ist und jede stetige Linearfunktion u auf E nach 2.(4) gleichmäßig stetig ist, läßt sich u in eindeutig bestimmter Weise gleichmäßig stetig auf $\tilde{E}$ fortsetzen, umgekehrt ist die Einschränkung auf E einer auf $\tilde{E}$ erklärten stetigen Linearfunktion auch auf E stetig.

10. Lokalbeschränkte Räume, Quasinormen, p-Normen. Der Ausdruck (4) aus der vorigen Nummer hat nicht alle Eigenschaften einer Norm. Er ist ein Beispiel für eine Quasinorm $\|x\|$ auf einem topologischen linearen Raum $E[\mathfrak{T}]$, die durch die folgenden Eigenschaften charakterisiert ist,

(Q1) $\|x\| \geqq 0$,

(Q2) Aus $\|x\| = 0$ folgt $x = \mathfrak{o}$,

(Q3) $\|\alpha x\| = |\alpha|\,\|x\|$ für alle $\alpha \in K$,

(Q4) Es gibt ein $k \geqq 1$ mit $\|x + y\| \leqq k(\|x\| + \|y\|)$ für alle $x, y \in E[\mathfrak{T}]$.

Ist $k = 1$ zulässig, so erhalten wir eine Norm.

Eine Nullumgebungsbasis in L^p, $0<p<1$, wird durch die Mengen $\|x\|_p \leqq \varepsilon$ gegeben. Die Räume, deren Topologie durch eine Quasinorm gegeben werden kann, lassen sich in einfacher Weise charakterisieren.

Wir nennen einen topologischen linearen Raum **lokalbeschränkt**, wenn er eine beschränkte Nullumgebung besitzt. Diese kann kreisförmig angenommen werden. Es gilt (HYERS [1], BOURGIN [1])

(1) *Die Topologie eines topologischen linearen Raumes $E[\mathfrak{T}]$ kann durch eine Quasinorm gegeben werden, wenn $E[\mathfrak{T}]$ lokalbeschränkt ist. Umgekehrt ist ein quasinormierter Raum stets lokalbeschränkt.*

Beweis. a) U sei eine kreisförmige beschränkte Nullumgebung in $E[\mathfrak{T}]$. Dann bilden die αU, $\alpha>0$, eine Nullumgebungsbasis, da U beschränkt ist, also zu einer beliebigen Nullumgebung V ein $\beta>0$ existiert mit $\beta U \subset V$.

Wir führen die sogenannte Distanzfunktion $q(x)$ von U ein,

$$q(x) = \inf_{x \in \alpha U} \alpha \quad (\alpha \geqq 0). \tag{2}$$

$q(x)$ ist für jedes x sinnvoll, da es wegen der Ausgeglichenheit von U stets ein $\alpha>0$ gibt mit $x \in \alpha U$.

Wir zeigen, daß $q(x)$ die Eigenschaften einer Quasinorm besitzt. (Q1) ist trivial, (Q2) folgt daraus, daß x nicht in allen αU liegen kann, da $\bigcap_{\alpha>0} \alpha U = \mathfrak{o}$ ist. (Q3) folgt aus der Kreisförmigkeit von U.

Da die αU, $\alpha>0$, eine Nullumgebungsbasis bilden, gibt es nach (LT1) ein $k>0$ mit $U+U \subset kU$. Es sei nun $q(x)=\varrho_0$, $q(y)=\sigma_0$. Dann liegen für $\varrho>\varrho_0$ und $\sigma>\sigma_0$ die Elemente x/ϱ und y/σ in U, also

$$\frac{\varrho}{\varrho+\sigma}\,\frac{x}{\varrho} + \frac{\sigma}{\varrho+\sigma}\,\frac{y}{\sigma} = \frac{x+y}{\varrho+\sigma} \in U+U, \tag{3}$$

woraus $x+y \in k(\varrho+\sigma)U$ folgt, also $q(x+y) \leqq k\big(q(x)+q(y)\big)$; damit ist auch (Q4) bewiesen.

Ist V die Menge aller $x \in E$ mit $q(x) \leqq 1$, so gilt $U \subset V \subset (1+\varepsilon)U$, also fällt die Quasinormtopologie mit $\mathfrak{T}$ zusammen.

b) Ist auf E eine Quasinorm $\|x\|$ erklärt und führt man durch die kreisförmigen ausgeglichenen Mengen αV, $\alpha>0$, aller x mit $\|x\| \leqq \alpha$ eine Topologie $\mathfrak{T}'$ in E ein, so erhalten wir einen topologischen linearen Raum, denn es ist $\bigcap_{\alpha>0} \alpha V = \mathfrak{o}$ und wegen (Q4) ist $\frac{1}{2k}V + \frac{1}{2k}V \subset V$. Schließlich ist V offenbar $\mathfrak{T}'$-beschränkt.

Wir werden im nächsten Paragraphen ausführlich den Begriff der konvexen Menge untersuchen. Für die lokalbeschränkten Räume hat sich eine Verallgemeinerung dieses Begriffes als wichtig erwiesen, die von M. LANDSBERG [2] stammt.

Es sei $0<p\leqq 1$. Eine Menge M eines linearen Raumes E über K heißt p-konvex, wenn sie mit x und y stets $\tau x+\sigma y$ enthält, wobei

$\tau \geqq 0$, $\sigma \geqq 0$ und $\tau^p + \sigma^p = 1$ gilt. M heißt **absolut p-konvex**, wenn mit x und y alle $\tau x + \sigma y$ mit $|\tau|^p + |\sigma|^p \leqq 1$ in M enthalten sind, wobei je nachdem, ob E reell oder komplex linear ist, τ und σ reelle bzw. komplexe Zahlen sind.

Ist $p = 1$, so spricht man von **konvexen** bzw. **absolutkonvexen** Mengen.

Die **absolut p-konvexe Hülle** $\Gamma_p(M)$ einer Menge M ist der Durchschnitt aller absolut p-konvexen, M enthaltenden Mengen. $\Gamma_p(M)$ besteht aus allen Elementen der Form $\sum_{i=1}^{n} \alpha_i x_i$, mit $\sum_{i=1}^{n} |\alpha_i|^p \leqq 1$. Man beweist dies für ein p mit $0 < p < 1$ ganz ähnlich wie für $p = 1$ in §16, 1.(1), wobei man die Ungleichung $|\alpha + \beta|^p \leqq |\alpha|^p + |\beta|^p$ verwendet.

Eine **p-Norm** $|||x|||$, $0 < p \leqq 1$, auf einem linearen Raum E ist charakterisiert durch

(P1) $|||x||| \geqq 0$,

(P2) Aus $|||x||| = 0$ folgt $x = \mathfrak{o}$,

(P3) $|||\alpha x||| = |\alpha|^p \, |||x|||$ für alle $\alpha \in K$.

(P4) $|||x + y||| \leqq |||x||| + |||y|||$.

Für $p = 1$ erhalten wir den Begriff der Norm.

Die p-te Potenz der Quasinorm $\|f\|_p$ in L^p (vgl. 9.(4)) ist eine p-Norm $|||f|||$ auf L^p, die Nullumgebung 9.(4) ist p-konvex. Die Topologie auf L^p kann also auch durch die Nullumgebungen $|||f||| \leqq \varepsilon$ gegeben werden; wir sagen, L^p ist ein **p-normierbarer** topologischer linearer Raum.

Es gilt nun

(4) *Ein topologischer linearer Raum $E[\mathfrak{T}]$ ist dann und nur dann p-normierbar, $0 < p \leqq 1$, wenn er eine p-konvexe beschränkte Nullumgebung besitzt.*

Für $p = 1$ ist dies eine von A. Kolmogoroff [1] stammende Charakterisierung der normierten Räume.

Beweis. Aus (P1) bis (P4) folgt sofort, daß in einem p-normierten Raum die Menge U aller x mit $|||x||| \leqq 1$ absolut p-konvex ist; U ist ferner beschränkt, denn nach (P3) gilt $|||\varrho^{1/p} U||| \leqq \varrho$ für $\varrho > 0$, $\varrho^{1/p} U$ liegt also in der Nullumgebung $|||x||| \leqq \varrho$.

Sei umgekehrt V eine beschränkte p-konvexe Nullumgebung von $E[\mathfrak{T}]$. V enthält eine kreisförmige Nullumgebung W. Sei $\Gamma_p(W)$ die absolut p-konvexe Hülle von W, $\sum_{i=1}^{n} \alpha_i x_i$ mit $x_i \in W$, $\sum |\alpha_i|^p \leqq 1$, ein Element aus $\Gamma_p(W)$. Wir setzen $\sum |\alpha_i|^p = \varrho^p$. Das Element $\sum \alpha_i x_i = \sum \frac{|\alpha_i|}{\varrho} \varepsilon_i x_i$ mit $\varepsilon_i = \frac{\alpha_i}{|\alpha_i|} \varrho$ hat die Form $\sum \frac{|\alpha_i|}{\varrho} y_i$, $y_i \in W \subset V$, da W kreisförmig ist. Nun enthält eine p-konvexe Menge mit $z_1, \ldots, z_n$ stets

$\sum_{i=1}^{n} \beta_i z_i$, wenn $\beta_i \geqq 0$ und $\sum_{i=1}^{n} \beta_i^p = 1$ gilt (analog zu §16, 1.(1) zu beweisen). Da die y_i in V liegen, liegt daher auch $\sum_{i=1}^{n} \frac{|\alpha_i|}{\varrho} y_i$ in V. Dies bedeutet $\Gamma_p(W) \subset V$. Wir können daher V als absolut p-konvex voraussetzen.

Wir setzen $|||x||| = \inf_{x \in \varrho V} \varrho^p$, $\varrho \geqq 0$, also gleich $q(x)^p$, $q(x)$ die Quasinorm von V. Damit ergeben sich (P1) bis (P3) aus (Q1) bis (Q3).

Sind x, y beliebig in E und ist $\varrho > \varrho_0 = q(x)$, $\sigma > \sigma_0 = q(y)$, so liegt wegen der absoluten p-Konvexität von V das Element

$$\frac{\varrho}{(\varrho^p + \sigma^p)^{1/p}} \cdot \frac{x}{\varrho} + \frac{\sigma}{(\varrho^p + \sigma^p)^{1/p}} \frac{y}{\sigma} = \frac{x+y}{(\varrho^p + \sigma^p)^{1/p}}$$

in V, woraus sich leicht (P4) ergibt; $|||x|||$ ist also eine p-Norm und aus $V \subset U \subset (1+\varepsilon) V$, U die Menge $|||x||| \leqq 1$, ergibt sich wieder, daß $\mathfrak{T}$ durch die p-Norm erzeugt wird.

Jeder p-normierte Raum ist lokalbeschränkt. Wir zeigen, daß umgekehrt jeder lokalbeschränkte Raum $E[\mathfrak{T}]$ p-normierbar ist für ein geeignetes p mit $0 < p \leqq 1$ (vgl. S. Rolewicz [1]).

Zu jeder kreisförmigen beschränkten Nullumgebung U von $E[\mathfrak{T}]$ gibt es wenigstens ein $k \geqq 2$ mit $U + U \subset kU$. Die untere Grenze dieser k werde als der Konkavitätsmodul von U bezeichnet. Die untere Grenze aller dieser Konkavitätsmoduln heiße der Konkavitätsmodul $\varkappa(E)$ von $E[\mathfrak{T}]$. Es gilt nun

(5) *Ist $\varkappa(E) = 2^{1/p_0}$ der Konkavitätsmodul des lokalbeschränkten Raumes $E[\mathfrak{T}]$, so gibt es zu jedem $p < p_0$ eine die Topologie $\mathfrak{T}$ erzeugende p-Norm.*

Nach (4) genügt es zu zeigen, daß $E[\mathfrak{T}]$ eine beschränkte absolut p-konvexe Nullumgebung besitzt.

Nach Voraussetzung gibt es eine kreisförmige beschränkte Nullumgebung U mit $U + U \subset 2^{\frac{1}{p}} U$, oder $2^{-\frac{1}{p}} U + 2^{-\frac{1}{p}} U \subset U$. Allgemein gilt

(6) $$2^{-\frac{k_1}{p}} U + \cdots + 2^{-\frac{k_n}{p}} U \subset U \quad \text{für} \quad \sum_1^n 2^{-k_i} \leqq 1, \quad k_i \geqq 1 \text{ und ganz.}$$

Es genügt, dies für $\sum_1^n 2^{-k_i} = 1$ zu beweisen. Als Ordnung k einer solchen Zerlegung von 1 bezeichnen wir das Maximum der auftretenden k_i. Für Zerlegungen der Ordnung 1 ist die Behauptung richtig. Jede Zerlegung der Ordnung $k+1$ entsteht aber aus einer der Ordnung k, indem man einige Summanden 2^{-k} ersetzt durch $2^{-(k+1)} + 2^{-(k+1)}$, denn aus $\sum 2^{-k_i} = 1$ folgt, daß die Summanden $2^{-(k+1)}$ in gerader Anzahl auftreten. Aus der für k nach Voraussetzung richtigen Beziehung (6) erhält man aber dann die gesuchte der Ordnung $k+1$, wenn man die entsprechenden

Summanden $2^{-\frac{k}{p}} U$ ersetzt durch $2^{-\frac{k+1}{p}} U + 2^{-\frac{k+1}{p}} U$, was wegen $2^{-\frac{1}{p}} U + 2^{-\frac{1}{p}} U \subset U$ erlaubt ist. Zeigen wir nun, daß $\Gamma_p(U) \subset 2^{\frac{1}{p}} U$ gilt, so ist (5) bewiesen. Es sei $\sum_{i=1}^{n} |\alpha_i|^p \leqq 1$ und es werde k_i so bestimmt, daß $2^{-k_i} \leqq |\alpha_i|^p < 2^{-k_i+1}$ gilt. Dann ist aber $\sum |\alpha_i|^p < 2 \sum_1^n 2^{-k_i} \leqq 2$, also gilt nach (6) für beliebige $x_i \in U$ $\sum_1^n \alpha_i x_i \in 2^{\frac{1}{p}} \sum 2^{-\frac{k_i}{p}} U \subset 2^{\frac{1}{p}} U$.

Wie Beispiele zeigen, braucht $E[\mathfrak{T}]$ nicht p_0-normierbar zu sein; aber L^p, $0 < p \leqq 1$, ist p-normierbar und $\varkappa(L^p) = 2^{1/p}$ (vgl. ROLEWICZ [1]).

(7) *Ist $E[\mathfrak{T}]$ lokalbeschränkt, so auch jeder abgeschlossene Teilraum, jeder Quotientenraum und die vollständige Hülle $\tilde{E}[\tilde{\mathfrak{T}}]$.*

Wir beweisen nur die letzte Behauptung. Ist U eine beschränkte Nullumgebung von E, so bilden die ϱU, $\varrho > 0$, eine Nullumgebungsbasis von E, also nach 3.(1) die in $E[\mathfrak{T}]$ gebildeten abgeschlossenen Hüllen $\varrho \bar{U}$ eine Nullumgebungsbasis in $\tilde{E}[\tilde{\mathfrak{T}}]$; d.h. $\bar{U}$ ist eine beschränkte Nullumgebung von $\tilde{E}[\tilde{\mathfrak{T}}]$.

Beispiele und weitere Resultate über lokalbeschränkte Räume enthalten die Arbeiten BOURGIN [1], HYERS [1], LANDSBERG [1], [2] und ROLEWICZ [1].

11. Metrisierbare Räume. In der klassischen Theorie von BANACH wurden neben den normierten Räumen solche Räume betrachtet, in denen eine mit den linearen Operationen verträgliche Metrik erklärt ist. Wir untersuchen zuerst die Frage, wann die Topologie eines topologischen linearen Raumes $E[\mathfrak{T}]$ durch eine Metrik gegeben werden kann. Wir nennen $E[\mathfrak{T}]$ dann metrisierbar. Es gilt

(1) *Ein topologischer linearer Raum $E[\mathfrak{T}]$ ist dann und nur dann metrisierbar, wenn er eine abzählbare Nullumgebungsbasis besitzt, also das erste Abzählbarkeitsaxiom erfüllt. Es gibt dann stets eine translationsinvariante Metrik, die sogar die uniforme Struktur von $E[\mathfrak{T}]$ ergibt.*

$E[\mathfrak{T}]$ ist nur dann metrisierbar, wenn es eine abzählbare Nullumgebungsbasis in E gibt. Ist dies der Fall, so ist nach § 6, 7.(1) sogar die translationsinvariante uniforme Struktur von $E[\mathfrak{T}]$ (nicht nur die Topologie) metrisierbar. Wir beweisen noch, daß die in § 6, 7.(2) konstruierte Metrik translationsinvariant ist. Eine Basis der Nachbarschaften der uniformen Struktur von $E[\mathfrak{T}]$ bilden die Mengen N_U, U eine kreisförmige Nullumgebung. Gehen wir nochmals den Beweis von § 6, 7.(2) durch, so ergibt sich, da (x, y) und $(x-y, o)$ stets derselben Nachbarschaft angehören, daß für die dort erklärte Funktion $f(x, y) = f(x-y, o)$ gilt; läßt man ferner die Folgen $x_1 = x, x_2, \ldots, x_n = y$ und $x - y$, $x_2 - y, \ldots, y - y$ sich entsprechen, so ergibt sich $|x, y| = |x - y, o|$. Die Metrik ist also translationsinvariant.

Wir bemerken ferner, daß wegen der Kreisförmigkeit von U mit x jedes λx mit $|\lambda| \leqq 1$ in U liegt, daraus ergibt sich $f(\lambda x, \mathfrak{o}) \leqq f(x, \mathfrak{o})$, also $|\lambda x, \mathfrak{o}| \leqq |x, \mathfrak{o}|$. Daraus ergibt sich speziell $|\tau x, \mathfrak{o}| = |x, \mathfrak{o}|$ für $|\tau| = 1$.

Wir setzen wieder $\|x\| = |x, \mathfrak{o}|$ und erhalten

(2) *Auf einem metrisierbaren topologischen linearen Raum* $E[\mathfrak{T}]$ *kann die uniforme Struktur gegeben werden durch eine Funktion* $\|x\|$ *mit den Eigenschaften*

(F1) $\|x\| \geqq 0$,

(F2) *Aus* $\|x\| = 0$ *folgt* $x = \mathfrak{o}$,

(F3) $\|\lambda x\| \leqq \|x\|$ *für* $|\lambda| \leqq 1$,

(F4) $\|x + y\| \leqq \|x\| + \|y\|$,

(F5) *Aus* $\|x_n\| \to 0$ *folgt* $\|\lambda x_n\| \to 0$,

(F6) *Aus* $\lambda_n \to 0$ *folgt* $\|\lambda_n x\| \to 0$.

Wir nennen eine Funktion $\|x\|$ mit den Eigenschaften (F1) bis (F6) eine (F)-N o r m und E (F)-n o r m i e r t. Die Mengen V_ε aller x mit $\|x\| < \varepsilon$ bilden eine Nullumgebungsbasis der durch die (F)-Norm erzeugten Topologie.

(F5) und (F6) ergeben sich daraus, daß $\lambda x_n \to \mathfrak{o}$ und $\lambda_n x \to \mathfrak{o}$ im Sinn von $\mathfrak{T}$ richtig sind, also auch $|\lambda x_n, \mathfrak{o}| \to 0$ und $|\lambda_n x, \mathfrak{o}| \to 0$ gelten muß.

Von (2) ist auch die Umkehrung richtig,

(3) *Ein* (F)-*normierter Raum* E *ist bezüglich der durch die* (F)-*Norm erzeugten Topologie ein topologischer linearer Raum mit abzählbarer Nullumgebungsbasis.*

Denn die V_ε sind wegen (F3) kreisförmig und wegen (F6) ausgeglichen. Sie bilden offenbar eine Filterbasis mit Durchschnitt $\mathfrak{o}$ wegen (F2). Ferner gilt nach (F4) $V_{\varepsilon/2} + V_{\varepsilon/2} \subset V_\varepsilon$. Die $V_{1/n}$ bilden eine abzählbare Nullumgebungsbasis.

Wir bemerken, daß sich wie in § 13, 1. die gleichmäßige Stetigkeit von $\|x\|$ auf E ergibt und daß sich durch stetige Fortsetzung die (F)-Norm von E auf die vollständige Hülle von E überträgt. Beim Grenzübergang bleiben die Eigenschaften (F1) bis (F6) erhalten.

Erklären wir wie in § 13, 4. auf einem Quotientenraum E/H durch $\|\hat{x}\| = \inf\limits_{x \in \hat{x}} \|x\|$ eine (F)-Norm, so bestätigt man leicht, daß (F1) bis (F6) auch für $\|\hat{x}\|$ richtig sind, wenn H abgeschlossen ist, und daß die durch diese (F)-Norm erzeugte Topologie die Quotientenraumtopologie ist.

(4) *Der Quotientenraum* E/H *eines vollständigen metrisierbaren Raumes nach einem abgeschlossenen linearen Teilraum* H *ist wieder vollständig.*

Der Beweis von § 14, 4.(3) gilt auch für diesen allgemeineren Fall.

Eine Teilmenge M eines (F)-normierten Raumes ist nur dann beschränkt (im Sinn von 6.), wenn $\sup\limits_{x \in M} \|x\| < \infty$ gilt. Das Umgekehrte ist nicht richtig, wie wir später sehen werden. Die im Sinn der Metrik beschränkten Teilmengen (vgl. § 4, 2.) brauchen also nicht im Sinn von 6. beschränkt zu sein.

BANACH bezeichnet einen vollständigen (F)-normierten Raum nach FRÉCHET als (F)-Raum. Wir werden im Anschluß an die Bourbakische Terminologie diesen Namen für die lokalkonvexen vollständigen metrisierbaren Räume reservieren (vgl. §18, 2).

Die in 10. eingeführten p-Normen auf lokalbeschränkten Räumen sind, wie unmittelbar zu sehen, zugleich (F)-Normen.

Wir haben auf jedem metrisierbaren Raum $E[\mathfrak{T}]$ eine (F)-Norm $\|x\|$ eingeführt, deren zugehörige Metrik die nach 2.(3) durch die Forderung der Translationsinvarianz eindeutig bestimmte uniforme Struktur von $E[\mathfrak{T}]$ ergibt. Zwei verschiedene zur selben Topologie gehörige (F)-Normen auf $E[\mathfrak{T}]$ sind also stets äquivalent, d.h. die Mengen N_ε aller (x, y) mit $\|x-y\|<\varepsilon$ bilden für beide (F)-Normen je eine Basis der Nachbarschaften der uniformen Struktur von $E[\mathfrak{T}]$.

Man kann nun umgekehrt statt von einer Topologie $\mathfrak{T}$ auf E auch von einer Metrik $\mathfrak{M}$ auf E ausgehen. Ist diese Metrik mit den linearen Operationen von E verträglich, d.h. sind die Abbildungen $(x, y)\rightarrow x+y$ und $(\alpha, x)\rightarrow\alpha x$ stetig im Sinn von $\mathfrak{M}$, so heißt $E[\mathfrak{M}]$ ein **linearer metrischer Raum**. $\mathfrak{M}$ erzeugt eine Topologie $\mathfrak{T}$ auf E und $E[\mathfrak{T}]$ ist offenbar ein metrisierbarer topologischer linearer Raum.

Ist $\mathfrak{M}$ translationsinvariant, so fallen nach 2.(3) die durch $\mathfrak{M}$ bzw. $\mathfrak{T}$ bestimmten uniformen Strukturen auf E zusammen. Ist $\mathfrak{M}$ nicht translationsinvariant, so braucht dies nicht der Fall zu sein.

Wir betrachten als Beispiel die reelle Gerade P, einmal mit der Metrik $\mathfrak{M}$ des Absolutbetrages (also einer (F)-Norm), das andere Mal mit der durch $|\alpha, \beta|_1 = |\alpha^3-\beta^3|$ definierten Metrik $\mathfrak{M}_1$. Auch $\mathfrak{M}_1$ ist mit den linearen Operationen verträglich und ergibt dieselbe Topologie auf P wie $\mathfrak{M}$. Jedoch ist die zu $\mathfrak{M}_1$ gehörige uniforme Struktur mit den Nachbarschaften $|\alpha, \beta|_1<\varepsilon$ echt feiner als die zu $\mathfrak{M}$ gehörige, wie man sich leicht überlegt. P ist auch bezüglich $\mathfrak{M}_1$ vollständig, da die $\mathfrak{M}$- und $\mathfrak{M}_1$-Cauchyfolgen in P dieselben sind.

Durch $|\alpha, \beta|_2 = |\operatorname{arctg}\alpha - \operatorname{arctg}\beta|$ wird auf P eine weitere Metrik erklärt; auch diese Metrik ergibt dieselbe Topologie, jedoch ist P nicht mehr vollständig, da z.B. die Folge $\alpha_n = n$ eine $\mathfrak{M}_2$-Cauchyfolge bildet.

Die Ausgangsmetrik eines linearen metrischen Raumes braucht also nicht die uniforme Struktur des topologischen Raumes zu ergeben, es gibt nach obigem Beispiel sogar Fälle, in denen $E[\mathfrak{M}]$ unvollständig bezüglich der Metrik $\mathfrak{M}$, jedoch vollständig als topologischer linearer Raum ist.

Es gilt aber

(5) *Ist ein linearer metrischer Raum $E[\mathfrak{M}_1]$ $\mathfrak{M}_1$-vollständig, so ist er auch als topologischer linearer Raum vollständig, also vollständig bezüglich seiner* (F)-*Normen.*

Diese Vermutung von BANACH wurde von V. L. KLEE [3] bewiesen. Wir schicken einen Hilfssatz von W. SIERPIŃSKI [1] voraus,

(6) *Es sei H eine Teilmenge des metrischen Raumes $E[\mathfrak{M}]$. Es sei auf H eine zweite Metrik $\mathfrak{M}_1$ erklärt, die auf H dieselbe Topologie induziert wie $\mathfrak{M}$. Ist H $\mathfrak{M}_1$-vollständig, so ist H Durchschnitt abzählbar vieler offener Teilmengen von $E[\mathfrak{M}]$.*

Beweis. Es sei $x \in H$. Wegen der Gleichheit der durch $\mathfrak{M}$ und $\mathfrak{M}_1$ auf H induzierten Topologien gibt es zu jedem n ein $\varrho_n(x) < \frac{1}{n}$, so daß für alle $y \in H$ mit $|x, y| < \varrho_n(x)$ stets $|x, y|_1 < \frac{1}{n}$ gilt.

Ist $U_n(x)$ die Menge aller $z \in E$ mit $|x, z| < \varrho_n(x)$, so ist $O_n = \bigcup_{x \in H} U_n(x)$ eine offene, H umfassende Teilmenge von $E[\mathfrak{M}]$. Setzt man $D = \bigcap_{n=1}^{\infty} O_n$, so gilt offenbar $H \subset D$. (6) ist bewiesen, wenn auch $D \subset H$ gilt.

Es sei $z_0 \in D$. Zu jedem n gibt es ein $x_n \in H$ mit $z_0 \in U_n(x_n)$, also $|z_0, x_n| < \varrho_n(x_n) < \frac{1}{n}$. Es ist also $z_0 = \lim x_n$ im Sinn von $\mathfrak{M}$. Wir zeigen, daß x_n auch eine Cauchyfolge bezüglich $\mathfrak{M}_1$ ist. Aus $|x_k, x_n| \leqq |x_k, z_0| + |z_0, x_n| < \frac{1}{k} + |z_0, x_n|$ und $|z_0, x_n| < \varrho_n(x_n)$ folgt $|x_k, x_n| < \varrho_n(x_n)$ für $k \geqq k_0(n)$, also $|x_k, x_n|_1 < \frac{1}{n}$ ab $k_0(n)$.

Also ist $|x_l, x_k|_1 \leqq \frac{2}{n}$ für $k, l \geqq k_0(n)$, d.h. x_n ist eine $\mathfrak{M}_1$-Cauchyfolge. Da H $\mathfrak{M}_1$-vollständig ist, hat die Folge x_n einen Limes in H, der mit z_0 übereinstimmen muß, also $z_0 \in H$, $D \subset H$.

Beweis von (5). $E[\mathfrak{M}_1]$ und die vollständige Hülle $\tilde{E}$ von E bezüglich der (F)-Norm erfüllen die Voraussetzungen von (6). Also ist E ein in $\tilde{E}$ dichter linearer Teilraum, der Durchschnitt $E = \bigcap_{n=1}^{\infty} O_n$ offener Teilmengen von $\tilde{E}$ ist. Das Komplement $\tilde{E} \sim E = \bigcup_{n=1}^{\infty} (\tilde{E} \sim O_n)$ ist als Vereinigung abzählbar vieler nirgends dichter Teilmengen mager in $\tilde{E}$. Wäre $\tilde{E} \sim E$ nicht leer, so enthielte es ein $x_0 \neq o$ und damit auch $x_0 + E$, also müßte auch E mager sein, was unmöglich ist, da $\tilde{E} = E \cup (\tilde{E} \sim E)$ nicht mager in sich ist (§4, 6.(5)). Aus $\tilde{E} = E$ folgt aber die Behauptung.

Eine eingehende Untersuchung der (F)-Normen findet sich bei BESSAGA, PEŁCZYŃSKI und ROLEWICZ [1].

12. Der Satz von BANACH-SCHAUDER und der Graphensatz. Wir untersuchen, wann eine lineare stetige Abbildung eines vollständigen metrisierbaren topologischen linearen Raumes in einen anderen solchen Raum ein topologischer Homomorphismus ist. Es gilt der fundamentale Satz von BANACH-SCHAUDER

(1) *Eine lineare stetige Abbildung A eines vollständigen metrisierbaren topologischen linearen Raumes E in einen ebensolchen Raum F ist entweder ein topologischer Homomorphismus oder $A(E)$ ist mager (von erster Kategorie) in $\overline{A(E)}$.*

(2) *A ist dann und nur dann ein topologischer Homomorphismus, wenn $A(E)$ abgeschlossen ist.*

Beweis von (1). Es genügt den Fall $\overline{A(E)} = F$ zu betrachten, da $\overline{A(E)}$ selbst vollständig und metrisierbar ist.

Wir nehmen an, daß $A(E)$ nicht mager ist. Es sei U_ϱ die offene Kugel vom Radius ϱ um $\mathfrak{o}$ in E, also die Menge aller $x \in E$ mit $\|x\| < \varrho$, $\|x\|$ eine (F)-Norm auf E. Wir beweisen zuerst, daß die abgeschlossene Hülle $\overline{A(U_\varrho)}$ eine Kugel V_σ um $\mathfrak{o}$ aus F enthält.

Da $U_{\varrho/2}$ ausgeglichen und kreisförmig ist, ist $\bigcup_{n=1}^{\infty} n\, U_{\varrho/2} = E$, also auch $A(E) = \bigcup_{n=1}^{\infty} A(n\, U_{\varrho/2})$. Da $A(E)$ nicht mager ist, ist eine der Mengen $\overline{A(n\, U_{\varrho/2})} = n\, \overline{A(U_{\varrho/2})}$ und damit auch $A(U_{\varrho/2})$ selbst nicht nirgends dicht in F. Es gibt daher ein $y \in A(U_{\varrho/2})$ und eine Nullumgebung $V \subset F$ mit $y + V \subset \overline{A(U_{\varrho/2})}$. Daraus folgt $V \subset -y + \overline{A(U_{\varrho/2})} \subset \overline{A(U_{\varrho/2})} + \overline{A(U_{\varrho/2})} \subset \overline{A(U_\varrho)}$. In V liegt aber eine Kugel V_σ.

Wir zeigen nun, daß für $\varrho' > \varrho$ schon $A(U_{\varrho'})$ die Kugel V_σ enthält. Es sei $y_0 \in V_\sigma$ gegeben. Wir setzen $\varrho = \varrho_1$, $\sigma = \sigma_1$ und wählen $\varrho_2 > \varrho_3 > \cdots$ so, daß $\sum_{1}^{\infty} \varrho_i < \varrho'$ ist. Zu jedem U_{ϱ_n} gibt es eine Kugel V_{σ_n}, in der $A(U_{\varrho_n})$ dicht ist. Wir können $\sigma_n \to 0$ annehmen.

Da $A(U_{\varrho_1})$ in V_{σ_1} dicht ist, gibt es ein x_1 mit $\|x_1\| < \varrho_1$, für dessen Bild $A(x_1) = y_1$ $\|y_0 - y_1\| < \sigma_2$ gilt. Nun ist $A(U_{\varrho_2})$ in V_{σ_2} dicht, also gibt es ein x_2 mit $\|x_2\| < \varrho_2$, für dessen Bild $A(x_2) = y_2$ $\|y_0 - y_1 - y_2\| < \sigma_3$ gilt usf. Aus $\left\|\sum_{N}^{M} x_i\right\| \leqq \varrho_N + \cdots + \varrho_M$ und der Vollständigkeit von E folgt die Konvergenz der Reihe $\sum_{1}^{\infty} x_i$ gegen ein Element x_0; x_0 liegt wegen $\sum_{i=1}^{\infty} \varrho_i < \varrho'$ in $U_{\varrho'}$ und es ist $A(x_0) = \lim_{N\to\infty} \sum_{1}^{N} A(x_i) = \lim \sum_{1}^{N} y_i = y_0$, also $y_0 \in A(U_{\varrho'})$.

Damit ist bewiesen, daß das Bild jeder offenen Nullumgebung eine offene Nullumgebung enthält und damit das Bild jeder offenen Menge offen ist, A ist also ein topologischer Homomorphismus.

Beweis von (2). Ist $A(E)$ abgeschlossen, so ist $A(E)$ ein vollständiger metrischer Raum und nach dem Satz von Baire. (§ 4, 6.(5)) nicht mager in sich, also A ein topologischer Homomorphismus.

Ist umgekehrt A ein topologischer Homomorphismus, so erzeugt nach 4.(4) A einen topologischen Isomorphismus $\check{A}$ des Quotientenraumes $E/N[A]$ auf $A(E)$. Da $E/N[A]$ aber vollständig ist (11.(4)), ist auch $A(E)$ vollständig, also abgeschlossen.

Als den Graphen $G(A)$ einer linearen Abbildung A eines topologischen linearen Raumes $E[\mathfrak{T}_1]$ in einen topologischen linearen Raum $F[\mathfrak{T}_2]$ bezeichnet man den linearen Teilraum des topologischen Produktes $E[\mathfrak{T}_1]\times F[\mathfrak{T}_2]$, der aus allen Paaren (x, Ax), $x\in E$, besteht. Es gilt der Graphensatz

(3) *Eine lineare Abbildung A des vollständigen metrisierbaren Raumes E in den vollständigen metrisierbaren Raum F ist dann und nur dann stetig, wenn ihr Graph $G(A)$ in $E\times F$ abgeschlossen ist.*

Beweis. a) Es sei A stetig. Eine Folge $(x_n, Ax_n)\in G(A)$ ist nur dann eine Cauchyfolge, wenn x_n eine Cauchyfolge in E ist. Es sei x_0 der Limes von x_n. Wegen der Stetigkeit von A ist dann aber auch Ax_0 der Limes von Ax_n. Also hat die Cauchyfolge (x_n, Ax_n) den Limes (x_0, Ax_0), $G(A)$ ist abgeschlossen.

b) Ist umgekehrt $G(A)$ abgeschlossen, so ist die Projektion $(x, Ax)\to x$ eine eineindeutige und stetige lineare Abbildung des vollständigen metrisierbaren Raumes $G(A)$ auf E, also nach (2) ein topologischer Isomorphismus. Aus $x_n\to o$ in E folgt also $(x_n, Ax_n)\to o$ in $E\times F$, also $Ax_n\to o$ in F, A ist damit in o, also überall stetig.

Die äquivalente Formulierung von BANACH lautet

(3') *Eine lineare Abbildung A des vollständigen metrisierbaren Raumes E in den vollständigen metrisierbaren Raum F ist dann und nur dann stetig, falls aus $x_n\to x_0$ und $Ax_n\to y_0$ stets $Ax_0=y_0$ folgt.*

Elementarer ist die folgende Aussage

(4) *Eine lineare Abbildung A eines metrisierbaren linearen Raumes E in einen metrisierbaren linearen Raum F ist stetig, wenn aus $x_n\to o$ stets die Beschränktheit der Folge Ax_n folgt.*

Beweis. Aus (F4) folgt

(5) $\|kx\|\leqq k\|x\|$ für jede ganze positive Zahl k.

Ist $x_n\to o$, so ist $\|x_n\|\to 0$ und es gibt eine Folge positiver ganzer Zahlen $k_n\to\infty$, so daß auch noch $k_n\|x_n\|\to 0$ geht. Also ist nach (5) auch $\|k_n x_n\|\to 0$, die Bildfolge $A(k_n x_n)$ ist daher beschränkt. Nach 6.(3) gilt dann $\frac{1}{k_n}A(k_n x_n)=A(x_n)\to o$, das bedeutet aber die Stetigkeit von A in o.

Wir beweisen zwei Folgerungen aus dem Satz von BANACH-SCHAUDER.

(6) *Zwei abgeschlossene lineare algebraisch komplementäre Teilräume H_1, H_2 eines vollständigen metrisierbaren linearen Raumes E sind topologisch komplementär.*

Denn das topologische Produkt $H_1\times H_2$ ist wieder ein vollständiger metrisierbarer Raum und die Abbildung $(x_1, x_2)\to x_1+x_2$ von $H_1\times H_2$

auf E ist eineindeutig und stetig, also nach dem Satz von BANACH-SCHAUDER ein topologischer Isomorphismus.

(7) *Ist auf einem vollständigen metrisierbaren linearen Raum* $E[\mathfrak{T}]$ *eine gröbere metrisierbare Topologie* $\mathfrak{T}'$ *gegeben und ist* $E[\mathfrak{T}']$ *ebenfalls vollständig, so ist* $\mathfrak{T}'$ *gleich* $\mathfrak{T}$.

Denn die identische Abbildung von $E[\mathfrak{T}]$ auf $E[\mathfrak{T}']$ ist nach (2) ein topologischer Isomorphismus.

13. Gleichstetige Abbildungen, die Sätze von BANACH und BANACH-STEINHAUS. Es sei E ein topologischer Raum, F ein uniformer Raum, $\mathfrak{A}$ eine Menge von Abbildungen A von E in F. Die Menge $\mathfrak{A}$ heißt gleichstetig (gleichgradig stetig) im Punkt x_0, wenn zu jeder Nachbarschaft N in F eine Umgebung $U(x_0)$ in E existiert, so daß alle (Ax, Ax_0) mit $x \in U$, $A \in \mathfrak{A}$, in N liegen. $\mathfrak{A}$ heißt gleichstetig in E, wenn $\mathfrak{A}$ in allen Punkten von E gleichstetig ist. Ist $\mathfrak{A}$ gleichstetig in x_0, so ist offenbar jedes $A \in \mathfrak{A}$ stetig in x_0.

Ist auch E ein uniformer Raum, so heißt $\mathfrak{A}$ gleichmäßig gleichstetig in E, wenn es zu jeder Nachbarschaft N in F eine Nachbarschaft M in E gibt, so daß aus $(x, y) \in M$, $A \in \mathfrak{A}$, stets $(Ax, Ay) \in N$ folgt.

Für lineare Abbildungen haben wir

(1) *Eine Menge* $\mathfrak{A}$ *von linearen Abbildungen* A *des topologischen linearen Raumes* E *in den topologischen linearen Raum* F *ist dann und nur dann gleichmäßig gleichstetig, wenn sie gleichstetig in* o *ist, d.h. wenn es zu jeder Nullumgebung* V *in* F *eine Nullumgebung* U *in* E *gibt mit* $A(U) \subset V$ *für alle* $A \in \mathfrak{A}$.

Denn ist die Nachbarschaft N_V aller (y_1, y_2) mit $y_1 - y_2 \in V$ in F gegeben, so folgt aus $(x_1, x_2) \in N_U$, also $x_1 - x_2 \in U$, daß $A(x_1 - x_2) = Ax_1 - Ax_2 \in V$ gilt, d.h. es ist $(Ax_1, Ax_2) \in N_V$ für alle $A \in \mathfrak{A}$.

Wie für eine einzelne lineare Abbildung aus der Stetigkeit in o die gleichmäßige Stetigkeit folgt, so folgt also für eine Menge von linearen Abbildungen aus der Gleichstetigkeit in o die gleichmäßige Gleichstetigkeit.

Wir beweisen nun den Satz von BANACH

(2) *Es sei* $\mathfrak{A}$ *eine Menge von linearen stetigen Abbildungen* A *des vollständigen metrisierbaren Raumes* E *in den topologischen linearen Raum* F. $\mathfrak{A}$ *ist dann und nur dann gleichstetig, wenn für jedes* x *die Menge* $\mathfrak{A}(x)$ *aller* Ax, $A \in \mathfrak{A}$, *in* F *beschränkt ist.*

a) Die Bedingung ist notwendig: Ist V eine Nullumgebung in F, so gibt es eine Nullumgebung U in E mit $A(U) \subset V$ für alle $A \in \mathfrak{A}$. Ist $x \in \varrho U$, so ist dann $Ax \in \varrho V$ für alle $A \in \mathfrak{A}$, also $\mathfrak{A}(x)$ beschränkt.

b) Die Bedingung ist hinreichend. Es sei V eine abgeschlossene kreisförmige Nullumgebung in F, ebenso W und es gelte $W + W \subset V$.

Wir bilden die Menge $M = \bigcap_{A \in \mathfrak{A}} A^{(-1)}(W)$. Wegen der Stetigkeit der A ist jedes $A^{(-1)}(W)$, also auch M, abgeschlossen; M ist überdies ausgeglichen, denn für jedes $x_0 \in E$ ist $\mathfrak{A}(x_0)$ beschränkt, es gibt also ein $\varrho > 0$ mit $\varrho A x_0 \in W$ für alle $A \in \mathfrak{A}$, d.h. $\varrho x_0 \in M$. Wegen der Ausgeglichenheit und Kreisförmigkeit von M ist $E = \bigcup_{n=1}^{\infty} n M$, nach dem Satz von BAIRE (§ 4, 6.(1)) enthält ein nM, also auch M selbst, eine offene Teilmenge. Die Menge $M - M$ umfaßt daher eine Nullumgebung U und es gilt $A(U) \subset A(M-M) \subset W - W \subset V$ für alle $A \in \mathfrak{A}$.

Für normierte Räume geht der Satz über in

(2′) *Ist* $\mathfrak{A}$ *eine Menge von linearen stetigen Abbildungen* A *des* (B)-*Raumes* E *in den normierten Raum* F *und ist* $\sup_{A \in \mathfrak{A}} \|Ax\| = M(x) < \infty$ *für jedes* x, *so ist* $\sup \|A\| < \infty$.

Aus dem Satz von BANACH ergibt sich leicht der Satz von BANACH-STEINHAUS

(3) *Es sei* A_n *eine Folge von linearen stetigen Abbildungen des vollständigen metrisierbaren Raumes* E *in den topologischen linearen Raum* F. *Ist für jedes* $x \in E$ *die Folge der* $A_n x$ *beschränkt und für die* x *einer in* E *dichten Menge* M *eine Cauchyfolge, so ist* $A_n x$ *für jedes* x *eine Cauchyfolge.*

Haben alle Cauchyfolgen $A_n x$ *in* F *einen Limes* Ax, *so ist die dadurch erklärte Abbildung* A *von* E *in* F *linear und stetig.*

Beweis. Es sei $x_0 \in E$ gegeben. Nach (2) gibt es zu jeder kreisförmigen Nullumgebung V in F eine Nullumgebung U in E mit $A_n(U) \subset V$ für alle n. Wir wählen ein $x \in M$ mit $x - x_0 \in U$ und schreiben

(4) $$A_n x_0 - A_m x_0 = (A_n x_0 - A_n x) + (A_n x - A_m x) + (A_m x - A_m x_0).$$

Ist n_0 so groß, daß $A_n x - A_m x \in V$ für alle $n, m \geqq n_0$, so liegt jeder der drei Summanden der rechten Seite von (4) in V, also ist $A_n x_0 - A_m x_0 \in V + V + V$; $A_n x_0$ ist daher auch eine Cauchyfolge.

Existiert $Ax = \lim A_n x$ für jedes $x \in E$, so ist die dadurch erklärte Abbildung A offenbar linear. Ist V abgeschlossen, so gilt mit $A_n(U) \subset V$ für alle n auch $A(U) \subset V$, A ist also stetig.

BANACH [3] führt die Theorie der metrisierbaren linearen Räume, die wir hier dargestellt haben, unter scheinbar schwächeren Voraussetzungen durch. Er betrachtet lineare Räume E, auf denen eine translationsinvariante Metrik $|x, y| = |x - y, o| = \|x - y\|$ gegeben ist, von der nur die Eigenschaften

a) Aus $\alpha_n \to 0$ folgt stets $\alpha_n x \to o$,

b) Aus $x_n \to o$ folgt stets $\alpha x_n \to o$,

c) E ist vollständig bezüglich der Metrik,

verlangt werden. Wir beweisen nun

(5) *Ein linearer Raum E, auf dem eine translationsinvariante Metrik erklärt ist mit den Eigenschaften* a), b), c), *ist ein vollständiger metrisierbarer Raum.*

Wir brauchen nur zu zeigen, daß E ein topologischer linearer Raum ist, wenn wir als Nullumgebungsbasis die Klasse der U_ε, $\varepsilon > 0$, nehmen, U_ε die durch $\|x\| \leqq \varepsilon$ gegebene abgeschlossene Kugel. Wir weisen nach, daß die Bedingungen von 2.(2) erfüllt sind.

Offenbar bilden die U_ε eine Filterbasis mit $\bigcap_{\varepsilon > 0} U_\varepsilon = \circ$. (LT1) ist wegen $U_{\varepsilon/2} + U_{\varepsilon/2} \subset U_\varepsilon$ richtig, (LT3) ist erfüllt, da nach a) für ein geeignetes n stets $\frac{1}{n} x \in U_\varepsilon$, also $x \in n U_\varepsilon$ gilt.

Die Hauptschwierigkeit ist der Nachweis von (LT2), also der Nachweis der Stetigkeit von αx in beiden Variablen gleichzeitig, obwohl in a) und b) nur die Stetigkeit in je einer Variablen vorausgesetzt ist. Wir zeigen dies mit der Beweismethode des Satzes von BANACH, der selbst nicht unmittelbar auf diesen Fall anwendbar ist.

Zu jedem $x \in E$ gibt es eine natürliche Zahl k, so daß $\lambda x \in U_\varepsilon$ für alle $|\lambda| \leqq \frac{1}{k}$. Andernfalls gäbe es eine Folge $\lambda_n \to 0$ mit $\|\lambda_n x\| > \varepsilon$ für alle n im Widerspruch zu a). Mit M bezeichnen wir die Menge aller $x \in E$ mit $\lambda x \in U_\varepsilon$ für alle $|\lambda| \leqq 1$. Wegen b) und der Abgeschlossenheit von U_ε ist M abgeschlossen. Ist x ein beliebiges Element in E und gilt $\lambda x \in U_\varepsilon$ für alle $|\lambda| \leqq \frac{1}{k}$, so ist $\frac{x}{k} \in M$, $x \in kM$. Es ist also $E = \bigcup_{n=1}^{\infty} nM$ und nach dem Satz von BAIRE enthält wiederum ein kM eine abgeschlossene Kugel $U_\delta(x_0)$. Dann enthält aber M selbst die Kugel $U_{\delta/k}\left(\frac{x_0}{k}\right)$, denn aus $\left\|\frac{x_0}{k} - z\right\| \leqq \frac{\delta}{k}$ folgt nach 12.(5)

$$\|x_0 - kz\| = \left\|k\left(\frac{x_0}{k} - z\right)\right\| \leqq k\left\|\frac{x_0}{k} - z\right\| \leqq \delta,$$

d.h. alle kz gehören zu $U_\delta(x_0) \subset kM$, alle z also zu M.

$M - M$ umfaßt $U_{\delta/k}(\circ)$, also sind für $|\lambda| \leqq 1$ und $x \in U_{\delta/k}(\circ)$ alle $\lambda x \in U_{2\varepsilon}(\circ)$, es gilt also (LT2).

Wir bemerken, daß die im Beweis von (5) benützten Umgebungen nicht kreisförmig zu sein brauchen, deshalb erfüllt $\|x\|$ nicht notwendig (F3), wir können aber nach dem Resultat von (5) und 11.(2) zu einer äquivalenten (F)-Norm übergehen.

14. Bilineare Abbildungen. In § 9, 7. haben wir die bilinearen Abbildungen erklärt. Wir betrachten hier bilineare Abbildungen $B(x, y)$ des topologischen Produktes $E_1 \times E_2$ zweier topologischer linearer Räume in einen dritten topologischen linearen Raum F.

Für festes x bzw. y stellt $B(x, y)$ eine lineare Abbildung B_x bzw. B_y von E_2 bzw. E_1 in F dar.

Eine bilineare Abbildung B von $E_1 \times E_2$ in F heißt stetig, wenn sie als Abbildung von $E_1 \times E_2$ in F, also in beiden Variablen gleichzeitig stetig ist. Dann sind insbesondere alle B_x und alle B_y stetige lineare Abbildungen von E_2 bzw. E_1 in F.

Wird von einer bilinearen Abbildung nur vorausgesetzt, daß alle B_x und alle B_y stetig sind, so heißt $B(x, y)$ getrennt stetig in x und y.

Entsprechend ist für eine Menge $\mathfrak{B}$ bilinearer Abbildungen die Gleichstetigkeit bzw. getrennte Gleichstetigkeit zu erklären. Es gilt wieder

(1) *Eine bilineare Abbildung B (eine Menge $\mathfrak{B}$ von bilinearen Abbildungen) ist stetig (gleichstetig), wenn sie in $(\mathfrak{o}, \mathfrak{o})$ stetig (gleichstetig) ist.*

Wir beweisen dies für die Gleichstetigkeit. Wir schreiben

(2) $$B(x, y) - B(x_0, y_0) = B(x_0, y - y_0) + B(x - x_0, y_0) + B(x - x_0, y - y_0).$$

Wegen der Gleichstetigkeit in $(\mathfrak{o}, \mathfrak{o})$ gibt es zu jeder Nullumgebung W und $W_1 + W_1 + W_1 \subset W \subset F$ eine Nullumgebung $U \times V \subset E_1 \times E_2$, so daß $B(x - x_0, y - y_0) \in W_1$ ist für alle $B \in \mathfrak{B}$ und alle $x - x_0 \in U$, $y - y_0 \in V$. Ist $\frac{1}{n} x_0 \in U$, so ist $B(x_0, y - y_0) = B\left(\frac{x_0}{n}, n(y - y_0)\right) \in W_1$ für alle B und alle $y - y_0 \in \frac{1}{n} V$. Ebenso folgt aus $\frac{1}{m} y_0 \in V$, daß $B(x - x_0, y_0) \in W_1$ für alle B und alle $x - x_0 \in \frac{1}{m} U$. Wir haben also $B(x, y) - B(x_0, y_0) \in W$ für alle B, wenn $(x - x_0, y - y_0) \in \left(\frac{1}{m} U\right) \times \left(\frac{1}{n} V\right)$ gilt.

Es gilt der wichtige Satz (BOURBAKI)

(3) *Jede getrennt stetige bilineare Abbildung $B(x, y)$ des Produktes zweier vollständiger metrisierbarer Räume E_1, E_2 in einen topologischen linearen Raum F ist stetig.*

Eine Menge $\mathfrak{B}$ solcher bilinearer Abbildungen $B(x, y)$ ist dann und nur dann gleichstetig, wenn die B getrennt stetig sind und wenn die Mengen $\mathfrak{B}(x, y)$ aller $B(x, y)$ für festes $(x, y) \in E_1 \times E_2$ stets in F beschränkt sind.

Es genügt zu beweisen, daß die Bedingungen der zweiten Behauptung hinreichend sind.

Wir schicken einen Hilfssatz voraus,

(4) *Eine Menge $\mathfrak{A}$ von Abbildungen A eines metrischen Raumes E in einen uniformen Raum F ist gleichstetig in x_0, wenn aus $x_n \to x_0$ in E die gleichmäßige Konvergenz der $A x_n$ gegen $A x_0$ folgt.*

N sei eine Nachbarschaft in F. Es genügt zu zeigen, daß die Menge V aller $x \in E$ mit $(Ax, Ax_0) \in N$ für alle $A \in \mathfrak{A}$ eine Umgebung von x_0 ist. Wäre dies nicht der Fall, so gäbe es aber eine Folge $x_n \notin V$ mit $x_n \to x_0$ und die Folgen $A x_n$ wären nicht gleichmäßig gegen $A x_0$ konvergent.

Nach (1) und (4) genügt es also zu zeigen, daß für jede Folge $(x_n, y_n) \to (0, 0)$ aus $E_1 \times E_2$ die Folgen $B(x_n, y_n)$, $B \in \mathfrak{B}$, gleichmäßig gegen 0 in F konvergieren.

Nach Voraussetzung ist für festes x_0 die Menge $\mathfrak{B}_{x_0}$ der linearen stetigen Abbildungen $B_{x_0} = B(x_0, y)$, $B \in \mathfrak{B}$, von E_2 in F in jedem y_0 beschränkt. Nach dem Satz von BANACH ist also $\mathfrak{B}_{x_0}$ gleichstetig; zu jeder Nullumgebung W in F gibt es daher wegen $B(x_0, 0) = 0$ eine Nullumgebung V in E_2 mit $B(x_0, y) \in W$ für alle $B \in \mathfrak{B}$ und alle $y \in V$.

Wir zeigen, daß die Menge $C = \bigcup_{n=1,2,\ldots} \mathfrak{B}(x_0, y_n)$ in F beschränkt ist. Ab n_0 liegen die y_n in V, also ist $\bigcup_{n \geqq n_0} \mathfrak{B}(x_0, y_n) \subset W$; für festes $n = 1, \ldots, n_0 - 1$ ist aber jedes $\mathfrak{B}(x_0, y_n)$ beschränkt, also gilt $C \subset m W$ für geeignetes $m > 0$; C ist daher beschränkt.

Betrachten wir jetzt die $B(x, y)$ als Abbildungen B_y von E_1 in F, so haben wir eben bewiesen, daß die Menge der B_{y_n}, $B \in \mathfrak{B}$, $n = 1, 2, \ldots$, die Voraussetzungen des Satzes von BANACH erfüllt. Diese Menge ist also wiederum gleichstetig, es gibt also eine Nullumgebung U in E_1 mit $\bigcup_{\substack{x \in U \\ n=1,2,\ldots}} \mathfrak{B}(x, y_n) \subset W$. Für $n \geqq n_1$ haben wir also $B(x_n, y_n) \in W$ für alle $B \in \mathfrak{B}$, q.e.d.

§ 16. Konvexe Mengen

1. Die konvexe und die absolutkonvexe Hülle einer Menge. Die konvexen Mengen haben in beliebigen reellen oder komplexen linearen Räumen wesentlich kompliziertere Eigenschaften als im n-dimensionalen Raum. Wir geben eine kleine Einführung in ihre Theorie, ohne Vollständigkeit anzustreben. Nicht alles wird später benötigt werden. Es sei auf die Darstellungen von BOURBAKI [6] und KLEE [2] hingewiesen.

Die konvexen und die absolutkonvexen Mengen wurden bereits in §15, 10. definiert. Der Begriff der konvexen Menge ist für reelle bzw. komplexe lineare Räume derselbe, der Begriff der absolutkonvexen Menge ist jedoch verschieden erklärt, wir sprechen deshalb gelegentlich von reell bzw. komplex absolutkonvexen Mengen.

Wir bemerken, daß jeder komplexe lineare Raum E auch als reeller linearer Raum aufgefaßt werden kann; bilden die x_α eine komplexe algebraische Basis von E, so bilden die x_α und die $i x_\alpha$ zusammen eine reelle algebraische Basis von E.

Unmittelbar aus den Definitionen ergibt sich, daß der Durchschnitt beliebig vieler konvexer bzw. absolutkonvexer Teilmengen eines linearen Raumes wieder konvex bzw. absolutkonvex ist.

Die konvexe Hülle $\mathsf{C}(M)$ einer beliebigen Menge M ist der Durchschnitt aller M enthaltenden konvexen Teilmengen von E. Es gilt $\mathsf{C}(\mathsf{C}(M)) = \mathsf{C}(M)$.

Ist $M = \bigcup_\alpha M_\alpha$, so schreiben wir auch $C(M) = \underset{\alpha}{C} M_\alpha$.

Entsprechend ist die (reelle bzw. komplexe) absolutkonvexe Hülle $\Gamma(M)$ bzw. $\underset{\alpha}{\Gamma} M_\alpha$ zu erklären.

(1) *$C(M)$ besteht aus allen Elementen der Form* $\sum_1^n \alpha_i x_i$, $\alpha_i \geqq 0$, $\sum_1^n \alpha_i = 1$, $x_i \in M$. *Ebenso besteht $\Gamma(M)$ aus allen Elementen der Form* $\sum_1^n \varrho_i x_i$, $\varrho_i \in K$, $\sum_1^n |\varrho_i| \leqq 1$, $x_i \in M$.

Beweis. Man bestätigt sofort, daß alle Elemente der angegebenen Form eine konvexe bzw. absolutkonvexe, M enthaltende, Menge bilden.

Wir beweisen umgekehrt, daß diese Elemente jeder konvexen bzw. absolutkonvexen, M enthaltenden, Menge angehören. Wir führen dies nur für $C(M)$ durch, für $\Gamma(M)$ ist der Beweis analog.

Es sei für $n-1$ bewiesen, daß jedes Element $\sum_1^{n-1} \alpha_i x_i$ der obigen Form stets in $C(M)$ liegt. Ist nun $\sum_1^n \alpha_i' x_i$ gegeben, so setze man $\sum_1^{n-1} \alpha_i' = \alpha$, dann ist $y = \sum_1^{n-1} \frac{\alpha_i'}{\alpha} x_i$ nach Induktionsvoraussetzung in $C(M)$, also auch $\alpha y + (1-\alpha) x_n = \sum_{i=1}^n \alpha_i' x_i$, da $0 < \alpha \leqq 1$.

Wir erinnern an den Begriff der kreisförmigen Hülle einer Menge (§15, 1.). Auch dieser Begriff ist für reelle und komplexe lineare Räume verschieden. Es gilt

(2) *Die absolutkonvexe Hülle einer Menge M ist die konvexe Hülle der kreisförmigen Hülle von M. Jede konvexe und kreisförmige Menge ist absolutkonvex und umgekehrt.*

Jedoch braucht die kreisförmige Hülle der konvexen Hülle einer Menge M nicht konvex zu sein.

Folgerung. Für kreisförmige M_α ist $\underset{\alpha}{\Gamma} M_\alpha = \underset{\alpha}{C} M_\alpha$.

Beweis. a) Da jede absolutkonvexe Menge kreisförmig ist, genügt es zu zeigen, daß die konvexe Hülle einer kreisförmigen Menge M absolutkonvex ist. $C(M)$ besteht nach (1) aus allen $\sum_1^n \varrho_i x_i$ mit $\varrho_i \geqq 0$, $\sum_1^n \varrho_i = 1$, also gilt nach (1) $C(M) \subset \Gamma(M)$. Sind umgekehrt Zahlen $\beta_i \neq 0$ in K mit $\sum_1^n |\beta_i| \leqq 1$ gegeben und setzt man $\alpha_i = \beta_i \frac{\sum |\beta_i|}{|\beta_i|}$ und $\varrho_i = \frac{|\beta_i|}{\sum |\beta_i|}$, so sieht man, daß jedes Element $\sum \beta_i x_i \in \Gamma(M)$ in der Form $\sum \varrho_i \alpha_i x_i$ mit $\sum \varrho_i = 1$, $\varrho_i \geqq 0$, $|\alpha_i| \leqq 1$, also $\alpha_i x_i \in M$, und damit als Element von $C(M)$ geschrieben werden kann. Damit gilt auch $\Gamma(M) \subset C(M)$.

b) Weder die in P^2 noch die in Γ^2 gebildete reelle bzw. komplexe kreisförmige Hülle der konvexen Hülle der drei Punkte (0, 0), (1, 0), (1, 1) ist konvex (Beweis!).

c) Die Folgerung ergibt sich daraus, daß mit den M_α auch $\bigcup_\alpha M_\alpha$ kreisförmig ist, nach (2) also $\bigcap_\alpha M_\alpha = \complement(\bigcup_\alpha M_\alpha) = \ulcorner(\bigcup_\alpha M_\alpha) = \ulcorner_\alpha M_\alpha$ gilt.

(3) *Sind $C_1, \ldots, C_n$ konvex bzw. absolutkonvex, $\alpha_1, \ldots, \alpha_n$ beliebig in* K, *so ist $\alpha_1 C_1 + \cdots + \alpha_n C_n$ ebenfalls konvex bzw. absolutkonvex.*

Da αC mit C konvex bzw. absolutkonvex ist, genügt es, die Behauptung für $C_1 + C_2$ zu beweisen. Dies folgt aber für $x, x' \in C_1$, $y, y' \in C_2$, $0 \leqq \tau \leqq 1$, aus

$$\tau(x+y) + (1-\tau)(x'+y') = [\tau x + (1-\tau)x'] + [\tau y + (1-\tau)y']$$

für konvexe C_1 und C_2 und analog für absolutkonvexe.

Mit C ist offenbar auch $x_0 + C$ konvex. Dies gilt jedoch nicht für absolutkonvexe Mengen, in denen ja der Punkt $\mathfrak{o}$ eine ausgezeichnete Rolle spielt. Wir werden, wenn C absolutkonvex ist, $x_0 + C$ als absolutkonvex bezüglich x_0 bezeichnen.

(4) *Das lineare Bild und das lineare Urbild einer konvexen bzw. absolutkonvexen Menge sind wieder konvex bzw. absolutkonvex.*

Sei A eine lineare Abbildung des linearen Raumes E in den linearen Raum F. Mit C ist auch $A(C)$ konvex, da $A(\tau x + (1-\tau)y) = \tau A x + (1-\tau) A y$ gilt. Ist ferner M konvex in $A(E)$ und sind Ax und Ay in M, so ist auch $A(\tau x + (1-\tau)y) \in M$, also $A^{(-1)}(M)$ konvex. Analog für absolutkonvexe Mengen.

Es sei jetzt E ein topologischer linearer Raum $E[\mathfrak{T}]$. Dann gilt

(5) *Die abgeschlossene Hülle $\overline{C}$ einer konvexen bzw. absolutkonvexen Menge C in $E[\mathfrak{T}]$ ist wieder konvex bzw. absolutkonvex.*

Wir beweisen dies für absolutkonvexe Mengen C, für konvexe verläuft der Beweis entsprechend.

Es ist zu zeigen, daß mit $x_0, y_0 \in \overline{C}$ auch $\alpha x_0 + \beta y_0$ in $\overline{C}$ liegt, $|\alpha| + |\beta| \leqq 1$. Es sei die Nullumgebung U gegeben und V eine kreisförmige Nullumgebung mit $V + V \subset U$. Zu x_0 und y_0 gibt es Elemente x und y aus C mit $x_0 - x \in V$, $y_0 - y \in V$. Dann ist aber

$$(\alpha x_0 + \beta y_0) - (\alpha x + \beta y) = \alpha(x_0 - x) + \beta(y_0 - y) \in V + V \subset U,$$

also $\alpha x_0 + \beta y_0 \in \overline{C}$.

Als die konvexe abgeschlossene Hülle einer Menge M in $E[\mathfrak{T}]$ bezeichnet man den Durchschnitt aller M enthaltenden konvexen abgeschlossenen Mengen. Analog ist die absolutkonvexe abgeschlossene Hülle definiert. Es gilt

(6) *Die konvexe abgeschlossene Hülle von M ist gleich der abgeschlossenen Hülle $\overline{\mathsf{C}(M)}$ der konvexen Hülle von M. Es ist $\overline{\mathsf{C}(M)}$ auch gleich $\overline{\mathsf{C}(\overline{M})}$.*

Die absolutkonvexe abgeschlossene Hülle von M ist gleich $\overline{\Gamma(M)} = \overline{\Gamma(\overline{M})}$.

Wir beweisen dies wieder für absolutkonvexe Mengen. Nach (5) ist $\overline{\Gamma(M)}$ absolutkonvex und abgeschlossen und offenbar in allen M enthaltenden absolutkonvexen abgeschlossenen Mengen enthalten, also gleich der absolutkonvexen abgeschlossenen Hülle von M. Die letzte Behauptung folgt daraus, daß auch $\Gamma(\overline{M})$ jeder M enthaltenden absolutkonvexen abgeschlossenen Menge angehören muß.

(7) *Ist M offen, so sind auch $\mathsf{C}(M)$ und $\Gamma(M)$ offen.*

Ein Element aus $\Gamma(M)$ hat die Form $\sum_1^n \alpha_i x_i$, $\sum_1^n |\alpha_i| = \alpha \leqq 1$ $\alpha_i \neq 0$. Es gibt eine kreisförmige Nullumgebung V, so daß alle $x_i + V$ in M liegen. Dann ist aber jedes Element $\sum_1^n \alpha_i x_i + \alpha z$, $z \in V$, in $\Gamma(M)$, da es die Form $\sum_1^n \alpha_i \left(x_i + \frac{|\alpha_i|}{\alpha_i} z\right) \in V$ hat.

Ist M abgeschlossen, so brauchen $\mathsf{C}(M)$ und $\Gamma(M)$ nicht mehr abgeschlossen zu sein. Ein Beispiel dafür bildet die reelle absolutkonvexe Hülle der abgeschlossenen Menge M der Ebene, die aus den Punkten $(-1, 0)$, $(1, 0)$ und der y-Achse besteht.

2. Der algebraische Rand einer konvexen Menge. Es sei C eine konvexe Teilmenge des linearen Raumes E. Dann gilt

(1) *Die Menge $C - C$ ist reell absolutkonvex.*

Nach 1.(3) ist $C - C$ jedenfalls konvex. Ist $0 < \tau < 1$ und $z_1, z_2 \in C$, so liegt $\tau(z_1 - z_2) = z_1 - (\tau z_2 + (1 - \tau) z_1)$ wegen der Konvexität von C ebenfalls in $C - C$. Aus $C - C = -(C - C)$ folgt daher, daß $C - C$ reell kreisförmig ist. 1.(2) ergibt die Behauptung.

Als den zu einer beliebigen Menge $C \subset E$ gehörigen reellen linearen Raum $L(C)$ bezeichnen wir den durch alle Elemente von $C - C$, also durch alle Differenzen von Punkten aus C, aufgespannten reellen linearen Teilraum von E. Es gilt

(2) *Für konvexe Mengen C ist $L(C) = \bigcup_{n=1}^{\infty} n(C - C)$, für absolutkonvexe gilt $L(C) = \bigcup_{n=1}^{\infty} nC$.*

Aus (1) folgt, daß $\bigcup n(C - C)$ reell absolutkonvex ist. Da ferner mit x jedes αx, $\alpha \in \mathrm{P}$, in $\bigcup n(C - C)$ liegt, ist $\bigcup n(C - C)$ ein reeller linearer Raum.

Ebenso ergibt sich die Behauptung für absolutkonvexe Mengen C.

(3) *C sei eine beliebige Menge in E. Die kleinste reelle lineare Mannigfaltigkeit $M(C) > C$ ist $C + L(C) = x_0 + L(C)$, x_0 ein beliebiges Element von C.*

Enthält eine lineare Mannigfaltigkeit $z + H$ die Menge C, so enthält der zu ihr parallele lineare Raum H alle Differenzen $x_1 - x_2$ von Elementen aus C, also $C - C$. Es ist daher $H > L(C)$. Andererseits gilt für ein $x_0 \in C$ offenbar $x_0 + L(C) > C$. Schließlich ergibt sich aus $x = x_0 + (x - x_0)$ auch $x + L(C) = x_0 + L(C)$ für beliebiges $x \in C$.

Ein Punkt x_0 einer Menge $C < E$ heißt ein inwendiger Punkt von C, wenn C in x_0 in $M(C)$ ausgeglichen ist, d.h. wenn auf jeder in $M(C)$ liegenden Geraden durch x_0 eine x_0 als inneren Punkt enthaltende Strecke in C liegt.

Ist $M(C) = E$, so heißt ein inwendiger Punkt von C ein algebraisch innerer Punkt von C. Alle algebraisch inneren Punkte von C bilden den algebraischen Kern C^i von C.

Die algebraische Hülle C^a von C besteht aus allen $y \in E$, zu denen ein $x \in C$ existiert mit $[x, y) < C$ (es bedeutet $[x, y)$ die reelle Verbindungsstrecke von x und y, einschließlich x und ausschließlich y).

Ein Punkt von C^a, der kein algebraisch innerer Punkt von C ist, heißt ein algebraischer Randpunkt von C. Die Menge der algebraischen Randpunkte von C heißt der algebraische Rand von C. Eine Menge C heißt algebraisch abgeschlossen, wenn $C = C^a$ ist, algebraisch offen, wenn $C = C^i$ ist.

Wir bemerken, daß in einem topologischen linearen Raum ein algebraischer Randpunkt stets ein topologischer Randpunkt ist, daß das Umgekehrte nicht der Fall ist, zeigt das Beispiel 2 weiter unten.

Im P^n enthält jede konvexe Menge C einen inwendigen Punkt, denn ist etwa $M(C) = \mathsf{P}^m$, so enthält C ein m-dimensionales Simplex, dessen Schwerpunkt ein inwendiger Punkt von C ist. Für unendlichdimensionale Räume E braucht dies nicht mehr der Fall zu sein.

Beispiel 1. Es sei $\{x_\beta\}$, $\beta \in \mathsf{B}$, eine algebraische Basis des unendlichdimensionalen reellen Raumes E und C die konvexe Hülle von o und allen x_β. Es ist $M(C) = E$. Wir zeigen, daß C keinen algebraisch inneren Punkt enthält, also nur aus algebraischen Randpunkten besteht. Jedes Element z aus C hat nach 1.(1) die Form $z = \sum_1^n \alpha_i x_{\beta_i}$, $\alpha_i \geqq 0$, $\sum \alpha_i \leqq 1$. Ist $\beta \neq \beta_i$, $i = 1, \ldots, n$, so schneidet die Gerade $z + \sigma(x_\beta - z)$ durch x_β und z die Menge C in der Strecke $[x_\beta, z]$, z ist also nicht innerer Punkt von C.

(4) *Ist C konvex, so sind die algebraische Hülle C^a und der algebraische Kern C^i wieder konvexe Mengen (dabei wird die leere Menge als konvex erklärt).*

Beweis. a) Sind y_1 und y_2 zwei Punkte von C^a und x_1, x_2 zwei Punkte aus C mit $[x_1, y_1) < C$, $[x_2, y_2) < C$, so sind die vier Punkte

x_1, x_2, y_1, y_2 die Ecken eines Tetraeders, dessen sämtliche inneren Punkte zu C gehören. Dann gehören aber die Randpunkte zu C^a, also auch $[y_1, y_2]$.

b) Sind x_1 und x_2 in C^i, liegt x zwischen x_1 und x_2 und ist g irgendeine Gerade durch x, so gibt es auf den durch x_1 bzw. x_2 gehenden zu g parallelen Geraden je ein, x_1 bzw. x_2 als innere Punkte enthaltendes Intervall $[y_1, z_1]$ bzw. $[y_2, z_2]$, das zu C gehört. Also gehört auch der Schnitt von g mit dem Viereck y_1, z_1, z_2, y_2 zu C und damit ein Intervall auf g, das x als inneren Punkt enthält. Also gehört x zu C^i.

In 4. werden wir beweisen, daß stets $(C^i)^i = C^i$ gilt. Wir zeigen jetzt an einem Gegenbeispiel, daß $(C^a)^a = C^a$ im allgemeinen nicht richtig ist.

Beispiel 2. Es sei E reell und unendlichdimensional und $\{x_\alpha\}$, $\alpha \in A$, sei eine algebraische Basis von E. Mit C bezeichnen wir die Menge aller von o verschiedenen $x = \sum_\alpha \xi_\alpha x_\alpha$, deren Koeffizienten $\xi_\alpha \geqq 0$ sind und für die $\sum \xi_\alpha \geqq \frac{1}{n(x)}$ gilt, $n(x)$ die Anzahl der α mit $\xi_\alpha \neq 0$. C ist konvex, denn ist $z = \sum \zeta_\alpha x_\alpha = \tau x + (1-\tau) y$, $y = \sum \eta_\alpha x_\alpha$, x und y in C, so ist $n(z) \geqq \max(n(x), n(y)) > 0$ und wir haben

$$\sum \zeta_\alpha = \tau \sum \xi_\alpha + (1-\tau) \sum \eta_\alpha \geqq \frac{\tau}{n(x)} + \frac{1-\tau}{n(y)} \geqq \frac{1}{n(z)},$$

also $z \in C$.

Wir bestimmen C^a. Wir behaupten, daß C^a gleich der Menge aller $x = \sum \xi_\alpha x_\alpha$ mit $\xi_\alpha \geqq 0$ und $n(x) > 0$ ist. Ist $x = \sum \xi_\alpha x_\alpha$ irgendein von o verschiedenes Element mit $\xi_\alpha \geqq 0$, so ist $\sum \xi_\alpha > 0$, also gibt es eine ganze Zahl m mit $\sum \xi_\alpha \geqq \frac{1}{m}$. Das Element $z = \frac{x_{\alpha_1} + \cdots + x_{\alpha_m}}{m}$ liegt in C. Wählen wir die α_i verschieden von allen α, deren zugehörige ξ_α in x von Null verschieden sind, so gehört auch jedes $\tau x + (1-\tau) z$ mit $0 \leqq \tau < 1$ zu C, also gehört x als Endpunkt der Strecke $[z, x)$ zu C^a.

Ist ferner y irgendein Element aus C, so gehört niemals ganz $[y, o)$ zu C, sondern nur $\left[y, \frac{1}{n(y) \sum \eta_\alpha} y\right]$, also liegt o nicht in C^a.

Schließlich ist $o \in C^{aa}$, daher $C^{aa} \neq C^a$.

Wie wir eben sahen, braucht C^a nicht algebraisch abgeschlossen zu sein. Wir können jedoch den Prozeß der Bildung der algebraischen Hülle transfinit iterieren. Wir setzen $C^a = C^1$, allgemein für eine Ordnungszahl $\gamma + 1$: $C^{\gamma+1} = (C^\gamma)^a$, und für eine Limeszahl β: $C^\beta = \bigcup_{\gamma < \beta} C^\gamma$. Nach (4) sind mit C alle $C^{\gamma+1}$, ebenso die C^β wieder konvex und es muß $C^{\mu+1} = C^\mu$ für eine genügend große Ordnungszahl μ gelten. Es ist also C^μ die kleinste, C enthaltende algebraisch abgeschlossene konvexe Menge.

(5) *Jede konvexe Menge C besitzt eine algebraisch abgeschlossene Hülle C^α, die wieder konvex ist.*

Daß tatsächlich beliebig hohe μ der ersten Zahlklasse benötigt werden, hat O. Nikodým [1] nachgewiesen, vgl. auch Klee [6].

Ein weiteres Beispiel für die komplizierte Struktur der konvexen Teilmengen von unendlichdimensionalen Räumen gibt

(6) *In jedem unendlichdimensionalen linearen Raum E gibt es konvexe echte Teilmengen C mit $C^a = E$.*

Es sei wieder $\{x_\alpha\}$, $\alpha \in \mathsf{A}$, eine reelle algebraische Basis von E, die Indizesmenge A sei so geordnet, daß sie kein letztes Element besitzt. C sei die Menge aller $\sum_{i=1}^{n} \xi_i x_{\alpha_i} \neq 0$, $n = 1, 2, \ldots$, deren letzter nichtverschwindender Koeffizient positiv ist. C ist offenbar eine konvexe echte Teilmenge von E. Ist $z = \sum \zeta_i x_{\alpha_i}$ ein beliebiges Element aus E, $\alpha > \alpha_i$, $i = 1, \ldots, n$, so ist z Endpunkt der in C liegenden Strecke $[x_\alpha, z)$.

3. Halbräume. Es sei E zunächst ein reeller linearer Raum. Eine Hyperebene in E ist ein linearer Teilraum H vom Defekt 1 oder eine Menge $x_0 + H$. Wir wissen (§ 15, 9.(1)), daß es zu H stets eine reelle Linearfunktion u im algebraisch dualen Raum E^* gibt, deren Nullraum gerade H ist. Die Hyperebene $x_0 + H$ ist dann die Menge aller $x \in E$, für die $u(x) = u(x_0) = \gamma$ ist.

Die Hyperebene $x_0 + H$ bestimmt die durch $u(x) < \gamma$ bzw. $u(x) > \gamma$ definierten algebraisch offenen Halbräume, ebenso durch $u(x) \leqq \gamma$ bzw. $u(x) \geqq \gamma$ zwei algebraisch abgeschlossene Halbräume.

Es ist eine einfache Folge aus der Linearität von u, daß diese Halbräume sämtlich konvexe Mengen sind, ebenso, daß sie algebraisch offen bzw. abgeschlossen sind, und daß die algebraische Hülle von $u(x) < \gamma$ gerade $u(x) \leqq \gamma$ ist. Die Hyperebene $x_0 + H$ ist der algebraische Rand der vier Halbräume.

Aus § 15, 9.(1) folgt ferner, daß in einem topologischen linearen Raum $E[\mathfrak{T}]$ aus der Stetigkeit von u die (topologische) Abgeschlossenheit des Halbraumes $u(x) \leqq \gamma$ folgt. Der Halbraum $u(x) < \gamma$ ist dann offen. Ist u nicht stetig, so sind alle vier Halbräume dicht in $E[\mathfrak{T}]$.

Ist E ein komplexer linearer Raum, so besteht E^* aus den komplexen Linearfunktionen auf E und es entsteht die Frage nach der Kennzeichnung der Halbräume einer reellen Hyperebene in E durch eine komplexe Linearfunktion. Es gilt

(1) *Ist u eine reelle Linearfunktion auf dem als reellen linearen Raum aufgefaßten komplexen linearen Raum E, so gibt es eine eindeutig bestimmte komplexe Linearfunktion v auf dem komplexen linearen Raum E mit $u x = \mathfrak{R}(v x)$.*

Ist u stetig auf $E[\mathfrak{T}]$, so auch v, umgekehrt folgt aus der Stetigkeit der komplexen Linearfunktion v die Stetigkeit der reellen Linearfunktion $u x = \mathfrak{R}(v x)$.

Beweis. Soll $u x$ gleich dem Realteil von $v x$ sein, so muß für den Imaginärteil $\mathfrak{I}(v x)$ gelten $\mathfrak{I}(v x) = \mathfrak{R}(-i v x) = -\mathfrak{R}(v(i x)) = -u(i x)$. Der einzig mögliche Ansatz für v ist also

(2) $$v x = u x - i u(i x).$$

Dies ist sicher eine komplexwertige Linearfunktion auf E, E als reeller Raum aufgefaßt. v ist aber auch komplex linear, denn es gilt

$$v(ix) = u(ix) - iu(-x) = i[ux - iu(ix)] = ivx.$$

Ist $|ux| \leqq \varepsilon$ für alle x einer komplex kreisförmigen Nullumgebung U von $E[\mathfrak{T}]$, so ist nach (2) $|vx| \leqq 2\varepsilon$ auf U, mit u ist also v stetig. Aus $|vx| \leqq \varepsilon$ folgt umgekehrt $|\Re(vx)| \leqq \varepsilon$.

Aus (1) ergibt sich die analytische Kennzeichnung der reellen Hyperebenen $x_0 + H$ und Halbräume in einem komplexen Raum E: Zu $x_0 + H$ gibt es eine eindeutig bestimmte komplexe Linearfunktion $v \in E^*$, so daß durch $\Re(vx) = \Re(vx_0) = \gamma$ gerade alle Punkte von $x_0 + H$ charakterisiert sind. Die algebraisch offenen Halbräume ergeben sich durch $\Re(vx) \lessgtr \gamma$. Diese Halbräume sind (topologisch) offen dann und nur dann, wenn v stetig ist.

Jede reelle Hyperebene H durch $\mathfrak{o}$ enthält genau eine komplexe Hyperebene, nämlich $H \cap iH$. Ist H durch $ux = 0$ gegeben, so $H \cap iH$ durch $vx = 0$, wobei v durch (2) definiert ist.

4. Konvexe Körper und ihre Distanzfunktionen. Eine besonders wichtige Klasse von konvexen Mengen bilden diejenigen, die wenigstens einen algebraisch inneren Punkt besitzen. Sie werden als konvexe algebraische Körper oder konvexe α-Körper bezeichnet. Bei diesen konvexen Mengen treten, wie wir sehen werden, die paradoxen Möglichkeiten von 2. nicht auf.

Jede ausgeglichene absolutkonvexe Menge ist ein konvexer α-Körper, da $\mathfrak{o}$ ein algebraisch innerer Punkt ist.

Ist der zugrundegelegte Raum ein topologischer linearer Raum $E[\mathfrak{T}]$, so sprechen wir von einem konvexen $\mathfrak{T}$-Körper C, wenn C einen inneren Punkt x_0 im Sinn der Topologie $\mathfrak{T}$ besitzt, wenn also C eine konvexe $\mathfrak{T}$-Umgebung von x_0 ist. Jeder konvexe $\mathfrak{T}$-Körper ist ein konvexer α-Körper, aber nicht umgekehrt.

Wir führen (vgl. § 15, 10.) durch

(1) $$q(x) = \inf_{x \in \varrho C} \varrho \quad (\varrho \geqq 0)$$

die Distanzfunktion $q(x)$ des konvexen α-Körpers $C \subset E$ mit $\mathfrak{o}$ als algebraisch innerem Punkt ein. Es gilt

(2) *Die Distanzfunktion $q(x)$ eines konvexen α-Körpers C mit $\mathfrak{o}$ als algebraisch innerem Punkt ist eine nichtnegative, positiv homogene, subadditive Funktion auf E, d.h. sie erfüllt für alle $x, y \in E$ die Bedingungen*

(α) $$q(x) \geqq 0,$$

(β) $$q(\sigma x) = \sigma q(x) \text{ für } \sigma \geqq 0,$$

(γ) $$q(x + y) \leqq q(x) + q(y).$$

Beweis. Wegen der Ausgeglichenheit von C ist $q(x)$ für alle $x \in E$ definiert und (α) und (β) sind offenbar erfüllt. Wie in § 15, 10. beweist man (γ): Sei $q(x) = \varrho_0$, $q(y) = \sigma_0$. Dann liegen für $\varrho > \varrho_0$ und $\sigma > \sigma_0$ die Elemente $\frac{x}{\varrho}$ und $\frac{y}{\sigma}$ in C, wegen der Konvexität von C also auch $\frac{\varrho}{\varrho+\sigma}\frac{x}{\varrho} + \frac{\sigma}{\varrho+\sigma}\frac{y}{\sigma} = \frac{x+y}{\varrho+\sigma}$. Daher ist $x + y \in (\varrho+\sigma)C$, also $q(x+y) \leqq \varrho_0 + \sigma_0$.

Aus (β) und (γ) folgt, daß $q(x)$ eine konvexe Funktion auf E ist, d.h. daß für alle $x, y \in E$

(3) $$q(\tau x + (1-\tau) y) \leqq \tau q(x) + (1-\tau) q(y), \quad 0 \leqq \tau \leqq 1,$$

gilt.

(4) *Ist $q(x)$ die Distanzfunktion des konvexen α-Körpers C mit o als algebraisch innerem Punkt, so besteht C^i aus allen x mit $q(x) < 1$, C^a aus allen x mit $q(x) \leqq 1$, der algebraische Rand von C wird also durch $q(x) = 1$ gegeben. Ferner ist C^i ein konvexer α-Körper und algebraisch offen, C^a algebraisch abgeschlossen.*

Beweis. Für ein $x \in C$ gilt nach (1) $q(x) \leqq 1$. Ist $q(x) < 1$, so ist umgekehrt $x \in C$. Wir zeigen nun, daß ein solches x sogar in C^i liegt: Es sei $q(x) = \tau < 1$ und $0 < \sigma < 1 - \tau$. Der konvexe α-Körper $x + \sigma C$ hat x als algebraisch inneren Punkt. Für $z \in C$ folgt aus

$$q(x + \sigma z) \leqq q(x) + \sigma q(z) \leqq \tau + \sigma < 1,$$

daß $x + \sigma C \subset C$ gilt, jedes x mit $q(x) < 1$ liegt also in C^i.

Es liegt sogar in $(C^i)^i$, denn aus $q(x + \sigma z) < 1$ folgt jetzt sogar $x + \sigma C \subset C^i$, also ist x algebraisch innerer Punkt von C^i und damit auch C^i ein konvexer α-Körper.

Ist $q(x) = 1$, so liegt wegen (β) das Intervall $[o, x)$ in C, also liegen alle Punkte x mit $q(x) \leqq 1$ in C^a. Sei umgekehrt $x \in C^a$. Dann gibt es ein Intervall $[z, x) \subset C$. Aus

$$x = z + \tau(x - z) + (1-\tau)(x - z)$$

folgt wegen $z + \tau(x - z) \in C$ für alle $0 \leqq \tau < 1$ aber

$$q(x) \leqq q(z + \tau(x - z)) + (1-\tau) q(x - z) \leqq 1 + (1-\tau) q(x - z).$$

Daraus ergibt sich für $\tau \to 1$: $q(x) \leqq 1$. Es wird C^a also durch $q(x) \leqq 1$ charakterisiert.

Ist $q(x) = 1$, so liegt x nicht in C^i, denn sonst müßte eine Strecke $[o, \sigma x]$, $\sigma > 1$, in C liegen, was wegen (2) (β) unmöglich ist.

Mithin enthalten $(C^i)^i$ und C^i nur Punkte mit $q(x) < 1$, fallen also mit der Menge aller dieser Punkte zusammen; C^i ist algebraisch offen. Wendet man die für C im vorigen Absatz angestellte Betrachtung auf C^a an, so ergibt sich schließlich $(C^a)^a = C^a$, C^a ist algebraisch abgeschlossen.

Wir bemerken, daß aus (4) auch $(C^i)^a = C^a$ folgt. Da mit $y \in C^a$ stets $[o, y) \subset C$ gilt, ist ferner jeder algebraische Randpunkt von C von jedem algebraisch inneren Punkt aus geradlinig erreichbar in C.

Es gilt die Umkehrung

(5) *Jede Funktion $q(x)$ auf E, die den Bedingungen (α), (β), (γ) genügt, definiert durch $q(x) < 1$ bzw. $q(x) \leqq 1$ einen algebraisch offenen bzw. algebraisch abgeschlossenen α-Körper mit o als innerem Punkt, dessen Distanzfunktion $q(x)$ ist.*

Beweis. Die Menge C aller x mit $q(x) \leqq 1$ ist offenbar ausgeglichen. C besitzt o als algebraisch inneren Punkt. C ist konvex, wie sich aus (3) sofort ergibt. Die Distanzfunktion von C ist wieder $q(x)$, (4) ergibt die restlichen Behauptungen.

Wir bemerken, daß $q(x) = 0$ für ein $x \neq o$ bedeutet, daß die ganze durch o und x gehende Halbgerade zu C gehört. Insbesondere wird E selbst durch $q(x) \equiv 0$ beschrieben. Geht man von einem konvexen Körper aus und stellt man seine Distanzfunktion auf, so kann man aus ihr zwar C^i und C^a zurückgewinnen, nicht aber C selbst, das eine beliebige konvexe Menge mit $C^i \subset C \subset C^a$ sein kann.

Machen wir für C die zusätzliche Voraussetzung, daß es absolutkonvex im reellen bzw. komplexen linearen Raum E ist, so erhalten wir an Stelle von (β) die Beziehung $q(\alpha x) = |\alpha|\, q(x)$ für beliebige reelle bzw. komplexe α, in diesem Fall ist $q(x)$ also eine reelle bzw. komplexe Halbnorm (vgl. § 14, 1.). Es gilt daher

(6) *Absolutkonvexe ausgeglichene Mengen haben Halbnormen als Distanzfunktionen und umgekehrt.*

Die Frage, wann in einem linearen topologischen Raum $E[\mathfrak{T}]$ ein konvexer α-Körper ein $\mathfrak{T}$-Körper ist, beantwortet

(7) *Ein konvexer α-Körper C in $E[\mathfrak{T}]$ mit o als algebraisch innerem Punkt ist dann und nur dann ein konvexer $\mathfrak{T}$-Körper, wenn seine Distanzfunktion $q(x)$ stetig ist. Es ist C^i in diesem Fall das Innere von C und C^a die abgeschlossene Hülle von C; der algebraische und der topologische Rand von C sind also identisch.*

Beweis. a) Ist o als innerer Punkt in C enthalten, so liegt eine kreisförmige Nullumgebung U in C. Ihre konvexe Hülle $V = \complement(U)$ ist nach 1.(2) absolutkonvex und ebenfalls in C enthalten. Für alle $x \in V$ gilt also $q(x) \leqq 1$, für alle $x \in \varepsilon V$ daher $q(x) \leqq \varepsilon$, d.h. $q(x)$ ist in o stetig.

Aus der Stetigkeit von $q(x)$ in o folgt aber die Stetigkeit in einem beliebigen $y \in E$, ja sogar die gleichmäßige Stetigkeit von $q(x)$: Ist $z \in \varepsilon V$, so gilt ja $q(y+z) \leqq q(y) + \varepsilon$, ebenso folgt aus $q(y) = q((y+z) - z) \leqq q(y+z) + q(-z)$ wegen $-z \in \varepsilon V$ die Ungleichung $q(y) - \varepsilon \leqq q(y+z)$, also $|q(y+z) - q(y)| \leqq \varepsilon$ für $z \in \varepsilon V$.

b) Ist umgekehrt $q(x)$ stetig, so ist die Menge aller x mit $q(x)<1$, also C^i, offen und enthält $\circ$, die Menge $q(x)\leqq 1$, also C^a, ist abgeschlossen, daher C^i das Innere von C und C^a die abgeschlossene Hülle von C.

Die für konvexe Körper mit $\circ$ als innerem Punkt gefundenen geometrischen Eigenschaften gelten natürlich auch für konvexe Körper mit einem beliebigen x_0 als innerem Punkt. Ist x_0 algebraisch innerer Punkt von C und ist $q(x)$ die Distanzfunktion von $C-x_0$, so wird C^a durch $q(x-x_0)\leqq 1$ gegeben.

Wir schließen einige Bemerkungen über allgemeinere konvexe Mengen an. Ist C eine konvexe Menge und C^i leer, so ist auch $(C^i)^i$ leer, aus (4) ergibt sich also allgemein

(8) *Ist C eine beliebige konvexe Menge, so gilt stets $(C^i)^i=C^i$.*

Ist C eine beliebige konvexe Menge mit der zugehörigen linearen Mannigfaltigkeit $M(C)$ und mit wenigstens einem inwendigen Punkt, so ist C in $M(C)$ ein konvexer α-Körper und man erhält nach (4), daß die Menge der inwendigen Punkte in $M(C)$ algebraisch offen ist und daß $(C^a)^a=C^a$ gilt. Dies ist speziell für alle konvexen Teilmengen eines n-dimensionalen Raumes richtig, da sie nach 2. einen inwendigen Punkt besitzen.

Für eine konvexe Menge mit wenigstens einem inwendigen Punkt folgt aus $C^a=M(C)$ ebenfalls nach (4), daß dann $C=M(C)$ sein muß, das pathologische Verhalten des Beispiels 2.(6) ist daher nicht möglich.

5. Konvexe Kegel. Eine Teilmenge $K(x_0)$ eines linearen Raumes E heißt ein Kegel mit dem Scheitel x_0, wenn $K(x_0)$ mit x jedes Element $x_0+\varrho(x-x_0)$, $\varrho>0$, enthält. Ein Kegel mit dem Scheitel $\circ$ enthält also mit x jedes ϱx, $\varrho>0$. Ein Kegel $K(x_0)$ entsteht durch Translation $x_0+K(\circ)$ aus einem Kegel $K(\circ)$ mit dem Scheitel $\circ$.

Ein Kegel $K(\circ)$ ist konvex, wenn $K(\circ)$ mit x und y stets $x+y$ enthält. Ein konvexer Kegel enthält umgekehrt mit x und y stets $\lambda x+\mu y$, λ und μ beliebig positiv.

Mit $K(\circ)$ ist auch $-K(\circ)$ ein Kegel. Allgemein heißt $x_0-K(\circ)$ der zu $K(x_0)=x_0+K(\circ)$ diametrale Kegel. Wir bezeichnen ihn mit $K^*(x_0)$.

Der zu einem konvexen Kegel $K(x_0)=x_0+K(\circ)$ gehörige reelle lineare Raum $L\big(K(x_0)\big)$ ist nach 2.(2) gleich $K(\circ)-K(\circ)$.

Ein Kegel heißt echt, wenn er keine reelle Gerade durch seinen Scheitel enthält. Ein Kegel heißt stumpf, wenn er seinen Scheitel nicht enthält, sonst spitz. Ein stumpfer Kegel ist stets echt. Aus einem echten spitzen Kegel entsteht durch Entfernen des Scheitels ein stumpfer Kegel, der auch konvex ist, wenn der ursprüngliche Kegel konvex war. Umgekehrt entsteht aus einem stumpfen konvexen Kegel durch Hinzunahme des Scheitels ein echter spitzer konvexer Kegel. Ein Kegel $K(\circ)$ ist dann und nur dann echt, wenn $K(\circ)\cap K^*(\circ)=\circ$ oder leer ist.

Jede lineare Mannigfaltigkeit ist ein konvexer Kegel. Ein algebraisch offener Halbraum ist ein stumpfer konvexer Kegel, dessen Scheitel beliebig in der Randhyperebene gewählt werden kann.

Die konvexe Menge C aus 2.(6) ist ein stumpfer konvexer Kegel mit dem Scheitel $\mathfrak{o}$ ohne algebraisch innere Punkte.

Ist $K(\mathfrak{o})$ ein Kegel, so auch $K(\mathfrak{o})^a$. Das eben zitierte Beispiel zeigt, daß für einen echten Kegel $K(\mathfrak{o})$ der Kegel $K(\mathfrak{o})^a$ nicht mehr echt zu sein braucht.

Das lineare Bild und das lineare Urbild eines Kegels mit dem Scheitel $\mathfrak{o}$ ist wieder ein Kegel mit dem Scheitel $\mathfrak{o}$.

Der Durchschnitt von Kegeln gleichen Scheitels ist wieder ein Kegel mit diesem Scheitel, ebenso ihre Vereinigungsmenge.

(1) *Ist eine Menge von konvexen Kegeln $K_\alpha(\mathfrak{o})$ gegeben, so ist der kleinste konvexe Kegel, der alle $K_\alpha(\mathfrak{o})$ enthält, gleich $\sum_\alpha K_\alpha(\mathfrak{o})$.*

Denn $\sum_\alpha K_\alpha(\mathfrak{o})$ ist ein konvexer Kegel, da die Summe zweier Elemente aus $\sum_\alpha K_\alpha(\mathfrak{o})$ in $\sum_\alpha K_\alpha(\mathfrak{o})$ enthalten ist, und offenbar der kleinste konvexe Kegel, der alle $K_\alpha(\mathfrak{o})$ umfaßt.

Der Projektionskegel einer Menge M von x_0 aus ist der kleinste Kegel mit dem Scheitel x_0, der alle Elemente von M enthält.

(2) *Ist M konvex, so ist der Projektionskegel von M mit dem Scheitel $\mathfrak{o}$ konvex und gleich $\bigcup_{\varrho>0} \varrho M$. Ist $\mathfrak{o} \notin M$, so ist der Projektionskegel stumpf, also echt.*

Die Menge $\bigcup_{\varrho>0} \varrho M$ ist ein Kegel und enthält mit x und y jedes $\lambda x + \mu y$ mit $\lambda, \mu > 0$. Der Scheitel $\mathfrak{o}$ ist nicht in $\bigcup_{\varrho>0} \varrho M$ enthalten, wenn $\mathfrak{o}$ nicht in M liegt.

Projiziert man die im Beispiel 2 von Nr. 2 in einer Hyperebene konstruierte Menge C von einem Punkt außerhalb dieser Hyperebene, so erhält man einen konvexen Kegel K, für den $(K^a)^a \neq K^a$ ist. Konvexe Kegel zeigen also im allgemeinen dieselben pathologischen Eigenschaften wie beliebige konvexe Mengen.

Wie das Beispiel der konvexen Menge $\xi\eta \geqq 1$, $\xi, \eta > 0$, in der Ebene und ihres Projektionskegels von $\mathfrak{o}$ aus zeigt, braucht der spitze Projektionskegel einer abgeschlossenen Menge nicht abgeschlossen zu sein.

In topologischen linearen Räumen gilt

(3) *Ist K ein konvexer Kegel in $E[\mathfrak{T}]$, so auch seine abgeschlossene Hülle $\overline{K}$. Mit K ist auch K^i ein konvexer Kegel und K^i ist gleich dem Inneren von K, falls K^i einen inneren Punkt enthält.*

Beweis. Wir können $\mathfrak{o}$ als Scheitel annehmen. $\overline{K}$ ist nach 1.(5) konvex. Ist z Berührungspunkt der $x \in K$, so ist ϱz, $\varrho > 0$, Berührungspunkt der ebenfalls in K liegenden ϱx, also $\overline{K}$ ein Kegel. Ist K^i leer, so ist die zweite Behauptung richtig. Ist K^i nicht leer, so ist K ein konvexer algebraischer bzw. $\mathfrak{T}$-Körper und die zweite Behauptung folgt aus 4.(4) und 4.(7), da K^i wieder ein Kegel ist.

6. Hyperkegel. Einen in E maximalen konvexen stumpfen Kegel mit dem Scheitel x_0 bezeichnen wir als einen Hyperkegel in x_0.

Es gilt der wichtige Existenzsatz

(1) *Ist M konvex und liegt x_0 nicht in M, so gibt es einen Hyperkegel in x_0, der M enthält.*

Beweis. Nach 5.(2) gibt es einen stumpfen konvexen Kegel mit dem Scheitel x_0, der M umfaßt. Da die Vereinigung einer bezüglich $\subset$ geordneten Gesamtheit solcher Kegel wieder stumpf und konvex ist, gibt es nach dem Satz von ZORN einen maximalen solchen Kegel.

Mit $K(x_0)$ ist auch der diametrale Kegel $K^*(x_0)$ ein Hyperkegel und es gilt

(2) *Ist $K(x_0)$ ein Hyperkegel, so ist $K(x_0) \cup K^*(x_0) = E \sim \{x_0\}$ und $K(x_0) \cap K^*(x_0)$ leer. Das Komplement eines Hyperkegels $K(x_0)$ ist also der konvexe Kegel $K^*(x_0) \cup \{x_0\}$.*

Die Behauptung, daß $K(x_0) \cap K^*(x_0)$ leer ist, ist klar, da ein Hyperkegel konvex und stumpf, also echt ist. Die erste Behauptung folgt aus der Maximalität: Es genügt $x_0 = o$ vorauszusetzen. Wäre $K \cup (-K)$ nicht gleich $E \sim \{o\}$, so gäbe es eine reelle Gerade λx, die nicht in $K \cup (-K)$ läge. Dann bilden aber alle ϱx mit $\varrho > 0$ zusammen mit allen $\varrho x + y$ mit $y \in K$ und $\varrho \geqq 0$ wegen $\varrho x + y \neq o$ einen stumpfen konvexen Kegel, der K als echte Teilmenge enthält, was unmöglich ist.

(3) *Ist umgekehrt $K(x_0)$ ein konvexer Kegel mit $K(x_0) \cup K^*(x_0) = E \sim \{x_0\}$ und $K(x_0) \cap K^*(x_0)$ leer, so ist $K(x_0)$ ein Hyperkegel.*

Die Bedeutung der Hyperkegel für die konvexen Mengen folgt aus

(4) *Jede konvexe echte Teilmenge C von E ist der Durchschnitt der sie enthaltenden Hyperkegel.*

Denn ist $x_0 \notin C$, so gibt es nach (1) einen Hyperkegel in x_0, der C enthält, aber nicht x_0.

Aus (3) ergibt sich sofort

(5) *Ein linearer Teilraum H von E wird durch einen Hyperkegel $K(o)$ in einem Hyperkegel in H geschnitten.*

Das Beispiel 2.(6) ist ein Hyperkegel, dessen algebraische Hülle gleich E ist.

Nehmen wir Satz (2) aus §17, 1. zu Hilfe, so ergibt sich nach (2) speziell, daß *die algebraisch abgeschlossene Hülle eines Hyperkegels entweder E oder ein algebraisch abgeschlossener Halbraum ist, dessen begrenzende Hyperebene der algebraische Rand des Hyperkegels ist.*

Im letzteren Fall ist der Hyperkegel ein konvexer α-Körper. Im ersten Fall besitzt der Hyperkegel keinen algebraisch inneren Punkt (vgl. die Schlußbemerkung in 4.).

Da ein Hyperkegel $K(o)$ im P^n ein konvexer α-Körper ist, also eine Hyperebene als algebraischen Rand besitzt, in der die Punkte aus $K(o)$ wieder einen Hyperkegel bilden usw., ergibt sich leicht, daß ein Hyperkegel im P^n stets folgende Form hat: Es gibt eine Basis $x_1, \ldots, x_n$ des P^n, so daß $K(o)$ aus allen Punkten $\sum_{i=1}^{n} \lambda_i x_i \neq o$ besteht, deren letzte nichtverschwindende Koordinate positiv ist.

§ 17. Die Trennung konvexer Mengen. Der Satz von HAHN-BANACH

1. Der Trennungssatz. Es sei wieder E ein linearer Raum über K, K der Körper der reellen oder komplexen Zahlen. Es gilt

(1) *Sind A_1 und A_2 disjunkte konvexe echte Teilmengen von E, so gibt es zwei in E komplementäre konvexe Teilmengen C_1 und C_2 mit $C_1 \supset A_1$ und $C_2 \supset A_2$.*

Wir geben für diesen wichtigen Satz zwei Beweise (vgl. HAMMER [1] und BOURBAKI [6] Bd. 1, S. 53).

a) Nach §16, 1.(3) ist $A_1 - A_2$ eine konvexe Teilmenge von E, die o nicht enthält. Nach §16, 6.(1) gibt es einen Hyperkegel K mit dem Scheitel in o und mit $K \supset A_1 - A_2$. Wir setzen $C_1 = \bigcap_{x_2 \in A_2} (x_2 + K)$. Da $A_1 - x_2 \subset K$, also $A_1 \subset x_2 + K$ ist, gilt $A_1 \subset C_1$. Das Komplement einer Menge $x_2 + K$ ist nach §16, 6.(2) gleich $x_2 + (K^* \cup \{o\})$, das Komplement von C_1 ist daher gleich der Vereinigungsmenge $C_2 = A_2 + (K^* \cup \{o\})$ dieser Komplemente. Nach §16, 1.(3) ist C_2 konvex und es gilt $C_2 \supset A_2$.

b) Der folgende Beweis ist von der Theorie der Hyperkegel unabhängig. Wir betrachten die Menge der Paare (B_1, B_2) disjunkter konvexer Mengen mit $B_1 \supset A_1$ und $B_2 \supset A_2$. Durch die Festsetzung $(B_1, B_2) \leqq (B_1', B_2')$, wenn $B_1 \subset B_1'$ und $B_2 \subset B_2'$ gilt, ist die Menge dieser Paare halbgeordnet. Es sei $B_1 \cup B_2 \neq E$. Wir beweisen, daß dann ein weiteres Paar (B_1', B_2') mit $(B_1, B_2) < (B_1', B_2')$ existiert.

Es sei $x_0 \notin B_1 \cup B_2$. Wir behaupten, daß eine der beiden konvexen Hüllen von x_0 und B_1 bzw. x_0 und B_2 leeren Durchschnitt mit B_2 bzw. B_1 hat. Wäre dies nicht der Fall, so gäbe es sowohl auf einer Strecke $[x_0, y_1]$ mit $y_1 \in B_1$ ein $z_2 \in B_2$, wie auch auf einer Strecke $[x_0, y_2]$ mit $y_2 \in B_2$ ein $z_1 \in B_1$. Dann müßte aber der Schnittpunkt der Strecken $[y_1, z_1]$ und $[y_2, z_2]$ sowohl in B_2 wie in B_1 liegen, was ein Widerspruch ist. Anwendung des Satzes von ZORN auf die Menge der Paare (B_1, B_2) ergibt die Behauptung.

(2) *Sind C_1 und C_2 komplementäre konvexe echte Teilmengen von E, so ist $C_1^a \cap C_2^a$ gleich E oder gleich einer reellen Hyperebene. Im letzteren Fall, d.h. wenn C_1^i und C_2^i nicht beide leer sind, fallen C_1^i und C_2^i mit je*

einem der beiden algebraisch offenen Halbräume dieser Hyperebene zusammen.

Beweis. Wir setzen $C_1^a \cap C_2^a$ gleich H. Es ist $E \sim H = C_1^i \cup C_2^i$, da jeder Randpunkt von C_1 bzw. C_2 wegen $C_1 \cup C_2 = E$ auch Randpunkt von C_2 bzw. C_1 ist, also in H liegt. Aus demselben Grund ist H nicht leer. Nach §16, 2.(4) ist $C_1^a \cap C_2^a$ konvex. Ferner enthält H mit zwei Punkten z_1 und z_2 die ganze dadurch bestimmte Gerade. Denn wäre dies nicht der Fall und wäre z ein Punkt dieser Geraden außerhalb der Strecke $[z_1, z_2]$, etwa z_2 zwischen z_1 und z, so müßte z in C_1^i oder C_2^i liegen. Es sei $z \in C_1^i$. Dann ist aber jeder Punkt der Strecke $(z_1, z]$ nach der Bemerkung vor §16, 4.(5) in C_1^i, also auch z_2, was unmöglich ist. Damit ist bewiesen, daß H eine lineare Mannigfaltigkeit ist.

Sei nun $H \neq E$. Wir können $o \in H$ annehmen, also H als linearen Raum. Sei $x_0 \notin H$, etwa $x_0 \in C_1^i$. Dann ist auch $-x_0 \notin H$, also $-x_0 \in C_1^i \cup C_2^i$. Aber $-x_0$ kann nicht in C_1^i liegen, da sonst o als Punkt der Strecke $[x_0, -x_0]$ wegen der Konvexität von C_1^i (§16, 4.(4)) in C_1^i läge. Also liegt $-x_0$ in C_2^i. Wir behaupten, daß $H \oplus [x_0] = E$ ist, $[x_0]$ der Raum aller reellen Vielfachen von x_0. Für $x \in C_1$ enthält $[x, -x_0]$ einen Punkt von H, also $C_1 \subset H \oplus [x_0]$, für $y \in C_2$ enthält $[y, x_0]$ einen Punkt von H, also auch $C_2 \subset H \oplus [x_0]$ und damit $H \oplus [x_0] = E$.

Da $E \sim H = C_1^i \cup C_2^i$ ist, muß der eine der algebraisch offenen Halbräume mit C_1^i, der andere mit C_2^i identisch sein.

Wir sagen, daß zwei Mengen M und N **durch eine reelle Hyperebene H getrennt** werden, wenn sie verschiedenen algebraisch abgeschlossenen Halbräumen von H angehören. Man sagt auch, sie liegen auf verschiedenen Seiten von H. M und N dürfen also Punkte von H gemeinsam haben. M und N heißen **strikt getrennt durch H**, wenn sie verschiedenen algebraisch offenen Halbräumen von H angehören.

Aus (1) und (2) ergibt sich die algebraische Form des Trennungssatzes

(3) *Ist A_1 ein konvexer α-Körper, A_2 eine konvexe Menge, die keinen algebraisch inneren Punkt von A_1 enthält, so gibt es eine A_1 und A_2 trennende reelle Hyperebene H, die keinen algebraisch inneren Punkt von A_1 enthält.*

Sind A_1 und A_2 disjunkte algebraisch offene konvexe α-Körper, so gibt es eine strikt trennende reelle Hyperebene.

Beweis. Es ist nach Voraussetzung A_1^i nicht leer und $A_1^i \cap A_2$ leer. Nach (1) gibt es komplementäre $C_1 \supset A_1^i$, $C_2 \supset A_2$. Da C_1^i nicht leer ist, gibt es nach (2) eine Hyperebene H, in deren einem algebraisch offenen Halbraum C_1^i und damit A_1^i liegt, der komplementäre algebraisch abgeschlossene Halbraum umfaßt A_2. Damit ist der erste Teil der Behauptung bewiesen.

Ist $A_1 = A_1^i$ und $A_2 = A_2^i$, so ist A_2^i wegen $A_2^i \subset C_2^i$ in dem anderen offenen Halbraum enthalten, also trennt H in diesem Fall strikt.

In topologischen linearen Räumen $E[\mathfrak{T}]$ erhält der Trennungssatz die folgende geometrische Form (vgl. M. EIDELHEIT [1], S. KAKUTANI [1])

(4) *Ist in $E[\mathfrak{T}]$ A_1 ein konvexer $\mathfrak{T}$-Körper, A_2 eine konvexe Menge, die keinen inneren Punkt von A_1 enthält, so gibt es eine A_1 und A_2 trennende abgeschlossene reelle Hyperebene H, die keinen inneren Punkt von A_1 enthält.*

Sind A_1 und A_2 offene konvexe $\mathfrak{T}$-Körper, so gibt es eine strikt trennende abgeschlossene reelle Hyperebene.

Beweis. Nach §15, 9.(1) ist H entweder in E dicht oder abgeschlossen. Da die nach §16, 4.(7) offene Menge A_1^i disjunkt zu H ist, muß H abgeschlossen sein.

Zwei algebraisch abgeschlossene konvexe α-Körper A_1 und A_2 mit leerem Durchschnitt lassen sich nicht immer strikt trennen: Man nehme in der Ebene als A_1 die Halbebene $\xi \leqq 0$, als A_2 die Menge aller (ξ, η) mit $\xi\eta \geqq 1$, $\xi, \eta > 0$.

2. Der Satz von HAHN-BANACH. Durch Spezialisierung erhält man aus der algebraischen Form des Trennungssatzes

(1) *Ist C ein konvexer α-Körper im linearen Raum E, M eine lineare Mannigfaltigkeit, die keinen algebraisch inneren Punkt von C enthält, so gibt es eine M enthaltende Hyperebene H, die ebenfalls keinen algebraisch inneren Punkt von C enthält.*

(1) ergibt sich für reelle E als Spezialfall von 1.(3), wenn man die C und M trennende Hyperebene durch eine parallele Hyperebene durch einen Punkt von M ersetzt; diese muß dann ganz M enthalten. Ist E komplex, so ergibt 1.(3) eine reelle Hyperebene H mit den verlangten Eigenschaften. Es genügt den Fall zu betrachten, daß M durch $\mathfrak{o}$ geht. Dann ist aber (vgl. §16, 3.) $H \cap iH$ eine komplexe Hyperebene, die wegen $M \cap iM = M$ ebenfalls M umfaßt und erst recht keinen inneren Punkt von C enthält.

Aus der geometrischen Form des Trennungssatzes ergibt sich der von MAZUR [2] stammende, von BOURBAKI als die geometrische Form des Satzes von HAHN-BANACH bezeichnete Satz

(2) *Ist C ein konvexer $\mathfrak{T}$-Körper im topologischen linearen Raum $E[\mathfrak{T}]$, M eine lineare Mannigfaltigkeit, die keinen inneren Punkt von C enthält, so gibt es eine M enthaltende abgeschlossene Hyperebene H, die ebenfalls keinen inneren Punkt von C enthält.*

Verwenden wir die aus dem vorigen Paragraphen bekannten analytischen Beschreibungen der konvexen Körper und der Halbräume, so lassen sich (1) und (2) in analytische Form bringen.

Wir müssen jetzt den reellen und den komplexen Fall unterscheiden.

(3) *Auf einem reellen linearen Raum E sei eine nichtnegative, positiv homogene, subadditive Funktion $q(x)$ gegeben. Gilt für eine auf einem linearen Teilraum F erklärte Linearfunktion $l(z)$*

(4) $$l(z) \leqq q(z), \quad z \in F,$$

so läßt sich $l(z)$ zu einer auf ganz E erklärten Linearfunktion u erweitern, für die

(5) $$u\,x \leqq q(x), \quad x \in E,$$

gilt.

Ist E ein topologischer linearer Raum und ist $q(x)$ stetig, so ist auch $u\,x$ stetig.

Beweis. Durch $q(x) < 1$ wird nach §16, 4.(5) ein algebraisch offener konvexer α-Körper $C > \circ$ definiert. Wir nehmen an, daß $l(z)$ nicht auf ganz F verschwindet (andernfalls ist die überall verschwindende Linearfunktion eine Lösung von (5)). Dann gibt es ein $z_0 \in F$ mit $l(z_0) = 1$ und es ist $F = [z_0] \oplus F_1$, wobei l auf F_1 identisch verschwindet. Auf der linearen Mannigfaltigkeit $z_0 + F_1$ ist l also identisch eins. Nach (1) gibt es eine Hyperebene $z_0 + H$, $F_1 < H$, die keinen Punkt von C enthält. z_0 liegt nicht in H, also hat jeder Punkt x von E die Form $x = \alpha z_0 + y$, $y \in H$. Wir erklären u durch $u\,x = u(\alpha z_0 + y) = \alpha$. Dann ist u eine Erweiterung von l und u hat wieder auf ganz $z_0 + H$ den Wert 1. Der Körper C gehört dem Halbraum $u\,x < 1$ an, in dem $\circ$ liegt.

Die Ungleichung (5) ist jetzt leicht einzusehen: Wegen der positiven Homogenität von q genügt es, (5) für einen Punkt eines jeden Halbstrahls durch $\circ$ zu beweisen. Schneidet ein Halbstrahl $z_0 + H$ in einem Punkt x, so kann x höchstens ein Randpunkt von C sein, d.h. es ist $q(x) \geqq 1 = u\,x$. Ein Halbstrahl, der $z_0 + H$ nicht schneidet, enthält nur Punkte x mit $u\,x \leqq 0$, (5) ist also wegen $q(x) \geqq 0$ erfüllt.

Ist schließlich $q(x)$ stetig, so ist C ein konvexer $\mathfrak{T}$-Körper und $z_0 + H$ abgeschlossen, also die H definierende Linearfunktion u nach §15, 9.(1) stetig.

Für komplexe lineare Räume erhalten wir

(6) *Auf einem komplexen linearen Raum E sei eine nichtnegative, positiv homogene subadditive Funktion $q(x)$ gegeben. Gilt für eine auf einem komplexen linearen Teilraum F erklärte komplexe Linearfunktion $l(z)$*

(7) $$\Re\, l(z) \leqq q(z), \quad z \in F,$$

so läßt sich $l(z)$ zu einer auf ganz E erklärten komplexen Linearfunktion v erweitern, für die

(8) $$\Re\, v\,x \leqq q(x), \quad x \in E,$$

gilt.

Ist E ein topologischer linearer Raum und ist $q(x)$ stetig, so ist auch v stetig.

Dies folgt aus (3), da $\Re\, l(z)$ eine reelle Linearfunktion auf dem als reeller linearer Raum aufgefaßten F ist, die sich erweitern und nach § 16, 3.(1) in eindeutig bestimmter Weise als Realteil einer komplexen Linearfunktion $v x$ schreiben läßt. Die Stetigkeit von v folgt ebenfalls aus der Stetigkeit von $\Re v$.

3. Der analytische Beweis des Satzes von HAHN-BANACH. Wir haben zwei im wesentlichen geometrische Beweise für den Satz von HAHN-BANACH gegeben, die sich aus der Untersuchung der konvexen Mengen ergaben. Der klassische Beweis (vgl. HELLY [1], [2], HAHN [2], BANACH [2]) ist analytischer Natur und benützt die konvexen Mengen nicht. Er liefert eine etwas allgemeinere Form als 2.(3), man kann noch auf die Voraussetzung, daß $q(x) \geqq 0$ ist, verzichten.

(1) (*Satz von* HAHN-BANACH). *Auf einem reellen linearen Raum E sei eine positiv homogene und subadditive Funktion $q(x)$ gegeben. Gilt für eine auf einem linearen Teilraum F erklärte Linearfunktion $l(z)$*

(2) $$l(z) \leqq q(z), \quad z \in F,$$

so läßt sich $l(z)$ zu einer auf ganz E erklärten Linearfunktion u erweitern, für die

(3) $$u x \leqq q(x), \quad x \in E,$$

gilt.

Ist E ein topologischer linearer Raum und $q(x)$ stetig in $\mathfrak{o}$, so ist auch u stetig.

Beweis. Es sei $l(x)$ für $F_1 \supset F$ definiert und (2) auf F_1 erfüllt. Wir beweisen, daß wir für ein $x_0 \notin F_1$ die Linearfunktion $l(x)$ auf $[x_0] \oplus F_1$ fortsetzen können, so daß auch dort noch (2) gilt.

Für beliebige z, z' aus F_1 gilt wegen (2) und der Eigenschaften von $q(x)$

$$\begin{aligned} l(z') - l(z) = l(z' - z) &\leqq q[(z' + x_0) + (-z - x_0)] \\ &\leqq q(z' + x_0) + q(-z - x_0), \end{aligned}$$

wir haben also

$$-q(-z - x_0) - l(z) \leqq q(z' + x_0) - l(z').$$

Da dies für alle $z, z' \in F_1$ gilt, ist

$$\sup_{z \in F_1}[-q(-z - x_0) - l(z)] \leqq \inf_{z' \in F_1}[q(z' + x_0) - l(z')].$$

Es sei γ eine zwischen diesen beiden Werten liegende Zahl, d.h. es gelte

(4) $$-q(-z - x_0) - l(z) \leqq \gamma \leqq q(z + x_0) - l(z) \quad \text{für alle } z \in F_1.$$

Wir setzen nun $l(\alpha x_0+z)=\alpha\gamma+l(z)$ für alle $z\in F_1$. Damit ist l auf $[x_0]\oplus F_1$ fortgesetzt. Wir beweisen, daß (2) erfüllt ist.

Sei zuerst $\alpha>0$. Dann folgt aus der rechten Seite von (4)

$$\gamma\leqq q\left(\frac{z}{\alpha}+x_0\right)-l\left(\frac{z}{\alpha}\right),\quad \text{also}\quad \alpha\gamma\leqq\alpha q\left(\frac{z}{\alpha}+x_0\right)-\alpha l\left(\frac{z}{\alpha}\right)$$

$$=q(z+\alpha x_0)-l(z),\quad \text{d.h.}\quad l(z+\alpha x_0)=\alpha\gamma+l(z)\leqq q(z+\alpha x_0).$$

Sei andererseits $\alpha=-\varrho$, $\varrho>0$. Dann folgt aus der linken Seite von (4) $-q\left(\frac{z}{\varrho}-x_0\right)+l\left(\frac{z}{\varrho}\right)\leqq\gamma$. Multiplikation mit ϱ ergibt

$$-q(z+\alpha x_0)+l(z)\leqq\varrho\gamma,\quad \text{also}\quad l(z+\alpha x_0)=\alpha\gamma+l(z)\leqq q(z+\alpha x_0).$$

Fortsetzung des Verfahrens mit transfiniter Induktion oder Verwendung des Satzes von ZORN ergibt die Existenz von u. Ist $q(x)$ stetig in $\mathfrak{o}$, so ist $q(x)\leqq\varepsilon$ für alle x einer kreisförmigen Nullumgebung U. Aus $ux\leqq q(x)\leqq\varepsilon$ und $-ux=u(-x)\leqq q(-x)\leqq\varepsilon$ folgt $|ux|\leqq\varepsilon$ für $x\in U$, also die Stetigkeit von u.

Wie in der vorigen Nummer ergibt sich der komplexe Fall. Er ist mit 2.(6) identisch, wenn dort die Voraussetzung, daß $q(x)$ nicht negativ ist, fortgelassen wird.

Man kann die geometrische Form 2.(2) des Satzes von HAHN-BANACH umgekehrt auch aus der analytischen Form (1) oder 2.(3) ableiten: Sei $q(x)$ die Distanzfunktion des konvexen α-Körpers C mit $\mathfrak{o}$ als algebraisch innerem Punkt. Durch $q(x)<1$ wird C^i gegeben. M habe die Form x_0+F, F ein reeller linearer Raum. Dann ist $q(x_0+y)\geqq 1$ für alle $x_0+y\in x_0+F$. Wir setzen $l(\alpha x_0+y)=\alpha$ auf $[x_0]\oplus F$. Für $\alpha\geqq 0$ ist $l(\alpha x_0+y)=\alpha l\left(x_0+\frac{y}{\alpha}\right)=\alpha\cdot 1\leqq\alpha q\left(x_0+\frac{y}{\alpha}\right)=q(\alpha x_0+y)$. Für $\alpha<0$ ist $l(\alpha x_0+y)<0$, also auch $l(\alpha x_0+y)<q(\alpha x_0+y)$, da $q(x)\geqq 0$ auf E ist. Damit sind die Voraussetzungen von (1) erfüllt, es gibt also eine Fortsetzung u von l mit $ux\leqq q(x)$, $ux_0=1$ und $uy=0$ für $y\in F$. Also ist C^i im Halbraum $ux<1$ und x_0+F in der Hyperebene $ux=1$ enthalten. Damit ist 2.(1) im reellen Fall neu bewiesen, der komplexe Fall und 2.(2) ergeben sich daraus wie in Nr. 2.

Es ist nicht die allgemeine Form (1), in der der Satz von HAHN-BANACH meistens gebraucht wird, sondern eine speziellere, die für reelle und für komplexe lineare Räume gleichlautend ist:

(5) *Auf einem linearen Raum E sei eine Halbnorm $p(x)$ gegeben. Ist auf einem linearen Teilraum F eine Linearfunktion $l(z)$ mit*

$$(6)\qquad |l(z)|\leqq p(z),\quad z\in F,$$

gegeben, so läßt sich $l(z)$ zu einer auf ganz E erklärten Linearfunktion u erweitern, für die ebenfalls

$$(7)\qquad |ux|\leqq p(x),\quad x\in E,$$

gilt.

Ist E ein topologischer linearer Raum und ist $p(x)$ stetig, so ist auch u stetig.

Beweis. Im reellen Fall folgt aus $l(z) \leqq p(z)$ auf F die Existenz einer Erweiterung u mit $ux \leqq p(x)$ auf ganz E. Dann ist aber auch $-ux = u(-x) \leqq p(-x) = p(x)$, d.h. (7) gilt auf ganz E.

Im komplexen Fall setze man $l_1(z) = \Re l(z)$. Dann ist $|l_1(z)| \leqq p(z)$ auf F. Nach dem eben Bewiesenen gibt es dann eine reelle lineare Fortsetzung u_1 von l_1 mit $|u_1 x| \leqq p(x)$ auf ganz E. Nach §16, 3. ist $ux = u_1 x - i u_1(ix)$ eine komplexe lineare Fortsetzung von $l(z)$ auf ganz E. Für ein beliebiges $x \in E$ sei $ux = re^{i\vartheta}$.

Dann gilt

$$|ux| = e^{-i\vartheta} ux = u(e^{-i\vartheta} x) = u_1(e^{-i\vartheta} x) \leqq p(e^{-i\vartheta} x) = p(x),$$

also ist (7) erfüllt.

Ein oft benützter Spezialfall von (5) ist

(8) *Zu jeder stetigen Halbnorm $p(x)$ auf $E[\mathfrak{T}]$ gibt es eine stetige Linearfunktion u mit $|ux| \leqq p(x)$ und $ux_0 = p(x_0)$ für einen beliebig vorgegebenen Punkt x_0.*

Denn durch $l(\alpha x_0) = \alpha p(x_0)$ wird auf dem eindimensionalen Teilraum $[x_0]$ von E eine Linearfunktion gegeben, auf die (5) angewandt werden kann.

Zu (1) gehört entsprechend

(9) *Zu jeder positiv homogenen und subadditiven Funktion $q(x)$ auf einem reellen bzw. komplexen linearen Raum E und jedem $x_0 \in E$ gibt es eine reelle bzw. komplexe Linearfunktion u auf E mit $ux \leqq q(x)$ auf E und $ux_0 = q(x_0)$ bzw. $\Re(ux) \leqq q(x)$ und $\Re(ux_0) = q(x_0)$.*

Ist E ein topologischer linearer Raum, so folgt aus der Stetigkeit von $q(x)$ in $\mathfrak{o}$ die Stetigkeit von u.

Beweis. Im reellen Fall wird durch $l(\alpha x_0) = \alpha q(x_0)$ auf $[x_0]$ eine Linearfunktion erklärt. Für $\alpha \geqq 0$ ist $l(\alpha x_0) = q(\alpha x_0)$. Aus $q(\mathfrak{o}) = \varrho q(\mathfrak{o})$ für $\varrho > 0$ folgt $q(\mathfrak{o}) = 0$. Da $0 = q(\mathfrak{o}) \leqq q(x_0) + q(-x_0)$ ist, gilt $-q(x_0) \leqq q(-x_0)$, also haben wir auch für $\alpha < 0$

$$l(\alpha x_0) = \alpha q(x_0) \leqq -\alpha q(-x_0) = q(\alpha x_0).$$

Die auf $[x_0]$ erklärte Linearfunktion l erfüllt also die Voraussetzungen von (1).

Der komplexe Fall läßt sich aus dem reellen leicht herleiten.

Es sei darauf hingewiesen, daß (5) nicht richtig zu sein braucht, wenn eine komplexwertige Linearfunktion nur auf einem reellen linearen Teilraum erklärt ist, vgl. BOHNENBLUST und SOBCZYK [1].

4. Zwei Folgerungen aus dem Satz von HAHN-BANACH. Wir sahen in § 15, 9., daß es topologische lineare Räume gibt, auf denen nur die identisch verschwindende Linearfunktion stetig ist. Es gilt das folgende Kriterium

(1) *Auf dem topologischen linearen Raum $E[\mathfrak{T}]$ gibt es dann und nur dann eine nichttriviale stetige Linearfunktion, wenn es in E eine von E verschiedene konvexe Nullumgebung gibt.*

Beweis. Ist u eine nichttriviale stetige Linearfunktion auf $E[\mathfrak{T}]$, so ist die Menge aller x mit $|ux| \leqq 1$ eine von E verschiedene absolutkonvexe Nullumgebung in E. Ist umgekehrt U eine konvexe Nullumgebung, so ist die dazugehörige Distanzfunktion $q(x)$ nach § 16, 4.(7) stetig. Ist x_0 ein Punkt, in dem $q(x_0) \neq 0$ ist, so folgt aus 3.(9) die Existenz einer nichtverschwindenden stetigen Linearfunktion auf $E[\mathfrak{T}]$.

Aus (1) und § 15, 9.(9) folgt, daß die L^p, $0<p<1$, keine von L^p verschiedene konvexe Nullumgebung besitzen.

Manchesmal ist nicht eine Linearfunktion auf einem linearen Teilraum von E gegeben, sondern nur eine auf einer Teilmenge von E erklärte Funktion $l(z)$. Wir begnügen uns, den 3.(5) entsprechenden Fall zu behandeln. Es gilt

(2) *Es sei eine stetige Halbnorm $p(x)$ auf $E[\mathfrak{T}]$ gegeben. Eine auf einer Teilmenge M gegebene Funktion $l(z)$ läßt sich zu einer der Ungleichung $|u(x)| \leqq p(x)$ genügenden stetigen Linearfunktion u auf $E[\mathfrak{T}]$ erweitern, wenn die Ungleichung*

$$\left|\sum_1^n \alpha_k\, l(z_k)\right| \leqq p\left(\sum_1^n \alpha_k z_k\right) \tag{3}$$

für alle n, alle $z_k \in M$ und alle reellen bzw. komplexen α_k gilt.

Beweis. Es sei F die lineare Hülle von M. Erklärt man auf F durch $l\left(\sum_1^n \alpha_k z_k\right) = \sum_1^n \alpha_k l(z_k)$ eine Linearfunktion, so ist diese Definition eindeutig, da aus $\sum \alpha_k z_k = 0$ nach (3) auch $\sum \alpha_k l(z_k) = 0$ folgt. Die so auf F erklärte Linearfunktion erfüllt dort aber die Ungleichung $|l(z)| \leqq p(z)$; 3.(5) ergibt die Behauptung.

5. Stützhyperebenen. Wir setzen die Untersuchung der konvexen Mengen fort. Ist N eine Teilmenge des linearen Raumes E, so heißt eine reelle Hyperebene H Stützhyperebene von N, wenn H wenigstens einen Punkt von N enthält und N ganz in einem der beiden algebraisch abgeschlossenen Halbräume von H liegt. Ein Punkt von N, durch den eine Stützhyperebene geht, heißt ein Stützpunkt von N.

(1) *Ist C ein algebraisch abgeschlossener konvexer α-Körper in E, so ist jeder Randpunkt von C Stützpunkt.*

Ist $E[\mathfrak{T}]$ ein topologischer linearer Raum, so ist jeder Randpunkt eines konvexen abgeschlossenen $\mathfrak{T}$-Körpers C Stützpunkt einer abgeschlossenen Hyperebene und jede Stützhyperebene von C ist abgeschlossen.

Beweis. Die erste Behauptung ist eine Folge von 2.(1), da man jeden Randpunkt von C als M nehmen kann. Ist C ein $\mathfrak{T}$-Körper, so ist überdies jede Stützhyperebene abgeschlossen nach § 15, 9.(1), da sie nicht in E dicht sein kann.

Aus (1) ergibt sich

(2) *Ein algebraisch abgeschlossener konvexer α-Körper C ist Durchschnitt der ihn enthaltenden algebraisch abgeschlossenen Halbräume seiner Stützhyperebenen.*

Ist C ein abgeschlossener konvexer $\mathfrak{T}$-Körper in $E[\mathfrak{T}]$, so ist C Durchschnitt der C enthaltenden abgeschlossenen Halbräume der abgeschlossenen Stützhyperebenen von C.

Denn ist $y \notin C$ und ist x_0 algebraisch innerer Punkt von C, so liegt zwischen x_0 und y ein Randpunkt z_0 von C. Die Stützhyperebene H durch z_0 schneidet die Gerade durch x_0 und y in z_0, y gehört dem algebraisch offenen Halbraum an, der C nicht enthält.

Da im P^n eine konvexe Menge entweder ein konvexer Körper ist oder in einer linearen Mannigfaltigkeit des P^n ein konvexer Körper ist, ist im P^n auch jede abgeschlossene konvexe Menge Durchschnitt der sie enthaltenden abgeschlossenen Halbräume.

Wir untersuchen, wie weit sich (2) auf beliebige algebraisch abgeschlossene konvexe Mengen übertragen läßt. Es gilt

(3) *Besitzt E eine abzählbare reelle algebraische Basis, so ist jede algebraisch abgeschlossene konvexe Teilmenge C von E Durchschnitt der sie enthaltenden algebraisch abgeschlossenen Halbräume.*

Wir beweisen zuerst: *Ist $\mathfrak{o} \notin C$, so gibt es einen konvexen α-Körper C' mit $\mathfrak{o}$ als algebraisch innerem Punkt und $C \cap C'$ leer.*

Ist $x_1, x_2, \ldots$ eine Basis von E, so bezeichne E_n den von $x_1, \ldots, x_n$ aufgespannten linearen Teilraum und C_n den konvexen algebraisch abgeschlossenen Durchschnitt von C und E_n. Es gibt nun eine kompakte konvexe Teilmenge C_1' von E_1, die $\mathfrak{o}$ als inneren Punkt enthält und für die $C_1' \cap C_1$ leer ist. Nach § 15, 6.(9), angewendet auf den zweidimensionalen Raum E_2 in der üblichen Topologie, gibt es eine konvexe kompakte Nullumgebung U in E_2, so daß $(C_1' + U) \cap C_2$ leer ist. Aber $C_2' = C_1' + U$ ist nach § 15, 6.(8) und § 16, 1.(3) ein konvexer und kompakter Körper in E_2. Fortsetzung des Verfahrens ergibt eine Folge $C_1' < C_2' < \cdots$ konvexer und kompakter Teilmengen der E_n, deren Vereinigung $C' = \bigcup_{n=1}^{\infty} C_n'$ ein konvexer α-Körper in E mit $\mathfrak{o}$ als innerem Punkt sit. Es ist $C' \cap C$ leer.

Ist also $x \notin C$, so gibt es einen konvexen $\mathfrak{a}$-Körper C' mit x als innerem Punkt und $C' \cap C$ leer. Anwendung der algebraischen Form des Trennungssatzes ergibt die Behauptung.

(3) ist für alle linearen Räume mit überzählbarer Basis falsch, es gilt nach KLEE [2], III,

(4) *In jedem linearen Raum E mit überabzählbarer reeller Basis gibt es eine algebraisch abgeschlossene konvexe Menge C, die $\mathfrak{o}$ nicht enthält, die aber einen nichtleeren Durchschnitt hat mit jedem, $\mathfrak{o}$ als algebraisch inneren Punkt enthaltenden, konvexen $\mathfrak{a}$-Körper. Insbesondere enthält also jeder algebraisch abgeschlossene Halbraum, der C enthält, auch $\mathfrak{o}$, C ist nicht Durchschnitt der C enthaltenden algebraisch abgeschlossenen Halbräume.*

Beweis. Es sei x_α, $\alpha \in \mathsf{A}$, eine reelle algebraische Basis von E. Mit M bezeichnen wir die Menge aller Elemente $\frac{1}{n^2} \sum_{i=1}^{n} x_{\alpha_i}$, $n = 1, 2, \ldots$, die x_{α_i} irgendwelche n Basiselemente. Die Menge C sei die konvexe Hülle von M. Die Elemente von C haben nur nichtnegative Koordinaten und sind alle von $\mathfrak{o}$ verschieden. In jedem von endlich vielen x_α aufgespannten linearen Teilraum F ist $F \cap C$ die konvexe Hülle endlich vieler Punkte, also ein abgeschlossenes Polyeder. Daraus folgt, daß C algebraisch abgeschlossen ist.

Es sei nun C' ein konvexer $\mathfrak{a}$-Körper mit $\mathfrak{o}$ als innerem Punkt. Zu jedem x_α gibt es eine ganze Zahl k, so daß $\frac{1}{k} x_\alpha \in C'$ liegt. Da A überzählbar ist, gibt es ein k mit $\frac{1}{k} x_{\alpha_i} \in C'$ für abzählbar unendlich viele α_i. Nimmt man k dieser x_{α_i}, so ist $\sum_{i=1}^{k} \frac{1}{k} \cdot \frac{1}{k} x_{\alpha_i} = \frac{1}{k^2} \sum_{1}^{k} x_{\alpha_i}$ in C', da C' konvex ist, aber auch in C, also $C \cap C'$ nicht leer.

Ist C eine abgeschlossene konvexe Menge in einem topologischen linearen Raum, so braucht C ebenfalls nicht Durchschnitt der C enthaltenden abgeschlossenen Halbräume zu sein: In L^p, $0 < p < 1$, gibt es nach § 15, 9.(10) keine abgeschlossene Hyperebene. Die Aussage von (2) ist in L^p leer, da es dort nach 4. keinen von L^p verschiedenen konvexen $\mathfrak{T}$-Körper gibt. Wohl gibt es dort aber abgeschlossene konvexe Mengen, z.B. eine Menge $[\mathfrak{o}, x]$, $x \in L^p$; diese sind also sämtlich nicht als Durchschnitt abgeschlossener Halbräume darstellbar. Dagegen gilt eine solche Durchschnittdarstellung in allen lokalkonvexen Räumen (vgl. § 20, 7.(5)).

Wir bringen noch einige Aussagen über Kegel.

(5) *Jede Stützhyperebene eines algebraisch abgeschlossenen Kegels geht durch den Scheitel des Kegels.*

Es sei o der Scheitel des Kegels K. Ist $ux = \gamma$ eine Stützhyperebene durch x_0 und ist K im Halbraum $ux \geqq \gamma$ enthalten, so muß $uo = 0 \geqq \gamma$ gelten. Wäre $\gamma < 0$, so wäre für $\varrho > 1$ $u(\varrho x_0) = \varrho\gamma < \gamma$, was unmöglich ist. Aus $\gamma = 0$ folgt aber, daß die Hyperebene durch $ux = 0$ gegeben ist, also den Scheitel o enthält.

(6) *Liegt ein algebraisch abgeschlossener Kegel in einem Halbraum einer Hyperebene H, so ist die zu H parallele Hyperebene durch den Scheitel des Kegels eine Stützhyperebene.*

Sei wieder o der Scheitel von K und sei $ux \geqq \gamma$ für alle $x \in K$.

Es ist also $\gamma \leqq 0$. Wir zeigen, daß dann auch $ux \geqq 0$ für alle $x \in K$ gilt. Wäre $ux_0 < 0$ für ein $x_0 \in K$, so wäre $u(\varrho x_0) < \gamma$ für ein geeignetes $\varrho > 0$, was unmöglich ist.

Wir geben im reellen l^p, $p \geqq 1$, einen abgeschlossenen konvexen Kegel an, in dem nicht jeder topologische Randpunkt Stützpunkt einer abgeschlossenen Hyperebene ist: C sei die Menge aller $x = (\xi_n) \in l^p$ mit $\xi_n \geqq 0$, $n = 1, 2, \ldots$. C ist ein abgeschlossener konvexer Kegel mit dem Scheitel o. Da alle abgeschlossenen Stützhyperebenen nach (5) durch o gehen, müssen sie die Form $ux = \sum_{n=1}^{\infty} v_n \xi_n = 0$ haben, $u \in l^q$, $\frac{1}{p} + \frac{1}{q} = 1$, bzw. $\in l^\infty$ für $p = 1$. Liegt C in $ux \geqq 0$, so müssen alle $v_n \geqq 0$ sein. Nur die Punkte x, von denen wenigstens eine Koordinate verschwindet, besitzen also abgeschlossene Stützhyperebenen. Wie leicht zu sehen, besitzt jedoch C keinen topologisch inneren Punkt. In den Punkten von C, deren sämtliche Koordinaten nicht verschwinden (sie sind Randpunkte), gibt es also keine abgeschlossenen Stützhyperebenen.

6. Der Satz von HAHN-BANACH in normierten Räumen. Adjungierte Abbildungen. Wir ziehen aus dem Satz von HAHN-BANACH einige Folgerungen, die wir zum Teil im nächsten Kapitel allgemeiner für beliebige lokalkonvexe Räume ziehen werden, die hier aber zur Ergänzung der in § 14 entwickelten Theorie der normierten Räume dienen sollen.

Wir hatten in § 14 eine Reihe von dualen Räumen bestimmt, aber erst der Satz von HAHN-BANACH erlaubt uns zu beweisen, daß es auf jedem normierten Raum überhaupt eine nicht identisch verschwindende stetige Linearfunktion gibt. Es gilt

(1) *Ist auf einem linearen Teilraum eines normierten Raumes E eine Linearfunktion $l(z)$ gegeben, die einer Ungleichung $|l(z)| \leqq M\|z\|$ genügt, so läßt sie sich zu einer auf ganz E erklärten stetigen Linearfunktion u erweitern mit $|ux| \leqq M\|x\|$.*

Ist x_0 ein Element von E, so gibt es ein $u_0 \in E'$ mit $u_0 x_0 = \|x_0\|$ und $\|u_0\| = 1$.

Der erste Teil ist 3.(5) zu entnehmen, der zweite Teil folgt aus 3.(8) und der Definition der Norm in E' in § 14, 5.(3).

Eine oft gebrauchte schärfere Aussage ist

(2) *Ist H ein linearer Teilraum des normierten Raumes E, x_0 ein Element aus E mit einem Abstand d von H, so gibt es ein $u_0 \in E'$ mit $u_0 x_0 = 1$, $\|u_0\| = 1/d$ und $u_0 z = 0$ für alle $z \in H$.*

Beweis. Nach Voraussetzung ist $\|x_0 + y\| \geqq d$ für alle y aus der abgeschlossenen Hülle $\bar{H}$ von H. Erklärt man durch $l(\alpha x_0 + y) = \alpha$ auf $[x_0] + \bar{H}$ eine Linearfunktion, so gilt $\|\alpha x_0 + y\| = |\alpha| \left\| x_0 + \frac{y}{\alpha} \right\| \geqq |\alpha| \cdot d$, also ist $|l(\alpha x_0 + y)| = |\alpha| \leqq \frac{1}{d} \|\alpha x_0 + y\|$. Nach (1) läßt sich l auf ganz E fortsetzen zu einer stetigen Linearfunktion u_0 mit $|u_0 x| \leqq \frac{1}{d} \|x\|$. Damit ist $\|u_0\| \leqq \frac{1}{d}$ bewiesen, ferner ist offenbar $u_0 x_0 = l(x_0) = 1$ und $u_0 z = 0$ für alle $z \in H$.

Ist andererseits y_n eine Folge aus H mit $\|x_0 + y_n\| \to d$, so gilt nach § 14, 5.(4) $1 = u_0(x_0 + y_n) \leqq \|u_0\| \, \|x_0 + y_n\|$, also $\|u_0\| \geqq \frac{1}{d}$, d.h. $\|u_0\| = \frac{1}{d}$.

(3) *Der biduale Raum E'' eines normierten Raumes E enthält E und die Norm des bidualen Raumes fällt auf E mit der Norm von E zusammen, d.h. es gilt*

$$\|x\| = \sup_{\|u\| \leqq 1} |u x|, \quad x \in E. \tag{4}$$

Beweis. Jedes $x_0 \in E$ erzeugt eine stetige Linearfunktion $x_0(u) = u x_0$ auf E' und es ist $|x_0(u)| = |u(x_0)| \leqq \|u\| \, \|x_0\|$, also $\sup_{\|u\| \leqq 1} |u x_0| \leqq \|x_0\|$. Andererseits gibt es nach dem zweiten Teil von (1) aber ein u_0 mit $\|u_0\| = 1$ und $u_0 x_0 = \|x_0\|$, d.h. es gilt (4).

Damit ist die Beziehung (4) allgemein bewiesen, die sich in einigen der Beispiele in § 14 schon ergeben hatte.

Wir haben in § 14, 6. für die stetigen linearen Abbildungen ebenfalls eine Norm eingeführt und den Raum $\mathfrak{L}(E, F)$ der stetigen linearen Abbildungen eines normierten Raumes E in einen normierten Raum F dadurch zu einem normierten Raum gemacht. Zu jeder Abbildung $A \in \mathfrak{L}(E, F)$ existiert die adjungierte Abbildung A', die den algebraisch dualen Raum F^* in E^* abbildet (vgl. § 9, 4.). Wir zeigen

(5) *Ist A eine stetige lineare Abbildung des normierten Raumes E in den normierten Raum F, so ist die adjungierte Abbildung A' eine stetige Abbildung von F' in E' und es gilt $\|A'\| = \|A\|$.*

Beweis. A' ist durch die Beziehung $(A'v)\, x = v(Ax)$ definiert, wobei $x \in E$ und $v \in F^*$ liegt. Wir beschränken uns auf die $v \in F'$. Nach § 14, 5.(4) und § 14, 6.(4) gilt

$$|(A'v)\, x| = |v(Ax)| \leqq \|v\| \, \|Ax\| \leqq \|v\| \, \|A\| \, \|x\|.$$

Das bedeutet aber, daß $A'v$ eine durch $\|A\|\,\|v\|$ beschränkte, also stetige Linearfunktion auf E ist, A' bildet also F' linear und stetig in E' ab. Ferner folgt aus

$$\|A'v\| = \sup_{\|x\|\leqq 1} |(A'v)\,x| \leqq \|A\|\,\|v\|$$

die Beziehung $\|A'\| \leqq \|A\|$.

Zu jedem $\varepsilon > 0$ gibt es ein $x_0 \in E$ mit $\|x_0\| \leqq 1$ und $\|A x_0\| > \|A\| - \varepsilon$. Zu $y_0 = A x_0$ gibt es nach (1) ein $v_0 \in F'$ mit $\|v_0\| = 1$ und $v_0 y_0 = \|y_0\| > \|A\| - \varepsilon$. Dann ist aber $\|A' v_0\| \geqq (A' v_0)\, x_0 = v_0 y_0 > \|A\| - \varepsilon$, also $\|A'\| > \|A\| - \varepsilon$, d.h. $\|A'\| = \|A\|$.

(6) *Ist A eine stetige lineare Abbildung des normierten Raumes E in den normierten Raum F, so ist A'' eine Erweiterung der stetigen linearen Abbildung A zu einer stetigen linearen Abbildung von E'' in F'' und es gilt* $\|A''\| = \|A\|$.

Nach (5) ist $A'' \in \mathfrak{L}(E'', F'')$ und es gilt $\|A''\| = \|A\|$. Nach (3) ist $E'' \supset E$ und $F'' \supset F$. Wir bilden $A''x$ für $x \in E$. Es ist $A''x = Ax$, wenn sie gleiche Linearfunktionen auf F' darstellen, wenn also $v(A''x) = v(Ax)$ für jedes $v \in F'$ gilt. Dies folgt aber durch zweimalige Anwendung der Definition der adjungierten Abbildung:

$$v(A''x) = (A'v)\,x = v(Ax).$$

7. Der duale Raum zu $C(I)$. Als weiteres Beispiel für die Anwendung des Satzes von Hahn-Banach beweisen wir den Satz von F. Riesz über die Darstellung des dualen Raumes des (B)-Raumes $C(I)$ aller auf $I = [0, 1]$ stetigen reellen bzw. komplexen Funktionen, also des Raumes der Maße auf I.

Es sei $u(f)$ eine stetige, nicht identisch verschwindende Linearfunktion auf $C(I)$. Ist $\|u\| = m$, so ist $|u(f)| \leqq m\|f\|$, wobei $\|f\| = \sup\limits_{0 \leqq t \leqq 1} |f(t)|$ die Norm von f in $C(I)$ ist.

Nach § 14, 11. ist $C(I)$ ein abgeschlossener linearer Teilraum von $L^\infty(I)$ und die Norm von $L^\infty(I)$ stimmt auf $C(I)$ mit der Norm von $C(I)$ überein. Nach dem Satz von Hahn-Banach läßt sich also u erweitern zu einer auf ganz $L^\infty(I)$ erklärten stetigen Linearfunktion u mit derselben Schranke m.

Dann ist speziell der Wert von u für die Funktion $\varphi_c \in L^\infty(I)$ erklärt, die für $t > c$ gleich 0 und für $t \leqq c$ gleich 1 ist, $0 \leqq c \leqq 1$. Wir setzen $u(\varphi_c) = g(c)$.

Wir beweisen, daß die so in $[0, 1]$ erklärte Funktion $g(c)$ eine Funktion beschränkter Variation ist.

Sei durch $0 = c_0 < c_1 < \cdots < c_n = 1$ eine Zerlegung von $[0, 1]$ in endlich viele Teilintervalle gegeben und sei $\varepsilon_i = \dfrac{|g(c_i) - g(c_{i-1})|}{g(c_i) - g(c_{i-1})}$ falls

$g(c_i) - g(c_{i-1}) \neq 0$ ist, andernfalls sei $\varepsilon_i = 0$. Dann ist

$$(1) \quad \sum_{i=1}^{n} |g(c_i) - g(c_{i-1})| = \sum_{i=1}^{n} \varepsilon_i (g(c_i) - g(c_{i-1}))$$

$$= u\Big(\sum_{i=1}^{n} \varepsilon_i (\varphi_{c_i} - \varphi_{c_{i-1}})\Big) \leqq m \|\sum \varepsilon_i (\varphi_{c_i} - \varphi_{c_{i-1}})\| \leqq m,$$

da die Funktion $\sum \varepsilon_i (\varphi_{c_i} - \varphi_{c_{i-1}})$ in $[0, 1]$ den Absolutbetrag $\leqq 1$ besitzt. Daraus folgt, daß die totale Variation $\overset{1}{\underset{0}{\mathrm{V}}}(g)$ von g, die obere Grenze der $\sum_{i=1}^{n} |g(c_i) - g(c_{i-1})|$ für alle Zerlegungen von $[0, 1]$ in endlich viele Teilintervalle, kleiner oder gleich m ist.

Der Wert von u für ein beliebiges $f \in C(I)$ läßt sich folgendermaßen durch $g(c)$ ausdrücken: Unterteilen wir $[0, 1]$ in n gleiche Teile und bilden wir die Treppenfunktion $f_n(t) = \sum_{k=1}^{n} f\left(\frac{k}{n}\right)\left(\varphi_{\frac{k}{n}}(t) - \varphi_{\frac{k-1}{n}}(t)\right)$, so konvergiert f_n gleichmäßig, also im Sinn der Norm von $L^\infty(I)$ gegen f, also wird $u(f) = \lim u(f_n) = \lim_{n \to \infty} \sum_{k=1}^{n} f\left(\frac{k}{n}\right)\left[g\left(\frac{k}{n}\right) - g\left(\frac{k-1}{n}\right)\right]$. Dieser Limes ist aber identisch mit dem Stieltjesintegral $\int_0^1 f(t)\, dg$, das existiert, da f stetig und g von beschränkter Variation ist (für die hier benützten Sätze über Funktionen beschränkter Variation und das Stieltjesintegral vgl. etwa NATANSON [1]).

Aus der Ungleichung

$$(2) \qquad |u(f)| = \left|\int_0^1 f(t)\, dg\right| \leqq \sup |f(t)| \overset{1}{\underset{0}{\mathrm{V}}}(g) = \|f\| \overset{1}{\underset{0}{\mathrm{V}}}(g)$$

folgt $\|u\| \leqq \overset{1}{\underset{0}{\mathrm{V}}}(g)$, andererseits hatten wir oben $\overset{1}{\underset{0}{\mathrm{V}}}(g) \leqq m = \|u\|$ bewiesen, also ist $\|u\| = \mathrm{V}(g)$, wenn g die u zugeordnete Funktion beschränkter Variation ist.

Aus (2) folgt umgekehrt, daß jede reelle bzw. komplexe Funktion beschränkter Variation g eine stetige Linearfunktion auf $C(I)$ erzeugt, deren Norm kleiner oder gleich $\mathrm{V}(g)$ ist.

Für welche Funktionen g beschränkter Variation ist die durch sie auf $C(I)$ erzeugte stetige Linearfunktion identisch Null?

(3) *Es ist* $\int_0^1 f\, dg = 0$ *für alle* $f \in C(I)$ *dann und nur dann, wenn* g *in den Endpunkten* 0, 1 *und allen seinen Stetigkeitspunkten gleich einer festen Konstante* K *ist.*

Es ist bekannt (vgl. NATANSON [1], S. 221), daß die Menge der Unstetigkeitspunkte von g höchstens abzählbar ist und daß für jeden

Unstetigkeitspunkt c_0 die Grenzwerte $g(c_0+0)$ und $g(c_0-0)$ von rechts bzw. links existieren.

Erfüllt g die angegebenen Voraussetzungen, so ist g also in 0, 1 und einer in $[0, 1]$ dichten Menge gleich K. Durch Wahl der Einteilungspunkte für die Näherungssummen des Stieltjesintegrals aus dieser Menge erhält man für den Wert des Integrals offenbar 0 für jedes f.

Es erfülle umgekehrt g nicht die Voraussetzungen. Ist $g(0) \neq g(1)$, so ist für $f=1$ das Integral $\int_0^1 dg = g(1) - g(0) \neq 0$. Wir können also $g(0) = g(1) = 0$ voraussetzen. Sei c_0 ein Stetigkeitspunkt von g, in dem $g(c_0) \neq 0$ ist. Auf einem genügend kleinen Intervall $[c_0, c_0+\varepsilon]$ ist dann die Variation von $g(c)$ kleiner als $|g(c_0)|$. Dies ist eine Folge des Satzes (vgl. NATANSON [1], S. 226), daß die Variation $\overset{x}{\underset{0}{\mathrm{V}}}(g)$ in einem Punkte x, in dem g stetig ist, ebenfalls stetig ist, und der Beziehung $\overset{b}{\underset{a}{\mathrm{V}}}(g) = \overset{c}{\underset{a}{\mathrm{V}}}(g) + \overset{b}{\underset{c}{\mathrm{V}}}(g)$ für $0 \leqq a < c < b \leqq 1$ genügt (NATANSON [1], S. 220). Betrachtet man dann $\int_0^1 f\,dg$ für ein f, das von 0 bis c_0 gleich 1 ist, von c_0 bis $c_0+\varepsilon$ linear von 1 nach 0 geht, und das in $[c_0+\varepsilon, 1]$ identisch verschwindet, so erhält man für das Teilintegral von 0 bis c_0 den Wert $g(c_0)$, für das Teilintegral von c_0 bis $c_0+\varepsilon$ einen Wert $<|g(c_0)|$, das Restintegral ist Null. Insgesamt ist also $\int_0^1 f\,dg \neq 0$. Damit ist (3) bewiesen.

Eine Funktion $h(c)$ beschränkter Variation auf $[0, 1]$ heißt normalisiert, wenn $h(0) = 0$ und $h(c) = h(c+0)$ für $0 < c < 1$ gilt.

Ist $g(c)$ eine beliebige Funktion beschränkter Variation, so erhält man die zugehörige normalisierte Funktion $g^*(c)$, wenn man $g^*(0) = 0$, $g^*(1) = g(1) - g(0)$ und $g^*(c) = g(c+0) - g(0)$ für $0 < c < 1$ setzt. Es ist $\int_0^1 f\,dg = \int_0^1 f\,dg^*$, da $g(c) - g^*(c)$ in 0, 1 und allen Stetigkeitspunkten von g gleich $g(0)$ ist. Es wird also jede stetige Linearfunktion auf $C(I)$ durch ein normalisiertes g erzeugt. Umgekehrt erzeugt jedes normalisierte g, das nicht identisch verschwindet, eine nicht identisch verschwindende Linearfunktion, da eine normalisierte Funktion nur dann die Bedingungen aus (3) erfüllt, wenn sie identisch verschwindet: In 0 und 1 und allen Stetigkeitspunkten ist sie Null und in den Unstetigkeitspunkten ist sie gleich $g(c+0)$, das als Limes von Werten von g in Stetigkeitspunkten auch gleich Null sein muß.

Wir zeigen schließlich, daß für eine normalisierte Funktion $h(c)$ die Norm der durch sie erzeugten stetigen Linearfunktion gleich $\overset{1}{\underset{0}{\mathrm{V}}}(h)$ ist.

Eine beliebige Funktion $g(c)$ beschränkter Variation mit $g(0)=0$ unterscheidet sich von der zugehörigen normalisierten Funktion $g^*(c)$ nur auf den Unstetigkeitsstellen. Bildet man die Summe $\sum_1^n |g(c_i)-g(c_{i-1})|$ nur über die Stetigkeitspunkte, so ist die obere Grenze V' dieser Summen für g und g^* dieselbe. Wegen der Definition von g^* in den Unstetigkeitsstellen ist aber V' gleich $\overset{1}{\underset{0}{\mathrm{V}}}(g^*)$, also hat die normalisierte Funktion die kleinste Variation von allen Funktionen, die dieselbe normalisierte Funktion ergeben. Da, wie vorhin bewiesen wurde, jede stetige Linearfunktion u durch eine Funktion g beschränkter Variation erzeugt wird, deren Variation gleich $\|u\|$ ist, kann die zugehörige normalisierte Funktion g^* nur eine Variation $\leqq \|u\|$ haben, (2) ergibt dann $\mathrm{V}(g^*)=\|u\|$.

Wir fassen unsere Ergebnisse zusammen in den Satz von F. RIESZ [1]

(4) *Jede stetige Linearfunktion u auf dem reellen bzw. komplexen* (B)*-Raum $C(I)$ läßt sich darstellen durch eine reelle bzw. komplexe normalisierte Funktion h_u beschränkter Variation auf* $[0, 1]$, *so daß*

$$u(f)=\int_0^1 f\,dh_u,\quad f\in C(I), \tag{5}$$

gilt. Die Zuordnung $u\to h_u$ ist eine Normisomorphie des Raumes $C(I)'$ der Maße auf I auf den Raum $V(I)$ der normalisierten Funktionen beschränkter Variation auf $[0, 1]$, *in dem die Norm durch*

$$\|h\| = \overset{1}{\underset{0}{\mathrm{V}}}(h) \tag{6}$$

erklärt ist.

Wir können jetzt auch die Frage nach der Reflexivität von $C(I)$ beantworten (vgl. RIESZ-SZ. NAGY [1]),

(7) *$C(I)$ ist nicht reflexiv.*

Es genügt, eine stetige Linearfunktion $v_0(h)$ auf $V(I)$ anzugeben, die nicht in der Form $v_0(h)=\int_0^1 f_0\,dh$, $f_0\in C(I)$, darstellbar ist. Nun hat jedes h nur abzählbar viele Unstetigkeitsstellen c_i und es gilt für die Summe über die Sprünge $v_0(h)=\sum_{i=1}^{\infty}\big(h(c_i)-h(c_i-0)\big)$, $0<c_i\leqq 1$, offenbar $|v_0(h)|\leqq \overset{1}{\underset{0}{\mathrm{V}}}(h)$. Ferner ist $v_0(h)$ linear, also eine stetige Linearfunktion auf $V(I)$. Wäre $v_0(h)$ durch ein f_0 darstellbar, so müßte speziell für $h=\psi_c$, $\psi_c(x)=1$ für $x<c$, $\psi_c(x)=0$ für $x\geqq c$, gelten $v_0(\psi_c)=-1=-f_0(c)$, es käme also nur $f_0(c)\equiv 1$ in Frage. Aber $\int_0^1 dh=h(1)-h(0)$ ist z. B. für eine stetige Funktion h im allgemeinen von Null verschieden, obwohl $v_0(h)$ dann stets 0 ist.

Viertes Kapitel

Lokalkonvexe Räume. Grundlagen

Die ersten beiden Paragraphen beschäftigen sich mit der Erzeugung neuer lokalkonvexer Räume aus gegebenen Räumen. So sind Teilräume und Quotientenräume von lokalkonvexen Räumen wieder lokalkonvex. Dasselbe gilt für das topologische Produkt und die lokalkonvexe direkte Summe. Die vollständige Hülle eines lokalkonvexen Raumes wird durch Einbettung des Raumes in ein topologisches Produkt von Banachräumen in einfacher Weise gewonnen.

In § 19 werden lokalkonvexe Hülle und lokalkonvexer Kern lokalkonvexer Räume eingeführt, daran anschließend der topologische induktive bzw. projektive Limes. Die genaue Unterscheidung zwischen Hülle und induktivem Limes, ebenso zwischen Kern und projektivem Limes scheint für eine systematische Darstellung zweckmäßig zu sein. Auch einige Eigenschaften der (LF)-Räume werden in § 19 behandelt.

§ 20 beginnt mit der Untersuchung des dualen Raumes E' eines lokalkonvexen Raumes E, es werden das Dualsystem $\langle E', E\rangle$ und die schwache Topologie eingeführt. Die Dualität für abgeschlossene lineare Teilräume, komplementäre Zerlegungen und lineare Abbildungen ergeben sich in einfacher Weise. Die Dualität der abgeschlossenen absolutkonvexen Teilmengen führt zu den wichtigen Regeln der Polarenbildung. Den Schluß bilden der Satz von Alaoglu-Bourbaki über die schwache Kompaktheit der Polaren einer Nullumgebung und die Sätze von Banach-Mackey und Mackey über die Identität von schwach und stark beschränkten Mengen.

§ 21 behandelt die verschiedenen Topologien auf einem lokalkonvexen Raum, vor allem die starke, die Mackeysche Topologie und die Topologie der präkompakten Konvergenz. Ihre genaue Kenntnis ist unentbehrlich, da das Zusammenfallen zweier dieser Topologien wichtige Struktureigenschaften des Raumes nach sich zieht. Insbesondere werden die Topologien der metrisierbaren lokalkonvexen Räume untersucht.

§ 22 wendet die Dualitätstheorie auf die in § 18 und § 19 behandelten Räume an. Es wird untersucht, wie weit es möglich ist, z. B. die verschiedenen Topologien eines topologischen Produkts auf die entsprechenden Topologien der Faktoren zurückzuführen. Es zeigt sich, daß diese Fragen in voller Allgemeinheit keineswegs immer eine einfache Antwort haben.

§ 18. Definition und einfachste Eigenschaften lokalkonvexer Räume

1. Definition durch Umgebungen und durch Halbnormen. Ein topologischer linearer Raum $E[\mathfrak{T}]$ über K (dies ist wieder der Körper der reellen oder der komplexen Zahlen) heißt l o k a l k o n v e x, wenn er eine Nullumgebungsbasis $\mathfrak{U} = \{U_\alpha\}$ aus konvexen Mengen U_α besitzt.

Nach §15, 1.(3) und §16, 1.(2) besitzt er dann auch eine Nullumgebungsbasis aus absolutkonvexen U_α, denn die konvexe Hülle einer in U_α enthaltenen kreisförmigen Nullumgebung ist absolutkonvex.

Entsprechend §15, 2. gilt

(1) *Auf einem reellen oder komplexen linearen Raum E sei eine Filterbasis* $\mathfrak{U} = \{U_\alpha\}$, $\alpha \in \mathsf{A}$, *aus ausgeglichenen absolutkonvexen Teilmengen* U_α *mit* $\bigcap_{\alpha\in\mathsf{A}} U_\alpha = \mathfrak{o}$ *gegeben. Gehört mit* U_α *auch jedes* ϱU_α, $\varrho > 0$, *zu* $\mathfrak{U}$, *so wird durch* $\mathfrak{U}$ *als Nullumgebungsbasis ein lokalkonvexer Raum* $E[\mathfrak{T}]$ *definiert und jeder lokalkonvexe Raum entsteht auf diese Weise.*

Dies ist eine einfache Folge von §15, 2.(2), denn wegen der absoluten Konvexität von U_α gilt $\frac{1}{2}U_\alpha + \frac{1}{2}U_\alpha = U_\alpha$, damit ist (LT 1) erfüllt.

Für die Anwendungen geeigneter ist oft die Definition der Topologie auf E durch ein System von Halbnormen.

Wir haben in §16, 4. gesehen, daß jede ausgeglichene absolutkonvexe Menge U in einem linearen Raum E als Distanzfunktion eine Halbnorm $p(x)$ besitzt, durch $p(x) \leqq 1$ bzw. < 1 wird die algebraische Hülle U^a bzw. der algebraische Kern U^i gegeben. Geht man umgekehrt von einer Halbnorm $p(x)$ auf E aus, so sind die Mengen $p(x) \leqq 1$ bzw. < 1 ausgeglichen, absolutkonvex und algebraisch abgeschlossen bzw. offen.

Zu den absolutkonvexen Umgebungen eines lokalkonvexen Raumes $E[\mathfrak{T}]$ gehören nach §16, 4. die stetigen Halbnormen, umgekehrt ist für eine stetige Halbnorm $p(x)$ die Menge $p(x) < \varepsilon$ bzw. $\leqq \varepsilon$ eine offene bzw. abgeschlossene $\mathfrak{T}$-Nullumgebung (§16, 4.(7)).

(2) *Jede auf* $E[\mathfrak{T}]$ *erklärte, in* $\mathfrak{o}$ *stetige Halbnorm ist gleichmäßig stetig auf ganz* $E[\mathfrak{T}]$.

Dies folgt sofort aus der auch für Halbnormen gültigen Ungleichung §14, 1.(1).

(3) *Auf einem linearen Raum E sei ein System* $\{p_\alpha(x)\}$ *von Halbnormen gegeben derart, daß zu jedem* $x_0 \neq \mathfrak{o}$ *aus E wenigstens ein* p_α *existiert mit* $p_\alpha(x_0) \neq 0$. *Bezeichnet man mit* U_α *die Menge aller* $x \in E$, *für die* $p_\alpha(x) < 1$ *ist, so bildet das System der Vielfachen* ϱU, $\varrho > 0$, *der endlichen Durchschnitte* $U = \bigcap_{i=1}^{n} U_{\alpha_i}$ *der* U_α *die aus offenen absolutkonvexen Mengen bestehende Nullumgebungsbasis* $\mathfrak{U}$ *einer lokalkonvexen Topologie* $\mathfrak{T}$ *auf E.*

Jeder lokalkonvexe Raum entsteht auf diese Weise.

Die Menge $\varrho U = \varrho \bigcap_{i=1}^{n} U_{\alpha_i}$ *wird durch die Ungleichung* $p(x) < \varrho$ *gegeben,* $p(x)$ *die Halbnorm* $\sup_{i=1,\ldots,n} p_{\alpha_i}(x)$.

Nimmt man die durch $p_\alpha(x) \leqq 1$ *erklärten Mengen, so erhält man entsprechend eine Nullumgebungsbasis aus abgeschlossenen absolutkonvexen Mengen.*

Beweis. Die Mengen ϱU sind ausgeglichen und absolutkonvex in E nach den vorangehenden Bemerkungen und bilden eine Filterbasis auf E. Da zu jedem x_0 ein p_α mit $p_\alpha(x_0) \neq 0$ existiert, ist der Durchschnitt aller ϱU gleich $\mathfrak{o}$, nach (1) wird $E[\mathfrak{T}]$ damit lokalkonvex. Die ϱU sind offen nach den Vorbemerkungen.

Umgekehrt kann ein nach (1) gegebener lokalkonvexer Raum auch durch ein System von Halbnormen gegeben werden. Sind die $p_\alpha(x)$ die zu den U_α gehörigen Halbnormen, so werden durch $p_\alpha(x) < \varrho$ bzw. $\leqq \varrho$ die offenen Kerne bzw. abgeschlossenen Hüllen der ϱU_α gegeben und diese bilden je eine Nullumgebungsbasis von $\mathfrak{T}$.

Schließlich wird der offene Kern des Durchschnitts $\bigcap_{i=1}^{n} U_{\alpha_i}$, der ja wieder ausgeglichen und absolutkonvex ist, durch die Ungleichung $p(x) = \sup_{i=1,\ldots,n} p_{\alpha_i}(x) < 1$ beschrieben; $p(x)$ ist daher ebenfalls eine Halbnorm.

Wir bemerken, daß für ein die Topologie von $E[\mathfrak{T}]$ erzeugendes Halbnormensystem $\{p_\alpha\}$ die Nullumgebungen $p_\alpha(x) < \varrho$ im allgemeinen nur eine Subbasis des Filters der Nullumgebungen bilden.

(4) *Es seien $\mathfrak{T}$ bzw. $\mathfrak{T}'$ die zu den Systemen $\{p_\alpha(x)\}$ bzw. $\{q_\beta(x)\}$ von Halbnormen auf E gehörigen lokalkonvexen Topologien. $\mathfrak{T}$ ist dann und nur dann feiner als $\mathfrak{T}'$, wenn es zu jedem q_β endlich viele p_{α_i}, $i = 1, \ldots, n$, und ein $\varrho > 0$ gibt, so daß*

$$\varrho\, q_\beta(x) \leqq \sup_{i=1,\ldots,n} p_{\alpha_i}(x) \tag{5}$$

auf E gilt.

Beweis. Die Beziehung $U_1 < U_2$ für zwei algebraisch offene ausgeglichene absolutkonvexe Mengen ist gleichbedeutend mit der Ungleichung $p_2(x) \leqq p_1(x)$ für die als Distanzfunktionen zugehörigen Halbnormen.

$\mathfrak{T}$ ist dann und nur dann feiner als $\mathfrak{T}'$, wenn jede $\mathfrak{T}'$-Nullumgebung $q_\beta(x) < 1$ eine $\mathfrak{T}$-Nullumgebung umfaßt. Diese kann nach (3) in der Form $\sup_{i=1,\ldots,n} p_{\alpha_i}(x) < \varrho$ angenommen werden, hat als Distanzfunktion daher $\frac{1}{\varrho} \sup_{i=1,\ldots,n} p_{\alpha_i}(x)$. Daraus folgt (4).

Aus (4) erhält man sofort ein dem Hausdorffschen Äquivalenzkriterium (§ 2, 4.(1)) entsprechendes Kriterium für die Gleichheit der Topologien, die durch zwei Systeme von Halbnormen auf E gegeben sind.

2. Metrisierbare lokalkonvexe Räume, (F)-Räume. Jeder normierte Raum ist lokalkonvex, da seine Topologie durch eine einzige Halbnorm, die sogar eine Norm ist, nach 1.(2) erklärt ist.

Wir haben früher gesehen, daß keineswegs jeder metrisierbare topologische lineare Raum lokalkonvex ist; so besitzt ja der nach §15, 11.

metrisierbare Raum L^p, $0<p<1$ überhaupt keine von L^p verschiedene konvexe Nullumgebung (§ 17, 4.).

Ein vollständiger metrisierbarer lokalkonvexer Raum heißt nach FRÉCHET ein (F)-Raum (vgl. die Bemerkung in § 15, 11.). Jeder (B)-Raum ist ein (F)-Raum.

Da ein metrisierbarer lokalkonvexer Raum eine abzählbare Nullumgebungsbasis U_n, $n=1, 2, \ldots$, besitzt und jedes U_n eine absolutkonvexe Nullumgebung umfaßt, können die U_n gleich als absolutkonvex vorausgesetzt werden. Mit $U_1, U_2, U_3, \ldots$ bilden auch die $U_1, U_1 \cap U_2, U_1 \cap U_2 \cap U_3, \ldots$ eine Nullumgebungsbasis. Wir erhalten damit

(1) *Die Topologie eines metrisierbaren lokalkonvexen Raumes* $E[\mathfrak{T}]$ *kann stets durch eine abnehmende Folge* $U_1 \supset U_2 \supset \cdots$ *von absolutkonvexen Nullumgebungen mit* $\bigcap_{n=1}^{\infty} U_n = \mathfrak{o}$ *gegeben werden.*

Die zu den U_n gehörigen Halbnormen $p_n(x)$ bilden dann eine wachsende Folge $p_1(x) \leqq p_2(x) \leqq \cdots$.

Geht man umgekehrt von einem System $\{q_i(x)\}$ von abzählbar vielen Halbnormen auf einem linearen Raum E aus, so erhält man nach 1.(3) dieselbe Topologie auf E, wenn man zum System der wachsenden Halbnormen $p_i(x) = \sup\limits_{k=1,\ldots,i} q_k(x)$ übergeht. Eine abnehmende Fundamentalfolge von Nullumgebungen wird dann durch die Mengen U_n aller $x \in E$ mit $p_n(x) < \frac{1}{n}$ gebildet.

Es gilt also

(2) *Ein lokalkonvexer Raum* $E[\mathfrak{T}]$ *ist dann und nur dann metrisierbar, wenn* $\mathfrak{T}$ *durch ein System von abzählbar vielen Halbnormen gegeben werden kann. Ist dies der Fall, so wird* $\mathfrak{T}$ *auch durch eine Folge wachsender Halbnormen* $p_1(x) \leqq p_2(x) \leqq \cdots$ *bestimmt. Die Nullumgebungen* $p_n(x) < \frac{1}{n}$, $n=1, 2, \ldots$, *bilden eine Nullumgebungsbasis von* $\mathfrak{T}$.

Die Konstruktion einer (F)-Norm auf einem metrisierbaren topologischen linearen Raum in § 15, 11. beruhte auf dem komplizierten Verfahren von § 6, 7.(1). Im lokalkonvexen Fall ist die folgende einfachere Konstruktion möglich:

(3) *Ist* $E[\mathfrak{T}]$ *lokalkonvex und metrisierbar und ist* $\|x\|_1 \leqq \|x\|_2 \leqq \cdots$ *eine* $\mathfrak{T}$ *definierende Folge wachsender Halbnormen, so wird* $\mathfrak{T}$ *auch durch die* (F)-*Norm*

$$\|x\| = \sum_{n=1}^{\infty} \frac{1}{2^n} \frac{\|x\|_n}{1+\|x\|_n}, \tag{4}$$

also eine translationsinvariante Metrik durch $|x, y| = \|x-y\|$, *gegeben.*

Beweis. Wir weisen die Eigenschaften der (F)-Norm nach. (F 1) ist trivial, (F 2) ist richtig, weil zu jedem x_0 eine Halbnorm $\|x\|_n$ mit $\|x_0\|_n \neq 0$ gehört.

Ist $0 < a \leqq b$, so ist $\frac{a}{1+a} \leqq \frac{b}{1+b}$.

Aus $\|\lambda x\|_n = |\lambda|\,\|x\|_n \leqq \|x\|_n$ für $|\lambda| \leqq 1$ folgt daher $\|\lambda x\| \leqq \|x\|$ für $|\lambda| \leqq 1$, also ist (F3) erfüllt.

Aus
$$\frac{\|x+y\|_n}{1+\|x+y\|_n} \leqq \frac{\|x\|_n + \|y\|_n}{1+\|x\|_n+\|y\|_n} \leqq \frac{\|x\|_n}{1+\|x\|_n} + \frac{\|y\|_n}{1+\|y\|_n}$$
ergibt sich sofort $\|x+y\| \leqq \|x\| + \|y\|$, also (F4).

Wir beweisen als nächstes die Äquivalenz der Nullumgebungssysteme von $\mathfrak{T}$ und der durch (4) auf E erklärten Metrik.

a) Die Nullumgebung $\|x\| < \frac{1}{2^k}$, $k \geqq 1$, enthält die $\mathfrak{T}$-Nullumgebung $\|x\|_{k+1} < \frac{1}{2^{k+1}}$:

Es ist $\frac{\|x\|_n}{1+\|x\|_n} \leqq \|x\|_n$. Für ein x mit $\|x\|_{k+1} < \frac{1}{2^{k+1}}$ ist auch $\|x\|_1 \leqq \cdots \leqq \|x\|_{k+1} < \frac{1}{2^{k+1}}$, also $\|x\| < \frac{1}{2^{k+1}} \sum_1^{k+1} \frac{1}{2^n} + \sum_{k+2}^{\infty} \frac{1}{2^n} < \frac{1}{2^k}$.

b) Die $\mathfrak{T}$-Nullumgebung $\|x\|_m < \frac{1}{2^k}$ enthält die Nullumgebung $\|x\| < \frac{1}{2^{m+k+1}}$:

Für ein x mit $\|x\| < \frac{1}{2^{m+k+1}}$ ist $\frac{1}{2^m} \frac{\|x\|_m}{1+\|x\|_m} < \frac{1}{2^{m+k+1}}$, also $\frac{\|x\|_m}{1+\|x\|_m} < \frac{1}{2^{k+1}}$. Daraus folgt $\|x\|_m\left(1 - \frac{1}{2^{k+1}}\right) < \frac{1}{2^{k+1}}$, d.h. $\|x\|_m < \frac{1}{2^k}$.
Aus der Äquivalenz der beiden Nullumgebungssysteme ergeben sich auch noch (F5) und (F6), da die entsprechenden Behauptungen ja für die $\mathfrak{T}$-Konvergenz richtig sind.

Wir bemerken, daß in dieser Metrik die Entfernung zweier Elemente stets $\leqq 1$ ist.

3. Teilraum, Quotientenraum, topologisches Produkt lokalkonvexer Räume. Im Fall der lokalkonvexen Räume lassen sich die in § 15, 4. erhaltenen Resultate noch ergänzen. So gilt

(1) *Jeder lineare Teilraum H eines lokalkonvexen Raumes $E[\mathfrak{T}]$ ist in der induzierten Topologie wieder lokalkonvex.*

Denn mit U ist auch $U \cap H$ absolutkonvex.

(2) *Jeder Quotientenraum E/H eines lokalkonvexen Raumes $E[\mathfrak{T}]$ nach einem abgeschlossenen linearen Teilraum H ist in der induzierten Topologie $\mathfrak{T}$ lokalkonvex.*

Wird die Topologie $\mathfrak{T}$ von $E[\mathfrak{T}]$ durch ein System $\{p_\alpha(x)\}$ von Halbnormen gegeben, das mit p_α und p_β stets ein $p_\gamma \geqq \sup(p_\alpha, p_\beta)$ enthält, so wird die induzierte Topologie von E/H durch das System $\{\hat{p}_\alpha(\hat{x})\}$ gegeben, $\hat{p}_\alpha(\hat{x})$ die Halbnorm

(3) $\hat{p}_\alpha(\hat{x}) = \inf_{x \in \hat{x}} p_\alpha(x)$, *$\hat{x}$ eine Restklasse aus E/H.*

Beweis. Mit U ist auch $K(U)$ absolutkonvex, K die kanonische Abbildung von E auf E/H, die Quotientenraumtopologie hat also eine Nullumgebungsbasis aus absolutkonvexen Mengen.

Die Behauptung über die Halbnormen beweist man wie in §14, 4.(1).

Aus (2) und §15, 11.(4) folgt

(4) *Jeder Quotientenraum eines* (F)*-Raumes nach einem abgeschlossenen linearen Teilraum ist wieder ein* (F)*-Raum.*

Ist $E[\mathfrak{T}]$ ein beliebiger vollständiger lokalkonvexer Raum, so braucht E/H nicht vollständig zu sein (vgl. § 23, 5. und § 31, 6.).

Für topologische Produkte gilt ebenfalls

(5) *Das topologische Produkt* $E[\mathfrak{T}] = \prod_\alpha E_\alpha[\mathfrak{T}_\alpha]$ *lokalkonvexer Räume ist lokalkonvex.*

Denn die Nullumgebungen $\prod_\alpha W_\alpha$, W_α eine absolutkonvexe Nullumgebung U_α aus E_α für endlich viele α, $W_\alpha = E_\alpha$ sonst, sind offenbar absolutkonvex.

Ist $\{p_\beta^\alpha(x_\alpha)\}$ für festes α ein $\mathfrak{T}_\alpha$ erzeugendes System von Halbnormen auf E_α und bezeichnen wir mit $\hat{p}_\beta^\alpha(x)$ die für $x = (x_\alpha) \in E$ durch $\hat{p}_\beta^\alpha(x) = p_\beta^\alpha(x_\alpha)$ erklärte Halbnorm auf E, so erzeugt das System aller $\hat{p}_\beta^\alpha(x)$ die Produkttopologie $\mathfrak{T}$ auf E.

Wir erinnern uns, daß in § 5, 7. bewiesen wurde, daß die vollständige Hülle eines topologischen Produktes gleich dem topologischen Produkt der vollständigen Hüllen ist. Daraus und aus den eben angestellten Überlegungen folgt auch

(6) *Das topologische Produkt metrisierbarer lokalkonvexer Räume ist dann und nur dann metrisierbar, wenn es nicht mehr als abzählbar viele Faktoren enthält.*

Das topologische Produkt abzählbar vieler (F)*-Räume ist wieder ein* (F)*-Raum.*

Eine gewisse Übersicht über alle möglichen lokalkonvexen Räume gibt (vgl. dazu auch §10, 7.(9))

(7) *Jeder lokalkonvexe Raum* $E[\mathfrak{T}]$ *ist topologisch isomorph einem linearen Teilraum* $\hat{E}$ *eines topologischen Produktes von* (B)*-Räumen. E ist dann und nur dann vollständig, wenn* $\hat{E}$ *abgeschlossen ist.*

Beweis. $\{p_\alpha(x)\}$ sei ein die Topologie $\mathfrak{T}$ erzeugendes System von Halbnormen auf E. Ist N_α der Nullraum von $p_\alpha(x)$, so ist $E/N_\alpha = E_\alpha$ nach §14, 1.(4) ein durch $\hat{p}_\alpha(\hat{x}_\alpha) = p_\alpha(x)$ normierter Raum, dabei ist $\hat{x}_\alpha$ die Restklasse von x in E_α. Wir bilden die vollständige Hülle $\tilde{E}_\alpha$ von E_α (§15, 3.). Es sei F das topologische Produkt $\prod_\alpha \tilde{E}_\alpha$ der (B)-Räume $\tilde{E}_\alpha$. Die auf $\tilde{E}_\alpha$ fortgesetzte Norm $\hat{p}_\alpha$ werde wieder mit $\hat{p}_\alpha$ bezeichnet.

Wir ordnen nun jedem $x \in E$ das Element $\hat{x} = (\hat{x}_\alpha)$ in F zu. Diese Abbildung ist linear und eineindeutig und bildet E auf einen linearen Teilraum $\hat{E}$ von F ab. Wir sahen oben, daß die Topologie von F durch die Halbnormen $\hat{p}_\alpha(\hat{x}) = \hat{p}_\alpha(\hat{x}_\alpha)$ erzeugt wird. Wegen $p_\alpha(x) = \hat{p}_\alpha(\hat{x}_\alpha) = \hat{p}_\alpha(\hat{x})$ haben die sich entsprechenden Halbnormen p_α und $\hat{p}_\alpha$ auf zugeordneten Elementen $x \in E$ und $\hat{x} \in \hat{E}$ dieselben Werte, die Zuordnung ist also eine topologische Isomorphie.

Aus der Vollständigkeit von E folgt die Abgeschlossenheit von $\hat{E}$, umgekehrt ist ein in F abgeschlossenes $\hat{E}$ wegen der Vollständigkeit von F selbst vollständig und damit auch $E[\mathfrak{T}]$.

(8) *Jeder reelle lokalkonvexe Raum $E[\mathfrak{T}]$ läßt sich in einen komplexen lokalkonvexen Raum $F[\mathfrak{T}']$ so einbetten, daß $F = E \oplus iE$ wird und die durch $\mathfrak{T}'$ auf E bzw. iE induzierten Topologien mit $\mathfrak{T}$ zusammenfallen.*

Beweis. Wir setzen $F[\mathfrak{T}']$ gleich dem topologischen Produkt $E \times E$ und erklären die Multiplikation mit i durch $i(x, y) = (-y, x)$. Dadurch wird F ein komplexer linearer Raum. Wir identifizieren E mit dem reellen Teilraum aller (x, o). Dann wird $(x, y) = x + iy$, also iE der reelle Teilraum aller (o, y), und damit $F = E \oplus iE$. Nach Definition induziert die Produkttopologie $\mathfrak{T}'$ die Topologie $\mathfrak{T}$ auf E und iE.

Ist E ein reeller normierter Raum mit der Norm $p(x)$, so sind nach §14, 4.(5) die Ausdrücke $\sup(p(x), p(y))$, $p(x) + p(y)$, $\sqrt{p^2(x) + p^2(y)}$ usf., Normen auf F, deren Einschränkungen auf E und iE mit der gegebenen Norm zusammenfallen.

4. Die vollständige Hülle eines lokalkonvexen Raumes. Nach §15, 3.(1) besitzt jeder topologische lineare Raum eine vollständige Hülle. Es gilt nun

(1) *Die vollständige Hülle $\tilde{E}[\tilde{\mathfrak{T}}]$ eines lokalkonvexen Raumes $E[\mathfrak{T}]$ ist lokalkonvex.*

Denn nach §15, 3.(1) erhält man eine Nullumgebungsbasis von $\tilde{E}$ aus einer Nullumgebungsbasis absolutkonvexer U_α durch Übergang zu den in $\tilde{E}[\tilde{\mathfrak{T}}]$ gebildeten abgeschlossenen Hüllen $\overline{U}_\alpha$. Diese sind nach §16, 1.(5) aber wieder absolutkonvex.

(2) *Ist die Topologie von $E[\mathfrak{T}]$ durch das System $\{p_\alpha\}$ von Halbnormen gegeben, so wird die Topologie von $\tilde{E}[\tilde{\mathfrak{T}}]$ durch das System $\{\tilde{p}_\alpha\}$ bestimmt, $\tilde{p}_\alpha$ die eindeutig bestimmte stetige Fortsetzung von $p_\alpha(x)$ auf $\tilde{E}$.*

Beweis. Jede Halbnorm $p_\alpha(x)$ ist nach 1.(2) gleichmäßig stetig auf E, besitzt also nach § 5, 4.(4) eine gleichmäßig stetige Fortsetzung $\tilde{p}_\alpha(y)$ auf $\tilde{E}$. Die Eigenschaften (N1), (N3), (N4) aus §14, 1. bleiben dabei erhalten, $\tilde{p}_\alpha(y)$ ist also eine stetige Halbnorm auf $\tilde{E}$.

Wir bezeichnen die Nullumgebung $p_\alpha(x) < \varepsilon$ in E mit $U_{\alpha\varepsilon}$, ihre in $\tilde{E}$ gebildete abgeschlossene Hülle mit $\overline{U}_{\alpha\varepsilon}$. Die wegen der Stetigkeit von $\tilde{p}_\alpha$ offene Nullumgebung $\tilde{p}_\alpha(y) < \varepsilon$ in $\tilde{E}$ werde mit $V_{\alpha\varepsilon}$ bezeichnet, ihre nach §16, 4. durch $\tilde{p}_\alpha(y) \leqq \varepsilon$ gegebene abgeschlossene Hülle in $\tilde{E}$ mit $\overline{V}_{\alpha\varepsilon}$.

Zum Beweise, daß $\tilde{\mathfrak{T}}$ durch das System $\{\tilde{p}_\alpha\}$ erzeugt wird, genügt es, $\overline{U}_{\alpha\varepsilon} = \overline{V}_{\alpha\varepsilon}$ zu zeigen. Wegen der Stetigkeit von $\tilde{p}_\alpha$ gilt für jedes $z \in \overline{U}_{\alpha\varepsilon}$ offenbar $\tilde{p}_\alpha(z) \leqq \varepsilon$, also ist $\overline{U}_{\alpha\varepsilon} \subset \overline{V}_{\alpha\varepsilon}$. Da ein z aus der offenen Menge $V_{\alpha\varepsilon}$ Berührungspunkt von $U_{\alpha\varepsilon} = V_{\alpha\varepsilon} \cap E$ ist, gilt $V_{\alpha\varepsilon} \subset \overline{U}_{\alpha\varepsilon}$, also auch $\overline{V}_{\alpha\varepsilon} \subset \overline{U}_{\alpha\varepsilon}$.

Die Konstruktion der vollständigen Hülle eines topologischen linearen Raumes in §15, 3. beruht auf der nicht ganz einfachen Konstruktion der vollständigen Hülle eines uniformen Raumes in § 5, 5. Wir können mit Hilfe von 3.(7) eine wesentlich einfachere Konstruktion geben, die nur auf der in §14, 3. gegebenen Konstruktion der vollständigen Hülle eines normierten Raumes beruht.

Eine weitere Konstruktion wird in § 21, 9. gegeben werden.

Wir wiederholen die Behauptung,

(3) *Jeder lokalkonvexe Raum $E[\mathfrak{T}]$ läßt sich in einen bis auf topologische Isomorphie eindeutig bestimmten kleinsten vollständigen lokalkonvexen Raum $\tilde{E}[\tilde{\mathfrak{T}}]$ einbetten. Die in $\tilde{E}$ gebildeten abgeschlossenen Hüllen der Umgebungen einer Nullumgebungsbasis in E bilden eine Nullumgebungsbasis in $\tilde{E}$.*

Beweis. Nach 3.(7) können wir $E[\mathfrak{T}]$ in ein topologisches Produkt F von (B)-Räumen einbetten. Wegen der Vollständigkeit von F entsteht durch Bildung der abgeschlossenen Hülle $\tilde{E}$ von E in F ein vollständiger lokalkonvexer Raum und damit ist die Existenz einer vollständigen Hülle $\tilde{E}[\tilde{\mathfrak{T}}]$ bewiesen.

Als nächstes zeigen wir, daß die in $\tilde{E}$ gebildeten abgeschlossenen Hüllen $\overline{U}_\alpha$ einer Basis offener Nullumgebungen U_α von E eine Nullumgebungsbasis von $\tilde{E}$ bilden. Da $\mathfrak{T}$ die von $\tilde{\mathfrak{T}}$ auf E induzierte Topologie ist, gibt es zu jedem U_α eine offene Nullumgebung $\tilde{U}_\alpha$ von $\tilde{E}$ mit $U_\alpha = \tilde{U}_\alpha \cap E$. Es ist, da $\tilde{U}_\alpha$ offen und E in $\tilde{U}_\alpha$ dicht ist, auch U_α in $\tilde{U}_\alpha$ dicht, also $\tilde{U}_\alpha \subset \overline{U}_\alpha$, $\overline{\tilde{U}}_\alpha \subset \overline{U}_\alpha$ und damit $\overline{U}_\alpha = \overline{\tilde{U}}_\alpha$ Nullumgebung in $\tilde{E}$. Ist nun $\tilde{V}$ eine beliebige abgeschlossene Nullumgebung in $\tilde{E}$, so ist $V = \tilde{V} \cap E$ Nullumgebung in E. Für ein geeignetes U_α gilt also $U_\alpha \subset V$ und daher $\overline{U}_\alpha \subset \overline{V} \subset \tilde{V}$. Die $\overline{U}_\alpha$ bilden also tatsächlich eine Nullumgebungsbasis von $\tilde{E}[\tilde{\mathfrak{T}}]$.

Zwei verschiedene vollständige Hüllen über E lassen sich eineindeutig aufeinander abbilden, indem man die Elemente, die Limes derselben Cauchysysteme sind, einander zuordnet. Dabei entsprechen sich auch die abgeschlossenen Hüllen der U_α, die beiden Hüllen von E sind also topologisch isomorph, da die Zuordnung auch die linearen Operationen erhält.

Vielfach werden die zu betrachtenden lokalkonvexen Räume nicht vollständig sein. Die beiden folgenden schwächeren Eigenschaften werden oft benützt werden: Der lokalkonvexe Raum $E[\mathfrak{T}]$ heißt folgenvollständig, wenn jede $\mathfrak{T}$-Cauchyfolge einen Limes in $E[\mathfrak{T}]$ besitzt, quasivollständig, wenn jede beschränkte abgeschlossene Teilmenge von $E[\mathfrak{T}]$ vollständig ist.

Offenbar ist jeder vollständige Raum quasivollständig und jeder quasivollständige Raum folgenvollständig.

Auf dem lokalkonvexen Raum $E[\mathfrak{T}]$ sei noch eine zweite feinere lokalkonvexe Topologie $\mathfrak{T}'$ gegeben. In welchem Verhältnis stehen die vollständigen Hüllen $\tilde{E}[\tilde{\mathfrak{T}}']$ und $\tilde{E}[\tilde{\mathfrak{T}}]$ zueinander?

Die identische Abbildung I von $E[\mathfrak{T}']$ auf $E[\mathfrak{T}]$ ist stetig, nach § 5, 4.(4) besitzt sie eine eindeutig bestimmte stetige Fortsetzung $\tilde{I}$, die $\tilde{E}[\tilde{\mathfrak{T}}']$ in $\tilde{E}[\tilde{\mathfrak{T}}]$ abbildet. Diese lineare Abbildung braucht im allgemeinen Fall nicht mehr eineindeutig zu sein, es wird also nur der Quotientenraum von $\tilde{E}[\tilde{\mathfrak{T}}']$ nach $\tilde{I}^{(-1)}(o)$ eineindeutig in $\tilde{E}[\tilde{\mathfrak{T}}]$ eingebettet sein.

Es sei z. B. $E[\mathfrak{T}]$ ein (B)-Raum und $\mathfrak{T}'$ die durch eine feinere und nicht zur $\mathfrak{T}$-Norm äquivalente Norm auf E gegebene Topologie. Wäre $\tilde{I}$ eineindeutig, so wären $\tilde{E}[\tilde{\mathfrak{T}}']$ und $E[\mathfrak{T}]$ nach dem Satz von BANACH-SCHAUDER [vgl. § 15, 12.(2)] topologisch isomorph, was unmöglich ist.

Es gilt aber das folgende wichtige Vollständigkeitskriterium, sogar für beliebige topologische lineare Räume,

(4) *Auf dem topologischen linearen Raum $E[\mathfrak{T}]$ sei noch eine zweite feinere Topologie $\mathfrak{T}'$ gegeben. Es besitze $\mathfrak{T}'$ eine Nullumgebungsbasis aus $\mathfrak{T}$-abgeschlossenen Mengen. Unter dieser Voraussetzung gilt*

a) Konvergiert ein $\mathfrak{T}'$-Cauchyfilter als $\mathfrak{T}$-Cauchyfilter in E gegen x_0, so auch als $\mathfrak{T}'$-Cauchyfilter.

b) Jede bezüglich $\mathfrak{T}$ vollständige bzw. folgenvollständige Teilmenge von E ist auch bezüglich $\mathfrak{T}'$ vollständig bzw. folgenvollständig.

c) Die identische Abbildung I von $E[\mathfrak{T}']$ auf $E[\mathfrak{T}]$ läßt sich eindeutig fortsetzen zu einer stetigen Einbettung $\tilde{I}$ von $\tilde{E}[\tilde{\mathfrak{T}}']$ in $\tilde{E}[\tilde{\mathfrak{T}}]$.

Beweis von a). Ein $\mathfrak{T}'$-Cauchyfilter $\mathfrak{F}$ ist, da $\mathfrak{T}$ gröber als $\mathfrak{T}'$ ist, erst recht ein $\mathfrak{T}$-Cauchyfilter. Es sei x_0 dessen $\mathfrak{T}$-Limes. Zu jeder $\mathfrak{T}$-abgeschlossenen kreisförmigen $\mathfrak{T}'$-Nullumgebung U von E gibt es ein $F^\alpha \in \mathfrak{F}$, das klein von der Ordnung U ist. Ist $y \in F^\alpha$, so ist also $F^\alpha \subset y+U$. Da $y+U$ $\mathfrak{T}$-abgeschlossen ist, liegt x_0 in $y+U$ als $\mathfrak{T}$-Berührungspunkt von F^α. Aus $F^\alpha \subset x_0 + U + U$ folgt aber, daß x_0 auch $\mathfrak{T}'$-Limes von $\mathfrak{F}$ ist.

Aus a) und der entsprechenden und analog zu beweisenden Aussage für Folgen folgt unmittelbar b).

Beweis von c). Wir haben die Eineindeutigkeit von $\tilde{I}$ zu beweisen. Es sei z ein Element von $\tilde{E}[\tilde{\mathfrak{T}}']$ mit $\tilde{I}z = 0$. Es gibt also einen $\mathfrak{T}'$-Cauchyfilter $\mathfrak{F} = \{\mathfrak{F}_\alpha\}$ in E mit $\lim \mathfrak{F} = z$. Dann bilden der $\mathfrak{F}_\alpha$ die Basis eines $\tilde{\mathfrak{T}}'$-Cauchyfilters $\tilde{\mathfrak{F}}'$ in $\tilde{E}[\tilde{\mathfrak{T}}']$, dessen Limes ebenfalls z ist. Durch die stetige Abbildung $\tilde{I}$ wird $\tilde{\mathfrak{F}}'$ in einen $\tilde{\mathfrak{T}}$-Cauchyfilter $\tilde{\mathfrak{F}} = \tilde{I}(\tilde{\mathfrak{F}}')$ abgebildet, dessen Limes $\tilde{I}z$ nach Voraussetzung 0 ist. Die Einschränkung $\tilde{\mathfrak{F}} \cap E$ von $\tilde{\mathfrak{F}}$ auf E ist gröber als $\mathfrak{F}$: Ist $\tilde{I}(M)$ eine beliebige Filtermenge aus $\tilde{\mathfrak{F}}$, $M \in \tilde{\mathfrak{F}}'$, und ist $F_\alpha \subset M$, so gilt $F_\alpha = \tilde{I}(F_\alpha) \subset \tilde{I}(M)$, also $F_\alpha \subset \tilde{I}(M) \cap E$. Es ist also $\tilde{\mathfrak{F}} \cap E$ ein Filter und als Einschränkung von $\tilde{\mathfrak{F}}$ ein $\mathfrak{T}$-Cauchy-Filter mit dem Limes 0. Dann hat aber auch der feinere $\mathfrak{T}$-Cauchyfilter $\mathfrak{F}$ den $\mathfrak{T}$-Limes 0. Aus a) ergibt sich daher, daß $\mathfrak{F}$ auch als $\mathfrak{T}'$-Cauchyfilter den Limes 0 hat, also $z = 0$.

(4) stammt von N. Bourbaki [6] und W. Robertson [2]. In der letzteren Arbeit findet man eine eingehende Untersuchung dieser und verwandter Fragen.

5. Die lokalkonvexe direkte Summe lokalkonvexer Räume. Wir haben in § 7, 8. die direkte Summe $E = \bigoplus\limits_\alpha E_\alpha$ linearer Räume als den Teilraum von $\prod\limits_\alpha E_\alpha$ eingeführt, der nur Elemente $x = (x_\alpha)$, $x_\alpha \in E_\alpha$, enthält mit nur endlich vielen $x_\alpha \neq 0$.

Mit I_α bezeichnen wir die Einbettung von E_α in E, also die Abbildung, die jedem $x_\alpha \in E_\alpha$ das Element $x \in E$ zuordnet, dessen α-te Koordinate gleich x_α ist und dessen übrige Koordinaten verschwinden.

Als die lokalkonvexe direkte Summe $E[\mathfrak{T}] = \bigoplus\limits_\alpha E_\alpha[\mathfrak{T}_\alpha]$ der lokalkonvexen Räume $E_\alpha[\mathfrak{T}_\alpha]$ bezeichnen wir die direkte Summe E der E_α, versehen mit der feinsten lokalkonvexen Topologie, für die die Einbettungen I_α der E_α in E noch sämtlich stetig sind.

Wir können leicht eine Nullumgebungsbasis von $E[\mathfrak{T}]$ angeben,

(1) *Bildet $\{U^\alpha_\beta\}$ für festes α je eine Nullumgebungsbasis von E_α, so bilden die absolutkonvexen Hüllen $\mathop{\ulcorner}\limits_\alpha I_\alpha(U^\alpha_\beta)$ eine Nullumgebungsbasis von $\bigoplus\limits_\alpha E_\alpha[\mathfrak{T}_\alpha]$.*

Denn ist U eine absolutkonvexe Nullumgebung einer Topologie auf E, für die I_α stetig ist, so muß U eine Menge $I_\alpha(U^\alpha_\beta)$ enthalten. Dies gilt für jedes α; wegen der absoluten Konvexität von U liegt dann aber auch $\mathop{\ulcorner}\limits_\alpha I_\alpha(U^\alpha_\beta)$ in U. Die feinste dieser lokalkonvexen Topologien auf E ist dann aber offenbar diejenige, in der alle solchen Mengen $\mathop{\ulcorner}\limits_\alpha I_\alpha(U^\alpha_\beta)$ Nullumgebungen sind.

Wir werden im folgenden statt $I_\alpha(U_\beta^\alpha)$ einfach U_β^α schreiben, wenn keine Gefahr des Mißverständnisses vorliegt.

(2) *Die Topologie* $\mathfrak{T}$ *von* $\bigoplus_\alpha E_\alpha[\mathfrak{T}_\alpha]$ *ist separiert,* $\bigoplus_\alpha E_\alpha[\mathfrak{T}_\alpha]$ *ist also wieder ein lokalkonvexer Raum.*

Durchläuft β *eine Teilmenge der Menge der* α, *so ist* $\bigoplus_\beta E_\beta[\mathfrak{T}_\beta]$ *ein abgeschlossener Teilraum von* $\bigoplus_\alpha E_\alpha[\mathfrak{T}_\alpha]$ *und die durch* $\mathfrak{T}$ *auf* $\bigoplus_\beta E_\beta[\mathfrak{T}_\beta]$ *induzierte Topologie ist die der lokalkonvexen direkten Summe.*

$\mathfrak{T}$ *induziert also speziell auf jedem* E_α *die Topologie* $\mathfrak{T}_\alpha$.

Für endlich viele Summanden sind $\bigoplus_{i=1}^n E_{\alpha_i}[\mathfrak{T}_{\alpha_i}]$ *und* $\prod_{i=1}^n E_{\alpha_i}[\mathfrak{T}_{\alpha_i}]$ *topologisch isomorph.*

Beweis. Die auf $H = \bigoplus_\beta E_\beta[\mathfrak{T}_\beta]$ durch $\mathfrak{T}$ induzierte Topologie wird durch die Nullumgebungen $\big(\Gamma_\alpha U^\alpha\big) \cap H = \Gamma_\beta U^\beta$ erzeugt, die aber auch die Topologie der lokalkonvexen direkten Summe auf H erzeugen.

Die Nullumgebung $\Gamma_{i=1}^n U^{\alpha_i}$ von $\bigoplus_{i=1}^n E_{\alpha_i}[\mathfrak{T}_{\alpha_i}]$ liegt in der Nullumgebung $\prod_{i=1}^n U^{\alpha_i}$ von $\prod_{i=1}^n E_{\alpha_i}[\mathfrak{T}_{\alpha_i}]$, andererseits liegt $\prod_{i=1}^n \left(\frac{1}{n} U^{\alpha_i}\right)$ in $\Gamma_{i=1}^n U^{\alpha_i}$, Produkttopologie und Summentopologie stimmen also auf $\bigoplus_{i=1}^n E_{\alpha_i} = \prod_{i=1}^n E_{\alpha_i}$ überein.

Da $\prod_{i=1}^n E_{\alpha_i}[\mathfrak{T}_{\alpha_i}]$ separiert ist und jedes Element $x \in \bigoplus_\alpha E_\alpha[\mathfrak{T}_\alpha]$ in einem $\bigoplus_{i=1}^n E_{\alpha_i}[\mathfrak{T}_{\alpha_i}]$ liegt, gibt es eine $\mathfrak{T}$-Nullumgebung, die x und o trennt, $\mathfrak{T}$ ist separiert.

Es gilt $E = H \oplus H'$ mit $H' = \bigoplus_\gamma E_\gamma[\mathfrak{T}_\gamma]$, wobei γ die von den β verschiedenen α durchläuft. Diese Zerlegung ist nach § 15, 8.(1) aber topologisch, da die Projektionen auf H bzw. H' stetig sind. H und H' sind als Kerne dieser Projektionen abgeschlossen.

(3) *Sind die* $E_\alpha[\mathfrak{T}_\alpha]$ *vollständige lokalkonvexe Räume, so ist auch ihre lokalkonvexe direkte Summe vollständig; es gilt damit auch* $\widetilde{\bigoplus_\alpha E_\alpha[\mathfrak{T}_\alpha]} \cong \bigoplus_\alpha \tilde{E}_\alpha[\tilde{\mathfrak{T}}_\alpha]$.

Wir beweisen, daß $E[\mathfrak{T}] = \bigoplus_\alpha E_\alpha[\mathfrak{T}_\alpha]$ vollständig ist, wenn die $E_\alpha[\mathfrak{T}_\alpha]$ vollständig sind.

Es sei $\mathfrak{F} = \{F^\beta\}$ ein $\mathfrak{T}$-Cauchyfilter auf E. Da die Projektion P_α von E auf E_α stetig ist, ist auch $P_\alpha(\mathfrak{F})$ ein Cauchyfilter auf E_α. Da E_α vollständig ist, hat $P_\alpha(\mathfrak{F})$ einen Limes x_α.

Wir behaupten, daß nur endlich viele $x_\alpha \neq o$ sein können. Andernfalls gäbe es eine Folge $x_{\alpha_i} \neq o$, $i = 1, 2, \ldots$. Zu jedem x_{α_i} gibt es eine abgeschlossene absolutkonvexe $\mathfrak{T}_{\alpha_i}$-Nullumgebung U^{α_i} mit $\mathfrak{o} \notin x_{\alpha_i} + U^{\alpha_i}$. Wir bilden eine $\mathfrak{T}$-Nullumgebung $V = \prod_\alpha V^\alpha$ mit $V^{\alpha_i} = U^{\alpha_i}$, $i = 1, 2, \ldots$. Es sei F^β klein von der Ordnung V. Für ein Element $z = (z_\alpha) \in F^\beta$ gilt $P_{\alpha_i} z = z_{\alpha_i} \in P_{\alpha_i}(F^\beta)$. Es ist $P_{\alpha_i}(F^\beta)$ klein von der Ordnung $P_{\alpha_i}(V) = U^{\alpha_i}$. Wegen der Abgeschlossenheit von U^{α_i} gilt für den Berührungspunkt x_{α_i} von $P_{\alpha_i}(F^\beta)$ also $x_{\alpha_i} \in z_{\alpha_i} + U^{\alpha_i}$ oder $z_{\alpha_i} \in x_{\alpha_i} + U^{\alpha_i}$, da U^{α_i} absolutkonvex ist. Daher ist $z_{\alpha_i} \neq \mathfrak{o}$ für $i = 1, 2, \ldots$, und es wäre z ein Element von E mit unendlich vielen von $\mathfrak{o}$ verschiedenen Komponenten in den E_α, was ein Widerspruch ist.

Sei nun $x = x_{\alpha_1} + \cdots + x_{\alpha_n}$ die Summe der $x_\alpha \neq \mathfrak{o}$. Wir haben noch zu zeigen, daß $x = \lim \mathfrak{F}$ ist. Es sei eine $\mathfrak{T}$-Nullumgebung $U = \prod_\alpha U^\alpha$ mit abgeschlossenen $U^\alpha \subset E_\alpha$ gegeben. Es sei ferner F^β klein von der Ordnung U, z ein beliebiges Element aus F^β. Es gibt eine endliche Summe $H = \bigoplus_{i=1}^{m} E_{\alpha_i}[\mathfrak{T}_{\alpha_i}]$, in der sowohl x wie z liegen. Ist P die Projektion von E auf H, so ist nach (2) $P(U) \subset U$ und $P(U)$ eine abgeschlossene Nullumgebung in H. Aus $F^\beta \subset z + U$ folgt $P(F^\beta) \subset Pz + P(U) = z + P(U)$. Da $P(\mathfrak{F})$ den Limes x in H hat und $P(U)$ abgeschlossen ist, gilt auch $x \in z + P(U)$, also $z \in x + P(U) \subset x + U$, und damit $F^\beta \subset x + U$. Da dies für jedes U und jedes F^β, das klein von der Ordnung U ist, gilt, ist $x = \lim \mathfrak{F}$.

(4) *Jede beschränkte Teilmenge B von $E[\mathfrak{T}] = \bigoplus_\alpha E_\alpha[\mathfrak{T}_\alpha]$ ist beschränkte Teilmenge in einer endlichen Teilsumme $\bigoplus_{i=1}^{n} E_{\alpha_i}[\mathfrak{T}_{\alpha_i}]$, ist also enthalten in einer Menge der Form $\bigoplus_{i=1}^{n} B_{\alpha_i} \subset E$, B_{α_i} beschränkt in $E_{\alpha_i}[\mathfrak{T}_{\alpha_i}]$.*

Beweis. Die Projektion $P_\alpha(B) = B_\alpha$ von B in E_α ist nach (2) beschränkt in $E_\alpha[\mathfrak{T}_\alpha]$. Wir haben zu zeigen, daß es nur endlich viele α_i mit $B_{\alpha_i} \neq \mathfrak{o}$ geben kann.

Wir nehmen das Gegenteil an. Es genügt, den Fall $\bigoplus_{i=1}^{\infty} E_i[\mathfrak{T}_i]$ zu betrachten mit $B_i \neq \mathfrak{o}$ für jedes i. Wir können auch noch voraussetzen, daß es zu jedem i ein $x^{(i)} = (x_1^{(i)}, x_2^{(i)}, \ldots) \in B$ gibt mit $x_i^{(i)} \neq \mathfrak{o}$, $x_k^{(i)} = \mathfrak{o}$ für $k > i$.

Unsere Annahme ist widerlegt, wenn wir zur Folge $\frac{1}{i}\, x^{(i)}$ eine Nullumgebung U angeben können, die keines der $\frac{1}{i}\, x^{(i)}$ enthält, denn dann gibt es kein Vielfaches von U, das alle $x^{(i)}$ enthält, B wäre also nicht beschränkt.

Wir bestimmen für jedes i eine absolutkonvexe Nullumgebung U_i in E_i, die $\frac{1}{i} x_i^{(i)}$ nicht enthält, und setzen $U = \prod_{i=1}^{\infty} U_i$. Dann gilt $P_i(U) = U_i$ und $P_i\left(\frac{1}{i}\, x^{(i)}\right) = \frac{1}{i}\, x_i^{(i)} \notin U_i$. Daraus folgt aber $\frac{1}{i} x^{(i)} \notin U$.

Ein linearer Raum E kann stets als direkte Summe eindimensionaler E_α aufgefaßt werden, $E = \bigoplus_\alpha x_\alpha \mathsf{K}$, $\{x_\alpha\}$ eine Basis von E. E erhält damit als lokalkonvexe direkte Summe der $x_\alpha \mathsf{K}$ eine Topologie $\mathfrak{T}$, die als Nullumgebungsbasis nach (1) sämtliche absolutkonvexen ausgeglichenen Mengen, also alle absolutkonvexen α-Körper besitzt. Diese Topologie ist offenbar die feinste aller auf E erklärbaren lokalkonvexen Topologien. Mit der in § 7, 5. eingeführten Bezeichnung gilt also

(5) *Die lokalkonvexe direkte Summe $\varphi_d(\mathsf{K})$ von d zu K topologisch isomorphen eindimensionalen Räumen besitzt als Topologie die feinste lokalkonvexe Topologie.*

Eine unmittelbare Folge von (4) ist

(6) *Jede beschränkte Teilmenge von $\varphi_d(\mathsf{K})$ ist endlichdimensional und relativ kompakt.*

Die hier gegebene Einführung der Topologie $\mathfrak{T}$ der direkten Summe steht in einem gewissen Gegensatz zu dem Vorgehen in den lineartopologischen Räumen (§ 10, 2.). Dort haben wir als Nullumgebungsbasis die $\bigoplus_\alpha U^\alpha$ genommen. Wir können analog auch jetzt vorgehen.

Sind die $E_\alpha[\mathfrak{T}_\alpha]$ beliebige topologische lineare Räume, so erklären wir auf $E = \bigoplus_\alpha E_\alpha$ die Topologie $\mathfrak{T}'$, deren Nullumgebungsbasis die $\bigoplus_\alpha U^\alpha$ bilden, U^α eine beliebige Nullumgebung in $E_\alpha[\mathfrak{T}_\alpha]$. Im lokalkonvexen Fall erhalten wir offenbar eine schwächere Topologie als $\mathfrak{T}$, da $\Gamma_\alpha U^\alpha \subset \bigoplus_\alpha U^\alpha$ ist. Wir nennen $E[\mathfrak{T}']$ die topologische direkte Summe der $E_\alpha[\mathfrak{T}_\alpha]$.

Für die topologische direkte Summe gelten dieselben Resultate,

(7) $E[\mathfrak{T}'] = (\bigoplus_\alpha E_\alpha)[\mathfrak{T}']$ *ist für lokalkonvexe $E_\alpha[\mathfrak{T}_\alpha]$ wieder lokalkonvex, $E[\mathfrak{T}']$ ist vollständig für vollständige $E_\alpha[\mathfrak{T}_\alpha]$, die beschränkten Mengen sind enthalten in den Mengen $\bigoplus_{i=1}^{n} B_{\alpha_i}$, stimmen also mit den bezüglich $\mathfrak{T}$ beschränkten Mengen überein.*

Der fast wörtlich wie im Fall der Summentopologie $\mathfrak{T}$ zu führende Beweis sei dem Leser überlassen.

(8) *Für abzählbar viele Summanden $E_i[\mathfrak{T}_i]$ stimmen $\mathfrak{T}'$ und $\mathfrak{T}$ auf $\bigoplus_{i=1}^{\infty} E_i$ überein, für mehr als abzählbar viele Summanden kann $\mathfrak{T}'$ verschieden von $\mathfrak{T}$ sein.*

$\mathfrak{T}'$ ist im abzählbaren Fall gleich $\mathfrak{T}$, da jede $\mathfrak{T}$-Nullumgehung $\Gamma_{i=1}^{\infty} U^i$ die $\mathfrak{T}'$-Nullumgebung $\bigoplus_{i=1}^{\infty} \frac{1}{2^i} U^i$ enthält.

Ist $d > \aleph_0$, so sind $\mathfrak{T}'$ und $\mathfrak{T}$ auf φ_d verschieden: Es sei in jedem eindimensionalen Raum $E_\alpha = x_\alpha \mathsf{K}$ die Nullumgebung U^α durch $|\xi_\alpha| \leqq 1$ gegeben. Dann enthält $\Gamma_\alpha U^\alpha$ alle $\mathfrak{x} = (\xi_\alpha) \in \varphi_d$ mit $\sum_\alpha |\xi_\alpha| \leqq 1$. Aber zu jeder $\mathfrak{T}'$-Nullumgebung $\bigoplus_\alpha \varrho_\alpha U^\alpha$ gibt es ein ε_0, so daß $\varrho_\alpha \geqq \varepsilon_0$ für nichtabzählbar viele α gilt, also gibt es in $\bigoplus_\alpha \varrho_\alpha U^\alpha$ stets Elemente $\mathfrak{x}$ mit beliebig großem $\sum_\alpha |\xi_\alpha|$.

Der Grund für die Bevorzugung der Topologie $\mathfrak{T}$ vor der Topologie $\mathfrak{T}'$ wird sich in der Theorie der Dualität zeigen (§ 22, 5.).

§ 19. Lokalkonvexe Hülle und Kern, induktiver und projektiver Limes lokalkonvexer Räume

1. Die lokalkonvexe Hülle lokalkonvexer Räume. Lokalkonvexe direkte Summe und topologisches Produkt lokalkonvexer Räume sind Spezialfälle allgemeinerer Begriffsbildungen, denen wir uns jetzt zuwenden. Wir beginnen mit dem für die Anwendungen besonders wichtigen Fall der lokalkonvexen Hülle und des topologischen induktiven Limes.

Ist ein linearer Raum E die lineare Hülle gewisser linearer Teilräume E_α, so schreiben wir dafür $E = \sum_\alpha E_\alpha$. Uns interessiert vor allem der Fall, daß jedes E_α als das lineare Bild $A_\alpha(F_\alpha)$ eines linearen Raumes F_α gegeben ist. Wir schreiben dann $E = \sum_\alpha A_\alpha(F_\alpha)$.

Ein Spezialfall dieser linearen Hülle ist die direkte Summe $E = \bigoplus_\alpha E_\alpha$, umgekehrt gilt

(1) *Jede lineare Hülle* $E = \sum_\alpha A_\alpha(F_\alpha)$ *ist isomorph einem Quotientenraum* $\hat{E} = (\bigoplus_\alpha F_\alpha)/H$.

Beweis. Durch $A(\sum_\alpha x_\alpha) = \sum_\alpha A_\alpha x_\alpha$, $x_\alpha \in F_\alpha$, wird eine lineare Abbildung A von $\bigoplus_\alpha F_\alpha$ auf $E = \sum_\alpha A_\alpha(F_\alpha)$ erklärt. Ist H der Nullraum $N[A]$ von A in $\bigoplus_\alpha F_\alpha$, so ist also E isomorph $\hat{E} = (\bigoplus_\alpha F_\alpha)/H$.

Umgekehrt gilt offenbar

(2) *Jeder Quotientenraum* $\hat{E} = (\bigoplus_\alpha F_\alpha)/H$ *ist gleich der linearen Hülle* $E = \sum_\alpha K_\alpha(F_\alpha)$, K_α *der auf* F_α *eingeschränkte kanonische Homomorphismus* K *von* $\bigoplus_\alpha F_\alpha$ *auf* $\hat{E}$.

Sind die F_α lokalkonvexe Räume $F_\alpha[\mathfrak{T}_\alpha]$, so wird man eine möglichst natürliche lokalkonvexe Topologie auf der linearen Hülle $E = \sum_\alpha A_\alpha(F_\alpha)$ einzuführen versuchen. Als solche bietet sich nach dem Spezialfall der lokalkonvexen direkten Summe die feinste lokalkonvexe Topologie $\mathfrak{T}$ an, für die alle A_α stetige Abbildungen von F_α in E sind. Eine absolutkonvexe Teilmenge U von E ist also dann $\mathfrak{T}$-Nullumgebung, wenn $A_\alpha^{(-1)}(U)$ für jedes α eine $\mathfrak{T}_\alpha$-Nullumgebung U^α in F_α ist. Alle Mengen $\Gamma_\alpha A_\alpha(U^\alpha)$, in denen die U^α je einer $\mathfrak{T}_\alpha$-Nullumgebungsbasis von $F_\alpha[\mathfrak{T}_\alpha]$ entnommen sind, bilden also eine $\mathfrak{T}$-Nullumgebungsbasis auf E.

Diese Topologie $\mathfrak{T}$ braucht jedoch nicht immer separiert zu sein, wie wir gleich sehen werden. Ist dies aber der Fall, so nennt man $E[\mathfrak{T}] = \sum_\alpha A_\alpha(F_\alpha[\mathfrak{T}_\alpha])$ die lokalkonvexe Hülle der $A_\alpha(F_\alpha[\mathfrak{T}_\alpha])$ und $\mathfrak{T}$ die Hüllentopologie auf E.

Die algebraische Isomorphie (1) läßt sich verschärfen zu

(3) *Jede lokalkonvexe Hülle* $E[\mathfrak{T}] = \sum_\alpha A_\alpha(F_\alpha[\mathfrak{T}_\alpha])$ *ist topologisch isomorph einem Quotientenraum* $\widehat{E} = (\bigoplus_\alpha F_\alpha)/H$ *der lokalkonvexen direkten Summe der* $F_\alpha[\mathfrak{T}_\alpha]$ *nach einem abgeschlossenen linearen Teilraum* H.

Beweis. Bei der Abbildung $A(\sum_\alpha x_\alpha) = \sum_\alpha A_\alpha x_\alpha$ von $\bigoplus_\alpha F_\alpha[\mathfrak{T}_\alpha]$ auf $E[\mathfrak{T}]$ wird die Nullumgebung $\Gamma_\alpha U^\alpha$ von $\bigoplus_\alpha F_\alpha[\mathfrak{T}_\alpha]$ auf die $\mathfrak{T}$-Nullumgebung $\Gamma_\alpha A_\alpha(U^\alpha)$ von E abgebildet. A ist also ein topologischer Homomorphismus. Nach §15, 4.(4) ist dann aber $\breve{A}$ ein topologischer Isomorphismus von $(\bigoplus_\alpha F_\alpha)/H$ auf $E[\mathfrak{T}]$, H der abgeschlossene Nullraum von A. Die Topologie auf $(\bigoplus_\alpha F_\alpha)/H$ ist dabei die Topologie des Quotientenraumes.

Auch die (2) entsprechende verschärfte Aussage ist offenbar richtig,

(4) *Jeder Quotientenraum* $\widehat{E} = (\bigoplus_\alpha F_\alpha)/H$ *einer lokalkonvexen direkten Summe lokalkonvexer Räume* $F_\alpha[\mathfrak{T}_\alpha]$ *nach einem abgeschlossenen linearen Teilraum H ist topologisch isomorph der lokalkonvexen Hülle* $\sum_\alpha K_\alpha(F_\alpha[\mathfrak{T}_\alpha])$, K_α *der auf* F_α *eingeschränkte kanonische Homomorphismus* K *von* $\bigoplus_\alpha F_\alpha$ *auf* $\widehat{E}$.

Damit ist auch klar, wann der Fall eintritt, daß die Hüllentopologie auf einer linearen Hülle $\sum_\alpha A_\alpha(F_\alpha[\mathfrak{T}_\alpha])$ nicht separiert ist, nämlich genau dann, wenn bei der algebraischen Isomorphie (1) der Nullraum H von A nicht abgeschlossen ist (vgl. §10, 7.).

Bemerkung. Nach (4) kann ein Quotientenraum $(E/H)[\mathfrak{T}]$ von $E[\mathfrak{T}]$ als lokalkonvexe Hülle aufgefaßt werden, es wird $(E/H)[\mathfrak{T}] = K(E[\mathfrak{T}])$, K die kanonische Abbildung von E auf E/H.

(5) *Es sei* E *einerseits gleich* $\sum_\alpha A_\alpha(F_\alpha[\mathfrak{T}_\alpha])$, *andererseits gleich* $\sum_\beta B_\beta(G_\beta[\mathfrak{T}'_\beta])$. *Die zur ersten Darstellung gehörige Hüllentopologie sei* $\mathfrak{T}$, *die zur zweiten gehörigen* $\mathfrak{T}'$. *Gibt es zu jedem* α *ein* β, *so daß* $A_\alpha(F_\alpha) \subset B_\beta(G_\beta)$ *gilt, und induziert die durch* B_β *auf* $B_\beta(G_\beta)$ *übertragene Topologie* $\mathfrak{T}'_\beta$ *auf* $A_\alpha(F_\alpha)$ *eine gröbere Topologie als die durch* A_α *auf* $A_\alpha(F_\alpha)$ *übertragene Topologie* $\mathfrak{T}_\alpha$, *so ist* $\mathfrak{T}'$ *gröber als* $\mathfrak{T}$ *auf* E.

Denn ist V eine absolutkonvexe $\mathfrak{T}'$-Nullumgebung, so ist $V \cap B_\beta(G_\beta)$ das B_β-Bild einer $\mathfrak{T}'_\beta$-Nullumgebung von G_β, dieses umfaßt nach Voraussetzung das A_α-Bild einer $\mathfrak{T}_\alpha$-Nullumgebung von F_α, V ist daher auch $\mathfrak{T}$-Nullumgebung.

Erzeugen die beiden Darstellungen dieselbe Topologie auf E, so spricht man von äquivalenten Definitionssystemen.

(6) *Die Bildung der lokalkonvexen Hülle ist transitiv.*

Ist $E[\mathfrak{T}] = \sum_{\alpha} A_\alpha\big(\sum_{\beta\alpha} B_{\beta\alpha}(F_{\beta\alpha}[\mathfrak{T}_{\beta\alpha}])\big)$, so ist $E[\mathfrak{T}]$ auch gleich $\sum_{\alpha,\beta\alpha} A_\alpha B_{\beta\alpha}(F_{\beta\alpha}[\mathfrak{T}_{\beta\alpha}])$. Dies ist für die linearen Räume trivial, die Übereinstimmung der Hüllentopologien folgt aus $\ulcorner_{\alpha} A_\alpha\big(\ulcorner_{\beta\alpha} B_{\beta\alpha}(U^{\beta\alpha})\big) = \ulcorner_{\alpha,\beta\alpha} A_\alpha B_{\beta\alpha}(U^{\beta\alpha})$.

(7) *Eine lineare Abbildung B einer lokalkonvexen Hülle $E[\mathfrak{T}] = \sum_{\alpha} A_\alpha(E_\alpha[\mathfrak{T}_\alpha])$ bzw. $\sum_{\alpha} E_\alpha[\mathfrak{T}_\alpha]$ in einen lokalkonvexen Raum $F[\mathfrak{T}']$ ist dann und nur dann stetig, wenn alle Abbildungen BA_α bzw. alle Einschränkungen von B auf die E_α stetige Abbildungen der $E_\alpha[\mathfrak{T}_\alpha]$ in $F[\mathfrak{T}']$ sind.*

Beweis. Die Bedingung ist offenbar notwendig. Ist andererseits jedes BA_α (bzw. BI_α, I_α die Einbettung von E_α in E) stetig, so gibt es zu einer vorgegebenen absolutkonvexen Nullumgebung V in F stets eine $\mathfrak{T}_\alpha$-Nullumgebung U^α mit $BA_\alpha(U^\alpha) \subset V$. Dann ist aber auch $B\big(\ulcorner_{\alpha} A_\alpha(U^\alpha)\big) \subset V$, B also stetig.

Analog beweist man, daß eine Menge M von Abbildungen B dann und nur dann gleichstetig ist, wenn die Abbildungen BA_α für jedes α gleichstetig sind.

2. Der induktive Limes linearer Räume. Die Überlegungen in dieser Nummer sind rein algebraischer Natur, sie gelten auch für lineare Räume über beliebigen Körpern.

Es sei $E = \sum_{\alpha} A_\alpha(F_\alpha)$ eine lineare Hülle. Es bilde die Menge A der Indizes α eine gerichtete Menge und es sei zu jedem Paar $\alpha < \beta$ eine lineare Abbildung $A_{\beta\alpha}$ von F_α in F_β gegeben, für die

$$(1) \qquad A_\alpha = A_\beta A_{\beta\alpha} \quad \text{für } \alpha < \beta$$

gilt. Wir setzen überdies $A_{\alpha\alpha}$ gleich der identischen Abbildung von F_α auf sich.

Für $\alpha \leqq \beta$ gilt dann stets $A_\alpha(F_\alpha) \subset A_\beta(F_\beta)$.

(2) *Sind die A_α, $\alpha \in \mathsf{A}$, in (1) eineindeutig, so sind es auch die $A_{\beta\alpha}$ und es gilt*

$$(3) \qquad A_{\gamma\beta} A_{\beta\alpha} = A_{\gamma\alpha} \quad \textit{für} \quad \alpha \leqq \beta \leqq \gamma.$$

Zum Beweise multipliziere man beide Seiten von (3) mit A_γ und verwende (1).

Diese Situation liegt in vielen Fällen vor. Ist z.B. $E = \sum_{\alpha} E_\alpha$, bilden die α eine gerichtete Menge A und gilt $E_\alpha \subset E_\beta$ für $\alpha < \beta$, so brauchen wir nur A_α gleich der Einbettung I_α von E_α in E und $A_{\beta\alpha}$ gleich der Einbettung $I_{\beta\alpha}$ von E_α in E_β zu setzen, dann ist (1) erfüllt. In diesem Fall gilt auch (3).

Man kann sogar jede lineare Hülle $E = \sum_\alpha A_\alpha(F_\alpha)$, $\alpha \in \mathsf{A}$, so schreiben: Man bilde für jede endliche Teilmenge Δ von A die endliche direkte Summe $F_\Delta = \bigoplus_{\delta\in\Delta} F_\delta$ und erkläre die Abbildung A_Δ von F_Δ in E durch $A_\Delta \sum_\delta x_\delta = \sum_\delta A_\delta x_\delta$. Durch $\Delta_1 \leqq \Delta_2$ für $\Delta_1 \subset \Delta_2$ wird die Menge der Δ eine gerichtete Menge. Schließlich erklären wir A_{Δ_2,Δ_1} für $\Delta_1 \leqq \Delta_2$ als die Einbettung von F_{Δ_1} in F_{Δ_2}. Damit wird $E = \sum_\Delta A_\Delta(F_\Delta)$ und (1) ist erfüllt. Auch (3) gilt für die A_{Δ_2,Δ_1}.

Liegt der am Anfang geschilderte Sachverhalt vor, so überträgt er sich bei der Isomorphie 1.(1),

(4) *Ist $E = \sum_\alpha A_\alpha(F_\alpha)$ und sind Abbildungen $A_{\beta\alpha}$ von F_α in F_β, die (1) erfüllen, gegeben, so gelten für den zu E isomorphen Quotientenraum $\hat{E} = \sum_\alpha K_\alpha(F_\alpha)$ die Beziehungen*

(5) $$K_\alpha = K_\beta A_{\beta\alpha} \quad \textit{für} \quad \alpha < \beta.$$

Beweis. Die Abbildung A aus dem Beweis von 1.(1) erzeugt die eineindeutige Abbildung $\hat{A}$ von $\hat{E} = K(\bigoplus_\alpha F_\alpha)$ auf E, nach 1.(2) gilt also $\sum_\alpha A_\alpha x_\alpha = \hat{A} K(\sum_\alpha x_\alpha) = \hat{A} \sum_\alpha K_\alpha x_\alpha$. Dem Element $K_\alpha x_\alpha$ ist also das Element $A_\alpha x_\alpha$ eineindeutig zugeordnet. Aus $A_\alpha x_\alpha = A_\beta(A_{\beta\alpha} x_\alpha)$ folgt daher $K_\alpha x_\alpha = K_\beta(A_{\beta\alpha} x_\alpha)$ für alle $x_\alpha \in F_\alpha$, d.h. (5).

Bisher sind wir von einem Raum E, Teilräumen $A_\alpha(F_\alpha)$ und Abbildungen $A_{\beta\alpha}$ von F_α in F_β ausgegangen. Es ist naheliegend zu fragen, wie weit E durch die F_α und die $A_{\beta\alpha}$ bestimmt ist und ob man zu gegebenen F_α und $A_{\beta\alpha}$ einen Raum E und Abbildungen A_α finden kann, die (1) erfüllen.

Eine Antwort gibt

(6) *Es sei ein gerichtetes System von linearen Räumen F_α gegeben, dazu für jedes Paar $\alpha < \beta$ eine lineare Abbildung $A_{\beta\alpha}$ von F_α in F_β und es gelte*

(7) $$A_{\gamma\beta} A_{\beta\alpha} = A_{\gamma\alpha} \quad \textit{für} \quad \alpha < \beta < \gamma.$$

Mit H_0 bezeichnen wir die in $\bigoplus_\alpha F_\alpha$ gebildete lineare Hülle aller Elemente $x_\alpha - A_{\beta\alpha} x_\alpha$, $x_\alpha \in F_\alpha$ und $\alpha < \beta$. Ist $H \supset H_0$ ein linearer Teilraum von $\bigoplus_\alpha F_\alpha$ und ist K der kanonische Homomorphismus von $\bigoplus_\alpha F_\alpha$ auf $(\bigoplus_\alpha F_\alpha)/H$, so ist $(\bigoplus_\alpha F_\alpha)/H = \sum_\alpha K_\alpha(F_\alpha)$ und es gilt (5).

Dies ergibt sich leicht aus 1.(2). Denn aus $H \supset H_0$ folgt $K(x_\alpha - A_{\beta\alpha} x_\alpha) = o$, also $K_\alpha x_\alpha = K_\beta A_{\beta\alpha} x_\alpha$ für alle $x_\alpha \in F_\alpha$ und damit (5).

Man nennt den durch die Wahl von $H = H_0$ eindeutig bestimmten Raum $(\bigoplus_\alpha F_\alpha)/H_0 = \sum_\alpha K_\alpha^{(0)}(F_\alpha)$ den induktiven Limes der F_α bezüglich der Abbildungen $A_{\beta\alpha}$ und bezeichnet ihn auch mit $\varinjlim A_{\beta\alpha}(F_\alpha)$.

Es kann der Fall eintreten, daß $\varinjlim A_{\beta\alpha}(F_\alpha)$, auch wenn alle $A_{\beta\alpha} \neq 0$ sind, nur aus dem Element $\circ$ besteht.

Bis jetzt haben wir von (7) keinen Gebrauch gemacht, benutzen es aber nun für die genaue Bestimmung von H_0,

(8) *Das Element* $\sum_{i=1}^{n} x_{\alpha_i}$ *von* $\bigoplus_\alpha F_\alpha$ *liegt dann und nur dann in* H_0, *wenn es ein* $\beta \geqq \alpha_i$, $i = 1, \ldots, n$, *gibt mit*

$$(9) \qquad \sum_{i=1}^{n} A_{\beta\alpha_i} x_{\alpha_i} = \circ .$$

Beweis. Gilt (9), so ist $\sum_{i=1}^{n} x_{\alpha_i} = \sum_{i=1}^{n} (x_{\alpha_i} - A_{\beta\alpha_i} x_{\alpha_i}) \in H_0$. Umgekehrt folgt für $\gamma \geqq \beta$ aus (7) für $x_\alpha - A_{\beta\alpha} x_\alpha$ die Beziehung $A_{\gamma\alpha} x_\alpha - A_{\gamma\beta}(A_{\beta\alpha} x_\alpha) = \circ$, also eine Gleichung der Form (9). Durch Wahl genügend großer β folgt (9) auch für eine Linearkombination von Elementen $x_{\alpha_i} - A_{\beta_i\alpha_i} x_{\alpha_i}$, und zwar ist dies richtig für alle $\beta \geqq \beta_i$, $i = 1, \ldots, n$.

Aus (8) folgt eine gewisse Umkehrung von (2),

(10) *Sind die* $A_{\beta\alpha}$ *in* $\varinjlim A_{\beta\alpha}(F_\alpha) = \sum_\alpha K_\alpha^{(0)}(F_\alpha)$ *eineindeutig, so auch die* $K_\alpha^{(0)}$.

Denn für ein $x_\alpha \in F_\alpha$ bedeutet (9) eine Beziehung $A_{\beta\alpha} x_\alpha = \circ$, die wegen der vorausgesetzten Eineindeutigkeit von $A_{\beta\alpha}$ nur durch $x_\alpha = \circ$ lösbar ist. Es ist also $F_\alpha \cap H_0 = \circ$.

Daraus folgt insbesondere, daß bei Eineindeutigkeit der $A_{\beta\alpha}$ der induktive Limes von $\circ$ verschieden ist, wenn die $F_\alpha \neq \circ$ sind.

(11) *Ist* $E = \sum_\alpha A_\alpha(F_\alpha)$ *und ist ein* (1) *und* (3) *erfüllendes System von Abbildungen* $A_{\beta\alpha}$ *gegeben, so ist* E *stets homomorphes Bild von* $\varinjlim A_{\beta\alpha}(F_\alpha)$. E *ist dann und nur dann isomorph* $\varinjlim A_{\beta\alpha}(F_\alpha)$, *wenn eine Gleichung* $A_\alpha x_\alpha = \circ$, $x_\alpha \neq \circ$, *in* E *dann und nur dann gilt, wenn es ein* $\beta > \alpha$ *gibt (das von* x_α *abhängt), für das* $A_{\beta\alpha} x_\alpha = \circ$ *ist.*

Beweis. Gehen wir von E nach (4) zum isomorphen $\hat{E} = \sum_\alpha K_\alpha(F_\alpha) = (\bigoplus_\alpha F_\alpha)/H$ über, so gilt (5), also $K_\alpha x_\alpha = K_\beta A_{\beta\alpha} x_\alpha$, d.h. $K(x_\alpha - A_{\beta\alpha} x_\alpha) = \circ$ und damit $x_\alpha - A_{\beta\alpha} x_\alpha \in H$. Also ist $H > H_0$ und damit E homomorphes Bild von $(\bigoplus_\alpha F_\alpha)/H_0 = \varinjlim A_{\beta\alpha}(F_\alpha)$.

Ferner gilt $A_\alpha x_\alpha = \circ$ in E genau dann, wenn $K_\alpha x_\alpha = \circ$ in $\hat{E}$ gilt. Nach (8) ist $K_\alpha^{(0)} x_\alpha = \circ$, d.h. $x_\alpha \in H_0$, genau dann, wenn für ein geeignetes $\beta > \alpha$ gilt $A_{\beta\alpha} x_\alpha = \circ$. Folgt also aus $K_\alpha x_\alpha = 0$ stets $A_{\beta\alpha} x_\alpha = \circ$ für ein geeignetes $\beta > \alpha$, so haben K_α und $K_\alpha^{(0)}$ denselben Nullraum in F_α. Wir haben noch zu zeigen, daß daraus $H = H_0$ folgt. Wegen $H > H_0$ folgt aber aus $K\Big(\sum_{i=1}^{n} x_{\alpha_i}\Big) = \circ$ für $\beta \geqq \alpha_1, \ldots, \alpha_n$ stets $K(\sum A_{\beta\alpha_i} x_{\alpha_i}) = \circ$

und daraus

$$K_\beta(\sum A_{\beta\alpha_i} x_{\alpha_i}) = K_\beta^{(0)}(\sum A_{\beta\alpha_i} x_{\alpha_i}) = K^{(0)}(\sum x_{\alpha_i}) = o,$$

d.h. $H_0 > H$

Aus (11) ergibt sich, wann man eine lineare Hülle als induktiven Limes auffassen kann.

Eine lineare Hülle der speziellen Gestalt $E = \sum_\alpha E_\alpha$ *mit* $E_\alpha < E_\beta$ *für* $\alpha < \beta$ *ist stets gleich* $\underrightarrow{\lim}\, I_{\beta\alpha}(E_\alpha)$, $I_{\beta\alpha}$ *die Einbettung von* E_α *in* E_β. Wir schreiben dafür auch einfach $\underrightarrow{\lim}\, E_\alpha$ und sprechen vom induktiven Limes des gerichteten Systems der E_α.

Speziell ist eine direkte Summe $\bigoplus_\alpha E_\alpha$ induktiver Limes ihrer endlichen Teilsummen.

Ebenso läßt sich nach (10) eine lineare Hülle $E = \sum_\alpha A_\alpha(F_\alpha)$ mit einem (1) und (3) erfüllenden System $A_{\beta\alpha}$ als $\underrightarrow{\lim}\, A_{\beta\alpha}(F_\alpha)$ auffassen, wenn die A_α sämtlich eineindeutig sind.

3. Der topologische induktive Limes lokalkonvexer Räume. Sind die in der vorigen Nummer betrachteten linearen Räume F_α lokalkonvex, so ergibt sich aus 1., wie man vorzugehen hat.

Es sei $F_\alpha[\mathfrak{T}_\alpha]$ ein gerichtetes System lokalkonvexer Räume und es sei $\{A_{\beta\alpha}\}$ ein System von stetigen Abbildungen von $F_\alpha[\mathfrak{T}_\alpha]$ in $F_\beta[\mathfrak{T}_\beta]$ für $\alpha < \beta$, für das

$$(1) \qquad A_{\gamma\beta} A_{\beta\alpha} = A_{\gamma\alpha} \quad \text{für} \quad \alpha < \beta < \gamma$$

gilt. Ist dann H_0 wieder die lineare Hülle der $x_\alpha - A_{\beta\alpha} x_\alpha \in \bigoplus_\alpha F_\alpha[\mathfrak{T}_\alpha]$ und ist H_0 abgeschlossen in $\bigoplus_\alpha F_\alpha[\mathfrak{T}_\alpha]$, so ist die auf $\underrightarrow{\lim}\, A_{\beta\alpha}(F_\alpha) = \sum_\alpha K_\alpha^{(0)}(F_\alpha[\mathfrak{T}_\alpha]) = (\bigoplus_\alpha F_\alpha[\mathfrak{T}_\alpha])/H_0$ erklärte Hüllentopologie bzw. Quotientenraumtopologie $\mathfrak{T}$ separiert.

Der mit dieser Topologie $\mathfrak{T}$ versehene Raum $\underrightarrow{\lim}\, A_{\beta\alpha}(F_\alpha[\mathfrak{T}_\alpha])$ heißt der topologische induktive Limes der $A_{\beta\alpha}(F_\alpha)$.

Nach den Schlußbemerkungen der vorigen Nummer ist eine lokalkonvexe Hülle $E[\mathfrak{T}] = \sum_\alpha E_\alpha[\mathfrak{T}_\alpha]$ mit $E_\alpha < E_\beta$ für $\alpha < \beta$ genau dann der topologische induktive Limes $\underrightarrow{\lim}\, I_{\beta\alpha}(E_\alpha[\mathfrak{T}_\alpha]) = \underrightarrow{\lim}\, E_\alpha[\mathfrak{T}_\alpha]$ der $E_\alpha[\mathfrak{T}_\alpha]$, wenn für $\alpha < \beta$ stets $\mathfrak{T}_\beta$ auf E_α eine schwächere Topologie als $\mathfrak{T}_\alpha$ induziert.

Insbesondere ist die lokalkonvexe Hülle $\sum_{n=1}^{\infty} E_n[\mathfrak{T}_n]$ einer aufsteigenden Folge $E_1[\mathfrak{T}_1] < E_2[\mathfrak{T}_2] < \cdots$ genau dann der topologische induktive Limes der $E_n[\mathfrak{T}_n]$, wenn für jedes n die Topologie $\mathfrak{T}_{n+1}$ auf E_n eine schwächere Topologie als $\mathfrak{T}_n$ induziert.

Jede lokalkonvexe Hülle $E[\mathfrak{T}] = \sum_\alpha E_\alpha[\mathfrak{T}_\alpha]$, deren Indizes eine beliebige Menge bilden, kann als topologischer induktiver Limes der lokalkonvexen Hüllen je endlich vieler $E_\alpha[\mathfrak{T}_\alpha]$ aufgefaßt werden.

(2) *Es existiere der topologische induktive Limes* $E[\mathfrak{T}] = \varinjlim A_{\beta\alpha}(F_\alpha[\mathfrak{T}_\alpha])$ *der lokalkonvexen Räume* $F_\alpha[\mathfrak{T}_\alpha]$ *und es sei* Γ *eine konfinale Teilmenge der gerichteten Indexmenge* A. *Durchlaufen* γ, δ *alle Paare* $\gamma < \delta$ *aus* Γ, *so existiert auch* $E_1[\mathfrak{T}_1] = \varinjlim A_{\delta\gamma}(F_\gamma[\mathfrak{T}_\gamma])$ *und ist topologisch isomorph zu* $E[\mathfrak{T}]$.

Beweis. Γ ist ebenfalls eine gerichtete Menge. Wir schreiben E als lineare Hülle $\sum_\alpha K_\alpha^{(0)}(F_\alpha)$ und E_1 als $\sum_\gamma K_\gamma^{(0)\prime}(F_\gamma)$. Da aus $\alpha < \gamma$ stets $K_\alpha^{(0)}(F_\alpha) \subset K_\gamma^{(0)}(F_\gamma)$ folgt und wegen der Konfinalität zu jedem $\alpha \in \mathsf{A}$ ein $\gamma > \alpha$ existiert, ist E auch gleich der linearen Hülle $\sum_{\gamma\in\Gamma} K_\gamma^{(0)}(F_\gamma)$. Wir ordnen nun jedem Element $\sum_{i=1}^n K_{\gamma_i}^{(0)} x_{\gamma_i} \in E$ das Element $\sum_{i=1}^n K_{\gamma_i}^{(0)\prime} x_i \in E_1$ zu. Nun ist nach 2.(8) das Element $\sum_{i=1}^n K_{\gamma_i}^{(0)} x_{\gamma_i}$ dann und nur dann gleich $\mathfrak{o}$, wenn es ein $\beta \geqq \gamma_i$, $i = 1, \ldots, n$, gibt mit $\sum_{i=1}^n A_{\beta\gamma_i} x_{\gamma_i} = \mathfrak{o}$ in $\bigoplus_\alpha F_\alpha$. Für ein $\delta \in \Gamma$ mit $\delta \geqq \beta$ ist dann aber auch $\sum_{i=1}^n A_{\delta\gamma_i} x_{\gamma_i} = \mathfrak{o}$. Nach 2.(8) ist also $\sum_{i=1}^n K_{\gamma_i}^{(0)} x_{\gamma_i} \in E$ dann und nur dann $\mathfrak{o}$, wenn das zugeordnete Element $\sum_{i=1}^n K_{\gamma_i}^{(0)\prime} x_{\gamma_i} \in E_1$ verschwindet, unsere Zuordnung von E auf E_1 ist eine Isomorphie.

Die Hüllentopologie $\mathfrak{T}$ auf E ist die feinste lokalkonvexe Topologie, für die alle $K_\alpha^{(0)}$, $\alpha \in \mathsf{A}$, stetig sind. Es genügt aber vorauszusetzen, daß alle $K_\gamma^{(0)}$ stetig sind, da aus $K_\alpha^{(0)} = K_\gamma^{(0)} A_{\gamma\alpha}$ für $\alpha < \gamma$ und der Stetigkeit von $A_{\gamma\alpha}$ die Stetigkeit von $K_\alpha^{(0)}$ dann folgt. Das bedeutet aber die topologische Isomorphie von $E[\mathfrak{T}]$ und $E_1[\mathfrak{T}_1]$.

Wir kehren zu der am Anfang der vorigen Nummer betrachteten allgemeinen Situation zurück. Es sei jetzt $E[\mathfrak{T}] = \sum_\alpha A_\alpha(F_\alpha[\mathfrak{T}_\alpha])$ die lokalkonvexe Hülle eines gerichteten Systems $\{F_\alpha[\mathfrak{T}_\alpha]\}$ und es gehöre zu jedem Paar $\alpha < \beta$ eine stetige lineare Abbildung $A_{\beta\alpha}$ von F_α in F_β, so daß wieder

(3) $$A_\alpha = A_\beta A_{\beta\alpha} \quad \text{für} \quad \alpha < \beta$$

und

(4) $$A_{\gamma\beta} A_{\beta\alpha} = A_{\gamma\alpha} \qquad \text{für} \quad \alpha < \beta < \gamma$$

gilt.

Wir sahen (vgl. 2.(11)), daß E homomorphes Bild von $\varinjlim A_{\beta\alpha}(F_\alpha)$ ist. Dieser Homomorphismus ist, wie leicht zu sehen, jetzt auch ein topologischer, wenn der topologische induktive Limes der $A_{\beta\alpha}(F_\alpha)$ existiert, d.h. wenn seine Hüllentopologie separiert ist.

4. Strikter induktiver Limes. Ein topologischer induktiver Limes $E[\mathfrak{T}] = \sum_\alpha E_\alpha[\mathfrak{T}_\alpha]$ heißt strikt, wenn $E_\alpha \subset E_\beta$ für $\alpha < \beta$ und die durch $\mathfrak{T}_\beta$ auf dem Teilraum E_α von E_β induzierte Topologie gleich $\mathfrak{T}_\alpha$ ist.

Speziell ist nach §18, 5.(2) jede lokalkonvexe direkte Summe $E[\mathfrak{T}] = \bigoplus_\alpha E_\alpha[\mathfrak{T}_\alpha]$ der strikte induktive Limes ihrer endlichen Teilsummen.

Nach §18, 5.(2) induziert die Summentopologie $\mathfrak{T}$ auf jedem E_α die Topologie $\mathfrak{T}_\alpha$. Die Frage, ob dies auch für die Hüllentopologie jedes strikten induktiven Limes richtig ist, wurde kürzlich durch ein Gegenbeispiel von Kōmura [2] geklärt, im abzählbaren Fall gilt jedoch

(1) *Es sei E die Vereinigung einer echt aufsteigenden Folge $E_1[\mathfrak{T}_1] \subset E_2[\mathfrak{T}_2] \subset \cdots$ von lokalkonvexen Räumen $E_n[\mathfrak{T}_n]$ und es induziere $\mathfrak{T}_{n+1}$ auf E_n die Topologie $\mathfrak{T}_n$. Dann ist die Hüllentopologie $\mathfrak{T}$ separiert, $E[\mathfrak{T}]$ also strikter induktiver Limes der $E_n[\mathfrak{T}_n]$; $\mathfrak{T}$ induziert ferner auf jedem E_n die Topologie $\mathfrak{T}_n$.*

Wir leiten zuerst zwei Hilfssätze ab, von denen wir zum Beweise von (1) nur den ersten benötigen werden.

(2) *Ist V eine absolutkonvexe Nullumgebung eines linearen Teilraumes H des lokalkonvexen Raumes $E[\mathfrak{T}]$, so gibt es eine absolutkonvexe Nullumgebung U von E mit $U \cap H = V$.*

Nach Definition der induzierten Topologie gibt es eine Nullumgebung W mit $W \cap H \subset V$. W braucht noch nicht absolutkonvex zu sein. Wir bilden $U = \ulcorner(W \cup V)$. Jedes $z \in U$ hat die Form $z = \alpha x + \beta y$, $x \in W$, $y \in V$, $|\alpha| + |\beta| \leqq 1$. Wenn z in H liegt, liegt auch x in H, also $x \in H \cap W \subset V$ und damit auch $z \in V$, d.h. $U \cap H = V$.

(3) *Ist überdies H abgeschlossen in $E[\mathfrak{T}]$, $x_0 \notin H$, so gibt es eine absolutkonvexe Nullumgebung U mit $U \cap H = V$ und $x_0 \notin U$.*

Wir können eine absolutkonvexe Nullumgebung W mit $W \cap H \subset V$ so wählen, daß $(x_0 + W) \cap H$ leer ist. Dann ist für $U = \ulcorner(W \cup V)$ nach (2) $U \cap H = V$ und x_0 liegt nicht in U, da eine Gleichung $x_0 = \alpha x + \beta y$ mit $x \in W$, $y \in V$, $|\alpha| + |\beta| \leqq 1$, also $x_0 - \alpha x = \beta y$, zu $(x_0 + W) \cap H$ leer in Widerspruch steht.

Beweis von (1). Es sei V_k eine absolutkonvexe Nullumgebung von E_k. Nach (2) gibt es eine Folge absolutkonvexer Nullumgebungen $V_{k+1} \subset V_{k+2} \subset \cdots$, V_{k+m} eine $\mathfrak{T}_{k+m}$-Nullumgebung in E_{k+m}, so daß $V_{k+m} \cap E_k = V_k$ ist. Für die $\mathfrak{T}$-Nullumgebung $U = \ulcorner_{m=1}^{\infty} V_{k+m} = \bigcup_{m=1}^{\infty} V_{k+m}$ gilt dann $U \cap E_k = V_k$. Damit ist bewiesen, daß $\mathfrak{T}$ auf E_k die Topologie $\mathfrak{T}_k$ induziert.

Jedes $x \neq o$ in E liegt in einem E_k, es gibt also ein V_k mit $x \notin V_k$ und damit auch $x \notin U$ für die eben konstruierte Nullumgebung U, die Hüllentopologie $\mathfrak{T}$ ist separiert.

(4) *Es sei* $E[\mathfrak{T}] = \sum_{k=1}^{\infty} E_k[\mathfrak{T}_k]$ *ein strikter induktiver Limes und für jedes* k *sei* E_k *ein abgeschlossener echter Teilraum von* $E_{k+1}[\mathfrak{T}_{k+1}]$. *Eine Teilmenge* B *von* $E[\mathfrak{T}]$ *ist dann und nur dann beschränkt, wenn sie in einem* $E_k[\mathfrak{T}_k]$ *liegt und dort beschränkt ist.*

Die Bedingung ist nach (1) hinreichend. Nehmen wir umgekehrt an, es gebe eine beschränkte Menge B in $E[\mathfrak{T}]$, die in keinem E_n liegt. Dann gibt es eine Folge $x_i \in B$ und eine Folge n_i mit $x_i \in E_{n_i} \sim E_{n_{i-1}}$. Wegen der Abgeschlossenheit von $E_{n_{i-1}}$ in E_{n_i} gibt es nach (3) eine Folge von absolutkonvexen Nullumgebungen V_{n_i} aus E_{n_i} mit $V_{n_i} \cap E_{n_{i-1}} = V_{n_{i-1}}$ und $\frac{1}{i} x_i \notin V_{n_i}$. $U = \bigcup_{i=1}^{\infty} V_{n_i}$ ist eine absolutkonvexe $\mathfrak{T}$-Nullumgebung von E, die keines der $\frac{1}{i} x_i$ enthält. Das ist ein Widerspruch zur Beschränktheit der Folge x_i.

Damit ist das Analogon zu §18, 5.(4) bewiesen, §18, 5.(4) ist übrigens auch in (4) als Spezialfall enthalten.

5. (LB)- und (LF)-Räume, Vollständigkeit. Ein lokalkonvexer Raum E heißt ein *(strikter)* (LB)- bzw. (LF)-Raum, wenn er sich darstellen läßt als (strikter) topologischer induktiver Limes einer echt aufsteigenden Folge $E_1[\mathfrak{T}_1] < E_2[\mathfrak{T}_2] < \cdots$ von (B)- bzw. (F)-Räumen.

Wir werden diese Räume noch einer eingehenderen Untersuchung im zweiten Band unterziehen, wir behandeln hier jedoch die Frage ihrer Vollständigkeit, die in etwas allgemeinerem Rahmen angreifbar ist.

(1) *Es sei* $E[\mathfrak{T}]$ *topologischer induktiver Limes einer echt aufsteigenden Folge lokalkonvexer Räume* $E_1[\mathfrak{T}_1] < E_2[\mathfrak{T}_2] < \cdots$. *Zu jedem* $\mathfrak{T}$*-Cauchyfilter* $\mathfrak{F}$ *gibt es einen gröberen* $\mathfrak{T}$*-Cauchyfilter* $\mathfrak{F}'$ *und eine Zahl* k, *so daß* $\mathfrak{F}' \cap E_k$ *ein* $\mathfrak{T}$*-Cauchyfilter auf* E_k *ist.*

Beweis. Durchläuft F eine Basis von $\mathfrak{F}$ und W alle absolutkonvexen Nullumgebungen von $E[\mathfrak{T}]$, so bilden die $F+W$ die Basis eines Cauchyfilters $\mathfrak{F}'$ auf $E[\mathfrak{T}]$, der gröber als $\mathfrak{F}$ ist. Denn ist F klein von der Ordnung W, so ist $F+W$ klein von der Ordnung $3W$, die Menge aller $F+W$ enthält also Mengen beliebig kleiner Ordnung, ferner umfaßt $(F_1+W_1) \cap (F_2+W_2)$ die Menge $F_3+(W_1 \cap W_2)$, wenn $F_3 < F_1 \cap F_2$ ist.

Sind für ein k alle $(F+W) \cap E_k$ nicht leer, so ist (1) richtig. Wir nehmen daher an, dies sei nicht der Fall. Dann gibt es eine Folge $W_1 > W_2 > \cdots$ absolutkonvexer $\mathfrak{T}$-Nullumgebungen und dazu Mengen F_k+W_k, F_k klein von der Ordnung W_k, so daß für alle $k=1, 2, \ldots$ die Mengen $(F_k+W_k) \cap E_k$ leer sind.

Wir setzen $W_k^{(n)} = W_k \cap E_n$; $W_k^{(n)}$ ist eine absolutkonvexe $\mathfrak{T}_n$-Nullumgebung. Dann sind die Mengen

$$V_k = \Gamma\left(\tfrac{1}{2} W_1^{(1)} \cup \tfrac{1}{2} W_2^{(2)} \cup \cdots \cup \tfrac{1}{2} W_{k-1}^{(k-1)} \cup \tfrac{1}{2} W_k\right)$$

für alle $k = 1, 2, \ldots$, $\mathfrak{T}$-Nullumgebungen.

Es sei $F_k' \in \mathfrak{F}$ klein von der Ordnung V_k. Wir beweisen, daß auch $(F_k' + V_k) \cap E_k$ leer ist.

Da $F_k' \cap F_k$ nicht leer ist, liegt in F_k' ein $x_0 \in F_k$. Die Elemente y aus F_k' und die Elemente $z \in F_k' + V_k$ haben also die Form

$$y = x_0 + \sum_{i=1}^{k} \alpha_i x_i, \qquad z = x_0 + \sum_{i=1}^{k} \alpha_i x_i + \sum_{i=1}^{k} \alpha_i' x_i',$$

mit x_i, $x_i' \in \tfrac{1}{2} W_i^{(i)}$ für $i < k$, x_k, $x_k' \in \tfrac{1}{2} W_k$, $\sum |\alpha_i| \leqq 1$, $\sum |\alpha_i'| \leqq 1$.

Nun ist $\alpha_k x_k + \alpha_k' x_k' \in \tfrac{1}{2} W_k + \tfrac{1}{2} W_k = W_k$. Da $x_0 \in F_k$ und $(F_k + W_k) \cap E_k$ leer ist, kann das Element $x_0 + \alpha_k x_k + \alpha_k' x_k' \in F_k + W_k$ nicht in E_k liegen. Andererseits liegt $\sum_{i=1}^{k-1} \alpha_i x_i + \sum_{i=1}^{k-1} \alpha_i' x_i'$ in E_{k-1}, daher liegt auch z nicht in E_k, also ist $(F_k' + V_k) \cap E_k$ leer.

Wir bilden nun die Nullumgebung $U = \Gamma_{k=1}^{\infty} \tfrac{1}{2} W_k^{(k)}$. Es ist $U \subset V_k$ für jedes k, da $W_{k'}^{(k')} \subset W_k$ für jedes $k' \geqq k$. Es gibt ein $F_0 \in \mathfrak{F}$, das klein von der Ordnung U ist. Es sei y_0 ein Element aus F_0, es liegt in einem geeigneten E_k. Wir behaupten, daß im Widerspruch zur Filtereigenschaft $F_k' \cap F_0$ leer ist.

Ist nämlich $y \in F_k'$, so enthält $y + V_k$ kein Element aus E_k (es ist ja $(F_k' + V_k) \cap E_k$ leer), also liegt $y - y_0$ nicht in $V_k \supset U$, also y nicht in $y_0 + U$, also auch nicht in F_0, d.h. $F_k' \cap F_0$ ist leer.

Eine einfache Folge aus (1) ist das Vollständigkeitskriterium

(2) *Es sei $E[\mathfrak{T}]$ topologischer induktiver Limes einer echt aufsteigenden Folge lokalkonvexer Räume $E_1[\mathfrak{T}_1] \subset E_2[\mathfrak{T}_2] \subset \cdots$. $E[\mathfrak{T}]$ ist dann und nur dann vollständig, wenn für jedes n jeder $\mathfrak{T}$-Cauchyfilter auf E_n einen Limes in E, also in einem geeigneten E_{n+k}, besitzt.*

Als Spezialfall ergibt sich

(3) *Es sei $E[\mathfrak{T}]$ der strikte induktive Limes der echt aufsteigenden Folge $E_1[\mathfrak{T}_1] \subset E_2[\mathfrak{T}_2] \subset \cdots$. Es ist $E[\mathfrak{T}]$ vollständig, wenn jedes $E_k[\mathfrak{T}_k]$ vollständig ist.*

Speziell ist jeder strikte (LF)*-Raum vollständig.*

Der folgende Satz stammt von GROTHENDIECK [13]

(4) *A sei eine lineare stetige Abbildung eines* (F)*-Raumes F in den*

(LF)-*Raum* $E[\mathfrak{T}] = \bigcup_{n=1}^{\infty} E_n[\mathfrak{T}_n]$. *Dann gibt es ein* k *mit* $A(F) \subset E_k$ *und* A *ist eine stetige Abbildung von* F *in* $E_k[\mathfrak{T}_k]$.

Beweis. Sei H_n die Menge aller Paare $(y, Ay) \in F \times E_n$ mit $Ay \in E_n$. H_n ist linearer abgeschlossener Teilraum von $F \times E_n$, also ein (F)-Raum. Ist P_n die stetige Abbildung $P_n(y, Ay) = y$ von H_n in F, so ist $P_n(H_n)$ die Menge aller y mit $Ay \in E_n$. Aus $F = \bigcup_{n=1}^{\infty} P_n(H_n)$ folgt nach dem Satz von BAIRE, daß ein $P_k(H_k)$ nicht mager in F ist. Nach dem Satz von BANACH-SCHAUDER gilt dann $F = P_k(H_k)$, also $A(F) \subset E_k$. Der Graph H_k der Abbildung A von F in E_k ist abgeschlossen, A nach dem Graphensatz also stetig.

(5) *Jede absolutkonvexe beschränkte und vollständige Teilmenge* M *eines* (LF)-*Raumes* $E[\mathfrak{T}] = \bigcup_{n=1}^{\infty} E_n[\mathfrak{T}_n]$ *ist beschränkte Teilmenge eines* $E_k[\mathfrak{T}_k]$.

Der durch M erzeugte lineare Teilraum E_M von E ist ein (B)-Raum mit der Einheitskugel M (vgl. § 20, 11.(2)]. Wenden wir (4) auf $F = E_M$ mit A gleich der stetigen Einbettung von E_M in E an, so folgt (5).

Wir bemerken zum Schluß, daß die Frage nach der Vollständigkeit eines topologischen induktiven Limes vollständiger $E_\alpha[\mathfrak{T}_\alpha]$ identisch ist mit der Frage, ob der nach 1.(3) zu $\varinjlim E_\alpha[\mathfrak{T}_\alpha]$ topologisch isomorphe Quotientenraum $(\bigoplus_\alpha E_\alpha[\mathfrak{T}_\alpha])/H$ vollständig ist. Da $\bigoplus_\alpha E_\alpha[\mathfrak{T}_\alpha]$ nach § 18,5.(3) vollständig ist, gibt jedes Beispiel eines nicht vollständigen $\varinjlim E_\alpha[\mathfrak{T}_\alpha]$ (die $E_\alpha[\mathfrak{T}_\alpha]$ vollständig) gleichzeitig ein Beispiel eines nicht vollständigen Quotientenraumes eines vollständigen Raumes. Wir geben ein solches Beispiel in § 31, 6. an.

6. Der lokalkonvexe Kern lokalkonvexer Räume. Die Überlegungen dieser und der nächsten Nummer stehen in enger Parallele zu den Nummern 1. bis 3. dieses Paragraphen.

Es sei der lineare Raum E gegeben, ferner eine Klasse von linearen Räumen E_α und lineare Abbildungen A_α von E in die E_α, so daß jedes $x \neq o$ in wenigstens einem E_α ein Bild $A_\alpha x \neq o$ besitzt. Wir nennen dann E den Kern der $A_\alpha^{(-1)}(E_\alpha)$ und schreiben $E = \mathrm{K}_\alpha A_\alpha^{(-1)}(E_\alpha)$.

Sind z.B. die E_α Teilräume eines linearen Raumes H, so ist ihr Durchschnitt $E = \bigcap_\alpha E_\alpha$ gleich $\mathrm{K}_\alpha I_\alpha^{(-1)}(E_\alpha)$, I_α die Einbettung von E in E_α. Auch das Produkt $E = \prod_\alpha E_\alpha$ der E_α ist als Kern $\mathrm{K}_\alpha P_\alpha^{(-1)}(E_\alpha)$ darstellbar, P_α die Projektion von E auf E_α. Umgekehrt gilt

(1) *Jeder Kern* $E = \mathrm{K}_\alpha A_\alpha^{(-1)}(E_\alpha)$ *ist isomorph einem linearen Teilraum* $\hat{E}$ *von* $\prod_\alpha E_\alpha$.

Denn die Abbildung $Ax = \hat{x} = (A_\alpha x)$ von E in $\prod_\alpha E_\alpha$ ergibt wegen der Voraussetzung, daß wenigstens ein $A_\alpha x \neq o$ ist, die gesuchte Einbettung.

Andererseits gilt

(2) *Jeder lineare Teilraum* $\hat{E}$ *von* $\prod_\alpha E_\alpha$ *ist darstellbar als Kern* $\mathsf{K}_\alpha \hat{P}_\alpha^{(-1)}(E_\alpha)$, $\hat{P}_\alpha$ *die Einschränkung auf* $\hat{E}$ *der Projektion* P_α *von* $\prod_\alpha E_\alpha$ *auf* E_α.

Sind die E_α lokalkonvexe Räume $E_\alpha[\mathfrak{T}_\alpha]$, so führen wir nach dem Muster des topologischen Produkts auf $E = \mathsf{K}_\alpha A_\alpha^{(-1)}(E_\alpha[\mathfrak{T}_\alpha])$ als Kerntopologie $\mathfrak{T}$ die gröbste lokalkonvexe Topologie ein, für die alle A_α stetige Abbildungen von E in $E_\alpha[\mathfrak{T}_\alpha]$ sind.

Wir bestimmen eine $\mathfrak{T}$-Nullumgebungsbasis. Ist U_α eine absolutkonvexe $\mathfrak{T}_\alpha$-Nullumgebung in E_α, so muß $V_\alpha = A_\alpha^{(-1)}(U_\alpha)$ eine $\mathfrak{T}$-Nullumgebung sein. Die V_α sind absolutkonvex und ausgeglichen. Ihre endlichen Durchschnitte bilden dann offenbar eine $\mathfrak{T}$-Nullumgebungsbasis.

Da jedes $x \neq o$ aus E wenigstens in einem E_α ein Bild $A_\alpha x \neq o$ besitzt, ist die Kerntopologie $\mathfrak{T}$ stets separiert. $E[\mathfrak{T}] = \mathsf{K}_\alpha A_\alpha^{(-1)}(E_\alpha[\mathfrak{T}_\alpha])$ ist also stets ein lokalkonvexer Raum und heißt der lokalkonvexe Kern der $A_\alpha^{(-1)}(E_\alpha[\mathfrak{T}_\alpha])$.

Die algebraische Isomorphie (1) läßt sich verschärfen zu

(3) *Jeder lokalkonvexe Kern* $E[\mathfrak{T}] = \mathsf{K}_\alpha A_\alpha^{(-1)}(E_\alpha[\mathfrak{T}_\alpha])$ *ist topologisch isomorph einem linearen Teilraum* $\hat{E}$ *des topologischen Produkts* $\prod_\alpha E_\alpha[\mathfrak{T}_\alpha]$.

Beweis. Bei der Abbildung $Ax = \hat{x} = (A_\alpha x)$ von E auf den Teilraum $\hat{E}$ von $\prod_\alpha E_\alpha$ geht $V_\alpha = A_\alpha^{(-1)}(U_\alpha)$ über in $\hat{P}_\alpha^{(-1)}(U_\alpha)$, die $\hat{P}_\alpha^{(-1)}(U_\alpha)$ bilden aber in $\hat{E}$ eine Nullumgebungssubbasis der durch die Produkttopologie von $\prod_\alpha E_\alpha[\mathfrak{T}_\alpha]$ auf $\hat{E}$ induzierten Topologie.

Die Umkehrung ist trivial,

(4) *Jeder lineare Teilraum* $\hat{E}[\mathfrak{T}]$ *eines topologischen Produkts* $E[\mathfrak{T}] = \prod_\alpha E_\alpha[\mathfrak{T}_\alpha]$ *ist topologisch isomorph dem Kern* $\mathsf{K}_\alpha \hat{P}_\alpha^{(-1)}(E_\alpha[\mathfrak{T}_\alpha])$, $\hat{P}_\alpha$ *die Einschränkung auf* $\hat{E}$ *der Projektion* P_α *von* E *auf* E_α.

Speziell läßt sich jeder lineare Teilraum H *eines lokalkonvexen Raumes* $E[\mathfrak{T}]$ *darstellen als* $\mathsf{K}\, J^{(-1)}(E[\mathfrak{T}])$, J *die Einbettung von* H *in* $E[\mathfrak{T}]$.

Ist ein lokalkonvexer Raum $E[\mathfrak{T}]$ auf zwei verschiedene Weisen als Kern dargestellt, $E[\mathfrak{T}] = \mathsf{K}_\alpha A_\alpha^{(-1)}(E_\alpha[\mathfrak{T}_\alpha]) = \mathsf{K}_\beta B_\beta^{(-1)}(F_\beta[\mathfrak{T}'_\beta])$, so spricht man wieder von äquivalenten Definitionssystemen.

(5) *Die Bildung des lokalkonvexen Kerns ist transitiv.*

Denn der lokalkonvexe Kern $E[\mathfrak{T}] = \mathsf{K}_\alpha A_\alpha^{(-1)}\big(\mathsf{K}_{\beta_\alpha} B_{\beta_\alpha}^{(-1)}(F_{\beta_\alpha}[\mathfrak{T}_{\beta_\alpha}])\big)$ läßt sich auch auffassen als lokalkonvexer Kern $\mathsf{K}_{\alpha,\beta_\alpha} A_\alpha^{(-1)} B_{\beta_\alpha}^{(-1)}(F_{\beta_\alpha}[\mathfrak{T}_{\beta_\alpha}])$; eine Nullumgebungsbasis wird in beiden Fällen gebildet von den endlichen Durchschnitten der $(B_{\beta_\alpha} A_\alpha)^{(-1)}(U_{\beta_\alpha})$, U_{β_α} eine $\mathfrak{T}_{\beta_\alpha}$-Nullumgebung in F_{β_α}.

(6) *Eine lineare Abbildung B eines lokalkonvexen Raumes $F[\mathfrak{T}']$ in einen lokalkonvexen Kern $E[\mathfrak{T}] = \underset{\alpha}{\mathsf{K}} A_\alpha^{(-1)}(E_\alpha[\mathfrak{T}_\alpha])$ ist dann und nur dann stetig, wenn $A_\alpha B$ für jedes α eine stetige Abbildung von $F[\mathfrak{T}']$ in $E_\alpha[\mathfrak{T}_\alpha]$ ist.*

Beweis. Aus der Stetigkeit von A_α und B folgt die Stetigkeit von $A_\alpha B$. Sind umgekehrt alle $A_\alpha B$ stetig und ist $A_\alpha^{(-1)}(U_\alpha)$ eine vorgegebene Nullumgebung in E einer $\mathfrak{T}$ definierenden Subbasis, so gibt es eine Nullumgebung W in F mit $A_\alpha B(W) \subset U_\alpha$, also $B(W) \subset A_\alpha^{(-1)}(U_\alpha)$, B ist also stetig.

(7) *Eine Teilmenge M eines lokalkonvexen Kernes $E[\mathfrak{T}] = \underset{\alpha}{\mathsf{K}} A_\alpha^{(-1)}(E_\alpha[\mathfrak{T}_\alpha])$ ist dann und nur dann beschränkt bzw. präkompakt, wenn für jedes α $A_\alpha(M)$ in $E_\alpha[\mathfrak{T}_\alpha]$ beschränkt bzw. präkompakt ist.*

Beweis. a) Mit M ist $A_\alpha(M)$ beschränkt (§15, 6.(5)). Sind andererseits alle $A_\alpha(M)$ beschränkt und ist $V = \bigcap_{i=1}^{n} A_{\alpha_i}^{(-1)}(U_{\alpha_i})$ eine $\mathfrak{T}$-Nullumgebung, so folgt aus $A_{\alpha_i}(M) \subset \varrho_i U_{\alpha_i}$, daß $M \subset \varrho_i A_{\alpha_i}^{(-1)}(U_{\alpha_i})$ gilt, also $M \subset \varrho V$, $\varrho = \max \varrho_i$.

b) Nach §15, 6.(7) ist mit M auch $A_\alpha(M)$ präkompakt. Sind andererseits alle $A_\alpha(M)$ präkompakt, so wird jedes $A_\alpha(M)$ überdeckt durch endlich viele Mengen $B_\alpha^{(i)}$, die klein von der Ordnung U_α sind, also M durch endlich viele Mengen $A_\alpha^{(-1)}(B_\alpha^{(i)})$, die klein von der Ordnung $A_\alpha^{(-1)}(U_\alpha)$ sind. Ist $V = A_\alpha^{(-1)}(U_\alpha) \cap A_\beta^{(-1)}(U_\beta)$, so wird dann jedes $M \cap A_\alpha^{(-1)}(B_\alpha^{(i)})$ überdeckt durch endlich viele Mengen, die klein von der Ordnung $A_\beta^{(-1)}(U_\beta)$ sind und damit M selbst durch endlich viele Mengen, die klein von der Ordnung V sind. Für ein V, das Durchschnitt von $n > 2$ Mengen $A_{\alpha_i}^{(-1)}(U_{\alpha_i})$ ist, folgt die entsprechende Behauptung genauso. Damit ist M totalbeschränkt, also präkompakt.

Wir vermerken noch eine Folgerung aus der Definition der Kerntopologie,

(8) *Der lokalkonvexe Kern höchstens abzählbar vieler metrisierbarer lokalkonvexer Räume ist metrisierbar.*

7. Der projektive Limes linearer Räume. Wieder gelten die Überlegungen dieser Nummer für lineare Räume über beliebigen Körpern.

Es sei $E = \underset{\alpha}{\mathsf{K}} A_\alpha^{(-1)}(E_\alpha)$ Kern der $A_\alpha^{(-1)}(E_\alpha)$. Die Menge A der Indizes α bilde eine gerichtete Menge und es sei zu jedem Paar $\alpha < \beta$ eine lineare Abbildung $A_{\alpha\beta}$ von E_β in E_α gegeben, für die

$$(1) \qquad A_\alpha = A_{\alpha\beta} A_\beta \quad \text{für} \quad \alpha < \beta$$

gilt. Wir setzen wieder $A_{\alpha\alpha}$ gleich der identischen Abbildung von E_α auf sich.

Für $\alpha \leqq \beta$ ist dann stets $A_\alpha(E)$ isomorph einem Quotientenraum von $A_\beta(E)$.

(2) *Sind die A_α Abbildungen von E auf E_α, so bildet auch $A_{\alpha\beta}$ den Raum E_β auf E_α ab und es gilt*

(3) $$A_{\alpha\beta}A_{\beta\gamma}=A_{\alpha\gamma} \quad \textit{für} \quad \alpha<\beta<\gamma.$$

Nicht für jeden Kern $E=\underset{\alpha}{\mathsf{K}}A_\alpha^{(-1)}(E_\alpha)$ sind solche Abbildungen $A_{\alpha\beta}$ von vornherein gegeben. Man kann ihn jedoch in diese Form bringen: Man bilde für jede endliche Teilmenge Δ der Indizesmenge A das Produkt $E_\Delta=\prod_{\delta\in\Delta}E_\delta$ und erkläre die Abbildung A_Δ von E in E_Δ als die Abbildung $A_\Delta x=\prod_{\delta\in\Delta}A_\delta x$. Man schreibe $\Delta_1\leqq\Delta_2$ für $\Delta_1\subset\Delta_2$ und setze A_{Δ_1,Δ_2} gleich der Projektion von E_{Δ_2} auf E_{Δ_1}. Dann gilt $A_{\Delta_1}=A_{\Delta_1,\Delta_2}A_{\Delta_2}$ und es ist $E=\underset{\Delta}{\mathsf{K}}A_\Delta^{(-1)}(E_\Delta)$. Auch $A_{\Delta_1,\Delta_2}A_{\Delta_2,\Delta_3}=A_{\Delta_1,\Delta_3}$, also (3), gilt.

(4) *Ist $E=\underset{\alpha}{\mathsf{K}}A_\alpha^{(-1)}(E_\alpha)$ und sind Abbildungen $A_{\alpha\beta}$ von E_β in E_α gegeben, die* (1) *erfüllen, so gelten für den nach* 6.(1) *und* 6.(2) *zu E isomorphen Raum $\breve{E}=\underset{\alpha}{\mathsf{K}}\breve{P}_\alpha^{(-1)}(E_\alpha)$ die Beziehungen*

(5) $$\breve{P}_\alpha=A_{\alpha\beta}\breve{P}_\beta \quad \textit{für} \quad \alpha<\beta.$$

Dies folgt sofort aus

$$\breve{P}_\alpha\breve{x}=A_\alpha x=A_{\alpha\beta}A_\beta x=A_{\alpha\beta}\breve{P}_\beta\breve{x} \text{ für alle } \breve{x}\in\breve{E}.$$

Bisher gingen wir von einem linearen Raum E und Abbildungen A_α von E auf Räume E_α und Abbildungen $A_{\alpha\beta}$ von E_β in E_α aus. Wie weit ist E durch die E_α und die $A_{\alpha\beta}$ allein schon bestimmt? Es gilt

(6) *Es sei ein gerichtetes System von linearen Räumen E_α, $\alpha\in A$, gegeben, dazu für jedes Paar $\alpha<\beta$ eine lineare Abbildung $A_{\alpha\beta}$ von E_β in E_α und es gelte*

(7) $$A_{\alpha\beta}A_{\beta\gamma}=A_{\alpha\gamma} \quad \textit{für} \quad \alpha<\beta<\gamma.$$

Mit $\hat{E}$ bezeichnen wir den linearen Teilraum von $E=\prod_\alpha E_\alpha=\underset{\alpha}{\mathsf{K}}P_\alpha^{(-1)}(E_\alpha)$, der aus a l l e n $\hat{x}=(x_\alpha)$ mit $x_\alpha=A_{\alpha\beta}x_\beta$ für $\alpha<\beta$ besteht.

Ist $\breve{E}$ ein linearer Teilraum von $\hat{E}$ und bedeutet $\breve{P}_\alpha$ die Einschränkung von P_α auf $\breve{E}$, so ist $\breve{E}=\underset{\alpha}{\mathsf{K}}\breve{P}_\alpha^{(-1)}(E_\alpha)$ und es gilt (5).

Dies ergibt sich aus 6.(2) und der Voraussetzung $x_\alpha=A_{\alpha\beta}x_\beta$ für die Komponenten der Elemente von $\breve{E}$.

$\hat{E}$ ist der größte in Frage kommende Teilraum $\breve{E}$ von $\hat{E}$. Man nennt den dadurch eindeutig bestimmten Raum $\hat{E}=\underset{\alpha}{\mathsf{K}}\hat{P}_\alpha^{(-1)}(E_\alpha)$ den p r o j e k t i v e n L i m e s d e r E_α b e z ü g l i c h d e r A b b i l d u n g e n $A_{\alpha\beta}$ und bezeichnet ihn auch mit $\varprojlim A_{\alpha\beta}(E_\beta)$.

Es kann der Fall eintreten, daß $\varprojlim A_{\alpha\beta}(E_\beta)$ nur aus dem Element o besteht.

Anders als in 2.(10), wo aus der Eineindeutigkeit der $A_{\beta\alpha}$ die der $K_\alpha^{(0)}$ sich ergab, kann man im allgemeinen beim projektiven Limes $\widehat{E}$ daraus, daß die $A_{\alpha\beta}$ Abbildungen von E_β auf E_α sind, nicht schließen, daß die $\widehat{P}_\alpha$ Abbildungen von $\widehat{E}$ auf E_α sind. Dies gilt aber im folgenden Spezialfall

(8) *Die gerichtete Menge* A *sei abzählbar. Sind die* $A_{\alpha\beta}$, $\alpha<\beta$, $\alpha\in\mathsf{A}$, *stets Abbildungen von* E_β *auf* E_α, *so sind im projektiven Limes* $\widehat{E}=\underset{\alpha}{\mathsf{K}}\widehat{P}_\alpha^{(-1)}(E_\alpha)$ *auch die* $\widehat{P}_\alpha$ *Abbildungen von* $\widehat{E}$ *auf* E_α.

In diesem Fall sind wir also sicher, daß $\widehat{E}\neq o$ ist, wenn die E_α es sind.

Beweis. Wir haben zu zeigen, daß es zu vorgegebenem $x_\beta^{(0)}\in E_\beta$ ein Element in $\widehat{E}$ gibt mit der Komponente $x_\beta^{(0)}$ in E_β. Wir ordnen die Indizes α so in eine Folge α_i, $i=1, 2, \ldots$, daß $\alpha_1=\beta$ ist. Für die $\alpha_j<\beta$ setzen wir $x_{\alpha_j}^{(0)}=A_{\alpha_j,\beta}x_\beta^{(0)}$. Sei α_{i_1} das erste Glied der Folge der α_i mit $\alpha_i\not\leq\alpha_1$ und sei α_{k_1} das erste α_i mit $\alpha_i\geqq\alpha_{i_1}$ und $\alpha_i>\alpha_1$. Nach Voraussetzung gibt es ein $x_{\alpha_{k_1}}^{(0)}$ mit $x_\beta^{(0)}=A_{\beta,\alpha_{k_1}}x_{\alpha_{k_1}}^{(0)}$. Für alle $\alpha_j<\alpha_{k_1}$ setzen wir wieder $x_{\alpha_j}^{(0)}=A_{\alpha_j,\alpha_{k_1}}x_{\alpha_{k_1}}^{(0)}$. Wegen (7) gibt dies keinen Widerspruch zu den schon getroffenen Festsetzungen. Wir setzen das Verfahren fort, α_{i_2} sei das erste α_i mit $\alpha_i\not\leq\alpha_{k_1}$ und α_{k_2} das erste α_i mit $\alpha_i\geqq\alpha_{i_2}$ und $\alpha_i>\alpha_{k_1}$ usf. Wir erhalten damit ein Element $x^{(0)}\in\widehat{E}$ mit $x_\beta^{(0)}$ als Komponente in E_β.

(9) *Ist* $E=\underset{\alpha}{\mathsf{K}}A_\alpha^{(-1)}(E_\alpha)$ *und sind Abbildungen* $A_{\alpha\beta}$ *von* E_β *in* E_α *gegeben, die* (1) *und* (3) *erfüllen, so ist* E *stets isomorph einem linearen Teilraum von* $\underleftarrow{\lim}\,A_{\alpha\beta}(E_\beta)$.

Wir brauchen nur von E zu dem nach 6.(1) und 6.(2) isomorphen $\breve{E}=\underset{\alpha}{\mathsf{K}}\breve{P}_\alpha^{(-1)}(E_\alpha)$ überzugehen und erhalten nach (4) und (6) damit einen linearen Teilraum von $\underleftarrow{\lim}\,A_{\alpha\beta}(E_\beta)$.

8. Der topologische projektive Limes lokalkonvexer Räume. Sind die E_α lokalkonvexe Räume $E_\alpha[\mathfrak{T}_\alpha]$ und sind die Abbildungen $A_{\alpha\beta}$ von E_β in E_α sämtlich stetig, so erklärt man auf $\widehat{E}=\underleftarrow{\lim}\,A_{\alpha\beta}(E_\beta[\mathfrak{T}_\beta])$ als Topologie $\mathfrak{T}$ die durch die Topologie von $\prod_\beta E_\beta[\mathfrak{T}_\beta]$ auf $\widehat{E}$ induzierte Topologie, also die Kerntopologie von $\underset{\alpha}{\mathsf{K}}\widehat{P}_\alpha^{(-1)}(E_\alpha[\mathfrak{T}_\alpha])$. Man bezeichnet $\widehat{E}[\mathfrak{T}]$ als den topologischen projektiven Limes der $A_{\alpha\beta}(E_\beta[\mathfrak{T}_\beta])$.

(1) *Ist* $E[\mathfrak{T}]=\underset{\alpha}{\mathsf{K}}A_\alpha^{(-1)}(E_\alpha[\mathfrak{T}_\alpha])$ *ein lokalkonvexer Kern und sind stetige Abbildungen* $A_{\alpha\beta}$ *von* E_β *in* E_α *gegeben, die* 7.(1) *und* 7.(3) *erfüllen, so ist* $E[\mathfrak{T}]$ *topologisch isomorph einem linearen Teilraum* $\mathring{E}$ *des topologischen projektiven Limes* $\underleftarrow{\lim}\,A_{\alpha\beta}(E_\beta[\mathfrak{T}_\beta])$.

Eine $\mathfrak{T}$*-Nullumgebungsbasis wird bereits durch alle* $V_\alpha=A_\alpha^{(-1)}(U_\alpha)$, U_α *eine* $\mathfrak{T}_\alpha$*-Nullumgebung in* $E_\alpha[\mathfrak{T}_\alpha]$, *gebildet.*

Beweis. Der erste Teil der Behauptung folgt aus 7.(9) und daraus, daß nach 6.(3) die Topologie auf $\mathring{E}$ und $\varprojlim A_{\alpha\beta}(E_\beta)$ die durch die Produkttopologie von $\prod_\alpha E_\alpha[\mathfrak{T}_\alpha]$ induzierte Kerntopologie ist.

Eine $\mathfrak{T}$-Nullumgebung der Kerntopologie kann in der Form $V = \bigcap_{i=1}^{n} A_{\alpha_i}^{(-1)}(U_{\alpha_i})$, U_{α_i} eine $\mathfrak{T}_{\alpha_i}$-Nullumgebung in E_{α_i}, angenommen werden. Da die Indizes eine gerichtete Menge bilden, gibt es ein β mit $\alpha_i < \beta$ für $i = 1, \ldots, n$ und ein $U_\beta \subset E_\beta$ mit $A_{\alpha_i\beta}(U_\beta) \subset U_{\alpha_i}$.

Daraus und aus 7.(1) und 7.(3) ergibt sich

$$A_\beta^{(-1)}(U_\beta) \subset A_{\alpha_i}^{(-1)} A_{\alpha_i}\left(A_\beta^{(-1)}(U_\beta)\right) = A_{\alpha_i}^{(-1)} A_{\alpha_i\beta} A_\beta \left(A_\beta^{(-1)}(U_\beta)\right)$$
$$= A_{\alpha_i}^{(-1)} A_{\alpha_i\beta}(U_\beta) \subset A_{\alpha_i}^{(-1)}(U_{\alpha_i}),$$

d.h. aber $A_\beta^{(-1)}(U_\beta) \subset V$, damit ist auch die zweite Behauptung bewiesen.

Aus den Bemerkungen nach 7.(2) und aus (1) folgt, daß auch jeder lokalkonvexe Kern topologisch isomorph ist einem linearen Teilraum eines topologischen projektiven Limes.

Insbesondere kann das topologische Produkt $\prod_\alpha E_\alpha[\mathfrak{T}_\alpha]$ aufgefaßt werden als der topologische projektive Limes $\varprojlim P_{\Delta_1,\Delta_2}(E_{\Delta_2}[\mathfrak{T}_{\Delta_2}])$ der endlichen Teilprodukte $E_\Delta[\mathfrak{T}_\Delta] = \prod_{\delta\in\Delta} E_\delta[\mathfrak{T}_\delta]$ bezüglich der Projektionen P_{Δ_1,Δ_2} von E_{Δ_2} auf E_{Δ_1}.

(2) *Es sei E der topologische projektive Limes $E[\mathfrak{T}] = \varprojlim A_{\alpha\beta}(E_\beta[\mathfrak{T}_\beta])$ der lokalkonvexen Räume $E_\alpha[\mathfrak{T}_\alpha]$ und es sei Γ eine konfinale Teilmenge der gerichteten Indexmenge A. Durchlaufen γ, δ alle Paare $\gamma < \delta$ aus Γ, so ist $E^+ = \varprojlim A_{\gamma\delta}(E_\delta[\mathfrak{T}_\delta])$ topologisch isomorph zu $E[\mathfrak{T}]$.*

Beweis. E besteht aus allen $x = (x_\alpha)$, $\alpha \in \mathsf{A}$, mit $x_\alpha = A_{\alpha\beta} x_\beta$ für $\alpha < \beta$. Ordnet man jedem $x \in E$ das Element $x^+ = (x_\gamma)$, $\gamma \in \Gamma$, in E^+ zu, so ist dies eine Homomorphie von E in E^+. Sei $x^+ = (x_\gamma)$ in E^+ umgekehrt vorgegeben. Zu jedem $\alpha \in \mathsf{A}$ gibt es ein $\gamma \in \Gamma$ mit $\alpha < \gamma$ und wir setzen $x_\alpha = A_{\alpha\gamma} x_\gamma$. Es ist x_α von der Wahl von γ unabhängig wegen 7.(3), aus demselben Grund gilt auch $x_\alpha = A_{\alpha\beta} x_\beta$ für jedes Paar $\alpha < \beta$; damit ist umgekehrt jedem $x^+ \in E^+$ eindeutig ein $x \in E$ zugeordnet, E und E^+ sind isomorph.

Diese Isomorphie ist topologisch: Nach (1) kann man sich auf Nullumgebungen U'_α beschränken, die aus allen $x = (x_\alpha) \in E$ bestehen mit $x_\alpha \in U_\alpha$, U_α Nullumgebung in E_α. Ist $\alpha < \delta \in \Gamma$, so besteht U'_α auch aus allen x mit $x_\delta \in A_{\alpha\delta}^{(-1)}(U_\alpha)$. Ihr entspricht die Nullumgebung aller $x^+ = (x_\gamma) \in E^+$ mit ebenfalls $x_\delta \in A_{\alpha\delta}^{(-1)}(U_\alpha)$, die Isomorphie von E und E^+ ist daher topologisch.

9. Darstellung eines lokalkonvexen Raumes als projektiver Limes. Wir kommen auf die in § 18, 3.(7) bewiesene topologische Isomorphie

$x \to \hat{x} = (\hat{x}_\alpha)$ eines lokalkonvexen Raumes $E[\mathfrak{T}]$ mit einem Teilraum $\hat{E}$ eines topologischen Produkts von (B)-Räumen zurück. Es gilt

(1) *Jeder lokalkonvexe Raum* $E[\mathfrak{T}]$ *ist topologisch isomorph einem dichten linearen Teilraum eines topologischen projektiven Limes von* (B)-*Räumen.*

Jeder vollständige lokalkonvexe Raum ist isomorph einem topologischen projektiven Limes von (B)-*Räumen.*

Beweis. Wir legen ein zu einer Nullumgebungsbasis von $\mathfrak{T}$ gehöriges System $\{p_\alpha(x)\}$ von Halbnormen auf E zugrunde. Dann bilden die Indizes α eine gerichtete Menge A, wenn wir $\alpha \leqq \beta$ durch $p_\alpha(x) \leqq p_\beta(x)$ für alle $x \in E$ erklären. Sind wieder $\hat{x}_\alpha$ bzw. $\hat{x}_\beta$ die Restklassen von $x \in E$ in $E_\alpha = E/N_\alpha$ bzw. $E_\beta = E/N_\beta$, so wird für $\alpha < \beta$ durch $\hat{x}_\alpha = A_{\alpha\beta}\hat{x}_\beta$ eine lineare stetige Abbildung $A_{\alpha\beta}$ des normierten Raumes $E_\beta[\mathfrak{T}_\beta]$ auf den normierten Raum $E_\alpha[\mathfrak{T}_\alpha]$ erklärt. Diese Abbildung setzt sich fort zu einer stetigen linearen Abbildung $\tilde{A}_{\alpha\beta}$ der vollständigen Hülle $\tilde{E}_\beta[\tilde{\mathfrak{T}}_\beta]$ in $\tilde{E}_\alpha[\tilde{\mathfrak{T}}_\alpha]$. Die Beziehung $A_{\alpha\beta}A_{\beta\gamma} = A_{\alpha\gamma}$ für $\alpha < \beta < \gamma$ ist erfüllt, also gilt auch $\tilde{A}_{\alpha\beta}\tilde{A}_{\beta\gamma} = \tilde{A}_{\alpha\gamma}$.

Damit können wir nach 6. und 7. den topologischen projektiven Limes $\hat{E}[\mathfrak{T}] = \varprojlim \tilde{A}_{\alpha\beta}(\tilde{E}_\beta[\tilde{\mathfrak{T}}_\beta]) = \mathsf{K}_\alpha \hat{P}_\alpha^{(-1)}(\tilde{E}_\alpha[\tilde{\mathfrak{T}}_\alpha])$ bilden, $\hat{P}_\alpha$ die Einschränkung auf $\hat{E}$ der Projektion P_α von $\prod_\alpha \tilde{E}_\alpha[\tilde{\mathfrak{T}}_\alpha]$ auf $\tilde{E}_\alpha$. Der Raum $E[\mathfrak{T}]$ wird durch $x \to \breve{x} = (\hat{x}_\alpha)$ topologisch isomorph dem Teilraum $\breve{E}$ aller $\breve{x}$ von $\hat{E}$, denn für $\alpha < \beta$ gilt stets $\hat{x}_\alpha = \tilde{A}_{\alpha\beta}\hat{x}_\beta$.

Wir zeigen, daß $\breve{E}$ dicht in $\hat{E}$ ist. Dies ist nach dem zweiten Teil von 8.(1) der Fall, wenn für jedes α $\breve{P}_\alpha(\breve{E})$ dicht in $\hat{P}_\alpha(\hat{E})$ ist. Es ist aber $\breve{P}_\alpha(\breve{E}) = E_\alpha$ und $\hat{P}_\alpha(\hat{E}) \subset \tilde{E}_\alpha$.

Speziell gilt

(2) *Jeder* (F)-*Raum ist topologisch isomorph einem topologischen projektiven Limes einer Folge von* (B)-*Räumen.*

10. Ein Vollständigkeitskriterium. Im Gegensatz zum Verhalten des induktiven Limes (vgl. 5.) ist die Frage nach der Vollständigkeit eines projektiven Limes einfach zu beantworten.

Es sei $E[\mathfrak{T}]$ ein lokalkonvexer Kern $\mathsf{K}_\alpha A_\alpha^{(-1)}(E_\alpha[\mathfrak{T}_\alpha])$. Es gilt

(1) *Ein Filter* $\mathfrak{F}$ *auf* $E[\mathfrak{T}]$ *ist dann und nur dann ein Cauchyfilter, wenn alle* $A_\alpha(\mathfrak{F})$ *Cauchyfilter in den* $E_\alpha[\mathfrak{T}_\alpha]$ *sind.*

Es sei $\mathfrak{F}$ ein Cauchyfilter. Dann sind seine stetigen Bilder $A_\alpha(\mathfrak{F})$ Cauchyfilter in den $E_\alpha[\mathfrak{T}_\alpha]$. Es sei umgekehrt jedes $A_\alpha(\mathfrak{F})$ Cauchyfilter in $E_\alpha[\mathfrak{T}_\alpha]$. Wir geben eine $\mathfrak{T}$-Nullumgebung $V = \bigcap_{i=1}^{n} A_{\alpha_i}^{(-1)}(U_{\alpha_i})$ in $E[\mathfrak{T}]$ vor, U_{α_i} eine $\mathfrak{T}_{\alpha_i}$-Nullumgebung in $E_{\alpha_i}[\mathfrak{T}_{\alpha_i}]$. Nach Voraussetzung gibt es ein $F_i \in \mathfrak{F}$, dessen Bild $A_{\alpha_i}(F_i)$ klein von der Ordnung U_{α_i} ist. Dann ist F_i klein von der Ordnung $A_{\alpha_i}^{(-1)}(U_{\alpha_i})$ und $\bigcap_{i=1}^{n} F_i$ klein von der Ordnung V, $\mathfrak{F}$ ist also Cauchyfilter in $E[\mathfrak{T}]$.

Für beliebige lokalkonvexe Kerne folgt aus der Vollständigkeit der $E_\alpha[\mathfrak{T}_\alpha]$ keineswegs die Vollständigkeit von $E[\mathfrak{T}]$. Dies ergibt sich aus 6.(4), wenn man die $E_\alpha[\mathfrak{T}_\alpha]$ vollständig wählt und für $\hat{E}[\mathfrak{T}]$ einen nicht-abgeschlossenen Teilraum von $E[\mathfrak{T}]$ nimmt.

Für projektive Limites gilt jedoch

(2) *Ein topologischer projektiver Limes* $E[\mathfrak{T}] = \varprojlim A_{\alpha\beta}(E_\beta[\mathfrak{T}_\beta])$ *ist vollständig bzw. quasivollständig bzw. folgenvollständig, wenn dies für alle* $E_\alpha[\mathfrak{T}_\alpha]$ *gilt.*

Beweis. Es ist $E[\mathfrak{T}] = \hat{E}[\mathfrak{T}] = \bigcap_\alpha \hat{P}_\alpha^{(-1)}(E_\alpha[\mathfrak{T}_\alpha])$ in der Bezeichnungsweise von 7.(6). Die $E_\alpha[\mathfrak{T}_\alpha]$ seien vollständig und $\mathfrak{F}$ sei ein Cauchyfilter auf $E[\mathfrak{T}]$. Dann hat jeder der Cauchyfilter $\hat{P}_\alpha(\mathfrak{F})$ einen Limes x_α in $E_\alpha[\mathfrak{T}_\alpha]$. Für $\alpha < \beta$ folgt aus der Stetigkeit der $A_{\alpha\beta}$ und 7.(5)

$$x_\alpha = \lim \hat{P}_\alpha(\mathfrak{F}) = \lim A_{\alpha\beta} \hat{P}_\beta(\mathfrak{F}) = A_{\alpha\beta} \lim \hat{P}_\beta(\mathfrak{F}) = A_{\alpha\beta} x_\beta.$$

Das Element $\hat{x} = (x_\alpha)$ erfüllt also die Verträglichkeitsbedingungen von 7.(6) und liegt daher in $\hat{E} = E$. Aus $\hat{P}_\alpha(\mathfrak{F}) \to x_\alpha$ für alle α folgt sofort $\mathfrak{F} \to \hat{x}$ in $\hat{E}$, $E[\mathfrak{T}]$ ist also vollständig.

Ist $\mathfrak{F}$ ein Cauchyfilter auf einer beschränkten Menge $M \subset E[\mathfrak{T}]$, so sind die $\hat{P}_\alpha(\mathfrak{F})$ Cauchyfilter auf den in den $E_\alpha[\mathfrak{T}_\alpha]$ beschränkten Mengen $\hat{P}_\alpha(M)$ und man schließt wie vorhin.

Analog ergibt sich die Behauptung über die Folgenvollständigkeit.

(3) *Ein topologischer projektiver Limes* $E[\mathfrak{T}] = \varprojlim A_{\alpha\beta}(E_\beta[\mathfrak{T}_\beta])$ *ist ein abgeschlossener linearer Teilraum des topologischen Produkts* $\prod_\alpha E_\alpha[\mathfrak{T}_\alpha]$.

Denn ein Berührungspunkt von $E[\mathfrak{T}]$ in $\prod_\alpha E_\alpha[\mathfrak{T}_\alpha]$ ist Limes eines Cauchyfilters auf $E[\mathfrak{T}]$, erfüllt also nach dem Beweis von (2) die Verträglichkeitsbedingungen von 7.(6) und liegt daher in $E[\mathfrak{T}]$.

Ergänzende Literatur über induktive und projektive Limites: N. Bourbaki [3], Bd. 3, J. Braconnier [1], S. Lefschetz [1], D. A. Raĭkow [1], J. Sebastião e Silva [4], O. Takenouchi [1], A. Weil [2].

§ 20. Dualität

1. Die Existenz stetiger Linearfunktionen. Wir haben in § 17, 6. für normierte Räume E aus dem Satz von Hahn-Banach die Existenz von genügend vielen stetigen Linearfunktionen bewiesen, also Aussagen über den dualen Raum E' abgeleitet. Dies ist auch im allgemeineren lokalkonvexen Fall möglich.

Es gilt wieder der Erweiterungssatz

(1) *Jede auf einem linearen Teilraum F des lokalkonvexen Raumes* $E[\mathfrak{T}]$ *erklärte stetige Linearfunktion* $l(z)$ *läßt sich zu einer auf ganz E erklärten stetigen Linearfunktion u erweitern.*

Gilt speziell $|l(z)| \leqq p(z)$ *auf F für eine stetige Halbnorm* $p(x)$ *von* $E[\mathfrak{T}]$, *so gibt es eine Erweiterung u mit* $|ux| \leqq p(x)$ *auf ganz E.*

Beweis. Ist $l(z)$ stetig auf F, so gibt es nach §18, 1. eine stetige Halbnorm $p(x)$ auf E mit $|l(z)| \leqq p(z)$ auf F. Aus §17, 3.(5) folgt die Existenz einer stetigen Erweiterung u von l mit $|ux| \leqq p(x)$.

(2) *Sind* $x_1, \ldots, x_n$ *linear unabhängige Elemente von* $E[\mathfrak{T}]$, $\alpha_1, \ldots, \alpha_n$ *reelle bzw. komplexe Zahlen, so gibt es ein* $u \in E'$ *mit* $ux_i = \alpha_i$, $i = 1, \ldots, n$.

Speziell existiert zu jedem $x_0 \neq 0$ *aus E ein* $u_0 \in E'$ *mit* $u_0 x_0 = 1$.

Beweis. Der von $x_1, \ldots, x_n$ aufgespannte n-dimensionale Teilraum F von E ist nach §15, 5.(1) topologisch isomorph K^n, durch $l(x_i) = \alpha_i$, $i = 1, \ldots, n$, wird daher auf F eine stetige Linearfunktion erklärt, die nach (1) eine stetige Fortsetzung u auf ganz E besitzt.

Ein dritter, häufig benützter Existenzsatz für stetige Linearfunktionen ist

(3) *Ist F ein linearer abgeschlossener Teilraum von* $E[\mathfrak{T}]$, $x_0 \notin F$, *so gibt es ein* $u_0 \in E'$ *mit* $u_0 x_0 = 1$ *und* $u_0 y = 0$ *für alle* $y \in F$.

Beweis. Nach § 18, 3.(2) ist E/F in der induzierten Topologie $\mathfrak{T}$ wieder lokalkonvex. Nach (2) gibt es eine stetige Linearfunktion $\tilde{u}_0$ auf E/F mit $\tilde{u}_0 \hat{x}_0 = 1$, $\hat{x}_0$ die Restklasse $K x_0$ von x_0 in E/F. Durch $u_0 x = \tilde{u}_0 \hat{x}$, x beliebig in E, wird eine Linearfunktion u_0 auf E erklärt, für die offenbar $u_0 x_0 = 1$ und $u_0 y = \tilde{u}_0\, 0 = 0$ für alle $y \in F$ gilt. u_0 ist als Produkt der stetigen Abbildungen, K und $\tilde{u}_0$ eine stetige Linearfunktion auf E.

2. Dualsysteme, schwache Topologie. Wir ziehen wieder den in §10, 3. erklärten Begriff des Dualsystems heran. Es gilt

(1) *Ist* $E[\mathfrak{T}]$ *ein lokalkonvexer Raum, so bilden E und sein dualer Raum E' ein Dualsystem* $\langle E', E \rangle$ *über dem reellen bzw. komplexen Körper.*

Beweis. Als Bilinearfunktion auf $E' \times E$ erklären wir wie in §10, 3. $B(u, x) = ux$, also den Wert der Linearfunktion u auf x. Die Bedingung (D2'') ist trivialerweise erfüllt, die Bedingung (D2') folgt aus 1.(2). Damit haben wir ein Resultat, das wir in §10, 4. für lineartopologische Räume erhielten, auch für lokalkonvexe Räume bewiesen.

Gleichzeitig gelten die Resultate, die wir in Kapitel II für Dualsysteme über beliebigen Körpern bewiesen haben, auch für die Dualsysteme, die aus einem lokalkonvexen Raum und seinem dualen Raum bestehen.

Wie in Kapitel II wird sich herausstellen, daß viele der wichtigsten Begriffe der Dualitätstheorie der lokalkonvexen Räume nicht von der

Ausgangstopologie $\mathfrak{T}$ auf E abhängen, sondern nur vom Dualsystem $\langle E', E\rangle$ selbst.

Wir gehen jetzt wie in § 10, 3. umgekehrt von einem Dualsystem $\langle E_2, E_1\rangle$ über K aus, wobei K jetzt aber nur der Körper der reellen oder der komplexen Zahlen ist. Wir werden die Bilinearform mit ux oder gelegentlich auch mit $\langle u, x\rangle$ bezeichnen.

Wir haben in § 10, 3. eine lineare Topologie auf E_1 eingeführt, die wir als die lineare schwache Topologie $\mathfrak{T}_{ls}$ bezeichneten. Sie ist, wie wir in § 10, 4.(4) sahen, die gröbste lineare Topologie auf E_1, für die alle $u \in E_2$ stetige Linearfunktionen auf E_1 sind. Die Topologie auf K selbst ist dabei die diskrete Topologie.

Die unseren Untersuchungen über topologische lineare Räume von Kapitel III ab zugrundegelegte Topologie von K ist aber die des Absolutbetrages. Wir werden daher jetzt als die schwache Topologie $\mathfrak{T}_s(E_2)$ auf E_1 die gröbste Topologie auf E_1 bezeichnen, für die jedes Element $u \in E_2$ eine stetige Linearfunktion $\langle u, x\rangle = ux$ auf E_1 erzeugt, wobei auf K die Topologie des Absolutbetrages zu nehmen ist.

Eine Nullumgebungsbasis der schwachen Topologie $\mathfrak{T}_s(E_2)$ wird gebildet von allen Mengen $U_{u_1,\ldots,u_n;\varepsilon}$, die aus allen $x \in E_1$ bestehen, für die

$$(2) \qquad \sup_{i=1,\ldots,n} |u_i x| < \varepsilon$$

gilt; die u_i sind beliebige n Elemente aus E_2, $n = 1, 2, \ldots$. Denn für ein $u \in E_2$ muß die Menge $U_{u;\varepsilon}$ aller $x \in E_1$, für die $|ux| < \varepsilon$ ist, eine Nullumgebung sein. Andererseits enthält jeder Durchschnitt von solchen Nullumgebungen eine Nullumgebung vom Typus (2).

Analog definiert man auf E_2 die Topologie $\mathfrak{T}_s(E_1)$.

Wie in § 10 gilt auch für diese Topologie

(3) *Ist $\langle E_2, E_1\rangle$ ein Dualsystem, so sind $E_1[\mathfrak{T}_s(E_2)]$ und $E_2[\mathfrak{T}_s(E_1)]$ lokalkonvexe Räume und jeder ist der duale Raum des anderen.*

Der Beweis verläuft ganz analog: Die Umgebungen (2) sind absolutkonvex und ausgeglichen und erzeugen einen Filter, wegen 1.(2) ist die schwache Topologie separiert, nach § 18, 1. sind also $E_1[\mathfrak{T}_s(E_2)]$ und $E_2[\mathfrak{T}_s(E_1)]$ lokalkonvex.

Jedes $u \in E_2$ erzeugt eine schwach stetige Linearfunktion auf E_1, denn für jedes $x \in U_{u;\varepsilon}$ ist $|ux| < \varepsilon$.

Ist umgekehrt u eine schwach stetige Linearfunktion auf E_1, so gibt es eine schwache Nullumgebung $U = U_{u_1,\ldots,u_n;\varepsilon}$ mit $|ux| \leqq \sup_{i=1,\ldots,n} |u_i x|$. Speziell ist $ux = 0$, wenn $u_i x = 0$ ist für $i = 1, \ldots, n$. Nach § 9, 2.(7a) ist dann aber u Linearkombination der u_i, also $u \in E_2$.

Ist $E[\mathfrak{T}]$ ein lokalkonvexer Raum, so ist damit über das Dualsystem $\langle E', E\rangle$ die schwache Topologie $\mathfrak{T}_s(E')$ auf E eingeführt, ebenso auf dem dualen Raum E' die schwache Topologie $\mathfrak{T}_s(E)$, die E' zu einem lokalkonvexen Raum macht. Man bezeichnet $E'[\mathfrak{T}_s(E)]$ auch als den schwach dualen Raum zu $E[\mathfrak{T}]$.

Für das Verhältnis der Ausgangstopologie $\mathfrak{T}$ zur schwachen Topologie gilt wieder

(4) *In einem lokalkonvexen Raum* $E[\mathfrak{T}]$ *ist die Ausgangstopologie* $\mathfrak{T}$ *stets feiner als die schwache Topologie* $\mathfrak{T}_s(E')$.

Denn jedes Element von E' ist $\mathfrak{T}$-stetig, $\mathfrak{T}_s(E')$ ist aber die gröbste lokalkonvexe Topologie, für die dies der Fall ist.

Ist E ein unendlichdimensionaler normierter Raum, so ist die Normtopologie sicher von der schwachen Topologie verschieden, denn die Halbnormen $\sup\limits_{i=1,\ldots,n} |u_i x|$ sind sämtlich keine Normen.

Über das Verhältnis zwischen lokalkonvexen Räumen und den zugehörigen Dualsystemen bemerken wir noch (vgl. § 10, 3.)

(5) *Aus der topologischen Isomorphie der lokalkonvexen Räume* $E_1[\mathfrak{T}_1]$ *und* $E_2[\mathfrak{T}_2]$ *folgt die Isomorphie der Dualsysteme* $\langle E_1', E_1\rangle$ *und* $\langle E_2', E_2\rangle$, *aber nicht umgekehrt.*

Daß die Umkehrung nicht richtig ist, folgt daraus, daß man die Ausgangstopologie nicht eindeutig aus dem Dualsystem zurückgewinnen kann. Aus der Isomorphie der Dualsysteme kann man aber wenigstens auf die topologische Isomorphie der mit den schwachen Topologien versehenen Räume schließen. Diese Topologie ist ja nur vom Dualsystem abhängig.

3. Die Dualität der abgeschlossenen Teilräume. Es sei $\langle E_2, E_1\rangle$ ein Dualsystem. Wir erinnern an den in § 9, 2. eingeführten Begriff des Orthogonalraumes $M^\perp$ einer Menge $M \subset E_1$. Es besteht $M^\perp$ aus allen $u \in E_2$ mit $ux = 0$ für alle $y \in M$.

Wie für die linearen Topologien gilt auch für die lokalkonvexen Topologien der Satz

(1) *Ist* F *ein linearer* $\mathfrak{T}$*-abgeschlossener Teilraum des lokalkonvexen Raumes* $E[\mathfrak{T}]$, *so ist* F *orthogonalabgeschlossen bezüglich* E', *umgekehrt ist ein bezüglich* E' *orthogonalabgeschlossener linearer Teilraum* F *von* E *sogar* $\mathfrak{T}_s(E')$*-abgeschlossen in* E.

Der Beweis verläuft analog wie im lineartopologischen Fall (§ 10, 4.(6)): Aus 1.(3) folgt, daß F orthogonalabgeschlossen ist, wenn es $\mathfrak{T}$-abgeschlossen ist. Ist andererseits $F^{\perp\perp} = F$ und x_0 ein schwacher Berührungspunkt von F, $u_0 \in F^\perp$, so liegt in jeder schwachen Umgebung $U_{u;\varepsilon}(x_0)$ wenigstens ein $y_0 \in F$, es ist also $|u_0 x_0| = |u_0(x_0 - y_0)| < \varepsilon$, also da ε beliebig klein ist, $u_0 x_0 = 0$, also $x_0 \in F^{\perp\perp} = F$.

Wir haben damit erkannt, daß zwar die Ausgangstopologie $\mathfrak{T}$ auf einem lokalkonvexen Raum $E[\mathfrak{T}]$ keineswegs durch das Dualsystem

$\langle E', E\rangle$ bestimmt ist, wohl aber sind die linearen $\mathfrak{T}$-abgeschlossenen Teilräume durch das Dualsystem bereits bestimmt.

Nennen wir eine lokalkonvexe bzw. lineare Topologie auf E_1 zulässig bezüglich des Dualsystems $\langle E_2, E_1\rangle$, wenn der zu E_1 duale Raum gleich E_2 ist, so können wir unser Ergebnis auch so formulieren

(2) *Ist $\langle E_2, E_1\rangle$ ein Dualsystem, so ist ein linearer Teilraum F von E_1 dann und nur dann abgeschlossen bezüglich einer zulässigen lokalkonvexen oder linearen Topologie, wenn er orthogonalabgeschlossen ist.*

Wir können in diesem Sinn also einfach von „abgeschlossenen" linearen Teilräumen sprechen. Die Frage nach sämtlichen zulässigen linearen Topologien wurde in §10, 11.(4) beantwortet, die Charakterisierung aller zulässigen lokalkonvexen Topologien wird in § 21, 4.(3) gegeben werden. Wir kennen bisher jedenfalls eine zulässige Topologie, nämlich die schwache Topologie.

Erklären wir $\bigwedge\limits_{\alpha} F_\alpha$ als den Durchschnitt $\bigcap\limits_{\alpha} F_\alpha$ der abgeschlossenen linearen Teilräume F_α von E_1 und $\bigvee\limits_{\alpha} F_\alpha$ als den kleinsten, die F_α enthaltenden, abgeschlossenen linearen Teilraum von E_1, so bilden die abgeschlossenen linearen Teilräume von E_1 einen vollständigen Verband $\overline{V}(E_1)$ und aus §10, 3.(2) folgt die Dualität der abgeschlossenen linearen Teilräume

(3) *Es sei $\langle E_2, E_1\rangle$ ein Dualsystem. Die vollständigen Verbände $\overline{V}(E_1)$ und $\overline{V}(E_2)$ der abgeschlossenen linearen Teilräume von E_1 bzw. E_2 sind dual isomorph; eine duale Isomorphie erhält man, wenn jedem solchen Teilraum sein Orthogonalraum zugeordnet wird.*

Dies gilt insbesondere für die $\mathfrak{T}$-abgeschlossenen linearen Teilräume eines lokalkonvexen Raumes $E[\mathfrak{T}]$ und die $\mathfrak{T}_s(E)$-abgeschlossenen linearen Teilräume des dualen Raumes E'.

Diese Dualität der abgeschlossenen linearen Teilräume wird sich in Nr. 8 als Spezialfall einer allgemeineren Dualität erweisen.

Wie in §14, 7. heißt eine Menge $M \subset E[\mathfrak{T}]$ total in $E[\mathfrak{T}]$ oder Grundmenge in E, wenn die abgeschlossene lineare Hülle von M mit E zusammenfällt. Wir haben offenbar

(4) *Eine Menge M ist dann und nur dann total in $E[\mathfrak{T}]$, wenn sie bezüglich irgend einer für das Dualsystem $\langle E', E\rangle$ zulässigen lokalkonvexen oder linearen Topologie total ist, d.h. wenn $M^\perp = o$ ist.*

Auch der Begriff der totalen Menge ist also nur vom Dualsystem abhängig.

4. Dualität der Abbildungen. Es seien zwei Dualsysteme $\langle E_2, E_1\rangle$ und $\langle F_2, F_1\rangle$ gegeben. Dann sind E_2 bzw. F_2 nach §10, 3. lineare Teilräume der algebraisch dualen Räume E_1^* bzw. F_1^*. Zu jeder linearen

Abbildung A von E_1 in F_1 gibt es dann die durch

$$v(Ax) = (A'v)\,x \quad \text{für alle} \quad x \in E_1, \quad v \in F_1^*$$

definierte adjungierte Abbildung A' von F_1^* in E_1^*. Im folgenden bedeute A' stets die Einschränkung von A' auf $F_2 \subset F_1^*$.

Es gilt nun

(1) *$\langle E_2, E_1 \rangle$ und $\langle F_2, F_1 \rangle$ seien zwei Dualsysteme über* K. *Eine lineare Abbildung A von E_1 in F_1 ist dann und nur dann schwach stetig, wenn die adjungierte Abbildung F_2 in E_2 abbildet.*

Folgerung. A ist dann und nur dann schwach stetig, wenn A' schwach stetig ist.

Beweis. a) Es sei $A'(F_2) \subset E_2$. Ist $U = U_{v_1, \ldots, v_n; \varepsilon}$, $v_i \in F_2$, eine schwache Nullumgebung in F_1, so ist wegen $v_i(Ax) = (A'v_i)\,x$ und $A'v_i \in E_2$ das Bild Ax eines $x \in U_{A'v_1, \ldots, A'v_n; \varepsilon}$ in U enthalten, A ist also in $\mathfrak{o}$ und damit in E_1 schwach stetig.

b) Es sei A schwach stetig. Dann ist die durch $l(x) = v_0(Ax)$, $v_0 \in F_2$, erklärte Linearfunktion auf E_1 schwach stetig, da v_0 nach 2.(3) schwach stetig ist. $l(x)$ wird also durch ein $u_0 \in E_2$ erzeugt, andererseits ist $v_0(Ax) = (A'v_0)\,x$, mithin $A'v_0 = u_0 \in E_2$, A' bildet F_2 in E_2 ab.

c) Ist A schwach stetig, so bildet A' nach b) F_2 in E_2 ab. Die zu A' adjungierte Abbildung $(A')'$ ist gleich A, bildet also E_1 in F_1 ab. Nach a) ist daher A' schwach stetig. Vertauschen von A und A' ergibt wegen $A'' = A$ die Folgerung.

Wir bemerken, daß diese Schlußweise bereits in §10, 5.(1) benutzt wurde und damit (1) genau so für die lineare schwache Topologie abgeleitet werden kann. Es gilt daher

(2) *Die $\mathfrak{T}_s$-stetigen und die $\mathfrak{T}_{ls}$-stetigen linearen Abbildungen eines lokalkonvexen Raumes $E[\mathfrak{T}]$ in einen lokalkonvexen Raum $F[\mathfrak{T}']$ fallen zusammen.*

Sind $E_1[\mathfrak{T}_1]$ und $E_2[\mathfrak{T}_2]$ zwei lokalkonvexe Räume, so bezeichnen wir den linearen Raum der stetigen linearen Abbildungen von E_1 in E_2 mit $\mathfrak{L}(E_1[\mathfrak{T}_1], E_2[\mathfrak{T}_2])$. Wir erhalten aus (1) dann die folgende Dualitätsaussage

(3) *$\langle E_2, E_1 \rangle$ und $\langle F_2, F_1 \rangle$ seien zwei Dualsysteme über* K. *Ordnen wir jeder schwach stetigen linearen Abbildung A von E_1 in F_1 ihre adjungierte Abbildung A' von F_2 in E_2 zu, so erhalten wir eine Isomorphie der linearen Räume $\mathfrak{L}(E_1[\mathfrak{T}_s(E_2)], F_1[\mathfrak{T}_s(F_2)])$ und $\mathfrak{L}(F_2[\mathfrak{T}_s(F_1)], E_2[\mathfrak{T}_s(E_1)])$.*

Für den Fall, daß beide Dualsysteme zusammenfallen, ergibt sich

(4) *Durch die Zuordnung, die jedem schwachstetigen Endomorphismus A von E_1 den adjungierten schwachstetigen Endomorphismus A' von E_2 entsprechen läßt, wird die Algebra $\mathfrak{L}(E_1[\mathfrak{T}_s(E_2)])$ der schwachstetigen Endo-*

morphismen von E_1 *invers isomorph auf die von* E_2, *nämlich* $\mathfrak{L}(E_2[\mathfrak{T}_s(E_1)])$, *abgebildet.*

Wir fanden in 2., daß jede stetige Linearfunktion auf einem lokalkonvexen Raum auch schwach stetig ist und umgekehrt. Für lineare Abbildungen gilt im allgemeinen nur

(5) *Jede stetige lineare Abbildung* A *von* $E_1[\mathfrak{T}_1]$ *in* $E_2[\mathfrak{T}_2]$ *ist auch schwach stetig, d.h.* $\mathfrak{L}(E_1[\mathfrak{T}_1], E_2[\mathfrak{T}_2])$ *ist ein linearer Teilraum von* $\mathfrak{L}(E_1[\mathfrak{T}_s(E_1')], E_2[\mathfrak{T}_s(E_2')])$.

Beweis. Die durch $l(x) = v_0(Ax)$, $v_0 \in E_2'$, erzeugte Linearfunktion ist $\mathfrak{T}_1$-stetig, wird also durch ein $u_0 \in E_1'$ erzeugt, A' bildet daher E_2' in E_1' ab, nach (1) ist daher A auch schwach stetig.

Sei E ein normierter Raum. Dann ist die Normtopologie $\mathfrak{T}$ feiner als die schwache Topologie $\mathfrak{T}_s(E')$ und von ihr verschieden. Die identische Abbildung von E auf sich ist dann wohl ein Element von $\mathfrak{L}(E[\mathfrak{T}_s], E[\mathfrak{T}_s])$, aber nicht von $\mathfrak{L}(E[\mathfrak{T}_s], E[\mathfrak{T}])$.

Aus (5) und der Folgerung aus (1) ergibt sich

(6) *Ist* A *eine stetige lineare Abbildung von* $E_1[\mathfrak{T}_1]$ *in* $E_2[\mathfrak{T}_2]$, *so ist* A' *eine schwach stetige lineare Abbildung von* E_2' *in* E_1'.

5. Dualität der Komplementärräume. Wir sahen in §15, 9.(10), daß in beliebigen topologischen linearen Räumen nicht jeder endlichdimensionale lineare Teilraum einen topologischen Komplementärraum zu besitzen braucht. In lokalkonvexen Räumen ist dies wie in den lineartopologischen Räumen (vgl. §10, 7.(8)) jedoch der Fall, wie wir zeigen werden.

Jede schwach topologische komplementäre Zerlegung besitzt eine duale solche Zerlegung,

(1) *Es sei* $\langle E_2, E_1 \rangle$ *ein Dualsystem. Jeder* $\mathfrak{T}_s$*-komplementären Zerlegung*

(2) $$E_1 = H_1 \oplus H_2$$

von E_1 *in zwei abgeschlossenen lineare Teilräume entspricht die* $\mathfrak{T}_s$*-komplementäre Zerlegung*

(3) $$E_2 = H_1^\perp \oplus H_2^\perp.$$

Sind P_1, P_2 *die zu* (2) *gehörigen Projektionen mit* $P_1(E_1) = H_1$, $P_2(E_1) = H_2$, *so sind ihre Adjungierten* P_1', P_2' *die zu* (3) *gehörigen Projektionen mit* $P_1'(E_2) = H_2^\perp$, $P_2'(E_2) = H_1^\perp$.

Beweis. Eine schwach stetige Projektion von E_1 ist ein schwach stetiger Endomorphismus P von E_1 mit $P^2 = P$. Nach 4.(4) gilt für die adjungierte Abbildung P' dann die Gleichung $(P')^2 = P'$, P' ist also eine schwach stetige Projektion von E_2.

Für die zu (2) gehörigen Projektionen gelten die Gleichungen $I = P_1 + P_2$, $P_1 P_2 = P_2 P_1 = 0$. Wieder nach 4.(4) gelten für die Adjungierten dann die Gleichungen $I = P_1' + P_2'$ und $P_2' P_1' = P_1' P_2' = 0$.

Nach §15, 8.(1) erzeugen P_1' und P_2' also eine $\mathfrak{T}_s$-komplementäre Zerlegung von E_2, $E_2 = P_1'(E_2) \oplus P_2'(E_2)$.

Wir haben noch $P_1'(E_2) = H_2^\perp$ und $P_2'(E_2) = H_1^\perp$ zu zeigen.

$P_1'(E_2)$ besteht aus allen $u \in E_2$ mit $P_1' u = u$. Dies ist gleichbedeutend mit

$$(P_1' u)\, x = u(P_1 x) = u x = u(P_1 x + P_2 x) = u(P_1 x) + u(P_2 x)$$

für alle $x \in E_1$, d.h. $u \in H_2^\perp$.

Ebenso beweist man $P_2'(E_2) = H_1^\perp$.

Da jede $\mathfrak{T}$-stetige Projektion eines lokalkonvexen Raumes $E[\mathfrak{T}]$ nach 4.(5) auch schwach stetig ist, gilt

(4) *Jede $\mathfrak{T}$-stetige komplementäre Zerlegung $E = H_1 \oplus H_2$ eines lokalkonvexen Raumes $E[\mathfrak{T}]$ ist auch $\mathfrak{T}_s(E')$-stetig und ergibt eine duale $\mathfrak{T}_s(E)$-stetige komplementäre Zerlegung $E' = H_1^\perp \oplus H_2^\perp$.*

Es ist im allgemeinen jedoch nicht zu erwarten, daß eine schwach stetige komplementäre Zerlegung von $E[\mathfrak{T}]$ auch $\mathfrak{T}$-stetig ist, da nicht jede schwach stetige Projektion auch $\mathfrak{T}$-stetig zu sein braucht.

(5) *Es sei $E[\mathfrak{T}]$ lokalkonvex. Dann besitzt jeder endlichdimensionale lineare Teilraum H von E einen $\mathfrak{T}$-Komplementärraum.*

Beweis. H ist ein abgeschlossener Teilraum von E (vgl. §15, 5.(2)), sein Orthogonalraum $H^\perp$ besitzt in E' nach § 9, 2.(7a) (angewendet auf E' statt E) den Defekt n, wenn n die Dimension von H ist. Nach § 15, 8.(2) besitzt $H^\perp$ einen $\mathfrak{T}_s$-Komplementärraum G der Dimension n. Der komplementären Zerlegung $E' = H^\perp \oplus G$ entspricht wegen $H^{\perp\perp} = H$ nach (1) die $\mathfrak{T}_s$-komplementäre Zerlegung $E = H \oplus G^\perp$. Diese Zerlegung ist aber nach §15, 8.(2) auch $\mathfrak{T}$-komplementär, da H endlichdimensionaler algebraischer Komplementärraum zu $G^\perp$ ist.

In § 15, 12.(6) bewiesen wir, daß in einem vollständigen metrisierbaren Raum, speziell also in jedem (F)-Raum zwei abgeschlossene lineare algebraisch komplementäre Teilräume bereits topologisch komplementär sind. Dies ist für beliebige lokalkonvexe Räume keineswegs richtig. In § 10, 8. gaben wir ein einfaches Beispiel eines Dualsystems, in dem eine algebraisch komplementäre Zerlegung in $\mathfrak{T}_{ls}$-abgeschlossene Teilräume nicht $\mathfrak{T}_{ls}$-stetig zu sein braucht. Der Beweis gilt auch für die schwache Topologie wegen 3.(2) und da nach 4.(2) eine $\mathfrak{T}_s$-stetige Projektion auch eine $\mathfrak{T}_{ls}$-stetige Projektion ist.

Aus demselben Grunde gibt auch das in § 13, 6. gegebene Beispiel eines abgeschlossenen linearen Teilraumes von $\varphi\omega \oplus \omega\varphi$ ohne topologischen Komplementärraum ein Beispiel für einen lokalkonvexen Raum mit einem schwach abgeschlossenen linearen Teilraum ohne $\mathfrak{T}_s$-Komplementärraum. Wir gehen in § 31 ausführlich auf die Frage nach der Existenz eines topologischen Komplementärraumes ein.

6. Die konvexe Hülle einer kompakten Menge. Wir schließen an die Überlegungen von §15, 6. an.

Unmittelbar aus der Tatsache, daß jeder lokalkonvexe Raum eine Nullumgebungsbasis aus absolutkonvexen Umgebungen besitzt, folgt

(1) *Ist M eine beschränkte Teilmenge eines lokalkonvexen Raumes, so sind auch die abgeschlossene konvexe Hülle $\overline{C(M)}$ und die abgeschlossene absolutkonvexe Hülle $\overline{\Gamma(M)}$ wieder beschränkt.*

Wir untersuchen die entsprechende Frage für die kompakten und die präkompakten Mengen in einem lokalkonvexen Raum.

Wir beginnen mit einem Gegenbeispiel. Der Raum φ aller finiten Vektoren ist ein Teilraum des Hilbertschen Raumes l^2, φ ist bezüglich der durch l^2 induzierten Norm ein normierter Raum. Die Menge M der Vektoren $\mathfrak{x}^{(n)} = \frac{1}{n}\,\mathfrak{e}_n$ bildet als Nullfolge in l^2 zusammen mit $\mathfrak{o}$ eine kompakte Teilmenge von φ. Ist $\alpha_n > 0$, $\sum_{n=1}^{\infty} \alpha_n = 1$, so bildet die Folge $\mathfrak{y}^{(k)} = \frac{1}{\sum_1^k \alpha_n} \sum_1^k \alpha_n\, \mathfrak{x}^{(n)}$ eine Cauchyfolge in $C(M)$, deren Limes als nicht finiter Vektor aber nicht mehr in φ liegt. Also ist $\overline{C(M)}$ nicht kompakt.

Dagegen gilt für präkompakte Mengen

(2) *Ist M eine präkompakte Teilmenge des lokalkonvexen Raumes $E[\mathfrak{T}]$, so sind $\overline{C(M)}$ und $\overline{\Gamma(M)}$ wieder präkompakt.*

Es genügt zu zeigen, daß $\Gamma(M)$ total beschränkt ist, denn dann sind auch $\overline{\Gamma(M)}$ und $\overline{C(M)} \subset \overline{\Gamma(M)}$ präkompakt.

Es sei die absolutkonvexe abgeschlossene Nullumgebung V vorgegeben. Es gibt dann endlich viele $x_i \in M$, $i = 1, \ldots, m$, so daß $M \subset \bigcup_{i=1}^{m} (x_i + \frac{1}{2} V)$ gilt. Im m-dimensionalen Raum K^m gibt es in der Menge A aller $\alpha = (\alpha_1, \ldots, \alpha_m)$ mit $\sum_{i=1}^{m} |\alpha_i| \leqq 1$ endlich viele Punkte $\beta^{(j)} = (\beta_1^{(j)}, \ldots, \beta_m^{(j)})$, so daß zu jedem $\alpha \in A$ ein $\beta^{(j)}$ mit $\sum_{i=1}^{m} |\alpha_i - \beta_i^{(j)}| \leqq \delta$ gehört. δ sei so bestimmt, daß δM und damit auch $\Gamma(\delta M)$ in $\frac{1}{2} V$ liegt.

Es genügt zu zeigen, daß $\Gamma(M) \subset \bigcup_{j}^{N} \left(\sum_{i=1}^{m} \beta_i^{(j)} x_i + V \right)$ gilt. Ein Element aus $\Gamma(M)$ hat die Gestalt $y = \sum_1^N \gamma_k y_k$ mit $\sum |\gamma_k| \leqq 1$, $y_k \in M$. Zu jedem y_k gibt es ein x_{i_k} mit $y_k = x_{i_k} + z_k$, $z_k \in \frac{1}{2} V$, also ist $y = \sum_1^N \gamma_k x_{i_k} + \sum_1^N \gamma_k z_k = \sum_1^m \alpha_i x_i + z$, $z \in \frac{1}{2} V$, $\sum |\alpha_i| \leqq 1$.

Dann ist aber für ein geeignetes $\beta^{(j)}$ $y = \sum_1^m \beta_i^{(j)} x_i + \sum_1^m (\alpha_i - \beta_i^{(j)})\, x_i + z = \sum_1^m \beta_i^{(j)} x_i + z' + z$ mit $z' \in \Gamma(\delta M) \subset \frac{1}{2} V$, also $y \in \sum \beta_i^{(j)} x_i + V$ und damit $\Gamma(M) \subset \bigcup_j \left(\sum_i \beta_i^{(j)} x_i + V\right)$.

Aus (2) folgt

(3) *Ist M eine kompakte Teilmenge des lokalkonvexen Raumes $E[\mathfrak{T}]$, so ist $\overline{\complement(M)}$ bzw. $\overline{\Gamma(M)}$ dann und nur dann kompakt, wenn $\overline{\complement(M)}$ bzw. $\overline{\Gamma(M)}$ vollständig ist.*

Dies ist stets der Fall, wenn $E[\mathfrak{T}]$ quasivollständig ist.

Beweis. Sind $\overline{\complement(M)}$ bzw. $\overline{\Gamma(M)}$ vollständig, so liegen ja die Berührungspunkte der nach (2) präkompakten Mengen $\overline{\complement(M)}$ bzw. $\overline{\Gamma(M)}$ in diesen Mengen, sie sind also kompakt.

Der zweite Teil der Behauptung folgt daraus, daß nach §15, 6.(6) jede präkompakte Menge beschränkt ist.

Wir werden später eine tiefliegende Verschärfung des zweiten Teiles von (3) beweisen, den Satz von KREIN (vgl. § 24, 5. und 6.).

(4) *Die kreisförmige Hülle einer kompakten Menge K eines topologischen linearen Raumes ist kompakt.*

Beweis. Die kreisförmige Hülle von K besteht aus allen αx, $x \in K$, $|\alpha| \leqq 1$. Ist A die Menge aller $\alpha \in \mathsf{K}$ mit $|\alpha| \leqq 1$, so ist nach dem Satz von TYCHONOFF das topologische Produkt $\mathsf{A} \times K$ kompakt. Die Abbildung, die jedem $(\alpha, x) \in \mathsf{A} \times K$ das Element $\alpha x \in E[\mathfrak{T}]$ zuordnet, ist stetig, sie bildet $\mathsf{A} \times K$ auf die kreisförmige Hülle von K ab, die also kompakt ist.

(5) *Sind $K_1, \ldots, K_n$ konvexe kompakte Mengen in $E[\mathfrak{T}]$, $E[\mathfrak{T}]$ lokalkonvex, so ist auch ihre konvexe bzw. ihre absolutkonvexe Hülle $\complement_{i=1}^{n} K_i$ bzw. $\Gamma_{i=1}^{n} K_i$ wieder kompakt.*

Beweis. A sei die Menge aller $\alpha = (\alpha_1, \ldots, \alpha_n) \in \mathsf{K}^n$ mit $\sum_{i=1}^{n} \alpha_i = 1$, $\alpha_i \geqq 0$. A ist eine kompakte Teilmenge von K^n. Nach dem Satz von TYCHONOFF ist das topologische Produkt $A \times K_1 \times \cdots \times K_n$ wieder kompakt. Ordnen wir jedem $(\alpha, x_1, \ldots, x_n) \in A \times K_1 \times \cdots \times K_n$ das Element $\sum_{i=1}^{n} \alpha_i x_i \in E[\mathfrak{T}]$ zu, so ist dies eine stetige Abbildung, ihr Bildraum $\complement_{i=1}^{n} K_i$ daher kompakt.

Wendet man dies auf die nach (4) kompakten kreisförmigen Hüllen K_i' der K_i an, so folgt, daß auch $\complement_{i=1}^{n} K_i' = \Gamma_{i=1}^{n} K_i$ kompakt ist.

(5) ist auch richtig, wenn man „kompakt" durch „präkompakt" ersetzt, folgt dann aber bereits aus (2), da $\bigcup_{i=1}^{n} K_i$ stets wieder präkompakt ist.

7. Der Trennungssatz für konvexe kompakte Mengen. Die in 1. abgeleiteten Existenzsätze für stetige Linearfunktionen waren ausreichend, um die bisherigen Dualitätseigenschaften abzuleiten. Für die Dualität der konvexen abgeschlossenen Teilmengen, die wir in der nächsten Nummer betrachten wollen, brauchen wir einen weiteren Existenzsatz, den wir zuerst in geometrischer Form als Trennungssatz für konvexe kompakte Mengen formulieren,

(1) *Es sei A eine konvexe abgeschlossene Teilmenge eines lokalkonvexen Raumes* $E[\mathfrak{T}]$, *K eine zu A disjunkte konvexe kompakte Teilmenge. Dann gibt es eine A und K strikt trennende reelle abgeschlossene Hyperebene.*

Beweis. Nach §15, 6.(9) gibt es eine absolutkonvexe offene Nullumgebung U, so daß auch noch $A+U$ und $K+U$ disjunkt sind. Diese beiden offenen und konvexen Mengen werden aber nach §17, 1.(4) durch eine reelle abgeschlossene Hyperebene strikt getrennt und damit auch A und K.

Die analytische Formulierung ergibt sich aus der Charakterisierung der reellen Hyperebene durch eine Gleichung $\Re(ux)=\gamma$ (vgl. §16, 3.),

(2) *Unter denselben Voraussetzungen wie in* (1) *gibt es eine stetige Linearfunktion* $u_0 \in E'$ *und eine reelle Zahl* γ, *so daß*

(3) $$\sup_{y\in A} \Re(u_0 y) \leqq \gamma < \inf_{z\in K} \Re(u_0 z)$$

gilt.

Das Kleinerzeichen in (3) folgt daraus, daß das Infimum in K angenommen wird.

Ziehen wir statt §15, 6.(9) den Satz §15, 6.(11) heran, so erhalten wir an Stelle von (1)

(1') *Es sei A eine vollständige konvexe Teilmenge des lokalkonvexen Raumes* $E[\mathfrak{T}]$, *K eine zu A disjunkte konvexe abgeschlossene präkompakte Menge. Dann gibt es eine A und K strikt trennende reelle abgeschlossene Hyperebene.*

Jeder abgeschlossene konvexe $\mathfrak{T}$-Körper C eines topologischen linearen Raumes ist Durchschnitt der C enthaltenden abgeschlossenen Halbräume der abgeschlossenen Stützhyperebenen von C (§17, 5.). Aus (1) ergibt sich nun die entsprechende Aussage für konvexe kompakte Teilmengen eines lokalkonvexen Raumes,

(4) *In einem lokalkonvexen Raum ist jede konvexe kompakte Menge K Durchschnitt der K enthaltenden reellen abgeschlossenen Halbräume der Stützhyperebenen von K.*

Beweis. Ist $x_0 \notin K$, so gibt es nach (1) eine x_0 und K strikt trennende Hyperebene $\Re(u_0 x)=\gamma$. Da K kompakt ist, wird das Infimum ϱ in (3) für ein Element $z_0 \in K$ angenommen. Es liegt dann z_0 in der Hyperebene $\Re(u_0 x)=\inf_{z\in K}\Re(u_0 z)=\varrho$, K ist in dem Halbraum $\Re(u_0 x)\geqq\varrho$ enthalten, die Hyperebene ist also Stützhyperebene in z_0 und trennt K strikt von x_0. Daraus folgt die Behauptung.

Für beliebige konvexe Mengen ergibt sich

(5) *Jede abgeschlossene konvexe Teilmenge C eines lokalkonvexen Raumes* $E[\mathfrak{T}]$ *ist der Durchschnitt der sie enthaltenden abgeschlossenen reellen Halbräume.*

Man hat nur (1) auf C und einen nicht in C liegenden Punkt x_0, der ja eine konvexe kompakte abgeschlossene Menge ist, anzuwenden.

Damit ist nachgewiesen, daß die Bildung der abgeschlossenen konvexen Hülle einer Menge M nur vom dualen Raum und nicht mehr von der Ausgangstopologie abhängt,

(6) *Die abgeschlossene konvexe Hülle* $\overline{\complement(M)}$ *einer Menge M eines lokalkonvexen Raumes* $E[\mathfrak{T}]$ *kann mit jeder für das Dualsystem* $\langle E', E\rangle$ *zulässigen lokalkonvexen Topologie, z.B. der schwachen Topologie, gebildet werden.*

Auch jede zulässige lineare Topologie kann benützt werden.

Eine Folgerung aus (6) ist

(7) *Es sei* $E[\mathfrak{T}]$ *ein metrisierbarer lokalkonvexer Raum. Hat eine Folge* $x_n \in E$ *den schwachen Berührungspunkt* x_0 *in E, so gibt es eine Folge von Linearkombinationen aus je endlich vielen* x_n, *die im Sinn von* $\mathfrak{T}$ *gegen* x_0 *konvergiert.*

Denn x_0 gehört der schwach abgeschlossenen konvexen Hülle der Menge der x_n an, in der nach (6) die konvexe Hülle der x_n dicht im Sinn der metrisierbaren Topologie $\mathfrak{T}$ ist.

In § 17, 5. haben wir gesehen, daß (5) in beliebigen topologischen linearen Räumen nicht zu gelten braucht.

Wir bringen noch einen Satz über kompakte Mengen,

(8) *Es sei M eine kompakte Teilmenge eines lokalkonvexen Raumes* $E[\mathfrak{T}]$, *H eine reelle abgeschlossene Hyperebene in E. Dann besitzt M eine zu H parallele Stützhyperebene.*

Ist H durch $\Re(u\,x) = 0$ gegeben und wird das Maximum α von $\Re(u\,x)$ auf M in z_0 angenommen, so ist $\Re(u\,x) = \alpha$ eine Stützhyperebene von M, da sie z_0 enthält und M im Halbraum $\Re(u\,x) \leqq \alpha$ liegt.

8. Polarität. Es sei ein Dualsystem $\langle E_2, E_1\rangle$ gegeben. Ist M eine Teilmenge von E_1 so bezeichnen wir die Menge aller $u \in E_2$, für die $\Re(u\,x) \leqq 1$ ist für alle $x \in M$, als die p o l a r e Menge M° zu M in E_2. Entsprechend ist die zu einer Teilmenge von E_2 polare Teilmenge in E_1 definiert.

Ist M kreisförmig, so ist M° auch gleich der Menge aller u, für die $|u\,x| \leqq 1$ ist für alle $x \in M$, denn für $|\alpha| \leqq 1$ ist auch αx in M und aus $\Re(\alpha\, u\,x) \leqq 1$ für alle $|\alpha| \leqq 1$ folgt $|u\,x| \leqq 1$ und aus dieser Ungleichung wieder $\Re(u\,x) \leqq 1$.

Bezeichnen wir die Menge aller $u \in E_2$, für die $|ux| \leqq 1$ für alle $x \in M$ gilt, als die **absolutpolare** Menge zu M, so ist also die absolutpolare Menge zu M die polare Menge der kreisförmigen Hülle von M. Ist M absolutkonvex, so ist also M° die absolutpolare Menge zu M. Die absolutpolare Menge ist stets absolutkonvex.

Aus der Definition folgt leicht

(1) *Für die Polarenbildung gelten die folgenden Regeln:*

a) $(\alpha M)^\circ = \frac{1}{\alpha} M^\circ$ *für jedes* $\alpha \in K$, $\alpha \neq 0$;

b) Aus $M \subset N$ *folgt* $N^\circ \subset M^\circ$ *und* $M^{\circ\circ} \subset N^{\circ\circ}$;

c) Es ist stets $M \subset M^{\circ\circ}$;

d) Es ist stets $M^\circ = M^{\circ\circ\circ}$.

Wir beweisen nur d): Wenden wir c) auf M° an, so erhalten wir $M^\circ \subset M^{\circ\circ\circ}$, wenden wir b) auf c) an, so erhalten wir $M^\circ \supset M^{\circ\circ\circ}$, beides zusammen ergibt d).

$M^{\circ\circ}$ wird auch als die **bipolare Hülle** von M bezeichnet. Entsprechend heißt die absolutpolare Menge zur absolutpolaren Menge von M die **absolutbipolare Hülle** von M. Sie ist gleich der bipolaren Hülle der kreisförmigen Hülle von M.

(2) *Die polare Menge* M° *einer Menge* $M \subset E_1$ *ist konvex, schwach abgeschlossen und enthält* $\mathfrak{o}$. *Ist* M *kreisförmig, so ist* M° *sogar absolutkonvex.*

M° ist ja Durchschnitt der schwach abgeschlossenen Halbräume $\Re(u x_0) \leqq 1$ in E_2, wenn x_0 alle Elemente von M durchläuft, also schwach abgeschlossen und konvex; das Element $\mathfrak{o}$ ist in allen diesen Halbräumen enthalten. Ist M kreisförmig, so ist M° die absolutpolare Menge zu M, also absolutkonvex.

Umgekehrt gilt

(3) *M und die schwach abgeschlossene konvexe Hülle* $\overline{C(M, \mathfrak{o})}$ *von* M *und* $\mathfrak{o}$ *haben dieselbe polare Menge* M°.

Denn gilt $\Re(ux) \leqq 1$ für alle $u \in M^\circ$ und alle $x \in M$, so ist auch $\Re(u\mathfrak{o}) = 0 < 1$ und mit zwei Elementen x_1 und x_2 erfüllen auch alle Elemente x der reellen Verbindungsstrecke die Ungleichungen $\Re(ux) \leqq 1$.

Ist M ein linearer Teilraum, so ist $M^\circ = M^\perp$, die Orthogonalraumbildung ist also ein Spezialfall der Polarenbildung.

Ist C ein Kegel mit der Spitze $\mathfrak{o}$, so ist die polare Menge C° wieder ein Kegel mit der Spitze $\mathfrak{o}$, der durch die Ungleichung

$$(4) \qquad \Re(ux) \leqq 0 \quad \text{für alle} \quad x \in C$$

gegeben ist.

Denn C enthält mit x auch alle ϱx mit $\varrho > 0$, aus $\Re(ux) \leqq 1$ folgt also auch $\varrho \Re(ux) \leqq 1$, was nur mit $\Re(ux) \leqq 0$ verträglich ist.

Es gilt der Bipolarensatz

(5) *Die bipolare Hülle $M^{\circ\circ}$ einer Menge M in E_1 ist die schwach abgeschlossene konvexe Hülle $\overline{\mathsf{C}(\mathfrak{o}, M)}$ von $\mathfrak{o}$ und M. Ist M konvex und schwach abgeschlossen und enthält M das Element $\mathfrak{o}$, so ist also $M = M^{\circ\circ}$.*

Die absolutbipolare Hülle einer Menge M in E_1 ist gleich der schwach abgeschlossenen absolutkonvexen Hülle $\overline{\Gamma(M)}$ von M. Ist M kreisförmig, so ist bereits $M^{\circ\circ} = \overline{\mathsf{C}(M)}$ gleich der absolutbipolaren Hülle von M.

Beweis. Nach (3) genügt es, $\mathfrak{o} \in M$ und M als konvex und schwach abgeschlossen vorauszusetzen. Nach (1) c) ist $M \subset M^{\circ\circ}$. Ist andererseits $x_0 \notin M$, so werden nach 7.(1) x_0 und M durch eine reelle abgeschlossene Hyperebene strikt getrennt, die, da sie nicht durch $\mathfrak{o}$ geht, nach 7.(2) in der Gestalt $\Re(u_0 x) = 1$ angenommen werden kann, mit $\Re(u_0 y) \leqq 1$ für alle $y \in M$ und $\Re(u_0 x_0) > 1$. Dann liegt aber x_0 nicht in $M^{\circ\circ}$, d.h. es gilt auch $M \supset M^{\circ\circ}$.

Der zweite Teil von (5) ergibt sich sofort aus den Bemerkungen über den Zusammenhang von bipolarer und absolutbipolarer Hülle.

Wir bezeichnen mit $\mathfrak{C}(E_1)$ die Menge aller konvexen schwach abgeschlossenen und $\mathfrak{o}$ enthaltenden Teilmengen von E_1. Statt der schwachen Abgeschlossenheit genügt es nach 7.(6) die Abgeschlossenheit bezüglich irgendeiner für das Dualsystem $\langle E_2, E_1\rangle$ zulässigen Topologie vorauszusetzen.

$\mathfrak{C}(E_1)$ bildet bezüglich der Beziehung $C_1 \subset C_2$ einen vollständigen Verband, $\bigwedge_\alpha C_\alpha$ ist der Durchschnitt $\bigcap_\alpha C_\alpha$, $\bigvee_\alpha C_\alpha$ ist gleich $\overline{\mathsf{C}_\alpha C_\alpha}$.

Es gilt nun

(6) *Es sei $\langle E_2, E_1\rangle$ ein Dualsystem. Die vollständigen Verbände $\mathfrak{C}(E_1)$ und $\mathfrak{C}(E_2)$ sind dual isomorph, wenn jeder Menge ihre polare Menge zugeordnet wird.*

Beweis. Nach (2) ist $M^\circ \in \mathfrak{C}(E_2)$ bzw. $\mathfrak{C}(E_1)$, wenn $M \in \mathfrak{C}(E_1)$ bzw. $\mathfrak{C}(E_2)$ liegt, nach (5) ist die Zuordnung eineindeutig, nach (1) b) kehrt sie die Halbordnung um, ist also eine duale Verbandsisomorphie (vgl. § 7, 9.).

Insbesondere gilt also wegen des Entsprechens von $\wedge$ und $\vee$

(7) *Sind die C_α schwach abgeschlossene konvexe, $\mathfrak{o}$ enthaltende Teilmengen von E_1, so ist*

$$(\bigcap_\alpha C_\alpha)^\circ = \overline{\mathsf{C}_\alpha C_\alpha^\circ}. \tag{8}$$

Die duale Formel kann für beliebige Mengen $M_\alpha \in E_1$ formuliert werden,

$$(\bigcup_\alpha M_\alpha)^\circ = \bigcap_\alpha M_\alpha^\circ. \tag{9}$$

Da bei der Polarenbildung absolutkonvexe Mengen sich entsprechen, ebenso Kegel und lineare Teilräume, erhalten wir auch zueinander dual isomorphe Verbände aus den schwach abgeschlossenen absolutkonvexen Mengen bzw. den schwach abgeschlossenen konvexen Kegeln mit der Spitze o bzw. den schwach abgeschlossenen linearen Teilräumen. Das letzte Resultat wurde bereits in 3. bewiesen.

Sind die C_α schwach abgeschlossene absolutkonvexe Mengen bzw. schwach abgeschlossene lineare Teilräume F_α, so erhält (8) die Gestalt

(10) $$\left(\bigcap_\alpha C_\alpha\right)^\circ = \overline{\Gamma_\alpha C_\circ^\alpha}$$

bzw.

(11) $$\left(\bigcap_\alpha F_\alpha\right)^\circ = \overline{\sum_\alpha F_\alpha^\perp}.$$

9. Die polare Menge einer Nullumgebung. Wir beginnen mit einer Untersuchung des Dualsystems $\langle E^*, E\rangle$, E ein linearer Raum, E^* sein algebraisch dualer Raum. Es gilt (vgl. §10, 6.(3))

(1) *Ist E ein linearer Raum der Dimension d über* K, *so ist $E^*[\mathfrak{T}_s(E)]$ topologisch isomorph $\omega_d(\mathsf{K})$, dem topologischen Produkt von d Körpern* K.

Beweis. Ist $\{x_\alpha\}$ eine algebraische Basis von E, so ist jede Linearfunktion u auf E gegeben durch den Vektor $\mathfrak{u} = \{v_\alpha\}$, $v_\alpha = u x_\alpha$, umgekehrt erklärt jeder solche Vektor $\mathfrak{u}$ eine Linearfunktion auf E, E^* ist also algebraisch isomorph $\omega_d(\mathsf{K})$. Es genügt, zur Definition der schwachen Nullumgebungen U je endlich viele Basiselemente x_{α_i} zu nehmen, dann bedeutet aber $\sup\limits_{i=1,\ldots,n} |u x_{\alpha_i}| < \varepsilon$, daß in den $\mathfrak{u}$ der Nullumgebung U endlich viele Koordinaten dem Betrage nach durch ε beschränkt sind. Die schwache Topologie $\mathfrak{T}_s(E)$ stimmt also mit der Produkttopologie auf $\omega_d(\mathsf{K})$ überein.

(2) *Ist $\langle E_2, E_1\rangle$ ein Dualsystem, so ist $E_2^*[\mathfrak{T}_s(E_2)]$ die vollständige Hülle von $E_1[\mathfrak{T}_s(E_2)]$ und topologisch isomorph $\omega_d(\mathsf{K})$, d die algebraische Dimension von E_2.*

Beweis. Da $E_1 < E_2^*$ gilt und $E_2^*[\mathfrak{T}_s(E_2)]$ zu $\omega_d(\mathsf{K})$ topologisch isomorph ist, ferner $\omega_d(\mathsf{K})$ als topologisches Produkt vollständiger Räume wieder vollständig ist, ist nur noch zu zeigen, daß E_1 in E_2^* dicht ist im Sinn der schwachen Topologie $\mathfrak{T}_s(E_2)$. Wäre dies nicht der Fall, so wäre die schwach abgeschlossene Hülle $\overline{E}_1$ von E_1 in E_2^* verschieden von E_2^*; dann gäbe es nach 1.(3) aber eine schwach stetige Linearfunktion $v \neq o$ auf E_2^*, die auf E_1 verschwinden würde, dies ist aber ein Widerspruch dazu, daß der schwach duale Raum von E_2^* nach 2.(3) gleich E_2 ist, in dem kein solches $v \neq o$ existiert.

Aus diesen Sätzen ergibt sich eine Charakterisierung der schwach beschränkten Teilmengen eines lokalkonvexen Raumes,

(3) *Die schwach beschränkten Teilmengen eines lokalkonvexen Raumes $E[\mathfrak{T}]$ sind mit den schwach präkompakten Teilmengen von E identisch.*

Beweis. Jede schwach präkompakte Menge ist nach § 15, 6.(6) schwach beschränkt. Ist M andererseits $\mathfrak{T}_s(E')$-beschränkt in E, so ist M auch $\mathfrak{T}_s(E')$-beschränkt in der schwach vollständigen Hülle $(E')^*$ von E, die nach (2) topologisch isomorph einem $\omega_d(\mathsf{K})$ ist. In $\omega_d(\mathsf{K})$ ist nach § 15, 6. aber jede beschränkte Teilmenge relativ kompakt.

Wir beweisen jetzt den Satz von Alaoglu-Bourbaki

(4) *Ist U eine Nullumgebung des lokalkonvexen Raumes $E[\mathfrak{T}]$, so ist U° eine schwach kompakte Teilmenge von E'.*

Beweis. Sei zuerst U absolutkonvex. Wir bilden die polare Menge zu U zuerst in $E^* \supset E'$. Gehört die Linearfunktion $v \in E^*$ zur polaren Menge, so muß $|vx| \leqq 1$ sein für alle $x \in U$. Dann ist aber v stetig, also Element von E'. U besitzt also in E' und in E^* dieselbe polare Menge U°.

U° ist schwach beschränkt in E' und E^*. Denn U enthält zu jedem $x \in E$ ein geeignetes Vielfaches ϱx, $\varrho > 0$, daraus folgt aber $\sup\limits_{\substack{i=1,\ldots,n \\ v \in U^\circ}} |v x_i| < M$ für je endlich viele x_i aus E und geeignetes $M > 0$.

Nach (2) ist $E^*[\mathfrak{T}_s(E)]$ topologisch isomorph einem $\omega_d(\mathsf{K})$, in dem jede beschränkte Menge relativ kompakt ist. U° ist als Teilmenge von E^* also relativ schwach kompakt und nach 8.(2) schwach abgeschlossen, also schwach kompakt.

Da jede Nullumgebung U eine absolutkonvexe V umfaßt und $U^\circ \subset V^\circ$ ist, ist auch U° schwach kompakt.

Wir bemerken, daß (4) in gewisser Analogie zu § 10, 11.(2) steht.

Wir haben in § 14, 5.(3) auf dem dualen Raum E' eines normierten Raumes E eine Norm eingeführt. Die abgeschlossene Einheitskugel in E' ist nichts anderes als die polare Menge zur Einheitskugel in E. Wir bekommen als Spezialfall von (4) damit

(5) *Die abgeschlossene Einheitskugel im dualen Raum eines normierten Raumes ist schwach kompakt.*

Als Anwendung von (5) beweisen wir

(6) *Die absolut bipolare Hülle einer schwach gegen $\mathfrak{o}$ konvergenten Folge x_n des folgenvollständigen lokalkonvexen Raumes $E[\mathfrak{T}]$ ist schwach kompakt und besteht aus allen $\sum\limits_{n=1}^{\infty} \xi_n x_n$ mit $\sum\limits_{n=1}^{\infty} |\xi_n| \leqq 1$.*

Beweis. Nach § 15, 6.(4) bilden die x_n eine schwach beschränkte Teilmenge N von E. Nach dem in der übernächsten Nr. 11 bewiesenen Satz von Mackey ist N auch $\mathfrak{T}$-beschränkt in E. Nach 6.(1) ist daher die absolutbipolare Hülle $\overline{\Gamma(N)}$ beschränkt. Alle Partialsummen $\sum\limits_{n=1}^{m} \xi_n x_n$ gehören offenbar $\overline{\Gamma(N)}$ an und sind wegen der Folgenvollständigkeit von $E[\mathfrak{T}]$ im Sinn von $\mathfrak{T}$ konvergent. Die Menge M aller dieser $\sum_{n=1}^{\infty} \xi_n x_n$ ist also eine beschränkte Teilmenge von $E[\mathfrak{T}]$ und liegt in $\overline{\Gamma(N)}$.

Die Zuordnung, die jedem $\mathfrak{x} = (\xi_n)$ aus l^1 das Element $A\mathfrak{x} = \sum_{n=1}^{\infty} \xi_n x_n \in E$ zuordnet, ist eine lineare Abbildung von l^1 in $E[\mathfrak{T}]$, bei der M das Bild der abgeschlossenen Einheitskugel K in l^1 ist. Nach §14, 7.(11) ist l^1 der duale Raum von c_0. Ist $v \in E'$, so ist $v\left(\sum_{n=1}^{\infty} \xi_n x_n\right) = \sum_{n=1}^{\infty} \xi_n (v x_n)$ und die Folge $v_n = (v x_n)$ ist eine Nullfolge, stellt also ein Element $\mathfrak{v} = (v_n)$ von c_0 dar. Aus der damit bewiesenen Beziehung $v(A\mathfrak{x}) = \mathfrak{v}\mathfrak{x}$ folgt die schwache Stetigkeit der Abbildung A im Sinn der Topologie $\mathfrak{T}_s(c_0)$ auf l^1 und $\mathfrak{T}_s(E')$ auf E. Nach (5) ist K schwach kompakt, daher auch M als stetiges Bild. Damit ist M absolutkonvex und schwach abgeschlossen, also gleich der absolutbipolaren Hülle $\overline{\Gamma(N)}$ der Folge x_n.

10. Eine Darstellung der lokalkonvexen Räume. Wir haben in §14, 9. den (B)-Raum $C(K)$ aller auf dem kompakten Raum K stetigen reell- bzw. komplexwertigen Funktionen eingeführt. Aus 9.(5) ergibt sich die folgende Darstellung der (B)-Räume,

(1) *Jeder* (B)-*Raum E ist normisomorph einem abgeschlossenen linearen Teilraum eines geeigneten $C(K)$, K kompakt.*

Beweis. Als K nehmen wir die abgeschlossene Einheitskugel des dualen Raumes $E'[\mathfrak{T}_s(E)]$. Dann ist jedes x eine schwach stetige Linearfunktion auf K, also Element von $C(K)$, und es ist die Norm $\|x\|$ nach §17, 6.(4) gleich $\sup_{u \in K} |u x|$, also gleich der Norm von x als Element von $C(K)$. Damit wird E zu einem abgeschlossenen linearen Teilraum von $C(K)$.

Zur Darstellung beliebiger lokalkonvexer Räume als Funktionenräume brauchen wir lokalkompakte Räume.

Es sei R ein lokalkompakter topologischer Raum. Mit $C(R)$ bezeichnen wir den linearen Raum aller auf R erklärten reell- bzw. komplexwertigen stetigen Funktionen. Als Topologie $\mathfrak{T}$ auf $C(R)$ führen wir ein die Topologie der gleichmäßigen Konvergenz auf den kompakten Teilmengen von R, die als Nullumgebungsbasis die Mengen $U_{K;\varepsilon}$ besitzt, die aus allen $f(x)$ mit $\sup_{x \in K} |f(x)| < \varepsilon$ besteht, K eine kompakte Teilmenge von R.

Die Topologie $\mathfrak{T}$ wird also durch die Halbnormen $p_K(f) = \sup_{x \in K} |f(x)|$ definiert.

Nach § 6, 4.(5) gibt es auf R „genügend viele" stetige Funktionen, d.h. zu je zwei Punkten $x \neq y$ gibt es stets eine stetige Funktion f mit

$f(x) \neq f(y)$. $C(R)$ ist bezüglich $\mathfrak{T}$ ein lokalkonvexer Raum. Ist R kompakt, so erhalten wir den am Anfang der Nummer betrachteten Spezialfall.

(2) *$C(R)$ ist vollständig. Ist R im Unendlichen abzählbar, so ist $C(R)$ ein* (F)*-Raum.*

Beweis. Ist $\mathfrak{F}$ ein Cauchyfilter von Funktionen aus $C(R)$, so bilden wir für jedes $x_0 \in R$ den zugehörigen Cauchyfilter der Funktionswerte in x_0. Er hat einen Limes $f(x_0)$. Die damit erklärte Funktion $f(x)$ ist auf jeder kompakten Menge K gleichmäßiger Limes von Funktionen aus $\mathfrak{F}$, also stetig auf jedem K und damit auf R, $C(R)$ ist also vollständig.

Ist R im Unendlichen abzählbar, so gibt es (vgl. den Beweis von § 3, 6.(4)) eine Folge $K_1 \subset K_2 \subset \cdots$ kompakter Teilmengen, deren Vereinigung ganz R ist, und so daß jede kompakte Teilmenge von R in einem der K_n enthalten ist. Dann wird die Topologie $\mathfrak{T}$ aber durch die abzählbar vielen Halbnormen $p_{K_n}(f)$ erzeugt, $C(R)$ ist metrisierbar und nach dem ersten Teil des Beweises vollständig, also ein (F)-Raum.

Wir erhalten jetzt in Verallgemeinerung von (1)

(3) *Jeder lokalkonvexe Raum $E[\mathfrak{T}]$ ist topologisch isomorph einem linearen Teilraum eines geeigneten $C(R)$, R lokalkompakt.*

Ist $E[\mathfrak{T}]$ überdies metrisierbar, so kann R als im Unendlichen abzählbar vorausgesetzt werden.

Beweis. Nach §18, 3.(7) genügt es, den Beweis für ein topologisches Produkt $F[\mathfrak{T}] = \prod_\alpha E_\alpha$ von (B)-Räumen E_α zu führen. Es sei K_α die abgeschlossene Einheitskugel von E'_α, versehen mit der Topologie $\mathfrak{T}_s(E_\alpha)$, in der K_α kompakt ist. Die Vereinigungsmenge $R = \bigcup_\alpha K_\alpha$ wird ein lokalkompakter Raum, wenn wir jedem Element $u_\alpha \in K_\alpha$ als Umgebungsbasis in R seine Umgebungen im kompakten Raum K_α zuordnen. Die kompakten Teilmengen von R sind alle in den Vereinigungsmengen je endlich vieler K_α enthalten. Die Topologie der gleichmäßigen Konvergenz auf den kompakten Teilmengen in $C(R)$ wird dann durch die Halbnormen $p_K(f) = \sup_{u \in K} |f(u)|$, $K = K_{\alpha_1} \cup \cdots \cup K_{\alpha_n}$, gegeben. Fassen wir jedes Element $x = (x_\alpha)$ von F als Element von $C(R)$ auf, indem wir nach (1) jedes $x_\alpha \in E_\alpha$ als stetige Funktion auf K_α ansehen, so stimmt $p_K(x)$ mit der Halbnorm $p(x) = \sup_{i=1,\ldots,n} \|x_{\alpha_i}\|$ auf $F[\mathfrak{T}]$ überein, woraus unsere Behauptung sofort folgt.

Ist $E[\mathfrak{T}]$ metrisierbar, so ist $F[\mathfrak{T}]$ das Produkt abzählbar vieler E_α und R ist im Unendlichen abzählbar.

Für separable (B)-Räume werden wir ein schärferes Resultat als (1) in § 21, 3. ableiten.

11. Beschränkte und stark beschränkte Mengen in Dualsystemen. Wir haben in 7. gesehen, daß die Bildung der abgeschlossenen absolutkonvexen Hülle einer Menge $M \subset E[\mathfrak{T}]$ nur vom Dualsystem $\langle E', E\rangle$ abhängt, jede zulässige lokalkonvexe Topologie ergibt dasselbe Resultat. Wir wollen nun zeigen, daß auch die beschränkten Teilmengen eines lokalkonvexen Raumes $E[\mathfrak{T}]$ für jede für $\langle E', E\rangle$ zulässige Topologie dieselben sind, auch der Begriff der beschränkten Menge ist also nur vom Dualsystem abhängig.

Wir werden dieses Resultat als Spezialfall eines allgemeineren Resultates erhalten.

Geht man von einem Dualsystem $\langle E_2, E_1\rangle$ aus, so ist die folgende Definition der Beschränktheit einer Teilmenge von E_1 besonders naheliegend:

Eine Teilmenge M von E_1 heiße E_2-beschränkt, wenn gilt

$$\sup_{x \in M} |u\,x| = \mu(u) < \infty \quad \text{für jedes } u \in E_2.$$

Man sieht sofort, daß dies kein neuer Begriff ist,

(1) *Die E_2-beschränkten Teilmengen von E_1 sind die im Sinn der schwachen Topologie $\mathfrak{T}_s(E_2)$ beschränkten Teilmengen von E_1.*

Zu einem neuen Begriff kommt man aber durch die folgende Definition: Eine Teilmenge M von E_1 heißt stark E_2-beschränkt, wenn gilt

$$\sup_{u \in B,\, x \in M} |u\,x| = \mu(B) < \infty \quad \text{für jede } E_1\text{-beschränkte Menge } B \subset E_2.$$

Offenbar ist jede stark E_2-beschränkte Menge auch E_2-beschränkt. Wir werden in § 21, 2. sehen, daß die starke Beschränktheit ebenfalls mit der Beschränktheit im Sinn einer geeigneten lokalkonvexen Topologie auf E_1 zusammenfällt. Wir untersuchen jetzt die Frage, wann eine beschränkte Menge stark beschränkt ist.

Es sei M eine absolutkonvexe, schwach beschränkte Teilmenge von E_1. Die lineare Hülle von M in E_1 ist gleich $E_{1M} = \bigcup_{n=1}^{\infty} nM$. In dem Raum E_{1M} ist M ein absolutkonvexer α-Körper, dessen Distanzfunktion eine Norm $\|x\|_M$ auf E_{1M} erklärt. Damit wird E_{1M} ein normierter Raum. Wir bemerken, daß die Normtopologie auf E_{1M} feiner ist als die induzierte Topologie $\mathfrak{T}_s(E_2)$, da in jeder schwachen Nullumgebung ein Vielfaches von M liegt.

Wir nennen M in sich vollständig, wenn jede Cauchyfolge bezüglich der Norm in M einen Limes in M besitzt. Ist M in sich vollständig, dann ist E_{1M} ein (B)-Raum mit M als abgeschlossener Einheitskugel.

(2) *M sei eine absolutkonvexe, beschränkte, abgeschlossene und folgenvollständige Teilmenge des lokalkonvexen Raumes $E[\mathfrak{T}]$. Dann ist E_M*

ein (B)*-Raum mit der abgeschlossenen Einheitskugel M, auf dem $\mathfrak{T}$ eine gröbere Topologie als die Normtopologie induziert.*

Beweis. $\mathfrak{T}$ ist gröber als die Normtopologie, da in jeder $\mathfrak{T}$-Nullumgebung ein Vielfaches von M liegt. M ist nach Voraussetzung $\mathfrak{T}$-folgenvollständig, nach §18, 4.(4) b), angewendet auf E_M, ist M auch folgenvollständig bezüglich der Norm, also E_M ein (B)-Raum.

Es gilt nun der Satz von Banach-Mackey

(3) *Es sei $\langle E_2, E_1\rangle$ ein Dualsystem. Eine absolutkonvexe, in sich vollständige, schwach beschränkte Teilmenge M von E_1 ist stark E_2-beschränkt.*

Jede absolutkonvexe, abgeschlossene und folgenvollständige beschränkte Teilmenge M eines lokalkonvexen Raumes $E[\mathfrak{T}]$ ist stark E'-beschränkt.

Wir geben für diesen wichtigen Satz zwei Beweise.

a) Der erste Beweis führt den Satz auf den Satz von Banach (§15, 13.(2')) zurück. Nach Voraussetzung bilden die Einschränkungen der $u\in B$ auf E_{1M} eine für jedes $x\in E_{1M}$ beschränkte Menge von Abbildungen von E_{1M} in K, d.h. $\sup\limits_{u\in B}|ux|<\infty$. Nach §15, 13.(2') ist dann aber $\sup\limits_{u\in B,\, x\in M}|ux|<\infty$, also M stark E_2-beschränkt. Damit ist der erste Teil von (3) bewiesen.

Der zweite Teil folgt aus dem ersten Teil und aus (2), da nach (2) M in sich vollständig und schwach beschränkt ist.

b) Der zweite Beweis verwendet die Methode des „gleitenden Buckels" von H. Lebesgue und O. Toeplitz (vgl. etwa F. Hausdorff [1]).

Wir betrachten zuerst den Fall, daß M in sich vollständig ist und nehmen an, daß M nicht stark E_2-beschränkt ist.

Es gibt dann eine schwach beschränkte Menge $B\subset E_2$ und eine Folge $u_n\in B$ mit $\nu(u_n)=\sup\limits_{x\in M}|u_n x|\to\infty$. Andererseits gilt $\mu(x)=\sup\limits_{u\in B}|ux|<\infty$ für jedes $x\in E_1$.

Zu jedem u_n gibt es ein $x_n\in M$ mit

$$(4)\qquad |u_n x_n|\geqq \tfrac{1}{2}\nu(u_n).$$

Wir bestimmen nun eine Folge $n_1<n_2<\cdots$ der Reihe nach so, daß

$$(5)\qquad \begin{cases} \frac{1}{6.4^k}\nu(u_{n_k})\geqq \frac{1}{4}\mu(x_{n_1})+\\ \qquad +\frac{1}{4^2}\mu(x_{n_2})+\cdots+\frac{1}{4^{k-1}}\mu(x_{n_{k-1}})+k=R_k+k\end{cases}$$

gilt.

Die Reihe $\sum\limits_{n=1}^{\infty}\frac{1}{4^k}x_{n_k}$ ist wegen $\|x_{n_k}\|\leqq 1$ und weil M absolutkonvex und in sich vollständig ist, in E_{1M} gegen ein Element $x_0\in M$ konvergent.

Wir zerlegen x_0 in drei Teile

$$(6)\quad \begin{cases} x_0 = \left(\frac{1}{4} x_{n_1} + \cdots + \frac{1}{4^{k-1}} x_{n_{k-1}}\right) + \frac{1}{4^k} x_{n_k} + \left(\frac{1}{4^{k+1}} x_{n_{k+1}} + \cdots\right) \\ = \qquad y_k \qquad + \frac{1}{4^k} x_{n_k} + \qquad z_k . \end{cases}$$

Dann ist für jedes $u \in B$

$$|u y_k| \leqq \frac{1}{4} \mu(x_{n_1}) + \cdots + \frac{1}{4^{k-1}} \mu(x_{n_{k-1}}) = R_k$$

und

$$|u z_k| \leqq \frac{1}{4^{k+1}} \nu(u) + \frac{1}{4^{k+1}} \nu(u) + \cdots = \frac{1}{3.4^k} \nu(u).$$

Also ist $|u x_0| \geqq \frac{1}{4^k} |u x_{n_k}| - R_k - \frac{1}{3.4^k} \nu(u)$.

Für $u = u_{n_k}$ erhalten wir wegen (4) und (5) daraus speziell

$$|u_{n_k} x_0| \geqq \frac{1}{2.4^k} \nu(u_{n_k}) - \frac{1}{6.4^k} \nu(u_{n_k}) - \frac{1}{3.4^k} \nu(u_{n_k}) + k = k$$

und damit einen Widerspruch zur Beschränktheit von B.

Der Beweis gilt auch, wenn wir über M die Voraussetzung machen, daß M absolutkonvex und beschränkt ist und daß jede $\mathfrak{T}$-Cauchyfolge in M einen Limes in M hat, wobei $\mathfrak{T}$ eine lokalkonvexe Topologie auf E_1 ist, die auf E_{1M} eine gröbere Topologie induziert als die Norm $\|x\|_M$. Denn $\sum_{n=1}^{\infty} \frac{1}{4^k} x_{n_k}$ ist dann auch $\mathfrak{T}$-konvergent gegen ein $x_0 \in M$.

Aus dieser Bemerkung folgt der zweite Teil von (3), da auf jeder beschränkten Menge M eines lokalkonvexen Raumes $E[\mathfrak{T}]$ die Topologie $\mathfrak{T}$ gröber als die Normtopologie von E_{1M} ist.

Als erste Folgerung aus (3) leiten wir den zu Beginn dieser Nummer angekündigten Satz von Mackey ab,

(7) *Es sei $\langle E_2, E_1 \rangle$ ein Dualsystem. Alle zulässigen lokalkonvexen Topologien auf E_1 ergeben dieselben beschränkten Mengen.*

Insbesondere sind die beschränkten und die schwach beschränkten Teilmengen eines lokalkonvexen Raumes $E[\mathfrak{T}]$ identisch.

Beweis. Es genügt, die zweite Behauptung zu beweisen, also zu zeigen, daß eine schwach beschränkte Teilmenge M von $E[\mathfrak{T}]$ beschränkt im Sinn von $\mathfrak{T}$ ist. Für eine abgeschlossene absolutkonvexe $\mathfrak{T}$-Nullumgebung U gilt $U = U^{\circ\circ}$ nach dem Bipolarensatz und U° ist nach 9.(4) schwach kompakt in E'. Der zweite Teil von (3), angewendet auf $U^\circ \subset E'[\mathfrak{T}_s(E)]$ ergibt, daß U° stark E-beschränkt ist, d.h. es gilt $\sup_{u \in U^\circ,\, x \in M} |u x| = \mu < \infty$. Das bedeutet $M \subset \mu U^{\circ\circ} = \mu U$, also die $\mathfrak{T}$-Beschränktheit von M.

Eine für die Anwendungen bequeme Spezialisierung des Satzes von BANACH-MACKEY ist

(8) *Ist der lokalkonvexe Raum $E[\mathfrak{T}]$ folgenvollständig, so ist jede (schwach) beschränkte Teilmenge von E und von E' stark (E'- bzw. E-) beschränkt.*

Denn nach (3) sind alle absolutkonvexen beschränkten und abgeschlossenen Teilmengen von $E[\mathfrak{T}]$ stark beschränkt und damit nach (7) alle schwach beschränkten Teilmengen B von E. Das bedeutet aber für die schwach beschränkten Teilmengen B' von E', daß $\sup_{u \in B', x \in B} |u x| < \infty$ gilt für alle B, d.h. B' ist stark beschränkt.

Wir schließen mit einem Beispiel. Im Dualsystem $\langle \varphi, \varphi \rangle$, φ der Raum der finiten Vektoren $\mathfrak{x} = \{\xi_1, \ldots, \xi_n, 0, 0, \ldots\}$, mit der Bilinearform $\mathfrak{u}\mathfrak{x} = \sum_{i=1}^{\infty} v_i \xi_i$ ist eine Teilmenge $M \subset \varphi$ genau dann φ-beschränkt, wenn es Zahlen $m_i > 0$ gibt mit $|\xi_i| \leqq m_i$, $i = 1, 2, \ldots$ für alle $\mathfrak{x} \in M$.

M ist dagegen genau dann stark beschränkt, wenn es überdies ein n_0 gibt, von dem ab $\xi_n = 0$ ist für alle $\mathfrak{x} \in M$.

§ 21. Die verschiedenen Topologien eines lokalkonvexen Raumes

1. Die Topologien $\mathfrak{T}_{\mathfrak{M}}$ der gleichmäßigen Konvergenz auf $\mathfrak{M}$. In § 20, 2. haben wir in einem Dualsystem $\langle E_2, E_1 \rangle$ die schwache Topologie $\mathfrak{T}_s(E_2)$ auf E_1 eingeführt. Die dort gegebene Definition kann auch so formuliert werden:

In E_2 betrachten wir die Klasse $\mathfrak{F}$ aller aus endlichvielen Elementen bestehenden Teilmengen F; dann bilden die absolutpolaren Mengen $(\Gamma F)^\circ$ der F eine Nullumgebungsbasis von $\mathfrak{T}_s(E_2)$ bzw. die Halbnormen $p_F(x) = \sup_{u \in F} |u x|$ erzeugen $\mathfrak{T}_s(E_2)$.

Es ist naheliegend zu versuchen, andere Klassen $\mathfrak{M}$ von Teilmengen von E_2 zur Einführung von lokalkonvexen Topologien auf E_1 zu benützen.

Es sei M eine Teilmenge von E_2, wir setzen $p_M(x) = \sup_{u \in M} |u x|$. Mit dieser Bezeichnung gilt

(1) *Ist $M \subset E_2$, so ist $p_M(x)$ dann und nur dann eine Halbnorm auf E_1, wenn M schwach beschränkt in E_2 ist.*

Ist nämlich M beschränkt in E_2, so ist $p_M(x) < \infty$ für jedes $x \in E_1$, also ist $p_M(x)$ eine Halbnorm. Ist andererseits $p_M(x)$ eine Halbnorm, so ist $\sup_{u \in M} |u x| < \infty$ für jedes x, also M beschränkt in E_2.

Es kommen von vornherein also nur Klassen $\mathfrak{M}$ von beschränkten Teilmengen von E_2 in Frage. Wir nennen eine solche Klasse $\mathfrak{M}$ **total** in E_2, wenn ihre Vereinigungsmenge $\bigcup_{M \in \mathfrak{M}} M$ total in E_2 bezüglich $\mathfrak{T}_s(E_1)$ ist.

Es gilt nun

(2) *Es sei $\mathfrak{M} = \{M\}$ eine Klasse beschränkter Teilmengen von E_2. Die durch das System der Halbnormen $\{p_M(x)\}$ auf E_1 definierte Topologie $\mathfrak{T}_{\mathfrak{M}}$ ist dann und nur dann eine lokalkonvexe Topologie auf E_1, wenn $\mathfrak{M}$ in E_2 total ist.*

Beweis. Nach §18, 1.(3) ist $\mathfrak{T}_{\mathfrak{M}}$ dann und nur dann eine lokalkonvexe Topologie auf E_1, wenn $\mathfrak{T}_{\mathfrak{M}}$ separiert ist, wenn also der lineare Teilraum N aller $x \in E_1$ mit $p_M(x) = 0$ für alle $M \in \mathfrak{M}$ nur aus $\mathfrak{o}$ besteht.

Ist aber $p_M(x) = 0$ für alle $M \in \mathfrak{M}$, so haben wir $x \in \bigcap_{M \in \mathfrak{M}} M^{\perp} = (\bigcup M)^{\perp}$ und umgekehrt gilt für ein solches x $p_M(x) = 0$ für alle M. Es ist $\mathfrak{M}$ aber genau dann total in E_2, wenn $(\bigcup_{M \in \mathfrak{M}} M)^{\perp} = \mathfrak{o}$ gilt.

Die lokalkonvexe Topologie $\mathfrak{T}_{\mathfrak{M}}$ bezeichnen wir auch als die Topologie der gleichmäßigen Konvergenz auf den Mengen M von $\mathfrak{M}$, oder auf $\mathfrak{M}$. Dabei werden die $x \in E_1$ als Funktionen, nämlich als Linearfunktionen auf E_2, aufgefaßt.

Eine $\mathfrak{T}_{\mathfrak{M}}$-Nullumgebungsbasis erhält man, wenn man die absolutpolaren Mengen $(\Gamma M)^{\circ}$ zu den $M \in \mathfrak{M}$ bildet, ihre Vielfachen $\varrho(\Gamma M)^{\circ}$ und die endlichen Durchschnitte dieser Mengen.

Wann fallen zwei Topologien $\mathfrak{T}_{\mathfrak{M}_1}$ und $\mathfrak{T}_{\mathfrak{M}_2}$ zusammen?

Wir nennen eine Klasse $\mathfrak{M} = \{M\}$ gesättigt, wenn gilt:

1.) Mit M gehört jede Teilmenge von M zu $\mathfrak{M}$; 2.) mit M gehört jede Menge ϱM, $\varrho \in K$, zu $\mathfrak{M}$; 3.) mit M_1 und M_2 gehört auch ihre schwach-abgeschlossene absolutkonvexe Hülle $\overline{\Gamma(M_1, M_2)}$ zu $\mathfrak{M}$.

Ist $\mathfrak{M}$ eine beliebige Klasse beschränkter Teilmengen von E_2, so kann man die kleinste gesättigte Klasse $\widetilde{\mathfrak{M}}$ bilden, die $\mathfrak{M}$ enthält. Diese gesättigte Hülle von $\mathfrak{M}$ enthält offenbar wieder nur beschränkte Teilmengen von E_2.

Wir haben vorhin eine $\mathfrak{T}_{\mathfrak{M}}$-Nullumgebungsbasis angegeben. Ist $\mathfrak{M}$ gesättigt, so gilt

(3) *Ist $\mathfrak{M}$ total und gesättigt, so bilden bereits die polaren Mengen M° der absolutkonvexen schwach abgeschlossenen $M \in \mathfrak{M}$ eine $\mathfrak{T}_{\mathfrak{M}}$-Nullumgebungsbasis auf E_1.*

Denn mit M° ist auch $\left(\frac{1}{\varrho} M\right)^{\circ} = \varrho M^{\circ}$ und mit M_1° und M_2° ist auch $\overline{\Gamma(M_1, M_2)}^{\circ} = M_1^{\circ} \cap M_2^{\circ}$ die polare Menge einer absolutkonvexen schwach abgeschlossenen Menge aus $\mathfrak{M}$.

Unsere obige Frage beantwortet

(4) *Die lokalkonvexen Topologien $\mathfrak{T}_{\mathfrak{M}}$ und $\mathfrak{T}_{\widetilde{\mathfrak{M}}}$ auf E_1 fallen zusammen; zwei Topologien $\mathfrak{T}_{\mathfrak{M}_1}$ und $\mathfrak{T}_{\mathfrak{M}_2}$ sind dann und nur dann identisch, wenn $\widetilde{\mathfrak{M}}_1 = \widetilde{\mathfrak{M}}_2$ ist. Ist $\widetilde{\mathfrak{M}}_1 \subset \widetilde{\mathfrak{M}}_2$, so ist $\mathfrak{T}_{\widetilde{\mathfrak{M}}_1}$ gröber als $\mathfrak{T}_{\widetilde{\mathfrak{M}}_2}$ und umgekehrt.*

Beweis. a) Um $\mathfrak{T}_{\mathfrak{M}}=\mathfrak{T}_{\tilde{\mathfrak{M}}}$ zu zeigen, genügt es nachzuweisen, daß die absolutpolaren Mengen von Mengen, die man durch die Prozesse 1.), 2.) und 3.) aus Mengen von $\mathfrak{M}$ enthält, wieder $\mathfrak{T}_{\mathfrak{M}}$-Nullumgebungen sind.

Ist $M \in \mathfrak{M}$ und $N \subset M$, so ist $(\ulcorner N)^\circ \supset (\ulcorner M)^\circ$, also $(\ulcorner N)^\circ$ ebenfalls $\mathfrak{T}_{\mathfrak{M}}$-Nullumgebung. Aus $(\ulcorner \varrho M)^\circ = \frac{1}{\varrho}(\ulcorner M)^\circ$ folgt, daß auch $(\ulcorner \varrho M)^\circ$ eine $\mathfrak{T}_{\mathfrak{M}}$-Nullumgebung ist. Schließlich ist auch $\overline{\ulcorner (M_1, M_2)}^\circ = (\ulcorner M_1)^\circ \cap (\ulcorner M_2)^\circ$ eine $\mathfrak{T}_{\mathfrak{M}}$-Nullumgebung.

b) Es seien $\mathfrak{N}$ und $\mathfrak{M}$ gesättigt und $\mathfrak{T}_{\mathfrak{N}}=\mathfrak{T}_{\mathfrak{M}}$. Es genügt $\mathfrak{N} \subset \mathfrak{M}$ zu zeigen. Für $N \in \mathfrak{N}$ ist jedenfalls $(\ulcorner N)^\circ$ eine $\mathfrak{T}_{\mathfrak{M}}$-Nullumgebung, es gibt nach (3) also ein $M \in \mathfrak{M}$ mit $M^{\circ\circ}=M$ und $M^\circ \subset (\ulcorner N)^\circ$. Daraus folgt $M=M^{\circ\circ} \supset (\ulcorner N)^{\circ\circ} \supset N$. N ist daher als Teilmenge von M ebenfalls in $\mathfrak{M}$, d.h. $\mathfrak{N} \subset \mathfrak{M}$.

Wir bemerken, daß die zu Beginn eingeführte Klasse $\mathfrak{F}$ der endlichen Teilmengen von E_2 nicht gesättigt ist, die gesättigte Hülle $\tilde{\mathfrak{F}}$ besteht offenbar aus allen endlichdimensionalen beschränkten Teilmengen von E_2.

2. Die starke Topologie. Unter den lokalkonvexen Topologien $\mathfrak{T}_{\mathfrak{M}}$, die im Dualsystem $\langle E_2, E_1\rangle$ auf E_1 eingeführt werden können, gibt es nach 1.(1) eine feinste, die Topologie der gleichmäßigen Konvergenz auf allen schwach beschränkten Teilmengen von E_2. Sie wird kurz als die starke Topologie $\mathfrak{T}_b(E_2)$ auf E_1 bezeichnet.

Nach 1.(3) bilden alle B°, B eine absolutkonvexe schwach abgeschlossene beschränkte Teilmenge von E_2, eine Nullumgebungsbasis der starken Topologie. Sie wird auch gegeben durch das System der Halbnormen $p_B(x) = \sup_{u \in B} |u x|$.

Eine Teilmenge M von E_1 ist dann und nur dann beschränkt bezüglich der starken Topologie, wenn sie stark beschränkt ist im Sinn der Definition von § 20, Nr. 11. Der Satz von BANACH-MACKEY gibt eine hinreichende Bedingung dafür, daß die beschränkten Teilmengen in E_1 mit den stark beschränkten Teilmengen zusammenfallen. Dies ist, wie ebenfalls in § 20, 11. an einem Beispiel gezeigt wurde, nicht stets der Fall. Da nach dem Satz von MACKEY (§ 20, 11.) andererseits jede für das Dualsystem zulässige lokalkonvexe Topologie dieselben beschränkten Mengen ergibt wie die schwache Topologie, gibt es Fälle, in denen die starke Topologie auf E_1 nicht mehr zulässig ist, also einen größeren dualen Raum ergibt als E_2.

Mit dieser Frage werden wir uns in § 23 noch ausführlich zu beschäftigen haben.

Ist $E[\mathfrak{T}]$ ein lokalkonvexer Raum, so haben wir jetzt eine Fülle von Möglichkeiten erhalten, auf dem dualen Raum E' eine lokalkonvexe Topologie einzuführen. Ist $\mathfrak{M}$ irgend eine bezüglich $\mathfrak{T}$ oder $\mathfrak{T}_s(E')$ (vgl.

§ 20, 3.(4)) in E totale Klasse beschränkter Teilmengen von E, so wird $E'[\mathfrak{T}_{\mathfrak{M}}]$ ein lokalkonvexer Raum.

Man bezeichnet insbesondere den mit der starken Topologie $\mathfrak{T}_b(E)$ versehenen Raum E' als den **stark dualen Raum** zu $E[\mathfrak{T}]$.

Im Fall eines normierten Raumes E ist der stark duale Raum bereits in §14, 5. eingeführt worden, denn die dort auf E' eingeführte Norm erzeugt offenbar die starke Topologie auf E'.

Wir geben noch zwei Charakterisierungen der starken Topologie.

Im Anschluß an die Bourbakische Terminologie bezeichnen wir eine abgeschlossene absolutkonvexe und ausgeglichene Teilmenge eines lokalkonvexen Raumes $E[\mathfrak{T}]$ als eine **Tonne**. Nach § 20, 7.(6) kann die Abgeschlossenheit bezüglich irgend einer zulässigen Topologie gefordert werden, z.B. der schwachen Topologie.

(1) *Es sei $\langle E_2, E_1\rangle$ ein Dualsystem. Die Tonnen in E_1 bilden eine Nullumgebungsbasis der starken Topologie $\mathfrak{T}_b(E_2)$ auf E_1.*

Beweis. Ist U eine Tonne in E_1, so ist U° als polare Menge einer ausgeglichenen Menge schwach beschränkt. Nach dem Bipolarensatz ist $U=(U^\circ)^\circ$, also U eine starke Nullumgebung. Umgekehrt ist jede starke Nullumgebung B°, B schwach beschränkt in E_2, eine Tonne in E_1.

Nach Bourbaki heißt ein lokalkonvexer Raum $E[\mathfrak{T}]$ **tonneliert**, wenn die Tonnen eine $\mathfrak{T}$-Nullumgebungsbasis bilden. Damit erhält man aus (1)

(2) *Die tonnelierten Räume $E[\mathfrak{T}]$ sind die lokalkonvexen Räume, deren Topologie $\mathfrak{T}$ mit der starken Topologie $\mathfrak{T}_b(E')$ zusammenfällt.*

Die zweite Charakterisierung der starken Topologie gibt

(3) *Ist $E[\mathfrak{T}]$ lokalkonvex, so fallen die bezüglich $\mathfrak{T}$ nach unten halbstetigen Halbnormen $p(x)$ auf E mit den bezüglich $\mathfrak{T}_b(E')$ stetigen Halbnormen zusammen.*

$\mathfrak{T}$ ist also genau dann die starke Topologie, wenn jede nach unten halbstetige Halbnorm auf $E[\mathfrak{T}]$ stetig ist.

Beweis. Nach § 6, 2.(3) bedeutet die Halbstetigkeit nach unten einer Halbnorm $p(x)$, daß die durch $p(x)\leqq\gamma$ definierten Teilmengen von $E[\mathfrak{T}]$ abgeschlossen sind. Diese Teilmengen sind also abgeschlossene absolutkonvexe α-Körper, d.h. Tonnen. Ebenfalls nach § 6, 2.(3) ist umgekehrt die Halbnorm einer Tonne nach unten halbstetig. Aus (1) folgt damit die Behauptung.

3. Die Ausgangstopologie eines lokalkonvexen Raumes; Separabilität. Wir haben eben eine Bedingung dafür angegeben, wann die Ausgangstopologie $\mathfrak{T}$ eines lokalkonvexen Raumes $E[\mathfrak{T}]$ die starke Topologie ist. Wir werden jetzt zeigen, daß in jedem Fall $\mathfrak{T}$ eine unserer in 1. definierten Topologien $\mathfrak{T}_{\mathfrak{M}}$ ist.

Wir erinnern uns an den Begriff der gleichstetigen Menge von Abbildungen (§ 15, 13.). Die Elemente u von E' sind als stetige Linearfunktionen stetige Abbildungen von $E[\mathfrak{T}]$ in K. In diesem Sinn gilt

(1) *Eine Teilmenge M von E' ist dann und nur dann $\mathfrak{T}$-gleichstetig, wenn $M \subset U^\circ$, U eine geeignete absolutkonvexe Nullumgebung von $E[\mathfrak{T}]$.*

Denn die Gleichstetigkeit von M bedeutet nach § 15, 13.(1) die Existenz einer absolutkonvexen $\mathfrak{T}$-Nullumgebung U mit $\sup_{u \in M,\, x \in U} |ux| \leqq 1$, d.h. $M \subset U^\circ$.

(2) *Es sei $E[\mathfrak{T}]$ lokalkonvex und $\mathfrak{G}$ bezeichne die Klasse aller $\mathfrak{T}$-gleichstetigen Teilmengen von E'. Dann ist $\mathfrak{G}$ total und gesättigt in E' und es ist $\mathfrak{T} = \mathfrak{T}_{\mathfrak{G}}$; die Ausgangstopologie $\mathfrak{T}$ ist also gleich der Topologie der gleichmäßigen Konvergenz auf den $\mathfrak{T}$-gleichstetigen Teilmengen von E'.*

Für jede lokalkonvexe Topologie $\mathfrak{T}_{\mathfrak{M}}$ auf E ist die gesättigte Hülle $\widetilde{\mathfrak{M}}$ die Klasse aller $\mathfrak{T}_{\mathfrak{M}}$-gleichstetigen Mengen in E'.

Beweis. Die abgeschlossenen absolutkonvexen $\mathfrak{T}$-Nullumgebungen U bilden eine Nullumgebungsbasis. Ihre polaren Mengen U° sind gleichstetig und wegen $U = U^{\circ\circ}$ ist $\mathfrak{T}$ die Topologie der gleichmäßigen Konvergenz auf den U°, also $\mathfrak{T} = \mathfrak{T}_{\mathfrak{G}}$.

$\mathfrak{G}$ ist gesättigt, da $\varrho U^\circ = \left(\frac{1}{\varrho} U\right)^\circ$ und $\overline{\Gamma(U_1^\circ, U_2^\circ)} = (U_1 \cap U_2)^\circ$ wieder zu $\mathfrak{G}$ gehören.

Die zweite Behauptung folgt aus 1.(4) und der Definition der Gleichstetigkeit.

Der Spezialfall für normierte Räume wurde bereits in § 17, 6.(3) bewiesen.

Ist $\langle E_2, E_1 \rangle$ ein Dualsystem, so ist also jede zulässige lokalkonvexe Topologie eine Topologie $\mathfrak{T}_{\mathfrak{M}}$. Wir sahen in 2., daß die starke Topologie nicht mehr zulässig zu sein braucht, sie ist feiner als jede zulässige lokalkonvexe Topologie.

Wir wissen umgekehrt (§ 20, 2.(4)), daß die schwache Topologie $\mathfrak{T}_s(E_2)$ die gröbste zulässige lokalkonvexe Topologie auf E_1 ist. Eine lokalkonvexe Topologie auf E_1, die echt gröber als die schwache Topologie ist, wird also ebenfalls nicht mehr zulässig sein und einen kleineren dualen Raum als E_2 ergeben.

Wir zeigen, daß dies möglich ist.

Es sei N eine in E_2 schwach totale Menge. Mit $\mathfrak{T}_s(N)$ bezeichnen wir die Topologie der gleichmäßigen Konvergenz auf allen endlichen Teilmengen von N. Nach 1.(2) ist $\mathfrak{T}_s(N)$ lokalkonvex auf E_1 und gröber als $\mathfrak{T}_s(E_2)$.

Ist speziell N ein in E_2 schwach dichter linearer Teilraum $H \neq E_2$, so ist $\mathfrak{T}_s(H)$ nichts anderes als die schwache Topologie auf E_1 im Dualsystem $\langle H, E_1 \rangle$ (dies ist ein Dualsystem, da H in E_2 dicht ist). Der duale Raum zu $E_1[\mathfrak{T}_s(H)]$ ist nach § 20, 2.(3) aber H, also kleiner als E_2.

Die Topologie $\mathfrak{T}_s(H)$ ist also nicht mehr zulässig für $\langle E_2, E_1\rangle$ und gröber als jede zulässige Topologie.

Diese Topologie kann jedoch auf Teilmengen von E_1 mit der schwachen Topologie zusammenfallen. So gilt

(3) *Es sei $E[\mathfrak{T}]$ lokalkonvex und M eine $\mathfrak{T}$-gleichstetige Teilmenge von E'. Dann fallen auf M die Topologien $\mathfrak{T}_s(E)$ und $\mathfrak{T}_s(N)$, N eine in $E[\mathfrak{T}]$ schwach totale Teilmenge, zusammen.*

Beweis. Nach (1) können wir $M = U^\circ$ annehmen. U° ist nach § 20, 9.(4) schwach kompakt. Die lokalkonvexe, also separierte Topologie $\mathfrak{T}_s(N)$ auf E' ist gröber als die schwache Topologie, sie muß auf U° nach § 3, 2.(6) daher mit ihr zusammenfallen.

Aus (3) erhalten wir

(4) *Enthält der lokalkonvexe Raum $E[\mathfrak{T}]$ eine abzählbare totale Teilmenge N, so ist jede gleichstetige Teilmenge M von E' in der schwachen Topologie metrisierbar und schwach folgenseparabel.*

Denn $\mathfrak{T}_s(N)$ besitzt eine abzählbare Nullumgebungsbasis auf E', E' ist also bezüglich $\mathfrak{T}_s(N)$ metrisierbar und M nach (3) auch bezüglich der schwachen Topologie. Da M außerdem relativ schwach kompakt ist, ist M nach § 4, 5.(2) schwach separabel in dem Sinn, daß jedes Element von M Limes einer Teilfolge einer festen Folge von Elementen aus M ist.

(5) *Ist $E[\mathfrak{T}]$ ein separabler metrisierbarer lokalkonvexer Raum, so ist E' schwach folgenseparabel.*

Denn bilden die absolutkonvexen U_n, $n = 1, 2, \ldots$, eine abzählbare Nullumgebungsbasis von $E[\mathfrak{T}]$, so ist $E' = \bigcup\limits_{n=1}^{\infty} U_n^\circ$ und jedes U_n° ist nach (4) schwach folgenseparabel.

Damit gilt die Behauptung aber auch für E'.

Als Anwendung von (5) beweisen wir im Anschluß an § 20, 10.(1) nach Banach und Mazur (vgl. Banach [3])

(6) *Jeder separable normierte Raum E ist normisomorph einem linearen Teilraum von $C(I)$, dem Raum der stetigen Funktionen auf dem Intervall $I = [0, 1]$.*

Beweis. Die abgeschlossene Einheitskugel K von E' ist nach dem Beweis von (5) ein Kompaktum bezüglich der schwachen Topologie. Nach einem bekannten Satz (vgl. Hausdorff [2], S. 132f. oder Bourbaki [5], Bd. 4, S. 31, ex. 18) ist K stetiges Bild der Cantorschen triadischen Menge $K_0 \subset I$, die in I nirgends dicht ist. Entspricht bei dieser Abbildung dem Punkt $t \in K_0$ die stetige Linearfunktion $u_t \in K$, so setzen wir $x(t) = u_t x$. In den einzelnen Komponenten der offenen Menge $I \sim K_0$ wird $x(s)$ durch lineare Interpolation erklärt.

Die so auf ganz I fortgesetzte Funktion $x(s)$ ist stetig in I: Dies braucht nur in K_0 bewiesen zu werden. Es ist aber x eine schwach stetige Linearfunktion auf K, also wegen der Stetigkeit der Abbildung von K_0 auf K auch eine stetige Funktion auf K_0. Die Zuordnung $x \to x(s)$ ist offenbar linear und wegen $\|x\| = \sup\limits_{u_t} |u_t x| = \max\limits_{s \in I} |x(s)|$ auch isometrisch.

4. Die Mackeysche Topologie. Wir werden jetzt die für ein Dualsystem $\langle E', E\rangle$ zulässigen unter den Topologien $\mathfrak{T}_{\mathfrak{M}}$ genau charakterisieren.

Nach § 20, 9.(4) ist die polare Menge U° einer Nullumgebung U eines lokalkonvexen Raumes $E[\mathfrak{T}]$ absolutkonvex und schwach kompakt in E'. Die Klasse $\mathfrak{G}$ aller $\mathfrak{T}$-gleichstetigen Teilmengen von E' ist also enthalten in der Klasse $\mathfrak{K}$ aller absolutkonvexen schwach kompakten Mengen in E' und deren Teilmengen. Da alle Mengen aus $\mathfrak{K}$ in E' beschränkt sind, ist die Topologie $\mathfrak{T}_k(E')$ der gleichmäßigen Konvergenz auf allen Mengen von $\mathfrak{K}$ eine lokalkonvexe Topologie auf E, die feiner ist als die Ausgangstopologie $\mathfrak{T}$.

Wir bezeichnen $\mathfrak{T}_k(E')$ als die Mackeysche Topologie auf E. Sie ist, wie die starke Topologie, nur vom Dualsystem $\langle E', E\rangle$ und nicht von der Ausgangstopologie $\mathfrak{T}$ abhängig.

(1) *Die Klasse $\mathfrak{K}$, die aus allen absolutkonvexen, schwach kompakten Mengen aus E' und deren Teilmengen besteht, ist total und gesättigt, besteht also aus allen $\mathfrak{T}_k(E')$-gleichstetigen Mengen von E'.*

Eine Nullumgebungsbasis der Mackeyschen Topologie auf E bilden alle K°, K absolutkonvex und schwach kompakt in E'.

Der erste Teil folgt daraus, daß nach § 20, 6.(5) für absolutkonvexe schwach kompakte K_i auch $\Gamma_{i=1}^{n} K_i$ wieder absolutkonvex und schwach kompakt ist. Der zweite Teil folgt aus 1.(3).

Nach dem Gegenbeispiel in § 20, 6. ist die Klasse $\mathfrak{K}'$ aller relativ schwach kompakten Teilmengen von E' im allgemeinen größer als $\mathfrak{K}$, die zugehörige Topologie $\mathfrak{T}_{\mathfrak{K}'}$ also verschieden von der Mackeyschen Topologie.

Wir beweisen nun den Satz von Mackey-Arens (Mackey [5], Arens [1])

(2) *Es sei $\langle E_2, E_1\rangle$ ein Dualsystem. Die Mackeysche Topologie $\mathfrak{T}_k(E_2)$ ist die feinste lokalkonvexe Topologie auf E_1, die E_2 als dualen Raum ergibt, also die feinste für $\langle E_2, E_1\rangle$ zulässige lokalkonvexe Topologie.*

Beweis. Wir haben vorhin gezeigt, daß jede zulässige lokalkonvexe Topologie auf E_1 gröber als die Mackeysche Topologie ist.

Es bleibt zu beweisen, daß E_2 der zu $E_1[\mathfrak{T}_k(E_2)]$ duale Raum ist. Wir betrachten das Dualsystem $\langle E_1^*, E_1\rangle$, E_1^* der zu E_1 algebraisch duale Raum. Es sei u_0 eine $\mathfrak{T}_k$-stetige Linearfunktion auf E_1. Sie liegt in E_1^* und nach (1) gibt es eine absolutkonvexe und schwach kompakte Teilmenge K von E_2, so daß $\sup_{x\in K^\circ} |u_0 x| \leq 1$ gilt; u_0 gehört also der zu K° in E_1^* gebildeten polaren Menge $(K^\circ)^\circ$ an. Da $E_2 \subset E_1^*$ ist, ist K auch in E_1^* absolutkonvex und schwach kompakt und damit auch schwach abgeschlossen. Nach dem Bipolarensatz, angewendet auf das Dualsystem $\langle E_1^*, E_1\rangle$, gilt also $K = K^{\circ\circ}$. Aus $u_0 \in K^{\circ\circ}$ folgt also $u_0 \in K \subset E_2$. Der duale Raum zu $E_1[\mathfrak{T}_k(E_2)]$ ist daher Teilraum von E_2. Da jedes Element von E_2 umgekehrt eine $\mathfrak{T}_k$-stetige Linearfunktion auf E_1 ergibt, ist (2) damit bewiesen.

Aus (2) und § 20, 2.(4) ergibt sich unmittelbar

(3) *Ist $E[\mathfrak{T}]$ ein lokalkonvexer Raum, so ist die Ausgangstopologie $\mathfrak{T}$ feiner als die schwache Topologie $\mathfrak{T}_s(E')$ und gröber als die Mackeysche Topologie $\mathfrak{T}_k(E')$. Die Mackeysche Topologie ist ihrerseits gröber als die starke Topologie $\mathfrak{T}_b(E')$.*

Alle für das Dualsystem $\langle E_2, E_1\rangle$ zulässigen lokalkonvexen Topologien auf E_1 erhält man, wenn man die Topologien $\mathfrak{T}_{\mathfrak{M}}$ bildet, $\mathfrak{M}$ eine Klasse von Teilmengen von E_2 mit $\mathfrak{F} \subset \mathfrak{M} \subset \mathfrak{K}$, $\mathfrak{F}$ die Klasse der endlichen Teilmengen von E_2, $\mathfrak{K}$ die oben definierte Klasse.

Wir bemerken, daß für lineartopologische Räume die analogen Tatsachen in § 10 abgeleitet wurden, insbesondere ist § 10, 11.(4) das Analogon zum Satz von Mackey-Arens.

(4) *Ist $E[\mathfrak{T}]$ tonneliert, so fällt $\mathfrak{T}$ mit der starken und der Mackeyschen Topologie zusammen und in E' ist jede beschränkte Teilmenge relativ schwach kompakt.*

Denn $\mathfrak{T}$ ist nach 2.(2) die starke Topologie, also feiner als die Mackeysche Topologie, andererseits ist $\mathfrak{T}$ eine für das Dualsystem $\langle E', E\rangle$ zulässige Topologie, $\mathfrak{T}$ muß also auch gröber als die Mackeysche Topologie sein. Aus der Identität der Topologien folgt die Identität der gleichstetigen Mengen, jede beschränkte Menge in E' ist also relativ schwach kompakt, umgekehrt ist eine relativ schwach kompakte Menge stets beschränkt.

(5) *Die vollständige Hülle $\tilde{E}[\tilde{\mathfrak{T}}]$ eines lokalkonvexen Raumes $E[\mathfrak{T}]$ besitzt denselben dualen Raum E' und dieselben gleichstetigen Mengen in E'.*

Auf den gleichstetigen Mengen im dualen Raum eines lokalkonvexen Raumes $E[\mathfrak{T}]$ fallen die Topologien $\mathfrak{T}_s(E)$ und $\mathfrak{T}_s(\tilde{E})$ zusammen.

Ist $\mathfrak{T}$ die Mackeysche Topologie von $E[\mathfrak{T}]$, so ist auch $\tilde{\mathfrak{T}}$ die Mackeysche Topologie von $\tilde{E}[\tilde{\mathfrak{T}}]$.

Beweis. Die Identität der dualen Räume wurde in §15, 9.(11) bewiesen.

Ist U eine absolutkonvexe abgeschlossene Nullumgebung in $E[\mathfrak{T}]$, so besitzt die in $\tilde{E}$ gebildete abgeschlossene Hülle $\tilde{U}$ dieselbe polare Menge $U^\circ = \tilde{U}^\circ$ in E', die $\mathfrak{T}$-gleichstetigen und die $\tilde{\mathfrak{T}}$-gleichstetigen Mengen fallen daher zusammen.

Nach § 20, 9.(4) ist die polare Menge U° einer Nullumgebung U von $E[\mathfrak{T}]$ $\mathfrak{T}_s(E)$-kompakt und nach dem Bewiesenen auch $\mathfrak{T}_s(\tilde{E})$-kompakt; da $\mathfrak{T}_s(\tilde{E})$ feiner als $\mathfrak{T}_s(E)$ ist, fallen nach § 3, 2.(6) die beiden Topologien auf U° zusammen.

Wenden wir dies auf die Mackeysche Topologie $\mathfrak{T}$ an, so fallen also die Klassen der absolutkonvexen $\mathfrak{T}_s(E)$-kompakten bzw. $\mathfrak{T}_s(\tilde{E})$-kompakten Teilmengen von E' zusammen. Dies bedeutet aber nach der ersten Aussage von (5), daß $\tilde{\mathfrak{T}}$ die Mackeysche Topologie von $\tilde{E}$ ist.

In Analogie zu §10, 12.(2) gilt

(6) *$E_1[\mathfrak{T}_1]$ und $E_2[\mathfrak{T}_2]$ seien lokalkonvex. Eine lineare Abbildung von E_1 in E_2 ist dann und nur dann $\mathfrak{T}_k$-stetig, wenn sie schwach stetig ist. Jede stetige Abbildung ist $\mathfrak{T}_k$-stetig.*

Beweis. Nach § 20, 4.(5) ist jede $\mathfrak{T}_k$-stetige Abbildung schwach stetig. Sei A umgekehrt $\mathfrak{T}_s$-stetig. Die nach § 20, 4.(6) schwach stetige Abbildung A' bildet jede absolutkonvexe und schwach kompakte Menge $K \subset E_2'$ in eine ebensolche Menge $A'(K) \subset E_1'$ ab. Aus $v(Ax) = (A'v)x$ folgt dann aber, daß in der vorgegebenen $\mathfrak{T}_k$-Nullumgebung $K^\circ \subset E_2$ das Bild $A(A'(K)^\circ)$ der $\mathfrak{T}_k$-Nullumgebung $A'(K)^\circ \subset E_1$ liegt; A ist $\mathfrak{T}_k$-stetig.

Beispiel. Wie leicht zu sehen, ist in dem am Schluß von § 20, 11. betrachteten Dualsystem $\langle\varphi, \varphi\rangle$ $\mathfrak{T}_k(\varphi)$ gleich $\mathfrak{T}_s(\varphi)$.

5. Die Topologie eines metrisierbaren Raumes. Die in den Anwendungen auftretenden lokalkonvexen Räume besitzen meist eine natürliche Ausgangstopologie $\mathfrak{T}$, die mit der starken oder der Mackeyschen Topologie zusammenfällt. Wir zeigen dies hier für die metrisierbaren lokalkonvexen Räume.

(1) *Es sei $E[\mathfrak{T}]$ lokalkonvex. Jede absolutkonvexe schwach kompakte Teilmenge von E' ist stark beschränkt.*

Dies ist ein Spezialfall des Satzes von BANACH-MACKEY (§ 20, 11.).

Bezeichnen wir die Topologie der gleichmäßigen Konvergenz auf den stark beschränkten Teilmengen von E_2 als die Topologie $\mathfrak{T}_{b^*}(E_2)$, so können wir (1) auch so formulieren

(2) *Die Topologie $\mathfrak{T}_{b^*}(E_2)$ ist stets feiner als die Mackeysche Topologie $\mathfrak{T}_k(E_2)$.*

Für metrisierbare Räume gilt

(3) *Ist der lokalkonvexe Raum $E[\mathfrak{T}]$ metrisierbar, so ist $\mathfrak{T}$ gleich der Mackeyschen Topologie $\mathfrak{T}_k(E')$ und gleich der Topologie $\mathfrak{T}_{b^*}(E')$.*

Ist $E[\mathfrak{T}]$ überdies vollständig, also ein (F)*-Raum, so ist $\mathfrak{T}$ gleich der starken Topologie $\mathfrak{T}_b(E')$, alle* (F)*-Räume sind also tonneliert.*

Beweis. a) $E[\mathfrak{T}]$ sei metrisierbar. Es ist $\mathfrak{T}$ nach dem Satz von MACKEY-ARENS gröber als $\mathfrak{T}_k(E')$ und $\mathfrak{T}_k(E')$ nach (1) gröber als $\mathfrak{T}_{b^*}(E')$.

Der erste Teil von (3) ist also bewiesen, wenn wir zeigen, daß jede stark beschränkte Teilmenge B von E' $\mathfrak{T}$-gleichstetig ist, wenn es also eine $\mathfrak{T}$-Nullumgebung U mit $B \subset U^\circ$ gibt.

Die Topologie $\mathfrak{T}$ wird durch eine Folge wachsender Halbnormen $\|x\|_n$ auf E erzeugt. Wir nehmen an, B sei nicht $\mathfrak{T}$-gleichstetig. Dann ist für jedes n

$$\sup_{u \in B,\ \|x\|_n \leq 1} |u x| = \infty.$$

Es gibt also eine Folge $u_n \in B$, $x_n \in E$, $\|x_n\|_n \leq 1$, so daß $|u_n x_n| > n$ wird für $n = 1, 2, \ldots$. Aus $\sup\limits_{n=1,2,\ldots} \|x_n\|_k \leq \max(\|x_1\|_k, \ldots, \|x_k\|_k, 1) < \infty$ folgt, daß die x_n eine beschränkte Teilmenge X in E bilden; wegen der starken Beschränktheit von B müßte dann aber $\sup\limits_{u \in B,\ x_n \in X} |u x_n| < \infty$ sein, was $|u_n x_n| > n$ widerspricht.

b) Ist $E[\mathfrak{T}]$ vollständig, so fallen in E' nach § 20, 11.(8) die stark beschränkten mit den beschränkten Teilmengen zusammen, die beiden Topologien $\mathfrak{T}_b(E')$ und $\mathfrak{T}_{b^*}(E')$ sind identisch.

Wir können den zweiten Teil von (3) auch so formulieren,

(4) *Im dualen Raum E' eines* (F)*-Raumes $E[\mathfrak{T}]$ fallen die folgenden Klassen von Teilmengen zusammen: a) die beschränkten, b) die stark beschränkten, c) die relativ schwach kompakten, d) die gleichstetigen Mengen.*

Wir geben ein Beispiel eines normierten Raumes E, auf dem die starke und die Mackeysche Topologie verschieden sind. Dies ist nach (3) der Fall, wenn in E' eine beschränkte, aber nicht stark beschränkte, Menge existiert.

Wie in § 20, 6. sei $E[\mathfrak{T}]$ gleich dem mit der Normtopologie von l^2 versehenen Raum φ. Dann ist $E' = l^2$, die stark beschränkten Mengen in E' sind die im Sinn der Norm von l^2 beschränkten Mengen, die schwach beschränkten Mengen in E' sind die Teilmengen, deren Elemente $\mathfrak{x} = (\xi_n)$ Ungleichungen $|\xi_n| \leq M_n$, $n = 1, 2, \ldots$, erfüllen mit beliebigen $M_n \neq 0$.

6. Die Topologie $\mathfrak{T}_c$ der präkompakten Konvergenz. Ist $E[\mathfrak{T}]$ lokalkonvex, so bilden die $\mathfrak{T}$-präkompakten Teilmengen von E eine E überdeckende Klasse beschränkter Teilmengen, die Topologie $\mathfrak{T}_c(E)$ der gleichmäßigen Konvergenz auf allen präkompakten Teilmengen von $E[\mathfrak{T}]$ ist also eine lokalkonvexe Topologie auf dem dualen Raum E'.

Zum Unterschied von den Topologien $\mathfrak{T}_b(E)$, $\mathfrak{T}_k(E)$ und $\mathfrak{T}_{b^*}(E)$ ist diese Topologie von der Ausgangstopologie und nicht nur vom Dualsystem $\langle E', E\rangle$ abhängig.

Nach § 20, 6. ist die Klasse $\mathfrak{C}$ aller präkompakten Mengen in $E[\mathfrak{T}]$ gesättigt, dagegen braucht die Klasse aller relativ kompakten Teilmengen von E dies nicht zu sein, da die abgeschlossene absolutkonvexe Hülle einer kompakten Teilmenge nicht kompakt zu sein braucht.

(1) *Ist* $E[\mathfrak{T}]$ *quasivollständig, so ist die Topologie* $\mathfrak{T}_c(E)$ *auf* E' *gröber als die Mackeysche Topologie* $\mathfrak{T}_k(E)$, $(E'[\mathfrak{T}_c(E)])'$ *ist also wieder gleich* E.

Beweis. Ist $E[\mathfrak{T}]$ quasivollständig, so ist jede absolutkonvexe präkompakte Menge aus E relativ kompakt. Jede $\mathfrak{T}$-kompakte Menge C ist nach § 3, 2.(6) auch schwach kompakt, also gilt $\mathfrak{C} < \mathfrak{K}$, $\mathfrak{K}$ die in 4. definierte Klasse. Aus $\mathfrak{C} < \mathfrak{K}$ folgt, daß $\mathfrak{T}_k$ feiner ist als $\mathfrak{T}_c$ und nach dem Satz von MACKEY-ARENS ist der duale Raum zu $E'[\mathfrak{T}_c]$ wieder E.

Eine wichtige Eigenschaft der Topologie $\mathfrak{T}_c$ gibt der folgende Satz

(2) *Es sei* $E[\mathfrak{T}]$ *lokalkonvex. Auf jeder gleichstetigen Menge* $M < E'$ *fallen die Topologien* $\mathfrak{T}_s(E)$, $\mathfrak{T}_c(E)$, $\mathfrak{T}_s(\tilde{E})$ *und* $\mathfrak{T}_c(\tilde{E})$ *zusammen, wobei* $\tilde{E}[\tilde{\mathfrak{T}}]$ *die vollständige Hülle von* $E[\mathfrak{T}]$ *bedeutet.*

Beweis. a) Es sei M gleichstetig, $u_0 \in M$. Um die Identität von $\mathfrak{T}_c(E)$ und $\mathfrak{T}_s(E)$ auf M zu zeigen, genügt es, zu jeder präkompakten Menge $C < E$ endlich viele $x_i \in E$ zu bestimmen, so daß für $u \in M$ aus $\sup_{i=1,\dots,n} |(u-u_0)\,x_i| < 1$ stets $\sup_{y\in C} |(u-u_0)\,y| < 2$ folgt.

Wegen der Gleichstetigkeit von M und damit von $M - u_0$ gibt es eine $\mathfrak{T}$-Nullumgebung U mit $\sup_{u\in M,\, z\in U} |(u-u_0)\,z| < 1$. C ist totalbeschränkt, es gibt also endlich viele $x_i \in C$ mit $C < \bigcup_{i=1}^{n} (x_i + U)$. Jedes $y \in C$ hat also die Form $y = x_i + z$, $z \in U$. Für alle $u \in M$ mit $\sup |(u-u_0)\,x_i| < 1$ gilt dann

$$\sup_{y\in C} |(u-u_0)\,y| \leqq \sup_{i=1,\dots,n} |(u-u_0)\,x_i| + \sup_{z\in U} |(u-u_0)\,z| < 2.$$

b) Nach 4.(5) besitzt $\tilde{E}[\tilde{\mathfrak{T}}]$ dieselben gleichstetigen Mengen wie $E[\mathfrak{T}]$ und $\mathfrak{T}_s(E)$ und $\mathfrak{T}_s(\tilde{E})$ stimmen auf den gleichstetigen Mengen überein. Daraus folgt die Behauptung auch für $\mathfrak{T}_c(\tilde{E})$.

Aus (2) ergibt sich die folgende Verschärfung des Satzes von ALAOGLU-BOURBAKI

(3) *Jede gleichstetige Menge im dualen Raum* E' *eines lokalkonvexen Raumes* $E[\mathfrak{T}]$ *ist relativ kompakt bezüglich der Topologien* $\mathfrak{T}_c(E)$ *und* $\mathfrak{T}_c(\tilde{E})$.

Ist U *eine* $\mathfrak{T}$*-Nullumgebung, so ist* U° *kompakt bezüglich dieser Topologien.*

Man vergleiche auch 3.(3)!

Wir wissen, daß der stark duale Raum eines normierten Raumes vollständig ist (§ 14, 5.(5)). Ein allgemeineres und schärferes Resultat ist

(4) *Ist* $E[\mathfrak{T}]$ *metrisierbar und lokalkonvex, so ist* E' *vollständig bezüglich der starken Topologie und der Topologie* $\mathfrak{T}_c(E)$.

Ist $E[\mathfrak{T}]$ *ein* (F)*-Raum, so ist* E' *auch vollständig bezüglich der Mackeyschen Topologie* $\mathfrak{T}_k(E)$.

Wir schicken dem Beweis einen Hilfssatz von GROTHENDIECK voraus,

(5) *Eine lineare Abbildung A eines lokalkonvexen Raumes $E[\mathfrak{T}]$ in einen lokalkonvexen Raum $F[\mathfrak{T}']$ ist dann und nur dann auf der absolutkonvexen Teilmenge $M \subset E$ gleichmäßig stetig, wenn sie in $\mathfrak{o}$ auf M stetig ist.*

Beweis. Es sei A in $\mathfrak{o}$ stetig; es gibt dann zu einer vorgegebenen absolutkonvexen $\mathfrak{T}'$-Nullumgebung V eine absolutkonvexe $\mathfrak{T}$-Nullumgebung U mit $A(M \cap U) \subset \frac{1}{2} V$. Sind x, y zwei Elemente aus M mit $x - y \in U$, so gilt $x - y \in 2M$ wegen der absoluten Konvexität von M. Daraus folgt $x - y \in (2M) \cap U = 2(M \cap \frac{1}{2} U)$. Daher ist $\frac{x-y}{2} \in M \cap U$, also $A\left(\frac{x-y}{2}\right) \in \frac{1}{2} V$, $A(x-y) \in V$, d.h. aus $x - y \in U$ folgt $A(x-y) \in V$, A ist auf M gleichmäßig stetig.

Insbesondere ist also eine Linearfunktion auf M dann $\mathfrak{T}$-stetig, wenn sie in $\mathfrak{o}$ $\mathfrak{T}$-stetig ist.

Beweis von (4). a) Wir beweisen zuerst, daß $E'[\mathfrak{T}_c(E)]$ vollständig ist. Ein $\mathfrak{T}_c$-Cauchyfilter $\mathfrak{F} = \{F^\alpha\}$ auf E' ist erst recht ein $\mathfrak{T}_s(E)$-Cauchyfilter, besitzt daher nach § 20, 9.(2) einen $\mathfrak{T}_s$-Berührungspunkt $u_0 \in E^*$. Ist $\varepsilon > 0$ und ist C eine präkompakte Teilmenge von E, so gilt für alle u, u' eines geeigneten F^α $\sup\limits_{x \in C} |(u' - u)\,x| < \frac{\varepsilon}{2}$, also auch

$$(6) \qquad \sup_{x \in C} |(u_0 - u)\,x| \leqq \frac{\varepsilon}{2} \quad \text{für} \quad u \in F^\alpha.$$

Es ist u_0 also auch $\mathfrak{T}_c$-Berührungspunkt von $\mathfrak{F}$.

Wir beweisen nun, daß u_0 auf jeder absolutkonvexen präkompakten Menge C $\mathfrak{T}$-stetig ist und damit auf jeder präkompakten Menge.

Nun ist jedes u auf C in $\mathfrak{o}$ $\mathfrak{T}$-stetig, es gibt für ein u aus (6) also eine $\mathfrak{T}$-Nullumgebung U mit $\sup\limits_{x \in U \cap C} |u\,x| \leqq \frac{\varepsilon}{2}$, (6) ergibt dann $\sup\limits_{x \in U \cap C} |u_0 x| \leqq \varepsilon$, also die $\mathfrak{T}$-Stetigkeit von u_0 auf C in $\mathfrak{o}$; nach (5) folgt daraus die $\mathfrak{T}$-Stetigkeit auf C.

Wäre u_0 nicht stetig auf E, so gäbe es, da $E[\mathfrak{T}]$ metrisierbar ist, eine $\mathfrak{T}$-Nullfolge $x_n \in E$ mit $u_0(x_n) \not\to 0$. Die aus $\mathfrak{o}$ und den x_n bestehende Teilmenge C_0 von E ist aber kompakt und u_0 wäre auf diesem C_0 im Widerspruch zu dem vorhin Bewiesenen nicht $\mathfrak{T}$-stetig.

Mithin liegt u_0 in E', $E'[\mathfrak{T}_c(E)]$ ist vollständig.

b) Die starke Topologie $\mathfrak{T}_b(E)$ ist feiner als $\mathfrak{T}_c(E)$ auf E'. Die polaren Mengen B° der beschränkten Teilmengen B von E bilden eine Nullumgebungsbasis der starken Topologie, die B° sind aber schwach abgeschlossen, erst recht also $\mathfrak{T}_c(E)$-abgeschlossen, nach § 18, 4.(4) b) ist daher E' auch stark vollständig.

Ist $E[\mathfrak{T}]$ ein (F)-Raum, so ist $\mathfrak{T}_k(E)$ nach (1) feiner als $\mathfrak{T}_c(E)$ auf E', also ist E' auch $\mathfrak{T}_k$-vollständig.

7. Polare Topologien. Es gilt der folgende Satz von GROTHENDIECK

(1) *Es sei* $\langle E_2, E_1\rangle$ *ein Dualsystem,* $\mathfrak{M}$ *eine gesättigte,* E_1 *überdeckende, Klasse beschränkter Teilmengen* M *von* E_1, $\mathfrak{N}$ *eine ebensolche Klasse in* E_2.

Die vier folgenden Aussagen sind äquivalent:

α) *Jedes* $M \in \mathfrak{M}$ *ist* $\mathfrak{T}_{\mathfrak{N}}$-*präkompakt,*

β) *Jedes* $N \in \mathfrak{N}$ *ist* $\mathfrak{T}_{\mathfrak{M}}$-*präkompakt,*

γ) *Auf jedem* $M \in \mathfrak{M}$ *fallen die Topologien* $\mathfrak{T}_{\mathfrak{N}}$ *und* $\mathfrak{T}_s$ *zusammen,*

δ) *Auf jedem* $N \in \mathfrak{N}$ *fallen die Topologien* $\mathfrak{T}_{\mathfrak{M}}$ *und* $\mathfrak{T}_s$ *zusammen.*

Beweis. Die $N \in \mathfrak{N}$ sind $\mathfrak{T}_{\mathfrak{N}}$-gleichstetige Teilmengen in $(E_1[\mathfrak{T}_{\mathfrak{N}}])' \supset E_2$. Nach 6.(2) fällt auf N die Topologie $\mathfrak{T}_s(E_1)$ mit der Topologie der $\mathfrak{T}_{\mathfrak{N}}$-präkompakten Konvergenz zusammen. Gilt α), so ist $\mathfrak{T}_{\mathfrak{M}}$ gröber als diese Topologie und wegen $\bigcup_{M \in \mathfrak{M}} M = E_1$ feiner als $\mathfrak{T}_s(E_1)$; $\mathfrak{T}_{\mathfrak{M}}$ fällt also auf N mit $\mathfrak{T}_s$ zusammen. Mithin folgt δ) aus α). Aus δ) können wir aber auf β) schließen, denn die $\mathfrak{T}_{\mathfrak{N}}$-gleichstetigen Mengen N sind nach dem Satz von ALAOGLU-BOURBAKI in $(E_1[\mathfrak{T}_{\mathfrak{N}}])'$ relativ schwach kompakt, in E_2 also schwach präkompakt und wegen der Identität von $\mathfrak{T}_s$ und $\mathfrak{T}_{\mathfrak{M}}$ auf N auch $\mathfrak{T}_{\mathfrak{M}}$-präkompakt.

Aus Symmetriegründen folgt jetzt γ) aus β) und α) aus γ).

Es sei wie vorhin $\mathfrak{N}$ eine gesättigte, E_2 überdeckende, Klasse beschränkter Teilmengen und $\mathfrak{T}$ die Topologie $\mathfrak{T}_{\mathfrak{N}}$ auf E_1. Wir bezeichnen die Topologie $\mathfrak{T}_c(E_1[\mathfrak{T}])$ auf E_2 als die zu $\mathfrak{T}$ polare Topologie $\mathfrak{T}^\circ$.

Aus (1) ergibt sich dann

(2) *a) Die zu* $\mathfrak{T} = \mathfrak{T}_{\mathfrak{N}}$ *polare Topologie* $\mathfrak{T}^\circ$ *ist die feinste der lokalkonvexen Topologien* $\mathfrak{T}_{\mathfrak{M}}(E_1)$ *auf* E_2, *die auf allen* $\mathfrak{T}$-*gleichstetigen Teilmengen von* E_2 *mit* $\mathfrak{T}_s(E_1)$ *übereinstimmt.*

b) Die zu $\mathfrak{T}$ *bipolare Topologie* $T^{\circ\circ}$ *auf* E_1 *ist stets feiner als* $\mathfrak{T}$ *und ist gleich* $\mathfrak{T}$ *dann und nur dann, wenn die Klasse aller* $\mathfrak{T}$-*gleichstetigen Teilmengen von* E_2 *aus allen* $\mathfrak{T}^\circ$-*präkompakten Mengen besteht.*

c) Ist $\mathfrak{T}_1$ *feiner als* $\mathfrak{T}_2$ *auf* E_1, *so ist* $\mathfrak{T}_1^\circ$ *gröber als* $\mathfrak{T}_2^\circ$ *auf* E_2.

d) Es gilt stets $\mathfrak{T}^{\circ\circ\circ} = \mathfrak{T}^\circ$.

Beweis. a) $\mathfrak{T}^\circ$ ist eine Topologie, die auf den $\mathfrak{T}$-gleichstetigen Mengen $N \in \mathfrak{N}$ mit $\mathfrak{T}_s(E_1)$ übereinstimmt. Ist andererseits $\mathfrak{T}' = \mathfrak{T}_{\mathfrak{M}}$ eine zweite solche Topologie auf E_2, so gilt also δ). Satz (1) ergibt dann α), d.h. jedes $M \in \mathfrak{M}$ ist $\mathfrak{T}$-präkompakt und damit ist $\mathfrak{T}_{\mathfrak{M}}$ gröber als $\mathfrak{T}^\circ$.

Für $\mathfrak{T}_{\mathfrak{M}} = \mathfrak{T}^\circ$ ergibt dies speziell, daß die Klasse der $\mathfrak{T}^\circ$-gleichstetigen Mengen genau aus allen $\mathfrak{T}$-präkompakten Teilmengen von E_1 besteht.

b) Die Klasse $\mathfrak{N}$ aller $\mathfrak{T}$-gleichstetigen Mengen aus E_2 besteht aus $\mathfrak{T}^\circ$-präkompakten Mengen, die Klasse $\mathfrak{N}'$ aller $\mathfrak{T}^{\circ\circ}$-gleichstetigen Mengen besteht aber aus allen $\mathfrak{T}^\circ$-präkompakten Mengen. Aus $\mathfrak{N} < \mathfrak{N}'$ folgt aber, daß $\mathfrak{T}^{\circ\circ}$ feiner als $\mathfrak{T}$ ist.

c) Die Behauptung ist unmittelbar einzusehen.

d) Es gilt einerseits, daß $\mathfrak{T}^{\circ\circ\circ} = (\mathfrak{T}^\circ)^{\circ\circ}$ feiner ist als $\mathfrak{T}^\circ$ nach b), andererseits ist $\mathfrak{T}^{\circ\circ}$ feiner als $\mathfrak{T}$ ebenfalls nach b), nach c) ist dann $\mathfrak{T}^{\circ\circ\circ} = (\mathfrak{T}^{\circ\circ})^\circ$ gröber als $\mathfrak{T}^\circ$.

(3) *Es sei $\langle E_2, E_1 \rangle$ ein Dualsystem. Die zur schwachenr Topologie $\mathfrak{T}_s(E_2)$ polare Topologie ist die starke Topologie $\mathfrak{T}_b(E_1)$, zu diese Topologie polar ist die Topologie der stark präkompakten Konvergenz.*

Denn nach § 20, 9.(3) fallen die schwach präkompakten Teilmengen von E_1 mit den beschränkten zusammen, $\mathfrak{T}_s(E_2)^\circ$ ist also gleich $\mathfrak{T}_b(E_1)$.

Die bipolare Topologie zur schwachen Topologie ist also im allgemeinen von der schwachen Topologie verschieden, dagegen ist die starke Topologie als Topologie $\mathfrak{T}_s(E_2)^\circ$ nach (2) d) zu sich selbst bipolar.

8. Die Topologien $\mathfrak{T}^f$ und $\mathfrak{T}^{lf}$. Es sei $\langle E_2, E_1 \rangle$ ein Dualsystem und $\mathfrak{T}$ eine zwischen $\mathfrak{T}_s(E_2)$ und $\mathfrak{T}_b(E_2)$ liegende Topologie $\mathfrak{T}_{\mathfrak{N}}(E_2)$ auf E_1. Wir sahen in 7., daß $\mathfrak{T}^\circ = \mathfrak{T}_c(E_1[\mathfrak{T}])$ die feinste, durch eine gesättigte, E_1 überdeckende, Klasse $\mathfrak{M}$ beschränkter Teilmengen von E_1 erzeugte Topologie $\mathfrak{T}_{\mathfrak{M}}(E_1)$ auf E_2 ist, die auf den $\mathfrak{T}$-gleichstetigen Teilmengen von E_2 mit der schwachen Topologie $\mathfrak{T}_s(E_1)$ übereinstimmt.

Wir bezeichnen nun mit $\mathfrak{T}^f$ bzw. $\mathfrak{T}^{lf}$ die feinste Topologie bzw. die feinste lokalkonvexe Topologie auf E_2, die auf den $\mathfrak{T}$-gleichstetigen Teilmengen von E_2 mit $\mathfrak{T}_s(E_1)$ übereinstimmt.

Wie wir weiter unten sehen werden, ist $\mathfrak{T}^f$ im allgemeinen von $\mathfrak{T}^{lf}$ verschieden, also nicht lokalkonvex. Es gilt jedoch

(1) *Die Topologie $\mathfrak{T}^f$ ist auf E_2 separiert und translationsinvariant und besitzt eine Basis ausgeglichener kreisförmiger Nullumgebungen.*

Beweis. Die Topologie $\mathfrak{T}^f$ ist durch die Klasse der $\mathfrak{T}^f$-abgeschlossenen Teilmengen von E_2 bestimmt. Es sei $\mathfrak{A}$ die Klasse aller Teilmengen A von E_2, deren sämtliche Durchschnitte $A \cap M$ mit allen $\mathfrak{T}$-gleichstetigen Teilmengen M von E_2 in M schwach abgeschlossen sind. Diese Klasse $\mathfrak{A}$ erfüllt, wie leicht zu sehen, die Axiome für die abgeschlossenen Mengen einer Topologie $\mathfrak{T}_0$ (§1, 1.). $\mathfrak{T}_0$ stimmt auf den Mengen M mit der Topologie $\mathfrak{T}_s(E_1)$ überein, da sie auf M dieselben abgeschlossenen Mengen liefert wie die schwache Topologie. Andererseits ist $\mathfrak{A}$ die umfassendste Klasse von Teilmengen von E_2, für die dies der Fall ist, $\mathfrak{T}_0$ ist also gleich $\mathfrak{T}^f$.

Die offenen $\mathfrak{T}^f$-Nullumgebungen sind die Mengen U, deren Durchschnitte $U \cap M$ mit den $\mathfrak{T}$-gleichstetigen Mengen $M \ni \circ$ offene schwache

Nullumgebungen in M sind. Dann sind aber die Mengen x_0+U die offenen $\mathfrak{T}^f$-Umgebungen von x_0, da mit M auch x_0+M $\mathfrak{T}$-gleichstetig ist, also $(x_0+U)\cap(x_0+M)=x_0+U\cap M$ eine offene schwache x_0-Umgebung in x_0+M ist. Die Topologie $\mathfrak{T}^f$ ist also translationsinvariant.

Die offenen $\mathfrak{T}^f$-Nullumgebungen U bilden eine Filterbasis und es ist der Durchschnitt aller U das Element $\mathfrak{o}$, da dies bereits für die schwachen Nullumgebungen zutrifft. Jedes U ist ausgeglichen, da jedes $\mathfrak{u}\in E_2$ einer absolutkonvexen $\mathfrak{T}$-gleichstetigen Menge M angehört, also $U\cap M$ ein geeignetes Vielfaches von $\mathfrak{u}$ enthält. Schließlich enthält jedes U eine kreisförmige offene $\mathfrak{T}^f$-Nullumgebung. Zum Beweis sei V die Menge aller x, für die die Menge X aller αx, $|\alpha|\leqq 1$, in U liegt. Für eine absolutkonvexe $\mathfrak{T}$-gleichstetige Menge M ist $V\cap M$ eine in $U\cap M$ enthaltene schwache Nullumgebung von M. Zeigen wir, daß $V\cap M$ schwach offen in M ist, so ist V eine kreisförmige $\mathfrak{T}^f$-offene Nullumgebung. Für $x\in V\cap M$ ist X schwach kompakt in der in M offenen Menge $U\cap M$. Nach § 15, 6.(9) gibt es eine absolutkonvexe schwache Nullumgebung $W\subset E_2$ mit $(X+W)\cap M\subset U\cap M$. Dann liegt aber mit $y\in(x+W)\cap M$ jedes αy, $|\alpha|\leqq 1$, in $U\cap M$, also $y\in V\cap M$, $V\cap M$ ist schwach offen.

Ein Beispiel dafür, daß $E_2\,[\mathfrak{T}^f]$ kein topologischer linearer Raum zu sein braucht, gab KŌMURA [2].

Eine Nullumgebungsbasis der Topologie $\mathfrak{T}^{lf}$ bilden offenbar alle absolutkonvexen $\mathfrak{T}^f$-Nullumgebungen; aber auch alle konvexen $\mathfrak{T}^f$-Nullumgebungen, da ja nach (1) jede $\mathfrak{T}^f$-Nullumgebung eine kreisförmige $\mathfrak{T}^f$-Nullumgebung umfaßt.

Wir bringen ein von KLEE [2] III stammendes Beispiel dafür, daß $\mathfrak{T}^f$ und $\mathfrak{T}^{lf}$ verschieden sein können. Es gilt

(2) *Es sei E_1 der Raum ω_d, E_2 gleich φ_d, $\mathfrak{T}$ die schwache Topologie $\mathfrak{T}_s(\varphi_d)$ auf ω_d. Es stimmen $\mathfrak{T}^f$ und $\mathfrak{T}^{lf}$ auf E_2 dann und nur dann überein, wenn $d\leqq\aleph_0$ gilt.*

Beweis. Die $\mathfrak{T}$-gleichstetigen Mengen in φ_d sind die beschränkten endlichdimensionalen Teilmengen von φ_d. Also ist $\mathfrak{T}^{lf}$ die feinste lokalkonvexe Topologie auf φ_d und $\mathfrak{T}^f$ die Topologie, deren offene Nullumgebungen die Mengen sind, deren Durchschnitte mit den endlichdimensionalen beschränkten Mengen $M\ni\mathfrak{o}$ eine offene Umgebung der $\mathfrak{o}$ in M sind.

Man kann die offenen $\mathfrak{T}^f$-Nullumgebungen auch erklären als die Mengen U, deren Durchschnitte mit den endlichdimensionalen linearen Teilräumen H von φ_d eine offene Nullumgebung in H sind.

Es sei $d=\aleph_0$. Mit φ_n bezeichnen wir wieder den aus den Vektoren $\mathfrak{x}=\{\xi_1,\ldots,\xi_n,0,0,\ldots\}$ bestehenden linearen Teilraum von φ. Jede $\mathfrak{T}^f$-Nullumgebung umfaßt eine der Form $U=\bigcup_{n=1}^{\infty}U_n$, U_n eine offene Nullumgebung in φ_n, $U_n\subset U_{n+1}$. U_1 enthält eine absolutkonvexe kompakte Nullumgebung K_1. Wegen $K_1\subset U_1$ gibt es eine absolutkonvexe kompakte Nullumgebung $K_2\subset U_2$ mit $K_1+K_2\subset U_2$. Fortsetzung des Verfahrens ergibt eine nach § 16, 1.(3) absolutkonvexe $\mathfrak{T}^{lf}$-Nullumgebung $K_1+K_2+\cdots\subset U$. Auf φ sind also $\mathfrak{T}^f$ und $\mathfrak{T}^{lf}$ identisch.

Es sei jetzt $d>\aleph_0$. Um zu zeigen, daß in φ_d die Topologien $\mathfrak{T}^f$ und $\mathfrak{T}^{lf}$ verschieden sind, genügt es, eine konvexe $\mathfrak{T}^f$-abgeschlossene Menge C anzugeben, die $\mathfrak{o}$ nicht enthält, aber $\mathfrak{o}$ als $\mathfrak{T}^{lf}$-Berührungspunkt besitzt.

Eine solche Menge haben wir aber in § 17, 5.(4) konstruiert. Wir brauchen nur das dortige E gleich φ_d zu setzen. Die dort konstruierte Menge C hat mit jedem endlichdimensionalen linearen Teilraum ein konvexes abgeschlossenes Polyeder als Durchschnitt, ist also $\mathfrak{T}^f$-abgeschlossen. Da ferner für jeden konvexen α-Körper $C' \ni o$ der Durchschnitt $C' \cap C$ nicht leer ist, ist o $\mathfrak{T}^{lf}$-Berührungspunkt von C.

Wir zeigen schließlich an einem Beispiel von COLLINS [1], daß $\mathfrak{T}^{lf}$ im allgemeinen auch von $\mathfrak{T}^0$ verschieden ist.

Es sei E ein (B)-Raum, E' der duale Raum. Wir betrachten das Dualsystem $\langle E, E' \rangle$ und auf E' die Topologie $\mathfrak{T} = \mathfrak{T}_s(E)$. Dann ist nach 7.(3) $\mathfrak{T}^0$ gleich $\mathfrak{T}_b(E')$, also die Normtopologie auf E. Die Topologie $\mathfrak{T}^{lf}$ ist aber die feinste lokalkonvexe Topologie auf E, also im allgemeinen von $\mathfrak{T}^0$ verschieden (vgl. § 18, 5.(5)).

Wir werden die Topologie $\mathfrak{T}^{lf}$ in der nächsten Nummer genauer bestimmen.

9. Die Konstruktion der vollständigen Hülle nach GROTHENDIECK.

Wir haben bisher zwei Konstruktionen der vollständigen Hülle $\tilde{E}[\tilde{\mathfrak{T}}]$ eines lokalkonvexen Raumes $E[\mathfrak{T}]$ kennengelernt, eine, die auf der Konstruktion der vollständigen Hülle eines uniformen Raumes beruht (§ 15, 3.), eine andere, die die Einbettung von $E[\mathfrak{T}]$ in ein topologisches Produkt von (B)-Räumen benützt (§ 18, 4.).

Wir bringen eine dritte, auf GROTHENDIECK [1] zurückgehende Konstruktion, die wir auch im lineartopologischen Fall schon benützt haben (vgl. § 13, 3.).

(1) *Es sei $\langle E_2, E_1 \rangle$ ein Dualsystem, $\mathfrak{T}$ eine zwischen $\mathfrak{T}_s(E_2)$ und $\mathfrak{T}_b(E_2)$ liegende lokalkonvexe Topologie auf E_1. Dann besteht der zu $E_2[\mathfrak{T}^f]$ und $E_2[\mathfrak{T}^{lf}]$ duale Raum aus allen Linearfunktionen auf E_2, deren Einschränkungen auf die $\mathfrak{T}$-gleichstetigen Teilmengen von E_2 $\mathfrak{T}_s(E_1)$-stetig sind.*

Beweis. u sei eine Linearfunktion auf E_2, deren Einschränkungen auf jede $\mathfrak{T}$-gleichstetige Menge $M \ni o$ schwach stetig sind. Ist U_ε die Menge aller $x \in E_2$ mit $|u x| < \varepsilon$, so ist also $U_\varepsilon \cap M$ eine offene $\mathfrak{T}_s(E_1)$-Nullumgebung in M. Nach dem Beweis von 8.(1) ist daher U_ε eine offene $\mathfrak{T}^f$-Umgebung und, da U_ε absolutkonvex ist, sogar eine $\mathfrak{T}^{lf}$-Nullumgebung. u ist also $\mathfrak{T}^f$- und $\mathfrak{T}^{lf}$-stetig in o und damit in E_2. Umgekehrt sind die Einschränkungen auf jedes M einer $\mathfrak{T}^f$- bzw. $\mathfrak{T}^{lf}$-stetigen Linearfunktion offenbar schwach stetig.

Es gilt nun der folgende Satz von GROTHENDIECK

(2) *Es sei $\langle E_2, E_1 \rangle$ ein Dualsystem, $\mathfrak{M}$ eine E_2 überdeckende gesättigte Klasse beschränkter Teilmengen von E_2. Dann besteht die vollständige Hülle von $E_1[\mathfrak{T}_\mathfrak{M}]$ aus allen Linearfunktionen auf E_2, deren sämtliche Einschränkungen auf die $M \in \mathfrak{M}$ schwach stetig sind.*

Anders ausgedrückt: *Bildet man zur Topologie* $\mathfrak{T}=\mathfrak{T}_{\mathfrak{M}}$ *auf* E_1 *die Topologie* $\mathfrak{T}^f$ *oder* $\mathfrak{T}^{lf}$ *auf* E_2, *so sind* $(E_2[\mathfrak{T}^f])'$ *und* $(E_2[\mathfrak{T}^{lf}])'$ *gleich* $\tilde{E}_1[\tilde{\mathfrak{T}}]$.

Beweis (nach Pelayo Henriques). Sei $\hat{E}_1$ der Raum aller Linearfunktionen auf E_2 mit schwach stetigen Einschränkungen auf allen $M\in\mathfrak{M}$ und sei $\tilde{E}_1$ die vollständige Hülle von $E_1[\mathfrak{T}_{\mathfrak{M}}]$. Es ist $\hat{E}_1 < E_2^*$ und nach § 20, 9.(2) und § 18, 4.(4) gilt $\tilde{E}_1 < E_2^*$.

Wir beweisen $\tilde{E}_1 < \hat{E}_1$. In $E_1'=E_1[\mathfrak{T}_{\mathfrak{M}}]'$ sind alle $M\in\mathfrak{M}$ gleichstetig, nach 4.(5) fallen auf M die Topologien $\mathfrak{T}_s(E_1)$ und $\mathfrak{T}_s(\tilde{E}_1)$ zusammen. Dann ist aber jedes $z\in\tilde{E}_1 < E_2^*$ ein lineares Funktional auf $E_2 < E_1'$, dessen Einschränkungen auf allen M schwach stetig sind, z liegt also in $\hat{E}_1$.

Wir zeigen zweitens, daß E_1 $\mathfrak{T}_{\mathfrak{M}}$-dicht in $\hat{E}_1$ ist. Dann gilt $\hat{E}_1 < \tilde{E}_1$, nach vorhin ist daher $\tilde{E}_1=\hat{E}_1$.

$\langle E_2, \hat{E}_1\rangle$ ist ein Dualsystem und nach Definition von $\hat{E}_1$ fallen auf den $M\in\mathfrak{M}$ die Topologien $\mathfrak{T}_s(E_1)$ und $\mathfrak{T}_s(\hat{E}_1)$ zusammen. Also sind die $M\in\mathfrak{M}$ auch $\mathfrak{T}_s(\hat{E}_1)$-beschränkt und $\hat{E}_1[\mathfrak{T}_{\mathfrak{M}}]$ ist lokalkonvex. Es genügt zu zeigen, daß jedes $v\in\hat{E}_1'=\hat{E}_1[\mathfrak{T}_{\mathfrak{M}}]'$, das auf E_1 verschwindet, auf ganz $\hat{E}_1$ verschwindet.

Sei v beliebig in $\hat{E}_1'$. Es gibt dann ein absolutkonvexes $M\in\mathfrak{M}$ mit $\sup\limits_{z\in M^\circ}|vz|\leqq 1$, d.h. $v\in(M^\circ)^\circ$, wobei die Polare von $M^\circ < \hat{E}_1$ in $\hat{E}_1'$ gebildet wird. $(M^\circ)^\circ$ ist die $\mathfrak{T}_s(\hat{E}_1)$-abgeschlossene Hülle von M in $\hat{E}_1'$. Es gibt also einen $\mathfrak{T}_s(\hat{E}_1)$-Cauchyfilter $\mathfrak{F}$ auf M mit $v=\lim\mathfrak{F}$. Da $\mathfrak{T}_s(\hat{E}_1)$ und $\mathfrak{T}_s(E_1)$ auf M zusammenfallen, ist $\mathfrak{F}$ auch ein $\mathfrak{T}_s(E_1)$-Cauchyfilter auf M. Als solcher hat er einen Limes v_0 in E_1' und v_0 ist die Einschränkung von v auf E_1, da für ein $x\in E_1$ gilt $v_0x=\lim\mathfrak{F}x=vx$. Ist nun $v_0=o$, so konvergiert $\mathfrak{F}$ auf M nach $o\in M$. Das gilt aber auch für $\mathfrak{F}$ als $\mathfrak{T}_s(\hat{E}_1)$-Cauchyfilter auf M, also ist auch $v=o$.

Eine unmittelbare Folgerung aus (2) ist das Vollständigkeitskriterium

(4) *Der lokalkonvexe Raum* $E[\mathfrak{T}]$ *ist dann und nur dann vollständig, wenn jede Linearfunktion auf* E', *deren Einschränkungen auf die gleichstetigen Mengen von* E' *schwach stetig sind, auf ganz* E' *schwach stetig ist.*

Ziehen wir 3.(4) heran, so folgt aus (2)

(5) *Gibt es in dem vollständigen lokalkonvexen Raum* $E[\mathfrak{T}]$ *eine abzählbare totale Menge, ist* $E[\mathfrak{T}]$ *z.B. ein separabler* (F)-*Raum, so ist jede schwach folgenstetige Linearfunktion auf* E' *schwach stetig.*

(4) gibt eine duale Charakterisierung der Vollständigkeit eines lokalkonvexen Raumes. Man kann (4) eine etwas andere, auf V. PTÁK [1] und H. S. COLLINS [1] zurückgehende Form geben,

(6) *Der lokalkonvexe Raum $E[\mathfrak{T}]$ ist dann und nur dann vollständig, wenn jeder $\mathfrak{T}^f$-abgeschlossene lineare Teilraum H vom Defekt 1 in E' auch schwach abgeschlossen ist, d.h. wenn aus der schwachen Abgeschlossenheit von $H \cap M$ für jede schwach abgeschlossene $\mathfrak{T}$-gleichstetige Menge M von E' die schwache Abgeschlossenheit von H folgt.*

Eine Hyperebene H in E' ist genau dann $\mathfrak{T}^f$-abgeschlossen, wenn sie $\mathfrak{T}^{lf}$-abgeschlossen ist.

Wir beweisen zuerst die letzte Behauptung. Die $\mathfrak{T}^f$-abgeschlossene Hyperebene H sei gegeben durch $z(u)=0$, $z \in (E')^*$, $u \in E'$, und es sei $u_0 \notin H$. Nach 8.(1) gibt es eine kreisförmige $\mathfrak{T}^f$-Nullumgebung U mit $(u_0+u) \cap H$ leer. $z(U)$ ist kreisförmig, also als Teilmenge von P bzw. Γ auch absolutkonvex, $z(\Gamma\, U) = z(U)$. Aus $0 \notin z(u_0+U)$ folgt also $0 \notin z(u_0+\Gamma\, U)$, die $\mathfrak{T}^{lf}$-Umgebung $u_0+\Gamma\, U$ von u_0 schneidet daher H nicht; H ist auch $\mathfrak{T}^{lf}$-abgeschlossen.

Es genügt also, (6) für $\mathfrak{T}^{lf}$ statt $\mathfrak{T}^f$ zu beweisen.

Nach §15, 9.(1) sind die $\mathfrak{T}^{lf}$-abgeschlossenen Hyperebenen H durch gerade die Nullräume der $\mathfrak{T}^{lf}$-stetigen Linearfunktionen auf E'. Genau dann, wenn $E[\mathfrak{T}]$ vollständig ist, sind nach (4) die $\mathfrak{T}^{lf}$-stetigen Linearfunktionen auch schwach stetig, ihre Nullräume also auch schwach abgeschlossen.

Wir können jetzt auch die Topologie $\mathfrak{T}^{lf}$ näher bestimmen,

(7) *Es sei $E[\mathfrak{T}]$ ein lokalkonvexer Raum, $\tilde{E}[\tilde{\mathfrak{T}}]$ seine vollständige Hülle. Dann ist die zur Topologie $\mathfrak{T}$ gehörige Topologie $\mathfrak{T}^{lf}$ auf E' die Topologie $\tilde{\mathfrak{T}}^\circ$ der gleichmäßigen Konvergenz auf allen kompakten Teilmengen von $\tilde{E}$.*

Denn aus $(E'[\mathfrak{T}^{lf}])' = \tilde{E}$ folgt nach 3.(2), daß $\mathfrak{T}^{lf}$ die Topologie $\mathfrak{T}_{\mathfrak{N}}$ der gleichmäßigen Konvergenz auf einer $\tilde{E}$ überdeckenden, gesättigten Klasse $\mathfrak{N}$ beschränkter Teilmengen von $\tilde{E}$ ist. Da nach 6.(2) die Topologien $\mathfrak{T}_s(E)$ und $\mathfrak{T}_s(\tilde{E})$ auf den $\mathfrak{T}$-gleichstetigen Mengen M von E' zusammenfallen, ist $\mathfrak{T}^{lf}$ also auch die feinste Topologie $\mathfrak{T}_{\mathfrak{N}}$, die auf den M mit der Topologie $\mathfrak{T}_s(\tilde{E})$ zusammenfällt. Nach 7.(2)a) ist dies aber $\tilde{\mathfrak{T}}^\circ$.

(8) *Es sei $E[\mathfrak{T}]$ ein lokalkonvexer Raum. Die Topologien $\mathfrak{T}^\circ$ und $\mathfrak{T}^{lf}$ auf E' sind dann und nur dann identisch, wenn jede kompakte Teilmenge von $\tilde{E}[\tilde{\mathfrak{T}}]$ in der abgeschlossenen Hülle einer präkompakten Menge von $E[\mathfrak{T}]$ liegt.*

Eine $\mathfrak{T}^\circ$-Nullumgebungsbasis auf E' bilden alle C°, C absolutkonvex und präkompakt in $E[\mathfrak{T}]$; also auch alle $(C^{\circ\circ})^\circ$, $C^{\circ\circ}$ die in $\tilde{E}[\tilde{\mathfrak{T}}]$ gebildete kompakte Hülle von C. Andererseits bilden nach (7) alle K°, K kompakt in $\tilde{E}[\tilde{\mathfrak{T}}]$, eine $\mathfrak{T}^{lf}$-Nullumgebungsbasis auf E'. Dann und nur dann, wenn jedes K in einem $C^{\circ\circ}$ liegt, sind also beide Topologien gleich.

10. Der Satz von Banach-Dieudonné. Das Interesse an den Topologien $\mathfrak{T}^f$ und $\mathfrak{T}^{lf}$ geht auf ein klassisches Resultat von Banach im Fall der (B)-Räume zurück. Es wurde von J. Dieudonné [2] mit einer neuen Methode bewiesen, die sich auf metrisierbare Räume übertragen ließ.

Dieser Satz von Banach-Dieudonné lautet

(1) *Ist $E[\mathfrak{T}]$ lokalkonvex und metrisierbar, so fallen $\mathfrak{T}^\circ$ und $\mathfrak{T}^f$ auf E' zusammen.*

Anders ausgedrückt: *Die Topologie $\mathfrak{T}_c(E)$ der präkompakten Konvergenz ist die feinste Topologie auf E', die auf allen gleichstetigen Teilmengen von E' mit der schwachen Topologie zusammenfällt.*

Beweis. Wir haben zu zeigen, daß jede offene $\mathfrak{T}^f$-Nullumgebung V eine $\mathfrak{T}^\circ$-Nullumgebung ist, daß es also eine präkompakte Teilmenge C in E gibt mit $C^\circ \subset V$.

Es sei $U_1 \supset U_2 \supset \cdots$ eine Folge absolutkonvexer Nullumgebungen in $E[\mathfrak{T}]$, die eine Nullumgebungsbasis bilden. Wir setzen $U_0 = E$.

Es gilt der Hilfssatz

(2) *Zu jedem $n > 0$ gibt es eine endliche Menge $F_{n-1} \subset U_{n-1}$, so daß für $C_n = \bigcup_{p=0}^{n-1} F_p$ die Menge $U_n^\circ \cap C_n^\circ$ in V enthalten ist.*

Wir beweisen dies durch vollständige Induktion. Es seien also die F_p für $p < n$ so bestimmt, daß für $C_n = \bigcup_{p=0}^{n-1} F_p$ gilt $U_n^\circ \cap C_n^\circ \subset V$.

Wir setzen $D_n = U_{n+1}^\circ \cap (E' \sim V)$. Nun ist U_{n+1}° schwach kompakt und $\mathfrak{T}^f$ induziert auf U_{n+1}° die schwache Topologie. Da V offen ist, ist $E' \sim V$ $\mathfrak{T}^f$-abgeschlossen, also D_n schwach abgeschlossen und damit schwach kompakt.

Wir nehmen an, es gebe keine endliche Menge $F_n \subset U_n$ der gewünschten Eigenschaft. Dann gilt für jede endliche Teilmenge F von U_n, daß $(C_n \cup F)^\circ \cap U_{n+1}^\circ$ nicht in V liegt, es ist also $C_n^\circ \cap F^\circ \cap D_n$ nicht leer. Alle diese Mengen $C_n^\circ \cap F^\circ \cap D_n$ sind schwach kompakt und bilden eine Filterbasis auf D_n, da der Durchschnitt endlich vieler dieser Mengen wieder eine solche Menge ist. Wegen der schwachen Kompaktheit von D_n haben daher alle $C_n^\circ \cap F^\circ \cap D_n$ ein Element u_0 gemeinsam, das in $C_n^\circ \cap U_n^\circ \cap D_n$ liegen müßte, was der Beziehung $C_n^\circ \cap U_n^\circ \subset V$ widerspricht. Es gibt also ein $F_n \subset U_n$ der gewünschten Eigenschaft und damit ist der Hilfssatz bewiesen.

Wir beweisen jetzt (1). Wir bilden die Menge $C = \bigcup_{p=1}^{\infty} F_p$. Sie ist relativ kompakt in $E[\mathfrak{T}]$, da jede Teilfolge aus C nach der Voraussetzung über die U_n gegen $\circ$ konvergiert. Ferner ist $C^\circ \subset C_n^\circ$, also $C^\circ \cap U_n^\circ \subset V$ für alle n. Da die Vereinigung der U_n° gleich E' ist, gilt $C^\circ \subset V$.

(3) *Jede präkompakte Teilmenge eines lokalkonvexen metrisierbaren Raumes $E[\mathfrak{T}]$ liegt in der absolutkonvexen abgeschlossenen Hülle einer gegen $\circ$ konvergenten Folge aus $E[\mathfrak{T}]$.*

Die Topologie $\mathfrak{T}_c(E)$ fällt also mit der Topologie der gleichmäßigen Konvergenz auf allen gegen $\circ$ konvergenten Folgen aus $E[\mathfrak{T}]$ zusammen.

Dies ist im Beweis von (2) mitenthalten: $\mathfrak{T}_c(E)$ ist gröber als $\mathfrak{T}^f$, zu jeder $\mathfrak{T}_c$-Nullumgebung K°, K präkompakt in E, gibt es nach diesem Beweis eine aus einer Nullfolge bestehende Menge C mit $C^\circ \subset K^\circ$, also $C^{\circ\circ} = \overline{\Gamma(C)} \supset K$ nach dem Bipolarensatz.

Aus der Definition von $\mathfrak{T}^f$ und mit den Überlegungen im Beweis von 8.(1) folgt aus (1) sofort

(4) *Eine Teilmenge M des dualen Raumes E' eines lokalkonvexen metrisierbaren Raumes $E[\mathfrak{T}]$ ist dann und nur dann $\mathfrak{T}_c$-abgeschlossen, wenn $M \cap B$ schwach abgeschlossen ist für jede gleichstetige schwach abgeschlossene Teilmenge B von E'.*

Ein Spezialfall von (4) ist

(5) *Eine konvexe Teilmenge M des dualen Raumes E' eines* (F)*-Raumes $E[\mathfrak{T}]$ ist dann und nur dann schwach abgeschlossen, wenn für jede beschränkte schwach abgeschlossene Teilmenge B von E' der Durchschnitt $M \cap B$ schwach abgeschlossen ist.*

Denn nach 6.(1) ist $\mathfrak{T}_c(E)$ gröber als $\mathfrak{T}_k(E)$, daher zulässig für $\langle E', E\rangle$; nach § 20, 7.(6) ist die $\mathfrak{T}_c$-Abgeschlossenheit von M identisch mit der schwachen Abgeschlossenheit, also folgt (5) aus (4).

Wir vermerken noch den klassischen Fall des (B)-Raumes

(6) *Ist E ein* (B)*-Raum, H ein linearer Teilraum von E', so ist H dann und nur dann schwach abgeschlossen, wenn $H \cap K$, K die abgeschlossene Einheitskugel in E', schwach abgeschlossen ist.*

Im separablen Fall gilt

(7) *Ist $E[\mathfrak{T}]$ ein separabler* (F)*-Raum, so ist eine konvexe Teilmenge von E' dann und nur dann schwach abgeschlossen, wenn sie schwach folgenabgeschlossen ist.*

Dies folgt aus (5), da nach 3.(4) jede beschränkte Teilmenge von E' in der schwachen Topologie metrisierbar ist.

11. Komplexe und reelle lokalkonvexe Räume. Wir haben die Theorie der lokalkonvexen Räume gleichzeitig für den reellen und den komplexen Fall entwickelt. Es ist gelegentlich wünschenswert, einen nur für reelle lokalkonvexe Räume bewiesenen Satz unmittelbar auf den komplexen Fall übertragen zu können. Wir wollen einen Satz ableiten, der dies in vielen Fällen ermöglicht.

Es sei also $E[\mathfrak{T}]$ ein komplexer lokalkonvexer Raum. Wir können ihn auch als reellen lokalkonvexen Raum $E_r[\mathfrak{T}]$ auffassen (es ist umgekehrt nicht immer möglich, einen reellen lokalkonvexen Raum auch als komplexen aufzufassen, vgl. DIEUDONNÉ [8]). Es sei E' der komplex duale Raum, E'_r der reell duale Raum. Nach §16, 3.(1) ist $E'_r = \mathfrak{R}(E')$, d.h. E'_r besteht aus den Realteilen $u_1 = \mathfrak{R} v$ der komplexen stetigen Linearfunktionen $v = u_1 + i u_2$ auf E. Es ist umgekehrt v durch seinen Realteil bestimmt, nach §16, 3.(2) ist u_2 durch

(1) $$u_2 x = - u_1(i x)$$

definiert.

Damit haben wir einerseits das komplexe Dualsystem $\langle E', E\rangle$, andererseits das reelle Dualsystem $\langle E'_r, E_r\rangle$. Die Frage, wie die jetzt auf zwei Weisen auf E erklärten Topologien zusammenhängen, beantwortet für die wichtigsten dieser Topologien

(2) *Ist $E[\mathfrak{T}]$ komplex lokalkonvex, E' sein komplex dualer, E'_r sein reell dualer Raum, so fallen die Topologien $\mathfrak{T}_s(E')$ und $\mathfrak{T}_s(E'_r)$ bzw. $\mathfrak{T}_b(E')$ und $\mathfrak{T}_b(E'_r)$ bzw. $\mathfrak{T}_k(E')$ und $\mathfrak{T}_k(E'_r)$ auf E zusammen.*

Beweis. Nach der Definition der polaren Menge in § 20, 8. ist die in E'_r gebildete Polare zu $M \subset E$ gleich $\mathfrak{R}(M^\circ)$, M° die Polare in E'. Nach 3.(1) sind also die $\mathfrak{T}$-gleichstetigen Mengen in E'_r die Realteile $\mathfrak{R}(N)$ der $\mathfrak{T}$-gleichstetigen Teilmengen N in E'. Ist $\mathfrak{M}$ eine totale gesättigte Klasse beschränkter Teilmengen von E', so ist also die Topologie $\mathfrak{T}_{\mathfrak{M}}(E')$ auf E gleich der Topologie $\mathfrak{T}_{\mathfrak{R}(\mathfrak{M})}(E'_r)$. Wir bemerken, daß auch $\mathfrak{R}(\mathfrak{M})$ gesättigt ist.

Ist speziell M eine schwach beschränkte Teilmenge von E', so ist $\mathfrak{R}(M)$ offenbar eine schwach beschränkte Teilmenge von E'_r; ist umgekehrt N eine schwach beschränkte Teilmenge in E'_r, so bilden die nach (1) mit den $u_1 \in N$ gebildeten $v = u_1 + i u_2$ eine schwach beschränkte Teilmenge von E'. Aus $\mathfrak{T}_{\mathfrak{M}} = \mathfrak{T}_{\mathfrak{R}(\mathfrak{M})}$ folgt also $\mathfrak{T}_b(E') = \mathfrak{T}_b(E'_r)$.

Die $\mathfrak{T}_s(E')$-gleichstetigen Mengen sind die (komplex) endlichdimensionalen beschränkten Teilmengen von E', ihre Realteile sind die (reell) endlichdimensionalen beschränkten Teilmengen von E'_r, daraus ergibt sich $\mathfrak{T}_s(E') = \mathfrak{T}_s(E'_r)$.

Ist schließlich K komplex absolutkonvex und schwach kompakt in E', so ist $\mathfrak{R}(K)$ reell absolutkonvex und schwach kompakt in E'_r. Sei nun umgekehrt C_1 reell absolutkonvex und schwach kompakt in E'_r. Dies gilt dann auch für die Menge C_2 der den $u_1 \in C_1$ nach (1) zugeordneten u_2. Nach § 20, 6.(5) ist dann auch die reell absolutkonvexe abgeschlossene Hülle K_1 von C_1 und C_2 schwach kompakt. Bilden wir nun wieder nach (1) die Menge K aller $v = u_1 + i u_2$ mit $u_1 \in K_1$, so ist K reell absolutkonvex und nach § 15, 6.(8) schwach kompakt. Da überdies $K_1 = \mathfrak{R}(K) = \mathfrak{J}(K)$ nach Konstruktion von K gilt, enthält K mit v stets iv; nach §16, 1.(1) ist dann $\Gamma(K)$ in $2K$ enthalten, $\overline{\Gamma(K)}$ also absolut konvex und schwach kompakt. Es liegt also C_1 im Realteil einer absolutkonvexen und schwach kompakten Teilmenge von E'. Damit folgt nun nach Definition der Mackeyschen Topologie (vgl. 4.) die Gleichheit von $\mathfrak{T}_k(E')$ und $\mathfrak{T}_k(E'_r)$.

§ 22. Bestimmung verschiedener dualer Räume und ihrer Topologien

1. Die dualen Räume der Teilräume und der Quotientenräume. Wir haben das entsprechende Problem für die lineartopologischen Räume in §10, 8. behandelt.

Es sei H ein linearer Teilraum des lokalkonvexen Raumes $E[\mathfrak{T}]$. Wir bezeichnen in dieser und der nächsten Nummer der Deutlichkeit halber die durch $\mathfrak{T}$ auf H induzierte Topologie mit $\widehat{\mathfrak{T}}$ (bisher hieß sie ebenfalls $\mathfrak{T}$). Wir bezeichnen die Einbettung von $H[\widehat{\mathfrak{T}}]$ in $E[\mathfrak{T}]$ mit I. Es ist I ein topologischer Monomorphismus von $H[\widehat{\mathfrak{T}}]$ in $E[\mathfrak{T}]$.

Wie in §10, 8. führen wir auch den natürlichen Homomorphismus von E' auf H' ein als die Abbildung N, die jedem $u \in E'$ seine Einschränkung $u^{(0)}$ auf H' zuordnet. Aus der Beziehung

$$u^{(0)} y = (N u)\, y = u(I y)$$

für alle $y \in H$ und alle $u \in E'$ folgt, daß N die adjungierte Abbildung zu I ist.

Es gilt nun

(1) *Es sei $H[\widehat{\mathfrak{T}}]$ ein linearer Teilraum des lokalkonvexen Raumes $E[\mathfrak{T}]$. Dann gilt*

a) Der natürliche Homomorphismus N von E' auf H' erzeugt eine algebraische Isomorphie $\hat{N}$ von $E'/H^{\perp}$ auf H'.

In diesem Sinn kann H' mit $E'/H^{\perp}$ identifiziert werden.

b) Die $\widehat{\mathfrak{T}}$-gleichstetigen Teilmengen in H' sind die N-Bilder der $\mathfrak{T}$-gleichstetigen Mengen von E' oder, als Teilmengen von $E'/H^{\perp}$ aufgefaßt, die K-Bilder der $\mathfrak{T}$-gleichstetigen Mengen von E', K der kanonische Homomorphismus von E' auf $E'/H^{\perp}$.

Beweis. a) ist wie in §10, 8.(1) zu beweisen, $\hat{N}$ ist die durch die Zerlegung $N = \hat{N} K$ bestimmte Abbildung. Ist M eine $\mathfrak{T}$-gleichstetige

Teilmenge von E', also $M \subset U^\circ$, U eine absolutkonvexe Nullumgebung in E, so ist für $u \in M$ und y in $U \cap H$ offenbar $|uy| = |u^{(0)}y| \leqq 1$, also $N(M) \subset (U \cap H)^\circ$, das Bild $N(M)$ ist daher $\widehat{\mathfrak{T}}$-gleichstetig in H'.

Ist umgekehrt M' $\widehat{\mathfrak{T}}$-gleichstetig in H', so ist $\sup\limits_{y \in U \cap H} |u^{(0)}y| \leqq 1$ für alle $u^{(0)} \in M'$, U eine geeignete absolutkonvexe Nullumgebung in E. Nach dem Satz von Hahn-Banach besitzt aber jedes solche $u^{(0)}$ eine Fortsetzung u auf ganz E mit $\sup\limits_{x \in U} |ux| \leqq 1$. Die Menge aller dieser Fortsetzungen u der $u^{(0)} \in M'$ ist eine $\mathfrak{T}$-gleichstetige Menge in E' und es ist $N(M) = M'$.

Es sei jetzt H ein abgeschlossener linearer Teilraum von $E[\mathfrak{T}]$. Wir versehen den Quotientenraum E/H mit der $\mathfrak{T}$ entsprechenden Quotientenraumtopologie, die wir hier und in den nächsten Nummern mit $\hat{\mathfrak{T}}$ bezeichnen.

Ist u' eine stetige Linearfunktion auf $(E/H)[\hat{\mathfrak{T}}]$, so wird durch $ux = u'\hat{x}$, $\hat{x} \in E/H$, $x \in \hat{x}$, eine stetige Linearfunktion u auf $E[\mathfrak{T}]$ erklärt; denn aus $|u'\hat{x}| < \varepsilon$ für $\hat{x} \in \hat{U}$ folgt $|ux| < \varepsilon$ für $x \in K^{(-1)}(\hat{U}) = U$, K der kanonische Homomorphismus von E auf E/H.

Wir nennen die eben erklärte Abbildung $u = Iu'$ die natürliche Einbettung I von $(E/H)'$ in E'. Aus der Beziehung

$$u'\hat{x} = u'(Kx) = (Iu')x$$

für alle $x \in E$ und alle $u' \in (E/H)'$ folgt, daß I die adjungierte Abbildung zu K ist. Es gilt (vgl. §10, 8.(4))

(2) *Es sei H ein abgeschlossener linearer Teilraum des lokalkonvexen Raumes $E[\mathfrak{T}]$, E/H der mit der Quotientenraumtopologie $\hat{\mathfrak{T}}$ versehene Quotientenraum. Dann gilt*

a) Die natürliche Einbettung I von $(E/H)'$ in E' ist eine algebraische Isomorphie von $(E/H)'$ auf $H^\perp$.

In diesem Sinn kann $(E/H)'$ mit $H^\perp$ identifiziert werden.

b) Die $\hat{\mathfrak{T}}$-gleichstetigen Mengen in $(E/H)'$ entsprechen bei dieser Isomorphie den in $H^\perp$ gelegenen $\mathfrak{T}$-gleichstetigen Mengen von E', d.h. die $\hat{\mathfrak{T}}$-gleichstetigen und die $\mathfrak{T}$-gleichstetigen Teilmengen von $H^\perp$ fallen zusammen.

Beweis. a) Ist $u' \in (E/H)'$, so verschwindet nach Definition von I die Linearfunktion $u = Iu'$ auf H, u liegt also in $H^\perp$.

Umgekehrt erzeugt jedes $u \in H^\perp$ durch $ux = u'\hat{x}$ eine Linearfunktion u' auf E/H; dieses u' ist stetig auf E/H, denn aus $|ux| < \varepsilon$ für $x \in U$ folgt $|u'\hat{x}| < \varepsilon$ für $\hat{x} \in K(U)$.

b) Für eine $\hat{\mathfrak{T}}$-gleichstetige Menge M' von $(E/H)'$ gilt $|u'\hat{x}| \leqq 1$ für $u' \in M'$ und $\hat{x} \in K(U)$, U eine geeignete absolutkonvexe offene $\mathfrak{T}$-Nullumgebung von E. Für die $u = Iu' \in I(M')$ gilt dann aber $|ux| \leqq 1$ für alle $x \in U + H$. Also ist $I(M') \subset U^\circ \cap H^\perp$. Umgekehrt folgt für ein $M \subset (E/H)'$ aus $I(M) \subset U^\circ \cap H^\perp = (U+H)^\circ$, daß M in $(K(U))^\circ$ liegt.

2. Die Topologien der Teilräume, Quotientenräume und ihrer dualen Räume. Es sei wieder H ein mit der induzierten Topologie $\widehat{\mathfrak{T}}$ versehener Teilraum des lokalkonvexen Raumes $E[\mathfrak{T}]$. Wir betrachten auf E eine weitere Topologie $\mathfrak{T}_{\mathfrak{M}}$, $\mathfrak{M}$ eine gesättigte Klasse beschränkter Teilmengen von E'. Wir fragen, durch welche Klasse beschränkter Teilmengen von $H' = E'/H^\perp$ die induzierte Topologie $\widehat{\mathfrak{T}}_{\mathfrak{M}}$ auf H erzeugt wird.

Wir bezeichnen mit $\widehat{\mathfrak{M}}$ die Klasse aller Mengen $\widehat{M} = K(M)$, K die kanonische Abbildung von E' auf $E'/H^\perp$. Dann gilt

(1) *Es sei H ein linearer Teilraum des lokalkonvexen Raumes $E[\mathfrak{T}]$. Ist $\mathfrak{M}$ eine gesättigte Klasse beschränkter Teilmengen von E', so fällt die induzierte Topologie $\widehat{\mathfrak{T}}_{\mathfrak{M}}(E')$ auf H mit der Topologie $\mathfrak{T}_{\widehat{\mathfrak{M}}}(E'/H^\perp)$ zusammen.*

Insbesondere ist $\widehat{\mathfrak{T}}_s(E')$ gleich $\mathfrak{T}_s(E'/H^\perp)$ auf H.

Beweis. a) Ist $M \in \mathfrak{M}$ absolutkonvex, so definiert M die $\widehat{\mathfrak{T}}_{\mathfrak{M}}$-Nullumgebung $M^\circ \cap H$, die aus allen $y \in H$ besteht mit $|uy| \leqq 1$ für $u \in M$. Da aber $uy = \hat{u}y$ gilt, $\hat{u}$ die Restklasse von u in $E'/H^\perp$, so ist $M^\circ \cap H$ auch gleich $(K(M))^\circ$. Umgekehrt kann jede $\mathfrak{T}_{\widehat{\mathfrak{M}}}$-Nullumgebung $(K(M))^\circ$ in H für absolutkonvexe M auch als $M^\circ \cap H$ geschrieben werden.

b) Durchläuft M die beschränkten endlichdimensionalen Teilmengen von E', so $\widehat{M}$ die beschränkten endlichdimensionalen Teilmengen von $E'/H^\perp$, also ist $\widehat{\mathfrak{T}}_s(E')$ gleich $\mathfrak{T}_s(E'/H^\perp)$.

Dies kann auch unmittelbar eingesehen werden wie in § 10, 8.(2).

Ist $\mathfrak{T}_{\mathfrak{M}}$ in (1) gröber als die Mackeysche Topologie $\mathfrak{T}_k(E')$, ist also $E[\mathfrak{T}_{\mathfrak{M}}]' = E'$, so können wir (1) auch mit Hilfe von 1.(1) b) beweisen, indem wir dort $\mathfrak{T} = \mathfrak{T}_{\mathfrak{M}}$ setzen. Wir erhalten dann sogar, daß jede $\mathfrak{T}_{\widehat{\mathfrak{M}}}$-gleichstetige Menge in $E'/H^\perp$ das K-Bild einer $\mathfrak{T}_{\mathfrak{M}}$-gleichstetigen Menge ist, $\widehat{\mathfrak{M}}$ ist in diesem Fall also gesättigt.

Ist $\mathfrak{T}_{\mathfrak{M}}$ feiner als $\mathfrak{T}_k$, so kann man aus dem Beweis von (1) nur schließen, daß man durch Hinzunahme der in $E'/H^\perp$ schwach abgeschlossenen Hüllen der $K(M)$, $M \in \mathfrak{M}$, die gesättigte Klasse zu $\widehat{\mathfrak{M}}$ erhält.

Dann und nur dann ist $\mathfrak{T}_b(E'/H^\perp)$ gleich $\widehat{\mathfrak{T}}_b(E')$, wenn jede beschränkte Menge von $E'/H^\perp$ in der abgeschlossenen Hülle einer Menge $K(B)$ liegt, B beschränkt in E'. Es kann also $\mathfrak{T}_b(E'/H^\perp)$ echt feiner als $\mathfrak{T}_b(E')$ auf H sein (für Beispiele vgl. § 27, 2. und § 31, 5.).

Genau so ist $\mathfrak{T}_k(E'/H^\perp)$ dann und nur dann gleich $\widehat{\mathfrak{T}}_k(E')$ auf H, wenn jede absolutkonvexe schwach kompakte Teilmenge von $E'/H^\perp$

das K-Bild einer ebensolchen Menge aus E' ist. Ein Gegenbeispiel bringen wir in Nr. 4.

Im allgemeinen gilt also nur: *Die Topologie* $\mathfrak{T}_b(E'/H^\perp)$ *bzw.* $\mathfrak{T}_k(E'/H^\perp)$ *auf* $H < E[\mathfrak{T}]$ *ist feiner als* $\widehat{\mathfrak{T}}_b(E')$ *bzw.* $\widehat{\mathfrak{T}}_k(E')$.

Ziehen wir 1.(2) heran, so erhalten wir für die Topologie des dualen Raumes eines Quotientenraumes aus (1) durch Vertauschen von E und E' den Satz

(2) *Es sei H ein abgeschlossener linearer Teilraum des lokalkonvexen Raumes $E[\mathfrak{T}]$. Ist $\mathfrak{M}$ eine gesättigte Klasse beschränkter Teilmengen von E, so fällt die induzierte Topologie $\widehat{\mathfrak{T}}_{\mathfrak{M}}(E)$ auf $(E/H)' = H^\perp$ mit der Topologie $\mathfrak{T}_{\widehat{\mathfrak{M}}}(E/H)$ zusammen.*

Insbesondere ist $\widehat{\mathfrak{T}}_s(E)$ gleich $\mathfrak{T}_s(E/H)$ auf $(E/H)' = H^\perp$.

Die auf (1) folgenden Bemerkungen gelten auch in diesem Fall.

Für die Topologie eines Quotientenraumes gilt

(3) *Es sei H ein abgeschlossener linearer Teilraum des lokalkonvexen Raumes $E[\mathfrak{T}]$. Es sei $\mathfrak{M}$ eine gesättigte Klasse von Teilmengen absolutkonvexer schwachkompakter Mengen in E', $\overline{\mathfrak{M}}$ die Klasse der in $H^\perp < E'$ gelegenen Mengen von $\mathfrak{M}$. Dann fällt die Quotientenraumtopologie $\hat{\mathfrak{T}}_{\mathfrak{M}}(E')$ auf E/H mit der Topologie $\mathfrak{T}_{\overline{\mathfrak{M}}}(H^\perp)$ zusammen. $\overline{\mathfrak{M}}$ ist ebenfalls gesättigt.*

Insbesondere fallen $\hat{\mathfrak{T}}_s(E')$ und $\mathfrak{T}_s(H^\perp)$, ebenso $\hat{\mathfrak{T}}_k(E')$ und $\mathfrak{T}_k(H^\perp)$ auf E/H zusammen.

B e w e i s. a) Nach dem Satz von Mackey-Arens ist der duale Raum zu $E[\mathfrak{T}_{\mathfrak{M}}]$ ebenfalls E', wir können also den Satz 1.(2) b) für $\mathfrak{T} = \mathfrak{T}_{\mathfrak{M}}$ anwenden; die $\hat{\mathfrak{T}}_{\mathfrak{M}}$-gleichstetigen Mengen in $H^\perp$ sind also die $\mathfrak{T}_{\mathfrak{M}}$-gleichstetigen Mengen, d.h. $\overline{\mathfrak{M}}$ ist gesättigt und $\mathfrak{T}_{\overline{\mathfrak{M}}}(H^\perp)$ fällt auf E/H mit $\hat{\mathfrak{T}}_{\mathfrak{M}}(E')$ zusammen.

b) Die endlichdimensionalen beschränkten Teilmengen sind die $\hat{\mathfrak{T}}_s(E')$-gleichstetigen Teilmengen in $H^\perp$, die aber als Topologie auf E/H offenbar $\mathfrak{T}_s(H^\perp)$ erzeugen; $\hat{\mathfrak{T}}_s(E')$ und $\mathfrak{T}_s(H^\perp)$ fallen auf E/H zusammen.

c) Nach (2) fällt auf $H^\perp$ die Topologie $\mathfrak{T}_s(E/H)$ mit der Topologie $\widehat{\mathfrak{T}}_s(E)$ zusammen, also sind die in $H^\perp$ gelegenen absolutkonvexen $\mathfrak{T}_s(E)$-kompakten Mengen auch die absolutkonvexen $\mathfrak{T}_s(E/H)$-kompakten Teilmengen von $H^\perp$, also fallen nach a) $\hat{\mathfrak{T}}_k(E')$ und $\mathfrak{T}_k(H^\perp)$ auf E/H zusammen.

Aus (3) und 1.(1) a) ergibt sich für die Topologie des dualen Raumes eines Teilraumes

(4) *Es sei $H[\widehat{\mathfrak{T}}]$ ein linearer Teilraum des lokalkonvexen Raumes $E[\mathfrak{T}]$. $\mathfrak{M}$ sei eine gesättigte Klasse von Teilmengen absolutkonvexer schwach kompakter Mengen in E, $\overline{\mathfrak{M}}$ die Klasse aller in $\overline{H} = H^{\perp\perp}$ gelegenen Mengen*

$M \in \mathfrak{M}$. Dann ist die Quotientenraumtopologie $\hat{\mathfrak{T}}_{\mathfrak{M}}(E)$ auf $H' = E'/H^{\perp}$ gleich der Topologie $\mathfrak{T}_{\overline{\mathfrak{M}}}(\overline{H})$. $\overline{\mathfrak{M}}$ ist ebenfalls gesättigt.

Insbesondere fallen $\hat{\mathfrak{T}}_s(E)$ und $\mathfrak{T}_s(\overline{H})$, ebenso $\hat{\mathfrak{T}}_k(E)$ und $\mathfrak{T}_k(\overline{H})$ auf H' zusammen.

Die Sätze (3) und (4) brauchen für feinere Topologien als die Mackeysche nicht mehr richtig zu sein, insbesondere nicht für die starke Topologie. Dies liegt an Folgendem: Eine offene absolutkonvexe $\hat{\mathfrak{T}}_b(E')$-Nullumgebung von E/H hat die Form $K(U)$, U eine offene $\mathfrak{T}_b$-Nullumgebung in E. Es ist dann $K(U)^{\circ} = (U+H)^{\circ} = U^{\circ} \cap H^{\perp}$ eine beschränkte Teilmenge B von $H^{\perp}$. Die in E/H dazu gebildete Polare B° ist dann die $\mathfrak{T}_s(H^{\perp})$-abgeschlossene Hülle $\overline{K(U)}$ von $K(U)$. Daraus folgt, daß *$\mathfrak{T}_b(H^{\perp})$ stets gröber als $\hat{\mathfrak{T}}_b(E')$ auf E/H ist.* Die $\mathfrak{T}_s(H^{\perp})$-abgeschlossene Hülle von $K(U)$ braucht jedoch nicht mit der $\hat{\mathfrak{T}}_b(E')$-abgeschlossenen Hülle von $K(U)$ übereinzustimmen, da $\hat{\mathfrak{T}}_b(E)$ nicht mehr für $\langle H^{\perp}, E/H\rangle$ zulässig zu sein braucht. Für ein Gegenbeispiel vgl. § 31, Nr. 7.

Wir bringen noch zwei Sätze über die Topologie der präkompakten Konvergenz.

(5) *Der lokalkonvexe Raum $E[\mathfrak{T}]$ sei quasivollständig, H sei ein linearer Teilraum von E. Dann fallen auf $H' = E'/H^{\perp}$ die Topologien $\hat{\mathfrak{T}}_c(E)$ und $\mathfrak{T}_c(\overline{H})$ zusammen.*

Beweis. Nach § 21, 6.(1) ist $\mathfrak{T}_c(E)$ gröber als $\mathfrak{T}_k(E)$, Satz (4) ist also anwendbar. Die $\mathfrak{T}$-kompakten Teilmengen von $\overline{H}$ sind dann aber auch die im Sinn der induzierten Topologie $\hat{\mathfrak{T}}$ kompakten, also ist $\hat{\mathfrak{T}}_c(E)$ gleich $\mathfrak{T}_c(\overline{H})$.

(6) *Ist $E[\mathfrak{T}]$ ein* (F)*-Raum, H ein linearer abgeschlossener Teilraum von E, so fallen auf $(E/H)' = H^{\perp}$ die Topologien $\hat{\mathfrak{T}}_c(E)$ und $\mathfrak{T}_c(E/H)$ zusammen.*

Denn E/H ist in der Quotientenraumtopologie $\hat{\mathfrak{T}}$ wieder ein (F)-Raum (§ 18, 3.(4)) und sowohl $\hat{\mathfrak{T}}_c(E)$ wie $\mathfrak{T}_c(E/H)$ ist nach dem Satz von Banach-Dieudonné die feinste Topologie, die auf den schwach beschränkten Teilmengen von $H^{\perp}$ die schwache Topologie erzeugt, die ja für $\hat{\mathfrak{T}}_s(E)$ und $\mathfrak{T}_s(E/H)$ dieselbe ist.

(6) kann auch so formuliert werden:

(7) *Jede kompakte Teilmenge von E/H, E ein* (F)*-Raum, ist das kanonische Bild einer kompakten Menge aus E.*

Dies folgt aus (6), (2) und einer Bemerkung nach (1), wonach die Klasse $\hat{\mathfrak{C}}$ gesättigt ist, $\mathfrak{C}$ die Klasse der kompakten Teilmengen von E; $\hat{\mathfrak{C}}$ enthält also alle kompakten Teilmengen von E/H.

Man kann (7) auch direkt mit Hilfe von § 21, 10.(3) beweisen. Ist $U_1 \supset U_2 \supset \cdots$ eine Fundamentalfolge offener Nullumgebungen in E und ist $\hat{x}_k$ eine Nullfolge in E/H, so ist $\hat{x}_k \in K(U_n)$ ab n_k. Es gibt dann ein $x_k \in \hat{x}_k$ mit $x_k \in U_{n_k}$. Die so bestimmte Urbildfolge x_k ist dann eine Nullfolge in E.

3. Teilräume und Quotientenräume von normierten Räumen. In normierten Räumen liegen die Verhältnisse besonders einfach; die topologischen Isomorphien sind hier sogar Normisomorphien.

(1) *a) Ist H ein linearer Teilraum des normierten Raumes E mit der induzierten Norm, so ergibt die Einbettung I von H in E eine Normisomorphie und es gilt für alle $y \in H$*

$$\|y\|_H = \sup_{\|u^{(0)}\| \leqq 1,\; u^{(0)} \in H'} |u^{(0)} y| = \sup_{\|u\| \leqq 1,\; u \in E'} |u y| = \|y\|_E. \tag{2}$$

Insbesondere sind also $\widehat{\mathfrak{T}}_k(E')$ und $\mathfrak{T}_k(H')$ auf H identisch.

b) Ist E/H Quotientenraum eines normierten Raumes E, so ergibt die natürliche Einbettung I von $(E/H)'$ in E' eine Normisomorphie von $(E/H)'$ auf $H^\perp$, d.h. es gilt für alle $u' \in (E/H)'$ und $Iu' = u \in H^\perp$

$$\|u'\| = \sup_{\|\hat{x}\| \leqq 1,\; \hat{x} \in E/H} |u' \hat{x}| = \sup_{\|x\| \leqq 1,\; x \in E} |u x| = \|u\|. \tag{3}$$

Insbesondere sind also $\widehat{\mathfrak{T}}_b(E)$ und $\mathfrak{T}_b(E/H)$ auf $(E/H)' = H^\perp$ identisch.

Beweis. a) I ergibt nach Definition einen Normisomorphismus. Ein Element $y \in H$ hat als Element von E nach § 17, 6.(4) die Norm $\sup_{\|u\| \leqq 1,\, u \in E'} |u y|$, als Element von H die Norm $\sup_{\|u^{(0)}\| \leqq 1,\, u^{(0)} \in H'} |u^{(0)} y|$, die also identisch sein müssen.

b) Man kann in (3) das Supremum je über alle $\|\hat{x}\| < 1$ bzw. alle $\|x\| < 1$ erstrecken. Ist $\|x\| < 1$, so ist aber $\|Kx\| = \|\hat{x}\| < 1$; umgekehrt gibt es zu jedem $\hat{x}$ mit $\|\hat{x}\| < 1$ ein x mit $Kx = \hat{x}$ und $\|x\| < 1$. Aus der in 1. bewiesenen Beziehung $u'\hat{x} = u'(Kx) = (Iu')x = u x$ folgt dann aber die Gleichheit der beiden Suprema in (3).

(4) *a) Ist H ein abgeschlossener linearer Teilraum des normierten Raumes E, so gilt für die Norm auf E/H*

$$\|\hat{x}\| = \inf_{x \in \hat{x}} \|x\| = \sup_{\|u'\| \leqq 1,\; u' \in (E/H)'} |u' \hat{x}|. \tag{5}$$

Insbesondere sind also $\widehat{\mathfrak{T}}_k(E')$ und $\mathfrak{T}_k((E/H)')$ auf E/H identisch.

b) Ist H ein linearer Teilraum des normierten Raumes E, so erzeugt der natürliche Homomorphismus $N = \hat{N}K$ von E' auf H' eine Normisomorphie $\hat{N}$ von $E'/H^\perp$ auf H', d.h. es gilt für alle $\hat{u} \in E'/H^\perp$ und alle

$u^{(0)} = N\hat{u} \in H'$

(6) $$\|\hat{u}\| = \inf_{u \in \hat{u}} \|u\| = \sup_{\|y\| \leq 1,\, y \in H} |u^{(0)} y| = \|u^{(0)}\|.$$

Insbesondere sind also $\widehat{\mathfrak{T}}_b(E)$ *und* $\mathfrak{T}_b(H)$ *auf* H' *identisch.*

a) folgt aus §17, 6.(4) und §14, 4.(1). Wir beweisen b). Da $\hat{u}$ die Restklasse aller $u \in E'$ ist, deren Einschränkung auf H gleich $u^{(0)}$ ist, gilt $\|u\| \geqq \sup_{\|y\| \leq 1,\, y \in H} |u^{(0)} y|$ für alle $u \in \hat{u}$, also $\|\hat{u}\| = \inf \|u\| \geqq \|u^{(0)}\|$. Andererseits gibt es nach dem Satz von HAHN-BANACH zu jedem $u^{(0)}$ vom Betrag $\|u^{(0)}\|$ auf H eine Fortsetzung u vom gleichen Betrag auf E, d.h. es gilt auch $\|u^{(0)}\| \geqq \|\hat{u}\|$.

4. Die Quotientenräume von l^1. In der Theorie des Hilbertschen Raumes l^2 wird bewiesen, daß jeder Quotientenraum von l^2 wieder zu l^2 oder zu K^n normisomorph ist. Ein völlig anderes Verhalten zeigt l^1, es gilt

(1) *Jeder separable* (B)-*Raum* E *ist topologisch isomorph einem geeigneten Quotientenraum von* l^1.

Beweis. Es sei $x_1, x_2, \ldots$ eine in der Einheitskugel von E dichte Folge von Elementen. Wir erklären eine Abbildung A von l^1 in E, indem wir jedem $\mathfrak{x} = (\xi_i) \in l^1$ das Element $A\mathfrak{x} = \sum_{i=1}^{\infty} \xi_i x_i$ in E zuordnen. Wegen $\sum |\xi_i| < \infty$ ist die $A\mathfrak{x}$ definierende Reihe in E konvergent und es gilt $\|A\mathfrak{x}\| \leqq \sum_{i=1}^{\infty} |\xi_i| = \|\mathfrak{x}\|$, A ist also eine lineare, im Sinn der Norm stetige Abbildung.

Ihr Bildraum ist ganz E: Ist x mit $\|x\| \leqq 1$ gegeben, so bestimme man der Reihe nach $x_{n_1}, x_{n_2}, \ldots$ so, daß $\|x - x_{n_1}\| < \frac{1}{2}$, $\left\|x - x_{n_1} - \frac{1}{3} x_{n_2}\right\| < \frac{1}{2^2}$, $\left\|x - x_{n_1} - \frac{1}{2} x_{n_2} - \frac{1}{4} x_{n_3}\right\| < \frac{1}{2^3}, \ldots$ gilt, dann wird $\sum_{k=1}^{\infty} \frac{1}{2^k} x_{n_k} = x$.

Aus dem Satz von BANACH-SCHAUDER (§15, 12.(2)) folgt, daß A ein topologischer Homomorphismus ist. Daher ist E topologisch isomorph $l^1/N[A]$, $N[A]$ der Kern von A.

Nach §14, 7.(7) ist umgekehrt jeder Quotientenraum l^1/H, H ein abgeschlossener linearer Teilraum, ein separabler (B)-Raum.

(2) *In* l^1 *ist jede schwache Cauchyfolge eine starke Cauchyfolge,* l^1 *ist schwach folgenvollständig.*

Die schwache Konvergenz bezieht sich dabei auf $(l^1)' = l^\infty$. Zum Beweise von (2) benützt man die Methode des „gleitenden Buckels" (vgl. §20, 11.). Wir betrachten zuerst eine gegen $\mathfrak{o}$ schwach konvergente

Folge $\mathfrak{x}^{(n)} \in l^1$. Wäre sie nicht stark gegen $\mathfrak{o}$ konvergent, so gäbe es ein $\varepsilon > 0$ und unendlich viele n_j, $j = 1, 2, \ldots$, so daß $\|\mathfrak{x}^{(n_j)}\| = \sum_{i=1}^{\infty} |\xi_i^{(n_j)}| > \varepsilon$ gilt. Sei dann N_1 so groß, daß $\sum_{N_1+1}^{\infty} |\xi_i^{(n_1)}| \leq \frac{1}{5}\varepsilon$ und $\sum_{1}^{N_1} |\xi_i^{(n_1)}| > \frac{4}{5}\varepsilon$ ist. Man kann dann Zahlen $v_1, \ldots, v_{N_1}$ vom Betrag 1 so wählen, daß $\sum_{1}^{N_1} v_i\, \xi_i^{(n_1)} = \sum_{1}^{N_1} |\xi_i^{(n_1)}| > \frac{4}{5}\varepsilon$, also $\left|\sum_{1}^{\infty} v_i \xi_i^{(n_1)}\right| > \frac{3}{5}\varepsilon > \frac{1}{5}\varepsilon$ ist, wie auch die v_k vom Betrag 1 mit $k > N_1$ gewählt werden mögen.

Im nächsten Schritt wählt man n_{j_2} so groß, daß $\sum_{1}^{N_1} |\xi_i^{(n_{j_2})}| \leq \frac{1}{5}\varepsilon$ ist. Dann bestimmt man ein $N_2 > N_1$ so, daß $\sum_{N_2+1}^{\infty} |\xi_i^{(n_{j_2})}| \leq \frac{1}{5}\varepsilon$ und $\sum_{1}^{N_2} |\xi_i^{(n_{j_2})}| > \frac{4}{5}\varepsilon$ gilt. Man kann dann $v_{N_1+1}, \ldots, v_{N_2}$ vom Betrag 1 so wählen, daß $\sum_{N_1+1}^{N_2} v_i \xi_i^{(n_{j_2})} = \sum_{N_1+1}^{N_2} |\xi_i^{(n_{j_2})}| > \frac{3}{5}\varepsilon$ ist; dann wird, wie auch die späteren v_k vom Betrag 1 gewählt werden

$$\left|\sum_{1}^{\infty} v_i \xi_i^{(n_{j_2})}\right| \geq \left|\sum_{N_1+1}^{N_2}\right| - \left|\sum_{1}^{N_1}\right| - \left|\sum_{N_2+1}^{\infty}\right| > \tfrac{1}{5}\varepsilon.$$

Fortsetzung des Verfahrens liefert ein $\mathfrak{u} = (v_n) \in l^\infty$ mit $|\mathfrak{u}\,\mathfrak{x}^{(n_{j_k})}| > \frac{\varepsilon}{5}$ für alle $k = 1, 2, \ldots$, im Widerspruch zur schwachen Konvergenz von $\mathfrak{x}^{(n)}$ gegen $\mathfrak{o}$.

Für eine schwache Cauchyfolge geht man analog vor: Wäre sie keine starke Cauchyfolge, so gäbe es eine Folge von Indizespaaren (n_j, m_j) und ein $\varepsilon > 0$ mit $\|\mathfrak{x}^{(n_j)} - \mathfrak{x}^{(m_j)}\| > \varepsilon$, $n_j, m_j \to \infty$. Die schwache Nullfolge $\mathfrak{x}^{(n_j)} - \mathfrak{x}^{(m_j)}$ tritt damit an die Stelle von $\mathfrak{x}^{(n_j)}$ im obigen Beweis.

Da l^1 ein (B)-Raum ist, ist l^1 damit auch schwach folgenvollständig.

(3) *In l^1 fallen schwach kompakte, schwach folgenkompakte und stark kompakte Teilmengen zusammen.*

Eine beschränkte Teilmenge C von l^1 ist dann und nur dann relativ stark kompakt, wenn $\lim_{n\to\infty} \sup_{\mathfrak{x}\in C} \sum_{i=n}^{\infty} |\xi_i| = 0$ *ist.*

Insbesondere ist die abgeschlossene Einheitskugel von l^1 nicht schwach kompakt.

Beweis. Es sei M eine schwach kompakte Teilmenge von l^1. Da l^1 separabel ist, ist l^∞ nach § 21, 3.(5) schwach folgenseparabel. Es gibt also eine in l^∞ schwach dichte abzählbare Teilmenge N. Die Topologie $\mathfrak{T}_s(N)$ ist separiert auf l^1 und fällt daher auf M mit der Topologie $\mathfrak{T}_s(l^\infty)$ zusammen. M ist daher bezüglich $\mathfrak{T}_s(l^\infty)$ metrisierbar. Nach § 4, 5.(4) ist also jede schwach kompakte Teilmenge M von l^1 schwach folgenkompakt. Nach (2) ist jede schwach folgenkompakte Menge stark folgenkompakt und daher nach § 4, 5.(4) stark kompakt. Jede stark kompakte Menge ist aber erst recht schwach kompakt. Damit ist der erste Teil von (3) bewiesen.

Es sei nun C die Teilmenge aller $\mathfrak{x} = (\xi_i)$ von l^1 mit $\sum_{i=n}^{\infty} |\xi_i| \leqq d_n$ und sei $d_n \to 0$. Ist $\mathfrak{x}^{(k)}$ eine Folge aus C, so läßt sich daraus durch ein Diagonalverfahren eine in jeder Koordinate konvergente Teilfolge gewinnen. Sei also bereits $\mathfrak{x}^{(k)}$ koordinatenweise konvergent gegen $\mathfrak{x}^{(0)}$. Dann gilt $\sum_{i=n}^{\infty} |\xi_i^{(k)}| \leqq d_n$, also $\sum_{i=n}^{\infty} |\xi_i^{(0)}| \leqq d_n$, d.h. $\mathfrak{x}^{(0)} \in C$. Aus $\sum_{i=n}^{\infty} |\xi_i^{(k)} - \xi_i^{(0)}| \leqq 2 d_n$ ergibt sich ferner die schwache Konvergenz von $\mathfrak{x}^{(k)}$ gegen $\mathfrak{x}^{(0)}$. Jede Menge C ist also schwach folgenkompakt.

Ist C andererseits eine beschränkte Teilmenge von l^1 mit $\sup_{\mathfrak{x} \in C} \sum_{i=n}^{\infty} |\xi_i| = d_n \not\to 0$, so enthält C eine Folge $\mathfrak{x}^{(n_k)}$ mit $\sum_{i=n_k}^{\infty} |\xi_i^{(n_k)}| \geqq m > 0$. Man erhält daraus leicht eine Teilfolge $\mathfrak{x}^{(n_j)}$ mit $\sum_{i=1}^{\infty} |\xi_i^{(n_j)} - \xi_i^{(n_{j'})}| \geqq \frac{m}{2}$ für alle j, j'; C wäre also nicht stark kompakt.

Es sei bemerkt, daß wir in § 23, 5. einen einfacheren Beweis für die Behauptung über die Einheitskugel von l^1 bringen werden.

Wir geben nun das in 2. angekündigte Gegenbeispiel. Nach (1) gibt es einen topologischen Homomorphismus A von l^1 auf l^2. In l^2 ist nach § 20, 9.(5) die Einheitskugel K_2 schwach kompakt aber nicht stark kompakt. Das Bild $A(M)$ jeder schwach kompakten Teilmenge M von l^1 ist nach (3) aber stark kompakt, also besitzt die schwach kompakte Teilmenge K_2 von l^2 kein schwach kompaktes Urbild. Der kanonische Homomorphismus von l^1 auf $l^1/N[A]$ ist also nicht schwach kompakt umkehrbar. Wir versehen nun l^∞ mit der Topologie $\mathfrak{T}_k(l^1)$. Dann ist l^1 der zu l^∞ duale Raum. Als linearen Teilraum von l^∞ nehmen wir $H = N[A]^\perp$. Dann ist $H^\perp = N[A]$. Nach den Überlegungen in 2. vor (2) ist die Topologie $\mathfrak{T}_k(H') = \mathfrak{T}_k(l^1/N[A])$ echt feiner als die Topologie $\widehat{\mathfrak{T}}_k(l^1)$ auf H. Da $l^1/N[A]$ topologisch isomorph dem Hilbertschen Raum l^2 ist, ist $\mathfrak{T}_k(l^1/N[A])$ die Normtopologie auf H, die H normisomorph zu l^2 macht. Aus 3.(1) b) folgt, daß diese Topologie auf H auch gleich der Topologie $\widehat{\mathfrak{T}}_b(l^1)$, also gleich der durch die Normtopologie von l^∞ auf H induzierten Topologie ist.

Diese letztere Aussage gilt allgemein,

(4) *Der stark duale Raum eines separablen* (B)-*Raumes ist topologisch isomorph einem linearen schwach abgeschlossenen Teilraum von* l^∞.

Dies folgt unmittelbar aus (1) und 3.(1) b).

In § 14, 8. wurden für eine beliebige Mächtigkeit d die Räume l_d^1 und l_d^∞ erklärt. Ist in einem beliebigen (B)-Raum eine Menge $M = \{x_\alpha\}$ von der Mächtigkeit d in der Einheitskugel dicht, so wird in Verallgemeinerung von (1) E topologisch isomorph einem Quotientenraum von l_d^1 und

E' topologisch isomorph einem schwach abgeschlossenen linearen Teilraum von l_d^∞.

Auch (2) ist mit demselben Beweis für l_d^1 richtig.

Wir bemerken noch, daß man jeden (B)-Raum normisomorph in einen geeigneten l_d^∞ einbetten kann, speziell jeden separablen (B)-Raum in l^∞. Dazu braucht man nur eine in der Einheitskugel von E' schwach dichte Menge $N = \{u_\alpha\}$ herauszugreifen und jedem $x \in E$ den Vektor $\mathfrak{x} = (\xi_\alpha)$ mit $\xi_\alpha = u_\alpha x$ in dem entsprechenden l_d^∞ zuzuordnen. Im separablen Fall kommt man nach § 21, 3.(5) mit abzählbar vielen u_α aus.

5. Die Dualität von topologischen Produkten und lokalkonvexen direkten Summen. Es sei eine Klasse von Dualsystemen $\langle F_\alpha, E_\alpha \rangle$, $\alpha \in \mathsf{A}$, gegeben. Die direkte Summe $F = \bigoplus_\alpha F_\alpha$ und das Produkt $E = \prod_\alpha E_\alpha$ bilden in natürlicher Weise ein Dualsystem $\langle F, E \rangle$, wenn man die Bilinearform $u\,x$ für zwei Elemente $u = (u_\alpha) \in F$ und $x = (x_\alpha) \in E$ durch $ux = \sum_\alpha u_\alpha x_\alpha$ erklärt, $u_\alpha x_\alpha$ die Bilinearform von $\langle F_\alpha, E_\alpha \rangle$.

Für die Polarenbildung in $\langle F, E \rangle$ gelten die Regeln

(1) *Ist M_α eine abgeschlossene absolutkonvexe Teilmenge von E_α, M_α° die in F_α gebildete polare Menge, so gilt für die Teilmenge $\prod_\alpha M_\alpha$ von E, daß ihre in F gebildete polare Menge $(\prod_\alpha M_\alpha)^\circ$ gleich $\overline{\ulcorner_\alpha M_\alpha^\circ}$ ist.*

Ist N_α eine absolutkonvexe Teilmenge von F_α, N_α° die in E_α gebildete polare Menge, so gilt für die Teilmenge $\ulcorner_\alpha N_\alpha$ von F, daß ihre in E gebildete polare Menge $(\ulcorner_\alpha N_\alpha)^\circ$ gleich $\prod_\alpha N_\alpha^\circ$ ist.

Beweis. Die erste Aussage folgt aus § 20, 8.(10), denn $\prod_\alpha M_\alpha$ kann als Durchschnitt der Mengen $M^{(\beta)} = \prod_\alpha M_\alpha^{(\beta)}$ aufgefaßt werden, $M_\beta^{(\beta)} = M_\beta$, $M_\alpha^{(\beta)} = E_\alpha$ für $\alpha \neq \beta$, und die in F gebildete polare Menge $(M^{(\beta)})^\circ$ ist gleich der in F_β gebildeten polaren Menge M_β°.

Die zweite Aussage folgt analog aus § 20, 8.(9).

(2) *Der duale Raum eines topologischen Produkts $\prod_\alpha E_\alpha[\mathfrak{T}_\alpha]$ ist algebraisch isomorph der direkten Summe $\bigoplus E_\alpha'$ der dualen Räume; der duale Raum einer lokalkonvexen direkten Summe $\bigoplus_\alpha E_\alpha[\mathfrak{T}_\alpha]$ ist algebraisch isomorph dem Produkt $\prod_\alpha E_\alpha'$ der dualen Räume.*

In den so entstehenden Dualsystemen $\langle \bigoplus_\alpha E_\alpha', \prod_\alpha E_\alpha \rangle$ bzw. $\langle \prod_\alpha E_\alpha', \bigoplus_\alpha E_\alpha \rangle$ ist die Bilinearform durch $u\,x = \sum u_\alpha x_\alpha$, $u_\alpha \in E_\alpha'$, $x_\alpha \in E_\alpha$, gegeben.

Beweis. a) Ist $u \in (\prod_\alpha E_\alpha[\mathfrak{T}_\alpha])'$, so ist u beschränkt auf einer Nullumgebung W. Diese kann in der Form $\prod_\alpha U_\alpha$ angenommen werden, wobei $U_{\alpha_i} \neq E_{\alpha_i}$ für endlichviele α ist und $U_\beta = E_\beta$ für die übrigen Indizes gilt. Offenbar verschwindet u auf dem Teilraum $\prod_\beta E_\beta$. Ist P

die Projektion von $\prod_\alpha E_\alpha$ auf $\prod_i E_{\alpha_i}$ und Q die Projektion auf $\prod_\beta E_\beta$, wobei jeweils der andere Raum annulliert wird, so gilt für jedes $x=(x_\alpha)\in\prod_\alpha E_\alpha$ die Beziehung $ux=u(Px)+u(Qx)=u(Px)$, d.h. u kann als stetige Linearfunktion auf $\prod_{i=1}^n E_{\alpha_i}[\mathfrak{T}_{\alpha_i}]$ aufgefaßt werden. Die Einschränkung u_{α_i} von u auf E_{α_i} ist ein Element von $(E_{\alpha_i}[\mathfrak{T}_{\alpha_i}])'$, da die durch die Produkttopologie von $\prod_\alpha E_\alpha[\mathfrak{T}_\alpha]$ auf E_{α_i} induzierte Topologie gleich $\mathfrak{T}_{\alpha_i}$ ist.

Da $\prod_{i=1}^n E_{\alpha_i}[\mathfrak{T}_{\alpha_i}]=\bigoplus_{i=1}^n E_{\alpha_i}[\mathfrak{T}_{\alpha_i}]$ ist, ergibt sich

$$u\,x=u(Px)=u\sum_{i=1}^n x_{\alpha_i}=\sum_{i=1}^n u_{\alpha_i}x_{\alpha_i},\qquad u_{\alpha_i}\in E'_{\alpha_i}.$$

Damit ist jedem u eineindeutig ein Element von $\bigoplus_\alpha E'_\alpha$ zugeordnet, umgekehrt erzeugt offenbar jedes Element $(u_\alpha)\in\bigoplus_\alpha E'_\alpha$ durch $(u_\alpha)\,x=\sum u_\alpha x_\alpha$ eine stetige Linearfunktion auf $\prod_\alpha E_\alpha[\mathfrak{T}_\alpha]$.

b) Nach §18, 5.(2) induziert die Topologie $\mathfrak{T}$ der lokalkonvexen direkten Summe $\bigoplus_\alpha E_\alpha[\mathfrak{T}_\alpha]$ auf jedem E_α die Topologie $\mathfrak{T}_\alpha$, die Einschränkung u_α einer stetigen Linearfunktion $u\in(\bigoplus_\alpha E_\alpha[\mathfrak{T}_\alpha])'$ auf E_α ist also ein Element von E'_α und es gilt für $x=(x_\alpha)\in\bigoplus_\alpha E_\alpha$ offenbar $u\,x=\sum_\alpha u_\alpha x_\alpha$ (die Summe enthält ja nur endlich viele $x_\alpha\neq 0$). Damit ist jedem $u\in(\bigoplus_\alpha E_\alpha[\mathfrak{T}_\alpha])'$ ein $(u_\alpha)\in\prod_\alpha E'_\alpha$ eineindeutig zugeordnet. Ist umgekehrt $v=(v_\alpha)$ ein beliebiges Element aus $\prod_\alpha E'_\alpha$ und ist $|v_\alpha x_\alpha|\leqq 1$ für alle x_α aus der $\mathfrak{T}_\alpha$-Nullumgebung $U_\alpha\subset E_\alpha$, so ist $|v\,x|\leqq 1$ für alle x aus der Nullumgebung $\Gamma_\alpha U_\alpha$ von $\bigoplus_\alpha E_\alpha[\mathfrak{T}_\alpha]$, v also stetig und damit $\prod_\alpha E'_\alpha$ algebraisch isomorph $(\bigoplus_\alpha E_\alpha[\mathfrak{T}_\alpha])'$.

Wir bestimmen verschiedene Topologien auf den topologischen Produkten und den lokalkonvexen direkten Summen.

(3) *Es sei* $E[\mathfrak{T}]=\prod_\alpha E_\alpha[\mathfrak{T}_\alpha]$ *und* $E'=\bigoplus_\alpha E'_\alpha$ *der duale Raum. In jedem* E'_α *sei eine gesättigte Klasse* $\mathfrak{M}_\alpha$ *von* E_α*-beschränkten Teilmengen gegeben. Mit* $\mathfrak{M}$ *bezeichnen wir die aus allen endlichen direkten Summen* $\bigoplus_{i=1}^m M_{\alpha_i}$, $M_{\alpha_i}\in\mathfrak{M}_{\alpha_i}$, *und deren Teilmengen bestehende gesättigte Klasse beschränkter Teilmengen von* E'. *Dann ist* $E[\mathfrak{T}_\mathfrak{M}]$ *das topologische Produkt der* $E_\alpha[\mathfrak{T}_{\mathfrak{M}_\alpha}]$.

Speziell gilt $E[\mathfrak{T}_s(E')]=\prod_\alpha E_\alpha[\mathfrak{T}_s(E'_\alpha)]$, $E[\mathfrak{T}_b(E')]=\prod_\alpha E_\alpha[\mathfrak{T}_b(E'_\alpha)]$, $E[\mathfrak{T}_{b^*}(E')]=\prod_\alpha E_\alpha[\mathfrak{T}_{b^*}(E'_\alpha)]$ *und* $E[\mathfrak{T}_k(E')]=\prod_\alpha E_\alpha[\mathfrak{T}_k(E'_\alpha)]$.

Beweis. a) Daß die Topologie $\mathfrak{T}_s(E')$ gleich der Produkttopologie von $\prod_\alpha E_\alpha[\mathfrak{T}_s(E'_\alpha)]$ ist, kann man unmittelbar aus (2) und der Definition der Produkttopologie entnehmen.

b) Als Nullumgebungsbasis des topologischen Produkts $\prod_\alpha E_\alpha[\mathfrak{T}_{\mathfrak{M}_\alpha}]$ können wir die Mengen $\prod_\alpha U_\alpha$ nehmen, $U_{\alpha_i} = M^\circ_{\alpha_i}$, $M_{\alpha_i} \in \mathfrak{M}_{\alpha_i}$, für endlich viele α_i, $U_\alpha = E_\alpha$ sonst. Mit den U_α ist nach a) auch $\prod_\alpha U_\alpha$ schwach abgeschlossen, also $\prod_\alpha U_\alpha = (\prod_\alpha U_\alpha)^{\circ\circ}$. Nach (1) wird $(\prod_\alpha U_\alpha)^\circ = \overline{\Gamma_{i=1}^{n} M^{\circ\circ}_{\alpha_i}}$. Die von den Mengen $\overline{\Gamma_{i=1}^{n} M^{\circ\circ}_{\alpha_i}}$ erzeugte gesättigte Klasse von Teilmengen von E' ist aber gleich der von den $\bigoplus_{i=1}^{n} M_{\alpha_i}$ erzeugten gesättigten Klasse. Da die $\bigoplus_{i=1}^{n} M_{\alpha_i}$ absolutkonvex und schwach abgeschlossen sind, wenn die M_{α_i} es sind, ist die Klasse der zur Produkttopologie gehörigen gleichstetigen Mengen in E' gerade $\mathfrak{M}$.

c) Nach § 18, 5.(4) ist eine E-beschränkte Teilmenge von E' stets in einer Menge $\bigoplus_{i=1}^{n} B'_{\alpha_i}$, B'_{α_i} E_{α_i}-beschränkt in E'_{α_i}, enthalten. Umgekehrt ist jede Menge $\bigoplus_{i=1}^{n} B'_{\alpha_i}$ schwach beschränkt in E'. Nach b) ist also die Produkttopologie von $\prod_\alpha E_\alpha[\mathfrak{T}_b(E'_\alpha)]$ gleich $\mathfrak{T}_b(E')$.

d) Die Topologie $\mathfrak{T}_{b^*}$ wurde in § 21, 5. eingeführt als die Topologie der gleichmäßigen Konvergenz auf den stark beschränkten Teilmengen. Da jede stark beschränkte Menge M' von E' schwach beschränkt ist, sind nur endlich viele ihrer Projektionen $M'_\alpha = P_\alpha M'$ auf die E'_α von o verschieden. Jede Menge $B = \prod_\alpha B_\alpha$, B_α beschränkt in $E_\alpha[\mathfrak{T}_\alpha]$, ist beschränkt in $\prod_\alpha E_\alpha[\mathfrak{T}_\alpha]$. Aus $\sup_{u \in M',\, x \in B} |u x| < \infty$ folgt sofort $\sup_{u_\alpha \in M'_\alpha,\, x_\alpha \in B_\alpha} |u_\alpha x_\alpha| < \infty$, d.h. M'_α ist stark beschränkt in E'_α. Mithin ist jede stark beschränkte Menge in E' in einer endlichen Summe $\bigoplus_{i=1}^{n} M'_{\alpha_i}$ enthalten, M'_{α_i} stark beschränkt in E'_{α_i}. Da umgekehrt jede solche Menge stark beschränkt in E' ist, folgt wieder, daß $\mathfrak{T}_{b^*}(E')$ die Produkttopologie von $\prod_\alpha E_\alpha[\mathfrak{T}_{b^*}(E'_\alpha)]$ ist.

e) $\mathfrak{T}_s(E_\alpha)$ fällt auf E'_α mit der durch $\mathfrak{T}_s(E)$ induzierten Topologie zusammen, jede $\mathfrak{T}_s(E_\alpha)$-kompakte absolutkonvexe Menge $C_\alpha \subset E'_\alpha$ ist also $\mathfrak{T}_s(E)$-kompakt und umgekehrt. Ist C eine absolutkonvexe schwach kompakte Teilmenge von E', so sind ihre Projektionen C_α auf die E'_α ebenfalls schwach kompakt und nur endlich viele dieser C_α sind von o verschieden, da C ja schwach beschränkt ist. Daraus folgt wieder $C \subset \bigoplus_{i=1}^{n} C_{\alpha_i}$, C_{α_i} schwach kompakt in E'_{α_i}, umgekehrt ist für absolutkonvexe schwach kompakte C_{α_i} die Menge $\bigoplus_{i=1}^{n} C_{\alpha_i}$ wieder absolutkonvex (§16, 1.(3)) und nach dem Satz von TYCHONOFF schwach kompakt. Daraus folgt nach a), daß $\mathfrak{T}_k(E')$ die Produkttopologie von $\prod_\alpha E_\alpha[\mathfrak{T}_k(E'_\alpha)]$ ist.

Die entsprechenden Resultate für lokalkonvexe direkte Summen lauten

(4) *Es sei* $E[\mathfrak{T}]$ *die lokalkonvexe direkte Summe* $\bigoplus_\alpha E_\alpha[\mathfrak{T}_\alpha]$ *und* $E' = \prod_\alpha E'_\alpha$ *der duale Raum. In jedem* E'_α *sei eine gesättigte Klasse* $\mathfrak{M}_\alpha$ *von* E_α*-beschränkten Teilmengen gegeben,* $\mathfrak{M}$ *sei die gesättigte Klasse in* E'*, die aus allen Mengen* $\prod_\alpha M_\alpha$, $M_\alpha \in \mathfrak{M}_\alpha$*, und ihren Teilmengen besteht. Dann ist* $E[\mathfrak{T}_{\mathfrak{M}}]$ *die lokalkonvexe direkte Summe der* $E_\alpha[\mathfrak{T}_{\mathfrak{M}_\alpha}]$.

Speziell gilt $E[\mathfrak{T}_b(E')] = \bigoplus_\alpha E_\alpha[\mathfrak{T}_b(E'_\alpha)]$, $E[\mathfrak{T}_{b^*}(E')] = \bigoplus_\alpha E_\alpha[\mathfrak{T}_{b^*}(E'_\alpha)]$ *und* $E[\mathfrak{T}_k(E')] = \bigoplus_\alpha E_\alpha[\mathfrak{T}_k(E'_\alpha)]$.

Für die schwache Topologie gilt jedoch, daß die Topologie der lokalkonvexen direkten Summe $\bigoplus_\alpha E_\alpha[\mathfrak{T}_s(E'_\alpha)]$ *dann und nur dann gleich der schwachen Topologie auf* E *ist, wenn nur endlich viele Summanden* $E_\alpha[\mathfrak{T}_\alpha(E'_\alpha)]$ *vorhanden sind.*

Beweis. a) Die Summentopologie $\mathfrak{T}'$ auf $\bigoplus_\alpha E_\alpha[\mathfrak{T}_{\mathfrak{M}_\alpha}]$ besitzt eine Basis von Nullumgebungen der Form $U = \ulcorner_\alpha M_\alpha^\circ = \complement_\alpha M_\alpha^\circ$, wobei M_α eine absolutkonvexe und schwach abgeschlossene Teilmenge von $\mathfrak{M}_\alpha$ ist. Nach dem zweiten Teil von (1) ist $(\ulcorner_\alpha M_\alpha^\circ)^\circ = \prod_\alpha M_\alpha^{\circ\circ} = \prod_\alpha M_\alpha$. Es ist $\mathfrak{M}$ also die Klasse der $\mathfrak{T}'$-gleichstetigen Mengen und es ist $\mathfrak{T}' = \mathfrak{T}_{\mathfrak{M}}$, wenn $U^{\circ\circ} = (\prod_\alpha M_\alpha)^\circ = U$ gilt. Offenbar gilt $(\prod_\alpha M_\alpha)^\circ \supset U$. Sei nun $x = \sum_{i=1}^{n} x_{\alpha_i}$, $x_{\alpha_i} \in E_{\alpha_i}$, ein Element von $(\prod_\alpha M_\alpha)^\circ$. Dann gilt jedenfalls $\sup_{u_{\alpha_i} \in M_{\alpha_i}} |u_{\alpha_i} x_{\alpha_i}| = \varrho_i \leqq 1$. Da überdies die u_{α_i} unabhängig voneinander so gewählt werden können, daß $u_{\alpha_i} x_{\alpha_i} \geqq \varrho_i - \varepsilon$ gilt, folgt $\sum_{i=1}^{n} \varrho_i \leqq 1$. Das Element $y_i = \frac{1}{\varrho_i} x_{\alpha_i}$ liegt in $M_{\alpha_i}^\circ$ und damit $x = \sum_{i=1}^{n} \varrho_i y_i$ in $\complement_\alpha M_\alpha^\circ = U$.

b) Enthält $\bigoplus_\alpha E_\alpha[\mathfrak{T}_s(E'_\alpha)]$ nur endlich viele Summanden, so ist die lokalkonvexe direkte Summe auch gleich dem topologischen Produkt, (3) ergibt in diesem Fall, daß die schwache Topologie auf E gleich der Topologie der lokalkonvexen direkten Summe ist.

Sind unendlichviele Summanden vorhanden und sind die $\mathfrak{M}_\alpha$ jeweils gleich der Klasse der endlichdimensionalen beschränkten Teilmengen von E'_α, so enthält jedoch $\mathfrak{M}$ unendlichdimensionale Teilmengen, die Topologie $\mathfrak{T}_{\mathfrak{M}}$ ist also echt feiner als die schwache Topologie $\mathfrak{T}_s(E')$ auf E.

Wir bemerken jedoch, daß auch jetzt, wie aus der Formel $ux = \sum_\alpha u_\alpha x_\alpha$ ($u \in E'$, $x \in E$, $u_\alpha \in E'_\alpha$, $x_\alpha \in E_\alpha$) zu entnehmen ist, auf jedem E_α die durch $\mathfrak{T}_s(E')$ induzierte Topologie mit der Topologie $\mathfrak{T}_s(E'_\alpha)$ zusammenfällt.

c) Ist B' eine $\mathfrak{T}_s(E)$-beschränkte Teilmenge von E', so ist jede ihrer Projektionen B'_α auf E'_α eine $\mathfrak{T}_s(E_\alpha)$-beschränkte Teilmenge von E'_α, also $B' \subset \prod_\alpha B'_\alpha$; umgekehrt ist jede solche Menge $\prod_\alpha B'_\alpha$ schwach beschränkt in E', also fällt nach a) die Topologie $\mathfrak{T}_b(E)$ mit der Topologie der lokalkonvexen direkten Summe der $E_\alpha[\mathfrak{T}_b(E'_\alpha)]$ zusammen.

d) Ähnlich wie unter (3) d) beweist man unter Verwendung von §18, 5.(4), daß die stark beschränkten Teilmengen von E' die Teilmengen der Mengen $\prod_\alpha M'_\alpha$ sind, M'_α stark beschränkt in E'_α. Daraus folgt $E[\mathfrak{T}_{b^*}(E')] = \bigoplus_\alpha E_\alpha[\mathfrak{T}_{b^*}(E'_\alpha)]$.

e) Auch der Beweis für die Mackeysche Topologie läßt sich unter Verwendung der Bemerkung in b) in einer (3) e) entsprechenden Weise durchführen.

Die Sätze (3) und (4) können auch als Aussagen über die Topologien der dualen Räume von lokalkonvexen direkten Summen und von topologischen Produkten interpretiert werden.

So ergibt sich z.B. aus (3), daß *der schwach bzw. stark duale Raum von* $\bigoplus_\alpha E_\alpha[\mathfrak{T}_\alpha]$ *das topologische Produkt der schwach bzw. stark dualen Räume* $E'_\alpha[\mathfrak{T}_s(E_\alpha)]$ *bzw.* $E'_\alpha[\mathfrak{T}_b(E_\alpha)]$ *ist.*

Aus (4) folgt ebenso, daß *der stark duale Raum zu* $\prod_\alpha E_\alpha[\mathfrak{T}_\alpha]$ *die lokalkonvexe direkte Summe der stark dualen Räume* $E'_\alpha[\mathfrak{T}_b(E_\alpha)]$ *ist und daß der mit der Mackeyschen Topologie versehene duale Raum zu* $\prod_\alpha E_\alpha[\mathfrak{T}_\alpha]$ *gleich der lokalkonvexen direkten Summe der Räume* $E'_\alpha[\mathfrak{T}_k(E_\alpha)]$ *ist.*

Als Beispiel betrachten wir die in §15, 4. bzw. §18, 5.(5) eingeführten Räume ω_d und φ_d, das topologische Produkt bzw. die lokalkonvexe direkte Summe von d eindimensionalen Räumen K.

Nach (2) sind ω_d und φ_d zueinander dual. In φ_d sind nach §18, 5.(6) alle beschränkten Mengen endlichdimensional, nach dem Satz von Mackey (§ 20, 11.(7)) also auch alle schwach beschränkten Mengen, daher fallen auf ω_d die starke und die schwache Topologie zusammen und diese mit der Topologie des topologischen Produkts.

Die Topologie auf φ_d ist die der lokalkonvexen direkten Summe und nach §18, 5.(5) die feinste lokalkonvexe Topologie auf φ_d. Sie ist daher mit der starken Topologie identisch. φ_d und ω_d sind also tonnelierte Räume (vgl. § 21, 2.).

Nach (3) und (4) sind alle durch wiederholte Bildung von topologischen Produkten und lokalkonvexen direkten Summen aus φ_d und ω_d entstehenden Räume tonneliert.

Die hier entwickelte Dualität zwischen topologischen Produkten und lokalkonvexen direkten Summen gilt nicht mehr, wenn man die letzteren durch die in § 18, 5. eingeführten topologischen direkten Summen ersetzt.

(5) *Der duale Raum der topologischen direkten Summe* $E[\mathfrak{T}']$ *der lokalkonvexen Räume* $E_\alpha[\mathfrak{T}_\alpha]$ *ist gleich dem Teilraum von* $\prod_\alpha E'_\alpha$, *der alle* $u=(u_\alpha)$, $u_\alpha \in E'_\alpha$, *mit höchstens abzählbar vielen* $u_\alpha \neq 0$ *enthält.*

Beweis. Die Topologie $\mathfrak{T}'$ der topologischen direkten Summe ist gröber als die Topologie $\mathfrak{T}$ der lokalkonvexen direkten Summe, also ist jede stetige Linearfunktion u auf $E[\mathfrak{T}']$ nach (2) darstellbar durch ein $u=(u_\alpha)\in \prod_\alpha E'_\alpha$. Eine solche Linearfunktion u ist aber nur dann $\mathfrak{T}'$-stetig, wenn höchstens abzählbar viele $u_\alpha \neq 0$ sind. Wir nehmen das Gegenteil an. Dann müßte es eine $\mathfrak{T}'$-Nullumgebung $V=\bigoplus_\alpha U_\alpha$, U_α $\mathfrak{T}_\alpha$-Nullumgebung in E_α, geben, auf der u beschränkt ist. Zu jedem $u_\alpha \neq 0$ gibt es ein $x_\alpha \in U_\alpha$, so daß $u_\alpha x_\alpha = \gamma_\alpha > 0$ ist. Es gibt dann aber eine ganze Zahl n_0 mit $\gamma_\beta \geq \frac{1}{n_0}$ für nichtabzählbar viele β. Für die für jedes k in V liegenden Elemente $\sum_{i=1}^{k} x_{\beta_i}$ gilt dann aber $u\sum_{i=1}^{k} x_{\beta_i} \geq \frac{k}{n_0}$, was der Beschränktheit von u auf V widerspricht.

Enthält $u=(u_\alpha)$ andererseits höchstens abzählbar viele $u_\alpha \neq 0$, so ist u nach § 18, 5.(8) $\mathfrak{T}'$-stetig auf E.

6. Die Dualität von lokalkonvexen Hüllen und Kernen. Wir knüpfen an die Begriffe und Resultate von § 19 an. Es sei $E[\mathfrak{T}] = \sum_\alpha A_\alpha(F_\alpha[\mathfrak{T}_\alpha])$ eine lokalkonvexe Hülle beliebiger lokalkonvexer $F_\alpha[\mathfrak{T}_\alpha]$. Die A_α sind dann stetige Abbildungen von $F_\alpha[\mathfrak{T}_\alpha]$ in $E[\mathfrak{T}]$. Bildet man die lokalkonvexe direkte Summe $\bigoplus_\alpha F_\alpha[\mathfrak{T}_\alpha]$ und ordnet man jedem $x=\sum_\alpha x_\alpha \in \bigoplus_\alpha F_\alpha[\mathfrak{T}_\alpha]$ das Element $Ax=\sum_\alpha A_\alpha x_\alpha$ zu, so ist nach § 19, 1.(3) A ein topologischer Homomorphismus von $\bigoplus_\alpha F_\alpha[\mathfrak{T}_\alpha]$ auf $E[\mathfrak{T}]$ und $E[\mathfrak{T}]$ ist topologisch isomorph zum Quotientenraum $(\bigoplus_\alpha F_\alpha[\mathfrak{T}_\alpha])/H$, H der Kern von A.

(1) *Der duale Raum* E' *von* $E[\mathfrak{T}] = \sum_\alpha A_\alpha(F_\alpha[\mathfrak{T}_\alpha])$ *ist darstellbar als der Kern* $\mathsf{K}_\alpha A'^{(-1)}_\alpha(F'_\alpha)$; *dabei bedeutet* A'_α *die zu* A_α *adjungierte Abbildung von* E' *in* F'_α.

Die zu A *adjungierte Abbildung* A' *bildet* E' *isomorph auf den Teilraum* $\widehat{E}'$ *aller* $(A'_\alpha u)\in\prod_\alpha F'_\alpha$ *ab.*

Beweis. A bildet $\bigoplus_\alpha F_\alpha[\mathfrak{T}_\alpha]$ stetig auf $E[\mathfrak{T}]$ ab, also bildet A' den Raum E' in $(\bigoplus_\alpha F_\alpha)' = \prod_\alpha F'_\alpha$ ab. Für jedes $x=\sum_\alpha x_\alpha \in \bigoplus_\alpha F_\alpha$ und jedes $u\in E'$ gilt

$$(2) \qquad u(Ax) = u\Big(\sum_\alpha A_\alpha x_\alpha\Big) = \sum_\alpha (A'_\alpha u)\, x_\alpha = (A'u)\,x.$$

Daraus folgt $A'u = (A'_\alpha u)\in\prod_\alpha F'_\alpha$ und die Eineindeutigkeit von A'. Dies bedeutet nach § 19, 6. aber, daß $E' = \mathsf{K}_\alpha A'^{(-1)}_\alpha(F'_\alpha)$ ist und daß A' die Abbildung von § 19, 6.(1) von E' auf den Teilraum $\widehat{E}'$ von $\prod_\alpha F'_\alpha$ ist.

Ganz entsprechend gilt für lokalkonvexe Kerne

(3) *Der duale Raum E' von* $E[\mathfrak{T}] = \underset{\alpha}{\mathsf{K}} A_\alpha^{(-1)}(F_\alpha[\mathfrak{T}_\alpha])$ *ist gleich der Hülle* $\sum_\alpha A'_\alpha(F'_\alpha)$, A'_α *die zu* A_α *adjungierte Abbildung von* F'_α *in* E'.

Ist A die topologische Monomorphie $x \to (A_\alpha x)$ *von* $E[\mathfrak{T}]$ *in* $\prod_\alpha F_\alpha[\mathfrak{T}_\alpha]$ *mit dem Bildraum* $\widehat{E}$, *so ist A' die Abbildung* $\sum u_\alpha \to \sum_\alpha A'_\alpha u_\alpha$ *von* $\bigoplus_\alpha F'_\alpha$ *auf* $\sum_\alpha A'_\alpha(F'_\alpha)$.

Beweis. A' bildet offenbar $\bigoplus_\alpha F'_\alpha$ in E' ab. Da jedes $A'_\alpha(F'_\alpha)$ in E' liegt, ist $\sum_\alpha A'_\alpha(F'_\alpha)$ jedenfalls ein linearer Teilraum von E'. Es sei andererseits v ein beliebiges Element von E'. Da A ein topologischer Monomorphismus ist, wird durch $u(Ax) = vx$ eine stetige Linearfunktion auf $\widehat{E} < \prod_\alpha F_\alpha[\mathfrak{T}_\alpha]$ definiert. Sie wird nach dem Satz von HAHN-BANACH durch ein Element aus $(\prod_\alpha F_\alpha)' = \bigoplus_\alpha F'_\alpha$ erzeugt, das wir wieder mit u bezeichnen. Für dieses $u = \sum_\alpha u_\alpha$ und alle $x \in E$ gilt dann

$$(4) \qquad vx = u(Ax) = \sum_\alpha u_\alpha(A_\alpha x) = \sum_\alpha (A'_\alpha u_\alpha)\, x = (A'u)\, x.$$

Daraus folgt $v = A'u = \sum_\alpha A'_\alpha u_\alpha$, also $v \in \sum_\alpha A'_\alpha(F'_\alpha)$ und damit $E' = \sum_\alpha A'_\alpha(F'_\alpha)$. Die Behauptung über A' ergibt sich ebenfalls unmittelbar.

Satz (1) läßt sich auch auf induktive Limites übertragen,

(4) *Der duale Raum E' eines topologischen induktiven Limes* $E[\mathfrak{T}] = \underrightarrow{\lim}\, A_{\beta\alpha}(F_\alpha[\mathfrak{T}_\alpha])$ *ist darstellbar als projektiver Limes* $\underleftarrow{\lim}\, A'_{\beta\alpha}(F'_\beta)$, $A_{\beta\alpha}$ *die zur stetigen Abbildung* $A_{\beta\alpha}$ *von* $F_\alpha[\mathfrak{T}_\alpha]$ *in* $F_\beta[\mathfrak{T}_\beta]$ *adjungierte Abbildung von* F'_β *in* F'_α.

Beweis. Nach §19, 3.(1) gilt für alle $\alpha < \beta < \gamma$ die Beziehung $A_{\gamma\beta} A_{\beta\alpha} = A_{\gamma\alpha}$. Sie geht über in $A'_{\beta\alpha} A'_{\gamma\beta} = A'_{\gamma\alpha}$, also ist die Beziehung §19, 7.(7) für die Abbildungen $A'_{\beta\alpha}$ von F'_β in F'_α erfüllt. Nach §19, 7.(6) kann man nun $\underleftarrow{\lim}\, A'_{\beta\alpha}(F'_\beta)$ bilden.

Nach §19, 2. ist $E[\mathfrak{T}] = (\bigoplus_\alpha F_\alpha[\mathfrak{T}_\alpha])/H_0$, H_0 die Menge aller endlichen Linearkombinationen der $x_\alpha - A_{\beta\alpha} x_\alpha$, $x_\alpha \in F_\alpha$. Wir bemerken, daß $A_{\beta\alpha} x_\alpha$ ein Element von F_β ist. Nach 1.(2) kann E' mit dem Teilraum $H_0^\perp$ von $\prod_\alpha F'_\alpha$ identifiziert werden. $H_0^\perp$ besteht aus allen $u = (u_\alpha) \in \prod_\alpha F'_\alpha$ mit

$$(5) \qquad u(x_\alpha - A_{\beta\alpha} x_\alpha) = u_\alpha x_\alpha - u_\beta(A_{\beta\alpha} x_\alpha) = (u_\alpha - A'_{\beta\alpha} u_\beta)\, x_\alpha = 0$$

für alle $\alpha < \beta$ und alle $x_\alpha \in F_\alpha$. Dies bedeutet $u_\alpha = A'_{\beta\alpha} u_\beta$ für alle $\alpha < \beta$, nach §19, 7.(6) ist daher $H_0^\perp = \underleftarrow{\lim}\, A'_{\beta\alpha}(F'_\beta)$.

Satz (3) läßt sich nicht unmittelbar auf projektive Limites übertragen. Wir müssen erst die projektiven Limites auf eine Normalform bringen.

$E[\mathfrak{T}] = \varprojlim A_{\alpha\beta}(F_\beta[\mathfrak{T}_\beta])$ ist nach Definition der Teilraum $\widehat{E}$ aller (x_α) von $\prod_\alpha F_\alpha[\mathfrak{T}_\alpha]$ mit $x_\alpha = A_{\alpha\beta} x_\beta$ für alle $\alpha < \beta$. Mit $\widehat{P}_\alpha(E)$ haben wir (vgl. §19, 7.) den von den Projektionen der Elemente von $\widehat{E}$ in F_α gebildeten linearen Teilraum von F_α bezeichnet. Wir nennen $\varprojlim A_{\alpha\beta}(F_\beta[\mathfrak{T}_\beta])$ reduziert, wenn $\widehat{P}_\alpha(E)$ für jedes α in $F_\alpha[\mathfrak{T}_\alpha]$ dicht ist.

Jeder topologische projektive Limes kann in die reduzierte Form gebracht werden. Man braucht dazu die $F_\alpha[\mathfrak{T}_\alpha]$ nur durch ihre von den $\widehat{P}_\alpha(E)$ erzeugten abgeschlossenen Teilräume zu ersetzen und die $A_{\alpha\beta}$ durch ihre Einschränkungen auf diese Teilräume. Der damit gebildete reduzierte topologische projektive Limes ist offenbar topologisch isomorph dem ursprünglichen.

Das Satz (3) entsprechende Resultat ist nun

(6) *Der duale Raum E' eines reduzierten topologischen projektiven Limes $E[\mathfrak{T}] = \varprojlim A_{\alpha\beta}(F_\beta[\mathfrak{T}_\beta])$ ist der induktive Limes $\varinjlim A'_{\alpha\beta}(F'_\alpha)$, $A'_{\alpha\beta}$ die zur stetigen Abbildung $A_{\alpha\beta}$ von $F_\beta[\mathfrak{T}_\beta]$ in $F_\alpha[\mathfrak{T}_\alpha]$ adjungierte Abbildung von F'_α in F'_β.*

Da aus $A_{\alpha\beta} A_{\beta\gamma} = A_{\alpha\gamma}$ für $\alpha < \beta < \gamma$ die Beziehung $A'_{\beta\gamma} A'_{\alpha\beta} = A'_{\alpha\gamma}$ folgt, existiert nach §19, 2. $\varinjlim A'_{\alpha\beta}(F'_\alpha) = (\bigoplus_\alpha F'_\alpha)/H_0$.

$E[\mathfrak{T}]$ ist ein Teilraum von $\prod_\alpha F_\alpha[\mathfrak{T}_\alpha]$. Nach 1.(1) ist E' gleich $(\bigoplus_\alpha F'_\alpha)/E^\perp$; unser Satz ist also bewiesen, wenn wir $E^\perp = H_0$ gezeigt haben.

Es sei $u = \sum_{i=1}^{n} u_{\alpha_i}$ ein beliebiges Element aus $\bigoplus_\alpha F'_\alpha$, $x = (x_\alpha)$ ein Element aus E. Ist $\beta \geqq \alpha_i$, $i = 1, \ldots, n$, so gilt $x_{\alpha_i} = A_{\alpha_i\beta} x_\beta$ für alle $i = 1, \ldots, n$. Es wird also

$$(7) \qquad u\,x = \sum_{i=1}^{n} u_{\alpha_i} x_{\alpha_i} = \sum u_{\alpha_i}(A_{\alpha_i\beta}\, x_\beta) = \Big(\sum_{i=1}^{n} A'_{\alpha_i\beta} u_{\alpha_i}\Big) x_\beta .$$

Ist $u \in E^\perp$, so folgt aus (7) und der Reduziertheit von E die Gleichung $\sum_{i=1}^{n} A'_{\alpha_i\beta} u_{\alpha_i} = o$. Dies bedeutet nach §19, 2.(8), daß u in H_0 liegt. Ebenso folgt umgekehrt aus (7) und §19, 2.(8), daß $H_0 \subset E^\perp$ gilt.

7. Die Topologien der lokalkonvexen Hüllen und Kerne. Wir leiten zuerst ein einfaches Lemma über die Polarenbildung ab.

(1) *Es sei A eine schwach stetige lineare Abbildung von $E_1[\mathfrak{T}_1]$ in $E_2[\mathfrak{T}_2]$. Dann gilt für jede Teilmenge M von E_1*

$$(2) \qquad A(M)^\circ = A'^{(-1)}(M^\circ).$$

Beweis. A' bildet E'_2 in E'_1 ab. Nach Definition besteht $A(M)^\circ$ aus allen $v \in E'_2$ mit $\Re v(Ax) \leqq 1$ für alle $x \in M$. Dies ist gleichbedeutend mit $\Re(A'v)\,x \leqq 1$ für alle $x \in M$, also $A'v \in M^\circ$, d.h. $v \in A'^{(-1)}(M^\circ)$.

Wir betrachten die lokalkonvexe Hülle $E[\mathfrak{T}] = \sum_\alpha A_\alpha(F_\alpha[\mathfrak{T}_\alpha]) = A(\bigoplus_\alpha F_\alpha[\mathfrak{T}_\alpha])$. Aus (2) und 5.(1) folgt sofort

(3) *Ist N_α eine absolutkonvexe Teilmenge von F_α, N_α° ihre polare Menge in F'_α, so ist die zu $A(\Gamma_\alpha N_\alpha)$ in E' polare Menge gleich $A'^{(-1)}(\prod_\alpha N_\alpha^\circ)$.*

Hieraus erhält man Aufschluß über die Hüllentopologie. Es gilt

(4) *Es sei $E[\mathfrak{T}] = \sum_\alpha A_\alpha(F_\alpha[\mathfrak{T}_\alpha]) = A(\bigoplus_\alpha F_\alpha[\mathfrak{T}_\alpha])$. Es sei $\mathfrak{M}_\alpha$ die Klasse der $\mathfrak{T}_\alpha$-gleichstetigen Teilmengen von F'_α und es sei $\mathfrak{M}$ die gesättigte Klasse der Teilmengen von $\prod_\alpha F'_\alpha$, die aus allen Mengen $\prod_\alpha M_\alpha$, $M_\alpha \in \mathfrak{M}_\alpha$, und ihren Teilmengen besteht. Dann ist $A'^{(-1)}(\mathfrak{M})$ die Klasse der $\mathfrak{T}$-gleichstetigen Teilmengen von E', also $\mathfrak{T} = \mathfrak{T}_{A'^{(-1)}(\mathfrak{M})}$.*

Die Nullumgebungen der Form $A(\Gamma_\alpha U_\alpha)$, U_α eine absolutkonvexe $\mathfrak{T}_\alpha$-Nullumgebung in $F_\alpha[\mathfrak{T}_\alpha]$, bilden eine $\mathfrak{T}$-Nullumgebungsbasis in $E[\mathfrak{T}]$. Also bilden die $A(\Gamma_\alpha U_\alpha)^\circ$ und ihre Teilmengen die Klasse der $\mathfrak{T}$-gleichstetigen Teilmengen von E'. Aus (3) folgt die Behauptung.

Wir bestimmen die gleichstetigen Teilmengen der Kerntopologien.

(5) *Es sei $E[\mathfrak{T}] = \mathsf{K}_\alpha A_\alpha^{(-1)}(F_\alpha[\mathfrak{T}_\alpha]) = A^{(-1)}(\prod_\alpha F_\alpha[\mathfrak{T}_\alpha])$. Es sei $\mathfrak{M}_\alpha$ die Klasse der $\mathfrak{T}_\alpha$-gleichstetigen Teilmengen von F'_α und es sei $\mathfrak{M}$ die Klasse der Teilmengen $M = \bigoplus_{i=1}^n M_{\alpha_i}$, $M_{\alpha_i} \in \mathfrak{M}_{\alpha_i}$, von $\bigoplus_\alpha F'_\alpha$ und deren Teilmengen. Mit $\overline{A'(\mathfrak{M})}$ bezeichnen wir die Klasse der schwach abgeschlossenen Hüllen der Mengen $A'(M) = \sum_{i=1}^n A'_{\alpha_i}(M_{\alpha_i})$ in E'.*

Dann ist $\overline{A'(\mathfrak{M})}$ die Klasse der $\mathfrak{T}$-gleichstetigen Teilmengen von E', also $\mathfrak{T} = \mathfrak{T}_{\overline{A'(\mathfrak{M})}}$.

Eine $\mathfrak{T}$-Nullumgebungsbasis wird durch die Durchschnitte endlich vieler $A_\alpha^{(-1)}(M_\alpha^\circ)$ gebildet, wobei wir $M_\alpha \in \mathfrak{M}_\alpha$ als schwach abgeschlossen und absolutkonvex in F'_α voraussetzen können. Die Klasse der $\mathfrak{T}$-gleichstetigen Teilmengen von E' wird daher durch die schwach abgeschlossenen konvexen Hüllen endlich vieler $A_\alpha^{(-1)}(M_\alpha^\circ)^\circ$ und deren Teilmengen gebildet. Wenden wir (2) auf die nach § 20, 4.(6) schwach stetige Abbildung A'_α von F'_α in E' an, so erhalten wir $A_\alpha^{(-1)}(M_\alpha^\circ) = A'_\alpha(M_\alpha)^\circ$; es ist daher $A_\alpha^{(-1)}(M_\alpha^\circ)^\circ = A'_\alpha(M_\alpha)^{\circ\circ}$, wegen der absoluten Konvexität von M_α stimmt dies mit der schwach abgeschlossenen Hülle von $A'_\alpha(M_\alpha)$ überein. Mit den $A'_\alpha(M_\alpha)$ sind auch die $\sum_{i=1}^n A'_{\alpha_i}(M_{\alpha_i})$ gleichstetig und jede gleichstetige Menge liegt in der schwach abgeschlossenen Hülle einer solchen Menge.

Ist $\mathfrak{M}_\alpha$ die Klasse der endlichdimensionalen beschränkten Teilmengen von F'_α, so ist $\overline{A'(\mathfrak{M})}$ die Klasse der endlichdimensionalen beschränkten Teilmengen von E', aus (5) folgt daher

(6) *Die schwache Topologie* $\mathfrak{T}_s(E')$ *eines Kernes* $\mathsf{K}_\alpha A_\alpha^{(-1)}(F_\alpha[\mathfrak{T}_\alpha])$ *ist die Kerntopologie von* $\mathsf{K}_\alpha A_\alpha^{(-1)}(F_\alpha[\mathfrak{T}_s(F'_\alpha)])$.

Vertauschen der beiden Räume ergibt

(7) *Der schwach duale Raum einer lokalkonvexen Hülle* $E[\mathfrak{T}] = \sum_\alpha A_\alpha(F_\alpha[\mathfrak{T}_\alpha])$ *ist gleich* $\mathsf{K}_\alpha A_\alpha'^{(-1)}(F'_\alpha[\mathfrak{T}_s(F_\alpha)])$.

Entsprechend allgemeine Resultate für die Topologien $\mathfrak{T}_k, \mathfrak{T}_b, \mathfrak{T}_{b^*}$ auf einem Kern gelten nicht. Sei ein Kern der Form $\mathsf{K}_\alpha \widehat{P}_\alpha^{(-1)}(F_\alpha[\mathfrak{T}_\alpha])$, also ein Teilraum von $\prod_\alpha F_\alpha[\mathfrak{T}_\alpha]$ gegeben. Dann ist $E' = (\bigoplus_\alpha F'_\alpha)/H$ und A' die kanonische Abbildung K von $\bigoplus_\alpha F'_\alpha$ auf E'. Ist $\mathfrak{M}_\alpha$ die Klasse aller beschränkten Teilmengen von F'_α, so ist $\mathfrak{M}$ die Klasse aller beschränkten Teilmengen von $\bigoplus_\alpha F'_\alpha$. Durch K werden die Mengen M aus $\mathfrak{M}$ auf beschränkte Teilmengen von E' abgebildet, es brauchen jedoch die $\overline{K(M)}$ nicht alle beschränkten Teilmengen von E' zu ergeben (vgl. 2.). Analog schließt man für $\mathfrak{T}_k$ und $\mathfrak{T}_{b^*}$.

Wir können im allgemeinen also nur sagen, daß *die starke Topologie eines Kernes feiner ist als die Kerntopologie von* $\mathsf{K}_\alpha A_\alpha^{(-1)}(F_\alpha[\mathfrak{T}_b(F'_\alpha)])$. *Entsprechendes gilt für* $\mathfrak{T}_k$ *und* $\mathfrak{T}_{b^*}$.

Ein zu (6) analoges Ergebnis für lokalkonvexe Hüllen gilt nicht. Wir sahen in 5.(4), daß schon für lokalkonvexe direkte Summen die schwache Topologie echt gröber als die entsprechende Summentopologie sein kann. Allgemein ist die Hüllentopologie von $\sum_\alpha A_\alpha(F_\alpha[\mathfrak{T}_s])$ feiner als die schwache Topologie der Hülle. Aber es gilt

(8) *Es sei* $E[\mathfrak{T}] = \sum_\alpha A_\alpha(F_\alpha[\mathfrak{T}_\alpha])$ *eine lokalkonvexe Hülle. Dann ist* $E[\mathfrak{T}_k(E')] = \sum_\alpha A_\alpha(F_\alpha[\mathfrak{T}_k(F'_\alpha)])$.

Wir können $E[\mathfrak{T}]$ in der speziellen Form $(\bigoplus_\alpha F_\alpha[\mathfrak{T}_\alpha])/H$ ansetzen, $A = K$, die kanonische Abbildung von $\bigoplus_\alpha F_\alpha[\mathfrak{T}_\alpha]$ auf E. Dann ist E' gleich dem in $\prod_\alpha F'_\alpha$ gebildeten Orthogonalraum $H^\perp$. Die Abbildung K' ist die Einbettung von E' in $\prod_\alpha F'_\alpha$. Es sei nun $\mathfrak{M}_\alpha$ die Klasse der absolutkonvexen relativ schwach kompakten Teilmengen von F'_α. Dann enthält die nach (4) gebildete Klasse $\mathfrak{M}$ nach 5.(4) gerade alle ebensolchen Teilmengen von $\prod_\alpha F'_\alpha$. Die Klasse $K'^{(-1)}(\mathfrak{M})$ besteht aus allen $M \cap H^\perp$, $M \in \mathfrak{M}$. $H^\perp$ ist schwach abgeschlossen in $\prod_\alpha F'_\alpha$ und die Topologie $\mathfrak{T}_s(E)$ fällt nach 2.(2) mit $\mathfrak{T}_s(\bigoplus_\alpha F_\alpha)$ zusammen. $K'^{(-1)}(\mathfrak{M})$ besteht also aus allen absolutkonvexen und relativ $\mathfrak{T}_s(E)$-kompakten Teilmengen von E'; (4) angewendet auf die zulässige Topologie $\mathfrak{T} = \mathfrak{T}_k$ ergibt nun die Behauptung.

Die entsprechende Aussage für die starke Topologie ist im allgemeinen nicht richtig, sie ist ja schon für den Spezialfall eines Quotientenraumes E/H falsch (vgl. 2.).

Für die Topologie auf dem dualen Raum eines lokalkonvexen Kerns gilt das (8) entsprechende Resultat nur mit einer Einschränkung. Wir können den lokalkonvexen Kern als Teilraum $\widehat{E} = \mathsf{K}_\alpha \widehat{P}_\alpha^{(-1)}(F_\alpha[\mathfrak{T}_\alpha])$ von $\prod_\alpha F_\alpha[\mathfrak{T}_\alpha]$ voraussetzen. Die Hüllentopologie von $\sum_\alpha K_\alpha(F'_\alpha[\mathfrak{T}_k])$ wird dann durch die Umgebungen $(\widehat{E} \cap \prod_\alpha C_\alpha)^\circ$ erklärt, wobei C_α eine schwach kompakte absolutkonvexe Teilmenge von $F_\alpha[\mathfrak{T}_\alpha]$ ist. Zwar ist $\prod_\alpha C_\alpha$ dann schwach kompakt und absolutkonvex in $\prod_\alpha F_\alpha$, aber $\widehat{E} \cap \prod_\alpha C_\alpha$ braucht nicht schwach kompakt in $\widehat{E}$ zu sein, wenn $\widehat{E}$ nicht abgeschlossen in $\prod_\alpha F_\alpha$ ist. Ist dies jedoch der Fall, dann ist $\mathfrak{T}_k(E)$ gleich der Hüllentopologie von $\sum_\alpha A'_\alpha(F'_\alpha[\mathfrak{T}_k])$, im allgemeinen ist diese Hüllentopologie echt feiner als $\mathfrak{T}_k(E)$.

Für projektive Limites gilt daher nach §19, 10.(3) und nach 6.(6)

(9) *Ist* $E[\mathfrak{T}] = \varprojlim A_{\alpha\beta}(F_\beta[\mathfrak{T}_\beta])$ *ein reduzierter topologischer projektiver Limes, so ist die Topologie* $\mathfrak{T}_k(E)$ *des dualen Raumes gleich der Hüllentopologie von* $\varinjlim A'_{\alpha\beta}(F'_\alpha[\mathfrak{T}_k])$.

Daß der induktive Limes topologisch ist, folgt daraus, daß nach § 21, 4.(6) die schwach stetigen Abbildungen $A'_{\alpha\beta}$ auch $\mathfrak{T}_k$-stetig sind.

Fünftes Kapitel

Topologisch-geometrische Eigenschaften der lokalkonvexen Räume

Die allgemeine Theorie der lokalkonvexen Räume wird fortgesetzt. In § 23 wird der biduale Raum eingeführt und die Frage nach der Halbreflexivität bzw. Reflexivität eines lokalkonvexen Raumes gestellt. Eine Anzahl von Kriterien wird aufgestellt und der Zusammenhang mit anderen Struktureigenschaften untersucht.

§ 24 behandelt die Frage nach Kriterien für die schwache Kompaktheit der Teilmengen eines lokalkonvexen Raumes. Die wichtigen Sätze von Eberlein und von Krein werden in voller Allgemeinheit abgeleitet, ebenso verschiedene damit verwandte Kriterien. Für den Satz von Krein werden zwei Beweise gegeben. Der erste stammt von Grothendieck und verwendet die Integrationstheorie, den zweiten gab kürzlich Pták, dem es gelang, ohne Hilfsmittel der Integrationstheorie auszukommen. Drei Kriterien geometrischer Natur für die Halbreflexivität von Klee werden ebenfalls bewiesen.

§ 25 ist dem Problemkreis des Satzes von Krein-Milman gewidmet und behandelt die Extremalpunkte und Extremalstrahlen kompakter und lokalkompakter konvexer Mengen.

In engem Zusammenhang damit steht die Untersuchung der verschiedenen Verfeinerungen des Konvexitätsbegriffes in § 26, die sich vor allem für die Struktur der normierten Räume als wichtig erwiesen haben. So folgt aus der uniformen Konvexität der Einheitskugel eines Banachraumes die Reflexivität des Raumes. Die strikte Konvexität ist für Fragen der Approximation von Bedeutung. Die zur strikten bzw. uniformen Konvexität dualen Begriffe der flachen bzw. glatten Konvexität sind äquivalent mit Differenzierbarkeitseigenschaften der Norm.

§ 23. Der biduale Raum. Halbreflexivität und Reflexivität

1. Quasivollständigkeit. Die in den Anwendungen auftretenden lokalkonvexen Räume sind vielfach nicht vollständig. Wir haben auch gesehen, daß wichtige Sätze der allgemeinen Theorie unter den schwächeren Voraussetzungen der Folgenvollständigkeit oder der Quasivollständigkeit bewiesen werden können (z. B. der Satz von Banach-Mackey).

Diese beiden Begriffe wurden in § 18, 4. eingeführt. Beispiele von quasivollständigen, aber nicht vollständigen Räumen werden wir weiter unten kennenlernen.

Wir geben ein Beispiel eines folgenvollständigen, aber nicht quasivollständigen Raumes. Es sei $d > \aleph_0$ und H der lineare Teilraum von ω_d, der aus allen Vektoren $\mathfrak{x} = (\xi_\alpha)$ mit nur abzählbar vielen von Null verschiedenen Koordinaten ξ_α besteht.

H ist in der in § 15, 4. auf ω_d eingeführten Topologie dicht in ω_d, jedes Element von ω_d ist sogar Berührungspunkt einer beschränkten Teilmenge (vgl. § 15, 6.) von H; H ist daher nicht quasivollständig, wohl aber folgenvollständig.

Offenbar gilt

(1) *Jeder abgeschlossene lineare Teilraum eines folgenvollständigen bzw. quasivollständigen lokalkonvexen Raumes ist wieder folgenvollständig bzw. quasivollständig.*

Die entsprechende Aussage für Quotientenräume ist nicht richtig; das Beispiel $\varphi\omega \oplus \omega\varphi$ aus § 13, 6. zeigt, daß sogar der Quotientenraum eines vollständigen lokalkonvexen Raumes nicht einmal folgenvollständig zu sein braucht. Wir bemerken, daß der in § 13, 6. für die lineare Topologie geführte Beweis auch für die lokalkonvexe Topologie auf $\varphi\omega \oplus \omega\varphi$ gilt, die sich aus den Topologien von ω und φ durch die Bildung des topologischen Produkts und der lokalkonvexen direkten Summe ergibt.

(2) *Das topologische Produkt und die lokalkonvexe direkte Summe folgenvollständiger bzw. quasivollständiger lokalkonvexer Räume ist wieder folgenvollständig bzw. quasivollständig.*

Beweis. Ist $E[\mathfrak{T}] = \prod_\alpha E_\alpha[\mathfrak{T}_\alpha]$, so ist eine Folge $x^{(n)} = (x_\alpha^{(n)})$ in $E[\mathfrak{T}]$ dann und nur dann eine Cauchyfolge, wenn die $x_\alpha^{(n)}$ in jedem E_α eine Cauchyfolge bilden. Aus der Folgenvollständigkeit der E_α folgt die von E.

Eine Menge $B \subset E[\mathfrak{T}]$ ist dann und nur dann beschränkt, wenn ihre Projektionen $B_\alpha = P_\alpha B$ in allen $E_\alpha[\mathfrak{T}_\alpha]$ beschränkt sind. Sind die $E_\alpha[\mathfrak{T}_\alpha]$ quasivollständig, so ist die abgeschlossene Hülle $\overline{B}_\alpha$ von B_α in E_α vollständig, also auch $\prod_\alpha \overline{B}_\alpha$ in E. Da diese Menge B umfaßt, ist auch B vollständig, wenn B als abgeschlossen vorausgesetzt wird.

Zieht man §18, 5.(4) heran, so ergeben sich leicht auch die Behauptungen über die lokalkonvexen direkten Summen.

Eine Teilmenge M eines lokalkonvexen Raumes $E[\mathfrak{T}]$ heiße quasiabgeschlossen, wenn sie alle in E liegenden Berührungspunkte ihrer beschränkten Teilmengen enthält. Der Durchschnitt beliebig vieler und die Vereinigung endlich vieler quasiabgeschlossener Teilmengen sind wieder quasiabgeschlossen. Ist A eine stetige lineare Abbildung von $E[\mathfrak{T}]$ in $F[\mathfrak{T}']$, so ist das Urbild $A^{(-1)}(M)$ jeder quasiabgeschlossenen Teilmenge M von F quasiabgeschlossen.

Die quasiabgeschlossene Hülle $\widehat{M}$ einer Menge $M \subset E[\mathfrak{T}]$ ist der Durchschnitt aller M umfassenden quasiabgeschlossenen Teilmengen von E. Jeder Punkt von $\widehat{M}$ heißt strikter Berührungspunkt von M. Ein solcher Punkt ist natürlich auch Berührungspunkt von M, das Umgekehrte gilt nicht immer. Ein strikter Berührungspunkt von M braucht andererseits nicht Berührungspunkt einer beschränkten Teilmenge von M zu sein (vgl. das Beispiel am Schluß der Nummer).

Das stetige Bild Ax eines strikten Berührungspunktes x von M ist strikter Berührungspunkt von $A(M)$, denn liegt $A(M)$ in der quasiabgeschlossenen Menge N, so liegt M in $A^{(-1)}(N)$, $A^{(-1)}(N)$ ist quasiabgeschlossen und enthält daher x, N enthält daher Ax.

Die quasivollständige Hülle $\overset{\sqcap}{E}$ eines lokalkonvexen Raumes $E[\mathfrak{T}]$ ist die quasiabgeschlossene Hülle von E in der vollständigen Hülle $\tilde{E}[\tilde{\mathfrak{T}}]$. $\overset{\sqcap}{E}$ ist quasivollständig bezüglich der durch $\tilde{\mathfrak{T}}$ auf $\overset{\sqcap}{E}$ induzierten Topologie $\overset{\sqcap}{\mathfrak{T}}$.

(3) *Der duale Raum E' eines tonnelierten Raumes $E[\mathfrak{T}]$ ist schwach quasivollständig.*

Denn die schwach abgeschlossenen beschränkten Teilmengen von E' sind nach § 21, 4.(4) schwach kompakt, also schwach vollständig.

Wir werden in 6.(4) auch die Umkehrung beweisen.

Der Hilbertsche Raum ist nach (3) schwach quasivollständig, aber nicht schwach vollständig (vgl. § 20, 9.(2)).

(4) *A sei eine lineare stetige Abbildung von $E[\mathfrak{T}]$ in $F[\mathfrak{T}']$. Ist F quasivollständig bzw. vollständig, so läßt sich A in eindeutig bestimmter Weise zu einer linearen stetigen Abbildung der quasivollständigen bzw. vollständigen Hülle von $E[\mathfrak{T}]$ in $F[\mathfrak{T}']$ fortsetzen.*

Beweis. F sei vollständig. A ist nach § 15, 2.(4) gleichmäßig stetig, läßt sich also nach § 5, 4.(4) in eindeutig bestimmter Weise stetig auf $\tilde{E}$ fortsetzen. Die Fortsetzung $\tilde{A}$ ist wieder linear. Damit ist die Behauptung für vollständiges $F[\mathfrak{T}']$ bewiesen.

Ist F quasivollständig, so bildet $\tilde{A}$ jedenfalls die quasivollständige Hülle $\overset{\sqcap}{E}$ in $\tilde{F}$ ab. Jeder strikte Berührungspunkt von E in $\tilde{E}$ geht aber durch $\tilde{A}$ in einen strikten Berührungspunkt von $A(E)$ in $\tilde{F}$ über. Da dieser nach Voraussetzung in F liegt, gilt $\tilde{A}(\overset{\sqcap}{E}) \subset F$.

Beispiel. Die lokalkonvexe Summe abzählbar vieler Räume ω wird nach § 13, 5. als $\varphi\omega$ bezeichnet. Die Elemente von $\varphi\omega$ haben die Form $\mathfrak{x} = (\xi_{ik}) = \sum_{i,k=1}^{\infty} \xi_{ik}\mathfrak{e}_{ik}$ mit $\xi_{ik} = 0$ für $i \geq i_0$ und alle k. Es sei H die lineare Hülle der $\mathfrak{a}_{nk} = \mathfrak{e}_{1n} + \mathfrak{e}_{nk}$, $n, k = 1, 2, \ldots$. Keines der $\mathfrak{e}_{1n}$ liegt in H, jedoch ist $\mathfrak{e}_{1n}$ der Limes der $\mathfrak{e}_{1n} + \mathfrak{e}_{nk}$ für $k \to \infty$, gehört also zur quasiabgeschlossenen Hülle $\widehat{H}$. Auch jede Summe $\sum_{1}^{m} \mathfrak{e}_{1n}$ liegt in $\widehat{H}$, jedoch ist $\mathfrak{x}_0 = \sum_{n=1}^{\infty} \mathfrak{e}_{1n}$ zwar Limes der $\sum_{1}^{m} \mathfrak{e}_{1n}$ und damit Element von $\widehat{H}$, jedoch nicht Berührungspunkt einer beschränkten Teilmenge von H; denn einer solchen können nur Linearkombinationen der $\mathfrak{e}_{1n} + \mathfrak{e}_{nk}$ mit $n \leq n_0$ angehören. $\mathfrak{x}_0$ ist also strikter Berührungspunkt von H, aber nicht Berührungspunkt einer beschränkten Teilmenge von H.

2. Der biduale Raum. Versieht man den dualen Raum E' eines lokalkonvexen Raumes $E[\mathfrak{T}]$ mit einer Topologie $\mathfrak{T}_{\mathfrak{M}}$, $\mathfrak{M}$ eine totale gesättigte Klasse beschränkter Teilmengen von $E[\mathfrak{T}]$, so wissen wir aus § 21, 4., daß der duale Raum zu $E'[\mathfrak{T}_{\mathfrak{M}}]$ dann und nur dann mit E zusammenfällt, wenn $\mathfrak{T}_{\mathfrak{M}}$ gröber als die Mackeysche Topologie $\mathfrak{T}_k(E)$ und feiner als die schwache Topologie $\mathfrak{T}_s(E)$ ist.

Nach § 21, 1.(2) ist $E'[\mathfrak{T}_{\mathfrak{M}}]$ lokalkonvex und der duale Raum ein Teilraum des algebraisch dualen Raumes $(E')^*$, der nach § 20, 9.(2) auch als die schwach vollständige Hülle $\tilde{E}[\mathfrak{T}_s(E')]$ von E aufgefaßt werden kann.

Der duale Raum zu $E'[\mathfrak{T}_{\mathfrak{M}}]$ läßt sich in folgender Weise bestimmen,

(1) *Ist $\mathfrak{M}$ eine totale gesättigte Klasse beschränkter Teilmengen des lokalkonvexen Raumes $E[\mathfrak{T}]$, so ist der duale Raum zu $E'[\mathfrak{T}_{\mathfrak{M}}]$ gleich $\bigcup_{M \in \mathfrak{M}} \overline{M}$, $\overline{M}$ die in $(E')^* = \tilde{E}[\mathfrak{T}_s(E')]$ gebildete schwach abgeschlossene Hülle von M.*

Beweis. Jede stetige Linearfunktion z auf $E'[\mathfrak{T}_{\mathfrak{M}}]$ ist auf einer geeigneten $\mathfrak{T}_{\mathfrak{M}}$-Nullumgebung M°, $M \in \mathfrak{M}$ und absolutkonvex, dem Betrage nach beschränkt durch 1, d.h. z liegt in der in $(E')^*$ gebildeten polaren Menge $M^{\circ\circ}$ zu M°. Umgekehrt ist jedes Element von $M^{\circ\circ}$ eine stetige Linearfunktion auf E'. Nach dem Bipolarensatz ist $M^{\circ\circ} = \overline{M}$ und damit gilt $(E'[\mathfrak{T}_{\mathfrak{M}}])' = \bigcup_{M \in \mathfrak{M}} \overline{M}$.

(2) *Ist $\mathfrak{T}_{\mathfrak{M}}$ feiner als $\mathfrak{T}_s(E)$, so ist E ein Teilraum von $(E'[\mathfrak{T}_{\mathfrak{M}}])'$.*

Denn jedes $x_0 \in E$ ist eine schwach stetige, erst recht also $\mathfrak{T}_{\mathfrak{M}}$-stetige Linearfunktion auf E'.

Die feinste der Topologien $\mathfrak{T}_{\mathfrak{M}}$ auf E' ist die starke Topologie $\mathfrak{T}_b(E)$, die also den größten dualen Raum liefert. In Übereinstimmung mit der für normierte Räume in § 14, 5. eingeführten Terminologie bezeichnen wir den dualen Raum zu $E'[\mathfrak{T}_b(E)]$ mit E'' und nennen ihn den bidualen Raum zu $E[\mathfrak{T}]$. Aus (1) wird in diesem Fall

(3) *Ist $E[\mathfrak{T}]$ ein lokalkonvexer Raum, so ist der biduale Raum E'' die Vereinigung der in $(E')^*$ gebildeten schwach abgeschlossenen Hüllen der beschränkten Teilmengen von $E[\mathfrak{T}]$.*

E'' liegt also stets in der $\mathfrak{T}_s(E')$-quasivollständigen Hülle von E.

Jede beschränkte Teilmenge B von $E[\mathfrak{T}]$ ist nach § 20, 9.(3) schwach präkompakt. Da $(E')^*$ schwach vollständig ist nach § 20, 9.(2), ist die in E'' gebildete schwach abgeschlossene Hülle $\overline{B}$ schwach kompakt, aus (3) ergibt sich also

(4) *Jede beschränkte Teilmenge von $E[\mathfrak{T}]$ ist relativ schwach kompakt im bidualen Raum E''.*

Dies läßt sich auch als eine Aussage über die Topologien auf E' formulieren,

(5) *Die Mackeysche Topologie $\mathfrak{T}_k(E'')$ auf E' ist stets feiner als die starke Topologie $\mathfrak{T}_b(E)$ auf E'.*

3. Halbreflexivität. Wir haben in § 14, 5. einen (B)-Raum E als reflexiv bezeichnet, wenn der biduale Raum E'' als (B)-Raum mit E übereinstimmt. Dies bedeutet erstens, daß E'' als linearer Raum gleich E ist, und zweitens, daß die Norm von E'' mit der Norm von E übereinstimmt. Die zweite Aussage ist nach § 17, 6.(3) eine Folge der ersten.

Im Fall eines beliebigen lokalkonvexen Raumes ist der entsprechende Sachverhalt komplizierter, deshalb betrachten wir zuerst die Verallgemeinerung der ersten Eigenschaft für sich. Wir nennen einen lokalkonvexen Raum $E[\mathfrak{T}]$ halbreflexiv, wenn der biduale Raum E'' gleich E ist. Es gilt folgendes Kriterium

(1) *Ein lokalkonvexer Raum $E[\mathfrak{T}]$ ist dann und nur dann halbreflexiv, wenn jede beschränkte Teilmenge von $E[\mathfrak{T}]$ relativ schwach kompakt ist, d.h. wenn auf E' die Topologien $\mathfrak{T}_b(E)$ und $\mathfrak{T}_k(E)$ übereinstimmen.*

Beweis. Ist $E''=E$, so fallen nach 2.(4) die relativ schwach kompakten mit den beschränkten Teilmengen zusammen, also ist $\mathfrak{T}_b(E)$ gleich $\mathfrak{T}_k(E)$ auf E'.

Ist dies umgekehrt der Fall, so ist nach dem Satz von Mackey-Arens $E''=(E'[\mathfrak{T}_k(E)])'=E$.

Ein zweites Kriterium ist

(2) *Ein lokalkonvexer Raum $E[\mathfrak{T}]$ ist dann und nur dann halbreflexiv, wenn er schwach quasivollständig ist.*

Beweis. Es sei E schwach quasivollständig. Nach § 20, 9.(3) ist jede beschränkte Menge schwach präkompakt, also, da sie in einer beschränkten schwach vollständigen Menge liegt, sogar relativ schwach kompakt. Nach (1) ist $E[\mathfrak{T}]$ also halbreflexiv.

Nach (1) oder 2.(4) ist umgekehrt jeder halbreflexive Raum schwach quasivollständig.

Für (B)-Räume folgt aus (1), (2) und der Identität von Reflexivität und Halbreflexivität

(3) *Ein (B)-Raum E ist dann und nur dann reflexiv, wenn die abgeschlossene Einheitskugel von E schwach kompakt oder schwach vollständig ist.*

Aus (1) und § 21, 2.(2) ergibt sich sofort

(4) *Der stark duale Raum eines halbreflexiven lokalkonvexen Raumes ist tonneliert.*

Die Umkehrung hiervon ist nicht richtig, so ist z.B. der (B)-Raum c_0 nicht reflexiv nach § 14, 7., sein stark dualer Raum l^1 ist als (B)-Raum jedoch tonneliert.

(5) *Jeder abgeschlossene lineare Teilraum H eines halbreflexiven Raumes $E[\mathfrak{T}]$ ist halbreflexiv.*

Die Topologie $\mathfrak{T}_s(H')$ stimmt auf H nach § 22, 2.(1) mit der durch $\mathfrak{T}_s(E')$ induzierten Topologie überein. Da H schwach abgeschlossen in

E ist, ist jede beschränkte schwach abgeschlossene Menge in H schwach vollständig nach (2), also H schwach quasivollständig und daher nach (2) halbreflexiv.

Ein Quotientenraum eines halbreflexiven Raumes, ebenso der stark duale Raum sind im allgemeinen nicht wieder halbreflexiv (vgl. 5. und 6.).

(6) *Die lokalkonvexe direkte Summe und das topologische Produkt halbreflexiver lokalkonvexer Räume sind wieder halbreflexiv.*

Beweis. a) Es sei $E[\mathfrak{T}] = \bigoplus_\alpha E_\alpha[\mathfrak{T}_\alpha]$. Nach §18, 5.(4) ist jede beschränkte Teilmenge von $E[\mathfrak{T}]$ in einer Menge der Gestalt $B = \bigoplus_{i=1}^n B_{\alpha_i}$, B_{α_i} beschränkt in $E_{\alpha_i}[\mathfrak{T}_{\alpha_i}]$, enthalten. Nach Voraussetzung kann man die B_{α_i} als $\mathfrak{T}_s(E'_{\alpha_i})$-kompakt annehmen. Nach dem Satz von TYCHONOFF ist dann B kompakt in der Produkttopologie von $\bigoplus_{i=1}^n E_{\alpha_i}[\mathfrak{T}_s(E_{\alpha_i})]$, die nach § 22, 5.(3) mit der durch $\mathfrak{T}_s(E')$ induzierten Topologie übereinstimmt. (1) ergibt die Halbreflexivität von $E[\mathfrak{T}]$.

b) Für ein topologisches Produkt $\prod_\alpha E_\alpha[\mathfrak{T}_\alpha]$ folgt die Halbreflexivität analog daraus, daß jede beschränkte Menge in einem Produkt $\prod_\alpha B_\alpha$ beschränkter und schwach kompakter Mengen liegt, das nach § 22, 5.(3) schwach kompakt in $\prod_\alpha E_\alpha$ ist.

(7) *Der projektive Limes* $E[\mathfrak{T}] = \varprojlim A_{\alpha\beta}(F_\beta[\mathfrak{T}_\beta])$ *halbreflexiver* $F_\beta[\mathfrak{T}_\beta]$ *ist halbreflexiv.*

Nach §19, 10.(3) ist $E[\mathfrak{T}]$ ein abgeschlossener linearer Teilraum von $\prod_\alpha F_\alpha[\mathfrak{T}_\alpha]$, die Behauptung folgt daher aus (6) und (5).

4. Die Topologien des bidualen Raumes. Der biduale Raum E'' eines lokalkonvexen Raumes $E[\mathfrak{T}]$ bildet mit E' ein Dualsystem $\langle E'', E'\rangle$ und somit kann man auf E'' die üblichen Topologien erklären. Da wir im folgenden neben dem Dualsystem $\langle E'', E'\rangle$ auch das ursprüngliche $\langle E', E\rangle$ zu betrachten haben, werden wir abweichend von dem bisherigen Gebrauch bei der Bezeichnung der Topologie gelegentlich auch noch den zweiten Raum des Dualsystems heranziehen; so bezeichne z.B. $\mathfrak{T}_b(E', E'')$ die starke Topologie auf E'' bezüglich des Dualsystems $\langle E', E''\rangle$. Ihre gleichstetigen Mengen sind die $\mathfrak{T}_s(E'')$-beschränkten Teilmengen von E'.

Als den stark bidualen Raum zu $E[\mathfrak{T}]$ bezeichnen wir den mit der Topologie $\mathfrak{T}_b(E', E'')$ versehenen bidualen Raum E'', also den stark dualen Raum zu $E'[\mathfrak{T}_b(E)]$.

E ist ein Teilraum von E''. Wir fragen nach der Topologie, die durch $\mathfrak{T}_b(E', E'')$ auf E induziert wird. Dies braucht nicht die starke Topologie von E zu sein, vielmehr gilt

(1) $\mathfrak{T}_b(E', E'')$ *induziert auf* E *die Topologie* $\mathfrak{T}_{b*}(E', E)$.

Beweis. Nach dem Satz von MACKEY (§ 20, 11.(7)), angewendet auf $E'[\mathfrak{T}_b(E)]$ und seinen dualen Raum E'', sind die $\mathfrak{T}_s(E'', E')$-beschränkten Teilmengen von E' identisch mit den beschränkten Teilmengen von $E'[\mathfrak{T}_b(E)]$, das sind aber die bezüglich des Dualsystems $\langle E', E\rangle$ stark beschränkten Teilmengen von E'. Also stimmen die für $\mathfrak{T}_b(E', E'')$ bzw. $\mathfrak{T}_{b*}(E', E)$ gleichstetigen Teilmengen von E' überein.

Neben der Topologie $\mathfrak{T}_b(E', E'')$ ist eine zweite Topologie wichtig, die natürliche Topologie $\mathfrak{T}_n(E')$ des bidualen Raumes zu $E[\mathfrak{T}]$, die erklärt ist als die Topologie der gleichmäßigen Konvergenz auf den $\mathfrak{T}$-gleichstetigen Teilmengen von E'. Eine Nullumgebungsbasis von $\mathfrak{T}_n(E')$ besteht daher aus allen in E'' gebildeten polaren Mengen $U^{\circ\circ}$, der $U^{\circ} \subset E'$, wobei U die absolutkonvexen Nullumgebungen von $E[\mathfrak{T}]$ durchläuft.

Ist also $\{U\}$ eine $\mathfrak{T}$-Nullumgebungsbasis in E, so bilden die in E'' gebildeten $\mathfrak{T}_s(E', E'')$-abgeschlossenen konvexen Hüllen der U eine Nullumgebungsbasis von $\mathfrak{T}_n(E')$ auf E''.

Offenbar gilt

(2) *Die natürliche Topologie* $\mathfrak{T}_n(E')$ *induziert auf* E *stets die Ausgangstopologie* $\mathfrak{T}$.

$\mathfrak{T}_n(E')$ ist stets gröber als die starke Topologie $\mathfrak{T}_b(E', E'')$, denn jede $\mathfrak{T}$-gleichstetige Teilmenge von E' ist nach § 21, 5.(1) $\mathfrak{T}_b(E)$-beschränkt.

Wann sind die natürliche und die starke Topologie auf E'' identisch? Genau dann, wenn die $\mathfrak{T}$-gleichstetigen Teilmengen von E' mit den bezüglich E stark beschränkten Teilmengen zusammenfallen, wenn also $\mathfrak{T}$ gleich $\mathfrak{T}_{b*}(E')$ ist.

Ein lokalkonvexer Raum $E[\mathfrak{T}]$ heiße quasitonneliert, wenn $\mathfrak{T}$ mit $\mathfrak{T}_{b*}(E')$ zusammenfällt. Da $\mathfrak{T}_{b*}(E')$ stets feiner als $\mathfrak{T}$ und gröber als $\mathfrak{T}_b(E')$ ist, ist ein tonnelierter Raum stets quasitonneliert; das Umgekehrte braucht nicht zu gelten.

Wir werden die tonnelierten und quasitonnelierten Räume später ausführlich untersuchen, wir begnügen uns jetzt mit einer einfachen Charakterisierung der quasitonnelierten Räume.

Wir sagen, daß eine Teilmenge M eines linearen Raumes eine Menge N absorbiert, wenn für ein geeignetes $\varrho > 0$ $\varrho N \subset M$ gilt. Mit dieser Bezeichnung gilt

(3) *Ein lokalkonvexer Raum* $E[\mathfrak{T}]$ *ist dann und nur dann quasitonneliert, wenn jede Tonne in* E, *die alle beschränkten Teilmengen von* $E[\mathfrak{T}]$ *absorbiert, eine* $\mathfrak{T}$-*Nullumgebung ist.*

Denn die polare Menge einer solchen Tonne ist stark beschränkt in E'; umgekehrt ist die polare Menge einer stark beschränkten absolutkonvexen Teilmenge von E' eine Tonne mit der angegebenen Eigenschaft.

Aus unseren obigen Überlegungen ergibt sich

(4) *Die natürliche und die starke Topologie eines bidualen Raumes E'' fallen dann und nur dann zusammen, wenn $E[\mathfrak{T}]$ quasitonneliert ist, wenn also in E' die $\mathfrak{T}$-gleichstetigen Mengen mit den $\mathfrak{T}_b(E)$-beschränkten Mengen zusammenfallen.*

Nach § 21, 5.(3) sind alle metrisierbaren lokalkonvexen Räume, speziell also die (F)-Räume, quasitonneliert. Auf ihren bidualen Räumen fallen also die natürliche und die starke Topologie zusammen.

Der stark biduale Raum eines normierten Raumes ist ein (B)-Raum. In § 29, 2. werden wir beweisen, daß der stark biduale Raum eines lokalkonvexen metrisierbaren Raumes ein (F)-Raum ist. Im Augenblick zeigen wir den schwächeren Satz

(5) *Ist $E[\mathfrak{T}]$ metrisierbar, so ist der stark biduale Raum E'' ebenfalls metrisierbar.*

Denn ist U_n, $n = 1, 2, \ldots$, eine Nullumgebungsbasis von $E[\mathfrak{T}]$, so bilden die in E'' gebildeten $U_n^{\circ\circ}$ eine Nullumgebungsbasis der natürlichen, also der starken Topologie auf E''.

Es sei bemerkt, daß es nicht bekannt ist, ob der stark biduale Raum eines lokalkonvexen Raumes stets vollständig ist.

Als dritte Topologie auf E'' betrachten wir die Mackeysche Topologie $\mathfrak{T}_k(E', E'')$. Sie besitzt als gleichstetige Mengen die absolutkonvexen $\mathfrak{T}_s(E'')$-relativkompakten Teilmengen von E'. Wegen $E'' \supset E$ ist die Topologie $\mathfrak{T}_s(E'')$ feiner als $\mathfrak{T}_s(E)$ auf E'. Jede $\mathfrak{T}_s(E'')$-kompakte Teilmenge von E' ist auch $\mathfrak{T}_s(E)$-kompakt. Damit gilt

(6) *Die Topologie $\mathfrak{T}_k(E', E'')$ induziert auf E eine Topologie, die gröber ist als $\mathfrak{T}_k(E', E)$.*

Wir zeigen an einem Beispiel, daß die beiden Topologien verschieden sein können. Im stark dualen Raum l^1 zu c_0 ist die abgeschlossene Einheitskugel K nach § 20, 9.(5) $\mathfrak{T}_s(c_0)$-kompakt, nach § 22, 4.(3) aber nicht $\mathfrak{T}_s(l^\infty)$-kompakt. Mithin ist $\mathfrak{T}_k(l^1, l^\infty)$ auf c_0 echt gröber als $\mathfrak{T}_k(l^1, c_0)$.

5. Reflexivität. Wir bezeichnen einen lokalkonvexen Raum $E[\mathfrak{T}]$ als reflexiv, wenn der biduale Raum E'' gleich E ist und wenn die Topologie $\mathfrak{T}_b(E', E'')$ mit der Ausgangstopologie übereinstimmt; anders ausgedrückt, wenn der stark biduale Raum von $E[\mathfrak{T}]$ mit $E[\mathfrak{T}]$ zusammenfällt.

Für (B)-Räume stimmt dies mit der früheren Definition überein.

Ein erstes Kriterium für die Reflexivität ist

(1) *Ein lokalkonvexer Raum ist genau dann reflexiv, wenn er halbreflexiv und quasitonneliert ist.*

Dies folgt unmittelbar aus 4.(2) und 4.(4).

Aus 3.(2) ergibt sich

(2) *Ein lokalkonvexer Raum ist genau dann reflexiv, wenn er schwach quasivollständig und quasitonneliert ist.*

Zwei weitere Kriterien enthält

(3) *Ein lokalkonvexer Raum* $E[\mathfrak{T}]$ *ist genau dann reflexiv, a) wenn* $\mathfrak{T}$ *die Mackeysche Topologie ist und wenn in* $E[\mathfrak{T}]$ *und in* $E'[\mathfrak{T}_k(E)]$ *jede beschränkte Menge relativ schwach kompakt ist, b) wenn* $\mathfrak{T}$ *die Mackeysche Topologie ist und wenn* $E[\mathfrak{T}]$ *und* $E'[\mathfrak{T}_k(E)]$ *schwach quasivollständig oder halbreflexiv sind.*

Beweis. Es sei $E[\mathfrak{T}]$ reflexiv. Aus $E''=E$ und der Definition von $\mathfrak{T}_b(E', E'')$ folgt, daß $\mathfrak{T}$ mit der Topologie $\mathfrak{T}_b(E')$ zusammenfällt. Daher fällt auch die zwischen $\mathfrak{T}$ und $\mathfrak{T}_b(E')$ gelegene Mackeysche Topologie mit diesen beiden zusammen. Aus $\mathfrak{T}_b(E')=\mathfrak{T}_k(E')$ folgt, daß jede beschränkte Teilmenge von $E'[\mathfrak{T}_k(E)]$ relativ schwach kompakt ist, also auch, daß E' schwach quasivollständig ist. Aus 3.(1) und 3.(2) folgt dies auch für E.

Sind umgekehrt die Bedingungen a) oder b) erfüllt, so ist nach 3.(1) und 3.(2) $E[\mathfrak{T}]$ halbreflexiv, ferner ist $\mathfrak{T}_b(E')=\mathfrak{T}_k(E')=\mathfrak{T}$ auf E.

Aus der Quasitonneliertheit jedes (F)-Raumes folgt nach (1), (2) in Verallgemeinerung von 3.(3)

(4) *Ein* (F)-*Raum* $E[\mathfrak{T}]$ *ist dann und nur dann reflexiv, wenn er halbreflexiv oder schwach quasivollständig ist oder wenn jede beschränkte Teilmenge von* $E[\mathfrak{T}]$ *relativ schwach kompakt ist.*

Eine unmittelbare Folge aus der Definition der Reflexivität ist

(5) *Ist* $E[\mathfrak{T}]$ *reflexiv, so ist auch der stark duale Raum* $E'[\mathfrak{T}_b(E)]$ *reflexiv.*

In vielen Fällen kann man auch umgekehrt aus der Reflexivität von E' auf die von E schließen,

(6) *Es sei* $E[\mathfrak{T}]$ *quasivollständig,* $\mathfrak{T}$ *die Mackeysche Topologie. Ist der stark duale Raum* $E'[\mathfrak{T}_b(E)]$ *halbreflexiv, so ist* $E[\mathfrak{T}]$ *reflexiv.*

Beweis. Die $\mathfrak{T}_b(E)$-beschränkten Mengen in E' sind die E''-beschränkten Teilmengen von E', E'' der stark biduale Raum. Aus der Halbreflexivität von E' folgt, daß diese Mengen relativ $\mathfrak{T}_s(E'')$-kompakt sind. Da $\mathfrak{T}_s(E)$ auf E' gröber als $\mathfrak{T}_s(E'')$ ist, sind diese Mengen auch relativ $\mathfrak{T}_s(E)$-kompakt. Die Identität der $\mathfrak{T}_b(E)$-beschränkten Mengen in E' mit den relativ $\mathfrak{T}_s(E)$-kompakten Mengen bedeutet aber, daß $E[\mathfrak{T}]$ quasitonneliert ist.

Unser Satz ist nach (1) bewiesen, wenn wir noch die Halbreflexivität von E zeigen können. Nach 2.(3) entsteht E'' aus E durch Hinzunahme der $\mathfrak{T}_s(E')$-Berührungspunkte in $(E')^*$ der beschränkten Teilmengen von E. Da diese als absolutkonvex angenommen werden können, genügt es nach § 20, 7.(6), die $\mathfrak{T}_k(E', E'')$-Berührungspunkte hinzuzunehmen. Aber

$\mathfrak{T}_k(E', E'')$ stimmt nach den Überlegungen im ersten Teil des Beweises auf E mit $\mathfrak{T}_k(E', E) = \mathfrak{T}$ überein. Aus der vorausgesetzten Quasivollständigkeit von $E[\mathfrak{T}]$ folgt daher $E'' = E$.

Speziell gilt wegen (5)

(7) *Ein* (F)-*Raum ist dann und nur dann reflexiv, wenn sein stark dualer Raum reflexiv ist.*

Aus der Nichtreflexivität von c_0 (vgl. § 14, 7.) folgt also die von l^1 und von l^∞. Nach 3.(3) sind also die abgeschlossenen Einheitskugeln von l^1 und l^∞ nicht schwach kompakt.

Für (B)-Räume, deren stark duale Räume wieder (B)-Räume sind, folgt aus (7)

(8) *Ist der* (B)-*Raum E nicht reflexiv, so sind die iterierten stark dualen Räume sämtlich nicht reflexiv, und in den Folgen*

$$E \subset E'' \subset E'''' \subset \cdots \quad \text{und} \quad E' \subset E''' \subset \cdots$$

ist jeder Raum echter abgeschlossener Teilraum des nächstfolgenden.

Daß dies auch für (F)-Räume gilt, werden wir in § 29, 2. beweisen.

In Analogie zu 3.(6) gilt

(9) *Die lokalkonvexe direkte Summe und das topologische Produkt reflexiver Räume sind wieder reflexiv.*

Beweis. Auf den reflexiven $E_\alpha[\mathfrak{T}_\alpha]$ ist $\mathfrak{T}_\alpha$ die Mackeysche Topologie, also ist nach § 22, 5.(4) die Topologie $\mathfrak{T}$ der lokalkonvexen direkten Summe $E[\mathfrak{T}] = \bigoplus_\alpha E_\alpha[\mathfrak{T}_\alpha]$ die Mackeysche Topologie auf E. Nach 3.(6) ist $E[\mathfrak{T}]$ halbreflexiv. Die $E'_\alpha[\mathfrak{T}_b(E_\alpha)]$ sind ebenfalls halbreflexiv und nach 3.(6) daher auch $(E[\mathfrak{T}])' = \prod_\alpha E'_\alpha$. Aus (3) b) folgt nun die Reflexivität von $E[\mathfrak{T}]$.

Entsprechend schließt man für das topologische Produkt.

Aus 3.(5) und (4) folgt

(10) *Jeder abgeschlossene lineare Teilraum eines reflexiven* (F)-*Raumes ist reflexiv.*

Für (B)-Räume gilt überdies

(11) *Ist der* (B)-*Raum E reflexiv und ist H ein abgeschlossener linearer Teilraum von E, so ist der* (B)-*Raum E/H ebenfalls reflexiv.*

Denn das Bild $K(B)$ der schwach kompakten Einheitskugel B von E bei der kanonischen Abbildung K von E auf E/H ist nach § 22, 2.(3) $\mathfrak{T}_s(H^\perp)$-kompakt. Andererseits ist $K(B)$ dicht in der abgeschlossenen Einheitskugel von E/H, fällt also mit ihr zusammen. Aus 3.(3) folgt die Behauptung.

Wir werden später (§ 31, 5.) ein Beispiel eines reflexiven (F)-Raumes geben, der einen nichtreflexiven Quotientenraum besitzt. Auch (10) ist nicht für beliebige lokalkonvexe Räume richtig. Wir geben dafür ein Beispiel.

Nach (9) sind die aus dem Grundkörper K durch Iteration der Bildung von lokalkonvexen direkten Summen und topologischen Produkten entstehenden Räumen abzählbarer Stufe (vgl. § 13, 5.) sämtlich reflexiv; speziell also der Raum $\varphi\omega \oplus \omega\varphi$ und sein dualer Raum $\omega\varphi \oplus \varphi\omega$. In § 13, 6. wurden abgeschlossene lineare Teilräume $H_1 < \varphi\omega \oplus \omega\varphi$ und $H_2 < \omega\varphi \oplus \varphi\omega$ konstruiert mit $H_2^{\perp} = H_1$. Der Quotientenraum $(\varphi\omega \oplus \omega\varphi)/H_1$ enthält eine Folge, die zwar Cauchyfolge bezüglich der Topologie $\mathfrak{T}_s(H_1^{\perp})$ ist, aber nicht konvergiert. Daraus folgt, daß $(\varphi\omega \oplus \omega\varphi)/H_1$ nicht einmal halbreflexiv ist.

Ferner ist H_2 ein linearer abgeschlossener Teilraum von $\omega\varphi \oplus \varphi\omega$, dessen dualer Raum wegen $H_2^{\perp} = H_1$ mit $(\varphi\omega \oplus \omega\varphi)/H_1$ übereinstimmt. Da dieser nicht halbreflexiv ist, ist H_2 nicht reflexiv.

Im allgemeinen hat ein nichtreflexiver (B)-Raum E unendliche Kodimension in E'', so z.B. c_0 in l^{∞}. James [1], [2] gab ein Beispiel eines reellen (B)-Raumes E mit eindimensionalem E''/E; E ist überdies normisomorph E''. Civin und Yood [1] haben die von ihnen als quasireflexiv bezeichneten (B)-Räume mit endlichdimensionalem E''/E näher untersucht im Anschluß an eine Arbeit von Dixmier [1], die interessante Ergebnisse über die iterierten dualen Räume eines (B)-Raumes enthält.

6. Beziehungen zwischen Halbreflexivität und Reflexivität. Ob ein lokalkonvexer Raum $E[\mathfrak{T}]$ halbreflexiv ist, hängt nur vom Dualsystem $\langle E', E\rangle$ ab, da die starke Topologie $\mathfrak{T}_b(E)$ auf E' durch das Dualsystem allein bestimmt ist. Man kann also $\mathfrak{T}$ durch jede zwischen $\mathfrak{T}_s(E')$ und $\mathfrak{T}_k(E')$ gelegene Topologie ersetzen, ohne an der Aussage, daß E halbreflexiv ist, etwas zu ändern.

Ist also ein Dualsystem $\langle E_2, E_1\rangle$ gegeben, so kann man E_1 als halbreflexiv bezüglich E_2 definieren, wenn $(E_2[\mathfrak{T}_b(E_1)])' = E_1$ ist. Dann ist E_1 bezüglich jeder zulässigen lokalkonvexen Topologie halbreflexiv im früheren Sinn.

Ebenso kann der Begriff der Reflexivität für Dualsysteme erklärt werden: Ein Dualsystem $\langle E_2, E_1\rangle$ heißt reflexiv, wenn E_1 bezüglich E_2 und E_2 bezüglich E_1 halbreflexiv sind, wenn also $(E_1[\mathfrak{T}_b(E_2)])' = E_2$ und $(E_2[\mathfrak{T}_b(E_1)])' = E_1$ gilt.

(1) *Ein lokalkonvexer Raum* $E[\mathfrak{T}]$, $\mathfrak{T}$ *die Mackeysche Topologie, ist dann und nur dann reflexiv, wenn* $\langle E', E\rangle$ *ein reflexives Dualsystem ist.*

Dies ist eine unmittelbare Folge von 5.(3) b).

Aus 5.(3) a) ergibt sich

(2) *Ein Dualsystem* $\langle E_2, E_1\rangle$ *ist dann und nur dann reflexiv, wenn* E_1 *und* E_2 *schwach quasivollständig sind, oder wenn in* E_1 *und in* E_2 *jede beschränkte Menge relativ schwach kompakt ist.*

Es gibt halbreflexive Räume, die nicht reflexiv sind. Man braucht nur auf einem reflexiven Raum $E[\mathfrak{T}]$ die Mackeysche Topologie $\mathfrak{T}$ durch eine echt gröbere zu ersetzen, die ebenfalls E' als dualen Raum ergibt.

Dies ist allerdings trivial, da man von einer offenbar ungeeigneten Topologie auf E ausgeht. Wie steht es, wenn $\mathfrak{T}$ die Mackeysche Topologie ist? Anders ausgedrückt: Gibt es Dualsysteme $\langle E_2, E_1\rangle$, in denen nur einer der beiden Räume halbreflexiv bezüglich des anderen ist?

Es gilt

(3) *Sei $\langle E_2, E_1\rangle$ ein Dualsystem.*

a) Dann und nur dann ist $E_1[\mathfrak{T}_k(E_2)]$ tonneliert, wenn $E_2[\mathfrak{T}_k(E_1)]$ halbreflexiv ist.

b) $\langle E_2, E_1\rangle$ ist dann und nur dann reflexiv, wenn $E_1[\mathfrak{T}_k(E_2)]$ und $E_2[\mathfrak{T}_k(E_1)]$ tonneliert sind.

c) Dann und nur dann ist $E_1[\mathfrak{T}_k(E_2)]$ halbreflexiv und nicht reflexiv, wenn $E_2[\mathfrak{T}_k(E_1)]$ tonneliert und nicht halbreflexiv ist.

Beweis. Daß $E_1[\mathfrak{T}_k(E_2)]$ tonneliert ist, bedeutet, daß in $E_1'=E_2$ die beschränkten Mengen relativ $\mathfrak{T}_s(E_1)$-kompakt sind. Wegen $E_2'=E_1$ bedeutet dies die Halbreflexivität von $E_2[\mathfrak{T}_k(E_1)]$. Damit ist a) bewiesen.

b) folgt unmittelbar aus a).

Aus a) und b) folgt, daß wenn $E_1[\mathfrak{T}_k(E_2)]$ halbreflexiv und nicht reflexiv ist, $E_2[\mathfrak{T}_k(E_1)]$ tonneliert und nicht halbreflexiv ist. Ist umgekehrt $E_2[\mathfrak{T}_k(E_1)]$ tonneliert und nicht halbreflexiv, so ist $E_1[\mathfrak{T}_k(E_2)]$ nach a) zwar halbreflexiv, kann aber nicht reflexiv sein, weil es sonst auch tonneliert wäre, was nach b) unmöglich ist. Damit ist auch c) bewiesen.

Aus (3) a) und 3.(2) folgt in Verschärfung von 1.(3)

(4) *Es sei $E[\mathfrak{T}]$ lokalkonvex, $\mathfrak{T}$ die Mackeysche Topologie. Dann und nur dann ist $E[\mathfrak{T}]$ tonneliert, wenn E' $\mathfrak{T}_s(E)$-quasivollständig ist.*

Oder auch

Der lokalkonvexe Raum $E[\mathfrak{T}]$ ist dann und nur dann schwach quasivollständig, wenn $E'[\mathfrak{T}_k(E)]$ tonneliert ist.

Aus (3) c) folgt

(5) *Man erhält alle in der Mackeyschen Topologie halbreflexiven und nicht reflexiven lokalkonvexen Räume, wenn man zu den tonnelierten und nicht halbreflexiven Räumen $E[\mathfrak{T}]$ die dualen Räume E' bildet und diese mit der Mackeyschen Topologie $\mathfrak{T}_k(E)$ versieht.*

Aus § 21, 5.(3) ergibt sich insbesondere

(6) *Ist $E[\mathfrak{T}]$ ein nichtreflexiver* (F)*-Raum, so ist $E'[\mathfrak{T}_k(E)]$ halbreflexiv und nicht reflexiv.*

7. Distinguierte Räume. Wir sahen in 6.(3), a), daß der Halbreflexivität von $E[\mathfrak{T}]$ die Tonneliertheit von $E'[\mathfrak{T}_k(E)]$ dual entspricht.

Andererseits wissen wir (3.(4)), daß der stark duale Raum $E'[\mathfrak{T}_b(E)]$ eines halbreflexiven Raumes $E[\mathfrak{T}]$ stets tonneliert ist. Wir werden nun eine Eigenschaft von $E[\mathfrak{T}]$ bestimmen, der die Tonneliertheit des stark dualen Raumes dual entspricht.

Ein lokalkonvexer Raum heiße distinguiert, wenn jede E'-beschränkte Teilmenge B_1 des stark bidualen Raumes E'' in der in E'' gebildeten $\mathfrak{T}_s(E', E'')$-abgeschlossenen Hülle einer beschränkten Menge B von E liegt. Das heißt also, daß es zu jedem B_1 ein B gibt mit $B_1 \subset B^{\circ\circ}$, $B^{\circ\circ}$ die in E'' gebildete polare Menge zu $B^\circ \subset E'$. Es gilt nun

(1) *Ein lokalkonvexer Raum $E[\mathfrak{T}]$ ist dann und nur dann distinguiert, wenn der stark duale Raum $E'[\mathfrak{T}_b(E)]$ tonneliert ist.*

Beweis. Es sei $E[\mathfrak{T}]$ distinguiert. Durchläuft B die beschränkten Mengen von E, so bilden die B° eine $\mathfrak{T}_b(E)$-Nullumgebungsbasis in E', die $(B^{\circ\circ})^\circ = B^\circ$ eine $\mathfrak{T}_b(E'')$-Nullumgebungsbasis, d.h. $\mathfrak{T}_b(E)$ und $\mathfrak{T}_b(E'')$ fallen auf E' zusammen, $E'[\mathfrak{T}_b(E)]$ ist tonneliert.

Ist umgekehrt $E'[\mathfrak{T}_b(E)]$ tonneliert, fallen also $\mathfrak{T}_b(E)$ und $\mathfrak{T}_b(E'')$ zusammen, so liegt jede beschränkte Menge B_1 von E'' als $\mathfrak{T}_b(E'')$-gleichstetige Menge in der in E'' gebildeten Polaren $(B^\circ)^\circ$ einer $\mathfrak{T}_b(E)$-Nullumgebung B°, B beschränkt in E.

Jeder halbreflexive Raum ist distinguiert. Jeder (B)-Raum ist distinguiert, da der stark duale Raum als (B)-Raum tonneliert ist. Ein nichtreflexiver (B)-Raum ist daher ein Beispiel eines distinguierten, aber nicht halbreflexiven Raumes.

Wie wir in §31, 7. sehen werden, gibt es (F)-Räume, die nicht distinguiert sind, deren stark dualer Raum also nicht tonneliert ist.

(2) *Ist $E[\mathfrak{T}]$ distinguiert, so ist E'' die $\mathfrak{T}_s(E')$-quasivollständige Hülle von E.*

Denn jede beschränkte Menge B_1 von E'' liegt in einer Menge $B^{\circ\circ}$, die $\mathfrak{T}_s(E')$-kompakt, also $\mathfrak{T}_s(E')$-vollständig ist.

(3) *Ist $E[\mathfrak{T}]$ distinguiert und $E'[\mathfrak{T}_b(E)]$ halbreflexiv, so ist E' sogar reflexiv und E'' ist die $\mathfrak{T}_k(E')$-quasivollständige Hülle von E.*

Daß E' reflexiv ist, folgt sofort aus (2) und 5.(2). E'' ist nach (2) die $\mathfrak{T}_s(E')$-quasivollständige Hülle von E. Da E' der duale Raum zu E'' ist, fallen die $\mathfrak{T}_s(E')$-abgeschlossene Hülle und die $\mathfrak{T}_k(E')$-abgeschlossene Hülle einer beschränkten absolutkonvexen Menge $B \subset E$ in E'' zusammen. E'' ist also bereits die $\mathfrak{T}_k(E')$-quasiabgeschlossene Hülle von E (vgl. §18, 4.(4)).

8. Der duale Raum eines halbreflexiven Raumes. Wie ein Beispiel am Schluß dieser Nummer zeigt, braucht der stark duale Raum eines halbreflexiven Raumes nicht einmal quasivollständig zu sein. Es gilt jedoch

(1) *Es sei* $E[\mathfrak{T}]$ *halbreflexiv und* $\overline{E}'$ *bzw.* $\tilde{E}'$ *seien die quasivollständige bzw. vollständige Hülle des stark dualen Raumes* $E'[\mathfrak{T}_b(E)]$. *Dann sind auch* $E[\mathfrak{T}_k(\overline{E}')]$ *und* $E[\mathfrak{T}_k(\tilde{E}')]$ *halbreflexiv und ihre stark dualen Räume sind die quasivollständige bzw. vollständige Hülle des stark dualen Raumes zu* $E[\mathfrak{T}]$.

Beweis. Nach Voraussetzung besitzt $E'[\mathfrak{T}_b(E)]$ den dualen Raum E. Nach §15, 9.(11) haben dann die vollständige Hülle $\tilde{E}'$ und erst recht die quasivollständige Hülle $\overline{E}'$ von E' ebenfalls den dualen Raum E. Nun sind die E'-beschränkten Teilmengen von $E[\mathfrak{T}]$ relativ $\mathfrak{T}_s(E')$-kompakt. Nach § 21, 4.(5) sind sie dann aber auch relativ $\mathfrak{T}_s(\tilde{E}')$-kompakt, erst recht also auch $\mathfrak{T}_s(\overline{E}')$-kompakt, und damit auch $\overline{E}'$- und $\tilde{E}'$-beschränkt. Daraus folgt nach 3.(1) aber, daß $E[\mathfrak{T}_k(\tilde{E}')]$ und $E[\mathfrak{T}_k(\overline{E}')]$ halbreflexiv sind. Da die bezüglich E', $\overline{E}'$ und $\tilde{E}'$ beschränkten Teilmengen von E zusammenfallen, ist die starke Topologie auf E' und $\overline{E}'$ die Einschränkung der starken Topologie auf $\tilde{E}'$. Daraus folgt die letzte Behauptung.

Man kann also durch Verfeinerung der Topologie eines halbreflexiven Raumes E stets erreichen, daß E halbreflexiv bleibt, aber der stark duale Raum quasivollständig oder sogar vollständig wird.

Machen wir überdies die Annahme, daß $\overline{E}'$ sogar $\mathfrak{T}_s(E)$-quasivollständig ist, so ist $E[\mathfrak{T}_k(\overline{E}')]$ reflexiv, da sowohl $E[\mathfrak{T}_k(\overline{E}')]$ wie der duale Raum $\overline{E}'$ halbreflexiv sind. In diesem Fall kann man über die iterierten stark dualen Räume einen gewissen Aufschluß erhalten.

Es sei also $E[\mathfrak{T}]$ halbreflexiv, $\mathfrak{T}$ die Mackeysche Topologie und $E'[\mathfrak{T}_b(E)]$ sei nicht quasivollständig, also $E[\mathfrak{T}]$ nicht reflexiv. Ferner sei $\overline{E}'[\mathfrak{T}_b(E)]$ halbreflexiv (also reflexiv, da dann ja $E[\mathfrak{T}_k(\overline{E}')]$ reflexiv ist). Dann ist $E''=E$ und die Topologie $\mathfrak{T}_b(E')$ auf $E''=E$ ist echt feiner als $\mathfrak{T}$, daher E''' echt größer als E', aber in $\overline{E}'$ enthalten; denn $\mathfrak{T}_b(E')$ ist gröber als $\mathfrak{T}_b(\overline{E}')=\mathfrak{T}_k(\overline{E}')$ auf E.

Aus $E'\subset E'''\subset\overline{E}'$ folgt nach (1), daß der stark duale Raum zu $E'''[\mathfrak{T}_b(E)]$ wieder E ist, versehen mit der Topologie $\mathfrak{T}_b(E''')$. Man erhält so eine Folge $E'\subset E'''\subset\cdots\subset\overline{E}'$ und eine immer feiner werdende Folge von Topologien $\mathfrak{T}_b(E')$, $\mathfrak{T}_b(E''')$, ... auf E, für die E halbreflexiv ist.

Sollte man nach endlich vielen Schritten noch nicht $\overline{E}'$ erreicht haben, so bilde man $E^{(\omega)}=E'\cup E'''\cup\cdots$. Ist auch $E^{(\omega)}$ noch nicht gleich $\overline{E}'$, also $E^{(\omega)}$ noch nicht $\mathfrak{T}_b(E)$-quasivollständig, so ist $\mathfrak{T}_b(E^{(\omega)})$ echt gröber als $\mathfrak{T}_b(\overline{E}')$ auf E und das Verfahren kann transfinit fortgesetzt werden bis $\overline{E}'$ erreicht ist.

Wir bringen ein Beispiel, in dem $E''' = \overline{E'} = \widetilde{E'}$ ist. Ob es Räume gibt, für die erst ein höherer iterierter Dualraum gleich $\overline{E'}$ wird, ist noch ungeklärt.

Wir betrachten den Raum φ_d, die direkte Summe von d Räumen $E_\alpha = K$. Die Anzahl d sei nicht abzählbar. Wir haben in § 18, 5. neben der Topologie der lokalkonvexen direkten Summe auch die echt gröbere Topologie $\mathfrak{T}'$ der topologischen direkten Summe auf φ_d betrachtet. Nach § 22, 5.(5) ist $(\varphi_d[\mathfrak{T}'])'$ gleich dem linearen Teilraum $\omega_d^{(0)}$ von ω_d, der aus allen $\mathfrak{u} = (v_\alpha) \in \omega_d$ mit nur abzählbar vielen $v_\alpha \neq 0$ besteht. Die beschränkten Teilmengen von $\varphi_d[\mathfrak{T}]$ und $\varphi_d[\mathfrak{T}']$ stimmen nach § 18, 5.(7) überein, es sind dies die endlichdimensionalen beschränkten Teilmengen. Da diese relativ $\mathfrak{T}_s(\omega_d)$-kompakt sind, sind sie auch relativ $\mathfrak{T}_s(\omega_d^{(0)})$-kompakt, $\varphi_d[\mathfrak{T}']$ ist also halbreflexiv.

Die starke Topologie $\mathfrak{T}_b(\varphi_d)$ auf ω_d stimmt mit der schwachen Topologie $\mathfrak{T}_s(\varphi_d)$ überein, insbesondere fallen in ω_d stark und schwach beschränkte Mengen zusammen. Die beschränkten Teilmengen von $\omega_d^{(0)}$ sind die Durchschnitte der beschränkten Teilmengen von ω_d mit $\omega_d^{(0)}$. Die Menge B aller $\mathfrak{u} = (v_\alpha) \in \omega_d$ mit $|v_\alpha| \leqq 1$ für alle α ist beschränkt und $\mathfrak{T}_s(\varphi_d)$-kompakt in ω_d, also ist auch $B^{(0)} = B \cap \omega_d^{(0)}$ in $\omega_d^{(0)}$ beschränkt und schwach abgeschlossen. Nun ist $B^{(0)}$ $\mathfrak{T}_s(\varphi_d)$-dicht in B, also $B^{(0)}$ wohl schwach präkompakt, aber nicht schwach kompakt in $\omega_d^{(0)}$. Das besagt aber, daß die $\mathfrak{T}_b(\varphi_d)$-beschränkten Teilmengen von $\omega_d^{(0)}$ im allgemeinen nicht relativ schwach kompakt sind; $\omega_d^{(0)}$ ist also nicht halbreflexiv.

Nach 2.(3) ist $(\omega_d^{(0)})'' = \omega_d$. Versieht man φ_d mit der Topologie $\mathfrak{T}_k(\omega_d^{(0)})$, die zwischen $\mathfrak{T}$ und $\mathfrak{T}'$ liegt, so ist φ_d halbreflexiv; der stark duale Raum $\omega_d^{(0)}$, dessen Topologie mit der schwachen Topologie übereinstimmt, ist nicht quasivollständig, aber $(\varphi_d)'''$ ist gleich der vollständigen Hülle ω_d von $\omega_d^{(0)}$. Der bezüglich $\mathfrak{T}_k(\omega_d^{(0)})$ halbreflexive, aber nicht reflexive Raum φ_d wird reflexiv, wenn man zur feineren Topologie $\mathfrak{T}_k(\omega_d)$ übergeht.

Kōmura [2] gab ein Beispiel eines reflexiven lokalkonvexen Raumes, der nicht vollständig ist.

9. Polare Reflexivität. Man kann die Frage, die zu den Begriffen halbreflexiv und reflexiv führt, auch für andere als die starke Topologie aufwerfen. Nach dem Satz von Mackey-Arens ist diese Frage nur nichttrivial für Topologien, die feiner als die Mackeysche Topologie sind.

Wir wollen dies für die polare Topologie $\mathfrak{T}^\circ$, also die Topologie der präkompakten Konvergenz untersuchen. Wir nennen also einen lokalkonvexen Raum $E[\mathfrak{T}]$ polar halbreflexiv, wenn $(E'[\mathfrak{T}^\circ])' = E$ gilt, und polar reflexiv, wenn überdies $\mathfrak{T} = \mathfrak{T}^{\circ\circ}$ ist (vgl. § 21, 6. und 7.).

(1) *$E[\mathfrak{T}]$ sei lokalkonvex. Der Raum $(E'[\mathfrak{T}^\circ])'$ ist gleich $\bigcup_{C \in \mathfrak{C}} \widetilde{C}$, wobei $\mathfrak{C}$ die Klasse der absolutkonvexen präkompakten Teilmengen von $E[\mathfrak{T}]$ durchläuft und $\widetilde{C}$ die vollständige Hülle von C in $\widetilde{E}[\widetilde{\mathfrak{T}}]$ bedeutet.*

$E[\mathfrak{T}]$ ist dann und nur dann polar halbreflexiv, wenn jede präkompakte Teilmenge von E relativ kompakt ist.

Beweis. Es ist $\widetilde{E}[\widetilde{\mathfrak{T}}] \subset (E')^*$. Die Menge $\widetilde{C}$ ist kompakt, also schwach kompakt und daher die schwach abgeschlossene Hülle von C in E'^*;

2.(1) ergibt dann die erste Behauptung. Der zweite Teil des Satzes folgt unmittelbar daraus.

Die Klasse der polar halbreflexiven Räume ist größer als die der halbreflexiven Räume. Es gilt

(2) *Jeder quasivollständige* $E[\mathfrak{T}]$ *ist polar halbreflexiv. Speziell ist jeder halbreflexive Raum polar halbreflexiv.*

Die erste Behauptung folgt aus (1). Ist $E[\mathfrak{T}]$ halbreflexiv, so ist jede beschränkte Teilmenge von $E[\mathfrak{T}]$ relativ schwach kompakt, erst recht also jede präkompakte Menge, (1) ergibt die Behauptung.

Analog gilt

(3) *Jeder reflexive Raum* $E[\mathfrak{T}]$ *ist polarreflexiv.*

Denn $E[\mathfrak{T}]$ ist polar halbreflexiv und $\mathfrak{T}$ ist die starke Topologie, für die aber in § 21, 7. bewiesen wurde, daß sie mit der Topologie $\mathfrak{T}^{\circ\circ}$ übereinstimmt.

(4) *Ist* $E[\mathfrak{T}]$ *quasivollständig,* $\mathfrak{T}$ *die Mackeysche Topologie, und ist* $E'[\mathfrak{T}^\circ]$ *ebenfalls quasivollständig, so ist* $E[\mathfrak{T}]$ *polar reflexiv.*

Beweis. $E[\mathfrak{T}]$ ist nach (2) polar halbreflexiv. Wir haben noch $\mathfrak{T} = \mathfrak{T}^{\circ\circ}$ zu beweisen, also zu zeigen, daß die absolutkonvexen, relativ schwach kompakten Teilmengen K von E' mit den $\mathfrak{T}_c$-präkompakten Teilmengen C von E' identisch sind. Wegen der Quasivollständigkeit von $E'[\mathfrak{T}^\circ]$ ist jede Menge C relativ $\mathfrak{T}_c$-kompakt, erst recht also relativ schwach kompakt. Da jede Menge C in einer absolutkonvexen solchen Menge liegt, sind also alle Mengen C auch Mengen K. Das Umgekehrte folgt aber aus § 21, 6.(2).

Aus (4) und § 21, 6.(4) folgt sofort

(5) *Jeder* (F)-*Raum ist polar reflexiv.*

Diese Überlegungen haben einen einfachen Zusammenhang mit der Dualitätstheorie topologischer abelscher Gruppen (Freundlich-Smith [1]).

Offenbar ist jeder lokalkonvexe Raum $E[\mathfrak{T}]$ hinsichtlich der Addition allein eine topologische abelsche Gruppe. Ein Charakter χ einer topologischen abelschen Gruppe G ist ein stetiger Gruppenhomomorphismus von G in die multiplikative Gruppe der komplexen Zahlen vom Betrag 1. Der Charakter $\chi(x) \equiv 1$ werde mit 1 bezeichnet. Die Charaktere von G bilden bezüglich der Multiplikation eine Gruppe $\widehat{G}$ mit 1 als Einselement.

Wir betrachten nun speziell einen reellen lokalkonvexen Raum $E[\mathfrak{T}]$. Wir können jedem Element u des dualen Raumes E' einen Charakter χ_u durch $\chi_u(x) = e^{iux}$ zuordnen. Es gilt ja $\chi_u(x_1 + x_2) = \chi_u(x_1) \cdot \chi_u(x_2)$ und χ_u ist stetig, da u und die Exponentialfunktion stetig sind.

Wir wollen nun zeigen, daß wir auf diese Weise alle Charaktere von $E[\mathfrak{T}]$ bekommen.

(6) *Durch die Zuordnung* $u \to \chi_u$ *erhält man eine algebraische Isomorphie der additiven Gruppe* E' *auf die multiplikative Charaktergruppe* $\widehat{E}$ *von* $E[\mathfrak{T}]$.

Beweis. Der Linearfunktion $u=0$ entspricht der Charakter 1. Ist $u \neq 0$, so gilt dies bereits auf einer Nullumgebung U mit $|u(U)| < 2\pi$, also ist $e^{iux} \not\equiv 1$, die Zuordnung $u \to \chi_u$ ist eineindeutig.

Es bleibt zu zeigen, daß jeder Charakter χ_0 die Form χ_u hat. Wegen der Stetigkeit von χ_0 gibt es eine Nullumgebung U mit $|\chi_0(x) - 1| < \pi$ für alle $x \in U$. Dann wird durch $u_0 x = \frac{1}{i} \log \chi_0(x) = \operatorname{arc} \chi_0(x)$, wobei der Hauptwert zu nehmen ist, auf U eine additive stetige Funktion erklärt. Sie ist auf U reell linear, denn aus der Additivität folgt die Linearität für rationale Koeffizienten, daraus durch Grenzübergang in bekannter Weise die Linearität für reelle Koeffizienten.

Ist nun z ein beliebiges Element aus E, so ist $\frac{1}{n} z \in U$ für geeignetes n. Setzen wir $u_0 z = n \cdot u_0\left(\frac{1}{n} z\right)$, so ist damit u_0 stetig und linear auf ganz E fortgesetzt, also $u_0 \in E'$. Da $\chi_0(x) = e^{iu_0 x}$ auf U gilt, gilt $\chi_0(z) = e^{iu_0 z}$ auf ganz E.

Geht man von einem reellen Dualsystem $\langle E_2, E_1 \rangle$ aus, so erhält man durch $\{u, x\} = e^{iux}$ eine duale Paarung der beiden abelschen Gruppen E_2 und E_1, bei der jedes Element der einen Gruppe einen Homomorphismus der anderen Gruppe in die Gruppe der unimodularen Zahlen erzeugt. Nimmt man auf beiden Gruppen als Topologie die Mackeysche Topologie, so ist jede Gruppe die Charaktergruppe der anderen nach dem Satz von MACKEY-ARENS.

Der bekannte Dualitätssatz von PONTRJAGIN besagt, daß die Charaktergruppe $\widehat{G}$ einer lokalkompakten abelschen Gruppe G wieder lokalkompakt ist bezüglich der Topologie der gleichmäßigen Konvergenz auf den kompakten Teilmengen von G, und daß G umgekehrt die Charaktergruppe von $\widehat{G}$ ist. Da $E[\mathfrak{T}]$ nur für endlichdimensionales E lokalkompakt ist, umfaßt dieser Satz für lokalkonvexe Räume nur den trivialen Fall. Dagegen gibt jede zu einem polar reflexiven $E[\mathfrak{T}]$ zugehörige Paarung $\{E', E\}$ ein Analogon zum Pontrjaginschen Dualitätssatz; insbesondere sind nach (5) ein reeller (F)-Raum und sein $\mathfrak{T}^\circ$-dualer Raum je die Charaktergruppe des anderen bezüglich der Topologie der gleichmäßigen Konvergenz auf den kompakten Teilmengen.

§ 24. Einige Sätze über kompakte und über konvexe Mengen

1. Die Sätze von ŠMULIAN und KAPLANSKY. Nach § 3, 4. heißt eine Teilmenge M eines topologischen Raumes R abzählbar kompakt bzw. relativ abzählbar kompakt, wenn jede Folge aus M einen Berührungspunkt in M bzw. in R hat; M heißt folgenkompakt bzw. relativ folgenkompakt, wenn jede Folge aus M eine gegen ein Element aus M bzw. R konvergente Teilfolge besitzt. Jede (relativ) folgenkompakte Menge ist (relativ) abzählbar kompakt.

Wir bemerken, daß die abgeschlossene Hülle einer relativ abzählbar kompakten Menge nicht abzählbar kompakt zu sein braucht; entsprechendes gilt für relativ folgenkompakte Mengen (vgl. z.B. GROTHENDIECK [6]).

(1) *Ist M eine relativ schwach abzählbar kompakte Teilmenge eines lokalkonvexen Raumes $E[\mathfrak{T}]$, so ist M beschränkt.*

Andernfalls gäbe es eine Folge $x_n \in M$ und ein $u \in E'$ mit $|u x_n| \to \infty$, x_n könnte dann aber keinen schwachen Berührungspunkt haben.

Wir geben ein Beispiel eines nichtreflexiven (B)-Raumes, in dessen dualem Raum eine relativ schwach abzählbar kompakte Menge existiert, die nicht relativ schwach folgenkompakt ist. Der Raum l^1 ist ein Teilraum von $(l^\infty)'$. Die Menge der $\mathfrak{e}_1, \mathfrak{e}_2, \ldots \in l^1$ ist beschränkt in $(l^\infty)'$ und relativ schwach abzählbar kompakt als Teilmenge der nach dem Satz von ALAOGLU-BOURBAKI schwach kompakten Einheitskugel von $(l^\infty)'$. Keine Teilfolge $\mathfrak{e}_{n_j}$ ist aber in $(l^\infty)'$ schwach konvergent, man braucht nur die Folge $\mathfrak{u}\,\mathfrak{e}_{n_j}$ zu betrachten, $\mathfrak{u}$ ein Element aus l^∞, dessen n_j-te Koordinaten abwechselnd gleich 0 bzw. gleich 1 gesetzt sind.

Es gilt nun der Satz von ŠMULIAN

(2) *Es sei $E[\mathfrak{T}]$ lokalkonvex. Ist E' schwach separabel, so ist jede relativ schwach abzählbar kompakte Teilmenge von E relativ schwach folgenkompakt.*

Beweis. Es sei x_n eine Folge in E, deren Teilfolgen mindestens einen schwachen Berührungspunkt in E besitzen. Wir haben zu zeigen, daß x_n eine in E schwach konvergente Teilfolge besitzt. Nach Voraussetzung gibt es in E' eine schwach dichte Folge u_m. Wegen der Beschränktheit der Folge x_n kann man mittels des Diagonalverfahrens eine Teilfolge $x_{n_k} = y_k$ so auswählen, daß $\lim_{k\to\infty} u_m y_k$ für jedes m existiert. Die Folge y_k hat einen schwachen Berührungspunkt y in E. Ist z irgendein schwacher Berührungspunkt der Folge y_k, so folgt aus $u_m y = \lim_{k\to\infty} u_m y_k = u_m z$, daß $u_m(y-z) = 0$ ist für die in E' dichten u_m. Also ist $y = z$, die Folge y_k hat nur einen schwachen Berührungspunkt. Daraus folgt aber, daß y schwacher Limes der y_k ist: Läge nämlich eine unendliche Teilfolge y_{k_j} nicht in einer schwachen Umgebung $U(y)$, so hätte y_{k_j} einen schwachen Berührungspunkt, der von y verschieden sein müßte.

Aus § 21, 3.(5) folgt sofort, daß die Aussage des Satzes von ŠMULIAN zutrifft für jeden separablen metrierbaren lokalkonvexen Raum.

Wesentlich mehr ergibt die folgende Verallgemeinerung von (2), die von DIEUDONNÉ und SCHWARTZ [1] stammt.

(3) *Es sei $E[\mathfrak{T}]$ lokalkonvex. Gibt es zu $\mathfrak{T}$ eine gröbere metrisierbare lokalkonvexe Topologie $\mathfrak{T}'$ auf E, so ist jede relativ abzählbar schwach kompakte Teilmenge von E relativ schwach folgenkompakt.*

Dies gilt also speziell für jeden metrisierbaren lokalkonvexen Raum.

Beweis. Da $\mathfrak{T}'$ metrisierbar ist, gibt es in E eine Folge von absolutkonvexen $\mathfrak{T}'$-Nullumgebungen $U_1 \supset U_2 \supset \cdots$ mit $\bigcap_{n=1}^{\infty} U_n = \mathfrak{o}$. Die U_n sind nach Voraussetzung auch $\mathfrak{T}$-Nullumgebungen. Es sei x_n eine Folge in E, so daß jede Teilfolge einen schwachen Berührungspunkt in E besitzt, H sei die abgeschlossene lineare Hülle der x_n in E. In H ist dann die Menge der x_n total und die $V_n = U_n \cap H$ bilden eine Folge von $\mathfrak{T}$-Nullumgebungen in H mit $\bigcap_{n=1}^{\infty} V_n = \mathfrak{o}$. Also ist $\bigcup_{n=1}^{\infty} V_n^\circ$ in H' schwach dicht. Man beweist nun mit genau derselben Schlußweise wie im Beweis von

§ 21, 3.(5), daß H' schwach separabel ist. Da alle schwachen Berührungspunkte der Teilfolgen von x_n bereits in H liegen, besitzt dann x_n nach dem Satz von Šmulian eine $\mathfrak{T}_s(H')$-konvergente Teilfolge x_{n_j}. Nach § 23, 2.(1) fallen aber $\mathfrak{T}_s(H')$ und $\mathfrak{T}_s(E')$ auf H zusammen, also ist x_{n_j} in E schwach konvergent und damit die Menge $\{x_n\}$ relativ schwach folgenkompakt.

Wir bemerken, daß die Voraussetzung von (3) allgemeiner ist als die von (2). Ist nämlich N eine abzählbare in E' schwach dichte Menge, so ist die Topologie $\mathfrak{T}_s(N)$ nach § 21, 1.(2) eine lokalkonvexe metrisierbare Topologie auf E, die nach § 20, 2.(4) gröber als $\mathfrak{T}$ ist.

(4) *In einem strikten* (LF)*-Raum ist jede relativ schwach abzählbar kompakte Menge auch relativ schwach folgenkompakt.*

Denn die schwach abgeschlossene Hülle einer relativ schwach abzählbar kompakten Menge M ist beschränkt und jede beschränkte Teilmenge eines strikten (LF)-Raumes $E[\mathfrak{T}] = \sum_{n=1}^{\infty} E_n[\mathfrak{T}_n]$ liegt nach § 19, 4.(4) bereits in einem (F)-Raum E_n, dessen schwache Topologie mit der schwachen Topologie von E übereinstimmt. Die Behauptung folgt daher aus (3).

(5) $E[\mathfrak{T}]$ *sei lokalkonvex und erfülle die Voraussetzungen von* (3) *oder* (4). *Ist dann x_n eine Folge in E, deren Teilfolgen mindestens einen schwachen Berührungspunkt in E haben, so ist jeder dieser Berührungspunkte auch schwacher Limes einer geeigneten Teilfolge.*

In E fallen also die schwach folgenkompakten und die schwach abzählbar kompakten Teilmengen zusammen.

Beweis. Ist y schwacher Berührungspunkt von x_n, so liefert im Fall der Voraussetzung von (2) das Diagonalverfahren wie dort eine Teilfolge x_{n_k} mit $u_m x_{n_k} \to u_m y$ und man beweist entsprechend, daß y schwacher Limes der Folge x_{n_k} ist. Der Fall (3) läßt sich wieder auf (2) zurückführen.

Es gilt der folgende Satz von Kaplansky (vgl. Bourbaki [6] Bd. 2, S. 82)

(6) *Es sei $E[\mathfrak{T}]$ lokalkonvex und E' die Vereinigung abzählbar vieler schwach kompakter Teilmengen. Ist M eine beliebige Teilmenge von E, so ist jeder schwache Berührungspunkt x_0 von M bereits schwacher Berührungspunkt einer abzählbaren Teilmenge von M.*

Beweis. Es sei E' die Vereinigung der schwach kompakten Mengen $C_1 \subset C_2 \subset \cdots$. Wir betrachten eine schwache Umgebung von x_0 der Form $|u_i(x_0 - x)| < \frac{1}{m}$, $i = 1, \ldots, k$, mit k Elementen $u_i \in C_n$. Nach Voraussetzung gibt es ein $y \in M$ in dieser Umgebung. Da x_0 und y schwach stetig auf E' sind, erst recht also auf C_n, gibt es schwache Umgebungen V_i der u_i, so daß auch noch $|v_i(x_0 - y)| < \frac{1}{m}$ gilt für alle $v_i \in V_i$. Wir denken uns ein solches Umgebungssystem zu jedem System $u_1, \ldots, u_k$ aus C_n und einem zugehörigen $y \in M$ bestimmt. Nach dem Satz von TYCHONOFF ist das k-fache topologische Produkt C_n^k kompakt, also wird C_n^k durch endlichviele Systeme $V_1 \times \cdots \times V_k$ überdeckt; es gibt daher eine endliche Teilmenge $M_{n,k,m}$ von M, so daß in jeder Nullumgebung der Form $|u_i(x_0 - x)| < \frac{1}{m}$, $i = 1, \ldots, k$, $u_i \in C_n$, wenigstens ein Element von $M_{n,k,m}$ liegt. Die Menge $\bigcup_{n,k,m=1}^{\infty} M_{n,k,m}$ hat daher die verlangte Eigenschaft.

In einem metrisierbaren lokalkonvexen Raum ist nach § 20, 7.(6) jede konvexe und schwach folgenabgeschlossene Menge bereits schwach abgeschlossen. Die Sätze von ŠMULIAN und KAPLANSKY gestatten eine weitere Aussage in dieser Richtung,

(7) *Es sei $E[\mathfrak{T}]$ metrisierbar lokalkonvex oder strikter* (LF)-*Raum. Ist x_0 ein schwacher Berührungspunkt einer relativ schwach kompakten Teilmenge M von E, so ist x_0 schwacher Limes einer Folge aus M.*

Eine Teilmenge von E ist also dann und nur dann schwach kompakt, wenn sie relativ schwach kompakt und schwach folgenabgeschlossen ist.

Beweis. Ist $E[\mathfrak{T}]$ metrisierbar und ist $U_1 \supset U_2 \supset \cdots$ eine Nullumgebungsbasis von $E[\mathfrak{T}]$, so ist E' die Vereinigung der schwach kompakten U_n°. Nach (6) ist daher x_0 Berührungspunkt einer Folge aus M, (5) ergibt dann die Behauptung.

Der Fall des (LF)-Raumes läßt sich wie in (4) darauf zurückführen.

2. Der Satz von EBERLEIN. Wir haben schon in § 3, 4. ein Beispiel einer folgenkompakten (also auch abzählbar kompakten), aber nicht kompakten Menge angegeben. Wir können dieses Beispiel auch so formulieren: In l_d^∞, $d > \aleph_0$, ist die Einheitskugel des Teilraumes H aller $\mathfrak{x} = (\xi_\alpha)$ mit höchstens abzählbar vielen von Null verschiedenen ξ_α zwar $\mathfrak{T}_s(l_d^1)$-folgenkompakt, aber nicht $\mathfrak{T}_s(l_d^1)$-kompakt.

Der folgende, zuerst von EBERLEIN [2] für (B)-Räume bewiesene, später von GROTHENDIECK [6] verallgemeinerte Satz von EBERLEIN gibt eine weitreichende Bedingung für die Identität von relativ abzählbar kompakten und relativ kompakten Mengen;

(1) *Ist der lokalkonvexe Raum $E[\mathfrak{T}]$ quasivollständig bezüglich der Mackeyschen Topologie $\mathfrak{T}_k(E')$, so ist jede relativ abzählbar $\mathfrak{T}$-kompakte Teilmenge M von E relativ kompakt.*

Es gilt sogar

(1′) *Ist $E[\mathfrak{T}]$ lokalkonvex, M relativ abzählbar kompakt und ist $\overline{\complement(M)}$ $\mathfrak{T}_k$-vollständig, so ist M relativ kompakt.*

Beweis. a) Wir zeigen zuerst, daß es genügt, (1′) unter der Voraussetzung zu beweisen, daß $E[\mathfrak{T}]$ $\mathfrak{T}_k$-vollständig ist.

Es sei also M eine relativ abzählbar kompakte Teilmenge von $E[\mathfrak{T}]$. Wir bilden die $\mathfrak{T}_k$-vollständige Hülle $\tilde{E}[\tilde{\mathfrak{T}}_k]$ von E. Dann ist nach § 21, 4.(5) $\tilde{\mathfrak{T}}_k$ die Mackeysche Topologie von $\tilde{E}$. Die Fortsetzung von $\mathfrak{T}$ auf $\tilde{E}$ werde wieder mit $\mathfrak{T}$ bezeichnet. M ist dann auch in $\tilde{E}[\mathfrak{T}]$ relativ abzählbar kompakt.

Wir setzen als bewiesen voraus, daß M in $\tilde{E}$ relativ kompakt ist; wir haben dann zu zeigen, daß M schon in E relativ kompakt ist. Dazu genügt es zu beweisen, daß die in $\tilde{E}$ gebildete abgeschlossene Hülle $\overline{M}$ von M eine Teilmenge von E ist.

Nun ist die abgeschlossene konvexe Hülle von M in E nach Voraussetzung $\mathfrak{T}_k$-vollständig, also auch $\tilde{\mathfrak{T}}_k$-abgeschlossen in $\tilde{E}$. Als konvexe Menge ist sie dann aber auch $\mathfrak{T}$-abgeschlossen in $\tilde{E}$ und umfaßt daher $\overline{M}$.

b) Nach § 5, 6.(3) ist jede relativ abzählbar kompakte Menge präkompakt. Es genügt also zu zeigen, daß die abgeschlossene Hülle $\overline{M}$ von M in $E[\mathfrak{T}]$ vollständig ist, denn eine vollständige präkompakte Menge ist kompakt.

Wir dürfen weiter voraussetzen, daß $\mathfrak{T}$ die schwache Topologie ist. Denn M ist auch bezüglich der schwachen Topologie relativ abzählbar kompakt, und wenn die schwach abgeschlossene Hülle von M schwach vollständig ist, so ist nach §18, 4.(4) die $\mathfrak{T}$-abgeschlossene Hülle von M auch $\mathfrak{T}$-vollständig. Damit ist (1′) zurückgeführt auf folgende Behauptung

(2) *Es sei $E[\mathfrak{T}]$ $\mathfrak{T}_k$-vollständig, M eine relativ schwach abzählbar kompakte Teilmenge von E. Dann liegt jeder schwache Berührungspunkt z von M in $(E')^*$ bereits in E.*

Beweis. Nach dem Satz von GROTHENDIECK (§ 21, 9.(4)) genügt es zu zeigen, daß z auf jeder absolutkonvexen schwach kompakten Teilmenge K von E' schwach stetig ist.

Wir nehmen an, dies sei nicht der Fall. Dann gibt es ein K, ein $u_0 \in K$ und ein $\varepsilon > 0$, so daß in jeder schwachen Umgebung von u_0 ein $u \in K$ mit $|u_0 z - u z| \geqq \varepsilon$ existiert.

Man konstruiert nun, von u_0 ausgehend, schrittweise zwei Folgen $u_k \in K$, $x_k \in M$, für die die folgenden Ungleichungen gelten,

$$(3) \qquad |u_i x_n - u_i z| \leqq \frac{1}{n}, \quad 0 \leqq i \leqq n-1,$$

$$(4) \qquad |u_n x_i - u_0 x_i| \leqq \frac{1}{n}, \quad 0 \leqq i \leqq n,$$

$$(5) \qquad |u_n z - u_0 z| \geqq \varepsilon.$$

Denn sind $x_1, \ldots, x_{n-1}, u_0, u_1, \ldots, u_{n-1}$ schon konstruiert, so bestimme man $x_n \in M$ so, daß (3) gilt. Dies ist möglich, da z schwacher Berührungspunkt von M ist. Man bestimme dann u_n so, daß (4) und (5) gelten, dies ist wegen der Unstetigkeit von z in u_0 möglich.

Nun besitzt die Folge $x_n \in M$ einen schwachen Berührungspunkt x_0 in E, ebenso $u_n \in K$ einen schwachen Berührungspunkt $v_0 \in K$. Für diese Berührungspunkte folgt aus (3) für $n \to \infty$ sofort $u_i x_0 = u_i z$, aus (4) ebenso $v_0 x_i = u_0 x_i$. Setzt man dies in (3) ein für $i = 0$, so erhält man $|v_0 x_n - u_0 z| \leqq \frac{1}{n}$ für alle n. Daraus folgt sofort $v_0 x_0 = u_0 z$. Nun ist $x_0 \in E$ schwach stetig auf K, also ist $v_0 x_0$ Berührungspunkt der $u_i x_0 = u_i z$ und damit wäre $u_0 z = v_0 x_0$ Berührungspunkt der $u_i z$, was (5) widerspricht. Damit sind (2) und (1') bewiesen.

Aus dem Satz von EBERLEIN und den Sätzen § 23, 3.(1), (3) und § 23, 5.(4) ergeben sich sofort neue Reflexivitätskriterien.

(6) *Ein $\mathfrak{T}_k$-quasivollständiger lokalkonvexer Raum ist dann und nur dann halbreflexiv, wenn jede beschränkte Teilmenge relativ schwach abzählbar kompakt ist.*

(7) *Ein* (F)-*Raum ist dann und nur dann reflexiv, wenn jede beschränkte Teilmenge relativ schwach abzählbar kompakt ist.*

(8) *Ein* (B)-*Raum ist dann und nur dann reflexiv, wenn seine abgeschlossene Einheitskugel schwach abzählbar kompakt ist.*

Bemerkung. Nach dem Satz von ŠMULIAN, 1.(3), kann man in (7) und (8) „schwach abzählbar kompakt" durch „schwach folgenkompakt" ersetzen.

Aus 2.(1) und 1.(7) folgt unmittelbar

(9) *Ist M eine relativ schwach abzählbar kompakte Teilmenge eines* (F)-*Raumes, so ist die Menge aller Limites von schwach konvergenten Folgen aus M schwach kompakt.*

Nach dem Satz von EBERLEIN sind in jedem $\mathfrak{T}_k$-quasivollständigen lokalkonvexen Raum die schwach abgeschlossenen, schwach abzählbar kompakten Mengen mit den schwach kompakten Mengen identisch. Erst recht gilt dies für die schwach abgeschlossenen schwach $\aleph_\alpha$-kompakten Mengen (vgl. § 3, 4.).

3. Weitere Kriterien für schwache Kompaktheit. Eine Teilmenge M eines separierten topologischen Raumes R heißt pseudokompakt, wenn jede reelle stetige Funktion $f(x)$ auf M beschränkt ist. M heißt relativ pseudokompakt, wenn zu jeder unbeschränkten stetigen Funktion auf M ein Punkt x_0 in der abgeschlossenen Hülle $\overline{M}$ existiert, in dessen sämtlichen Umgebungen $f(x)$ unbeschränkt ist. Die abgeschlossene Hülle einer relativ pseudokompakten Menge ist pseudokompakt.

(1) *Jede relativ schwach pseudokompakte Teilmenge M eines lokalkonvexen Raumes $E[\mathfrak{T}]$ ist beschränkt.*

Jede (relativ) schwach abzählbar kompakte Menge N ist (relativ) schwach pseudokompakt.

Beweis. Ist M unbeschränkt, so gibt es ein $u \in E'$, so daß $|u\,x|$ auf M unbeschränkt ist, aber auf der schwachen Umgebung $x + U_{u;\varepsilon}$ jedes $x \in E$ beschränkt bleibt.

Ist $f(x)$ eine auf N unbeschränkte Funktion und ist $|f(x_n)| \geqq n$ auf der Folge $x_n \in N$, so ist f in jeder schwachen Umgebung eines schwachen Häufungspunktes x_0 der x_n unbeschränkt.

Es gilt das folgende Lemma von Pták [3]

(2) *Ist M eine (relativ) schwach pseudokompakte Teilmenge eines lokalkonvexen Raumes $E[\mathfrak{T}]$, z ein schwacher Berührungspunkt von M in E'^*, u_i eine Folge von Elementen aus E', so gibt es ein x_0 in M (in $\overline{M}$) mit $u_i z = u_i x_0$ für alle $i = 1, 2, \ldots$.*

Beweis. Die Funktionen $f_i(x) = |u_i(x - z)|$ sind schwach stetig auf der schwach abgeschlossenen Hülle $\overline{M}$ von M und nach (1) beschränkt. Es sei $|f_i(x)| \leqq k_i$ auf $\overline{M}$. Die Funktion $f(x) = \sum_{i=1}^{\infty} \frac{1}{2^i k_i} f_i(x)$ ist als Limes einer gleichmäßig konvergenten Reihe stetiger Funktionen wieder stetig auf $\overline{M}$. Da für ein geeignet gewähltes $x \in M$ stets $|f_1(x)| \leqq \varepsilon, \ldots, |f_n(x)| \leqq \varepsilon$ gemacht werden kann, ist $\inf f(x) = 0$ auf M. Wäre $f(x) > 0$ auf ganz M, so wäre $1/f(x) = g(x)$ auf M stetig und unbeschränkt. Dann muß es aber nach Voraussetzung ein $x_0 \in \overline{M}$ geben, in dessen sämtlichen schwachen Umgebungen $g(x)$ unbeschränkt ist. Dann hat aber $f(x)$ in jeder dieser Umgebungen das Infimum 0 und $f(x_0)$ muß wegen der Stetigkeit von f in x_0 gleich Null sein. Das bedeutet aber $u_i x_0 = u_i z$ für alle i.

Eine Teilmenge M eines lokalkonvexen Raumes $E[\mathfrak{T}]$ heiße (relativ) schwach konvex-kompakt, wenn folgendes gilt: Es sei $K_1 \supset K_2 \supset \cdots$ eine Folge abgeschlossener konvexer Teilmengen von E, so daß alle $K_n \cap M$ nichtleer sind; die Folge $K_n \cap M$ besitzt dann einen schwachen Berührungspunkt in M (in E). Dieser Begriff stammt von Šmulian [1], [3].

(3) *Jede relativ schwach konvex-kompakte Teilmenge M eines lokalkonvexen Raumes $E[\mathfrak{T}]$ ist beschränkt.*

Jede (relativ) schwach abzählbar kompakte Menge N ist (relativ) schwach konvex-kompakt.

Wäre M nicht beschränkt, so gäbe es ein $u_0 \in E'$ und eine Folge $x_i \in M$ mit $|u_0 x_i| \geqq i$. Die Folge $K_1 \supset K_2 \supset \cdots$ der konvexen abgeschlossenen Hüllen K_n der $\{x_n, x_{n+1}, \ldots\}$ könnte dann wegen $|u_0 y| \geqq n$ für alle $y \in K_n$ keinen schwachen Berührungspunkt besitzen.

Gilt $K_1 \supset K_2 \supset \cdots$ und ist $K_n \cap N$ nicht leer für alle n, so hat eine Folge $x_n \in K_n \cap N$ einen schwachen Berührungspunkt in N bzw. E.

(4) *Ist M eine (relativ) schwach konvex-kompakte Teilmenge eines lokalkonvexen Raumes $E[\mathfrak{T}]$, z ein schwacher Berührungspunkt von M in E'^*, u_i eine Folge von Elementen aus E', so gibt es ein $x_0 \in M$ (in $\overline{M}$) mit $\lim\limits_{i\to\infty} u_i(z-x_0) = 0$.*

Dabei bedeutet $\overline{M}$ die schwach abgeschlossene Hülle von M. Zum Beweise betrachte man die Folge der konvexen abgeschlossenen schwachen Umgebungen $U_n(z)$, die durch die Ungleichungen $|u_i(z-x)| \leqq \frac{1}{n}$ für $i = 1, \ldots, n$, bestimmt sind. Ein schwacher Berührungspunkt x_0 der $U_n(z) \cap M$ erfüllt die Bedingungen.

Wir nennen eine beschränkte Teilmenge M eines lokalkonvexen Raumes $E[\mathfrak{T}]$ (relativ) schwach partiell-kompakt, wenn folgendes gilt: Besitzt eine Folge von Elementen aus M einen schwachen Berührungspunkt z in $(E')^*$, so gibt es zu jeder Folge u_i aus einer absolutkonvexen schwach kompakten Teilmenge von E' ein $x_0 \in M$ (in $\overline{M}$) mit $\lim\limits_{i\to\infty} u_i(z-x_0) = 0$. Dieser Begriff geht auf Day [8] zurück.

(5) *M sei eine Teilmenge des lokalkonvexen Raumes $E[\mathfrak{T}]$. Ist M (relativ) schwach abzählbar kompakt oder (relativ) schwach pseudokompakt oder (relativ) schwach konvex-kompakt, so ist M auch (relativ) schwach partiell-kompakt*

Dies folgt aus (1), (2) und (4).

Es gilt die folgende Verschärfung des Satzes von Eberlein

(6) *$E[\mathfrak{T}]$ sei ein lokalkonvexer Raum, M eine Teilmenge mit $\mathfrak{T}_k$-vollständiger konvexer abgeschlossener Hülle $\overline{C(M)}$. Dann ist M dann und nur dann relativ schwach kompakt, wenn es relativ schwach partiell-kompakt ist.*

Der Beweis verläuft analog dem von 2.(1):

Ist M relativ schwach kompakt, so folgt aus (5), daß M relativ schwach partiell-kompakt ist.

Sei umgekehrt M relativ schwach partiell-kompakt und z ein schwacher Berührungspunkt von M in $(E')^*$. Es genügt zu beweisen, daß z der $\mathfrak{T}_k$-vollständigen Hülle $\tilde{E}$ von E angehört, denn dann liegt z als schwacher Berührungspunkt von M in $\overline{C(M)}$, das als $\mathfrak{T}_k$-vollständige Menge in $\tilde{E}$ schwach abgeschlossen ist.

Wir gehen wie in 2.(2) vor und nehmen an, daß z auf der absolutkonvexen schwach kompakten Teilmenge K von E' nicht schwach stetig ist. Dann gibt es wieder Folgen $u_k \in K$, $x_k \in M$, für die die Ungleichungen (3), (4), (5) aus Nr. 2 gelten.

Da M beschränkt, also schwach präkompakt ist, besitzt die Folge $x_n \in M$ einen schwachen Berührungspunkt $\tilde{x}_0$ in $(E')^*$, ebenso $u_n \in K$ einen schwachen Berührungspunkt $v_0 \in K$. Man schließt wie im Beweise von 2.(2) auf die Beziehungen $u_i \tilde{x}_0 = u_i z$, $v_0 x_i = u_0 x_i$ und $v_0 \tilde{x}_0 = u_0 z$. Wenden wir die Voraussetzung, daß M relativ schwach partiell-kompakt ist, auf die Folge $u_1, v_0, u_2, v_0, \ldots$ aus K und auf $\tilde{x}_0$ an, so folgt, daß es ein $x_0 \in \overline{M}$ gibt mit $\lim u_i(\tilde{x}_0 - x_0) = 0$ und $v_0 \tilde{x}_0 = v_0 x_0$. Es ist aber $\lim u_i x_0 = v_0 x_0$, also $\lim u_i \tilde{x}_0 = v_0 x_0 = v_0 \tilde{x}_0 = u_0 z$. Aus $u_i \tilde{x}_0 = u_i z$ erhalten wir daher $\lim u_i z = u_0 z$ im Widerspruch zu 2.(5).

z ist daher auf jedem K schwach stetig, nach dem Satz von GROTHENDIECK also Element von $\tilde{E}$.

(7) *M sei eine Teilmenge eines lokalkonvexen Raumes $E[\mathfrak{T}]$ mit $\mathfrak{T}_k$-vollständiger abgeschlossener konvexer Hülle $\overline{C(M)}$. Diese Voraussetzung ist insbesondere erfüllt für jede beschränkte Teilmenge eines $\mathfrak{T}_k$-quasivollständigen Raumes.*

Dann sind folgende Eigenschaften von M äquivalent: a) relativ schwach abzählbar kompakt, b) relativ schwach pseudokompakt, c) relativ schwach konvex-kompakt, d) relativ schwach partiell-kompakt, e) relativ schwach kompakt.

Nach (5) und (6) folgt e) aus jeder der Eigenschaften a) bis d). Umgekehrt folgen aus e) unmittelbar a) und d); aus a) folgen dann b) nach (1) und c) nach (3).

Die Äquivalenz der relativen schwachen Kompaktheit von M mit b) wurde von PTÁK [2], [3] bewiesen, die Äquivalenz mit c) von DIEUDONNÉ [11], die Äquivalenz mit d) von DAY [8]. In dem Bericht von DAY [8] und bei GROTHENDIECK [6] findet man noch weitere Kriterien für die schwache Kompaktheit, eines davon bringen wir noch in Nr. 6.

Ziehen wir noch 1.(3) heran, so erhalten wir aus (7) speziell

(8) *Für eine Teilmenge M eines* (F)*-Raumes sind folgende Eigenschaften äquivalent: a) relativ schwach abzählbar kompakt, b) relativ schwach pseudokompakt, c) relativ schwach konvex-kompakt, d) relativ schwach partiell-kompakt, e) relativ schwach kompakt, f) relativ schwach folgenkompakt.*

Wie wir zu Beginn von Nr. 2 sahen, braucht eine schwach abzählbar kompakte Menge nicht schwach kompakt zu sein, die Aussage von (7) ist also im allgemeinen nicht mehr richtig, wenn der Zusatz „relativ" überall weggelassen wird. Für (F)-Räume gilt jedoch

(9) *In einem* (F)*-Raum E sind die schwach kompakten Teilmengen identisch mit den schwach abzählbar kompakten, den schwach folgenkompakten und den schwach konvex-kompakten Teilmengen.*

Wir zeigen zuerst, daß eine schwach konvex-kompakte Teilmenge M von E schwach folgenabgeschlossen ist. Sei $x_n \in M$ schwach konvergent gegen x_0 und sei H der von den x_n erzeugte lineare abgeschlossene Teilraum von E. Da H separabel ist, gibt es nach § 21, 3.(5) eine in H' schwach dichte abzählbare Menge N. Die Topologie $\mathfrak{T}_s(N)$ ist daher separiert und metrisierbar auf H. Es gibt also eine Folge $K_1 \supset K_2 \supset \cdots$ absolutkonvexer abgeschlossener $\mathfrak{T}_s(N)$-Nullumgebungen von x_0 in H mit $\bigcap_{n=1}^{\infty} K_n = \{x_0\}$. Da $K_n \cap M$ für jedes n nichtleer ist (es enthält ja unendlich viele x_k), gehört x_0 zu M, das als schwach konvex-kompakt vorausgesetzt ist.

Nach (8) ist eine Menge M, die eine der in (9) angegebenen Voraussetzungen erfüllt, relativ schwach kompakt. Da sie auch schwach folgenabgeschlossen ist, folgt aus 1.(7), daß sie schwach kompakt ist.

(8) *und* (9) *gelten auch für strikte* (LF)-*Räume.*

Die (8) entsprechende Aussage ergibt sich aus (7) und 1.(4), die (9) entsprechende aus (9) und § 19, 5.(4).

Aus (7) und (8) ergeben sich nach § 23, 3.(1) neue Reflexivitätskriterien, von denen wir das aus der Äquivalenz der relativen schwachen Kompaktheit mit der Eigenschaft c) sich ergebende anführen,

(10) *Es sei $E[\mathfrak{T}]$ lokalkonvex und $\mathfrak{T}_k$-quasivollständig, bzw. ein* (F)-*Raum. Dann und nur dann, wenn jede abnehmende Folge abgeschlossener beschränkter nicht leerer konvexer Teilmengen von E einen nichtleeren Durchschnitt besitzt, ist E halbreflexiv bzw. reflexiv.*

4. Konvexe Mengen in nichthalbreflexiven Räumen. Die Sätze von Klee. Ist ein $\mathfrak{T}_k$-quasivollständiger lokalkonvexer Raum $E[\mathfrak{T}]$ nicht halbreflexiv, so gibt es nach 2.(6) eine beschränkte Folge in E ohne schwachen Berührungspunkt. Diese Folge erzeugt aber einen separablen abgeschlossenen linearen Teilraum von $E[\mathfrak{T}]$, der nicht halbreflexiv sein kann. Damit erhalten wir aus 2.(6) das folgende Reflexivitätskriterium

(1) *Ein $\mathfrak{T}_k$-quasivollständiger lokalkonvexer Raum $E[\mathfrak{T}]$ ist dann und nur dann halbreflexiv, wenn jeder separable abgeschlossene lineare Teilraum halbreflexiv ist.*

Ist E nicht halbreflexiv und nicht separabel, so enthält E also einen abgeschlossenen linearen Teilraum von unendlichem Defekt in E, der ebenfalls nicht halbreflexiv ist. Wir beweisen, daß das letztere auch im separablen Fall zutrifft,

(2) *Jeder $\mathfrak{T}_k$-quasivollständige nichthalbreflexive lokalkonvexe Raum $E[\mathfrak{T}]$ besitzt einen abgeschlossenen linearen nichthalbreflexiven Teilraum von unendlichem Defekt in E.*

Beweis. Nach 2.(6) enthält E eine beschränkte Folge $x^{(n)}$ ohne schwachen Berührungspunkt in E. Wir bilden die lineare abgeschlossene

Hülle H der $x^{(n)}$ in E. Ist B die abgeschlossene absolutkonvexe Hülle der $x^{(n)}$ in E, so umfaßt H auch den normierten Raum $E_B = \bigcup_{n=1}^{\infty} n B$ und die Normtopologie von E_B ist nach § 20, 11. feiner als die induzierte Topologie $\mathfrak{T}$. Es sei $z_1, z_2, \ldots$ eine Folge linear unabhängiger Elemente aus $E_B \subset H$. Wir setzen $F_k = [z_1, \ldots, z_k]$. Dann ist die Folge $F_k^{\perp}$ in H' abnehmend und jedes $F_k^{\perp}$ hat in $F_{k-1}^{\perp}$ den Defekt 1. Wir können zu den $F_k^{\perp}$ in H' eine aufsteigende Folge algebraischer Komplementärräume G_k der Dimension k bilden. Die Zerlegung $H' = F_k^{\perp} \oplus G_k$ ist nach § 15, 8.(2) $\mathfrak{T}_s$-komplementär. Dann bilden nach § 20, 5.(1) und § 15, 8.(2) die $H_k = G_k^{\perp}$ eine Folge topologischer Komplementärräume zu den $F_1 \subset F_2 \subset \cdots$ mit $H_1 \supset H_2 \supset \cdots$ und H_k vom Defekt 1 in H_{k-1}, H_1 vom Defekt 1 in H.

Jedes $x^{(n)}$ hat dann die eindeutig bestimmte Darstellung

$$x^{(n)} = \xi_1^{(n)} z_1 + \cdots + \xi_k^{(n)} z_n + \tilde{x}_k^{(n)}, \qquad \tilde{x}_k^{(n)} \in H_k \cap E_B.$$

Wir wählen durch ein Diagonalverfahren aus den $x^{(n)}$ eine wieder mit $x^{(n)}$ bezeichnete Teilfolge so aus, daß $\lim\limits_{n\to\infty} \xi_k^{(n)} = \gamma_k$ für alle k existiert. Wir können daher für jedes k ein n_k und ein $y^{(k)} = \gamma_1 z_1 + \cdots + \gamma_k z_k + \gamma'_{k+1} z_{k+1} + \tilde{x}_{k+1}^{(n_k)} \in E_B$ mit $\gamma'_{k+1} \neq \gamma_{k+1}$ so bestimmen, daß $y^{(k)}$ in der Norm von E_B von $x^{(n_k)}$ einen Abstand $\|y^{(k)} - x^{(n_k)}\| \leq 1/k$ besitzt. Aus $\gamma'_{k+1} \neq \gamma_{k+1}$ folgt, daß die $y^{(1)} - y^{(k)}, \ldots, y^{(k-1)} - y^{(k)}$, also $y^{(1)}, \ldots, y^{(k-1)}$ modulo H_k linear unabhängig sind. Daraus ergibt sich, daß der von den $y^{(2)}, y^{(4)}, \ldots$ aufgespannte abgeschlossene lineare Teilraum L unendlichen Defekt in H und damit in E hat. Die $y^{(2k)}$ bilden wegen $\|y^{(2k)} - x^{(n_{2k})}\| \leq 1/2k$ eine beschränkte Teilmenge von E_B, also erst recht von L. Ein schwacher Berührungspunkt der $y^{(2k)}$ müßte schwacher Berührungspunkt der $x^{(n_{2k})}$ sein. Daraus folgt, daß L nicht halbreflexiv ist.

Wir geben ein weiteres Reflexivitätskriterium,

(3) *Ein lokalkonvexer $\mathfrak{T}_k$-quasivollständiger lokalkonvexer Raum $E[\mathfrak{T}]$ ist dann und nur dann halbreflexiv, wenn jede beschränkte abgeschlossene absolutkonvexe Menge K zu jeder reellen abgeschlossenen Hyperebene H eine parallele Stützhyperebene besitzt.*

Beweis. Es genügt (vgl. § 21, 11.(2)), den Satz für reelle E zu beweisen.

a) Es sei E halbreflexiv. Dann ist K schwach kompakt und aus § 20, 7.(8) folgt die Existenz der Stützhyperebene.

b) Es sei E nicht halbreflexiv. Wir geben eine absolutkonvexe abgeschlossene Menge an, die zu einem vorgegebenen $H \ni o$ keine parallele Stützhyperebene besitzt. Auch H ist nach § 23, 3.(6) nicht halbreflexiv.

Nach 3.(10) gibt es in H eine abnehmende Folge beschränkter nicht leerer konvexer $\mathfrak{T}$-abgeschlossener Mengen C_n mit leerem Durchschnitt. Es sei x_0 ein nicht in H liegendes Element von E. Wir bilden die absolutkonvexe abgeschlossene Hülle K der Mengen $\left(1-\frac{1}{n}\right)x_0+C_n$. Dann kommen als zu H parallele Stützhyperebenen nur x_0+H und $-x_0+H$ in Frage. Wegen der Symmetrie von K in $\mathfrak{o}$ genügt es zu zeigen, daß $K\cap(x_0+H)$ leer ist.

Sei x_0+y ein Element in x_0+H. Es gibt ein C_{k_0} mit $y\notin C_{k_0}$ und $k_0\geqq 2$. Da C_{k_0} abgeschlossen ist, gibt es eine absolutkonvexe $\mathfrak{T}$-Nullumgebung U in H mit $y\notin C_{k_0}+U$. Um $x_0+y\notin K$ zu beweisen, genügt es, eine $\mathfrak{T}$-Nullumgebung V in E anzugeben, so daß x_0+y+V kein Element aus $K_0=\Gamma_{n=1}^{\infty}\left(\left(1-\frac{1}{n}\right)x_0+C_n\right)$ enthält.

Die Elemente von K_0 haben die Gestalt $z=(1-\varrho)\,x_0+z'$ mit $1-\varrho=\sum_1^m \alpha_n\left(1-\frac{1}{n}\right)$ und $z'=\sum_1^m \alpha_n y_n$, $y_n\in C_n$, $\sum_1^m|\alpha_n|\leqq 1$. Wir bestimmen ein $\delta>0$, so daß $\delta C_1\subset\frac{U}{3}$ gilt. Wir können dann ein $\varrho(\delta)>0$ so bestimmen, daß ein $z=(1-\varrho)\,x_0+z'$ mit $\varrho\leqq\varrho(\delta)$ nur dann in K_0 liegt, wenn in $z'=\sum_1^m\alpha_n y_n$ die Summe $\sum|\alpha_{n'}|$ über $\alpha_1,\ldots,\alpha_{k_0-1}$ und eventuelle spätere negative α_n dem Betrage nach $<\delta$ ist, und die restliche Summe $\sum\alpha_{n''}$ zwischen $1-\delta$ und 1 liegt. Man bestätigt leicht, daß eine Zahl $<\frac{\delta}{k_0-1}$ als $\varrho(\delta)$ gewählt werden kann.

Es sei nun V die aus allen αx_0+x, $|\alpha|\leqq\varrho(\delta)$, $x\in\frac{U}{3}\subset H$, bestehende Nullumgebung in E. Dann liegen in x_0+y+V nur Elemente $(1-\varrho)\,x_0+z'$ aus K_0 mit $\varrho\leqq\varrho(\delta)$. Dann hat aber z' die Form $z'=\sum\alpha_{n'}y_{n'}+\sum\alpha_{n''}y_{n''}$ mit $\sum\alpha_{n'}y_{n'}\in\delta C_1\subset\frac{U}{3}$ und $\sum\alpha_{n''}y_{n''}\in C_{k_0}+\frac{U}{3}$, also $z'\in C_{k_0}+\frac{2}{3}U$. Alle Elemente aus x_0+y+V haben aber Komponenten in H, die in $y+\frac{U}{3}$ liegen. Es müßte also auch $z'\in y+\frac{U}{3}$ gelten, was ein Widerspruch zu $y\notin C_{k_0}+U$ ist. Es ist also $K_0\cap(x_0+y+V)$ leer und damit (3) bewiesen.

Wir verwenden dieses Beispiel zu weiteren Konstruktionen. Es sei k so bestimmt, daß $\mathfrak{o}\notin C_k$ liegt. Ist dann K unsere eben konstruierte Menge und M die ebenfalls konvexe und abgeschlossene Menge x_0-C_k, so behaupten wir, daß $\complement(K\cup M)$ nicht abgeschlossen ist.

Dazu beweisen wir, daß $x_0\notin\complement(K\cup M)$ liegt, aber Berührungspunkt von $\complement(K\cup M)$ ist. Wir haben vorhin gerade bewiesen, daß jedes Element von K die Form $(1-\varrho)\,x_0+z'$ hat, $\varrho>0$ und z' in H. Ein Element aus

$\complement(K \cup M)$ hat also die Gestalt

$$x = [\alpha_1(1-\varrho) + (1-\alpha_1)]\, x_0 + \alpha_1 z' - (1-\alpha_1) z'',$$
$$z' \in H, \quad z'' \in C_k, \quad 0 \leqq \alpha_1 \leqq 1.$$

x könnte wegen $\varrho > 0$ und $x_0 \notin H$ nur für $\alpha_1 = 0$ gleich x_0 sein, dann ist aber $x \in M$, also verschieden von x_0. Andererseits ist aber für $n \geqq k$ und $y_n \in C_n \subset C_k$, $\left(1-\frac{1}{n}\right) x_0 + y_n \in K$ und $x_0 - y_n \in M$, also

$$\frac{1}{2}\left[\left(1-\frac{1}{n}\right) x_0 + y_n\right] + \frac{1}{2}(x_0 - y_n) = \left(1-\frac{1}{2n}\right) x_0 \in \complement(K \cup M),$$

also x_0 in der abgeschlossenen Hülle von $\complement(K \cup M)$.

Genau so beweist man, daß $K+M$ nicht abgeschlossen ist, da $2x_0$ nicht in $K+M$, aber in der abgeschlossenen Hülle von $K+M$ liegt.

Zieht man § 20, 6.(5) und § 15, 6.(10) heran, so folgt

(4) *Die folgenden beiden Bedingungen sind jede notwendig und hinreichend für die Halbreflexivität eines $\mathfrak{T}_k$-quasivollständigen lokalkonvexen Raumes:*

a) Die konvexe Hülle zweier beschränkter abgeschlossener konvexer Mengen ist stets abgeschlossen,

b) die Summe zweier beschränkter abgeschlossener konvexer Mengen ist stets abgeschlossen.

(3) und (4) wurden für (B)-Räume von KLEE [1] bewiesen, ebenso findet sich der folgende Satz für (B)-Räume bei KLEE [2], II.

(5) *Ein $\mathfrak{T}_k$-quasivollständiger lokalkonvexer Raum $E[\mathfrak{T}]$ ist dann und nur dann halbreflexiv, wenn je zwei disjunkte beschränkte abgeschlossene konvexe Teilmengen durch eine reelle abgeschlossene Hyperebene getrennt werden können.*

Beweis. a) Aus dem Trennungssatz für kompakte Mengen (§ 20, 7.(1)) folgt, daß in halbreflexiven Räumen sogar strikte Trennung möglich ist. Wir haben also noch in jedem nichtreflexiven $\mathfrak{T}_k$-quasivollständigen $E[\mathfrak{T}]$ ein Gegenbeispiel zu konstruieren.

b) Wir können wieder $E[\mathfrak{T}]$ als reell und nichthalbreflexiv annehmen, ebenso $\mathfrak{T} = \mathfrak{T}_k$. Nach den Überlegungen im Beweis von (2) gibt es eine beschränkte Folge $y^{(k)}$ in E mit folgenden Eigenschaften: Die $y^{(2k)}$ erzeugen einen abgeschlossenen linearen Teilraum L von unendlichem Defekt in E und haben keinen schwachen Berührungspunkt in L, die $y^{(2k+1)}$ sind linear unabhängig modulo L. Es sei H der von allen $y^{(k)}$ erzeugte separable abgeschlossene lineare Teilraum von E. Es sei B die absolutkonvexe abgeschlossene Hülle der $y^{(k)}$ und x_n eine in B $\mathfrak{T}$-dichte Folge. Der mit B als Einheitskugel gebildete Raum $H_B = \bigcup_{n=1}^{\infty} nB \subset H$

ist wegen der Quasivollständigkeit von $E[\mathfrak{T}]$ ein (B)-Raum, dessen Normtopologie feiner als $\mathfrak{T}$ ist. L hat ebenfalls unendlichen Defekt in H und ist nicht halbreflexiv.

Wir werden nun in H das gesuchte Gegenbeispiel konstruieren.

c) Die aus $\mathfrak{o}$ und der Folge x_n/n gebildete Menge ist kompakt in H_B, nach § 20, 6.(3) also auch ihre in H_B gebildete abgeschlossene absolutkonvexe Hülle A. Da A auch $\mathfrak{T}$-kompakt ist, ist die Menge $K_0 = A + L$ nach §15, 6.(10) absolutkonvex und $\mathfrak{T}$-abgeschlossen, ebenso $K_1 = K_0 \cap B \subset H_B$.

d) Wir zeigen, daß $\mathfrak{o}$ ein Randpunkt von $K_0' = K_0 \cap H_B$ in H_B ist. Dazu bilden wir den von L und $x_1, \ldots, x_n$ erzeugten linearen abgeschlossenen Teilraum $L^{(n)}$ von H, in dem L nach §15, 5.(3) endlichen Defekt hat. Also ist $H_B/L^{(n)} \cap H_B$ unendlichdimensional. Da das Bild $\hat{K}_0'$ von K_0' bei der kanonischen Abbildung von H_B auf $H_B/L^{(n)} \cap H_B$ in $\frac{1}{n+1}\hat{B}$ liegt, gibt es ein Element $y_n \in H_B \sim K_0'$, dessen H_B-Norm $\|y_n\| < \frac{1}{n}$ ist. Damit ist die Existenz einer gegen $\mathfrak{o}$ konvergenten Folge aus $H_B \sim K_0'$ nachgewiesen.

e) K_1 besitzt in $\mathfrak{o}$ keine $\mathfrak{T}$-abgeschlossene Stützhyperebene. Eine solche müßte die Form $u\,x = 0$ haben, $u \in H'$. Da aber K_1 sowohl x_n/n wie $-x_n/n$ enthält, muß $u\,x_n = 0$ sein für alle n. Die Menge der x_n ist aber total in $H[\mathfrak{T}]$, also folgt $u \equiv 0$.

f) Es gibt ein $x_0 \in H_B$, so daß die Halbgerade $\varrho\,x_0$, $\varrho > 0$, zu K_0 disjunkt ist. Gäbe es keine solche Halbgerade, so wäre K_0' in $\mathfrak{o}$ ausgeglichen, also eine Tonne in H_B, also nach § 21, 2.(1) eine Nullumgebung in H_B, was d) widerspricht. Da K_0 L enthält, liegt x_0 nicht in L.

g) Wir konstruieren nun die zweite konvexe abgeschlossene Menge K_2. Da $B_1 = L \cap B$ nicht schwach kompakt ist, gibt es in $\frac{1}{2}B_1$ nach 3.(7) eine abnehmende Folge von beschränkten konvexen $\mathfrak{T}$-abgeschlossenen Mengen C_n mit leerem Durchschnitt. Wir setzen K_2 gleich der konvexen abgeschlossenen Hülle der Mengen $\frac{x_0}{n} + C_n$. Wie im Beweis von (3) sieht man, daß K_2 nur Elemente der Form $\varrho\,x_0 + z$ mit $\varrho > 0$, $z \in L$, e thält. K_1 und K_2 sind nach f) also disjunkt.

h) Es sei $u\,x = \gamma$ eine K_1 und K_2 trennende abgeschlossene Hyperebene in H; K_1 liege in $u\,x \leqq \gamma$. Aus $\mathfrak{o} \in K_1$ folgt $\gamma \geqq 0$. Es sei $u\,x_0 = \alpha$. Aus $C_n \subset \frac{1}{2}B_1$ und $B_1 \subset K_1$ folgt $u(C_n) \leqq \frac{\gamma}{2}$. Aus $u\left(\frac{1}{n}x_0 + C_n\right) = \frac{\alpha}{n} + u(C_n) \geqq \gamma$ ergibt sich dann für $n \to \infty$ $\gamma = 0$.

Die K_1 und K_2 trennende Hyperebene müßte also durch $\mathfrak{o}$ gehen, was e) widerspricht.

5. Der Satz von KREIN. Für das Folgende benötigen wir einige Tatsachen über den Raum $C(K)$ der stetigen Funktionen auf einem kompakten topologischen Raum K. $C(K)$ ist nach § 14, 9. ein (B)-Raum bezüglich der Norm $\|f\| = \sup_{x \in K} |f(x)|$.

Als Topologie der punktweisen Konvergenz $\mathfrak{T}_p$ auf $C(K)$ bezeichnen wir die durch die Umgebungen $\sup_{i=1,\ldots,n} |f(x_i) - f_0(x_i)| < \varepsilon$, $x_i \in K$, erzeugte lokalkonvexe Topologie. Wir können diese Topologie in einfacher Weise zur schwachen Topologie auf $C(K)$ in Beziehung setzen. Jedes $x_0 \in K$ erzeugt die stetige Linearfunktion $\delta_{x_0}(f) = f(x_0)$ auf $C(K)$. Jedem $x_0 \in K$ entspricht also ein Element von $C(K)' = \mathfrak{M}(K)$, das als das x_0 zugeordnete Punktmaß δ_{x_0} bezeichnet wird.

Diese Einbettung $\hat{K}$ von K in $\mathfrak{M}(K)$ ist eine homöomorphe Abbildung im Sinn der schwachen Topologie auf $\mathfrak{M}(K)$: Die schwache Topologie auf $\hat{K}$ entspricht der gröbsten separierten Topologie auf K, für die alle $f \in C(K)$ stetig sind; die schwache Topologie auf $\hat{K}$ ist also gröber als die der Topologie von K entsprechende; wegen der Kompaktheit von K fällt sie daher mit ihr zusammen.

Bezeichnet H die lineare Hülle von $\hat{K}$ in $\mathfrak{M}(K)$, so ist also $\mathfrak{T}_p$ gleich $\mathfrak{T}_s(H)$ auf $C(K)$, wegen $H \subset \mathfrak{M}(K)$ also gröber als die schwache Topologie $\mathfrak{T}_s(\mathfrak{M}(K))$ auf $C(K)$. Wir bemerken noch, daß $\hat{K}$ schwach total in $\mathfrak{M}(K)$ ist.

(1) *Jede relativ abzählbar $\mathfrak{T}_p$-kompakte Teilmenge von $C(K)$ ist relativ $\mathfrak{T}_p$-folgenkompakt.*

Beweis. Wir beweisen diesen Satz durch Zurückführung auf den Satz von ŠMULIAN. Es genügt zu zeigen, daß eine relativ $\mathfrak{T}_p$-kompakte Folge $f_n \in C(K)$ eine $\mathfrak{T}_p$-konvergente Teilfolge besitzt. Sei L die $\mathfrak{T}_p$-abgeschlossene lineare Hülle der f_n in $C(K)$. Dann ist $\{f_n\}$ auch in $L[\mathfrak{T}_p]$ relativ kompakt und $L[\mathfrak{T}_p]$ ist separabel. Der duale Raum zu $L[\mathfrak{T}_p]$ ist nach § 22, 1.(1) der Quotientenraum $H/L^\perp$, H die lineare Hülle von $\hat{K}$. Das Bild $\hat{\hat{K}}$ von $\hat{K}$ bei der kanonischen Abbildung von H auf $H/L^\perp$ ist nach § 22, 2.(4) schwach kompakt. Ist $N = \{f_n\}$, so ist N total in $L[\mathfrak{T}_p]$, also $\mathfrak{T}_s(N)$ eine separierte Topologie auf $\hat{\hat{K}}$ und damit $\hat{\hat{K}}$ auch $\mathfrak{T}_s(N)$- kompakt. Da N abzählbar ist, ist damit $\hat{\hat{K}}$ metrisierbar in der Topologie $\mathfrak{T}_s(N) = \mathfrak{T}_s(L)$, also separabel (§ 4, 5.(2)); damit ist $H/L^\perp = L'$ schwach separabel. Da $\mathfrak{T}_p = \mathfrak{T}_s(H)$ ist, ergibt die Anwendung des Satzes von ŠMULIAN (1.(2)) auf $f_n \in L[\mathfrak{T}_p]$ die Behauptung.

(2) *Eine Folge $f_n \in C(K)$ ist dann und nur dann schwach konvergent gegen $f_0 \in C(K)$, wenn die Folge f_n gleichmäßig beschränkt ist und gegen f_0 punktweise konvergiert.*

a) Notwendig. Aus $\delta_{x_0}(f_n) \to \delta_{x_0}(f_0)$ folgt unmittelbar die punktweise Konvergenz von f_n gegen f_0. Da die Folge f_n eine stark beschränkte Teilmenge von $C(K)$ bildet, muß sie auf $\widehat{K}$ gleichmäßig beschränkt sein, also sind die f_n gleichmäßig beschränkt.

b) Hinreichend. Es gilt der Satz von LEBESGUE: Sei μ ein positives Maß auf K und L^1_μ der Raum der absolutintegrierbaren Funktionen mit der Norm $\|f\| = \int |f| \, d\mu$. Konvergiert die Folge $h_n \in L^1_\mu$ μ-fastüberall gegen h_0 und gilt $|h_n| \leqq g$ μ-fast überall für ein $g \geqq 0$ aus L^1_μ, so gilt $h_0 \in L^1_\mu$ und $\int |h_n - h_0| \, d\mu \to 0$. Da $C(K)$ Teilraum jedes L^1_μ ist, folgt daraus die schwache Konvergenz für jedes positive μ und damit auch für jedes Maß auf K.

Für den Satz von LEBESGUE vgl. z. B. BOURBAKI [7], Bd. 1, S. 140.

Aus (1) und (2) ergibt sich der von GROTHENDIECK [6] bewiesene Satz

(3) *Eine Teilmenge M von $C(K)$ ist dann und nur dann relativ schwach kompakt, wenn sie beschränkt und relativ $\mathfrak{T}_p$-kompakt ist.*

Beweis. Die Bedingung ist notwendig, da eine relativ schwach kompakte Menge auch bezüglich der gröberen Topologie $\mathfrak{T}_p$ relativ kompakt ist.

Sei andererseits M beschränkt und relativ $\mathfrak{T}_p$-kompakt. Um zu zeigen, daß M relativ schwach kompakt ist, genügt es nach dem Satz von EBERLEIN zu zeigen, daß jede Folge f_n aus M eine schwach konvergente Teilfolge enthält. Nach (1) besitzt nun f_n eine $\mathfrak{T}_p$-konvergente Teilfolge, die nach (2) schwach konvergiert. —

Wir haben in § 20, 6.(3) bewiesen, daß die konvexe bzw. die absolutkonvexe abgeschlossene Hülle $\overline{C(M)}$ bzw. $\overline{\Gamma(M)}$ einer kompakten Menge M kompakt ist, wenn $\overline{\Gamma(M)}$ vollständig ist. Es gilt das folgende schärfere Resultat, der Satz von KREIN

(4) *Die konvexe bzw. die absolutkonvexe abgeschlossene Hülle $\overline{C(K)}$ bzw. $\overline{\Gamma(K)}$ einer kompakten Teilmenge K des lokalkonvexen Raumes $E[\mathfrak{T}]$ ist dann und nur dann kompakt, wenn $\overline{C(K)}$ bzw. $\overline{\Gamma(K)}$ $\mathfrak{T}_k$-vollständig ist.*

Ist also $E[\mathfrak{T}]$ $\mathfrak{T}_k$-quasivollständig, so ist die abgeschlossene absolutkonvexe Hülle einer kompakten Menge stets wieder kompakt.

Mit (4) äquivalent ist offenbar

(4') *Ist K eine schwach kompakte Teilmenge eines lokalkonvexen Raumes, so ist $\overline{C(K)}$ bzw. $\overline{\Gamma(K)}$ dann und nur dann schwach kompakt, wenn $\overline{C(K)}$ bzw. $\overline{\Gamma(K)}$ $\mathfrak{T}_k$-vollständig sind.*

Von M. KREIN [1] wurde (4') für schwach folgenkompakte Teilmengen eines separablen (B)-Raumes bewiesen, PHILLIPS [2] bewies (4') für (B)-Räume, von GROTHENDIECK stammt der allgemeine Fall und der hier vorliegende Beweis.

Beweis. a) Wir zeigen zuerst, daß es genügt, den Satz für $\mathfrak{T}_k$-vollständige Räume zu beweisen.

Sei K schwach kompakt in $E[\mathfrak{T}]$ und $\overline{C(K)}$ bzw. $\overline{\Gamma(K)}$ $\mathfrak{T}_k$-vollständig. Wir können $\mathfrak{T}=\mathfrak{T}_k$ voraussetzen. Die Topologie $\tilde{\mathfrak{T}}_k$ der vollständigen Hülle $\tilde{E}[\tilde{\mathfrak{T}}_k]$ ist nach § 21, 4.(5) die Mackeysche Topologie von $\tilde{E}$. Da E und $\tilde{E}$ denselben dualen Raum haben, ist K auch in $\tilde{E}$ schwach kompakt. Wegen der vorausgesetzten $\mathfrak{T}_k$-Vollständigkeit von $\overline{C(K)}$ bzw. $\overline{\Gamma(K)}$ in E ist $\overline{C(K)}$ bzw. $\overline{\Gamma(K)}$ auch gleich der in $\tilde{E}$ gebildeten abgeschlossenen konvexen bzw. absolutkonvexen Hülle von K. Setzen wir (4′) für $\tilde{E}[\tilde{\mathfrak{T}}_k]$ als bewiesen voraus, so ist $\overline{C(K)}$ bzw. $\overline{\Gamma(K)}$ schwach kompakt in $\tilde{E}$ und damit in E.

b) Sei jetzt K schwach kompakt in dem vollständigen Raum $E[\mathfrak{T}_k]$. Es genügt zu zeigen, daß $\overline{\Gamma(K)}$ schwach kompakt ist. Ist $Au=\tilde{u}$ die Einschränkung eines Elementes $u\in E'$ auf K, so ist A eine lineare Abbildung von E' in $C(K)$. Da alle $u\in\left(\overline{\Gamma(K)}\right)^\circ$ eine Einschränkung $\tilde{u}$ mit $\|\tilde{u}\|\leqq 1$ in $C(K)$ haben, ist A stetig im Sinn der starken Topologie auf E' und der Normtopologie auf $C(K)$. Nun ist $\mathfrak{T}_s(E)$ feiner als $\mathfrak{T}_s(K)$ auf E', also ist A auch eine stetige Abbildung von $E'[\mathfrak{T}_s(E)]$ in $C(K)[\mathfrak{T}_p]$. Ist B eine abgeschlossene $\mathfrak{T}_k$-gleichstetige, also stark beschränkte und $\mathfrak{T}_s(E)$-kompakte Teilmenge von E', so ist daher $A(B)$ eine beschränkte und $\mathfrak{T}_p$-kompakte Teilmenge von $C(K)$. Aus (3) folgt, daß $A(B)$ sogar schwach kompakt in $C(K)$ ist.

Die adjungierte Abbildung A' bildet $C(K)'=\mathfrak{M}(K)$ in E'' ab. Eine Nullumgebung der natürlichen Topologie $\mathfrak{T}_n(E')$ von E'' hat (vgl. §23, 4.) die Form B°, B abgeschlossen und $\mathfrak{T}_k$-gleichstetig in E'. Nach vorhin ist dann $(A(B))^\circ$ eine $\mathfrak{T}_k$-Nullumgebung in $\mathfrak{M}(K)$. Da aus $u\in(A(B))^\circ$ stets $A'u\in B^\circ$ folgt, ist A' stetig im Sinn der $\mathfrak{T}_k$-Topologie auf $\mathfrak{M}(K)$ und der natürlichen Topologie auf E'', die nach § 23, 4.(2) auf E mit $\mathfrak{T}=\mathfrak{T}_k$ übereinstimmt.

Aus $(A'\delta_{x_0})u=\delta_{x_0}(Au)=ux_0$ folgt, daß A' die Menge $\hat{K}$ der Punktmaße auf $K\subset E''$ abbildet. $\hat{K}$ ist schwach total in $\mathfrak{M}(K)$, also auch $\mathfrak{T}_k$-total. Das Bild $A'(\mathfrak{M}(K))$ liegt also in der $\mathfrak{T}_n$-vollständigen linearen Hülle von K in E'', also wegen der $\mathfrak{T}_k$-Vollständigkeit von E bereits in E. Nun liegt $\hat{K}$ in der schwach kompakten Einheitskugel C von $\mathfrak{M}(K)$; die nach § 20, 4.(6) schwach stetige Abbildung A' bildet also C in eine absolutkonvexe schwach kompakte Teilmenge von E ab, die $\overline{\Gamma(K)}$ umfaßt. $\overline{\Gamma(K)}$ ist also schwach kompakt.

6. Der Satz von PTÁK. Wir geben noch einen zweiten Beweis des Satzes von KREIN, der keine Hilfsmittel aus der Integrationstheorie benützt, sondern auf dem Satz von EBERLEIN und einem kombinatorischen Satz von PTÁK beruht.

Wir sagen, eine Teilmenge M eines lokalkonvexen Raumes $E[\mathfrak{T}]$ besitzt vertauschbare Doppellimites, wenn für jede Folge $x_i \in M$ und jede Folge $u_j \in N$, N absolutkonvex und schwach kompakt in E', aus der Existenz der Doppellimites $\lim_i \lim_j u_j x_i$ und $\lim_j \lim_i u_j x_i$ ihre Gleichheit folgt.

Nach GROTHENDIECK [6] gilt folgende Variante des Satzes von EBERLEIN

(1) *Es sei* $E[\mathfrak{T}]$ $\mathfrak{T}_k$-*vollständig. Eine beschränkte Teilmenge* M *von* E *ist dann und nur dann relativ schwach kompakt, wenn sie vertauschbare Doppellimites besitzt.*

Beweis. a) Es sei M relativ schwach abzählbar kompakt und es sei $x_i \in M$, $u_j \in N$, N absolutkonvex und schwach kompakt, und es existiere $\alpha = \lim_i \lim_j u_j x_i$ und $\beta = \lim_j \lim_i u_j x_i$. Es sei x_0 schwacher Berührungspunkt der x_i und u_0 schwacher Berührungspunkt der u_j. Dann ist aber $\lim_j u_j x_i = u_0 x_i$ und $\lim_i u_j x_i = u_j x_0$. Aus $\lim_i u_0 x_i = u_0 x_0$ und $\lim_j u_j x_0 = u_0 x_0$ folgt aber $\alpha = \beta$.

b) Es sei M beschränkt und besitze vertauschbare Doppellimites. Wäre M nicht relativ schwach kompakt, dann gäbe es einen schwachen Berührungspunkt z von M in $(E')^*$, der nicht in E liegt. Wie im Beweis von 2.(2) ergibt sich daher die Existenz zweier Folgen $x_i \in M$ und $u_k \in N$, N absolutkonvex und schwach kompakt in E', mit den Eigenschaften 2.(3), 2.(4) und 2.(5). Aus 2.(3) folgt $\lim_i u_j x_i = u_j z$ für alle j, aus 2.(4) folgt $\lim_j u_j x_i = u_0 x_i$ für alle i. Speziell gilt nach 2.(3) $\lim_i u_0 x_i = u_0 z$, also $\lim_i \lim_j u_j x_i = u_0 z$.

Die $u_j z$ brauchen keinen Limes zu haben, sind aber wegen $M \subset \varrho N^\circ$, $\varrho > 0$, dem Betrage nach beschränkt. Man kann also eine wieder mit u_j bezeichnete Teilfolge auswählen, so daß $\lim_j u_j z = \beta$ existiert. Aus 2.(5) folgt dann $|\beta - u_0 z| \geqq \varepsilon$, also $\lim_j \lim_i u_j x_i = \beta \neq u_0 z = \lim_i \lim_j u_j x_i$. Dies ist ein Widerspruch, da M vertauschbare Doppellimites besitzt.

Es sei $\mathsf{A} = \{\alpha\}$ eine unendliche Menge, $\varphi(\mathsf{A})$ der Raum der Vektoren $\mathfrak{x} = (\xi_\alpha)$ mit nur endlich vielen $\xi_\alpha \neq 0$. Mit $C(\mathsf{A})$ werde die Menge aller $\mathfrak{l} = (\lambda_\alpha) \in \varphi(\mathsf{A})$ mit $\lambda_\alpha \geqq 0$, $\sum_{\alpha \in \mathsf{A}} \lambda_\alpha = 1$, bezeichnet. Ist $\mathsf{B} \subset \mathsf{A}$, so bezeichne $C(\mathsf{B})$ die Menge aller $\mathfrak{l}$ aus $C(\mathsf{A})$ mit $\lambda_\alpha = 0$ für $\alpha \notin \mathsf{B}$.

Es sei $\mathfrak{G}$ eine Klasse endlicher Teilmengen Γ von A. Mit $C(\mathsf{B}, \mathfrak{G}, \varepsilon)$ werde die Menge aller $\mathfrak{l} \in C(\mathsf{B})$ mit $\sum_{\alpha \in \Gamma} \lambda_\alpha < \varepsilon$ für alle $\Gamma \in \mathfrak{G}$ bezeichnet. Mit diesen Definitionen lautet der Satz von PTÁK [5]

(2) *Folgende beide Bedingungen für* $\mathfrak{G}$ *sind äquivalent:*

α) Es existiert eine echt wachsende Folge $\mathsf{A}_1 \subset \mathsf{A}_2 \subset \cdots$ *von endlichen Teilmengen von* A *und eine Folge* $\Gamma_n \in \mathfrak{G}$ *mit* $\mathsf{A}_n \subset \Gamma_n$ *für alle* n;

β) Es gibt eine unendliche Teilmenge B *von* A *und ein* $\varepsilon > 0$, *so daß* $C(\mathsf{B}, \mathfrak{G}, \varepsilon)$ *leer ist.*

Beweis. a) Es gelte α). Sei $\mathsf{B} = \bigcup_{n=1}^{\infty} \mathsf{A}_n$ und $\mathfrak{l} \in C(\mathsf{B}, \mathfrak{G}, \varepsilon)$, $\varepsilon < 1$. Es bezeichne jetzt und im folgenden $\mathsf{N}(\mathfrak{l})$ die Menge der Indizes $\alpha \in \mathsf{A}$ mit $\lambda_\alpha \neq 0$. Es gibt ein n_0 mit $\mathsf{N}(\mathfrak{l}) \subset \mathsf{A}_{n_0}$. Dann ist aber $\mathsf{N}(\mathfrak{l}) \subset \Gamma_{n_0}$, also gilt $\sum_{\alpha \in \Gamma_{n_0}} \lambda_\alpha = \sum_{\alpha \in \mathsf{A}} \lambda_\alpha = 1$, was $\mathfrak{l} \in C(\mathsf{B}, \mathfrak{G}, \varepsilon)$ und $\varepsilon < 1$ widerspricht.

b) Ist Δ eine Teilmenge von A, so bezeichne $\mathfrak{G}(\Delta)$ die Klasse aller $\Gamma \in \mathfrak{G}$ mit nichtleerem $\Gamma \cap \Delta$. Speziell bezeichne $\mathfrak{G}(\alpha)$ die Klasse aller $\Gamma \in \mathfrak{G}$, die das Element α enthalten. Wir beweisen den Hilfssatz

(3) *Es sei* $C(\mathsf{B}, \mathfrak{G}, \varepsilon)$ *leer,* B *unendlich. Ist* Φ *eine endliche Teilmenge von* A *und ist* $\varepsilon_1 < \varepsilon$, *so gibt es eine nichtleere endliche Teilmenge* Δ_1 *von* A, *die zu* Φ *disjunkt ist und für die* $C(\mathsf{B} \sim \Phi, \mathfrak{G}(\Delta_1), \varepsilon_1)$ *leer ist.*

Nach Definition von $C(\mathsf{B}, \mathfrak{G}, \varepsilon)$ ist dann $\mathfrak{G}(\Delta_1)$ nicht leer.

Beweis. Sei $C(\mathsf{B} \sim \Phi, \mathfrak{G}(\Delta), \varepsilon_1)$ nicht leer für gegebenes $\varepsilon_1 < \varepsilon$, gegebenes Φ und alle endlichen nichtleeren und zu Φ disjunkten $\Delta \subset \mathsf{A}$. Wir wählen eine endliche nichtleere Teilmenge $\mathsf{M}_1 \subset \mathsf{B} \sim \Phi$. Es sei $\mathfrak{l}^{(1)}$ Element des nach Voraussetzung nichtleeren $C(\mathsf{B} \sim \Phi, \mathfrak{G}(\mathsf{M}_1), \varepsilon_1)$. Wir bilden dann $\mathsf{M}_2 = \mathsf{M}_1 \cup \mathsf{N}(\mathfrak{l}^{(1)})$. Dann ist $\mathsf{M}_2 \subset \mathsf{B} \sim \Phi$ und wir können ein $\mathfrak{l}^{(2)}$ in $C(\mathsf{B} \sim \Phi, \mathfrak{G}(\mathsf{M}_2), \varepsilon_1)$ wählen usw. Wir erhalten damit eine Folge $\mathfrak{l}^{(n)} = (\lambda_\alpha^{(n)}) \in C(\mathsf{B} \sim \Phi, \mathfrak{G}(\mathsf{M}_n), \varepsilon_1)$ mit $\mathsf{M}_n = \mathsf{M}_1 \cup \mathsf{N}(\mathfrak{l}^{(1)}) \cup \cdots \cup \mathsf{N}(\mathfrak{l}^{(n-1)})$.

Es sei $\Gamma \in \mathfrak{G}$. Wir bilden die Folge $\alpha_n = \sum_{\alpha \in \Gamma} \lambda_\alpha^{(n)} \leqq 1$ und behaupten, daß sie höchstens ein $\alpha_n \geqq \varepsilon_1$ enthält. Es sei $\alpha_p \geqq \varepsilon_1$ das erste dieser α_n. Da $\mathsf{N}(\mathfrak{l}^{(p)}) \subset \mathsf{M}_{p+1}$ ist, ist $\mathsf{M}_{p+1} \cap \Gamma$ nicht leer, also $\Gamma \in \mathfrak{G}(\mathsf{M}_{p+1})$. Ist nun $q > p$, so ist $\Gamma \in \mathfrak{G}(\mathsf{M}_{p+1}) \subset \mathfrak{G}(\mathsf{M}_q)$. Da $\mathfrak{l}^{(q)} \in C(\mathsf{B} \sim \Phi, \mathfrak{G}(\mathsf{M}_q), \varepsilon_1)$ gilt, ist $\alpha_q < \varepsilon_1$ für alle $q > p$.

Bilden wir daher für genügend großes n den Mittelwert $\frac{1}{n}(\mathfrak{l}^{(1)} + \cdots + \mathfrak{l}^{(n)})$, so liegt dieser in $C(\mathsf{B} \sim \Phi, \mathfrak{G}, \varepsilon)$, was der Voraussetzung von (3) widerspricht.

c) Es sei nun β) erfüllt. Nach (3) ist dann für $\varepsilon_1 < \varepsilon$ auch $C(\mathsf{B}, \mathfrak{G}(\Delta_1), \varepsilon_1)$ leer. Wenden wir (3) nochmals an, so erhält man für $\varepsilon_2 < \varepsilon_1$ eine zu Δ_1 disjunkte nichtleere Teilmenge Δ_2 mit $C(\mathsf{B} \sim \Delta_1, \mathfrak{G}(\Delta_1) \cap \mathfrak{G}(\Delta_2), \varepsilon_2)$ leer. Fortsetzung dieses Verfahrens ergibt eine Folge $\Delta_1, \Delta_2, \ldots$ paarweise disjunkter nichtleerer Teilmengen mit nichtleeren Durchschnitten $\mathfrak{G}(\Delta_1) \cap \cdots \cap \mathfrak{G}(\Delta_n)$. Nun ist jedes $\mathfrak{G}(\Delta_k)$ die Vereinigung der endlichvielen $\mathfrak{G}(\alpha_k)$, $\alpha_k \in \Delta_k$; es gibt also ein $\alpha_1 \in \Delta_1$, so daß $\mathfrak{G}(\alpha_1) \cap \mathfrak{G}(\Delta_2) \cap \cdots \cap \mathfrak{G}(\Delta_m)$ für alle m nicht leer ist, dazu ein $\alpha_2 \in \Delta_2$, so daß $\mathfrak{G}(\alpha_1) \cap \mathfrak{G}(\alpha_2) \cap \mathfrak{G}(\Delta_3) \cap \cdots \cap \mathfrak{G}(\Delta_m)$ für alle m nichtleer ist usw. Dann ist $\mathfrak{G}(\alpha_1) \cap \cdots \cap \mathfrak{G}(\alpha_n)$

für jedes n nicht leer. Es sei nun $\mathsf{A}_n = \{\alpha_1, \ldots, \alpha_n\}$. Die Folge A_n ist echt aufsteigend. Für $\Gamma_n \in \mathfrak{G}(\alpha_1) \cap \cdots \cap \mathfrak{G}(\alpha_n)$ gilt dann aber $\mathsf{A}_n \subset \Gamma_n$ und damit α).

Der Beweis des Satzes von KREIN läßt sich, wie in 5. gezeigt wurde, sofort auf den Fall reduzieren, daß $E[\mathfrak{T}]$ $\mathfrak{T}_k$-vollständig ist. Nach § 20, 6.(4) kann man sich darauf beschränken zu zeigen, daß mit $M \subset E$ auch $\complement(M)$ relativ schwach kompakt ist. Nach § 21, 11. können wir E als reell voraussetzen. Nach (1) ergibt sich der Satz von KREIN daher aus

(4) *Ist M eine beschränkte Teilmenge eines reellen lokalkonvexen Raumes E mit vertauschbaren Doppellimites, so hat auch $\complement(M)$ diese Eigenschaft.*

Beweis. Die Behauptung sei falsch. Dann gibt es eine schwach kompakte absolutkonvexe Teilmenge N von E' und Folgen $x_i \in C(M)$, $u_j \in N$ mit

(5) $$|\lim_i \lim_j u_j x_i - \lim_j \lim_i u_j x_i| = \varepsilon > 0.$$

Wir bezeichnen mit μ das endliche $\sup_{u \in N,\, x \in M} |ux|$.

Es gibt eine abzählbare Teilmenge T von M, so daß alle x_i bereits in $\complement(T)$ liegen. Es sei $u_0 \in N$ ein schwacher Berührungspunkt der u_j. Durch ein Diagonalverfahren kann man aus den u_j eine wieder mit u_j bezeichnete Teilfolge so auswählen, daß $\lim_j u_j z = u_0 z$ für alle $z \in T$ gilt. Dann gilt auch $\lim_j u_j x_i = u_0 x_i$ für alle i.

Da (5) gilt, kann man $\sigma = \pm 1$ und eine unendliche Menge B von Indizes k so finden, daß

(6) $$\sigma\left(\lim_i u_k x_i - \lim_i u_0 x_i\right) \geqq \tfrac{3}{4}\varepsilon \quad \text{für alle} \quad k \in \mathsf{B}$$

gilt.

Für jedes $z \in T$ sei $\Gamma(z)$ die endliche Menge aller Indizes j mit

(7) $$|(u_j - u_0) z| \geqq \frac{\varepsilon}{4}.$$

$\mathfrak{G}$ sei die Klasse aller $\Gamma(z)$, $z \in T$. Wir behaupten nun, daß $C\left(\mathsf{B}, \mathfrak{G}, \frac{\varepsilon}{8\mu}\right)$ nicht leer ist. Wir nehmen das Gegenteil an. Dann gibt es nach (2) Indizesmengen $\mathsf{A}_n = \{j_1, \ldots, j_n\}$ und $\Gamma(z_n)$ mit $\mathsf{A}_n \subset \Gamma(z_n)$ für alle n. Nach (7) folgt daraus $|(u_{j_q} - u_0) z_n| \geqq \frac{\varepsilon}{4}$ für $n \geqq q$. Es sei nun y_n eine solche Teilfolge der z_n, daß $\lim_n (u_{j_q} - u_0) y_n$ für jedes q existiert. Für die Folge $y_n \in M$ und die Folge $v_q = \frac{1}{2}(u_{j_q} - u_0) \in N$ gilt nun $\lim_q v_q y_n = 0$ für jedes n und $|\lim_n v_q y_n| \geqq \frac{\varepsilon}{8}$ für jedes q. Durch Auswahl einer Teilfolge der v_q

erhält man $|\lim_q \lim_n v_q y_n| \geqq \frac{\varepsilon}{8}$ und $\lim_n \lim_q v_q y_n = 0$ im Widerspruch dazu, daß M vertauschbare Doppellimites besitzt.

Es ist also $C\left(\mathsf{B}, \mathfrak{G}, \frac{\varepsilon}{8\mu}\right)$ nicht leer. Es sei $\mathfrak{l} = (\lambda_n)$ ein Vektor dieser Menge, also $\mathsf{N}(\mathfrak{l}) \subset \mathsf{B}$. Wir setzen $u = \sum_{k \in \mathsf{N}(\mathfrak{l})} \lambda_k (u_k - u_0)$. Für jedes $z \in T$ gilt dann nach den Definitionen von $C\left(\mathsf{B}, \mathfrak{G}, \frac{\varepsilon}{8\mu}\right)$ und $\Gamma(z)$

$$|uz| = \Big|\sum_{k \in \mathsf{N}(\mathfrak{l})} \lambda_k (u_k - u_0) z\Big| \leqq \Big|\sum_{k \in \Gamma(z)}\Big| + \Big|\sum_{k \in \mathsf{N}(\mathfrak{l}) \sim \Gamma(z)}\Big|$$

$$\leqq \Big(\sum_{\Gamma(z)} \lambda_k\Big) 2\mu + \Big(\sum_{k \in \mathsf{N}(\mathfrak{l})} \lambda_k\Big) \frac{\varepsilon}{4} \leqq \frac{\varepsilon}{2}.$$

Daraus folgt $|u x_i| \leqq \frac{\varepsilon}{2}$ für alle i.

Wegen $\mathsf{N}(\mathfrak{l}) \subset \mathsf{B}$ erhalten wir schließlich aus (6) den Widerspruch

$$\frac{\varepsilon}{2} \geqq \lim |u x_i| = \Big|\sum_{\mathsf{N}(\mathfrak{l})} \lambda_k \big(\lim_i u_k x_i - \lim_i u_0 x_i\big)\Big|$$

$$= \Big(\sum_{\mathsf{N}(\mathfrak{l})} \lambda_k\Big) \sigma \big(\lim_i u_k x_i - \lim_i u_0 x_i\big) \geqq \tfrac{3}{4}\varepsilon.$$

Die Ergebnisse dieser Nummer verdanke ich einer brieflichen Mitteilung von Herrn PTÁK, der kürzlich (vgl. PTÁK [6]) eine noch weiterführende Darstellung seiner kombinatorischen Methode gab.

§ 25. Extremalpunkte und Extremalstrahlen konvexer Mengen

1. Der Satz von KREIN-MILMAN. E sei im folgenden ein reeller oder komplexer linearer Raum. Unter (x, y) verstehen wir jedoch stets das reelle offene Intervall aller $\tau x + (1-\tau) y$, $0 < \tau < 1$. M sei eine Teilmenge von E. Ein Punkt z von M heißt Extremalpunkt von M, wenn er keinem offenen Intervall $(x, y) \subset M$ angehört. Für konvexe M bedeutet dies, daß z niemals zwischen zwei Punkten von M liegt.

Allgemeiner gilt offenbar: Ist z Extremalpunkt der konvexen Menge M und liegt z in der konvexen Hülle der Punkte $x_1, \ldots, x_n$ von M, so fällt z mit einem der x_i zusammen.

Ist M absolutkonvex, so ist mit z auch jeder Punkt σz mit $|\sigma| = 1$ Extremalpunkt von M.

Die Menge aller Extremalpunkte von M bezeichnen wir auch mit $Ep(M)$. Der Begriff des Extremalpunktes ist ein Spezialfall eines allgemeineren Begriffes. Eine reelle lineare Mannigfaltigkeit $H \subset E$ heißt Stützmannigfaltigkeit von M, wenn $H \cap M$ nicht leer ist und wenn jedes offene Intervall $(x, y) \subset M$, das einen Punkt von H enthält, ganz in H, also in $H \cap M$ liegt.

Die nulldimensionalen Stützmannigfaltigkeiten von M sind die Extremalpunkte von M; die Stützmannigfaltigkeiten, die Hyperebenen sind, sind die Stützhyperebenen von M (vgl. §17, 5.), falls M konvex ist. Es sei jedoch darauf hingewiesen, daß nicht jeder Stützpunkt (vgl. §17, 5.) eine nulldimensionale Stützmannigfaltigkeit, also ein Extremalpunkt, zu sein braucht.

(1) *Es sei H Stützmannigfaltigkeit von M in E. Eine reelle lineare Mannigfaltigkeit $H_1 < H$ ist dann und nur dann ebenfalls Stützmannigfaltigkeit von M, wenn sie Stützmannigfaltigkeit von $H \cap M$ ist.*

Beweis. Ist H_1 Stützmannigfaltigkeit von M, so auch von $H \cap M$, denn $H_1 \cap (H \cap M) = H_1 \cap M$ ist nicht leer und jedes offene Intervall aus $H \cap M$, das H_1 schneidet, liegt nach Voraussetzung in $H_1 \cap M = H_1 \cap (H \cap M)$.

Ist umgekehrt H_1 Stützmannigfaltigkeit von $H \cap M$, so ist $H_1 \cap M$ nicht leer; ist ferner (x, y) ein Intervall aus M, das $H_1 < H$ schneidet, so liegt (x, y) in $H \cap M$, da H Stützmannigfaltigkeit von M ist. Wegen der Voraussetzung über H_1 liegt dann aber (x, y) sogar in H_1.

Wir untersuchen jetzt speziell die abgeschlossenen Stützmannigfaltigkeiten einer kompakten Teilmenge eines lokalkonvexen Raumes. Es gilt

(2) *Es sei M eine kompakte Teilmenge eines lokalkonvexen Raumes. Es sei ferner $\{H_\alpha\}$ ein System abgeschlossener Stützmannigfaltigkeiten von M, das mit H_{α_1} und H_{α_2} stets ein $H_\beta < H_{\alpha_1} \cap H_{\alpha_2}$ enthält. Dann ist $H = \bigcap_\alpha H_\alpha$ eine abgeschlossene Stützmannigfaltigkeit von M.*

Beweis. Die kompakten $M_\alpha = M \cap H_\alpha$ bilden eine Filterbasis auf M, deren Durchschnitt $H \cap M = \bigcap_\alpha M_\alpha$ nicht leer ist. H ist abgeschlossene Stützmannigfaltigkeit von M, denn H ist abgeschlossen, und hat $(x, y) < M$ den Punkt z mit H gemeinsam, so ist z in allen H_α enthalten, also $(x, y) < H_\alpha$ und daher $(x, y) < \bigcap_\alpha H_\alpha = H$.

(3) *Jede abgeschlossene Stützmannigfaltigkeit H einer kompakten Teilmenge M eines lokalkonvexen Raumes enthält mindestens einen Extremalpunkt von M.*

Beweis. Nach (2) erfüllen die in H enthaltenen abgeschlossenen Stützmannigfaltigkeiten von M die Voraussetzungen des Satzes von Zorn, also gibt es in H eine minimale abgeschlossene Stützmannigfaltigkeit H_0 von M.

Wir nehmen an, daß H_0 kein Punkt sei. Wir können ferner $o \in H_0$ annehmen (dies kann durch Translation stets erreicht werden). Die kompakte Teilmenge $H_0 \cap M$ von H_0 besitzt nach § 20, 7.(8) in H_0 eine abgeschlossene Stützhyperebene H_1. Nach (1) ist H_1 aber auch abgeschlossene Stützmannigfaltigkeit von M, was der Minimaleigenschaft von H_0 widerspricht.

Der Satz von KREIN-MILMAN [1] lautet nun

(4) *Jede konvexe kompakte Teilmenge M eines lokalkonvexen Raumes ist die abgeschlossene konvexe Hülle der Menge $Ep(M)$ ihrer Extremalpunkte.*

Wir beweisen die etwas allgemeinere Aussage

(5) *Eine kompakte Teilmenge M eines lokalkonvexen Raumes und die Menge $Ep(M)$ ihrer Extremalpunkte haben dieselbe abgeschlossene konvexe Hülle.*

Beweis. Wir nehmen an, daß $N_1 = \overline{\complement(Ep(M))}$ echte Teilmenge von $N = \overline{\complement(M)}$ ist. Ist $z_0 \in N \sim N_1$, so gibt es nach § 20, 7.(1) eine abgeschlossene reelle Hyperebene H, die z_0 und N_1 strikt trennt. Es gibt Punkte von M, die demselben offenen Halbraum R_1 von H angehören wie z_0. Nach § 20, 7.(8) besitzt M dann eine zu H parallele abgeschlossene Stützhyperebene $H_1 \subset R_1$. Nach (3) enthält H_1 einen Extremalpunkt von M, der nicht in N_1 liegen würde, was unmöglich ist.

Aus (4) folgt die eine Hälfte des Satzes

(6) *Es sei K eine konvexe kompakte Teilmenge eines lokalkonvexen Raumes. Ist $M \subset K$, so ist $\overline{\complement(M)} = K$ dann und nur dann, wenn $\overline{M} \supset Ep(K)$ gilt.*

Die andere Hälfte ergibt sich aus dem Satz von MILMAN [2]

(7) *M sei eine Menge mit kompakter abgeschlossener konvexer Hülle $\overline{\complement(M)}$. Dann liegen die Extremalpunkte von $\overline{\complement(M)}$ in $\overline{M}$, sind also auch Extremalpunkte von $\overline{M}$.*

Beweis (nach BOURBAKI [6]). Es genügt zu zeigen, daß jeder Extremalpunkt z von $\overline{\complement(M)}$ in jedem $M + U$ liegt, U eine absolutkonvexe abgeschlossene Nullumgebung des lokalkonvexen Raumes. Nun wird M durch endlich viele Mengen $x_i + U$, $x_i \in M$, $i = 1, \ldots, n$, überdeckt. Wir setzen $M_i = \overline{\complement(M \cap (x_i + U))}$. Es ist $M_i \subset x_i + U$, die M_i sind als abgeschlossene Teilmengen von $\overline{\complement(M)}$ kompakt, nach § 20, 6.(5) ist auch ihre konvexe Hülle $\complement_{i=1}^{n} M_i$ kompakt. Einerseits gilt nun $\complement_{i=1}^{n} M_i \subset \overline{\complement(M)}$, andererseits folgt aus $\bigcup_{i=1}^{n} M_i \supset M$, daß $\complement_{i=1}^{n} M_i$ eine konvexe abgeschlossene Menge ist, die M enthält; es ist also auch $\complement_{i=1}^{n} M_i \supset \overline{\complement(M)}$, mithin $\overline{\complement(M)} = \complement_{i=1}^{n} M_i$. Der Extremalpunkt z hat daher die Form $\sum_{i=1}^{n} \alpha_i z_i$, $z_i \in M_i$, $\sum \alpha_i = 1$, $\alpha_i \geqq 0$. Dies ist aber nur möglich, wenn z mit einem der z_i zusammenfällt. Aus $z \in M_i$ und $M_i \subset x_i + U$ folgt schließlich $z \in M + U$.

Beim Übergang von $\overline{M}$ zu $\overline{\complement(M)}$ können Extremalpunkte verlorengehen, wie das Beispiel einer aus drei Punkten einer Geraden bestehenden Menge zeigt. Ist

M kompakt, aber $\overline{\complement(M)}$ nicht, so kann $\overline{\complement(M)}$ Extremalpunkte besitzen, die nicht in M liegen. (Für ein Beispiel vgl. BOURBAKI [6], Bd. 1, S. 85, Ex. 3.)

Eine Folgerung des Satzes von MILMAN ist

(8) *M sei eine Menge mit kompakter abgeschlossener absolutkonvexer Hülle $\overline{\Gamma(M)}$. Dann hat jeder Extremalpunkt von $\overline{\Gamma(M)}$ die Form αz, $|\alpha| = 1$, z Extremalpunkt von $\overline{M}$.*

Beweis. Sei $\tilde{M} = \bigcup_{|\alpha|=1} \alpha \overline{M}$. Als stetiges Bild des topologischen Produkts von $\overline{M}$ und der Menge aller α mit $|\alpha| = 1$ ist $\tilde{M}$ kompakt. Da die kreisförmige Hülle von M in der konvexen Hülle von $\tilde{M}$ liegt, ist nach §15, 1.(2) $\overline{\Gamma(M)} = \overline{\complement(\tilde{M})}$. Nach (7) ist also jeder Extremalpunkt von $\overline{\Gamma(M)}$ Extremalpunkt von $\tilde{M}$, also erst recht von einem $\alpha\overline{M}$ und daher von der Form αz, z Extremalpunkt von $\overline{M}$.

Die Menge $Ep(M)$ einer konvexen kompakten Menge M ist im allgemeinen nicht abgeschlossen. Im P^3 sei ein Kreis durch den Nullpunkt der ξ, η-Ebene und das ihn in o berührende Stück der ζ-Achse von $\zeta = -1$ bis $\zeta = +1$ gegeben. Die abgeschlossene konvexe Hülle dieser Menge hat als Extremalpunkte die Endpunkte der Strecke und alle Punkte des Kreises mit Ausnahme von o.

Es seien $E_1[\mathfrak{T}_1]$ und $E_2[\mathfrak{T}_2]$ lokalkonvexe Räume und A eine stetige lineare Abbildung von E_1 in E_2. Das Bild Ax_0 eines Extremalpunktes x_0 einer Menge $M \subset E_1$ braucht nicht ein Extremalpunkt von $A(M)$ zu sein. Dagegen folgt aus der Definition der Stützmannigfaltigkeit leicht, daß das Urbild $A^{(-1)}(H)$ einer abgeschlossenen Stützmannigfaltigkeit H von $A(M)$ in $A(E_1)$ eine abgeschlossene Stützmannigfaltigkeit von M ist.

Zieht man noch (3) heran, so ergibt sich daraus

(9) *Jeder Extremalpunkt von $A(M)$, M kompakt in $E_1[\mathfrak{T}_1]$, ist Bild eines Extremalpunktes von M.*

2. Beispiele und Anwendungen. Die abgeschlossene Einheitskugel K von c_0 besitzt keinen Extremalpunkt: Ist $\mathfrak{x} = (\xi_n) \in c_0$ und $\|\mathfrak{x}\| = \sup_n |\xi_n| = 1$, so ersetze man eine Koordinate ξ_k mit $|\xi_k| < 1$ durch $\xi_k + \varepsilon$ bzw. $\xi_k - \varepsilon$, ε genügend klein; dann liegt $\mathfrak{x}$ zwischen den beiden so entstehenden Punkten von K.

Die abgeschlossene Einheitskugel K von l^1 hat als $Ep(K)$ die Menge aller $\sigma\mathfrak{e}_i$, $i = 1, 2, \ldots$ und $|\sigma| = 1$. Ist nämlich $\mathfrak{x} \neq \sigma\mathfrak{e}_i$, so verteile man die von Null verschiedenen Koordinaten von $\mathfrak{x}$ auf zwei Vektoren $\mathfrak{x}_1$, $\mathfrak{x}_2$. Dann liegt $\mathfrak{x}$ zwischen $\frac{1}{\|\mathfrak{x}_1\|}\mathfrak{x}_1$ und $\frac{1}{\|\mathfrak{x}_2\|}\mathfrak{x}_2$.

Die Einheitskugel von l^∞ hat als Extremalpunkte alle $\mathfrak{x} = (\xi_i)$ mit $|\xi_i| = 1$ für alle i.

Ist $1 < p < \infty$, so ist jeder Randpunkt der Einheitskugel von l^p bzw. L^p Extremalpunkt. Dies ergibt sich leicht aus der Bemerkung zur Minkowskischen Ungleichung in §14, 8. bzw. 10.

Dagegen besitzt die Einheitskugel K von L^1 keinen Extremalpunkt: Sei $f \in L^1$, $\int_a^b |f|\,dx = 1$; man bestimme c so, daß $\int_a^c |f|\,dx = \frac{1}{2}$ wird. Setzt man dann f_1 gleich $2f$ auf $[a, c)$, gleich 0 auf $[c, b]$ und f_2 gleich 0 auf $[a, c)$ und gleich $2f$ auf $[c, b]$, so ist f der Mittelpunkt der Strecke $[f_1, f_2]$, deren Endpunkte zu K gehören.

Die Extremalpunkte der Einheitskugel von L^∞ sind die Funktionen $f(t)$ mit $|f(t)| = 1$ fast überall.

Ist R ein kompakter Raum, $C(R)$ der Raum der reell- bzw. komplexwertigen stetigen Funktionen auf R (vgl. §14, 9.), so sind die Extremalpunkte der Einheitskugel K alle $f(t)$ mit $|f(t)| \equiv 1$. Ist R überdies zusammenhängend und $C(R)$ reell, so folgt, daß $f_1 \equiv 1$ und $f_2 \equiv -1$ die beiden einzigen Extremalpunkte sind.

Wir untersuchen nun $\mathfrak{M}(R)$, den Raum der reellen Maße auf dem kompakten Raum R.

Nach § 24, 5. ist die Menge $\widehat{R}$ der Punktmaße δ_x, $x \in R$, eine zu R homöomorphe Teilmenge der schwach kompakten Einheitskugel K von $\mathfrak{M}(R)$. Ein Maß $u \in \mathfrak{M}(R)$ heißt positiv, wenn aus $f \geqq 0$ auf ganz R stets $u(f) \geqq 0$ folgt. $\mathfrak{M}^+(R)$ sei die Menge der positiven Maße, K_1^+ die der positiven Maße v mit $\|v\| = 1$.

Für ein $v \in K_1^+$ gilt $v(1) = 1$, K_1^+ liegt also in der durch $u(1) = 1$ gegebenen abgeschlossenen Hyperebene H von $\mathfrak{M}(R)$. Aus $\|u\| \leqq 1$ folgt $u(1) \leqq 1$, H ist also Stützhyperebene von K.

Ist $u \in K \cap H$, so ist $u \in K_1^+$, also $K_1^+ = H \cap K$. Wäre nämlich für $u \in K \cap H$ für ein $f \geqq 0$ $u(f) = -k < 0$, so wähle man $\varrho > 0$ so, daß $1 - \varrho f \geqq 0$ ist; man erhielte dann $u(1 - \varrho f) = 1 + \varrho k > 1$ im Widerspruch zu $\|u\| = 1$.

Wir zeigen, daß die δ_x Extremalpunkte von K_1^+ sind. Wir nehmen an, es gäbe $v_1, v_2 \in K_1^+$ mit

$$\delta_{x_0} = \tfrac{1}{2}(v_1 + v_2). \tag{1}$$

Es sei $g(x) \in C(R)$ und $g(x_0) = 0$. Wir behaupten $v_1(g) = v_2(g) = 0$. Da jedes solche g die Differenz zweier nichtnegativer, in x_0 verschwindender Funktionen ist, genügt es, dies für $g \geqq 0$ zu beweisen. Aus $v_1(g) \geqq 0$, $v_2(g) \geqq 0$ und $\delta_{x_0}(g) = 0 = \frac{1}{2}\big(v_1(g) + v_2(g)\big)$ folgt aber die Behauptung.

Jedes $f \in C(R)$ hat nun die Form $f = f(x_0) \cdot 1 + g$ mit $g(x_0) = 0$. Dann ist aber

$$v_1(f) = f(x_0)\, v_1(1) + v_1(g) = f(x_0) = \delta_{x_0}(f),$$

also $v_1 = \delta_{x_0}$ und $v_2 = \delta_{x_0}$. Die δ_x sind also Extremalpunkte von K_1^+.

Die zu $\widehat{R}$ absolutpolare Menge in $C(R)$ ist die abgeschlossene Einheitskugel, nach dem Bipolarensatz ist also $K = \overline{\Gamma(\widehat{R})}$. Nach 1.(8) kommen also nur die Elemente von $\widehat{R}$ und $-\widehat{R}$ als Extremalpunkte in Frage.

Die Punkte von $\widehat{R}$ sind Extremalpunkte von K_1^+. Wegen $K_1^+ = K \cap H$ sind sie nach 1.(1) aber auch Extremalpunkte von K. Entsprechendes gilt für $-\widehat{R}$. Damit haben wir bewiesen

(2) *Es sei $\mathfrak{M}(R)$ der Raum der reellen Maße auf dem kompakten Raum R. Die Extremalpunkte der Einheitskugel K von $\mathfrak{M}(R)$ sind die Punktmaße δ_x und ihre* o*-Spiegelbilder $-\delta_x$.*

Die Extremalpunkte verteilen sich auf die beiden abgeschlossenen Stützhyperebenen $u(1) = 1$ und $u(1) = -1$ von K.

Bemerkung. Analog findet man die $\sigma\delta_x$ mit $|\sigma| = 1$ als die Extremalpunkte der Einheitskugel im Raum der komplexen Maße auf R.

Eine einfache Folgerung aus (2) ist der Satz von BANACH-STONE

(3) *Zwei kompakte Räume R_1 und R_2 sind dann und nur dann homöomorph, wenn die reellen $C(R_1)$ und $C(R_2)$ normisomorph sind.*

Beweis. Offenbar ist die Bedingung notwendig. Seien umgekehrt $C(R_1)$ und $C(R_2)$ normisomorph. Dann sind die dualen Räume $\mathfrak{M}(R_1)$ und $\mathfrak{M}(R_2)$ sowohl schwach isomorph wie auch normisomorph. Insbesondere sind die Mengen der Extremalpunkte der beiden Einheitskugeln schwach isomorph aufeinander abgebildet. Nach (2) ist dann $\widehat{R}_1$ auf $\widehat{R}_2$ oder $-\widehat{R}_2$ abgebildet. Nach § 24, 5. sind dann aber R_1 und R_2 homöomorph.

Die in (2) angegebenen Eigenschaften der Extremalpunkte der Einheitskugel von $\mathfrak{M}(K)$ sind charakteristisch, es gilt nämlich nach ARENS und KELLEY [1] (vgl. auch KADISON [1]) der folgende Satz, den wir ohne Beweis wiedergeben,

(4) *Ein reeller* (B)*-Raum E ist dann und nur dann normisomorph einem $C(R)$ mit kompaktem R, wenn folgendes gilt:*

a) Die Extremalpunkte der abgeschlossenen Einheitskugel K des dualen Raumes liegen in zwei Stützhyperebenen von der Form $u(a) = 1$, $u(b) = 1$, a, b Elemente von E der Norm 1;

b) enthält die schwach abgeschlossene Hülle einer Menge von Extremalpunkten keine zwei symmetrisch zu o *gelegenen Punkte, so liegt sie in einer Stützhyperebene von K.*

Für weitere Charakterisierungen von $C(R)$ vgl. KADISON [1] und DAY [8].

Aus dem Satz von KREIN-MILMAN und der schwachen Kompaktheit jeder abgeschlossenen gleichstetigen Menge folgt sofort

(5) *Jede schwach abgeschlossene konvexe gleichstetige Teilmenge des dualen Raumes E' eines lokalkonvexen Raumes $E[\mathfrak{T}]$ ist die schwach abgeschlossene konvexe Hülle ihrer Extremalpunkte.*

Speziell hat die Einheitskugel des dualen Raumes eines (B)*-Raumes diese Eigenschaft.*

Daraus folgt

(6) *Ist E ein reflexiver* (B)*-Raum, so ist die abgeschlossene Einheitskugel von E die abgeschlossene konvexe Hülle ihrer Extremalpunkte.*

Aus (6) und den oben behandelten Beispielen ergibt sich sofort, daß c_0, L^1 und der reelle $C(R)$, R kompakt, nicht reflexiv sind.

Es läßt sich aus (5) jedoch noch mehr folgern,

(7) *Die Räume c_0, L^1 und der reelle $C(R)$, R kompakt, sind nicht normisomorph einem dualen* (B)*-Raum.*

Denn ihre Einheitskugeln enthalten keine oder nur endlich viele Extremalpunkte, die abgeschlossene konvexe Hülle dieser Extremalpunkte ist für jede separierte Topologie höchstens endlichdimensional, also von der Einheitskugel verschieden.

Mit der Frage, wann ein (B)-Raum normisomorph dem dualen Raum eines (B)-Raumes sein kann, beschäftigen sich DIXMIER [1] und RUSTON [3]. Ein weiteres Beispiel behandelt SCHATTEN [1] mit der Methode der Extremalpunkte.

3. Varianten des Satzes von KREIN-MILMAN. Wir beginnen mit einem Beispiel. M_0 bestehe aus einem Quadrat mit den Ecken A, B, C, D und einer an die Seite AB anschließenden halben Kreisscheibe in derselben Ebene. A, B, C, D und die Punkte auf dem offenen Halbkreis R sind die Extremalpunkte von M_0. Man darf offenbar A und B weglassen und erhält trotzdem aus C, D und R wieder ganz M_0 als abgeschlossene konvexe Hülle.

Man kann ganz allgemein im Satz von KREIN-MILMAN, wie dies ja in 1.(6) ausgesprochen ist, $Ep(K)$ durch irgend eine Teilmenge M von K ersetzen, wenn nur $\overline{M} \supset Ep(K)$ gilt. Varianten des Satzes von KREIN-MILMAN wird man also dann erhalten, wenn man die Menge $Ep(K)$ durch geeignete solche Mengen M ersetzt.

Es sei K eine abgeschlossene konvexe Teilmenge eines lokalkonvexen Raumes $E[\mathfrak{T}]$. Ist x_0 ein Stützpunkt von K, also ein Punkt, durch den wenigstens eine abgeschlossene Stützhyperebene geht, so bezeichne $D(x_0)$ den Durchschnitt aller abgeschlossenen Stützhyperebenen durch x_0. Es ist $D(x_0)$ eine abgeschlossene Stützmannigfaltigkeit. Den Durchschnitt $S(x_0) = D(x_0) \cap K$ bezeichnen wir als die Stützkante von K durch x_0. Die Stützkante eines Punktes ist stets eine nur aus Stützpunkten bestehende abgeschlossene konvexe Teilmenge von K. Ist $y \in S(x_0)$, so ist $S(y) \subset S(x_0)$.

Eine Stützkante von K heißt minimal, wenn sie keine echte Teilmenge enthält, die ebenfalls Stützkante eines Punktes von K ist.

Ist K kompakt, so hat jede absteigende geordnete Menge $\{S(x_\alpha)\}$ mit $S(x_\alpha) \subset S(x_\beta)$, wenn $\alpha > \beta$, einen nichtleeren Durchschnitt, in dem die Stützkante jedes seiner Punkte liegt. Anwendung des Satzes von ZORN ergibt also

(1) *Ist K eine kompakte konvexe Teilmenge eines lokalkonvexen Raumes $E[\mathfrak{T}]$, so liegt in jeder abgeschlossenen Stützhyperebene von K wenigstens eine minimale Stützkante.*

Zwei minimale Stützkanten von K fallen zusammen oder sind disjunkt.

Es gilt nun der Satz von MILMAN-RUTMAN [1]

(2) *Jede kompakte konvexe Teilmenge K eines lokalkonvexen Raumes $E[\mathfrak{T}]$ ist gleich $\overline{\complement(M)}$, M eine Menge, die einen beliebigen Punkt aus jeder minimalen Stützkante von K enthält.*

Der Beweis verläuft völlig analog dem von 1.(5) und kann dem Leser überlassen werden.

Da jede Stützkante Schnitt einer Stützmannigfaltigkeit von K mit K ist, ist nach 1.(1) jeder Extremalpunkt einer minimalen Stützkante auch Extremalpunkt von K. Nach (2) ist also $K = \overline{\complement(M)}$, wenn M eine Menge ist, die aus jeder minimalen Stützkante von K je einen Extremalpunkt von K enthält.

In dem obigen Beispiel M_0 sind die Extremalpunkte C, D und die Punkte des offenen Halbkreises R auch minimale Stützkanten, die Stützkante von A ist aber die Strecke AD, es kann also durchaus vorkommen, daß die Stützkante eines Extremalpunktes nicht minimal ist.

Eine minimale Stützkante braucht keineswegs nur aus einem einzigen Stützpunkt zu bestehen. Fügt man zur Menge M_0 auch über der Strecke CD noch eine Halbkreisscheibe hinzu, so erhält man eine ebene kompakte konvexe Menge M_1 mit den beiden Strecken AD und BC als minimalen Stützkanten.

Für normierte Räume wurde von KLEE [9] ein wesentlich schärferes Resultat erzielt.

Ein Punkt x_0 einer Menge M eines lokalkonvexen Raumes $E[\mathfrak{T}]$ heißt nach STRASZEWICZ [1] exponierter Punkt von M, wenn x_0 Stützpunkt einer abgeschlossenen Stützhyperebene H von M ist und $H \cap M = \{x_0\}$ gilt. Jeder exponierte Punkt von M ist also ein Extremalpunkt, aber nicht umgekehrt, wie etwa das Beispiel des Punktes A der Menge M_0 zeigt. Exponierte Punkte einer Menge sind spezielle nulldimensionale Stützkanten. Der folgende Satz von KLEE [9] ist also eine Verschärfung sowohl von 1.(4) wie von (2) für normierte Räume.

(3) *K sei eine kompakte konvexe Teilmenge eines normierten Raumes. Die Menge der exponierten Punkte von K ist dicht in $Ep(K)$, K ist also die konvexe abgeschlossene Hülle der Menge der exponierten Punkte von K.*

Für den Beweis und für eine Reihe weiterer Resultate über exponierte Punkte muß auf KLEE [9] verwiesen werden.

4. Die Extremalstrahlen eines Kegels. Man kann ein Analogon des Satzes von KREIN-MILMAN für Kegel beweisen, wenn man einen weiteren

Begriff zu Hilfe nimmt. Es sei K eine konvexe Teilmenge eines linearen Raumes E. Es sei h eine in K enthaltene reelle offene Halbgerade; sie heißt Extremalstrahl von K, wenn jedes offene Intervall aus K, das h schneidet, ganz in h liegt.

Daraus folgt, daß die durch h bestimmte Gerade g mit K einen Durchschnitt hat, der nur aus h und eventuell noch dem Endpunkt a von h besteht. Liegt a ebenfalls in K, so ist a Extremalpunkt von K.

Ist C ein konvexer Kegel in E mit dem Scheitel x_0 und ist x ein von x_0 verschiedener Punkt des Kegels, so liegt x auf einer Erzeugenden des Kegels, nämlich der offenen, von x_0 ausgehenden Halbgeraden durch x. Daraus folgt sofort, daß C höchstens x_0 zum Extremalpunkt haben kann, und dies ist genau dann der Fall wenn C echt und spitz ist.

Die Frage, welche Erzeugenden von C Extremalstrahlen sind, läßt sich folgendermaßen beantworten,

(1) *C sei ein echter konvexer Kegel mit dem Scheitel x_0. Ist die Erzeugende h Extremalstrahl und schneidet die Hyperebene H die Erzeugende h in einem Punkt $y \neq x_0$, so ist y Extremalpunkt von $H \cap C$.*

Gibt es umgekehrt eine Hyperebene H, die die Erzeugende h in einem Extremalpunkt von $H \cap C$ schneidet, so ist h Extremalstrahl von C.

Folgerung. *Ist C der Projektionskegel einer konvexen Menge M in einer Hyperebene H von einem Punkt x_0 außerhalb H, so sind die Erzeugenden durch die Extremalpunkte von M gerade die Extremalstrahlen von C.*

Beweis. Der erste Teil von (1) folgt unmittelbar aus der Definition von Extremalpunkt und Extremalstrahl.

Es werde umgekehrt h durch H in einem Extremalpunkt y_0 von $H \cap C$ geschnitten. Wir nehmen an, daß h kein Extremalstrahl ist. Dann gibt es ein offenes Intervall $(x_1, x_2) \subset C$, das h schneidet, aber nicht in h liegt. Wir können, wie leicht zu sehen, annehmen, daß der Schnittpunkt y_0 ist. Dann wird aber die durch die beiden Erzeugenden $x_0 x_1$ und $x_0 x_2$ begrenzte ebene offene, in C liegende Fläche, die h enthält, durch H in einem y_0 enthaltenden offenen Intervall geschnitten; y_0 ist also im Widerspruch zur Annahme kein Extremalpunkt von $H \cap C$.

Wir betrachten jetzt Kegel in einem lokalkonvexen Raum $E[\mathfrak{T}]$. Es gilt

(2) *Ein echter spitzer konvexer Kegel C in $E[\mathfrak{T}]$ ist dann und nur dann lokalkompakt, wenn er der spitze Projektionskegel einer den Scheitel nicht enthaltenden konvexen kompakten Menge M ist. M kann als Teilmenge einer abgeschlossenen Hyperebene gewählt werden.*

Ein solcher Kegel ist stets abgeschlossen.

Für den Beweis können wir als Scheitel den Punkt $\mathfrak{o}$ wählen.

a) C sei echt, spitz, konvex und lokalkompakt. Dann gibt es eine konvexe abgeschlossene Nullumgebung U in $E[\mathfrak{T}]$, so daß $U \cap C$ konvex und kompakt ist. Sei M der Durchschnitt des Randes von U mit C und $K = \overline{\complement(M)}$. Aus $M \subset U \cap C$ folgt $K \subset U \cap C$, K ist also konvex und kompakt.

Ist $y \in C$, $y \neq o$, so enthält die Erzeugende durch y einen Randpunkt von U, also einen Punkt von M; C ist also der Projektionskegel von M und erst recht der von K. Wir haben noch zu zeigen, daß o nicht in K liegt. Wäre $o \in K$, so wäre o Extremalpunkt von K, da C als echt vorausgesetzt ist. Nach dem Satz von MILMAN (1.(7)) müßte dann o aber auch Extremalpunkt von M sein, was unmöglich ist.

b) C sei der spitze Projektionskegel der konvexen kompakten Menge K von $o \notin K$ aus. Nach § 20, 7.(1) gibt es eine reelle abgeschlossene Hyperebene H, die o und K strikt trennt. H schneidet jede Erzeugende von C in einem von o verschiedenen Punkt. Es sei $\tilde{K} = H \cap C$. $\tilde{K}$ ist Teilmenge der Menge C_1 aller ϱy, $\varrho \in [0, 1]$, $y \in K$. Diese Menge ist als stetiges Bild der kompakten Menge $[0, 1] \times K$ ebenfalls kompakt. Also ist auch $\tilde{K} = H \cap C_1$ konvex und kompakt und C ist auch der Projektionskegel von $\tilde{K}$.

c) C sei der durch Projektion von $\tilde{K} = H \cap C$ erzeugte Kegel aus b), $z \neq o$ sei ein Berührungspunkt von C. Der Strahl von o durch z schneidet H, andernfalls würde z in der zu H parallelen Hyperebene H_0 durch o liegen und müßte Berührungspunkt des im selben Halbraum von H gelegenen Teiles $\tilde{C}_1$ (Menge aller ϱy, $\varrho \in [0, 1]$, $y \in \tilde{K}$) sein, müßte also wegen der Kompaktheit von $\tilde{C}_1$ gleich $H_0 \cap \tilde{C}_1 = o$ sein. Da der Strahl von o durch z von H geschnitten wird, gibt es eine zu H parallele Hyperebene H_1, so daß z innerer Punkt des durch o und H_1 bestimmten abgeschlossenen Halbraumes R_1 wird. Dann muß z aber Berührungspunkt des in R_1 gelegenen Teiles von C sein, der die Gestalt $\tilde{C}_l$ hat (Menge aller σy, $\sigma \in [0, l]$, $y \in \tilde{K}$), also kompakt ist. Daraus folgt $z \in C$, jeder spitze echte konvexe lokalkompakte Kegel ist nach a) und b) also abgeschlossen.

d) Sei schließlich C Projektionskegel einer kompakten konvexen Menge M, die o nicht enthält. Nach b) können wir M ersetzen durch eine in einer abgeschlossenen Hyperebene H gelegene Menge $\tilde{K}$. Jeder Punkt von C hat die Form ϱy, $\varrho \geqq 0$, $y \in \tilde{K}$. Legen wir durch $(\varrho + 1) y$ eine zu H parallele Hyperebene H_2, so ist ϱy innerer Punkt des durch o und H_2 bestimmten abgeschlossenen Halbraumes R_2, besitzt also in C die kompakte Umgebung $R_2 \cap C$. Also ist C lokalkompakt.

Es gilt nun folgendes Analogon zum Satz von KREIN-MILMAN

(3) *Jeder echte spitze konvexe lokalkompakte Kegel C in einem lokalkonvexen Raum ist die abgeschlossene konvexe Hülle $\overline{\complement(Es(C))}$ der Menge $Es(C)$ seiner Extremalstrahlen.*

Beweis. C kann nach (2) als der spitze Projektionskegel einer in einer abgeschlossenen Hyperebene H gelegenen konvexen kompakten Menge $\tilde{K}$ von o aus aufgefaßt werden. Nach der Folgerung aus (1) liegen die Extremalpunkte von $\tilde{K}$ auf Extremalstrahlen von C; nach dem Satz von KREIN-MILMAN liegt dann $\tilde{K}$ in $\overline{\mathsf{C}(Es(C))}$. Da jede C nicht in o schneidende zu H parallele Ebene zur Erzeugung von C verwendet werden kann, liegt jeder Punkt $\neq o$ von C in $\overline{\mathsf{C}(Es(C))}$, daraus folgt $C \subset \overline{\mathsf{C}(Es(C))}$. Nach (2) ist C abgeschlossen, also gilt auch umgekehrt $\overline{\mathsf{C}(Es(C))} \subset C$.

Die Menge $\mathfrak{M}^+(R)$ der positiven Maße auf dem kompakten Raum R bildet einen echten spitzen konvexen und schwach abgeschlossenen Kegel in $\mathfrak{M}(R)$. $\mathfrak{M}^+(R)$ ist der Projektionskegel von K_1^+, der schwach kompakten konvexen Teilmenge der positiven Maße vom Betrag 1. Wir haben bewiesen, daß die Punktmaße δ_x Extremalpunkte von K_1^+ sind. Da $K_1^+ = K \cap H$ gilt und H abgeschlossene Stützhyperebene an die Einheitskugel K ist, besitzt K_1^+ nach 1.(1) und 3.(2) keine weiteren Extremalpunkte. Die Extremalstrahlen von $\mathfrak{M}^+(R)$ sind also die Erzeugenden durch die δ_x und $\mathfrak{M}^+(R)$ ist die schwach abgeschlossene konvexe Hülle dieser Extremalstrahlen.

5. Konvexe lokalkompakte Mengen. Der Satz von KREIN-MILMAN und sein Analogon für Kegel, das wir eben abgeleitet haben, sind Spezialfälle eines allgemeineren Satzes von KLEE [8]

(1) *Jede abgeschlossene konvexe lokalkompakte Teilmenge K eines lokalkonvexen Raumes, die keine Gerade enthält, ist die abgeschlossene konvexe Hülle der Menge ihrer Extremalpunkte und Extremalstrahlen,* $K = \overline{\mathsf{C}(Ep(K) \cup Es(K))}$.

Wir schicken dem Beweis zwei Hilfssätze voraus,

(2) *Ist K abgeschlossen, konvex und lokalkompakt, so ist K dann und nur dann kompakt, wenn es keine Halbgerade enthält.*

Wir brauchen nur zu beweisen, daß ein nichtkompaktes K wenigstens eine Halbgerade enthält.

Wir beweisen gleich etwas mehr, nämlich, daß dann durch jeden Punkt von K eine in K liegende Halbgerade geht. Wir können diesen Punkt gleich o annehmen. Es gibt nun eine abgeschlossene konvexe Nullumgebung U, so daß $U \cap K$ kompakt ist. Dann ist auch der Durchschnitt B_1 des Randes von U mit K kompakt und enthält o nicht. Sei B_n der mit $1/n$ multiplizierte Schnitt des Randes von nU mit K. Es gilt offenbar $B_1 \supset B_2 \supset \cdots$. Wir zeigen, daß kein B_k leer ist. Wäre B_k leer, so wäre $K = (kU) \cap K$. Aus $(kU) \cap K \subset k(U \cap K)$ und der Kompaktheit von $U \cap K$, also von $k(U \cap K)$, würde folgen, daß K relativ kompakt, also wegen der Abgeschlossenheit von K kompakt wäre im Widerspruch zur Voraussetzung.

Die Folge $B_1 \supset B_2 \supset \cdots$ der kompakten B_i hat also einen nichtleeren Durchschnitt. Ist $z \neq o$ ein Element dieses Durchschnitts, so liegt jedes nz, also der Strahl von o durch z, in K.

(3) *Ist K abgeschlossen, konvex, lokalkompakt, und enthält K keine Gerade, so besitzt K wenigstens einen Extremalpunkt.*

Wir können voraussetzen, daß K nicht kompakt ist. Nach (2) gibt es in K wenigstens einen Punkt x_0, von dem eine in K liegende Halbgerade ausgeht. Die Gesamtheit aller von x_0 ausgehenden, in K liegenden Halbgeraden bilden einen konvexen, abgeschlossenen und echten Kegel C. Dieser Kegel ist auch lokalkompakt, da jeder Punkt von C eine kompakte Umgebung in K, also auch in $K \cap C$, besitzt. Nach 4.(2) gibt es eine abgeschlossene Hyperebene H_1, die mit C nur den Punkt x_0 gemeinsam hat. Der C nicht enthaltende abgeschlossene Halbraum R_1 zu H_1 hat mit K einen lokalkompakten Durchschnitt K_1. Wäre K_1 nicht kompakt, so gäbe es nach dem in (2) Bewiesenen durch x_0 eine in K_1 liegende Halbgerade. Dies widerspricht aber der Definition von C. Liegt die kompakte konvexe Teilmenge K_1 von K in H_1, so ist jeder Extremalpunkt von K_1 auch Extremalpunkt von K. Ist $K_1 \not\subset H_1$, so besitzt K_1 einen Extremalpunkt, der nicht in H_1 liegt und daher ebenfalls Extremalpunkt von K ist.

Beweis von (1). Wir nehmen an, daß $A = \overline{\mathbb{C}\left(Ep(K) \cup Es(K)\right)}$ eine echte Teilmenge von K ist. Dann gibt es nach § 20, 7.(1) (angewendet auf einen Punkt aus $K \sim A$ und A) eine abgeschlossene Hyperebene H, die K, aber nicht A, schneidet. $K \cap H$ erfüllt die Voraussetzungen von (3), besitzt also einen Extremalpunkt x_0, der nicht Extremalpunkt von K ist, da er nicht in A liegt. Es gibt also eine H in x_0 schneidende Gerade g, deren Durchschnitt D mit K als inneren Punkt x_0 enthält. D ist entweder eine Strecke oder eine Halbgerade.

Sei zuerst D eine Strecke $[x_1, x_2]$. Wir behaupten, daß x_1 und x_2 Extremalpunkte von K sind. Wäre x_1 dies nicht, so gäbe es zwei nicht auf g liegende Punkte $y_1, y_2 \in K$ mit $x_1 \in (y_1, y_2)$. Ist z ein Punkt von D auf der x_1 nicht enthaltenden Seite von H, so würde das in K liegende Dreieck z, y_1, y_2 die Hyperebene H in einem x_0 im Innern enthaltenden Intervall schneiden, was unmöglich ist, da x_0 Extremalpunkt von $K \cap H$ ist. Da x_0 zwischen den beiden Extremalpunkten x_1 und x_2 von K liegt, müßte x_0 zu A gehören, was ein Widerspruch ist.

Ist D eine Halbgerade, so zeigt dieselbe Schlußweise, daß jedes offene Intervall aus K, das einen Punkt von D enthält, in D liegen muß. Dann ist aber D ein Extremalstrahl von K. Da x_0 in D liegt, müßte wiederum x_0 in A liegen, was unmöglich ist. Damit ist (1) bewiesen.

M sei eine Teilmenge eines lokalkonvexen Raumes $E[\mathfrak{T}]$, h eine Halbgerade $x_0+\varrho y$, $\varrho \geqq 0$, in E. Die Halbgerade h heißt eine Asymptote von M, wenn zu jedem $\varrho > 0$ und jeder $\mathfrak{T}$-Umgebung U von $x_0+\varrho y$ ein $z \in M$ existiert, so daß $[x_0, z] \cap U$ nicht leer ist.

Es sei K konvex, lokalkompakt und abgeschlossen, und es enthalte K keine Gerade. M sei eine Teilmenge von K mit $\overline{M} \supset Ep(M)$ und M habe jeden Extremalstrahl von K als Asymptote. Da der Endpunkt eines Extremalstrahls von K ein Extremalpunkt von K ist, also in $\overline{M}$ liegt, schließt man leicht, daß $\overline{C(M)}$ auch jeden Extremalstrahl von K enthält, nach (1) also gleich K ist.

Damit ist die eine Hälfte der folgenden Verallgemeinerung von 1.(6) bewiesen,

(4) *K sei eine abgeschlossene konvexe lokalkompakte Teilmenge eines lokalkonvexen Raumes, die keine Gerade enthält. Dann und nur dann gilt für eine Teilmenge M von K die Beziehung $\overline{C(M)} = K$, wenn $\overline{M} \supset Ep(K)$ und M alle Extremalstrahlen von K als Asymptoten besitzt.*

Für den nicht ganz einfachen Beweis der anderen Hälfte, einer Verallgemeinerung des Satzes von MILMAN, muß auf KLEE [8] verwiesen werden.

In 3. haben wir den Begriff des exponierten Punktes eingeführt. Ein exponierter Strahl h einer abgeschlossenen konvexen Menge K eines lokalkonvexen Raumes ist eine abgeschlossene Halbgerade, die der Durchschnitt einer abgeschlossenen Stützhyperebene H von K mit K ist. Die zugehörige offene Halbgerade ist ein Extremalstrahl von K.

KLEE [9] bewies die folgende, 3.(3) entsprechende Verschärfung von (1)

(5) *K sei eine abgeschlossene konvexe, lokalkompakte Teilmenge eines normierten Raumes, die keine Gerade enthält. Dann ist K die abgeschlossene konvexe Hülle der Menge der exponierten Punkte und exponierten Strahlen von K.*

§ 26. Metrische Eigenschaften normierter Räume

1. Strikte Konvexität. Jeder normierte Raum ist ein topologischer linearer Raum, seine Struktur ist jedoch reichhaltiger. Es gibt eine Reihe von Eigenschaften, die sich mit Hilfe der Metrik erklären lassen, also bei Normisomorphie erhalten bleiben, nicht aber bei topologischer Isomorphie. Diese Eigenschaften sind vor allem wichtig bei verschiedenen Anwendungen in der Analysis. Wir werden in diesem Paragraphen einige der hierher gehörigen Begriffe untersuchen.

Es sei zuerst $E[\mathfrak{T}]$ lokalkonvex und K ein abgeschlossener konvexer $\mathfrak{T}$-Körper mit $\mathfrak{o}$ als innerem Punkt und dem Rand S. K heißt strikt konvex, wenn jeder Randpunkt von K Extremalpunkt ist. Ein normierter Raum bzw. seine Norm heißen strikt konvex, wenn die abgeschlossene Einheitskugel strikt konvex ist.

(1) *Die folgenden Bedingungen für den abgeschlossenen konvexen $\mathfrak{T}$-Körper K sind äquivalent;*

a) K ist strikt konvex;

b) S enthält keine Strecke;

c) jede Stützhyperebene berührt K in höchstens einem Punkt;

d) Stützhyperebenen verschiedener Randpunkte sind verschieden;

e) jeder Randpunkt von K ist exponierter Punkt.

Ist K die abgeschlossene Einheitskugel eines normierten Raumes, so treten noch hinzu

f) aus $\|x\|=\|y\|=1$ und $x\neq y$ folgt stets $\|\frac{1}{2}(x+y)\|<1$;

g) aus $\|x+y\|=\|x\|+\|y\|$ und $y\neq o$ folgt stets $x=\alpha y$ für ein $\alpha\geqq 0$.

Beweis. Aus a) folgt b). Sei b) erfüllt, aber nicht a). Dann gibt es ein $z\in S$ und eine Strecke $[x, y]\subset K$ mit z als innerem Punkt. Wäre x innerer Punkt von K, so wäre z innerer Punkt der in K liegenden konvexen Hülle einer Umgebung $U\subset K$ von x und von y. Also müßte $[x, y]\subset S$ sein im Widerspruch zu b).

c) ist notwendig; denn berührt eine Hyperebene H in mehr als einem Punkt, so enthält $H\cap K\subset S$ eine Strecke im Widerspruch zu b). Ist umgekehrt z ein Randpunkt von K, so ist z Stützpunkt einer abgeschlossenen Hyperebene H (vgl. §17, 5.(1)) und aus c) folgt, daß z minimale Stützmannigfaltigkeit, also Extremalpunkt ist.

Aus c) folgt d). Aus d) folgt b), da durch jede Strecke auf S eine Stützhyperebene geht (§17, 2.(2)).

Da durch jeden Punkt von S eine Stützhyperebene geht, sind c) und e) äquivalent.

Ist K die abgeschlossene Einheitskugel eines normierten Raumes und gilt f), so folgt daraus b). Aus a) ergibt sich andererseits sofort f).

Es sei g) erfüllt. Sind $x, y\in E$ und gilt $\|x\|=\|y\|=\|\frac{1}{2}(x+y)\|=1$, so ist $\|x+y\|=\|x\|+\|y\|$; aus g) folgt $x=\alpha y$, dann ist aber $x=y$. Aus g) folgt also f).

Wir setzen f) voraus. Ist für $x, y\in E$ $\|x+y\|=\|x\|+\|y\|$ und $\|y\|\geqq\|x\|$, $x, y\neq o$, so gilt

$$\left\|\frac{x}{\|x\|}+\frac{y}{\|y\|}\right\|\geqq\left\|\frac{x}{\|x\|}+\frac{y}{\|x\|}\right\|-\left\|\frac{y}{\|x\|}-\frac{y}{\|y\|}\right\|=\frac{\|x\|+\|y\|}{\|x\|}-\|y\|\left(\frac{1}{\|x\|}-\frac{1}{\|y\|}\right)=2.$$

Aus f) folgt dann $x/\|x\|=y/\|y\|$, d.h. g) ist erfüllt.

Aus den in §25, 2. diskutierten Beispielen ergibt sich: Die Räume l^p und L^p sind für $1<p<\infty$ strikt konvex, die Räume $c_0, l^1, l^\infty, L^1, L^\infty$, $C(K)$ und $\mathfrak{M}(K)$ sind nicht strikt konvex.

2. Kürzester Abstand. Es sei M eine Teilmenge des normierten Raumes E, x_0 ein Punkt aus E. Dann existiert $|x_0, M|=\inf_{y\in M}\|x_0-y\|$, der Abstand von x_0 von M. Wird das Infimum für ein $y_0 \in M$ erreicht, so nennen wir diesen Punkt kürzesten Abstands einen **Lotpunkt** von x_0 auf M.

Uns interessiert die Frage, wann es einen Lotpunkt gibt und wann er eindeutig bestimmt ist.

(1) *Es sei E ein normierter Raum, M eine konvexe abgeschlossene und schwach lokalkompakte Teilmenge von E. Dann existiert stets wenigstens ein Lotpunkt von x_0 auf M.*

Beweis. Die abgeschlossene Einheitskugel K von E und M sind schwach abgeschlossen. Für genügend großes $\varrho \geqq 0$ ist $(x_0+\varrho K)\cap M$ nicht leer. Diese Menge ist schwach abgeschlossen und in M enthalten, also schwach lokalkompakt. Nach § 25, 5.(2) ist sie also schwach kompakt. Der Durchschnitt aller nichtleeren $(x_0+\varrho K)\cap M$ ist daher nicht leer und gleich $(x_0+\varrho_0 K)\cap M$, ϱ_0 das kleinste dieser ϱ. Alle und nur die Punkte von $(x_0+\varrho_0 K)\cap M$ sind Lotpunkte von x_0 auf M.

(2) *Ist E ein reflexiver* (B)*-Raum, M eine konvexe abgeschlossene Teilmenge von E, so existiert stets wenigstens ein Lotpunkt von x_0 auf M.*

Dies folgt wie (1), da die abgeschlossenen und beschränkten Mengen $(x_0+\varrho K)\cap M$ stets schwach kompakt sind.

Die Bedeutung der strikten Konvexität für unser Problem zeigt

(3) *Ist E strikt konvex und M eine konvexe Teilmenge von E, so besitzt jedes x_0 höchstens einen Lotpunkt auf M.*

Gäbe es zwei Lotpunkte y_1, y_2 mit dem Abstand ϱ_0 von x_0, so hätte $\frac{1}{2}(y_1+y_2)\in M$ als Mitte zweier Randpunkte der strikt konvexen Menge $x_0+\varrho_0 K$ nach 1.(1) f) einen Abstand $<\varrho_0$ von x_0, was unmöglich ist. Offensichtlich ist die strikte Konvexität in (3) auch notwendig.

Ist E strikt konvex, so können wir also unter den Voraussetzungen von (1) für M eine Abbildung von E auf M erklären, den **Lotoperator** $P_M(x)$, der jedem $x\in E$ seinen eindeutig bestimmten Lotpunkt in M zuordnet.

(4) *Ist E strikt konvex, M eine lokalkompakte konvexe abgeschlossene Teilmenge von E, so ist der Lotoperator $P_M(x)$ eine stetige Abbildung.*

Wir haben zu zeigen, daß aus $x_n \to x_0$ stets $P_M(x_n)\to P_M(x_0)$ folgt. Ist $\|x_n-x_0\|\leqq\varepsilon$, so ist $d_n=\inf\limits_{y\in M}\|x_n-y\|\leqq \inf\|x_0-y\|+\|x_0-x_n\|=d_0+\varepsilon$. Daraus folgt $\|x_0-P_M(x_n)\|\leqq\|x_n-P_M(x_n)\|+\|x_0-x_n\|\leqq d_n+\varepsilon\leqq d_0+2\varepsilon$. Es liegt also $P_M(x_n)$ in $C(\varepsilon)=\big(x_0+(d_0+2\varepsilon)\,K\big)\cap M$. Diese Menge ist kompakt. Der Durchmesser dieser Mengen $C(\varepsilon)$ muß für $\varepsilon\to 0$ gegen 0 gehen, da es sonst einen von $P_M(x_0)$ verschiedenen Lotpunkt von x_0 in M geben würde. Die $P_M(x_n)\in C(\varepsilon)$ konvergieren also für $\varepsilon\to 0$ gegen $P_M(x_0)=\bigcap\limits_{\varepsilon>0} C(\varepsilon)$.

Ist speziell M ein endlichdimensionaler linearer Teilraum eines normierten Raumes E, so gibt es nach (1) stets wenigstens eine beste Approximation von $x \in E$ durch Elemente aus M. Ist E überdies strikt konvex, so gibt es nur eine solche beste Approximation und sie hängt stetig von x ab.

Ist M ein linearer abgeschlossener Teilraum von l^2, so ist der Lotoperator die orthogonale Projektion auf M, also linear. Im allgemeinen Fall braucht der Lotoperator nicht linear zu sein, auch wenn M ein linearer abgeschlossener Teilraum ist.

Wir untersuchen das Verhalten von $|x, M| = f(x)$ hinsichtlich der schwachen Topologie. Wir schicken zwei allgemeine Bemerkungen über normierte Räume voraus.

Es sei E ein komplexer normierter Raum, E_r derselbe Raum, als reeller normierter Raum aufgefaßt. Ist $u \in E'$, dann ist $\Re u \in (E_r)'$ und wir behaupten

(5) $$\|u\| = \|\Re u\|.$$

Es sei wieder K die abgeschlossene Einheitskugel von E und E_r. Ist $u x = r e^{i\varphi}$, so ist $|u x| = (\Re u)(e^{-i\varphi} x)$. Daraus folgt also

$$\|u\| = \sup_{x \in K} |u x| \leqq \sup_{y \in K} |(\Re u)\, y| = \|\Re u\|,$$

wegen $\|\Re u\| \leqq \|u\|$ also (5).

Wir beweisen eine Verallgemeinerung von § 17, 6.(2),

(6) *M sei eine abgeschlossene konvexe Teilmenge des normierten Raumes E, x_0 habe den Abstand $|x_0, M| = d$ von M. Dann gibt es ein $u_0 \in E'$ mit $\|u_0\| = 1$ und $\Re\big(u_0(x_0 - y)\big) \geqq d$ für alle $y \in M$.*

Wegen (5) und § 16, 3.(1) genügt es, den Beweis für einen reellen normierten Raum zu führen. Es kann ferner $x_0 = o$ angenommen werden. Mit K_ϱ^i bezeichnen wir die offene Kugel $\|x\| < \varrho$ in E. Nach Voraussetzung haben die beiden konvexen Mengen K_d^i und M keinen Punkt gemeinsam. Sie werden nach § 17, 1.(4) also durch eine abgeschlossene Hyperebene $u_0 x = \varrho$, $\varrho > 0$ und $\|u_0\| = 1$ getrennt. Insbesondere ist $\sup\limits_{x \in K_d^i} u_0 x = \|u_0\|\, d \leqq \varrho$, also $\varrho \geqq d$. Dann gilt aber $u_0 y \geqq d$ für alle $y \in M$.

(7) *Ist M eine abgeschlossene konvexe Teilmenge eines normierten Raumes E, so ist $f(x) = |x, M|$ eine schwach nach unten halbstetige Funktion auf E.*

Beweis. Es sei u_0 ein nach (6) zu x_0 gehöriges Element aus E'. Dann ist

$$f(x_0) = d = \inf_{y \in M} \|x_0 - y\| \geqq \inf_{y \in M} \Re\big(u_0(x_0 - y)\big) \geqq d,$$

also $f(x_0) = \inf \Re(u_0(x_0 - y))$. Ist nun x aus der schwachen Umgebung $|u_0(x_0 - x)| < \varepsilon$, so ist

$$f(x) = |x, M| \geqq \inf \Re(u_0(x - y)) \geqq \inf \Re(u_0(x_0 - y)) - |\Re(u_0(x - x_0))|$$
$$\geqq f(x_0) - \varepsilon,$$

also $f(x)$ schwach nach unten halbstetig in x_0.

Der Abstand zweier Teilmengen M_1 und M_2 von E ist durch $\inf\limits_{x \in M_1, y \in M_2} \|x - y\| = |M_1, M_2|$ erklärt. Aus (7) ergibt sich

(8) *M_1 sei eine konvexe und schwach kompakte, M_2 eine konvexe abgeschlossene und schwach lokalkompakte Teilmenge des normierten Raumes E. Dann gibt es zwei Punkte $x_1 \in M_1$ und $x_2 \in M_2$ mit $\|x_1 - x_2\| = |M_1, M_2|$.*

Beweis. Die nach (7) schwach nach unten halbstetige Funktion $|x, M_2|$ nimmt nach § 6, 2.(6) ihr Minimum $|M_1, M_2|$ in einem Punkt x_1 von M_1 an. Nach (1) gibt es dann ein $x_2 \in M_2$ mit $\|x_1 - x_2\| = |M_1, M_2|$.

Bemerkung. Ist E ein reflexiver (B)-Raum, so kann für M_1 eine beliebige beschränkte und abgeschlossene Menge genommen werden, für M_2 eine beliebige abgeschlossene konvexe Menge.

3. Flachpunkte. Eine dem Begriff des Extremalpunktes dual entsprechende Begriffsbildung erhalten wir folgendermaßen: Ein Randpunkt x_0 einer konvexen Teilmenge K eines linearen Raumes E heißt ein algebraischer Flachpunkt von K, wenn höchstens eine Stützhyperebene durch x_0 hindurchgeht.

Ist $E[\mathfrak{T}]$ lokalkonvex und geht höchstens eine abgeschlossene Stützhyperebene durch x_0, so heißt x_0 ein Flachpunkt von K.

Wir betrachten wieder einen abgeschlossenen konvexen $\mathfrak{T}$-Körper $K \ni \mathfrak{o}$ in $E[\mathfrak{T}]$ mit dem Rand S; K° sei die zu K in E' polare konvexe und schwach kompakte Menge. Jede Stützhyperebene von $x_0 \in S$ ist abgeschlossen und hat die Form $\Re(ux) = 1$ mit $u \in K^\circ$. Durch jeden Punkt x_0 von S geht nach §17, 5.(1) eine abgeschlossene Stützhyperebene hindurch. Ist x_0 ein Flachpunkt von K, so geht also genau eine Stützhyperebene hindurch. In diesem Fall sprechen wir von einer Tangentialhyperebene. Die Flachpunkte von S sind also die Punkte, in denen eine Tangentialhyperebene existiert.

Ordnen wir jedem Punkt von S alle die Punkte $u \in K^\circ$ zu, die Stützhyperebenen $\Re(ux) = 1$ dieses Punktes ergeben, so erhalten wir eine einmehrdeutige Abbildung von S in K°. Dabei gilt

(1) *a) Jedem Flachpunkt von S entspricht genau ein Extremalpunkt von K°;*

b) jedem Nichtflachpunkt von S entspricht wenigstens ein Nichtextremalpunkt von K°;

c) jedem Nichtextremalpunkt von S entspricht wenigstens ein Nichtflachpunkt von K°.

Beweis. a) Wäre der dem Flachpunkt x_0 zugeordnete Punkt u_0 von K° nicht Extremalpunkt, so gäbe es ein Intervall $[u_1, u_2] \subset K^\circ$, das u_0 im Innern enthält. Dann ist aber auch $\Re(u_0 x_0) = 1$ ein Punkt von $[\Re(u_1 x_0), \Re(u_2 x_0)]$. Aus $\Re(u_1 x) \leqq 1$ und $\Re(u_2 x) \leqq 1$ folgt dann aber $\Re(u_1 x_0) = \Re(u_2 x_0) = 1$, also wären $\Re(u_1 x) = 1$ und $\Re(u_2 x) = 1$ zwei weitere Stützhyperebenen in x_0, was unmöglich ist.

b) Sei x_0 nicht Flachpunkt und seien $\Re(u_1 x) = 1$ und $\Re(u_2 x) = 1$ zwei verschiedene Stützhyperebenen in x_0. Dann liegt $[u_1, u_2]$ in K° und für jeden inneren Punkt u_0 dieser Strecke gilt ebenfalls $\Re(u_0 x_0) = 1$, d.h. u_0 bestimmt eine Stützhyperebene durch x_0; u_0 ist kein Extremalpunkt von K°.

c) Sei x_0 innerer Punkt von $[x_1, x_2] \subset S$. Es gibt eine Stützhyperebene $\Re(u_0 x) = 1$, die durch $[x_1, x_2]$ geht. Dann gehen aber durch u_0 alle Stützhyperebenen von K° der Form $\Re(xu) = 1$ mit $x \in [x_1, x_2]$, u_0 ist nicht algebraischer Flachpunkt von K°; u_0 ist also auch kein $\mathfrak{T}_s(E)$-Flachpunkt von K°.

Man nennt einen konvexen $\mathfrak{T}$-Körper flach konvex, wenn sein Rand nur aus Flachpunkten besteht. Insbesondere heißt ein normierter Raum bzw. seine Norm flach konvex, wenn die abgeschlossene Einheitskugel flach konvex ist.

Aus (1) b) und c) folgt sofort

(2) *Ist der stark duale Raum E' eines normierten Raumes strikt bzw. flach konvex, so ist E selbst flach bzw. strikt konvex.*

Volle Dualität ergibt sich offenbar im reflexiven Fall

(3) *Ein reflexiver* (B)-*Raum ist dann und nur dann strikt konvex bzw. flach konvex, wenn sein stark dualer Raum flach bzw. strikt konvex ist.*

Day [6] gab ein Beispiel eines nichtreflexiven strikt konvexen (B)-Raumes, dessen dualer Raum nicht flach konvex ist (vgl. 9.).

(4) *Lineare Teilräume von strikt bzw. flach konvexen normierten Räumen sind wieder strikt bzw. flach konvex.*

Für die strikte Konvexität ist dies klar. Ist H ein Teilraum von E und y_0 ein Randpunkt der Einheitskugel von H, so ist y_0 nach dem Satz von Hahn-Banach Flachpunkt dann und nur dann, wenn y_0 auch Flachpunkt der Einheitskugel von E ist. Hieraus folgt der zweite Teil von (4).

(5) *Ist E ein reflexiver strikt bzw. flach konvexer* (B)-*Raum, so ist auch jeder Quotientenraum E/H strikt bzw. flach konvex.*

Nach § 22, 3.(1 b) ist $(E/H)'$ normisomorph einem abgeschlossenen linearen Teilraum von E', der nach (3) und (4) flach bzw. strikt konvex ist. (2) ergibt die Behauptung.

(5) gilt nicht für Quotientenräume beliebiger normierter Räume, vgl. Klee [10].

Aus (2) und den Beispielen in 1. folgt sofort, daß die Räume $l^1 = (c_0)'$, $l^\infty = (l^1)'$, $L^\infty = (L^1)'$, $\mathfrak{M}(K) = (C(K))'$ sämtlich nicht flach konvex sind. Weitere Beispiele folgen in Nummer 5.

4. Schwache Differenzierbarkeit der Norm. Die Frage, ob ein Randpunkt der Einheitskugel eines normierten Raumes eine Tangentialhyperebene besitzt, hängt mit der Differenzierbarkeit der Norm in diesem Punkt zusammen (vgl. Mazur [2], [3]).

Es sei $q(x)$ die Distanzfunktion eines konvexen $\mathfrak{T}$-Körpers $C \ni o$ des lokalkonvexen Raumes $E[\mathfrak{T}]$. Sie ist stetig und hat die Eigenschaften (α), (β), (γ) von § 16, 4.(2).

Sei $\Delta(x_0, y, t) = \frac{q(x_0 + ty) - q(x_0)}{t}$ der Differenzenquotient von $q(x)$ im Punkt x_0 in Richtung y.

(1) *$\Delta(x_0, y, t)$ ist monoton wachsend für $t > 0$.*

Beweis. Aus $0 < t_1 < t_2$ folgt

$$t_2 q(x_0 + t_1 y) = q(t_2 x_0 + t_2 t_1 y) \leqq t_1 q(x_0 + t_2 y) + (t_2 - t_1) q(x_0),$$

also gilt

$$t_2\big(q(x_0 + t_1 y) - q(x_0)\big) \leqq t_1\big(q(x_0 + t_2 y) - q(x_0)\big).$$

(2) *$\Delta(x_0, y, t)$ ist für $t > 0$ nach unten beschränkt, es gilt $\Delta(x_0, y, t) \geqq -q(-y)$.*

Dies ergibt sich sofort aus

$$q(x_0) = q(x_0 + ty - ty) \leqq q(x_0 + ty) + tq(-y).$$

Aus (1) und (2) folgt die Existenz der rechten Derivierten $q'_+(x_0, y) = \lim_{t \to 0^+} \Delta(x_0, y, t)$ von $q(x_0 + ty)$ im Punkt $t = 0$. Aus (2) erhalten wir

(3) $$q'_+(x_0, y) \geqq -q(-y).$$

Aus $\Delta(x_0, y, -t) = -\Delta(x_0, -y, t)$ folgt, daß $\Delta(x_0, y, t)$ auch für negative t monoton wachsend und nach oben beschränkt ist; für die linke Derivierte $q'_-(x_0, y) = \lim_{-t \to 0^-} \Delta(x_0, y, -t)$ gilt

(4) $$q'_-(x_0, y) = -q'_+(x_0, -y).$$

Aus $2q(x_0) \leqq q(x_0 + ty) + (q(x_0 - ty)$ folgt $\Delta(x_0, y, -t) \leqq \Delta(x_0, y, t)$, für $t \to 0^+$ ergibt dies $q'_-(x_0, y) \leqq q'_+(x_0, y)$. Damit erhalten wir

(5) $\Delta(x, y, t)$ *ist monoton wachsend für alle t und es gilt die Ungleichung*

(6) $$\frac{q(x_0 - ty) - q(x_0)}{-t} \leqq q'_-(x_0, y) \leqq q'_+(x_0, y) \leqq \frac{q(x_0 + ty) - q(x_0)}{t}, \quad t > 0.$$

Weitere Eigenschaften von q'_+ enthält

(7) $q'_+(x_0, y)$ *ist für festes* x_0 *eine positiv homogene, subadditive stetige Funktion auf* $E[\mathfrak{T}]$.

Beweis. Aus $\Delta(x_0, \sigma y, t) = \sigma \Delta(x_0, y, \sigma t)$ für $\sigma > 0$ folgt durch Grenzübergang sofort $q'_+(x_0, \sigma y) = \sigma q'_+(x_0, y)$.

Aus der Ungleichung

$$2q\left(x_0 + \frac{t}{2}(y_1 + y_2)\right) \leqq q(x_0 + ty_1) + q(x_0 + ty_2)$$

folgt durch Subtraktion von $2q(x_0)$ von beiden Seiten und Division durch t

$$\Delta\left(x_0, y_1 + y_2, \frac{t}{2}\right) \leqq \Delta(x_0, y_1, t) + \Delta(x_0, y_2, t).$$

Für $t \to 0$ ergibt sich daraus $q'_+(x_0, y_1 + y_2) \leqq q'_+(x_0, y_1) + q'_+(x_0, y_2)$.

Schließlich folgt aus $\Delta(x_0, y, t) \leqq q\left(\frac{x_0}{t}\right) + q(y) - q\left(\frac{x_0}{t}\right) = q(y)$ die Ungleichung

(8) $$q'_+(x_0, y) \leqq q(y),$$

die zusammen mit (3) die Stetigkeit von $q'_+(x_0, y)$ in $\mathfrak{o}$ und damit nach der Überlegung im Beweis von §16, 4.(7) für alle y ergibt.

Wir bemerken, daß in x_0 selbst offenbar $q'_+(x_0, x_0) = q'_-(x_0, x_0) = 1$ gilt.

Fallen beide Derivierte $q'_-(x_0, y)$ und $q'_+(x_0, y)$ zusammen, so heißt ihr gemeinsamer Wert $q'(x_0, y) = \lim_{t \to 0} \Delta(x_0, y, t)$ das schwache oder Gâteauxsche Differential von q im Punkt x_0 in Richtung y. Speziell heißt $q(x)$ in x_0 schwach differenzierbar, wenn $q'(x_0, y)$ für jedes $y \in E$ existiert. Dafür ist notwendig und hinreichend nach (5), daß

(9) $$\lim_{t \to 0^+} \frac{q(x_0 + ty) + q(x_0 - ty) - 2q(x_0)}{t} = 0$$

für alle $y \in E$ gilt.

(10) *Ist* $q(x)$ *in* x_0 *schwach differenzierbar, so ist die durch* $uy = q'(x_0, y)$ *erklärte Funktion eine reelle stetige Linearfunktion auf* $E[\mathfrak{T}]$.

Linearität und Stetigkeit von u folgen mühelos aus $q'_-(x_0, y) = q'_+(x_0, y)$, (4) und (7).

Der folgende Satz bringt den Zusammenhang mit den Stützhyperebenen,

(11) *$C \ni o$ sei ein konvexer abgeschlossener $\mathfrak{T}$-Körper des lokalkonvexen Raumes $E[\mathfrak{T}]$ mit der Distanzfunktion $q(x)$. Dann und nur dann ist der Randpunkt x_0 von C ein Flachpunkt, wenn $q(x)$ in x_0 schwach differenzierbar ist. Die Tangentialhyperebene durch x_0 wird dann durch $q'(x_0, y) = 1$ gegeben.*

Allgemeiner gilt: Ist $ux = 1$ eine reelle Stützhyperebene in x_0, so erfüllt u die Ungleichung

$$(12) \qquad -q'_+(x_0, -y) \leqq uy \leqq q'_+(x_0, y)$$

für alle $y \in E$. Ist umgekehrt $y_0 \in E$ und ist $-q'_+(x_0, -y_0) \leqq \gamma \leqq q'_+(x_0, y_0)$, so besitzt x_0 eine reelle Stützhyperebene $vx = 1$, für die $vy_0 = \gamma$ gilt.

Es genügt, den zweiten Teil der Behauptung zu beweisen. Sei $ux = 1$ Stützhyperebene in x_0. Dann ist $ux \leqq q(x)$ und aus

$$1 + tuy = u(x_0 + ty) \leqq q(x_0 + ty), \quad t > 0,$$

folgt $uy \leqq \frac{q(x_0 + ty) - q(x_0)}{t}$, also $uy \leqq q'_+(x_0, y)$. Aus $u(-y) \leqq q'_+(x_0, -y)$ folgt dann $-u(-y) = u(y) \geqq -q'_+(x_0, -y)$. Damit ist (12) bewiesen.

Auf dem von x_0 und y_0 aufgespannten reellen linearen Teilraum H von E erklären wir durch $l(z) = l(\alpha x_0 + \beta y_0) = \alpha + \beta\gamma$ eine Linearfunktion. Nun gilt für genügend kleine $t > 0$

$$\frac{q(x_0 + tz) - q(x_0)}{t} = \alpha + \frac{1 + \alpha t}{t}\left[q\left(x_0 + \frac{t}{1 + \alpha t}\beta y_0\right) - 1\right],$$

woraus sich $q'_+(x_0, z) = \alpha + q'_+(x_0, \beta y_0)$ ergibt. Nach Definition von γ ist $\beta\gamma \leqq q'_+(x_0, \beta y_0)$, wir bekommen daher

$$l(z) = \alpha + \beta\gamma \leqq \alpha + q'_+(x_0, \beta y_0) = q'_+(x_0, z).$$

Aus (8) und dem Satz von HAHN-BANACH ergibt sich die Existenz einer reellen Linearfunktion v mit $vy \leqq q'_+(x_0, y) \leqq q(y)$ für alle $y \in E$.

Als Spezialfall ergibt sich aus (11)

(13) *Ein normierter Raum ist dann und nur dann flach konvex, wenn seine Norm in jedem Punkt schwach differenzierbar ist.*

Da die Differentiation sich stets nur in einem zweidimensionalen Teilraum abspielt, gilt

(14) *Ein normierter Raum ist dann und nur dann flach konvex, wenn jeder zweidimensionale lineare Teilraum flach konvex ist bzw. die Norm in jedem dieser Teilräume schwach differenzierbar ist.*

5. Beispiele. 1. Wir bestimmen alle Flachpunkte der Einheitskugel von $C(R)$, R kompakt (vgl. BANACH [3], S. 169).

Wir haben in § 25, 2. die Extremalpunkte der Einheitskugel in $\mathfrak{M}(R)$ bestimmt. Es sind dies die $\sigma\delta_x$, x beliebig in R, $|\sigma| = 1$. Nach 3.(1) a) muß also die Stützhyperebene eines Flachpunktes f_0 die Gestalt $\Re(\sigma\delta_x(f)) = 1$ haben. Durch ein f_0 mit $\|f_0\| = 1$ geht aber genau dann nur eine Hyperebene der Form $\Re(\sigma\delta_x(f)) = 1$ hindurch, wenn die Funktion f_0 nur für ein x_0 einen Wert vom Absolutbetrag 1 annimmt.

Die Norm $p(f) = \sup_{t\in R} |f(t)|$ ist also nur in diesen Punkten f_0 differenzierbar und es ist

$$p'(f_0, g) = \Re\left(\overline{f_0(x_0)}\,\delta_{x_0}(g)\right). \tag{1}$$

2. Eine analoge Überlegung läßt sich in L^1 anstellen. Die Extremalpunkte der Einheitskugel von L^∞ sind die Funktionen $h(t)$, für die $\|h(t)\| = 1$ fast überall gilt. Ist nun $\int |f(t)|\,dt = 1$, so kann $f(t)$ nur dann auf der Hyperebene $\Re(\int h(t)\,f(t)\,dt) = 1$ liegen, wenn $f(t)$ fast überall von Null verschieden ist und wenn $h(t) = \frac{\overline{f(t)}}{|f(t)|}$ fast überall gilt. Daraus ergibt sich, daß die $f_0(t)$ mit $\|f_0\| = 1$ und $f_0(t) \neq 0$ fast überall, die Flachpunkte der Einheitskugel von L^1 sind und daß das schwache Differential der Norm in diesen f_0 die Gestalt

$$p'(f_0, g) = \int \Re\left(\frac{\overline{f_0(t)}}{|f_0(t)|}\,g(t)\right) dt \tag{2}$$

hat.

Diese Überlegung setzt voraus, daß $L^\infty = (L^1)'$ schon bewiesen ist (vgl. 7.).

Ein Beweis, der dies nicht voraussetzt, läßt sich ähnlich wie im nächsten Beispiel durchführen.

3. Wir untersuchen jetzt L^p, $1 < p < \infty$, (vgl. Mazur [3]). Wir berechnen die Ableitung der Norm direkt. Es ist

$$\frac{d}{dh}\left[\left(\int |f_0(t) + h g(t)|^p\,dt\right)^{1/p}\right]_{h=0} = \frac{1}{p}\cdot\left(\int |f_0|^p\,dt\right)^{-\frac{1}{q}} \frac{d}{dh}\left(\int |f_0 + h g|^p\,dt\right)_{h=0},$$

falls der Differentialquotient rechts existiert. Nun sind die Differenzenquotienten der konvexen Funktion $|f_0 + hg|^p$ monoton wachsend in h; man kann nach dem Satz von Lebesgue also für $h \to -0$ und $h \to +0$ den Grenzübergang zur linken und zur rechten Derivierten unter dem Integralzeichen vornehmen, erhält also einen Differentialquotienten für $h \to 0$, wenn $|f_0 + hg|^p$ in $h = 0$ differenzierbar ist.

Setzen wir $|f_0 + hg|^p = [(f_0 + hg)(\bar{f}_0 + h\bar{g})]^{p/2}$, so erhalten wir

$$\frac{d}{dh}|f_0 + hg|^p|_{h=0} = p\,|f_0|^{p-2}\,\Re(\bar{f}_0 g) = p\,|f_0|^{p-1}\,\Re\left(\frac{\bar{f}_0}{|f_0|}\,g\right).$$

Insgesamt ergibt sich für $\|f\|_p = p(f) = \left(\int |f|^p\, dt\right)^{1/p}$ das schwache Differential

$$(3) \qquad p'(f_0, g) = \|f_0\|_p^{1-p} \int |f_0|^{p-1}\, \Re\left(\frac{\bar{f}_0}{|f_0|}\, g\right) dt,$$

das also in jedem Punkt existiert.

Jeder Randpunkt f_0 der Einheitskugel ist also Flachpunkt und (3) ergibt seine Stützhyperebene.

Man erhält dieses Ergebnis sehr viel einfacher, wenn man die erst in 7. bewiesene Tatsache benützt, daß $(L^p)' = L^q$ gilt, $\frac{1}{p} + \frac{1}{q} = 1$. Da L^q strikt konvex ist, ist nach 3.(3) L^p flach konvex. Ist $f_0 \in L^p$, $\|f_0\|_p = 1$, so ist $\frac{\bar{f}_0}{|f_0|} |f_0|^{p-1}$ in L^q und besitzt die L^q-Norm 1, also ist $\int |f_0|^{p-1}\, \Re\left(\frac{\bar{f}_0}{|f_0|}\, g\right) dt = 1$ die Stützhyperebene durch f_0.

4. Die Flachpunkte von l^1 kann man wieder mit Hilfe der Extremalpunkte von l^∞ finden. Aus den Ergebnissen von § 25, 2. findet man, daß genau die Punkte $\mathfrak{x} = (\xi_n)\, l^1$ Flachpunkte sind, deren sämtliche Koordinaten $\xi_n \neq 0$ sind. In einem solchen Punkt gilt für die Ableitung der Norm $p(\mathfrak{x})$

$$(4) \qquad p'(\mathfrak{x}, \mathfrak{y}) = \Re\left(\sum_{n=1}^{\infty} \varepsilon_n \eta_n\right) \quad \text{mit} \quad \varepsilon_n = \frac{\bar{\xi}_n}{|\xi_n|}.$$

5. Analog ergibt sich, daß l^p, $1 < p < \infty$, flach konvex ist und daß die Ableitung der Norm durch

$$(5) \qquad p'(\mathfrak{x}, \mathfrak{y}) = \|\mathfrak{x}\|_p^{1-p} \sum_{n=1}^{\infty} |\xi_n|^{p-1}\, \Re(\varepsilon_n \eta_n) \quad \text{mit} \quad \varepsilon_n = \frac{\bar{\xi}_n}{|\xi_n|}$$

gegeben ist.

6. Wir beweisen, daß in L^∞ kein Randpunkt der Einheitskugel Flachpunkt ist. Wir können uns dabei auf $L^\infty(I)$ mit $I = [0, 1]$ beschränken, der Fall $I = (-\infty, +\infty)$ läßt sich leicht darauf zurückführen.

Ist $\|f_0\| = w \cdot \sup |f_0(t)| = 1$, so gibt es wenigstens ein σ mit $|\sigma| = 1$, so daß $|\sigma - f_0(t)| \leqq \varepsilon$ für jedes $\varepsilon > 0$ auf einer Menge vom Maß größer als Null gilt. Dann gibt es eine Folge I_n paarweise punktfremder meßbarer Teilmengen von I mit einem Maß $\mu(I_n) > 0$ und $|\sigma - f_0(t)| \leqq \frac{1}{n}$ für alle $t \in I_n$. Die $u_n(f) = \frac{\bar{\sigma}}{\mu(I_n)} \int_{I_n} f(t)\, dt$ sind stetige Linearfunktionen auf L^∞ mit $|1 - u_n(f_0)| \leqq \frac{1}{n}$ und $\|u_n\| = 1$. Jede der beiden Folgen u_{2n-1} und u_{2n} besitzt in der schwach kompakten Einheitskugel von $(L^\infty)'$ einen schwachen Berührungspunkt $u^{(1)}$ bzw. $u^{(2)}$. Aus $u^{(1)}(f_0) = u^{(2)}(f_0) = 1$ folgt, daß dazu zwei Stützhyperebenen von f_0 gehören. Sie sind verschieden:

Ist χ_n die charakteristische Funktion von I_n, so ist $u_{2k}\left(\sum_{n=1}^{\infty}\chi_{2n}\right)=\bar{\sigma}$, also $u^{(2)}(\sum\chi_{2n})=\bar{\sigma}$, und $u_{2k-1}(\sum\chi_{2n})=0$, also $u^{(1)}(\sum\chi_{2n})=0$.

7. Der Raum l^∞. Sei $\|\mathfrak{x}\|=1$, $\mathfrak{x}\in l^\infty$. Gibt es eine Teilfolge ξ_{n_k} der Koordinaten von $\mathfrak{x}$, die gegen ein σ mit $|\sigma|=1$ geht, so zerteile man sie in zwei solche Teilfolgen und erkläre $u^{(1)}$ bzw. $u^{(2)}$ als schwache Berührungspunkte der $\mathfrak{e}_{n_{2k-1}}$ bzw. $\mathfrak{e}_{n_{2k}}$, sie ergeben wie eben zwei verschiedene Stützhyperebenen in $\mathfrak{x}$. Besitzt $\mathfrak{x}$ zwei Koordinaten vom Betrag 1, so hat $\mathfrak{x}$ offenbar zwei Stützhyperebenen. Hat schließlich $\mathfrak{x}$ die Form $\sigma\,\mathfrak{e}_k+\mathfrak{x}'$ mit $|\sigma|=1$ und $\|\mathfrak{x}'\|<1$, so ist für genügend kleines t $p(\mathfrak{x}+t\mathfrak{y})=|\sigma+t\eta_k|$, also schwach differenzierbar mit $p'(\mathfrak{x},\mathfrak{y})=\mathfrak{R}(\bar{\sigma}\eta_k)$. Die Punkte der Gestalt $\sigma\mathfrak{e}_k+\mathfrak{x}'$ mit $\|\mathfrak{x}'\|<1$ sind also die Flachpunkte der Einheitskugel in l^∞.

8. Sei $\mathfrak{G}$ ein beschränktes Gebiet der Gaußschen Zahlenebene und $HB(\overline{\mathfrak{G}})$ der in § 14, 9. erklärte (B)-Raum der in $\mathfrak{G}$ holomorphen und auf dem Rand S noch stetigen Funktionen. Da $\|f(z)\|=\sup_{z\in\overline{\mathfrak{G}}}|f(z)|=\sup_{z\in S}|f(z)|$ ist, ist $B(\overline{\mathfrak{G}})$ einem abgeschlossenen linearen Teilraum H von $C(S)$ normisomorph. Die Flachpunkte der Einheitskugel sind nach 3.(4) und dem ersten Beispiel dieser Nummer also alle $f(z)$, die das Maximum 1 ihres Absolutbetrages in genau einem Punkt von S erreichen. Wir setzen voraus, daß S homöomorphes Bild der Kreislinie ist. Dann gibt es nach Ergebnissen der Theorie der konformen Abbildung zu jedem Punkt t von S ein $f(z)\in HB(\overline{\mathfrak{G}})$, das das Maximum des Absolutbetrages nur in t erreicht.

Der duale Raum $HB(\overline{\mathfrak{G}})'$ ist nach § 22, 3.(4) normisomorph dem Quotientenraum $\mathfrak{M}(S)/H^\perp$, $H^\perp$ der Raum aller Maße auf S, die auf allen $f\in H$ verschwinden. Nach 3.(1)a) sind die $\sigma\hat{\delta}_t$, $|\sigma|=1$, $\hat{\delta}_t$ die durch das Punktmaß δ_t, $t\in S$, in $\mathfrak{M}(S)/H^\perp$ erzeugte Restklasse, Extremalpunkte der Einheitskugel $\hat{K}'$ von $\mathfrak{M}(S)/H^\perp$. Wir zeigen, daß dies alle Extremalpunkte von $\hat{K}'$ sind. Da die Einheitskugel K' von $\mathfrak{M}(S)$ schwach kompakt ist, ist ihr Bild bei der kanonischen Abbildung von $\mathfrak{M}(S)$ auf $\mathfrak{M}(S)/H^\perp$ ebenfalls schwach kompakt, also gleich $\hat{K}'$. Aus § 25, 1.(9) und § 25, 2. folgt dann, daß nur die $\sigma\hat{\delta}_t$ als Extremalpunkte von $\hat{K}'$ in Frage kommen.

Die Extremalpunkte der Einheitskugel von $HB(\overline{\mathfrak{G}})$ sind schwieriger zu bestimmen. Für den Fall der Einheitskreisscheibe der komplexen Zahlenebene vgl. de Leeuw und Rudin [1].

6. Uniforme Konvexität. Ein normierter Raum E bzw. seine abgeschlossene Einheitskugel K heißen nach Clarkson [1] uniform (gleichmäßig) konvex, wenn zu jedem $\varepsilon>0$, $0<\varepsilon\leqq 2$, ein $\delta(\varepsilon)>0$

existiert, so daß aus $\|x\| \leqq 1$, $\|y\| \leqq 1$ und $\|x-y\| \geqq \varepsilon$ stets $\|\frac{1}{2}(x+y)\| \leqq 1-\delta(\varepsilon)$ folgt. Eine solche Funktion $\delta(\varepsilon)$ nennt man einen **Konvexitätsmodul** von E.

Jeder uniform konvexe Raum ist nach 1.(1) f) strikt konvex.

(1) *E ist dann und nur dann uniform konvex, wenn aus $\|x_n\| \leqq 1$, $\|y_n\| \leqq 1$ und $\lim_{n\to\infty} \|\frac{1}{2}(x_n+y_n)\| = 1$ stets $\lim_{n\to\infty} \|x_n - y_n\| = 0$ folgt.*

Beweis. Die Bedingung ist notwendig, denn aus $\|x_{n_k} - y_{n_k}\| \geqq \varepsilon$ und $\lim_{n\to\infty} \|\frac{1}{2}(x_{n_k}+y_{n_k})\| = 1$ ergibt sich sofort ein Widerspruch zur uniformen Konvexität.

Ist andererseits die Bedingung erfüllt und gäbe es zu einem $\varepsilon > 0$ kein $\delta(\varepsilon)$ der verlangten Art, so gäbe es Folgen x_n, y_n mit $\|\frac{1}{2}(x_n+y_n)\| \to 1$ und $\|x_n - y_n\| \geqq \varepsilon$, was $\lim \|x_n - y_n\| = 0$ widerspricht.

(2) *Jeder lineare Teilraum und jeder Quotientenraum eines uniform konvexen normierten Raumes E ist wieder uniform konvex.*

Ist E uniform konvex, so auch seine vollständige Hülle.

Wir brauchen dies nur für Quotientenräume E/H zu beweisen. Es sei $\varepsilon > 0$ gegeben und es sei $\|\hat{x}\| \leqq 1$, $\|\hat{y}\| \leqq 1$ und $\|\hat{x} - \hat{y}\| \geqq \varepsilon$. Dann gibt es $x \in \hat{x}$, $y \in \hat{y}$ mit $\|x\| \leqq 1 + \lambda$, $\|y\| \leqq 1+\lambda$, $\lambda > 0$ beliebig klein. Aus $\|x-y\| \geqq \|\hat{x}-\hat{y}\| \geqq \varepsilon$ folgt dann $\left\|\frac{1}{2}(\hat{x}+\hat{y})\right\| \leqq \left\|\frac{1}{2}(x+y)\right\| \leqq \left[1-\delta\left(\frac{\varepsilon}{1+\lambda}\right)\right] \times (1+\lambda)$. Es ist daher $\lim_{\lambda\to 0^+} \delta\left(\frac{\varepsilon}{1+\lambda}\right) \geqq \delta\left(\frac{\varepsilon}{2}\right)$ ein Konvexitätsmodul von E/H.

(3) *E sei ein uniform konvexer normierter Raum, $u_0 \in E'$, $\|u_0\| = 1$. Sind x' und x'' zwei Elemente aus E mit $\|x'\| \leqq 1$ und $\|x''\| \leqq 1$, die die Ungleichung $|u_0 x - 1| < \frac{\delta(\varepsilon)}{2}$ erfüllen, so gilt $\|x' - x''\| < \varepsilon$.*

Dies folgt sofort aus der Ungleichung

$$\|\tfrac{1}{2}(x'+x'')\| \geqq \tfrac{1}{2}|u_0(x'+x'')| \geqq |u_0 x'| - \tfrac{1}{2}|u_0(x''-x')| > 1 - \delta(\varepsilon)$$

und der vorausgesetzten uniformen Konvexität.

Ist x_0 ein Punkt der Einheitssphäre $\|x\| = 1$ in E und ist u_0 so gewählt, daß $u_0 x_0 = 1$ ist, so bedeutet (3), daß die durch $|u_0 x - 1| < \frac{\delta(\varepsilon)}{2}$ gegebene schwache Nullumgebung von x_0 auf der Einheitskugel K in der starken Nullumgebung $\|x_0 - x\| < \varepsilon$ von x_0 auf K liegt. Auf der Einheitssphäre eines uniform konvexen Raumes fallen also die schwache und die starke Topologie zusammen.

Es sei bemerkt, daß daraus nicht folgt, daß die zugehörigen uniformen Strukturen zusammenfallen; die Einheitssphäre ist als beschränkte Menge zwar schwach präkompakt, aber im allgemeinen keineswegs stark präkompakt, wie etwa das Beispiel des uniform konvexen l^2 zeigt (vgl. die nächste Nr.).

Es gilt das wichtige Reflexivitätskriterium von MILMAN [1]

(4) *Jeder uniform konvexe* (B)-*Raum ist reflexiv.*

Beweis (vgl. DIEUDONNÉ [2]). Nach §23, 3.(3) genügt es zu zeigen, daß die abgeschlossene Einheitskugel K in E schwach vollständig ist. Es sei $z \in E''$ ein schwacher Berührungspunkt von K. Wir können $\|z\| = 1$ annehmen. Durchläuft V die schwachen Umgebungen von z in E'', so bilden die $V \cap K$ einen schwachen Cauchyfilter $\mathfrak{F}$ auf K mit dem Limes z. Können wir beweisen, daß unter den $V \cap K$ Mengen von beliebig kleinem Durchmesser im Sinn der Norm von E enthalten sind, so ist $\mathfrak{F}$ ein Cauchyfilter bezüglich der starken Topologie auf K; $\mathfrak{F}$ hat dann wegen der starken Vollständigkeit von K seinen Limes bereits in K, z liegt daher in K.

Da $\|z\| = 1$ ist, gibt es zu $\delta > 0$ ein u_0 mit $\|u_0\| = 1$ und $|u_0 z - 1| < \frac{\delta}{4}$. Die Menge W_δ aller $x \in K$ mit $|u_0(z - x)| < \frac{\delta}{4}$ gehört dem Filter $\mathfrak{F}$ an und für alle $x \in W_\delta$ gilt $|u_0 x - 1| < \frac{\delta}{2}$. Ist $\delta = \delta(\varepsilon)$, so gilt nach (3) $\|x' - x''\| < \varepsilon$ für $x', x'' \in W_\delta$; W_δ hat also höchstens den Durchmesser ε.

(4) läßt sich auf beliebige lokalkonvexe Räume verallgemeinern,

(5) *Ein folgenvollständiger lokalkonvexer Raum* $E[\mathfrak{T}]$ *ist halbreflexiv, wenn jede beschränkte Teilmenge von* E *in einer absolutkonvexen abgeschlossenen und uniform konvexen beschränkten Menge* B *liegt.*

Beweis. Nach § 20, 11.(2) ist E_B ein uniform konvexer (B)-Raum, auf dem $\mathfrak{T}$ eine schwächere Topologie erzeugt als die Normtopologie von E_B. Nach (4) ist E_B reflexiv, also B $\mathfrak{T}_s(E'_B)$-kompakt. Da jedes $u \in E'$ eine $\mathfrak{T}_B$-stetige Linearfunktion auf E_B erzeugt, ist $\mathfrak{T}_s(E')$ gröber als $\mathfrak{T}_s(E'_B)$ auf E_B und daher B erst recht $\mathfrak{T}_s(E')$-kompakt. Aus § 23, 3.(1) folgt die Behauptung.

7. Die uniforme Konvexität der l^p und L^p. Der Hilbertsche Raum l^2 ist leicht als uniform konvex zu erkennen. In l^2 gilt $\|\mathfrak{x}\|^2 = \mathfrak{x}\bar{\mathfrak{x}}$, daraus folgt sofort die Identität

$$(1) \qquad \|\mathfrak{x} + \mathfrak{y}\|^2 + \|\mathfrak{x} - \mathfrak{y}\|^2 = 2\left(\|\mathfrak{x}\|^2 + \|\mathfrak{y}\|^2\right).$$

Ist also $\|\mathfrak{x}\| \leqq 1$, $\|\mathfrak{y}\| \leqq 1$ und $\|\mathfrak{x} - \mathfrak{y}\| \geqq \varepsilon$, so wird $\left\|\frac{1}{2}(\mathfrak{x} + \mathfrak{y})\right\|^2 \leqq 1 - \frac{\varepsilon^2}{4}$, l^2 ist uniform konvex.

Verhältnismäßig einfach ist auch noch der Beweis von

(2) l^p *und* L^p *sind für* $p \geqq 2$ *uniform konvex.*

Dies beruht auf der folgenden für alle komplexen α, β und $p \geqq 2$ gültigen Ungleichung

$$(3) \qquad |\alpha + \beta|^p + |\alpha - \beta|^p \leqq 2^{p-1}(|\alpha|^p + |\beta|^p).$$

Beweis. Aus §14, 8.(9) folgt nach (1)

$$(|\alpha+\beta|^p+|\alpha-\beta|^p)^{1/p} \leqq (|\alpha+\beta|^2+|\alpha-\beta|^2)^{\frac{1}{2}} = \sqrt{2}\,(|\alpha|^2+|\beta^2|)^{\frac{1}{2}}.$$

Aus der Hölderschen Ungleichung für $\frac{2}{p}+\frac{p-2}{p}=1$ folgt

$$|\alpha|^2+|\beta|^2 \leqq (|\alpha|^p+|\beta|^p)^{\frac{2}{p}}\,(1+1)^{\frac{p-2}{2}} = (|\alpha|^p+|\beta|^p)^{\frac{2}{p}}\,2^{\frac{p-2}{p}}.$$

Insgesamt ergibt sich

$$(|\alpha+\beta|^p+|\alpha-\beta|^p)^{\frac{1}{p}} \leqq 2^{\frac{p-1}{p}}\,(|\alpha|^p+|\beta|^p)^{\frac{1}{p}},$$

also (3).

Durch Summation über die Komponenten der Vektoren von l^p bzw. durch Integration über die Funktionen von L^p erhält man aus (3) die Beziehung

(4) $$\|x+y\|_p^p+\|x-y\|_p^p \leqq 2^{p-1}(\|x\|_p^p+\|y\|_p^p), \quad p \geqq 2,$$

für zwei beliebige Elemente von l^p bzw. L^p.

Ist nun $\|x_n\|_p \leqq 1$, $\|y_n\|_p \leqq 1$, $\lim\|x_n+y_n\|_p=2$, so folgt aus (4) $\lim\|x_n-y_n\|_p=0$, nach 6.(1) also die uniforme Konvexität.

Der Fall $1<p<2$ ist wesentlich schwieriger zu behandeln, wie wir noch sehen werden. Aus (2), 6.(4) und §14, 10. folgt, daß die L^p für $p \geqq 2$ reflexiv sind. Hieraus läßt sich nun der in §14, 10.(14) angekündigte Satz ableiten,

(5) *Für* $1<p<\infty$, $\frac{1}{p}+\frac{1}{q}=1$, *sind* L^p *und* L^q *zueinander dual.*

Es genügt zu zeigen, daß $(L^p)'=L^q$ ist für $p \geqq 2$. Wegen der Reflexivität von L^p ist ja dann $(L^q)'=L^p$ für $0<q \leqq 2$.

Ist $g(t)$ ein Element von L^q und erklärt man durch $\langle g,f\rangle = \int_a^b f(t)\,g(t)\,dt$ eine Linearfunktion für alle $f \in L^p$, so folgt aus der Hölderschen Ungleichung $\int_a^b |f(t)\,g(t)|\,dt \leqq \|f\|_p\,\|g\|_q$, so daß $\langle g,f\rangle$ stetig auf L^p ist. Man kann also L^q mit einem Teilraum von $(L^p)'$ identifizieren.

Es gilt

(6) $$\sup_{\|f\|_p \leqq 1} |\langle g,f\rangle| = \|g\|_q.$$

Aus der Hölderschen Ungleichung folgt $\leqq$ in (6). Setzen wir $f(t) = |g(t)|^{q-1}\varepsilon_g(t)$ mit $\varepsilon_g(t)=\frac{\overline{g(t)}}{|g(t)|}$ für $g(t) \neq 0$ und $\varepsilon_g(t)=0$ für $g(t)=0$, so ist $f \in L^p$, da $\int |f|^p\,dt = \int |g|^{p(q-1)}\,dt = \int |g|^q\,dt = \|g\|_q^q$ ist. Man findet sofort, daß $\left\langle g, \frac{f}{\|f\|_p}\right\rangle = \|g\|_q$ ist, also gilt (6).

Dies bedeutet, daß die Norm von $(L^p)'$ auf L^q mit der Norm von L^q übereinstimmt. Wegen der Vollständigkeit von L^q bezüglich der Norm ist also L^q ein abgeschlossener linearer Teilraum von $(L^p)'$. Wäre L^q ein echter Teilraum, so gäbe es eine stetige Linearfunktion auf $(L^p)'$, die auf L^q verschwindet, nicht aber auf ganz $(L^p)'$. Wegen der Reflexivität von L^p müßte sie durch ein $f \in L^p$ gegeben werden. Aus $\int f g \, dt = 0$ für alle $g \in L^q$ folgt aber speziell für $g = |f|^{p-1} \varepsilon_f \in L^q$ die Beziehung $\int |f|^p \, dt = 0$, also müßte f das Nullelement in L^p sein, was einen Widerspruch bedeutet.

Die üblichen Beweise von (5) verwenden die Differentiationstheorie der reellen Funktionen, etwa den Satz von LEBESGUE-NIKODYM (vgl. etwa BANACH [3], S. 61 ff. oder BOURBAKI [7], Bd. 2, S. 55), während der vorliegende Beweis mit den in § 14, 10. bereits verwendeten Hilfsmitteln auskommt.

Wie aus den Bemerkungen in § 14, 10. und dem Beweis von (5) hervorgeht, gilt (5) auch für die $L^p(-\infty, +\infty)$.

Auch für L^1 läßt sich jetzt der duale Raum bestimmen,

(7) *Der duale Raum zu L^1 ist L^∞.*

Das zugrundegelegte Intervall auf der reellen Geraden darf dabei wieder $[a, b]$ oder $(-\infty, +\infty)$ sein.

Wir untersuchen zuerst den Fall $L^1[a, b]$. Es ist wieder $L^\infty \subset (L^1)'$. Es sei u eine stetige Linearfunktion auf L^1. Nach § 14, 11.(4) ist $L^1 \supset L^2$ und u auch stetige Linearfunktion auf L^2. Es gibt nach (5) also ein $g(t) \in L^2$ mit $\langle u, f \rangle = \int g f \, dt$ für alle $f \in L^2$. Ist M eine meßbare Teilmenge von $[a, b]$ und $\varphi(t)$ ihre charakteristische Funktion, so liegt $\varepsilon_g(t) \, \varphi(t)$ in L^2 und es gilt daher $\langle u, \varepsilon_g \varphi \rangle = \int_M |g| \, dt \leqq \|u\| \, \mu(M)$. Daraus folgt aber sofort $w \cdot \sup |g| \leqq \|u\|$, d.h. $g \in L^\infty$ und die Formel $\langle u, f \rangle = \int g f \, dt$ gilt damit für alle $f \in L^1$.

Der Fall $L^1(-\infty, +\infty)$ läßt sich darauf zurückführen: Es kann $L^1[-n, n]$ als abgeschlossener Teilraum von $L^1(-\infty, +\infty)$ aufgefaßt werden. Das stetige lineare Funktional u wird auf $L^1[-n, n]$ von einer durch $\|u\|$ wesentlich beschränkten Funktion $g_n(t)$ auf $[-n, n]$ erzeugt. Diese $g_n(t)$ sind die Einschränkungen auf $[-n, n]$ einer auf $(-\infty, +\infty)$ erklärten, durch $\|u\|$ wesentlich beschränkten Funktion $g(t)$, für die $\langle u, f \rangle = \int_{-\infty}^{+\infty} g(t) \, f(t) \, dt$ gilt. Die genaue Durchführung des Beweises bleibe dem Leser überlassen.

Wir wollen noch zeigen, daß l^p und L^p auch für $1 < p < 2$ uniform konvex sind. Wir folgen einer Methode von MCSHANE [1], die für alle p mit $1 < p < \infty$ einheitlich durchführbar und noch für allgemeinere Klassen von (B)-Räumen verwendbar ist. Der Satz (12) wurde zuerst von CLARKSON [1] bewiesen.

(8) *Es sei E ein normierter uniform konvexer Raum, $1 < p < \infty$. Dann gibt es zu jedem $\varepsilon > 0$ ein $\delta_p(\varepsilon) > 0$, so daß aus $\|x\| \leqq 1$, $\|y\| \leqq 1$ und*

$\|x-y\| \geqq \varepsilon$ *stets*

(9) $$\left\|\frac{1}{2}(x+y)\right\|^p \leqq (1-\delta_p)\left(\frac{\|x\|^p+\|y\|^p}{2}\right)$$

folgt. Für beliebige $x, y \in E$ *gilt daher*

(9′) $$\left\|\frac{1}{2}(x+y)\right\|^p \leqq \left(1-\delta_p\left(\frac{\|x-y\|}{\sup(\|x\|,\|y\|)}\right)\right)\left(\frac{\|x\|^p+\|y\|^p}{2}\right).$$

Beweis. Nach §15, 9.(6) gilt

(10) $$\left(\tfrac{1}{2}(1+c)\right)^p \leqq \tfrac{1}{2}(1+c^p) \quad \text{für} \quad c \geqq 0.$$

Da das Minimum von $\dfrac{1+t}{(1+t)^p}$ in $t=1$ erreicht wird, gilt in (10) für $0 \leqq c < 1$ das Kleinerzeichen.

Es genügt, (9) für $\|x\|=1$, $\|y\| \leqq 1$ und $\|x-y\| \geqq \varepsilon$ zu beweisen. Wir nehmen an, (9) sei falsch. Dann gibt es ein $\varepsilon > 0$, und Elemente x_n, y_n mit $\|x_n\|=1$, $\|y_n\| \leqq 1$, $\|x_n - y_n\| \geqq \varepsilon$ und

(11) $$\frac{\|\frac{1}{2}(x_n+y_n)\|^p}{\frac{1}{2}(\|x_n\|^p+\|y_n\|^p)} \to 1.$$

Wir zeigen zuerst, daß dies nur für $\|y_n\| \to 1$ möglich ist. Andernfalls gäbe es y_n mit $\|y_n\| \leqq q < 1$ mit (11). Daraus und aus der Bemerkung nach (10) würde aber für alle n folgen

$$\left\|\frac{1}{2}(x_n+y_n)\right\|^p \leqq \left(\frac{1}{2}(1+\|y_n\|)\right)^p \leqq \frac{\varrho}{2}(1+\|y_n\|^p) = \frac{\varrho}{2}(\|x_n\|^p+\|y_n\|^p)$$

mit einem $\varrho < 1$, was (11) widerspricht.

Setzt man nun $z_n = \dfrac{y_n}{\|y_n\|}$, so ist $\|z_n - y_n\| \to 0$. Für $n \geqq n_0$ ist daher $\|x_n - z_n\| \geqq \dfrac{\varepsilon}{2}$. Ferner ist wegen (11) $\lim \left\|\frac{1}{2}(x_n+z_n)\right\| = 1$. Dies ist aber nach 6.(1) ein Widerspruch zur uniformen Konvexität von E.

(12) *l^p und L^p sind für alle $1 < p < \infty$ uniform konvex.*

Wir beweisen dies zuerst für L^p. Es seien f, g in L^p, $\|f\|_p \leqq 1$, $\|g\|_p \leqq 1$ und $\|f-g\|_p \geqq \varepsilon$. I sei wieder $[a, b]$ bzw. $(-\infty, +\infty)$. Es sei M die Menge aller $t \in I$, für die

(13) $$|f(t)-g(t)|^p \geqq \frac{\varepsilon^p}{4}\left(|f(t)|^p+|g(t)|^p\right) \geqq \frac{\varepsilon^p}{4}\sup\left(|f(t)|^p, |g(t)|^p\right)$$

gilt. Auf dieser meßbaren Menge M gilt nach (9′), angewendet auf $E = \mathsf{K}$,

(14) $$\left|\frac{1}{2}(f(t)+g(t))\right|^p \leqq \left(1-\delta_p\left(\frac{\varepsilon}{4^{1/p}}\right)\right)\left(\frac{1}{2}\left(|f(t)|^p+|g(t)|^p\right)\right).$$

Auf $N = I \sim M$ gilt $\int\limits_N |f(t)-g(t)|^p\,dt \leqq \dfrac{\varepsilon^p}{4}\int\limits_I \left(|f|^p+|g|^p\right)dt \leqq \dfrac{\varepsilon^p}{2}$. Daraus folgt $\int_M |f-g|^p\,dt \geqq \frac{\varepsilon^p}{2}$. Bedeuten f_M und g_M die Einschränkungen von f und g auf M, so haben wir daher $\|f_M - g_M\|_p \geqq \frac{\varepsilon}{2^{1/p}}$, also $\sup(\|f_M\|_p, \|g_M\|_p) \geqq \frac{\varepsilon}{2\cdot 2^{1/p}}$, d.h.

$$\sup\Big(\int_M |f|^p\,dt, \int_M |g|^p\,dt\Big) \geqq \frac{\varepsilon^p}{2^{p+1}}. \tag{15}$$

Aus (14), (15) und aus der Nichtnegativität des Integranden des ersten Integrals nach (9) folgt

$$\int_I \Big\{\frac{1}{2}(|f|^p + |g|^p) - \Big(\frac{1}{2}|f+g|\Big)^p\Big\}\,dt \geqq \int_M \geqq \int_M \delta_p\Big(\frac{\varepsilon}{4^{1/p}}\Big)\Big(\frac{1}{2}(|f|^p + |g|^p)\,dt$$
$$\geqq \delta_p\Big(\frac{\varepsilon}{4^{1/p}}\Big)\frac{\varepsilon^p}{2^{p+2}}.$$

Daraus ergibt sich schließlich

$$\Big\|\frac{1}{2}(f+g)\Big\|_p \leqq \Big(1 - \delta_p\Big(\frac{\varepsilon}{4^{1/p}}\Big)\frac{\varepsilon^p}{2^{p+2}}\Big)^{1/p}$$

für alle f, g mit $\|f\|_p \leqq 1$, $\|g\|_p \leqq 1$ und $\|f-g\|_p \geqq \varepsilon$.

Der Beweis für l^p verläuft analog, man hat nur das Integral über I durch die Summe über $n = 1, 2, \ldots$ zu ersetzen.

Es sei bemerkt, daß dies alles auch für die l^p_d, d irgend eine Kardinalzahl, mit denselben Beweisen gilt.

8. Weitere Beispiele. Sind die E_n, $n = 1, 2, \ldots$, (B)-Räume, so bedeute $l^p(E_n)$ für $1 \leqq p < \infty$ den Raum aller Folgen $x = (x_n)$, $x_n \in E_n$, mit $\sum_{n=1}^{\infty} \|x_n\|^p < \infty$. Geht man so vor, wie im Spezialfall l^p in §14, 8., so ergibt sich ohne Schwierigkeit, daß $l^p(E_n)$ bezüglich der Norm $\|x\| = \Big(\sum_{n=1}^{\infty}\|x_n\|^p\Big)^{1/p}$ wieder ein (B)-Raum ist. Die auf den E_n dadurch induzierte Norm ist mit der ursprünglichen Norm identisch. Sind alle E_n gleich demselben (B)-Raum E, so schreibt man $l^p(E)$.

Analog ist $l^\infty(E_n)$ der (B)-Raum aller Folgen $x = (x_n)$, $x_n \in E_n$, mit $\|x\| = \sup_n \|x_n\| < \infty$.

(1) *Der zu $l^p(E_n)$, $p > 1$, duale Raum ist $l^q(E'_n)$ $\Big(\frac{1}{p} + \frac{1}{q} = 1\Big)$, zu $l^1(E_n)$ ist $l^\infty(E'_n)$ dual.*

Wir beweisen dies für $p > 1$. Jedes $u = (u_n) \in l^q(E'_n)$ erzeugt eine stetige Linearfunktion auf $l^p(E_n)$, wie aus den Ungleichungen $|ux| = \Big|\sum_{n=1}^{\infty} u_n x_n\Big| \leqq \sum \|u_n\|\,\|x_n\| \leqq (\sum\|u_n\|^q)^{1/q}(\sum\|x_n\|^p)^{1/p} < \infty$ ersichtlich ist.

Andererseits muß jede stetige Linearfunktion die Form $ux = \sum_{n=1}^{\infty} u_n x_n$ mit $u_n \in E'_n$ haben. Zu jedem $x = (x_n)$ läßt sich ein $\tilde{x} = (\tilde{x}_n)$ finden mit $\|x_n\| = \|\tilde{x}_n\|$ und $u_n \tilde{x}_n = \|u_n\| \, \|x_n\| - \varepsilon_n$ für beliebige $\varepsilon_n > 0$. Aus $\sum u_n \tilde{x}_n < \infty$ folgt dann aber $\sum \|u_n\| \, \|x_n\| < \infty$. Da dies für alle $x \in l^p(E_n)$ gilt, haben wir $(\|u_n\|) \in l^q$, also $u \in l^q(E'_n)$.

Man bestätigt in ähnlicher Weise leicht, daß die Norm von $l^q(E'_n)$ mit der Norm des dualen Raumes zu $l^p(E_n)$ übereinstimmt.

Aus (1) folgt sofort

(2) $l^p(E_n)$, $p > 1$, *ist dann und nur dann reflexiv, wenn alle* E_n *reflexiv sind.*

Wir beweisen

(3) $l^p(E_n)$, $p > 1$, *ist dann und nur dann strikt konvex, wenn alle* E_n *strikt konvex sind.*

Ist ein E_n nicht strikt konvex, so auch $l^p(E_n)$ nicht, da der Rand der Einheitskugel von E_n ein Teil des Randes der Einheitskugel von $l^p(E_n)$ ist.

Umgekehrt seien alle E_n strikt konvex und es seien $x = (x_n)$ und $y = (y_n)$ zwei verschiedene Elemente auf dem Rande der Einheitskugel von $l^p(E_n)$. Dann gilt für die Vektoren $\mathfrak{x} = (\|x_n\|)$ und $\mathfrak{y} = (\|y_n\|)$ in l^p ebenfalls $\|\mathfrak{x}\|_p = \|\mathfrak{y}\|_p = 1$. Ist $\mathfrak{x} \neq \mathfrak{y}$, so ist $\|\frac{1}{2}(\mathfrak{x} + \mathfrak{y})\|_p < 1$, da l^p strikt konvex ist. Daraus folgt $\|\frac{1}{2}(x + y)\| < 1$. Ist $\mathfrak{x} = \mathfrak{y}$, so gibt es wenigstens ein n_0 mit $\|x_{n_0}\| = \|y_{n_0}\|$, aber $x_{n_0} \neq y_{n_0}$. Dann ist $\|\frac{1}{2}(x_{n_0} + y_{n_0})\| < \|x_{n_0}\|$ und es folgt wieder $\|\frac{1}{2}(x + y)\| < 1$.

(4) $l^p(E_n)$, $p > 1$, *ist dann und nur dann separabel, wenn alle* E_n *separabel sind.*

Der einfache Beweis kann dem Leser überlassen bleiben.

(5) $l^p(E)$ *ist dann und nur dann uniform konvex, wenn* E *uniform konvex ist.*

Die Notwendigkeit ist leicht einzusehen. Ist andererseits E uniform konvex, so läßt sich der Beweis der uniformen Konvexität genau so durchführen wie für l^p, nur daß man diesmal 7.(8) für E und nicht für K zu benützen hat.

Day [3] bewies allgemeiner, daß $l^p(E_n)$, $p > 1$, dann und nur dann uniform konvex ist, wenn für die E_n ein gemeinsamer Konvexitätsmodul $\delta(\varepsilon)$ existiert.

Auf die für die Anwendungen wesentlich wichtigere Verallgemeinerung der L^p zu Räumen $L^p(E)$ gehen wir im zweiten Band näher ein.

9. Invarianz gegenüber topologischen Isomorphien. Die in diesem Paragraphen untersuchten Eigenschaften sind metrischer Natur. Es entsteht die Frage, ob man aus ihnen Begriffe gewinnen kann, die auch gegen topologische Isomorphien invariant sind. Nun sind zwei normierte Räume dann und nur dann topologisch isomorph, wenn sie nach Übergang zu einer geeigneten äquivalenten Norm normisomorph sind (vgl. § 14, 2.).

Nennen wir also einen normierten Raum E strikt bzw. flach bzw. uniform normierbar, wenn auf E eine äquivalente Norm erklärt werden kann, für die E strikt bzw. flach bzw. uniform konvex wird, so sind damit Begriffe mit den gewünschten Eigenschaften erklärt.

Satz 6.(3) läßt sich jetzt schärfer so aussprechen: *Jeder uniform normierbare* (B)-*Raum ist reflexiv.*

Day [2] bewies, daß die Umkehrung nicht richtig ist, ein Gegenbeispiel gibt

(1) $l^p(E_n)$, $E_n = l_n^\infty$, $p > 1$ *ist reflexiv, aber nicht uniform normierbar.*

Beweis. l_n^∞ ist der Raum aller $(\xi_1, \ldots, \xi_n)$ mit $\|(\xi_1, \ldots, \xi_n)\| = \sup |\xi_i|$. Die Reflexivität von $E = l^p(E_n)$ folgt aus 8.(2). Wäre E uniform normierbar, so gäbe es eine zweite Norm $\|x\|'$ auf E mit

$$\|x\| \leqq \|x\|' \leqq M\|x\|, \tag{2}$$

in der E uniform konvex ist. Aus $\|x\|' \leqq 1$, $\|y\|' \leqq 1$ und $\|x-y\|' \geqq \varepsilon$ folgt also $\delta(\varepsilon) = 1 - \sup \|\frac{1}{2}(x+y)\|' > 0$.

Sei $z = (\alpha_1, \ldots, \alpha_n)$, $|\alpha_i| = \frac{1}{M} = \alpha$. Dann liegt z in $l_n^\infty < E$ und aus $\|z\| = 1/M$ folgt nach (2) $\|z\|' \leqq 1$. Wir setzen $\tilde{z} = (\alpha_1, \ldots, \alpha_{n-1}, -\alpha_n)$. Dann wird $z - \tilde{z} = (0, \ldots, 0, 2\alpha_n)$ und $\frac{1}{2}(z + \tilde{z}) = (\alpha_1, \ldots, \alpha_{n-1}, 0)$. Aus $\|z - \tilde{z}\|' \geqq \|z - \tilde{z}\| = 2\alpha$ folgt $\|\frac{1}{2}(z+\tilde{z})\|' \leqq 1 - \delta(2\alpha)$. Das bedeutet

$$\left\|\left(\frac{\alpha_1}{1-\delta(2\alpha)}, \ldots, \frac{\alpha_{n-1}}{1-\delta(2\alpha)}, 0\right)\right\|' \leqq 1.$$

Wenden wir dieselbe Überlegung auf $\frac{1}{1-\delta(2\alpha)}(\alpha_1, \ldots, \alpha_{n-2}, \alpha_{n-1}, 0)$ und $\frac{1}{1-\delta(2\alpha)}(\alpha_1, \ldots, \alpha_{n-2}, -\alpha_{n-1}, 0)$ an usw., so ergibt sich schließlich

$$\|y_n\|' = \left\|\left(\frac{\alpha_1}{(1-\delta(2\alpha))^{n-1}}, 0, \ldots, 0\right)\right\|' \leqq 1.$$

Da andererseits $\|y_n\| = \frac{1}{M(1-\delta(2\alpha))^{n-1}}$ ist und $\big(1-\delta(2\alpha)\big)^{n-1}$ für $n \to \infty$ den Limes 0 hat, erhalten wir für genügend großes n den Widerspruch $\|y_n\|' \geqq \|y_n\| > 1$.

Die uniform normierbaren (B)-Räume bilden also eine echte Teilklasse der reflexiven (B)-Räume.

Es ist nicht bekannt, ob alle reflexiven (B)-Räume strikt normierbar sind. Andererseits gibt es nichtreflexive (B)-Räume, die strikt normierbar sind, wie wir sehen werden. Dieselbe Situation liegt bei der flachen Normierbarkeit vor.

(3) *Der normierte Raum E ist dann und nur dann strikt normierbar, wenn es eine eineindeutige lineare stetige Abbildung A von E in einen strikt konvexen Raum F gibt. Die Norm $\|x\|'=\|x\|+\|Ax\|$ ist dann eine zu $\|x\|$ äquivalente strikt konvexe Norm auf E.*

Beweis. Aus $\|x\| \leqq \|x\|' \leqq (M+1)\|x\|$, wobei $\|A\|=M$ ist, folgt die Äquivalenz der beiden Normen. Sei nun $\|x_1\|'=\|x_2\|'=1$ und $\|x_1+x_2\|'=\|x_1\|'+\|x_2\|'$. Dies ist nur möglich, wenn $\|x_1+x_2\|=\|x_1\|+\|x_2\|$ und $\|Ax_1+Ax_2\|=\|Ax_1\|+\|Ax_2\|$ gilt. Aus der strikten Konvexität von F und 1.(1)g) folgt dann $Ax_1=\alpha Ax_2$ mit $\alpha \geqq 0$, also auch $x_1=\alpha x_2$. Dies ist wegen $\|x_1\|'=\|x_2\|'$ nur möglich, wenn $x_1=x_2$ ist, E ist bezüglich $\|x\|'$ also strikt konvex.

Die Notwendigkeit der Bedingung ist trivial.

(4) *E sei flach normierbar. Besitzt E ein eineindeutiges lineares stetiges Bild $A(E)$ in einem zugleich flach und strikt normierbaren Raum F, so ist auch E zugleich flach und strikt normierbar.*

Wir können E als flach konvex und F als zugleich flach und strikt konvex annehmen. Nach (3) ist die Norm $\|x\|'=\|x\|+\|Ax\|$ strikt konvex. Sie ist aber auch flach konvex, denn nach 4.(13) sind sowohl $\|x\|$ wie auch $\|Ax\|$ schwach differenzierbare Normen auf E, also auch ihre Summe $\|x\|+\|Ax\|$, woraus wieder nach 4.(13) folgt, daß $\|x\|'$ auch flach konvex ist.

(5) *Jeder separable normierte Raum E ist zugleich flach und strikt normierbar.*

Der duale Raum jedes separablen (B)*-Raumes ist strikt normierbar.*

Beweis. Es sei $\{x_i\}$ eine in der Sphäre $\|x\|=1$ von E dichte Folge. Durch $Au=\left(\frac{u x_1}{2}, \ldots, \frac{u x_i}{2^i}, \ldots\right)$ wird eine eineindeutige stetige lineare Abbildung des stark dualen Raumes E' in l^2 definiert. Setzen wir auf E' wieder $\|u\|_1=\|u\|+\|Au\|$, so wird $\|u\|_1$ nach (3) eine zu $\|u\|$ äquivalente strikt konvexe Norm auf E'. Damit ist bereits der zweite Teil unseres Satzes bewiesen.

Die Abbildung A führt jede schwach konvergente Folge aus E' in eine in l^2 konvergente Folge über. Daraus ergibt sich sofort, daß die durch $\|u\|+\|Au\| \leqq 1$ gegebene neue Einheitskugel K_1 von E' schwach folgenabgeschlossen, nach § 21, 10.(7) also schwach abgeschlossen ist. Durch K_1° als Einheitskugel wird daher eine neue Norm $\|x\|_1$ auf E erklärt, die zur ursprünglichen Norm äquivalent ist und wegen $K_1=K_1^{\circ\circ}$ als duale Norm $\|u\|_1$ ergibt. Nach 3.(2) ist daher $\|x\|_1$ flach konvex.

Bilden wir jetzt E mit der Norm $\|x\|_1$ durch $Bx=\left(\frac{u_1 x}{2}, \ldots \frac{u_i x}{2^i}, \ldots\right)$, u_i eine in $\|u\|_1=1$ schwach dichte Folge, eineindeutig, linear und stetig in l^2 ab, so ergibt (4) unsere Behauptung.

Die Separabilität kann in diesem Ergebnis von DAY [6] nicht entbehrt werden. So sind die l_d^∞ für $d > \aleph_0$ weder strikt noch flach normierbar (vgl. DAY [6]).

l^1 ist nach (5) sowohl strikt wie flach normierbar; der duale Raum l^∞ ist nach (5) strikt normierbar, jedoch nicht flach normierbar, wie ebenfalls von DAY [6] bewiesen wurde.

10. Glatte Konvexität, starke Differenzierbarkeit der Norm. Es gibt einen weiteren Konvexitätsbegriff, der zur uniformen Konvexität dual ist und eine Verschärfung der flachen Konvexität darstellt.

Ein normierter Raum E bzw. seine Norm heißen glatt konvex, wenn zu jedem $\varepsilon > 0$ ein $\eta(\varepsilon) > 0$ existiert, so daß aus $\|x\| \geqq 1$, $\|y\| \geqq 1$ und $\|x - y\| \leqq \eta$ stets $\|x + y\| \geqq \|x\| + \|y\| - \varepsilon \|x - y\|$ folgt.

(1) *Ein normierter Raum E ist dann und nur dann glatt konvex, wenn zu jedem $\varepsilon > 0$ ein $\varrho(\varepsilon) > 0$ existiert, so daß aus $\|x\| = 1$, $\|y\| \leqq \varrho$ stets $\|x + y\| + \|x - y\| \leqq 2 + \varepsilon \|y\|$ folgt.*

a) E sei glatt konvex und es gebe Folgen $x_n, y_n \in E$ mit $\|x_n\| = 1$, $\|y_n\| \to 0$ und $\|x_n + y_n\| + \|x_n - y_n\| > 2 + \varepsilon_0 \|y_n\|$.

Wir setzen $x_n + y_n = v_n$, $x_n - y_n = w_n$ und erhalten $\|v_n\| + \|w_n\| > 2 + \frac{\varepsilon_0}{2} \|v_n - w_n\|$. Da $\|v_n + w_n\| = 2$ ist, bedeutet dies

$$\|v_n + w_n\| < \|v_n\| + \|w_n\| - \frac{\varepsilon_0}{2} \|v_n - w_n\|.$$

Die Ungleichung bleibt richtig, wenn wir v_n und w_n durch $v_n' = \frac{v_n}{1 - \|y_n\|}$ bzw. $w_n' = \frac{w_n}{1 - \|y_n\|}$ ersetzen. Wegen $\|v_n'\| \geqq 1$, $\|w_n'\| \geqq 1$ und $\|v_n' - w_n'\| \leqq \frac{2\|y_n\|}{1 - \|y_n\|}$ erhalten wir für $n \to \infty$ aber einen Widerspruch zur glatten Konvexität.

b) E erfülle die Bedingung von (1) und es gebe ein $\varepsilon > 0$ und Folgen x_n, y_n mit $\|x_n\| \geqq 1$, $\|y_n\| \geqq 1$, $\|x_n - y_n\| \to 0$ und $\|x_n + y_n\| < \|x_n\| + \|y_n\| - \varepsilon \|x_n - y_n\|$. Setzen wir $x_n + y_n = s_n$, $x_n - y_n = t_n$, so erhalten wir

$$\|s_n + t_n\| + \|s_n - t_n\| > 2\|s_n\| + 2\varepsilon \|t_n\|.$$

Für $s_n' = \frac{s_n}{\|s_n\|}$ und $t_n' = \frac{t_n}{\|s_n\|}$ ergibt dies

$$\|s_n' + t_n'\| + \|s_n' - t_n'\| > 2 + 2\varepsilon \|t_n'\|,$$

woraus sich wegen $\|s_n'\| = 1$ und $\|t_n'\| \to 0$ ein Widerspruch zur Bedingung (1) ergibt.

Die flache Konvexität ist mit der schwachen Differenzierbarkeit der Norm äquivalent, wie wir in 4. sahen. Auch die glatte Konvexität läßt sich durch Differenzierbarkeitseigenschaften ausdrücken.

Es sei $q(x)$ wieder die Distanzfunktion eines abgeschlossenen konvexen $\mathfrak{T}$-Körpers $C > \circ$ in einem lokalkonvexen Raum $E[\mathfrak{T}]$. Die Funktion $q(x)$ heißt im Punkt x_0 stark differenzierbar, wenn es eine reelle stetige Linearfunktion u auf $E[\mathfrak{T}]$ und eine monoton fallende Funktion $\delta_{x_0}(\varrho)$, $\varrho>0$, mit $\lim\limits_{\varrho\to 0}\delta_{x_0}(\varrho)=0$ gibt, so daß

$$(2)\qquad |q(x_0+y)-q(x_0)-uy|\leqq q(y)\,\delta_{x_0}(q(y))$$

für alle $y\subset E$ gilt. u heißt das starke oder Fréchetsche Differential von $q(x)$ im Punkt x_0.

Ist $q(x)$ eine Norm, so kann man (2) einfacher schreiben als

$$(3)\qquad \lim_{\|y\|\to 0}\frac{1}{\|y\|}\left(\|x_0+y\|-\|x_0\|-uy\right)=0.$$

(4) *Existiert das starke Differential von $q(x)$ in x_0, so ist es gleich dem schwachen Differential $q'(x_0, y)$. Die Funktion $q(x)$ ist dann und nur dann in x_0 stark differenzierbar, wenn sie in x_0 schwach differenzierbar ist und wenn $\frac{q(x_0+ty)-q(x_0)}{t}$ gleichmäßig in $q(y)\leqq 1$ gegen $q'(x_0, y)$ konvergiert.*

Beweis. Die gleichmäßige schwache Differenzierbarkeit in x_0 bedeutet die Existenz einer Funktion $\delta_{x_0}(t)$ mit $\lim\limits_{t\to 0^+}\delta_{x_0}(t)=0$, so daß

$$(5)\qquad |q(x_0+ty)-q(x_0)-q'(x_0,ty)|\leqq |t|\,\delta_{x_0}(|t|)$$

für alle y mit $q(y)\leqq 1$ gilt. Das ist aber mit (2) gleichbedeutend.

$q(x)$ heißt gleichmäßig stark differenzierbar in $E[\mathfrak{T}]$, wenn x in jedem Punkt stark differenzierbar ist und wenn es ein $\delta(\varrho)$ gibt, so daß (2) bzw. (5) für $\delta_{x_0}(\varrho)=\delta(\varrho)$ und alle x_0 mit $\|x_0\|=1$ gilt.

(6) *Ein normierter Raum E ist dann und nur dann glatt konvex, wenn seine Norm gleichmäßig stark differenzierbar ist.*

a) Es sei E gleichmäßig stark differenzierbar. Die Ungleichung 4.(6) ergibt

$$(7)\qquad \frac{\|x_0-ty\|-\|x_0\|}{-t}\leqq q'(x_0, y)\leqq\frac{\|x_0+ty\|-\|x_0\|}{t}.$$

Aus (7) und (5) erhalten wir für alle $\|x_0\|=1$ und alle $\|y\|\leqq 1$

$$(8)\qquad \|x_0+ty\|+\|x_0-ty\|\leqq 2+2\,|t|\,\delta(|t|);$$

dies bedeutet nach (1) aber die glatte Konvexität von E.

b) Umgekehrt gilt (8) mit einer geeigneten Funktion $\delta(\varrho)$, wenn E glatt konvex ist. Nach 4.(9) existiert daher das schwache Differential $q'(x_0, y)$ und aus (7) und (8) schließt man rückwärts auf die gleichmäßige starke Differenzierbarkeit.

Insbesondere ist damit auch bewiesen, daß *jeder glatt konvexe normierte Raum flach konvex ist.*

(9) *Ist der* (B)-*Raum E uniform konvex, so ist E' glatt konvex.*

Wir nehmen an, E' sei nicht glatt konvex. Dann gibt es nach (1) ein $\varepsilon_0 > 0$ und Folgen $u_n, v_n \in E'$ mit $\|u_n\| = 1$, $\|v_n\| \to 0$ und

$$(10) \qquad \|u_n + v_n\| + \|u_n - v_n\| > 2 + \varepsilon_0 \|v_n\|.$$

Da E nach 6.(4) reflexiv ist, gibt es in E Elemente x_n, x_n' mit $\|x_n\| = \|x_n'\| = 1$ und $\|u_n + v_n\| = (u_n + v_n)\, x_n$ und $\|u_n - v_n\| = (u_n - v_n)\, x_n'$. Nun ist $|\|u_n + v_n\| - 1| \leqq \|v_n\|$, also $|(u_n + v_n)\, x_n - 1| \leqq \|v_n\|$; daher gilt $|u_n x_n - 1| \leqq 2\,\|v_n\|$. Analog gilt $|u_n x_n' - 1| \leqq 2\,\|v_n\|$.

Ist nun $2\|v_n\| < \frac{\delta(\varepsilon)}{2}$, so folgt nach 6.(3) $\|x_n - x_n'\| < \varepsilon$. Daraus ergibt sich

$$\begin{aligned} \|u_n + v_n\| + \|u_n - v_n\| &= |(u_n + v_n)\, x_n + (u_n - v_n)\, x_n'| \\ &\leqq |u_n x_n + u_n x_n'| + \|v_n\|\, \|x_n - x_n'\| \\ &\leqq 2 + \varepsilon \|v_n\|, \end{aligned}$$

was für $\varepsilon < \varepsilon_0$ ein Widerspruch zu (10) ist.

(11) *Ist der* (B)-*Raum E glatt konvex, so ist E' uniform konvex.*

Es sei E' nicht uniform konvex. Dann gibt es nach 6.(1) Folgen u_n, v_n mit $\|u_n\| \leqq 1$, $\|v_n\| \leqq 1$, $\lim \|u_n + v_n\| = 2$ und $\|u_n - v_n\| \geqq \varepsilon_0$. Wir können $\|u_n + v_n\| > 2 - \frac{\varepsilon_0}{4n}$ voraussetzen.

Für jedes n gibt es x_n und x_n' in E mit $\|x_n\| = \|x_n'\| = 1$ und $(u_n + v_n)\, x_n \geqq \|u_n + v_n\| - \frac{\varepsilon_0}{8n}$, $(u_n - v_n)\, x_n' \geqq \|u_n - v_n\| - \frac{\varepsilon_0}{8n}$.

Dann gilt

$$\begin{aligned} \left\| x_n + \frac{x_n'}{n} \right\| + \left\| x_n - \frac{x_n'}{n} \right\| &\geqq u_n \left(x_n + \frac{x_n'}{n} \right) + v_n \left(x_n - \frac{x_n'}{n} \right) \\ &= (u_n + v_n)\, x_n + (u_n - v_n)\, \frac{x_n'}{n} \\ &\geqq \|u_n + v_n\| + \frac{1}{n} \|u_n - v_n\| - \frac{\varepsilon_0}{4n} \\ &> 2 - \frac{\varepsilon_0}{2n} + \frac{\varepsilon_0}{n} = 2 + \frac{\varepsilon_0}{2} \left\| \frac{x_n'}{n} \right\|. \end{aligned}$$

Wegen $\left\| \frac{x_n'}{n} \right\| = \frac{1}{n} \to 0$ ist dies ein Widerspruch zu (1).

Aus (11) folgt, daß jeder glatt konvexe Raum reflexiv ist, da dies für den dualen Raum der Fall ist. Hieraus und aus (9) und (11) ergibt sich

(12) *Ein normierter Raum ist dann und nur dann uniform konvex bzw. glatt konvex, wenn der stark duale Raum glatt konvex bzw. uniform konvex ist.*

Die Sätze dieser Nr. gehen zurück auf Day [5], Šmulian [3], [4], [6] und Bourbaki [6], Bd. 2, S. 144/145.

11. Weitere Untersuchungen. Man kann die uniforme Konvexität folgendermaßen abschwächen; man nennt einen normierten Raum lokal uniform konvex, wenn zu jedem $\varepsilon > 0$ und zu jedem $x \in E$ mit $\|x\| = 1$ ein $\delta(\varepsilon, x)$ gehört, so daß $\|\frac{1}{2}(x + y)\| \leqq 1 - \delta(\varepsilon, x)$ für alle $\|y\| \leqq 1$ gilt. Dieser Begriff wurde von LOVAGLIA [1] eingehend untersucht. Ist E' lokal uniform konvex, so ist die Norm in E stark differenzierbar. Aus der lokalen uniformen Konvexität von E folgt die starke Differenzierbarkeit der Norm in E' unter der zusätzlichen Voraussetzung, daß zu jedem $u \in E'$ ein x mit $\|x\| = 1$ und $u x = \|u\|$ in E existiert.

Jedes reflexive E hat diese Eigenschaft. Von MAZUR stammt die Frage, ob umgekehrt jeder (B)-Raum, in dem jedes $u \in E'$ sein Supremum auf der Einheitskugel von E annimmt, reflexiv ist. JAMES [4] hat diese Frage zuerst für separable (B)-Räume positiv beantwortet und kürzlich (JAMES [5]) für beliebige (B)-Räume.

Weitere Konvexitätsbegriffe, die schwächer als die uniforme Konvexität sind, haben FAN und GLICKSBERG [1], [2] eingeführt und untersucht. Sie erhalten damit eine Verschärfung des Satzes von EBERLEIN für normierte Räume.

Kürzlich hat CUDIA [2] durch noch weitergehende Differenzierung der Konvexitäts- und der Differentiationseigenschaften wichtige Resultate erzielt, die die hier dargestellten Ergebnisse ergänzen und abrunden. Der Bericht von CUDIA [1] gibt eine volle Übersicht über den derzeitigen Stand der Theorie.

Sechstes Kapitel

Einige Klassen lokalkonvexer Räume

Ist die Topologie eines lokalkonvexen Raumes die starke Topologie, so heißt der Raum tonneliert. Ist die Topologie die Mackeysche Topologie und ist jede auf jeder beschränkten Teilmenge des Raumes beschränkte Linearfunktion stetig, so heißt der Raum bornologisch. Jeder (F)-Raum hat diese Eigenschaften und jede dieser Eigenschaften zieht eine Reihe wichtiger Folgen nach sich. Als Verallgemeinerung der Theorie der (F)-Räume bildet die auf MACKEY und BOURBAKI zurückgehende Untersuchung der tonnelierten bzw. der bornologischen Räume ein wichtiges Teilstück der allgemeinen Theorie der lokalkonvexen Räume. In den §§ 27 und 28 werden diese beiden Raumklassen eingehend behandelt.

Die Ergebnisse finden Anwendung in der in § 29 dargestellten Theorie der (F)- und (DF)-Räume. Die (DF)-Räume sind von GROTHENDIECK eingeführt worden als eine Klasse von Räumen, zu denen als Spezialfälle die dualen Räume der (F)-Räume gehören.

In § 30 wird die von TOEPLITZ und dem Verfasser stammende Theorie der vollkommenen Räume als Spezialfall der allgemeinen Theorie der lokalkonvexen Räume entwickelt. Die spezielle Struktur der Folgenräume ermöglicht teilweise Vereinfachungen, teilweise weitergehende Aussagen.

Einige in der allgemeinen Theorie vorher offen gebliebene Fragen werden in § 31 durch Gegenbeispiele in vollkommenen Räumen beantwortet. § 31 enthält außerdem eine Diskussion des Komplementärraumproblems, für das zwar eine Reihe von Gegenbeispielen, aber wenig allgemeine Resultate bekannt sind.

§ 27. Tonnelierte Räume und Montelräume

1. Quasitonnelierte und tonnelierte Räume. Ein lokalkonvexer Raum $E[\mathfrak{T}]$ heißt nach § 21, 2. tonneliert, wenn jede Tonne in E eine $\mathfrak{T}$-Nullumgebung ist. Dies ist gleichbedeutend mit $\mathfrak{T}=\mathfrak{T}_b(E')$. Nach § 21, 4.(4) ist daher jede schwach beschränkte Teilmenge von E' relativ schwach kompakt.

Jeder (F)-Raum ist tonneliert (§ 21, 5.(3)). Nach § 23, 6.(4) ist ein lokalkonvexer Raum $E[\mathfrak{T}_k(E')]$ dann und nur dann tonneliert, wenn sein dualer Raum E' $\mathfrak{T}_s(E)$-quasivollständig ist. Nach § 23, 3.(4) ist der stark duale Raum jedes halbreflexiven Raumes tonneliert.

$E[\mathfrak{T}]$ heißt quasitonneliert nach § 23, 4., wenn jede Tonne in E, die alle beschränkten Teilmengen von E absorbiert, eine $\mathfrak{T}$-Nullumgebung ist. Dies bedeutet $\mathfrak{T}=\mathfrak{T}_{b^*}(E')$ nach § 23, 4.(3). Die $\mathfrak{T}$-gleichstetigen Teilmengen von E' sind also die stark beschränkten Teilmengen von E'.

Jeder metrisierbare lokalkonvexe Raum ist quasitonneliert (§ 21, 5.(3)).

Wir leiten einige weitere Eigenschaften der tonnelierten und quasitonnelierten Räume ab.

Jeder tonnelierte Raum ist quasitonneliert. Umgekehrt gilt

(1) *Ist ein quasitonnelierter Raum folgenvollständig, so ist er tonneliert.*

Denn aus dem Satz von BANACH-MACKEY (§ 20, 11.(8)) folgt, daß dann $\mathfrak{T}_b(E')$ und $\mathfrak{T}_{b*}(E')$ auf E übereinstimmen.

Aus (1) und § 21, 4.(5) folgt

(2) *Die quasivollständige und die vollständige Hülle eines quasitonnelierten Raumes sind tonneliert.*

Weitere Permanenzaussagen enthalten die folgenden Sätze.

(3) *Jede lokalkonvexe Hülle quasitonnelierter bzw. tonnelierter Räume ist wieder quasitonneliert bzw. tonneliert.*

Es sei $E[\mathfrak{T}] = \sum_{\alpha} A_\alpha(F_\alpha[\mathfrak{T}_\alpha])$, die $F_\alpha[\mathfrak{T}_\alpha]$ seien tonneliert. Ist T eine Tonne in $E[\mathfrak{T}]$, so ist $T_\alpha = A_\alpha^{(-1)}(T)$ wegen der Stetigkeit von A_α wiede. absolutkonvex, ausgeglichen und abgeschlossen, also eine Tonne in F_αr Nach Voraussetzung ist T_α eine $\mathfrak{T}_\alpha$-Nullumgebung in F_α. Dann ist aber (vgl. §19, 1.) T als absolutkonvexe, alle $A_\alpha(T_\alpha)$ enthaltende Menge eine $\mathfrak{T}$-Nullumgebung in E, $E[\mathfrak{T}]$ ist daher tonneliert.

Ist B_α eine beschränkte Teilmenge von $F_\alpha[\mathfrak{T}_\alpha]$, so ist $A_\alpha(B_\alpha)$ beschränkt in $E[\mathfrak{T}]$. Absorbiert T jede beschränkte Teilmenge von E, so absorbiert T_α also jede beschränkte Teilmenge von T_α. Wie eben folgt daher aus der Quasitonneliertheit der $F_\alpha[\mathfrak{T}_\alpha]$ die von $E[\mathfrak{T}]$.

Da ein Quotientenraum $(E/H)[\mathfrak{T}]$ als lokalkonvexe Hülle $K(E[\mathfrak{T}])$, K die kanonische Abbildung von E auf E/H, aufgefaßt werden kann (vgl. §19, 1.), folgt aus (3) speziell

(4) *Jeder Quotientenraum eines quasitonnelierten bzw. tonnelierten Raumes ist quasitonneliert bzw. tonneliert.*

(3) gilt speziell für induktive Limites und lokalkonvexe direkte Summen. Also sind auch alle (LB)- und (LF)-Räume tonneliert.

(5) *Das topologische Produkt quasitonnelierter bzw. tonnelierter Räume ist wieder quasitonneliert bzw. tonneliert.*

Dies ist eine unmittelbare Folge von § 22, 5.(3).

Es gibt vollständige, nicht quasitonnelierte Räume. Denn nach § 23, 6.(6) ist, falls E ein nichtreflexiver (F)-Raum ist, $E'[\mathfrak{T}_k(E)]$ zwar halbreflexiv, aber nicht reflexiv und daher nicht quasitonneliert (§ 23, 5.(1)). Nach § 21, 6.(4) ist $E'[\mathfrak{T}_k(E)]$ aber vollständig.

Jeder vollständige, nicht quasitonnelierte Raum ist nach §18, 3.(7) abgeschlossener linearer Teilraum eines topologischen Produkts von

(B)-Räumen, das nach (5) tonneliert ist. Ein abgeschlossener Teilraum eines tonnelierten Raumes braucht also nicht quasitonneliert zu sein. Jeder (nicht notwendig abgeschlossene) lineare Teilraum endlichen Defekts ist jedoch tonneliert (für den Beweis vgl. DIEUDONNÉ [9]).

Auch ein topologischer projektiver Limes von tonnelierten Räumen braucht nicht quasitonneliert zu sein, denn nach §19, 9.(1) ist jeder der obigen Räume $E'[\mathfrak{T}_k(E)]$ topologischer projektiver Limes von (B)-Räumen.

Ein normierter Raum ist quasitonneliert, braucht aber nicht tonneliert zu sein, wie das Beispiel in § 21, 5. zeigt. Andererseits gibt es normierte Räume, die tonneliert, aber nicht vollständig sind: Eine Folge k_n natürlicher Zahlen hat die Dichte Null, wenn $\lim \frac{n}{k_n} = 0$ ist. Es sei E der dichte lineare Teilraum von l^1, der alle $\mathfrak{x} = (\xi_i) \in l^1$ enthält, deren Koordinaten ξ_i nur auf einer Indizesmenge der Dichte Null nicht verschwinden. Man überzeugt sich leicht, daß die $\mathfrak{T}_s(E)$-beschränkten Teilmengen von $E' = l^\infty$ mit den im Sinn der Norm von l^∞ beschränkten übereinstimmen. Daraus folgt, daß die Normtopologie von $E < l^1$ mit der starken Topologie $\mathfrak{T}_b(E')$ übereinstimmt.

Der stark duale Raum eines tonnelierten Raumes braucht nicht tonneliert zu sein, da es nichtdistinguierte (F)-Räume gibt (vgl. § 23, 7.(1) und § 31, 7.).

Der stark duale und der stark biduale Raum eines tonnelierten Raumes brauchen nicht vollständig zu sein, da es nach KŌMURA [2] unvollständige (M)-Räume gibt.

2. (M)-Räume und (FM)-Räume. Neben den (F)-Räumen ist eine weitere Klasse von tonnelierten Räumen von besonderem Interesse. Ein tonnelierter Raum $E[\mathfrak{T}]$ heißt ein Montelraum oder (M)-Raum, wenn jede beschränkte Teilmenge von E relativ kompakt ist.

Jeder (M)-Raum ist offenbar quasivollständig.

Ein normierter Raum, der ein (M)-Raum ist, ist lokalkompakt, nach §15, 7.(1) also endlichdimensional; ein unendlichdimensionaler (B)-Raum ist also niemals zugleich (M)-Raum.

Dagegen gibt es (F)-Räume, die zugleich (M)-Räume sind (der Raum ω ist ein Beispiel dafür). Wir nennen diese Räume (FM)-Räume.

Aus der Definition und § 23, 5.(1) folgt

(1) *Jeder* (M)-*Raum ist reflexiv.*

Auf dem dualen Raum eines (M)-Raumes fallen die Topologien $\mathfrak{T}_b(E)$ und $\mathfrak{T}_c(E)$ zusammen.

(2) *Der stark duale Raum eines* (M)-*Raumes* $E[\mathfrak{T}]$ *ist wieder ein* (M)-*Raum.*

Beweis. $E'[\mathfrak{T}_b(E)]$ ist als reflexiver Raum tonneliert. Die beschränkten Teilmengen von E' sind die $\mathfrak{T}$-gleichstetigen Teilmengen.

Diese sind nach § 21, 6.(3) relativ $\mathfrak{T}_c(E)$-kompakt, also wegen der Identität von $\mathfrak{T}_b(E)$ und $\mathfrak{T}_c(E)$ auch relativ $\mathfrak{T}_b(E)$-kompakt.

Auf den beschränkten Teilmengen eines (M)-Raumes fallen also die schwache und die starke Topologie zusammen. Daraus folgt speziell

(3) *Jede schwach konvergente Folge in einem* (M)-*Raum ist auch stark konvergent zum gleichen Limes.*

Es gelten folgende Permanenzeigenschaften,

(4) *Das topologische Produkt und die lokalkonvexe direkte Summe von* (M)-*Räumen ist wieder ein* (M)-*Raum.*

Der strikte induktive Limes einer Folge von vollständigen (M)-*Räumen ist wieder ein* (M)-*Raum.*

Beweis. Aus 1.(3) und 1.(5) folgt, daß die Räume tonneliert sind; aus der Struktur der beschränkten Mengen in topologischen Produkten (§15, 6.(13)), lokalkonvexen direkten Summen (§18, 5.(4)), strikten induktiven Limites (§19, 4.(1) und (4)) und dem Satz von TYCHONOFF folgt, daß jede beschränkte Menge relativ kompakt ist.

Wie wir in § 31, 5. sehen werden, gibt es Quotientenräume von (FM)-Räumen und abgeschlossene lineare Teilräume ihrer dualen (M)-Räume, die keine (M)-Räume sind.

Für beliebige (M)-Räume erhält man ein Gegenbeispiel folgendermaßen: Aus (4) folgt, daß jeder Raum abzählbarer Stufe ein (M)-Raum ist. Also sind $\varphi\omega \oplus \omega\varphi$ und sein dualer Raum $\omega\varphi \oplus \varphi\omega$ (M)-Räume. Es seien wieder H_1 und H_2 die in § 13, 6. eingeführten abgeschlossenen Teilräume von $\varphi\omega \oplus \omega\varphi$ bzw. $\omega\varphi \oplus \varphi\omega$. Nach § 23, 5. ist $(\varphi\omega \oplus \omega\varphi)/H_1$ nicht halbreflexiv, also kein (M)-Raum, ferner H_2 nicht reflexiv, also ebenfalls kein (M)-Raum.

Wir bemerken noch, daß H_2 nach § 23, 3.(5) halbreflexiv, also nach § 23, 5.(1) nicht tonneliert ist. H_2 ist damit ein Beispiel für einen abgeschlossenen Teilraum eines lokalkonvexen Raumes E, auf dem die starke Topologie von E nicht die starke Topologie von H_2 induziert.

Ob jeder (M)-Raum vollständig ist, scheint eine offene Frage zu sein.

Es gibt nichtseparable (M)-Räume, z.B. φ_d, $d > \aleph_0$. DIEUDONNÉ [13] bewies jedoch

(5) *Jeder* (FM)-*Raum E ist separabel.*

Beweis. Nach §18, 3.(7) können wir E als Teilraum eines topologischen Produkts $\prod_{n=1}^{\infty} E_n$ von normierten Räumen E_n auffassen, so daß die Projektion $P_n(E)$ von E in E_n gleich E_n ist für jedes n.

Es sei E nicht separabel. Wären alle E_n separabel, so auch $\prod_{n=1}^{\infty} E_n$ und nach § 4, 5.(1) auch E. Wir können also E_1 als nicht separabel voraussetzen. Dann gibt es in E_1 eine beschränkte, nichtabzählbare Teilmenge N, deren Elemente in E_1 einen paarweisen Abstand $\geqq \delta > 0$

haben. Zu jedem $x_1 \in N$ denken wir uns ein $x \in E$ bestimmt, dessen Projektion in E_1 gleich x_1 ist. M sei die Menge dieser x. Wir setzen $M = M_1$. Es gibt dann eine nichtabzählbare echte Teilmenge M_2 von M_1, deren Projektion $P_2(M_2)$ in E_2 beschränkt ist (E_2 ist ja Vereinigung von abzählbar vielen beschränkten Mengen). Setzen wir dies fort, so erhalten wir eine echt abnehmende Folge M_n nicht abzählbarer Teilmengen mit in E_n beschränkten $P_n(M_n)$.

Sei $x_k \in M_{k+1} \sim M_k$. Die Folge $P_n x_k$, $k = 1, 2, \ldots$ ist dann wegen $x_k \in P_n(M_n)$ für $k \geqq n-1$ in E_n beschränkt, also ist x_k beschränkt in E. Da E ein (FM)-Raum ist, besitzt x_n eine Teilfolge, die Cauchyfolge in E ist. Dasselbe gilt für die Projektionen $P_1(x_n)$ in E_1. Dies ist jedoch ein Widerspruch, da die $P_1(x_n)$ einen paarweisen Abstand $\geqq \delta$ haben.

Für den dualen Raum eines (FM)-Raumes folgt aus (2), (3), (5) und § 21, 3.(5) ebenfalls

(6) *Der duale Raum eines* (FM)*-Raumes ist stark folgenseparabel.*

Es gilt das folgende Kriterium (vgl. DIEUDONNÉ und GOMES [1]),

(7) *Ein separabler* (F)*-Raum* $E[\mathfrak{T}]$ *ist dann und nur dann ein* (M)*-Raum, wenn in* E' *schwache und starke Folgenkonvergenz zusammenfallen.*

Beweis. Die Notwendigkeit folgt aus (2) und (3). Es sei umgekehrt E separabel und jede schwach konvergente Teilfolge von E' sei stark konvergent. Da E tonneliert ist, ist jede schwach abgeschlossene beschränkte Teilmenge M von E' schwach kompakt. Wegen der Separabilität von E (vgl. § 21, 3.(4)) ist die schwache Topologie auf M metrisierbar; M ist nach § 4, 5.(4) also schwach folgenkompakt und damit stark folgenkompakt. Nach § 5, 6.(3) ist jede stark folgenkompakte Menge stark präkompakt, M ist also stark präkompakt. Wenden wir schließlich § 21, 6.(3) auf die beschränkten abgeschlossenen Teilmengen B von $E \subset E''$ an, so folgt, daß jedes B relativ stark kompakt in E'' ist. B ist als abgeschlossene Teilmenge des (F)-Raumes $E[\mathfrak{T}]$ aber stark vollständig und damit stark kompakt. E ist daher ein (M)-Raum.

Die stark dualen Räume der (FM)-Räume lassen sich in einfacher Weise charakterisieren. Ein lokalkonvexer Raum $E[\mathfrak{T}]$ besitzt ein abzählbares Fundamentalsystem absolutkonvexer kompakter Teilmengen, wenn es eine Folge $K_1 \subset K_2 \subset \cdots$ absolutkonvexer kompakter Teilmengen gibt, so daß jede absolutkonvexe kompakte Teilmenge von E in einem der K_n enthalten ist.

Nach DIEUDONNÉ [15] gilt

(8) *Ein tonnelierter Raum* $E[\mathfrak{T}]$ *ist dann und nur dann der stark duale Raum eines* (FM)*-Raumes, wenn* $E[\mathfrak{T}]$ *ein abzählbares Fundamentalsystem absolut konvexer kompakter Teilmengen besitzt.*

Beweis. Ist $\{U_n\}$ eine absolutkonvexe Nullumgebungsbasis des (FM)-Raumes $E[\mathfrak{T}]$, so bilden die U_n° ein Fundamentalsystem beschränkter Mengen in $E'[\mathfrak{T}_b(E)]$. Nach (2) sind die U_n° absolut konvex und kompakt, ferner ist $E'[\mathfrak{T}_b]$ tonneliert. Die Bedingungen sind also notwendig.

Es sei umgekehrt $E[\mathfrak{T}]$ tonneliert und $K_1 \subset K_2 \subset \cdots$ ein abzählbares Fundamentalsystem absolut konvexer und kompakter Teilmengen von $E[\mathfrak{T}]$. Ist $\mathfrak{T}_0$ die Topologie der gleichmäßigen Konvergenz auf den absolut konvexen kompakten Teilmengen von E, so ist $E'[\mathfrak{T}_0]$ metrisierbar, also quasitonneliert. Da $\mathfrak{T} = \mathfrak{T}_b(E')$ ist, fallen daher die beschränkten Teilmengen von $E[\mathfrak{T}]$ mit den $\mathfrak{T}_0$-gleichstetigen Teilmengen, also den Teilmengen der kompakten absolutkonvexen Mengen aus $E[\mathfrak{T}]$ zusammen. $E[\mathfrak{T}]$ ist daher ein (M)-Raum und auf E' fallen $\mathfrak{T}_b(E)$ und $\mathfrak{T}_0$ zusammen. Nach (2) ist also $E'[\mathfrak{T}_0]$ ein (M)-Raum. Da $E'[\mathfrak{T}_0]$ dann quasivollständig und metrisierbar ist, ist $E'[\mathfrak{T}_0]$ ein (FM)-Raum. Aus der Reflexivität von $E[\mathfrak{T}]$ (vgl. (1)) folgt die Behauptung.

Ist $E[\mathfrak{T}]$ tonneliert und besitzt $E[\mathfrak{T}]$ ein abzählbares Fundamentalsystem kompakter Teilmengen, so gilt nach DIEUDONNÉ [15], daß $E[\mathfrak{T}]$ dichter Teilraum des stark dualen Raumes eines (FM)-Raumes ist.

3. Der Raum $H(\mathfrak{G})$. Zu den (M)-Räumen gehören einige der wichtigsten lokalkonvexen Räume der Analysis, so z.B. der Raum der unendlich oft differenzierbaren Funktionen bzw. der Distributionen auf einem kompakten Intervall des P^n (vgl. SCHWARTZ [1]). Eine genaue Untersuchung dieser Räume wird im zweiten Band erfolgen. Wir diskutieren hier eine Klasse von Beispielen, die den Anlaß für die Bezeichnung „Montelräume" gab.

Es sei $\mathfrak{G}$ ein Gebiet, also eine offene, zusammenhängende und echte Teilmenge der Riemannschen Zahlenkugel Ω. Die auf $\mathfrak{G}$ erklärten und, falls $\mathfrak{G}$ den Punkt ∞ enthält, in ∞ verschwindenden holomorphen Funktionen $x(z)$ bilden einen komplexen linearen Raum $H(\mathfrak{G})$.

Zu jeder kompakten Teilmenge $\mathfrak{K}$ von $\mathfrak{G}$ definieren wir die Norm

$$(1) \qquad p_{\mathfrak{K}}(x) = \sup_{z \in \mathfrak{K}} |x(z)|.$$

Durch das System dieser Normen ist auf $H(\mathfrak{G})$ eine lokalkonvexe Topologie $\mathfrak{T}$ erklärt, die der gleichmäßigen Konvergenz auf allen kompakten Teilmengen von $\mathfrak{G}$.

Ist $\mathfrak{G}_1 \subset \mathfrak{G}_2 \subset \cdots$ eine Folge offener zusammenhängender Teilmengen von $\mathfrak{G}$ mit $\overline{\mathfrak{G}}_n \subset \mathfrak{G}_{n+1}$ und $\bigcup_{n=1}^{\infty} \mathfrak{G}_n = \mathfrak{G}$, so wird $\mathfrak{T}$ auch durch die abzählbar vielen Normen

$$(2) \qquad \|x\|_n = p_{\overline{\mathfrak{G}}_n}(x)$$

erzeugt, $H(\mathfrak{G})$ ist also metrisierbar.

$\mathfrak{G}$ kann von unendlich hohem Zusammenhang sein, die $\mathfrak{G}_n$ seien aber so gewählt, daß sie nur von endlich vielen einfachen, geschlossenen und rektifizierbaren Kurven berandet werden. Das System dieser Kurven heiße C_n.

Nach dem Satz von WEIERSTRASS besitzt eine $\mathfrak{T}$-Cauchyfolge aus $H(\mathfrak{G})$ stets eine in $\mathfrak{G}$ holomorphe (und in ∞ verschwindende) Grenzfunktion, $H(\mathfrak{G})$ ist daher ein (F)-Raum. Darüber hinaus gilt

(3) *$H(\mathfrak{G})$ ist ein* (FM)-*Raum.*

Beweis. Die Beschränktheit einer Teilmenge B von $H(\mathfrak{G})$ bedeutet $p_{\mathfrak{K}}(x) \leqq M(\mathfrak{K})$ für alle $x \in B$. Für Gebiete $\mathfrak{G}$, die den Punkt ∞ nicht enthalten, ist (3) also genau die Aussage des Satzes von MONTEL.

Durch eine Transformation $y(z) = x\left(\frac{1}{z-a}\right)$, $a \notin \mathfrak{G}$, läßt sich der Fall $\infty \in \mathfrak{G}$ darauf zurückführen.

Der stark duale Raum zu $H(\mathfrak{G})$ ist nach 2.(2) ein (M)-Raum. Für diesen Raum läßt sich eine konkrete Darstellung geben, die wir ableiten wollen.

Es sei $\langle u, x\rangle$ eine stetige Linearfunktion auf $H(\mathfrak{G})$. Dann gilt für ein geeignetes n

$$(4) \qquad |\langle u, x\rangle| \leqq M \|x\|_n .$$

Nun ist $\|x\|_n$ die Norm des (B)-Raumes $HB(\overline{\mathfrak{G}}_n)$ aller auf $\mathfrak{G}_n$ analytischen und auf $\overline{\mathfrak{G}}_n$ noch stetigen Funktionen (vgl. §14, 9.). Nach dem Satz von HAHN-BANACH sei u mit derselben Schranke M von $H(\mathfrak{G})$ auf $HB(\overline{\mathfrak{G}}_n)$ fortgesetzt.

Damit ist u auch für alle Funktionen $\frac{1}{\lambda - z}$, $\lambda \in \mathfrak{O}_n = \Omega \sim \overline{\mathfrak{G}}_n$, erklärt, die ja als Funktionen von z Elemente von $HB(\overline{\mathfrak{G}}_n)$ sind.

Wir definieren durch

$$(5) \qquad \tilde{u}(\lambda) = \left\langle u, \frac{1}{\lambda - z}\right\rangle$$

eine nach FANTAPPIÈ als Indikatrix von u in $\mathfrak{O}_n$ erklärte Funktion von λ. Für $\lambda = \infty$ wird $1/(\lambda - z)$ gleich 0 gesetzt, es ist also $\tilde{u}(\infty) = 0$, falls $\infty \in \mathfrak{O}_n$ gilt.

Wir bemerken, daß $\mathfrak{O}_n$ offen ist, aber nicht zusammenhängend zu sein braucht.

(6) *Die Indikatrix $\tilde{u}(\lambda)$ ist in $\mathfrak{O}_n = \Omega \sim \overline{\mathfrak{G}}_n$ lokalholomorph.*

Ist $\lambda_0 \neq \infty$, so gilt für $\lambda, \lambda_0 \in \mathfrak{O}_n$

$$\frac{\tilde{u}(\lambda) - \tilde{u}(\lambda_0)}{\lambda - \lambda_0} = \left\langle u, \frac{1}{\lambda - \lambda_0}\left(\frac{1}{\lambda - z} - \frac{1}{\lambda_0 - z}\right)\right\rangle.$$

Der Differenzenquotient von $\frac{1}{\lambda - z}$ konvergiert aber im Sinn der Norm von $HB(\overline{\mathfrak{G}}_n)$ gegen $\frac{-1}{(\lambda_0 - z)^2}$. Wegen der Stetigkeit von u haben wir also $\tilde{u}'(\lambda_0) = \left\langle u, \frac{-1}{(\lambda_0 - z)^2} \right\rangle$. Die Indikatrix ist also in λ_0 analytisch.

Ist $\lambda_0 = \infty$, so ist $\tilde{u}(\lambda)$ in einer Umgebung von ∞ analytisch und wegen der Konvergenz von $\frac{1}{\lambda - z}$ für $\lambda \to \infty$ gegen 0 im Sinn der Norm von $HB(\overline{\mathfrak{G}}_n)$, konvergiert $\tilde{u}(\lambda)$ gegen 0; $\tilde{u}(\lambda)$ ist also auch in ∞ analytisch und verschwindet dort.

Die Linearfunktion $\langle u, x\rangle$ auf $H(\mathfrak{G})$ läßt sich nun umgekehrt durch die Indikatrix ausdrücken, es gilt

(7) *Ist $\tilde{u}(\lambda)$ die Indikatrix von u in $\mathfrak{D}_n$, so gilt*

(8) $$\langle u, x\rangle = \frac{1}{2\pi i} \oint_{C_{n+1}} \tilde{u}(t)\, x(t)\, dt$$

für jedes $x \in H(\mathfrak{G})$.

Beweis. Für jedes (auch unendliches) $z \in \overline{\mathfrak{G}}_n$ und $x(z) \in H(\mathfrak{G})$ gilt

$$x(z) = \frac{1}{2\pi i} \oint_{C_{n+1}} \frac{x(t)}{t - z}\, dt.$$

Das Kurvensystem C_{n+1} ist dabei so zu durchlaufen, daß $\overline{\mathfrak{G}}_n$ zur Linken liegt. Wir betrachten eine Folge von Näherungssummen $x_k(z) = \frac{1}{2\pi i} \sum_j \frac{x(t_j^{(k)})\, \Delta t_j^{(k)}}{t_j^{(k)} - z}$ des Integrals $x(z)$. Da die $z \in \overline{\mathfrak{G}}_n$ einen minimalen Abstand $\delta > 0$ von den Punkten von C_{n+1} haben, konvergieren die $x_k(z)$ gleichmäßig für alle $z \in \overline{\mathfrak{G}}_n$ gegen $x(z)$. Aus der Stetigkeit von u auf $HB(\overline{\mathfrak{G}}_n)$ folgt dann aber

$$\langle u, x\rangle = \lim_{k \to \infty} \frac{1}{2\pi i} \sum_j x(t_j^{(k)}) \left\langle u, \frac{1}{t_j^{(k)} - z} \right\rangle \Delta t_j^{(k)} = \frac{1}{2\pi i} \oint_{C_{n+1}} x(t)\, \tilde{u}(t)\, dt.$$

Wir bemerken, daß $\mathfrak{D}_n$ eine $\mathfrak{A} = \Omega \sim \mathfrak{G}$ enthaltende offene Menge ist, die aus endlich vielen Komponenten besteht, deren jede wenigstens einen Punkt von $\mathfrak{A}$ enthält; eine Menge mit diesen Eigenschaften heiße kurz eine offene Umgebung $\mathfrak{U}$ von $\mathfrak{A}$. Es sei nun $\tilde{u}(\lambda)$ eine in $\mathfrak{U}$ lokalholomorphe Funktion, die in ∞ verschwindet, falls ∞ in $\mathfrak{U}$ liegt. Es gibt dann ein n, so daß $\Omega \sim \mathfrak{U} < \mathfrak{G}_{n+1}$ gilt. Dann ist die rechte Seite von (8) für alle $x \in H(\mathfrak{G})$ erklärt und sie definiert, wie leicht nachzuprüfen ist, eine stetige Linearfunktion $\langle u, x\rangle$ auf $H(\mathfrak{G})$.

Der Wert von (8) ist nicht von n abhängig, so lange C_{n+1} in $\mathfrak{U}$ liegt; dies folgt sofort aus dem Cauchyschen Integralsatz. Aus demselben Grunde ergeben zwei auf den Umgebungen $\mathfrak{U}_1$ bzw. $\mathfrak{U}_2$ erklärte lokalholomorphe Funktionen dieselbe Linearfunktion, wenn sie auf einer in $\mathfrak{U}_1 \cap \mathfrak{U}_2$ liegenden Umgebung von $\mathfrak{A}$ übereinstimmen.

Wir nennen zwei solche Funktionen äquivalent und wir bezeichnen eine Klasse äquivalenter (in ∞ verschwindender) Funktionen als eine lokalholomorphe Funktion auf $\mathfrak{A}$ und verwenden $\tilde{u}(\lambda)$ gleichzeitig als Bezeichnung der Klasse, in der $\tilde{u}(\lambda)$ liegt. Die Menge aller auf $\mathfrak{A}$ lokalholomorphen Funktionen bildet einen linearen Raum $H(\mathfrak{A})$.

Wir wissen bereits, daß jedes $u \in H(\mathfrak{G})'$ durch ein $\tilde{u} \in H(\mathfrak{A})$ erzeugt wird und daß umgekehrt jedem $\tilde{u} \in H(\mathfrak{A})$ durch (8) ein $u \in H(\mathfrak{G})'$ entspricht. Die letztere Zuordnung ist offenbar auch linear. Zum Beweis der Isomorphie von $H(\mathfrak{G})'$ und $H(\mathfrak{A})$ fehlt noch der Nachweis, daß jedem u nur eine Äquivalenzklasse $\tilde{u}$ entspricht. Nun ist aber $\tilde{u}(\lambda)$ als lokalholomorphe Funktion in $\mathfrak{U} \supset \mathfrak{A}$ bereits durch die Werte ihrer Ableitungen in je einem Punkte einer Komponente von $\mathfrak{U}$ bestimmt. In jeder Komponente von $\mathfrak{U}$ liegt aber nach Voraussetzung wenigstens ein Punkt λ_0 von $\mathfrak{A} = \Omega \sim \mathfrak{G}$.

Es genügt also zu zeigen, daß aus dem identischen Verschwinden der durch (8) erklärten stetigen Linearfunktion auf $H(\mathfrak{G})$ folgt, daß $\tilde{u}(\lambda)$ mit seinen sämtlichen Ableitungen in den Punkten von $\mathfrak{A}$ verschwindet. Ist $\lambda \in \mathfrak{A}$ und $\lambda \neq \infty$, so liegen alle $x(z) = \frac{1}{(z-\lambda)^n}$, $n = 1, 2, \ldots$, in $H(\mathfrak{G})$. Einsetzen in (8) ergibt $\tilde{u}^{(n)}(\lambda) = 0$ für $n = 0, 1, \ldots$.

Ist $\lambda = \infty \in \mathfrak{A}$, so liegen die $x(z) = z^n$, $n = 0, 1, \ldots$, in $H(\mathfrak{G})$ und (8) ergibt wieder, daß sämtliche Koeffizienten der Laurent-Reihe von $\tilde{u}(\lambda)$ in ∞ verschwinden.

Damit haben wir den folgenden Satz bewiesen,

(9) *Der zu* $H(\mathfrak{G})$ *duale Raum ist isomorph dem Raum* $H(\mathfrak{A})$ *der auf* $\mathfrak{A} = \Omega \sim \mathfrak{G}$ *lokalholomorphen Funktionen* $\tilde{u}(\lambda)$ *und die einem* $\tilde{u}(\lambda) \in H(\mathfrak{A})$ *entsprechende stetige Linearfunktion* u *wird durch* (8) *gegeben.*

Der letzte Teil unseres Beweises zeigt, daß trotz Verwendung des Satzes von HAHN-BANACH bei der Konstruktion der Indikatrix $\tilde{u}(\lambda)$ diese bis auf Äquivalenz eindeutig durch die Linearfunktion $u \in H(\mathfrak{G})'$ bestimmt ist.

4. (M)-Räume aus lokalholomorphen Funktionen. Es ist naheliegend, an Stelle eines Gebietes $\mathfrak{G}$ eine beliebige offene echte Teilmenge $\mathfrak{O}$ von Ω zu betrachten. $\mathfrak{O}$ zerfällt dann in höchstens abzählbar viele offene Komponenten $\mathfrak{H}_i$ und man wird den linearen Raum aller in $\mathfrak{O}$ lokalholomorphen Funktionen $x(z)$ wieder mit $H(\mathfrak{O})$ bezeichnen. Offenbar ist $H(\mathfrak{O})$ gleich dem Cartesischen Produkt der $H(\mathfrak{H}_i)$ und man erklärt die Topologie $\mathfrak{T}$ auf $H(\mathfrak{O})$ als die des topologischen Produkts der $H(\mathfrak{H}_i)$. Daraus folgt nach 2.(4) sofort, daß auch $H(\mathfrak{O})$ ein (FM)-Raum ist.

Man überzeugt sich leicht, daß $\mathfrak{T}$ mit der Topologie der gleichmäßigen Konvergenz auf allen kompakten Teilmengen $\mathfrak{K}$ von $\mathfrak{O}$ übereinstimmt.

Die sie bestimmenden Ausdrücke 3.(1) brauchen jetzt allerdings nur Halbnormen zu sein. Die Folge $\mathfrak{G}_1 \subset \mathfrak{G}_2 \subset \cdots$ kann genau so gewählt werden wie in 3. mit der einzigen Ausnahme, daß $\mathfrak{G}_n$ nicht mehr als zusammenhängend vorausgesetzt werden kann, sondern etwa aus je einer Komponente in $\mathfrak{H}_1, \ldots, \mathfrak{H}_n$ besteht. Dies hat zur Folge, daß die $HB(\overline{\mathfrak{G}}_n)$ Banachräume von lokalholomorphen Funktionen von dem bereits in §14, 9. eingeführten Typ werden.

Gilt 3.(4), so verschwindet u auf allen Funktionen $x(z)$, die auf den $\mathfrak{H}_1, \ldots, \mathfrak{H}_n$ verschwinden. Es ist dann $H(\mathfrak{H}_1 \cup \cdots \cup \mathfrak{H}_n) \subset HB(\overline{\mathfrak{G}}_n)$ und man erhält wie in 3. die Indikatrix von u.

Die Bestimmung des dualen Raumes läßt sich nun ebenfalls wie in 3. durchführen: Ein $u \in H(\mathfrak{O})'$ erfüllt eine Ungleichung 3.(4), verschwindet also identisch auf $H\left(\bigcup\limits_{n+1}^{\infty} \mathfrak{H}_i\right)$. Betrachtet man u als Linearfunktion auf $H\left(\bigcup\limits_{i=1}^{n} \mathfrak{H}_i\right)$, so ist wieder $H\left(\bigcup\limits_{i=1}^{n} \mathfrak{H}_i\right) \subset HB(\overline{\mathfrak{G}}_n)$ und man erhält die Darstellung 3.(8) auf $H\left(\bigcup\limits_{i=1}^{n} \mathfrak{H}_i\right)$, die aber auf ganz $H(\mathfrak{O}) = H\left(\bigcup\limits_{i=1}^{n} \mathfrak{H}_i\right) \oplus H\left(\bigcup\limits_{n+1}^{\infty} \mathfrak{H}_i\right)$ gültig ist, da (8) auf $H\left(\bigcup\limits_{n+1}^{\infty} \mathfrak{H}_i\right)$ identisch verschwindet.

Die Eineindeutigkeit der Zuordnung der u zu den auf $\mathfrak{A} = \Omega \sim \mathfrak{O}$ lokalholomorphen Funktionen $\tilde{u}(\lambda)$ ergibt sich wie in 3.

Wir haben damit das allgemeine Ergebnis

(1) *Der zu* $H(\mathfrak{O})$ *duale Raum kann mit Hilfe von* 3.(5) *und* 3.(8) *als der Raum* $H(\mathfrak{A})$ *der auf* $\mathfrak{A} = \Omega \sim \mathfrak{O}$ *lokalholomorphen Funktionen dargestellt werden.*

Versehen wir $H(\mathfrak{A})$ mit der starken Topologie $\mathfrak{T}_b(H(\mathfrak{O}))$, so wird $H(\mathfrak{A})$ nach 2. ein vollständiger und reflexiver (M)-Raum. Es ist unsere Absicht, für die Topologie $\mathfrak{T}_b(H(\mathfrak{O}))$ eine einfachere Definition zu geben, die die Struktur des Raumes $H(\mathfrak{A})$ klarer erkennen läßt.

$\mathfrak{A}$ sei eine beliebige abgeschlossene echte Teilmenge von Ω. Ihr Komplement $\mathfrak{O} = \Omega \sim \mathfrak{A}$ ist dann eine beliebige offene echte Teilmenge von Ω. Es sei $\mathfrak{O}_1 \supset \mathfrak{O}_2 \supset \cdots$ eine Folge von offenen Umgebungen von $\mathfrak{A}$ mit $\bigcap\limits_{n=1}^{\infty} \mathfrak{O}_n = \mathfrak{A}$. Wir erinnern daran, daß die $\mathfrak{O}_n$ nur je endlich viele Komponenten haben, in deren jeder wenigstens ein Punkt von $\mathfrak{A}$ liegt. Wir setzen weiter voraus, daß der Rand von $\mathfrak{O}_n$ ein System C_n endlich vieler rektifizierbarer geschlossener Kurven ist.

Ist $\mathfrak{G}_n$ die oben für $\mathfrak{O} = \bigcup\limits_{i=1}^{\infty} \mathfrak{H}_i$ bestimmte Folge, so kann man $\mathfrak{O}_n = \Omega \sim \overline{\mathfrak{G}}_n$ nehmen.

Zu jedem $\mathfrak{O}_n$ bilden wir den (B)-Raum $HB(\overline{\mathfrak{O}}_n)$ der in $\mathfrak{O}_n$ lokalholomorphen und in $\overline{\mathfrak{O}}_n$ stetigen Funktionen. Identifizieren wir jede Funktion aus $HB(\overline{\mathfrak{D}}_n)$ mit der durch sie erzeugten Klasse äquivalenter Funktionen bezüglich $\mathfrak{A}$, also mit einer lokalholomorphen Funktion auf $\mathfrak{A}$, so wird $HB(\overline{\mathfrak{D}}_n)$ linearer Teilraum von $HB(\overline{\mathfrak{D}}_{n+1})$ und $H(\mathfrak{A})$ wird die Vereinigung der $HB(\overline{\mathfrak{D}}_n)$.

Es ist nun naheliegend, zu versuchen, $H(\mathfrak{A})$ als topologischen induktiven Limes der $HB(\overline{\mathfrak{D}}_n)$ aufzufassen.

Da die Norm $\|u\|_{n+1} = \sup_{\lambda \in \overline{\mathfrak{D}}_{n+1}} |u(\lambda)|$ von $HB(\overline{\mathfrak{D}}_{n+1})$ auf $HB(\overline{\mathfrak{D}}_n)$ eine gröbere separierte Topologie induziert als die Norm $\|u\|_n$, kann die Hüllentopologie $\mathfrak{T}$ auf $H(\mathfrak{A}) = \bigcup_{n=1}^{\infty} HB(\overline{\mathfrak{D}}_n)$ erklärt werden. Es ist noch zu zeigen

(2) *Die Hüllentopologie ist separiert auf* $H(\mathfrak{A})$.

Wir leiten zuerst einen einfachen Hilfssatz ab,

(3) *Jede beschränkte Teilmenge M von $HB(\overline{\mathfrak{D}}_n)$ ist relativ kompakt in $HB(\overline{\mathfrak{D}}_{n+1})$, ihre in $HB(\overline{\mathfrak{D}}_{n+1})$ gebildete abgeschlossene Hülle $\overline{M}$ ist kompakt in allen $HB(\overline{\mathfrak{D}}_{n+m})$, $m \geqq 1$.*

M besteht aus Funktionen, die auf $\overline{\mathfrak{D}}_{n+1}$ gleichmäßig beschränkt sind; M ist nach dem Satz von Montel also relativ kompakt in $HB(\overline{\mathfrak{D}}_{n+1})$. Der Rest von (3) folgt aus § 3, 2.(6).

Um (2) zu beweisen, haben wir zu zeigen, daß zu jedem $u_0 \in H(\mathfrak{A})$, $u_0 \neq 0$, eine $\mathfrak{T}$-Nullumgebung existiert, die u_0 nicht enthält. Ohne Beschränkung der Allgemeinheit können wir $u_0 \in HB(\overline{\mathfrak{D}}_1)$ annehmen. Es gibt dann in $HB(\overline{\mathfrak{D}}_2)$ eine abgeschlossene Kugel K_1' um o, die u_0 nicht enthält. Dann liegt u_0 auch nicht in der in $HB(\overline{\mathfrak{D}}_2)$ gebildeten abgeschlossenen Hülle $\overline{K}_1 \subset K_1'$ der Kugel K_1 vom gleichen Radius in $HB(\overline{\mathfrak{D}}_1)$. $\overline{K}_1$ ist nach (3) kompakt in $HB(\overline{\mathfrak{D}}_n)$, $n \geqq 2$. Da $\overline{K}_1$ nicht u_0 enthält, gibt es in $HB(\overline{\mathfrak{D}}_3)$ eine abgeschlossene Kugel K_2' um o, so daß auch $\Gamma(\overline{K}_1 \cup K_2')$ nicht u_0 enthält. $\overline{K}_2$ sei wieder die in $HB(\overline{\mathfrak{D}}_3)$ gebildete abgeschlossene Hülle der Kugel K_2 aus $HB(\overline{\mathfrak{D}}_2)$ mit demselben Radius in $HB(\overline{\mathfrak{D}}_2)$. Die nach (3) und § 20, 6.(5) in $HB(\overline{\mathfrak{D}}_n)$, $n \geqq 3$, kompakte Menge $\Gamma(\overline{K}_1 \cup \overline{K}_2)$ enthält u_0 nicht. Fortsetzung des Verfahrens ergibt eine $\mathfrak{T}$-Nullumgebung $\Gamma_{i=1}^{\infty} K_i$, die u_0 nicht enthält, da u_0 in keinem $\Gamma_{i=1}^{n} \overline{K}_i$ liegt.

Der topologische induktive Limes $\varinjlim HB(\overline{\mathfrak{D}}_n)$ existiert also und ergibt auf $H(\mathfrak{A})$ die Hüllentopologie $\mathfrak{T}$.

(4) *Der zu $H(\mathfrak{A})\,[\mathfrak{T}]$ duale Raum ist $H(\mathfrak{D})$.*

Beweis. Ist $\langle x, u\rangle$ eine stetige Linearfunktion auf $H(\mathfrak{A})$, so gilt $|\langle x, u\rangle| \leqq M$ für eine geeignete $\mathfrak{T}$-Nullumgebung $U = \Gamma_{n=1}^{\infty} K_n$, K_n eine abgeschlossene Kugel in $HB(\overline{\mathfrak{D}}_n)$. Für die $u_n \in K_n$ ist also die Linearfunktion x beschränkt, also stetig auf jedem $HB(\overline{\mathfrak{D}}_n)$.

Führen wir entsprechend zu 3.(5) (aber mit Vorzeichenänderung, da λ und z ihre Rollen vertauscht haben), durch

$$(5) \qquad \tilde{x}(z) = \left\langle x, \frac{1}{\lambda - z} \right\rangle, \qquad z \in \mathfrak{D},$$

eine Indikatrix für x ein, so ist $\tilde{x}(z)$ in jedem $\mathfrak{G}_n = \Omega \sim \overline{\mathfrak{D}}_n$ lokalholomorph, also auch in $\mathfrak{D} = \bigcup_{n=1}^{\infty} \mathfrak{G}_n$, und es gilt für ein $u \in HB(\overline{\mathfrak{D}}_n)$

$$(6) \qquad \langle x, u \rangle = \frac{1}{2\pi i} \oint_{C_{n+1}} \tilde{x}(t)\, u(t)\, dt.$$

Das System der Kurven C_{n+1} ist dabei im selben Sinn zu durchlaufen wie in 3.(8), also so, daß das Gebiet $\mathfrak{G}_{n+1}$ zur Linken liegt.

Umgekehrt erzeugt jedes $\tilde{x}(z) \in H(\mathfrak{D})$ durch (6) eine Linearfunktion x auf $H(\mathfrak{A})$, wenn n zu u passend gewählt wird. Diese Linearfunktion ist im Sinn von $\mathfrak{T}$ stetig; denn liegt u in der Umgebung K_n aller u mit $\|u\|_n \leqq \frac{2\pi}{|C_{n+1}|\, \|\tilde{x}\|_{n+1}}$, wobei $\|\tilde{x}\|_{n+1} = \sup_{z \in C_{n+1}} |\tilde{x}(z)|$ und $|C_{n+1}|$ die Gesamtlänge des Kurvensystems C_{n+1} ist, so wird nach (6) $|\langle x, u \rangle| \leqq 1$. Also gilt $|\langle x, u \rangle| \leqq 1$ auf der ganzen $\mathfrak{T}$-Nullumgebung $\Gamma_{n=1}^{\infty} K_n$.

(7) *Die Hüllentopologie $\mathfrak{T}$ auf $H(\mathfrak{A})$ ist identisch mit der starken Topologie $\mathfrak{T}_b(H(\mathfrak{D}))$.*

Nach (4) ist $\mathfrak{T}$ eine lokalkonvexe Topologie auf $H(\mathfrak{A})$, die als dualen Raum $H(\mathfrak{D})$ ergibt. Nach dem Satz von MACKEY-ARENS (§ 21, 4.(2)) ist $\mathfrak{T}_b(H(\mathfrak{D}))$ die feinste Topologie mit dieser Eigenschaft. (7) ist also bewiesen, wenn wir zeigen, daß $\mathfrak{T}$ feiner als $\mathfrak{T}_b(H(\mathfrak{D}))$ ist.

Es sei B eine beschränkte Teilmenge von $H(\mathfrak{D})$. Es gibt dann Zahlen $M_n \geqq 0$, so daß für alle $x \in B$ gilt $|x(z)| \leqq M_n$ für $z \in \overline{\mathfrak{G}}_n$. Ist nun K_n die Menge aller $u \in HB(\overline{\mathfrak{D}}_n)$ mit $\|u\|_n \leqq \frac{2\pi}{M_{n+1}|C_{n+1}|}$, so gilt für alle $u \in K_n$ und alle $x \in B$ nach (6)

$$|\langle x, u \rangle| \leqq 1;$$

also liegt die $\mathfrak{T}$-Nullumgebung $\Gamma_{n=1}^{\infty} K_n$ in der starken Nullumgebung B°.

Ist $\mathfrak{D}$ speziell die ganze komplexe Ebene Γ, so erhält man den (FM)-Raum $H(\Gamma)$ der ganzen Funktionen. Sein dualer Raum ist $H(\infty)$, der Raum der in ∞ holomorphen Funktionen.

Diese Dualität und die entsprechenden Aussagen, wenn $\mathfrak{D}$ eine offene Kreisscheibe ist, erhielt zuerst TOEPLITZ [2] im Rahmen der Theorie der vollkommenen Räume (vgl. § 30). Für den allgemeinen Fall und weitere Verallgemeinerungen vgl. GROTHENDIECK [8], [9], KÖTHE [11], [12], SEBASTIÃO E SILVA [1], [3], SILVA DIAS [1] und TILLMANN [1] bis [4].

§ 28. Bornologische Räume

1. Definition. Eine Linearfunktion auf einem normierten Raum ist stetig, wenn sie auf der Einheitskugel beschränkt ist. Man kann dies auch so ausdrücken, daß in einem normierten Raum jede Linearfunktion, die auf allen beschränkten Teilmengen beschränkt ist, stetig ist.

In dieser Form läßt sich dies für beliebige lokalkonvexe Räume nicht behaupten, wie wir gleich sehen werden. Nennen wir eine Linearfunktion $u \in E^*$ lokalbeschränkt auf $E[\mathfrak{T}]$, wenn ihre Werte auf jeder beschränkten Teilmenge von E beschränkt sind, so entsteht damit das Problem, diejenigen lokalkonvexen Räume zu charakterisieren, auf denen jede lokalbeschränkte Linearfunktion stetig ist. Man kann als $\mathfrak{T}$ dabei stets die Mackeysche Topologie wählen, es handelt sich ja um eine Eigenschaft, die nur vom Dualsystem $\langle E', E\rangle$ und nicht von der Ausgangstopologie $\mathfrak{T}$ abhängt.

Ein lokalkonvexer Raum $E[\mathfrak{T}]$ heißt nach BOURBAKI bornologisch, wenn jede absolutkonvexe Teilmenge M, die alle beschränkten Teilmengen von $E[\mathfrak{T}]$ absorbiert, eine $\mathfrak{T}$-Nullumgebung ist.

Vergleichen wir diese Definition mit der Charakterisierung der quasitonnelierten Räume in § 23, 4.(3), so sieht man, daß man aus der Definition des bornologischen Raumes eine Definition der quasitonnelierten Räume erhält, wenn man von M noch zusätzlich die Abgeschlossenheit verlangt. Also gilt

(1) *Jeder bornologische Raum ist quasitonneliert.*

Aus § 27, 1.(1) folgt dann

(2) *Jeder folgenvollständige bornologische Raum ist tonneliert.*

Die Topologie $\mathfrak{T}$ eines bornologischen Raumes fällt stets mit $\mathfrak{T}_k(E')$ und sogar mit $\mathfrak{T}_{b^*}(E')$ zusammen, da dies für die quasitonnelierten Räume gilt (§ 27, 1.).

Eine Antwort auf unsere Ausgangsfrage gibt

(3) *Ein lokalkonvexer Raum* $E[\mathfrak{T}]$ *hat dann und nur dann die Eigenschaft, daß jede lokalbeschränkte Linearfunktion auf* E *stetig ist, wenn* $E[\mathfrak{T}_k(E')]$ *bornologisch ist.*

a) Hinreichend. Ist $E[\mathfrak{T}]$ bornologisch, so ist $\mathfrak{T} = \mathfrak{T}_k(E')$, wie wir eben sahen. Ist $u \in E^*$ lokalbeschränkt, also beschränkt auf jeder beschränkten Teilmenge B von $E[\mathfrak{T}]$, so enthält die absolutkonvexe Menge M aller $x \in E$ mit $|ux| \leqq 1$ ein Vielfaches jedes B, ist also eine $\mathfrak{T}$-Nullumgebung und u ist stetig.

b) Notwendig. Wir betrachten auf E die lokalkonvexe Topologie $\mathfrak{T}^\times$, für die die absolutkonvexen Mengen M, die alle beschränkten Mengen absorbieren, eine Nullumgebungsbasis bilden. $\mathfrak{T}^\times$ ist offenbar feiner als $\mathfrak{T}_k(E')$. Jede $\mathfrak{T}^\times$-stetige Linearfunktion ist nach Voraussetzung stetig, also Element von E'. Nach dem Satz von MACKEY-ARENS ist dann aber $\mathfrak{T}^{\times}$ auch gröber als $\mathfrak{T}_k(E')$. Aus $\mathfrak{T}_k(E') = \mathfrak{T}^{\times}$ folgt, daß $E[\mathfrak{T}_k]$ bornologisch ist.

Diese Charakterisierung der bornologischen Räume wurde von MACKEY [5] zu ihrer Definition benützt (sie heißen bei ihm "relatively strong with a boundedly closed linear system").

Nicht jeder lokalkonvexe Raum $E[\mathfrak{T}]$ mit $\mathfrak{T} = \mathfrak{T}_k$ ist bornologisch, denn nicht jeder solche Raum ist quasitonneliert (vgl. die Beispiele in § 27, 1.). Die Klasse der bornologischen Räume ist jedoch sehr umfangreich, wie wir sehen werden. Ein erstes Resultat ist

(4) *Jeder metrisierbare lokalkonvexe Raum $E[\mathfrak{T}]$ ist bornologisch.*

Wir schicken dem Beweis den folgenden Hilfssatz voraus,

(5) *Ist $x_n \to 0$ im metrisierbaren lokalkonvexen Raum $E[\mathfrak{T}]$, so gibt es positive Zahlen $\varrho_n \to \infty$, so daß auch noch $\varrho_n x_n \to 0$ gilt.*

Beweis. Es sei $U_1 \supset U_2 \supset \cdots$ eine Nullumgebungsbasis von $E[\mathfrak{T}]$. Zu jedem k gibt es ein n_k, von dem ab x_n in $\frac{1}{k} U_k$ liegt. Multiplizieren wir x_n für $n_k \leqq n < n_{k+1}$ mit k, so erhalten wir die gesuchte Folge.

Beweis von (4). Es sei u eine lokalbeschränkte Linearfunktion auf E und $x_n \to 0$. Dann ist auch $\varrho_n x_n \to 0$, also $|u(\varrho_n x_n)| = \varrho_n |u x_n| \leqq M$. Daraus folgt aber $u x_n \to 0$, also die Stetigkeit von u. (3) ergibt die Behauptung.

Aus (4) folgt, daß nicht jeder bornologische Raum tonneliert ist, das Beispiel in § 21, 5. gibt einen normierten, also bornologischen Raum, der nicht tonneliert ist.

Umgekehrt ist auch nicht jeder tonnelierte Raum bornologisch, wie NACHBIN [4] und SHIROTA [1] gezeigt haben.

2. Die Struktur der bornologischen Räume. Man gelangt zu den bornologischen Räumen auch noch von einer anderen Fragestellung her. Es sei $E[\mathfrak{T}]$ lokalkonvex. Wir fragen nach der feinsten lokalkonvexen Topologie $\mathfrak{T}^{\times}$, die in E dieselben beschränkten Mengen ergibt wie $\mathfrak{T}$. Ihre absolutkonvexen Nullumgebungen müssen alle beschränkten Mengen von $E[\mathfrak{T}]$ absorbieren. Andererseits bildet die Gesamtheit aller absolutkonvexen Mengen, die alle beschränkten Mengen absorbieren, die Nullumgebungsbasis einer lokalkonvexen Topologie auf E, die also die gesuchte Topologie $\mathfrak{T}^{\times}$ darstellt. $E[\mathfrak{T}^{\times}]$ ist offenbar bornologisch und der duale Raum zu $E[\mathfrak{T}^{\times}]$ besteht aus allen auf $E[\mathfrak{T}]$ lokalbeschränkten Linearfunktionen.

Den auf diese Weise eindeutig definierten lokalkonvexen Raum $E[\mathfrak{T}^{\times}]$ nennt man den zu $E[\mathfrak{T}]$ assoziierten bornologischen Raum. Offenbar gilt

(1) *$E[\mathfrak{T}]$ ist dann und nur dann bornologisch, wenn $E[\mathfrak{T}]$ mit dem assoziierten bornologischen Raum $E[\mathfrak{T}^\times]$ zusammenfällt.*

Zur beschränkten, absolutkonvexen und abgeschlossenen Teilmenge B des bornologischen Raumes $E[\mathfrak{T}]$ bilden wir nach § 20, 11. den normierten Raum $E_B \subset E[\mathfrak{T}]$. $\mathfrak{T}$ induziert auf E_B eine gröbere Topologie als die Normtopologie. Bilden wir die lokalkonvexe Hülle $E[\mathfrak{T}'] = \sum_B E_B$ über alle diese E_B, so ist die Hüllentopologie $\mathfrak{T}'$ feiner als $\mathfrak{T}$ nach der Definition von $\mathfrak{T}'$. Aber andererseits ist jede $\mathfrak{T}'$-Nullumgebung $U = \Gamma_B\, \varrho_B B$, $\varrho_B > 0$, als absolutkonvexe und alle beschränkten Teilmengen von $E[\mathfrak{T}]$ absorbierende Menge auch eine $\mathfrak{T}$-Nullumgebung. Damit ist bewiesen

(2) *Jeder bornologische Raum ist die lokalkonvexe Hülle $E[\mathfrak{T}] = \sum_B E_B$ normierter Räume E_B. Ist $E[\mathfrak{T}]$ überdies folgenvollständig, so ist $E[\mathfrak{T}]$ die lokalkonvexe Hülle von* (B)*-Räumen.*

Die letzte Behauptung ergibt sich aus § 20, 11.(2).

Nach §19, 3. kann man $\sum_B E_B$ auch als topologischen induktiven Limes auffassen.

Aus (2) folgt ein wichtiges, 1.(3) verallgemeinerndes Resultat von Mackey [5].

Wir nennen eine lineare Abbildung A eines lokalkonvexen Raumes E in einen lokalkonvexen Raum F lokalbeschränkt, wenn sie die beschränkten Mengen von E in beschränkte Mengen von F abbildet.

(3) *Ein lokalkonvexer Raum $E[\mathfrak{T}]$ ist dann und nur dann bornologisch, wenn jede lokalbeschränkte Abbildung von $E[\mathfrak{T}]$ in einen beliebigen lokalkonvexen Raum $F[\mathfrak{T}']$ stetig ist.*

Beweis. a) Notwendig. Es sei $E[\mathfrak{T}]$ bornologisch, also gleich $\sum_B E_B$. Ist A lokalbeschränkt, so ist die Einschränkung von A auf E_B eine Abbildung, die die Einheitskugel B von E_B in eine beschränkte Menge von $F[\mathfrak{T}']$ überführt. Nach §19, 1.(7) ist dann aber A stetig.

b) Hinreichend. Ist $F[\mathfrak{T}'] = K$, so bedeutet die Bedingung, daß jede lokalbeschränkte Linearfunktion stetig ist. Da ferner die Identität eine lokalbeschränkte Abbildung von $E[\mathfrak{T}]$ in $E[\mathfrak{T}_k(E')]$ ist, fällt $\mathfrak{T}$ mit $\mathfrak{T}_k(E')$ zusammen. 1.(3) ergibt die Behauptung.

Ziehen wir den assoziierten bornologischen Raum $E[\mathfrak{T}^\times]$ heran, so erhalten wir aus (3) die folgende Charakterisierung der lokalbeschränkten Abbildungen in beliebigen lokalkonvexen Räumen,

(4) *Eine lineare Abbildung des lokalkonvexen Raumes $E[\mathfrak{T}]$ in den lokalkonvexen Raum $F[\mathfrak{T}']$ ist dann und nur dann lokalbeschränkt, wenn sie eine stetige Abbildung von $E[\mathfrak{T}^\times]$ in $F[\mathfrak{T}']$ ist.*

3. Lokale Konvergenz. Folgenstetige Abbildungen. Das Stetigkeitskriterium 2.(3) für lineare Abbildungen bornologischer Räume läßt sich noch auf eine Form bringen, die für die Anwendungen besonders bequem ist.

Wir führen den Begriff der lokalen Konvergenz ein (auch Mackeysche Konvergenz genannt). Eine Folge x_n von Elementen eines lokalkonvexen Raumes $E[\mathfrak{T}]$ heißt lokalkonvergent gegen x_0, wenn es eine beschränkte absolutkonvexe und abgeschlossene Teilmenge B von $E[\mathfrak{T}]$ gibt, so daß die x_n und x_0 in E_B liegen und x_n im Sinn der Norm von E_B gegen x_0 konvergiert.

Der Begriff der lokalen Konvergenz hängt offenbar nur vom Dualsystem $\langle E', E\rangle$ ab.

Eine lokalkonvergente Folge aus $E[\mathfrak{T}]$ ist stets $\mathfrak{T}$-konvergent.

(1) *a) Eine Folge $x_n \in E[\mathfrak{T}]$ ist dann und nur dann lokalkonvergent gegen x_0, wenn $x_n - x_0$ eine lokale Nullfolge ist.*

b) x_n ist dann und nur dann lokale Nullfolge, wenn es positive Zahlen $\varrho_n \to \infty$ gibt, so daß $\varrho_n x_n$ $\mathfrak{T}$-konvergent gegen o ist.

c) Ist $E[\mathfrak{T}]$ metrisierbar lokalkonvex, so ist jede $\mathfrak{T}$-konvergente Folge lokalkonvergent.

Beweis. a) Konvergiert x_n gegen x_0 in E_B, so konvergiert $x_n - x_0$ in E_B gegen o. Konvergiert umgekehrt $x_n - x_0$ gegen o in E_B und ist B_1 eine B, die x_n und x_0 umfassende beschränkte abgeschlossene absolutkonvexe Menge, so konvergiert x_n gegen x_0 in E_{B_1}.

b) Ist x_n lokale Nullfolge, so gilt $x_n \in \varepsilon_n B$ für ein geeignetes B und eine Folge $\varepsilon_n \to 0$. Dann konvergiert aber $\frac{1}{\sqrt{\varepsilon_n}}\, x_n$ gegen o in E_B, also in $E[\mathfrak{T}]$. Ist umgekehrt $\varrho_n x_n$ $\mathfrak{T}$-konvergent gegen o und ist B die abgeschlossene absolutkonvexe Hülle der $\varrho_n x_n$, so konvergiert x_n gegen o in E_B.

c) folgt aus a), b) und 1.(5).

Eine genaue Charakterisierung derjenigen lokalkonvexen Räume, in denen jede konvergente Folge lokalkonvergent ist, steht noch aus.

(2) *Ein lokalkonvexer Raum $E[\mathfrak{T}]$ ist dann und nur dann bornologisch, wenn jede absolutkonvexe Menge M, die alle lokalen Nullfolgen absorbiert, eine $\mathfrak{T}$-Nullumgebung ist.*

Es braucht nur gezeigt zu werden, daß eine solche Menge M alle beschränkten Mengen absorbiert. M absorbiere alle lokalen Nullfolgen aber nicht die beschränkte Menge B. Dann gibt es zu jedem n^2 ein $x_n \in B$ mit $\frac{x_n}{n^2} \notin M$. Dann ist x_n/n lokalkonvergent gegen o, andererseits liegt kein Vielfaches der Menge aller x_n/n in M, was unmöglich ist.

Eine lineare Abbildung von E in F heißt lokalstetig, wenn sie jede lokale Nullfolge in eine lokale Nullfolge abbildet.

(3) *Für eine lineare Abbildung A eines lokalkonvexen Raumes $E[\mathfrak{T}]$ in einen lokalkonvexen Raum $F[\mathfrak{T}']$ sind die folgenden Eigenschaften äquivalent: a) A ist lokalbeschränkt, b) A ist lokalstetig, c) A bildet jede lokale Nullfolge in eine $\mathfrak{T}'$-Nullfolge ab, d) A bildet jede lokale Nullfolge in eine beschränkte Folge ab.*

Offenbar folgt b) aus a), c) aus b) und d) aus c). Wir haben also nur zu zeigen, daß aus d) die Lokalbeschränktheit von A folgt. Wäre A nicht lokalbeschränkt, so gäbe es eine beschränkte Menge B in E und eine absolutkonvexe Nullumgebung V in F, so daß $A(B)$ in keinem $n^2 V$ liegt. Also gibt es $x_n \in B$ mit $\frac{A x_n}{n^2} \notin V$. Dann ist aber $\frac{x_n}{n}$ eine lokale Nullfolge und die $A\left(\frac{x_n}{n}\right)$ sind nicht beschränkt im Widerspruch zu d).

Da aus der Stetigkeit von A die Folgenstetigkeit und daraus d) folgt, haben wir für bornologische Räume

(4) *Eine lineare Abbildung eines bornologischen Raumes in einen lokalkonvexen Raum ist dann und nur dann stetig, wenn sie folgenstetig ist oder wenn sie eine der Bedingungen a), b), c), d) aus (3) erfüllt.*

4. Permanenzeigenschaften. Die Klasse der bornologischen Räume besitzt ähnliche Abgeschlossenheitseigenschaften wie die Klasse der tonnelierten Räume (vgl. § 27, 1.).

(1) *Jede lokalkonvexe Hülle bornologischer Räume ist bornologisch.*

Es sei $E[\mathfrak{T}] = \sum_{\alpha} A_\alpha(F_\alpha[\mathfrak{T}_\alpha])$, jedes $F_\alpha[\mathfrak{T}_\alpha]$ bornologisch. Absorbiert die absolutkonvexe Menge U alle beschränkten Teilmengen von $E[\mathfrak{T}]$, so ist $A_\alpha^{(-1)}(U)$ ebenfalls absolutkonvex und absorbiert alle beschränkten Teilmengen von $F_\alpha[\mathfrak{T}_\alpha]$. Nach Voraussetzung ist also $A_\alpha^{(-1)}(U)$ eine $\mathfrak{T}_\alpha$-Nullumgebung U_α in $F_\alpha[\mathfrak{T}_\alpha]$. Dann ist aber $U \supset \Gamma_{\alpha} A_\alpha(U_\alpha)$ nach Definition der Hüllentopologie eine $\mathfrak{T}$-Nullumgebung.

Als Spezialfall ergibt sich wie in § 27, 1.

(2) *Jeder Quotientenraum eines bornologischen Raumes ist bornologisch.*

Weiter gilt

(3) *Die vollständige Hülle $\tilde{E}[\tilde{\mathfrak{T}}]$ eines bornologischen Raumes $E[\mathfrak{T}]$ ist dann und nur dann bornologisch, wenn jede lokalbeschränkte Linearfunktion auf $\hat{E}[\tilde{\mathfrak{T}}]$, deren Einschränkung auf E verschwindet, identisch Null ist.*

$\tilde{\mathfrak{T}}$ ist nach § 21, 4.(5) wieder die Mackeysche Topologie und $E' = (\tilde{E}[\tilde{\mathfrak{T}}])'$. Die Einschränkung jeder auf $\tilde{E}[\tilde{\mathfrak{T}}]$ lokalbeschränkten Linearfunktion ist erst recht auf $E[\mathfrak{T}]$ lokalbeschränkt. Nach Voraussetzung liegt sie in E', 1.(3) ergibt die Behauptung.

Die Frage, ob das topologische Produkt bornologischer Räume wieder bornologisch ist, führt auf eigentümliche Schwierigkeiten. Wir behandeln jetzt den Fall abzählbar vieler Faktoren und verschieben die Untersuchung des allgemeinen Falls auf Nummer 8 dieses Paragraphen.

(4) *Das topologische Produkt höchstens abzählbar vieler bornologischer Räume ist bornologisch.*

Die $F_i[\mathfrak{T}_i]$, $i=1, 2, \ldots$, seien bornologisch. Die Topologie $\mathfrak{T}$ von $E[\mathfrak{T}] = \prod_{i=1}^{\infty} F_i[\mathfrak{T}_i]$ ist nach § 22, 5.(3) wieder die Mackeysche Topologie auf E. Nach 1.(3) haben wir also noch die Stetigkeit jeder lokalbeschränkten Linearfunktion auf $E[\mathfrak{T}]$ zu zeigen.

Sei u lokalbeschränkt auf $E[\mathfrak{T}]$. Wir behaupten, es gibt ein n_0, so daß $u y = 0$ ist für alle $y = (y_i)$, $y_i \in F_i$, deren ersten n_0 Komponenten y_i sämtlich verschwinden. Wäre dies nicht der Fall, so gäbe es eine Folge $x^{(k)} = (x_i^{(k)}) \in E$ mit $x_i^{(k)} = 0$ für $i = 1, \ldots, k$ und $u x^{(k)} = k$. Die Folge $x^{(k)}$ bildet aber eine beschränkte Teilmenge in $E[\mathfrak{T}]$; dies ist ein Widerspruch zur lokalen Beschränktheit von u.

Es genügt also, die Behauptung für ein Produkt $E[\mathfrak{T}] = F_1[\mathfrak{T}_1] \times F_2[\mathfrak{T}_2]$ zu beweisen. Ist u lokalbeschränkt auf $E[\mathfrak{T}]$, so sind auch die durch $u_1 x = u_1(x_1, x_2) = u(x_1, 0)$ bzw. $u_2 x = u(0, x_2)$ auf E erklärten Linearfunktionen lokalbeschränkt. Die Einschränkungen von u_1 auf F_1 bzw. von u_2 auf F_2 sind aber nach Voraussetzung stetig, also sind u_1 und u_2 stetig auf $E[\mathfrak{T}]$ und damit auch $u = u_1 + u_2$.

Da jeder metrisierbare lokalkonvexe Raum bornologisch ist (1.(4)), erhält man durch wiederholte Anwendung von (1) bis (4) bereits eine sehr umfangreiche Klasse bornologischer Räume. Dazu gehören z.B. alle (LF)-Räume und alle Räume abzählbarer Stufe.

Nicht jeder abgeschlossene lineare Teilraum H eines bornologischen Raumes $E[\mathfrak{T}]$ ist bornologisch. So ist z.B. der in § 27, 2. betrachtete Teilraum H_2 des bornologischen Raumes $\omega\varphi \oplus \varphi\omega$ nicht bornologisch. Denn nach § 27, 2. ist H_2 vollständig und nicht tonneliert, nach 1.(2) also nicht bornologisch.

Dieudonné [9] bewies, daß jeder lineare Teilraum endlicher Codimension eines bornologischen Raumes wieder bornologisch ist.

Auch der duale Raum eines bornologischen Raumes braucht nicht bornologisch zu sein, es gibt sogar (F)-Räume, deren dualer Raum nicht bornologisch ist, wie ein Beispiel in § 31, 7. zeigen wird.

Amemiya [1] gab ein Beispiel eines bornologischen Raumes, dessen stark bidualer Raum nicht bornologisch ist.

5. Der duale Raum, die Topologie $\mathfrak{T}_{c_0}$. Wir haben in § 21, 6.(4) bewiesen, daß der duale Raum E' jedes metrisierbaren lokalkonvexen Raumes $E[\mathfrak{T}]$ $\mathfrak{T}_c$-vollständig ist. Die Topologie $\mathfrak{T}_c$ auf E' fällt nach § 21, 10.(3) mit der Topologie der gleichmäßigen Konvergenz auf allen

$\mathfrak{T}$-Nullfolgen zusammen. Das sind nach 3.(1) c) aber gerade alle lokalen Nullfolgen in E.

Wir bezeichnen die Topologie der gleichmäßigen Konvergenz auf allen lokalen Nullfolgen eines lokalkonvexen Raumes $E[\mathfrak{T}]$ mit $\mathfrak{T}_{c_0}(E)$; diese Topologie hängt nur von $\langle E', E\rangle$ und nicht von $\mathfrak{T}$ ab. Dann ist also der duale Raum E' eines metrisierbaren lokalkonvexen Raumes E stets $\mathfrak{T}_{c_0}(E)$-vollständig. Es gilt nun allgemeiner

(1) *Der duale Raum E' jedes bornologischen Raumes $E[\mathfrak{T}]$ ist $\mathfrak{T}_{c_0}(E)$-vollständig.*

E' ist insbesondere stets $\mathfrak{T}_c(E)$- und $\mathfrak{T}_b(E)$-vollständig, und falls E überdies folgenvollständig ist, auch $\mathfrak{T}_k(E)$-vollständig.

Beweis. a) Es sei $\mathfrak{F}$ ein $\mathfrak{T}_{c_0}$-Cauchyfilter auf E'. Er ist auch $\mathfrak{T}_s(E)$-Cauchyfilter und besitzt daher einen Limes $u_0 \in E^* = \tilde{E}'[\tilde{\mathfrak{T}}_s]$, der nach §18, 4.(4) auch $\mathfrak{T}_{c_0}$-Limes von $\mathfrak{F}$ ist. Nach 3.(4) genügt es zu zeigen, daß u_0 auf jeder lokalen Nullfolge x_n beschränkt bleibt.

Es gibt aber ein $u \in E'$ mit $\sup_n |(u-u_0)\, x_n| \leqq \varepsilon$ und aus der Beschränktheit von u auf den x_n folgt die Beschränktheit auch von u_0 auf den x_n. E' ist also $\mathfrak{T}_{c_0}(E)$-vollständig und nach §18, 4.(4) erst recht $\mathfrak{T}_c(E)$- und $\mathfrak{T}_b(E)$-vollständig.

b) $E[\mathfrak{T}]$ sei überdies folgenvollständig. Wir haben zu zeigen, daß $\mathfrak{T}_k(E)$ feiner als $\mathfrak{T}_{c_0}(E)$ ist, daß also die in $E[\mathfrak{T}]$ gebildeten absolutkonvexen abgeschlossenen Hüllen $\overline{\Gamma(C)}$ der lokalen Nullfolgen $C = \{x_n\}$ schwach kompakt sind. Dies folgt aber aus § 20, 9.(6).

Dem Beweis der Umkehrung von (1) schicken wir einige Hilfsbetrachtungen voraus.

Ist K eine kompakte Teilmenge von $E[\mathfrak{T}']$, so fällt jede schwächere separierte Topologie $\mathfrak{T}$ auf K mit $\mathfrak{T}'$ zusammen. Ist K nur präkompakt bezüglich $\mathfrak{T}'$ und ist $\mathfrak{T}$ schwächer und separiert auf K, so ist zwar K auch noch präkompakt bezüglich $\mathfrak{T}$, aber $\mathfrak{T}$ braucht nicht mehr mit $\mathfrak{T}'$ zusammenzufallen.

Wir geben ein Beispiel. $E[\mathfrak{T}']$ und $E[\mathfrak{T}]$ seien zwei normierte Räume, $\mathfrak{T}$ sei schwächer als $\mathfrak{T}'$. Die Abbildung $\tilde{I}$ von $\tilde{E}[\tilde{\mathfrak{T}}']$ in $\tilde{E}[\tilde{\mathfrak{T}}]$ sei nicht eineindeutig (vgl. das Beispiel von § 18, 4.(4)). Es sei $z \in \tilde{I}^{(-1)}(o)$, $z \neq o$, und x_n eine Folge von Elementen aus E mit dem $\tilde{\mathfrak{T}}'$-Limes z. Diese Folge hat den $\mathfrak{T}$-Limes o; die Menge $\{o, x_1, x_2, \ldots\}$ ist also in $E[\mathfrak{T}]$ kompakt, in $E[\mathfrak{T}']$ aber nicht.

Es gilt jedoch

(2) *Auf dem topologischen linearen Raum $E[\mathfrak{T}]$ sei noch eine zweite feinere separierte Topologie $\mathfrak{T}'$ gegeben. Besitzt $\mathfrak{T}'$ eine Nullumgebungsbasis aus $\mathfrak{T}$-abgeschlossenen Nullumgebungen, so stimmen $\mathfrak{T}$ und $\mathfrak{T}'$ auf jeder $\mathfrak{T}'$-präkompakten Teilmenge M von E überein.*

Unter den gegebenen Voraussetzungen kann nach §18, 4.(4) $\tilde{E}[\tilde{\mathfrak{T}}']$ als linearer Teilraum von $\tilde{E}[\tilde{\mathfrak{T}}]$ aufgefaßt werden, die $\tilde{\mathfrak{T}}'$-kompakte abgeschlossene Hülle $\overline{M}$ von M in $\tilde{E}[\tilde{\mathfrak{T}}']$ ist also Teilmenge von $\tilde{E}[\tilde{\mathfrak{T}}]$. $\tilde{\mathfrak{T}}$ induziert daher auf $\overline{M}$ dieselbe Topologie wie $\tilde{\mathfrak{T}}'$, also fallen $\mathfrak{T}$ und $\mathfrak{T}'$ auf M zusammen.

(3) *Auf dem linearen Raum E seien zwei lokalkonvexe Topologien $\mathfrak{T}_1$ und $\mathfrak{T}_2$ gegeben. Stimmen $\mathfrak{T}_1$ und $\mathfrak{T}_2$ auf der absolutkonvexen Teilmenge M von E überein, so sind auch die auf M durch $\mathfrak{T}_1$ bzw. $\mathfrak{T}_2$ induzierten uniformen Strukturen identisch.*

Beweis. Eine Basis der durch $\mathfrak{T}_1$ auf M induzierten uniformen Struktur ist gegeben durch die Mengen N_U aller (x, y), $x, y \in M$, $x - y \in U$, U eine absolutkonvexe $\mathfrak{T}_1$-Nullumgebung. Sei W eine absolutkonvexe $\mathfrak{T}_2$-Nullumgebung mit $M \cap \frac{W}{2} \subset M \cap \frac{U}{2}$ und sei N_W die zu W gehörige Nachbarschaft. Ist $x', y' \in M$, $x' - y' \in W$, so ist $x' - y' \in 2M$, $\frac{x'-y'}{2} \in M \cap \frac{W}{2} \subset M \cap \frac{U}{2}$, also $x' - y' \in U$ und daher $N_W \subset N_U$. Die durch $\mathfrak{T}_2$ auf M induzierte uniforme Struktur ist also feiner als die durch $\mathfrak{T}_1$ induzierte.

Wir beweisen nun die folgende duale Charakterisierung der bornologischen Räume,

(4) *Ein lokalkonvexer Raum $E[\mathfrak{T}]$ ist dann und nur dann bornologisch, wenn $\mathfrak{T}$ die Mackeysche Topologie und E' $\mathfrak{T}_{c_0}(E)$-vollständig ist.*

Die eine Hälfte ist in (1) bewiesen worden. Es sei E' $\mathfrak{T}_{c_0}$-vollständig. Nach 1.(3) genügt es zu zeigen, daß jede auf $E[\mathfrak{T}]$ lokalbeschränkte Linearfunktion u_0 in E' liegt. Dies ist nach dem Satz von GROTHENDIECK (§ 21, 9.(2)) der Fall, wenn die Einschränkungen von u_0 auf die $\overline{\Gamma(C)}$, $C = \{x_n\}$ eine lokale Nullfolge in $E[\mathfrak{T}]$, schwach stetig sind.

Jede lokale Nullfolge $C = \{x_n\}$ ist eine präkompakte Teilmenge eines geeigneten E_B, B eine beschränkte, absolutkonvexe und abgeschlossene Teilmenge von $E[\mathfrak{T}]$. E_B ist normiert, die durch die Einheitskugel B erzeugte Normtopologie sei $\mathfrak{T}_B$. Nach § 20, 6.(2) ist $\Gamma(C)$ ebenfalls $\mathfrak{T}_B$-präkompakt in E_B. Wendet man (2) auf E_B und die beiden Topologien $\mathfrak{T}_B$ und $\mathfrak{T}_s(E')$ an, so folgt, daß auf $\Gamma(C)$ die Topologien $\mathfrak{T}_B$ und $\mathfrak{T}_s(E')$ zusammenfallen. Daraus ergibt sich nach (3), daß die $\mathfrak{T}_B$-abgeschlossene Hülle von $\Gamma(C)$ in E_B mit der $\mathfrak{T}_s(E')$-abgeschlossenen Hülle in E_B übereinstimmt. Aus $\Gamma(C) \subset kB$ und der schwachen Abgeschlossenheit von B in $E[\mathfrak{T}]$ folgt dann, daß dies auch die in E gebildete abgeschlossene Hülle $\overline{\Gamma(C)}$ ist. $\overline{\Gamma(C)}$ ist also ebenfalls präkompakt in E_B, und $\mathfrak{T}_B$ und $\mathfrak{T}_s(E')$ fallen auf $\overline{\Gamma(C)}$ zusammen. Die Einschränkung von u_0 auf E_B ist beschränkt, also $\mathfrak{T}_B$-stetig, die Einschränkung auf $\overline{\Gamma(C)} \subset E_B$ also $\mathfrak{T}_s(E')$-stetig.

6. Geschlossene Räume. Als die geschlossene Hülle $\check{E}$ eines lokalkonvexen Raumes $E[\mathfrak{T}]$ bezeichnen wir den linearen Teilraum von $(E')^*$, der aus allen auf den schwach beschränkten Teilmengen von E' beschränkten Linearfunktionen auf E' besteht. $E[\mathfrak{T}]$ heißt geschlossen, wenn $E = \check{E}$ gilt.

Die geschlossene Hülle von $E[\mathfrak{T}]$ hängt offenbar nur vom Dualsystem $\langle E', E\rangle$ ab, $\mathfrak{T}$ kann durch jede andere für $\langle E', E\rangle$ zulässige Topologie ersetzt werden.

$\langle E', E\rangle$ heißt bei MACKEY [4] ein "boundedly closed linear system", wenn $E = \check{E}$ gilt.

Aus der Definition der assoziierten bornologischen Topologie $\mathfrak{T}^\times$ (vgl. 2.) folgt

(1) *Die geschlossene Hülle $\check{E}$ eines lokalkonvexen Raumes $E[\mathfrak{T}]$ ist der duale Raum des bornologischen Raumes $E'[\mathfrak{T}_k^\times(E)]$.*

Man kann $\mathfrak{T}_k(E)$ auch durch die schwache oder jede andere lokalkonvexe Topologie ersetzen, die dieselben beschränkten Mengen ergibt.

Zwischen bornologischen und geschlossenen Räumen besteht ein einfacher Zusammenhang, der in den beiden folgenden Sätzen formuliert ist.

(2) *$E[\mathfrak{T}]$ ist dann und nur dann geschlossen, wenn $E'[\mathfrak{T}_k(E)]$ bornologisch ist.*

Dies folgt aus $(E'[\mathfrak{T}_k])' = E$, der Definition von „geschlossen" und 1.(3).

Vertauschen von E und E' in (2) ergibt

(3) *$E[\mathfrak{T}]$ ist dann und nur dann bornologisch, wenn $\mathfrak{T}$ die Mackeysche Topologie und $E'[\mathfrak{T}_k(E)]$ geschlossen ist.*

Hier kann wieder $\mathfrak{T}_k(E)$ durch jede andere zulässige Topologie ersetzt werden.

Wir bezeichnen die lineare Hülle $\bigcup_{n=1}^{\infty} nC$ einer absolutkonvexen Teilmenge C von $(E')^*$ mit $L(C)$. Es gilt dann (vgl. DIEUDONNÉ [9])

(4) *Die geschlossene Hülle $\check{E}$ eines lokalkonvexen Raumes $E[\mathfrak{T}]$ ist gleich $\bigcap_T L(\overline{T})$, wobei T alle Tonnen von $E[\mathfrak{T}]$ durchläuft und $\overline{T}$ die in $(E')^*$ gebildete schwach abgeschlossene Hülle von T bedeutet.*

Jede auf $E'[\mathfrak{T}_s(E)]$ lokalbeschränkte Linearfunktion z liegt in $(E')^*$. Die Tonnen T sind nach § 21, 2.(1) die abgeschlossenen absolutkonvexen $\mathfrak{T}_b(E')$-Nullumgebungen in E. Jede schwach beschränkte Teilmenge von E' liegt also in einer Menge T°. Daß z auf T° beschränkt ist, bedeutet $z \in n T^{\circ\circ}$ für geeignetes n, $T^{\circ\circ}$ die in $(E')^*$ gebildete polare Menge zu T°. Nach dem Bipolarensatz ist $T^{\circ\circ} = \overline{T}$. Daraus folgt $z \in \bigcap_T L(\overline{T})$. Umgekehrt ist ein $z \in \bigcap_T L(\overline{T})$ auf allen $\overline{T}^\circ = T^\circ$ beschränkt.

(5) *Ist $E[\mathfrak{T}]$ folgenvollständig, so ist $\check{E} > E''$. Ein geschlossener und folgenvollständiger lokalkonvexer Raum ist stets halbreflexiv.*

Denn dann sind die schwach beschränkten Teilmengen von E' stark beschränkt (Satz von MACKEY) und jedes $u \in E''$ ist beschränkt auf jeder solchen Menge. Aus $\check{E} = E$ folgt dann $E = E''$.

Eine weitere Charakterisierung von $\check{E}$ gibt

(6) *Die geschlossene Hülle $\check{E}$ eines lokalkonvexen Raumes $E[\mathfrak{T}]$ ist gleich der $\mathfrak{T}_{c_0}(E'[\mathfrak{T}_k])$-vollständigen Hülle von E.*

Aus (1) und 5.(1) folgt, daß $\check{E}$ $\mathfrak{T}_{c_0}(E'[\mathfrak{T}_k^\times])$-vollständig ist. Da die beschränkten Mengen für $\mathfrak{T}_k^\times$ und $\mathfrak{T}_k$ dieselben sind, sind auch die lokalen Nullfolgen in E' für beide Topologien dieselben; $\check{E}$ ist daher auch $\mathfrak{T}_{c_0}(E'[\mathfrak{T}_k])$-vollständig.

Es muß noch bewiesen werden, daß E in $\check{E}$ $\mathfrak{T}_{c_0}$-dicht ist. Nach dem Satz von GROTHENDIECK genügt es zu zeigen, daß jede auf den schwach beschränkten Teilmengen von E' beschränkte Linearfunktion auf den $\overline{\Gamma(C)}$ schwach stetig ist; dabei bedeutet $C = \{u_n\}$ eine lokale Nullfolge in $E'[\mathfrak{T}_k]$. Dies beweist man aber genau so wie im Beweis von 5.(4); man hat nur an Stelle von $E[\mathfrak{T}]$ bzw. E' den Raum $E'[\mathfrak{T}_k]$ und seinen dualen Raum E zu nehmen.

(7) *Ein lokalkonvexer Raum $E[\mathfrak{T}]$ ist dann und nur dann geschlossen, wenn er $\mathfrak{T}_{c_0}(E'[\mathfrak{T}_k])$-vollständig ist.*

Aus (6) folgt die Notwendigkeit. Ist umgekehrt E $\mathfrak{T}_{c_0}(E')$-vollständig, so ist $E'[\mathfrak{T}_k(E)]$ nach 5.(4) bornologisch, also $E[\mathfrak{T}]$ nach (2) geschlossen.

7. Reflexivität und Vollständigkeit. Wir ziehen einige Folgerungen aus den in 5. und 6. bewiesenen Sätzen.

(1) *Ist der stark duale Raum $E'[\mathfrak{T}_b]$ eines lokalkonvexen Raumes $E[\mathfrak{T}]$ bornologisch, so ist der biduale Raum E'' $\mathfrak{T}_{c_0}(E'[\mathfrak{T}_b])$-vollständig und damit auch stark vollständig.*

Aus 5.(4) folgt, daß E'' $\mathfrak{T}_{c_0}(E'[\mathfrak{T}_b])$-vollständig ist. Die starke Topologie $\mathfrak{T}_b(E', E'')$ auf E'' hat als gleichstetige Mengen die bezüglich E stark beschränkten Teilmengen von E'. Dazu gehören aber auch die $\overline{\Gamma(C)}$, $C = \{x_n\}$ eine lokale Nullfolge in $E'[\mathfrak{T}_b(E)]$, also die $\mathfrak{T}_{c_0}$-gleichstetigen Mengen. Es ist daher $\mathfrak{T}_b(E', E'')$ feiner als $\mathfrak{T}_{c_0}$; daraus folgt, daß E'' auch stark vollständig ist.

(2) *Es sei $E[\mathfrak{T}]$ folgenvollständig. Ist der stark duale Raum $E'[\mathfrak{T}_b]$ bornologisch, so ist $E'' = \check{E} = \tilde{E}[\tilde{\mathfrak{T}}_{c_0}(E')]$.*

$E'[\mathfrak{T}_b]$ sei bornologisch. Nach § 20, 11.(8) folgt aus der Folgenvollständigkeit von $E[\mathfrak{T}]$ die Identität von $\mathfrak{T}_b$ mit $\mathfrak{T}_b^\times$ und $\mathfrak{T}_k^\times$ auf E'. Aus 6.(1) ergibt sich $\check{E} = E''$ und aus 6.(6) $\check{E} = \tilde{E}[\tilde{\mathfrak{T}}_{c_0}(E')]$.

Die Bezeichnung $\mathfrak{T}_{c_0}(E')$ ist jetzt eindeutig, da die bezüglich E schwach bzw. stark beschränkten Teilmengen von E' zusammenfallen, also auch die Topologien $\mathfrak{T}_{c_0}(E'[\mathfrak{T}_k])$ und $\mathfrak{T}_{c_0}(E'[\mathfrak{T}_b])$.

Ist $E'[\mathfrak{T}_b]$ nicht bornologisch und ist $\mathfrak{T}_b(E) = \mathfrak{T}_k(E'')$, so gibt es nach 1.(3) wenigstens eine auf $E'[\mathfrak{T}_b]$ lokalbeschränkte Linearfunktion, die nicht in E'' liegt; nach 6.(1) ist dann E'' echter Teilraum von $\check{E}$.

Ist $\mathfrak{T}_b(E)$ echt gröber als $\mathfrak{T}_k(E'')$ auf E', so kann $E'[\mathfrak{T}_k(E'')]$ bornologisch sein. Dann gilt ebenfalls noch $E'' = \check{E} = \tilde{E}[\tilde{\mathfrak{T}}_{c_0}(E')]$. Wie Kōmura [2] zeigte, braucht selbst nicht für (F)-Räume E stets $\mathfrak{T}_b(E) = \mathfrak{T}_k(E'')$ zu gelten.

(3) *Ist der stark duale Raum eines quasitonnelierten Raumes* $E[\mathfrak{T}]$ *bornologisch, so gilt* $\tilde{E}[\tilde{\mathfrak{T}}] \subset E''$.

Ist $E[\mathfrak{T}]$ quasitonneliert, so ist $\mathfrak{T} = \mathfrak{T}_{b*}(E')$. Diese Topologie hat aber dieselben gleichstetigen Mengen in E' wie $\mathfrak{T}_b(E', E'')$. Aus (1) ergibt sich damit die Behauptung.

Ein Spezialfall von (2) und (3) ist

(4) *Ist* $E[\mathfrak{T}]$ *reflexiv und* $E'[\mathfrak{T}_b]$ *bornologisch, so ist* $E[\mathfrak{T}]$ *vollständig, geschlossen und* $\mathfrak{T}_{c_0}(E')$*-vollständig.*

Wir gehen kurz auf (B)- und (F)-Räume ein.

(5) *Der biduale Raum eines* (B)*-Raumes* E *ist die geschlossene Hülle von* E *und seine* $\mathfrak{T}_c(E')$*-vollständige Hülle.*

Aus (2) ergibt sich sofort $E'' = \check{E} = \tilde{E}[\tilde{\mathfrak{T}}_{c_0}(E')]$. Auf dem dualen Raum des (B)-Raumes E' fällt aber (vgl. den Anfang von 5.) die Topologie $\mathfrak{T}_{c_0}(E')$ mit der Topologie $\mathfrak{T}_c(E')$ der gleichmäßigen Konvergenz auf allen kompakten Teilmengen von E' zusammen.

Die Aussage $E'' = \check{E}$ kann man auch in einfacher Weise aus der Definition der geschlossenen Hülle direkt ableiten.

Aus (4) und (5) erhält man das Reflexivitätskriterium

(6) *Ein* (B)*-Raum* E *ist dann und nur dann reflexiv, wenn er* $\mathfrak{T}_c(E')$*-vollständig ist.*

Ein entsprechender Satz gilt auch für (F)-Räume, doch fehlt uns zu seinem Beweis noch der Satz, daß der stark duale Raum jedes reflexiven (F)-Raumes bornologisch ist, den wir in § 29, 4. ableiten werden.

In dem Beispiel des (FM)-Raumes $H(\mathfrak{D})$ in § 27, 4. haben wir direkt bewiesen, daß $(H(\mathfrak{D}))' = H(\mathfrak{A})$ bornologisch ist, denn wir zeigten (§ 27, 4.(7)), daß die starke Topologie auf $H(\mathfrak{A})$ die Topologie der lokalkonvexen Hülle einer Folge von (B)-Räumen ist.

Aus (2) und 6.(6) ergibt sich unmittelbar

(7) *Der biduale Raum* E'' *eines* (F)*-Raumes* $E[\mathfrak{T}]$ *liegt stets in* $\check{E} = \tilde{E}[\tilde{\mathfrak{T}}_{c_0}(E')]$.

Ist der stark duale Raum von $E[\mathfrak{T}]$ *überdies bornologisch, so gilt* $E'' = \check{E} = \tilde{E}[\tilde{\mathfrak{T}}_{c_0}(E')]$.

Die Umkehrung der letzten Behauptung ist nicht richtig, vgl. die Bemerkung vor (3).

8. Der Satz von MACKEY-ULAM. Wir kommen auf die Frage zurück, wann ein topologisches Produkt bornologischer Räume wieder bornologisch ist.

Wir beweisen zuerst zwei Hilfssätze.

(1) *Ist das topologische Produkt* $E[\mathfrak{T}] = \prod_\alpha E_\alpha[\mathfrak{T}_\alpha]$ *bornologischer* $E_\alpha[\mathfrak{T}_\alpha]$ *nicht bornologisch, so gibt es eine lokalbeschränkte, nicht stetige Linearfunktion* u *auf* E, *die auf dem linearen Teilraum* $\bigoplus_\alpha E_\alpha$ *von* E *verschwindet.*

Es gibt, da $\mathfrak{T}$ nach § 22, 5.(3) die Mackeysche Topologie ist, nach 1.(3) eine lokalbeschränkte, nicht stetige Linearfunktion u auf E. Sie kann nur auf endlich vielen $E_\alpha < E$ nicht verschwinden. Andernfalls gäbe es wie im Beweis von 4.(4) eine Folge $x_i \in E_{\alpha_i}$, die in E beschränkt ist und auf der u unbeschränkt wäre.

Die Einschränkung von u auf das Produkt $\prod_{k=1}^{n} E_{\alpha_k}$ der endlich vielen E_{α_k}, auf denen u nicht verschwindet, ist nach Voraussetzung eine auf $\prod E_{\alpha_k}$ stetige Linearfunktion. Ergänzt man diese Linearfunktion zu einer auf ganz E definierten Linearfunktion v, indem man sie auf dem Produkt der übrigen E_α Null setzt, so ist v auf E stetig und $u - v$ hat die gewünschten Eigenschaften.

(2) *Die* $E_\alpha[\mathfrak{T}_\alpha]$ *seien bornologisch. Ist* $\prod_\alpha E_\alpha[\mathfrak{T}_\alpha]$ *bornologisch, so auch jedes Teilprodukt* $\prod_\beta E_\beta[\mathfrak{T}_\beta]$, *wobei die* β *eine Teilmenge* B *der Menge* A *der* α *bilden.*

Denn jede lokalbeschränkte, nicht stetige Linearfunktion auf $\prod E_\beta$ läßt sich durch Nullsetzen auf den übrigen E_α zu einer ebensolchen Linearfunktion auf $\prod E_\alpha$ fortsetzen.

Wir zeigen als nächstes, daß die Frage, ob $\prod E_\alpha$ wieder bornologisch ist, nur von der Kardinalzahl d der Menge der E_α abhängt. Es gilt

(3) *Ein Produkt* $E[\mathfrak{T}] = \prod_\alpha E_\alpha[\mathfrak{T}_\alpha]$ *von* d *bornologischen Räumen* $E_\alpha[\mathfrak{T}_\alpha]$ *ist dann und nur dann bornologisch, wenn* ω_d *bornologisch ist.*

a) ω_d sei bornologisch. Wir nehmen an, daß E nicht bornologisch ist. Nach (1) gibt es dann ein u mit den dort angegebenen Eigenschaften. Es sei x ein beliebiges Element aus E mit den Komponenten $x_\alpha \in E_\alpha$. Das topologische Produkt $\prod [x_\beta]$ der eindimensionalen, von den $x_\alpha \neq o$ erzeugten linearen Teilräume $[x_\beta]$ der E_β ist ein in der induzierten Topologie $\mathfrak{T}$ zu einem $\omega_{d'}$, $d' \leq d$, topologisch isomorpher Teilraum von E. Die Einschränkung u_0 von u auf $\prod [x_\beta]$ ist lokalbeschränkt und verschwindet auf $\bigoplus_\beta [x_\beta]$. Nun ist aber $\omega_{d'}$ nach (2) bornologisch, also u_0 stetig. Eine stetige Linearfunktion auf $\omega_{d'}$ ist aber identisch Null nach

§ 22, 5.(2), wenn sie auf allen Elementen von $\omega_{d'}$ mit nur endlich vielen nichtverschwindenden Komponenten verschwindet. Es ist also $u_0 x = u x = 0$ für alle $x \in E$, was ein Widerspruch ist.

b) Es gebe ein Produkt $E[\mathfrak{T}] = \prod_\alpha E_\alpha[\mathfrak{T}_\alpha]$ von d bornologischen $E_\alpha[\mathfrak{T}_\alpha] \neq (\circ)$, das bornologisch ist. Wie wir eben sahen, ist ω_d topologisch isomorph einem $\prod_\alpha [x_\alpha] \subset E$, $x_\alpha \neq \circ$ für alle α. Eine auf $\prod_\alpha [x_\alpha]$ lokalbeschränkte Linearfunktion u_0 kann zu einer ebensolchen Linearfunktion u auf E fortgesetzt werden: Jedes E_α läßt sich als topologisches Produkt $[x_\alpha] \times F_\alpha$ schreiben; also besitzt $\prod [x_\alpha]$ einen topologischen Komplementärraum in $\prod_\alpha E_\alpha$, auf dem man nur u gleich Null zu setzen braucht. Da E bornologisch ist, ist u stetig auf E und daher u_0 stetig auf $\prod [x_\alpha] \cong \omega_d$.

Wir bezeichnen mit $\omega(\mathsf{A})$ das topologische Produkt K^{A} (vgl. § 1, 8.), K der Körper der reellen oder komplexen Zahlen, A eine Menge von Indizes. $\omega(\mathsf{A})$ ist topologisch isomorph ω_d, wenn d die Kardinalzahl von A ist. Ist $\mathsf{B} \subset \mathsf{A}$, so wird $\omega(\mathsf{B})$ mit dem Teilraum von $\omega(\mathsf{A})$ identifiziert, der aus allen Elementen (ξ_α) besteht mit $\xi_\alpha = 0$, falls $\alpha \notin \mathsf{B}$. Wir sagen, daß eine auf $\omega(\mathsf{A})$ erklärte Linearfunktion u auf $\mathsf{B} \subset \mathsf{A}$ verschwindet, wenn ihre Einschränkung auf $\omega(\mathsf{B})$ verschwindet.

Wir beweisen eine Verschärfung von (1) für die $\omega(\mathsf{A})$,

(4) *Ist $\omega(\mathsf{A})$ nicht bornologisch, so gibt es auf $\omega(\mathsf{A})$ eine lokalbeschränkte unstetige Linearfunktion mit den Eigenschaften*

a) u verschwindet auf allen endlichen Teilmengen von A,

b) Ist A in zwei disjunkte Teilmengen A_1 und A_2 zerlegt, so verschwindet u genau auf einer der beiden Mengen.

Nach (1) gibt es ein u, das a) erfüllt. Wir behaupten: Es gibt eine Zerlegung von A in endlich viele paarweise fremde Teilmengen A_i, auf deren zugehörigen $\omega(\mathsf{A}_i)$ die Einschränkung von u auch die Eigenschaft b) besitzt.

Wir nehmen an, dies sei nicht der Fall. Es gibt dann eine Zerlegung von A in zwei Mengen B_1 und B_2, auf denen u nicht verschwindet. Eine der beiden Mengen muß sich wieder in zwei Mengen zerlegen lassen, auf denen u nicht verschwindet. Fortsetzung des Verfahrens ergibt eine Folge paarweise fremder Teilmengen A_i von A, auf denen u nicht verschwindet. Aus einer Folge $x_i \in \omega(\mathsf{A}_i)$ mit $u x_i \neq 0$ läßt sich aber wieder eine beschränkte Folge in $\omega(\mathsf{A})$ konstruieren, auf der u nicht beschränkt wäre.

Eine der Mengen A_i hat dieselbe Kardinalzahl wie A; auf diesem zu $\omega(\mathsf{A})$ topologisch isomorphen $\omega(\mathsf{A}_i)$ hat dann u die Eigenschaften a) und b).

(5) *Ist ω_d bornologisch, so ist auch ω_{2^d} bornologisch.*

Wir nehmen an, $\omega(\mathsf{A})$, A von der Mächtigkeit 2^d, sei nicht bornologisch und u sei eine lokalbeschränkte Linearfunktion mit den Eigenschaften a) und b) aus (4).

Die Elemente von A seien als Vektoren $\alpha = (\alpha_\beta)$ geschrieben, wobei die β eine Menge B der Mächtigkeit d bilden und α_β die Werte 0 oder 1 besitzt.

Für jedes β zerfällt A in zwei Mengen, von denen die eine alle α mit $\alpha_\beta = 0$ enthält, die andere die α mit $\alpha_\beta = 1$. Wegen b) verschwindet u genau auf einer dieser beiden Mengen, sie werde mit A_β bezeichnet. A'_β bezeichne ihr Komplement.

Wir bilden $\mathsf{M} = \bigcup_\beta \mathsf{A}_\beta$. Wir können M auch als Vereinigung von höchstens d paarweise fremden Teilmengen $\Gamma_\gamma \subset \mathsf{A}_\gamma$ schreiben, auf denen u verschwindet. Wir behaupten, daß u auch auf M verschwindet. Es sei $x = (x_\gamma) \in \omega(\mathsf{M})$, $x_\gamma \in \omega(\Gamma_\gamma)$. Das topologische Produkt $\prod [x_\delta]$ der zu den $x_\gamma \neq o$ gehörigen eindimensionalen Räume ist dann nach Voraussetzung bornologisch. Da u auf den x_γ verschwindet, verschwindet u also auf jedem x und damit auf M.

Nach b) verschwindet dann u nicht auf dem Komplement $\bigcap_\beta \mathsf{A}'_\beta$ von M. Die Menge $\bigcap_\beta \mathsf{A}'_\beta$ ist aber nach Konstruktion der A'_β einelementig, damit haben wir einen Widerspruch zu a) erhalten.

Eine Kardinalzahl d heißt s t a r k u n e r r e i c h b a r, wenn gilt: a) $d > \aleph_0$, b) jede Summe $\sum_\gamma d_\gamma$ von $d' < d$ Kardinalzahlen $d_\gamma < d$ ist eine Kardinalzahl kleiner als d, c) aus $f < d$ folgt $2^f < d$.

Es ist nicht bekannt, ob es überhaupt stark unerreichbare Kardinalzahlen gibt. Wenn, dann gibt es eine kleinste.

Es gilt nun der Satz von Mackey-Ulam

(6) *Das topologische Produkt von d bornologischen Räumen ist bornologisch, wenn d kleiner als die kleinste stark unerreichbare Kardinalzahl ist.*

Nach (3) genügt es, dies für ω_d zu beweisen. Es gibt eine kleinste Kardinalzahl d_0, für die ω_{d_0} nicht bornologisch ist, falls überhaupt ein nicht bornologisches ω_d existiert. Diese Kardinalzahl hat wegen 4.(4) und wegen (5) die Eigenschaften a) und c). Da $\omega_{d'}$ für $d' < d_0$ bornologisch ist, ist nach (3) das topologische Produkt der d' Räume ω_{d_γ} mit $d_\gamma < d_0$ ebenfalls bornologisch, d_0 erfüllt also auch b).

Mackey [3] bewies, daß die Frage, wann $\prod_\alpha E_\alpha$ wieder bornologisch ist, einem maßtheoretischen Problem äquivalent ist, das Ulam [1] behandelt hatte. Satz (5) stammt von Ulam.

Ob (6) für alle Kardinalzahlen d richtig ist, ist unbekannt.

§ 29. (F)- und (DF)-Räume

1. Fundamentalfolgen beschränkter Mengen. Metrisierbarkeit. Ein (F)-Raum ist tonneliert und bornologisch. Damit gelten die Sätze über diese Raumtypen für (F)-Räume. Auch sonst haben wir die (F)-Räume im Rahmen der allgemeinen Theorie ausführlich behandelt. Doch sind unsere Kenntnisse über den stark dualen Raum eines (F)-Raumes bisher noch recht gering. Wir wollen in diesem Paragraphen einige der Ergebnisse der neueren Theorie der (F)-Räume und ihrer dualen Räume, die von GROTHENDIECK [2], [10] und von DONOGHUE und K. T. SMITH [1] stammen, darstellen.

Wir sagen, ein lokalkonvexer Raum $E[\mathfrak{T}]$ besitzt eine Fundamentalfolge beschränkter Mengen, wenn es eine Folge $B_1 \subset B_2 \subset \cdots$ beschränkter Mengen in $E[\mathfrak{T}]$ gibt, derart daß jede beschränkte Menge B in einem der B_k enthalten ist.

In einem (B)-Raum existiert stets eine solche Fundamentalfolge. Wir untersuchen, ob dies in (F)-Räumen, die keine (B)-Räume sind, auch möglich ist.

(1) *Der lokalkonvexe Raum $E[\mathfrak{T}]$ besitze eine Fundamentalfolge beschränkter Mengen $B_1 \subset B_2 \subset \cdots$. Gibt es kein B_k, das alle anderen B_i absorbiert, so existiert in E eine abzählbare Teilmenge M, die durch Hinzunahme der Limites sämtlicher Cauchyfolgen in M noch nicht abgeschlossen wird.*

Beweis. Wir können annehmen, daß die B_k absolutkonvex sind und daß kein B_k das darauffolgende B_{k+1} absorbiert. Es sei x_n eine gegen o konvergente Folge aus B_1 und es seien alle $x_n \neq o$. Für jedes (n, k) wählen wir ein $z_{n,k} \in \frac{1}{k} B_n$ mit $z_{n,k} \notin (k+1) B_{n-1}$. M sei die Menge aller $x_n + z_{n,k}$, $n, k = 1, 2, \ldots$. Für festes n und $k \to \infty$ erhalten wir als Limes x_n. Es liegt x_n nicht in M, o ist daher Limes von Limites von Cauchyfolgen aus M. Es ist aber o nicht selbst Limes einer Folge aus M. Denn eine solche müßte Elemente $x_n + z_{n,k}$ mit unbeschränktem n enthalten, andererseits einer festen Menge B_m angehören, was $z_{n,k} \in B_1 + B_m \subset 2B_m$ zur Folge hätte. Dann müßte aber $n \leqq m$ sein.

(2) *Ist $E[\mathfrak{T}]$ metrisierbar und besitzt $E[\mathfrak{T}]$ eine Fundamentalfolge beschränkter Mengen, so ist $E[\mathfrak{T}]$ normierbar.*

Denn nach (1) ist $E[\mathfrak{T}]$ nur metrisierbar, wenn es eine alle anderen beschränkten Mengen absorbierende beschränkte Menge B gibt. Dann ist aber $E'[\mathfrak{T}_b(E)]$ normiert mit der Einheitskugel B° und $E[\mathfrak{T}_{b^*}(E')]$ normiert mit der Einheitskugel $B^{\circ\circ}$. Nach § 21, 5.(3) ist aber $\mathfrak{T} = \mathfrak{T}_{b^*}(E')$.

Als Spezialfall ergibt sich

(3) *Ein* (F)*-Raum ist dann und nur dann ein* (B)*-Raum, wenn er eine Fundamentalfolge beschränkter Mengen besitzt.*

1. Fundamentalfolgen beschränkter Mengen. Metrisierbarkeit

Ferner folgt aus (1)

(4) *Ein lokalkonvexer Raum $E[\mathfrak{T}]$ mit einer Fundamentalfolge beschränkter Mengen ist nur dann metrisierbar, wenn sein stark dualer Raum normierbar ist.*

Für die beschränkten Teilmengen eines (F)-Raumes gilt

(5) *Ist $E[\mathfrak{T}]$ metrisierbar, B_n eine Folge beschränkter Mengen aus E, so gibt es stets $\varrho_n > 0$, so daß auch $\bigcup_{n=1}^{\infty} \varrho_n B_n$ beschränkt ist.*

Ist $U_1 \supset U_2 \supset \cdots$ eine absolutkonvexe Nullumgebungsbasis in $E[\mathfrak{T}]$ und ist $\varrho_n B_n \subset U_n$, so ist $\bigcup_{n=m}^{\infty} \varrho_n B_n \subset U_m$ für jedes m, also $\bigcup_{n=1}^{\infty} \varrho_n B_n$ beschränkt.

Für die stark beschränkten Teilmengen des dualen Raumes eines metrisierbaren Raumes gilt

(6) *$E[\mathfrak{T}]$ sei metrisierbar. Ist $U_1 \supset U_2 \supset \cdots$ eine Nullumgebungsbasis in $E[\mathfrak{T}]$, so bilden die U_n° eine Fundamentalfolge stark beschränkter Mengen in E'.*

Denn nach §21, 5.(3) ist jede stark beschränkte Teilmenge M von E' in einer gleichstetigen Menge U° enthalten, U eine Nullumgebung, und aus $U \supset U_k$ für geeignetes k folgt $M \subset U^\circ \subset U_k^\circ$.

(7) *Ist $E[\mathfrak{T}]$ metrisierbar, so ist $E'[\mathfrak{T}_b]$ dann und nur dann metrisierbar, wenn $E[\mathfrak{T}]$ normierbar ist.*

Denn ist $E'[\mathfrak{T}_b]$ metrisierbar, so ist nach (4) der biduale Raum E'' in der starken Topologie $\mathfrak{T}_b(E', E'')$ normiert, also auch $E[\mathfrak{T}]$, da $\mathfrak{T} = \mathfrak{T}_{b*}(E')$ ist (§21, 5.(3)) und nach §23, 4.(4) die Topologie $\mathfrak{T}_b(E', E'')$ auf E die Topologie $\mathfrak{T}_{b*}(E')$ induziert.

(8) *Es sei $E[\mathfrak{T}]$ metrisierbar, aber nicht normierbar. Dann gibt es in E' eine Fundamentalfolge $B_1 \subset B_2 \subset \cdots$ stark beschränkter absolutkonvexer und schwach abgeschlossener Mengen, von denen keine die nächstfolgende absorbiert, und jedes E'_{B_n} ist echter Teilraum von $E'_{B_{n+1}}$.*

Dabei bezeichnet E'_{B_n} die lineare Hülle von B_n und es ist $E' = \bigcup_{n=1}^{\infty} E'_{B_n}$.

Beweis. Aus (6) und §21, 5.(3) folgt die Existenz einer Folge B_n, in der kein B_n die Menge B_{n+1} absorbiert. Nach §21, 6.(4) und §20, 11.(2) ist E'_{B_n} mit B_n als Einheitskugel ein (B)-Raum. Wäre $E'_{B_n} = E'_{B_{n+1}}$, so wäre E'_{B_n} auch bezüglich der echt gröberen Normtopologie von $E'_{B_{n+1}}$ ein (B)-Raum, was §15, 12.(7) widerspricht.

(9) *Ein (F)-Raum E ist dann und nur dann ein (B)-Raum, wenn E eine beschränkte ausgeglichene Teilmenge enthält.*

Die Bedingung ist offenbar notwendig. Enthält E umgekehrt eine beschränkte ausgeglichene Teilmenge, so enthält E auch eine beschränkte

Tonne B. Da E tonneliert ist, ist B eine beschränkte Nullumgebung von E, nach §15, 10.(4) ist E daher ein (B)-Raum.

2. Der biduale Raum. Es sei $U_1 \supset U_2 \supset \cdots$ eine Nullumgebungsbasis des metrisierbaren Raumes $E[\mathfrak{T}]$, U_k absolutkonvex. Dann ist die Folge $U_1^{\circ\circ} \supset U_2^{\circ\circ} \supset \cdots$ der in E'' gebildeten Polaren der U_n° eine Nullumgebungsbasis der natürlichen Topologie $\mathfrak{T}_n(E')$ des bidualen Raumes E'' (vgl. § 23, 4.). Da $E[\mathfrak{T}]$ metrisierbar ist, fällt $\mathfrak{T}_n(E')$ mit der starken Topologie $\mathfrak{T}_b(E', E'')$ auf E'' zusammen.

(1) *$E[\mathfrak{T}]$ sei metrisierbar, $E'[\mathfrak{T}_b(E)]$ der stark duale Raum, $E''[\mathfrak{T}_n(E')]$ der stark biduale Raum. Ist die Vereinigung $M = \bigcup_{n=1}^{\infty} M_n$ abzählbar vieler $\mathfrak{T}_b(E')$-gleichstetiger Teilmengen $M_n \subset E''$ $\mathfrak{T}_s(E')$-beschränkt in E'', so ist auch M $\mathfrak{T}_b(E')$-gleichstetig.*

Beweis. Wir können $M_n \subset M_{n+1}$ und die M_n und damit M als absolutkonvex voraussetzen. Die Gleichstetigkeit von M_n bedeutet $M_n \subset B_n^{\circ\circ}$, B_n eine absolutkonvexe beschränkte Teilmenge von $E[\mathfrak{T}]$, $B_n^{\circ\circ}$ die in E'' gebildete Polare zu $B_n^\circ \subset E'$. Die nach Voraussetzung schwach beschränkte Menge M ist wegen der Vollständigkeit von $E'[\mathfrak{T}_b]$ nach dem Satz von Banach-Mackey beschränkt in $E''[\mathfrak{T}_n]$. Also gibt es zu jeder $\mathfrak{T}_n$-Nullumgebung $U_k^{\circ\circ}$ ein $c_k > 0$ mit $M \subset c_k U_k^{\circ\circ}$. Ferner gibt es ein $a_{nk} > 0$ mit $B_n \subset a_{nk} U_k$ für jedes k und n. Es sei $b_k = \max_{n \le k}(c_k, a_{nk})$. Dann ist $\bigcap_{k=n+1}^{\infty} a_{nk} U_k \subset \bigcap_{n+1}^{\infty} b_k U_k$, also $\left(\bigcap_{n+1}^{\infty} b_k U_k\right)^\circ \subset \left(\bigcap_{n+1}^{\infty} a_{nk} U_k\right)^\circ \subset B_n^\circ$. Daraus folgt $M_n^\circ \supset \left(\bigcap_{n+1}^{\infty} b_k U_k\right)^\circ$.

Aus $M_n \subset M \subset b_k U_k^{\circ\circ}$ folgt andererseits $M_n^\circ \supset \frac{1}{b_k} U_k^\circ$, also $M_n^\circ \supset \overline{\Gamma_{k=1}^{n}\left(\frac{1}{b_k} U_k^\circ\right)} = \left(\bigcap_{k=1}^{n} b_k U_k\right)^\circ$; die letzte Gleichung folgt aus § 20, 6.(5) und § 20, 8.(10). Daher gilt $2M_n^\circ \supset \left(\bigcap_{k=1}^{n} b_k U_k\right)^\circ + \left(\bigcap_{n+1}^{\infty} b_k U_k\right)^\circ$. Nun ist $\left(\bigcap_{k=1}^{n} b_k U_k\right)^\circ$ als Polare einer Nullumgebung schwach kompakt in E', nach § 15, 6.(10) ist also $\left(\bigcap_{k=1}^{n} b_k U_k\right)^\circ + \left(\bigcap_{n+1}^{\infty} b_k U_k\right)^\circ$ schwach abgeschlossen. Daraus folgt aber $\left(\bigcap_{k=1}^{\infty} b_k U_k\right)^\circ \subset \left(\bigcap_{k=1}^{n} b_k U_k\right)^\circ + \left(\bigcap_{n+1}^{\infty} b_k U_k\right)^\circ$ und damit $2M_n^\circ \supset \left(\bigcap_{k=1}^{\infty} b_k U_k\right)^\circ$.

Wir haben also für alle n $\frac{1}{2} M_n \subset \left(\bigcap_{k=1}^{\infty} b_k U_k\right)^{\circ\circ}$ und daher $\frac{1}{2} M \subset \left(\bigcap_{k=1}^{\infty} b_k U_k\right)^{\circ\circ}$. Da aber $\bigcap_{k=1}^{\infty} b_k U_k$ eine beschränkte Teilmenge von E ist, ist damit unsere Behauptung bewiesen.

(1) läßt sich auch als Eigenschaft von $E'[\mathfrak{T}_b]$ formulieren,

(2) *$E[\mathfrak{T}]$ sei metrisierbar, $E'[\mathfrak{T}_b]$ der stark duale Raum. Ist V_n eine Folge absolutkonvexer, stark abgeschlossener Nullumgebungen in $E'[\mathfrak{T}_b]$,*

deren Durchschnitt V ausgeglichen ist, so ist auch V eine Nullumgebung von $E'[\mathfrak{T}_b]$.

Beweis. Setzt man $M_n = V_n^\circ$, so ist M_n eine $\mathfrak{T}_b$-gleichstetige Teilmenge von E''. Es ist $V^\circ = \left(\bigcap_{n=1}^{\infty} V_n\right)^\circ \supset \bigcup_{n=1}^{\infty} V_n^\circ = M$. Da V ausgeglichen ist, ist V° schwach beschränkt in E'', also M schwach beschränkt. Wendet man jetzt (1) an, so ergibt sich (2). Analog beweist man, daß (1) aus (2) folgt.

Aus (1) folgt, daß jede abzählbare beschränkte Teilmenge von $E''[\mathfrak{T}_n]$ $\mathfrak{T}_b(E)$-gleichstetig ist, also relativ $\mathfrak{T}_s(E')$-kompakt. Insbesondere bildet jede schwache und jede $\mathfrak{T}_n$-Cauchyfolge eine solche Menge; diese Folgen besitzen also stets einen Limes in E''.

Da $E''[\mathfrak{T}_n]$ metrisierbar ist, gilt damit

(3) *Ist $E[\mathfrak{T}]$ metrisierbar, so ist der biduale Raum $E''[\mathfrak{T}_n(E')]$ ein schwach folgenvollständiger* (F)-*Raum.*

Insbesondere ist der stark biduale Raum eines (F)-*Raumes wieder ein* (F)-*Raum.*

Es gilt ferner

(4) *Ist $E[\mathfrak{T}]$ ein nichtreflexiver* (F)-*Raum, so ist der stark biduale Raum $E''[\mathfrak{T}_n(E')]$ ebenfalls ein nichtreflexiver* (F)-*Raum.*

Beweis. Wir nehmen an, E'' sei reflexiv. Nach § 23, 2.(5) ist die Topologie $\mathfrak{T}_k(E'')$ auf E' feiner als $\mathfrak{T}_b(E)$. Nun ist $E'[\mathfrak{T}_b(E)]$ vollständig, also ist auch $E'[\mathfrak{T}_k(E'')]$ vollständig. Wenden wir § 23, 5.(6) auf $E'[\mathfrak{T}_k(E'')]$ an, so folgt, daß $E'[\mathfrak{T}_k(E'')]$ reflexiv ist. Daher ist $E'[\mathfrak{T}_b(E)]$ halbreflexiv. Nochmalige Anwendung von § 23, 5.(6) ergibt die Reflexivität von $E[\mathfrak{T}]$, also einen Widerspruch.

Aus (4) und § 23, 5.(7) ergibt sich wie für (B)-Räume

(5) *Ist E ein nichtreflexiver* (F)-*Raum, so sind die iterierten stark dualen Räume alle nichtreflexiv und in den Folgen*

$$E \subset E'' \subset E'''' \subset \cdots \quad \textit{und} \quad E' \subset E''' \subset \cdots$$

ist jeder Raum echter Teilraum des nächstfolgenden.

3. (DF)-Räume. Wir haben in 1.(6) und 2.(1) zwei Eigenschaften des stark dualen Raumes eines metrisierbaren Raumes abgeleitet, die von Grothendieck zur Definition einer neuen Klasse von lokalkonvexen Räumen benützt wurden.

Ein lokalkonvexer Raum $E[\mathfrak{T}]$ heiße ein (DF)-Raum, wenn er a) eine Fundamentalfolge beschränkter Mengen besitzt, und wenn b) jede stark beschränkte Menge $M \subset E'$, die Vereinigung abzählbar vieler gleichstetiger Mengen M_n ist, wieder gleichstetig ist.

Man sieht wie in 2.(2) ohne Schwierigkeit, daß b) ersetzt werden kann durch die duale Eigenschaft b′): Sind die U_n abzählbar viele absolutkonvexe abgeschlossene Nullumgebungen von $E[\mathfrak{T}]$ und absorbiert $U = \bigcap_{n=1}^{\infty} U_n$ jede beschränkte Menge, so ist U eine $\mathfrak{T}$-Nullumgebung.

Ein quasitonnelierter lokalkonvexer Raum mit einer Fundamentalfolge beschränkter Mengen ist stets ein (DF)-Raum. Also ist jeder normierte Raum ein (DF)-Raum.

Der stark duale Raum eines metrisierbaren Raumes ist nach 2.(1) ein vollständiger (DF)-Raum.

Wie in 2. ergibt sich aus a) und b)

(1) *Ist* $E[\mathfrak{T}]$ *ein* (DF)*-Raum, so ist* $E'[\mathfrak{T}_b]$ *ein* (F)*-Raum.*

Für die Nullumgebungen eines (DF)-Raumes gilt nach GROTHENDIECK [10]

(2) $E[\mathfrak{T}]$ *sei ein* (DF)*-Raum mit der Fundamentalfolge* B_n *absolutkonvexer und abgeschlossener beschränkter Mengen. Eine absolutkonvexe Menge* $W \subset E$ *ist dann und nur dann eine* $\mathfrak{T}$*-Nullumgebung, wenn* $W \cap B_n$ *eine* $\mathfrak{T}$*-Nullumgebung in* B_n *ist.*

Beweis. Es genügt zu zeigen, daß die Bedingung hinreichend ist. Wir konstruieren je eine Folge positiver α_n bzw. absolutkonvexer abgeschlossener Nullumgebungen U_n, so daß für alle n und k gilt

$$(3) \quad \alpha_n B_n \subset \tfrac{1}{3} W, \qquad (4) \quad \alpha_n B_n \subset U_k, \qquad (5) \quad U_n \cap B_n \subset W.$$

Mit der Konstruktion dieser Folge ist (2) bewiesen; denn setzt man $U = \bigcap_{n=1}^{\infty} U_n$, so absorbiert U wegen (4) jede beschränkte Menge, ist also nach b′) eine $\mathfrak{T}$-Nullumgebung; schließlich folgt aus $U \cap B_n \subset W$, daß $U \cap \left(\bigcup_{n=1}^{\infty} B_n\right) = U \subset W$ gilt.

Seien α_n, U_n für $n \leqq m$ so bestimmt, daß (3) für $n, k \leqq m$ gilt. Nach Voraussetzung gibt es eine Nullumgebung U mit $U \cap B_{m+1} \subset W$. Man bestimme α_{m+1} so, daß $\alpha_{m+1} B_{m+1} \subset \frac{1}{3} U$ und $\alpha_{m+1} B_{m+1} \subset \frac{1}{3} B_{m+1}$ gilt. Dann ist aber $\alpha_{m+1} B_{m+1} \subset \frac{1}{3}(B_{m+1} \cap U) \subset \frac{1}{3} W$, also (3) für $m+1$ erfüllt. Ferner kann man α_{m+1} offenbar so klein wählen, daß auch (4) für $n = m+1$ und $k \leqq m$ gilt.

Wir setzen $B^{(m+1)} = \Gamma_{i=1}^{m+1} \alpha_i B_i$. Können wir eine absolutkonvexe Nullumgebung V so bestimmen, daß $U_{m+1} = \overline{B^{(m+1)} + V}$ die Beziehung (5) für $m+1$ erfüllt, so ist damit wegen $\alpha_n B_n \subset B^{(m+1)} \subset U_{m+1}$ auch (4) für $n \leqq m+1$ und $k = m+1$ erfüllt.

Wegen $U_{m+1} \subset 2 B^{(m+1)} + 2V$ genügt es $(2 B^{(m+1)} + 2V) \cap B_{m+1} \subset W$ zu beweisen. Setzt man $M = B_{m+1} \cap (E \sim W)$, so hat man also zu zeigen, daß $(2B^{(m+1)}+2V)\frown M$ für geeignetes V leer ist, d.h. $2V\frown(M+2B^{(m+1)})$ leer ist. Dies bedeutet, daß $N=M+2B^{(m+1)}$ nicht $\mathfrak{o}$ als Berührungspunkt haben darf.

Man zeigt dies folgendermaßen: Da $B^{(m+1)}\subset\frac{1}{3}W$ gilt, ist $\frac{1}{3}W+2B^{(m+1)}\subset W$. Da $W\frown M$ leer ist, ist auch $(\frac{1}{3}W+2B^{(m+1)})\frown M$ leer und damit $N\frown\frac{1}{3}W$ leer. Die Menge $3N$ ist beschränkt, liegt also in einem der B_k und $W\frown B_k$ ist eine Nullumgebung auf B_k. Da $(3N)\frown W$ leer ist, ist $\mathfrak{o}$ nicht Berührungspunkt von $3N$ und damit auch nicht von N.

Wir führen den Spezialfall des stark dualen Raumes eines (F)-Raumes gesondert an,

(6) *Es sei $E[\mathfrak{T}]$ metrisierbar, $U_1\supset U_2\supset\cdots$ eine Nullumgebungsbasis aus absolutkonvexen U_n. Eine absolutkonvexe Teilmenge W von E' ist dann und nur dann eine starke Nullumgebung von E', wenn $W\frown U_n^\circ$ eine starke Nullumgebung in U_n° ist für alle n.*

Eine einfache Folgerung von (2) ist

(7) *Eine lineare Abbildung A eines* (DF)-*Raumes E in einen lokalkonvexen Raum F ist dann und nur dann stetig, wenn ihre Einschränkungen auf die B_n einer Fundamentalfolge beschränkter Mengen stetig sind.*

Denn ist A auf den B_n stetig, so ist für eine gegebene absolutkonvexe Nullumgebung V in F $A^{(-1)}(V)\frown B_n$ eine Nullumgebung auf B_n; die absolutkonvexe Menge $A^{(-1)}(V)$ ist nach (2) also eine Nullumgebung in E.

Der folgende, ebenfalls von Grothendieck stammende Satz vergleicht die Topologie eines (DF)-Raumes mit der Topologie $\mathfrak{T}_{b*}(E')$,

(8) *Auf einer separablen Teilmenge M eines* (DF)-*Raumes $E[\mathfrak{T}]$ fallen $\mathfrak{T}$ und $\mathfrak{T}_{b*}(E')$ zusammen.*

Beweis. $\mathfrak{T}_{b*}$ ist feiner als $\mathfrak{T}$. Wir haben also zu zeigen, daß zu einer absolutkonvexen abgeschlossenen $\mathfrak{T}_{b*}$-Nullumgebung V stets eine offene $\mathfrak{T}$-Nullumgebung U mit $U\frown M\subset V$ existiert. Äquivalent dazu ist die Behauptung, daß $(U\frown(E\sim V))\frown M$ leer ist. Da $U\frown(E\sim V)$ offen ist, genügt es zu zeigen, daß kein Element einer in M dichten Folge x_i in $U\frown(E\sim V)$ liegt, d.h. daß es ein U gibt, das keines der in $E\sim V$ liegenden x_{i_k} enthält. Wir bezeichnen die Folge x_{i_k} wieder mit $x_1, x_2, \ldots$. Nur wenn diese Folge nicht abbricht, ist etwas zu beweisen.

Dazu konstruieren wir Folgen $\alpha_n>0$, U_n (absolutkonvexe und abgeschlossene $\mathfrak{T}$-Nullumgebungen) mit

(9) $\alpha_n B_n\subset U_k$, (10) $\alpha_n B_n\subset V$, (11) $x_n\notin U_n$

für alle n, k; die B_n sind eine feste Fundamentalfolge absolutkonvexer beschränkter und abgeschlossener Mengen in E.

Dies sei für $k, n\leqq m$ bewiesen. Man kann offenbar α_{m+1} so wählen, daß (10) für $m+1$ und (9) für $n=m+1$ und $k\leqq m$ richtig sind.

Wir setzen $B^{(m+1)} = \overline{\Gamma_1^{m+1} \alpha_n B_n}$. Wir haben dann ein abgeschlossenes absolutkonvexes $U_{m+1} \supset B^{(m+1)}$ so zu wählen, daß $x_{m+1} \notin U_{m+1}$ gilt. Dies ist möglich, da $B^{(m+1)} \subset V$ und $x_{m+1} \notin V$ gilt (vgl. § 15, 6.(9)).

Setzt man $U = \bigcap_{n=1}^{\infty} U_n$, so erhält man wegen (9) eine alle beschränkten Mengen absorbierende absolutkonvexe Menge, die nach b′) eine $\mathfrak{T}$-Umgebung ist. U enthält wegen (11) keines der $x_n \in E \sim V$.

Aus (8) lassen sich nun hinreichende Bedingungen dafür finden, daß ein (DF)-Raum quasitonneliert ist, d.h. daß $\mathfrak{T}$ und $\mathfrak{T}_{b*}(E')$ zusammenfallen. Es gilt

(12) *a) Jeder separable* (DF)-*Raum ist quasitonneliert.*

b) Sind die beschränkten Teilmengen eines (DF)-*Raumes* $E[\mathfrak{T}]$ *metrisierbar bezüglich* $\mathfrak{T}$, *so ist* $E[\mathfrak{T}]$ *quasitonneliert.*

c) Ein (F)-*Raum ist distinguiert, wenn die beschränkten Teilmengen des stark dualen Raumes metrisierbar sind.*

Beweis. a) folgt unmittelbar aus (8).

Nach (2) fällt $\mathfrak{T}_{b*}(E')$ mit $\mathfrak{T}$ zusammen, wenn $\mathfrak{T}_{b*}(E')$ auf jeder beschränkten Menge B mit $\mathfrak{T}$ zusammenfällt. Ist $\mathfrak{T}$ auf B metrisierbar, so ist $\mathfrak{T}$ durch die Klasse der folgenabgeschlossenen Teilmengen von B bestimmt. Nach (8) fallen aber $\mathfrak{T}$-konvergente und $\mathfrak{T}_{b*}$-konvergente Folgen zusammen. Da jede $\mathfrak{T}$-abgeschlossene Menge $\mathfrak{T}_{b*}$-abgeschlossen ist, fallen die bezüglich $\mathfrak{T}$ bzw. $\mathfrak{T}_{b*}$ abgeschlossenen Teilmengen von B zusammen, also ist $\mathfrak{T}$ gleich $\mathfrak{T}_{b*}$ auf B. Damit ist b) bewiesen.

Nach § 23, 7.(1) ist ein (F)-Raum E dann und nur dann distinguiert, wenn $E'[\mathfrak{T}_b]$ tonneliert ist. Da E' vollständig ist, folgt c) aus b).

4. Bornologische (DF)-Räume. Es sei $E[\mathfrak{T}]$ ein metrisierbarer lokalkonvexer Raum, $E'[\mathfrak{T}_b(E)]$ der stark duale Raum, $E''[\mathfrak{T}_n]$ der stark biduale Raum. Wir untersuchen den zu $E'[\mathfrak{T}_b]$ assoziierten bornologischen Raum. Es gilt

(1) *Es sei* B_n *eine Fundamentalfolge beschränkter absolutkonvexer abgeschlossener Mengen aus* $E'[\mathfrak{T}_b]$. *Dann ist die algebraische Hülle* V^a *jeder Menge* $V = \Gamma_{n=1}^{\infty} \alpha_n B_n$, $\alpha_n \geqq 0$, *bereits* $\mathfrak{T}_b$-*abgeschlossen.*

$E'[\mathfrak{T}_b^{\times}]$ *besitzt also eine Nullumgebungsbasis aus* $\mathfrak{T}_b$-*abgeschlossenen Umgebungen.*

Beweis. Es sei $V_k = \Gamma_{n=1}^{k} \alpha_n B_n$, also $V = \bigcup_{k=1}^{\infty} V_k$. Da die B_k $\mathfrak{T}_s(E)$-kompakt sind (vgl. § 21, 5.(3)), ist nach § 20, 6.(5) V_k ebenfalls $\mathfrak{T}_s(E)$-kompakt, also stark abgeschlossen. Es gehöre u nicht zu V^a. Es gibt dann nach § 16, 4.(4) ein $\beta > 1$ mit $u \notin \beta V$. Aus $u \notin \beta V_k$ folgt die Existenz eines

$z_k \in V_k^\circ \subset E''$ mit $z_k u = \beta$. Die Folge z_k bildet eine beschränkte Teilmenge von $E''[\mathfrak{T}_n]$, nach 2.(1) also eine gleichstetige und damit relativ $\mathfrak{T}_s(E')$-kompakte Teilmenge von E''. Sei $z_0 \in E''$ schwacher Berührungspunkt der z_k, so gilt $z_0 u = \beta$ und $z_0 \in \bigcap_{k=1}^{\infty} V_k^\circ = V^\circ$. Damit liegt u nicht in $V^{\circ\circ}$ und es ist die $\mathfrak{T}_b$-abgeschlossene Hülle $V^{\circ\circ}$ von V gleich V^a. Schließlich bilden die V^a nach § 28, 2. eine Nullumgebungsbasis von $\mathfrak{T}_b^\times$.

Aus (1) läßt sich nun $\mathfrak{T}_b^\times$ auf E' bestimmen,

(2) *Es sei* $E[\mathfrak{T}]$ *metrisierbar. Die zur starken Topologie* $\mathfrak{T}_b(E)$ *auf* E' *assoziierte bornologische Topologie* $\mathfrak{T}_b^\times$ *ist gleich* $\mathfrak{T}_b(E'')$.

$E'[\mathfrak{T}_b(E'')]$ *ist also stets ein vollständiger bornologischer* (DF)-*Raum.*

Beweis. Nach § 21, 2.(1) bilden die abgeschlossenen absolutkonvexen und ausgeglichenen Teilmengen von $E'[\mathfrak{T}_b(E)]$ eine $\mathfrak{T}_b(E'')$-Nullumgebungsbasis in $E'[\mathfrak{T}_b(E'')]$. Diese Mengen bilden nach (1) und der Definition des bornologischen Raumes (§ 28, 1.) aber auch eine $\mathfrak{T}_b^\times$-Nullumgebungsbasis auf E'.

Die Vollständigkeit von $E'[\mathfrak{T}_b(E'')]$ folgt aus der $\mathfrak{T}_b(E)$-Vollständigkeit von E' nach (1) und § 18, 4.(4).

Wir wenden (2) an, um Kriterien zu erhalten, wann der stark duale Raum eines (F)-Raumes bornologisch, also ein (LB)-Raum ist.

(3) $E[\mathfrak{T}]$ *sei ein* (F)-*Raum. Dann sind folgende Eigenschaften äquivalent:*

a) $E[\mathfrak{T}]$ *ist distinguiert;*

b) $E'[\mathfrak{T}_b(E)]$ *ist bornologisch;*

c) $E'[\mathfrak{T}_b]$ *ist tonneliert oder quasitonneliert.*

Beweis. Nach § 23, 7.(1) und wegen der Vollständigkeit von $E'[\mathfrak{T}_b]$ sind a) und c) äquivalent. Da jeder bornologische Raum quasitonneliert ist (§ 28, 1.), folgt c) aus b). Aus c) folgt nach (2) andererseits b).

Hinreichende Kriterien dafür, daß $E'[\mathfrak{T}_b]$ bornologisch ist, sind nach 3.(12): $E'[\mathfrak{T}_b]$ *ist separabel bzw. die beschränkten Teilmengen von* $E'[\mathfrak{T}_b]$ *sind metrisierbar.*

Es gilt ferner (vgl. § 28, 7.)

(4) *Ist der* (F)-*Raum* E *reflexiv, so ist der stark duale Raum bornologisch.*

Ein (F)-*Raum* E *ist dann und nur dann reflexiv, wenn er geschlossen oder* $\mathfrak{T}_{c_0}(E')$-*vollständig ist.*

Beweis. Ist $E[\mathfrak{T}]$ reflexiv, so ist $E'[\mathfrak{T}_b]$ tonneliert, nach (3) also bornologisch. Aus § 28, 7.(4) folgt, daß ein reflexives E auch geschlossen und $\mathfrak{T}_{c_0}$-vollständig ist. Gilt andererseits $E = \breve{E} = \tilde{E}[\tilde{\mathfrak{T}}_{c_0}(E')]$, so ist nach § 28, 7.(7) $E = E''$.

Wir werden in § 31, 7. ein Beispiel eines nicht distinguierten (F)-Raumes bringen. Es gibt also (F)-Räume E mit der Eigenschaft, daß nicht jede beschränkte Menge M aus E'' in der bipolaren Hülle $B^{\circ\circ}$ einer beschränkten Menge B aus E liegt.

Ist M jedoch schwach separabel, so folgt aus der Definition des (DF)-Raumes, daß es ein solches B mit $M \subset B^{\circ\circ}$ stets gibt.

(5) *Ist* $E[\mathfrak{T}]$ *ein* (F)-*Raum,* $\check{E}$ *seine geschlossene Hülle, so liegt jede* $\mathfrak{T}_s(E')$-*beschränkte Teilmenge von* $\check{E}$ *in der in* $\check{E}$ *gebildeten bipolaren Hülle* $B^{\circ\circ}$ *einer beschränkten Teilmenge* B *von* E''.

Nach (2) ist $E'[\mathfrak{T}_b(E'')]$ tonneliert mit dem nach § 28, 6.(1) dualen Raum $\check{E}$; also fallen in $\check{E}$ beschränkte und $\mathfrak{T}_b(E'')$-gleichstetige Mengen zusammen. Diese sind Teilmengen der $B^{\circ\circ}$, B° eine $\mathfrak{T}_b(E'')$-Nullumgebung.

(6) $E[\mathfrak{T}]$ *sei lokalkonvex metrisierbar. Dann und nur dann ist* $E'' = \check{E} = \tilde{E}[\tilde{\mathfrak{T}}_{c_0}(E')]$, *wenn* $\mathfrak{T}_k(E'') = \mathfrak{T}_b(E'')$ *gilt, wenn also jede* $\mathfrak{T}_s(E')$-*beschränkte Teilmenge von* E'' *relativ* $\mathfrak{T}_s(E')$-*kompakt ist.*

Da $\check{E} = (E'[\mathfrak{T}_b^\times])'$ und $E'' = (E'[\mathfrak{T}_k(E'')])'$ ist, folgt dies aus (2).

Wir haben in 3. Kriterien angegeben, wann die Topologie $\mathfrak{T}$ eines (DF)-Raumes gleich $\mathfrak{T}_{b^*}(E')$ ist, und in dieser Nummer Fälle angegeben, in denen $\mathfrak{T}$ sogar bornologisch ist. Das folgende einfache Beispiel zeigt, daß $\mathfrak{T}$ im allgemeinen echt gröber als die Mackeysche Topologie sein kann.

Sei E ein nichtseparabler reflexiver (B)-Raum. Wir versehen E mit der Topologie $\mathfrak{T}$ der gleichmäßigen Konvergenz auf den separablen beschränkten Teilmengen des stark dualen Raumes E'. Dann ist $E[\mathfrak{T}]$ ein halbreflexiver (DF) Raum und $\mathfrak{T}$ ist echt gröber als die Topologie $\mathfrak{T}_k(E') = \mathfrak{T}_b(E')$ auf E.

5. Permanenzeigenschaften der (DF)-Räume. Wir beweisen

(1) *Ist* $E[\mathfrak{T}]$ *ein* (DF)-*Raum,* H *ein abgeschlossener linearer Teilraum, so ist* $(E/H)[\mathfrak{T}]$ *ebenfalls ein* (DF)-*Raum und die beiden starken Topologien* $\mathfrak{T}_b(E)$ *und* $\mathfrak{T}_b(E/H)$ *auf* $H^\perp = (E/H)'$ *stimmen überein.*

Wir beweisen zuerst den zweiten Teil der Behauptung. Die Topologie $\mathfrak{T}_b(E)$ auf $H^\perp \subset E'$ ist gröber als $\mathfrak{T}_b(E/H)$, die identische Abbildung I von $H^\perp[\mathfrak{T}_b(E/H)]$ auf $H^\perp[\mathfrak{T}_b(E)]$ ist also stetig. Wir haben zu zeigen, daß auch die Umkehrung stetig ist; dann ist I ein topologischer Isomorphismus. $H^\perp[\mathfrak{T}_b(E)]$ ist als Teilraum von E' metrisierbar, also bornologisch, und es genügt nach § 28, 3.(4) zu zeigen, daß jede $\mathfrak{T}_b(E)$-Nullfolge $u_n \in H^\perp$ in $H^\perp[\mathfrak{T}_b(E/H)]$ beschränkt ist. Da $E[\mathfrak{T}]$ ein (DF)-Raum ist, ist aber die Menge $\{u_n\}$ eine $\mathfrak{T}$-gleichstetige Teilmenge von $H^\perp$. Als solche ist sie relativ $\mathfrak{T}_s(E)$-kompakt, also auch relativ $\mathfrak{T}_s(E/H)$-kompakt und daher $\mathfrak{T}_b(E/H)$-beschränkt. Damit ist $\mathfrak{T}_b(E) = \mathfrak{T}_b(E/H)$ auf $H^\perp$ bewiesen.

Daraus folgt nun, daß jede beschränkte Menge von $(E/H)[\mathfrak{T}]$ in der abgeschlossenen Hülle des kanonischen Bildes $K(B)$ einer beschränkten

Menge B von $E[\mathfrak{T}]$ liegt. Also besitzt auch $(E/H)[\mathfrak{T}]$ eine Fundamentalfolge beschränkter Mengen. Schließlich ist die Forderung b) aus der Definition des (DF)-Raumes für E/H erfüllt, da sie für E gilt.

Ein abgeschlossener linearer Teilraum eines (DF)-Raumes braucht nicht wieder ein (DF)-Raum zu sein (vgl. das Gegenbeispiel in § 31, 5.).

(2) *Ist der lineare Teilraum* $H[\mathfrak{T}]$ *des lokalkonvexen Raumes* $E[\mathfrak{T}]$ *ein* (DF)-*Raum, so ist der stark duale Raum zu* $H[\mathfrak{T}]$ *topologisch isomorph zu* $E'[\mathfrak{T}_b(E)]/H^{\perp}$.

Wir haben zu zeigen, daß die algebraische Isomorphie von $H'[\mathfrak{T}_b(H)]$ auf $E'[\mathfrak{T}_b(E)]/H^{\perp}$ eine topologische Isomorphie ist. Da $\mathfrak{T}_b(H)$ gröber als $\mathfrak{T}_b(E)$ auf H' ist, genügt es zu zeigen, daß die Isomorphie stetig ist. Da $H'[\mathfrak{T}_b(H)]$ metrisierbar, also bornologisch ist, brauchen wir nur nachzuweisen, daß jede Nullfolge $\hat{u}_n$ in $H'[\mathfrak{T}_b(H)]$ beschränkt in der Topologie $\mathfrak{T}_b(E)$ ist. Die $\hat{u}_n$ bilden wieder eine $\mathfrak{T}$-gleichstetige Menge in H', die nach § 22, 1.(1) Bild einer $\mathfrak{T}$-gleichstetigen Teilmenge von E' ist. Diese Menge ist $\mathfrak{T}_b(E)$-beschränkt, also auch ihr Bild $\{\hat{u}_n\}$.

(3) *a) Ein* (DF)-*Raum* $E[\mathfrak{T}]$ *ist dann und nur dann vollständig, wenn er quasivollständig ist.*

b) Die vollständige Hülle eines (DF)-*Raumes ist wieder ein* (DF)-*Raum.*

c) Jeder halbreflexive (DF)-*Raum ist vollständig.*

Beweis. a) Wir wenden (2) auf E und seine vollständige Hülle $\tilde{E}$ an. Auf $E' = \tilde{E}'$ fallen also die beiden starken Topologien $\mathfrak{T}_b(E)$ und $\mathfrak{T}_b(\tilde{E})$ zusammen. Jede beschränkte Menge von $\tilde{E}$ liegt daher in der abgeschlossenen Hülle einer beschränkten Menge von E. Ist E quasivollständig, so ist also $E = \tilde{E}$.

b) Ist B_n eine Fundamentalfolge beschränkter Mengen in E, so bilden die in $\tilde{E}$ gebildeten abgeschlossenen Hüllen $\overline{B}_n$ eine Fundamentalfolge in $\tilde{E}$. Die Bedingung b') für einen (DF)-Raum ist in $\tilde{E}$ erfüllt, wenn sie in E gilt.

c) Jeder halbreflexive Raum ist quasivollständig, aus a) folgt c).

(4) *Die lokalkonvexe Hülle* $E[\mathfrak{T}] = \sum A_n(E_n[\mathfrak{T}_n])$ *einer Folge von* (DF)-*Räumen* $E_n[\mathfrak{T}_n]$ *ist wieder ein* (DF)-*Raum.*

Jede beschränkte Teilmenge von E *liegt in der abgeschlossenen absolutkonvexen Hülle endlich vieler* $A_n(B_n)$, B_n *beschränkt in* $E_n[\mathfrak{T}_n]$.

Der stark duale Raum $E'[\mathfrak{T}_b(E)]$ *ist der lokalkonvexe Kern der* $A_n^{(-1)}(E_n'[\mathfrak{T}_b(E_n)])$.

Wir beweisen zuerst, daß die lokalkonvexe direkte Summe $F = \bigoplus_{n=1}^{\infty} E_n[\mathfrak{T}_n]$ von (DF)-Räumen wieder ein (DF)-Raum ist.

Durchläuft $B_i^{(n)}$ eine Fundamentalfolge beschränkter Mengen in $E_n[\mathfrak{T}_n]$, so bilden nach § 18, 5.(4) die $\bigoplus_{n=1}^{N} B_{i_n}^{(n)}$ in geeigneter Anordnung eine Fundamentalfolge in F.

Die Gültigkeit der Bedingung b') für einen (DF)-Raum folgt aus b') für die $E_n[\mathfrak{T}_n]$ und der Definition der Topologie der lokalkonvexen direkten Summe.

Da $\sum A_n(E_n[\mathfrak{T}_n])$ einem Quotientenraum F/H topologisch isomorph ist, folgt die erste Behauptung von (4) aus (1).

Ebenfalls nach (1) liegt jede beschränkte Teilmenge von F/H in der abgeschlossenen Hülle des kanonischen Bildes einer beschränkten Menge aus F, also in einer Menge $\overline{\Gamma_{i=1}^{n} A_i(B_i)}$. Daraus folgt unmittelbar die letzte Behauptung von (4), wenn man noch § 22, 7.(5) heranzieht.

(4) besagt speziell, daß jeder topologische induktive Limes $E[\mathfrak{T}]$ einer aufsteigenden Folge $E_1[\mathfrak{T}_1] \subset E_2[\mathfrak{T}_2] \subset \cdots$ normierter Räume ein (DF)-Raum ist. Nach § 28, 4.(1) ist $E[\mathfrak{T}]$ dann bornologisch.

Wir bemerken, daß $E[\mathfrak{T}]$ nicht vollständig zu sein braucht, wenn die $E_n[\mathfrak{T}_n]$ (B)-Räume sind (vgl. § 31, 6.).

(5) *Ein lokalkonvexer Raum* $E[\mathfrak{T}]$ *ist dann und nur dann ein bornologischer* (DF)-*Raum, wenn er topologischer induktiver Limes einer aufsteigenden Folge normierter Räume ist.*

Der einfache Beweis, daß die Bedingung auch notwendig ist, bleibe dem Leser überlassen.

(6) *Die lokalkonvexe Hülle einer Folge halbreflexiver bzw. reflexiver* (DF)-*Räume* E_n *ist wieder ein halbreflexiver bzw. reflexiver* (DF)-*Raum.*

Sind die $E_n[\mathfrak{T}_n]$ halbreflexive (DF)-Räume, so ist jede beschränkte Menge $B_n \subset E_n[\mathfrak{T}_n]$ relativ $\mathfrak{T}_s(E_n')$-kompakt, also $A_n(B_n)$ relativ $\mathfrak{T}_s(E')$-kompakt. Dann ist aber auch die absolutkonvexe Hülle endlich vieler $A_n(B_n)$ relativ $\mathfrak{T}_s(E')$-kompakt, $\sum A_n(E_n[\mathfrak{T}_n])$ ist nach (4) also halbreflexiv.

Sind die $E_n[\mathfrak{T}_n]$ reflexiv, so sind sie tonneliert. Nach § 27, 1.(3) ist dann auch $\sum A_n(E_n[\mathfrak{T}_n])$ tonneliert. Aus § 23, 5.(1) folgt die Behauptung.

6. Weitere Resultate und offene Fragen. Die Untersuchung der linearen stetigen Abbildungen von (F)- und (DF)-Räumen wird im zweiten Band erfolgen, ebenso sollen dort wichtige spezielle Klassen solcher Räume betrachtet werden. Wir bringen hier noch kleinere Ergänzungen.

Ist E ein normierter Raum und $\tilde{E}$ seine vollständige Hülle, so liegt jede beschränkte Teilmenge von $\tilde{E}$ in der vollständigen Hülle einer beschränkten Teilmenge von E. Die Frage, ob dies auch für metrisierbare lokalkonvexe Räume gilt, ist erst kürzlich entschieden worden.

(1) *Ist $E[\mathfrak{T}]$ separabel, metrisierbar und lokalkonvex, so ist jede beschränkte Teilmenge des* (F)*-Raumes $\tilde{E}[\tilde{\mathfrak{T}}]$ in der vollständigen Hülle einer beschränkten Teilmenge von E enthalten.*

Dies ist nach GROTHENDIECK [10] eine einfache Folge der Sätze aus Nr. 2: Aus 2.(3) folgt $\tilde{E} \subset E''$. Eine beschränkte Teilmenge B von $\tilde{E}$ ist also eine separable beschränkte Teilmenge von E''. Eine in B dichte abzählbare Menge ist nach 2.(1) $\mathfrak{T}_b(E)$-gleichstetig; also ist auch B als ihre abgeschlossene Hülle $\mathfrak{T}_b(E)$-gleichstetig. Es gilt also $B \subset M^{\circ\circ} \cap \tilde{E}$, $M^{\circ\circ}$ die in E'' gebildete polare Menge zu M°, M beschränkt und absolutkonvex in $E[\mathfrak{T}]$. Es ist aber $M^{\circ\circ} \cap \tilde{E}$ nach dem Bipolarensatz die vollständige Hülle von M in $\tilde{E}$.

AMEMIYA [1] gab das folgende Beispiel, das zeigt, daß (1) im nichtseparablen Fall nicht mehr richtig zu sein braucht.

Es sei $E_1[\mathfrak{T}]$ ein reeller (F)-Raum, der kein (B)-Raum ist, und es sei $\{B_\alpha\}$, $\alpha \in \mathsf{A}$, ein nach 1.(3) nichtabzählbares Fundamentalsystem absolutkonvexer beschränkter Teilmengen von E_1. Nach 1.(9) gibt es für jedes α eine unstetige Linearfunktion $u_\alpha \in E_1^*$, die auf den Elementen von B_α verschwindet.

Es sei $p_n(x)$ eine $\mathfrak{T}$ erklärende Folge von Halbnormen auf E_1. Mit $E = l^1_{\mathsf{A}}(E_1)$ werde der Raum aller $x = (x_\alpha)$, $x_\alpha \in E_1$, bezeichnet, für die alle $q_n(x) = \sum_\alpha p_n(x_\alpha) < \infty$ sind. Bezüglich der durch die $q_n(x)$ auf E erklärten Topologie ist E ein (F)-Raum.

Mit ω_{A} werde der Raum aller reellen Vektoren $\mathfrak{x} = (\xi_\alpha)$, $\alpha \in \mathsf{A}$, bezeichnet. Durch $A(x) = (u_\alpha x_\alpha)$ wird eine lineare Abbildung von E in ω_{A} gegeben. Es bezeichne $F = l^1_{\mathsf{A}}$ den Teilraum aller $\mathfrak{x} \in \omega_{\mathsf{A}}$ mit $\sum_\alpha |\xi_\alpha| < \infty$. F ist ein (B)-Raum bezüglich der Norm $\sum_\alpha |\xi_\alpha|$. Schließlich sei E_0 der Teilraum von E, der durch A in F abgebildet wird. E_0 ist dicht in E, da alle $x = (x_\alpha)$ mit nur endlich vielen $x_\alpha \neq 0$ in E_0 liegen. Aus demselben Grund ist $\hat{A}(E_0)$ dicht in F, wobei $\hat{A}$ die Einschränkung von A auf E_0 bezeichne.

Es sei B nun eine beschränkte Teilmenge von E_0. Wir behaupten, daß $\overline{\hat{A}(B)}$ keine Nullumgebung von F enthält. Ist $q_n(x) \leq M_n$ für alle $x \in B$, so ist $p_n(x_\alpha) \leq M_n$ für jedes α; die Komponenten x_α der $x \in B$ liegen also für alle α in einer bestimmten beschränkten Menge B_{α_0}. Dann ist aber $u_{\alpha_0} x_{\alpha_0} = 0$ für alle $x \in B$; für alle Elemente von $\hat{A}(B)$ verschwindet also die α_0-te Koordinate. Daraus folgt aber, daß $\overline{\hat{A}(B)}$ kein Vielfaches der Einheitskugel von F enthalten kann.

Wir betrachten nun den Graphen $G(\hat{A})$ der Abbildung $\hat{A}$ von E_0 in F als linearen Teilraum des (F)-Raumes $E \times F$. Da E_0 dicht in E, $\hat{A}(E_0)$ dicht in F und $\hat{A}^{(-1)}(0)$ wegen der Unstetigkeit der u_α dicht in E_0 ist, ist $G(\hat{A})$ dicht in $E \times F$. Wir behaupten, daß keine beschränkte Teilmenge M von $G(\hat{A})$ dicht in einer beschränkten Teilmenge von $E \times F$ der Form $M_1 \times K$ ist, K die Einheitskugel von F. Die Menge M ist enthalten in einer Menge der Gestalt $B \times \hat{A}(E)$, B beschränkt in E_0. Wir haben aber vorhin bewiesen, daß $\hat{A}(B)$ nicht dicht in K ist, also ist M nicht dicht in $M_1 \times K$, womit das Gegenbeispiel erbracht ist.

Kōmura [2] gab unter Voraussetzung der Kontinuumshypothese ein Beispiel eines nichtseparablen (F)-Raumes, dessen sämtliche beschränkten Teilmengen separabel sind, nachdem Dieudonné [14] ebenfalls unter Benutzung der Kontinuumshypothese ein Beispiel eines solchen metrisierbaren lokalkonvexen Raumes gegeben hatte.

Die von Grothendieck [10] gestellte Frage, ob auf dem stark dualen Raum E' eines (F)-Raumes die Topologien $\mathfrak{T}_b(E)$ und $\mathfrak{T}_k(E'')$ stets übereinstimmen (vgl. § 28, 7.), wurde ebenfalls von Kōmura [2] negativ beantwortet.

Für die stark dualen Räume von (F)-Räumen sind die Eigenschaften „quasitonneliert" und „bornologisch" äquivalent nach 4.(3). Nach Kōmura [1] gibt es jedoch tonnelierte (DF)-Räume, die nicht bornologisch sind.

Amemiya [1] gab ein Beispiel eines reflexiven (F)-Raumes, in dem keine beschränkte Teilmenge total ist: R sei die Menge der monoton wachsenden Folgen $\mathfrak{y} = (\eta_n)$, $\eta_n > 0$. Auf R werde der lineare Raum E aller reellen Funktionen $f(\mathfrak{y})$ betrachtet, für die $p_i(f) = \left(\sum_{\mathfrak{y}\in R} |f(\mathfrak{y})|^2 \eta_i\right)^{\frac{1}{2}} < \infty$ ist, $i = 1, 2, \ldots$. Da durch eine dieser Bedingungen ein zu einem l_d^2 normisomorpher (B)-Raum erklärt ist, ist der mit den Normen $p_i(f)$, $i = 1, 2, \ldots$, versehene Raum E als Durchschnitt reflexiver (B)-Räume ein reflexiver (F)-Raum.

Es genügt zu zeigen, daß die f aus einer beschränkten Menge $B \subset E$ alle für ein bestimmtes $\mathfrak{y}_0$ verschwinden. Ist $\sup_{f\in B} p_i(f) = M_i$ und wird $\mathfrak{x} = (\xi_i)$ in R so gewählt, daß $\lim_{i\to\infty} M_i^2 \xi_i^{-1} = 0$ ist, so muß $f(\mathfrak{x}) = 0$ sein für jedes $f \in B$ wegen der Ungleichungen $|f(\mathfrak{x})|^2 \xi_i \leq M_i^2$ für $i = 1, 2, \ldots$.

(2) *Ist E ein reflexiver (F)-Raum, in dem keine beschränkte Menge total ist, so besitzt der stark duale Raum beschränkte Teilmengen, die bezüglich der starken Topologie nicht metrisierbar sind.*

U_n, $n = 1, 2, \ldots$, sei eine Nullumgebungsbasis in E. Es genügt zu zeigen, daß nicht alle U_n° metrisierbar sind. Wären sie alle metrisierbar, so gäbe es beschränkte Mengen B_{nk} in E, so daß die $B_{nk}^\circ \cap U_n^\circ$ eine starke Nullumgebungsbasis auf U_n° bilden. Nach 1.(5) gibt es eine, alle B_{nk} absorbierende, beschränkte Menge B in E. Ist $u \neq o$ irgendein Element aus E', so gilt $u \in U_n^\circ$ für ein geeignetes n und es gibt ein B_{nk} mit $u \notin B_{nk}^\circ$. Speziell ist u nicht identisch Null auf B_{nk} und damit auch nicht auf B. B wäre daher total in E, was der Voraussetzung über E widerspricht.

Dieses Resultat von Amemiya beantwortet eines der von Grothendieck in [10] gestellten Probleme.

§ 30. Vollkommene Räume

1. Der α-duale Raum. Beispiele. Wir betrachten in diesem Paragraphen Folgenräume (auch als Koordinatenräume bezeichnet), also lineare Räume λ, deren Elemente Folgen $\mathfrak{x} = (x_i) = (x_1, x_2, \ldots)$ von reellen bzw. komplexen Zahlen sind; die linearen Operationen sind die üblichen Vektoroperationen.

Wir können einen solchen Folgenraum λ stets als linearen Teilraum des Raumes ω aller Folgen auffassen, $\lambda \subset \omega$.

Ein Folgenraum heißt **normal**, wenn er mit $\mathfrak{x} = (x_i)$ auch alle $\mathfrak{y} = (y_i)$ mit $|y_i| \leq |x_i|$ für $i = 1, 2, \ldots$, enthält.

Der Raum φ aller Folgen mit nur endlich vielen von Null verschiedenen Koordinaten ist z. B. normal.

Wir ordnen jedem Folgenraum λ einen Folgenraum $\lambda^\alpha = \lambda^\times$ zu, seinen **α-dualen Raum**. $\lambda^\times$ ist definiert als die Menge aller Folgen $\mathfrak{u} = (u_i)$, deren skalare Produkte $\mathfrak{u}\mathfrak{x} = \sum_{i=1}^\infty u_i x_i$ mit allen $\mathfrak{x} \in \lambda$ absolut konvergieren.

So ist z. B. $\omega^\times = \varphi$ und $\varphi^\times = \omega$.

Unmittelbar aus der Definition folgt

(1) a) *Ist $\lambda \subset \mu$, so ist $\mu^\times \subset \lambda^\times$.*

b) *Es gilt stets $\lambda^{\times\times} = (\lambda^\times)^\times \supset \lambda$.*

Ein Folgenraum λ heißt **vollkommen**, wenn $\lambda^{\times\times} = \lambda$ gilt. Nach dem Vorigen sind also φ und ω vollkommene Räume.

(2) *Der α-duale Raum $\lambda^\times$ eines beliebigen Folgenraumes λ ist stets vollkommen. Es gilt für jeden Folgenraum $\lambda^{\times\times\times} = \lambda^\times$. $\lambda^{\times\times}$ ist der kleinste vollkommene Raum, der λ enthält.*

Beweis. Aus $\lambda^{\times\times} \supset \lambda$ folgt nach (1) a) $(\lambda^{\times\times})^\times \subset \lambda^\times$. Andererseits ist nach (1) b) $(\lambda^\times)^{\times\times} \supset \lambda^\times$, also $\lambda^\times = \lambda^{\times\times\times}$; $\lambda^\times$ ist vollkommen.

Ist $\mu \supset \lambda$ und μ vollkommen, so ist $\mu = \mu^{\times\times} \supset \lambda^{\times\times}$, aber $\lambda^{\times\times}$ ist vollkommen und daher der kleinste vollkommene Raum, der λ enthält.

(3) *Ist λ vollkommen, so ist λ normal und $\lambda \supset \varphi$.*

Dies ist sofort klar für $\lambda^\times$, gilt also auch für $\lambda^{\times\times} = (\lambda^\times)^\times$.

Für jedes vollkommene λ haben wir also $\varphi \subset \lambda \subset \omega$.

Wir bringen einige einfache Beispiele.

(4) *l^1 und l^∞ sind vollkommen; es gilt $(l^1)^\times = l^\infty$, $(l^\infty)^\times = l^1$.*

Aus $\mathfrak{e} = (1, 1, \ldots) \in l^\infty$ folgt $\sum_{i=1}^\infty |u_i| < \infty$ für jedes $\mathfrak{u} \in (l^\infty)^\times$, also $(l^\infty)^\times \subset l^1$. Andererseits ist offenbar $l^1 \subset (l^\infty)^\times$.

Ebenso ist $l^\infty \subset (l^1)^\times$ trivial. Da es andererseits zu jeder unbeschränkten Folge $\mathfrak{v} = (v_i)$ ein $\mathfrak{x} \in l^1$ gibt, für das $\mathfrak{v}\mathfrak{x} = \sum v_i x_i$ divergiert, ist $l^\infty = (l^1)^\times$.

(5) *l^2 ist vollkommen und der einzige zu sich selbst α-duale Folgenraum.*

a) Aus $|u_n x_n| \leq |u_n|^2 + |x_n|^2$ folgt die absolute Konvergenz von $\mathfrak{u}\mathfrak{x}$, wenn sowohl $\mathfrak{x}$ wie $\mathfrak{u}$ Elemente von l^2 sind. Es ist also $(l^2)^\times \supset l^2$. Wir nehmen an, $(l^2)^\times$ sei größer als l^2. Dann gibt es ein $\mathfrak{v} = (v_i)$ in $(l^2)^\times$ mit

$\sum |v_i|^2 = \infty$. Dann lassen sich $0 = n_1 < n_2 < \cdots$ so bestimmen, daß $|v_{n_i+1}|^2 + \cdots + |v_{n_{i+1}}|^2 = M_i^2 \geqq 1$ ist. Setzen wir $x_j = \frac{1}{i\,M_i}\, v_j$ für $n_i + 1 \leqq j \leqq n_{i+1}$, so wird $\sum_{j=1}^{\infty} |x_j|^2 = \sum \frac{1}{i^2} < \infty$, also $\mathfrak{x} = (x_i) \in l^2$. Andererseits ist aber $\sum |v_j x_j| \geqq \sum_{i=1}^{\infty} \frac{1}{i} = \infty$, was ein Widerspruch zur Annahme $\mathfrak{v} \in (l^2)^\times$ ist.

b) Es sei $\lambda = \lambda^\times$. Dann ist λ vollkommen und normal. Ist $\mathfrak{x} = (x_i) \in \lambda$, so ist daher auch $\bar{\mathfrak{x}} = (\bar{x}_i) \in \lambda = \lambda^\times$ und es muß gelten $\mathfrak{x}\bar{\mathfrak{x}} = \sum |x_i|^2 < \infty$. Daraus folgt $\lambda < l^2$; (1) a) ergibt andererseits $\lambda = \lambda^\times > (l^2)^\times = l^2$.

(6) *Für* $1 < p < \infty$ *ist* l^p *vollkommen und* $(l^p)^\times = l^q$, $\frac{1}{p} + \frac{1}{q} = 1$.

Aus der Hölderschen Ungleichung folgt $(l^p)^\times > l^q$. Für ein $\mathfrak{v} \in (l^p)^\times$ mit $\sum_{i=1}^{\infty} |v_i|^q = \infty$ schließt man analog zu (5): Man bestimmt wieder Ausschnitte von $\mathfrak{v}$ mit $|v_{n_i+1}|^q + \cdots + |v_{n_{i+1}}|^q = M_i^q \geqq 1$ und setzt $x_j = \frac{1}{i}\,\frac{|v_j|^{q-1}}{M_i^{q-1}}$ für $n_i + 1 \leqq j \leqq n_{i+1}$ und kommt wie vorhin zum Widerspruch.

2. Die normale Topologie eines Folgenraumes. Es ist leicht zu sehen, wie sich die eben eingeführten Begriffe in die Theorie der lokalkonvexen Räume einordnen.

Ist λ ein Folgenraum, von dem wir überdies $\lambda > \varphi$ voraussetzen, so bilden λ und sein α-dualer Raum $\lambda^\times$ ein Dualsystem $\langle \lambda^\times, \lambda \rangle$ mit der Bilinearform $\langle \mathfrak{u}, \mathfrak{x} \rangle = \mathfrak{u}\mathfrak{x} = \sum_{i=1}^{\infty} u_i x_i$. Die Forderung $\lambda > \varphi$ ist notwendig, damit (D2″) aus § 10, 3. erfüllt ist.

Die Bildung von $\lambda^\times$ ergänzt also $\lambda > \varphi$ in eindeutiger Weise zu einem Dualsystem $\langle \lambda^\times, \lambda \rangle$. Damit sind für einen Folgenraum λ alle nur vom Dualsystem abhängigen Begriffe, wie z. B. die schwache, die Mackeysche und die starke Topologie, ebenfalls eindeutig erklärt.

Andererseits legt die Definition des α-dualen Raumes die Einführung der lokalkonvexen Topologie mit den Halbnormen

$$(1) \qquad p_{\mathfrak{u}}(\mathfrak{x}) = \sum_{i=1}^{\infty} |u_i|\,|x_i|, \quad \mathfrak{u} \in \lambda^\times,$$

auf dem Folgenraum λ nahe. Wir bezeichnen sie als die normale Topologie $\mathfrak{T}$ des Folgenraumes λ.

Wir nennen einen Vektor $\mathfrak{x} = (x_i)$ positiv, $\mathfrak{x} > \mathfrak{o}$, wenn alle $x_i \geqq 0$ sind und $\mathfrak{x} \neq \mathfrak{o}$ gilt. Man erhält eine $\mathfrak{T}$-Nullumgebungsbasis, wenn man die Mengen $U_{\mathfrak{u},\varepsilon}$ aller $\mathfrak{x} \in \lambda$ mit $p_{\mathfrak{u}}(\mathfrak{x}) \leqq \varepsilon$ für alle positiven $\mathfrak{u} \in \lambda^\times$ bildet. Denn $\bigcap_{i=1}^{n} U_{\mathfrak{u}_i,\varepsilon}$ umfaßt die Nullumgebung $U_{\mathfrak{u},\varepsilon}$ mit $\mathfrak{u} = \sum_{i=1}^{n} \mathfrak{u}_i$.

Ist M eine Menge von Vektoren aus ω, so bezeichnen wir als die normale Hülle M^n von M die Menge aller $\mathfrak{y} = (y_i) \in \omega$ mit $|y_i| \leqq |x_i|$,

$i=1, 2, \ldots$, für ein geeignetes $\mathfrak{x}=(x_i)$ aus M. Ist $M=M^n$, so heißt M normal. Jeder normale Raum enthält mit M stets M^n.

Bezeichnen wir mit $\mathfrak{N}$ die Klasse der normalen Hüllen $\{\mathfrak{u}\}^n$ aller aus einem positiven Element $\mathfrak{u}\in\lambda^\times$ bestehenden Mengen und ihrer Teilmengen, so gilt offenbar

(2) *Die normale Topologie $\mathfrak{T}$ eines Folgenraumes λ ist die Topologie $\mathfrak{T}_{\mathfrak{N}}$ der gleichmäßigen Konvergenz auf der Klasse $\mathfrak{N}$ der normalen Hüllen der positiven Elemente von $\lambda^\times$ und deren Teilmengen.*

Es gilt überdies

(3) *Ist $\lambda>\varphi$, so ist $\mathfrak{N}$ die Klasse der $\mathfrak{T}$-gleichstetigen Teilmengen von $\lambda^\times$.*

Es braucht nur gezeigt zu werden, daß $U^\circ_{\mathfrak{u},1}=\{\mathfrak{u}\}^n$ ist, denn die polaren Mengen einer Nullumgebungsbasis und ihre Teilmengen bilden die Klasse der $\mathfrak{T}$-gleichstetigen Mengen.

Ist die i-te Koordinate von $\mathfrak{u}$ gleich $u_i\neq 0$, so liegt jedes $x_i\mathfrak{e}_i$ mit $|x_i|=\frac{1}{|u_i|}$ in $U_{\mathfrak{u},1}$. Daraus folgt aber $|v_i|\leqq|u_i|$ für jedes $\mathfrak{v}\in U^\circ_{\mathfrak{u},1}$. Ist $u_i=0$, so liegt jedes Vielfache von $\mathfrak{e}_i$ in $U_{\mathfrak{u},1}$, also muß auch $v_i=0$ sein. Damit ist (3) bewiesen.

Ist $\lambda=\omega$, so ist $\lambda^\times=\varphi$ und die normale Topologie auf ω fällt mit der schwachen und starken Topologie bezüglich φ zusammen, also mit der des topologischen Produkts $\prod\limits_{n=1}^{\infty}E_n$, $E_n=\mathsf{K}$.

Ist $\lambda=\varphi$, so ist $\lambda^\times=\omega$ und die normale Topologie auf λ fällt zusammen mit der starken Topologie, also der der lokalkonvexen direkten Summe auf φ.

Ist $\lambda=l^1$, so ist $\lambda^\times=l^\infty$ nach 1.(4) und die normale Topologie auf l^1 fällt mit der der Norm $\|\mathfrak{x}\|=\sum\limits_{i=1}^{\infty}|x_i|$, also der starken Topologie, zusammen.

Im Fall $\lambda=l^\infty$, also $\lambda^\times=l^1$, besteht die Klasse $\mathfrak{N}$ nicht aus allen im Sinn der Norm beschränkten Teilmengen von l^∞. Nach § 22, 4.(3) ist $\mathfrak{N}$ sogar eine echte Teilklasse der Klasse aller $\mathfrak{T}_s(l^\infty)$-kompakten Teilmengen von l^1. Die normale Topologie auf l^∞ ist also echt gröber als $\mathfrak{T}_k(l^1)$.

Auch auf den l^p, $1<p<\infty$, ist die normale Topologie $\mathfrak{T}$ echt gröber als die Mackeysche Topologie, wie leicht zu sehen.

Ist λ ein Folgenraum und $\mathfrak{c}=(c_i)$ ein Vektor mit $c_i\neq 0$ für alle $i=1, 2, \ldots$, so bilden alle $\mathfrak{y}=(c_i x_i)$, $\mathfrak{x}=(x_i)\in\lambda$, wieder einen Folgenraum μ, den wir zu λ diagonaltransformiert nennen. Sein α-dualer Raum $\mu^\times$ entsteht dann aus $\lambda^\times$ durch Diagonaltransformation mit dem Vektor $\mathfrak{d}=\left(\frac{1}{c_i}\right)$. Die Zuordnung $\mathfrak{x}\to\mathfrak{y}$ ist offenbar eine topologische

Isomorphie von $\lambda[\mathfrak{T}]$ auf $\mu[\mathfrak{T}]$. Die $\mathfrak{T}$-gleichstetige Menge $\{\mathfrak{u}\}^n$ in $\lambda^\times$ geht dabei in die $\mathfrak{T}$-gleichstetige Teilmenge $\{\mathfrak{v}\}^n$ über, $\mathfrak{v}=\left(\frac{u_i}{c_i}\right)$. Wir behaupten nun

(4) *Die normale Topologie $\mathfrak{T}$ eines Folgenraumes $\lambda>\varphi$ ist stets gröber als die Mackeysche Topologie $\mathfrak{T}_k(\lambda^\times)$.*

Der duale Raum eines Folgenraumes $\lambda[\mathfrak{T}]>\varphi$ fällt also mit dem α-dualen Raum $\lambda^\times$ zusammen.

Es genügt zu zeigen, daß jede Menge $\{\mathfrak{u}\}^n<\lambda^\times$ $\mathfrak{T}_s(\lambda)$-kompakt ist. Da sie ja absolutkonvex ist, ist dann $\mathfrak{N}<\mathfrak{K}$, $\mathfrak{K}$ die Menge der $\mathfrak{T}_k(\lambda)$-gleichstetigen Teilmengen von $\lambda^\times$.

Nach der Vorbemerkung können wir uns auf den Fall $\mathfrak{u}=\mathfrak{e}=(1,1,\ldots)$ beschränken, falls $\mathfrak{u}$ nur von Null verschiedene Koordinaten besitzt. Dann ist aber λ ein Teilraum von l^1. Da $\{\mathfrak{u}\}^n$ als Einheitskugel von l^∞ $\mathfrak{T}_s(l^1)$-kompakt ist, ist $\{\mathfrak{e}\}^n$ erst recht $\mathfrak{T}_s(\lambda)$-kompakt.

Streicht man aus den Vektoren von λ und $\lambda^\times$ die Koordinaten, auf denen $\mathfrak{u}$ gleich Null ist, so kommt man auf den eben behandelten Fall zurück.

3. Summen und Produkte von Folgenräumen. Übt man auf die Koordinaten der Vektoren eines Folgenraumes λ eine Permutation aus, geht man also von $\mathfrak{x}=(x_1, x_2, \ldots)$ zu $\mathfrak{x}'=(x_{n_1}, x_{n_2}, \ldots)$ über, so erhält man einen zu $\lambda[\mathfrak{T}]$ topologisch isomorphen Raum $\mu[\mathfrak{T}]$, dessen dualer Raum $\mu^\times$ durch dieselbe Permutation aus $\lambda^\times$ entsteht. Denn wegen der absoluten Konvergenz von $\sum u_i x_i$ für $\mathfrak{u}\in\lambda^\times$, $\mathfrak{x}\in\lambda$, ist $\mathfrak{u}\mathfrak{x}=\mathfrak{u}'\mathfrak{x}'=\sum_{i=1}^{\infty} u_{n_i} x_{n_i}$.

Folgenräume, die bei allen diesen Permutationen in sich übergehen, heißen symmetrisch. Beispiele sind φ, ω und die l^p, $1\leqq p\leqq\infty$.

Wir können die Koordinaten sogar noch in einem weiteren Sinn umordnen, indem wir an Stelle der natürlichen Zahlen irgendeine abzählbare geordnete Indizesmenge verwenden. Die Vektoren sind dann etwa als Doppelfolgen u. ä. geschrieben. Verwendet man für den α-dualen Raum dieselbe Umordnung, so entsteht wieder ein zum ursprünglichen topologisch isomorpher Folgenraum.

Sind $\lambda_1, \lambda_2, \ldots$ Folgenräume, so ist das aus den Doppelfolgen $(\mathfrak{x}^{(1)}, \mathfrak{x}^{(2)}, \ldots)$, $\mathfrak{x}^{(i)}\in\lambda_i$, bestehende Cartesische Produkt $\prod_{i=1}^{\infty}\lambda_i$ also wieder im obigen Sinn ein Folgenraum. Ebenso die direkte Summe $\bigoplus_{i=1}^{\infty}\lambda_i$, die aus den Doppelfolgen $(\mathfrak{x}^{(1)}, \ldots, \mathfrak{x}^{(n)}, \mathfrak{o}, \mathfrak{o}, \ldots)$ besteht, wobei $\mathfrak{o}$ den Nullvektor in $\lambda^{(n+1)}, \lambda^{(n+2)}, \ldots$ bedeutet, und n eine beliebige natürliche Zahl ist. Ohne Schwierigkeit ergibt sich

(1) *Sind die* $\lambda_i > \varphi$ *normale bzw. vollkommene Folgenräume, so sind* $\bigoplus_{i=1}^{\infty} \lambda_i$ *und* $\prod_{i=1}^{\infty} \lambda_i$ *ebenfalls normal bzw. vollkommen.*

Für beliebige $\lambda_i > \varphi$ *gilt* $\left(\bigoplus_{i=1}^{\infty} \lambda_i\right)^{\times} = \prod_{i=1}^{\infty} \lambda_i^{\times}$ *und* $\left(\prod_{i=1}^{\infty} \lambda_i\right)^{\times} = \bigoplus_{i=1}^{\infty} \lambda_i^{\times}$.

Versieht man die λ_i mit der normalen Topologie $\mathfrak{T}$, so gilt ferner

(2) *Die normale Topologie von* $\bigoplus_{i=1}^{\infty} \lambda_i[\mathfrak{T}]$ *bzw.* $\prod_{i=1}^{\infty} \lambda_i[\mathfrak{T}]$ *ist die Topologie der lokalkonvexen direkten Summe bzw. des topologischen Produkts.*

Man beweist dies leicht direkt oder durch Heranziehung von § 22, 5.(3) und (4).

Durch iterierte Anwendung von Summen- und Produktbildung erhält man wie in §13, 5. aus φ und ω die Räume abzählbarer Stufe. Sie sind sämtlich vollkommene Räume und ihre normale Topologie ist die starke Topologie, da dies für φ und ω nach 2. richtig ist und dies sich nach § 22, 5. auf die daraus gebildeten Räume überträgt.

Ist $n_1 < n_2 < \cdots$ eine Folge natürlicher Zahlen und bilden wir aus allen Vektoren $\mathfrak{x} = (x_1, x_2, \ldots)$ eines Folgenraumes λ die Vektoren $\mathfrak{x}' = (x_{n_1}, x_{n_2}, \ldots)$, so bilden diese wieder einen Folgenraum μ, der als Stückraum von λ bezeichnet wird. Offenbar gilt

(3) *Ist* $\lambda > \varphi$ *normal bzw. vollkommen, so gilt dies auch für jeden Stückraum. Der duale Raum eines Stückraumes entsteht durch Weglassen derselben Koordinaten aus* $\lambda^{\times}$.

Der Stückraum μ' auf der zu $\{n_1, n_2, \ldots\}$ komplementären Menge bildet mit μ eine komplementäre Zerlegung $\lambda = \mu \oplus \mu'$.

4. Vereinigung und Durchschnitt von Folgenräumen. Ein linearer Teilraum eines Folgenraumes ist wieder ein Folgenraum, dagegen braucht der Quotientenraum eines abgeschlossenen linearen Teilraumes nicht wieder ein Folgenraum zu sein.

Zwei wichtige Verfahren zur Konstruktion von Folgenräumen aus gegebenen Folgenräumen sind Spezialfälle der Hüllen- bzw. Kernbildung.

Ist $\{\lambda_\alpha\}$ eine Klasse von Folgenräumen, die alle als Teilräume desselben Raumes ω aufgefaßt werden, so ist die in ω gebildete lineare Hülle $\sum_\alpha \lambda_\alpha$ wieder ein Folgenraum. Ebenso der in ω gebildete Durchschnitt $\bigcap_\alpha \lambda_\alpha$. Es gilt

(1) *a) Sind die* $\lambda_\alpha > \varphi$ *und normal, so gilt dies auch für* $\sum_\alpha \lambda_\alpha$ *und* $\bigcap_\alpha \lambda_\alpha$.

b) Der Durchschnitt $\bigcap_\alpha \lambda_\alpha$ *vollkommener* λ_α *ist vollkommen.*

c) Sind die $\lambda_\alpha > \varphi$, *so gilt stets* $\left(\sum_\alpha \lambda_\alpha\right)^{\times} = \bigcap_\alpha \lambda_\alpha^{\times}$; *für vollkommene* λ_α *gilt auch* $\left(\bigcap_\alpha \lambda_\alpha\right)^{\times} = \left(\sum_\alpha \lambda_\alpha^{\times}\right)^{\times\times}$.

Beweis. a) und c) folgen leicht aus den Definitionen. b) folgt aus c): Sind die λ_α vollkommen, so ist $(\sum \lambda_\alpha^\times)^\times = \bigcap \lambda_\alpha^{\times\times} = \bigcap \lambda_\alpha$ und daher $\bigcap \lambda_\alpha$ als α-dualer Raum vollkommen.

Daß die Gleichung $(\bigcap \lambda_\alpha)^\times = \sum \lambda_\alpha^\times$ für vollkommene λ_α nicht allgemein richtig ist, zeigt folgendes Beispiel (vgl. §13, 5.):

Es sei $\lambda_1 = \varphi\omega$, $\lambda_2 = \omega\varphi$, beide als Teilräume des als Doppelfolgenraum $\omega\omega$ geschriebenen Raumes ω aufgefaßt. Dann ist $\lambda_1 \cap \lambda_2$ gleich $\varphi\varphi$, dem Raum der Doppelfolgen mit nur endlich vielen Nichtnullen. Es ist also $(\lambda_1 \cap \lambda_2)^\times = \omega\omega$. Andererseits ist wegen $(\varphi\omega)^\times = \omega\varphi$ und $(\omega\varphi)^\times = \varphi\omega$ $\lambda_1^\times + \lambda_2^\times = \omega\varphi + \varphi\omega$ echter Teilraum von $\omega\omega$, wie unmittelbar zu sehen.

Für die feinere Theorie der Folgenräume ist vor allem wichtig eine spezielle Durchschnittsdarstellung, die wir jetzt ableiten wollen.

Es sei $\mathfrak{a} = (a_i)$ ein beliebiger Vektor. Wir bezeichnen den vollkommenen Raum aller $\mathfrak{x} \in \omega$ mit $\sum_{r=1}^{\infty} |a_i||x_i| < \infty$ mit $\lambda_\mathfrak{a}$. Sind alle $a_i \neq 0$ bis auf endlich viele, so ist $\lambda_\mathfrak{a}$ diagonaltransformiert zu l^1, wie wir schon in 2. sahen. Sind nur endlich viele $a_i \neq 0$, so ist $\lambda_\mathfrak{a}$ gleich ω. Sind sowohl unendlich viele $a_i \neq 0$ wie auch $= 0$, so *zerfällt* $\lambda_\mathfrak{a}$ *in zwei Stückräume, deren einer zu* l^1 *diagonaltransformiert ist, der andere gleich* ω *ist.*

Aus 1. folgt, daß der α-duale Raum $\lambda_\mathfrak{a}^\times$ zu $\lambda_\mathfrak{a}$ im allgemeinen Fall in einen zu l^∞ diagonaltransformierten Stückraum und einen Stückraum φ zerfällt. $\lambda_\mathfrak{a}^\times$ ist die vollkommene Hülle des aus dem Vektor $\mathfrak{a}$ und seinen Vielfachen bestehenden Folgenraumes.

Wir vermerken, daß für positive $\mathfrak{a}_i$ offenbar die Beziehung

$$\lambda_{\mathfrak{a}_1+\cdots+\mathfrak{a}_k}^\times = \sum_{j=1}^{k} \lambda_{\mathfrak{a}_j}^\times \tag{2}$$

gilt.

Jeder vollkommene Raum λ besteht aus allen $\mathfrak{x} \in \omega$ mit $\sum |u_i||x_i| < \infty$ für alle positiven $\mathfrak{u} \in \lambda^\times$. Hieraus und aus (2) ergibt sich

(3) *Es sei* λ *vollkommen. Durchläuft* $\mathfrak{u}$ *alle positiven Vektoren aus* $\lambda^\times$, *so ist* $\lambda = \bigcap_\mathfrak{u} \lambda_\mathfrak{u}$ *und* $\lambda^\times = \bigcup_\mathfrak{u} \lambda_\mathfrak{u}^\times$.

Für normale $\lambda > \varphi$ *gilt* $\lambda = \bigcup_\mathfrak{x} \lambda_\mathfrak{x}^\times$, *wenn* $\mathfrak{x}$ *alle positiven* $\mathfrak{x}$ *aus* λ *durchläuft.*

Daß $\lambda = \bigcap_\mathfrak{u} \lambda_\mathfrak{u}$ ist, können wir in der Terminologie von §19, 6. auch so ausdrücken, daß $\lambda = \mathrm{K}_\mathfrak{u} I_\mathfrak{u}^{(-1)}(\lambda_\mathfrak{u})$ ist, wenn $I_\mathfrak{u}$ die Einbettung von λ in $\lambda_\mathfrak{u}$ ist. Versehen wir jedes $\lambda_\mathfrak{u}$ mit der normalen Topologie $\mathfrak{T}$, so ist nach §19, 6. auf λ die Kerntopologie erklärt. Wie sich aus ihrer Definition und der Definition der normalen Topologie auf λ unmittelbar ergibt, fallen beide Topologien auf λ zusammen; damit folgt aus (3)

(4) *Jeder vollkommene Raum* $\lambda[\mathfrak{T}]$, $\mathfrak{T}$ *die normale Topologie, ist der lokalkonvexe Kern* $\mathrm{K}_\mathfrak{u} I_\mathfrak{u}^{(-1)}(\lambda_\mathfrak{u}[\mathfrak{T}])$ *der mit allen positiven* $\mathfrak{u} \in \lambda^\times$ *gebildeten* $\lambda_\mathfrak{u}[\mathfrak{T}]$.

Sind $\mathfrak{u}$ und $\mathfrak{v}$ positive Vektoren aus $\lambda^\times$, so werde $\mathfrak{u} < \mathfrak{v}$ gesetzt, wenn $\mathfrak{v} - \mathfrak{u} > \mathfrak{o}$ ist. Dann bilden die $\mathfrak{u} > \mathfrak{o}$ aus $\lambda^\times$ eine gerichtete Menge. Erklären wir $I_{\mathfrak{u}\mathfrak{v}}$ für $\mathfrak{u} < \mathfrak{v}$ als die Einbettung von $\lambda_{\mathfrak{v}}$ in $\lambda_{\mathfrak{u}}$, so ist $I_{\mathfrak{u}\mathfrak{v}}$ eine stetige Abbildung von $\lambda_{\mathfrak{v}}[\mathfrak{T}]$ in $\lambda_{\mathfrak{u}}[\mathfrak{T}]$. Nach §19, 7.(6) und §19, 8.(1) erhält man dann in Verschärfung von (4)

(5) *Jeder vollkommene Raum* $\lambda[\mathfrak{T}]$ *ist topologisch isomorph dem projektiven Limes* $\underleftarrow{\lim}\, I_{\mathfrak{u}\mathfrak{v}}(\lambda_{\mathfrak{v}}[\mathfrak{T}])$, *wobei* $\mathfrak{u}, \mathfrak{v}$ *alle Paare* $\mathfrak{u} < \mathfrak{v}$ *positiver Vektoren aus* $\lambda^\times$ *durchlaufen.*

Aus der Kenntnis der topologischen Eigenschaften der $\lambda_{\mathfrak{u}}[\mathfrak{T}]$ und aus der allgemeinen Theorie der lokalkonvexen Kerne und projektiven Limites werden sich jetzt die wichtigsten Eigenschaften der Folgenräume ergeben.

5. Topologische Eigenschaften der Folgenräume. Mit $\mathfrak{e}_i$ bezeichnen wir wie früher den Vektor, dessen Koordinaten sämtlich verschwinden mit Ausnahme der i-ten, die gleich Eins ist. Der n-te Abschnitt eines Vektores $\mathfrak{x} = (x_i) \in \lambda[\mathfrak{T}]$ ist der Vektor

$$\mathfrak{x}_n = \sum_{i=1}^{n} x_i \mathfrak{e}_i = (x_1, \ldots, x_n, 0, 0, \ldots).$$

Aus der Konvergenz von $\mathfrak{u}\mathfrak{x} = \sum_{i=1}^{\infty} u_i x_i$ für jedes $\mathfrak{u} \in \lambda^\times$ folgt sofort

(1) *Die Folge* $\mathfrak{x}_n$ *der n-ten Abschnitte eines Vektors* $\mathfrak{x}$ *aus* $\lambda > \varphi$ *konvergiert schwach gegen* $\mathfrak{x}$.

Ordnen wir jedem $\mathfrak{x} \in \lambda$ seine i-te Koordinate x_i zu, so wird diese Abbildung durch $\mathfrak{e}_i \mathfrak{x} = x_i$ gegeben; sie ist wegen $\mathfrak{e}_i \in \lambda^\times$ also eine schwach stetige, erst recht also bezüglich der feineren Topologien $\mathfrak{T}_k(\lambda^\times)$ und $\mathfrak{T}$ stetige Linearfunktionen auf λ.

(2) *Ist die Folge* $\mathfrak{x}^{(n)}$ *des Folgenraumes* λ *schwach,* $\mathfrak{T}$- *oder* $\mathfrak{T}_k$-*konvergent gegen* $\mathfrak{x}^{(0)} \in \lambda$, *so ist* $\mathfrak{x}^{(n)}$ *koordinatenweise konvergent gegen* $\mathfrak{x}^{(0)}$.

Denn aus $\mathfrak{x}^{(n)} \to \mathfrak{x}^{(0)}$ im Sinn einer dieser Topologien folgt $\mathfrak{e}_i \mathfrak{x}^{(n)} = x_i^{(n)} \to \mathfrak{e}_i \mathfrak{x}^{(0)} = x_i^{(0)}$ nach der obigen Bemerkung.

Entsprechendes gilt für Cauchyfilter $\mathfrak{F}$ bezüglich einer dieser Topologien. Der Limes $\mathfrak{x}^{(0)}$ von $\mathfrak{F}$ hat, wenn er existiert, als i-te Koordinate den Limes des Filters $\mathfrak{e}_i \mathfrak{F}$.

In $\lambda = \omega$ fallen alle diese Konvergenzen mit der koordinatenweisen Konvergenz zusammen; das ist der zur normalen Topologie auf ω gehörige Konvergenzbegriff.

Wir geben eine erste topologische Charakterisierung der vollkommenen Räume,

(3) *Ein Folgenraum* $\lambda > \varphi$ *ist dann und nur dann vollkommen, wenn er schwach folgenvollständig ist.*

$\lambda^{\times\times}$ *entsteht aus* λ *durch Hinzunahme der koordinatenweisen Limites der schwachen Cauchyfolgen aus* λ.

Beweis. a) λ sei vollkommen. Nun ist ω schwach vollständig, also erst recht schwach folgenvollständig. Nach § 22, 4.(2) ist auch l^1 schwach folgenvollständig und damit nach 4. jedes $\lambda_{\mathfrak{u}}$, $\mathfrak{u} > \mathfrak{o}$, $\mathfrak{u} \in \lambda^{\times}$.

Aus 4.(4) folgt

$$\lambda[\mathfrak{T}_s] = \underset{\longleftarrow}{\lim} I_{\mathfrak{u}\mathfrak{v}}(\lambda_{\mathfrak{u}}[\mathfrak{T}_s]). \tag{4}$$

Man bestätigt dies entweder unmittelbar, oder zieht § 22, 7.(6) heran. Aus § 19, 10.(2) folgt dann, daß λ schwach folgenvollständig ist.

b) Es sei $\lambda > \varphi$. Nun ist $\mathfrak{x} \in \lambda^{\times\times}$ nach (1) $\mathfrak{T}_s(\lambda^{\times\times\times})$-Limes seiner Abschnitte $\mathfrak{x}_n$. Wegen $\lambda^{\times\times\times} = \lambda^{\times}$ und $\mathfrak{x}_n \in \lambda$ ist $\mathfrak{x}$ also $\mathfrak{T}_s(\lambda^{\times})$-Limes der $\mathfrak{x}_n \in \lambda$.

Aus (3) und dem Satz von BANACH-MACKEY (§ 20, 11.(8)) ergibt sich sofort

(5) *In jedem vollkommenen Raum λ fallen stark und schwach beschränkte Mengen zusammen, also auch die Topologien $\mathfrak{T}_b(\lambda^{\times})$ und $\mathfrak{T}_{b^*}(\lambda^{\times})$.*

Die Bestimmung der beschränkten Teilmengen eines Folgenraumes wird erleichtert durch

(6) *Ist $\lambda > \varphi$ und normal, so ist die normale Hülle jeder beschränkten Teilmenge M von λ wieder beschränkt.*

Da jede beschränkte Teilmenge von λ auch beschränkte Teilmenge von $\lambda^{\times\times}$ ist und λ mit M auch M^n enthält, genügt es, λ als vollkommen anzunehmen.

Nun ist in l^1 und ω die normale Hülle einer beschränkten Menge wieder beschränkt. Dies gilt also auch in jedem $\lambda_{\mathfrak{u}}$ und damit nach 4.(4) und § 19, 6.(7) auch in λ.

Wir geben eine zweite topologische Charakterisierung der vollkommenen Räume,

(7) *Ein Folgenraum $\lambda > \varphi$ ist dann und nur dann vollkommen, wenn er $\mathfrak{T}$-vollständig ist, $\mathfrak{T}$ die normale Topologie.*

$\lambda^{\times\times}$ ist die $\mathfrak{T}$-vollständige Hülle von $\lambda > \varphi$.

Beweis. a) Ist λ vollkommen, so ist $\lambda[\mathfrak{T}]$ nach 4.(5) projektiver Limes der $\lambda_{\mathfrak{u}}[\mathfrak{T}]$. Da diese nach 4. vollständig sind, ist auch $\lambda[\mathfrak{T}]$ nach § 19, 10.(2) vollständig.

b) Daß $\lambda^{\times\times}$ die vollständige Hülle von $\lambda[\mathfrak{T}]$ ist, folgt wie in (3) b) aus der folgenden Verschärfung von (1)

(8) *Die Folge $\mathfrak{x}_n$ der n-ten Abschnitte eines Vektors $\mathfrak{x}$ eines Folgenraumes $\lambda > \varphi$ ist $\mathfrak{T}$-konvergent gegen $\mathfrak{x}$.*

Es genügt, dies für vollkommene λ zu beweisen. Die Behauptung ist richtig in ω und in l^1, also in allen $\lambda_{\mathfrak{u}}$, $\mathfrak{u} \in \lambda^{\times}$. Aus $p_{\mathfrak{u}}(\mathfrak{x} - \mathfrak{x}_n) \to 0$ für alle $\mathfrak{u} \in \lambda^{\times}$ folgt aber $\mathfrak{x}_n \to \mathfrak{x}$ im Sinn der normalen Topologie von λ.

Da $\mathfrak{T}_k(\lambda^\times)$ feiner als $\mathfrak{T}$ ist (vgl. 2.(4)), folgt aus (7)

(9) *Jeder vollkommene Raum ist vollständig bezüglich der Mackeyschen Topologie.*

Beschränken wir uns auf normale $\lambda > \varphi$, so läßt sich auch (8) noch verbessern,

(10) *Ist $\lambda > \varphi$ und normal, so konvergieren die Abschnitte $\mathfrak{x}_n$ eines $\mathfrak{x} \in \lambda$ im Sinn der Mackeyschen Topologie gegen $\mathfrak{x}$.*

Diesmal verwenden wir die Darstellung $\lambda = \bigcup_{\mathfrak{x}} \lambda_{\mathfrak{x}}^\times$, $\mathfrak{x} \in \lambda$, aus 4.(3). Die Behauptung ist richtig für φ und, wie leicht aus der Gestalt der schwach kompakten Teilmengen von l^1 (§ 22, 4.(3)) zu ersehen ist, für l^∞. Damit gilt sie in jedem $\lambda_{\mathfrak{x}}^\times$. Aus $\mathfrak{x}_n \to \mathfrak{x}$ im Sinn von $\mathfrak{T}_k(\lambda_{\mathfrak{x}})$ folgt aber erst recht $\mathfrak{x}_n \to \mathfrak{x}$ im Sinn von $\mathfrak{T}_k(\lambda^\times)$, da $\lambda_{\mathfrak{x}} > \lambda^\times$, also $\mathfrak{T}_k(\lambda^\times)$ gröber als $\mathfrak{T}_k(\lambda_{\mathfrak{x}})$ auf λ ist.

(11) *Jeder Folgenraum $\lambda[\mathfrak{T}] > \varphi$ ist folgenseparabel. Ist $\lambda[\mathfrak{T}]$ überdies normal, so ist λ auch folgenseparabel bezüglich der Mackeyschen Topologie.*

Wir zeigen, daß die Menge N der Vektoren $\sum_{i=1}^{n} \varrho_i \mathfrak{e}_i$, ϱ_i rational, n beliebig, folgendicht in λ ist im Sinn von $\mathfrak{T}$ bzw. $\mathfrak{T}_k$. Zu einem beliebigen $\mathfrak{x} \in \lambda$ bestimmen wir für jedes n $\mathfrak{x}^{(n)} = \sum_{i=1}^{n} \varrho_i^{(n)} \mathfrak{e}_i$ so in N, daß

$$(12) \qquad |x_i - \varrho_i^{(n)}| \leqq \frac{|x_i|}{n}, \qquad i = 1, \ldots, n,$$

gilt. Ist nun B eine $\mathfrak{T}$- bzw. $\mathfrak{T}_k$-gleichstetige Menge aus $\lambda^\times$, so ist

$$(13) \qquad \sup_{\mathfrak{u} \in B} |\mathfrak{u}(\mathfrak{x} - \mathfrak{x}^{(n)})| \leqq \sup |\mathfrak{u}(\mathfrak{x} - \mathfrak{x}_n)| + \sup |\mathfrak{u}(\mathfrak{x}_n - \mathfrak{x}^{(n)})|.$$

Für $n \geqq n_0$ ist der erste Summand der rechten Seite $\leqq \frac{\varepsilon}{2}$ nach (8) bzw. (10). Aber auch der zweite Summand kann beliebig klein gemacht werden: B ist eine beschränkte Menge, nach (6) ist auch die normale Hülle von B beschränkt. Es gilt daher $\sup_{\mathfrak{u} \in B} \sum_{i=1}^{\infty} |u_i| \, |x_i| = K < \infty$. Aus (12) folgt daher

$$\sup |\mathfrak{u}(\mathfrak{x}_n - \mathfrak{x}^{(n)})| \leqq \sup \sum_{i}^{n} |u_i| \, |x_i - \varrho_i^{(n)}| \leqq \frac{K}{n} \leqq \frac{\varepsilon}{2}$$

für genügend großes n und damit nach (13) die Behauptung.

6. Kompakte Teilmengen eines vollkommenen Raumes. Es sei λ vollkommen und $\mathfrak{T}'$ eine lokalkonvexe Topologie auf λ, von der nur vorausgesetzt wird, daß sie feiner als $\mathfrak{T}_s(\lambda^\times)$ ist. Es gilt dann (vgl. KÖTHE [9])

(1) *M sei eine Teilmenge des vollkommenen Raumes λ. Dann sind die folgenden Eigenschaften von M äquivalent:*

a) M ist $\mathfrak{T}'$-kompakt;

b) M ist abzählbar $\mathfrak{T}'$-kompakt;

c) M ist $\mathfrak{T}'$-folgenkompakt;

d) M ist beschränkt und jede koordinatenweise gegen einen Vektor $\mathfrak{x}_0 \in \omega$ konvergente Folge $\mathfrak{x}^{(n)} \in M$ ist $\mathfrak{T}'$-konvergent gegen $\mathfrak{x}_0$ und $\mathfrak{x}_0$ liegt in M.

Beweis. Aus a) folgt b) trivialerweise.

Aus b) folgt c): M sei abzählbar $\mathfrak{T}'$-kompakt und $\mathfrak{x}^{(n)}$ eine Folge aus M. Da M beschränkt, also koordinatenweise beschränkt ist, kann man durch ein Diagonalverfahren aus $\mathfrak{x}^{(n)}$ eine koordinatenweise konvergente Teilfolge auswählen. Sie sei wieder mit $\mathfrak{x}^{(n)}$ bezeichnet und ihr koordinatenweiser Limes sei $\mathfrak{x}_0$. Nun besitzt $\mathfrak{x}^{(n)}$ nach Voraussetzung einen $\mathfrak{T}'$-Berührungspunkt $\mathfrak{y}_0$ in M. Dieser kann aber nach der Bemerkung vor 5.(2) nur der koordinatenweise Limes $\mathfrak{x}_0$ sein. Aus demselben Grunde ist $\mathfrak{x}_0$ der einzige Berührungspunkt auch jeder Teilfolge von $\mathfrak{x}^{(n)}$, also der $\mathfrak{T}'$-Limes von $\mathfrak{x}^{(n)}$. Dies ist die Schlußweise des Satzes von Šmulian (vgl. § 24, 1.(2)).

Aus c) folgt d): Es sei M $\mathfrak{T}'$-folgenkompakt. Dann ist M beschränkt. Eine koordinatenweise gegen $\mathfrak{x}_0$ konvergente Folge $\mathfrak{x}^{(n)}$ kann als $\mathfrak{T}'$-Limes nur $\mathfrak{x}_0$ besitzen. Wäre $\mathfrak{x}_0$ nicht $\mathfrak{T}'$-Limes von $\mathfrak{x}^{(n)}$, so müßte eine Teilfolge $\mathfrak{T}'$-konvergent gegen ein $\mathfrak{y}_0 \neq \mathfrak{x}_0$ sein, was unmöglich ist.

Aus d) folgt a): M erfülle die Voraussetzung d) und es sei $\mathfrak{F} = \{F^\alpha\}$ ein Filter auf M. Bildet man zu jedem $\mathfrak{x} = (x_1, x_2, \ldots) \in M$ das Element $(x_1, \ldots, x_n) \in \mathsf{K}^n$, so entsteht aus $\mathfrak{F} = \{F^\alpha\}$ ein Filter $\mathfrak{F}_n = \{F_n^\alpha\}$ auf K^n. Es sei G_n die beschränkte Menge der Berührungspunkte von $\mathfrak{F}_n$ in K^n. Es werde $\mathfrak{y}^{(n)} \in \lambda$ so gewählt, daß $(y_1^{(n)}, \ldots, y_n^{(n)})$ in G_n liegt. Wir können aus den $\mathfrak{y}^{(n)}$ eine wieder mit $\mathfrak{y}^{(n)}$ bezeichnete koordinatenweise konvergente Teilfolge auswählen. Ihr koordinatenweiser Limes sei $\mathfrak{x}^{(0)} \in \omega$. In jedem F^α gibt es nun ein Element $\mathfrak{z}^{(n)}$ mit $|z_i^{(n)} - y_i^{(n)}| \leqq \frac{1}{n}$ für $i = 1, \ldots, n$. Die Folge $\mathfrak{z}^{(n)}$ konvergiert offenbar koordinatenweise gegen $\mathfrak{x}^{(0)}$. Nach d) liegt dann aber $\mathfrak{x}^{(0)}$ in M und ist $\mathfrak{T}'$-Limes von $\mathfrak{z}^{(n)} \in F^\alpha$. Damit ist aber $\mathfrak{x}^{(0)}$ $\mathfrak{T}'$-Berührungspunkt jedes F^α, also besitzt $\mathfrak{F}$ den $\mathfrak{T}'$-Berührungspunkt $\mathfrak{x}^{(0)}$ in M.

Die Äquivalenz von a) und b) enthält den Satz von Eberlein für vollkommene Räume, der sich in diesem Falle also in sehr einfacher Weise ergibt.

Für die Bestimmung der schwach kompakten Teilmengen wichtig ist

(2) *Die schwach abgeschlossene normale Hülle $\overline{M}^n$ einer schwach kompakten Teilmenge M eines vollkommenen Raumes λ ist stets schwach kompakt.*

Dies ist richtig für $\lambda = \omega$, da jede beschränkte Teilmenge von ω schwach kompakt ist. Dies gilt auch für $\lambda = l^1$, wie aus der Struktur der schwach kompakten Teilmengen in l^1 (vgl. § 22, 4.(3)) ersichtlich ist. Damit gilt (2) für alle $\lambda_{\mathfrak{u}}$, $\mathfrak{u} \in \lambda^\times$. Ist nun M schwach kompakt in λ, so erst recht in jedem $\lambda_{\mathfrak{u}}$. Ist $\mathfrak{x}^{(n)} \in \overline{M^n}$ eine koordinatenweise gegen $\mathfrak{x}_0$ konvergente Folge, so konvergiert $\mathfrak{x}^{(n)}$ nach (1) d) in jedem $\lambda_{\mathfrak{u}}$ schwach gegen $\mathfrak{x}_0$, $\mathfrak{x}_0$ liegt daher in $\lambda = \bigcap \lambda_{\mathfrak{u}}$ und $\mathfrak{x}^{(n)}$ konvergiert auch in λ schwach gegen $\mathfrak{x}_0$. Nach (1) d) ist $\overline{M^n}$ schwach kompakt.

(3) *Eine Teilmenge M des vollkommenen Raumes $\lambda[\mathfrak{T}]$, $\mathfrak{T}$ die normale Topologie, ist dann und nur dann schwach kompakt, wenn sie $\mathfrak{T}$-kompakt ist. Schwach konvergente und $\mathfrak{T}$-konvergente Folgen fallen also stets zusammen.*

Sei M schwach kompakt in $\lambda[\mathfrak{T}] = \bigcap\limits_{\mathfrak{u}} \lambda_{\mathfrak{u}}[\mathfrak{T}]$. Dann ist M schwach kompakt in jedem $\lambda_{\mathfrak{u}}$. Nach § 22, 4.(3) ist M stark folgenkompakt in $\lambda_{\mathfrak{u}}$, erst recht also $\mathfrak{T}$-folgenkompakt in $\lambda_{\mathfrak{u}}$. Ist $\mathfrak{x}^{(n)} \in M$ koordinatenweise konvergent gegen $\mathfrak{x}_0$, so konvergiert $\mathfrak{x}^{(n)}$ nach (1) d) in jedem $\lambda_{\mathfrak{u}}$ im Sinn von $\mathfrak{T}$ gegen $\mathfrak{x}_0 \in M$, nach 4.(4) ist $\mathfrak{x}^{(n)}$ also auch in λ $\mathfrak{T}$-konvergent gegen $\mathfrak{x}_0$. Mithin ist M nach (1) $\mathfrak{T}$-kompakt.

Ziehen wir 5.(7), § 21, 7. und § 21, 9.(7) heran, so folgt aus (3)

(4) *Die Mackeysche Topologie $\mathfrak{T}_k(\lambda^\times)$ auf dem vollkommenen Raum λ ist die polare Topologie $\mathfrak{T}^\circ$ der natürlichen Topologie $\mathfrak{T}$ auf $\lambda^\times$.*

$\mathfrak{T}_k(\lambda)$ ist die feinste lokalkonvexe Topologie, die auf den $\mathfrak{T}$-gleichstetigen Teilmengen von $\lambda^\times$ mit der schwachen Topologie übereinstimmt.

Auch für die polare Topologie zu $\mathfrak{T}_k$ läßt sich eine einfache Kennzeichnung finden,

(5) *Die Topologie $\mathfrak{T}_k^\circ$, die Topologie der gleichmäßigen Konvergenz auf den $\mathfrak{T}_k$-kompakten Teilmengen des vollkommenen Raumes λ, ist die feinste lokalkonvexe Topologie $\mathfrak{T}'$ auf $\lambda^\times$, für die schwach konvergente und $\mathfrak{T}'$-konvergente Folgen zusammenfallen.*

$\mathfrak{T}_k^\circ$ ist nach § 21, 9.(7) die feinste lokalkonvexe Topologie auf $\lambda^\times$, die auf den schwach kompakten Teilmengen von $\lambda^\times$ mit der schwachen Topologie zusammenfällt. Daraus folgt, daß jede schwach konvergente Folge $\mathfrak{T}_k^\circ$-konvergent ist. Ist umgekehrt jede schwach konvergente Folge $\mathfrak{T}'$-konvergent, so sind nach (1) schwach kompakte und $\mathfrak{T}'$-kompakte Teilmengen identisch, also $\mathfrak{T}_k^\circ$ feiner als $\mathfrak{T}'$.

Nach (3) und (5) ist $\mathfrak{T}_k^\circ$ stets feiner als $\mathfrak{T}$.

In Analogie zu (2) gilt

(6) *Die schwach abgeschlossene normale Hülle $\overline{M^n}$ jeder $\mathfrak{T}_k$-kompakten Teilmenge M eines vollkommenen Raumes ist wieder $\mathfrak{T}_k$-kompakt.*

Wäre $\overline{M^n}$ nicht $\mathfrak{T}_k$-kompakt, so gäbe es nach (5) eine schwach konvergente Folge $\mathfrak{u}^{(n)} \to \mathfrak{o}$ in $\lambda^\times$ mit $\sup\limits_{\mathfrak{x}\in\overline{M^n}} |\mathfrak{u}^{(n)}\mathfrak{x}| > m > 0$. Dann gibt es eine Folge $\mathfrak{x}^{(n)} \in M$ mit $\sum\limits_1^\infty |u_i^{(n)}|\,|x_i^{(n)}| \geqq m$. Konvergiert $\mathfrak{u}^{(n)}$ schwach gegen $\mathfrak{o}$, so konvergiert nach (3) auch jede Folge $\mathfrak{v}^{(n)}$ mit $|v_i^{(n)}| = |u_i^{(n)}|$ schwach gegen $\mathfrak{o}$. Wählt man $\mathfrak{v}^{(n)}$ so, daß $\sum\limits_i^\infty |u_i^{(n)}|\,|x_i^{(n)}| = \mathfrak{v}^{(n)}\mathfrak{x}^{(n)}$ ist, so wäre $\sup\limits_{\mathfrak{x}\in M} |\mathfrak{v}^{(n)}\mathfrak{x}|$ nicht konvergent gegen 0 im Widerspruch zu (5).

Wie das Beispiel der aus dem Vektor $\mathfrak{e} = (1, 1, \ldots)$ aus l^∞ bestehenden Menge zeigt, braucht die normale Hülle einer stark kompakten Teilmenge eines vollkommenen Raumes nicht mehr stark kompakt zu sein.

7. Tonnelierte Räume, (M)-Räume. Wir sahen in 5.(10), daß in jedem vollkommenen λ die Abschnitte $\mathfrak{x}_n$ eines Vektors $\mathfrak{x}$ im Sinn von $\mathfrak{T}_k(\lambda^\times)$ gegen $\mathfrak{x}$ konvergieren. Wie das Beispiel l^∞ zeigt, braucht dies für die starke Konvergenz nicht mehr zu gelten. Die Klasse der vollkommenen Räume mit starker Abschnittskonvergenz läßt sich folgendermaßen charakterisieren,

(1) *Die folgenden Eigenschaften eines vollkommenen Raumes λ sind äquivalent:*

a) $\lambda[\mathfrak{T}_k]$ ist tonneliert;

b) $\mathfrak{T}_k$-konvergente und stark konvergente Folgen in λ fallen zusammen;

c) jede $\mathfrak{T}_k$-kompakte Teilmenge von λ ist stark kompakt;

d) die schwach abgeschlossene normale Hülle jeder stark kompakten Teilmenge von λ ist stark kompakt;

e) die Abschnitte jedes $\mathfrak{x}\in\lambda$ konvergieren stark gegen $\mathfrak{x}$;

f) $\lambda[\mathfrak{T}_b]$ ist folgenseparabel.

Beweis. Aus a) folgen b) und c), die nach 6.(1) äquivalent sind. Aus c) folgt nach 6.(6) die Eigenschaft d). Gilt d), so ist die schwach abgeschlossene normale Hülle der aus dem Vektor $\mathfrak{x}\in\lambda$ bestehenden Menge stark kompakt. Daraus folgt nach 6.(1), daß die Abschnitte von $\mathfrak{x}$ stark gegen $\mathfrak{x}$ konvergieren, also e). Aus e) folgt f) wie in 5.(11). Um aus f) auf a) schließen zu können, haben wir zu zeigen, daß jede schwach abgeschlossene beschränkte Teilmenge M von $\lambda^\times$ schwach folgenkompakt ist. Es sei $\mathfrak{u}^{(n)}$ eine Folge aus M und $\mathfrak{x}^{(i)}$, $i = 1, 2, \ldots$, durchlaufe eine in λ stark folgendichte Menge. Durch ein Diagonalverfahren erhält man eine wieder mit $\mathfrak{u}^{(n)}$ bezeichnete Teilfolge, für die $\lim\limits_{n\to\infty} \mathfrak{u}^{(n)}\mathfrak{x}^{(i)}$ für jedes i existiert. Es gilt also

$$(2) \qquad |(\mathfrak{u}^{(n)} - \mathfrak{u}^{(m)})\,\mathfrak{x}^{(i)}| \leqq \frac{\varepsilon}{2} \quad \text{für} \quad n, m \geqq n_0(\varepsilon, i).$$

Es sei $\mathfrak{x} \in \lambda$ und $\mathfrak{x}^{(j)}$ eine gegen $\mathfrak{x}$ stark konvergente Teilfolge der $\mathfrak{x}^{(i)}$. Da die Menge aller $\mathfrak{u}^{(n)} - \mathfrak{u}^{(m)}$ in $\lambda^\times$ beschränkt ist, gibt es ein j_0 mit

(3) $$|(\mathfrak{u}^{(n)} - \mathfrak{u}^{(m)})(\mathfrak{x} - \mathfrak{x}^{(j)})| \leqq \frac{\varepsilon}{2} \quad \text{für alle } n, m \text{ und } j \geqq j_0(\varepsilon).$$

Aus (2) und (3) folgt $|(\mathfrak{u}^{(n)} - \mathfrak{u}^{(m)})\mathfrak{x}| \leqq \varepsilon$ für $n, m \geqq n_0(\varepsilon, j_0)$. Also bilden die $\mathfrak{u}^{(n)}$ eine schwache Cauchyfolge in M, deren Limes nach Voraussetzung und 5.(3) in M liegt; M ist also schwach folgenkompakt.

Da ein vollkommener Raum $\lambda[\mathfrak{T}]$ dann und nur dann halbreflexiv ist, wenn $(\lambda^\times[\mathfrak{T}_b(\lambda)])' = \lambda$ gilt, wenn also $\lambda^\times[\mathfrak{T}_k(\lambda)]$ tonneliert ist, folgt aus (1) unmittelbar

(4) *Ein vollkommener Raum $\lambda[\mathfrak{T}]$, $\mathfrak{T}$ die normale Topologie, ist dann und nur dann halbreflexiv, wenn $\lambda^\times$ eine der Bedingungen a) bis f) aus* (1) *erfüllt.*

Ebenso ergibt sich

(5) *Ein vollkommener Raum $\lambda[\mathfrak{T}_k]$ ist dann und nur dann reflexiv, wenn sowohl λ wie $\lambda^\times$ je eine der Bedingungen a) bis f) aus* (1) *erfüllen.*

Für die Mackeysche Topologie gilt

(6) *Für jeden vollkommenen Raum λ sind die folgenden Eigenschaften äquivalent:*

a) Schwach konvergente und $\mathfrak{T}_k$-konvergente Folgen in λ fallen zusammen;

b) jede schwach kompakte Teilmenge von λ ist $\mathfrak{T}_k$-kompakt;

c) die Topologien $\mathfrak{T}_k(\lambda)$ und $\mathfrak{T}_k^\circ(\lambda)$ fallen auf $\lambda^\times$ zusammen.

Ein vollkommener Raum λ hat diese Eigenschaften dann und nur dann, wenn sein α-dualer Raum $\lambda^\times$ sie besitzt.

Beweis. a) und b) sind nach 6.(1) a) und c) äquivalent. Ferner ist b) äquivalent zu c). Nach 6.(5) fallen auf einer schwach kompakten Teilmenge von $\lambda^\times$ die schwache und die $\mathfrak{T}_k^\circ$-Topologie zusammen. Gilt also c), so ist jede schwach kompakte Teilmenge von $\lambda^\times$ $\mathfrak{T}_k$-kompakt, d.h. es ist b) für $\lambda^\times$ erfüllt.

Es sei bemerkt, daß wir in (6) nach 6.(3) die schwache Konvergenz bzw. Topologie auch durch die normale Konvergenz bzw. Topologie ersetzen können. Insbesondere hat λ die in (6) genannten Eigenschaften, wenn die normale Topologie $\mathfrak{T}$ mit der Mackeyschen Topologie identisch ist.

(7) *Schwach und stark konvergente Folgen fallen in dem vollkommenen Raum λ dann und nur dann zusammen, wenn in $\lambda^\times$ die beschränkten Teilmengen relativ $\mathfrak{T}_k$-kompakt sind.*

Ein solcher Raum ist stets tonneliert.

Dies folgt sofort aus (1) und (6).

Wir geben noch ein Kriterium dafür an, wann ein vollkommener Raum ein (M)-Raum ist. Wir bemerken, daß nach (1) jeder vollkommene (M)-Raum folgenseparabel ist.

(8) *Ein vollkommener Raum* $\lambda[\mathfrak{T}_k]$ *ist dann und nur dann ein* (M)-*Raum, wenn in* λ *die Abschnitte jedes Vektors stark gegen den Vektor konvergieren, und wenn in* $\lambda^\times$ *schwach (oder* $\mathfrak{T}$-*) konvergente und stark konvergente Folgen zusammenfallen.*

Die erste Bedingung bedeutet nach (1), daß $\lambda[\mathfrak{T}_k]$ tonneliert ist, und daß jede $\mathfrak{T}_k$-kompakte Teilmenge von λ stark kompakt ist. Die zweite Bedingung bedeutet nach (7), daß jede beschränkte abgeschlossene Teilmenge $\mathfrak{T}_k$-kompakt ist. Beides zusammen ergibt die Behauptung.

T. und Y. Kōmura [1] gaben ein Beispiel eines tonnelierten vollkommenen Raumes, der nicht bornologisch ist.

8. Stufenräume und gestufte Räume. Wir haben in 4. die speziellen vollkommenen Räume $\lambda_{\mathfrak{a}}$ und ihre dualen Räume $\lambda_{\mathfrak{a}}^\times$ eingeführt. Sind abzählbar viele Vektoren $\mathfrak{a}^{(k)}$, $k=1, 2, \ldots$, in ω gegeben, die wir als Stufen bezeichnen, so nennen wir die lineare Hülle $\sum\limits_{k=1}^{\infty} \lambda_{\mathfrak{a}^{(k)}}^\times$ bzw. den Durchschnitt $\bigcap\limits_{k=1}^{\infty} \lambda_{\mathfrak{a}^{(k)}}$ den zugehörigen Stufenraum bzw. gestuften Raum.

Wir wissen (vgl. 4.(1)), daß $\bigcap \lambda_{\mathfrak{a}^{(k)}}$ vollkommen und $\sum \lambda_{\mathfrak{a}^{(k)}}^\times$ normal ist. Die Stufen können als positiv vorausgesetzt werden. Durch eventuellen Übergang von den $\mathfrak{a}^{(k)}$ zu den $\mathfrak{a}^{(1)}+\cdots+\mathfrak{a}^{(k)}$ kann man ohne Änderung der Räume ein monoton wachsendes Stufensystem erhalten. Ferner kann man voraussetzen, daß das Stufensystem vollständig ist, d.h. daß es zu jedem Index i ein $\mathfrak{a}^{(k)}$ mit $a_i^{(k)} \neq 0$ gibt. Wir wollen im folgenden stets diese Annahme machen. Dann ist $\sum \lambda_{\mathfrak{a}^{(k)}}^\times$ die Vereinigungsmenge der $\lambda_{\mathfrak{a}^{(1)}}^\times \subset \lambda_{\mathfrak{a}^{(2)}}^\times \subset \cdots$.

Die normale Topologie $\mathfrak{T}$ auf $\lambda = \bigcap\limits_k \lambda_{\mathfrak{a}^{(k)}}$ wird durch die Halbnormen $q_k(\mathfrak{x}) = \sum\limits_{i=1}^{\infty} |a_i^{(k)}|\,|x_i|$, $k=1, 2, \ldots$, erklärt, $\lambda[\mathfrak{T}]$ ist also ein (F)-Raum. Nach § 22, 6.(3) ist der duale Raum λ' zu $\lambda[\mathfrak{T}]$ gleich dem Stufenraum $\bigcup\limits_k \lambda_{\mathfrak{a}^{(k)}}^\times$. Als dualer Raum eines (F)-Raumes ist λ' also schwach folgenvollständig. Da $(\lambda')^\times = \lambda$ ist (vgl. 4.(1)), ist λ' nach 5.(3) vollkommen, also $\lambda' = \bigcup \lambda_{\mathfrak{a}^{(k)}}^\times = \lambda^\times$.

Damit ist bewiesen

(1) *Die Räume* $\bigcap \lambda_{\mathfrak{a}^{(k)}}$ *und* $\bigcup \lambda_{\mathfrak{a}^{(k)}}^\times$ *sind vollkommen und zueinander* α-*dual. Die normale Topologie* $\mathfrak{T}$ *auf* $\lambda = \bigcap \lambda_{\mathfrak{a}^{(k)}}$ *wird durch die Halbnormen* $q_k(\mathfrak{x})$ *gegeben,* $\lambda[\mathfrak{T}]$ *ist ein* (F)-*Raum.*

Auf jedem (F)-Raum ist die Topologie die starke Topologie. Aus $\mathfrak{T} = \mathfrak{T}_b(\lambda^\times)$ und 6.(3) folgt also, daß schwache und starke Konvergenz in jedem gestuften Raum zusammenfallen. Ferner ist $\lambda[\mathfrak{T}]$ folgenseparabel (7.(1)). Aus $\mathfrak{T}=\mathfrak{T}_b(\lambda^\times)$ folgt ferner, daß in dem Stufenraum $\lambda^\times = \bigcup \lambda^\times_{\mathfrak{a}^{(k)}}$ jede beschränkte Menge in der normalen Hülle eines Vektors $\varrho\,\mathfrak{a}^{(k)}$ liegt, also bereits in einem $\lambda^\times_{\mathfrak{a}^{(k)}}$ beschränkt ist. Eine schwach konvergente Folge $\mathfrak{u}^{(n)} \to \mathfrak{u}$ in $\lambda^\times$ ist daher in einem $\lambda^\times_{\mathfrak{a}^{(k)}}$ beschränkt und koordinatenweise konvergent. Sie konvergiert schwach also bereits in einem $\lambda^\times_{\mathfrak{a}^{(k)}}$.

Die Definition der Stufenräume wurde von DIEUDONNÉ und GOMES [1] folgendermaßen verallgemeinert. Zu einem positiven Vektor $\mathfrak{a}$ mit $a_i > 0$ für alle i und für $p \geqq 1$ bilden wir die Menge $\lambda^p_{\mathfrak{a}}$ aller $\mathfrak{x}$ mit $\sum_{i=1}^{\infty} |a_i|\,|x_i|^p < \infty$. $\lambda^p_{\mathfrak{a}}$ ist, mit der Norm $q(\mathfrak{x}) = \left(\sum |a_i|\,|x_i|^p\right)^{1/p}$ versehen, ein zu l^p diagonaltransformierter Raum, also vollkommen. Sein dualer (zugleich α-dualer) Raum ist der Raum $(\lambda^p_{\mathfrak{a}})^\times$ aller $\mathfrak{u}$ mit $\sum |a_i|^{-\frac{q}{p}}\,|u_i|^q < \infty$, $\frac{1}{p}+\frac{1}{q}=1$. $(\lambda^p_{\mathfrak{a}})^\times$ ist zu l^q diagonaltransformiert mit der Norm $q(\mathfrak{u}) = \left(\sum |a_i|^{-\frac{q}{p}}\,|u_i|^q\right)^{\frac{1}{q}}$. Sind unendlich viele $a_i = 0$, so zerfällt $\lambda^p_{\mathfrak{a}}$ in einen zu l^p diagonaltransformierten und einen zu ω isomorphen Stückraum; entsprechend tritt ein Stückraum φ in $(\lambda^p_{\mathfrak{a}})^\times$ auf.

Es sei wieder $\mathfrak{a}^{(1)} \leqq \mathfrak{a}^{(2)} \leqq \cdots$ eine vollständige Folge positiver Stufen. Der mit der Topologie $\mathfrak{T}_0$ der Halbnormen $q_k(\mathfrak{x}) = \left(\sum |a_i^{(k)}|\,|x_i|^p\right)^{1/p}$, $k = 1, 2, \ldots$, versehene Durchschnitt $\bigcap_{k=1}^{\infty} \lambda^p_{\mathfrak{a}^{(k)}}$ heißt der zu den $\mathfrak{a}^{(k)}$ gehörige gestufte Raum p-ter Ordnung; er ist ein (F)-Raum. Entsprechend heißt $\bigcap_{n=1}^{\infty} (\lambda^p_{\mathfrak{a}^{(k)}})^\times$ Stufenraum p-ter Ordnung. Die oben betrachteten Stufenräume erhalten wir für $p = 1$.

Mit derselben Schlußweise wie vorhin erhält man

(2) *Die Räume* $\bigcap_{k=1}^{\infty} \lambda^p_{\mathfrak{a}^{(k)}}$ *und* $\bigcup_{k=1}^{\infty} (\lambda^p_{\mathfrak{a}^{(k)}})^\times$ *sind vollkommen und α-dual zueinander.*

Die Topologie $\mathfrak{T}_0 = \mathfrak{T}_b(\lambda^\times)$ ist allerdings für $p > 1$ im allgemeinen echt feiner als die normale Topologie. Jedenfalls ist $\lambda = \bigcap \lambda^p_{\mathfrak{a}^{(k)}}$ stets folgenseparabel. Aus $\mathfrak{T}_0 = \mathfrak{T}_b$ folgt, daß jede beschränkte Teilmenge des Stufenraumes $\lambda^\times = \bigcup (\lambda^p_{\mathfrak{a}^{(k)}})^\times$ in dem Vielfachen der Einheitskugel eines $(\lambda^p_{\mathfrak{a}^{(k)}})^\times$ liegt, und daß schwache Konvergenz in $\lambda^\times$ die schwache Konvergenz in einem geeigneten $(\lambda^p_{\mathfrak{a}^{(k)}})^\times$ bedeutet (denn eine in einem l^p, $p > 1$, beschränkte und koordinatenweise konvergente Folge ist in l^p schwach konvergent).

Aus der Reflexivität der $\lambda^p_{\mathfrak{a}^{(k)}}$ für $p > 1$ folgt nach § 23, 3.(7)

(3) *Jeder Stufenraum* $\lambda^\times[\mathfrak{T}_k(\lambda)]$ *und jeder gestufte Raum* $\lambda[\mathfrak{T}_0]$ *der Ordnung* $p > 1$ *ist reflexiv.*

Beispiel. Nimmt man als Stufen die Vektoren $\mathfrak{a}^{(k)} = (1, k, k^2, \ldots)$, $k = 1, 2, \ldots$, so kann der zugehörige gestufte Raum λ gedeutet werden als der Raum der ganzen transzendenten Funktionen: Man ordne dem Vektor $\mathfrak{x} = (x_0, x_1, \ldots) \in \lambda$ die Funktion $x(z) = \sum_{i=0}^{\infty} x_i z^i$ zu. Ordnen wir entsprechend jedem $\mathfrak{u} \in \lambda^\times$ die Funktion $u(z) = \frac{1}{z}\left(u_0 + u_1 \frac{1}{z} + u_2 \frac{1}{z^2} + \cdots\right)$ zu, so erhalten wir den Raum aller in einer Umgebung von ∞ analytischen und in ∞ verschwindenden Funktionen. Für das skalare Produkt ergibt sich die Deutung

$$(4) \qquad \frac{1}{2\pi i} \oint u(z)\, x(z)\, dz = \sum_{i=0}^{\infty} u_i x_i = \mathfrak{u}\mathfrak{x}.$$

Durch Multiplikation der beiden Reihen erhält man nämlich die Laurententwicklung von $u(z)\,x(z)$ in einem Kreisring um 0 und $\mathfrak{u}\mathfrak{x}$ ist der Koeffizient von $1/z$. Zu integrieren ist über einen Kreis innerhalb des Kreisringes.

In der Bezeichnungsweise von § 27, 4. ist $H(\Gamma)$ der Raum der ganzen transzendenten Funktionen mit den dort erklärten Topologien. Wir erhalten also durch (4) eine Isomorphie der Dualsysteme $\langle H(\infty), H(\Gamma)\rangle$ und $\langle \lambda^\times, \lambda\rangle$, insbesondere ist also $\lambda[\mathfrak{T}]$ bzw. $\lambda^\times[\mathfrak{T}_k]$ topologisch isomorph $H(\Gamma)$ bzw. $H(\infty)$, deren Topologien in § 27, 4. definiert wurden. Es sind daher $\lambda[\mathfrak{T}]$ und $\lambda^\times[\mathfrak{T}_k]$ zueinander duale (M)-Räume. Vgl. hierzu Toeplitz [2].

9. Stufenräume vom Typus (M). Es läßt sich genau angeben, wann ein Stufenraum ein (M)-Raum ist. Es gilt (vgl. Köthe [6], Dieudonné und Gomes [1])

(1) *Es sei* $\mathfrak{a}^{(k)} = (a_i^{(k)})$, $k = 1, 2, \ldots$, *ein monoton wachsendes vollständiges Stufensystem,* $\lambda[\mathfrak{T}_0]$ *bzw.* $\lambda^\times[\mathfrak{T}_k]$ *seien der zugehörige gestufte bzw. Stufenraum der Ordnung* $p \geqq 1$. *Diese beiden Räume sind dann und nur dann* (M)-*Räume, wenn es keine unendliche Indizesmenge* $\{j_n\}$ *gibt, so daß für ein geeignetes* k_0 *und geeignete* $M_k > 0$

$$(2) \qquad 0 < a_{j_n}^{(k)} \leqq M_k\, a_{j_n}^{(k_0)}$$

für alle $k \geqq k_0$ *gilt.*

Anders ausgedrückt: λ *bzw.* $\lambda^\times$ *sind dann und nur dann* (M)-*Räume, wenn sie keinen zu* l^p *bzw.* l^q *diagonaltransformierten Stückraum besitzen* $\left(\frac{1}{p} + \frac{1}{q} = 1,\ q = \infty \text{ für } p = 1\right)$.

Als Folgerung erhalten wir sofort: *Ein Stufenraum bzw. ein gestufter Raum der Ordnung* 1 *ist dann und nur dann reflexiv, wenn er ein* (M)-*Raum ist.*

Beweis von (1). Nach 7.(8) ist λ und damit $\lambda^\times$ dann und nur dann ein (M)-Raum, wenn in $\lambda^\times$ die schwache und die starke Konvergenz zusammenfallen. Dies ist nicht der Fall, wenn $\lambda^\times$ einen zu l^q, $q > 1$, oder l^∞ diagonaltransformierten Stückraum besitzt.

Wir haben also noch zu zeigen, daß (2) daraus folgt, daß in $\lambda^\times$ eine Folge $\mathfrak{u}^{(n)}$ existiert, die schwach aber nicht stark gegen $\mathfrak{o}$ konvergiert.

Wir können nach 8. $\mathfrak{u}^{(n)}$ als in einem $(\lambda^p_{\mathfrak{a}(k_0)})^\times$ schwach gegen $\mathfrak{o}$ konvergent annehmen. Durch Diagonaltransformation und Beschränkung auf den durch die $a_i^{(k_0)} \neq 0$ bestimmten Stückraum können wir also $\mathfrak{a}^{(k_0)} = \mathfrak{e} = (1, 1, \ldots)$, also $(\lambda^p_{\mathfrak{a}(k_0)})^\times = l^q$ erreichen.

Es sei also $\|\mathfrak{u}^{(n)}\|_q = \left(\sum |u_i^{(n)}|^q\right)^{1/q} = 1$ und $\mathfrak{u}^{(n)}$ koordinatenweise konvergent gegen $\mathfrak{o}$. Es sei ferner M eine normale beschränkte Menge in λ mit

$$(3) \qquad \sup_{\mathfrak{x}\in M} \sum_{i=1}^{\infty} |u_i^{(n)}|\,|x_i| \geqq 2c > 0$$

für alle n.

Zu jedem $\mathfrak{u}^{(n)}$ existiert also ein $\mathfrak{x}^{(n)} \in M$ mit

$$c < \sum |u_i^{(n)}|\,|x_i^{(n)}| \leqq \|\mathfrak{u}^{(n)}\|_q \,\|\mathfrak{x}^{(n)}\|_p = \|\mathfrak{x}^{(n)}\|_p.$$

Hieraus, aus der Normalität von M und der koordinatenweisen Konvergenz von $\mathfrak{u}^{(n)}$ gegen $\mathfrak{o}$ schließt man auf die Existenz von unendlich vielen Vektoren $\mathfrak{y}^{(n)} = (0, \ldots, 0, y^{(n)}_{r_n}, \ldots, y^{(n)}_{s_n}, 0, 0, \ldots)$ in M mit $\|\mathfrak{y}^{(n)}\|_p > c$ und $s_n < r_{n+1}$ für alle $n = 1, 2, \ldots$.

Da M beschränkt ist, gibt es $m_k < \infty$, so daß

$$(4) \qquad (q_k(\mathfrak{x}))^p = \sum_{i=1}^{\infty} |a_i^{(k)}|\,|x_i|^p \leqq m_k, \quad k = 1, 2, \ldots,$$

gilt für alle $\mathfrak{x} \in M$.

Es sei $d_k > 0$ und $\sum_{k=0}^{\infty} \frac{1}{d_k} = \frac{1}{2}$. Es durchlaufe t_{kn} alle Indizes $r_n \leqq t_{kn} \leqq s_n$, für die

$$(5) \qquad a^{(k)}_{t_{kn}} > \frac{m_k d_k}{c^p}$$

gilt. Für die entsprechenden Koordinaten von $\mathfrak{y}^{(n)}$ gilt (k, n fest)

$$(6) \qquad \sum_{t_{kn}} |y^{(n)}_{t_{kn}}|^p < \frac{c^p}{d_k},$$

da anderenfalls $\sum_{t_{kn}} |a^{(k)}_{t_{kn}}|\,|y^{(n)}_{t_{kn}}|^p > \frac{m_k d_k}{c^p} \cdot \frac{c^p}{d_k} = m_k$ wäre im Widerspruch zu $\mathfrak{y}^{(n)} \in M$ und (4).

Bilden wir die Summe über $k_0, k_0+1, \ldots$, so folgt aus (6)

$$\sum_{k=k_0}^{\infty} \sum_{t_{kn}} |y^{(n)}_{t_{kn}}|^p < c^p \sum \frac{1}{d_k} = \frac{c^p}{2} \quad \text{für jedes } n.$$

Es ist aber $\|\mathfrak{y}^{(n)}\|_p^p = \sum_{l=r_n}^{s_n} |y_l^{(n)}|^p > c^p$. Daher gibt es zu jedem n wenigstens einen Index j_n mit $r_n \leqq j_n \leqq s_n$, der von allen t_{kn}, $k = k_0, k_0+1, \ldots$, verschieden ist. Für diese j_n ist also (5) für alle $k \geqq k_0$ falsch, d.h. es gilt $a^{(k)}_{j_n} \leqq \frac{m_k d_k}{c^p} = M_k$. Damit ist (2) für $\mathfrak{a}^{(k_0)} = \mathfrak{e}$ bewiesen.

In § 28, 3. haben wir die lokale Konvergenz erklärt. In jedem (F)-Raum, also speziell in jedem gestuften Raum fällt die Konvergenz mit der lokalen Konvergenz zusammen. Wir bestimmen die Stufenräume (der Ordnung 1), in denen sogar die schwache Konvergenz mit der lokalen Konvergenz zusammenfällt. Es gilt

(7) *Es sei* $\mathfrak{a}^{(k)} = (a_i^{(k)})$, $k = 1, 2, \ldots$, *ein monoton wachsendes vollständiges Stufensystem,* $\lambda^\times$ *der dazugehörige Stufenraum der Ordnung* 1. *In* $\lambda^\times$ *fällt die schwache Konvergenz mit der lokalen Konvergenz dann und nur dann zusammen, wenn zu jedem* k *ein* $N(k)$ *existiert, so daß*

$$\lim_{i\to\infty} \frac{a_i^{(k)}}{a_i^{(N(k))}} = 0 \tag{8}$$

gilt; i durchläuft die Indizes, für die $a_i^{(k)} \neq 0$ *ist.*

Beweis. a) Es sei (8) erfüllt und $\mathfrak{u}^{(n)}$ eine schwach gegen $\mathfrak{o}$ konvergente Folge aus $\lambda^\times$. Dann gibt es ein k und ein M, so daß $|u_i^{(n)}| \leqq M a_i^{(k)}$ und $\lim_{n\to\infty} u_i^{(n)} = 0$ für alle i und n gilt. Aus (8) folgt dann aber $\sup_i |a_i^{(N(k))}|^{-1} |u_i^{(n)}| \to 0$ für $n \to \infty$, d.h. die starke Konvergenz von $\mathfrak{u}^{(n)}$ in $\lambda^\times_{\mathfrak{a}(N(k))}$. Das bedeutet aber, daß $\mathfrak{u}^{(n)}$ lokal gegen $\mathfrak{o}$ konvergiert.

b) Um zu beweisen, daß (8) notwendig ist, brauchen wir nur vorauszusetzen, daß die Abschnitte $\mathfrak{u}_n$ jedes $\mathfrak{u}$ aus $\lambda^\times$ lokal gegen $\mathfrak{u}$ konvergieren. Dann muß also $u_n \mathfrak{e}_n$ lokal gegen $\mathfrak{o}$ konvergieren. Nehmen wir für $\mathfrak{u}$ speziell $\mathfrak{a}^{(k)}$, so konvergiert also $a_n^{(k)} \mathfrak{e}_n$ stark gegen $\mathfrak{o}$ in einem geeigneten $\lambda^\times_{\mathfrak{a}(N(k))}$. Daraus folgt aber (8).

Jeder Stufenraum, der (8) erfüllt, ist ein (M)-Raum nach (1); umgekehrt erfüllt das Stufensystem eines (M)-Raumes zwar stets (1), aber nicht immer (8). In einem Stufenraum $\lambda^\times$, der ein (M)-Raum ist, aber (8) nicht erfüllt, muß es stets Vektoren $\mathfrak{u}$ geben, deren Abschnitte zwar stark gegen $\mathfrak{u}$ konvergieren, aber in keinem $\lambda^\times_{\mathfrak{a}(k)}$ stark gegen $\mathfrak{u}$ gehen. In § 31, 5. diskutieren wir ein solches Beispiel ausführlich.

Jeder Stufenraum $\lambda^\times[\mathfrak{T}_k]$ der Ordnung 1, der ein (M)-Raum ist, ist nach § 29, 4.(4) bornologisch, also gleich dem topologischen induktiven Limes der $\lambda^\times_{\mathfrak{a}(k)}[\mathfrak{T}_b]$, $\mathfrak{T}_b$ die Normtopologie. Aus (8) folgt sofort, daß jede beschränkte Teilmenge von $\lambda^\times[\mathfrak{T}_k]$ in einem geeigneten $\lambda^\times_{\mathfrak{a}(N)}[\mathfrak{T}_b]$ relativ kompakt ist. Die kompakten Teilmengen von $\lambda^\times[\mathfrak{T}_k]$ fallen also zusammen mit den in einem geeigneten $\lambda^\times_{\mathfrak{a}(N)}[\mathfrak{T}_b]$ kompakten Teilmengen.

Ist (1) erfüllt, aber nicht (8), so enthält $\lambda^\times[\mathfrak{T}_k]$ abgeschlossene beschränkte, also kompakte Teilmengen, die in keinem $\lambda^\times_{\mathfrak{a}(N)}[\mathfrak{T}_b]$ kompakt sind.

10. Weitere Untersuchungen über Folgenräume. Wir haben die Folgenräume behandelt in ihrer durch den α-dualen Raum $\lambda^\times$ festgelegten Struktur. Man kann auch andere Wege gehen. So kann man z. B. als β-dualen Raum λ^β zum Folgenraum λ den Raum aller $\mathfrak{v} \in \omega$ einführen, für die das skalare Produkt $\mathfrak{v}\mathfrak{x} = \sum_{i=1}^{\infty} v_i x_i$ für alle $\mathfrak{x} \in \lambda$ konvergiert (nicht notwendig absolut). Es ist $\lambda^\beta \supset \lambda^\times$ und man erhält jetzt das Dualsystem $\langle \lambda^\beta, \lambda \rangle$. Dieser Ansatz führt jedoch auf wesentlich kompliziertere Fragen, wie schon in KÖTHE und TOEPLITZ [2] bemerkt wurde. In jüngster Zeit wurde dieser Ansatz von CHILLINGWORTH [1] und MATTHEWS [1] wieder aufgenommen.

Die Theorie der vollkommenen Räume wurde hier nur so weit auseinandergesetzt, als dies notwendig war, um einige Klassen wichtiger Beispiele für die allgemeine Theorie aufzustellen. Für weitere Resultate sei auf die eben zitierte Arbeit von TOEPLITZ und dem Verfasser, die Arbeiten von ALLEN und COOKE und ihrer Schüler (vgl. dazu COOKE [1], [2]) und die weiteren Arbeiten des Verfassers hingewiesen. In zwei kürzlich erschienenen Arbeiten (T. u. Y. KŌMURA [1], PIETSCH [1]) wurde die Theorie erheblich weiterentwickelt, PIETSCH [1] verallgemeinerte sie überdies auf Räume von Folgen, deren Glieder Elemente eines beliebigen lokalkonvexen Raumes sind.

Eine andere allgemeine Klasse von Folgenräumen wurde von ZELLER [1] eingeführt: Ein Folgenraum λ heißt ein (FK)-Raum, wenn auf λ eine lokalkonvexe Topologie $\mathfrak{T}'$ erklärt ist, bezüglich deren λ ein (F)-Raum ist; ferner wird verlangt, daß die Zuordnung $\mathfrak{a} = (a_k) \to a_k$ eine stetige Linearfunktion auf $\lambda[\mathfrak{T}']$ ist. Aus der Konvergenz einer Folge $\mathfrak{a}^{(n)}$ gegen $\mathfrak{a}$ folgt also stets die koordinatenweise Konvergenz.

Diese Klasse von Folgenräumen hat vor allem Anwendungen auf funktionentheoretische Fragen und die Theorie der Limitierungsverfahren gefunden (vgl. ZELLER [1], [2]).

Von COOPER [1] und DIEUDONNÉ [7] wurde die Theorie der vollkommenen Räume auf Funktionenräume übertragen. Darauf soll im zweiten Band näher eingegangen werden.

§ 31. Gegenbeispiele

1. Der duale Raum zu l^∞. Unsere Absicht ist zu zeigen, daß c_0 ein abgeschlossener Teilraum von l^∞ ist, der keinen topologischen Komplementärraum besitzt. Wir beginnen mit einer Darstellung des dualen Raumes von l_d^∞, d irgendeine unendliche Kardinalzahl.

Es sei I die Indizesmenge, über der die Elemente $\mathfrak{x} = (\xi_\alpha)$, $\alpha \in I$, von l_d^∞ erklärt sind. Wir schreiben $l^\infty(I)$ an Stelle von l_d^∞. Ist M eine Teilmenge von I, so sei $l^\infty(M)$ der durch M bestimmte Stückraum von $l^\infty(I)$. Ist u eine stetige Linearfunktion auf $l^\infty(I)$, so bezeichne u_M die Einschränkung von u auf $l^\infty(M)$ bzw. die daraus durch Nullsetzen auf $l^\infty(I \sim M)$ entstehende stetige Linearfunktion auf $l^\infty(I)$.

(1) *Sind $M_1, \ldots, M_n$ paarweise disjunkte Teilmengen von I, so gilt*

$$\sum_{i=1}^{n} \|u_{M_i}\| \leqq \|u\|. \tag{2}$$

Ist nämlich $\mathfrak{x}_i \in l^\infty(M_i)$ so gewählt, daß $\|\mathfrak{x}_i\| \leqq 1$ und $u_{M_i}\mathfrak{x}_i \geqq \|u_{M_i}\| - \frac{\varepsilon}{n}$ ist, so hat $\mathfrak{x} = \sum_{i=1}^{n} \mathfrak{x}_i$ eine Norm $\|\mathfrak{x}\| \leqq 1$ und es gilt $u\mathfrak{x} = \sum_{i=1}^{n} u_{M_i}\mathfrak{x}_i \geqq \sum \|u_{M_i}\| - \varepsilon$, woraus (2) folgt.

Es sei $\mathfrak{I}$ die Klasse aller Teilmengen M von I. Es sei $\mathfrak{e}_M$ das Element aus $l^\infty(I)$ mit den Koordinaten $\xi_\alpha=1$ für $\alpha\in M$ und $\xi_\alpha=0$ für $\alpha\notin M$. $\mathfrak{e}_M$ ist also die charakteristische Funktion von M. Wir erklären nun durch

$$(3) \qquad \varphi(M) = u\,\mathfrak{e}_M, \quad M\in\mathfrak{I},$$

für jedes $u\in(l^\infty)'$ eine Mengenfunktion $\varphi(M)$ auf $\mathfrak{I}$ mit Werten in K. Erklärt man $(\alpha_1\varphi_1+\alpha_2\varphi_2)(M)$ durch $\alpha_1\varphi_1(M)+\alpha_2\varphi_2(M)$, so ist die Abbildung $u\to\varphi$ offenbar linear.

Die Mengenfunktionen $\varphi(M)$ sind endlich additiv, d.h. es gilt

$$(4) \qquad \varphi\Big(\bigcup_{i=1}^{n} M_i\Big)=\sum_{i=1}^{n}\varphi(M_i) \quad \text{für paarweise fremde } M_i.$$

Dies folgt unmittelbar aus (3). Erklärt man durch

$$(5) \qquad V(\varphi) = \sup\sum_{i=1}^{n}|\varphi(M_i)|,$$

wobei das Supremum über alle Systeme endlich vieler paarweise fremder Teilmengen M_i von I zu nehmen ist, die Variation von φ, so folgt aus (2), daß $V(\varphi)\leqq\|u\|<\infty$ ist.

Mit $BV(I)$ bezeichnen wir den durch (5) normierten Raum aller endlich additiven Mengenfunktionen (oder Maße) $\varphi(M)$ auf I. Es gilt dann

(6) *Der duale Raum zu $l^\infty(I)$ ist normisomorph zu $BV(I)$.*

Beweis. Die Linearkombinationen $\sum_{i=1}^{n}\alpha_i\,\mathfrak{e}_{M_i}$ für paarweise fremde M_i bilden einen in l^∞ dichten Teilraum H. Daraus folgt, daß $(l^\infty)'$ durch die Zuordnung $u\to\varphi$ auf einen linearen Teilraum von $BV(I)$ eineindeutig abgebildet wird.

Ist umgekehrt φ ein Element von $BV(I)$, so wird durch

$$(7) \qquad u\Big(\sum_{i=1}^{n}\alpha_i\,\mathfrak{e}_{M_i}\Big)=\sum_{i=1}^{n}\alpha_i\,\varphi(M_i)$$

eine Linearfunktion auf H erklärt. Hat $\sum\alpha_i\,\mathfrak{e}_{M_i}$ die Norm $\leqq 1$, so ist $|\alpha_i|\leqq 1$ für alle i und es gilt

$$\Big|u\Big(\sum_{i=1}^{n}\alpha_i\,\mathfrak{e}_{M_i}\Big)\Big|\leqq\sum_{i=1}^{n}|\alpha_i|\,|\varphi(M_i)|\leqq V(\varphi).$$

Jedes $\varphi\in BV(I)$ erzeugt also auf H und damit auf l^∞ ein $u\in(l^\infty)'$ mit $\|u\|\leqq V(\varphi)$. Da umgekehrt $V(\varphi)\leqq\|u\|$ gilt, ist (6) bewiesen.

Ist φ die u entsprechende Mengenfunktion, so schreibt man auch

$$(8) \qquad u\,\mathfrak{x}=\int_I \mathfrak{x}\,d\varphi;$$

die rechte Seite ist für $\mathfrak{x}\in H$ durch (7) erklärt, für beliebige $\mathfrak{x}\in l^\infty$ durch den Grenzübergang $\mathfrak{x}^{(n)}\to\mathfrak{x}$, $\mathfrak{x}^{(n)}\in H$.

Ein entsprechendes Resultat gilt auch für L^∞ (vgl. HILDEBRANDT [1], FICHTENHOLZ und KANTOROVITCH [1], YOSIDA und HEWITT [1]). Wir kommen im zweiten Band darauf zurück.

Es sei $c_0(I)$ der Raum aller Nullfolgen aus $l^\infty(I)$. Dann gilt $c_0(I)'=l^1(I)$. Ist $u\in(l^\infty)'$, so ist die Einschränkung $\tilde{u}$ von u auf $c_0(I)$ also gegeben durch $\tilde{u}\mathfrak{x}=\sum_\alpha c_\alpha\xi_\alpha$ mit $\sum|c_\alpha|<\infty$. Durch diese Formel wird aber auch auf ganz l^∞ eine wieder mit $\tilde{u}$ bezeichnete stetige Linearfunktion gegeben. Wir erhalten damit die normisomorphe Einbettung von $l^1(I)$ in $l^1(I)''=l^\infty(I)'$. Wir setzen $u=\tilde{u}+\tilde{\tilde{u}}$ und gewinnen damit die algebraisch komplementäre Zerlegung

$$(9)\qquad (l^\infty)'=l^1(I)\oplus c_0(I)^\perp$$

von $(l^\infty)'$.

Um zu zeigen, daß diese Zerlegung topologisch ist, beweisen wir nach DIXMIER [1]

(10) *Es sei E ein* (B)*-Raum. Dann gibt es eine stetige Projektion P der Norm* 1 *von E''' auf E'.*

Beweis. Ordnen wir jedem $u\in E'''$ seine Einschränkung $\tilde{u}=Pu$ auf $E<E''$ zu, so ist P eine Projektion von E''' auf E'. Da die Norm von u in E' kleiner oder gleich der Norm von u in E''' ist, hat P die Norm 1, ist also stetig.

(11) *Die Zerlegung* (9) *ist stetig im Sinn der Normtopologie von* $(l^\infty)'$.

Wir setzen $E=c_0(I)$ in (10). Die Projektion P von $(l^\infty)'$ auf l^1 ist dann stetig und besitzt den Kern $c_0^\perp$. Aus §15, 8.(1) folgt die Behauptung.

Jedes $\tilde{u}\mathfrak{x}$ hat die Gestalt $\tilde{u}\mathfrak{x}=\sum c_\alpha\xi_\alpha$ mit $\sum|c_\alpha|<\infty$; das zugehörige Maß $\tilde{\varphi}$ wird durch $\tilde{\varphi}(M)=\sum_{\beta\in M}c_\beta$ gegeben. Sind M_i abzählbar viele paarweise fremde Teilmengen von I, so gilt offenbar $\tilde{\varphi}\left(\bigcup_{i=1}^\infty M_i\right)=\sum_{i=1}^\infty\tilde{\varphi}(M_i)$, das Maß $\tilde{\varphi}$ ist totaladditiv. Ist ein $\varphi\in BV(I)$ totaladditiv, so folgt umgekehrt durch Anwendung von (2) auf die einpunktigen Mengen leicht, daß die zugehörige Linearfunktion u in $l^1(I)$ liegt. Jede Linearfunktion $\tilde{\tilde{u}}\in c_0^\perp$ verschwindet auf c_0, das zugehörige Maß $\tilde{\tilde{\varphi}}$ verschwindet also auf allen endlichen Teilmengen von I und ist nicht totaladditiv.

2. Teilräume ohne topologischen Komplementärraum in l^∞ und l^1. Wir setzen die Untersuchung von $(l^\infty)'$ fort.

(1) *Es seien $M_1, M_2, \ldots,$ abzählbar viele, paarweise fremde, endliche Teilmengen von I. Zu jedem $u \in l^\infty(I)'$ und jedem $\varepsilon > 0$ gibt es eine Teilfolge M_{n_k}, so daß die Einschränkung u_M von u auf $l^\infty(M)$, $M = \bigcup_{k=1}^{\infty} M_{n_k}$, die Ungleichung $\|u_M\| \leqq \varepsilon$ erfüllt.*

Denn zerlegt man $\bigcup_{i=1}^{\infty} M_i$ in abzählbar viele paarweise fremde Mengen $M^{(i)}$ der Form M, so folgt aus 1.(2) $\sum_{i=1}^{\infty} \|u_{M^{(i)}}\| \leqq \|u\|$ und daraus ergibt sich die Behauptung.

(2) *Ist $u^{(n)}$ eine Folge aus $l^\infty(I)'$ und sind die M_i wie in (1) erklärt, so gibt es eine Teilfolge M_{j_k} der M_i, für deren Vereinigungsmenge N für alle n $u_N^{(n)} = \tilde{u}_N^{(n)}$ gilt.*

Beweis. Nach (1) gibt es eine Teilfolge der M_i, auf deren Vereinigung $M^{(1)}$ $\|u_{M^{(1)}}^{(1)}\| \leqq 1$ ist. In $M^{(1)}$ gibt es, wieder nach (1), eine aus gewissen M_i bestehende echte Teilmenge $M^{(2)}$, auf der $\|u_{M^{(2)}}^{(1)}\| \leqq \frac{1}{2}$ und $\|u_{M^{(2)}}^{(2)}\| \leqq \frac{1}{2}$ ist. Allgemein gibt es eine echte Teilmenge $M^{(n)}$ von $M^{(n-1)}$ mit $\|u_{M^{(n)}}^{(k)}\| \leqq \frac{1}{n}$ für $k \leqq n$. Es sei N eine Menge, die genau ein M_{j_n} aus jedem $M^{(n)} \sim M^{(n+1)}$ enthält. Wir bilden $l^\infty(N)$. Ist $\mathfrak{x}$ ein beliebiges Element aus $l^\infty(N)$ mit $\|\mathfrak{x}\| \leqq 1$, und bedeutet $\mathfrak{x}^{(n)}$ den über $M_{j_1} \cup \cdots \cup M_{j_n}$ gelegenen Ausschnitt von $\mathfrak{x}$, so gilt $|u_N^{(k)}(\mathfrak{x} - \mathfrak{x}^{(n)})| \leqq \frac{1}{n}$ für $n \geqq k$. Für jedes $\mathfrak{x} \in l^\infty$ wird also $u_N^{(k)} \mathfrak{x}$ gegeben durch $\sum_{r=1}^{\infty} v_{\alpha_r}^{(k)} \xi_{\alpha_r}$, $v_{\alpha_r}^{(k)} = u_N^{(k)} \mathfrak{e}_{\alpha_r}$, wobei α_r die abzählbar vielen Indizes aus N sind. Der $u_N^{(k)}$ darstellende Vektor $(v_{\alpha_r}^{(k)})$ liegt dann aber in $l^1(N)$.

(3) *Konvergiert die Folge $u^{(n)} \in (l^\infty)'$ schwach gegen $\mathfrak{o}$, so konvergiert die Folge $\tilde{u}^{(n)}$ der Einschränkungen auf c_0 im Sinn der Norm von l^1 gegen $\mathfrak{o}$.*

Beweis. Wir nehmen an, dies sei nicht der Fall. Nach eventuellem Übergang zu einer Teilfolge der $u^{(n)}$ erhält man eine Folge $M_1, M_2, \ldots$ paarweise disjunkter endlicher Teilmengen von I mit

$$\sum_{\alpha \in M_n} |\tilde{u}^{(n)} \mathfrak{e}_\alpha| \geqq \varepsilon \tag{4}$$

für alle n und ein geeignetes $\varepsilon > 0$. Nach (2) gibt es dann eine Teilfolge M_{j_n}, auf deren Vereinigungsmenge N alle $u_N^{(n)} = \tilde{u}_N^{(n)}$ sind. Die $u_N^{(n)} \in l^1(N)$ konvergieren nach Voraussetzung schwach gegen $\mathfrak{o}$, wegen (4) aber nicht stark gegen $\mathfrak{o}$. Dies steht im Widerspruch zur Identität von schwacher und starker Folgenkonvergenz in l^1.

(5) *$c_0(I)$ besitzt in $l^\infty(I)$ keinen topologischen Komplementärraum.*

Wir nehmen an, es gäbe eine bezüglich der Norm komplementäre Zerlegung

$$l^\infty = c_0 \oplus H. \tag{6}$$

Es sei $\mathfrak{e}_n$ die Folge der Einheitsvektoren aus $l^1 = c_0'$. Wir setzen $\mathfrak{e}_n$ zu einem Element e_n in $(l^\infty)'$ fort, indem wir e_n auf H gleich Null setzen. Wegen (6) ist e_n $\mathfrak{T}_s(l^\infty)$-konvergent gegen $\circ$ in $(l^\infty)'$. Die Einschränkungen $\tilde{e}_n = \mathfrak{e}_n$ auf c_0 sind aber in l^1 nicht stark gegen $\circ$ konvergent im Widerspruch zu (3).

(3) und (5) stammen von PHILLIPS [1]. Zur vorliegenden Darstellung vgl. BOURBAKI [6] II, S. 118. Das zu (5) analoge Resultat, daß $C[0, 1]$ in L^∞ keinen topologischen Komplementärraum besitzt, bewiesen FICHTENHOLZ und KANTOROVITCH [1].

Aus (5) folgt, daß die $\mathfrak{T}_b(l^\infty)$-komplementäre Zerlegung 1.(9) nicht $\mathfrak{T}_s(l^\infty)$-komplementär ist. Denn wäre sie dies, so müßte ihr nach § 20, 5.(1) eine $\mathfrak{T}_s((l^\infty)')$-komplementäre Zerlegung $l^\infty = c_0 \oplus H$ entsprechen. c_0 und H wären dann abgeschlossene Teilräume von l^∞, nach §15, 12.(6) hätten wir einen Widerspruch zu (5).

Daraus folgt auch, daß die Projektion P von $(l^\infty)'$ auf l^1 zwar $\mathfrak{T}_b(l^\infty)$-stetig, nicht aber $\mathfrak{T}_s(l^\infty)$-stetig ist.

Aus 1.(10) und (5) folgt auch sofort, daß c_0 nicht dualer Raum eines (B)-Raumes sein kann, was wir in § 25, 2.(7) auf anderem Wege bewiesen.

Es ist sehr einfach, Beispiele für abgeschlossene lineare Teilräume von l^1 ohne topologischen Komplementärraum anzugeben.

Es sei E ein separabler (B)-Raum, in dem es schwach konvergente Folgen gibt, die nicht stark konvergent sind. Jedes l^p, $p > 1$, ist ein Beispiel. Nach § 22, 4.(1) ist E topologisch isomorph einem Quotientenraum l^1/H. Besäße H einen topologischen Komplementärraum in l^1, so wäre dieser topologisch isomorph E. Dann müßten aber in E schwach und stark konvergente Folgen identisch sein, da dies in l^1 der Fall ist.

3. Das Komplementärraumproblem in l^p und L^p. Die Frage, ob es abgeschlossene lineare Teilräume ohne topologischen Komplementärraum in den l^p und L^p, $p > 1$, $p \neq 2$, gibt, wurde schon von BANACH gestellt und zuerst von MURRAY [1] positiv beantwortet. Wir bringen eine wesentlich vereinfachte Konstruktion von SOBCZYK [1].

Ein stetiger Endomorphismus U eines lokalkonvexen Raumes $E[\mathfrak{T}]$ heißt eine Involution, wenn $U^2 = I$, I die Identität, gilt. Die Menge aller $x \in E$ mit $Ux = x$ heißt der Teilraum der Involution. Er ist stets linear und abgeschlossen.

Projektionen und Involutionen stehen in engem Zusammenhang,

(1) *Ist P eine stetige Projektion von $E[\mathfrak{T}]$ auf H, so ist $U = 2P - I$ eine Involution mit dem Teilraum H. Ist umgekehrt U eine Involution mit dem Teilraum H, so ist $P = \frac{1}{2}(U + I)$ eine stetige Projektion von E auf H.*

Beweis. Offenbar ist $(2P - I)^2 = I$ und $[\frac{1}{2}(U + I)]^2 = \frac{1}{2}(U + I)$. Aus $Px = x$ folgt $(2P - I)x = x$, umgekehrt aus $Ux = x$ die Gleichung $\frac{1}{2}(U + I)x = x$.

(2) *Ist* $P = \frac{1}{2}(I + U)$ *eine stetige Projektion von* $E[\mathfrak{X}]$ *auf* H, *so erhält man alle Projektionen auf* H *in der Gestalt* $\tilde{P} = \frac{1}{2}(I + U + V)$, V *ein stetiger Endomorphismus, der den Bedingungen*

$$UV = -VU = V \tag{3}$$

genügt.

Ist $\tilde{P}$ eine Projektion auf H, so muß $P\tilde{P} = \tilde{P}$ und $\tilde{P}P = P$ gelten. Die erste Beziehung bedeutet

$$\tfrac{1}{4}(I + U)(I + U + V) = \tfrac{1}{2}(I + U) + \tfrac{1}{4}(V + UV) = \tfrac{1}{2}(I + U + V),$$

also $UV = V$.

Aus der zweiten Bedingung erhält man analog $-VU = V$.

Man bestätigt umgekehrt sofort, daß jedes $\tilde{P}$, dessen V die Bedingungen (3) erfüllt, den Gleichungen $P\tilde{P} = \tilde{P}$ und $\tilde{P}P = P$ genügt, wegen $\tilde{P}\tilde{P} = \tilde{P}P\tilde{P} = P\tilde{P} = \tilde{P}$ also eine Projektion auf H darstellt.

Ist H ein abgeschlossener linearer Teilraum des (B)-Raumes E, so bezeichne $p(H)$ die untere Grenze der $\|P\|$, P eine Projektion von E auf H. Analog sei $u(H)$ die untere Grenze der $\|U\|$, U eine Involution mit dem Teilraum H. Gibt es keine Projektionen bzw. Involutionen auf H, so wird $p(H)$ bzw. $u(H)$ gleich ∞ gesetzt. Aus (1) folgt die Ungleichung

$$\tfrac{1}{2}\big(u(H) - 1\big) \leqq p(H) \leqq \tfrac{1}{2}\big(u(H) + 1\big). \tag{4}$$

Wir untersuchen die Normen der Projektionen in den n-dimensionalen Räumen l_n^p. Es gilt

(5) *Es sei* $1 \leqq p \leqq \infty$, $p \neq 2$, $n = 2^\nu$. *Es gibt in* l_n^p *einen linearen Teilraum* $H^{(n)}$ *mit* $u(H^{(n)}) \geqq n^{\left|\frac{1}{p} - \frac{1}{2}\right|}$ *und* $p(H^{(n)}) \geqq \frac{1}{2}\left(n^{\left|\frac{1}{p} - \frac{1}{2}\right|} - 1\right)$.

Beweis. Wegen (4) genügt es, die erste Ungleichung zu beweisen. Wir können uns auf den Fall $p < 2$ beschränken. Denn ist P die Projektion auf $H^{(n)}$ und U die zugehörige Involution, so gehört U' zu P' und P' projiziert auf $H^{(n)\perp}$. Wegen $\|U'\| = \|U\|$ gilt also für $H^{(n)\perp} < l_n^q$ $\left(\frac{1}{p} + \frac{1}{q} = 1\right) u(H^{(n)\perp}) \geqq n^{\frac{1}{p} - \frac{1}{2}} = n^{\left|\frac{1}{q} - \frac{1}{2}\right|}$.

Es sei $\mathfrak{A}_1 = \begin{pmatrix} 1 & 1 \\ 1 & -1 \end{pmatrix}$, allgemein $\mathfrak{A}_\nu = \begin{pmatrix} \mathfrak{A}_{\nu-1} & \mathfrak{A}_{\nu-1} \\ \mathfrak{A}_{\nu-1} & -\mathfrak{A}_{\nu-1} \end{pmatrix}$. Dann ist die n-reihige Matrix $\mathfrak{U} = \frac{1}{\sqrt{n}} \mathfrak{A}_\nu$ symmetrisch und orthogonal, erzeugt in l_n^p also eine Involution.

$H^{(n)}$ sei der Teilraum dieser Involution. Nach (2) wird jede Involution mit $H^{(n)}$ als Teilraum durch eine Matrix $\mathfrak{U} + \mathfrak{B}$ erzeugt, die den Bedingungen (3) genügt. Aus (3) folgt, daß die Spur von $\mathfrak{B}$ gleich Null ist.

Ist $\mathfrak{U}=(u_{ik})$, $\mathfrak{V}=(v_{ik})$, so ist also wenigstens ein $v_{kk}\geqq 0$. Aus $\mathfrak{U}'\mathfrak{U}=\mathfrak{E}$ folgt $1=\sum_{i=1}^{n} u_{ik}^2$. Aus $\mathfrak{V}=\mathfrak{U}\mathfrak{V}$ und der Symmetrie von $\mathfrak{U}$ folgt

$$1\leqq 1+v_{kk}=\sum_{i=1}^{n} u_{ik}(u_{ik}+v_{ik}).$$

Die Höldersche Ungleichung ergibt wegen $\left(\sum_{i=1}^{n}|u_{ik}|^q\right)^{\frac{1}{q}}\leqq\left[n\left(n^{-\frac{1}{2}}\right)^q\right]^{\frac{1}{q}}=n^{\frac{1}{2}-\frac{1}{p}}$

$$1\leqq n^{\frac{1}{2}-\frac{1}{p}}\,\|(\mathfrak{U}+\mathfrak{V})\,\mathfrak{e}_k\|.$$

Daraus folgt aber $\|\mathfrak{U}+\mathfrak{V}\|\geqq n^{\frac{1}{p}-\frac{1}{2}}$, d.h. $u(H^{(n)})\geqq n^{\frac{1}{p}-\frac{1}{2}}$. Der Fall $p=1$ ordnet sich mühelos ein.

Sobczyk bewies für $n=2^\nu$ sogar $u(H^{(n)})=n^{\left|\frac{1}{p}-\frac{1}{q}\right|}$ und daß dieser Wert gleich dem Maximum aller $u(H)$ für $H\subset l_n^p$ ist.

Bilden wir $F=\bigoplus_{\nu=1}^{\infty} l_{2^\nu}^p$, so ist $F\subset l^p$. Aus den $H^{(n)}\subset l_{2^\nu}^p$ bilden wir entsprechend $H=\bigoplus_{\nu=1}^{\infty} H^{(n)}$. Dann ist $H\subset F$ und $\overline{H}$ ein abgeschlossener linearer Teilraum von l^p. Es gilt nun

(6) *Für $1\leqq p\leqq\infty$ besitzt $\overline{H}$ keinen topologischen Komplementärraum in l^p.*

Nach (5) genügt es zu zeigen, daß eine Projektion P von l^p auf $\overline{H}$ für jedes $n=2^\nu$ eine größere Norm besitzen muß als jede Projektion von $l_{2^\nu}^p$ auf $H^{(n)}$. Es sei Q_n die Projektion von l^p auf $l_{2^\nu}^p$, die die übrigen $l_{2^{\nu'}}^p$, $\nu'\neq\nu$, annulliert. Da $Q_n\overline{H}$ auf $H^{(n)}$ abbildet, ist Q_nP eine Projektion von l^p auf $H^{(n)}$. Ihre Einschränkung $(Q_nP)_n$ auf l_n^p ist eine Projektion von l_n^p auf $H^{(n)}$. Aus $\|Q_n\|\leqq 1$ und $\|(Q_nP)_n\|\leqq\|Q_nP\|\leqq\|P\|$ folgt aber die Behauptung.

Für $p=\infty$ liegt F auch in c_0 und der Beweis von (6) gilt ebenso für c_0; auch in c_0 gibt es also abgeschlossene lineare Teilräume ohne topologischen Komplementärraum.

Zu weiteren Gegenbeispielen verhilft uns die einfache Bemerkung

(7) *Besitzt der lokalkonvexe Raum E einen abgeschlossenen linearen Teilraum H ohne topologischen Komplementärraum und ist E topologisch isomorph einem abgeschlossenen Teilraum des lokalkonvexen Raumes F, so besitzt H auch in F keinen topologischen Komplementärraum.*

Denn die Einschränkung auf E einer stetigen Projektion von F auf H wäre eine stetige Projektion von E auf H.

Aus (6), (7) und § 21. 3.(6) folgt, daß auch $C(I)$, $I=[0,1]$, abgeschlossene lineare Teilräume ohne topologischen Komplementärraum besitzt.

Nach BANACH [3] gilt

(8) *Ist* $1 \leqq p \leqq \infty$, *so ist* l^p *normisomorph einem abgeschlossenen Teilraum von* $L^p[0, 1]$.

Beweis. a) $p<\infty$. Es sei $y_i(t) = 2^{i/p}$ in $\left[\frac{1}{2^i}, \frac{1}{2^{i-1}}\right]$ und Null sonst. Dann ist $\|y_i\| = \left(\int_0^1 |y_i|^p dt\right)^{1/p} = 1$, also $y_i \in L^p$. Die Abbildung A, die jedem $\mathfrak{x} = (\xi_i) \in l^p$ die Funktion $x(t) = \sum_{i=1}^{\infty} \xi_i y_i(t) \in L^p$ zuordnet, erzeugt wegen $\int_0^1 |x(t)|^p dt = \sum_{i=1}^{\infty} |\xi_i|^p$, also $\|A\mathfrak{x}\| = \|\mathfrak{x}\|$, eine Normisomorphie von l^p auf einen Teilraum von L^p.

b) $p = \infty$. Man führe die entsprechende Überlegung durch für $y_i(t) = 1$ in $\left[\frac{1}{2^i}, \frac{1}{2^{i-1}}\right]$ und Null sonst.

Aus (6), (7) und (8) folgt

(9) *Jeder* $L^p[0, 1]$, $1 \leqq p \leqq \infty$, $p \neq 2$, *besitzt abgeschlossene lineare Teilräume ohne topologischen Komplementärraum.*

KAKUTANI [4] bewies, daß jeder mindestens dreidimensionale (B)-Raum, in dem es stetige Projektionen der Norm 1 auf jeden abgeschlossenen linearen Teilraum gibt, normisomorph einem $l^2_{\mathfrak{d}}$ ist (vgl. auch BOURBAKI [6] II, S. 142/4). Es ist außer den $l^2_{\mathfrak{d}}$ (und den ihnen topologisch isomorphen) kein unendlichdimensionaler (B)-Raum bekannt, der stetige Projektionen auf alle abgeschlossenen linearen Teilräume besitzt.

Für weitere Beispiele vgl. auch JAMES [3] und KOMATUZAKI [1], [2].

4. Komplementärräume in (F)-Räumen. Nicht nur in den $l^2_{\mathfrak{d}}$, auch in den Räumen $\varphi_{\mathfrak{d}}$, $\omega_{\mathfrak{d}}$, $\varphi_{\mathfrak{d}_1} \oplus \omega_{\mathfrak{d}_2}$, $\varphi\omega$ und $\omega\varphi$ besitzt nach §12, 1.(5) und HAGEMANN [1] jeder abgeschlossene lineare Teilraum einen topologischen Komplementärraum. Ohne Beweis sei bemerkt, daß dies auch noch für $\varphi \oplus l^2$ und $\omega \oplus l^2$ richtig ist, ferner hat kürzlich ORNSTEIN [1] eine interessante Klasse solcher Räume angegeben. Dies scheinen alle derzeit bekannten vollständigen lokalkonvexen Räume mit dieser Eigenschaft zu sein.

Wir leiten für (F)-Räume noch ein negatives Resultat ab. Es sei $E[\mathfrak{T}]$ ein (F)-Raum. Besitzt E eine absolutkonvexe Nullumgebung U, die keine Gerade enthält, so ist die dazugehörige Distanzfunktion eine stetige Norm auf E. Umgekehrt gehört zu jeder stetigen Norm auf E eine Nullumgebung mit der angegebenen Eigenschaft.

Besitzt $E[\mathfrak{T}]$ keine stetige Norm, so kann $\mathfrak{T}$ durch eine Folge wachsender Halbnormen definiert werden, von denen keine eine Norm ist.

Der (F)-Raum $E[\mathfrak{T}]$ besitzt dann und nur dann eine stetige Norm, wenn es in E' eine beschränkte $\mathfrak{T}_s(E)$-totale Menge gibt.

ω ist ein Beispiel eines (F)-Raumes ohne stetige Norm; jeder Raum $H(\mathfrak{G})$, $\mathfrak{G}$ ein Gebiet, ist ein Beispiel eines (F)-Raumes mit einer stetigen Norm (vgl. § 27, 3.). Es gilt nun

(1) *Es sei* $E[\mathfrak{T}]$ *ein* (F)-*Raum, der kein* (B)-*Raum ist, und auf dem eine stetige Norm existiert. E besitzt einen abgeschlossenen linearen Teilraum H mit* $E/H \cong \omega$ *und H besitzt keinen topologischen Komplementärraum.*

Beweis. Wir betrachten, in der Bezeichnungsweise von § 29, 1.(8), eine Folge $v_n \in E'_{B_n} \sim E'_{B_{n-1}}$. Die v_n sind linear unabhängig, G sei ihre lineare Hülle. Da die B_n eine Fundamentalfolge beschränkter Teilmengen von E' bilden, liegen nur endlich viele v_n in einer beschränkten Teilmenge; die beschränkten Teilmengen von G sind also endlichdimensional. Nach § 21, 10.(5) ist daher G ein schwach abgeschlossener Teilraum von E'. Wir setzen $G^\perp = H$ und bilden E/H. Es ist $\mathfrak{T} = \mathfrak{T}_k(E')$, nach § 22, 2.(3) ist also die induzierte Quotientenraumtopologie $\mathfrak{T}$ auf E/H gleich $\mathfrak{T}_k(H^\perp) = \mathfrak{T}_k(G)$. Nun sind die schwach kompakten Teilmengen von G endlichdimensional, also ist $\mathfrak{T} = \mathfrak{T}_k(G) = \mathfrak{T}_s(G) = \mathfrak{T}_s(H')$. Mithin ist der bezüglich $\mathfrak{T}$ vollständige Quotientenraum E/H schwach vollständig, also topologisch isomorph ω.

Hätte H einen topologischen Komplementärraum H_0, so müßte er ebenfalls topologisch isomorph ω sein. Dann müßte auf H_0 aber eine stetige Norm existieren, was nicht der Fall ist.

Wir bemerken, daß die Existenz eines Quotientenraumes $E/H \cong \omega$ für jeden (F)-Raum, der kein (B)-Raum ist, damit bewiesen wurde.

Es sei E ein (F)-Raum mit einem linearen Teilraum H ohne topologischen Komplementärraum und $E/H \cong \omega$. Wir können in dem Dualsystem $\langle E', E\rangle$ auch die lineare schwache Topologie $\mathfrak{T}_{ls}(E')$ auf E einführen. Wir behaupten, daß $E[\mathfrak{T}_{ls}]$ dann ein Beispiel für den am Schluß von § 10, 12. genannten Sachverhalt darstellt. Wie aus § 20, 3.(2) hervorgeht, sind die Verbände der $\mathfrak{T}_s(E')$-abgeschlossenen und der $\mathfrak{T}_{ls}(E')$-abgeschlossenen linearen Teilräume von E identisch. Da H in E keinen $\mathfrak{T}_s$-Komplementärraum hat, hat es auch keinen $\mathfrak{T}_{ls}$-Komplementärraum. Die Isomorphie $E/H \cong \omega$ im Sinn von $\mathfrak{T}_s$ ist nach § 20, 4.(2) auch eine im Sinn von $\mathfrak{T}_{ls}$ d.h. E/H ist linear schwach kompakt.

Diese Bemerkung geht auf Dieudonné [10] zurück, (1) ist eine Verallgemeinerung des folgenden Beispiels von Toeplitz und dem Verfasser (vgl. Köthe [12]).

Es sei $a(z)$ eine in dem einfach zusammenhängenden beschränkten Gebiet $\mathfrak{G}$ holomorphe Funktion mit den unendlich vielen einfachen Nullstellen z_k. Die Multiplikation A der $x(z) \in H(\mathfrak{G})$ mit $a(z)$ ist ein stetiger Endomorphismus von $H(\mathfrak{G})$. Es sei F der Bildraum. Da aus der gleichmäßigen Konvergenz von $a(z)\, x_n(z)$ die von $x_n(z)$ folgt, ist F folgenabgeschlossen, also abgeschlossen und daher A ein topologischer Isomorphismus von $H(\mathfrak{G})$ auf F. Wir bestimmen $F^\perp \subset H(\Omega \sim \mathfrak{G})$.

Wir suchen also alle in einer geeigneten Umgebung von $\Omega \sim \mathfrak{G}$ holomorphen, in ∞ verschwindenden Funktionen $u(z)$ mit

$$\frac{1}{2\pi i} \oint_C u(t)\, a(t)\, x(t)\, dt = 0$$

für alle $x(z) \in H(\mathfrak{G})$. Wir können uns auf die in $H(\mathfrak{G})$ dichte Teilmenge aller $x(z) = \frac{1}{z-\lambda}$, $\lambda \in \Omega \sim \mathfrak{G}$, beschränken. Wir verlangen also

$$\frac{1}{2\pi i} \oint_C \frac{u(t)\, a(t)}{t-\lambda}\, dt = 0 \quad \text{für alle } \lambda \in \Omega \sim \mathfrak{G}; \tag{2}$$

$u(t)\,a(t)$ ist in einem, die geschlossene Kurve C enthaltenden, Ringgebiet $(\Omega \sim \mathfrak{G}_1) \cap \mathfrak{G}_2$, $\mathfrak{G}_1 \subset \mathfrak{G}_2 \subset \mathfrak{G}$, holomorph, also dort die Summe zweier in $\mathfrak{G}_2$ bzw. $\Omega \sim \mathfrak{G}_1$ holomorpher Funktionen $c_1(t)$ bzw. $c_2(t)$, wobei $c_2(t)$ in ∞ verschwindet. Es gilt also

$$(3) \qquad \frac{1}{2\pi i}\oint_C \frac{c_1(t)}{t-\lambda}\,dt + \frac{1}{2\pi i}\oint_C \frac{c_2(t)}{t-\lambda}\,dt = 0, \quad \lambda \in \Omega \sim \mathfrak{G}.$$

Der Integrand des ersten Summanden ist in $\mathfrak{G}_2$ holomorph, das Integral verschwindet also. Aus dem zweiten Summanden erhalten wir $c_2(\lambda) \equiv 0$ in $\Omega \sim \mathfrak{G}$, also auch in $\Omega \sim \mathfrak{G}_1$. Da $a(z)\,u(z) \equiv c_1(\lambda)$ in $(\Omega \sim \mathfrak{G}_1) \cap \mathfrak{G}_2$ gilt, können wir die in $\Omega \sim \mathfrak{G}_1$ holomorphe Funktion $u(z)$ durch $u(z) = \frac{c_1(z)}{a(z)}$ in alle Punkte von $\mathfrak{G}_2$ analytisch fortsetzen, in denen $a(z)$ keine Nullstellen hat. Da $a(z)$ in $\mathfrak{G}_2$ nur endlich viele Nullstellen $z_1, \ldots, z_n$ hat, hat $u(z)$ die Gestalt $\sum_{k=1}^{n} \frac{\alpha_k}{z - z_k}$. Daraus folgt, daß $F^{\perp}$ aus allen endlichen Linearkombinationen der $u_k = \frac{1}{z - z_k}$ besteht, also die im Beweis von (1) angegebene Form hat.

Aus (1) folgt, daß $H(\mathfrak{G})/F \cong \omega$ gilt und F keinen topologischen Komplementärraum hat.

5. Ein (FM)-Raum. Wir knüpfen an § 30, 9. an. Wir geben uns die als Doppelfolgen geschriebenen Vektoren

$$\begin{aligned}\mathfrak{a}^{(k)} &= (a_{11}^{(k)}, a_{12}^{(k)}, \ldots; a_{21}^{(k)}, a_{22}^{(k)}, \ldots; \ldots)\\ &= (\mathfrak{b}_1^{(k)}; \ldots, \mathfrak{b}_{k-1}^{(k)}; k^k \mathfrak{e}; k^{k+1}\mathfrak{e}; \ldots), \quad k = 1, 2, \ldots,\end{aligned}$$

mit

$$\mathfrak{b}_j^{(k)} = (1, 2^k, 3^k, \ldots), \qquad \mathfrak{e} = (1, 1, \ldots)$$

vor. Zu diesen $\mathfrak{a}^{(k)}$ bilden wir den zugehörigen gestuften Raum λ und den dazu dualen Stufenraum $\lambda^{\times}$.

Da $\mathfrak{a}^{(1)}$ der Vektor mit $a_{ij}^{(1)} = 1$ für alle i und j ist, enthält $\lambda^{\times}$ den als Doppelfolgenraum geschriebenen $l^{\infty} = \lambda_{\mathfrak{a}^{(1)}}^{\times}$.

Nach § 30, 9.(1) ist $\lambda[\mathfrak{T}]$ ein (FM)-Raum und $\lambda^{\times}[\mathfrak{T}_k]$ der dazu stark duale (M)-Raum. Es ist $\mathfrak{T}_k(\lambda) = \mathfrak{T}_b(\lambda)$ auf $\lambda^{\times}$.

Man sieht sofort, daß die Stufen $\mathfrak{a}^{(k)}$ (nach Umordnung ihrer Koordinaten in eine Folge) nicht die Bedingung § 30, 9.(8) erfüllen. Starke und lokale Konvergenz in $\lambda^{\times}$ sind also verschieden. Man sieht leicht, daß $\mathfrak{a}^{(1)}$ in keinem $\lambda_{\mathfrak{a}^{(k)}}^{\times}$ starker Limes seiner Abschnitte ist, wohl aber ist $\mathfrak{a}^{(1)}$ starker Limes seiner Abschnitte in $\lambda^{\times}$ nach § 30, 7.(8). Die Einheitskugel von $\lambda_{\mathfrak{a}^{(1)}}^{\times} = l^{\infty}$ ist also kompakt in $\lambda^{\times}$, aber in keinem der $\lambda_{\mathfrak{a}^{(k)}}^{\times}$.

Es sei A die lineare Abbildung von λ, die jedem $\mathfrak{x} = (x_{ij}) \in \lambda$ den Vektor $A\mathfrak{x} = \left(\sum_{i=1}^{\infty} x_{i1}, \sum_{i=1}^{\infty} x_{i2}, \ldots\right)$ zuordnet. Aus $\mathfrak{a}^{(1)} \in \lambda^{\times}$ folgt sofort $\sum_{j=1}^{\infty}\left|\sum_{i=1}^{\infty} x_{ij}\right| \leq \sum\sum |x_{ij}| < \infty$, also $A\mathfrak{x} \in l^1$ (als Doppelfolgenraum geschrieben).

Die adjungierte Abbildung A' bildet jedes $\mathfrak{u} \in l^\infty$ auf das Element $(\mathfrak{u}; \mathfrak{u}; \ldots) \in \lambda^\times$ ab, wie man aus der Beziehung

$$\mathfrak{u}(A\,\mathfrak{x}) = \sum_j u_j \sum_i x_{ij} = (\mathfrak{u}; \mathfrak{u}; \ldots)\,\mathfrak{x} = (A'\,\mathfrak{u})\,\mathfrak{z}$$

abliest. Der lineare Teilraum aller $(\mathfrak{u}; \mathfrak{u}; \ldots)$ ist in $\lambda^\times$ schwach abgeschlossen, wie sich aus der Form der $\mathfrak{a}^{(k)}$ leicht ergibt. A' ist also eine eindeutige schwach stetige lineare Abbildung von l^∞ in $\lambda^\times$ mit schwach abgeschlossenem Bildraum. Nach einem Satz über die Abbildungen von (F)-Räumen, der im zweiten Band bewiesen wird (vgl. auch BOURBAKI [6], Bd. 2, S. 106, Ex. 5a), ist dann A ein topologischer Homomorphismus von $\lambda[\mathfrak{T}]$ auf l^1. Dann ist aber $\lambda/N[A]$ in der induzierten Topologie $\mathfrak{T}_b(\lambda^\times)$ topologisch isomorph l^1.

Der (FM)-Raum $\lambda[\mathfrak{T}]$ besitzt also einen Quotientenraum, der nicht wieder ein (M)-Raum ist.

Dies ist gleichzeitig ein Beispiel dafür, daß ein Quotientenraum eines reflexiven (F)-Raumes nicht reflexiv zu sein braucht.

Wir betrachten die kanonische Abbildung K von λ auf $\lambda/N[A]$. Jede abgeschlossene beschränkte Teilmenge B von λ ist kompakt, ihr Bild $K(B)$ also ebenfalls. Es gibt aber in $\lambda/N[A] \cong l^1$ beschränkte und nicht kompakte Mengen; nicht jede beschränkte Teilmenge von $\lambda/N[A]$ liegt also in der abgeschlossenen Hülle des Bildes $K(B)$ einer beschränkten Menge. Dies bedeutet, daß auf $H = N[A]^\perp \subset \lambda^\times$ die starke Topologie $\mathfrak{T}_b(\lambda/N[A])$ echt feiner als $\mathfrak{T}_b(\lambda)$ ist.

H ist ein Beispiel eines abgeschlossenen linearen Teilraumes eines tonnelierten Raumes, der nicht tonneliert, also auch nicht quasitonneliert ist.

Da $\lambda^\times[\mathfrak{T}_b]$ bornologisch ist, ist H nach § 28, 1.(1) auch ein Beispiel für einen nichtbornologischen abgeschlossenen Teilraum eines bornologischen Raumes.

$\lambda^\times[\mathfrak{T}_b]$ ist schließlich ein (DF)-Raum, dessen abgeschlossener linearer Teilraum H kein (DF)-Raum ist. Dies folgt z.B. aus § 29, 3.(12), denn H ist separabel, aber nicht quasitonneliert.

Zu diesem Beispiel vgl. KÖTHE [6] und GROTHENDIECK [10].

6. Ein nichtvollständiger (LB)-Raum. Wir schicken dem Beispiel eine Bemerkung über induktive Limites voraus.

Es sei $E[\mathfrak{T}] = \varinjlim E_n[\mathfrak{T}_n]$ topologischer induktiver Limes der Folge $E_1[\mathfrak{T}_1] \subset E_2[\mathfrak{T}_2] \ldots$, wobei $\mathfrak{T}_{n+1}$ auf E_n eine gröbere Topologie induziert als $\mathfrak{T}_n$. Es sei ferner F_n ein in E_n schwach dichter linearer Teilraum und es gelte ebenfalls $F_1 \subset F_2 \subset \cdots$. Wir bilden den topologischen induktiven Limes $F[\mathfrak{T}'] = \varinjlim F_n[\mathfrak{T}_n]$. Dann gilt

(1) *Die Hüllentopologie $\mathfrak{T}'$ von F ist gleich der auf F durch E induzierten Topologie $\mathfrak{T}$.*

Beweis. Es sei V eine absolutkonvexe abgeschlossene $\mathfrak{T}'$-Nullumgebung. Wir können sie gleich $V = \bigcup_{n=1}^{\infty} V_n$ annehmen mit $V_n \subset V_{n+1}$, V_n eine absolutkonvexe abgeschlossene $\mathfrak{T}_n$-Nullumgebung in F_n. Ist U_n die in E_n gebildete schwach abgeschlossene Hülle von V_n, so wird $V_n = U_n \cap F_n$ und U_n ist eine $\mathfrak{T}_n$-Nullumgebung in E_n. Es gilt $U_n \subset U_{n+1}$ und $U = \bigcup_{n=1}^{\infty} U_n$ ist eine $\mathfrak{T}$-Nullumgebung in E. Es gilt $U \cap F = \left(\bigcup_{n=1}^{\infty} U_n\right) \cap \left(\bigcup_{k=1}^{\infty} F_k\right) = \bigcup_{n,k=1}^{\infty} U_n \cap F_k$. Ist $n \leqq k$, so ist $U_n \cap F_k \subset U_k \cap F_k = V_k$; ist $n > k$, so ist $U_n \cap F_k \subset U_n \cap F_n = V_n$, also wird $U \cap F = \bigcup_{k=1}^{\infty} V_k = V$. Daraus folgt (1), da $\mathfrak{T}$ offenbar gröber als $\mathfrak{T}'$ auf F ist.

Es sei $\lambda^\times$ der in 5. untersuchte Stufenraum $\lambda^\times = \bigcup_{n=1}^{\infty} \lambda^\times_{\mathfrak{a}^{(n)}}$. Wir versehen $\lambda^\times_{\mathfrak{a}^{(n)}}$ mit der durch die Norm $\|\mathfrak{u}\|_n = \sup \frac{|u_{ij}|}{|a_{ij}^{(n)}|}$ definierten Topologie $\mathfrak{T}_n$. Dann ist $\lambda^\times_{\mathfrak{a}^{(n)}}$ topologisch isomorph l^∞, also ein (B)-Raum. Bilden wir den topologischen induktiven Limes der $\lambda^\times_{\mathfrak{a}^{(n)}}[\mathfrak{T}_n]$, so erhalten wir $\lambda^\times[\mathfrak{T}]$ und die Hüllentopologie $\mathfrak{T}$ ist identisch mit der Topologie $\mathfrak{T}_b(\lambda)$ des Stufenraumes, da $\lambda^\times[\mathfrak{T}_b]$ bornologisch ist.

In $\lambda^\times_{\mathfrak{a}^{(n)}}[\mathfrak{T}_n]$ betrachten wir den zu c_0 topologisch isomorphen Teilraum $F_n[\mathfrak{T}_n]$ aller $\mathfrak{v}$ mit $\lim\limits_{i,j\to\infty} \frac{|v_{ij}|}{|a_{ij}^{(n)}|} = 0$. Durch Anwendung von (1) erhalten wir, daß der (LB)-Raum $F[\mathfrak{T}] = \varinjlim F_n[\mathfrak{T}_n]$ ein echter linearer Teilraum von $\lambda^\times[\mathfrak{T}_b]$ ist. Da die Abschnitte jedes Vektors $\mathfrak{u}$ aus $\lambda^\times[\mathfrak{T}_b]$ $\mathfrak{T}_b$-konvergent gegen $\mathfrak{u}$ sind, ist $\lambda^\times[\mathfrak{T}_b]$ die vollständige Hülle von $F[\mathfrak{T}]$. Wir haben in $F[\mathfrak{T}]$ also ein Beispiel für einen nicht vollständigen (LB)-Raum. $F[\mathfrak{T}]$ ist nicht einmal folgenvollständig, so liegt z.B. $\mathfrak{a}^{(1)}$ nicht in F, wohl aber alle seine Abschnitte.

Ziehen wir die Schlußbemerkung von §19, 5. heran, so ist damit auch gezeigt, daß die lokalkonvexe direkte Summe abzählbar vieler Räume c_0, die ein vollständiger lokalkonvexer Raum ist, einen nicht vollständigen Quotientenraum besitzt.

7. Ein nicht distinguierter (F)-Raum. Wir geben uns die Vektoren

$$\mathfrak{b}^{(k)} = (b_{ij}^{(k)}) = (\overbrace{\mathfrak{d};\ldots;\mathfrak{d}}^{k};\mathfrak{e};\mathfrak{e};\ldots), \qquad k = 1, 2, \ldots,$$

mit $\mathfrak{d} = (1, 2, 3, \ldots)$ und $\mathfrak{e} = (1, 1, \ldots)$ als Stufensystem vor. Der dazugehörige gestufte Raum λ ist in der normalen Topologie $\mathfrak{T}$ nach § 30, 8.(1) ein separabler (F)-Raum. Sein stark dualer Raum ist der Stufenraum $\lambda^\times$ in der starken Topologie $\mathfrak{T}_b(\lambda)$.

Um zu zeigen, daß $\lambda[\mathfrak{T}]$ nicht distinguiert ist, genügt es nach § 29, 4.(3) zu beweisen, daß $\lambda^\times[\mathfrak{T}_b]$ nicht bornologisch ist.

Es sei $\mathfrak{T}$ die Hüllentopologie von $\lambda^\times = \bigcup_{n=1}^{\infty} \lambda^\times_{\mathfrak{b}^{(n)}}$, jedes $\lambda^\times_{\mathfrak{b}^{(n)}}$ versehen mit der zugehörigen Normtopologie. Bezeichnet B_n die Menge aller $\mathfrak{u} \in \lambda^\times$ mit $|u_{ij}| \leqq b_{ij}^{(n)}$, so bilden die $V = \Gamma_{n=1}^{\infty} c_n B_n$, $c_n > 0$, eine $\mathfrak{T}$-Nullumgebungsbasis in $\lambda^\times$. Wir haben zu zeigen, daß $\mathfrak{T}$ echt feiner als $\mathfrak{T}_b(\lambda)$ auf $\lambda^\times$ ist.

Es sei $V_0 = \Gamma_{n=1}^{\infty} \frac{1}{n} B_n$. Dann enthält V_0 kein $\mathfrak{u} = (u_{ij})$, das für jedes i eine Koordinate u_{ij} mit $|u_{ij}| \geqq 2$ besitzt. Denn ist etwa $\mathfrak{u} \in \Gamma_1^N \frac{1}{n} B_n$, so ist für $m > N$ $|u_{mk}| \leqq \sum_1^N \frac{|\alpha_n|}{n}$ mit $\sum_1^N |\alpha_n| \leqq 1$, also erst recht $|u_{mk}| \leqq 1$.

Wir wollen beweisen, daß V_0 keine $\mathfrak{T}_b(\lambda)$-Nullumgebung enthält. Jede beschränkte Teilmenge von $\lambda[\mathfrak{T}]$ ist Teilmenge einer Menge $\bigcap_{n=1}^{\infty} (c_n B_n)^\circ$ mit geeigneten c_n. Nun ist $\bigcap_{n=1}^{\infty} (c_n B_n)^\circ = \left(\Gamma_{n=1}^{\infty} c_n B_n\right)^\circ = V^\circ$, also erhalten wir in den $V^{\circ\circ}$, V eine $\mathfrak{T}$-Nullumgebung, eine $\mathfrak{T}_b$-Nullumgebungsbasis in $\lambda^\times$. Wir haben also zu zeigen, daß V_0 kein $V^{\circ\circ}$ enthält. Sei $V = \Gamma_{n=1}^{\infty} c_n B_n$ vorgegeben. Mit $\mathfrak{e}_{ij}$ bezeichnen wir den Vektor (u_{ij}) mit $u_{ij} = 1$, $u_{kl} = 0$ für $(k, l) \neq (i, j)$. Für genügend große k_n liegt das Element $2^{n+1} \mathfrak{e}_{n,k_n}$ in $c_n B_n$.

Daher liegt $\sum_1^N \frac{1}{2^n} 2^{n+1} \mathfrak{e}_{n,k_n}$ in $\Gamma_{n=1}^{N} c_n B_n \subset V$. Der schwache Limes $2 \sum_1^\infty \mathfrak{e}_{n,k_n}$ dieser Elemente liegt also in $V^{\circ\circ}$, dagegen nach der obigen Bemerkung nicht in V_0. Damit ist bewiesen, daß $\lambda^\times[\mathfrak{T}_b]$ nicht bornologisch, $\lambda[\mathfrak{T}]$ also nicht distinguiert ist.

$\lambda[\mathfrak{T}]$ kann nach § 19, 9.(2) als abgeschlossener linearer Teilraum H eines topologischen Produktes $E[\mathfrak{T}] = \prod_{i=1}^{\infty} E_i$ von (B)-Räumen aufgefaßt werden. Wir betrachten auf $E'/H^\perp$ die Topologien $\hat{\mathfrak{T}}_b(E)$ und $\mathfrak{T}_b(H)$. Wir behaupten, daß beide Topologien verschieden sind. Nun ist $E'[\mathfrak{T}_b(E)]$ als $\bigoplus_{i=1}^{\infty} E'_i$ nach § 28, 4.(1) bornologisch, also nach § 28, 4.(2) auch $E'/H^\perp$, versehen mit der Topologie $\hat{\mathfrak{T}}_b(E)$. Dagegen ist, wie wir eben bewiesen haben, der zu $\lambda^\times$ isomorphe Raum $E'/H^\perp$ in der Topologie $\mathfrak{T}_b(H)$ nicht bornologisch.

Dieses von Köthe und Grothendieck (vgl. Grothendieck [10]) stammende Beispiel wurde von Amemiya [1] benützt, um ein Beispiel eines bornologischen (DF)-Raumes zu geben, dessen stark bidualer Raum nicht bornologisch ist.

Literaturverzeichnis

ALAOGLU, L.: [1] Weak topologies of normed linear spaces. Ann. Math. **41**, 252—267 (1940).

AMEMIYA, I.: [1] Some examples of (F) and (DF)-spaces. Proc. Japan Acad. **33**, 169—171 (1957).

ARENS, R. F.: [1] Duality in linear spaces. Duke Math. J. **14**, 787—794 (1947).

—, and J. L. KELLEY: [1] Characterizations of the space of continuous functions over a compact Hausdorff space. Trans. Amer. Math. Soc. **62**, 499—508 (1947).

BALLIER, F.: [1] Über lineartopologische Algebren. J. reine angew. Math. **195**, 42—75 (1956).

BANACH, S.: [1] Sur les opérations dans les ensembles abstraits et leur application aux équations intégrales. Fund. Math. **3**, 133—181 (1922).

— [2] Sur les fonctionnelles linéaires, I, II. Studia Math. **1**, 211—216, 223—239 (1929).

— [3] Théorie des opérations linéaires (Monografje Matematyczne Tom I), Warszawa 1932.

—, u. S. MAZUR: [1] Zur Theorie der linearen Dimension. Studia Math. **4**, 100—112 (1933).

—, et H. STEINHAUS: [1] Sur le principe de la condensation de singularités. Fund. Math. **9**, 50—61 (1927).

BESSAGA, C., A. PEŁCZYŃSKI and S. ROLEWICZ: [1] Some properties of the norm in F-spaces. Studia Math. **16**, 183—192 (1957).

BIRKHOFF, G.: [1] A note on topological groups. Compositio Math. **3**, 427—430 (1936).

— [2] Moore-Smith convergence in general topology. Ann. Math. **38**, 39—56 (1937).

— [3] Lattice theory, 2. Aufl., Amer. Math. Soc. Colloq. Publ. Vol. XXV, New York 1948.

BOHNENBLUST, H. F., and A. SOBCZYK: [1] Extensions of functionals on complex linear spaces. Bull. Amer. Math. Soc. **44**, 91—93 (1938).

BOURBAKI, N.: [1] Sur les espaces de Banach. C. R. Acad. Sci. Paris **206**, 1701—1704 (1938).

— [2] Sur certains espaces vectoriels topologiques. Ann. Inst. Fourier **2**, 5—16 (1950).

— [3] Éléments de mathématique, Livre I, Théorie des ensembles, 4 Bände. Paris: Hermann & Cie. Act. Sci. et Ind. Nr. 1141, 1212, 1243, 1258 (1951 bis 1958).

— [4] Éléments de mathématique, Livre II, Algèbre, 6 Bände. Act. Sci. et Ind. Nr. 1144, 1032, 1044, 1102, 1179, 1261 (1947—1958).

— [5] Éléments des mathématique, Livre III, Topologie Générale, 6 Bände. Act. Sci. et Ind. Nr. 1142, 1143, 1029, 1045, 1084, 1196 (1947—1953).

— [6] Éléments de mathématique, Livre V, Espaces vectoriels topologiques, 2 Bände. Act. Sci. et Ind. Nr. 1189, 1229 (1953, 1955).

— [7] Éléments de mathématique, Livre VI, Integration, 2 Bände. Act. Sci. et Ind. Nr. 1175, 1244 (1952, 1956).

BOURGIN, D. G.: [1] Linear topological spaces. Amer. J. Math. **65**, 637—659 (1943).

Braconnier, J.: [1] Spectres d'espaces et de groupes topologiques. Portugaliae Math. **7**, 93—111 (1948).
Chillingworth, H. R.: [1] Generalised "dual" sequence spaces. Nederl. Akad. Wet. Proc., Ser. A **61**, 307—315 (1958).
Civin, P., and B. Yood: [1] Quasi-reflexive spaces. Proc. Amer. Math. Soc. **8**, 906—911 (1957).
Clarkson, J. A.: Uniformly convex spaces. Trans. Amer. Math. Soc. **40**, 396—414 (1936).
Collins, H. S.: [1] Completeness and compactness in linear topological spaces. Trans. Amer. Math. Soc. **79**, 256—280 (1955).
Cooke, R. G.: [1] Infinite matrices and sequence spaces. London: Macmillan & Co. 1950.
— [2] Linear operators. London: Macmillan & Co. 1953.
Cooper, J. L. B.: [1] Coordinated linear spaces. Proc. London Math. Soc., III. ser. **3**, 305—327 (1953).
Cudia, D. F.: [1] Rotundity. Proc. Symp Pure Math. **VII**, 73—97 (1963).
— [2] The geometry of Banach spaces. Smoothness. Trans. Amer. Math. Soc. **110** 284—314 (1964).
Day, M. M.: [1] The spaces L^p with $0<p<1$. Bull. Amer. Math. Soc. **46**, 816—823 (1940).
— [2] Reflexive Banach spaces not isomorphic to uniformly convex spaces. Bull. Amer. Math. Soc. **47**, 313—317 (1941).
— [3] Some more uniformly convex spaces. Bull. Amer. Math. Soc. **47**, 504—507 (1941).
— [4] Uniform convexity III. Bull. Amer. Math. Soc. **49**, 745—750 (1943).
— [5] Uniform convexity in factor and conjugate spaces. Ann. Math. (2) **45**, 375—385 (1944).
— [6] Strict convexity and smoothness of normed spaces. Trans. Amer. Math. Soc. **78**, 516—528 (1955).
— [7] Every L-space is isomorphic to a strictly convex space. Proc. Amer. Math. Soc. **8**, 415—417 (1957).
— [8] Normed linear spaces. Ergebnisse d. Math., N. F., H. 21. Berlin-Göttingen-Heidelberg: Springer 1958.
Dieudonné, J.: [1] Sur le théorème de Hahn-Banach. Rev. Sci. **79**, 642—643(1941).
— [2] La dualité dans les espaces vectoriels topologiques. Ann. Ecole Norm. **59**, 107—139 (1942).
— [3] Sur la séparation des ensembles convexes dans un espace de Banach. Rev. Sci. **81**, 277—278 (1943).
— [4] Matrices semi-finies et espaces localement linéairement compacts. J. reine angew. Math. **188**, 162—166 (1950).
— [5] Natural homomorphisms in Banach spaces. Proc. Amer. Math. Soc. **1**, 54—59 (1950).
— [6] Linearly compact spaces and double vector spaces over sfields. Amer. J. Math. **73**, 13—19 (1951).
— [7] Sur les espaces de Köthe. J. Analyse Math. **1**, 81—115 (1951).
— [8] Complex structures on real Banach spaces. Proc. Amer. Math. Soc. **3**, 162—164 (1952).
— [9] Sur les propriétés de permanence de certains espaces vectoriels topologiques. Ann. Soc. Polon. Math. **25**, 50—55 (1952).
— [10] Sur les sousespaces linéairement compacts. Bol. Soc. Math. São Paulo **6**, 53—60 (1952).
— [11] Sur un théorème de Šmulian. Arch. d. Math. **3**, 436—440 (1953).

DIEUDONNÉ, J.: [12] Recent developments in the theory of locally convex vector spaces. Bull. Amer. Math. Soc. **59**, 495—512 (1953).
— [13] Sur les espaces de Montel métrisables. C. R. Acad. Sci. Paris **238**, 194—195 (1954).
— [14] Bounded sets in (F)-spaces. Proc. Amer. Math. Soc. **6**, 729—731 (1955).
— [15] Denumerability conditions in locally convex vector spaces. Proc. Amer. Math. Soc. **8**, 367—372 (1957).
—, et A. P. GOMES: [1] Sur certains espaces vectoriels topologiques. C. R. Acad. Sci. Paris **230**, 1129—1130 (1950).
—, et L. SCHWARTZ: [1] La dualité dans les espaces (F) et (LF). Ann. Inst. Fourier **1**, 61—101 (1950).
DIXMIER, J.: [1] Sur un théorème de Banach. Duke Math. J. **15**, 1057—1071 (1948).
DONOGHUE, W. F., and K. T. SMITH: [1] On the symmetry and bounded closure of locally convex spaces. Trans. Amer. Math. Soc. **73**, 321—344 (1952).
DUNFORD, N., and J. T. SCHWARTZ: [1] Linear Operators, Part I: General Theory. New York: Interscience Publishers 1958.

EBERLEIN, W. F.: [1] Closure, convexity and linearity in Banach spaces. Ann. Math. (2) **47**, 688—703 (1946).
— [2] Weak compactness in Banach spaces, I. Proc. Nat. Acad. Sci. USA **33**, 51—53 (1947).
EIDELHEIT, M.: [1] Zur Theorie der konvexen Mengen in linearen normierten Räumen. Studia Math. **6**, 104—111 (1936).

FAN, K., and I. GLICKSBERG: [1] Fully convex normed linear spaces. Proc. Nat. Acad. Sci. USA **41**, 947—953 (1955).
— [2] Some geometric properties of the spheres in a normed linear space. Duke Math. J. **25**, 553—568 (1958).
FICHTENHOLZ, G., et L. KANTOROVITCH: [1] Sur les opérations dans l'espace des fonctions bornées. Studia Math. **5**, 69—98 (1934).
FISCHER, H. R., and H. GROSS: [1] Quadratic forms and linear topologies, I. Math. Ann. **157**, 296—325 (1964).
— [2] II. Math. Ann. **159**, 285—308 (1965).
— [3] III. Math. Ann. **160**, 1—40 (1965).
FLEISCHER, I.: [1] Locally symmetric spaces. Diss. Univ. of Chicago 1952.
— [2] Sur les espaces normés non-archimédiens. Nederl. Akad. Wet. Proc., Ser. A **57**, 165—168 (1954).
FREUNDLICH-SMITH, A.: [1] The Pontrjagin duality theorem in linear spaces. Ann. Math. **56**, 248—253 (1952).

GOLDSTINE, H. H.: [1] Weakly complete Banach spaces. Duke Math. J. **4**, 125—131 (1938).
GRAVES, L. M.: [1] On the completing of a Hausdorff space. Ann. Math. **38**, 61—64 (1937).
GROTHENDIECK, A.: [1] Sur la complétion du dual d'un espace vectoriel localement convexe. C. R. Acad. Sci. Paris **230**, 605—606 (1950).
— [2] Quelques résultats relatifs à la dualité dans les espaces (F). C. R. Acad. Sci. Paris **230**, 1561—1563 (1950).
— [3] Critères généraux de compacité dans les espaces vectoriels localement convexes. Pathologie des espaces (LF). C. R. Acad. Sci. Paris **231**, 940—942 (1950).
— [4] Quelques résultats sur les espaces vectoriels topologiques. C. R. Acad. Sci. Paris **233**, 839—841 (1951).

GROTHENDIECK, A.: [5] Sur une notion de produit tensoriel topologique d'espaces vectoriels topologiques, et une classe remarquable d'espaces vectoriels liées à cette notion. C. R. Acad. Sci. Paris **233**, 1556—1558 (1951).

— [6] Critères de compacité dans les espaces fonctionnels généraux. Amer. J. Math. **74**, 168—186 (1952).

— [7] Sur les applications linéaires faiblement compactes d'espaces du type $C(K)$. Canad. J. Math. **5**, 129—173 (1953).

— [8] Sur certains espaces de fonctions holomorphes, I, II. J. reine angew. Math. **192**, 35—64, 77—95 (1953).

— [9] Sur les espaces de solutions d'une classe générale d'équations aux dérivées partielles. J. Analyse Math. **2**, 243—280 (1953).

— [10] Sur les espaces (F) et (DF). Summa Brasil. Math. **3**, 57—123 (1954).

— [11] Espaces vectoriels topologiques, Departamento de Matemática da Universidade de São Paulo 1954.

— [12] Résumé des résultats essentiels dans la théorie des produits tensoriels topologiques et des espaces nucléaires. Ann. Inst. Fourier **4**, 73—112 (1954).

— [13] Produits tensoriels topologiques et espaces nucléaires. Mem. Amer. Math. Soc. Nr. 16 (1955).

— [14] Une caractérisation vectorielle-metrique des espaces L^1. Canad. J. Math. **7**, 552—561 (1955).

HAGEMANN, E.: [1] Das Reziprokentheorem in beliebigen linearen Koordinatenräumen. Math. Ann. **114**, 126—143 (1937).

HAHN, H.: [1] Über Folgen linearer Operationen. Mh. Math. Phys. **32**, 3—88 (1922).

— [2] Über lineare Gleichungssysteme in linearen Räumen. J. reine angew. Math. **157**, 214—229 (1926).

HALPERIN, I.: [1] Convex sets in linear topological spaces. Trans. Royal Soc. Canada **47**, Ser. III, 1—6 (1953).

— [2] Uniform convexity in function spaces. Duke Math. J. **21**, 195—204 (1954).

— [3] Reflexivity in the L^λ-function spaces. Duke Math. J. **21**, 205—208 (1954).

HAMMER, P. C.: [1] Maximal convex sets. Duke Math. J. **22**, 103—106 (1955).

HAUSDORFF, F.: [1] Zur Theorie der linearen metrischen Räume. J. reine angew. Math. **167**, 294—311 (1932).

— [2] Mengenlehre, 3. Aufl. Berlin u. Leipzig: W. de Gruyter 1935.

HELLINGER, E., u. O. TOEPLITZ: [1] Integralgleichungen und Gleichungen mit unendlich vielen Unbekannten. Enz. Math. Wiss. II C 13, 1335—1616 (1928).

HELLY, E.: [1] Über lineare Funktionaloperationen. Sitzgsber. Akad. Wiss. Wien Math.-Nat. Kl. **121** IIa, 265—297 (1912).

— [2] Über Systeme linearer Gleichungen mit unendlich vielen Unbekannten. Mh. Math. Phys. **31**, 60—91 (1921).

HERMES, H.: [1] Einführung in die Verbandstheorie. Berlin-Göttingen-Heidelberg: Springer 1955.

HILDEBRANDT, T. E.: [1] On bounded linear functional operations. Trans. Amer. Math. Soc. **36**, 868—875 (1934).

HILLE, E., and R. S. PHILLIPS: [1] Functional analysis and semigroups. Amer. Math. Soc. Colloq. Publ. Vol. XXXI, New York 1957.

HYERS, D. H.: [1] Locally bounded linear topological spaces. Rev. Ci. Lima **41**, 555—574 (1939).

— [2] Linear topological spaces. Bull. Amer. Math. Soc. **51**, 1—21 (1945).

INGLETON, A.W.: [1] The Hahn-Banach theorem for non-Archimedean valued fields. Proc. Cambridge Phil. Soc. **48**, 41—45 (1952).

IYER, G.: [1] On the space of integral functions, I—III. J. Indian Math. Soc. (2) **12**, 13—30 (1948). — Quart. J. Math. (2) **1**, 86—96 (1950). — Proc. Amer. Math. Soc. **3**, 874—883 (1952).

JAMES, R. C.: [1] Bases and reflexivity of Banach spaces. Ann. Math. **52**, 518—527 (1950).
— [2] A non-reflexive Banach space isometric with its second conjugate space. Proc. Nat. Acad. Sci. USA **37**, 174—177 (1951).
— [3] Projections in the space (m). Proc. Nat. Acad. Sci. USA **41**, 899—902 (1955).
— [4] Reflexivity and the supremum of linear functionals. Ann. Math. **66**, 159—169 (1957).
— [5] Characterizations of reflexivity. Studia Math. **23**, 205—216 (1964).
KADISON, R. V.: [1] A representation theory for commutative topological algebra. Mem. Amer. Math. Soc. Nr. **7** (1951).
KAKUTANI, S.: [1] Ein Beweis des Satzes von M. Eidelheit über konvexe Mengen. Proc. Imp. Acad. Tokyo **13**, 93—94 (1937).
— [2] Weak convergence in uniformly convex spaces. Tôhoku Math. J. **45**, 188—193 (1938).
— [3] Weak topology and regularity of Banach spaces. Proc. Imp. Akad. Tokyo **15**, 169—173 (1939).
— [4] Some characterisations of Euclidean spaces. Jap. J. Math. **16**, 93—97 (1939).
— [5] Weak topology, bicompact set and the principle of duality. Proc. Imp. Acad. Tokyo **16**, 63—67 (1940).
KAMKE, E.: [1] Mengenlehre. Sammlung Göschen, Bd. 999/999a. Berlin: W. de Gruyter 1955.
KAPLAN, S.: [1] Cartesian products of reals. Amer. J. Math. **74**, 936—954 (1952).
KELLEY, J. L.: [1] Note on a theorem of Krein and Milman. J. Osaka Inst. Sci. Tech., Part I, **3**, 1—2 (1951).
— [2] General topology. New York: D. van Nostrand 1955.
KLEE, V. L.: [1] Some characterisations of reflexivity. Rev. Ci. Lima **52**, 15—23 (1950).
— [2] Convex sets in linear spaces (I), II, III. Duke Math. J. **18**, 443—466, 875—883 (1951); **20**, 105—111 (1953).
— [3] Invariant metrics in groups (solution of a problem of Banach). Proc. Amer. Math. Soc. **3**, 484—487 (1952).
— [4] Separation properties of convex cones. Proc. Amer. Math. Soc. **6**, 313—318 (1955).
— [5] The structure of semi-spaces. Math. Scand. **4**, 54—56 (1956).
— [6] Iteration of the "lin" Operation for convex sets. Math. Scand. **4**, 231—238 (1956).
— [7] Strict separation of convex sets. Proc. Amer. Math. Soc. **7**, 735—737 (1956).
— [8] Extremal structure of convex sets. Arch. d. Math. **8**, 234—240 (1957).
— [9] Extremal structure of convex sets, II. Math. Z. **69**, 90—104 (1958).
— [10] Some new results on smoothness and rotundity in normed linear spaces. Math. Ann. **139**, 51—63 (1959).
KÖTHE, G.: [1] Die konvergenzfreien Räume abzählbarer Stufe. Math. Ann. **111**, 229—258 (1935).
— [2] Die Teilräume eines linearen Koordinatenraumes. Math. Ann. **114**, 99—125 (1937).
— [3] Lösbarkeitsbedingungen für Gleichungen mit unendlichvielen Unbekannten. J. reine angew. Math. **178**, 193—213 (1938).
— [4] Erweiterung von Linearfunktionen in linearen Räumen. Math. Ann. **116**, 719—732 (1939).
— [5] Die Quotientenräume eines linearen vollkommenen Raumes. Math. Z. **51**, 17—35 (1947).

KÖTHE, G.: [6] Die Stufenräume, eine einfache Klasse linearer vollkommener Räume. Math. Z. **51**, 317—345 (1948).
— [7] Eine axiomatische Kennzeichnung der linearen Räume vom Typus ω. Math. Ann. **120**, 634—649 (1949).
— [8] Über die Vollständigkeit einer Klasse lokalkonvexer Räume. Math. Z. **52**, 627—630 (1950).
— [9] Über zwei Sätze von Banach. Math. Z. **53**, 203—209 (1950).
— [10] Neubegründung der Theorie der vollkommenen Räume. Math. Nachr. **4**, 70—80 (1951).
— [11] Die Randverteilungen analytischer Funktionen. Math. Z. **57**, 13—33 (1952).
— [12] Dualität in der Funktionentheorie. J. reine angew. Math. **191**, 30—49 (1953).
— [13] Lineare Räume mit linearer Topologie. Proc. Int. Math. Congr. Amsterdam I, 236—237 (1954).
— [14] Bericht über neuere Entwicklungen in der Theorie der topologischen Vektorräume. Jber. DMV **59**, 19—36 (1956).
—, u. O. TOEPLITZ: [1] Theorie der halbfiniten unendlichen Matrizen. J. reine angew. Math. **165**, 116—127 (1931).
— [2] Lineare Räume mit unendlich vielen Koordinaten und Ringe unendlicher Matrizen. J. reine angew. Math. **171**, 193—226 (1934).
KOLMOGOROFF, A.: [1] Zur Normierbarkeit eines allgemeinen topologischen Raumes. Studia Math. **5**, 29—33 (1934).
KOMATUZAKI, H.: [1] Sur les projections dans certains espaces du type (B). Proc. Imp. Acad. Tokyo **16**, 274—279 (1940).
— [2] Une remarque sur les projections dans certains espaces du type (B). Proc. Imp. Acad. Tokyo **17**, 238—240 (1941).
KŌMURA, Y.: [1] On linear topological spaces. Kumamoto J. Science, Series A, **5**, Nr. 3, 148—157 (1962).
— [2] Some examples on linear topological spaces. Math. Ann. **153**, 150—162 (1964).
KŌMURA, T., and Y.: [1] Sur les espaces parfaits de suites et leurs généralisations. J. Math. Soc. Japan **15**, 319—338 (1963).
KREIN, M.: [1] Sur quelques questions de la géometrie des ensembles convexes situés dans un espace linéaire normé et complet. Dokl. Akad. Nauk SSSR, N. S. **14**, 5—7 (1937).
—, and D. MILMAN: [1] On extreme points of regularly convex sets. Studia Math. **9**, 133—138 (1940).
—, and V. ŠMULIAN: [1] On regularly convex sets in the space conjugate to a Banach space. Ann. Math. **41**, 556—583 (1940).
LANDSBERG, M.: [1] Pseudonormen in der Theorie der linearen topologischen Räume. Math. Nachr. **14**, 29—38 (1955).
— [2] Lineare topologische Räume, die nicht lokalkonvex sind. Math. Z. **65**, 104—112 (1956).
LASALLE, J. P.: [1] Pseudo-normed linear spaces. Duke Math. J. **8**, 131—135 (1941).
LEEUW, K. DE, and W. RUDIN: [1] Extreme points and extremum problems in H_1. Pacific J. **8**, 467—485 (1958).
LEFSCHETZ, S.: [1] Algebraic topology. Amer. Math. Soc. Colloq. Publ. Vol. XXVII, New York 1942.
LEPTIN, H.: [1] Linearkompakte Moduln, I. Math. Z. **62**, 241—267 (1955). — II. Math. Z. **66**, 289—327 (1957).

LÖWIG, H.: [1] Komplexe Euklidische Räume von beliebiger endlicher oder unendlicher Dimensionszahl. Acta Sci. Math. Szeged **7**, 1—13 (1934).

LOOMIS, L. H.: [1] An introduction to abstract harmonic analysis. New York: D. van Nostrand 1953.

LORENTZ, G. G.: [1] Operations in linear metric spaces. Duke Math. J. **15**, 755—761 (1948).

LOVAGLIA, A. R.: [1] Locally uniform convex Banach spaces. Trans. Amer. Math. Soc. **78**, 225—238 (1955).

MACKEY, G. W.: [1] On infinite dimensional linear spaces. Proc. Nat. Acad. Sci. USA **29**, 216—221 (1943).

— [2] On convex topological linear spaces. Proc. Nat. Acad. Sci. USA **29**, 315—319 (1943).

— [3] Equivalence of a problem in measure theory to a problem in the theory of vector lattices. Bull. Amer. Math. Soc. **50**, 719—722 (1944).

— [4] On infinite-dimensional linear spaces. Trans. Amer. Math. Soc. **57**, 155—207 (1945).

— [5] On convex topological linear spaces. Trans. Amer. Math. Soc. **60**, 519—537 (1946).

MATTHEWS, G.: [1] Generalised rings of infinite metrices. Nederl. Akad. Wet. Proc., Ser. A **61**, 298—306 (1958).

MAZUR, S.: [1] Über die kleinste konvexe Menge, die eine gegebene kompakte Menge enthält. Studia Math. **2**, 7—9 (1930).

— [2] Über konvexe Mengen in linearen normierten Räumen. Studia Math. **4**, 70—84 (1933).

— [3] Über schwache Konvergenz in den Räumen L^p. Studia Math. **4**, 128—133 (1933).

—, u. W. ORLICZ: [1] Über Folgen linearer Operationen. Studia Math. **4**, 152—157 (1933).

— [2] Sur les espaces métriques linéaires I, II. Studia Math. **10**, 184—208 (1948); **13**, 137—179 (1953).

McSHANE, E. J.: [1] Linear functionals on certain Banach spaces. Proc. Amer. Math. Soc. **1**, 402—408 (1950).

MICHAEL, E. A.: [1] Locally multiplicatively-convex topological algebras. Mem. Amer. Math. Soc. Nr. **11** (1952).

MILMAN, D. P.: [1] On some criteria for the regularity of spaces of the type (B). Dokl. Akad. Nauk SSSR, N. S. **20**, 243—246 (1938).

— [2] Charakterisierung der Extremalpunkte von regulärkonvexen Mengen. Dokl. Akad. Nauk SSSR, N. S. **57**, 119—122 (1947) [Russisch].

—, u. M. A. RUTMAN: [1] Über eine Verschärfung des Satzes von der Vollständigkeit des Systems der Extremalpunkte einer regulär konvexen Menge. Dokl. Akad. Nauk SSSR, N. S. **60**, 25—27 (1948) [Russisch].

MONNA, A. F.: [1] Sur les espaces linéaires normés, I—VI. Nederl. Akad. Wet. Proc. **49**, 1045—1055, 1056—1062, 1134—1141, 1142—1152 (1946); **51**, 197—210 (1948); **52**, 151—160 (1949).

— [2] Espaces linéaires à une infinité dénombrable de coordonnées. Nederl. Akad. Wet. Proc. **53**, 1548—1559 (1950).

MURRAY, F. J.: [1] On complementary manifolds and projections in spaces L_p and l_p. Trans. Amer. Math. Soc. **41**, 138—152 (1937).

— [2] Quasi-complements and closed projections in reflexive Banach spaces. Trans. Amer. Math. Soc. **58**, 77—95 (1945).

NACHBIN, L.: [1] Espaços vetoriais topologicos. Rio de Janeiro: Livraria Boffoni 1948.

NACHBIN, L.: [2] A characterisation of the normed vector ordered spaces of continuous functions over a compact space. Amer. J. Math. **71**, 701—705 (1949).

— [3] A theorem of the Hahn-Banach type for linear transformations. Trans. Amer. Math. Soc. **68**, 28—46 (1950).

— [4] Topological vector spaces of continuous functions. Proc. Nat. Acad. Sci. USA **40**, 471—474 (1954).

NAKANO, H.: [1] Topology and linear topological spaces. Tokyo: Maruzen Co. 1951.

NATANSON, I. P.: [1] Theorie der reellen Funktionen einer reellen Veränderlichen. Berlin: Akademie-Verlag 1954.

NEUMANN, J. VON: [1] On complete topological linear spaces. Trans. Amer. Math. Soc. **37**, 1—20 (1935).

NEUMARK, M. A.: [1] Normierte Algebren. Berlin: Deutscher Verlag d. Wiss. 1959.

NIKODÝM, O. M.: [1] On transfinite iterations of the weak linear closure of convex sets in linear spaces, A. B. Rend. Circ. Mat. Palermo, II. ser. **2**, 85—105 (1953); **3**, 5—75 (1954).

ORNSTEIN, D.: [1] Dual vector spaces. Ann. Math. **69**, 520—534 (1959).

PETTIS, B. J.: [1] A note on regular Banach spaces. Bull. Amer. Math. Soc. **44**, 420—428 (1938).

— [2] A proof that every uniformly convex space is reflexive. Duke Math. J. **5**, 249—253 (1939).

PHILLIPS, R. S.: [1] On linear transformations. Trans. Amer. Math. Soc. **48**, 516—541 (1940).

— [2] On weakly compact subsets of a Banach space. Amer. J. Math. **65**, 108—136 (1943).

PIETSCH, A.: [1] Verallgemeinerte vollkommene Folgenräume. Schriftenreihe d. Institute d. Math. Deutsche Akad. Wiss. Heft 12, Akademie-Verlag Berlin (1962).

PTÁK, V.: [1] On complete topological linear spaces. Čehosl. Mat. Z. **3** (**78**), 301—364 (1953). [Russisch.]

— [2] Weak compactness in convex topological linear space. Čehosl. Mat. Ž. **4**, (**79**), 175—186 (1954).

— [3] On a theorem of W. F. Eberlein. Studia Math. **14**, 276—284 (1954).

— [4] Completeness and the open mapping theorem. Bull. Soc. math. France **86**, 41—74 (1958).

— [5] A combinatorial theorem on systems of inequalities and its application to analysis. Čehosl. Mat. Ž. **9** (**84**), 629—630 (1959).

— [6] A combinatorial lemma on the existence of convex means and its application to weak compactness. Proc. Symp. Pure Math. **VII**, 437—450 (1963).

RAÍKOW, D. A.: [1] Wpolne neprerywnyje spektry lokalno wypuklych prostranstw. Trudy Mockowskogo Mat. Obschestwa **7**, 413—438 (1958).

RIESZ, F.: [1] Sur les opérations fonctionnelles linéaires. C. R. Acad. Sci. Paris **149**, 974—977 (1909).

— [2] Les systèmes d'équations linéaires à une infinité d'inconnues. Paris: Gauthier-Villars 1913.

— [3] Über lineare Funktionalgleichungen. Acta Math. **41**, 71—98 (1918).

—, et B. Sz. NAGY: Leçons d'analyse fonctionnelle, 3. Aufl. Budapest: Akadémiai Kiadó 1955.

RITZDORFF, F.: [1] Das Trägheitsgesetz der quadratischen Formen mit halbfiniter Koeffizientenmatrix. Math. Z. **44**, 23—54 (1938).

ROBERTS, G. T.: [1] The bounded-weak topology and completeness in vector spaces. Proc. Cambridge Phil. Soc. **49**, 183—189 (1953).

ROBERTSON, W.: [1] Contributions to the general theory of linear topological spaces. Thesis, Cambridge 1954.
— [2] Completions of topological vector spaces. Proc. London Math. Soc., III. ser. **8**, 242—257 (1958).
ROLEWICZ, S.: [1] On a certain class of linear metric spaces. Bull. Acad. Polon. Sci., Cl. III **5**, 471—473 (1957).
RUSTON, F.: [1] A note on convexity in Banach spaces. Proc. Cambridge Phil. Soc. **45**, 157—159 (1949).
— [2] A short proof of a theorem on reflexive spaces. Proc. Cambridge Phil. Soc. **45**, 674 (1949).
— [3] Conjugate Banach spaces. Proc. Cambridge Phil. Soc. **53**, 576—580 (1957).
SCHATTEN, R.: [1] The space of completely continuous operators on a Hilbert space. Math. Ann. **134**, 47—49 (1957).
SCHAUDER, J.: [1] Zur Theorie stetiger Abbildungen in Funktionalräumen. Math. Z. **26**, 47—65, 417—431 (1927).
— [2] Über die Umkehrung linearer stetiger Funktionaloperationen. Studia Math. **2**, 1—6 (1930).
SCHUBERT, H.: [1] Topologie. B. G. Teubner Verlagsgesellschaft Stuttgart (1964).
SCHWARTZ, L.: [1] Théorie des distributions. Act. Sci. et Ind. Nr. 1091, 1092 (1950/51).
— [2] Espaces de fonctions différentiables à valeurs vectorielles. J. Analyse Math. **4**, 88—148 (1955).
SEBASTIÃO E SILVA, J.: [1] As funções analíticas e a análise funcional. Port. Math. **9**, 1—130 (1950).
— [2] Sobre a topologia dos espaços funcionais analíticos. Rev. Fac. Cienc. Lisboa, II. ser. A **1**, 23—102 (1950).
— [3] Sui fundamenti della teoria dei funzionali analitici. Port. Math. **12**, 1—46 (1953).
— [4] Su certe classi di spazi localmente convessi importanti per le applicazioni. Rend. Mat. Roma, V. ser. **14**, 388—410 (1955).
SHIROTA, T.: [1] On locally convex vector spaces of continuous functions. Proc. Jap. Acad. **30**, 294—298 (1954).
SIERPIŃSKI, W.: [1] Sur les ensembles complets d'un espace (D). Fund. Math. **11**, 203—205 (1928).
SILVA DIAS, C. L. DA: [1] Espaços vectoriais topológicos e sua aplicaçao nos espaços funcionais analíticos. Bol. Soc. Mat. Sao Paulo **5**, 1—58 (1950).
ŠMULIAN, V.: [1] Sur les ensembles régulièrement fermés et faiblement compacts dans l'espace du type (B). C. R. URSS **18**, 405—407 (1938).
— [2] On the principle of inclusion in the space of type (B). Mat. Sbornik, N. S. **5**, 327—328 (1939). [Russisch.]
— [3] On some geometrical properties of the unit sphere in the space of the type (B). Mat. Sbornik, N. S. **6**, 77—94 (1939). [Russisch.]
— [4] Sur la dérivabilité de la norme dans l'espace de Banach. Dokl. Akad. Nauk SSSR, N. S. **27**, 643—648 (1940).
— [5] Über lineare topologische Räume. Mat. Sbornik, N. S. **7**, 425—448 (1940).
— [6] Sur la structure de la sphère unitaire dans l'espace de Banach. Mat. Sbornik, N. S. **9**, 545—561 (1941).
— [7] Sur les espaces linéaires topologiques, II. Mat. Sbornik, N. S. **9**, 727—730 (1941).
— [8] Sur les ensembles compacts et faiblement compacts dans l'espace du type (B). Mat. Sbornik, N. S. **12**, 91—95 (1943).
SOBCZYK, A.: [1] Projections in Minkowski and Banach spaces. Duke math. J. **8**, 78—106 (1941).

SOBCZYK, A.: [2] Projections in the space (m) on its subspace (c_0). Bull. Amer. Math. Soc. **47**, 938—947 (1941).
— [3] On the extension of linear transformations. Trans. Amer. Math. Soc. **55** 153—169 (1944).
STRASZEWICZ, S.: [1] Über exponierte Punkte abgeschlossener Punktmengen. Fund. Math. **24**, 139—143 (1935).
SUCHOMLINOFF, G. A.: [1] Über Fortsetzung von linearen Funktionalen in linearen komplexen Räumen und linearen Quotientenräumen. Mat. Sbornik, N. S. **3**, 353—358 (1938). [Russisch.]
TAKENOUCHI, O.: [1] Sur les espaces linéaires localement convexes. Math. J. Okayama Univ. **2**, 57—84 (1952).
TAYLOR, A. E.: [1] Banach spaces of functions analytic in the unit circle. Studia Math. **11**, 145—170 (1950); **12**, 25—50 (1951).
— [2] Introduction to Functional Analysis. New York: John Wiley & Sons 1958.
TILLMANN, H. G.: [1] Randverteilungen analytischer Funktionen und Distributionen. Math. Z. **59**, 61—83 (1953).
— [2] Dualität in der Potentialtheorie. Port. Math. **13**, 55—86 (1954).
TILLMANN, H. G.: [3] Dualität in der Funktionentheorie auf Riemannschen Flächen. J. reine angew. Math. **195**, 76—101 (1956).
— [4] Die Fortsetzung analytischer Funktionale. Hamb. Abh. **21**, 139—193 (1957).
TOEPLITZ, O.: [1] Über die Auflösung unendlich vieler linearer Gleichungen mit unendlich vielen Unbekannten. Rend. Circ. Mat. Palermo **28**, 88—96 (1909).
— [2] Die linearen vollkommenen Räume der Funktionentheorie. Comment. Math. Helv. **23**, 222—242 (1949).
TUKEY, J. W.: [1] Some notes on the separation of convex sets. Port. Math. **3**, 95—102 (1942).
TYCHONOFF, A.: [1] Ein Fixpunktsatz. Math. Ann. **111**, 767—776 (1935).
ULAM, S.: [1] Zur Maßtheorie in der allgemeinen Mengenlehre. Fund. Math. **16**, 140—150 (1930).
ULM, H.: [1] Elementarteilertheorie unendlicher Matrizen. Math. Ann. **114**, 493—505 (1937).
VILENKIN, N. Y.: [1] Vector spaces over topological fields. Mat. Sbornik **74**, 195—208 (1953) [Russisch].
WARNER, S., and A. BLAIR: [1] On symmetry in convex topological vector spaces. Proc. Amer. Math. Soc. **6**, 301—304 (1955).
WEHAUSEN, J. V.: [1] Transformations in linear topological spaces. Duke math. J. **4**, 157—169 (1938).
WEIL, A.: [1] Sur les espaces à structure uniforme et sur la topologie générale. Act. Sci. et Ind. Nr. **551** (1938).
— [2] L'intégration dans les groupes topologiques et ses applications. Act. Sci. et Ind. Nr. **869** (1940).
YOSIDA, K., and E. HEWITT: [1] Finitely additive measures. Trans. Amer. Math. Soc. **72**, 46—66 (1952).
ZAANEN, A. C.: [1] Linear Analysis. Groningen: P. Nordhoff 1953.
ZELINSKY, D.: [1] Linearly compact moduls and rings. Amer. J. Math. **75**, 79—90 (1953).
ZELLER, K.: [1] FK-Räume in der Funktionentheorie I. Math. Z. **58**, 288—305 (1953). — II. Math. Z. **58**, 414—435 (1953).
— [2] Theorie der Limitierungsverfahren. Erg. d. Math., N. F., H. 15. Berlin-Göttingen-Heidelberg: Springer 1958.
ZORN, M.: [1] A remark on method in transfinite algebra. Bull. Amer. Math. Soc. **41**, 667—670 (1935).

Namen- und Sachverzeichnis

MIX
Papier aus verantwortungsvollen Quellen
Paper from responsible sources
FSC® C105338

If you have any concerns about our products,
you can contact us on
ProductSafety@springernature.com

In case Publisher is established outside the EU,
the EU authorized representative is:
Springer Nature Customer Service Center GmbH
Europaplatz 3, 69115 Heidelberg, Germany

Printed by Libri Plureos GmbH
in Hamburg, Germany